체크업

일반기계기사/건설기계설비기사 필답형 실기

북스케치
합격을 스케치하다

| 머리말 |

이 수험서는 일반기계기사와 건설기계설비기사 실기를 준비하는 학생들을 위해 산업인력관리공단의 새로운 출제기준에 맞게 집필하였다.

일반기계기사 자격 준비를 위해

1편 기계요소 설계

제 1 장 : 나사	제 7 장 : 축이음
제 2 장 : 키, 코터	제 8 장 : 브레이크와 플라이 휠
제 3 장 : 리벳이음	제 9 장 : 스프링
제 4 장 : 용접	제10장 : 감아걸기 전동장치
제 5 장 : 축	제11장 : 마찰차
제 6 장 : 베어링	제12장 : 기어 전동장치

건설기계설비기사 자격 준비를 위해

제 1 장 ~ 제12장

제13장 : 공정관리	제14장 : 건설기계일반
제15장 : 플랜트 배관	제16장 : 유체기계

일반기계기사 · 건설기계설비기사 공통으로

2편 연도별 기출문제

이렇게 2편으로 정리하였고 각 과목별 문제는 기사 시험에 출제되었던 문제들로 구성하였다.

책의 분량을 고려하여 출제기준에 들어가지 않는 내용은 과감히 삭제하였으며, 부족한 내용은 예제로 보충하였다.

교재에 대한 모든 평가는 독자 여러분이 해주리라 믿고, 부족하거나 잘못된 부분을 지적해 주시면 언제라도 수정, 보완할 것이다.

끝으로 본 교재를 집필하는 데 많은 도움을 주신 국제기계학원 직원 분들께 감사를 드리며, 본 교재의 출간을 위해 협조를 아끼지 않은 스터디채널과 도서출판 북스케치 임직원 여러분에게 진심으로 감사를 드린다.

저자 **정 영 식**

| 출제기준 |

1. 일반기계기사 실기

직무분야	기계	중직무분야	기계제작	자격종목	일반기계기사	적용기간	2024.1.1.~2026.12.31.

• (일반기계) 기계공학에 관한 지식을 활용하여, 기계 요소 및 시스템에 대한 설계, 원가계산, 제작, 설치, 보전 등을 수행하는 직무이다.

• 수행준거

1. 요소부품의 요구 기능과 특성을 고려하여 재질을 검토하고 결정할 수 있다.
2. 제품의 구성품으로서 해당요소부품의 적합한 재질을 선정하기 위하여 소재별 열처리 및 강도에 대한 최적의 방안을 수립할 수 있다.
3. 요소설계에서 요구하는 기능과 성능에 적합한 공차를 적용하고 검토할 수 있다.
4. 기계제작에 필요한 요소부품의 재질을 선정하고 형상과 크기를 결정할 수 있다.
5. 각 기계 구성품의 체결을 목적으로 강도, 강성, 경제성, 수명을 고려하여 체결요소를 설계할 수 있다.
6. 동력전달시스템에서 요구되는 동력전달요소의 구조와 기능을 파악하여 설계하고 검토할 수 있다.
7. 동력전달 요소들을 구성하여 기계의 성능을 충족시킬 수 있도록 설계할 수 있다.
8. 고객의 요구사항에 맞는 기능을 수행하기 위하여 유공압 요소를 활용하여 시스템을 설계할 수 있다.
9. CAD 프로그램을 활용하여 제도 규칙에 따른 2D 도면을 작성하고, 확인하여 가공 및 제작에 필요한 2D도면 정보를 도출할 수 있다.
10. 요소부품의 기능에 최적한 형상, 치수 및 주요공차를 파악하고, 조립도와 부품도에서 설계방법, 재질, 작업 설비 및 방법을 결정할 수 있다.
11. 단순형상과 복합형상의 모델링 데이터를 생성하기 위해 모델링 작업을 수행할 수 있다.
12. 설계도면에 준하여 모델링을 분석하고 모델링 데이터를 출력할 수 있다.

실기검정방법	복합형	시험시간	필답형 : 2시간, 작업형 : 5시간 정도

실기 과목명	주요항목	세부항목
기계설계 실무	1. 요소부품재질선정	1. 요소부품 재료 파악하기 2. 최적요소부품 재질 선정하기 3. 요소부품 공정 검토하기 4. 열처리 방법 결정하기
	2. 요소부품재질검토	1. 열처리방안 선정하기 2. 소재 선정하기 3. 요소부품별 공정설계하기
	3. 요소공차검토	1. 요구기능 파악하기 2. 치수공차 검토하기 3. 표면거칠기 검토하기 4. 기하공차 검토하기
	4. 요소부품설계검토	1. 요소부품 설계 구성하기 2. 요소부품 형상 설계하기 3. 시제품 제작하기

실기 과목명	주요항목	세부항목
기계설계 실무	5. 체결요소설계	1. 요구기능 파악하기 2. 체결요소 선정하기 3. 체결요소 설계하기
	6. 동력전달요소설계	1. 설계조건 파악하기 2. 동력전달요소 설계하기 3. 동력전달요소 검토하기
	7. 동력전달장치설계	1. 요구사항 분석하기 2. 동력전달장치 특성파악하기 3. 동력전달장치 설계하기 4. 동력전달장치 검증하기
	8. 유공압시스템설계	1. 요구사항 파악하기 2. 유공압시스템 구상하기 3. 유공압시스템 설계하기
	9. 2D도면작업	1. 작업환경 준비하기 2. 도면 작성하기
	10. 도면검토	1. 공차 검토하기 2. 도면해독 검토하기
	11. 형상모델링 작업	1. 모델링 작업 준비하기 2. 모델링 작업하기
	12. 형상모델링검토	1. 모델링 분석하기 2. 모델링 데이터 출력하기

2. 건설기계설비기사 실기

직무분야	기계	중직무분야	기계장비 설비 · 설치	자격종목	건설기계설비기사	적용기간	2024. 1. 1.~2027.12.31

•직무내용 : 건설 관계법령과 관련된 건설플랜트 기계설비와 건설기계의 설계, 제작, 시공, 운영관리와 관련된 업무를 수행하는 직무

•수행준거 : 1. 건설기계에 대한 지식을 활용하여 기본적인 설계를 할 수 있다.
2. 체결용, 전동용, 제어용 기계요소 및 유체 기계요소를 설계할 수 있다.
3. 건설 플랜트기계설비 실무와 관련하여 구조 및 장치의 설계조건에 맞는 설계 및 견적, 공정관리를 할 수 있다.

실기검정방법	필답형	시험시간	2시간 30분

실기과목명	주요항목	세부항목	세세항목
건설기계 설계 실무	1. 건설기계 요소 설계	1. 기계요소 설계하기	1. 기계요소의 응력, 유한요소 해석, 안전계수 등 기계설계를 할 수 있다. 2. 축, 축이음, 베어링, 윤활, 마찰차, 캠, 벨트, 체인, 로프, 기어 등의 전동용 요소를 설계할 수 있다. 3. 나사, 나사부품, 키, 핀, 코터, 리벳이음 및 용접이음 등의 체결용 요소를 설계할 수 있다. 4. 브레이크, 스프링, 플라이휠 등의 제어용 요소 및 관계 기계요소를 설계할 수 있다.
		2. 설계 계산하기	1. 선정된 기계요소부품에 따라 관련된 설계변수들을 선정할 수 있다. 2. 계산의 조건에 적절한 설계계산식을 적용할 수 있다. 3. 설계 목표물의 기능과 성능을 만족하는 설계변수를 계산할 수 있다. 4. 부품별 제원 및 성능곡선표, 특성을 고려하여 설계계산에 반영할 수 있다. 5. 표준 운영절차에 따라, 설계계산 프로그램 또는 장비를 설정하고, 결과를 도출할 수 있다.
	2. 건설기계와 시공법	1. 건설기계일반	1. 건설기계의 발전 및 개발 과제, 적용되는 첨단기술을 설명할 수 있다. 2. 건설기계의 종류를 분류할 수 있고, 구비조건을 확인할 수 있다. 3. 동력 전달기구, 마력의 종류, 견인력과 견인계수, 주행저항 등을 설명하고 주어진 조건에 따라 계산할 수 있다. 4. 건설기계의 안전장치 및 안전기준에 대해 설명할 수 있다.
		2. 작업종류별 분류, 구조 및 기능, 특성, 작업능력	1. 토공 및 적재 기계, 운반 기계, 기중기, 기초공사용/터널 공사용 기계에 대해 설명할 수 있다. 2. 골재생산 기계, 포장 기계, 준설선 및 해상 공사용 기계에 대해 설명할 수 있다.
		3. 건설기계의 운용 및 시공관리	1. 재해유형과 안전대책, 건설공해의 종류/원인/방지대책에 대해 설명할 수 있다. 2. 정비보수와 개선대책, 기계경비 산정방식/성능관리, 작업효율과 기계조합에 대해 설명할 수 있다.
		4. 건설기계의 기계화 시공 실무	1. 구조물/부속장치의 설계 및 사양 확정, 현장 시공 및 감리, 공정표 작성을 할 수 있다. 2. 기계설비 견적, 구매, 조달, 시공 및 정산을 할 수 있다.
	3. 건설플랜트 설비	1. 플랜트 기계설비의 종류 및 특성, 기계장비 투입 계획	1. 플랜트 종류별(수력/화력/원자력/열병합/조력/풍력/태양광발전소, 지역난방설비, 화학공장, 액화천연가스 저장기지 및 배관망, 소각로, 물류창고, 환경설비, 제철소, 담수 플랜트, 해양플랜트 등) 사업계획, 타당성 조사, 설계, 구매 및 조달, 건설, 유지보수 등을 설명할 수 있다. 2. 기초공사, 구조물 공사, 기계 설치공사, 배관제작/설치 공사(공장제작배관/현장제작배관) 덕트(Duct) 공사, 도장공사, 보온공사의 개념에 대해 설명할 수 있다. 3. 설비시운전 및 성능시험
	4. 기계설비 시공	1. 기계설비 시공	1. 기계 설비공사의 입찰, 계약, 사업수행단계의 순서와 각 단계별 사업계획 및 실행 방안에 대하 설명할 수 있다. 2. 공사 계약 방식의 차이점 및 장단점에 대해 설명할 수 있다. 3. 중량물 운반 및 시공 장비 계획에 대해 설명할 수 있다. 4. 건설공사의 자동화 시공과 안전대책, 환경공해 방지대책에 대해 설명할 수 있다.

| 차례 |

part 1 기계요소 설계 이론

Chapter 01 나 사 15

Chapter 02 키, 코터 47

Chapter 07 축 이 음 145

Chapter 08 브레이크와 플라이 휠 167

Chapter 09 스프링(spring) 191

Chapter 10 감아걸기 전동장치 203

Chapter 11 마 찰 차 235

Chapter 12 기어 전동장치 253

Chapter 13 공정관리 313

건설기계설비기사만 출제

Chapter 14 건설기계일반 341

건설기계설비기사만 출제

Chapter 15 플랜트 배관 357

건설기계설비기사만 출제

Chapter 16 유체기계 369

건설기계설비기사만 출제

part 2 연도별 기출문제

Chapter 01
나사

1-1 나사의 원리 및 나사의 각부 명칭

나사의 원리 및 구성 : 직각 삼각형의 종이 ABC를 원통에 감으면 삼각형의 빗변은 원통면 상에 한 개의 곡선을 만든다. 이 곡선을 나선곡선(helix)이라 하며, 이 나선 곡선에 따라 원통 면에 홈을 판 것을 나사라 한다.

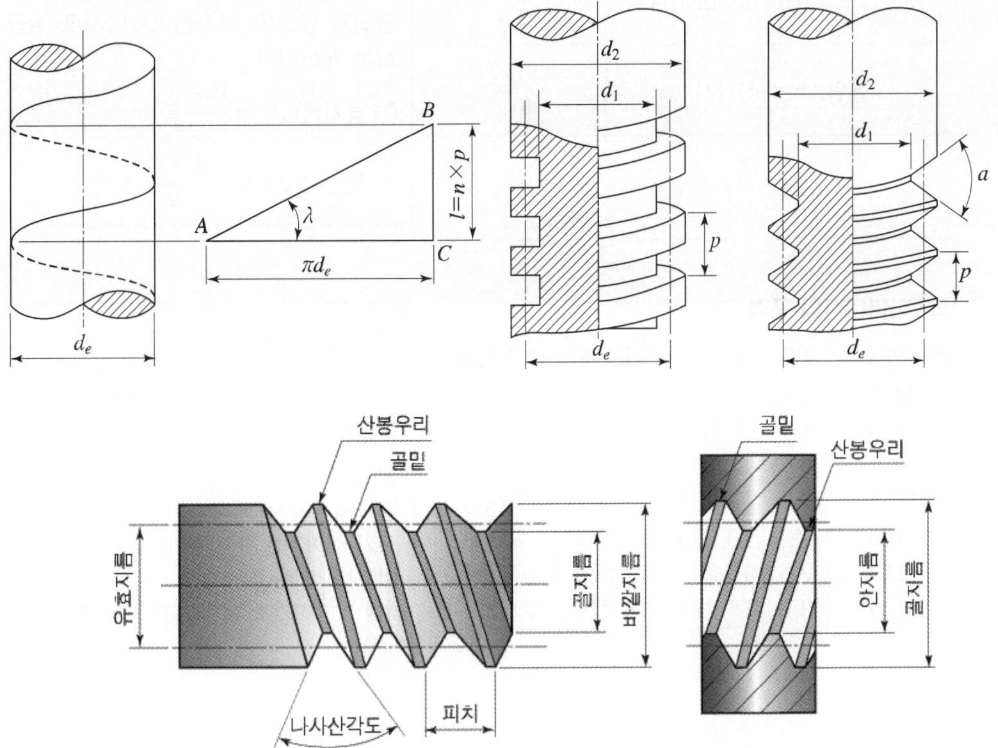

수나사를 기준

d_1 : 골지름 = 안지름 ≒ 내경

d_2 : 바깥지름(= 산지름 = 외경) ⇒ 호칭지름

d_e : 유효직경 = 평균직경

h : 나사산 높이

p : 피치(pitch) = 나사산과 나사산 사이의 거리 또는 골과 골 사이의 거리

l : 리드(lead) : 나사를 1회전 시켰을 때 축방향으로 나아가는 거리

$l = n \times p$ (여기서, n : 나사의 줄수)

λ : 리드각 = 나선각 = 경사각(Helix angle) ⇒ 나사가 회전할 때 나아가는 리드에 의해 생성되는 각

$$\tan\lambda = \frac{l}{\pi d_e} = \frac{n \cdot p}{\pi d_e}$$

α : 나사산의 각도

ρ : 마찰각

$\tan\rho = \mu$ 여기서(μ : 마찰계수) 사각나사의 경우이다.

사각나사의 종류	나사산높이 h
아르멘고드(Armengaurd)나사	$\frac{p}{2}$
언윈(Unwin)나사	$\frac{19p}{40}$
셀러(Seller)나사	$\frac{7p}{16}$

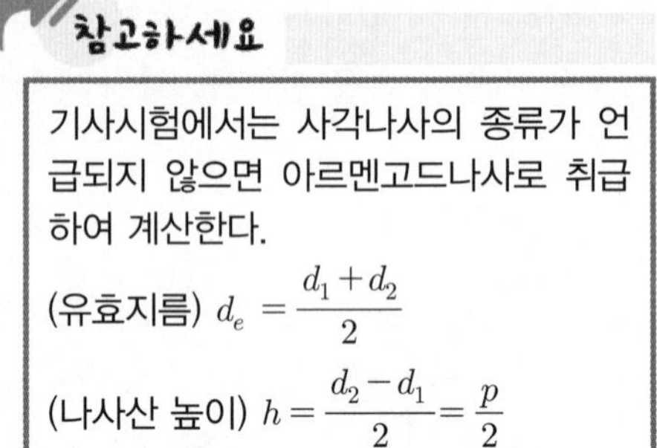
참고하세요

기사시험에서는 사각나사의 종류가 언급되지 않으면 아르멘고드나사로 취급하여 계산한다.

(유효지름) $d_e = \frac{d_1 + d_2}{2}$

(나사산 높이) $h = \frac{d_2 - d_1}{2} = \frac{p}{2}$

[표] 미터나사의 규격

볼트의 호칭	피치	골지름	유효지름	바깥지름
M 8	1.25	6.647	7.188	8.000
M10	1.5	8.376	9.026	10.000
M12	1.75	10.106	10.863	12.000
M14	2	11.835	12.701	14.000
M16	2	13.835	14.701	16.000
M18	2.5	15.294	16.376	18.000
M20	2.5	17.294	18.376	20.000

참고하세요

미터나사는 바깥지름(산지름), 골지름, 피치를 구하는 것이 아니고 표에서 주어진다.
기사시험에서는 미터나사의 경우 규격표가 주어지든지 피치, 유효지름, 골지름의 값을 정해준다.

참고하세요 마찰각 ρ와 마찰계수 μ의 관계 유도하기

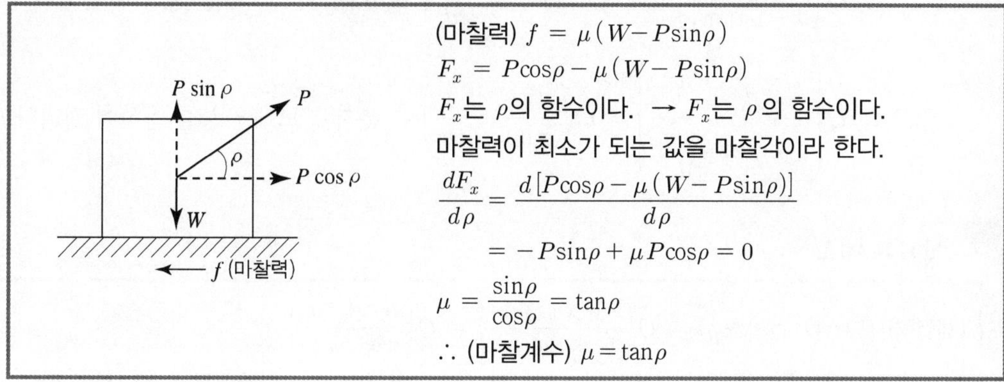

(마찰력) $f = \mu(W - P\sin\rho)$

$F_x = P\cos\rho - \mu(W - P\sin\rho)$

F_x는 ρ의 함수이다. → F_x는 ρ의 함수이다.

마찰력이 최소가 되는 값을 마찰각이라 한다.

$$\frac{dF_x}{d\rho} = \frac{d[P\cos\rho - \mu(W - P\sin\rho)]}{d\rho}$$

$$= -P\sin\rho + \mu P\cos\rho = 0$$

$$\mu = \frac{\sin\rho}{\cos\rho} = \tan\rho$$

∴ (마찰계수) $\mu = \tan\rho$

1-2 나사의 역학

1. 사각 나사에 작용하는 회전력 = 체결력 = 접선력(P)

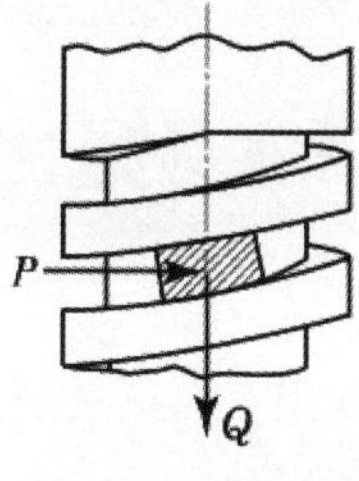

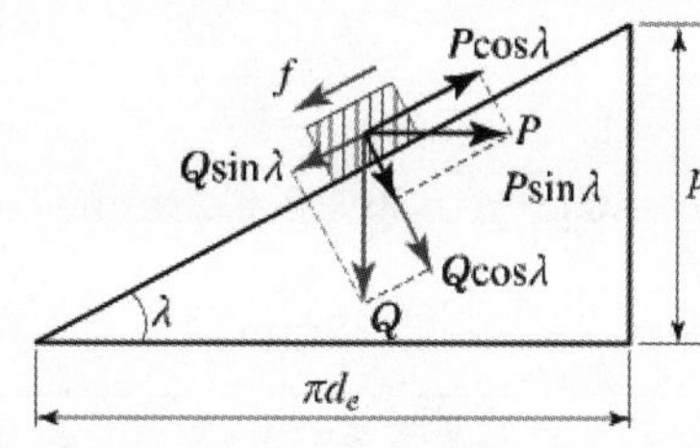

여기서, P : 회전력(=체결력=접선력=나사를 감는 힘)

Q : 축방향 하중

μ : 마찰계수($\tan\rho = \mu$)

ρ : 마찰각

경사면에서의 힘의 평형조건, $\Sigma F = 0$;

(마찰력) $f = \mu Q\cos\lambda + \mu P\ \sin\lambda$

$P\cos\lambda = \mu Q\cos\lambda + \mu P\sin\lambda + Q\sin\lambda$

$P\cos\lambda - \mu Q\cos\lambda - \mu P\sin\lambda - Q\sin\lambda = 0$

$P(\cos\lambda - \mu\sin\lambda) = Q(\sin\lambda + \mu\cos\lambda)$

$$P = Q\left(\frac{\sin\lambda + \mu\cos\lambda}{\cos\lambda - \mu\sin\lambda}\right)$$ ⇦ 분자, 분모에 $\cos\lambda$를 나누면

$$= Q\left(\frac{\tan\lambda + \mu}{1 - \mu\tan\lambda}\right) = Q\left(\frac{\tan\lambda + \tan\rho}{1 - \tan\rho\tan\lambda}\right)$$

윗 식에 삼각함수의 합공식을 적용 : $\tan(\alpha \pm \beta) = \dfrac{\tan\alpha \pm \tan\beta}{1 \mp \tan\alpha\tan\beta}$

$\therefore$ (나사의 체결력) $P = Q\tan(\rho+\lambda)$: → 사각나사에서 마찰각, 리드각이 주어진 경우

$P = Q\left(\dfrac{\tan\lambda+\mu}{1-\mu\tan\lambda}\right)$식에서, $\tan\lambda = \dfrac{p}{\pi d_e}$(1줄 나사의 경우)를 대입하면,

$$P = Q\left(\frac{\dfrac{p}{\pi d_e}+\mu}{1-\mu\times\dfrac{p}{\pi d_e}}\right) = Q\left(\frac{\mu\pi d_e+p}{\pi d_e-\mu p}\right)$$ ⇦ 분자 분모에 πd_e 를 곱하여 정리하면,

암기하세요

(체결력) $P = Q\tan(\lambda+\rho) = Q\left(\dfrac{\tan\lambda+\tan\rho}{1-\tan\rho\tan\lambda}\right) = Q\left(\dfrac{\mu\pi d_e+p}{\pi d_e-\mu p}\right)$

여기서, Q : 축방향하중, λ : 나선각, ρ : 마찰각, μ : 마찰계수, d_e : 평균직경, p : 나사의 피치

예제 1-1

4각 나사에서 바깥지름 d_2 =36mm, 피치 p =8mm, 나사산의 높이는 피치의 1/2, 나사면의 마찰계수 μ =0.12이고 축방향 하중은 30kN이 작용되고 있다. 이 나사의 체결력은 얼마인가[N]?

풀이 & 답

(체결력) $P = Q\tan(\lambda+\rho) = 30000\times\tan(4.55+6.84) = 6043.6124\text{N} = 6043.61\text{N}$

$h = \dfrac{d_2-d_1}{2} = \dfrac{p}{2}$

$p = d_2-d_1$, (골지름) $d_1 = d_2-p = 36-8 = 28\text{mm}$

(유효지름) $d_e = \dfrac{d_2+d_1}{2} = \dfrac{36+28}{2} = 32\text{mm}$

(리드각) $\lambda = \tan^{-1}\left(\dfrac{p}{\pi d_e}\right) = \tan^{-1}\left(\dfrac{8}{\pi\times32}\right) = 4.54986° = 4.55°$

(마찰각) $\rho = \tan^{-1}(\mu) = \tan^{-1}(0.12) = 6.84277° = 6.84°$

답 6043.61N

참고하세요

산업인력관리공단에서 시행하는 기사 시험에서는 소수 유효자리 셋째 자리에서 반올림하는 것을 원칙으로 하고 있습니다. 경우에 따라 시험문제에서 소수 처리를 따로 지정하는 경우는 해당 시험문제만 따로 소수 처리을 하면 됩니다.

※소수유효자리 셋째자리 반올림 예시 $0.1234567 = 0.12$
$0.0123456 = 0.012$
$0.0012345 = 0.0012$
$0.0005678 = 0.00057$

2. 나사에 작용하는 토크 T

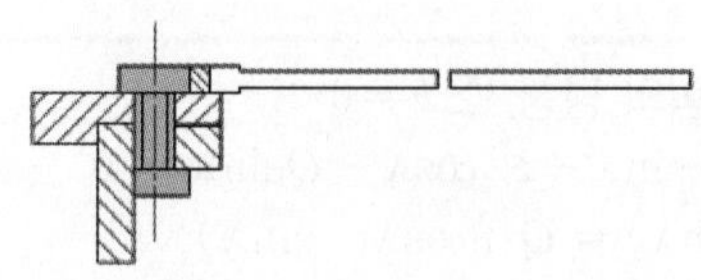

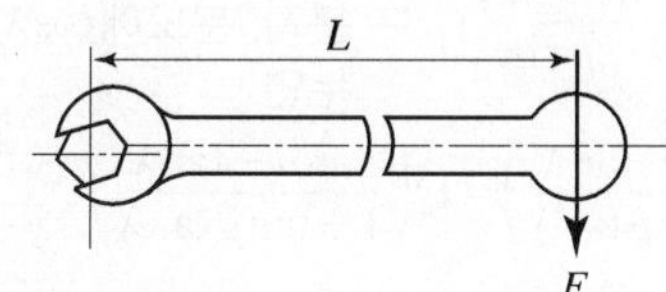

여기서, P : 나사의 체결력
Q : 축방향 하중
F : 레버를 돌리는 힘
L : 레버의 길이
μ : 마찰계수($\tan\rho = \mu$)
ρ : 마찰각
d_e : 유효직경 = 평균직경

$$T = P \times \frac{d_e}{2} = Q\tan(\lambda + \rho) \times \frac{d_e}{2} = Q\left(\frac{\mu\pi d_e + p}{\pi d_e - \mu P}\right) \times \frac{d_e}{2} \quad T = F \times L$$

암기하세요

(토크) $T = P \times \frac{d_e}{2} = Q \times \tan(\lambda + \rho) \times \frac{d_e}{2} = F \times L$

여기서, Q : 축방향 하중, λ : 나선각, ρ : 마찰각, μ : 마찰계수, d_e : 평균직경, p : 나사의 피치
F : 레버를 돌리는 힘, L : 레버의 길이

예제 1-2

사각 나사의 유효지름 25mm, 피치 3mm의 나사잭으로 50kN의 중량을 들어 올리려 할 때 다음을 구하라. 단, 레버를 돌리는 힘을 200N, 나사면의 마찰계수 0.15로 한다.

(1) 회전토크 T[N · m]　　　(2) 레버의 길이 L[mm]

풀이 & 답

(1) $T = P \times \frac{d_e}{2} = Q \times \tan(\lambda + \rho) \times \frac{d_e}{2}$

$$= 50000 \times \tan(2.19 + 8.53) \times \frac{25}{2} = 118320.946\text{Nmm}$$

$$= 118.32\text{N} \cdot \text{m}$$

(리드각) $\lambda = \tan^{-1}\frac{p}{\pi \times d_e} = \tan^{-1}\frac{3}{\pi \times 25} = 2.187° = 2.19°$

(마찰각) $\rho = \tan^{-1}\mu = \tan^{-1}0.15 = 8.5307° = 8.53°$

답 118.32N · m

(2) $T = FL$ 에서 $\therefore L = \frac{T}{F} = \frac{118320}{200} = 591.6\text{mm}$

답 591.6mm

참고하세요

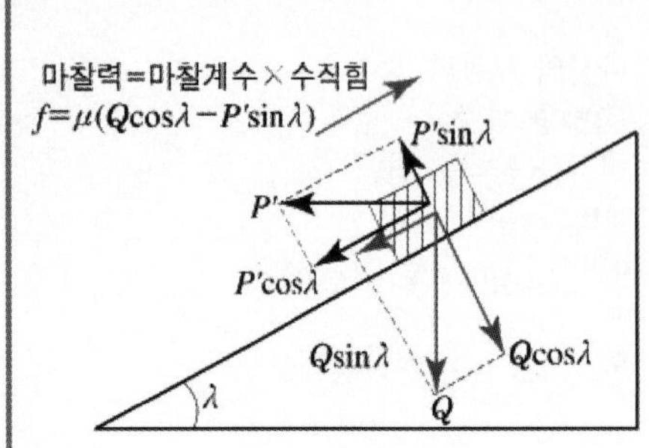

경사면에서의 힘의 평형, $\Sigma F=0$;

$\mu Q\cos\lambda - \mu P'\sin\lambda - P'\cos\lambda - Q\sin\lambda = 0$

$P'(\cos\lambda+\mu\sin\lambda) = Q(\mu\cos\lambda - \sin\lambda)$

$P' = Q\left(\dfrac{\mu\cos\lambda - \sin\lambda}{\cos\lambda+\mu\sin\lambda}\right)$ ⇦ 분자, 분모에 $\cos\lambda$를 나누면

$= Q\left(\dfrac{\mu-\tan\lambda}{1+\mu\tan\lambda}\right) = Q\left(\dfrac{\tan\rho-\tan\lambda}{1+\tan\rho\tan\lambda}\right)$

$= Q\tan(\rho-\lambda)$

$P' = Q\tan(\rho-\lambda)$

$P' = Q\left(\dfrac{\mu-\tan\lambda}{1+\mu\tan\lambda}\right)$식에서, $\tan\lambda = \dfrac{p}{\pi d_e}$(1줄나사의 경우)를 대입하면,

(나사의 해체력) $P' = Q\left(\dfrac{\mu - p/\pi d_e}{1+\mu p/\pi d_e}\right) = Q\left(\dfrac{\mu\pi d_e - p}{\pi d_e + \mu p}\right)$

3. 나사의 효율 η

$$\eta = \frac{\text{출력일(小)}}{\text{입력일(大)}} = \frac{Q\text{의 하중을 }p\text{만큼 올리기 위해 한 일}}{\text{나사를 1회전 시키기 위해 외력 }P\text{가 한일}}$$

$$= \frac{Q\cdot p}{P\pi d_e} = \frac{Q\times(\pi d_e\times\tan\lambda)}{Q\tan(\lambda+\rho)\times\pi d_e} = \frac{\tan\lambda}{\tan(\lambda+\rho)}$$ ············ 나사만 사용될 때 효율식

$$\eta = \frac{Q\cdot p}{P\pi d_e} = \frac{Q\cdot p}{2\times P\dfrac{d_e}{2}\times\pi} = \frac{Qp}{2\pi T}$$ ······································· 토크가 포함된 효율식

SI단위	공학단위
(입력동력) $H_{KW} = \dfrac{\text{출력동력}}{\text{나사효율}} = \dfrac{Q\times v}{\eta\times 1000}$ 여기서, Q : 축방향하중[N] v : 축방향하중이 움직이는 속도[m/s] H_{KW} : 입력동력[kW]	(입력동력) $H_{PS} = \dfrac{\text{출력동력}}{\text{나사효율}} = \dfrac{Q\times v}{\eta\times 75}$ (입력동력) $H_{KW} = \dfrac{\text{출력동력}}{\text{나사효율}} = \dfrac{Q\times v}{\eta\times 102}$ 여기서, Q : 축방향하중[kgf] v : 축방향하중이 움직이는 속도[m/s] H_{PS} : 입력동력[PS] H_{KW} : 입력동력[kW]

암기하세요

(나사의 효율) $\eta = \dfrac{\tan\lambda}{\tan(\lambda+\rho)} = \dfrac{Qp}{2\pi T}$

(나사의 효율) $\eta = \dfrac{Qp}{2\pi T}$

여기서, λ : 나선각　　ρ : 마찰각
Q : 축방향하중　　p : 피치
T : 비틀림모멘트

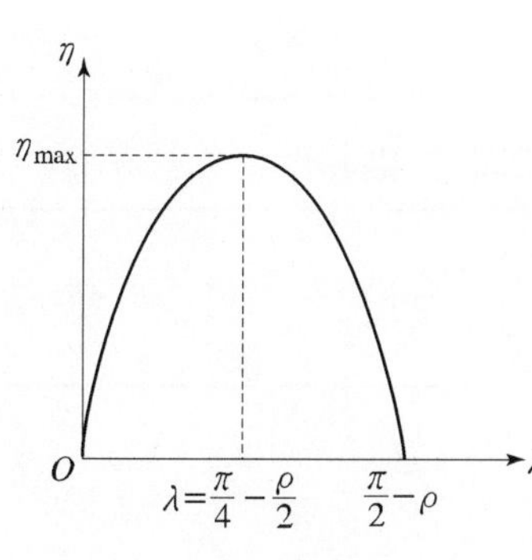

여기서, λ : 리드각
ρ : 마찰각
η : 나사의 효율

(나사의 효율) $\eta = \dfrac{\tan\lambda}{\tan(\lambda+\rho)}$은 마찰각 ρ는 마찰계수에 의해 결정되는 재질의 특성값으로 상수 취급할 수 있다. 즉 나사의 효율은 리드각 λ의 함수이다.

$\eta = 0$이 될 때의 $\lambda = 0$ 또는 $\lambda = \dfrac{\pi}{2} - \rho$. 그러므로 η을 최대로 하는 λ은 0과 $\dfrac{\pi}{2} - \rho$의 중간에 존재한다.

- (효율을 최대로 하는 리드각) $\lambda = \dfrac{\pi}{4} - \dfrac{\rho}{2}$ 이다.

운동전달용 나사는 나사의 효율이 높은 나사가 좋고 체결용 나사는 나사의 효율이 낮은 나사가 좋다.

- 나사의 자립조건(Self locking condition)

나사의 자립조건이란 나사가 스스로 풀리지 않을 조건으로 나사를 풀기 위하여 힘을 주어야 하는 경우이다.
이 조건은 (나사를 풀기위한 접선방향의 회전력)$P' = Q\tan(\rho - \lambda)$이 0보다 클 때 이므로
① $P' > 0$이면 나사를 푸는데 힘이 필요하다. $\rho > \lambda$
② $P' = 0$이면 나사가 풀리다가 어느 지점에서 멈춘다. $\rho = \lambda$
③ $P' < 0$이면 나사를 푸는데 힘이 들지 않고 저절로 풀린다. $\rho < \lambda$
그러므로 나사가 저절로 풀리지 않을 조건은 $P' \geq 0$은 $\rho \geq \lambda$이다.

나사의 자립조건은 $\rho \geq \lambda$

- 자립조건을 만족하기 위한 나사의 효율

$\rho = \lambda$, 일 때 $\eta = \dfrac{\tan\lambda}{\tan(\lambda+\rho)} = \dfrac{\tan\lambda}{\tan(\lambda+\lambda)} = \dfrac{\tan\lambda(1-\tan^2\lambda)}{2\tan\lambda}$

$$= \frac{1}{2} - \frac{1}{2}\tan^2\lambda = \frac{1}{2}(1-\tan^2\lambda)$$

$\eta = \dfrac{1}{2}(1-\tan^2\lambda)$에서 η는 $\dfrac{1}{2}$클 수 없음으로

자립조건을 만족하기 위한 나사의 효율은 $\eta < 50\%$ 즉 자립조건을 만족하려면 나사의 효율은 50% 미만이 되어야 된다.

예제 1-3

나사부의 마찰계수가 0.2로 동일한 운동전달용 나사 2개가 있다.

나사 A는 유효지름이 6mm, 피치0.8mm

나사 B는 유효지름이 8mm, 피치1.0mm

다음 물음에 답하여라.

(1) 나사 A의 효율과 나사 B의 효율을 각각 구하여라.

(2) 운동전달용 나사를 사용할 때 나사 A와 나사 B중 어떤 나사를 선택하여야 할지 결정하고, 선택한 이유를 쓰시오.

풀이 & 답

(1) **나사 A**

(마찰각) $\rho = \tan^{-1}\mu = \tan^{-1}0.2 = 11.309° = 11.31°$

(리드각) $\lambda = \tan^{-1}\dfrac{p}{\pi \times d_e} = \tan^{-1}\dfrac{0.8}{\pi \times 6} = 2.43° = 2.43°$

(A나사의 효율) $\eta_A = \dfrac{\tan\lambda}{\tan(\lambda + \rho)} = \dfrac{\tan 2.43}{\tan(2.43 + 11.31)} = 0.173556 = 17.36\%$

나사 B

(마찰각) $\rho = \tan^{-1}\mu = \tan^{-1}0.2 = 11.309° = 11.31°$

(리드각) $\lambda = \tan^{-1}\dfrac{p}{\pi \times d_e} = \tan^{-1}\dfrac{1}{\pi \times 8} = 2.278° = 2.28°$

(B나사의 효율) $\eta_B = \dfrac{\tan\lambda}{\tan(\lambda + \rho)} = \dfrac{\tan 2.28}{\tan(2.28 + 11.31)} = 0.164699 = 16.47\%$

답 $\eta_A = 17.36\%$
$\eta_B = 16.47\%$

(2) 나사의 효율이 높다는 의미는 외부 토크에 의해 축방향으로 많이 이동한다는 것을 의미한다, 즉 운동전달용 나사를 선택할 때는 효율이 높은 나사가 좋고 체결용나사일 때는 나사의 효율이 낮은 나사를 선택한다.

답 **나사 A 선택**
$\eta_A > \eta_B$

예제 1-4

사각나사의 마찰계수가 μ =0.12일 때 다음 물음에 답하여라.

(1) 자립상태에서의 나사효율을 구하여라.

(2) 나사가 자립조건을 유지하려면 나선각의 크기를 구하여라.

풀이 & 답

(1) $\eta = \frac{1}{2}(1-\tan^2\lambda) = \frac{1}{2}(1-\tan^2\rho) = \frac{1}{2}(1-\tan^2 6.84) = 0.4928 = 49.28\%$

(마찰각) $\rho = \tan^{-1}\mu = \tan^{-1}0.12 = 6.84°$

답 49.28%

(2) 나사의 자립조건은 $\rho \geq \lambda$, $6.84° \geq \lambda$

(나선각) λ은 6.84° 보다 작아야 된다.

답 $6.84 \geq \lambda$

예제 1-5

사각나사의 유효지름이 46mm인 1줄 사각나사를 50mm전진시키는데 5회전 하였다. 축방향 하중 3kN이 작용하고 있다. 사각나사 마찰계수가 0.12일 때 다음을 구하시오.

(1) 나사의 피치(mm)를 구하여라.
(2) 나사의 체결력(N)을 구하여라.
(3) 나사의 효율(%)을 구하여라.

풀이 & 답

(1) $p = \frac{50\text{mm}}{5\text{회전}} = \frac{10\text{mm}}{1\text{회전}} = 10\text{mm}$

답 10mm

(2) (체결력) $P = Q\tan(\lambda+\rho) = 3000 \times \tan(3.96+6.84) = 572.2806\text{N} = 572.28\text{N}$

(리드각) $\lambda = \tan^{-1}\frac{p}{\pi \times d_e} = \tan^{-1}\frac{10}{\pi \times 46} = 3.95843° = 3.96°$

(마찰각) $\rho = \tan^{-1}\mu = \tan^{-1}0.12 = 6.84277° = 6.84°$

답 572.28N

(3) (나사의 효율) $\eta = \frac{\tan\lambda}{\tan(\lambda+\rho)} = \frac{\tan(3.96)}{\tan(3.96+6.84)} = 0.36289173 = 36.29\%$

답 36.29%

참고하세요

산업인력관리공단에서 시행하는 기사 시험에서는 소수 셋째 자리에서 반올림하는 것을 원칙으로 하고 있습니다. 경우에 따라 시험문제에서 소수 처리를 따로 지정하는 경우는 해당 시험문제만 따로 소수 처리을 하면 됩니다.

예제 1-6

사각나사의 외경 $d=50$mm로서 25mm 전진시키는데 2.5회전하였고 25mm 전진하는데 1초의 기간이 걸렸다. 하중 Q를 올리는데 쓰인다. 나사 마찰계수가 0.3일 때 다음을 계산하라.(단, 나사의 유효지름은 $0.74d$로 한다.)

(1) 너트에 110mm길이의 스패너를 25N의 힘으로 돌리면 몇 kN의 하중을 올릴 수 있는가?
(2) 나사의 효율은 몇 %인가?
(3) 나사를 전진하는데 필요한 동력을 구하여라 [kW]?

풀이 & 답

(1) $T = Q\times\tan(\lambda+\rho)\times\dfrac{d_e}{2} = F\times L$에서

(축방향하중) $Q = \dfrac{F\times L}{\tan(\lambda+\rho)\times\dfrac{d_e}{2}} = \dfrac{25\times110}{\tan(4.92+16.7)\times\dfrac{37}{2}}$

$= 375.06107\text{N} = 0.38\text{KN}$

(리드) $l = p = \dfrac{25}{2.5} = 10\text{mm}$

(유효지름) $d_e = 0.74d = 0.74\times50 = 37\text{mm}$

(리드각) $\lambda = \tan^{-1}\dfrac{p}{\pi\times d_e} = \tan^{-1}\dfrac{10}{\pi\times37} = 4.91703° = 4.92°$

(마찰각) $\rho = \tan^{-1}\mu = \tan^{-1}0.3 = 16.6992° = 16.7°$

답 0.38kN

$T=F\times l = Q\times\dfrac{\mu\pi d_e+p}{\pi d_e-\mu p}\times\dfrac{d_e}{2}$, $25\times110 = Q\times\dfrac{0.3\times\pi\times37+10}{\pi\times37-0.3\times10}\times\dfrac{37}{2}$

$Q=375.13\text{N} \fallingdotseq 0.38\text{kN}$

이렇게 풀어도 됩니다. 산업인력공단에서는 소수자리 처리에 따라 달라지는 값의 대한 오차를 범위를 정해 놓고 채점하기 때문에 수식에서 어떤 식을 사용하든 오차 범위에만 정답이 있으면 정답으로 인정합니다.
또한 위 문제 동력의 소수 처리 부분은 $H_{KW}=0.043021\text{kW}$ 0.043201에서 소수세째자리에서 반올림하면 0.04가 됩니다. 하지만 소수 유효자리 셋째자리 반올림하여 정답은 0.043으로 처리 하여야 됩니다.
소수유효자리 셋째자리에서 반올림하여 계산합니다.
예시) $0.1234567=0.12$
$0.0123456=0.012$
$0.0012345=0.0012$
$0.0005678=0.00057$

(2) $\eta = \frac{Qp}{2\pi T} = \frac{380 \times 10}{2 \times \pi \times (25 \times 110)} = 0.2199231 = 21.99\%$

답 21.99%

(3) (입력동력) $H_{KW} = \frac{Q \times v}{\eta \times 1000} = \frac{380 \times 0.025}{0.2199 \times 1000} = 0.043201 = 0.043\text{kW}$

(속도) $v = \frac{25\text{mm}}{1\text{sec}} = 0.025 \frac{\text{m}}{\text{sec}}$

답 0.043kW

1-3 나사의 설계

1. 볼트의 설계

(1) 축방향 하중만 받는 경우(훅, 아이볼트)

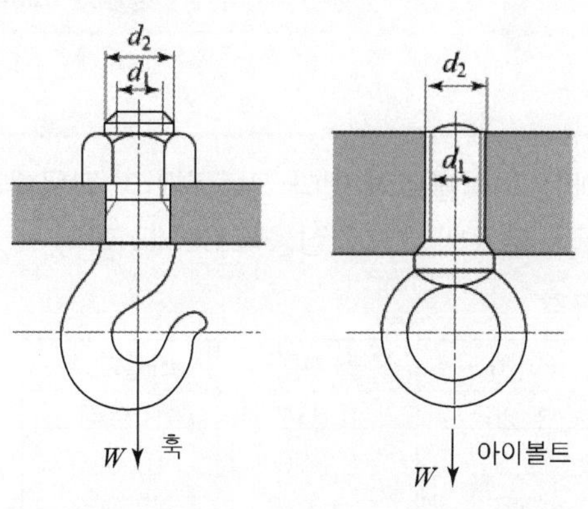

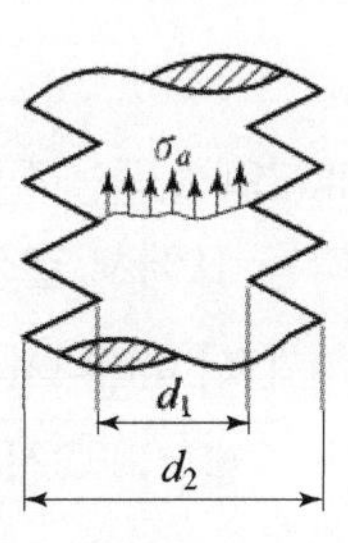

여기서,
W : 축방향의 하중
d_1 : 나사의 골 지름
$d_2 = d$: 나사의 산지름 = 호칭지름
σ_a : 나사부의 허용인장응력
σ_u : 극한강도
S : 안전율

$$\sigma_a = \frac{\sigma_u}{s} = \frac{W}{A} \Rightarrow \sigma_a = \frac{W}{A} = \frac{W}{\frac{\pi d_1^2}{4}}$$

$$\therefore \text{(골지름) } d_1 = \sqrt{\frac{4W}{\pi \sigma_a}} = \sqrt{\frac{4WS}{\pi \sigma_u}}$$

참고하세요

$d_1 = 0.8 d_2$(실험식)이므로,

$$\therefore \text{(호칭지름 = 산지름) } d_2 = \sqrt{\frac{1}{0.8^2} \frac{4W}{\pi \sigma_a}} \fallingdotseq \sqrt{\frac{2W}{\sigma_a}}$$

기사시험문제에서 골지름을 구한 다음 나사의 호칭을 구하는 문제는 ks규격의 골지름이 주어진다. 계산에 의한 골지름보다 처음으로 큰 골지름을 가지는 KS규격의 나사를 선정하면 된다. KS규격이 주어지지 않고 나사의 호칭을 구하고자 할 때는 $d_2 = \sqrt{\frac{2W}{\sigma_a}}$ 로 구하면 된다.

예제 1-7

연강제를 사용한 훅(hook)에 하중 3kN을 지지하려면, 훅 나사부의 호칭 지름은 몇 mm이어야 하는가? (단, 허용 인장응력 σ_t =6MPa이다.)

풀이 & 답

$$d = \sqrt{\frac{2Q}{\sigma_t}} = \sqrt{\frac{2 \times 3 \times 10^3}{6}} = 31.62277\text{mm} = 31.62\text{mm}$$

답 31.62mm

예제 1-8

아래그림과 같이 무게 4kN의 하중을 달아매는 아이볼트가 있다. 인장력만이 작용할 때 아이볼트의 호칭(d)을 다음 표에서 결정하라. 볼트의 허용인장응력 60MPa이다.

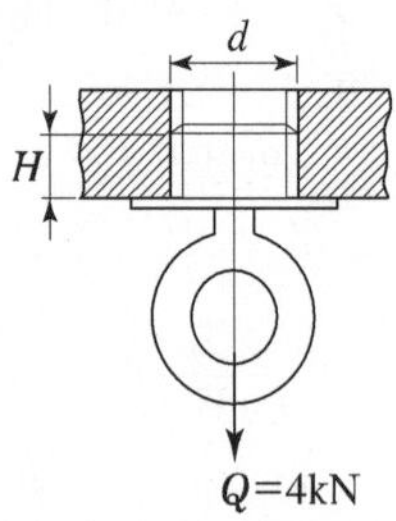

[표] 미터나사의 규격

볼트의 호칭	피치	골지름	바깥지름
M 8	1.25	6.647	8.000
M10	1.5	8.376	10.000
M12	1.75	10.106	12.000
M14	2	11.835	14.000
M16	2	13.835	16.000
M18	2.5	15.294	18.000
M20	2.5	17.294	20.000

풀이 & 답

$$(\text{골지름})\ d_1 = \sqrt{\frac{4W}{\pi\sigma_a}} = \sqrt{\frac{4 \times 4000}{\pi \times 60}} = 9.21317\text{mm} = 9.21\text{mm}$$

표로부터 골지름 9.21보다 큰 10.106을 선택(직상위값 선택), M12를 선정한다.

답 M12

(2) 축방향 하중과 비틀림을 동시에 받는 경우(나사잭, 나사프레스)

축방향 하중 : W_s

비틀림 하중 : $W_T \fallingdotseq \frac{1}{3}W_s$ (즉, 비틀림 하중은 축 하중의 $\frac{1}{3}$으로 계산)

실제하중 $W = W_s + W_T = W_s + \frac{W_s}{3} = \frac{4W_s}{3}$

$$\therefore d_2 = \sqrt{\frac{2W}{\sigma_a}} = \sqrt{\frac{2 \times 4W_s}{3\sigma_a}} = \sqrt{\frac{8W_s}{3\sigma_a}}$$

(나사호칭지름) $d_2 = \sqrt{\frac{8W_s}{3\sigma_a}}$

참고하세요

> 축방향하중과 비틀림을 동시에 받는 경우 (나사호칭지름) $d_2 = \sqrt{\frac{8W_s}{3\sigma_a}}$ 사용하는 경우는 허용인장응력 σ_a만이 주어질 때 사용하는 식이다.

예제 1-9

1.5ton의 중량을 올리는 나사잭의 나사의 외경을 몇 mm로 설계하여야 되는가? (단, 나사의 허용인장응력은 6kgf/mm^{2}이고 나사잭은 축방향 하중과 비틀림하중을 동시에 받고 있다)

풀이 & 답

$$d_2 = \sqrt{\frac{8W_s}{3\sigma_a}} = \sqrt{\frac{8 \times 1500}{3 \times 6}} = 25.81988\text{mm} = 25.82\text{mm}$$

답 25.82mm

(3) 축하중과 비틀림(또는 전단하중)이 동시에 작용할 때

① 최대 주응력설에 의한 설계(합성 인장응력)

$$\sigma_{max} = \frac{\sigma_x + \sigma_y}{2} + \sqrt{(\frac{\sigma_x - \sigma_y}{2})^2 + \tau_{xy}^2}$$

$\sigma_x = \sigma, \sigma_y = 0, \tau_{xy} = \tau$를 대입하여 정리하면,

$$\sigma_{max} = \frac{\sigma}{2} + \sqrt{\left(\frac{\sigma}{2}\right)^2 + \tau^2}$$

② 최대 전단응력설에 의한 설계(합성 전단응력)

$\tau_{max} = \sqrt{(\frac{\sigma_x - \sigma_y}{2})^2 + \tau_{xy}^2}$ 이므로, 같은 방법으로

$\tau_{max} = \sqrt{\left(\frac{\sigma}{2}\right)^2 + \tau^2}$

여기서, $\sigma = \frac{W}{\pi d_1^2/4}$, $\tau = \frac{T}{Z_P} = \frac{T_2}{\pi d_1^3/16}$ 또는 τ =전단하중에 의한 응력

예제 1-10

아래 그림과 같은 삼각 bracket을 벽에 고정시키기 위해 M18볼트 3개를 사용하였다. 1개의 볼트의 생기는 최대수직응력 σ_{max}[kgf/mm^2]을 최대주응력설에 의해 구하시오.

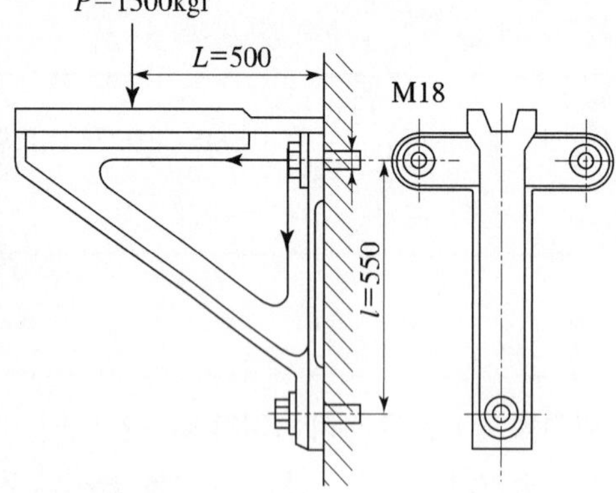

[표] 미터나사의 규격

볼트의 호칭	피치	골지름	바깥지름
M 8	1.25	6.647	8.000
M10	1.5	8.376	10.000
M12	1.75	10.106	12.000
M14	2	11.835	14.000
M16	2	13.835	16.000
M18	2.5	15.294	18.000
M20	2.5	17.294	20.000

풀이 & 답

$\Sigma M_o = 0$

$P \cdot L = 2Q_B \cdot l$, $1500 \times 500 = 2 \times Q_B \times 550$

$Q_B = 681.8181\text{kgf} = 681.82\text{kgf}$

$$\sigma_{tB} = \frac{Q_B}{\frac{\pi d_1^2}{4}} = \frac{681.82}{\frac{\pi \times 15.294^2}{4}} = 3.711\text{kgf/mm}^2 = 3.71\text{kgf/mm}^2$$

$$\tau_B = \frac{\frac{P}{3}}{\frac{\pi d_1^2}{4}} = \frac{\frac{1500}{3}}{\frac{\pi \times 15.294^2}{4}} = 2.7216\text{kgf/mm}^2 = 2.72\text{kgf/mm}^2$$

$$\sigma_{max} = \frac{\sigma_{tB}}{2} + \sqrt{\left(\frac{\sigma_{tB}}{2}\right)^2 + \tau_B^2} = \frac{3.71}{2} + \sqrt{\left(\frac{3.71}{2}\right)^2 + 2.72^2}$$

$$= 5.1473\text{kgf/mm}^2 = 5.15\text{kgf/mm}^2$$

답 5.15kgf/mm^2

예제 1-11

다음 그림과 같은 브래킷을 M20 볼트 3개로 고정시킬 때 1개의 볼트에 생기는 허용인장응력이 σ_a =6kgf/mm², 허용전단응력이 τ_a =4kgf/mm²일 때 허용하중[kgf]은 얼마인가?

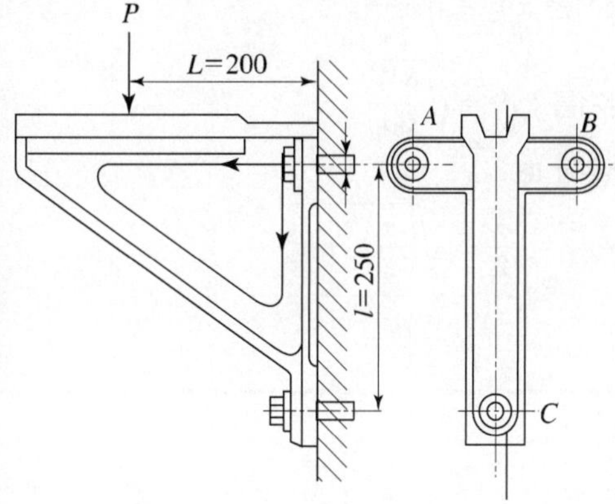

[표] 미터나사의 규격

볼트의 호칭	피치	골지름	바깥지름
M 8	1.25	6.647	8.000
M10	1.5	8.376	10.000
M12	1.75	10.106	12.000
M14	2	11.835	14.000
M16	2	13.835	16.000
M18	2.5	15.294	18.000
M20	2.5	17.294	20.000

풀이 & 답

$$\Sigma M_o = 0,\ P \times L = 2Q_B \times l,\ Q_B = \frac{P \times 200}{2 \times 250} = \frac{2P}{5}$$

$$\sigma_{tB} = \frac{Q_B}{\frac{\pi d_1^2}{4}} = \frac{\frac{2P}{5}}{\frac{\pi \times 17.294^2}{4}} = 0.00170286P\,[\text{kgf/mm}^2] = 0.0017\text{P}\,[\text{kgf/mm}^2]$$

$$\tau_B = \frac{\frac{P}{3}}{\frac{\pi d_1^2}{4}} = \frac{\frac{P}{3}}{\frac{\pi \times 17.294^2}{4}} = 0.001419P\,[\text{kgf/mm}^2] = 0.0014\text{P}\,[\text{kgf/mm}^2]$$

$$\sigma_{max} = \frac{\sigma_{tB}}{2} + \sqrt{\left(\frac{\sigma_{tB}}{2}\right)^2 + \tau_B^2},\ 6 = \frac{0.0017P}{2} + \sqrt{\left(\frac{0.0017P}{2}\right)^2 + (0.0014P)^2}$$ 에서

최대수직응력설에 의한 하중 $P = 2411.7365\text{kgf} = 2411.74\text{kgf}$

$$\tau_{max} = \sqrt{\left(\frac{\sigma_{tB}}{2}\right)^2 + \tau_B^2},\ 4 = \sqrt{\left(\frac{0.0017P}{2}\right)^2 + (0.0014P)^2}$$ 에서

최대전단응력설에 의한 하중은 $P = 2442.25004\text{kgf} = 2442.25\,\text{kgf}$

그러므로 둘 중 작은 하중인 $P = 2411.74\text{kgf}$ 최대 안전하중이다.

답 2411.74kgf

암기하세요

- 축하중만 작용할 때

  ① 골지름 : $d_1 = \sqrt{\frac{4W}{\pi\sigma_a}}$ ② 산지름 : $d_2 = \sqrt{\frac{2W}{\sigma_a}}$

- 축하중과 비틀림 하중이 동시에 작용 때의 산지름 : $d_2 = \sqrt{\frac{8W_s}{3\sigma_a}}$
- 축하중과 비틀림(또는 전단하중)이 동시에 작용할 때

  ① 최대 주응력설에 의한 합성 인장응력 : $\sigma_{\max} = \frac{\sigma}{2} + \sqrt{\left(\frac{\sigma}{2}\right)^2 + \tau^2}$

  ② 최대 전단응력설에 의한 합성 전단응력 : $\tau_{\max} = \sqrt{\left(\frac{\sigma}{2}\right)^2 + \tau^2}$

2. 너트의 높이 설계

(1) 사각나사 경우

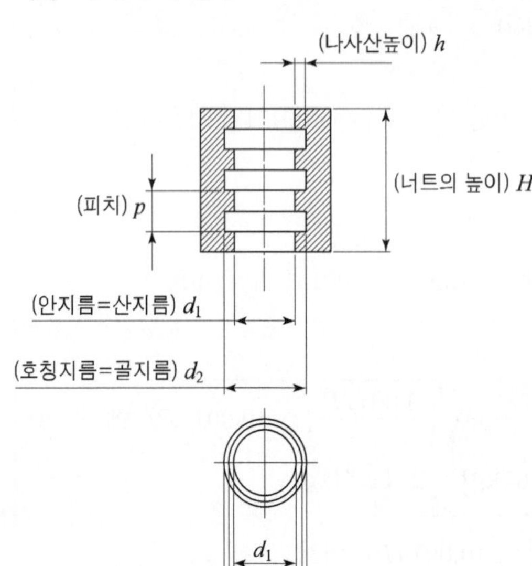

[암나사기준]

H : 너트의 높이(암나사부의 길이)

$$H = p \times Z$$

p : 피치

Z : 나사산 개수

d_1 : 산지름=안지름

d_2 : 바깥지름=호칭지름

d_e : 유효지름=평균지름

$$d_e = \frac{d_2 + d_1}{2}$$

h : 나사산 높이

$$h = \frac{d_2 - d_1}{2}$$

q_a : 허용접촉 면압력 단위[Pa=N/m²], [kgf/mm²]

$$q_a = \frac{Q}{A} = \frac{Q}{\frac{\pi}{4}(d_2^2 - d_1^2) \times Z} = \frac{Q}{\pi d_e h \times Z}$$

(나사산 개수) $Z = \frac{Q}{\frac{\pi}{4}(d_2^2 - d_1^2) \times q_a} = \frac{Q}{\pi d_e h \times q_a}$

[표] 허용 접촉압력

재료		q[kgf/mm²]	
볼트	너트	결합용	전동용
연강	연강 또는 청동	3.0	1.0
경강	경강 또는 청동	4.0	1.3
강	주철	1.5	0.5

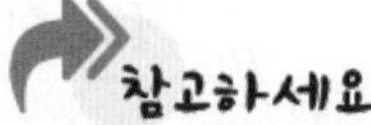

참고하세요

나사의 허용접촉압력 q_a은 볼트와 너트의 재질에 의해 결정되는 값으로 허용접촉압력보다 큰 접촉압력이 발생되면 나사체결이 파손될 수 있다.

암기하세요 사각나사의 경우 너트의 높이

(너트의 높이) $H = p \times Z = p \times \dfrac{Q}{\frac{\pi}{4}(d_2^2 - d_1^2) \times q_a}$

(너트의 높이) $H = p \times Z = p \times \dfrac{Q}{\pi d_e h \times q_a}$

(2) 삼각나사의 경우

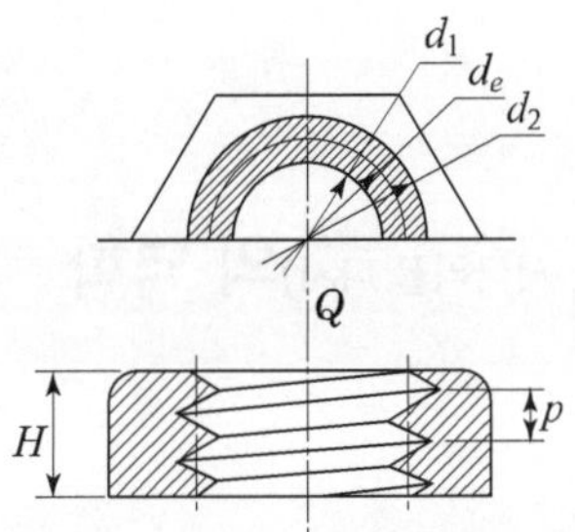

암기하세요 삼각나사의 경우 너트의 높이

(너트의 높이) $H = p \times Z = p \times \dfrac{Q}{\pi d_e h \times q_a}$

삼각나사의 경우 평균지름 d_e과 나사산 높이 h가 Ks 규격으로 주어진다.

예제 1-12

아래 그림과 같은 압력용기에서 압력에 의한 전체 하중이 90KN이 작용하며, 용기의 뚜껑을 6개의 볼트로 결합 할 때 너트의 높이[mm]를 구하여라. (단, 볼트의 재질은 강, 너트의 재질은 주철이다. 볼트는 M16을 사용하였고, M16볼트의 피치는 2mm, 나사산 높이는 1.083mm, 유효지름은 14.701mm이다)

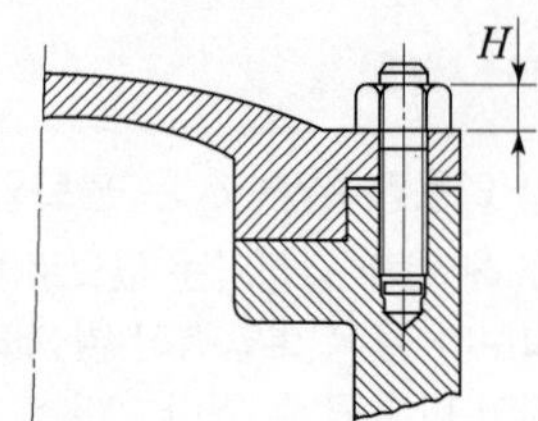

[표] 허용 접촉압력

재료		q[kgf/mm²]	
볼트	너트	결합용	전동용
연강	연강 또는 청동	3.0	1.0
경강	경강 또는 청동	4.0	1.3
강	주철	1.5	0.5

(너트의 높이) $H = p \times Z = p \times \dfrac{Q}{\pi d_e h \times q_a} = 2 \times \dfrac{1530.61}{\pi \times 14.701 \times 1.083 \times 1.5}$

$= 40.8016\text{mm} = 40.8\text{mm}$

(볼트 하나에 작용하는 축방향 하중) $Q = \dfrac{90000}{6} = 15000\text{N}$

$= 1530.6122\text{kgf} = 1530.61\text{kgf}$

볼트는 강, 너트는 주철을 사용하였고 결합용이므로

(허용 접촉면압력) $q_a = 1.5\text{kgf/mm}^2$

답 40.8mm

1-4 나사산의 각을 가지는 나사(삼각나사, 사다리꼴 나사)의 역학

1. 나사의 종류

(1) 체결용 나사(=삼각나사)

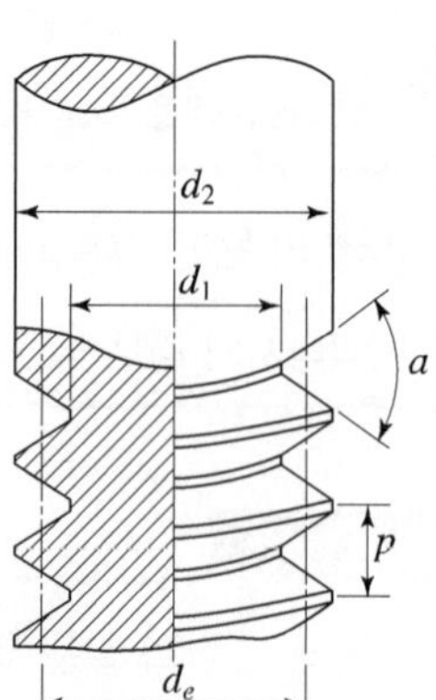

① 미터나사(M) : 호칭치수 mm 단위,
나사산각=나사각 $\alpha = 60°$

② 유니파이 보통나사 : ABC 나사, 호칭치수 in 단위,
나사각 $\alpha = 60°$

③ 관용나사 : 호칭치수 in 단위, 나사각 $\alpha = 55°$
- 관용 평행 나사(PF), 관용 평행 암나사(PS)
- 관용 테이프나사(PT)

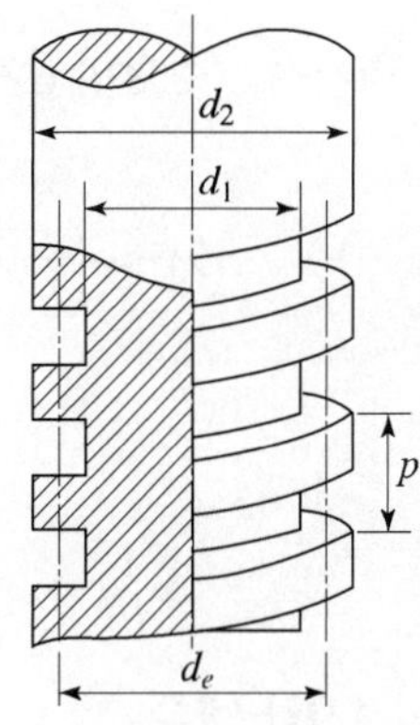

(2) 운동용 나사

① 사각나사(=각 나사), 나사산각=나사각 $\alpha = 0°$

$$d_e = \frac{(d_1 + d_2)}{2},\ h = \frac{p}{2}$$

② 사다리꼴 나사(=애크미나사)

- 미터계사다리꼴 나사(TM) : 나사산각 $\alpha = 30°$
- 인치계사다리꼴 나사(TW) : 나사산각 $\alpha = 29°$

(3) 나사의 표시방법

① 미터계의 경우

나사의 종류	나사의 호칭지름	×	피 치

예) M5

➡ M : 미터 보통나사, 5 : 나사의 호칭지름(외경) 5mm,

예) M3 × 0.5

➡ 미터 가는나사 호칭지름 = 외경 3mm, 피치는 0.5mm 나사

예) TM10

➡ TM : 30° 사다리꼴 보통나사, 10 : 나사의 호칭지름(외경) 10mm

② 유니파이 나사의 경우

나사의 지름을 표시하는 숫자 또는 호칭	-	산 수	나사의 종류를 나타내는 기호

예) 유니파이 보통나사(UNC)

3/4 − 36UNC ➡ 호칭지름 = 외경 3/4inch, 피치 : $p = \frac{거리}{산수} = \frac{25.4}{36}\text{mm}$

예) 유니파이 가는나사(UNF)

3/8 − 16UNF ➡ 호칭지름 = 외경 3/8inch, 피치 : $p = \frac{거리}{산수} = \frac{25.4}{16}\text{mm}$

2. 삼각나사의 상당 마찰계수

① 나사에 작용되는 마찰력 f

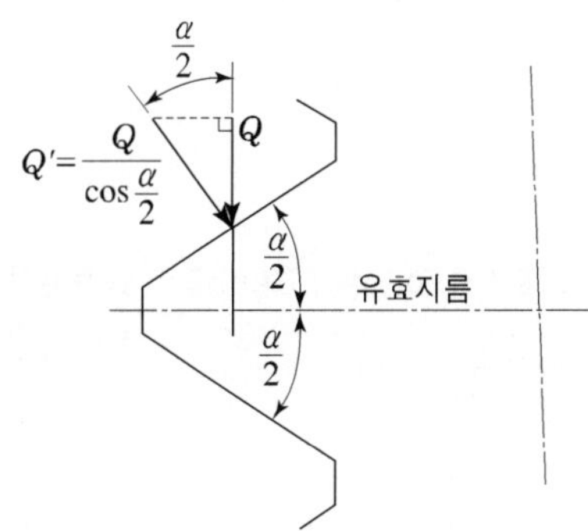

Q' : 접촉면에 수직한 힘

Q : 축방향 하중

α : 나사산의 각

μ : 나사의 마찰계수

$$(\text{마찰력})f = \mu Q' = \mu \frac{Q}{\cos\frac{\alpha}{2}} = \frac{\mu}{\cos\frac{\alpha}{2}} Q = \mu' Q$$

여기서, (상당마찰계수) $\mu' = \dfrac{\mu}{\cos\dfrac{\alpha}{2}}$

(상당마찰각) $\rho' = \tan^{-1}\mu' = \tan^{-1}\left(\dfrac{\mu}{\cos\dfrac{\alpha}{2}}\right)$

$$\tan\rho' = \mu' = \frac{\mu}{\cos\frac{\alpha}{2}}$$

암기하세요

나사산각 α을 가지는 나사의 역학은 사각나사의 μ대신 μ'을 사용, ρ 대신 ρ'을 사용하면 된다.

$\tan\rho' = \mu' = \dfrac{\mu}{\cos\dfrac{\alpha}{2}}$ 여기서, μ' : 상당마찰계수, ρ' : 상당마찰각 α : 나사산각

② 나사의 회전력 : $P = Q\tan(\lambda+\rho') = Q\left(\dfrac{p+\mu'\pi de}{\pi de - \mu' p}\right)$

③ 회전토크 : $T = P \times \dfrac{d_e}{2} = Q\tan(\lambda+\rho') \times \dfrac{d_e}{2}$

④ 효율 : (나사의 효율) $\eta = \dfrac{\tan\lambda}{\tan(\lambda+\rho')} = \dfrac{Qp}{2\pi T}$

(나사의 효율) $\eta = \dfrac{Qp}{2\pi T}$

예제 1-13

M24나사를 이용하여 축방향 하중이 1000kgf, 작용할 때 다음 물음에 답하여라. (단, M24의 유효지름은 22.051mm, 피치는 3mm, 나사의 마찰계수는 0.1이다.)

(1) 나사를 조일 경우의 체결력을 구하여라.[kgf]

(2) 나사를 체결하고자 길이가 100mm인 스패너를 사용하였다. 스패너에 가해야 될 회전력[kgf]을 구하여라.

(3) 나사의 효율을 구하여라.

풀이 & 답

(1) (체결력) $P = Q\tan(\lambda+\rho') = 1000\times\tan(2.48+6.59) = 159.637 = 159.64\text{kgf}$

(리드각) $\lambda = \tan^{-1}\left(\dfrac{p}{\pi d_e}\right) = \tan^{-1}\left(\dfrac{3}{\pi\times 22.051}\right) = 2.4796° = 2.48°$

(상당마찰각) $\rho' = \tan^{-1}\left(\dfrac{\mu}{\cos\dfrac{\alpha}{2}}\right) = \tan^{-1}\left(\dfrac{0.1}{\cos\dfrac{60}{2}}\right) = 6.58677° = 6.59°$

답 159.64kgf

(2) $T = P \times \dfrac{d_e}{2} = F \times L$에서

(스패너의 회전력) $F = \dfrac{P \times \dfrac{d_e}{2}}{L} = \dfrac{159.64 \times \dfrac{22.051}{2}}{100} = 17.6011\text{kgf} = 17.6\text{kgf}$

답 17.6kgf

(3) $\eta = \dfrac{\tan\lambda}{\tan(\lambda+\rho')} = \dfrac{\tan 2.48}{\tan(2.48+6.59)} = 0.271305 = 27.13\%$

답 27.13%

(상당마찰계수) $\mu' = \left(\dfrac{\mu}{\cos\dfrac{\alpha}{2}}\right) = \left(\dfrac{0.1}{\cos\dfrac{60}{2}}\right) = 0.11547 = 0.1155$

(체결력) $P = Q\left(\dfrac{p+\mu'\pi de}{\pi de - \mu' p}\right) = 1000 \times \left(\dfrac{3+(0.1155\times\pi\times 22.051)}{\pi\times 22.051 - 0.1155\times 3}\right)$

$= 159.603\text{kgf} = 159.6\text{kgf}$

(나사의 효율) $\eta = \dfrac{Qp}{2\pi T} = \dfrac{1000\times 3}{2\pi\times\left(159.6\times\dfrac{22.051}{2}\right)} = 0.27133 = 27.13\%$

1-5 나사를 충분히 조일 경우 필요한 토크

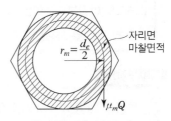

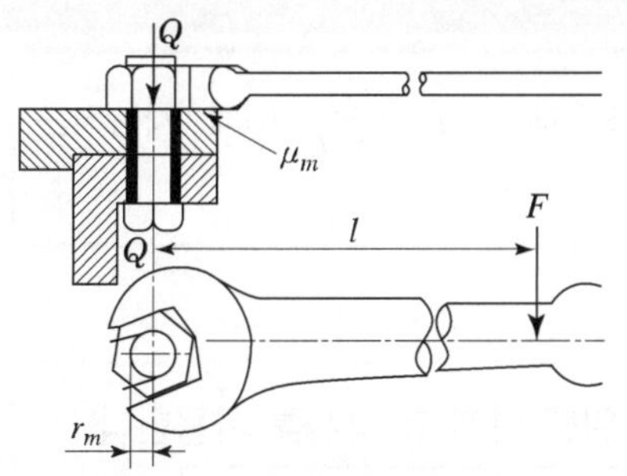

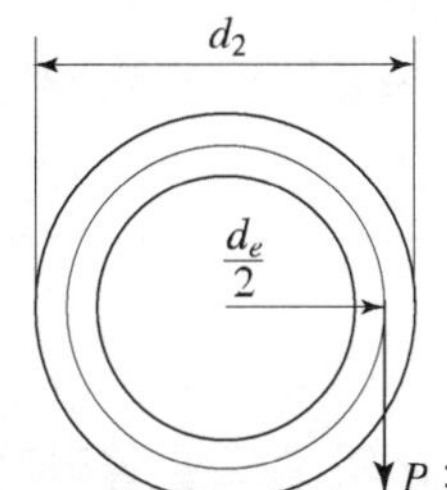

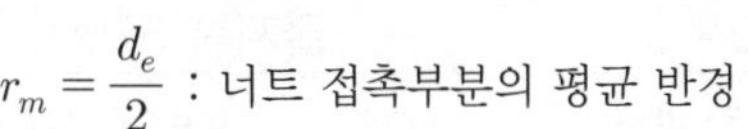

여기서, P : 회전력=나사의 체결력
Q : 축방향 하중
F : 레버를 돌리는 힘
l : 레버의 길이

$r_m = \dfrac{d_e}{2}$: 너트 접촉부분의 평균 반경
μ_m : 스크트부의 마찰계수=자리면 마찰계수
μ : 나사의 마찰계수

① 너트자리 부분에서 발생하는 토크(자리면 마찰 토크) : T_1

$$T_1 = \mu_m Q \times r_m = \mu_m Q \times \frac{d_m}{2}$$

② 나사를 죄는데 필요한 토크 : T_2 (자리면 마찰을 무시한 경우)

$$\text{(사각나사일 경우)}\ T_2 = P \times \frac{d_e}{2} = Q\tan(\lambda + \rho) \times \frac{d_e}{2} = Q\left(\frac{\mu\pi d_e + p}{\pi d_e - \mu p}\right) \times \frac{d_e}{2}$$

$$\text{(나사산각을 가지는 경우)}\ T_2 = P \times \frac{d_e}{2} = Q\tan(\lambda + \rho') \times \frac{d_e}{2} = Q\left(\frac{\mu'\pi d_e + p}{\pi d_e - \mu' p}\right) \times \frac{d_e}{2}$$

③ 전체의 토크 : T

$$\text{(사각나사일 경우)}\ T = F \times L = T_1 + T_2 = (\mu_m Q \times r_m) + \left\{Q\tan(\lambda + \rho) \times \frac{d_e}{2}\right\}$$

$$\text{(나사산각을 가지는 경우)}\ T = F \times L = T_1 + T_2 = (\mu_m Q \times r_m) + \left\{Q\tan(\lambda + \rho') \times \frac{d_e}{2}\right\}$$

④ 효율 : η

$$\eta = \frac{Qp}{2\pi T} = \frac{Q\pi d_e \times \tan\lambda}{2\pi \times (Qtan(\lambda + \rho)\frac{d_e}{2} + \mu_m Q\frac{d_m}{2})} = \frac{\tan\lambda}{\tan(\lambda + \rho) + \mu_m \frac{d_m}{d_e}}$$

참고하세요

스크트부(마찰부)가 있는 경우에는 효율식을 구하고자 할 때는 $\eta = \frac{Qp}{2\pi T}$ 이때 사용되는 $T = T_1 + T_2$ 를 사용한다.

예제 1-14

축방향 하중 W =5ton을 0.6m/min의 속도를 올리기 위해 아래 Tr 나사를 사용한다.

Tr 60×3	골지름 57mm	유효지름 58.3mm

칼라부의 마찰계수 μ_m =0.01, 나사면의 마찰계수 μ =0.15, 칼라부의 반지름 r_m = 20mm일 때 다음을 구하시오. (단, 마찰계수는 소수 4째 자리에서 반올림하여 소수 셋째 자리로 계산한다.)

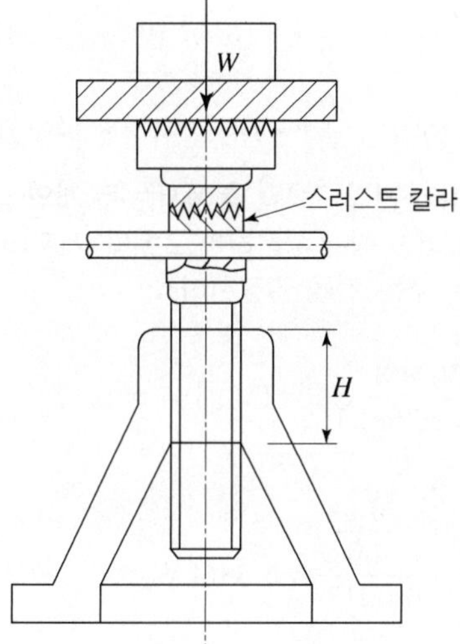

(1) 하중 W을 들어 올리는데 필요한 토크 T[kgf · mm]을 구하여라.
(2) 잭의 효율을 η[%]구하여라.
(3) 소요동력 H[kW]을 구하여라.

풀이 & 답

상당마찰계수 $\mu' = \dfrac{\mu}{\cos\dfrac{\alpha}{2}} = \dfrac{0.15}{\cos\dfrac{30}{2}} = 0.15529 = 0.155$

(1) $T = \left(W \times \dfrac{\mu' \pi d_e + p}{\pi d_e - \mu' p} \times \dfrac{d_e}{2}\right) + (\mu_m \times W \times r_m)$

$= \left(5000 \times \dfrac{0.155 \times \pi \times 58.3 + 3}{\pi \times 58.3 - 0.155 \times 3} \times \dfrac{58.3}{2}\right) + (0.01 \times 5000 \times 20)$

$= 26042.152\text{kgf} \cdot \text{mm} = 26042.15\text{kgf} \cdot \text{mm}$

답 26042.15kgf · mm

별해

$T = T_{나사부} + T_{스크트부} = \left(P \times \dfrac{d_e}{2}\right) + (\mu_m \times W \times r_m)$

$= \left(W \times \tan(\lambda + \rho') \times \dfrac{d_e}{2}\right) + (\mu_m \times W \times r_m)$

$= \left(5000 \times \tan(0.938 + 8.811) \times \dfrac{58.3}{2}\right) + (0.01 \times 5000 \times 20)$

$= 26041.811\text{kgf} \cdot \text{mm} = 26041.81\text{kgf} \cdot \text{mm}$

$\rho' = \tan^{-1}\mu' = \tan^{-1}0.155 = 8.8107° = 8.811°$

$\lambda = \tan^{-1}\dfrac{p}{\pi d_e} = \tan^{-1}\dfrac{3}{\pi \times 58.3} = 0.9383° = 0.938°$

답 26041.81kgf · mm

$$T=\left(W\times\frac{\mu'\pi d_e+p}{\pi d_e-\mu' p}\times\frac{d_e}{2}\right)+(\mu_m\times W\times r_m)=26042.15\text{kgf}\cdot\ \text{mm}\ \cdots\cdots\ ①$$

$$T=\left(W\times\tan(\lambda+\rho')\times\frac{d_e}{2}\right)+(\mu_m\times W\times r_m)=26041.81\text{kgf}\cdot\ \text{mm}\ \cdots\cdots\ ②$$

즉, 토크 값이 차이가 난다. 기사시험에서는 두 개의 답안 다 정답으로 인정해 주기 때문에 수검자들의 둘 중 어떤 식을 사용하여도 된다. 저자의 입장에서는 두 개의 식 중에서 선택하여 푼다면 ①로 푸는 것을 권장한다.

(2) $\eta=\dfrac{Wp}{2\pi T}=\dfrac{5000\times3}{2\times\pi\times26042.15}=0.09167=9.17\%$

답 9.17%

(3) $H=\dfrac{W\times V}{102\eta}=\dfrac{5000\times\dfrac{0.6}{60}}{102\times0.0917}=5.345\text{kW}=5.35\text{kW}$

답 5.35kW

1-6 압력용기의 가스켓과 볼트의 관계

아래 그림과 용기내에 (압력) P가 작용될 때

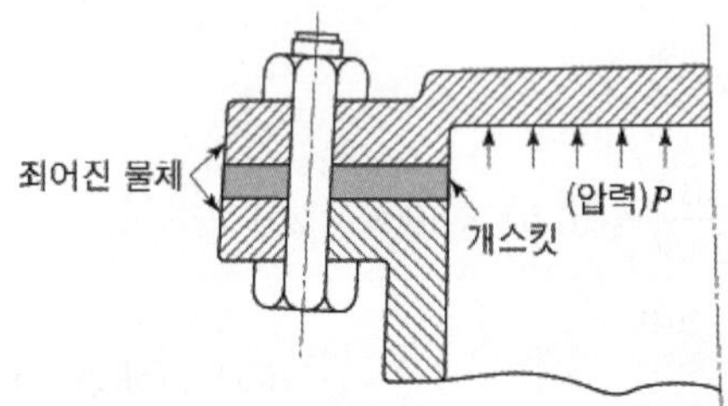

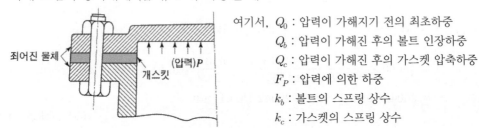

여기서, Q_0 : 압력이 가해지기 전의 최초하중
Q_b : 압력이 가해진 후의 볼트 인장하중
Q_c : 압력이 가해진 후의 가스켓 압축하중
F_P : 압력에 의한 하중
k_b : 볼트의 스프링 상수
k_c : 가스켓의 스프링 상수

(압력이 가해진 후의 볼트의 늘어난길이) = (가스켓의 수축되었든 부분이 늘어난 길이) = δ로 같다.

(압력이 가해진 후의 볼트 인장하중) $Q_b=F_P+Q_c$ ············ ①

(볼트의 스프링 상수) $k_b=\dfrac{Q_0}{\delta_b}=\dfrac{Q_b}{\delta_b+\delta}$ ············ ②

(가스켓의 스프링 상수) $k_c=\dfrac{Q_0}{\delta_c}=\dfrac{Q_c}{\delta_c-\delta}$ ············ ③

①식, ②식, ③식에서 δ와 Q_c를 소거하면

$$Q_b=Q_0+\left(\frac{\delta_c}{\delta_t+\delta_c}\right)F_P=Q_0+\left(\frac{Q_0/k_c}{Q_0/k_b+Q_0/k_c}\right)F_P=Q_0+\left(\frac{k_b}{k_b+k_c}\right)F_P$$

①식, ②식, ③식에서 δ와 Q_b를 소거하면

$$Q_c = Q_0 - \left(\frac{\delta_b}{\delta_c + \delta_b}\right)F_P = Q_0 - \left(\frac{Q_0/k_b}{Q_0/k_c + Q_0/k_b}\right)F_P = Q_0 - \left(\frac{k_c}{k_c + k_b}\right)F_P$$

(압력이 가해진 후의 볼트의 인장하중) $Q_b = Q_0 + \left(\frac{k_b}{k_b + k_c}\right)F_P$

(압력이 가해진 후의 볼트의 추가하중) $\left(\frac{k_b}{k_b + k_c}\right)F_P$

(압력이 가해진 후의 가스켓의 압축하중) $Q_c = Q_0 - \left(\frac{k_c}{k_c + k_b}\right)F_P$

(압력이 가해진 후의 가스켓의 감소하중) $\left(\frac{k_c}{k_c + k_b}\right)F_P$

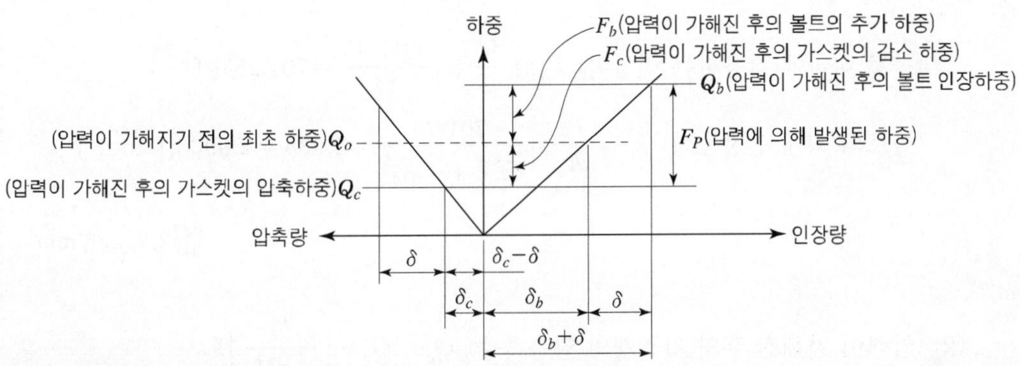

예제 1-15

그림과 같이 볼트로 죄어진 압력 용기에 0.12[kgf/mm^2]의 압력이 작용하고 있다. 용기의 안지름은 220[mm]이고 가스켓의 바깥지름은 280[mm]이며 볼트는 M20×14개이다. 나사의 강성계수에 대한 중간재의 강성계수 비는 k_c/k_b =5이다. 압력이 작용하기 전 볼트의 최초 인장력은 압력에 의해 발생된 하중의 1.5배로 할 경우 다음을 계산하여라. (단, 볼트 M20의 골지름은 17.294[mm]이다. 또한, 압력은 가스켓 중간까지 작용한다고 가정한다).

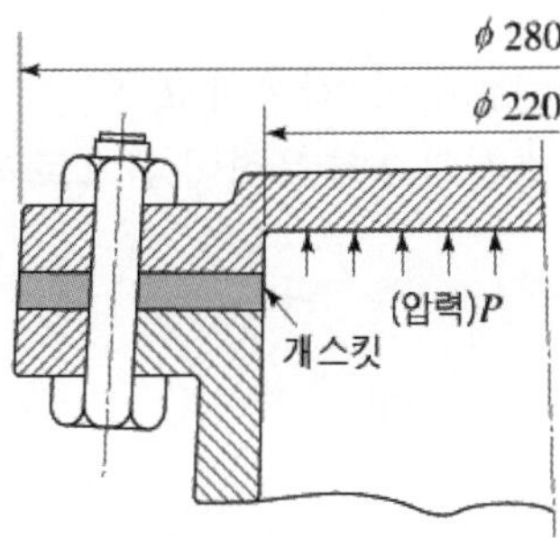

(1) 볼트에 발생되는 최대인장응력[kgf/mm^2]은 얼마인가?
(2) 내압이 작용할 때 가스켓에 작용하는 압축응력 σ_c를 구하여라.
(3) 이 압력용기의 기밀상태가 누설을 유지 할수 있는지 검토하여라.

풀이 & 답

(1) (압력에 의해 발생된 하중) $F_P = \frac{\pi}{4}\left(\frac{280+220}{2}\right)^2 \times 0.12 = 5890.49[\text{kgf}]$

(압력이 작용하기 전의 최초 하중) $Q_0 = 1.5 \times F_P = 1.5 \times 5890.49 = 8835.74[\text{kgf}]$

$k_c/k_b = 5$이므로 $k_c = 5k_b$

(압력이 가해진 후의 볼트의 인장력) $Q_b = Q_0 + \left(\frac{k_b}{k_b+k_c}\right)F_P$

$$= 8835.74 + \frac{1}{6} \times 5890.49 = 9817.49[\text{kgf}]$$

(볼트 하나에 작용하는 인장력) $F_b = \frac{Q_b}{Z} = \frac{9817.49}{14} = 701.25\text{kgf}$

(볼트의 최대 인장응력) $\sigma_b = \frac{F_b}{A_b} = \frac{701.25}{\frac{\pi}{4} \times 17.294^2} = 2.985 = 2.99[\text{kgf/mm}^2]$

답 **2.99kgf/mm^2**

(2) (압력이 가해진 후의 가스켓의 압축하중) $Q_c = Q_0 - \left(\frac{k_c}{k_c+k_b}\right)F_P$

$$= 8835.74 - \frac{5}{6} \times 5890.49$$

$$= 3927[\text{kgf}]$$

(가스켓에 작용하는 압축응력) $\sigma_c = \frac{Q_c}{A_c} = \frac{3927}{\frac{\pi}{4} \times (280^2 - 220^2)}$

$$= 0.1667 = 0.17[\text{kgf/mm}^2]$$

답 **0.17kgf/mm^2**

(3) 내부 압력이 0.12kgf/mm^{2}이 작용하고 있는 상태에서 가스켓의 압축응력은 0.17kgf/mm^{2}으로 가스켓의 압축응력이 큼으로 가스켓은 기밀을 유지할 수 있다.

답 **기밀 유지할 수 있다.**

예제 1-16 [2013년 4회 출제(4점)]

다음 그림은 압력용기의 일부이다. 압력에 의한 전체 힘이 F_P =300kN이다. 볼트의 개수를 구하여라. (단, 볼트 하나에 작용하는 초기하중 F_i은 다음의 식을 사용한다.)

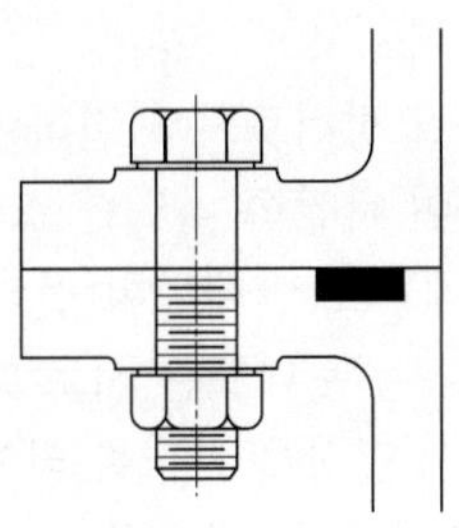

$F_i = 0.75 \times \sigma_P \times A_t$

여기서, A_t : 볼트의 인장받는 부분의 면적, A_t =157mm^2

σ_P : 볼트의 보장강도, σ_P =600MPa

압력용기의 재질은 주철이며 주철의 스프링 상수는 k_m =1.807×10^{9}N/m

볼트의 스프링상수는 k_b =1.04×10^{9}N/m

볼트의 허용응력은 σ_a =635MPa이다.

(볼트의 허용하중) $F_b = \sigma_a \times A_t = 635 \times 157 = 99695\text{N}$

(볼트의 초기하중) $F_i = 0.75 \times \sigma_P \times A_t = 0.75 \times 600 \times 157 = 70650\text{N}$

$$F_b = \left(\frac{k_b}{k_b + k_m}\right)\frac{F_P}{Z} + F_i = \left\{\frac{1.04 \times 10^9}{(1.04 + 1.807) \times 10^9}\right\} \times \frac{300 \times 10^3}{Z} + 70650$$

$$F_b = 99695 = \left(\frac{1.04 \times 10^9}{(1.04 + 1.807) \times 10^9}\right) \times \frac{300 \times 10^3}{Z} + 70650$$

(볼트의 개수) $Z = 3.77$개$= 4$개

답 4개

참고하세요

볼트의 수직탄성계수 E_b와 압력용기의 수직탄성계수 E_m이 주어지면 볼트의 스프링상수 k_b, 압력용기의 스프링 상수 k_m을 구할 수 있다.

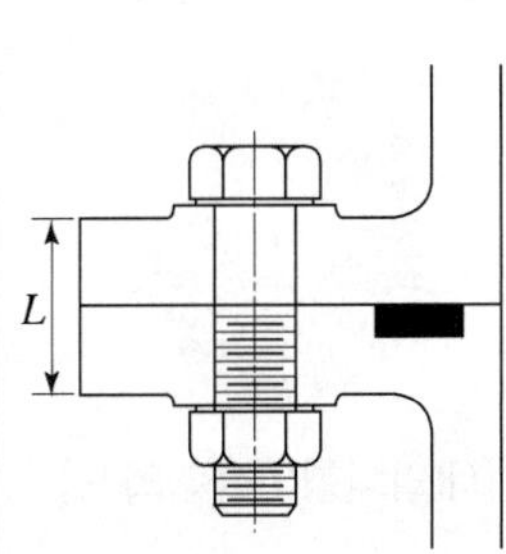

(볼트의 스프링상수) $k_b = \dfrac{AE_b}{L} = \dfrac{\pi d^2 E_b}{4L}$

(압력용기의 스프링상수) $k_m = \dfrac{\pi E_m d}{2\ln\left[\dfrac{5(L + 0.5d)}{L + 2.5d}\right]}$

여기서, E_b : 볼트 수직탄성계수

E_m : 압력용기의 수직탄성계수

d : 볼트의 지름(예 $M16 \times 1.5$)인 나사의 경우 $d = 16\text{mm}$

L : 체결부 길이

1-7 나사의 풀림 방지법

① 로크너트(lock nut)에 의한 방법

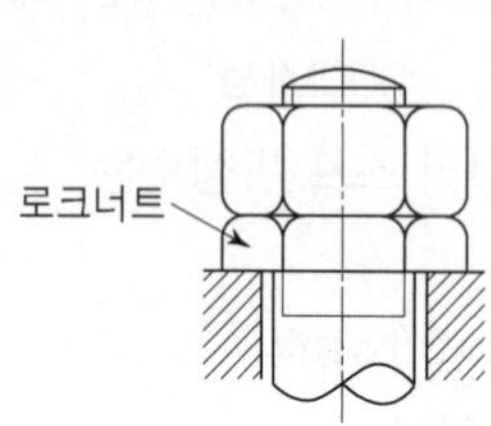

고정너트 또는 더블너트라고도 한다.
먼저 얇은 고정너크로 체결한 다음 고정너트로 체결하여 조인다. 그 후 두 개의 스패너를 사용하여 바깥쪽 너트를 스패너로 고정하고, 안쪽의 너트를 다른 스패너로 반대방향(풀리는 방향)으로 15~20° 정도 돌린다. 이 경우 두 너트는 서로 미는 상태가 되고 나사축은 두 너트사이에서 인장을 받도록 되어 진동이 발생하더라도 너트가 체결을 유지한다. 바깥쪽 너트는 안쪽너트의 풀림을 방지한다.

② 분할핀에 의한 방법

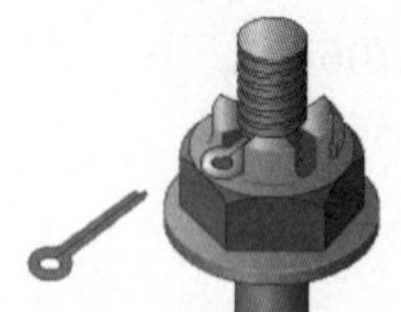

너트가 볼트에 대하여 회전하지 않도록 분할핀을 사용하여 너트가 빠져 나오지 못하도록 한다. 볼트와 너트의 분할핀 구멍을 일치시킬 때 너트를 다시 푸는 방향으로 돌려서 맞추면 안된다.

③ 스프링와셔 또는 고무와셔에 의한 방법

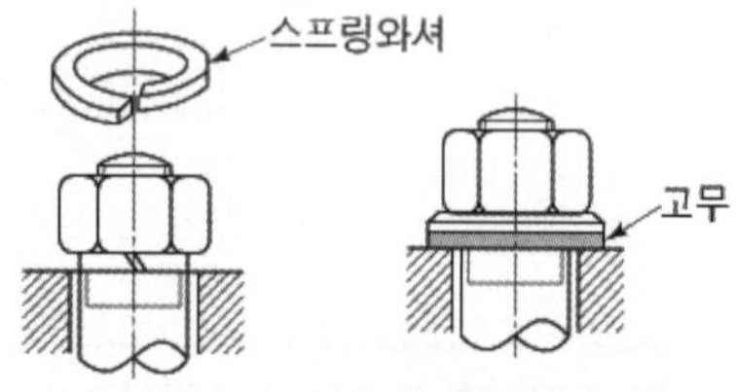

결합된 부품사이의 일정한 축방향 힘을 유지하기 위하여 중간에 탄성이 큰 스프링와셔나 댐핑이 큰 고무 와셔를 끼운다.

④ 특수 와셔에 의한 방법

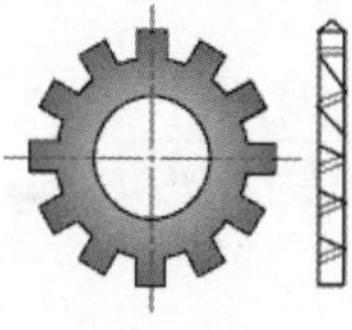
[외치형이붙이와셔]

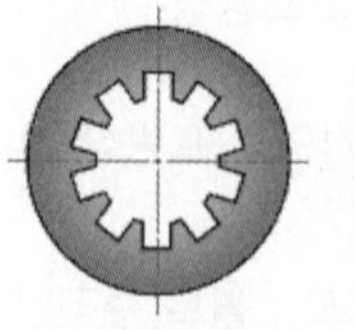
[내치형이붙이와셔]

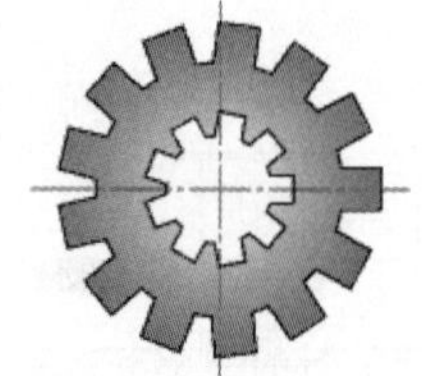
[내외치형이붙이와셔]

와셔에 톱니모양을 바깥쪽 또는 안쪽에 만들어 너트의 풀림방지를 한다.

⑤ 멈춤나사(set screw)에 의한 방법

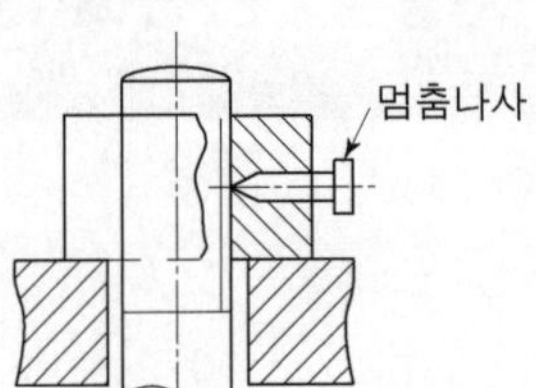

고정나사라고도 하며, 반경방향으로 나사구멍이 파져 있는 너트를 볼트에 조인후 고정나사를이용하여 너트를 볼트에 고정시킨다.

⑥ 절입너트에 의한 방법

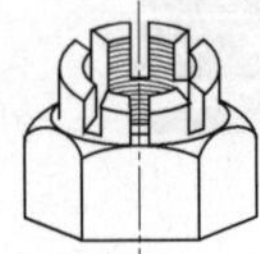
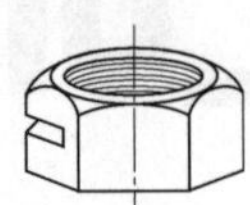

너트의 일부를 안쪽으로 변형시켰다가 볼트에 나사를 결합시킬대 나사부가 강하게압착되도록 한다. 반복하여 사용하는 경우 압착력이 약해진다.

⑦ 플라스틱이 들어간 너트에 의한 방법

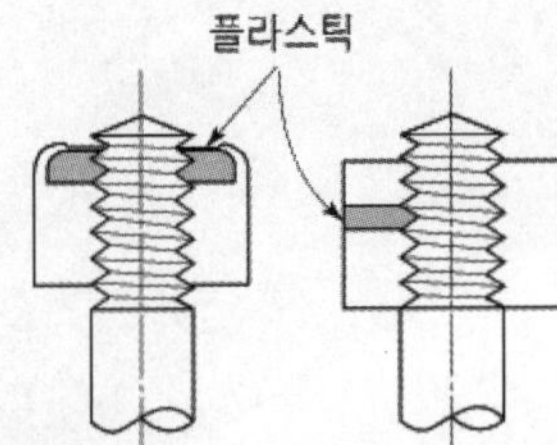

나사면에 플라스틱이 들어간 너트를 사용하면 나사면의 마찰계수가 크게 되어 풀림을 방지할 수 있다.

예제 1-17

나사의 풀림방지 방법을 5가지 적으시오?

풀이 & 답

① 로크너트를 이용한다.
② 분할핀에 의한 방법
③ 스프링와셔나 고무를 이용한 방법
④ 특수 와셔에 의한 방법
⑤ 멈춤나사(set screw)에 의한 방법

일반기계기사 · 건설기계설비기사 필답형 실기

part 1

기계요소설계_이론

Chapter 02

키, 코터

2-1 키의 종류 및 설계

1. 키의 종류

키의 종류	형 상	특 징
① 안장키 =새들키 (saddle key)		축은 가공하지 않고 키를 축의 곡률에 맞추어 가공한 키로써 마찰력만으로 회전력을 전달한다. 가장 경하중의 동력전달에 사용되는 키이다.
② 납작키 =플랫키 (flat key)		축을 키의 폭만큼 평평하게 깎은 키로서 안장키보다는 좀더 큰 하중을 전달될 때 사용된다.
③ 묻힘키 =성크 키 (sunk key)		가장 널리 사용되는 키로서 축과 보스의 양쪽에 모두 키홈을 파서 비틀림 모멘트를 전달시키는 키이다. 모양에 따라 키의 윗면만이 $\frac{1}{100}$의 한쪽경사를 가진 경사키와 위 아래면이 모두 평행인 평행키가 있다.
④ 접선키 (tangential key)		토크(torque)가 충격적으로 가해지는 경우, 또는 양 방향의 토크가작용하는 경우에 적합하고, 고정력이 강하다.
⑤ 미끄럼키 (sliding key)		패더키(feather key)라고도 한다. 토크를 전달하면서 보스축을 따라 미끄러지게 하는 것이 가능하도록 한 키로서 기울기가 없으며 키는 축 또는 보스에 고정된다. 성크키에 비해 전달토크가 작으면 큰 토크는 전달할 수 없다.

키의 종류	형 상	특 징
⑥ 반달키 (woodruff key)		축에 반달모양의 홈을 만들어 반달모양으로 가공된 키를 축에 끼운다. 밀링으로 홈을 가공한다. 키는 홈속에서 자유로이 기울어질 수 있어 키가 자동적으로 축과 보스에 조정된다. 테이퍼진 축의 토크전달에 편리하며, 고속회전 및 작은 토크 전달에 사용된다.
⑦ 스플라인 (spline)	스플라인 / 스플라인 축	큰 토크를 전달하고자 할 때 원주방향을 따라 같은 간격으로 여러 개의 키홈을 가공한 축을 사용한다. 축을 스플라인 축이라 하고 축에 끼워지는 상대측 보스를 스플라인이라 한다. 스플라인축과 스플라인의 끼워맞춤 공차에 따라 축방향 이동이 고정 또는 활동이 가능하다.
⑧ 세레이션 (serration)	보스 / 세레이션 / 축	여러개의 삼각형모양의 이를 세레이션이라 하며 스플라인보다 면압강도가 크게 발생하며 스플라인 보다 큰 회전력을 전달할 때 사용되며 보스와 축이 활동하지 않을 때 사용한다.

참고하세요 동력전달크기 순서

안장키＜납작키＜묻힘키＜접선키＜스플라인＜세레이션

2. 묻힘키(Sunk Key)의 설계

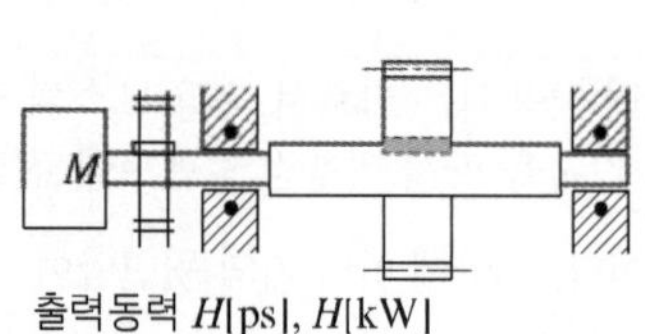

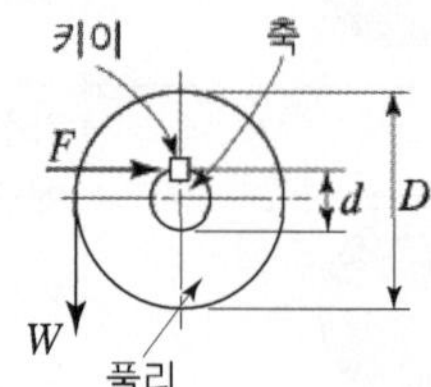

여기서, d : 축의 직경
D : 풀리의 직경
W : 들어올릴 하중
F : 묻힘키의 접선력

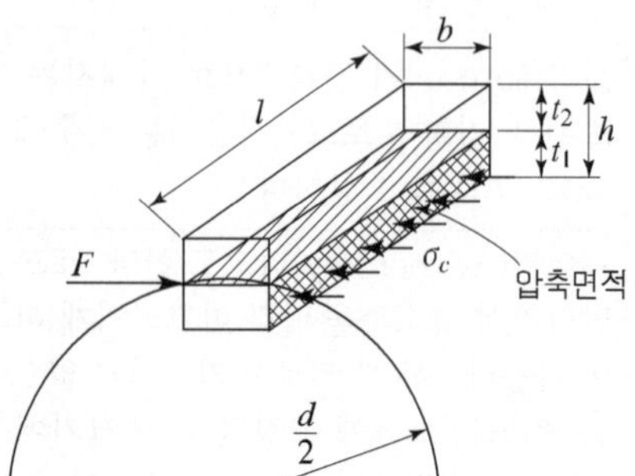

전달 토크 : 동일축상의 토크는 일정하다.

$$T = W \times \frac{D}{2} = F \times \frac{d}{2} = \tau_s \times \frac{\pi d^3}{16}$$

$$T = 716200\frac{H_{PS}}{N} = 974000\frac{H_{KW}}{N}[\text{kgf} \cdot \text{mm}]$$

여기서, τ_s : 축의 전단응력
N : 분당회전수[rpm]

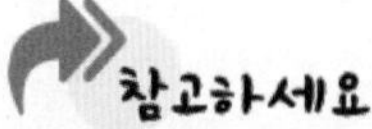

참고하세요

(회전계동력) $H = T\omega$ 여기서, (각속도) $\omega = \frac{2\pi N}{60}$

$\therefore H = T \times \frac{2\pi N}{60}$ $\therefore$ (토크) $T = \frac{60}{2\pi}\frac{H}{N}$

$1PS = 75kg_f \cdot m/s$, $1KW = 102\,kg_f \cdot m/s$

$$T = \frac{75 \times 60}{2\pi}\frac{H_{PS}}{N} = 716.2\frac{H_{PS}}{N}[kg_f m] = 716200\frac{H_{PS}}{N}[kg_f mm]$$

$$T = \frac{102 \times 60}{2\pi}\frac{H_{KW}}{N} = 974\frac{H_{KW}}{N}[kg_f m] = 974000\frac{H_{KW}}{N}[kg_f mm]$$

(1) Sunk Key의 크기 표시 방법

폭×높이×길이$=20\times30\times80=b\times h\times l$

(2) Sunk Key에 작용하는 토크 및 강도설계

① 키에 작용하는 전단응력 τ

$$T = \tau_k A_k \times \frac{d}{2} = \tau \cdot b \cdot l \times \frac{d}{2}$$

$$\tau_k = \frac{2T}{bld} = \frac{W \times D}{bld} = \frac{F}{bl}$$

② 키에 작용하는 압축응력 σ_c

$$T = \sigma_{c1} \cdot A_{c1} \times \frac{d}{2} = \sigma_{c1} \cdot t_1 \cdot l \times \frac{d}{2}$$

(축면에 작용하는 키의 압축응력) $\sigma_{c1} = \frac{2T}{t_1 l d} = \frac{W \times D}{t_1 l d} = \frac{F}{t_1 l}$

$$T = \sigma_{c2} \cdot A_{c2} \times \frac{d}{2} = \sigma_{c2} \cdot t_2 \cdot l \times \frac{d}{2}$$

(풀리면에 작용하는 키의 압축응력) $\sigma_{c2} = \frac{2T}{t_2 l d} = \frac{W \times D}{t_2 l d} = \frac{F}{t_2 l}$

$$T = \sigma_{c3} \cdot A_{c3} \times \frac{d}{2} = \sigma_{c3} \cdot \frac{h}{2} \cdot l \times \frac{d}{2}$$

($t_1 = t_2 = \frac{h}{2}$일 때의 키의 압축응력) $\sigma_{c3} = \frac{4T}{hld} = \frac{2W \times D}{hld} = \frac{2F}{hl}$

참고하세요

기사 시험에서 t_1, t_2가 따로 주어지지 않을 때에는 $t_1 = t_2 = \frac{h}{2}$로 계산하면 된다.

(3) 키의 길이 설계

① 키홈의 깊이 t_1, t_2가 따로 주어질 때

㉠ 전단응력을 고려한 키의 길이 $l = \dfrac{2T}{b\,d\,\tau}$

㉡ 축의 측면의 압축응력을 고려한 키의 길이 $l = \dfrac{2T}{t_1\,d\,\sigma_{c1}}$

㉢ 풀리의 측면의 압축응력을 고려한 키의 길이 $l = \dfrac{2T}{t_2\,d\,\sigma_{c2}}$

세 식을 비교하여 가장 큰 값을 키의 길이로 선정한다.

② 키홈의 깊이가 주어지지 않을 때 $t_1 = t_2 = \dfrac{h}{2}$로 계산

㉠ 전단응력을 고려한 키의 길이 $l = \dfrac{2T}{b\,d\,\tau}$

㉡ 압축응력을 고려한 키의 길이 $l = \dfrac{4T}{h\,d\,\sigma_c}$

두 식을 비교하여 큰 값을 키의 길이로 선정한다.

(4) 키의 홈을 고려한 축 직경 설계 d'

$$T = \tau \cdot Z_p = \tau\frac{\pi d^3}{16} \;\Rightarrow\; d = \sqrt[3]{\frac{16\,T}{\pi\,\tau}}$$

$\therefore\ d' = d + t_1$ 또는, $d' = d/0.75$

키의 홈을 고려한 축 직경 설계 d'는 시험지에서 주어지는 조건에 맞추어서 계산해 주면 된다.

예제 2-1

지름 50mm의 축에 직경 600mm의 풀리가 묻힘키에 의하여 매달려 있다. 묻힘키의 규격이 12×8×80일 때 풀리에 걸리는 접선력은 3kN이다. 다음 물음에 답하여라.

(1) 키에 작용되는 전단응력[MPa]은 얼마인가?

(2) 키에 작동되는 압축응력[MPa]은 얼마인가?

풀이 & 답

(1) (전단응력) $\tau_k = \dfrac{2T}{bld} = \dfrac{2\times 900000}{12\times 80\times 50} = 37.5[\mathrm{N/mm^2}] = 37.5\mathrm{MPa}$

$$T = W\times\frac{D}{2} = 3000\times\frac{600}{2} = 900000[\mathrm{N\cdot mm}]$$

답 37.5MPa

(2) (압축응력) $\sigma_c = \dfrac{4T}{hld} = \dfrac{4\times 900000}{8\times 80\times 50} = 112.5[\mathrm{N/mm^2}] = 112.5\mathrm{MPa}$

답 112.5MPa

예제 2-2 [2008년 1회 출제(6점)]

축지름 32mm의 전동축에 회전수가 2000rpm으로 7.5kW를 전달하는데 사용하는 묻힘키가 있다. 다음을 계산하여라. (키의 규격은 $b\times h\times l$ =9×8×42이며 $\dfrac{h_2}{h_1}$=0.6이다.)

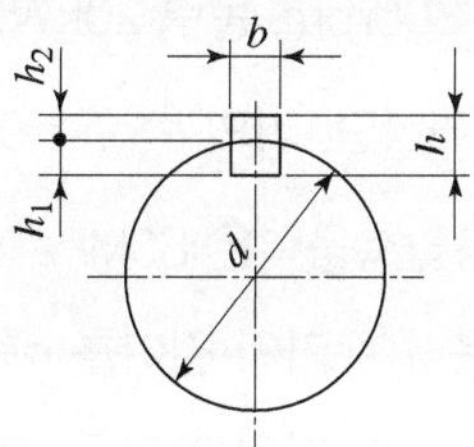

(1) 묻힘키의 전단응력을 몇 [MPa]인가?

(2) 묻힘키의 압축응력은 몇 [MPa]인가?

풀이 & 답

(1) (키의 전단응력) $\tau_k = \dfrac{2T}{bld} = \dfrac{2\times 35794.5}{9\times 42\times 32} = 5.9184\,\dfrac{\mathrm{N}}{\mathrm{mm^2}} = 5.92\mathrm{MPa}$

$$T = 974000\times\frac{H_{KW}}{N} = 974000\times\frac{7.5}{2000} = 3652.5\mathrm{kgf\cdot mm} = 35794.5\mathrm{N\cdot mm}$$

답 5.92MPa

(2) $h_2 = 0.6h_1$

$h = h_2 + h_1 = 0.6h_1 + h_1 = 1.6h_1$

$h_1 = \frac{h}{1.6} = \frac{8}{1.6} = 5\text{mm}$

$h_2 = 3\text{mm}$

(키의 압축응력) $\sigma_c = \frac{2T}{h_2 l d} = \frac{2 \times 35794.5}{3 \times 42 \times 32} = 17.7552 \frac{\text{N}}{\text{mm}^2} = 17.76\text{MPa}$

키의 압축응력을 구할 때는 h_1, h_2 둘 중에서 작은 것을 대입한다.

답 17.76MPa

(회전계동력) $H = T\omega$ 여기서, (각속도) $\omega = \frac{2\pi N}{60}$

$\therefore H = T \times \frac{2\pi N}{60}$, $T = \frac{60}{2\pi}\frac{H}{N} = \frac{60}{2\pi} \times \frac{7500}{2000} = 35.8098622\text{N}\cdot\text{m} = 35809.86\text{N}\cdot\text{mm}$

(키의 전단응력) $\tau_k = \frac{2T}{bld} = \frac{2 \times 35809.86}{9 \times 42 \times 32} = 5.9209\text{N/mm}^2 = 5.92\text{MPa}$

(키의 압축응력) $\sigma_c = \frac{2T}{h_2 l d} = \frac{2 \times 35809.86}{3 \times 42 \times 32} = 17.762\text{N/mm}^2 = 17.76\text{MPa}$

즉 (토크) T를 구하는 식을 $T = 974000 \times \frac{H_{KW}}{N}$, $T = \frac{60}{2\pi}\frac{H}{N}$

정답에는 별다른 차이가 없음을 알 수 있다.

예제 2-3

[2011년 1회 출제(5점)]

지름이 50mm인 축의 회전수 800rpm, 동력 20kW를 전달시키고자 할 때, 이 축에 작용하는 묻힘키의 길이를 결정하라. (단, 키의 $b \times h$ =9×8이고, 묻힘깊이 $t = \frac{h}{2}$이며 키의 허용전단응력은 30MPa, 허용압축응력은 80MPa이다.)

(1) 키의 허용전단응력을 이용하여 키의 길이를 mm로 구하라?

(2) 키의 허용압축응력을 이용하여 키의 길이를 mm로 구하라?

(3) 묻힘키의 최대 길이를 결정하라?

[표] 길이 l의 표준값

6	8	10	12	14	16	18	20	22	25	28	32	36
40	45	50	56	63	70	80	90	100	110	125	140	160

풀이 & 답

(1) 전단응력을 고려한 키의 길이

$l_\tau = \frac{2T}{bd\tau} = \frac{2 \times 238630}{9 \times 50 \times 30} = 35.3525\text{mm} = 35.35\text{mm}$

$$T = 974000 \times \frac{H_{KW}}{N} = 974000 \times \frac{20}{800} = 24350\text{kgf} \cdot \text{mm} = 238630\text{N} \cdot \text{mm}$$

답 35.35mm

(2) 압축응력을 고려한 키의 길이

$$l = \frac{4T}{hd\sigma_c} = \frac{4 \times 238630}{8 \times 50 \times 80} = 29.8287\text{mm} = 29.83\text{mm}$$

답 29.83mm

(3) (전단응력에 의한 길이) 35.35mm가 압축응력에 의한 길이 29.83mm보다 크다. 그러므로 35.35mm 보다 처음으로 커지는 표준길이는 36mm이다.

답 36mm

예제 2-4

그림과 같은 스핀들(Spindle)에 조립되어 있는 레버의 끝에 접선력이 작용하고 있다. 허용전단응력이 40MPa인 묻힘키(12×8×80)를 사용할 때 다음을 구하라.

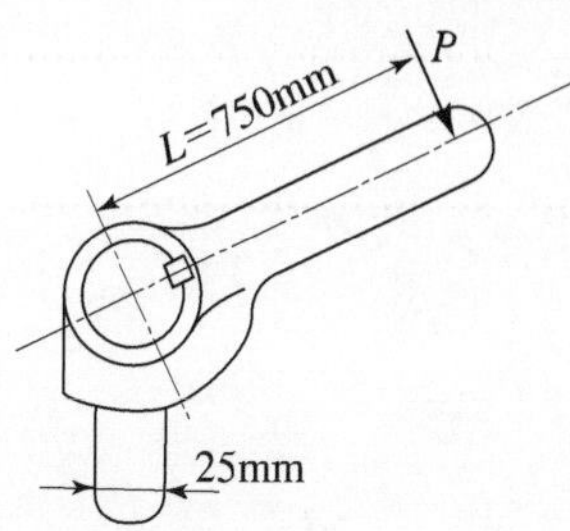

(1) 성크키가 견딜 수 있는 전동토크는 몇 N · mm인가?(단, 축지름은 25mm이다.)
(2) 레버 끝에 작용하는 힘 P은 몇 N인가?

풀이 & 답

(1) $\tau_k = \frac{2T}{bld}$, $T = \frac{\tau_k bld}{2} = \frac{40 \times 12 \times 80 \times 25}{2} = 480000\text{N} \cdot \text{mm}$

답 480000N · mm

(2) $P = \frac{T}{L} = \frac{480000}{750} = 640\text{N}$

답 640N

 2-2 Spline 강도 설계

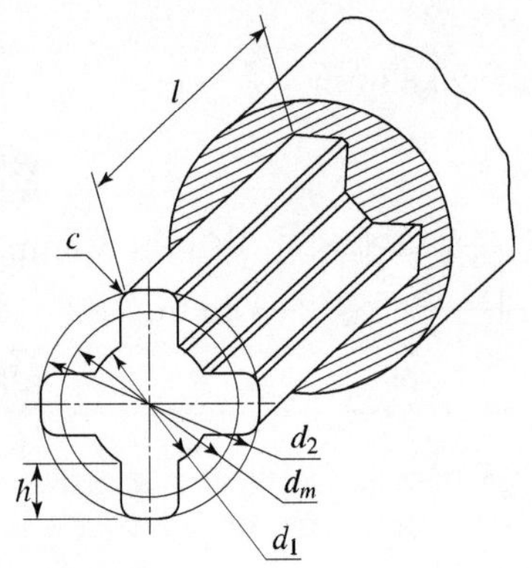

여기서, c : 모떼기
l : 보스의 길이
d_1 : 이뿌리 직경=호칭지름
d_2 : 이끝원 직경
h : 이의높이($h = \frac{d_2 - d_1}{2}$)
d_m : 평균직경($d_m = \frac{d_2 + d_1}{2}$)
η : 접촉효율
z : 이의 개수
F : 회전력

(1) 허용접촉 면압력 q_a

$q_a = \frac{F}{A} = \frac{F}{(h-2c) \cdot l \cdot z}$ ······ 모따기 고려할 때

$q_a = \frac{F}{A} = \frac{F}{h \cdot l \cdot z}$ ······ 모따기 고려하지 않을 때

(2) 회전 토크 T

$T = F \times \frac{d_m}{2} = q_a \cdot (h-2c) \cdot l \cdot z \cdot \frac{d_m}{2} \cdot \eta$ ······ 모따기와 접촉효율을 고려할 때

$T = F \times \frac{d_m}{2} = q_a \cdot h \cdot l \cdot z \cdot \frac{d_m}{2} \cdot \eta$ ······ 모따기를 무시할 때

$T = F \times \frac{d_m}{2} = q_a \cdot h \cdot l \cdot z \cdot \frac{d_m}{2}$ ······ 모따기와 접촉효율을 무시할 때

 참고하세요

모따기와 접촉효율은 시험지에서 주어지면 고려하면 되고 시험지에서 주어지지 않으면 무시하면 됩니다.

예제 2-5

[2008년 1회 출제(6점)]

스플라인의 접촉면 압력은 35MPa이고, 분당회전수는 300rpm으로 8kW를 전달한다. 잇수는 6개, 이 높이는 2mm, 모따기는 0.15mm이다. 아래의 표로부터 스플라인의 규격을 선정하라. (단, 전달효율은 75%, 보스의 길이는 58mm이다.)

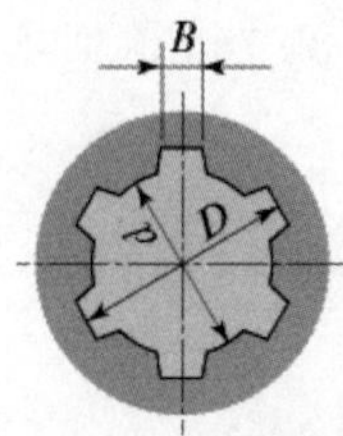

형식	1형					
홈수	6		8		10	
호칭지름 d	큰지름 D	너비 B	큰지름 D	너비 B	큰지름 D	너비 B
11	–	–				
13	–	–				
16	–	–				
18	–	–				
21	–	–				
23	26	6				
26	30	6				
28	32	7				
32	36	8	36	6		
36	40	8	40	7		
42	46	10	46	8	–	–
46	50	12	50	9	–	–
52	58	14	58	10	–	–
56	62	14	62	10	–	–
62	68	16	68	12	–	–
72	78	18	–	–	78	12
82	88	20	–	–	88	12
92	98	22	–	–	98	14
102	–	–	–	–	108	16
112	–	–	–	–	120	18

풀이 & 답

$$T = 974000 \times \frac{H_{KW}}{N} = 974000 \times \frac{8}{300}$$

$$= 25973.333\mathrm{Kg_f} \cdot \mathrm{mm} = 254538.666\mathrm{N} \cdot \mathrm{mm} = 254538.67\mathrm{N} \cdot \mathrm{mm}$$

(평균지름) $d_m = \dfrac{2T}{q_a \times (h-2c) \times l \times z \times \eta} = \dfrac{2 \times 254538.67}{35 \times (2 - 2 \times 0.15) \times 58 \times 6 \times 0.75}$

$$= 32.781 = 32.78\mathrm{mm}$$

$d_m = \dfrac{D+d}{2}$ 에서 $D+d = 65.56\text{mm}$ ………… ①

$h = \dfrac{D-d}{2}$ 에서 $D-d = 4\text{mm}$ ………… ②

①과 ②에서 $D = 34.78\text{mm}$, $d = 30.78\text{mm}$

홈수가 6개이고 호칭지름이 $d = 30.78\text{mm}$ 보다 처음으로 큰 스플라인을 선택한다. 호칭지름은 32로 선정

답 호칭지름 32

예제 2-6

다음 그림에서 스플라인 축이 전달할수 있는 동력[kW]를 구하시오?

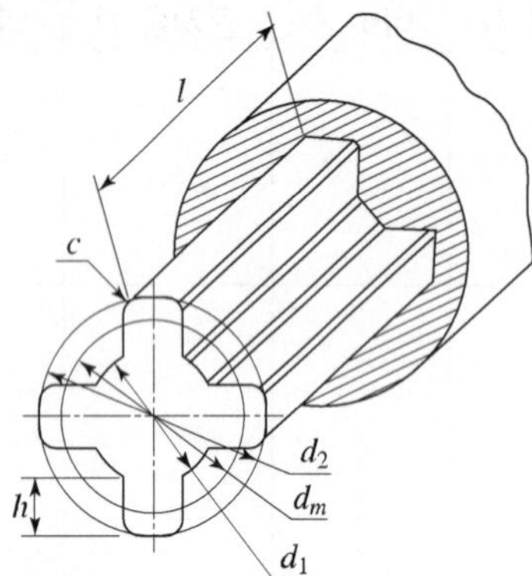

c	: 모떼기	c =0.4mm
l	: 보스의 길이	l =100mm
d_1	: 이뿌리 직경	d_1 =46mm
d_2	: 이끝원 직경	d_2 =50mm
η	: 접촉효율	η =75%
z	: 이의 개수	z =4개
q_a	: 허용접촉 면압력	q_a =10MPa
N	: 분당회전수	N =1200rpm

풀이 & 답

(동력) $H = T\times\dfrac{2\pi N}{60} = 86.4\times\dfrac{2\times\pi\times1200}{60} = 10857.3442\text{W} = 10.86\text{kW}$

$T = q_a\cdot(h-2c)\cdot l\cdot z\cdot\dfrac{d_m}{2}\cdot\eta$

$= 10\times(2-2\times0.4)\times100\times4\times\dfrac{48}{2}\times0.75 = 86400\text{N}\cdot\text{mm} = 86.4\text{N}\cdot\text{m}$

$d_m = \dfrac{d_2+d_1}{2} = \dfrac{50+46}{2} = 48\text{mm}$

$h = \dfrac{d_2-d_1}{2} = \dfrac{50-46}{2} = 2\text{mm}$

답 10.86kW

2-3 Cotter(코터)

(1) 코터

- 축방향에 인장 또는 압축이 작용하는 두축을 연결하는 것으로 분해할 필요가 있는 곳에 사용
- cotter(코터)의 설계≒코터 문제는 그림이 항상 나오고 그 그림에 파단단면만 찾으면 된다.

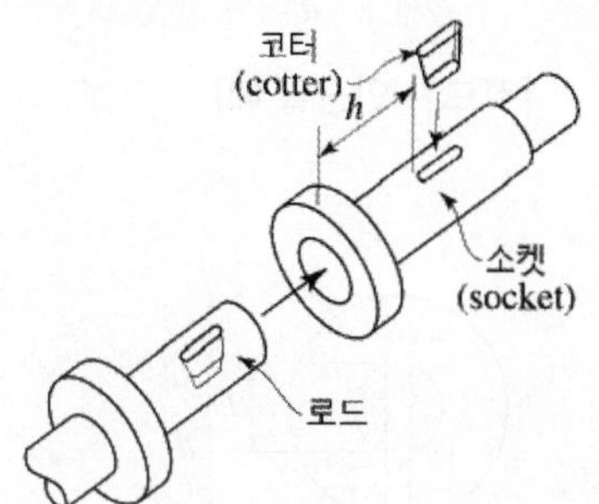

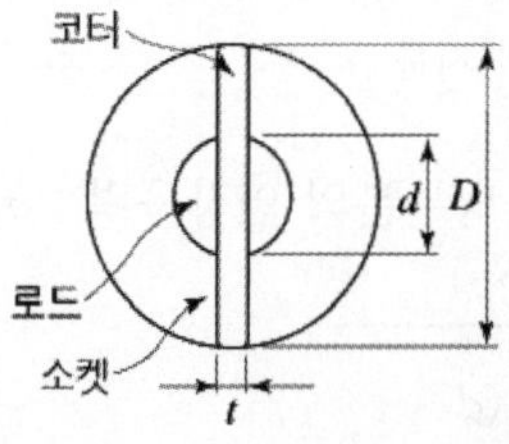

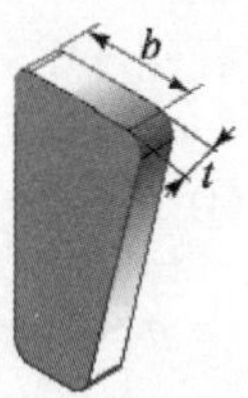

여기서, D : 소켓의 바깥지름　　t : 코터의 두께
d : 로드의 지름　　b : 코터의 나비
h : 코터구멍에서 소켓끝까지거리　　P : 축방향 하중

(2) 코터의 경사각(α)

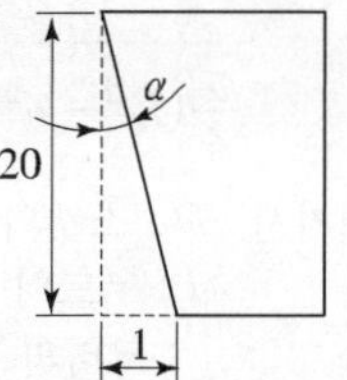

① 반영구적인 경우 $\tan\alpha = \dfrac{1}{20} \sim \dfrac{1}{40}$

② 가끔 빼낼 필요가 있는 경우 $\tan\alpha = \dfrac{1}{10} \sim \dfrac{1}{15}$

(3) 코터의 자립조건

① 양쪽 테이프인 경우 : $\alpha \leq \rho$

② 한쪽 테이프인 경우 : $\alpha \leq 2\rho$

여기서, α : 경사각, ρ : 마찰각

(4) 코터의 설계

① 코터의 전단응력 : τ_c

$$\tau_c = \frac{P}{2 \times b \times t}$$

여기서, b : 코터의 폭, t : 코터의 두께

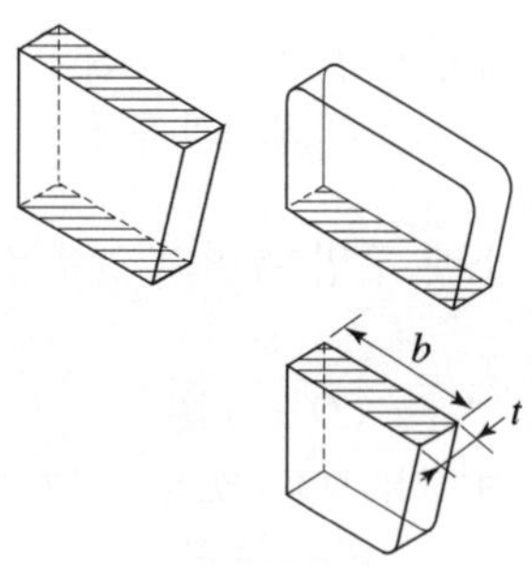

[코터가 전단될 때]

② 소켓의 전단응력 : τ_s

$$\tau_s = \frac{P}{4 \times \left(\frac{D-d}{2}\right) \times h}$$

여기서, D : 소켓의 바깥지름
d : 로드의 지름
h : 코터구멍에서 소켓 끝까지의 거리

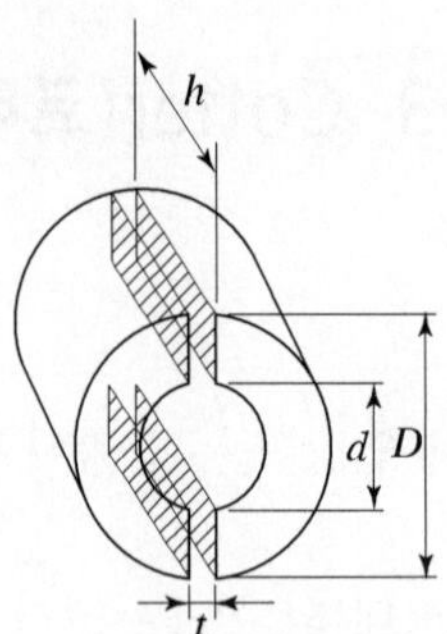

[소켓이 전단될 때]

③ 로드에 생기는 인장응력 : σ_1

$$\sigma_1 = \frac{P}{\frac{\pi}{4}d^2}$$

여기서, d : 로드의 지름

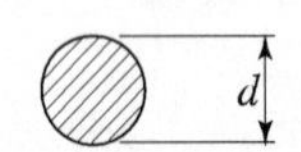

[로드가 인장될 때]

④ 로드의 코터 구멍부분의 인장응력 : σ_2

$$\sigma_2 = \frac{P}{\frac{\pi d^2}{4} - (d \times t)}$$

여기서, d : 로드의 지름
t : 코터의 두께

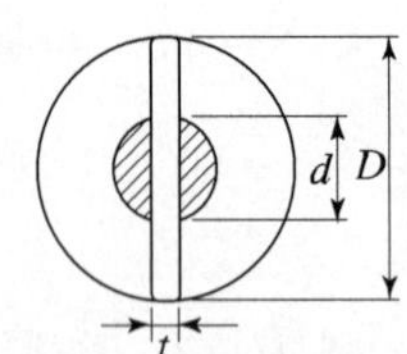

[로드가 코터 구멍 부분에서 인장될 때]

⑤ 소켓의 코터 구멍부분의 인장응력 : σ_3

$$\sigma_3 = \frac{P}{\frac{\pi}{4}(D^2 - d^2) - \left\{t \times \frac{(D-d)}{2}\right\} \times 2}$$

여기서, D : 소켓의 바깥지름
d : 로드의 지름
t : 코터의 두께

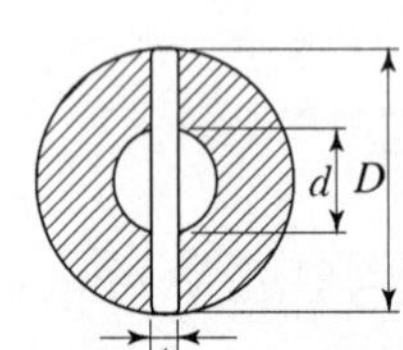

[소켓이 코터 구멍 부분에서 인장될 때]

⑥ 로드의 코터 구멍 측면의 압축응력 (면압응력) : σ_4

$$\sigma_4 = \frac{P}{d \times t}$$

여기서, d : 로드의 지름
t : 코터의 두께

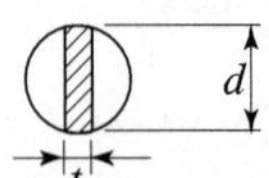

[로드가 코터 구멍 부분에서 압축될 때]

⑦ 소켓 구멍 측면의 압축응력(면압응력) : σ_5

$$\sigma_5 = \frac{P}{(D-d)t}$$

여기서, D : 소켓의 바깥지름
d : 로드의 지름
t : 코터의 두께

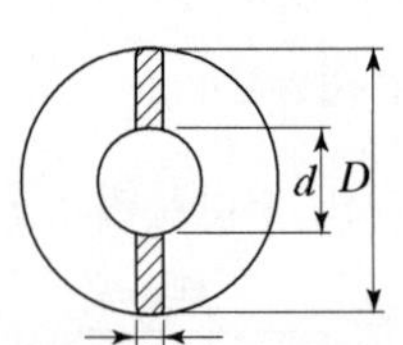

[소켓이 코터 구멍 부분에서 압축될 때]

⑧ 코터의 굽힘응력 : σ_b

$$\sigma_b = \frac{P \times D \times 6}{8tb^2}$$

$$\sigma_b = \frac{M_{\max}}{Z} = \frac{\frac{PD}{8}}{\frac{tb^2}{6}}$$

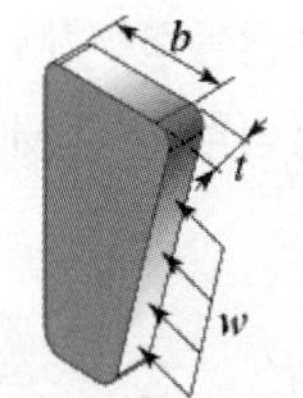

[코터가 굽힘을 받을 때]

여기서, D : 소켓의 바깥지름, b : 코터의 나비, t : 코터의 두께

(단순보의 균일분포하중이 작용될 때 최대굽힘모멘트) $\frac{wl^2}{8}$

(코터의 분포하중) $w = \frac{P}{D}$

(코터 분포하중w이 작용될 때 최대굽힘모멘트) $\frac{PD}{8}$

예제 2-7

아래 그림에서 축방향 하중이 5KN 작용될 때 다음 물음에 답하여라.

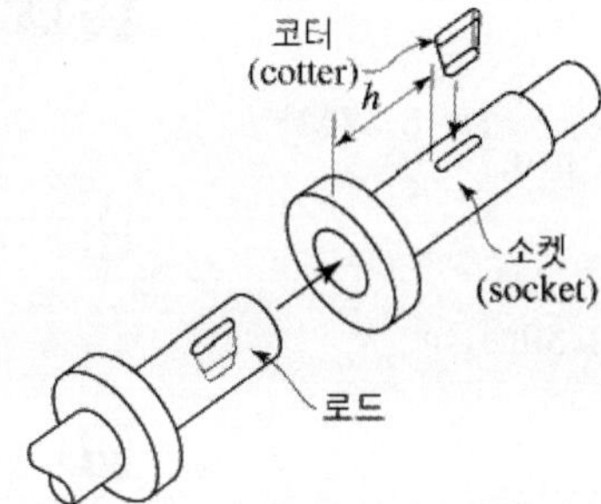

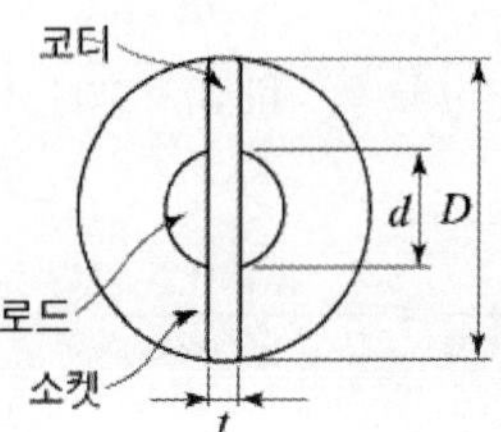

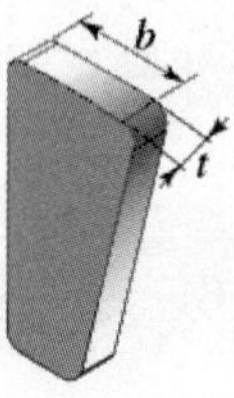

여기서, D : 소켓의 바깥지름	D = 140mm
d : 로드의 지름	d =70mm
h : 코터구멍에서 소켓끝까지거리	h =100mm
t : 코터의 두께	t =20mm
b : 코터의 나비	b =90mm

(1) 로드에 생기는 인장응력 σ_1[MPa]인가?

(2) 로드의 코터 구멍부분의 인장응력 σ_2[MPa]인가?

(3) 소켓의 코터 구멍부분의 인장응력 σ_3[MPa]인가?

(4) 로드의 코터 구멍 측면의 압축응력 σ_4[MPa]인가?

(5) 소켓 코터 구멍 측면의 압축응력 σ_5[MPa]인가?

(6) 코터의 전단응력 τ_c[MPa]인가?

(7) 소켓의 전단응력 τ_s[MPa]인가?

(8) 코터의 굽힘응력 σ_b[MPa]인가?

풀이 & 답

(1) $\sigma_1 = \dfrac{P}{\pi d^2/4} = \dfrac{5000}{\pi \times 70^2/4} = 1.2992\text{N/mm}^2 = 1.3\text{MPa}$

답 1.3MPa

(2) $\sigma_2 = \dfrac{P}{\pi d^2/4 - (t \times d)} = \dfrac{5000}{\pi \times 70^2/4 - (20 \times 70)} = 2.04\text{N/mm}^2 = 2.04\text{MPa}$

답 2.04MPa

(3) $\sigma_3 = \dfrac{P}{\dfrac{\pi}{4}(D^2 - d^2) - \left\{t \times \dfrac{(D-d)}{2}\right\} \times 2} = \dfrac{5000}{\dfrac{\pi}{4}(140^2 - 70^2) - \left\{20 \times \left(\dfrac{140-70}{2}\right)\right\} \times 2}$

$= 0.49\text{N/mm}^2 = 0.49\text{MPa}$

답 0.49MPa

(4) $\sigma_4 = \dfrac{P}{t \times d} = \dfrac{5000}{20 \times 70} = 3.57\dfrac{\text{N}}{\text{mm}^2} = 3.57\text{MPa}$

답 3.57MPa

(5) $\sigma_5 = \dfrac{P}{(D-d)t} = \dfrac{5000}{(140-70) \times 20} = 3.571\dfrac{\text{N}}{\text{mm}^2} = 3.57\text{MPa}$

답 3.57MPa

(6) $\tau_c = \dfrac{P}{2 \times t \times b} = \dfrac{5000}{2 \times 20 \times 90} = 1.39\dfrac{\text{N}}{\text{mm}^2} = 1.39\text{MPa}$

답 1.39MPa

(7) $\tau_s = \dfrac{P}{4 \times \left(\dfrac{D-d}{2}\right) \times h} = \dfrac{5000}{4 \times \left(\dfrac{140-70}{2}\right) \times 100} = 0.3571\dfrac{\text{N}}{\text{mm}^2} = 0.36\text{MPa}$

답 0.36MPa

(8) $\sigma_b = \dfrac{6 \times PD}{8 \times b^2 \times t} = \dfrac{6 \times 5000 \times 140}{8 \times 90^2 \times 20} = 3.2407\dfrac{\text{N}}{\text{mm}^2} = 3.24\text{MPa}$

답 3.24MPa

예제 2-8

다음 그림은 코터 이음으로 축에 작용하는 인장하중이 P =49kN이다. 소켓, 코터를 모두 연강으로 하고 강도를 구하라. (단, 실제하중은 인장하중의 1.25배 가해지는 것으로 보고 계산하라.)

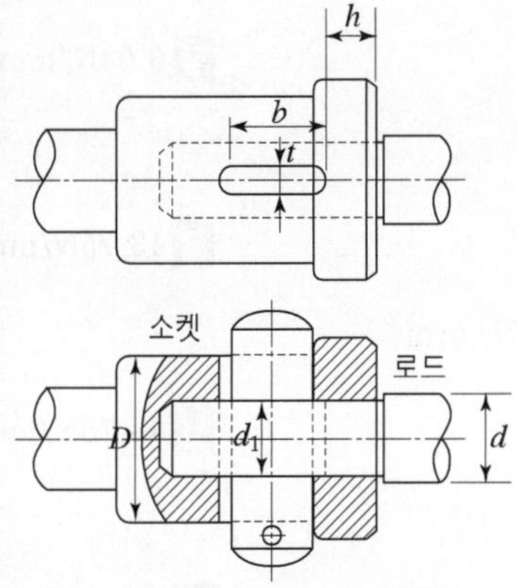

여기서, 소켓의 외경 D =140mm
로드의 지름 d =75mm
구멍부분의 로드지름 d_1 =70mm
코터 두께 t =20mm
코터 폭 b =90mm
소켓 끝에서 코터 구멍까지 거리 h =45mm

(1) 로드에 생기는 인장응력 σ_{t1}[N/mm²]
(2) 로드의 코터 구멍 부분의 인장응력 σ_{t2}[N/mm²]
(3) 소켓의 코터 구멍 부분의 인장응력 σ_{t3}[N/mm²]
(4) 로드의 코터 접촉부 압축응력 σ_{c1}[N/mm²]
(5) 소켓의 코터 구멍 측면의 압축응력 σ_{c2}[MPa]인가?
(6) 코터의 전단응력 τ_c[N/mm²]
(7) 소켓의 전단응력 τ_s[N/mm²]
(8) 코터의 굽힘응력 σ_b[N/mm²]

풀이 & 답

(1) $F = 1.25 \times P = 1.25 \times 49 \times 10^3 = 61250\text{N}$

$$\sigma_{t1} = \frac{4 \times F}{\pi d^2} = \frac{4 \times 61250}{\pi \times 75^2} = 13.86\text{N/mm}^2$$

로드의 지름과 구멍 안쪽의 로드지름이 각각 주어지는 경우는 주어지는 조건에 맞추어서 계산한다.

답 13.86N/mm^2

(2) $$\sigma_{t2} = \frac{F}{\frac{\pi}{4}d_1^2 - t \cdot d_1} = \frac{61250}{\frac{\pi}{4} \times 70^2 - 20 \times 70} = 25.02\text{N/mm}^2$$

답 25.02N/mm^2

(3) $\sigma_{t3} = \dfrac{F}{\dfrac{\pi}{4}\left(D^2 - d_1^2\right) - t \cdot (D - d_1)}$

$= \dfrac{61250}{\dfrac{\pi}{4}(140^2 - 70^2) - 20 \times (140 - 70)} = 6.04\text{N/mm}^2$

답 6.04N/mm^2

(4) $\sigma_{c1} = \dfrac{F}{t \cdot d_1} = \dfrac{61250}{20 \times 70} = 43.75\text{N/mm}^2$

답 43.75N/mm^2

(5) $\sigma_{c2} = \dfrac{F}{(D - d_1)t} = \dfrac{61250}{(140 - 70) \times 20} = 43.75\text{N/mm}^2$

답 43.75N/mm^2

(6) $\tau_c = \dfrac{F}{2tb} = \dfrac{61250}{2 \times 20 \times 90} = 17.01\text{N/mm}^2$

답 17.01N/mm^2

(7) $\tau_s = \dfrac{P}{4 \times \left(\dfrac{D - d_1}{2}\right) \times h} = \dfrac{61250}{4 \times \left(\dfrac{140 - 70}{2}\right) \times 45} = 9.72\text{N/mm}^2$

답 9.72N/mm^2

(8) $\sigma_b = \dfrac{F \cdot D \cdot 6}{8tb^2} = \dfrac{61250 \times 140 \times 6}{8 \times 20 \times 90^2} = 39.7\text{N/mm}^2$

답 39.7N/mm^2

2-4 너클핀(Knukle pin)

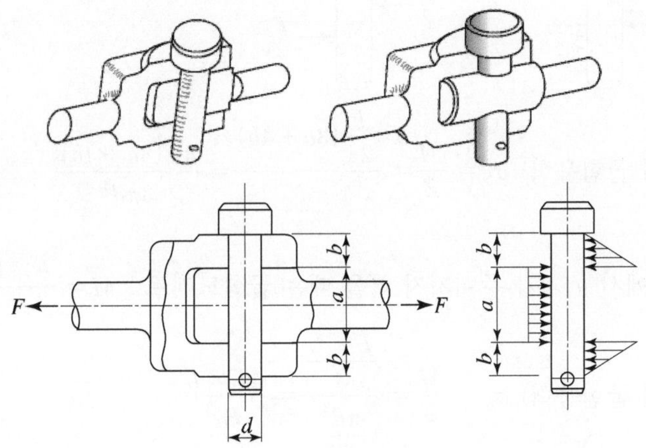

(1) 너클핀의 지름(d)구하기

① 너클핀의 포와송의 수 : m

$$m=\frac{a}{d}$$

여기서, a : 핀과 구멍 부분의 접촉길이, d : 너클핀의 지름

② 너클핀의 접촉 면압력 : q

$$q=\frac{F}{a\times d},\ q=\frac{F}{md\times d}=\frac{F}{m\times d^2}$$

③ 너클핀의 지름 : d

$$d=\sqrt{\frac{F}{m\times q}}$$

(2) 너클핀의 전단응력(τ) 구하기

(너클핀의 전단응력) $\tau=\dfrac{F}{2\times\dfrac{\pi}{4}d^2}$

(3) 너클핀의 굽힘응력(σ_b) 구하기

① 너클핀에 작용되는 굽힘모멘트 : M

$$M=\frac{F}{2}\times\left(\frac{a}{2}+\frac{b}{3}\right)-\frac{F}{2}\times\left(\frac{a}{4}\right)=\frac{F}{2}\left(\frac{a}{4}+\frac{b}{3}\right)=\frac{F}{24}(3a+4b)$$

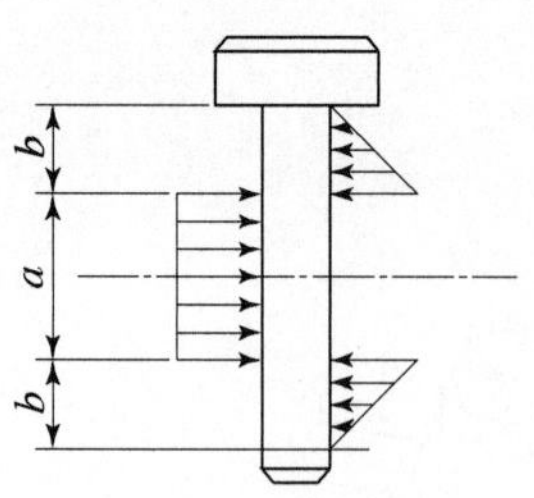

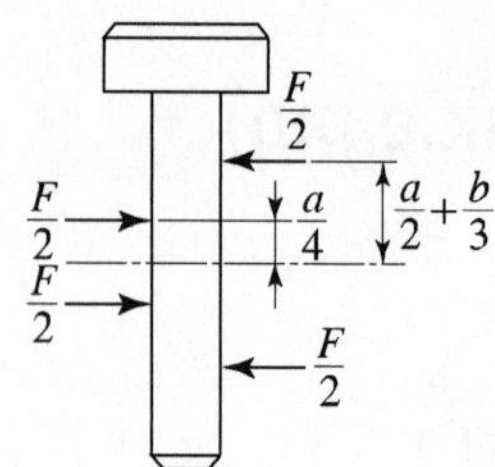

(너클핀의 굽힘응력) $\sigma_b = \dfrac{M}{Z} = \dfrac{\dfrac{F}{24}(3a+4b)}{\dfrac{\pi d^3}{32}} = \dfrac{4F(3a+4b)}{3\pi d^3}$

② 시험조건에서 a, b가 주어지지 않을 때는 굽힘모멘트 : $M = \dfrac{F \times L}{8}$

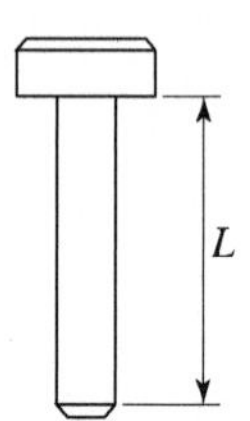

(너클핀의 굽힘응력) $\sigma_b = \dfrac{M}{Z} = \dfrac{\dfrac{F \times L}{8}}{\dfrac{\pi d^3}{32}} = \dfrac{4F \times L}{\pi d^3}$

예제 2-9

다음 그림의 너클핀의 하중분포를 나타낸 그림이다.

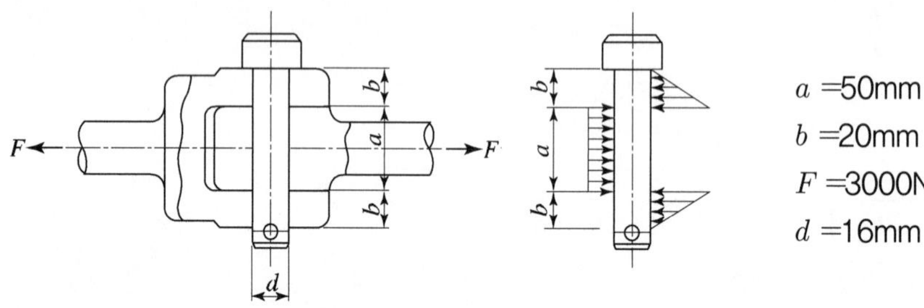

(1) 너클핀의 전단응력 τ[MPa] 구하여라.
(2) 너클핀의 굽힘응력 σ_b[MPa]을 구하여라.

풀이 & 답

(1) (너클핀의 전단응력) $\tau = \dfrac{F}{2 \times \dfrac{\pi}{4} d^2} = \dfrac{3000}{2 \times \dfrac{\pi}{4} 16^2} = 7.46\text{MPa}$

답 7.46MPa

(2) $\sigma_b = \dfrac{M}{Z} = \dfrac{\dfrac{F}{24}(3a+4b)}{\dfrac{\pi d^3}{32}} = \dfrac{4F(3a+4b)}{3\pi d^3} = \dfrac{4 \times 3000 \times (3 \times 50 + 4 \times 20)}{3 \times \pi \times 16^3}$

$= 71.5\text{MPa}$

답 71.5MPa

Chapter 03

리벳이음(rivet joint)

 3-1 리벳의 개요

리벳 조인트는 강판을 포개서 영구적으로 결합하는 것으로 구조가 간단하고 응용 범위가 넓어서, 철골구조, 교량 등에 사용되며, 죄는 힘이 크므로 기밀을 요하는 압력용기, 보일러 등에 사용된다.

① **코킹**(caulking) : 기밀, 수밀을 유지하기 위해

② **플러링**(fullering) : 플러링 공구사용(강판과 같은 나비로 이용해서 때리는 작업)

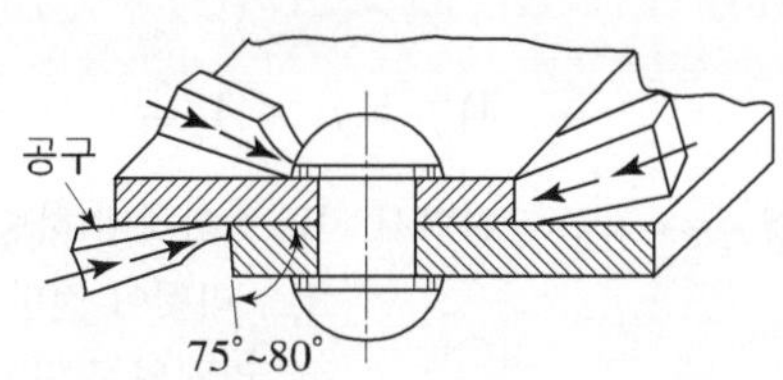

(1) 겹치기 이음

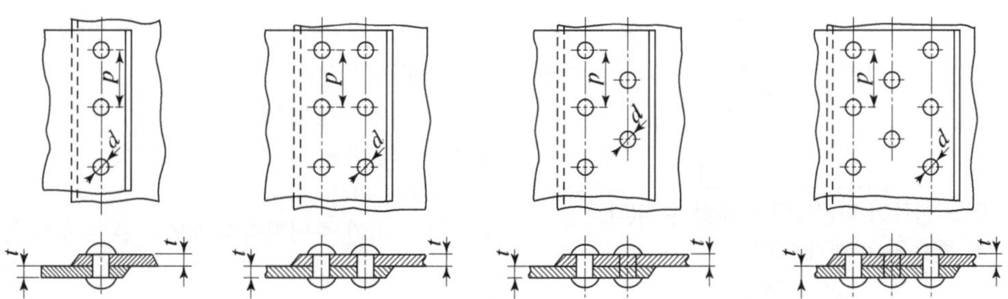

[겹치기 1열이음] **[겹치기 2열 병렬이음]** **[겹치기 2열 지그재그형이음]** **[겹치기 3열이음]**

(2) 맞대기 이음

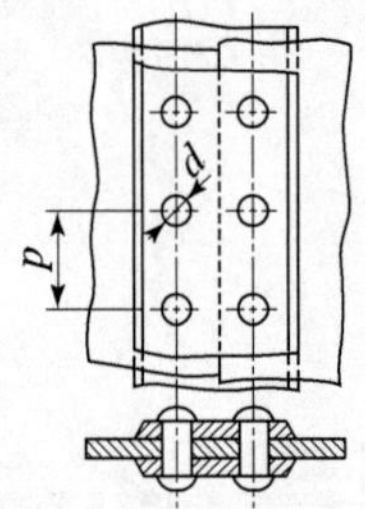

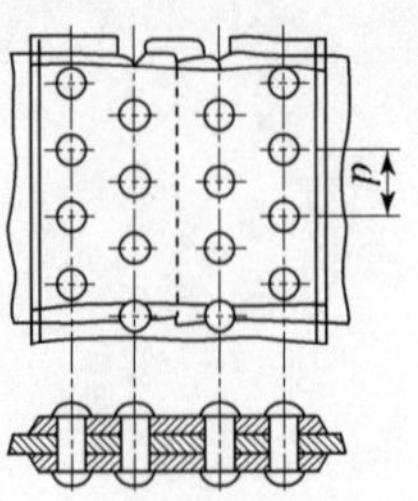

[양쪽 덮개판 1열 맞대기 이음] [양쪽 덮개판 2열 지그재그 이음]

① 한쪽 덮개판 2열 맞대기 이음

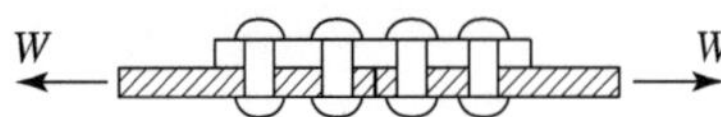

② 양쪽 덮개판 2열 맞대기 이음

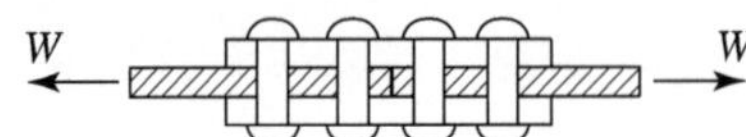

3-2 리벳이음의 설계

1. 리벳이음의 강도계산

(1) 리벳의 전단 하중(1피치 내에 걸리는 전단하중) : W_P

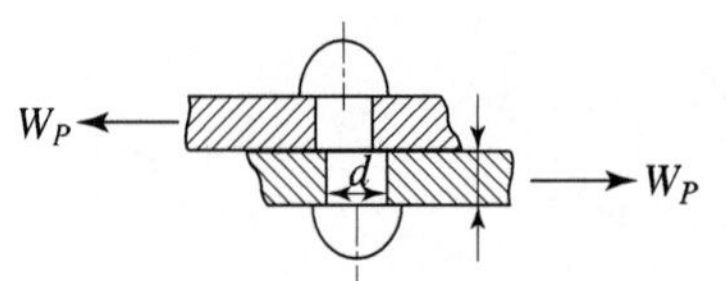

$$W_P = \tau_r \times A_r = \tau_r \times \frac{\pi}{4}d^2 \times n \quad \cdots\cdots ①$$

여기서, W_P : 피치내 하중 $d = d_r$: 리벳의 직경

A_r : 리벳이 전단되는 단면적 τ_r : 리벳의 전단응력

n : 리벳의 전단되는 갯수=줄수

(2) 강판의 절단(1피치 내에 걸리는 강판의 인장하중)

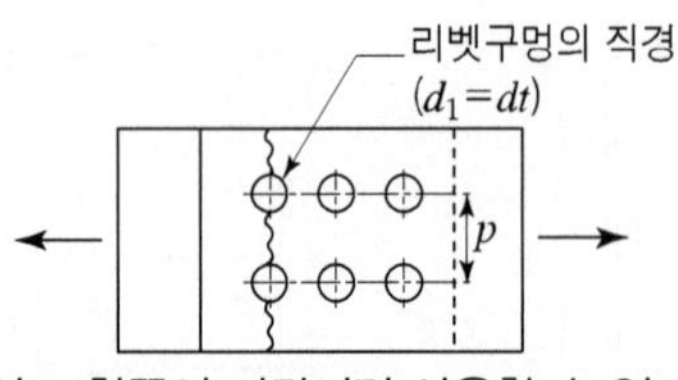

어느 한쪽이 파단되면 사용할 수 없다.

▶ 줄수와 관계가 없다.

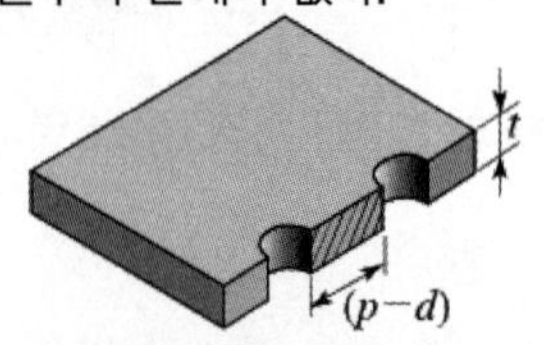

$$W_P = \sigma_t \times A_t = \sigma_t\,(p - d_t) \times t \quad \cdots\cdots ②$$

여기서, σ_t : 강판의 인장응력

A_t : 강판의 파단면적

d_t : 구멍의 지름

d : 리벳의 지름

$d = d_t$: (d_t가 주어지지 않으면 d를 사용한다.)

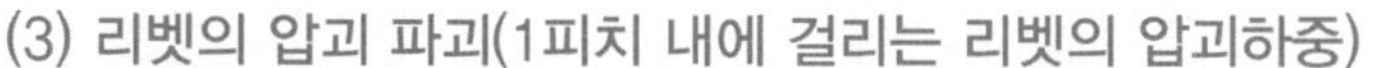

(3) 리벳의 압괴 파괴(1피치 내에 걸리는 리벳의 압괴하중)

$$W_P = \sigma_c \times A_c = \sigma_c \times d \cdot t \times n \quad \cdots\cdots ③$$

여기서, A_c : 리벳의 압괴단면적, σ_c : 리벳의 압괴응력

$d = d_r$: 리벳의 직경, n : 리벳의 전단되는 갯수=줄수

2. 리벳의 직경과 피치의 계산

(1) 리벳의 피치(p) 계산

①=②식으로 두면,

$$\tau_r \times \frac{\pi d^2}{4} \times n = \sigma_t \times (p - d_t) \times t$$

$$p - d = \frac{\tau_r \pi d^2 n}{4 \sigma_t t}$$

$$\therefore \text{(피치) } p = \frac{\tau_r \pi d^2 n}{4 \sigma_t t} + d'$$

(2) 리벳의 직경 계산

①=③식으로 두면,

$$\tau_r \times \frac{\pi d^2}{4} \times n = \sigma_c \times d \cdot t \times n$$

$$\therefore \text{(리벳의 지름) } d = \frac{4 \sigma_c t}{\pi \tau_r}$$

3. 리벳이음의 효율

(1) 강판의 효율 (η_t)

$$\eta_t = \frac{\text{구멍이 있을때의 강판의 인장력}}{\text{구멍이 없을때의 강판의 인장력}} = \frac{\sigma_t (p - d_t) t}{\sigma_t p t} = \frac{p - d_t}{p} = 1 - \frac{d_t}{p}$$

(2) 리벳의 효율 (η_r)

$$\eta_r = \frac{\text{구멍이 있을때 리벳의 전단력}}{\text{구멍이 없을때의 강판의 인장력}} = \frac{\tau_r \dfrac{\pi d^2}{4} n}{\sigma_t p t} = \frac{\tau_r \pi d^2 n}{4 \sigma_t p t}$$

(3)리벳이음의 효율 (η)

(리벳이음의 효율) η은 강판의 효율 (η_t)과 리벳의 효율 (η_r) 두 효율 중에서 작은 값의 효율이 (리벳이음의 효율) η이다.

윗 식을 정리하면

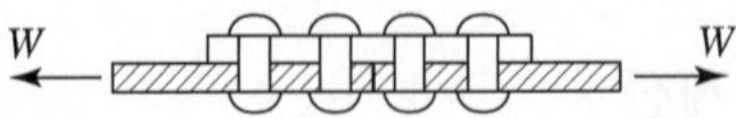

① (피치) $p = \dfrac{\tau_r \, \pi \, d^2 \, n}{4 \, \sigma_t \, t} + d_t$

② (리벳의 지름) $d = \dfrac{4 \, \sigma_c \, t}{\pi \, \tau_r}$

③ (강판의 효율) $\eta_t = 1 - \dfrac{d_t}{p}$

④ (리벳의 효율) $\eta_r = \dfrac{\tau_r \, \pi \, d_r^2 \, n}{4\sigma_t \, p \, t}$

⑤ (리벳이음의 효율) η은 강판의 효율 (η_t)과 리벳의 효율 (η_r) 두 효율 중에서 작은 값은 효율이 리벳 이음의 효율이다.

양쪽 덮개판 맞대기 이음일 경우

① (피치) (피치)$p = \dfrac{\tau_r \, \pi \, d^2 \, n \times 1.8}{4 \, \sigma_t \, t} + d_t$

② (리벳의 지름) (리벳의지름)$d = \dfrac{4 \, \sigma_c \, t}{\pi \, \tau_r}$

③ (강판의 효율) $\eta_t = 1 - \dfrac{d_t}{p}$

④ (리벳의 효율) $\eta_r = \dfrac{\tau_r \, \pi \, d_r^2 \, n \times 1.8}{4\sigma_t \, p \, t}$

⑤ (리벳이음의 효율) η은 강판의 효율 (η_t)과 리벳의 효율 (η_r) 두 효율 중에서 작은 값은 효율이 리벳 이음의 효율이다.

양쪽 덮개판일 때 리벳의 전단면은 개수는 줄수는 2줄이지만 리벳이 전단되는 면의 개수는 4개가 된다. 하지만 경험값으로 파단면의 개수는 $n \times 1.8 = 2 \times 1.8 = 3.6$에 해당되는 면적이 전단되는 것으로 사용하고 있다.

예제 3-1 [2010년 2회 출제(6점)]

한 줄 겹치기 리벳이음에서 리벳허용전단응력 $\tau_a = 50$MPa, 강판의 허용인장응력 $\sigma_t = 120$MPa, 리벳지름 $d = 16$mm일 때 다음을 구하라.

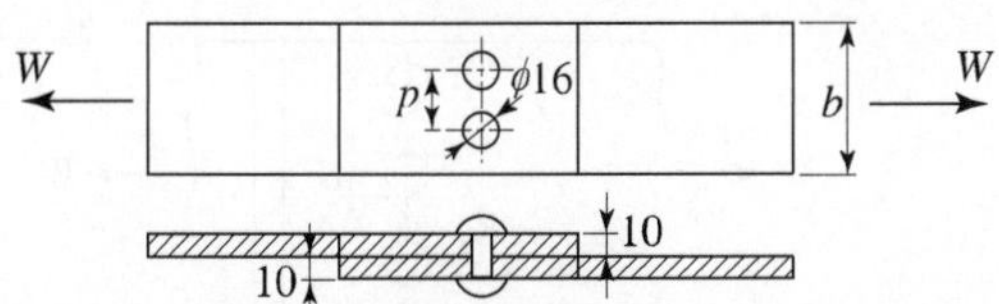

(1) 리벳의 허용전단응력을 고려하여 가할 수 있는 최대하중 W[kN]인가?
(2) 리벳의 허용하중과 강판의 허용하중이 같다고 할 때 강판의 너비 b[mm]?
(3) 강판의 효율[%]을 구하시오?
(4) 리벳의 효율[%]을 구하시오?
(5) 리벳이음의 효율[%]?

풀이 & 답

(1) (최대하중) $W = \tau_a \times \frac{\pi}{4}d^2 \times 2 = 50 \times \frac{\pi}{4}16^2 \times 2 = 20106.1929\text{N} = 20.11\text{kN}$

답 20.11kN

 피치내 하중을 구하는 것이 아니고 전체 하중를 구하는 문제이다.

(2) $W = \sigma_t \times (bt - (2 \times dt))$, $20110 = 120 \times (b \times 10 - (2 \times 16 \times 10))$
(강판의 너비) $b = 48.758\text{mm} = 48.76\text{mm}$

답 48.76mm

(3) (강판의 효율) $\eta_t = 1 - \frac{d}{p} = 1 - \frac{16}{24.38} = 0.34372 = 34.37\%$

(피치) $p = \frac{\tau_r \pi d^2 n}{4\sigma_t t} + d = \frac{50 \times \pi \times 16^2 \times 1}{4 \times 120 \times 10} + 16 = 24.377\text{mm} = 24.38\text{mm}$

답 34.37%

(4) (리벳의 효율) $\eta_r = \frac{\tau_r \pi d^2 n}{4\sigma_t p t} = \frac{50 \times \pi \times 16^2 \times 1}{4 \times 120 \times 24.38 \times 10} = 0.34362 = 34.36\%$

답 34.36%

(5) 강판의 효율과 리벳의 효율 중 작은 값이 리벳이음의 효율이다.

답 34.36%

 효율을 최대로 하는 피치를 결정하면 판의 효율과 리벳효율은 동일하다.

예제 3-2

그림과 같은 1줄 겹치기 리벳 이음에서 t =12mm, d =20mm, p =70mm이다. 1피치의 하중이 1200N이라 할 때 다음 각 물음에 답하여라.

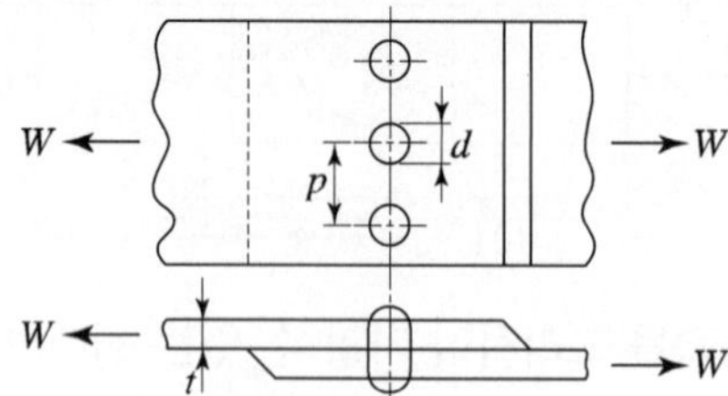

(1) 이음부의 강판에 발생하는 인장응력 : σ_t [N/mm^2]
(2) 리벳에 발생하는 전단응력 : τ[N/mm^2]
(3) 강판의 효율[%]을 구하시오?
(4) 리벳의 효율[%]을 구하시오?
(5) 리벳이음의 효율[%]?

풀이 & 답

(1) $\sigma_t = \dfrac{W_p}{A_t} = \dfrac{W_p}{(p-d)\cdot\ t} = \dfrac{1200}{(70-20)\times 12} = 2\text{N/mm}^2$

답 2N/mm^2

(2) $\tau = \dfrac{W_p}{A_\tau} = \dfrac{W_p}{\dfrac{\pi}{4}d^2\times n} = \dfrac{1200}{\dfrac{\pi}{4}\times 20^2\times 1} = 3.82\text{N/mm}^2$

답 3.82N/mm^2

(3) (강판의 효율) $\eta_t = 1-\dfrac{d}{p} = 1-\dfrac{20}{70} = 0.71428 = 71.43\%$

답 71.43%

(4) (리벳의 효율) $\eta_r = \dfrac{\pi d^2\tau\times n}{4\cdot\sigma_t\cdot p\cdot t} = \dfrac{\pi\times 20^2\times 3.82\times 1}{4\times 2\times 70\times 12} = 0.714338 = 71.43\%$

답 71.43%

(5) 강판의 효율과 리벳의 효율 중 작은 값이 리벳이음의 효율이다.

답 71.43%

 효율을 최대로 하는 피치를 결정하면 판의 효율과 리벳효율은 동일하다.

예제 3-3

1줄 겹치기 리벳이음에서 강판의 두께가 9mm 리벳지름이 12mm일 때 다음을 결정하라. (단, 판의 인장응력 σ_t =8.8MPa, 리벳의 전단응력 τ_r =7MPa이다.)

(1) 리벳이 전단 될 때의 피치내 하중은 몇 N인가?
(2) 피치는 몇 mm인가?
(3) 강판의 효율은 몇 %인가?

풀이 & 답

(1) $W_P = \tau_r \times \frac{\pi d^2}{4} \times n = 7.0 \times \frac{\pi \times 12^2}{4} \times 1 = 791.68\text{N}$

답 791.68N

(2) $p = \frac{\pi d^2 \tau_r}{4t\sigma_t} + d = \frac{\pi \times 12^2 \times 7.0}{4 \times 9 \times 8.8} + 12 = 21.9959\text{mm} = 22\text{mm}$

답 22mm

(3) $\eta_t = 1 - \frac{d}{p} = 1 - \frac{12}{22} = 0.454545 = 45.45\%$

참고 효율을 최대로 하는 피치를 결정하면 판의 효율과 리벳효율은 동일하다.

답 45.45%

예제 3-4

그림과 같은 양쪽 덮개판 2줄 맞대기 이음에서 피치가 56mm, 리벳의 지름이 16mm, 강판의 두께가 20mm, 리벳의 전단강도가 강판의 인장강도의 85%일 때 이 리벳이음의 효율은 몇 %인가?

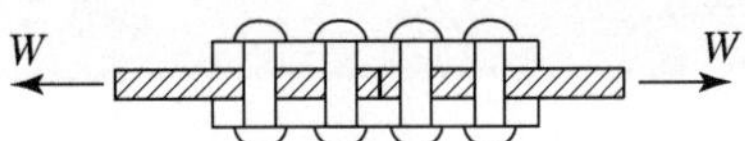

풀이 & 답

(강판의 효율) $\eta_t = 1 - \frac{d}{p} = 1 - \frac{16}{56} = 0.7143 = 71.43\%$

(리벳의 효율) $\eta_t = \frac{\pi d^2 \times \tau_r \times n \times 1.8}{4 \times \sigma_t \times p \times t} = \frac{\pi \times 16^2 \times (1 \times 0.85) \times 2 \times 1.8}{4 \times 1 \times 56 \times 20}$

$= 0.5493 = 54.93\%$

$\eta_t > \eta_r$ 이므로 리벳이음의 효율 $\eta = 54.93\%$ 이다.

답 54.93%

4. 편심하중을 받는 리벳(기사 실기)

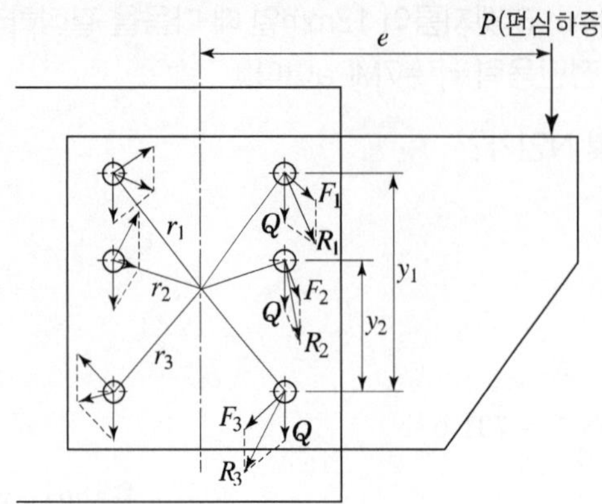

각 리벳에 걸리는 합력 R중에 최대값 R_{max}이 리벳의 허용강도 이하가 되도록 설계한다.

▶ 리벳군의 중심에서 가장 먼거리에 있는 리벳의 전단강도를 구한다.)

(1) 하중에 의한 직접 전단력(Q)

$$Q = \frac{P}{Z} = \frac{P}{6}$$

(2) 모멘트에 의한 전단력(F)

$\Sigma M_o = 0$;

$P \cdot e - Z_1 F_1 r_1 - Z_2 F_2 r_2 - Z_3 F_3 r_3 = 0$

여기서, F_i : r_i거리에 있는 리벳에 걸리는 회전력

Z_i : r_i거리에 있는 리벳의 수

F는 회전 중심으로부터의 거리 r에 비례하므로, $F \propto r$

$\therefore\ F = kr\ (F_1 = kr_1,\ F_2 = kr_2,\ F_3 = kr_3)$

여기서, k : 비례상수(kg/mm)

윗 식에 대입하면

$$P \cdot e = Z_1 F_1 r_1 - Z_2 F_2 r_2 - Z_3 F_3 r_3$$
$$= Z_1 k r_1^2 - Z_2 k r_2^2 - Z_3 k r_3^2$$

$$\therefore\ k = \frac{P \cdot e}{Z_1 r_1^2 + Z_2 r_2^2 + Z_3 r_3^2}$$

윗 그림에서 $k = \dfrac{P \cdot e}{2 \times r_1^2 + 2 \times r_2^2 + 2 \times r_3^2}$

$\therefore\ F = kr\ (F_1 = kr_1,\ F_2 = kr_2,\ F_3 = kr_3)$

참고하세요 리벳군의 중심 구하기

- 도심을 구하는 방법과 같다.(단면 1차모멘트를 이용한다.)
- 리벳의 면적을 1로 본다.

$$\bar{y}=\frac{\int_y dA}{A}=\frac{y_1\text{거리의 리벳수}\times y_1+y_2\text{거리의 리벳수}\times y_2+\cdots\cdots}{\text{전체 리벳수}}$$

그림에서, $\bar{y}=\dfrac{2\times y_1+2\times y_2}{6}$

(3) 합력(R)

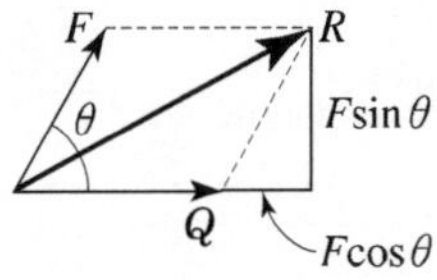

$$R^2=(F\sin\theta)^2+(Q+F\cos\theta)^2$$
$$=F^2\sin^2\theta+Q^2+2QF\cos\theta+F^2\cos^2\theta$$
$$=F^2(\sin^2\theta+\cos^2\theta)+Q^2+2QF\cos\theta$$
$$\therefore\ R=\sqrt{F^2+Q^2+2QF\cos\theta}$$

(4) 리벳의 직경

중심으로부터 가장 먼 거리에 있는 리벳의 합력을 적용

$$\tau=\frac{R_{max}}{A}=\frac{R_{max}}{\pi d^2/4}\ \Rightarrow\ d=\sqrt{\frac{4R_{max}}{\pi\tau}}$$

예제 3-5

다음 그림과 같은 구조용 리벳이음에서 필요한 리벳의 지름은 몇 mm인가? (단, 리벳재료의 허용전단응력은 50MPa, 피치 30mm, 하중 P =12kN, L =150mm이다.)

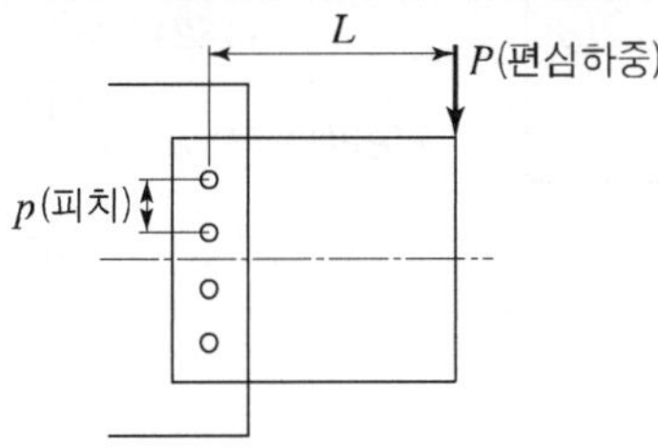

풀이 & 답

(리벳지름) $d=\sqrt{\dfrac{4\times R_{max}}{\pi\times\tau_a}}=\sqrt{\dfrac{4\times 18248.29}{\pi\times 50}}=21.556\text{mm}=21.56\text{mm}$

•직접전단하중 $Q = \frac{P}{Z} = \frac{12 \times 10^3}{4} = 3000\text{N}$

•모멘트에 전단하중

$T = P \cdot L = K(N_1 \cdot r_1^2 + N_2 \cdot r_2^2)$

$12 \times 10^3 \times 150 = K \times (2 \times 15^2 + 2 \times 45^2)$, $K = 400\text{N/mm}$

$F_2 = K \cdot r_2 = 400 \times 45 = 18000\text{N}$

$F_1 = K \cdot r_1 = 400 \times 15 = 6000\text{N}$

•(리벳 1개에 걸리는 최대 전단하중) $R_{max} = \sqrt{Q^2 + F_2^2} = \sqrt{3000^2 + 18000^2}$

$= 18248.287 = 18248.29\text{N}$

답 **21.56mm**

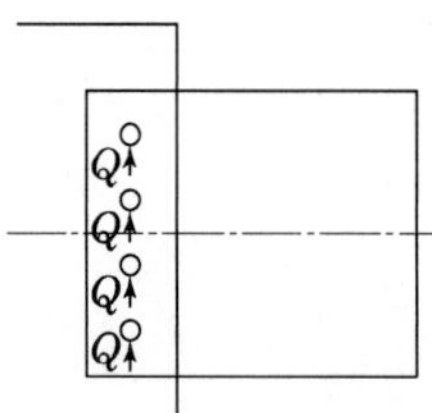

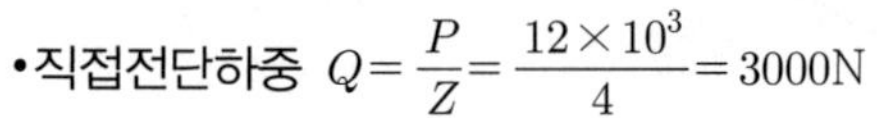

•직접전단하중 $Q = \frac{P}{Z} = \frac{12 \times 10^3}{4} = 3000\text{N}$

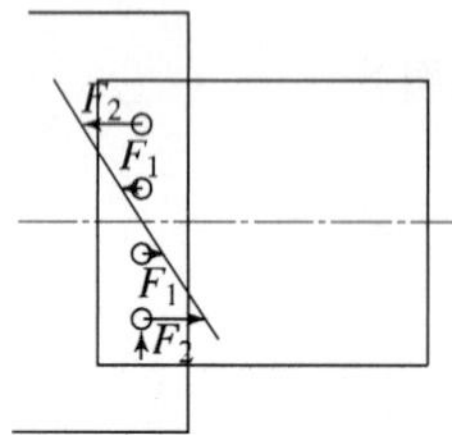

•모멘트에 전단하중 F_1, F_2

$P \cdot L = 2(F_1 \cdot r_1 + F_2 \cdot r_2)$

$= 2(F_1 \cdot r_1 + 3F_1 \cdot r_2) = 2F_1(r_1 + 3 \cdot r_2)$

$F_1 = \frac{PL}{2(r_1 + 3 \cdot r_2)} = \frac{12000 \times 150}{2 \times (15 + 3 \times 45)} = 6000\text{N}$

$F_2 = 3F_1 = 3 \times 6000 = 18000\text{N}$

$45\text{mm} : F_2 = 15\text{mm} : F_1$ $F_2 = 3F_1$

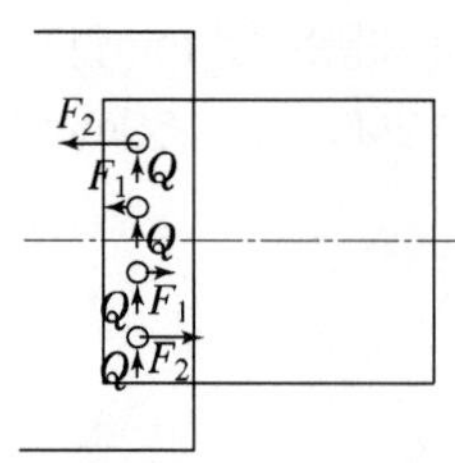

•(리벳 1개에 걸리는 최대 전단하중) R_{max}

$R_{max} = \sqrt{Q^2 + F_2^2} = \sqrt{3000^2 + 18000^2}$

$= 18248.287 = 18248.29\text{N}$

•(리벳지름) $d = \sqrt{\frac{4 \times R_{max}}{\pi \times \tau_a}} = \sqrt{\frac{4 \times 18248.29}{\pi \times 50}}$

$= 21.556\text{mm} = 21.56\text{mm}$

예제 3-6

다음 그림에서 P =20kN, r =60mm, L =300mm일 때 다음 각 물음에 답하라.

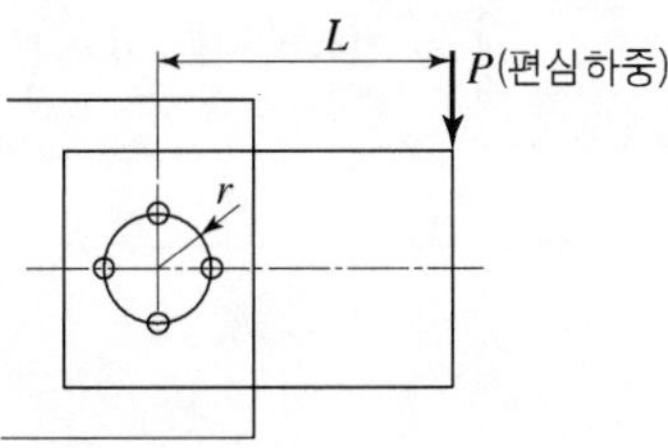

(1) 리벳의 직접 전단하중 Q는 몇 N인가?
(2) 비틀림 모멘트에 의한 각 리벳의 비틀림 전단하중 F는 몇 N인가?
(3) 리벳에 작용하는 최대 전단하중은 몇 N인가?
(4) 리벳의 지름은 몇 mm인가?(단, 리벳의 허용전단응력은 60MPa이다.)

풀이 & 답

(1) 직접전단하중 $Q = \dfrac{P}{Z} = \dfrac{20 \times 10^3}{4} = 5000\text{N}$

답 5000N

(2) $P \cdot L = K\left(N_1 \cdot r_1^2\right)$

$20 \times 10^3 \times 300 = K \times \left(4 \times 60^2\right)$, $K = 416.666 = 416.67\text{N/mm}$

$F = K \cdot r_1 = 416.67 \times 60 = 25000\text{N}$

답 25000N

(3) $R_{\max} = Q + F = 5000 + 25000 = 30000\text{N} = 30000\text{N}$

답 30000N

(4) (리벳지름) $d = \sqrt{\dfrac{4 \times R_{\max}}{\pi \times \tau_a}} = \sqrt{\dfrac{4 \times 30000}{\pi \times 60}} = 25.2313\text{mm} = 25.23\text{mm}$

답 25.23mm

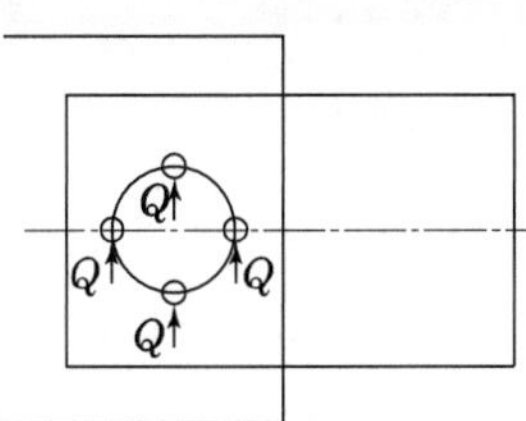

• 직접전단하중 $Q = \dfrac{P}{Z} = \dfrac{20 \times 10^3}{4} = 5000\text{N}$

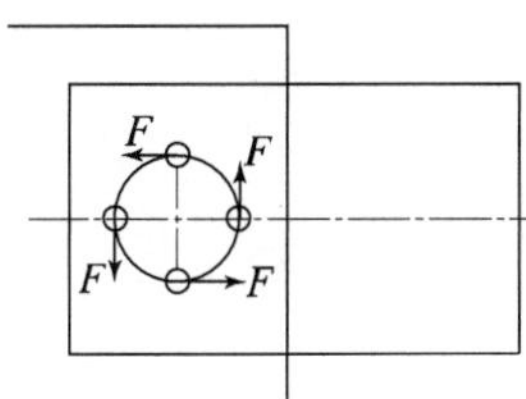

• 모멘트에 전단하중 F

$P \cdot L = 4(F \cdot r)$

$F = \dfrac{PL}{4 \cdot r} = \dfrac{20000 \times 300}{4 \times 60} = 25000\text{N}$

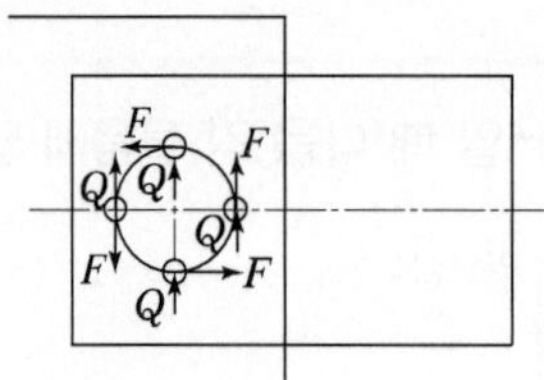

•(리벳 1개에 걸리는 최대 전단하중) R_{max}

$R_{max} = Q + F = 5000 + 25000 = 30000\text{N} = 30000\text{N}$

•(리벳지름) $d = \sqrt{\dfrac{4 \times R_{max}}{\pi \times \tau_a}} = \sqrt{\dfrac{4 \times 30000}{\pi \times 60}}$

$= 25.2313\text{mm} = 25.23\text{mm}$

예제 3-7

그림과 같은 편심하중 P =30kN, h =100mm, b =150mm, L =250mm을 받는 리벳이음에서 다음을 결정하라.

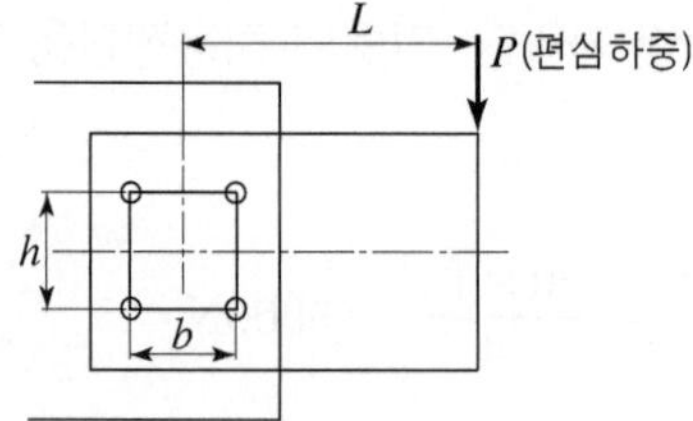

(1) 리벳의 직접 전단하중 Q는 몇 N인가?
(2) 비틀림 모멘트에 의한 각 리벳의 비틀림 전단하중 F는 몇 N인가?
(3) 리벳에 작용하는 최대 전단하중은 몇 N인가?
(4) 리벳의 지름은 몇 mm인가? (단, 리벳의 허용전단응력은 60MPa이다.)

풀이 & 답

(1) 직접전단하중 $Q = \dfrac{P}{Z} = \dfrac{30 \times 10^3}{4} = 7500\text{N}$

답 7500N

(2) $P \cdot L = K(N_1 \cdot r_1^2)$

$30 \times 10^3 \times 250 = K \times (4 \times 90.14^2)$, $K = 230.76\text{N/mm}$

$F = K \cdot r_1 = 230.76 \times 90.14 = 20800.71\text{N}$

$r_1 = \sqrt{\left(\dfrac{b}{2}\right)^2 + \left(\dfrac{h}{2}\right)^2} = \sqrt{\left(\dfrac{150}{2}\right)^2 + \left(\dfrac{100}{2}\right)^2} = 90.138\text{mm} = 90.14\text{mm}$

답 20800.71N

(3) $R_{max} = \sqrt{Q^2 + F^2 + 2Q \cdot F \cdot \cos\theta}$

$= \sqrt{7500^2 + 20800.71^2 + 2 \times 7500 \times 20800.71 \times \dfrac{75}{90.14}}$

$= 27359.25\text{N}$

$$\cos\theta = \frac{\left(\frac{b}{2}\right)}{r_1}$$

답 27359.25N

(4) (리벳지름) $d = \sqrt{\frac{4 \times R_{\max}}{\pi \times \tau_a}} = \sqrt{\frac{4 \times 27359.25}{\pi \times 60}} = 24.1\text{mm}$

답 24.1mm

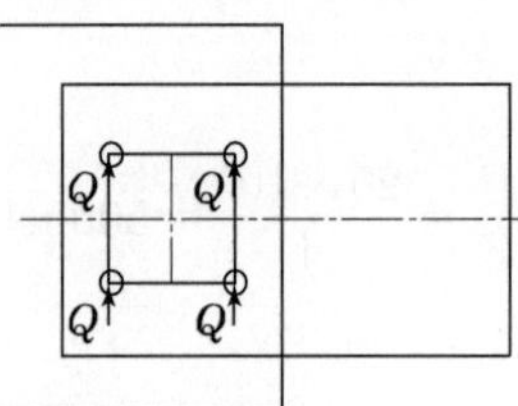

• 직접전단하중 $Q = \frac{P}{Z} = \frac{30 \times 10^3}{4} = 7500\text{N}$

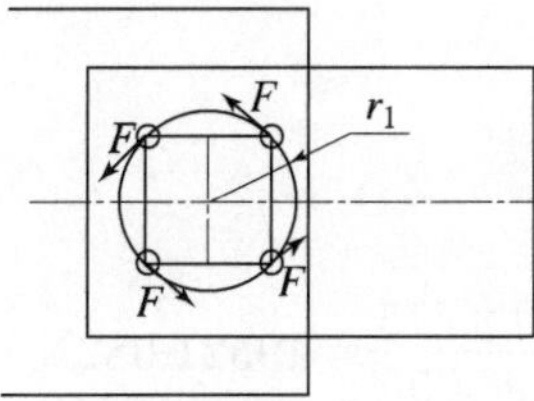

• 모멘트에 전단하중 F

$P \cdot L = 4(F \cdot r_1)$

$F = \frac{PL}{4 \cdot r_1} = \frac{30000 \times 250}{4 \times 90.14} = 20824.45\text{N}$

$r_1 = \sqrt{\left(\frac{b}{2}\right)^2 + \left(\frac{h}{2}\right)^2} = \sqrt{\left(\frac{150}{2}\right)^2 + \left(\frac{100}{2}\right)^2}$

$= 90.138\text{mm} = 90.14\text{mm}$

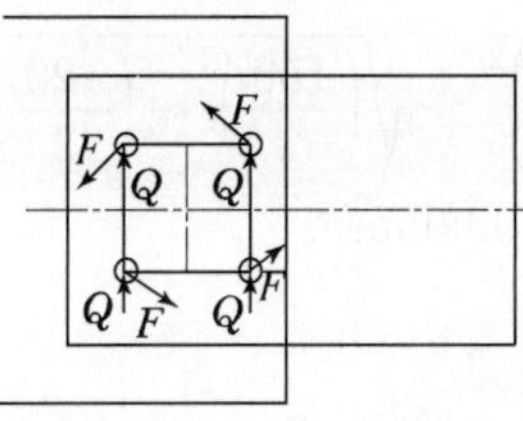

• (리벳 1개에 걸리는 최대 전단하중) $R_{\max}$

$R_{\max} = \sqrt{Q^2 + F^2 + 2Q \cdot F \cdot \cos\theta}$

$= \sqrt{7500^2 + 20824.45^2 + 2 \times 7500 \times 20824.45 \times \frac{75}{90.14}}$

$= 27387.911 = 27387.91\text{N}$

• (리벳지름) $d = \sqrt{\frac{4 \times R_{\max}}{\pi \times \tau_a}}$

$= \sqrt{\frac{4 \times 27387.91}{\pi \times 60}} = 24.11\text{mm}$

예제 3-8

[(4점)]

다음과 같은 두께 15mm인 사격형의 강판에 M16(골지름 13.835mm) 볼트 4개를 사용하여 채널에 고정하고 끝단에 20kN의 하중을 수직으로 가하였을 때 볼트에 작용하는 최대전단응력[MPa]은?

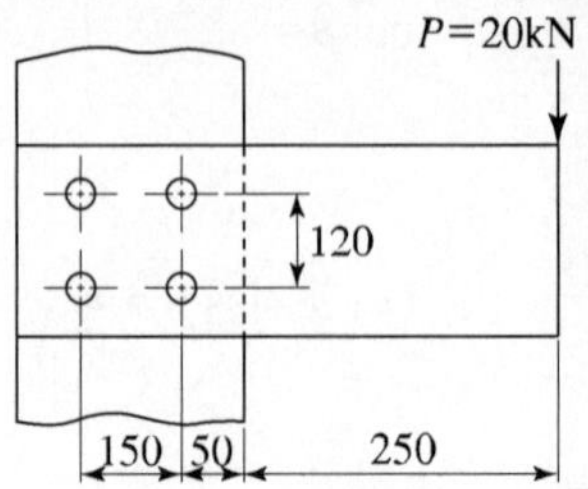

풀이 & 답

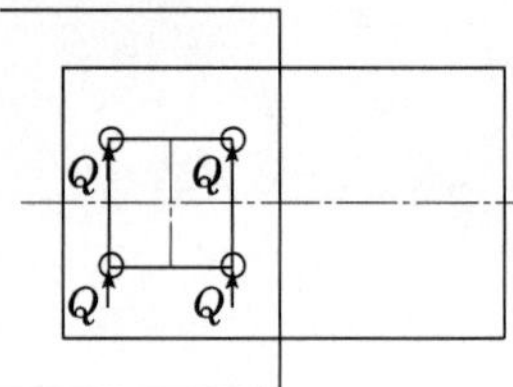

• 직접전단하중 $Q = \dfrac{P}{Z} = \dfrac{20 \times 10^3}{4} = 5000\text{N}$

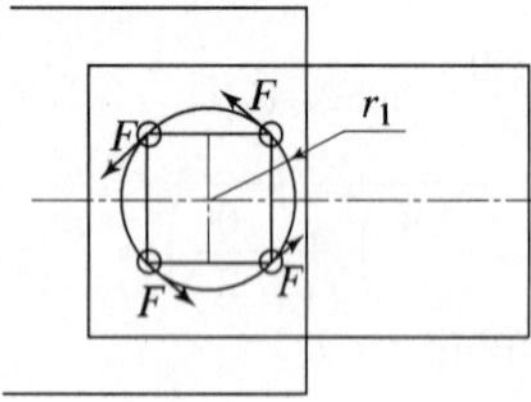

• 모멘트에 전단하중 F

$P \cdot L = 4(F \cdot r_1)$

$F = \dfrac{PL}{4 \cdot r_1} = \dfrac{20000 \times 375}{4 \times 96.05} = 19521.082\text{N}$

$L = 250 + 50 + \dfrac{150}{2} = 375\text{mm}$

$r_1 = \sqrt{\left(\dfrac{b}{2}\right)^2 + \left(\dfrac{h}{2}\right)^2} = \sqrt{\left(\dfrac{150}{2}\right)^2 + \left(\dfrac{120}{2}\right)^2}$

$= 96.046\text{mm} = 96.05\text{mm}$

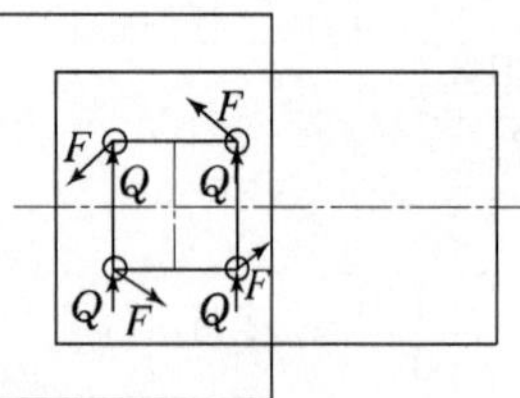

• (리벳 1개에 걸리는 최대 전단하중) R_{max}

$R_{max} = \sqrt{Q^2 + F^2 + 2Q \cdot F \cdot \cos\theta}$

$= \sqrt{5000^2 + 19521.08^2 + 2 \times 5000 \times 19521.08 \times \dfrac{75}{96.05}} = 23632.64\text{N}$

• (최대전단응력) $\tau_{max} = \dfrac{R_{max}}{\dfrac{\pi}{4}d_1^2} = \dfrac{23632.64}{\dfrac{\pi}{4} \times 13.835^2} = 157.2\text{MPa}$

답 157.2MPa

예제 3-9

그림과 같이 편심하중 P가 작용하는 구조물에서 리벳의 지름이 16mm이고 허용전단응력이 70MPa일 때 허용편심하중 P [kN]를 구하여라. (편심거리 e =50mm이다.)

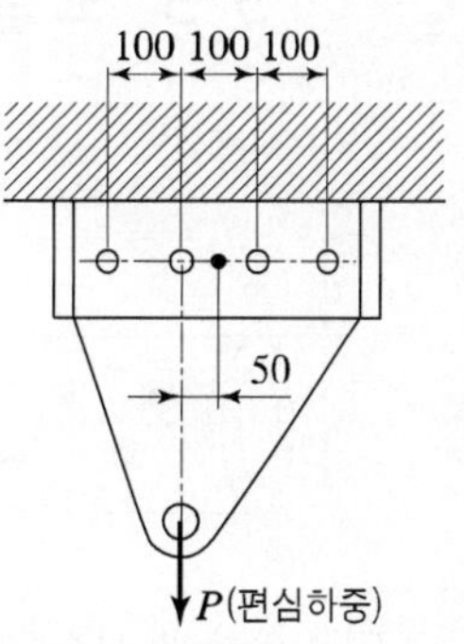

풀이 & 답

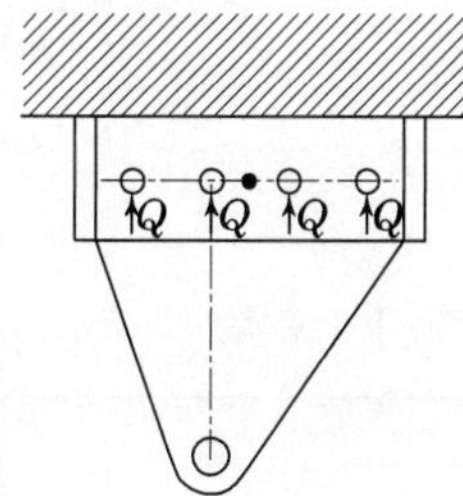

• 직접전단하중 $Q=\frac{P}{Z}=\frac{P}{4}$

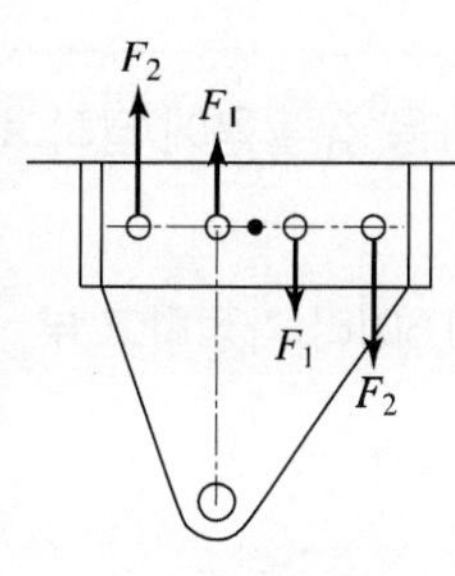

• 모멘트에 전단하중 F_1, F_2

$$P\times e=2(F_1\cdot r_1+F_2\cdot r_2)$$
$$=2(F_1\cdot r_1+3F_1\cdot r_2)=2F_1(r_1+3\cdot r_2)$$
$$F_1=\frac{P\times e}{2(r_1+3\times r_2)}=\frac{P\times 50}{2\times(50+3\times 150)}=0.05P$$
$$F_2=3F_1=3\times 0.05P=0.15P$$
$$150\text{mm} : F_2=50\text{mm} : F_1 \qquad F_2=3F_1$$

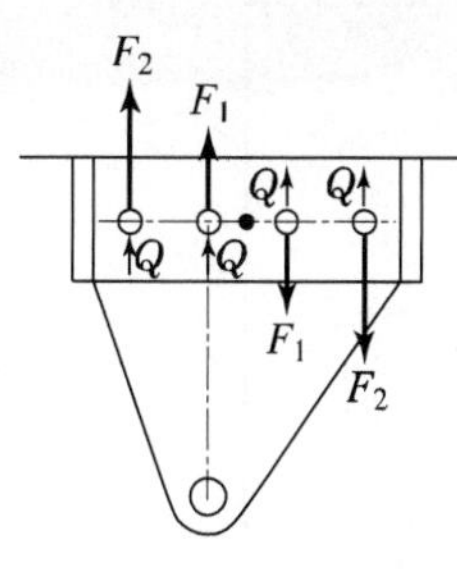

• (리벳 1개에 걸리는 최대 전단하중) R_{max}

$$R_{max}=Q+F_2=\frac{P}{4}+0.15P=0.4P$$

• (허용전단응력) $\tau_a=\frac{R_{max}}{\frac{\pi}{4}d_1^2}$

$$R_{max}=\tau_a\times\frac{\pi}{4}d^2=70\times\frac{\pi}{4}16^2=14074.335\text{N}=14074.34\text{N}$$
$$R_{max}=14074.3\text{N}=0.4P$$

(편심하중) $P=35185.75\text{N}=35.19\text{kN}$

답 35.19kN

 3-3 보일러용 리벳이음 ≒ 내압을 받는 얇은 원통

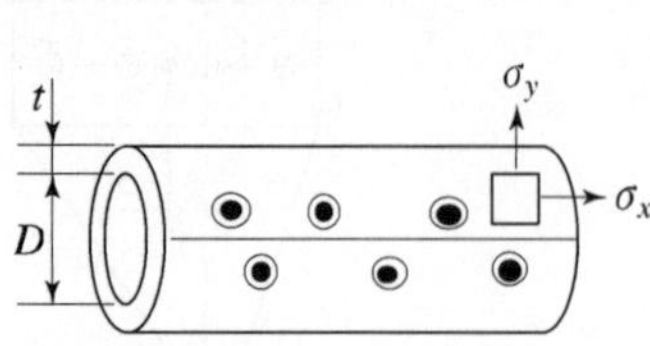

$$\sigma_x = \frac{PD}{4t},\ \sigma_y = \frac{PD}{2t}$$

$$\frac{\sigma_u}{s} = \sigma_a \leqq \sigma_y \Rightarrow t = \frac{PD}{2\sigma_a}$$

여기서, σ_x : 길이방향 응력, σ_y : 원주방향 응력(hoop stress)
σ_u : 극한강도, S : 안전율

이음효율과 부식여유를 고려하면,

$\therefore\ t = \dfrac{PD}{2\sigma_a \eta} + c$ 　　여기서, $\sigma_a = \dfrac{\sigma_u}{S}$: 허용응력, D : 압력용기의 내경

$\therefore\ d_O = D + 2t$ 　　c : 부식여유, η : 이음효율

> 원통의 내경 구하기
>
> (유량) $Q = A \times V = \dfrac{\pi D^2}{4} \times V$ (여기서, Q : 체적유량, D : 내경, V : 유속)

예제 3-10

내압을 받는 원통용기의 내경이 600mm, 압력은 1.6MPa이다. 다음 각 물음에 답하여라.
(단, 강판의 인장강도 σ_t =400MPa, 안전율 S =6이다.)

(1) 강판의 두께(t)는 몇 mm인가? (단, 리벳 이음의 효율을 η =0.6이라 가정하고 부식여유는 C =1mm를 준다.)

(2) 리벳의 지름(d)과 피치(p)를 표에서 결정하여라.

리벳지름(d)	e	2열		
		판두께(t)	피치(p)	e_1
10	–	–	–	–
13	21	7~9	64	32
16	26	10~12	75	38
19	30	13~15	85	43
22	35	16~18	96	48
25	40	19~23	108	54
28	44	24~26	118	59
30	47	27~29	125	63
32	50	30~32	132	66
34	53	33~34	139	70
36	56	35~37	146	73
38	59	38~40	153	77

(3) 강판의 효율(η_t)을 구하여라.(단, 양쪽 덮개판 2열 리벳 맞대기 이음의 경우이다.)

풀이 & 답

(1) $t=\dfrac{PDS}{2\sigma_t\eta}+C=\dfrac{1.6\times600\times6}{2\times400\times0.6}+1=13\text{mm}$

답 13mm

(2) 표에서 판두께 13~15
리벳지름$(d)=19\text{mm}$, 피치$(p)=85\text{mm}$

답 리벳지름(d)=19mm
피치(p)=85mm

(3) $\eta_t=1-\dfrac{d}{p}=\left(1-\dfrac{19}{85}\right)\times100=77.65\%$

답 77.65%

일반기계기사 · 건설기계설비기사 필답형 실기

part 1
기계요소설계_이론

Chapter 04

용접(Welding)

Chapter 4 용접(Welding)

4-1 용접이음의 강도계산

1. 맞대기 용접

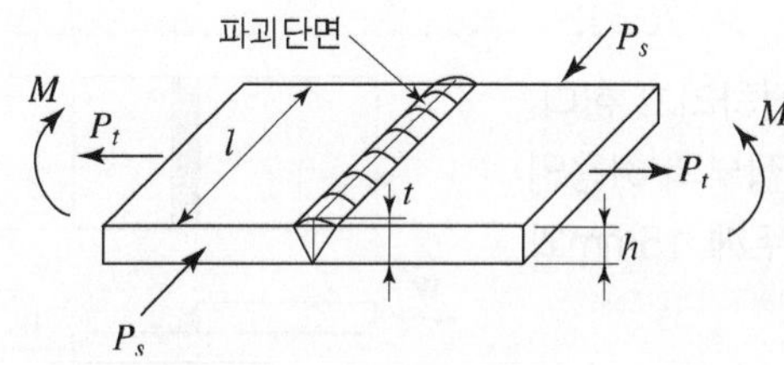

여기서, h : 강판의 두께 = 모재의 두께
(= 용접다리 = 용접 사이즈)
t : 목부의 두께 = 목두께($h \fallingdotseq t$)
P_t : 인장 하중
P_s : 전단 하중

① 인장응력 : $\sigma_t = \dfrac{P_t}{A} = \dfrac{P_t}{t \cdot l} \fallingdotseq \dfrac{P_t}{h \cdot l}$

② 전단응력 : $\tau = \dfrac{P_s}{A} = \dfrac{P_s}{t \cdot l} \fallingdotseq \dfrac{P_s}{h \cdot l} = \dfrac{W}{h \cdot l}$

③ 굽힘응력 : $\sigma_b = \dfrac{M}{Z} = \dfrac{M}{\dfrac{I}{e}} = \dfrac{M}{\dfrac{\frac{l \cdot t^3}{12}}{\frac{t}{2}}} = \dfrac{6M}{l \cdot t^2} = \dfrac{6M}{l \cdot h^2}$

▶ 굽힘 모멘트가 작용될 때는 굽혀지는 부분에 지수승을 한다.

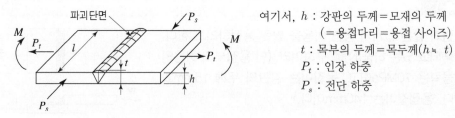

2. 전면 필렛 용접

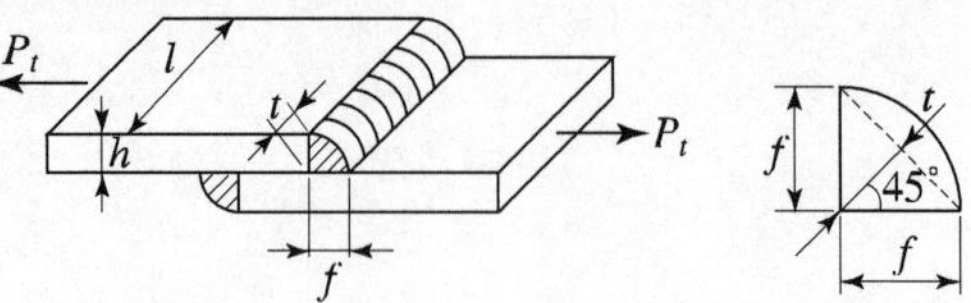

여기서, t : 목부의 두께 = 목두께

f(용접사이즈) ≒ h(모재의 두께)

$t = f\cos 45° = 0.707f = 0.707h$

$$\text{목부의 인장응력} : \sigma_t = \frac{P}{A} = \frac{P}{2 \times t \times l} = \frac{P}{2 \times 0.707f \times l}$$

t : 목부의 두께 = 목두께

f(용접사이즈) ≒ h(모재의 두께) = 목길이

※ 목두께와 목길이는 차이가 있음을 알자

예제 4-1

[(5점)]

그림과 같은 겹치기 양면 이음을 필릿 용접하려고 한다. 작용되고 있는 하중[N]을 구하여라. (단 용접부의 허용인장응력은 70MPa이고, 목길이는 강판의 두께 15mm와 같다. 용접길이는 140mm이다.)

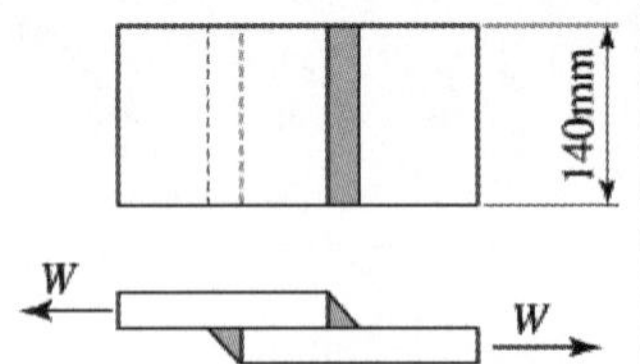

풀이 & 답

$W = \sigma_a \times 2tl = 70 \times 2 \times 15 \times \cos 45 \times 140 = 207889.393\text{N} = 207889.39\text{N}$

답 207889.39N

3. 측면 필릿 용접

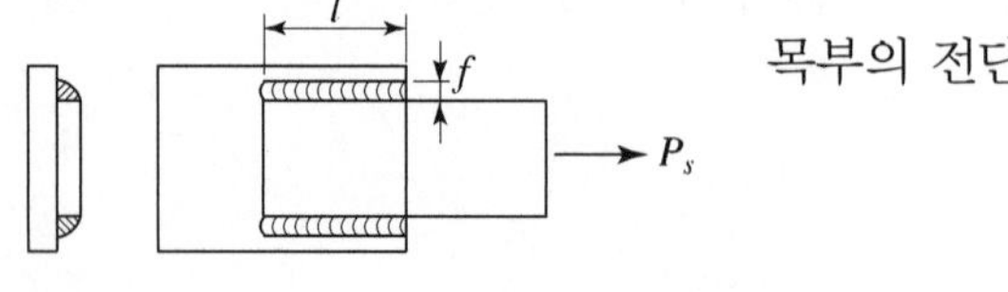

$$\text{목부의 전단응력} : \tau = \frac{P_s}{A_\tau} = \frac{P_s}{2 \times t \times l}$$

$$= \frac{P_s}{2 \times 0.707f \times l} = \frac{0.707P_s}{f \times l}$$

4. T형 필렛 용접

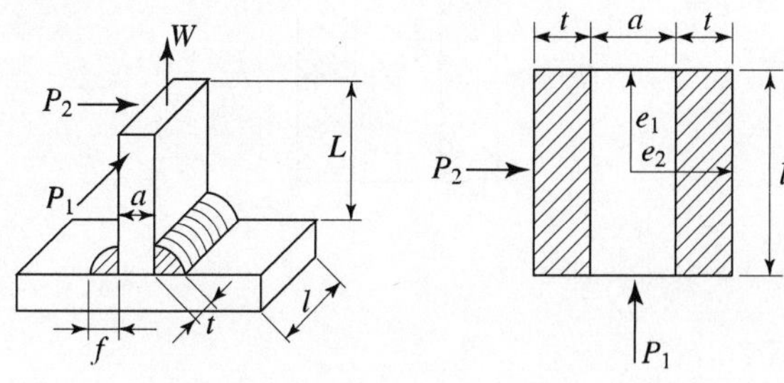

① W 하중이 작용할 때 : 인장 응력 σ_t

$$\sigma_t = \frac{W}{A} = \frac{W}{2 \times t \cdot l} = \frac{W}{2 \times 0.707 f \cdot l} = \frac{W}{2 \times 0.707 h \cdot l} = \frac{0.707\,W}{h \cdot l}$$

② P_1 하중이 작용할 때

㉠ 전단응력

$$\tau = \frac{P_1}{A} = \frac{P_1}{2 \times t \cdot l} = \frac{P_1}{2 \times 0.707 f \cdot l} = \frac{P_1}{2 \times 0.707 h \cdot l} = \frac{0.707 P_1}{h \cdot l}$$

㉡ 굽힘응력

$$\sigma_b = \frac{M}{Z} = \frac{P_1 \cdot L}{\frac{t l^2}{3}} = \frac{3 P_1 L}{t l^2}$$

여기서, $I = \dfrac{2t \times l^3}{12} = \dfrac{t l^3}{6}$, $Z = \dfrac{I}{e_1} = \dfrac{t \times l^3}{6} \Big/ \dfrac{l}{2} = \dfrac{t \times l^2}{3}$

③ P_2하중이 작용할 때

㉠ 전단응력

$$\tau = \frac{P_2}{A} = \frac{P_2}{2 \times t \cdot l} = \frac{P_2}{2 \times 0.707 f \cdot l}$$

㉡ 굽힘응력

$\sigma_b = \dfrac{M}{Z} = \dfrac{P \cdot L}{\frac{I}{e_2}}$: 아래의 계산 결과를 대입하면 된다.

여기서, $I = \dfrac{l(a+2t)^3}{12} - \dfrac{l a^3}{12} = \dfrac{l\,[(a+2t)^3 - a^3]}{12}$, $e_2 = \left(\dfrac{a}{2} + t\right)$

예제 4-2

아래 그림과 같이 필렛용접이음에 P =5880N의 힘이 작용하고 있을 때 용접부에 생기는 굽힘응력은 몇 MPa인가? (단, 용접부 유효길이는 양측이 각각 l =100mm이고, 용접사이즈 f =10mm, a =30mm, H =120mm)

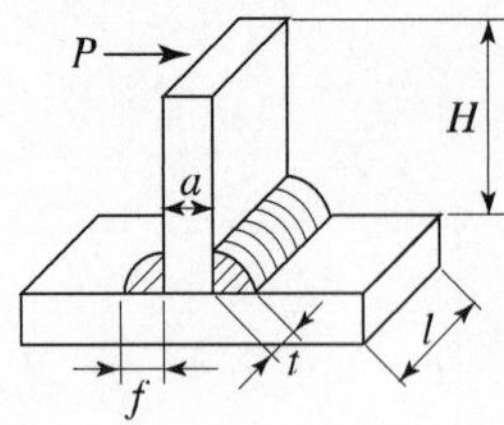

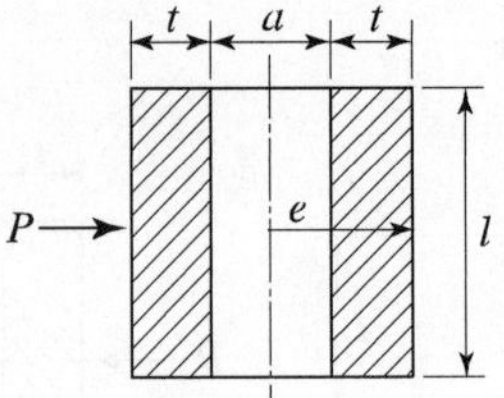

풀이 & 답

$t = f \cdot \ \cos 45° = 10 \times \cos 45° = 7.07\text{mm}$

$$I_G = \frac{l \times \{(a+2\times t)^3 - a^3\}}{12} = \frac{100 \times \{(30+2\times 7.07)^3 - 30^3\}}{12} = 491664.25\text{mm}^4$$

$$Z = \frac{I_G}{e} = \frac{I_G}{\left(t + \frac{a}{2}\right)} = \frac{491664.25}{\left(7.07 + \frac{30}{2}\right)} = 22277.49\text{mm}^3$$

$$\sigma_b = \frac{M}{Z} = \frac{P\times H}{Z} = \frac{5880 \times 120}{22277.49} = 31.67\text{MPa}$$

답 31.67MPa

예제 4-3

아래그림의 브랫킷을 프레임에 그림과 같이 양쪽 필렛용접을 했을 때 수평방향의 편심하중 P의 최대값을 구하여라. (단, 용접사이즈 f =8mm, 용접길이L =100mm, 편심거리 e =25mm, 용접부의 허용 인장응력 σ_a =200MPa)

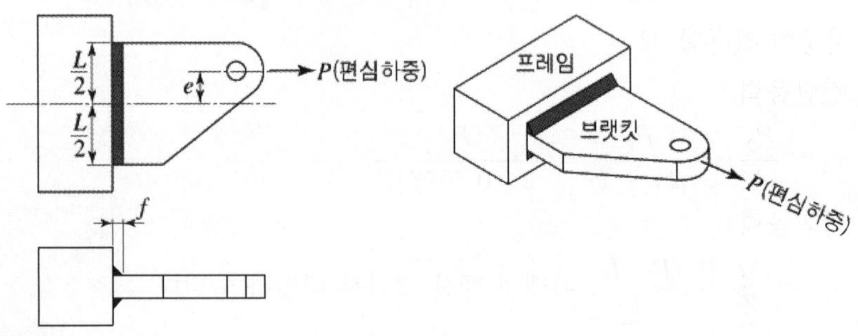

풀이 & 답

① 직접하중에 의한 응력

$$\sigma_t = \frac{P}{A} = \frac{P}{2tl} = \frac{P}{2f\cos 45° \cdot \ L}$$

$$\sigma_t = \frac{P}{2\times 8 \times \cos 45° \times 100} = 0.00088388P = 0.00088P$$

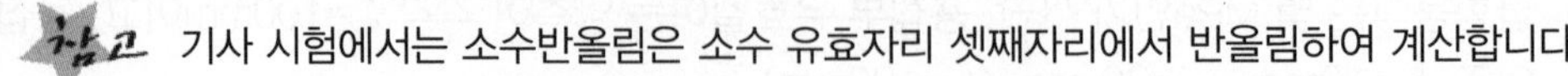
참고 기사 시험에서는 소수반올림은 소수 유효자리 셋째자리에서 반올림하여 계산합니다.

② 모멘트에 의한 굽힘응력

$$\sigma_b = \frac{M}{Z} = \frac{P \cdot e}{2 \times \frac{tL^2}{6}}$$

$$\sigma_b = \frac{P \times 25}{2 \times \frac{8 \times \cos 45 \times 100^2}{6}} = 0.00132582P = 0.0013P$$

③ 최대 안전하중

$\sigma_a \geq \sigma_t + \sigma_b$

$200 \geq 0.00088P + 0.0013P$

$P \leq 91743.12\text{N}$

답 91743.12N

5. 원통형 필렛용접(비틀림이 작용할 때)

① T = 힘 × 거리

= 응력 × 면적 × 거리

$= \tau \times \pi \cdot d_m \cdot t \times \frac{d_m}{2}$

$= \tau \pi t \frac{d_m^2}{2}$

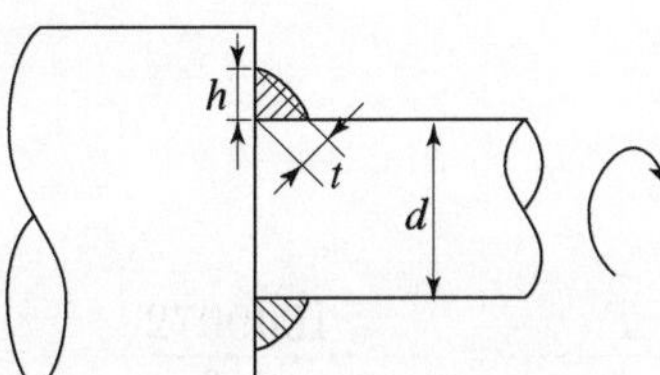

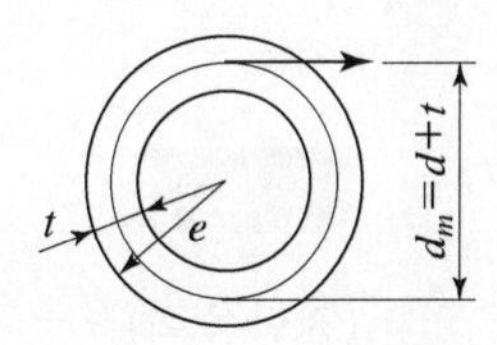

➡ (전단응력) $\tau = \frac{2T}{\pi t d_m^2} = \frac{2T}{\pi \cdot 0.707h \cdot d_m^2} = \frac{2.83T}{\pi h d_m^2}$ ………… ①

(유효지름) $d_m = d + t$

여기서, d : 축지름, t : 목두께 $t = f\cos 45 = h\cos 45$

② $T = \tau \times Z_p = \tau \times \frac{I_P}{e} = 716200\frac{H_{ps}}{N} = 974000\frac{H_{kw}}{N}$ [kgf · mm]

여기서, (극단면 2차 모멘트) $I_P = \frac{\pi}{32}[(d+2t)^4 - d^4]$, $e = \frac{d}{2} + t$

➡ (전단응력) $\tau = \frac{T \times e}{I_P}$ ………… ②

③ T = 힘 × 거리 = 응력 × 면적 × 거리

$= \tau \times \frac{\pi}{4}[(d+2t)^2 - d^2] \times \frac{d_m}{2}$

➡ (전단응력) $\tau = \frac{8T}{\pi[(d+2t)^2 - d^2] \times d_m}$ ………… ③

(전단응력) τ을 구하는 방법은 윗① ② ③ 중 어떤 것을 쓰도 결과는 비슷하다.
기사시험에서는 ①를 쓰는 것이 좋다.

예제 4-4

그림과 같은 풀리의 보스부분에 필렛용접이음을 하였다. 풀리에 전달동력은 22kW이고 분당 회전수 N =200rpm, 용접다리길이 h =4mm이다. 보스부분의 필렛용접부의 전단응력은 몇 MPa인가?

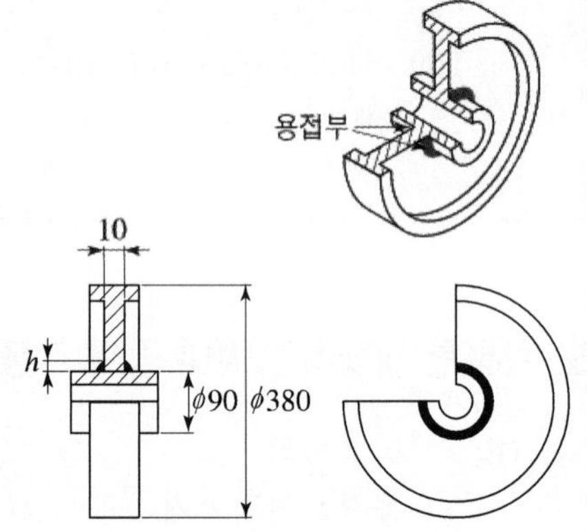

풀이 & 답

(전단응력) $\tau = \dfrac{T}{\pi \times d_m^2 \times t} = \dfrac{1049972}{\pi \times 92.83^2 \times 2.83} = 13.704\text{MPa} = 13.7\text{MPa}$

$T = 974000 \times 9.8 \times \dfrac{H}{N} = 974000 \times 9.8 \times \dfrac{22}{200} = 1049972\text{N}\cdot\text{mm}$

T = 힘 × 거리 = 응력 × 면적 × 거리

$= \left(\tau \times \pi \cdot d_m \cdot t \times \dfrac{d_m}{2}\right) \times 2$ (양쪽으로 필렛용접 되었음)

(유효지름) $d_m = d + t = 90 + 2.83 = 92.83\text{mm}$

(목두께) $t = h\cos 45 = 4 \times \cos 45 = 2.828\text{mm} = 2.83\text{mm}$

답 13.7MPa

$T = 947000 \times 9.8 \times \dfrac{H}{N} = 974000 \times 9.8 \times \dfrac{22}{200} = 1049972\text{N}\cdot\text{mm}$

$T = \tau \times Z_p \times 2 = \left(\tau \times \dfrac{I_P}{e}\right) \times 2$ (양쪽으로 필렛용접 되었음)

(전단응력) $\tau = \dfrac{T \times e}{I_P} \times \dfrac{1}{2} = \dfrac{1049972 \times 47.83}{1779691.84} \times \dfrac{1}{2} = 14.11\text{MPa}$

(목두께) $t = h\cos 45 = 4 \times \cos 45 = 2.828\text{mm} = 2.83\text{mm}$

$I_P = \dfrac{\pi}{32}[(d+2t)^4 - d^4] = \dfrac{\pi}{32}[(90 + 2 \times 2.83)^4 - 90^4] = 1779691.835 = 1779691.84\text{mm}^4$

$$e=\frac{d}{2}+t=\frac{90}{2}+2.83=47.83\text{mm}$$

답 14.11MPa

기사시험에서는 풀이과정에 대한 해답을 가지고 채점하기 때문에 둘다 맞는 답으로 처리 됩니다.

6. 편심하중을 받는 필렛용접(기사 실기)

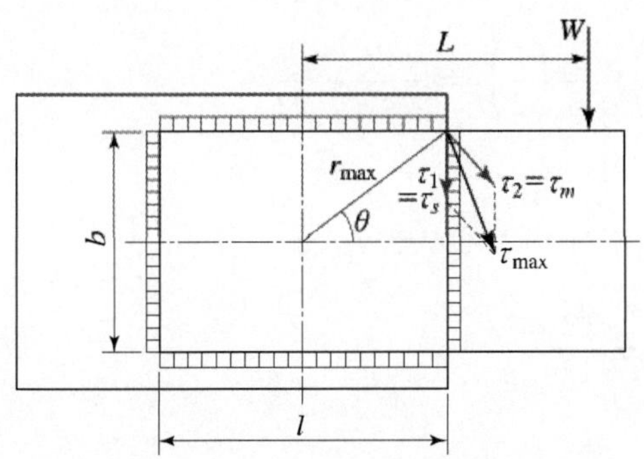

여기서, $\tau_1=\tau_s$: 직접 전단응력
$\tau_2=\tau_m$: 모멘트에 의한 전단응력
t : 용접부 목두께

① 편심하중 W에 의한 직접 전단응력 τ_1

$$\tau_1=\tau_s=\frac{W}{A}=\frac{W}{2t\,(b+l)}=\frac{W}{2\times0.707f\,(b+l)}$$

② 비틀림에 의한 전단응력 τ_2

$$\tau_2=\tau_m=\frac{T}{Z_P}=\frac{W\cdot L}{\dfrac{I_P}{r_{max}}}=\frac{W\cdot L\cdot r_{max}}{I_P}$$

여기서, I_P : 극단면 2차 모멘트의 값

4측 필릿이음	상하 2측 필릿 이음	좌우 2측 필릿이음
t, b, l	t, b, l	t, b, l
$I_P=\dfrac{t\,(l+b)^3}{6}$	$I_P=\dfrac{tl\,(3b^2+l^2)}{6}$	$I_P=\dfrac{tb\,(3l^2+b^2)}{6}$

③ 합성 전단응력 τ_{max}

$$\tau_{max}=\sqrt{\tau_1^2+\tau_2^2+2\tau_1\tau_2\cos\theta}$$

4측 필릿이음 (극단면 이차모멘트) I_P 유도 $I_G = I_P = \dfrac{t\,(l+b)^3}{6}$

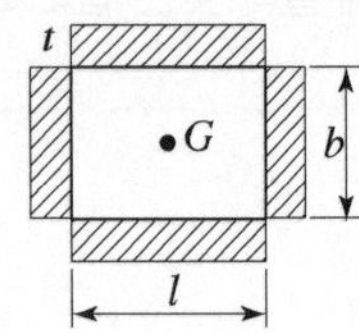

각 용접선을 분리해서 각 용접선에 대한 극관성 모멘트를 구하고 나중에 전부 합하면 된다. 위의 용접선을 생각하고 미소요소 **dx**를 취하여 미소요소의 길이에다 중심까지의 거리의 제곱을 곱하여 적분을 구하면

$$I_{G1} = \int r^2 dA = \int r^2\, t dx = 2t\int_0^{\frac{l}{2}}\left[\left(\frac{b}{2}\right)^2 + x^2\right]dx$$

$$= 2t\left(\frac{b}{2}\right)^2\left(\frac{l}{2}\right) + \frac{2t}{3}\left(\frac{l}{2}\right)^3 = \frac{b^2 lt}{4} + \frac{l^3 t}{12}$$

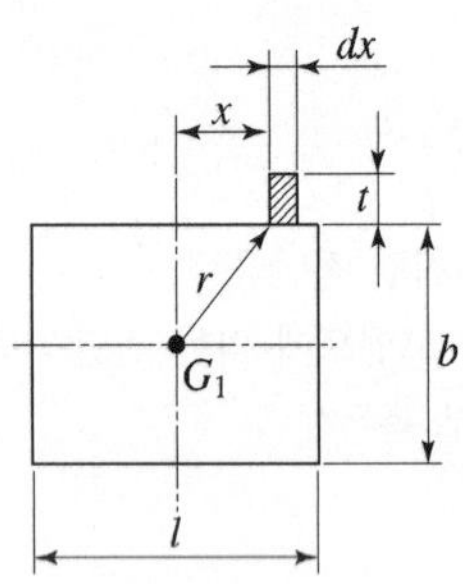

아래 용접선에 대해서 마찬가지로 $I_{G3} = \dfrac{b^2 lt}{4} + \dfrac{l^3 t}{12}$

$$I_{G1} = I_{G3} = \frac{b^2 lt}{4} + \frac{l^3 t}{12}$$

같은 방법으로 수직한 용접선에 대한 극관성 모멘트를 구하면

$$I_{G2} = \int r^2 dA = \int r^2\, t dx = 2t\int_0^{\frac{b}{2}}\left[\left(\frac{l}{2}\right)^2 + x^2\right]dx$$

$$= 2t\left(\frac{l}{2}\right)^2\left(\frac{b}{2}\right) + \frac{2t}{3}\left(\frac{b}{2}\right)^3 = \frac{bl^2 t}{4} + \frac{b^3 t}{12}$$

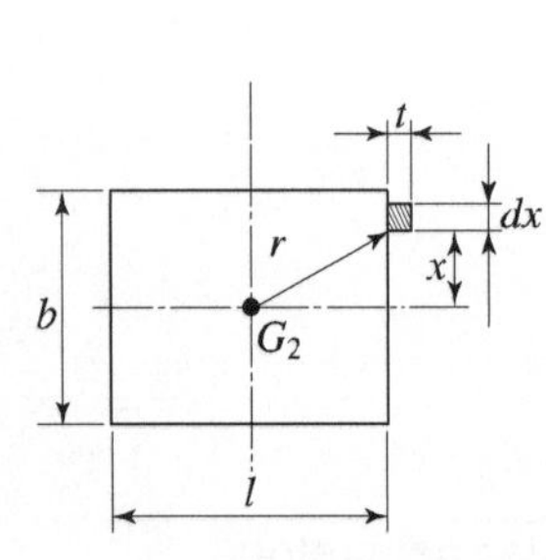

$$I_{G2} = I_{G4} = \frac{bl^2 t}{4} + \frac{b^3 t}{12}$$

전체의 극관성 모멘트 $I_G = I_{G1} + I_{G2} + I_{G3} + I_{G4}$ 이므로

$$I_G = \left(\frac{l^3 + 3l^2 b + 3lb^2 + b^3}{6}\right)\times t = \frac{(l+b)^3}{6}\times t$$

예제 4-5

아래 그림과 같은 상하2측 필렛용접이음에서 하중 P =9800N를 작용시킬 때 용접사이즈 f의 크기를 구하라. (단, 용접부의 허용전단응력을 70N/mm^{2}으로 한다. 상하 필렛 용접의 극단면 이차모멘트 $I_p = \frac{tl(3b^2+l^2)}{6}$ 이다.)

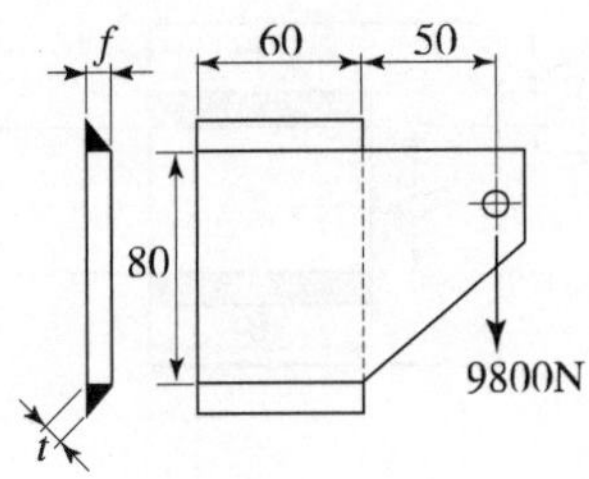

풀이 & 답

① (직접전단응력) $\tau_1 = \frac{P}{2t \cdot l} = \frac{9800}{2 \times t \times 60} = \frac{81.67}{t}\mathrm{MPa}$

② (비틀림 전단응력) : 상 · 하 2측 필렛용접이음

$$I_P = \frac{t\,l\,(3b^2+l^2)}{6} = \frac{t \times 60 \times (3 \times 80^2 + 60^2)}{6} = 228000t\mathrm{mm}^4$$

$$T = P \times \left(50 + \frac{60}{2}\right) = 9800 \times \left(50 + \frac{60}{2}\right) = 784000\mathrm{N \cdot mm}$$

$$\tau_2 = \frac{T \times r_{\max}}{I_P} = \frac{784000 \times \sqrt{30^2+40^2}}{228000t} = \frac{171.93}{t}$$

③ (합전단응력) $\tau_a^2 = \tau_1^2 + \tau_2^2 + 2 \cdot \tau_1 \cdot \tau_2 \cdot \cos\theta$

$$70^2 = \left(\frac{81.67}{t}\right)^2 + \left(\frac{171.93}{t}\right)^2 + 2 \times \left(\frac{81.67}{t}\right) \times \left(\frac{171.93}{t}\right) \times \frac{30}{\sqrt{30^2+40^2}}$$

$t = 3.29\mathrm{mm} = f \times \cos 45°$

$f = 4.65\mathrm{mm}$

답 4.65mm

예제 4-6

[(6점)]

그림과 같이 용접다리 길이 f =8mm로 필렛용접 되어 하중을 받고 있다. 용접부 허용전단응력이 140MPa이라면 편심하중 F[N]를 구하시오. (단, $B = H$ =50mm, a =150mm 이고 용접부 단면의 극단면 모멘트 $J_P = 0.707f\dfrac{B(3H^2+B^2)}{6}$ 이다.)

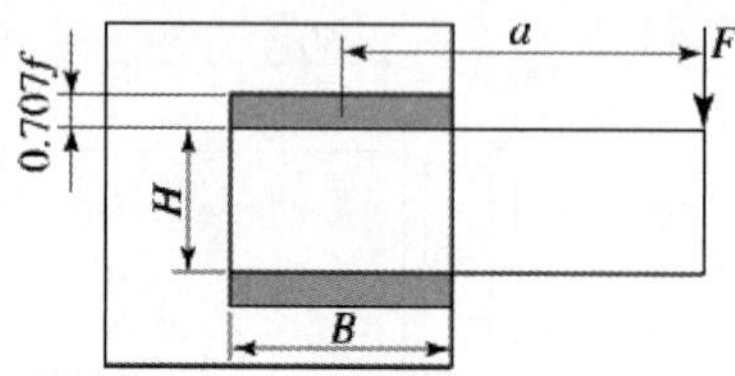

풀이 & 답

(직접전단응력) $\tau_1 = \dfrac{F}{2\times B\times 0.707\times f} = \dfrac{F}{2\times 50\times 0.707\times 8}$

$= 0.001768F = 0.00177F$

(모멘트에 의한 전단응력) $\tau_2 = \dfrac{T}{Z_p} = \dfrac{F\times a\times r_{max}}{J_p} = \dfrac{F\times 150\times 35.36}{471333.33}$

$= 0.011253F = 0.011F$

$$\therefore\ \theta = \tan^{-1}\left(\frac{\frac{H}{2}}{\frac{B}{2}}\right) = \tan^{-1}\left(\frac{\frac{50}{2}}{\frac{50}{2}}\right) = 45°$$

$$\therefore\ r_{max} = \sqrt{\left(\frac{H}{2}\right)^2 + \left(\frac{B}{2}\right)^2} = \sqrt{\left(\frac{50}{2}\right)^2 + \left(\frac{50}{2}\right)^2} = 35.36\text{mm}$$

$$J_P = 0.707f\frac{B(3H^2+B^2)}{6} = 0.707\times 8\times\frac{50\times(3\times 50^2+50^2)}{6} = 471333.33\text{mm}^4$$

$$\tau_a = \sqrt{\tau_1^2+\tau_2^2+2\tau_1\tau_2\cos\theta}$$

$$= \sqrt{(0.00177F)^2+(0.011F)^2+(2\times 0.00177F\times 0.011F\times\cos 45)}$$

$$= F\sqrt{0.00177^2+0.011^2+(2\times 0.00177\times 0.011\times\cos 45)}$$

(편심하중) $F = \dfrac{140}{\sqrt{0.00177^2+0.011^2+(2\times 0.00177\times 0.011\times\cos 45)}}$

$= 11367.93\text{N}$

답 11367.93N

7. 비대칭 단면의 필렛용접

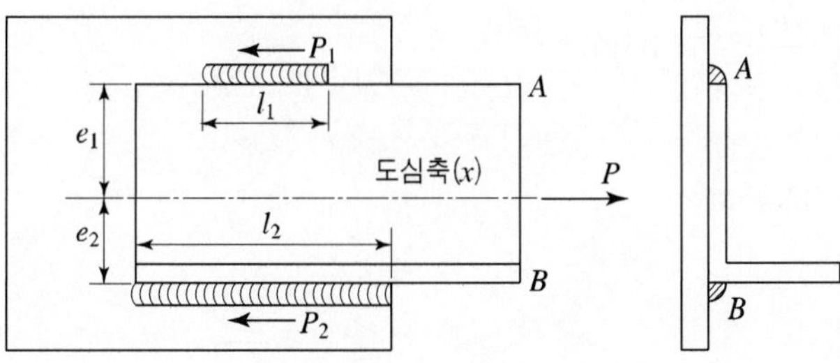

- $\sum M_B = 0$; $P \cdot e_2 = P_1(e_1 + e_2)$

  $\therefore P_1 = \dfrac{P \cdot e_2}{(e_1 + e_2)}$

- $\sum M_A = 0$; $P \cdot e_1 = P_2(e_1 + e_2)$

  $\therefore P_2 = \dfrac{P \cdot e_1}{(e_1 + e_2)}$

- $\sum M_x = 0$; $P_1 \cdot e_1 = P_2 \cdot e_2$ ➡ $\tau \cdot l_1 \cdot t \times e_1 = \tau \cdot l_2 \cdot t \times e_2$

  $\therefore l_1 \cdot e_1 = l_2 \cdot e_2$

- 용접 조인트의 전 길이 : $l = l_1 + l_2 = l_1 + \dfrac{e_1}{e_2} l_1 = \dfrac{e_2 + e_1}{e_2} l_1$

  $\therefore$ 용접조인트의 길이 : $l_1 = \dfrac{e_2}{e_1 + e_2} l$ $l_2 = \dfrac{e_1}{e_1 + e_2} l$

예제 4-7

아래 그림과 같이 80×80×8인 형강을 강판에 필렛 용접이음을 하였다. 형강의 도심축에 하중 120kN이 작용할 때, 위 · 아래 용접부의 길이 l_1과 l_2를 결정하라. (단, 허용전단응력은 τ_a =60MPa이고, 필렛의 다리길이는 8로 한다.)

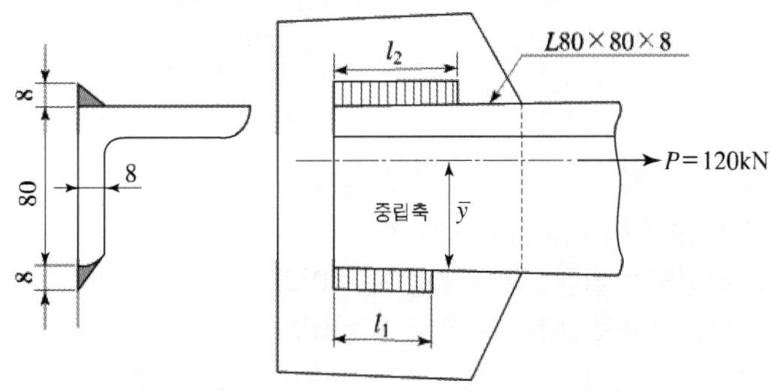

풀이 & 답

$$\bar{y}=\frac{(72\times8\times36)+(80\times8\times76)}{(72\times8)+(80\times8)}=57.05\text{mm}$$

$$\bar{y}=e_1=57.05\text{mm}$$

$$e_2=80-e_1=80-57.05=22.95\text{mm}$$

$$\tau_a=\frac{P}{A}=\frac{P}{f\cos45°l}$$

$$60=\frac{120\times10^3}{8\times\cos45°\times l},\ l=353.55\text{mm}$$

$$l=l_1+l_2=353.55\text{mm}$$

$$l_1=\frac{e_2}{e_1+e_2}l=\frac{e_2}{80}l=\frac{22.95}{80}\times353.55=101.42\text{mm}$$

$$l_2=\frac{e_1}{e_1+e_2}l=\frac{e_1}{80}l=\frac{57.05}{80}\times353.55=252.13\text{mm}$$

답 l_1 =101.42mm
l_2 =252.13mm

예제 4-8

아래 그림에서 편심하중 P =50kN을 받는 브래킷(bracket)을 벽면에 필렛용접하였다. 다음 물음에 답하여라.

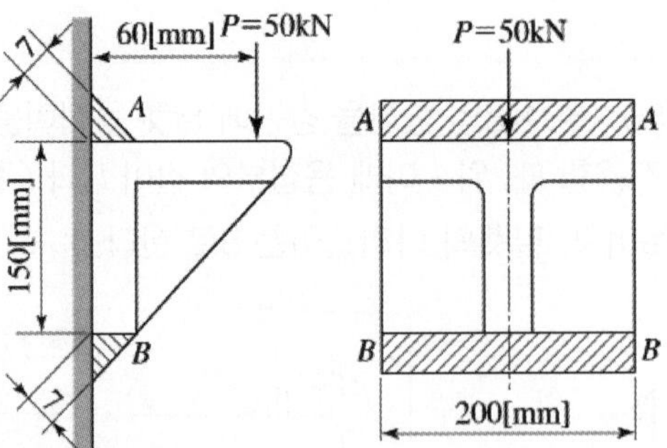

(1) 편심하중 P에 의한 직접 하중을 구하여라.
(2) 모멘트에 의한 수평 하중을 구하여라.
(3) A지점의 용접부에 발생하는 응력을 구하여라.
(4) B지점의 용접부에 발생하는 응력을 구하여라.
(5) 용접부의 허용응력이 40MPa일 때 안전성 여부를 판단하여라.

(1) (직접하중) $F_V = \frac{P}{2} = \frac{50 \times 10^3}{2} = 25000\text{N}$

답 25000N

(2) $\Sigma M_B = 0$

$P \times 60 = F_H \times 150$

(모멘트에 의한 수평하중) $F_H = \frac{50 \times 10^3 \times 60}{150} = 20000\text{N}$

답 20000N

(3) (A부분 합성하중) $F_{max} = \sqrt{F_V^2 + F_H^2} = \sqrt{25000^2 + 20000^2} = 32015.62\text{N}$

$\sigma_A = \frac{F_{max}}{tl} = \frac{32015.62}{7 \times 200} = 22.868 \frac{\text{N}}{\text{mm}^2} = 22.87\text{MPa}$

답 22.87MPa

(4) $\sigma_B = \frac{F_V}{tl} = \frac{25000}{7 \times 200} = 17.857 \frac{\text{N}}{\text{mm}^2} = 17.86\text{MPa}$

답 17.86MPa

(5) $\sigma_A = 22.87\text{MPa}$ 보다 허용응력이 40MPa보다 크다. 그러므로 안전하다.

답 안전하다

 그림 참고하세요.

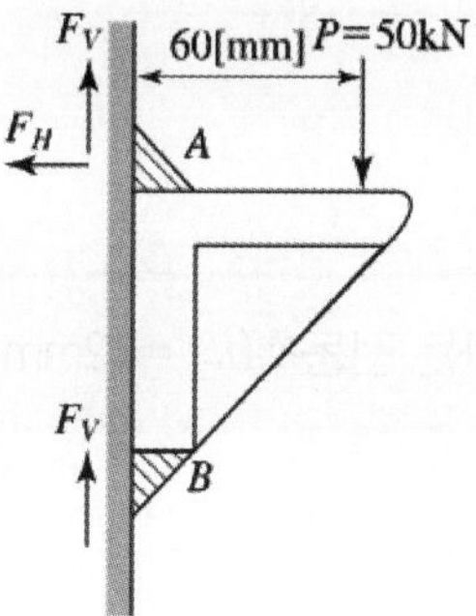

8. 용접이음의 효율 : η_w

$$(\text{용접효율})\ \eta_w = \frac{\text{용접부의 허용 인장응력(or 허용 전단응력)}}{\text{모재의 허용 인장응력(or 허용 전단응력)}} = k_1 \times k_2$$

여기서, k_1 : 용접 이음의 형상계수, k_2 : 용접계수

(1) 정하중을 받는 용접이음의 형상계수 k_1

이음의 종류	하중의 종류	k_1
맞대기 용접	인장	0.75
	압축	0.85
	굽힘	0.80
	전단	0.65
필릿 용접	모든 경우	0.65

(2) 용접계수 k_2

용접품질에 따른 변화	k_2
공장 용접에 대한 현장용접의 효율	90%
아래보기용접에 대한 위보기 용접의 효율	80%
아래보기용접에 대한 수평보기 용접의 효율	90%
아래보기용접에 대한 수직보기 용법의 효율	95%

예제 4-9

220kW의 동력을 분당회전수 24000rpm으로 전달하는 전동축(d_2 =42mm)에 가스터빈을 용접하여 연결하였다. 다음 물음에 답하여라.

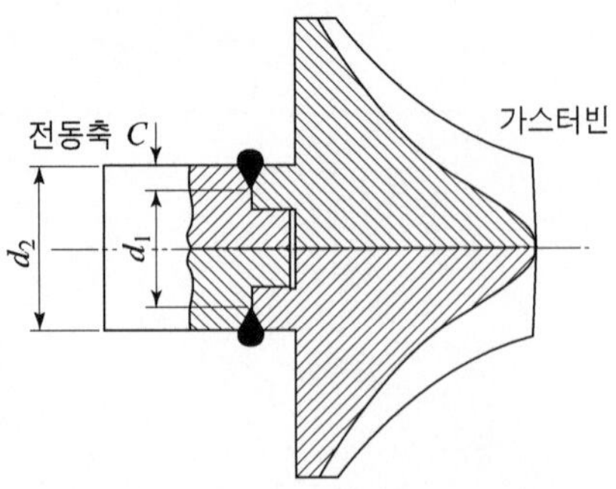

(1) 용접부의 허용전단응력[MPa]을 구하시오? (단, 전동축의 허용전단응력 40MPa, 용접계수는 90%, 형상계수는 다음 표을 보고 선정하시오)

[정하중을 받는 용접이음의 형상계수 k_1]

이음의 종류	하중의 종류	k_1
맞대기 용접	인장 압축 굽힘 전단	0.75 0.85 0.80 0.65
필릿 용접	모든 경우	0.65

(2) 용접부 두께 C[mm]로 해야 되는가?

풀이 & 답

(1) (용접계수) $\eta_w = \dfrac{\text{용접부의 허용전단응력}}{\text{모재의 허용전단응력}} = k_1 \times k_2$

k_1 : 용접 이음의 형상계수는 그림에서 맞대기 이음이고 전단하중임으로 0.65로 선택

k_2 : 용접계수는 0.9

(용접부의 허용전단응력)

$\tau_w = k_1 \times k_2 \times \tau_s = 0.65 \times 0.9 \times 40 = 23.4\text{MPa}$

답 23.4MPa

(2) $T = \dfrac{60}{2\times\pi} \times \dfrac{H}{N} = \dfrac{60}{2\times\pi} \times \dfrac{220\times 10^3}{24000} = 87.5352187\text{N}\cdot\text{m} = 87535.22\text{Nmm}$

$T = \tau_a \times Z_p = \dfrac{\pi d_2^3}{16}(1-x^4)$ 여기서, (내외경비) $x = \dfrac{d_1}{d_2}$

$87535.22 = 23.4 \times \dfrac{\pi \times 42^3}{16}(1-x^4)$ 에서 (내외경비) $x = 0.928$

$d_1 = x \times d_2 = 0.928 \times 42 = 38.976\text{mm}$

(용접부 두께) $c = \dfrac{d_2 - d_1}{2} = \dfrac{42 - 38.976}{2} = 1.1512\text{mm} = 1.51\text{mm}$

답 1.51mm

$T = \dfrac{60}{2\times\pi} \times \dfrac{H}{N} = \dfrac{60}{2\times\pi} \times \dfrac{220\times 10^3}{24000}$

$= 87.5352187\text{N}\cdot\text{m} = 87535.22\text{N}\cdot\text{mm} = 87.54\text{N}\cdot\text{m}$ ······································· ①

$T = 974000 \times \dfrac{H_{Kw}}{N} \times 9.8 = 974000 \times \dfrac{220}{24000} \times 9.8$

$= 87497.67\text{N}\cdot\text{mm} = 87.5\text{N}\cdot\text{m}$ ··· ②

①, ②두 개의 식 중 어떤 식을 넣어도 정답처리하므로 두 개의 식 중 수검자가 선택하여 사용하면 된다. 저자의 경우는 ①식를 권장한다.

9. 용접부분의 잔류응력제거방법

(1) 잔류 응력 발생 이유

용접열로 가열된 모재의 냉각 및 용착금속의 응고 냉각에 의한 수축이 자유로이 이루어질 때 위치에 따라 그 차이가 있으면 용접 변형이 발생한다.
용접 변형이 발생하지 않도록 하면 용접부는 외부로부터 구속받은 상태가 되어 잔류 응력이 발생한다.

(2) 잔류 응력의 영향

① 재료의 인성이 빈약한 경우에는 파단 강도가 심히 저하된다.
② 뒤틀림의 발생은 제품의 정밀도를 저하 및 외관을 손상시킨다.
③ 박판에는 뒤틀림이 발생하고, 후판에는 잔류 응력이 발생한다.

(3) 잔류응력의 방지대책

① 모재에 줄 수 있는 열량을 될 수 있으면 적게 한다.
② 열량을 한 곳에 집중시키지 말아야 한다.
③ 홈의 형상이나 용접 순서 등을 사전에 잘 고려한다.
④ 용착 방법의 채택을 용도에 맞게 선정한다.
⑤ 응력 제거 열처리
㉠ 피닝법 : 치핑 해머로 비드 표면을 연속적으로 가볍게 때려서 소성 변형을 시켜 잔류 응력을 경감시킨다.
㉡ 응력 제거 소둔(풀림)법 : A1 변태점 이하에서 단시간(1~2시간) 유지하면 크리프(creep)에 의한 소성 변형으로 잔류 응력이 소실된다.
㉢ 저온 응력 경감법 : 가스 화염으로 비교적 낮은 온도(150~200도)로 가열한 후 곧 수냉하는 방법으로 주로 용접선 방향의 인장 응력을 완화한다.

예제 4-10

용접부의 잔류응력에 대해 간단히 설명하고 방지대책 5가지를 쓰시오.

풀이 & 답

•잔류 응력 발생 이유

용접열로 가열된 모재의 냉각 및 용착금속의 응고 냉각에 의한 수축이 자유로이 이루어질 때 위치에 따라 그 차이가 있으면 용접 변형이 발생한다. 용접 변형이 발생하지 않도록 하면 용접부는 외부로부터 구속받은 상태가 되어 잔류 응력이 발생한다.

• **잔류 응력 방지대책**

① 치핑해머로 비드 표면을 연속적으로 가볍게 때려주는 피닝법을 사용한다.
② 응력제거 풀림 열처리를 한다.
③ 가스화염을 이용한 저온 응력 경감법을 사용한다.
④ 모재에 줄 수 있는 열량을 될 수 있으면 적게 한다
⑤ 열량을 한 곳에 집중시키지 말아야 한다.
⑥ 홈의 형상이나 용접 순서 등을 사전에 잘 고려한다.

일반기계기사 · 건설기계설비기사 필답형 실기

part 1

기계요소설계_이론

Chapter 05

축(Shaft)

Chapter 5 축(Shaft)

5-1 축의 설계상 고려되는 사항

1. 축에 굽힘이 작용될 때

보의 종류	외팔보 (집중하중 P)	외팔보 (등분포하중 ω)	단순보 (집중하중 P)	단순보 (등분포하중 ω)	양단고정보 (집중하중 P)	양단고정보 (등분포하중 ω)
$F_{MAX}=KP$	1	1	1/2	1/2	1/2	1/2
$M_{MAX}=KPl$	1	1/2	1/4	1/8	1/8	1/12
$\delta_{MAX}=\dfrac{Pl^3}{KEI}$	3	8	48	384/5	192	384
$\theta_{MAX}=\dfrac{Pl^2}{KEI}$	2	6	16	24	64	125

여기서, F_{MAX} : 최대전단력, M_{MAX} : 최대굽힘모멘트, δ_{MAX} : 최대처짐량, θ_{MAX} : 최대굽힘각

① 단순보에 임의의 지점에 집중하중이 작용될 때

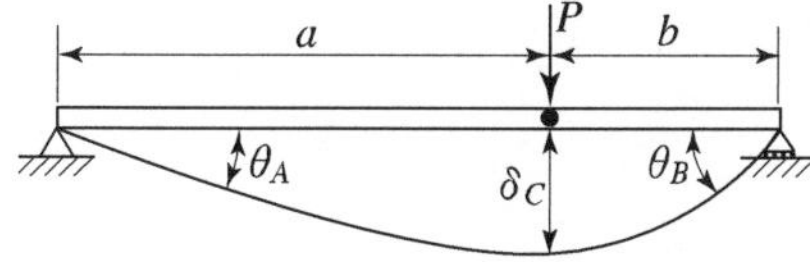

(집중하중 P가 가해지는 부분의 처짐량) δ_c

$$\delta_c=\frac{P\,a^2b^2}{3lEI} \qquad l=a+b$$

② 돌출보에 끝지점에 집중하중이 작용될 때

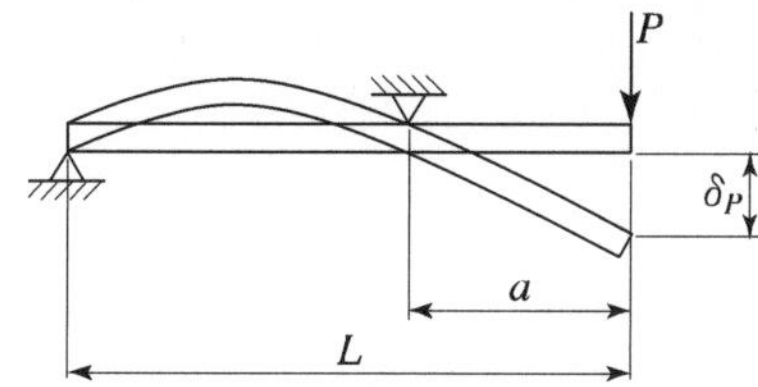

(집중하중 P가 가해지는 부분의 처짐량)δ_P

$$\delta_P=\frac{P\,L\,a^2}{3EI}$$

2. 단면형상에 따른 계수

구분	수학적 표현	사각형	중실축	중공축
단면2차 모멘트 $(I_x,\ I_y)$	$I_x = \int_A y^2 dA$ $I_y = \int_A x^2 dA$	$I_x = \frac{bh^3}{12}$ $I_y = \frac{hb^3}{12}$	$I_x = I_y = \frac{\pi d^4}{64}$	$I_x = I_y = \frac{\pi}{64}(d_2^4 - d_1^4)$ $= \frac{\pi d_2^4}{64}(1-x^4)$
극단면2차 모멘트	$I_p = \int_A r^2 dA$ $= I_x + I_y$	$I_p = \frac{bh}{12}(b^2+h^2)$	$I_p = I_x + I_y = \frac{\pi d^4}{32}$	$I_p = \frac{\pi}{32}(d_2^4 - d_1^4)$ $= \frac{\pi d_2^4}{32}(1-x^4)$
단면 계수 (Z)	$Z = \frac{I}{e}$	$Z_x = \frac{\frac{bh^3}{12}}{\frac{h}{2}} = \frac{bh^2}{6}$ $Z_y = \frac{hb^2}{6}$	$Z = \frac{\frac{\pi d^4}{64}}{\frac{d}{2}} = \frac{\pi d^3}{32}$	$Z_x = Z_y = \frac{\pi}{32 d_2}(d_2^4 - d_1^4)$ $= \frac{\pi d_2^3}{32}(1-x^4)$
극단면 계수 (Z_p)	$Z_p = \frac{I_p}{e}$		$Z_p = \frac{\frac{\pi d^4}{32}}{\frac{d}{2}} = \frac{\pi d^3}{16}$	$Z_p = \frac{\pi}{16 d_2}(d_2^4 - d_1^4)$ $= \frac{\pi d_2^3}{16}(1-x^4)$

5-2 축의 강도(强度)설계

1. 비틀림을 받는 축

① 중실축의 경우 : $T = \tau \cdot Z_p = \tau_a \frac{\pi d^3}{16}$

$$\Rightarrow \quad \therefore\ d = \sqrt[3]{\frac{16\,T}{\pi \tau_a}}$$

② 중공축의 경우 : $T = \tau \cdot Z_p = \tau_a \cdot \frac{\pi d_2^3}{16}(1-x^4)$

$$\Rightarrow \quad \therefore\ d_2 = \sqrt[3]{\frac{16T}{\pi \tau_a (1-x^4)}}$$

예제 5-1

중실축과 중공축이 동일한 비틀림 모멘트 T를 받고 있을 때 두 축에 발생하는 비틀림 응력이 동일하도록 제작하고자 한다. 지름 100mm의 중실축과 재질이 같고 내외경비가 0.7인 중공축의 바깥지름[mm]은?

풀이 & 답

$$T_1 = \tau_1 \cdot \frac{\pi d^3}{16}, \ T_2 = \tau_2 \cdot \frac{\pi d_2^3}{16}(1-x^4)$$

$$T_1 = T_2, \ \tau_1 = \tau_2$$

$$d^3 = d_2^3 \times (1-x^4) \qquad 100^3 = d_2^3 \times (1-0.7^4)$$

(중공의 바깥지름) $d_2 = 109.58\text{mm}$

답 109.58mm

2. 굽힘을 받는 축

① 중실축의 경우 : $M = \sigma_b \cdot \ Z = \sigma_b \dfrac{\pi d^3}{32}$ ⇨ $\therefore d = \sqrt[3]{\dfrac{32M}{\pi \sigma_b}}$

② 중공축의 경우 : $M = \sigma_b \cdot \ Z = \sigma_b \cdot \ \dfrac{\pi d_2^3}{32}(1-x^4)$ ⇨ $\therefore d_2 = \sqrt[3]{\dfrac{32M}{\pi \sigma_b (1-x^4)}}$

3. 비틀림과 굽힘을 동시에 받는 축

(1) 최대 주응력설에 의한 설계

$$\sigma_{max} = \frac{\sigma_x + \sigma_y}{2} + \sqrt{\left(\frac{\sigma_x - \sigma_y}{2}\right)^2 + \tau_{xy}^2}$$

$\sigma_x = \sigma_b, \ \sigma_y = 0, \ \tau_{xy} = \tau$라고 하면,

$$\sigma_{max} = \frac{\sigma_b}{2} + \sqrt{\frac{\sigma_b^2}{4} + \tau^2} = \frac{1}{2}(\sigma_b + \sqrt{\sigma_b^2 + 4\tau^2})$$

$$= \frac{1}{2}\left[\frac{M}{Z} + \sqrt{\left(\frac{M}{Z}\right)^2 + 4\left(\frac{T}{Z_p}\right)^2}\right]$$ ⬅ $(Z = \dfrac{\pi d^3}{32}, \ Z_P = \dfrac{\pi d^3}{16}$이므로, $Z_P = 2Z)$

$$= \frac{1}{2}\left[\frac{M}{Z} + \sqrt{\left(\frac{M}{Z}\right)^2 + 4\left(\frac{T}{2Z}\right)^2}\right] = \frac{1}{2} \cdot \frac{1}{Z}(M + \sqrt{M^2 + T^2})$$

$$= \frac{\frac{1}{2}(M + \sqrt{M^2 + T^2})}{Z} = \frac{M_e}{Z}$$

여기서, $M_e = \frac{1}{2}(M + \sqrt{M^2 + T^2})$: 상당굽힘 모멘트

(2) 최대 전단응력설에 의한 설계

$\tau_{max} = \sqrt{\left(\frac{\sigma_x - \sigma_y}{2}\right)^2 + \tau_{xy}^2}$이므로, 같은 방법으로 풀면

$$\tau_{max} = \frac{\sqrt{M^2 + T^2}}{Z_P} = \frac{T_e}{Z_P}$$

여기서, $T_e = \sqrt{M^2 + T^2}$: 상당 비틀림 모멘트

① 중실축의 경우

최대 전단응력설 : $d = \sqrt[3]{\frac{16T_e}{\pi\tau_a}}$

최대 주응력설 : $d = \sqrt[3]{\frac{32M_e}{\pi\sigma_b}}$

② 중공축의 경우

최대 전단응력설 : $d_2 = \sqrt[3]{\frac{16T_e}{\pi\tau_a(1-x^4)}}$

최대 주응력설 : $d_2 = \sqrt[3]{\frac{32M_e}{\pi\sigma_b(1-x^4)}}$

4. 동적 효과를 고려한 설계

① 상당 비틀림 모멘트 : $T_e = \sqrt{(k_m M)^2 + (k_t T)^2}$

② 상당 굽힘 모멘트 : $M_e = \frac{1}{2}(k_m M + T_e)$

여기서, k_m : 동적 굽힘 계수(굽힘모멘트의 동적효과 계수)
k_t : 동적 비틀림 계수(비틀림모멘트의 동적효과 계수)

문제를 풀 때 k_m, k_t가 1로 주어져도 무조건 넣어 준다.

5. 키홈을 고려한 축의 직경 설계

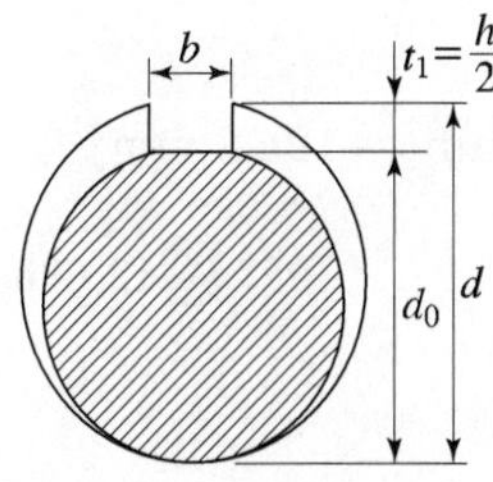

① 키홈의 길이 $-l_1$이 주어질 때

- 키홈을 고려하지 않은 축직경 설계

$$d_0 = \sqrt[3]{\frac{16\times T}{\pi\tau_a}}$$

- 키홈을 고려한 축직경 설계

$$d = d_0 + t_1 \fallingdotseq d_0 + \frac{h}{2}$$

여기서, t_1 : 키홈의 깊이($t_1 \fallingdotseq \frac{h}{2}$)

② 무어(Moore)의 실험식이 주어질 때

- 키홈을 고려하지 않은 축직경 설계 $d_o = \sqrt[3]{\frac{16T}{\pi\tau_a}}$
- 키홈을 고려한 축직경 설계 $d = \sqrt[3]{\frac{16T}{\pi\beta\tau_a}}$

> 무어(Moore)의 실험식 $\beta = \frac{\text{키홈이 있는 축의 강도}}{\text{키홈이 없는 축의 강도}} = 1.0 - 0.2\frac{b}{d_o} - 1.1\frac{t}{d_o}$

여기서, b : 키의 폭, d_o : 키홈을 고려하지 않은 축직경, t : 키홈 깊이

예제 5-2

축의 분당회전수는 920rpm, 전달동력이 22kW, 축의 허용전단응력이 20MPa이다. 폭(b)과 높이(h)가 같은 묻힘키를 설치하고자 한다. 다음 물음에 답하여라.

(1) 축의 지름 d_o[mm]을 구하여라.

(2) 묻힘키전단응력(τ_{key})와 축의 허용전단응력(τ_a)이 같고, 키의 길이가 축의 1.2배일 때 키의 폭 b[mm]를 구하여라.

(3) 무어(Moore)의 실험식을 고려한 축지름 d_s[mm]을 구하여라.(단, 키홈의 깊이(t)는 키의 높이의 반이다.)

> 무어(Moore)의 실험식 $\beta = \frac{\text{키홈이 있는 축의 강도}}{\text{키홈이 없는 축의 강도}} = 1.0 - 0.2\frac{b}{d_o} - 1.1\frac{t}{d_o}$

풀이 & 답

(1) $T = \frac{60}{2\pi}\times\frac{H}{N} = \frac{60}{2\pi}\times\frac{22000}{920} = 228.3527444[\mathrm{N\cdot m}] = 228352.74\,[\mathrm{N\cdot mm}]$

$$d_o = \sqrt[3]{\frac{16T}{\pi\tau_a}} = \sqrt[3]{\frac{16\times 228352.74}{\pi\times 20}} = 38.74[\mathrm{mm}]$$

답 38.74mm

(2) $\tau_{key} = \tau_a$, $\dfrac{2T}{d_o b l} = \dfrac{16T}{\pi d_o^3}$

$$b = \frac{\pi d_o^2}{8 \times l} = \frac{\pi d_o^2}{8 \times 1.2 d_o} = \frac{\pi d_o}{8 \times 1.2} = \frac{\pi \times 38.74}{8 \times 1.2} = 12.677[\text{mm}] = 12.68[\text{mm}]$$

답 12.68mm

(3) (키홈의 깊이) $t = \dfrac{h}{2} = \dfrac{b}{2} = \dfrac{12.68}{2} = 6.34[\text{mm}]$

무어(Moore)의 실험식에서

$$\beta = 1.0 - 0.2\frac{b}{d_o} - 1.1\frac{t}{d_o} = 1.0 - 0.2 \times \frac{12.68}{38.74} - 1.1 \times \frac{6.34}{38.74} = 0.754 = 0.75$$

$$d_s = \sqrt[3]{\frac{16T}{\pi \beta \tau_a}} = \sqrt[3]{\frac{16 \times 228352.74}{\pi \times 0.75 \times 20}} = 39.58[\text{mm}]$$

답 39.58mm

5-3 축의 강성(剛性)설계

1. 비틀림 변형의 기초식

비틀림각 : $\theta = \dfrac{T \cdot l}{G I_p}[\text{rad}] = \dfrac{180}{\pi} \times \dfrac{T \cdot l}{G I_p}[\deg(°)]$

여기서, G : 횡탄성 계수(=전단 탄성계수)

예제 5-3

길이 2m의 연강제 중실 둥근축이 3.68kW, 200rpm으로 회전하고 있다. 비틀림각이 전 길이에 대하여 0.25° 이내로 하기 위해서는 지름[mm]을 얼마로 하면 되는가? (단, 가로 탄성계수 $G = 81.42 \times 10^3 \text{N/mm}^2$이다.)

풀이 & 답

$$T = 974000 \times 9.8 \times \frac{H_{KW}}{N} = 974000 \times 9.8 \times \frac{3.68}{200} = 175631.68\text{N} \cdot \text{mm}$$

$$\theta = \frac{T \cdot l}{G \cdot I_p} \ ; \ 0.25 \times \frac{\pi}{180} = \frac{175631.68 \times 2000}{81.42 \times 10^3 \times \dfrac{\pi \times d^4}{32}}, \ d = 56.35\text{mm}$$

답 56.35mm

$T=974000\times 9.8\times \frac{H_{KW}}{N}$[N·mm], $T=\frac{60}{2\pi}\times\frac{H}{N}$의 결과 값이 거의 같음을 알 수 있다.

$$T=\frac{60}{2\pi}\times\frac{H}{N}=\frac{60}{2\pi}\times\frac{3680}{200}=175.707057\text{N}\cdot\text{m}=175707.06\text{N}\cdot\text{m}$$

$$\theta=\frac{T\cdot l}{G\cdot I_p};\ 0.25\times\frac{\pi}{180}=\frac{175707.06\times 2000}{81.42\times 10^3\times\frac{\pi\times d^4}{32}}$$

$d=56.34\text{mm}$

2. 바하(Bach)의 축공식

연강축의 비틀림각은 보의 길이 $l=1\text{m}$에 대해 비틀림각 $\theta=(1/4)°$보다 작아야 한다.
단, 연강의 횡탄성계수 $G=8.3\times 10^3\ \text{kg}_\text{f}/\text{mm}^2$

① 중실축

㉠ $T=716200\frac{H_{ps}}{N}$일 때, $d \fallingdotseq 120\sqrt[4]{\frac{H_{ps}}{N}}$ [mm]

공식 유도 : $\theta=\frac{180}{\pi}\times\frac{T\cdot l}{G I_p}$에서,

$$I_p=\frac{\pi d^4}{32}=\frac{180\cdot T\cdot l}{G\cdot\theta\cdot\pi} \Rightarrow d=\sqrt[4]{\frac{32\times 180\times 716200\frac{H_{ps}}{N}\times l}{0.83\times 10^4\times\frac{1}{4}\times\pi^2}}$$

$$\fallingdotseq 120\sqrt[4]{\frac{H_{ps}}{N}}\ [\text{mm}]$$

㉡ $T=974000\frac{H_{KW}}{N}$일 때, 같은 방법으로 $d \fallingdotseq 130\sqrt[4]{\frac{H_{kw}}{N}}$ [mm]

② 중공축

㉠ $T=716200\frac{H_{ps}}{N}$일 때, $d \fallingdotseq 120\sqrt[4]{\frac{H_{ps}}{N(1-x^4)}}$ [mm]

㉡ $T=974000\frac{H_{KW}}{N}$일 때, $d \fallingdotseq 130\sqrt[4]{\frac{H_{kw}}{N(1-x^4)}}$ [mm]

5-4 축의 위험속도

공진 현상 : 구조물이 가지고 있는 고유한 떨림 즉, 고유진동수와 외부에서 주어지는 진동수가 같아질 때 떨림의 중첩에 의해 구조물에 진폭이 증폭되어 심한 떨림이 일어나는 현상을 말한다.

1. 위험속도(N_c)

이와 같이 공진현상을 일으키는 축의 회전수를 축의 위험속도(Critical rpm)라 한다.

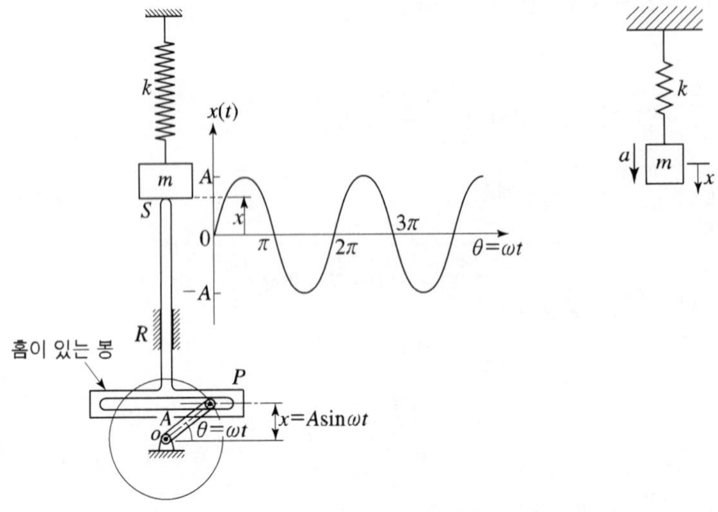

$x = A\sin wt,\ x' = wA\cos wt,\ x'' = -w^2 A\sin wt$

$mx'' + kx = 0,$

$mx'' = -kx,\ m\times(-w^2 A\sin wt) = -k\times A\sin wt$

$mw^2 = k \quad \omega = \sqrt{\dfrac{k}{m}}$

(고유각 진동수) $\omega = \omega_n = \sqrt{\dfrac{k}{m}}$ [rad/s]

고유각 진동수 : $\omega_n = \sqrt{\dfrac{k}{m}} = \sqrt{\dfrac{\left(\dfrac{W}{\delta}\right)}{\left(\dfrac{W}{g}\right)}} = \sqrt{\dfrac{g}{\delta}}$ ·· ①

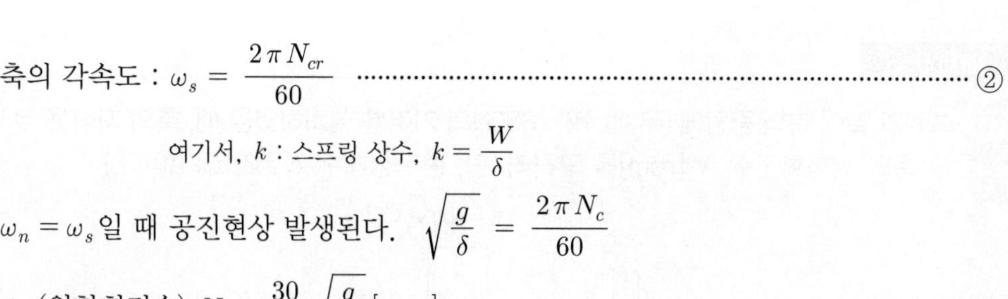

축의 각속도 : $\omega_s = \dfrac{2\pi N_{cr}}{60}$ ……………………………… ②

여기서, k : 스프링 상수, $k = \dfrac{W}{\delta}$

$\omega_n = \omega_s$ 일 때 공진현상 발생된다. $\sqrt{\dfrac{g}{\delta}} = \dfrac{2\pi N_c}{60}$

$\therefore$ (위험회전수) $N_c = \dfrac{30}{\pi}\sqrt{\dfrac{g}{\delta}}$ [rpm]

여기서, g : 중력가속도, δ : 처짐량

예제 5-4

축의 공진현상을 발생시키는 위험회전수 $N_c = \dfrac{30}{\pi}\sqrt{\dfrac{g}{\delta}}$ 를 유도하여라.

풀이 & 답

$mx'' + kx = 0$

$x = A\sin wt,\ x' = wA\cos wt,\ x'' = -w^2 A\sin wt$

$mx'' = -kx,\ m \times (-w^2 A\sin wt) = -k \times A\sin wt,\ mw^2 = k,\ \omega = \sqrt{\dfrac{k}{m}}$

(고유각 진동수) $\omega = \omega_n = \sqrt{\dfrac{k}{m}}$ [rad/s]

고유각 진동수 : $\omega_n = \sqrt{\dfrac{k}{m}} = \sqrt{\dfrac{\left(\dfrac{W}{\delta}\right)}{\left(\dfrac{W}{g}\right)}} = \sqrt{\dfrac{g}{\delta}}$ ……………………………… (1)

축의 각속도 : $\omega_s = \dfrac{2\pi N_{cr}}{60}$ ……………………………… (2)

여기서, k : 스프링 상수, $k = \dfrac{W}{\delta}$

$\omega_n = \omega_s$ 일 때 공진현상 발생된다. $\sqrt{\dfrac{g}{\delta}} = \dfrac{2\pi N_c}{60}$

$\therefore$ (위험회전수) $N_c = \dfrac{30}{\pi}\sqrt{\dfrac{g}{\delta}}$ [rpm] (여기서, g : 중력가속도, δ : 처짐량)

예제 5-5

그림과 같이 축의 중앙에 (무게) $W=600$N의 기어를 설치하였을 때, 축의 자중을 무시하고 축의 위험회전수 N_c[rpm]를 구하라.(단, 종탄성계수 E =2.1GPa이다.)

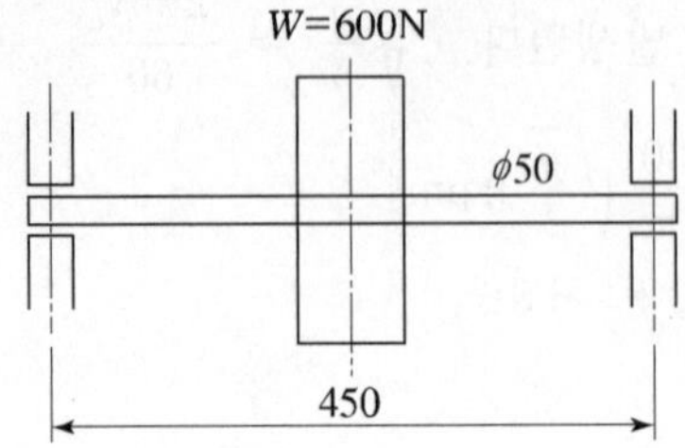

(1) 최대처짐량은 얼마인가[μm]?

(2) 축의 위험회전수는 얼마인가[rpm]?

풀이 & 답

(1) (최대처짐량) $\delta = \dfrac{P \cdot l^3}{48E \cdot I} = \dfrac{600 \times 450^3}{48 \times 2.1 \times 10^3 \times \dfrac{\pi \times 50^4}{64}}$

$= 1.767984\text{mm} = 1767.98\mu\text{m}$

답 1767.98μm

(2) $N_c = \dfrac{30}{\pi}\sqrt{\dfrac{g}{\delta}} = \dfrac{30}{\pi}\sqrt{\dfrac{9.8}{1767.98 \times 10^{-6}}} = 710.96\text{rpm}$

답 710.96rpm

2. 던커레이의 실험식

한 개의 축에 여러 개의 회전체를 가진 경우 축 전체의 위험속도

$$\frac{1}{N_c^2} = \frac{1}{N_0^2} + \frac{1}{N_1^2} + \frac{1}{N_2^2} + \cdots \cdots$$

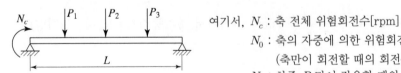

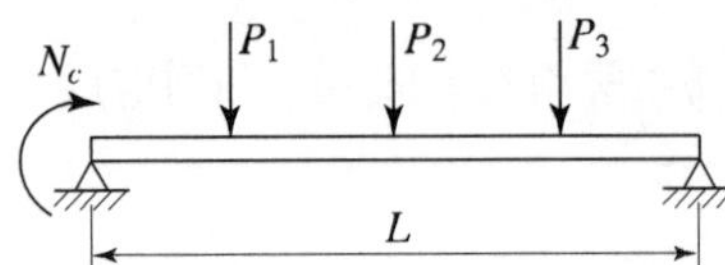

여기서, N_c : 축 전체 위험회전수[rpm]

N_0 : 축의 자중에 의한 위험회전수[rpm]
(축만이 회전할 때의 회전수[rpm])

N_1 : 하중 P_1만이 작용할 때의 위험회전수[rpm]

N_2 : 하중 P_2만이 작용할 때의 위험회전수[rpm]

N_3 : 하중 P_3만이 작용할 때의 위험회전수[rpm]

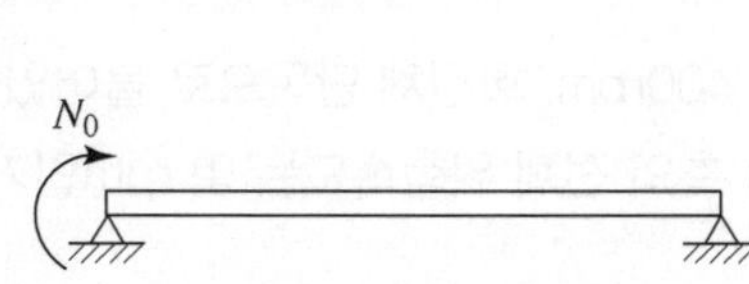

$$N_0 = \frac{30}{\pi}\sqrt{\frac{g}{\delta_0}}\ [\text{rpm}]$$

$$\delta_0 = \frac{5wL^4}{384EI}$$

(균일분포하중) $w = \gamma A$

여기서, γ : 비중량, A : 보의 단면적

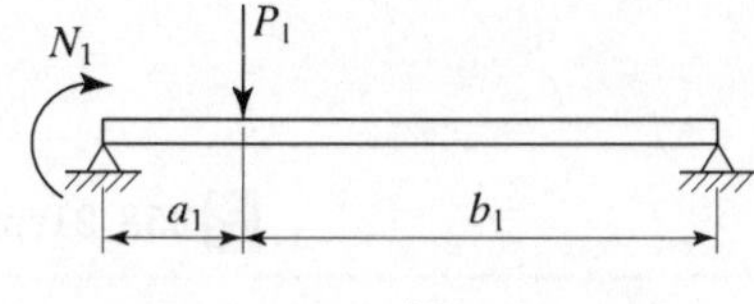

$$N_1 = \frac{30}{\pi}\sqrt{\frac{g}{\delta_1}}\ [\text{rpm}] \qquad \delta_1 = \frac{P_1 a_1^2\, b_1^2}{3LEI}$$

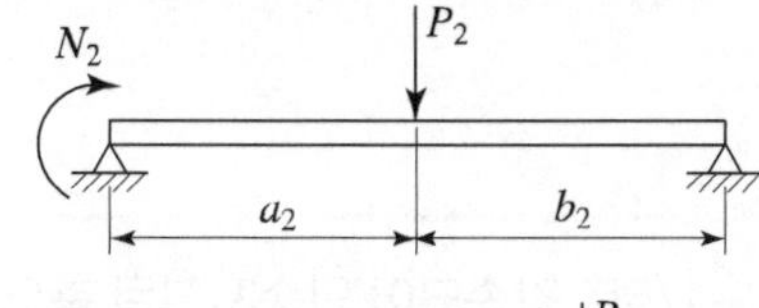

$$N_2 = \frac{30}{\pi}\sqrt{\frac{g}{\delta_2}}\ [\text{rpm}] \qquad \delta_2 = \frac{P_2 a_2^2\, b_2^2}{3LEI}$$

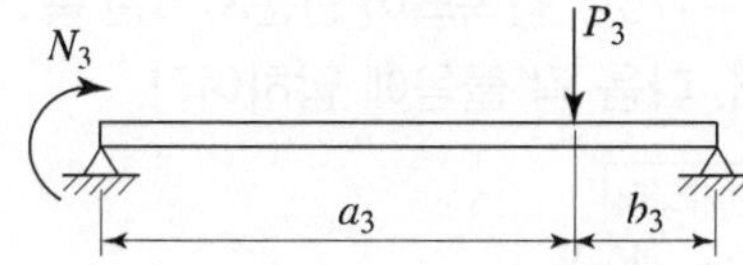

$$N_3 = \frac{30}{\pi}\sqrt{\frac{g}{\delta_3}}\ [\text{rpm}] \qquad \delta_3 = \frac{P_3 a_3^2\, b_3^2}{3LEI}$$

참고하세요

축만이 회전하는 경우는 축의 자중에 의한 균일분포하중이 작용되는 것과 같다.
산업현장에서는 다음 표에 의하여 자중에 의한 위험 회전수를 구한다. 기사시험에서 다음 표가 주어지면 표에 우선하여 축만이 회전할 때의 위험회전수를 구하면 된다.
아래 표가 주어지지 않을 때는 재료역학에서 축의 자중에 의한 최대 처짐량을 구해 위험회전수를 구하면 된다.

자중을 고려한 균일분포하중	고유진동수 계산을 위한 상당 처짐량 δ_∞	자중을 고려할 때 위험회전수 $N_0 = \frac{30}{\pi}\sqrt{\frac{g}{\delta_\infty}}$
ω	$\delta_{c0} = \frac{1}{12.36}\frac{wL^4}{EI}$	$N_0 = \frac{30}{\pi}\sqrt{\frac{12.36EIg}{wL^4}}$
ω	$\delta_{c0} = \frac{1}{\pi^4}\frac{wL^4}{EI}$	$N_0 = \frac{30}{\pi}\sqrt{\frac{\pi^4 EIg}{wL^4}}$
ω	$\delta_{c0} = \frac{1}{500}\frac{wL^4}{EI}$	$N_0 = \frac{30}{\pi}\sqrt{\frac{500\,EIg}{wL^4}}$
ω 7	$\delta_{c0} = \frac{1}{237.7}\frac{wL^4}{EI}$	$N_0 = \frac{30}{\pi}\sqrt{\frac{237.7EIg}{wL^4}}$

예제 5-6

두 개의 회전체가 붙어있는 축 자체 위험속도 N_0 =400rpm, 회전체 단독으로 붙어있을 때 위험속도 N_1 =900rpm, N_2 =1800rpm이다. 이 축의 전체 위험속도는 몇 rpm인가?

풀이 & 답

$$\frac{1}{N_c^2}=\frac{1}{N_0^2}+\frac{1}{N_1^2}+\frac{1}{N_2^2}=\frac{1}{400^2}+\frac{1}{900^2}+\frac{1}{1800^2}$$

$$N_c=358.21\text{rpm}$$

답 358.21rpm

예제 5-7

전기모터의 동력 20kW, N =2000rpm인 감속비 i =1/5로 감속되어 단순지지된 축으로 동력이 전달되고 있다. P =2kN, L =800mm일 때, 다음 각 물음에 답하여라.

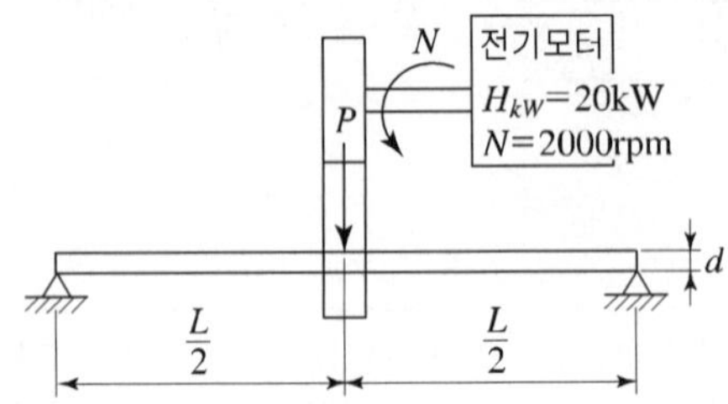

(1) 축에 작용하는 비틀림 모멘트 : T[N · mm]
(2) 축에 작용하는 굽힘 모멘트 : M[N · mm]
(3) 축의 허용 전단응력 τ_a =30MPa일 때 최대 전단응력설에 의한 축지름 d[mm]를 구하라? (단, 키 홈의 영향을 고려하여 1/0.75배로 한다.)
(4) 이 축의 위험속도 : N_c[rpm] (단, E=210GPa, 축자중은 무시한다.)

풀이 & 답

(1) $$T=\frac{60}{2\pi}\frac{H}{N}=\frac{60}{2\pi}\times\frac{20\times10^3}{2000\times\frac{1}{5}}=477.4648293\text{N}\cdot\text{m}=477464.83\text{N}\cdot\text{mm}$$

답 477464.83N · mm

(2) $$M=\frac{PL}{4}=\frac{2\times10^3\times800}{4}=400000\text{N}\cdot\text{mm}$$

답 400000N · mm

(3) $d = \frac{1}{0.75} \times \sqrt[3]{\frac{16T_e}{\pi \tau_a}} = \frac{1}{0.75} \times \sqrt[3]{\frac{16 \times 622874.52}{\pi \times 30}} = 63.05\text{mm}$

$T_e = \sqrt{T^2 + M^2} = \sqrt{477464.83^2 + 400000^2} = 622874.52\text{N} \cdot \text{mm}$

답 63.05mm

(4) $\delta = \frac{P \cdot L^3}{48EI} = \frac{2000 \times 800^3}{48 \times 210 \times 10^3 \times \frac{\pi \times 63.05^4}{64}} = 0.13\text{mm}$

$N_c = \frac{30}{\pi}\sqrt{\frac{g}{\delta}} = \frac{30}{\pi} \times \sqrt{\frac{9800}{0.13}} = 2621.88\text{rpm}$

답 2621.88rpm

예제 5-8

다음 단순지지된 축에 하중 P =800N이 작용되고 있다. 다음 각 물음에 답하시오.

[조건]

모터의 전달동력은 동력 4kW, 회전수 N =100rpm, 축재질은 연강으로
허용전단응력 τ_a =40MPa, 허용수직응력은 σ_a =50MPa,
비중량 γ =76832N/m^3, 탄성계수 E =200GPa

ks규격 축직경 mm
20, 30, 40, 50, 60, 70, 80, 90, 95, 100, 110

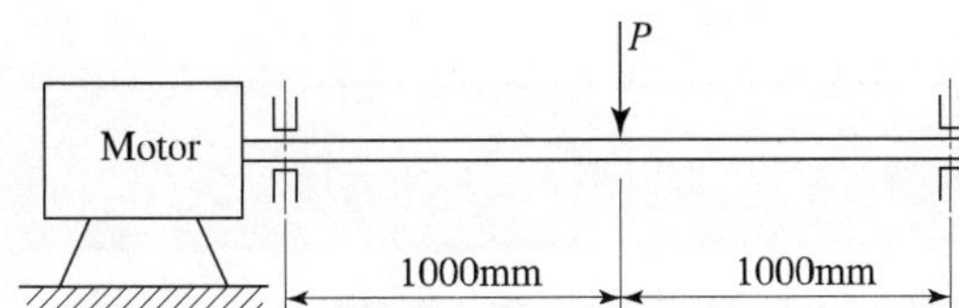

(1) KS규격 축경[mm]을 선정하시오. (축의 자중은 무시한다)
(2) 축의 위험회전수[rpm]를 던커레이 공식으로 구하시오.(축의 자중을 고려하시오)

풀이 & 답

(1) $T = \frac{60}{2\pi}\frac{H}{N} = \frac{60}{2\pi} \times \frac{4 \times 10^3}{100} = 381.9718634\text{N} \cdot \text{m} = 381971.86\text{N} \cdot \text{mm}$

$M = \frac{PL}{4} = \frac{800 \times 2000}{4} = 400000\text{N} \cdot \text{mm}$

$T_e = \sqrt{T^2 + M^2} = \sqrt{381971.86^2 + 400000^2} = 553084.53\text{N} \cdot \text{mm}$

$$M_e = \frac{1}{2}(M + T_e) = \frac{1}{2}(400000 + 553084.53) = 476542.27\text{N}\cdot\text{mm}$$

$$d_\tau = \sqrt[3]{\frac{16T_e}{\pi\tau_a}} = \sqrt[3]{\frac{16\times 553084.53}{\pi\times 40}} = 41.3\text{mm}$$

$$d_\sigma = \sqrt[3]{\frac{32M_e}{\pi\sigma_a}} = \sqrt[3]{\frac{32\times 476542.27}{\pi\times 50}} = 45.96\text{mm}$$

최대수직응력설에 의해 45.96mm보다 처음으로 커지는 KS 축직경은 50mm

답 50mm

(2) $N_0 = \frac{30}{\pi}\sqrt{\frac{g}{\delta_0}} = \frac{30}{\pi}\times\sqrt{\frac{9800}{0.51}} = 1323.73[\text{rpm}]$

$$\delta_0 = \frac{5wL^4}{384EI} = \frac{5\times 0.15\times 2000^4}{384\times 200\times 10^3\times\frac{\pi\times 50^4}{64}} = 0.5092 = 0.51\text{mm}$$

(균일분포하중) $w = \gamma A = 76832\times\frac{\pi}{4}0.05^2 = 150.859279\frac{\text{N}}{\text{m}} = 0.15\frac{\text{N}}{\text{mm}}$

$$N_1 = \frac{30}{\pi}\sqrt{\frac{g}{\delta_1}} = \frac{30}{\pi}\times\sqrt{\frac{9800}{2.17}} = 641.73\text{rpm}$$

$$\delta_1 = \frac{P\cdot L^3}{48EI} = \frac{800\times 2000^3}{48\times 200\times 10^3\times\frac{\pi\times 50^4}{64}} = 2.172\text{mm} = 2.17\text{mm}$$

$$\frac{1}{N_c^2} = \frac{1}{N_0^2} + \frac{1}{N_1^2} = \frac{1}{1323.73^2} + \frac{1}{641.73^2}$$

$N_c = 577.45\text{rpm}$

답 577.45rpm

5-5 회전하는 풀리의 축 설계

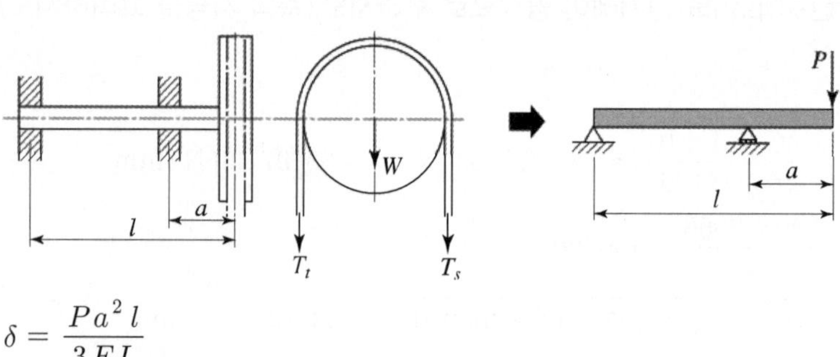

$$\delta = \frac{Pa^2 l}{3EI}$$

여기서, $P = W + T_t + T_s$

(최대굽힘모멘트) $M_{max} = P\,a$

(비틀림모멘트) $T = (T_t - T_s) \times \dfrac{D}{2}$ (여기서, D : 풀리의 지름)

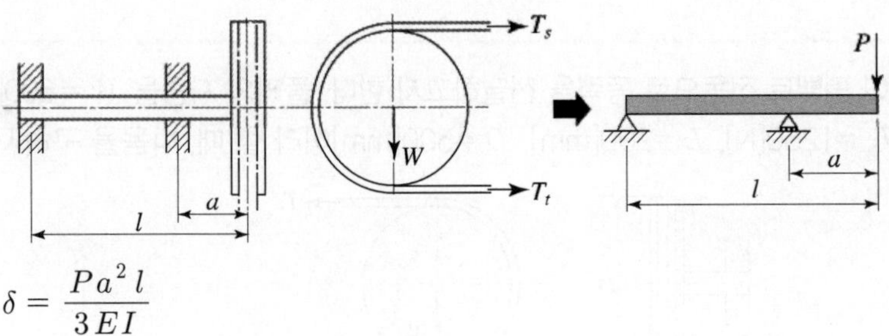

$$\delta = \frac{P a^2 l}{3EI}$$

여기서, $P = \sqrt{W^2 + (T_t + T_s)^2}$

(최대굽힘모멘트) $M_{max} = P\,a$

(비틀림모멘트) $T = (T_t - T_s) \times \dfrac{D}{2}$(여기서, D : 풀리의 지름)

※ T_t(긴장장력), T_s(이완장력)은 10장 감아걸기 전동장치에서 자세히 다룰 것이다.

예제 5-9

다음 그림과 같은 벨트 풀리축을 보고 다음을 구하라. (단, 축의 자중은 무시한다.)

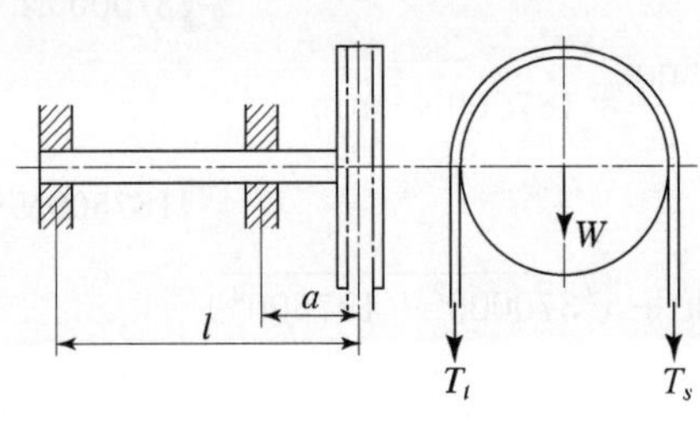

(벨트 풀리의 무게) W =1000N
(긴장장력) T_t =1500N
(이완장력) T_s =500N
(축지름) d =70mm
(탄성계수) E =2.1×10^{5}N/mm^2
L =1000mm
a =200mm

(1) 위 그림에서 최대 처짐량[mm]
(2) 위험속도[rpm]

풀이 & 답

(1) $\delta_{max} = \dfrac{Pa^2L}{3EI} = \dfrac{3000 \times 200^2 \times 1000}{3 \times 2.1 \times 10^5 \times \dfrac{\pi \times 70^4}{64}} = 0.16\text{mm}$

$P = W + T_t + T_s = 1000 + 1500 + 500 = 3000\text{N}$

답 0.16mm

(2) $N_c = \frac{30}{\pi}\sqrt{\frac{g}{\delta_{max}}} = \frac{30}{\pi}\sqrt{\frac{9800}{0.16}} = 2363.33\text{rpm}$

답 2363.33rpm

예제 5-10

아래 그림과 같이 평벨트 전동으로 동력을 전달하고자 한다. 폴리의 자중을 W=600[N], T_s =500[N], T_t =1250[N], L =200[mm], D =500[mm]이라 할 때, 다음을 구하시오.

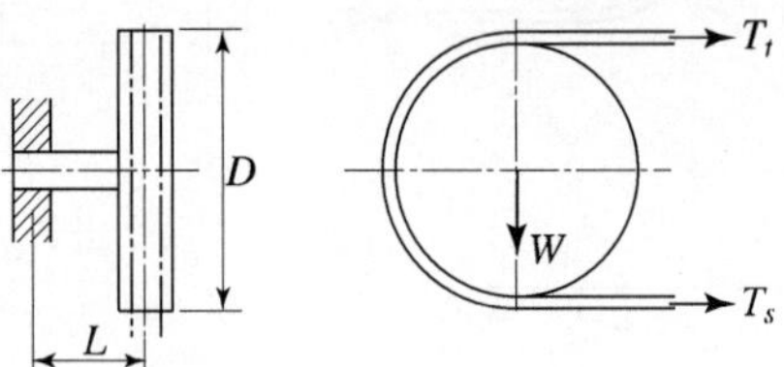

(1) 축에 작용하는 굽힘모멘트 : M [N · mm]
(2) 축에 작용하는 비틀림모멘트 : T [N · mm]
(3) 상당 굽힘모멘트 : M_e[N · mm]
(4) 축의 허용수직응력 σ_a =50MPa일 때 축지름[mm]을 구하여라?

풀이 & 답

(1) $M = \sqrt{W^2 + (T_t + T_s)^2} \times L = \sqrt{600^2 + (1250 + 500)^2} \times 200 = 370000\text{N} \cdot \text{mm}$

답 370000N · mm

(2) $T = (T_t - T_s) \times \frac{D}{2} = (1250 - 500) \times \frac{500}{2} = 187500\text{N} \cdot \text{mm}$

답 187500N · mm

(3) $M_e = \frac{1}{2}(M + \sqrt{M^2 + T^2}) = \frac{1}{2}(370000 + \sqrt{370000^2 + 187500^2})$
$= 392398.32\text{N} \cdot \text{mm}$

답 392398.32N · mm

(4) $d = \sqrt[3]{\frac{32M_e}{\pi\sigma_a}} = \sqrt[3]{\frac{32 \times 392398.32}{\pi \times 50}} = 43.077\text{mm}$

답 43.08mm

Chapter 06

베어링(Bearing)

Chapter 6 베어링(Bearing)

6-1 베어링의 종류

접촉방식에 따라 ┌ 미끄럼 베어링(Slidiing bearing)
└ 구름베어링(rolling bearing) ┌ 볼베어링
└ 롤러베어링

하중의 방향에 따라 ┌ 레이디얼 베어링(radial bearing) : 축선에 직각
└ 스러스트 베어링(thrust bearing) : 축선에 평행

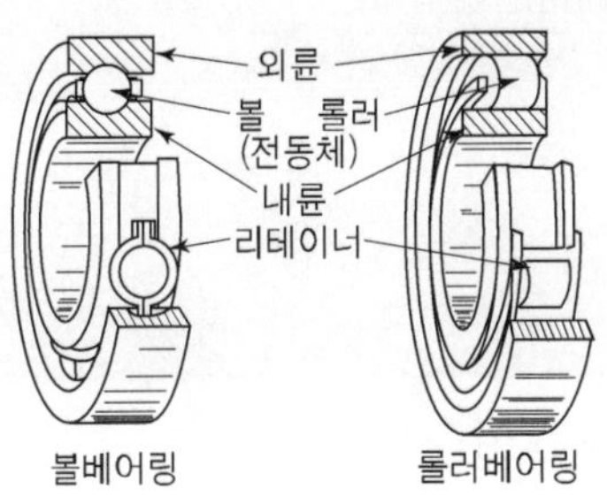

[레이디얼 베어링]

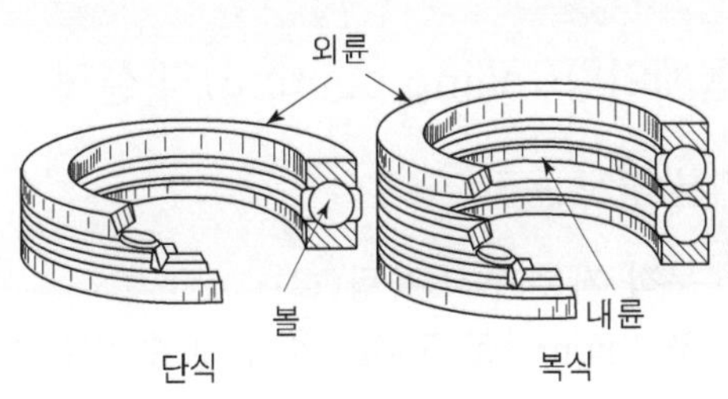

[스러스트 베어링]

 6-2 구름 베어링(rolling bearing)

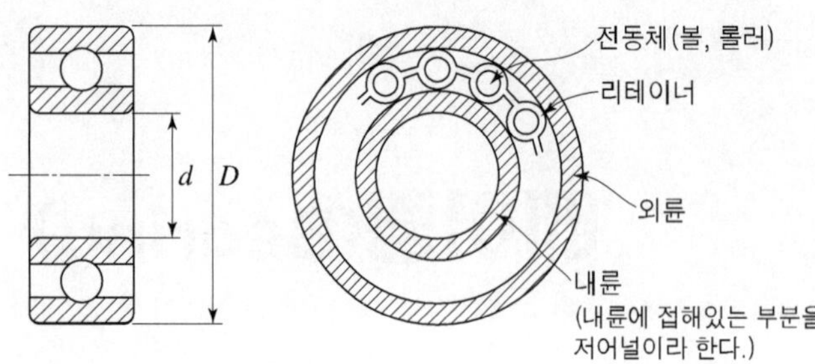

여기서, d : 저널의 안지름
D : 외륜의 지름

1. 구름 베어링의 KS 규격표시방법(KS B 2023)

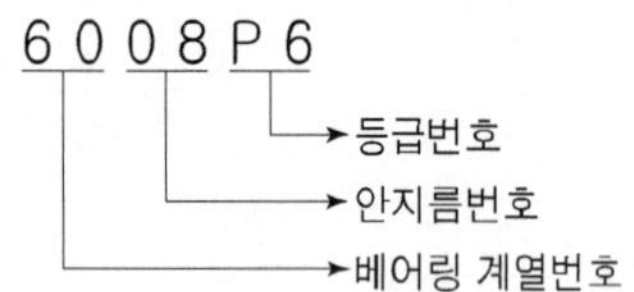

안지름 번호	베어링 내경
1~9	1~9mm
00 01 02 03	10mm 12mm 15mm 17mm
04 05 ⇓ 99	4×5=20mm 5×5=25mm ⇓ 99×5=495mm
500	500mm

호칭×5=지름

2. 구름베어링(rolling bearing)의 설계

(1) 기본 부하 용량

① 동적 기본 부하 용량(C)

33.3rpm으로 500Hr을 견딜 수 있는 베어링 하중[kg]

기본 회전수$= 33.3\dfrac{\text{rev}}{\text{min}} \times 500 \times 60\,\text{min} \fallingdotseq 10^6\,\text{rev}$

② 정적 기본 부하 용량(C_0)

형식		단열 레이디얼 볼 베어링			
형식번호		6200		6300	
번호	안지름[mm]	C[kg]	C_0[kg]	C[kg]	C_0[kg]
06	30	1520	1000	2180	1450
07	35	2000	1385	2590	1725
08	40	2270	1565	3200	2180
09	45	2540	1815	4150	2970

※ 하중계수 f_w

f_w	운전조건
1.0~1.2	충격이 없는 원활한 운전
1.2~1.5	보통의 운전
1.5~3.0	심한 충격이 있는 운전

(2) 베어링 수명계산식

① 수명회전수(L_n) = 회전수명 = 계산수명

박리현상(flaking)을 일으키지 않고 회전할 수 있는 총 회전수 $\times 10^6$[rev]

$$(\text{계산수명})\ L_n = \left(\frac{C}{P_a}\right)^r \times 10^6\ [\text{rev}]$$

여기서, P_a : 실제 베어링 하중 $P_a = f_w \times P_{th}$ P_{th} : 이론 베어링 하중

f_w : 하중계수 C : 기본 동적부하 용량[N], [kgf]

r : 베어링 지수 ➡ 볼베어링 : $r=3$

롤러베어링 : $r=\frac{10}{3}$

② 수명시간(L_h) : 수명 회전(L_n)을 시간단위로 표시한 것

= N[rpm]으로 회전하는 베어링의 수명시간

$$L_h = \frac{L_n[\text{rev}]}{N[\frac{rev}{\text{min}}]} \times \frac{1\text{hr}}{60\,\text{min}} = \frac{1}{60 \times N} \times \left(\frac{C}{P_a}\right)^r \times 10^6\ [\text{hr}]$$

$$= \frac{1}{60 \times N} \times \left(\frac{C}{P_a}\right)^r \times 33.3 \times 500 \times 60\ [\text{hr}]$$

$$\therefore (\text{수명시간})\ L_h = 500 \times \frac{33.3}{N} \times \left(\frac{C}{P_a}\right)^r [\text{hr}] = 500 \times f_h^r$$

③ (시간계수 = 수명계수) f_h 및 (속도계수 = 회전계수) f_n

$$L_h = 500 \times \frac{33.3}{N} \times \left(\frac{C}{P_a}\right)^r = 500 \times {f_h}^r$$

$$\therefore f_h = \frac{C}{P_a}\left(\frac{33.3}{N}\right)^{\frac{1}{r}} = f_n \times \frac{C}{P_a} \quad ➡ \quad f_n = \left(\frac{33.3}{N}\right)^{\frac{1}{r}}$$

여기서, (시간계수 = 수명계수) $f_h = \frac{C}{P_a}\left(\frac{33.3}{N}\right)^{\frac{1}{r}}$

(속도계수 = 회전계수) $f_n = \left(\frac{33.3}{N}\right)^{\frac{1}{r}}$

(3) 한계속도 지수(dN)

구름 베어링에서 전동체는 내륜과 외륜사이에서 구름 접촉하게 되는데 고속으로 회전하게 되면 전동체는 내륜과 외륜사이에서 구름접촉을 하지 못하고 미끄럼 접촉을 하게 되어 이것이 문제가 되는 경우가 발생한다. 그러므로 회전 속도를 어느 정도 제한해 주기 위한 척도로 사용된다.

$$dN = d \times N_{max} \quad \Rightarrow \quad N_{max} = \frac{dN(\text{한계속도지수})}{d(\text{베어링의 안지름})}$$

여기서, d : 베어링 안지름[mm], N : 회전수[rpm]

[윤활 방법과 한계속도 계수 dN값]

베어링의 형식	그리스 윤활	윤활유			
		유욕	적하	강제	분무
단열 레이디얼 볼 베어링	200000	300000	400000	600000	1000000
복렬 자동 조심 볼 베어링	150000	250000	400000	–	–
단열 앵귤러 볼 베어링	200000	300000	400000	600000	1000000
원통 롤러 베어링	150000	300000	400000	600000	1000000
원추 롤러 베어링	100000	200000	230000	300000	–
자동 조심 롤러 베어링	80000	120000	–	250000	–
스트스트 볼 베어링	40000	60000	120000	150000	–

예제 6-1

베어링번호 6206 단열 레이디얼 볼베어링에서 기본동적부하용량 12500N, 하중계수 f_w =1.2일 때 2000N의 하중을 받을 때, 5000rpm으로 회전한다면 (수명시간) L_h은 얼마인가[hr]?

풀이 & 답

$$L_h = 500 \times \frac{33.3}{N} \times \left(\frac{C}{P_{th} \times f_w}\right)^r = 500 \times \frac{33.3}{5000} \times \left(\frac{12500}{2000 \times 1.2}\right)^3 = 470.48\text{hr}$$

답 470.48hr

예제 6-2

단열 깊은 홈 레이디얼 볼 베어링 6212의 수명시간을 4000hr으로 설계하고자 한다. 한계속도지수는 200000이고 하중계수는 1.5, 기본동적 부하용량은 4100kgf이다. 다음 각 물음에 답하여라.

(1) 베어링의 최대 사용회전수 : N[rpm]

(2) 베어링 하중 : P[N]
(3) 수명계수 : f_h
(4) 속도계수 : f_n

풀이 & 답

(1) $N = \dfrac{dN}{d} = \dfrac{200000}{12 \times 5} = 3333.33\text{rpm}$

답 3333.33rpm

(2) $L_h = 500 \times \dfrac{33.3}{N} \times \left(\dfrac{C}{P_{th} \cdot f_w}\right)^r$, $4000 = 500 \times \dfrac{33.3}{3333.33} \times \left(\dfrac{4100}{P_{th} \times 1.5}\right)^3$

$P_{th} = 294.341\text{kgf} = 2884.55\text{N}$

답 2884.55N

(3) $L_h = 500 \times (f_h)^r$, $4000 = 500 \times (f_h)^3$

(수명계수) $f_h = 2$

답 2

(4) $f_n = \left(\dfrac{33.3}{N}\right)^{\frac{1}{r}} = \left(\dfrac{33.3}{3333.33}\right)^{\frac{1}{3}} = 0.2153 = 0.22$

(속도계수) $f_n = 0.22$

답 0.22

기사시험에서 베어링하중이 (실제베어링하중) P_a과 (이론베어링하중) P_{th}의 언급이 없을 때에는 (이론베어링하중) P_{th}을 구한다.

예제 6-3

베어링의 시간수명 시간이 40000시간이고, 회전속도 250rpm으로 베어링 하중 1.8kN를 받는 가장 적합한 단열 레이디얼 볼 베어링을 6300형에서 선정하여라. (단, 하중계수 f_w =1.5이고, C는 동적부하 용량이고, C_0는 정적부하 용량을 나타낸다.)

형식		단열 레이디얼 볼 베어링			
형식번호		6200		6300	
번호	안지름[mm]	C[kg]	C_0[kg]	C[kg]	C_0[kg]
06	30	1520	1000	2180	1450
07	35	2000	1385	2590	1725
08	40	2270	1565	3200	2180
09	45	2540	1815	4150	2970

풀이 & 답

(이론베어링 하중) $P_{th} = \dfrac{1.8 \times 10^3}{9.8} = 183.67\text{kgf}$

$L_h = 500 \times \dfrac{33.3}{N} \times \left(\dfrac{C}{f_w \cdot P_{th}}\right)^r$, $40000 = 500 \times \dfrac{33.3}{250} \times \left(\dfrac{C}{1.5 \times 183.67}\right)^3$

$C = 2324.47\text{kg}$, 형식 : 6307선정

기본동적 부하용량이 계산한 것보다 처음으로 커지는 베어링 선정한다.

답 6307선정

(4) 베어링의 하중계산

① 이론적 하중 : P_{th}

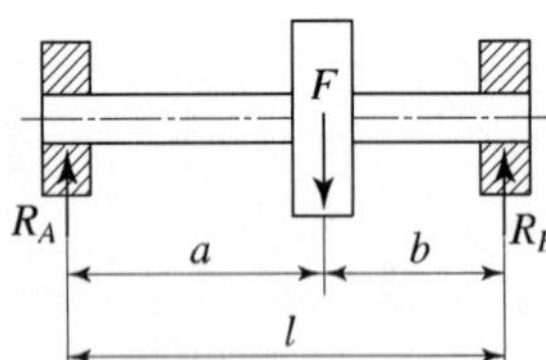

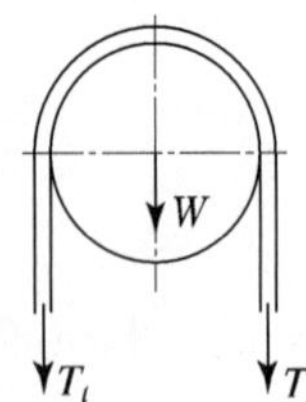

보에 작용하는 힘 : $F = W + T_t + T_s$

$R_A = \dfrac{F \times b}{l}$, $R_B = \dfrac{F \times a}{l}$

(이론베어링 하중) P_{th} : R_A, R_B 중 큰 반력

② 실제 베어링 하중 : P_a

$P_a = f_w \cdot P_{th}$

여기서, f_w : 하중계수

③ 동등가 하중(=상당하중=등가 레이디얼하중) P_e

베어링이 레이디얼 하중(P_r)과 트러스트하중(P_t)을 받을 때

$P_e = XP_r + YP_t$

회전계수 V가 주어지면, $P_e = XVP_r + YP_t$

여기서, X : 레이디얼 계수, Y : 트러스트 계수

(실제 베어링 하중) $P_a = f_w \times P_e$

참고하세요

X : 레이디얼 계수, Y : 트러스트 계수, V : 내외륜 회전계수는 표가 주어지고 기사시험에서 주어지는 표를 보고 구해서 적용하면 됩니다.

예제 6-4

단열 앵귤러 볼베어링 7210에 F_r =3430N의 레이디얼 하중과 F_a =4547.2N의 스러스트 하중이 작용하고 있다. 이 베어링의 정격수명을 구하라. (단, 외륜은 고정하고 내륜 회전으로 사용하며 기본동적 부하용량 C =31850N, 기본정적 부하용량 C_0 =25480N, 하중계수 f_w =1.3)

베어링형식	내륜 회전	외륜 회전	단열				복렬				e
			$F_a/VF_r \le e$		$F_a/VF_r > e$		$F_a/VF_r \le e$		$F_a/VF_r > e$		
	V		X	Y	X	Y	X	Y	X	Y	
단열 앵귤러 볼베어링	1	1	1	0	0.44	1.12	1	1.26	0.72	1.82	0.5

(1) 등가 레이디얼 하중 P_e[N]?

(2) 정격수명 L_n[rev]?

(3) 초당 15회전하고, 1일 5시간을 사용하는 베어링이라면 베어링을 안전하게 사용할 수 있는 일수를 구하여라?

풀이 & 답

(1) $\dfrac{F_a}{VF_r} = \dfrac{4547.2}{1\times 3430} = 1.325, \quad e = 0.5$

$F_a/VF_r > e$ 단열이므로 표에서 $X = 0.44, \ Y = 1.12$

$P_e = XVF_r + YF_a = 0.44\times 1.0\times 3430 + 1.12\times 4547.2 = 6602.06\text{N}$

답 6602.06N

(2) $L_n = \left(\dfrac{c}{P_e\times f_w}\right)^r = \left(\dfrac{31850}{6602.06\times 1.3}\right)^3 = 51.1\times 10^6\text{rev}$

답 51.1×10^6회전

(3) (수명시간) $L_h = \dfrac{L_n}{N\times 60} = \dfrac{51.1\times 10^6}{900\times 60} = 946.3\text{hr}$

(사용일수) $Day = \dfrac{946.3}{5} = 189.26$일 $= 189$일

(분당회전수) $N = 15\times 60 = 900\text{rpm}$

답 189일

예제 6-5

[2009년 2회 출제(6점)]

1300 복렬 자동 조심 볼 베어링(α =15˚) 레이디얼 하중 4000N, 스러스트하중 3000N이고, 내륜회전으로 400rpm으로 40000시간의 수명을 가지는 베어링에서 다음을 구하시오.

베어링 형식	내륜 회전	외륜 회전	단열		복렬				e
			$F_a/VF_r > e$		$F_a/VF_r \le e$		$F_a/VF_r > e$		
	V		X	Y	X	Y	X	Y	
자동조심 볼베어링	1	1	0.4	$0.4\times\cot\alpha$	1	$0.42\times\cot\alpha$	0.65	$0.65\times\cot\alpha$	$1.5\times\tan\alpha$

(1) 표를 보고 반지름 방향 동등가 하중을 구하시오. P_e[N]

(2) 하중계수f_w =1.3일 때 (동적 부하 용량) C[kN]을 구하시오.

풀이 & 답

(1) $\dfrac{F_a}{VF_r} = \dfrac{3000}{1\times4000} = 0.75$, $e = 1.5\times\tan\alpha = 1.5\times\tan15 = 0.401$

$F_a/VF_r > e$ 복렬이므로 표에서 $X = 0.65$, $Y = 0.65\times\cot15 = 2.425$

$P_e = XVF_r + YF_a = 0.65\times1.0\times4000 + 2.425\times3000 = 9875\text{N}$

답 9875N

(2) $L_h = 500\times\dfrac{33.3}{N}\times\left(\dfrac{C}{P_e\cdot f_w}\right)^r$,

$40000 = 500\times\dfrac{33.3}{400}\times\left(\dfrac{C}{9875\times1.3}\right)^3$

$C = 126682.23\text{N} = 126.68\text{kN}$

답 126.68kN

예제 6-6

600rpm으로 회전하는 깊은 홈 볼베어링에 최초 3시간은 2940N의 레이디얼 하중이 작용하고 그 후 4900N의 레이디얼 하중이 1시간 작용하여 이와 같은 하중상태가 반복된다. 다음 물음에 답하시오.

(1) 1사이클 동안 평균유효하중 P_m[N]

(2) 베어링의 정격수명시간을 10000시간으로 하려면 기본동적 부하용량은 몇 [N]인가?

풀이 & 답

(1) 1사이클 동안 평균유효하중 P_m

$$P_m = \left[\frac{\sum_{i=1}^{n}\left(P_i^{\,r}\cdot T_i\right)}{T_t}\right]^{\frac{1}{r}} = \sqrt[3]{\frac{P_1^{\,3}\cdot T_1 + P_2^{\,3}\cdot T_2}{T_t}}$$

$$= \sqrt[3]{\frac{2940^3\times 3 + 4900^3\times 1}{4}} = 3646.1\text{N}$$

답 3646.1N

(2) $L_h = 500\times\dfrac{33.3}{N}\times\left(\dfrac{C}{P_m\cdot f_w}\right)^r$, $10000 = 500\times\dfrac{33.3}{600}\times\left(\dfrac{C}{3646.1}\right)^3$

$C = 25946.228\text{N} = 25946.23\text{N}$

답 25946.23N

6-3 미끄럼 베어링(Sliding bearing)

1. 종 류

- 레이디얼 베어링(축선에 직각)
  - 엔드저널(end journal) 베어링 = 끝 저널
  - 중간저널(neck journal) 베어링
- 스러스트 베어링(축선에 평행)
  - 피넛저널 베어링
  - 칼라저널 베어링

2. 엔드저널(끝 저널)의 설계

축의 끝단에 저널이 지지되어있는 외팔보로 해석

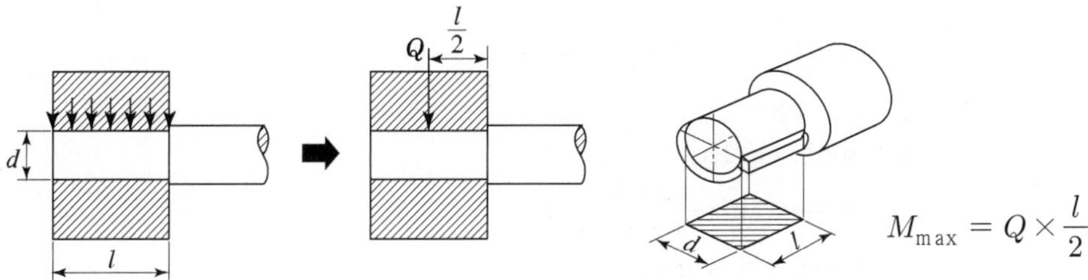

$$M_{max} = Q\times\frac{l}{2}$$

여기서, d : 저널의 지름[mm], l : 저널의 길이[mm], Q : 베어링 하중[N]

① (베어링 압력) $p = \dfrac{Q}{d\,l}$

(베어링 하중) $Q = pdl$

② 저널의 직경설계 : $M = Q \times \dfrac{l}{2} = \sigma_b \cdot Z = \sigma_b \times \dfrac{\pi d^3}{32}$

$$\therefore d = \sqrt[3]{\frac{32M}{\pi \sigma_b}} = \sqrt[3]{\frac{16Ql}{\pi \sigma_b}}$$

③ 축경비 = 폭경비$\left(\dfrac{l}{d}\right)$

$$M = \frac{Ql}{2} = \frac{pdl \times l}{2} = \sigma_b \times \frac{\pi d^3}{32} \quad ➡ \quad \frac{pd}{2} l^2 = \sigma_b \frac{\pi d^3}{32}$$

$$\therefore \frac{l}{d} = \sqrt{\frac{\pi \sigma_b}{16p}}$$

④ (발열계수 = 압력속도계수) : $(pV)_a$

$$(pV)_a = \frac{Q}{dl} \times \frac{\pi d N}{60 \times 1000} = \frac{\pi QN}{60000\,l}[\text{N/mm}^2 \cdot \text{m/s}] = [\text{W/mm}^2]$$

➡ 저널의 길이 $l = \dfrac{\pi QN}{60000 \times (pV)_a}$

여기서, $V = \dfrac{\pi d N}{60 \times 1000}$ [m/s] : 저널의 원주속도

재　질	엔드저널$(p \cdot V)_a$[kW/m^2]
구리-주철	2625
납-청동	2100
청동	1750
PTFE 조직	875

⑤ 마찰열을 고려한 저널의 설계

㉠ 마찰 손실 동력=(단위시간당 마찰 일량) H_f

$$H_f = f \times V = \mu Q V[\text{kgf/s}] = \frac{\mu Q V}{75}[\text{ps}] = \frac{\mu Q V}{102}[\text{kW}]$$

$$H_f = f \times V = \mu Q V[\text{Nm/s}] = \frac{\mu Q V}{1000}[\text{kW}]$$

㉡ 비마찰 일량(단위 면적당 마찰 손실 동력) A_f

$$A_f = \frac{H_f}{dl} = \frac{\mu Q V}{dl}[\text{W/mm}^2] = \mu p V[\text{W/mm}^2]$$

여기서, μ : 마찰계수

Q : 베어링 하중[N]

V : 원주속도 $V = \dfrac{\pi d N}{60 \times 1000}$ [m/s]

p : 베어링 압력[N/mm^2]

예제 6-7

회전수 600[rpm], 베어링 하중 400[N]을 받는 엔드저널이 있다. 다음 물음에 답하여라.

(1) 허용압력속도지수$(pv)_a$ =2[N/mm^2 · m/s]일 때 저널의 길이를 구하여라.

(2) 저널부의 허용굽힘응력 σ_b =5MPa일 때 저널의 지름[mm]을 구하여라.

풀이 & 답

(1) (저널의 길이) $l = \dfrac{\pi QN}{60000 \times (pV)_a} = \dfrac{\pi \times 400 \times 600}{60000 \times 2} = 6.28\text{mm}$

답 6.28mm

(2) (저널의 지름) $d = \sqrt[3]{\dfrac{16Ql}{\pi\sigma_b}} = \sqrt[3]{\dfrac{16 \times 400 \times 6.28}{\pi \times 5}} = 13.68\text{mm}$

답 13.68mm

예제 6-8

150rpm으로 회전하는 축을 엔드 저널베어링으로 지지한다. 5000kgf의 베어링 하중을 받고 있다. 다음 물음에 답하여라.

(1) 허용압력속도계수가 $(p \cdot V)_a = 1.47$[W/mm^2], 저널의 길이는 몇 mm인가?

(2) 저널부의 허용굽힘응력 σ_b =55MPa일 때 저널의 직경은 몇 mm인가?

(3) 베어링 허용압력 p_a =6MPa일 때 베어링 안전도를 판단하라.

풀이 & 답

(1) (저널의 길이) $l = \dfrac{\pi QN}{60000 \times (pV)_a} = \dfrac{\pi \times 5000 \times 9.8 \times 150}{60000 \times 1.47} = 261.8\text{mm}$

답 261.8mm

(2) (저널의 지름)$d = \sqrt[3]{\dfrac{16Ql}{\pi\sigma_b}} = \sqrt[3]{\dfrac{16 \times 5000 \times 9.8 \times 261.8}{\pi \times 55}} = 105.91\text{mm}$

답 105.91mm

(3) (사용베어링압력) $p = \dfrac{Q}{d \times l} = \dfrac{5000 \times 9.8}{105.91 \times 261.8} = 1.77\text{MPa}$

$p_a > p$ 안전하다.

답 안전하다

예제 6-9 [2008년 4회 출제(8점)]

외팔보 형태로 축을 지지하는 엔드저널이 있다. 축의 분당 회전수는 1000[rpm]이다. 저널의 지름 d =150mm, 길이 l =175mm이고 반경 방향의 베어링 하중은 2500N이다. 다음을 구하라.

(1) 베어링 압력 p은 몇 [KPa]인가?
(2) 베어링 압력속도계수는 몇 [kW/m^2]인가?
(3) 안전율 S =2.5일 때 표에서 재질을 선택하라.

재 질	엔드저널 $(p\cdot V)_a$[kW/m^2]
구리-주철	2625
납-청동	2100
청동	1750
PTFE 조직	875

풀이 & 답

(1) $p=\dfrac{Q}{d\times l}=\dfrac{2500}{150\times 175}=0.09523809\text{MPa}=95.24\text{kPa}$

답 95.24kPa

(2) $pV=p\times\dfrac{\pi dN}{60000}=95.24\times\dfrac{\pi\times 150\times 1000}{60000}\left[\text{kPa}\times\dfrac{\text{m}}{\text{s}}\right]$

$=748.01\left[\dfrac{\text{kN}}{\text{m}^2}\times\dfrac{\text{m}}{\text{s}}\right]=748.01\left[\dfrac{\text{kW}}{\text{m}^2}\right]$

답 748.01kW/m^2

(3) 현재 발생되고 있는 압력속도지수보다 큰 것을 사용해야 안전하다.
즉 안전율이 2.5라고 하는 것은 현재 발생되고 있는 압력속도지수보다 2.5배가 되더라도 베어링은 안전해야 된다는 것을 의미한다.
그러므로 $((pV)_a=(pV)\times S=748.01\times 2.5=1870.03\left[\dfrac{\text{KW}}{\text{m}^2}\right]$
$1870.03\left[\dfrac{\text{KW}}{\text{m}^2}\right]$보다 처음으로 커지는 납-청동을 선택한다.

답 납-청동

6-4 트러스트 베어링의 설계

1. 피벗 베어링

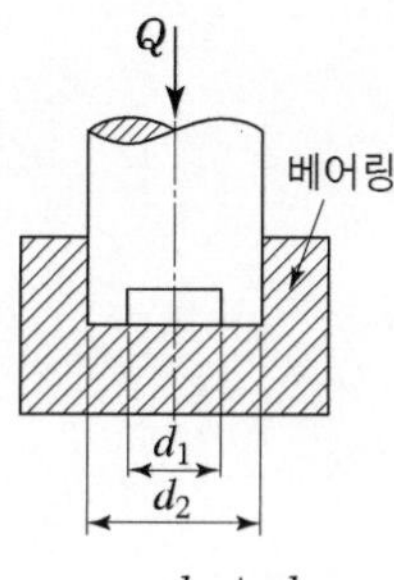

$$d_m = \frac{d_1 + d_2}{2}$$

① 베어링 평균 압력

$$p = \frac{Q}{\frac{\pi}{4}(d_2^2 - d_1^2)}$$

② 발열계수(=압력속도계수) : pV

$$pV = \frac{Q}{\frac{\pi}{4}(d_2^2 - d_1^2)} \times \frac{\pi d_m N}{60 \times 1000} = \frac{4Q}{\pi (d_2^2 - d_1^2)} \cdot \frac{\pi d_m N}{60 \times 1000}$$

③ 마찰 손실 동력

$$H_f = \mu Q V_m [\text{kgf}\cdot \text{m/s}] = \frac{\mu Q V_m}{75} [\text{ps}] = \frac{\mu Q V_m}{102} [\text{kW}]$$

예제 6-10 [1993년 건설기계 출제]

300rpm으로 회전하는 지름이 125mm인 수직축 하단에 피봇베어링으로 지지되어 있다. 이 피봇베어링의 베어링면 바깥지름이 110mm, 안지름이 40mm일 때 다음을 구하시오. (단, 허용 베어링압력은 1.5N/mm^{2}이고 마찰계수는 0.011이다.)

(1) 지지할 수 있는 최대 트러스트 하중 Q[kN]?

(2) 마찰에 따른 손실동력 H_f[kW]?

풀이 & 답

(1) $Q = p \cdot A = 1.5 \times \dfrac{\pi(110^2 - 40^2)}{4} = 12370.021\text{N} = 12.37\text{kN}$

답 12.37kN

(2) $V = \dfrac{\pi d_e N}{60000} = \dfrac{\pi \times 75 \times 300}{60000} = 1.178\text{m/s} = 1.18\text{m/s}$

$\therefore\ H = \mu QV = 0.011 \times 12.37 \times 1.18 = 0.16\text{kW}$

답 0.16kW

2. 칼라베어링

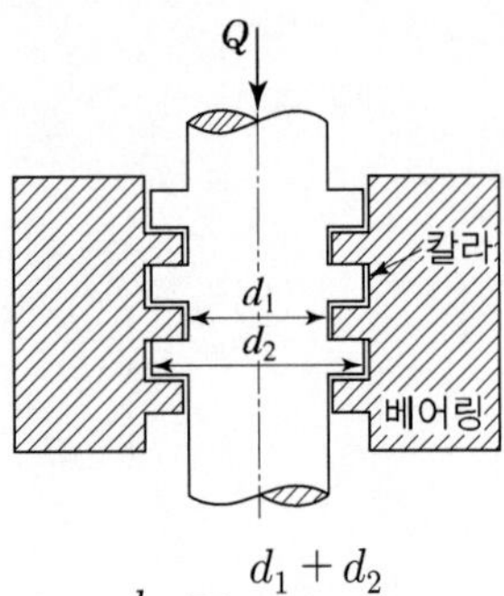

$$d_m = \frac{d_1 + d_2}{2}$$

여기서, Z : 칼라수

① 베어링 평균 압력

$$p = \frac{Q}{\frac{\pi}{4}(d_2^2 - d_1^2)\cdot Z}$$

② 발열계수(=압력속도계수) : pV

$$pV = \frac{Q}{\frac{\pi}{4}(d_2^2 - d_1^2)\cdot Z} \times \frac{\pi d_m N}{60 \times 1000}$$

$$= \frac{4Q}{\pi(d_2^2 - d_1^2)\cdot Z} \cdot \frac{\pi d_m N}{60 \times 1000}$$

③ 마찰 손실 동력

$$A_f = \mu Q V_m [\mathrm{kgf \cdot m/s}]$$

$$= \frac{\mu Q V_m}{75}[\mathrm{ps}] = \frac{\mu Q V_m}{102}[\mathrm{kW}]$$

예제 6-11

선박용 디젤 기관의 칼라 베어링이 450rpm으로 850kgf의 추력을 받을 때, 칼라의 안지름이 100mm, 칼라의 바깥지름이 180mm라고 하면 칼라 수는 몇 개가 필요한가? (단, 허용발열계수 값은 0.054[kgf/mm^2 · m/sec]이다.)

풀이 & 답

$$(pV)_a = \frac{4W}{\pi\left(d_2^2 - d_1^2\right)Z} \times \frac{\pi \times \left(\frac{d_1 + d_2}{2}\right) \times N}{60 \times 1000}$$

$$0.054 = \frac{4 \times 850}{\pi \times \left(180^2 - 100^2\right) \times Z} \times \frac{\pi \times (180 + 100) \times 450}{2 \times 60 \times 1000}$$

$Z = 2.95 ≒ 3$개

답 3개

6-5 미끄럼 베어링에서 페트로프식(petroff)

축과 베어링 사이의 마찰계수(μ)

$$\mu = \frac{\pi^2}{30} \times \eta \frac{N}{p} \times \left(\frac{r}{\delta}\right) \cdots\cdots \text{페트로프(petroff)식}$$

여기서, $\frac{\eta N}{p}$: 베어링 계수, $\phi = \frac{\delta}{r}$: 틈새비

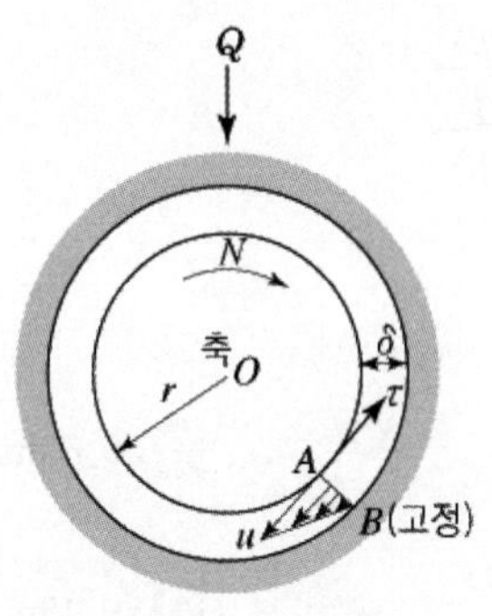

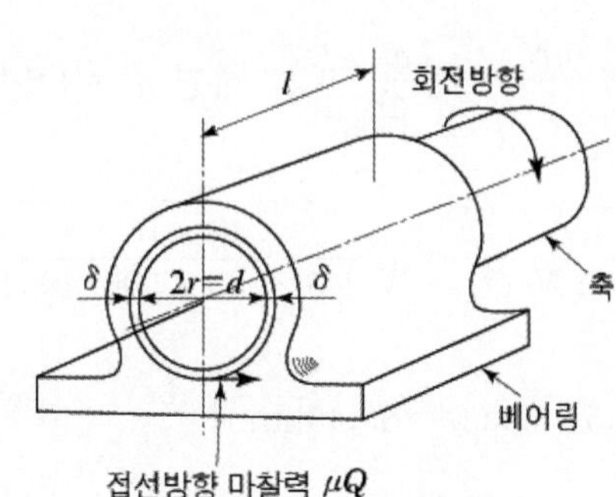

여기서, l : 저널의 길이　　d : 축의 지름　　r : 축의 반지름 $r = \frac{d}{2}$

p : 베어링압력 $p = \frac{Q}{dl} = \frac{Q}{2rl}$　　Q : 베어링하중 $Q = p \times 2rl$

δ : 유막두께　　η : 점성계수　　w : 축의 각속도$w = \frac{2\pi N}{60}$

N : 분당회전수　　V : 축의 원주속도 $V = w \times r$

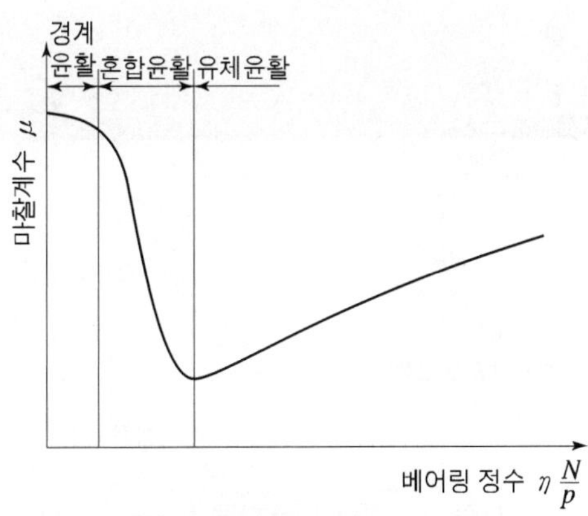

[스트리백(Stribeck) 곡선]

예제 6-12

500[rpm]으로 회전하는 축으로부터 400[kgf]의 반경방향하중을 받는 저널베어링의 폭경비가 1.5이다. 윤활유의 점도가 60[cp]이고(베어링계수) $\eta N/p$ =40×10^4[cp · rpm · mm^2/kgf]이다. 페트로퍼의 베이링계수를 고려하여 다음을 구하시오?

(1) 저널의 지름 d[mm]을 구하시오?
(2) 저널의 길이 l[mm]을 구하시오?.

풀이 & 답

(1) (베어링정수) $\dfrac{\eta N}{p} = \eta N \dfrac{dl}{Q}$ 정리하면 $dl = 1.5d^2 = \dfrac{\frac{\eta N}{p}}{\frac{\eta N}{Q}}$

$$d = \sqrt{\frac{\eta N/p}{1.5 \times (\eta N/Q)}} = \sqrt{\frac{40 \times 10^4}{1.5 \times (60 \times 500/400)}} = 59.63[\mathrm{mm}]$$

답 59.63mm

(2) $l = 1.5d = 1.5 \times 59.63 = 89.45[\mathrm{mm}]$

답 89.45mm

예제 6-13

미끄럼 베어링에서 페트로프식(petroff)을 유도하시오.

축과 베어링 사이의 마찰계수 $\mu = \dfrac{\pi^2}{30} \times \eta \dfrac{N}{p} \times \left(\dfrac{r}{\delta}\right)$ ·················· 페트로프(petroff)식

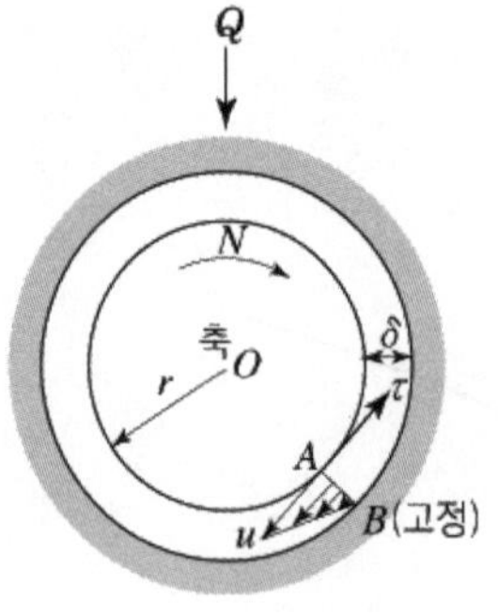

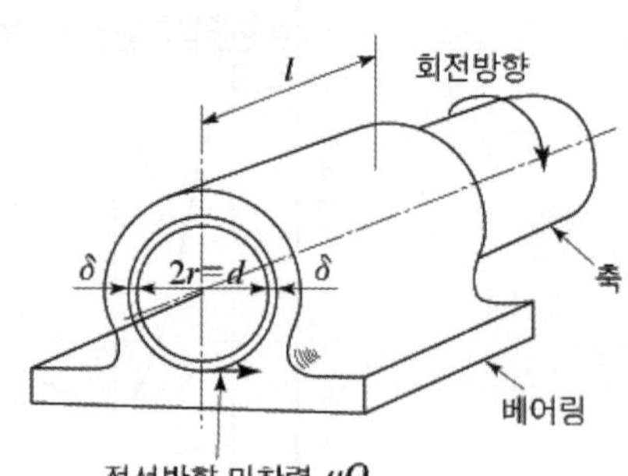

저널의 길이 : l, 축의지름 : d, 축의 반지름 : $r = \dfrac{d}{2}$, 베어링압력 : $p = \dfrac{Q}{dl} = \dfrac{Q}{2rl}$

베어링하중 : $Q = p \times 2rl$, 유막두께 : δ, 점성계수 : η, 축의 각속도 : $w = \dfrac{2\pi N}{60}$

분당회전수 : N, 축의 원주속도 : $V = w \times r$

• (Newton의 점성법칙), 축과 베어링의 상대운동으로 인한 유체점성에 의한 전단응력(τ_η)은

(점성에 의한 유체전단응력) $\tau_\eta = \eta\dfrac{V}{\delta} = \eta\dfrac{w\times r}{\delta} = \eta\dfrac{\left(\dfrac{2\pi N}{60}\right)\times r}{\delta}$

점성저항으로 발생하는 마찰저항토크(T)는

$T_\eta = \tau A r = \eta\dfrac{\left(\dfrac{2\pi N}{60}\right)\times r}{\delta}\times(2\pi rl)\times r = \eta\dfrac{4\pi^2 r^3 lN}{60\delta}$ ································ ①식

• 마찰에 의한 토크 T_μ

$T_\mu = \mu Q r = \mu(2rlp)r = 2r^2\mu lp$ ································ ②식

또한, 베어링 압력 $p = \dfrac{Q}{2rl}$, 즉 $Q = 2rlp$

결국, ①=②식이므로 $T_\eta = \eta\dfrac{4\pi^2 r^3 lN}{60\delta}$, $T_\mu = 2r^2\mu lp$

$\eta\dfrac{4\pi^2 r^3 lN}{60\delta} = 2r^2\mu lp$

∴ 축과 베어링 사이의 마찰계수(μ)는

$\mu = \dfrac{\pi^2}{30}\times\eta\dfrac{N}{p}\times\left(\dfrac{r}{\delta}\right) = \dfrac{\pi^2}{30}\times\eta\dfrac{N}{p}\times\left(\dfrac{1}{\phi}\right)$ ························ 페트로프(petroff)식

여기서, $\dfrac{\eta N}{p}$: 베어링 계수, $\phi = \dfrac{\delta}{r}$: 틈새비

일반기계기사 · 건설기계설비기사 필답형 실기

part 1
기계요소설계_이론

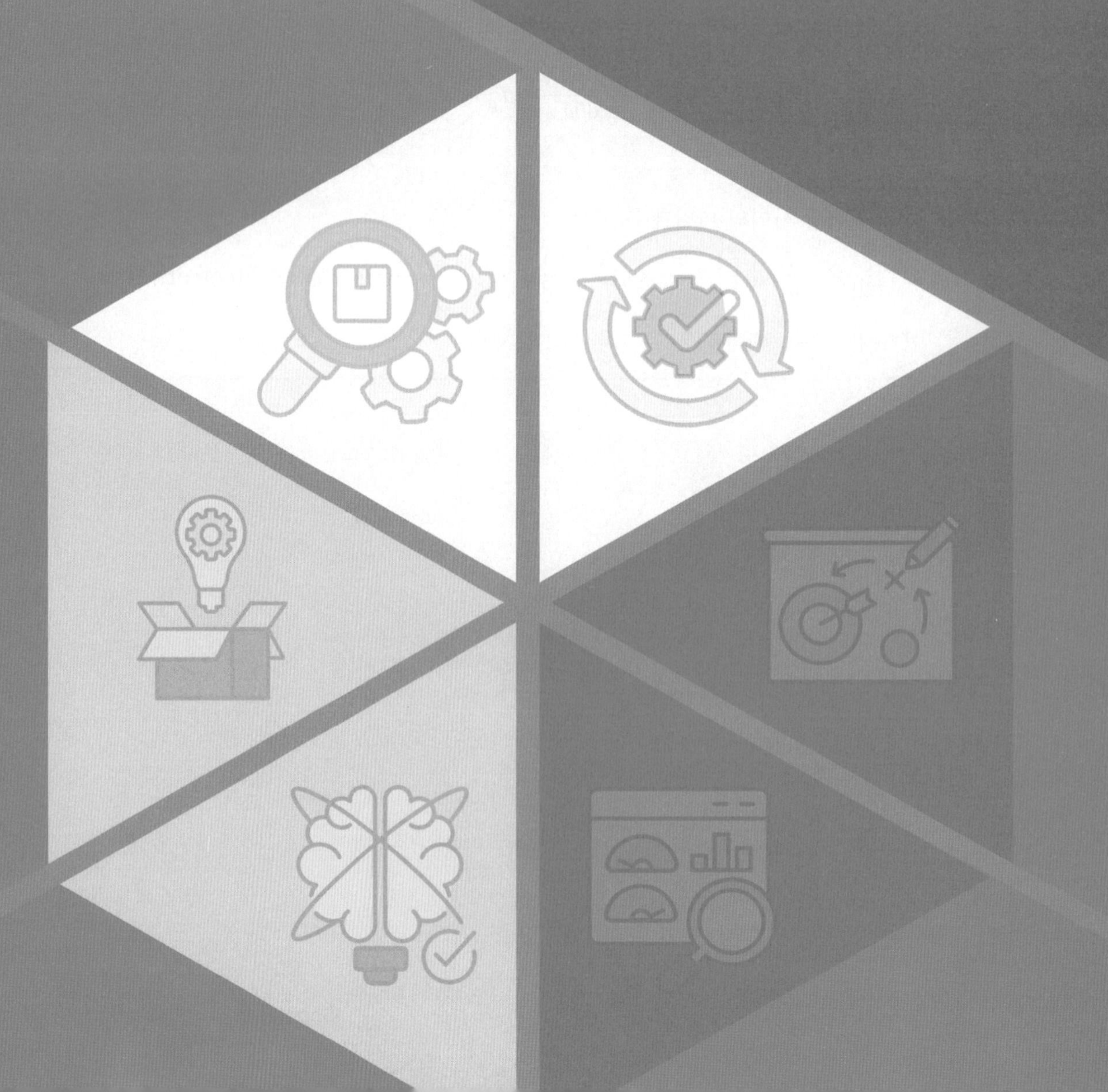

Chapter 07

축이음

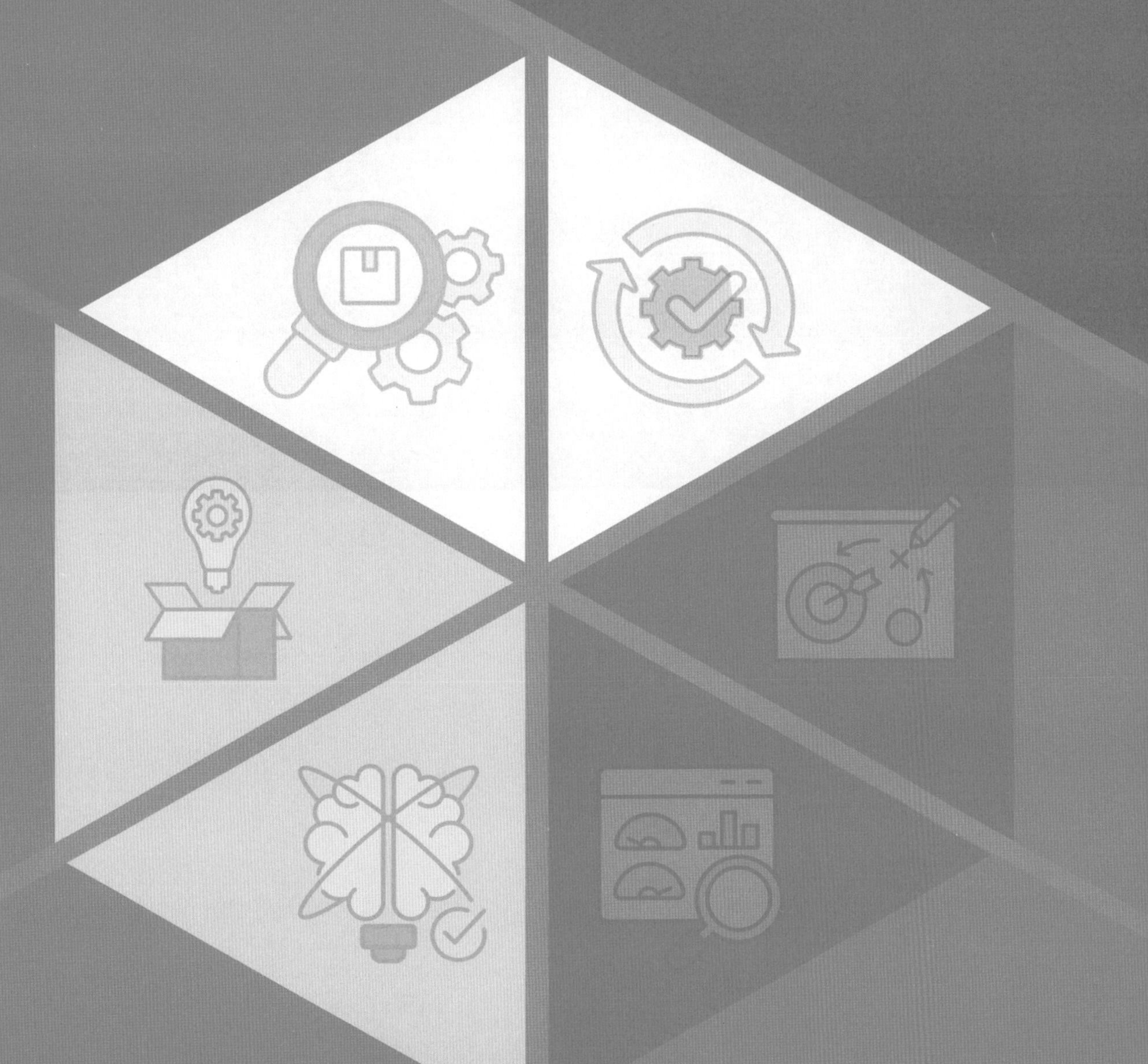

7-1 축이음의 종류

(1) 커플링(coupling)

회전 중에 동력 단속이 안된다.

- 고정 커플링
  - 원통형 커플링
    - 머프 커플링
    - 반중첩 커플링
    - 마찰원통 커플링
    - 클램프 커플링
    - 샐러 커플링
  - 플랜지 커플링 : 지름이 크고, 강력회전
- 플랙시블 커플링 : 축선이 정확히 일치하지 않을 때
- 올덤 커플링 : 두 축이 평행하고 두 축이 거리가 아주 가까울 때
- 유니버셜 커플링 : 두 축의 축선이 어느 각도로 교차되고 그 사이의 각도가 운전 중 다수 변할 때

(2) 클러치(clutch)

회전 중에 동력 단속이 된다.

- 맞물리 클러치
- 마찰 클러치 : 원판 클러치, 다판 클러치, 원추 클러치가 있다.
- 유체 클러치
- 마그네틱 클러치

7-2 커플링

1. 마찰 원통 커플링

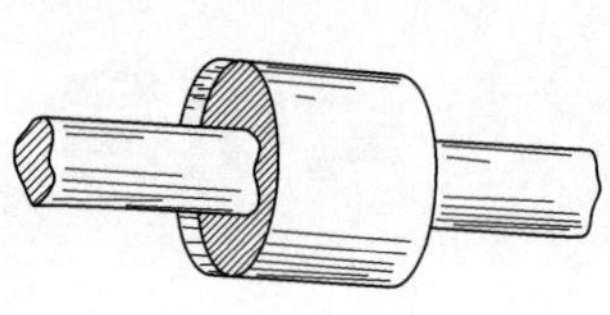

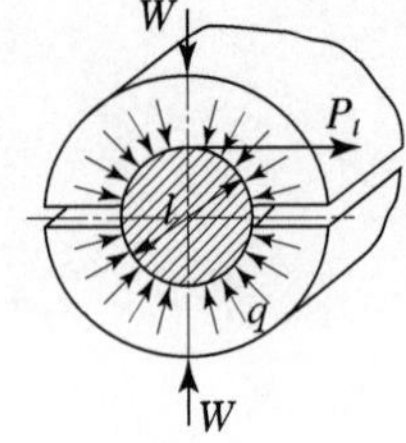

여기서, W : 졸라메는 힘
q : 접촉압력
P_t : 접선력(=마찰력)
μ : 마찰계수
d : 축지름
l : 접촉길이

① 접촉 면압력

$$q = \frac{W}{A} = \frac{W}{dl}$$

② 접선력

$$P_t = \mu\pi W$$

③ 전달토크

$$T = P_t \times \frac{d}{2} = \mu\pi W \times \frac{d}{2}$$

여기서, d : 저널의 직경, r : 저널의 반지름, $d = 2r$

토크식 유도하기

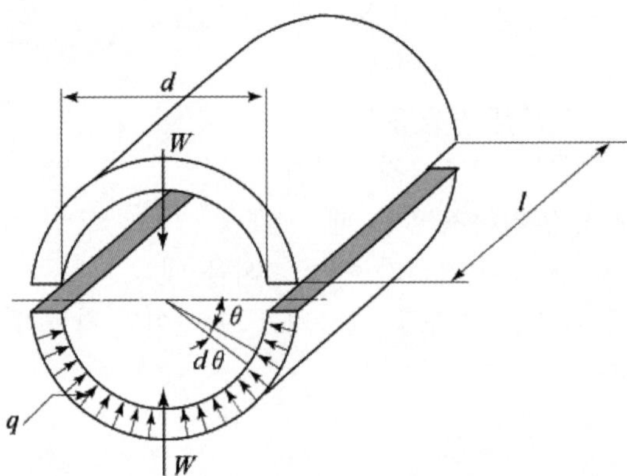

$$dT = \mu \times dF \times r = \mu \times (q \times dA) \times r = \mu \times (q \times (rd\theta \times dx)) \times r$$

→ 위 식을 적분하면

$$\int dT = \int \mu \times (q \times (rd\theta \times dx)) \times r$$

$$= \mu \times q \times r^2 \times \int_0^{2\pi} d\theta \times \int_0^l dx = \mu q r^2 2\pi \times l$$

$$T = \mu \times q \times r^2 \times 2\pi \times l = \mu \times \left(\frac{W}{2r \times l}\right) \times r^2 \times 2\pi \times l$$
$$= \mu \times W \times r \times \pi$$
$$= \mu \times W \times \left(\frac{d}{2}\right) \times \pi$$
$$= \mu \times W \times \pi \times \left(\frac{d}{2}\right)$$

(토크) $T = P_t \times \left(\frac{d}{2}\right) = \mu \times W \times \pi \times \left(\frac{d}{2}\right)$

예제 7-1

원통마찰 커플링을 이용하여 축이음을 하고자 한다. 축지름 90mm, 전달동력은 35kW, 분당회전수는 250rpm으로 동력을 전달하고자 한다. 마찰력으로만 동력을 전달한다. 다 다음 물음에 답하여라. (단, 원통마찰 커플링의 마찰면의 마찰계수 μ =0.2이다)

(1) 전동토크 T[N · mm]를 구하여라?

(2) 축을 졸라메는 힘 W[N]은 얼마인가?

풀이 & 답

(1) $T = \frac{60}{2\pi} \times \frac{H}{N} = \frac{60}{2\pi} \times \frac{35 \times 10^3}{250} = 1336.901522\text{N} \cdot \text{m} = 1336901.52\,\text{N} \cdot \text{mm}$

답 1336901.52N · mm

(2) $T = \pi \mu W \times \frac{d_s}{2}$ $\qquad W = \frac{2T}{\pi \mu d_s} = \frac{2 \times 1336901.52}{\pi \times 0.2 \times 90} = 47283.22\text{N}$

답 47283.22N

2. 클램프 커플링

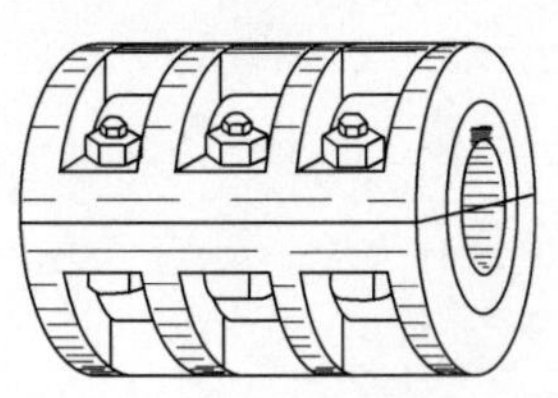

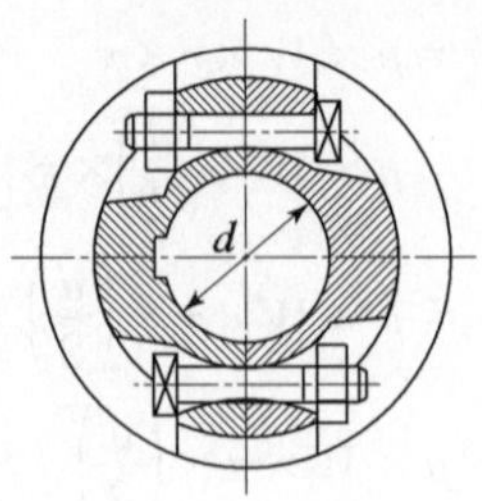

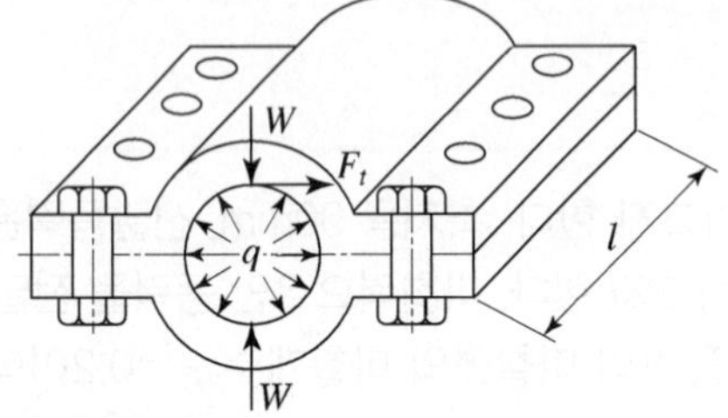

여기서, W : 커플링을 죄는 힘
F_t : 접선력 = 마찰력
q : 접촉면 압력
τ_s : 축의 전단응력
σ_t : 볼트의 인장응력
d_s : 축직경
d_B : 볼트의 직경
l : 커플링의 길이
Z : 볼트의 개수
μ : 마찰계수

① 접촉 면압력

$$q = \frac{W}{A_0} = \frac{W}{dl}$$

② 마찰력(=접선력)

$$F_t = \mu N = \mu q A_f = \mu q \pi d_s l = \mu \frac{W}{d_s l} \times \pi d_s l = \mu \pi W$$

③ 전달토크

$$T = F_t \times \frac{d_s}{2} = \mu \pi W \times \frac{d_s}{2}$$

④ 커플링을 조이는 힘

$$W = \sigma_t \times \frac{\pi d_B^2}{4} \times \frac{Z}{2}$$ ⬅ 어느 한쪽만 파괴되어도 목적이 상실

$$T = \mu W \pi \times \frac{d_s}{2} = \mu\left(\sigma_t \times \frac{\pi}{4} d_B^2 \times \frac{Z}{2}\right) \times \pi \times \frac{d_s}{2} = \tau_s \times \frac{\pi d_s^3}{16}$$

(볼트의 개수) $Z = \dfrac{\tau_s \times \pi d_s^3 \times 16}{16 \times \mu \times \sigma_t \times \pi \times d_B^2} = \dfrac{\tau_s \cdot d_s^2}{\mu \sigma_t \pi \times d_B^2}$

$\therefore$ (볼트의 개수) $Z = \dfrac{\tau_s \times d_s^2}{\mu \sigma_t \pi \times d_B^2}$

예제 7-2

분당 회전수가 250rpm, 전달동력 35kW을 전달하기 위해 클램프 커플링을 이용하여 축지름 90mm을 축이음하고자 한다. 클램프에 사용된 볼트의 개수는 8개, 볼트의 골지름 d_1 =22.2mm, 접촉면의 마찰계수는 0.2이다. 다음을 구하시오.

(1) 전동토크 T[N · mm]를 구하여라.
(2) 축을 졸라메는 힘 W[N]은 얼마인가?
(3) 볼트에 생기는 인장응력 σ_t[MPa]

풀이 & 답

(1) $T=\dfrac{60}{2\pi}\times\dfrac{H}{N}=\dfrac{60}{2\pi}\times\dfrac{35\times10^3}{250}=1336.901522\text{N}\cdot\text{m}=1336901.52\,\text{N}\cdot\text{mm}$

답 1336901.52N · mm

(2) $T=\pi\mu W\times\dfrac{d_s}{2}$

$W=\dfrac{2T}{\pi\mu d_s}=\dfrac{2\times1336901.52}{\pi\times0.2\times90}=47283.22\text{N}$

답 47283.22N

(3) $W=\sigma_t\times\dfrac{\pi d_B^2}{4}\times\dfrac{Z}{2}$ 에서

$\sigma_t=\dfrac{8W}{\pi d_1^2\times Z}=\dfrac{8\times47283.22}{\pi\times22.2^2\times8}=30.538\dfrac{\text{N}}{\text{mm}^2}=30.54\text{MPa}$

답 30.54MPa

3. 플랜지 커플링

플랜지 커플링에서 가장 취약한 부분은 볼트의 전단에 의한 파괴와 플랜지 뿌리 부분이 전단되는 것이다.

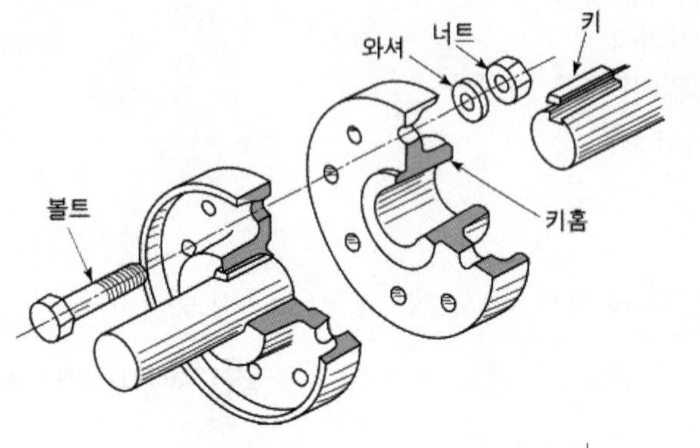

여기서, d : 축직경
d_B : 볼트의 직경
D_f : 플랜지 뿌리부의 직경
D_B : 볼트의 중심간의 직경
t : 플랜지 목두께
Z : 볼트의 개수
τ_f : 플랜지 목부의 전단응력
τ_B : 볼트의 전단응력

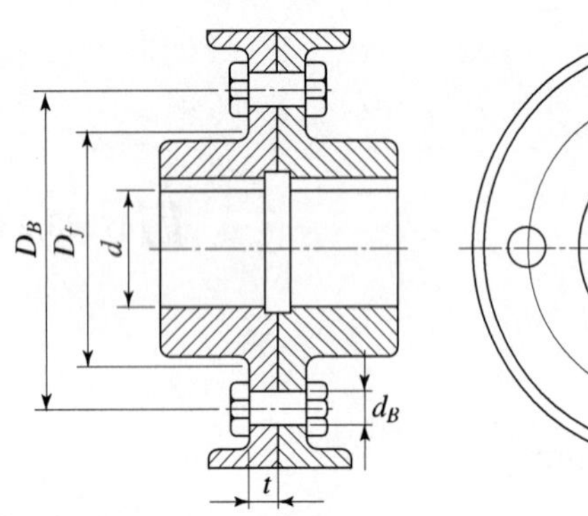

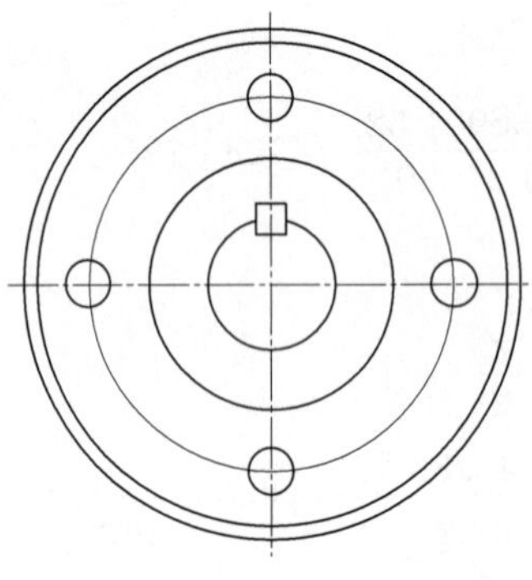

① 볼트에 전단력에 의한 토크

$$T = F_B \times \frac{D_B}{2} = \tau_B \cdot \frac{\pi d_B^2}{4} \cdot Z \times \frac{D_B}{2}$$

➡ (볼트의 전단응력) $\tau_B = \dfrac{8T}{\pi d_B^2 Z \times D_B}$

② 플랜지 뿌리 부분에 생기는 전달 토크와 전단력

$$T = F_f \times \frac{D_f}{2} = \tau_f \cdot \pi \cdot D_f \cdot t \times \frac{D_f}{2} = \tau_f \cdot \pi \cdot t \cdot \frac{D_f^2}{2}$$

➡ (플랜지 목부의 전단응력) $\tau_f = \dfrac{2T}{\pi D_f^2 t}$

예제 7-3

1200rpm으로 회전하며 20kW를 전달하는 플랜지 커플링이 있다. 축의 재질은 SM45C이고 축의 허용전단응력이 25MPa일 때 다음을 결정하라.

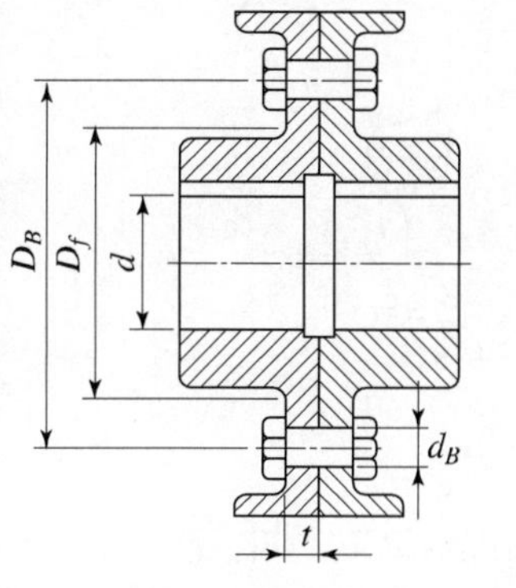

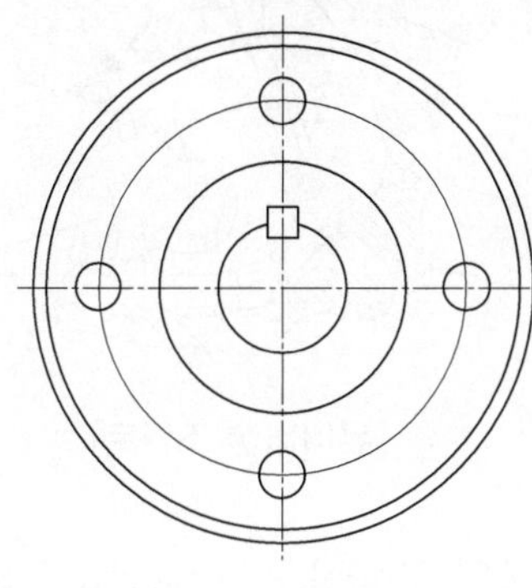

여기서, d_B =10mm
t =15mm
D_f =110mm
D_B =180mm

(1) 전달토크는 몇 N · mm인가?
(2) 축직경은 몇 mm인가?
(3) 플랜지 연결 볼트의 전단응력은 몇 MPa인가?
(4) 플랜지의 보스 뿌리부에 생기는 전단응력은 몇 MPa인가?

풀이 & 답

(1) $T = \frac{60}{2\pi} \times \frac{H}{N} = \frac{60}{2\pi} \times \frac{20 \times 10^3}{1200} = 159.15494\text{N} \cdot \text{m} = 159154.94\text{N} \cdot \text{mm}$

답 159154.94N · mm

(2) $T = \tau_a \times \frac{\pi d^3}{16}$

$$d = \sqrt[3]{\frac{16 \times T}{\pi \times \tau_a}} = \sqrt[3]{\frac{16 \times 159154.94}{\pi \times 25}} = 31.887 = 31.89\text{mm}$$

답 31.89mm

(3) $\tau_B = \frac{8T}{\pi \, d_B^2 \, Z \times D_B} = \frac{8 \times 159154.94}{\pi \times 10^2 \times 4 \times 180} = 5.63\text{MPa}$

답 5.63MPa

(4) $\tau_f = \frac{2T}{\pi \, D_f^2 \, t} = \frac{2 \times 159154.94}{\pi \times 110^2 \times 15} = 0.558 \frac{\text{N}}{\text{mm}^2} = 0.56\text{MPa}$

답 0.56MPa

4. 유니버셜 조인트

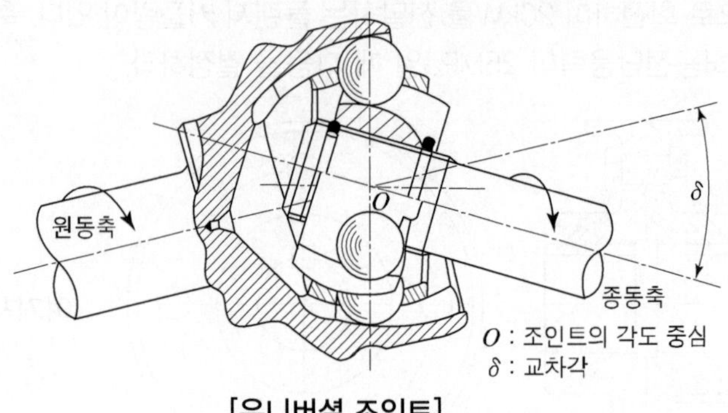

[유니버셜 조인트]

유니버셜 조인트 또는 훅 조인트(hook's universal joint)라고도 한다. 원동축이 일정한 각속도(w_1)로 회전하는 경우 종동축의 각속도(w_2)는 종동축의 회전각(θ_2)에 따라 달라진다.

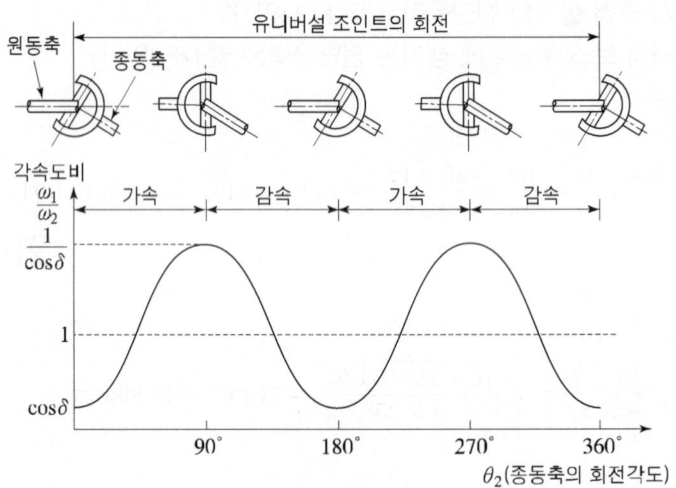

$$\frac{w_1}{w_2} = \frac{\cos\delta}{1 - \sin^2\theta_2 \times \sin^2\delta}$$

여기서, w_1 : 원동축의 각속도

w_2 : 종동축의 각속도

θ_2 : 종동축의 회전각도

δ : 교차각(원동축과 종동축이 이루는 각도)

예제 7-4

교차각 30°인 유니버셜(universal)커플링 원동축(구동축)의 회전수는 1000rpm이다. 원동축의 전달토크는 20[J]일 때 종동축의 전달토크[J]의 범위를 나타내어라.

풀이 & 답

$$(\theta_2 = 0°\text{일 때})\ \frac{w_1}{w_2} = \frac{\cos\delta}{1-\sin^2\theta_2 \times \sin^2\delta} = \frac{\cos 30}{1-\sin^2 0 \times \sin^2 30} = \cos 30$$

$$(\theta_2 = 90°\text{일 때})\ \frac{w_1}{w_2} = \frac{\cos\delta}{1-\sin^2\theta_2 \times \sin^2\delta} = \frac{\cos 30}{1-\sin^2 90 \times \sin^2 30} = \frac{\cos 30}{\cos^2 30} = \frac{1}{\cos 30}$$

$$T_2 = T_1 \times \left(\cos 30 \sim \frac{1}{\cos 30}\right) = 20 \times \left(\cos 30 \sim \frac{1}{\cos 30}\right) = (17.32 \sim 23.09)$$

답 17.32~23.09

7-3 클러치의 설계

1. 맞물림 클러치(claw clutch)의 설계

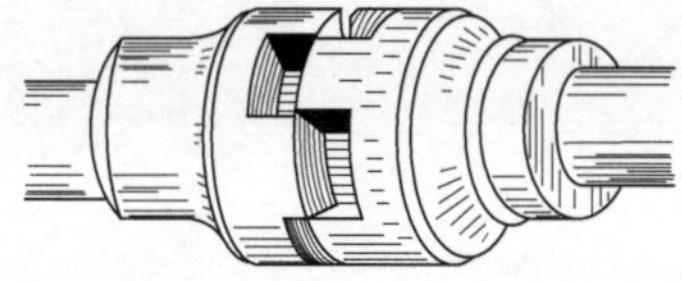

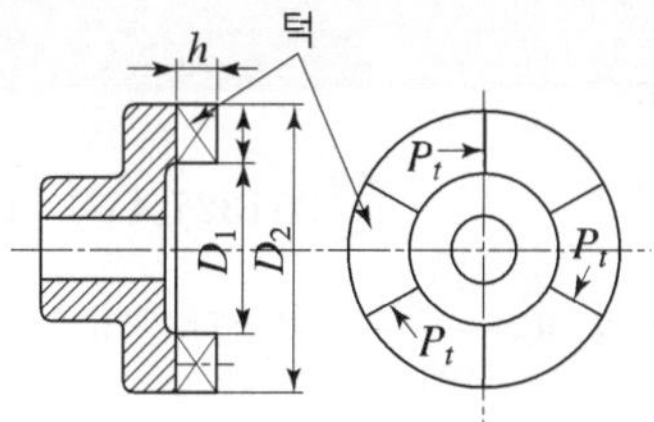

여기서, D_1 : 안지름
D_2 : 바깥지름
h : 턱의 높이
P_t : 접선력
D_m : 평균직경 $D_m = \frac{D_2 + D_1}{2}$
b : 턱의 폭 $b = \frac{D_2 - D_1}{2}$
Z : 턱의 개수
τ_c : 클로우 클러치의 전단응력
P : 축방향 미는 힘

(1) 맞물림 압력의 계산

$$(\text{접촉면압력})\ q = \frac{P}{h \times b \times z} = \frac{2T}{D_m \times h \times b \times z}$$

$$= \frac{2 \times T \times 2 \times 2}{(D_2 + D_1) \times h \times (D_2 - D_1) \times Z}$$

$$= \frac{8 \times T}{h \times (D_2^2 - D_1^2) \times Z}$$

(클로우 클러치의 턱의 개수) $Z = \dfrac{8 \times T}{h \times (D_2^2 - D_1^2) \times q}$

(2) 클로우 뿌리부에 생기는 전단응력과 회전토크

① (회전토크) $T = P_t \times \dfrac{D_m}{2} = \tau_c \times A_c \times \dfrac{D_m}{2}$

$$= \tau_c \times \left\{ \frac{\pi}{4}(D_2^2 - D_1^2) \times \frac{1}{2} \right\} \times \frac{D_m}{2}$$

(클로우 클러치의 뿌리 부분의 전단응력) $\tau_c = \dfrac{T \times 16}{\pi (D_2^2 - D_1^2) \times D_m}$

$$= \frac{32 \times T}{\pi (D_2^2 - D_1^2) \times (D_2 + D_1)}$$

예제 7-5

축지름이 40mm이고 축의 허용전단응력이 τ_s =20MPa인 축을 클로우가 3개 있는 맞물림 클러치를 사용하여 축이음 하고자 한다. 다음을 구하시오. (단, 클로우 바깥지름 125mm, 안지름 90mm, 클로우 높이 30mm이다.)

(1) 전달 토크는 몇 N · mm인가?

(2) 접촉면압력[MPa]을 구하여라.

(3) 클로우에 생기는 전단응력은 몇 [MPa]인가?

풀이 & 답

(1) $T = \tau_s \times \dfrac{\pi d_s^3}{16} = 20 \times \dfrac{\pi \times 40^3}{16} = 251327.41\text{N} \cdot \text{mm}$

답 251327.41N · mm

(2) $q = \dfrac{8 \times T}{h \times (D_2^2 - D_1^2) \times Z} = \dfrac{8 \times 251327.41}{30 \times (125^2 - 90^2) \times 3} = 2.968 \dfrac{\text{N}}{\text{mm}^2} = 2.97\text{MPa}$

답 2.97MPa

(3) $\tau_c = \dfrac{32 \times T}{\pi (D_2^2 - D_1^2) \times (D_2 + D_1)} = \dfrac{32 \times 251327.41}{\pi (125^2 - 90^2) \times (125 + 90)} = 1.58\text{MPa}$

답 1.58MPa

2. 원판클러치

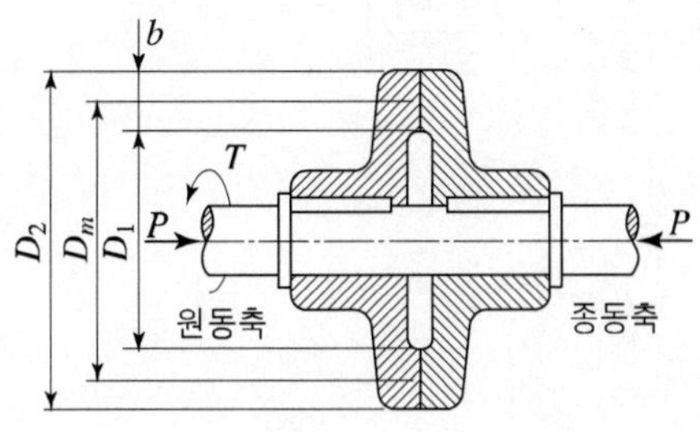

여기서, D_1 : 안지름

D_2 : 바깥지름

P : 축방향 미는 힘(트러스트 하중)

D_m : 평균직경 $D_m = \dfrac{D_2 + D_1}{2}$

b : 접촉폭 $b = \dfrac{D_2 - D_1}{2}$

μ : 접촉면의 마찰계수

① 접촉면의 평균압력

$$q = \frac{P}{A} = \frac{P}{\frac{\pi}{4}(D_2^2 - D_1^2)} = \frac{P}{\pi \times \frac{D_2 + D_1}{2} \times \frac{D_2 - D_1}{2}} = \frac{P}{\pi D_m b}$$

➡ $P = q \times \frac{\pi}{4}(D_2^2 - D_1^2) = q \cdot \pi \cdot D_m \cdot b$

※ 클러치 패드의 재질의 특성

마찰 재료	마찰계수		허용면압력 [kgf/mm²]	허용온도 [℃]
	건식	습식		
주철	0.15~0.25	0.04~0.12	10~18	300
담금질강[1)]	–	0.05~0.07	7~20	250
청동	0.1~0.2	0.05~0.1	5~8	150
소결합금	0.2~0.5	0.05~0.1	10~30	350
목재	0.2~0.35	0.1~0.15	2~4	100
화이버	0.25~0.45	0.1~0.2	0.5~3	100
코르크	0.25~0.5	0.15~0.25	0.5~1	90
벨트	0.2~0.25	0.1~0.2	0.3~0.7	130
가죽	0.3~0.55	0.1~0.15	0.5~3	90
석면 직물(우우븐계)	0.3~0.65	0.1~0.2	0.7~7	200
석면 연물(모울드계)	0.2~0.5	0.1~0.25	3.5~18	300

[주] 상대재료[1)]에는 담금질강, 기타에는 주철 또는 주강으로 한다.

② 전달 토크

$$T=\mu\cdot P\times\frac{D_m}{2}=\mu\times\left\{q\times\frac{\pi}{4}(D_2^2-D_1^2)\right\}\times\frac{1}{2}\times\left(\frac{D_2+D_1}{2}\right)$$

$$=\frac{\mu q\pi(D_2^2-D_1^2)(D_2+D_1)}{16}$$

$$T=\mu\cdot P\times\frac{D_m}{2}=\mu\times(q\,\pi\,D_m\,b)\times\frac{D_m}{2}=\frac{1}{2}\mu q\pi D_m^2\,b$$

③ 발열계수 (압력속도계수) : qV

$$qV\;=\;q\times\frac{\pi\,D_m\,N}{60\times1000}$$

④ 마찰력에 의한 전달동력

$$H=F_f\times V=\mu PV\,[\mathrm{kgf\cdot m/s}]=\frac{\mu P V}{75}\,[\mathrm{ps}]=\frac{\mu P V}{102}\,[\mathrm{kW}]$$

$$H=F_f\times V=\mu PV\,[\mathrm{N\cdot m/s}]=\frac{\mu P V}{1000}[\mathrm{kW}]$$

여기서, $V=\dfrac{\pi\,D_m\,N}{60\times1000}\,[\mathrm{m/s}]$

예제 7-6 [2009년 1회 출제]

안지름이 40mm이고 바깥지름이 60mm인 원판 클러치를 이용하여 1500rpm으로 3kW의 동력을 전달한다. 마찰계수는 0.25일 때 다음을 구하시오.

(1) 전달토크 T[J]

(2) 축방향으로 미는 힘 P[N]

풀이 & 답

(1) $T=\dfrac{60}{2\pi}\times\dfrac{H}{N}=\dfrac{60}{2\pi}\times\dfrac{3\times10^3}{1500}=19.098\mathrm{N\cdot m}=19.1\,\mathrm{J}$

답 19.1J

(2) $D_m\;=\dfrac{D_2+D_1}{2}=\dfrac{60+40}{2}=50\mathrm{mm}$

$T=\mu P\,\dfrac{D_m}{2}$, $P=\dfrac{2T}{\mu D_m}=\dfrac{2\times19100}{0.25\times50}=3056\mathrm{N}$

답 3056N

3. 다판클러치

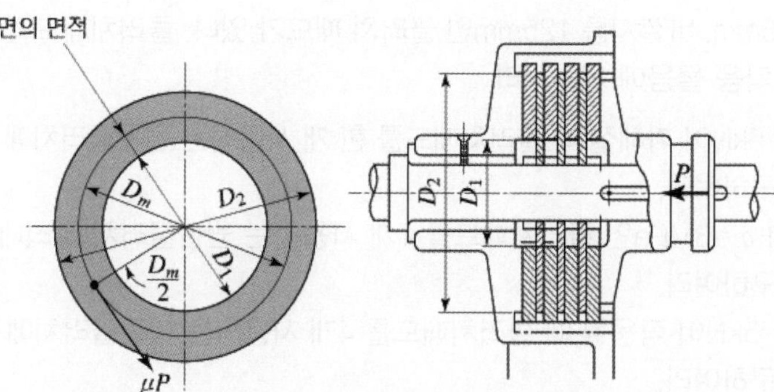

 다판 클러치의 접촉 면압력은 원판 클러치에서 클러치판의 개수 Z만 곱하면 된다.

$$q = \frac{P}{A} = \frac{P}{\frac{\pi}{4}(D_2^2 - D_1^2) \cdot Z} = \frac{P}{\pi D_m b Z} = \frac{2T}{\mu \pi D_m^2 b Z}$$

(축방향 미는 힘) $P = q \times \frac{\pi}{4}(D_2^2 - D_1^2) \cdot Z = q \cdot \pi \cdot D_m \cdot b \cdot Z$

(전달토크) $T = \mu \cdot P \times \frac{D_m}{2} = \mu \times (q \pi D_m bZ) \times \frac{D_m}{2}$

 접촉면압력(q)의 크기는 클러치 패드의 재질의 특성으로 정해진 값이다.
다판 클러치를 쓰는 이유는 원판클러치에서 축방향하중을 가할 때 원판클러치 패드 한 개에 접촉면압력이 커져 축방향하중을 크게 할 수 없는 단점이 있다. 즉 다판클러치를 쓰면 접촉면압력이 원판클러치에서 받는 접촉면압력이 다판클러치의 패드의 여러개에 분산됨으로써 축방향 하중을 크게 할 수 있는 장점이 있다.

맞는 식 : $T = \mu \cdot P \times \frac{D_m}{2} = \mu \times (q\pi D_m bZ) \times \frac{D_m}{2}$ 여기서, P : 축방향 하중

틀린 식 : $T = \mu \cdot P \times \frac{D_m}{2} \times Z$ (이렇게 쓴 교재도 있는데 이렇게 쓰면 안된다.)

주의 (원판클러치의 가해지는 최대전달 토크) T_1라고 할 때 축방향 하중이 P_1이라면
(다판클러치의 가해지는 최대전달 토크) T_2는 다판클러치에 가할 수 있는 축방향하중 P_2이라면

$$P_2 = P_1 \times Z$$

맞는 식 : $T_2 = \mu \cdot P_2 \times \frac{D_m}{2} = \mu \times (q\pi D_m bZ) \times \frac{D_m}{2}$

맞는 식 : $T_2 = \mu \cdot (P_1 \times Z) \times \frac{D_m}{2} = T_1 \times Z$

맞는 식 : $T_1 = \mu \cdot P_1 \times \frac{D_m}{2}$

여기서, T_2 : 다판클러치의 최대전달토크, P_2 : 다판클러치 축방향 하중, Z : 클러치판의 개수
T_1 : 원판클러치의 최대전달토크, P_1 : 원판클러치 축방향 하중

예제 7-7

접촉면의 안지름 75mm, 바깥지름 125mm인 클러치 패드가 있다. 클러치패드의 마찰계수는 μ =0.1일 때 다음 물음에 답하여라.

(1) 축방향하중 P =5kN이 가해질 때 클러치패드를 한 개 사용하는 원판클러치에 전달토크[N · mm]를 구하여라.

(2) 허용접촉면압력 q =3MPa인 클러치패드를 1개 사용하는 원판클러치의 최대전달토크[N · mm]를 구하여라.

(3) 축방향하중 P =5kN이 작용될 때 클러치패드를 4개 사용하는 다판클러치에 전달토크[N · mm]를 구하여라.

(4) 허용접촉면압력 q =3MPa인 클러치패드를 4개 사용하는 다판클러치의 최대전달토크[N · mm]를 구하여라.

풀이 & 답

(1) $D_m = \dfrac{D_2 + D_1}{2} = \dfrac{125 + 75}{2} = 100\text{mm}$

$$T_1 = \mu P \frac{D_m}{2} = 0.1 \times 5000 \times \frac{100}{2} = 25000\text{N} \cdot \text{mm}$$

답 25000N · mm

(2) $T_{1max} = \mu \cdot P_{1max} \times \dfrac{D_m}{2} = \mu \times (q\pi D_m b) \times \dfrac{D_m}{2}$

$$= 0.1 \times (3 \times \pi \times 100 \times 25) \times \frac{100}{2} = 117809.72\text{N} \cdot \text{mm}$$

답 117809.72N · mm

(3) $T_2 = \mu P \dfrac{D_m}{2} = 0.1 \times 5000 \times \dfrac{100}{2} = 25000\text{N} \cdot \text{mm}$

답 25000N · mm

(4) $T_{2max} = \mu \cdot P_{2max} \times \dfrac{D_m}{2} = \mu \times (q\pi D_m b \times Z) \times \dfrac{D_m}{2}$

$$= 0.1 \times (3 \times \pi \times 100 \times 25 \times 4) \times \frac{100}{2} = 471238.9\text{N} \cdot \text{mm}$$

답 471238.9N · mm

예제 7-8

[2010년 4회 출제]

접촉면의 바깥지름 750mm, 안지름 450mm인 다판 클러치로 1500rpm, 7500kW를 전달할 때 다음을 구하라. (단, 마찰계수 μ =0.25, 접촉면 압력 q =0.2MPa이다.)

(1) 전달토크 T[kJ]인가?

(2) 다판클러치판의 개수는 몇 개로 하여야 되는가?

풀이 & 답

(1) $T = \frac{60}{2\pi} \times \frac{H}{N} = \frac{60}{2\pi} \times \frac{7500 \times 10^3}{1500} = 47746.48\text{N} \cdot \text{m} = 47.75\,\text{kJ}$

답 47.75kJ

(2) $T = \mu P \times \frac{D_m}{2} = \mu \times \left(q \times \frac{\pi}{4} \times \left(D_2^2 - D_1^2\right) \times Z\right) \times \frac{D_m}{2}$

$$Z = \frac{8T}{\mu \times q \times \pi \times \left(D_2^2 - D_1^2\right) \times D_m} = \frac{8 \times 47.75 \times 10^6}{0.25 \times 0.2 \times \pi \times \left(750^2 - 450^2\right) \times 600}$$

$= 11.258 = 12$개

$$D_m = \frac{D_2 + D_1}{2} = \frac{750 + 450}{2} = 600\text{mm}$$

답 12개

예제 7-9

다판클러치 패드의 안지름 50mm, 바깥지름 80mm, 접촉면의 수가 14인 다판 클러치에 의하여 2000rpm으로 10kW를 전달한다. 마찰계수 μ =0.25라 할 때 다음을 구하시오.

(1) 전동토크 T[J]을 구하시오?

(2) 축 방향으로 미는 힘 P[N]

(3) 클러치 패드의 허용 $(qV)_a$값은 1.96[N/mm^2 · m/sec]이다. 현재 사용되고 있는 다판클러치의 안전성 여부를 검토하여라.

풀이 & 답

(1) $T = \frac{60}{2\pi} \times \frac{H}{N} = \frac{60}{2\pi} \times \frac{10 \times 10^3}{2000} = 47.746\text{N} \cdot \text{m} = 47.75\,\text{J}$

답 47.75J

(2) $T = \mu P \frac{D_m}{2}$, $P = \frac{2T}{\mu D_m} = \frac{2 \times 47750}{0.25 \times 65} = 5876.92\text{N}$

$$D_m = \frac{D_2 + D_1}{2} = \frac{80+50}{2} = 65\text{mm}$$

답 5876.92N

(3) $$q = \frac{P}{\frac{\pi \times (D_2^2 - D_1^2)}{4} \times Z} = \frac{5876.92}{\frac{\pi \times (80^2 - 50^2)}{4} \times 14} = 0.137\text{N/mm}^2$$

$$V = \frac{\pi \times D_m \times 2000}{60 \times 1000} = \frac{\pi \times 65 \times 2000}{60 \times 1000} = 6.807\frac{\text{m}}{\text{s}}$$

$(qV) = 0.137 \times 6.807 = 0.933[\text{N/mm}^2 \cdot \text{m/sec}]$

$(qV)_a = 1.96[\text{N/mm}^2 \cdot \text{m/sec}]$

$(qV)_a > (qV)$임으로 안전하다.

답 안전하다.

4. 원추클러치

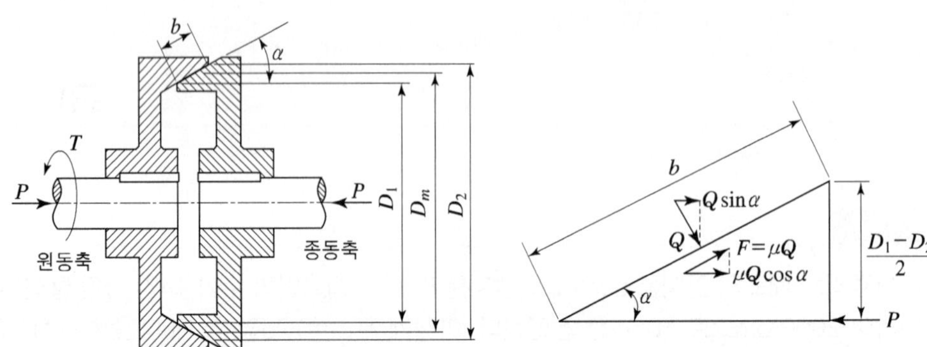

여기서, P : 축방향으로 미는 힘, Q : 접촉면에 수직한 힘
b : 접촉면의 폭, α : 꼭지 반각(2α : 꼭지각) = 경사각

주의 (꼭지반각) α =경사각=원추각이라 한다.

① 접촉면에 수직한 힘

$\Sigma F_x = 0$; $Q \cdot \sin\alpha + \mu Q \cdot \cos\alpha - P = 0$

$Q(\sin\alpha + \mu\cos\alpha) - P = 0$

$$\therefore Q = \frac{1}{\sin\alpha + \mu\cos\alpha} P$$

(마찰력) $$F_f = \mu Q = \frac{\mu}{\sin\alpha + \mu\cos\alpha} P = \mu' P$$

(상당마찰계수) $\mu' = \dfrac{\mu}{\sin\alpha + \mu\cos\alpha}$

$$= \frac{\text{실제마찰계수}}{\sin(\text{꼭지반각}) + (\text{실제마찰계수} \times \cos(\text{꼭지반각}))}$$

$F_f = \mu Q = \mu' P$

마찰력=실제 마찰계수×접촉면에 수직하는 힘
=상당마찰계수×축방향 미는 힘

③ 마찰력에 의한 토크

$$T = F_f \times \frac{D_m}{2} = \mu\, Q \times \frac{D_m}{2}$$

$$T = F_f \times \frac{D_m}{2} = \mu' P \times \frac{D_m}{2} \quad \text{여기서, } \mu' = \frac{\mu}{\sin\alpha + \mu\cos\alpha}$$

④ 접촉면의 평균압력 계산

$$q = \frac{Q}{\pi D_m b} = \frac{2T}{\mu \pi D_m^2 b}$$ ⬅ 원판 클러치와 b가 다르다.

⑤ 접촉면의 폭

$$b\sin\alpha = \frac{D_2 - D_1}{2} \quad ➡ \quad b = \frac{D_2 - D_1}{2\sin\alpha}$$

$$D_2 = D_1 + 2b\sin\alpha$$

예제 7-10

접촉면의 평균지름 300mm 원추면의 경사각 15°의 주철제 원추클러치가 있다. 이 클러치의 축방향으로 누르는 힘이 600N일 때 회전토크는 몇 N · m인가? (단, 마찰계수는 0.3이다.)

풀이 & 답

$$\mu' = \frac{\mu}{\mu\cos\alpha + \sin\alpha} = \frac{0.3}{0.3 \times \cos 15° + \sin 15°} = 0.55$$

$$T = \mu' P \times \frac{D_m}{2} = 0.55 \times 600 \times \frac{0.3}{2} = 49.5 N \cdot m$$

답 49.5N · m

예제 7-11

접촉면압이 0.25MPa, 나비가 0.025m인 원추 클러치를 이용하여 250rpm으로 동력을 전달할 때 다음을 결정하라. (단, 접촉면의 안지름은 150mm, 원추면의 경사각 10°, 접촉면 마찰계수는 0.2이다.)

(1) 접촉면 평균직경은 몇 mm인가?
(2) 전달토크는 몇 J인가?
(3) 전달동력은 몇 kW인가?

풀이 & 답

(1) $D_m = D_1 + b\sin\alpha = 150 + 25 \times \sin 10° = 154.34\text{mm}$

답 154.34mm

(2) $T = \mu Q \times \dfrac{D_m}{2} = \mu(q\pi D_m b) \times \dfrac{D_m}{2}$

$= 0.2 \times (0.25 \times \pi \times 154.34 \times 25) \times \dfrac{154.34}{2} = 46772.101\text{N} \cdot \text{mm} = 46.77\text{J}$

답 46.77J

(3) $T = 974 \times 9.8 \times \dfrac{H_{KW}}{N}$, $46.77 = 974 \times 9.8 \times \dfrac{H_{KW}}{250}$, $H_{KW} = 1.224\text{kW}$

답 1.22kW

$H_{KW} = \dfrac{\mu Q \times V}{1000} = \dfrac{0.2 \times 3030.46 \times 2.02}{1000} = 1.22\text{kW}$

$Q = q \times \pi D_m b = 0.25 \times \pi \times 154.34 \times 25 = 3030.458 = 3030.46\text{N}$

$V = \dfrac{\pi D_m N}{60 \times 1000} = \dfrac{\pi \times 154.34 \times 250}{60 \times 1000} = 2.02\text{m/s}$

전달동력을 구할 때 $H_{KW} = \dfrac{T \times N}{974 \times 9.8}$, $H_{KW} = \dfrac{\mu Q \times V}{1000}$ 결과는 같음을 알 수 있다.

예제 7-12

1800rpm으로 3kW의 동력을 전달하는 원추 클러치에서 허용 접촉면 압력 $q=12\text{kgf/cm}^2$, 경사각 $\alpha=15^\circ$, 마찰계수 $\mu=0.1$이라 할 때 다음 각 물음에 답하여라. (단, 접촉면의 평균 지름은 $D_m=120\text{mm}$이다.)

(1) 원추면의 폭 : b[mm]
(2) 원추 클러치의 큰 지름 및 작은 지름 : D_2[mm] 및 D_1[mm]
(3) 축방향으로 미는 힘 : P[kgf]

풀이 & 답

(1) $T=974000\dfrac{H_{kW}}{N}=\mu q\pi D_m\cdot b\cdot\dfrac{D_m}{2}$

$$974000\times\frac{3}{1800}=0.1\times\frac{12}{10^2}\times\pi\times120\times b\times\frac{120}{2}$$

$b=5.98\text{mm}$

답 5.98mm

(2) $D_1=D_m-b\sin\alpha=120-5.98\times\sin15^\circ=118.45\text{mm}$

$D_2=D_m+b\sin\alpha=120+5.98\times\sin15^\circ=121.55\text{mm}$

답 $D_1=118.45\text{mm}$
$D_2=121.55\text{mm}$

(3) (마찰력) $F_f=\mu Q=\dfrac{\mu}{\sin\alpha+\mu\cos\alpha}P=\mu' P$

$P=Q(\mu\cos\alpha+\sin\alpha)=q\pi D_m b\cdot\ (\mu\cos\alpha+\sin\alpha)$

$=12\times10^{-2}\times\pi\times120\times5.98\times(0.1\times\cos15^\circ+\sin15^\circ)=96.15\text{kgf}$

답 96.15kgf

일반기계기사 · 건설기계설비기사 필답형 실기

part 1

기계요소설계_이론

Chapter 08

브레이크와 플라이 휠

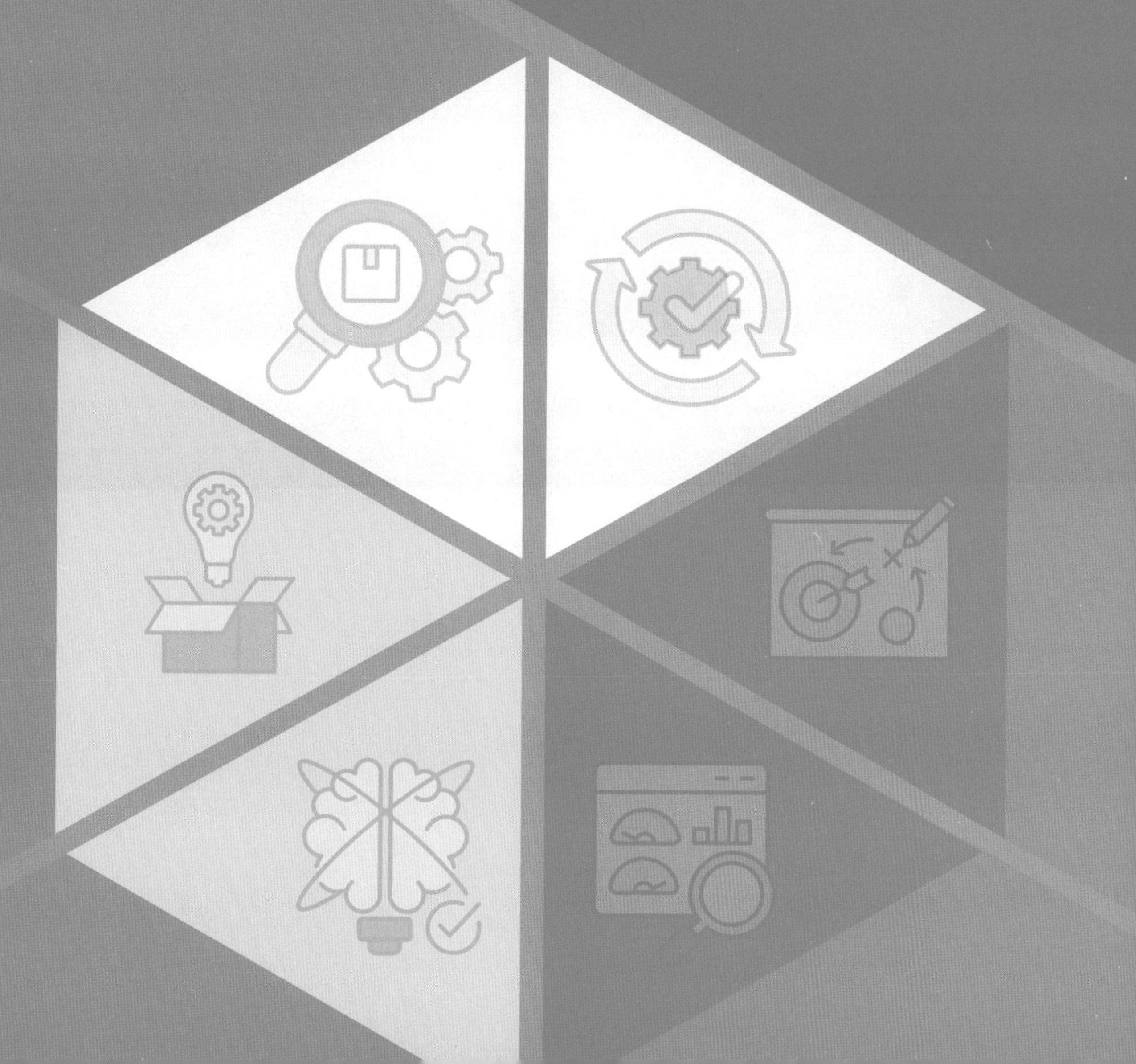

Chapter 8 브레이크와 플라이 휠

[브레이크의 종류]

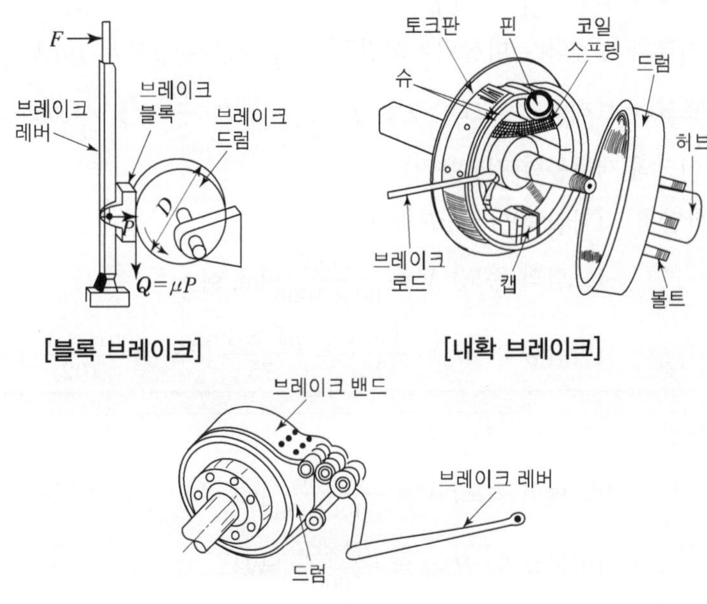

(1) 블록 브레이크 (2) 내확 브레이크 (3) 밴드 브레이크

(4) 마찰 브레이크 ① 원판 브레이크 ≒ 원판 클러치와 구조는 같다.
② 원추 브레이크 ≒ 원추 클러치와 구조는 같다.
③ 다판 브레이크 ≒ 다판 클러치와 구조는 같다.

브레이크 문제는 반드시 그림이 주어집니다. 그림에서 hinge점에서 모멘트의 평형조건으로 문제를 해결하면 됩니다. 또한 회전방향과 마찰력의 방향이 같게 됩니다.

8-1 블록 브레이크

1. 블록 브레이크의 설계

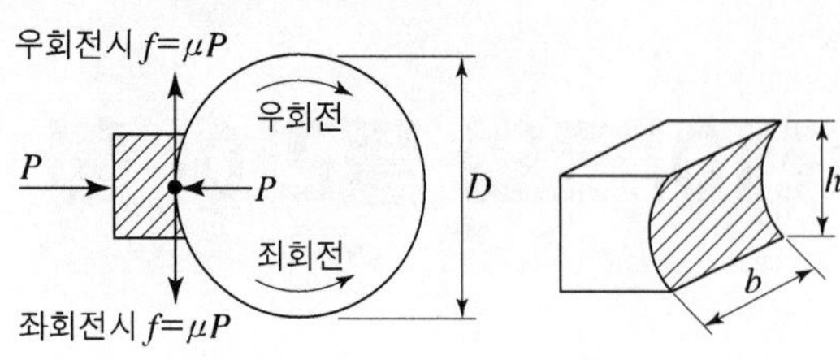

여기서, P : 블록을 미는 힘(수직력)
μ : 접촉면에서의 마찰계수
f : 마찰력(=제동력)
b : 블록의 폭[mm]
h : 블록의 높이[mm]
D : 드럼의 지름[mm]

① 접촉면압력 : $q = \dfrac{P}{A} = \dfrac{P}{b\,h}$

② 브레이크의 제동력(=마찰력=회전력) : $F_f = f = \mu P = \mu q A = \mu q\, b\, h$

③ 제동토크(=브레이크 토크) : $T = f \cdot \dfrac{D}{2} = \mu P \cdot \dfrac{D}{2} = \mu \times (qbh) \times \dfrac{D}{2}$

④ 브레이크의 제동동력(전달동력)

공학단위	(마찰력) $f = \mu P$ [kgf]
	(드럼의 속도) $V = \dfrac{\pi DN}{60 \times 1000}$[m/s]
	(마찰동력) $H_f = \dfrac{f \times V}{75} = \dfrac{\mu P \times V}{75}$[PS] $= \dfrac{\mu P \times V}{102}$[kW]

SI단위	(마찰력) $f = \mu P$ [N]
	(드럼의 속도) $V = \dfrac{\pi DN}{60 \times 1000}$[m/s]
	(마찰동력) $H_{KW} = \dfrac{\mu P \times V}{1000}$[kW]

⑤ 브레이크의 용량 : (단위면적당 제동 동력) $\mu q V$

공학단위	$\mu q V = \mu \times \dfrac{P}{A} \times V = \dfrac{\mu \times P \times V}{A} = \dfrac{75\, H_{Ps}}{A}$[kgf/mm^2·m/s]
	$\mu q V = \mu \times \dfrac{P}{A} \times V = \dfrac{\mu \times P \times V}{A} = \dfrac{102\, H_{KW}}{A}$[kgf/mm^2·m/s]

SI단위	$\mu q V = \mu \times \dfrac{P}{A} \times V = \dfrac{\mu \times P \times V}{A} = \dfrac{1000\, H_{KW}}{A}$[N/mm^2·m/s]

여기서, qV : 압력속도계수, $A = bh$

2. 브레이크의 조작력

(1) 내작용선일 때

① 우회전 시

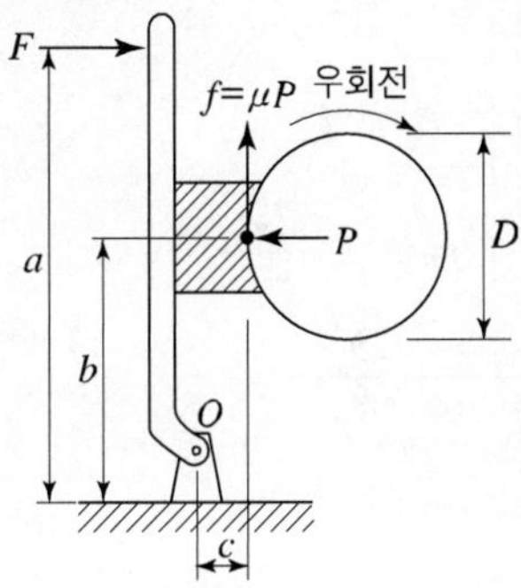

$\Sigma M_o = 0$; ⊕

$F \cdot a - P \cdot b - \mu P \cdot c = 0$

$\therefore$ (조작력) $F = \dfrac{P(b+\mu c)}{a} = \dfrac{f(b+\mu c)}{\mu a}$

(마찰력) $f = \mu P$ [kgf] 또는 [N]

② 좌회전 시

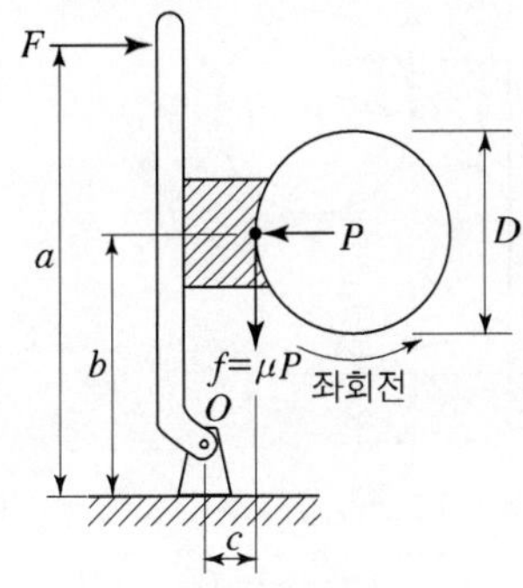

$\Sigma M_o = 0$; ⊕

$F \cdot a - P \cdot b + \mu P \cdot c = 0$

$\therefore$ (조작력) $F = \dfrac{P(b-\mu c)}{a} = \dfrac{f(b-\mu c)}{\mu a}$

(마찰력) $f = \mu P$ [kgf] 또는 [N]

(2) 중작용선일 때

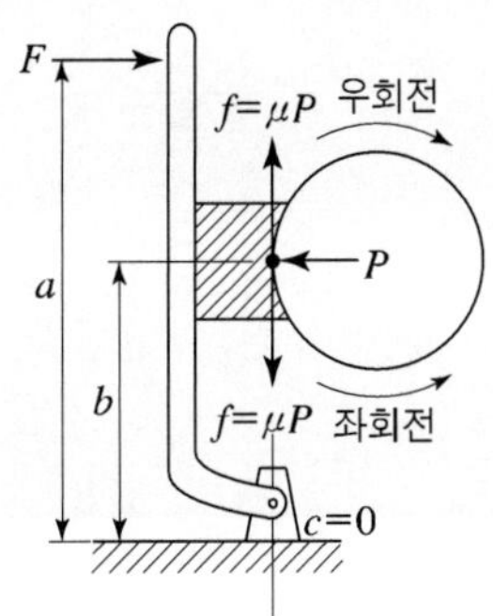

$\Sigma M_o = 0$; ⊕

① 우회전 시 : $F \cdot a - P \cdot b = 0$ ➡ $F = \dfrac{Pb}{a}$

② 좌회전 시 : $F \cdot a - P \cdot b = 0$ ➡ $F = \dfrac{Pb}{a}$

$\therefore$ 우회전과 좌회전의 회전력이 같다.

(3) 외작용선일 때

① 우회전 시

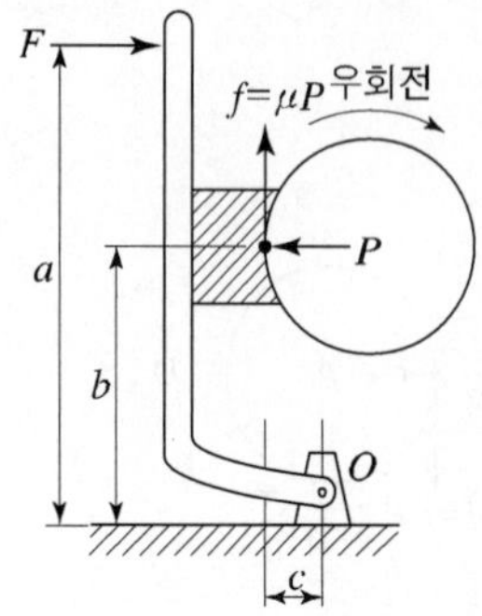

$\Sigma M_o = 0$; ⊕↺

$F \cdot a - P \cdot b + \mu P \cdot c = 0$

∴ (조작력) $F = \dfrac{P(b - \mu c)}{a}$

② 좌회전 시

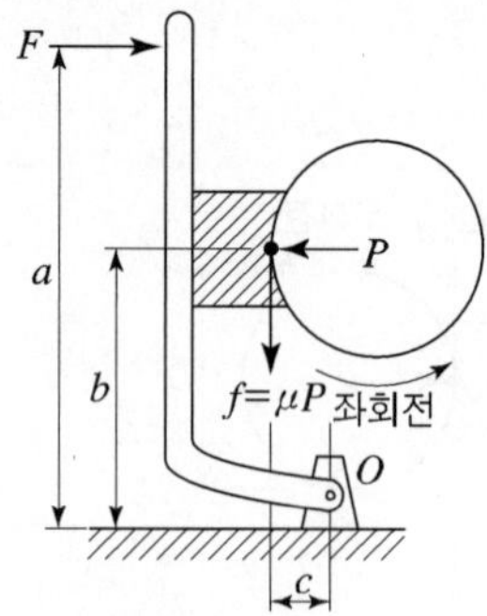

$\Sigma M_o = 0$; ⊕↺

$F \cdot a - P \cdot b - \mu P \cdot c = 0$

∴ (조작력) $F = \dfrac{P(b + \mu c)}{a}$

예제 8-1 [2010년 4회 출제]

드럼의 지름 D =800mm가 0.2[kJ]의 회전토크를 받고 있을 때 다음을 구하라.
(단, a =1800mm, b =600mm, c =80mm, μ =0.2이다.)

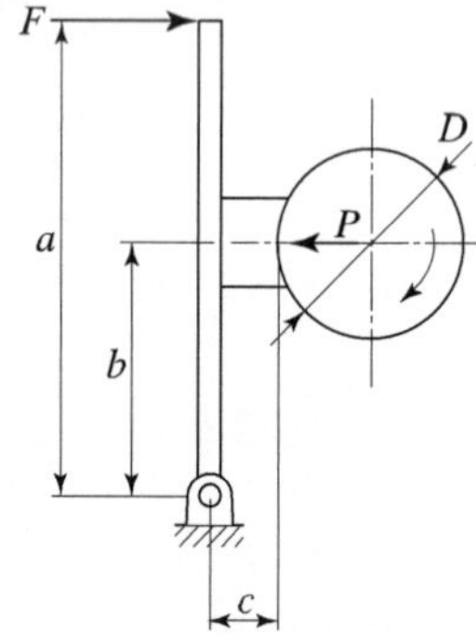

(1) 블록 브레이크 누르는 힘 P[N]?
(2) 브레이크 레버에 가하는 힘 F[N]?

풀이 & 답

(1) $T = \mu P \cdot \dfrac{D}{2}$

$$P = \frac{2T}{\mu D} = \frac{2 \times 0.2 \times 10^6}{0.2 \times 800} = 2500\text{N}$$

답 2500N

(2) $\sum M_o = 0\ ;$ ⊕↺

$$Fa - Pb - \mu P \cdot c = 0$$

$$F = \frac{2500 \times (600 + 0.2 \times 80)}{1800} = 855.56\text{N}$$

답 855.56N

예제 8-2

드럼의 지름 D =450mm가 100N · m의 토크 받고 있다. 다음 물음에 답하여라. (단, 마찰계수 μ =0.2로 한다.)

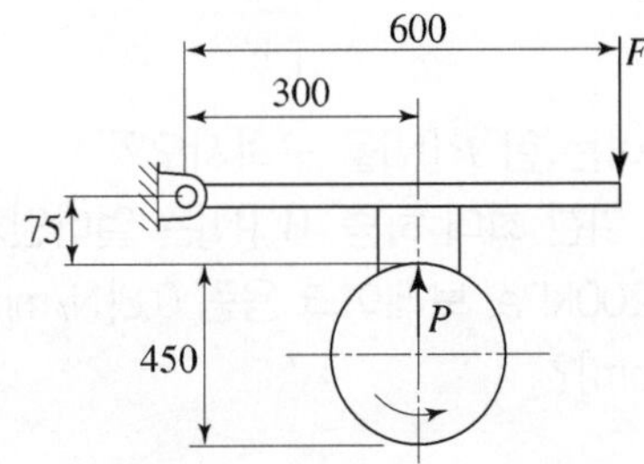

(1) 블록 브레이크 누르는 힘 P[N]?
(2) 드럼을 정지하기 위해 레버 끝에 가하는 힘 F는 몇 N인가?

풀이 & 답

(1) $T = \mu P \cdot \dfrac{D}{2}$

$$P = \frac{2T}{\mu D} = \frac{2 \times 100 \times 10^3}{0.2 \times 450} = 2222.22\text{N}$$

답 2222.22N

(2) $\sum M_o = 0\ ;$ ⊕↺

$$Fa - Pb + \mu P \cdot c = 0$$

$$F = \frac{2222.22 \times (300 - 0.2 \times 75)}{600} = 1055.55\text{N}$$

답 1055.55N

예제 8-3 [2010년 2회 출제]

하중 W의 자유 낙하를 방지 하기 위하여 그림과 같은 블록 브레이크 이용하였다. 레버 끝에 F=150N의 힘을 가하였다. 블록과 드럼의 마찰계수는 0.3일 때 다음을 계산하라.

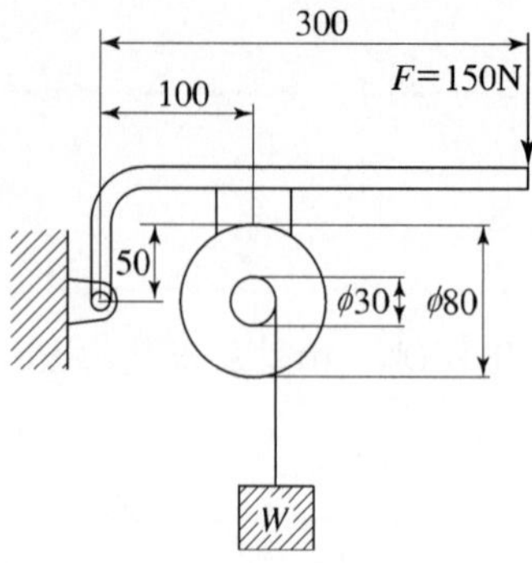

(1) 브레이크를 밀어 붙이는 힘 P[N]을 구하시오?
(2) 자유낙하 하지 않기 위한 최대 하중 W[N]은 얼마인가?
(3) 블록의 허용압력은 200kPa, 브레이크 용량 0.8[N/mm^2 · m/s]일 때 브레이크 드럼의 최대회전수 N[rpm]?

풀이 & 답

(1) $F\times 300 - P\times 100 + \mu P\times 50 = 0$

$$P = \frac{150\times 300}{100 - 0.3\times 50} = 529.41\text{N}$$

답 529.41N

(2) $T = \mu P\times \frac{80}{2} = W\times \frac{30}{2}$

$$W = \frac{\mu P\times 80}{30} = \frac{0.3\times 529.41\times 80}{30} = 423.53\text{N}$$

답 423.53N

(3) $q = 200\text{kPa} = 0.2\frac{\text{N}}{\text{mm}^2}$

$$\mu qv = \mu q\cdot \frac{\pi DN}{60\times 1000}$$

$$0.8 = 0.3\times 0.2\times \frac{\pi\times 80\times N}{60\times 1000},\ N = 3183.1\text{rpm}$$

답 3183.1rpm

예제 8-4 [2010년 1회 출제]

블록 브레이크의 마찰계수가 0.2이고 압력이 0.9[MPa]이고 브레이크 용량이 980[kW/m^2]인 브레이크로 드럼직경 450[mm]를 제동하고자 할 때 드럼의 분당회전수 [rpm]는 얼마인가?

풀이 & 답

$$\mu qv = 980\left[\frac{\mathrm{KW}}{\mathrm{m}^2}\right] = 0.98\left[\frac{\mathrm{N}}{\mathrm{mm}^2}\times\frac{\mathrm{m}}{\mathrm{s}}\right]$$

$$0.98 = 0.2\times0.9\times\frac{\pi\times450\times N}{60\times1000}$$

$$\therefore\ N = 231.07\,[\mathrm{rpm}]$$

답 231.07rpm

8-2 밴드 브레이크

1. 밴드 브레이크의 설계

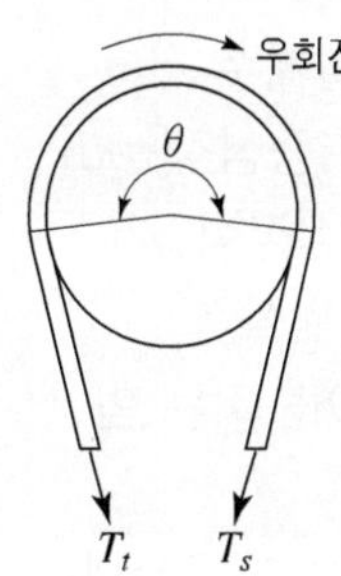

① 제동력(=마찰력=유효장력) : $P_e = f = T_t - T_s$

② 장력비 : $e^{\mu\theta} = \dfrac{T_t}{T_s}$

여기서, T_t : 긴장측 장력　　T_s : 이완측 장력
θ : 접촉중심각(rad)　　μ : 마찰계수
D : 드럼직경

③ 긴장측 장력 및 이완측 장력

$$P_e = T_t - T_s = e^{\mu\theta}T_s - T_s = T_s(e^{\mu\theta}-1) \Rightarrow T_s = \frac{P_e}{e^{\mu\theta}-1}$$

$$P_e = T_t - \frac{T_t}{e^{\mu\theta}} = \frac{e^{\mu\theta}T_t}{e^{\mu\theta}} - \frac{T_t}{e^{\mu\theta}} = \frac{T_t(e^{\mu\theta}-1)}{e^{\mu\theta}} \Rightarrow T_t = \frac{P_e\cdot e^{\mu\theta}}{e^{\mu\theta}-1}$$

④ 제동토크(=브레이크 토크) : $T = P_e\cdot\dfrac{D}{2} = (T_t - T_s)\cdot\dfrac{D}{2}$

⑤ 밴드 브레이크 용량 : μqV

공학단위	$\mu q V = \mu \times \dfrac{P}{A} \times V = \dfrac{\mu \times P \times V}{A} = \dfrac{75 H_{Ps}}{A}$ [kgf/mm²·m/s]
	$\mu q V = \mu \times \dfrac{P}{A} \times V = \dfrac{\mu \times P \times V}{A} = \dfrac{102 H_{KW}}{A}$ [kgf/mm²·m/s]

SI단위	$\mu q V = \mu \times \dfrac{P}{A} \times V = \dfrac{\mu \times P \times V}{A} = \dfrac{1000 H_{KW}}{A}$ [N/mm²·m/s]

여기서, qV : 압력속도계수, A : 밴드의 접촉면적

⑥ 밴드의 허용응력 σ_a

$$\sigma_a = \frac{T_t}{b\,t\,\eta} \;\Rightarrow\; t = \frac{T_t}{b\,\sigma_a \eta} = \frac{1}{b\,\sigma_a\,\eta} \cdot \frac{P_e\, e^{\mu\theta}}{e^{\mu\theta} - 1}$$

여기서, t : 밴드의 두께, b : 밴드의 폭, η : 이음효율
T_t : 긴장장력 = 벨트의 허용장력

예제 8-5

(장력비) $e^{\mu\theta} = \dfrac{T_t}{T_s}$ 을 유도하여라.

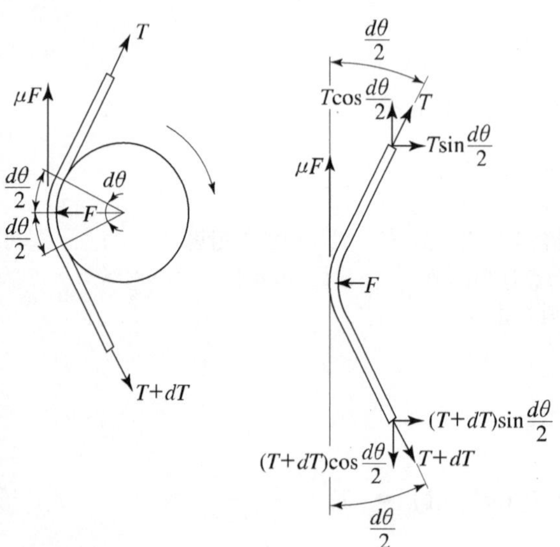

여기서, μ : 마찰계수
θ : 접촉중심각[rad]
T_t : 긴장장력
T_s : 이완장력
F : 밀어붙이는 힘

밴드 브레이크는 밴드자체가 회전하지 않음으로 밴드 질량에 관한 관성은 무시한다.

풀이 & 답

$\Sigma F_x = 0$

$$F = T\sin\frac{d\theta}{2} + (T + dT)\sin\frac{d\theta}{2} = T\frac{d\theta}{2} + T\frac{d\theta}{2} + dT\frac{d\theta}{2} = Td\theta$$

여기서, $d\theta$[rad]이고 미소하다고 하면 $\sin\frac{d\theta}{2}=\frac{d\theta}{2}$, $dT\frac{d\theta}{2} \fallingdotseq 0$

$F = Td\theta$ ············ (1)

$\Sigma F_y = 0$

$(T+dT)\cos\frac{d\theta}{2} = T\cos\frac{d\theta}{2} + \mu F$

여기서, $d\theta$[rad]이고 미소하다고 하면 $\cos\frac{d\theta}{2}=1$, $(T+dT) = T + \mu F$

$dT = \mu F$ ············ (2)

(1)식을 (2)식에 대입하면 $dT = \mu T d\theta$

$\frac{dT}{T} = \mu d\theta$ $\int_{T_s}^{T_t}\frac{1}{T}dT = \int_0^{\theta}\mu d\theta$ $\ln\frac{T_t}{T_s} = \mu\theta$ $e^{\mu\theta} = \frac{T_t}{T_s}$

∴ **(장력비)** $e^{\mu\theta} = \frac{T_t}{T_s}$

여기서, μ : 마찰계수, θ : 접촉중심각[rad]

예제 8-6

드럼의 지름 D =500[mm], 마찰계수 μ =0.35, 접촉각 θ =250° 밴드브레이크에 의해 T =1000[N · m]의 제동토크를 얻으려고 한다. 다음을 구하라.

(1) 긴장측 장력 T_t[N]을 구하여라.

(2) 벤드의 허용인장응력 σ_a =80[MPa], 밴드의 두께 t =3[mm]일 때 밴드폭 b[mm]을 구하여라.

풀이 & 답

(1) $T = f\times\frac{D}{2}$에서 $f = \frac{2T}{D} = \frac{2\times1000}{0.5} = 4000$[N]

(긴장장력) $T_t = \frac{fe^{\mu\theta}}{e^{\mu\theta}-1} = \frac{4000\times4.61}{4.61-1} = 5108.03$[N]

단, $e^{\mu\theta} = e^{\left(0.35\times250\times\frac{\pi}{180}\right)} = 4.61$

답 5108.03N

(2) $\sigma_a = \frac{T_t}{bt}$에서 $b = \frac{T_t}{\sigma_a t} = \frac{5108.03}{80\times3} = 21.28$[mm]

답 21.28mm

2. 브레이크의 조작력

(1) 단동식

① 우회전시

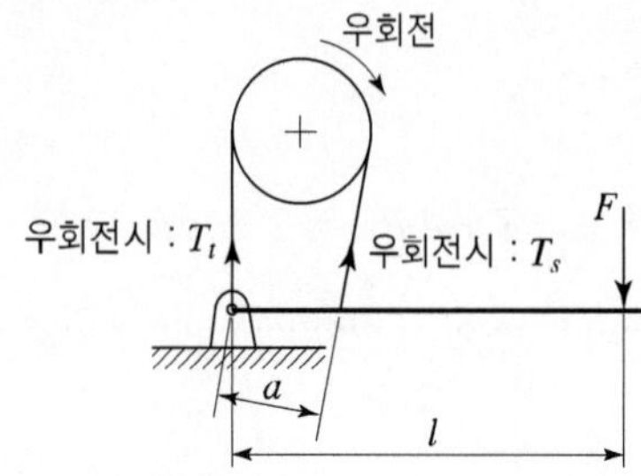

$$\Sigma M_o = 0 \; ; \oplus$$
$$F \cdot l - T_s \cdot a = 0$$
$$\Rightarrow F = \frac{T_s \cdot a}{l} = \frac{P_e}{(e^{\mu\theta} - 1)} \times \frac{a}{l}$$

② 좌회전시

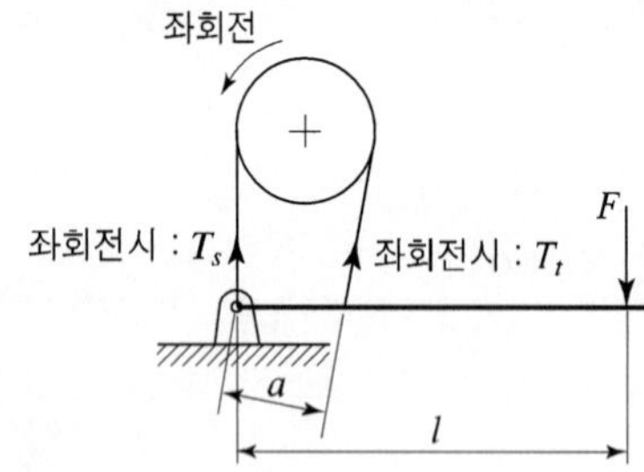

$$\Sigma M_o = 0 \; ; \oplus$$
$$F \cdot l - T_t \cdot a = 0$$
$$\Rightarrow F = \frac{T_t \cdot a}{l} = \frac{P_e \cdot e^{\mu\theta}}{(e^{\mu\theta} - 1)} \times \frac{a}{l}$$

(2) 차동식

① 우회전시

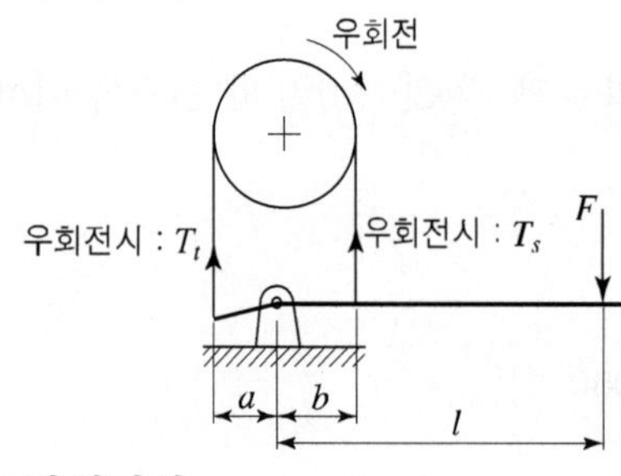

$$\Sigma M_o = 0 \; ; \oplus$$
$$F \cdot l + T_t \cdot a - T_s \cdot b = 0$$
$$\Rightarrow F = \frac{T_s \cdot b - T_t \cdot a}{l} = \frac{P_e (b - a e^{\mu\theta})}{l(e^{\mu\theta} - 1)}$$

② 좌회전시

좌회전

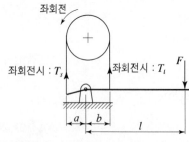

좌회전시 : T_s 좌회전시 : T_t F

a b l

$$\Sigma M_o = 0 \; ; \oplus$$
$$F \cdot l + T_s \cdot a - T_t \cdot b = 0$$
$$\Rightarrow F = \frac{T_t \cdot b - T_s \cdot a}{l} = \frac{P_e (b e^{\mu\theta} - a)}{l(e^{\mu\theta} - 1)}$$

예제 8-7 [2008년 2회 출제]

다음 그림과 같은 밴드 브레이크를 사용하여 100rpm으로 회전하는 5PS의 드럼을 제동하려고 한다. 막대 끝에 20kgf의 힘을 가한다. 마찰계수가 μ =0.3일 때 레버의 길이 L [mm]를 구하여라.

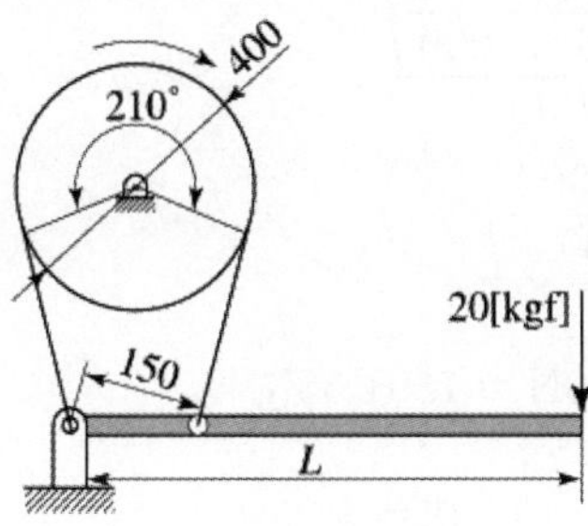

풀이 & 답

(장력비) $e^{\mu\theta} = e^{\left(0.3 \times 210 \times \frac{\pi}{180}\right)} = 3.002 = 3$

(마찰력) $f = \dfrac{H_{ps} \times 75}{\left(\dfrac{\pi D N}{60 \times 1000}\right)} = \dfrac{5 \times 75}{\left(\dfrac{\pi \times 400 \times 100}{60 \times 1000}\right)} = 179.049 = 179.05\text{kgf}$

(레버의 길이) $L = \dfrac{a \times T_s}{F} = \dfrac{a \times f}{F(e^{\mu\theta} - 1)} = \dfrac{150 \times 179.05}{20 \times (3-1)} = 671.4375 = 671.44\text{mm}$

답 671.44mm

예제 8-8 [2012년 4회 출제]

그림과 같은 밴드 브레이크에서 15kW, N =300rpm의 동력을 제동하려고 한다. 다음 조건을 보고 물음에 답하여라.

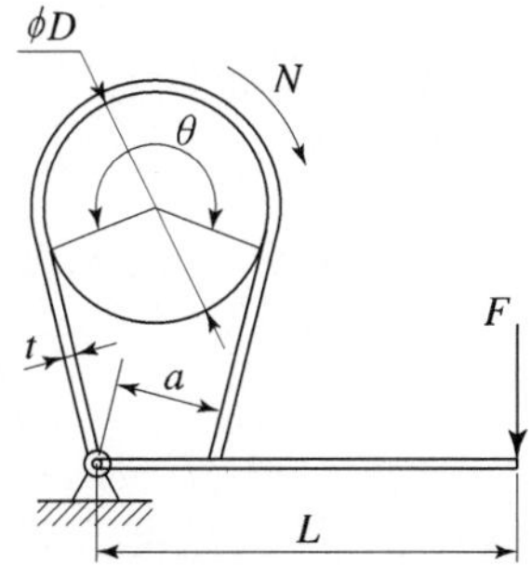

레버에 작용하는 힘 F =150N
접촉각 θ =225°
거리 a =200mm
풀리의 지름 D =600mm
마찰계수 μ =0.3
밴드의 허용응력 σ_b =17MPa
밴드의 두께 t =5mm
레버의 길이 L[mm]

(1) 레버의 길이를 구하여라. L[mm]

(2) 밴드의 폭를 구하여라. b[mm]

(3) 위 그림에서 좌회전일 경우 제동동력을 구하여라. H_{KW}[kW]

풀이 & 답

(1) $H=\dfrac{f\cdot V}{1000}=\dfrac{f\times\left(\dfrac{\pi\cdot DN}{60\times1000}\right)}{1000}$

$15=\dfrac{f\times\left(\dfrac{\pi\times600\times300}{60\times1000}\right)}{1000}$

(마찰력) $f=1591.549\text{N}=1591.55\text{N}$

$e^{\mu\theta}=e^{\left(0.3\times225\times\frac{\pi}{180}\right)}=3.248=3.25$

$\Sigma M=0,\ +F\cdot L-T_s\cdot a=0$

$L=\dfrac{T_s\times a}{F}=\dfrac{\dfrac{f}{(e^{\mu\theta}-1)}\times a}{F}=\dfrac{\dfrac{1591.55}{(3.25-1)}\times200}{150}=943.1407\text{mm}=943.14\text{mm}$

답 **943.14mm**

(2) $\sigma_b=\dfrac{T_t}{bt\eta}$

(폭) $b=\dfrac{T_t}{\sigma_b t\eta}=\dfrac{\dfrac{fe^{\mu\theta}}{e^{\mu\theta}-1}}{\sigma_b t\eta}=\dfrac{\dfrac{1591.55\times3.25}{3.25-1}}{17\times5\times1}=27.0459\text{mm}=27.05\text{mm}$

답 **27.05mm**

(3) $\Sigma M=0,\ +F\cdot L-T_t\cdot a=0$

$T_t=\dfrac{F\cdot L}{a}=\dfrac{150\times943.14}{200}=707.355\text{N}=707.36\text{N}$

$T_s=\dfrac{T_t}{e^{\mu\theta}}=\dfrac{707.36}{3.25}=217.65\text{N}$

(좌회전일 때 마찰력) $f=T_t-T_s=707.36-217.65=489.71\text{N}$

$H_{KW}=\dfrac{f\cdot V}{1000}=\dfrac{489.71\times\left(\dfrac{\pi\times600\times300}{60\times1000}\right)}{1000}=4.6154\text{kW}=4.62\text{kW}$

답 **4.62kW**

예제 8-9 [2009년 4회 출제]

그림과 같이 밴드브레이크에서 하중 W의 낙하를 방지하기 위하여 레버 끝에 F =400N의 힘이 작용될 때, 다음을 구하시오. (단, 마찰계수 μ =0.3, 밴드의 두께 t =2mm, 밴드의 허용인장응력은 80MPa이다. a =100, b =50mm, L =700mm)

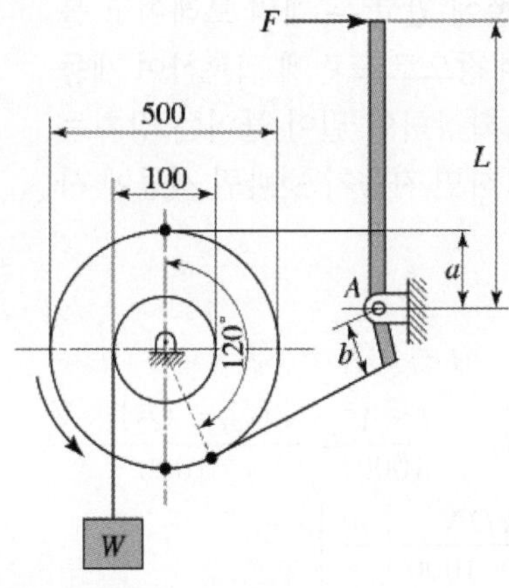

(1) 낙하하지 않을 최대하중 W[N] 구하시오.
(2) 밴드의 폭 b[mm]을 구하시오.

풀이 & 답

(1) (낙하하지 않을 최대하중) $W = f \times \dfrac{D_2}{D_1} = 2334.89 \times \dfrac{500}{100} = 11674.45\text{N}$

(마찰력) $f = T_t \times \dfrac{(e^{\mu\theta}-1)}{e^{\mu\theta}} = 3265.12 \times \dfrac{(3.51-1)}{3.51} = 2334.866 ≒ 2334.89\text{N}$

$\Sigma M_A = 0 \quad F \times 700 - T_t \times 100 + T_s \times 50 = 0$

$F \times 700 - T_t \times 100 + \dfrac{T_t}{e^{\mu\theta}} \times 50 = 0$

(인장장력) $T_t = \dfrac{F \times L}{\left(a - \dfrac{b}{e^{\mu\theta}}\right)} = \dfrac{400 \times 700}{\left(100 - \dfrac{50}{3.51}\right)} = 3265.116 ≒ 3265.12\text{N}$

(장력비) $e^{\mu\theta} = e^{\left(0.3 \times 240 \times \frac{\pi}{180}\right)} = 3.51358 ≒ 3.51$

답 11674.45N

(2) (밴드의 폭) $b = \dfrac{T_t}{\sigma_a \times t} = \dfrac{3265.12}{80 \times 2} = 20.407 ≒ 20.41\,\text{mm}$

답 20.41mm

8-3 내확 브레이크=드럼브레이크(drum brake)

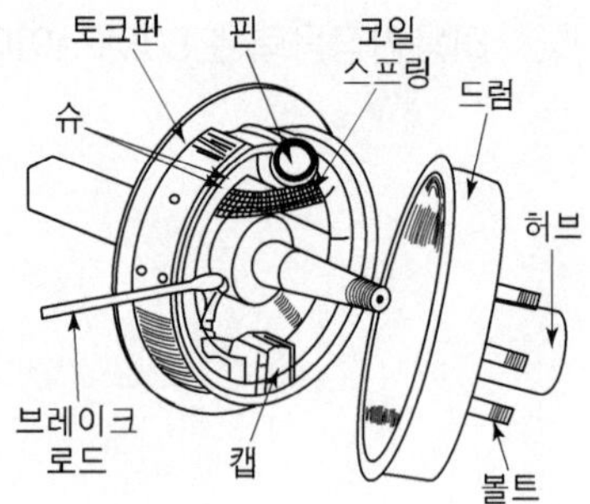

내부 확장식 브레이크 또는 내확브레이크라고도 한다. 회전 하는 드럼이 바깥쪽에 있고 두 개의 브레이크 블록이 드럼의 안쪽에서 대칭으로 드럼에 접촉하여 제동한다. 슈를 바깥쪽으로 확장하여 밀어 붙이는 장치는 유압실린더를 주로 사용하면 자동차 뒷바퀴 제동에 사용된다.

마찰력 = 제동력 : $f[N]$ $\quad f = \mu Q_1 + \mu Q_2$

마찰동력 : $H_f[KW]$ $\quad H_f = \dfrac{f \times V}{1000} = \dfrac{\mu(Q_1 + Q_2) \times V}{1000}$

드럼의 속도 : $V = \dfrac{\pi DN}{60 \times 1000}\left[\dfrac{m}{s}\right]$

유압실린더의 힘=브레이크 슈를 미는 힘 : $F[N]$

제동토크 : $T[\text{Nmm}]$ $\quad T = f \times \dfrac{D}{2} = \mu \times (Q_1 + Q_2) \times \dfrac{D}{2}$

$$= F\left(\frac{\mu a}{b + \mu c} + \frac{\mu a}{b - \mu c}\right) \times \frac{D}{2}$$

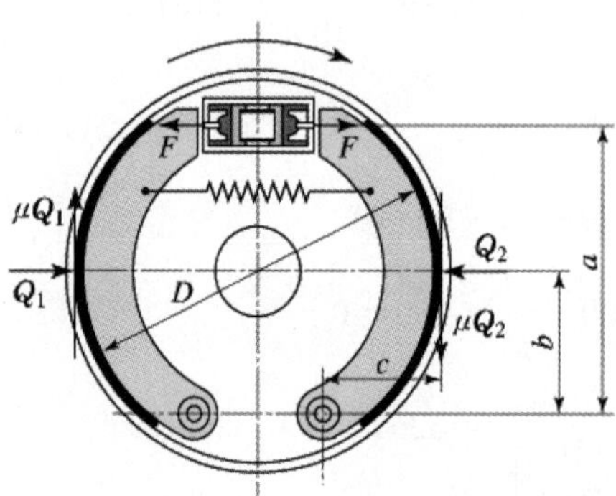

$\sum M_{o1} = 0$; ⊕

$(\mu Q_1 \times c) + (Q_1 \times b) - (F \times a) = 0$

$$Q_1 = \frac{F \times a}{\mu c + b}$$

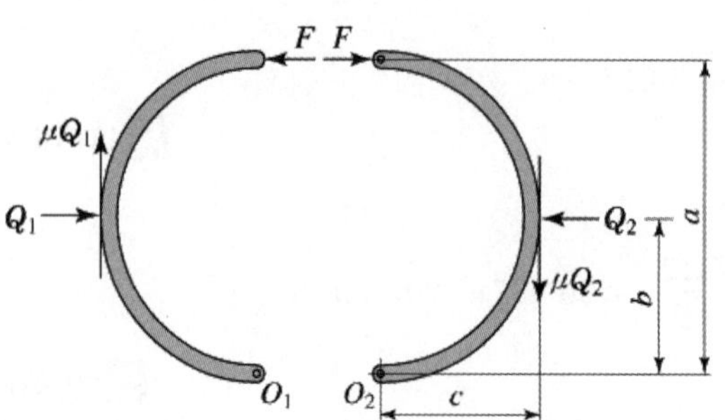

$\sum M_{o2} = 0$; ⊕

$(\mu Q_2 \times c) - (Q_2 \times b) + (F \times a) = 0$

$$Q_2 = \frac{F \times a}{b - \mu c}$$

예제 8-10 [2009년 1회 출제]

다음 그림과 같은 expansion brake에 의하여 1800rpm으로 우회전하는 드럼을 제동하고자 한다. 이 때 가해지는 동력이 40kW이고 유압실린더의 안지름이 16mm라고 할 때 다음을 구하여라. (단, 드럼 지름은 230mm, 라이닝과 드럼사이의 마찰계수는 μ =0.3)

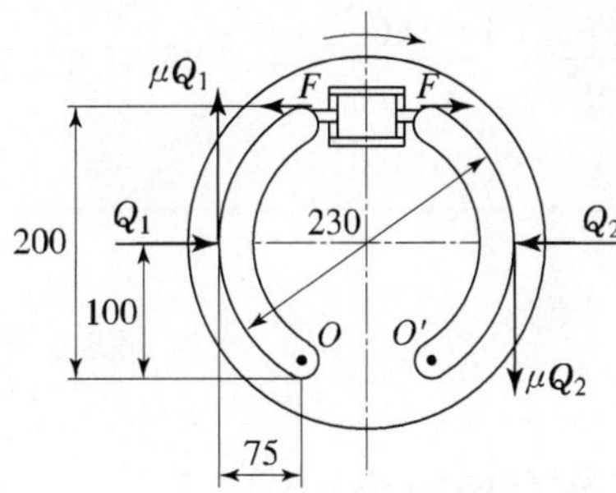

(1) 제동토크 T[N · mm]을 구하여라.
(2) 유압실린더 미는 조작력 F[N]을 구하여라.
(3) 제동에 필요한 실린더 작용압력 P[MPa]를 구하여라.

풀이 & 답

(1) $T = \frac{60}{2\pi} \times \frac{H}{N} = \frac{60}{2\pi} \times \frac{40 \times 10^3}{1800} = 212.20659\text{N} \cdot \text{m} = 212206.59\text{N} \cdot \text{mm}$

답 212206.59mm

(2) (마찰력) $f = \mu(Q_1 + Q_2) = \frac{2T}{D} = \frac{2 \times 212206.59}{230} = 1845.27\text{N}$

$(Q_1 + Q_2) = \frac{1845.27}{0.3} = 6150.9\text{N}$ ········· ①

$\Sigma M_O = -F \times 200 + Q_1 \cdot 100 + \mu Q_1 \cdot 75 = 0$

$F = \frac{Q_1(100 + 0.3 \times 75)}{200}$

$\Sigma M_{O'} = F \times 200 - Q_2 \cdot 100 + \mu Q_2 \cdot 75 = 0$

$F = \frac{Q_2(100 - 0.3 \times 75)}{200}$

$F = \frac{Q_1(100 + 0.3 \times 75)}{200} = \frac{Q_2(100 - 0.3 \times 75)}{200}$

$Q_1(100 + 0.3 \times 75) = Q_2(100 - 0.3 \times 75)$

$Q_2 = 1.58 Q_1$ ········· ②

②식 ①에 대입

$Q_1 + 1.58 Q_1 = 6150.9\text{N}$

$$Q_1 = \frac{6150.9}{2.58} = 2384.07\text{N}$$

$$\therefore F = \frac{2384.07 \times (100 + 0.3 \times 75)}{200} = 1460.24\text{N}$$

답 1460.24N

(3) (압력) $P = \frac{F}{A} = \frac{4F}{\pi d^2} = \frac{4 \times 1460.24}{\pi \times 16^2} = 7.26\text{MPa}$

답 7.26MPa

 8-4 플라이 휠(fly wheel)

1. 플라이 휠의 기능

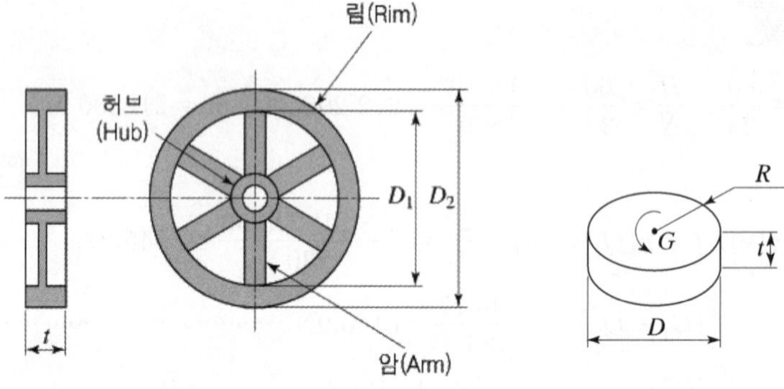

내연기관과 같은 원동기는 발생되는 에너지는 주기적으로 변한다. 이런 에너지의 변화를 질량이 큰 플라이 휠의 관성력을 이용하여 에너지를 균일하게 만들어 준다.

2. 플라이 휠의 관성에너지

① 관성에너지(운동에너지) : $E = \frac{1}{2}J\omega^2$

여기서, J : 질량관성 모멘트, ω : 각속도

② 과잉에너지(회전체의 운동에너지)

$$\Delta E = \frac{1}{2}J(\omega_{max}^2 - \omega_{min}^2) = J\omega_m^2\,\delta$$

여기서, 평균 각속도 : $\omega_m = \dfrac{(\omega_{\max} + \omega_{\min})}{2}$

각속도변동률 : $\delta = \dfrac{(\omega_{\max} - \omega_{\min})}{\omega_m}$

③ 플라이 휠의 질량관성 모멘트

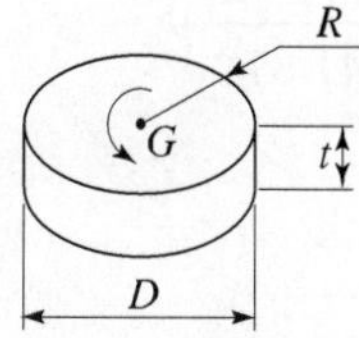

$$J_G = \frac{\gamma \pi t D^4}{32g}$$

여기서, γ : 비중량, t : 림의 두께

(질량관성 모멘트) J_G

$$J_G = \frac{mR^2}{2} = \frac{(\rho\pi R^2 t)\times R^2}{2}$$

$$= \frac{\rho\pi R^4 t}{2} = \frac{\frac{\gamma}{g}\times \pi R^4 t}{2}$$

$$= \frac{\gamma\pi R^4 t}{2g} = \frac{\gamma\pi t D^4}{32g}$$

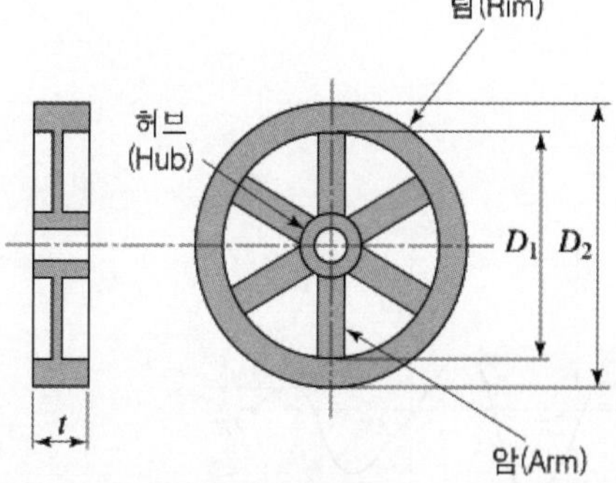

(질량관성 모멘트) J_G

$$J_G = \frac{\gamma \pi t D_2^4}{32g} - \frac{\gamma \pi t D_1^4}{32g}$$

$$= \frac{\gamma \pi t}{32g}(D_2^4 - D_1^4)$$

$$J_G = \frac{\gamma \pi t}{32g}(D_2^4 - D_1^4)$$

여기서, γ : 비중량, t : 림의 두께

예제 8-11

강판을 전단하는 전단기(shearing machine)가 한 번 일을 할 때마다 4000[kgf · m]의 에너지가 소요된다. 이 기계는 1500[rpm]으로 회전하는 플라이 휠을 달아 여기에 저장된 에너지로 강판을 절단하는데 작업 후 플라이 휠의 회전수는 10[%] 줄어든다. 두께 t = 200mm의 강철제 원판형 플라이 휠의 바깥지름은 몇 [mm]인가? (단, 강의 비중량은 7300[kgf/m^3]이며, 휠의 강도는 고려하지 않는다.)

풀이 & 답

전단작업 전의 회전수는 1500[rpm]이므로

$$w_{\max} = \frac{2\pi N_1}{60} = \frac{2\times\pi\times 1500}{60} = 157.08[\text{rad/s}]$$

전단작업 후의 회전수는 10[%] 줄어들므로

$$w_{\min} = \frac{2\pi N_2}{60} = \frac{2\times\pi\times(1500\times0.9)}{60} = 141.37[\text{rad/s}]$$

(운동에너지의 변화) $\varDelta E = \frac{J}{2}(w_{\max}^2 - w_{\min}^2) = 4000\text{kgf}\cdot\text{m}$

(플라이 휠의 극관성 모멘트) $J = \frac{2\varDelta E}{w_{\max}^2 - w_{\min}^2} = \frac{2\times4000}{157.08^2 - 141.37^2}$

$= 1.71[\text{kgf}\cdot\text{m}\cdot\text{s}^2]$

플라이 휠의 바깥지름은 $J = \frac{\gamma\pi tD^4}{32g}$

$$D = \sqrt[4]{\frac{32gJ}{\pi t\gamma}} = \sqrt[4]{\frac{32\times9.8\times1.71}{\pi\times0.2\times7300}} = 0.584746[\text{m}] = 584.75\text{mm}$$

답 584.75mm

3. 4행정, 2행정 기관의 플라이 휠

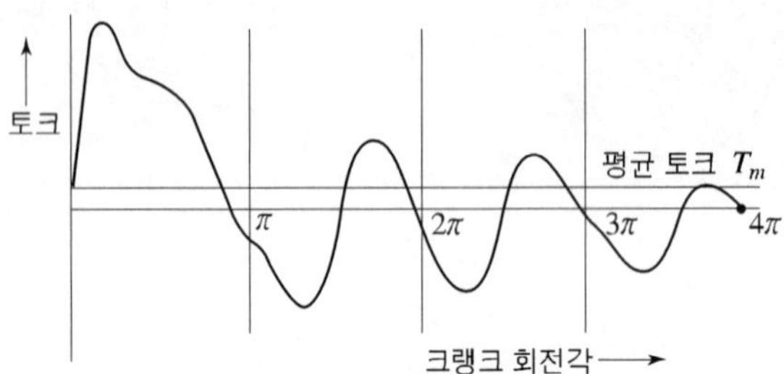

[4행정기관의 토크 변화]

(4행정기관의 회전에너지 or 운동에너지) $E = 4\pi T_m$

(2행정기관의 회전에너지 or 운동에너지) $E = 2\pi T_m$

$$(\text{평균토크})\ T_m = \frac{60}{2\pi}\times\frac{H}{N}$$

여기서, H : 엔진의 출력동력[PS], [kW]

N : 크랭크축의 분당회전수[rpm]

$$(\text{운동에너지의 변화량 or 회전에너지의 변화량})\ \varDelta E = E\times\phi$$

여기서 ϕ : 에너지변동계수

[기관의 종류에 따른 에너지 변동계수(ϕ)]

<table>
<tr><th colspan="4">기관종류</th><th>ϕ</th></tr>
<tr><td>증기기관</td><td colspan="3">단통기관
단형복식기관
복식기관(크랭크각 90°)
3기통기관</td><td>0.15~0.25
0.15~0.25
0.05~0.08
0.03</td></tr>
<tr><td rowspan="2">디젤기관</td><td>4사이클</td><td>단동</td><td>1기통
2기통
3기통
4기통
5기통
6기통</td><td>1.23~1.3
1.55~1.85
0.5~0.88
0.19~0.25
0.33~0.37
0.12~0.14</td></tr>
<tr><td>2사이클</td><td>단동</td><td>1기통
2기통
3기통
4기통
5기통
6기통</td><td>4사이클의 1/2값을 가진다.</td></tr>
</table>

예제 8-12

4사이클 단동 1기통으로 운전되는 내연기관 엔진의 출력이 100PS, 크랭크 축의 분당회전수는 2000rpm이다. 내연기관 엔진의 크랭크축에 연결된 플라이휠을 설계하고자 한다. 다음 플라이휠의 조건을 보고 물음에 답하여라.

[조건] ① 1사이클당 에너지 변화(변동)계수 ϕ : 표에서 최댓값을 선정하여 계산한다.

<table>
<tr><th colspan="4">기관종류</th><th>ϕ</th></tr>
<tr><td>증기기관</td><td colspan="3">단통기관
단형복식기관
복식기관(크랭크각 90°)
3기통기관</td><td>0.15~0.25
0.15~0.25
0.05~0.08
0.03</td></tr>
<tr><td rowspan="2">디젤기관</td><td>4사이클</td><td>단동</td><td>1기통
2기통
3기통
4기통
5기통
6기통</td><td>1.23~1.3
1.55~1.85
0.5~0.88
0.19~0.25
0.33~0.37
0.12~0.14</td></tr>
<tr><td>2사이클</td><td>단동</td><td>1기통
2기통
3기통
4기통
5기통
6기통</td><td>4사이클의 1/2값을 가진다.</td></tr>
</table>

② 플라이 휠에 사용된 재료의 비중량 γ : 78400N/m^3

③ 플라이 휠의 두께 t : 50mm

(1) 1사이클당 운동에너지 변화량은 몇 [J]인가?

(2) 관성모멘트는 몇 [N · ms²]인가? (단, 각속도 변동률 δ : $\delta = \frac{1}{60}$)

(3) 플라이휠의 직경 d는 몇 mm인가?

풀이 & 답

(1) (운동에너지 변화량) $\Delta E = E \cdot \phi = 4409.92 \times 1.3 = 5732.9\text{N} \cdot \text{m} = 5732.9\text{J}$

(운동에너지) $E = 4\pi \times T = 4\pi \times 350.93 = 4409.92\text{N} \cdot \text{m}$

(평균토크) $T_m = \frac{60H}{2\pi N} = \frac{60 \times 100 \times 75}{2\pi \times 2000} = 35.809\text{kgf} \cdot \text{m} = 350.93\text{N} \cdot \text{m}$

답 5732.9J

(2) (관성모멘트) $J = \frac{\Delta E}{w^2 \cdot \delta} = \frac{5732.9}{209.44^2 \times \frac{1}{60}} = 7.841[\text{N} \cdot \text{ms}^2] = 7.841[\text{J} \cdot \text{s}^2]$

(각속도) $w = \frac{2\pi N}{60} = \frac{2\pi \times 2000}{60} = 209.44\text{rad/s}$

답 7.841J · s²

(3) $d = \sqrt[4]{\frac{32J \times g}{\pi t \gamma}} = \sqrt[4]{\frac{32 \times 7.841 \times 9.8}{\pi \times 50 \times 10^{-3} \times 78400}} = 0.668463\text{m} = 668.46\text{mm}$

답 668.46mm

4. 얇은 회전체의 응력

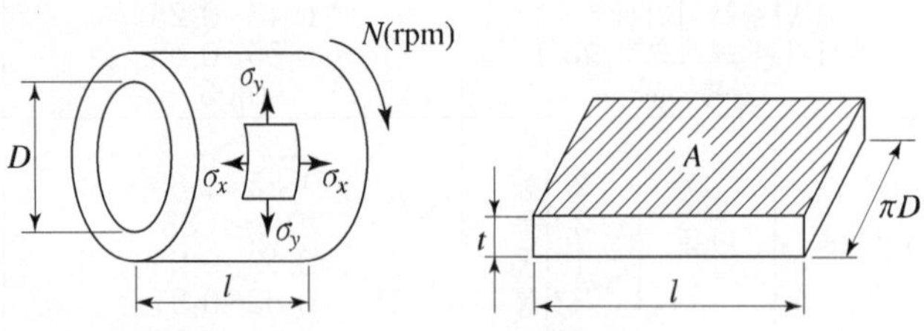

여기서, D : 원통의 내경[mm], N : 회전수[rpm], ω : 각속도[rad/s]
V : 원주속도[mm/s], R : 원통의 반지름
A : 압력을 받는 단면적, t : 용기의 두께

① 속도의 관계 $V = \omega \times R = \frac{\pi \cdot D \cdot N}{60}$

② 원심력에 의해 회전체 내면에 압력발생

(원통에 발생하는 압력) $P = \dfrac{F}{A} = \dfrac{\text{원심력}}{\text{단면적}} = \dfrac{m \cdot a}{A} = \dfrac{\dfrac{W}{g} \times R\omega^2}{A}$

$$P = \frac{W \times R\omega^2}{gA} = \frac{\gamma \cdot A \cdot t \times R\omega^2}{gA} = \frac{\gamma \cdot t \times R\omega^2}{g}$$

(압력에 의한 원주방향 응력) σ_y

$$\sigma_y = \frac{P \times D}{2 \times t} = \frac{\gamma \cdot t \cdot R\ w^2 \times D}{2 \times t \times g} = \frac{\gamma \cdot R\ w^2 \times 2R}{2 \times g} = \frac{\gamma \cdot R^2 \cdot w^2}{g}$$

(얇은 회전체의 원주방향응력) $\sigma_y = \dfrac{\gamma \cdot V^2}{g} = \dfrac{\gamma \cdot \left(\dfrac{\pi DN}{60}\right)^2}{g}$

예제 8-13 [2010년 2회 출제(3점)]

분당회전수 800rpm으로 회전하고 있는 플라이 휠의 지름은 200mm, 비중 7.3, 회전에 의한 플라이 휠 가장자리에서 발생하는 인장응력 kPa은?

풀이 & 답

$$\sigma_t = \frac{\gamma \cdot\ V^2}{g} = \rho \cdot v^2 = 7.3 \times 10^3 \times \left(\frac{\pi \times 200 \times 800}{60 \times 1000}\right)^2 = 512342.13\text{Pa} = 512.34\text{kPa}$$

답 512.34kPa

일반기계기사 · 건설기계설비기사 필답형 실기

part 1
기계요소설계_이론

Chapter 09

스프링(spring)

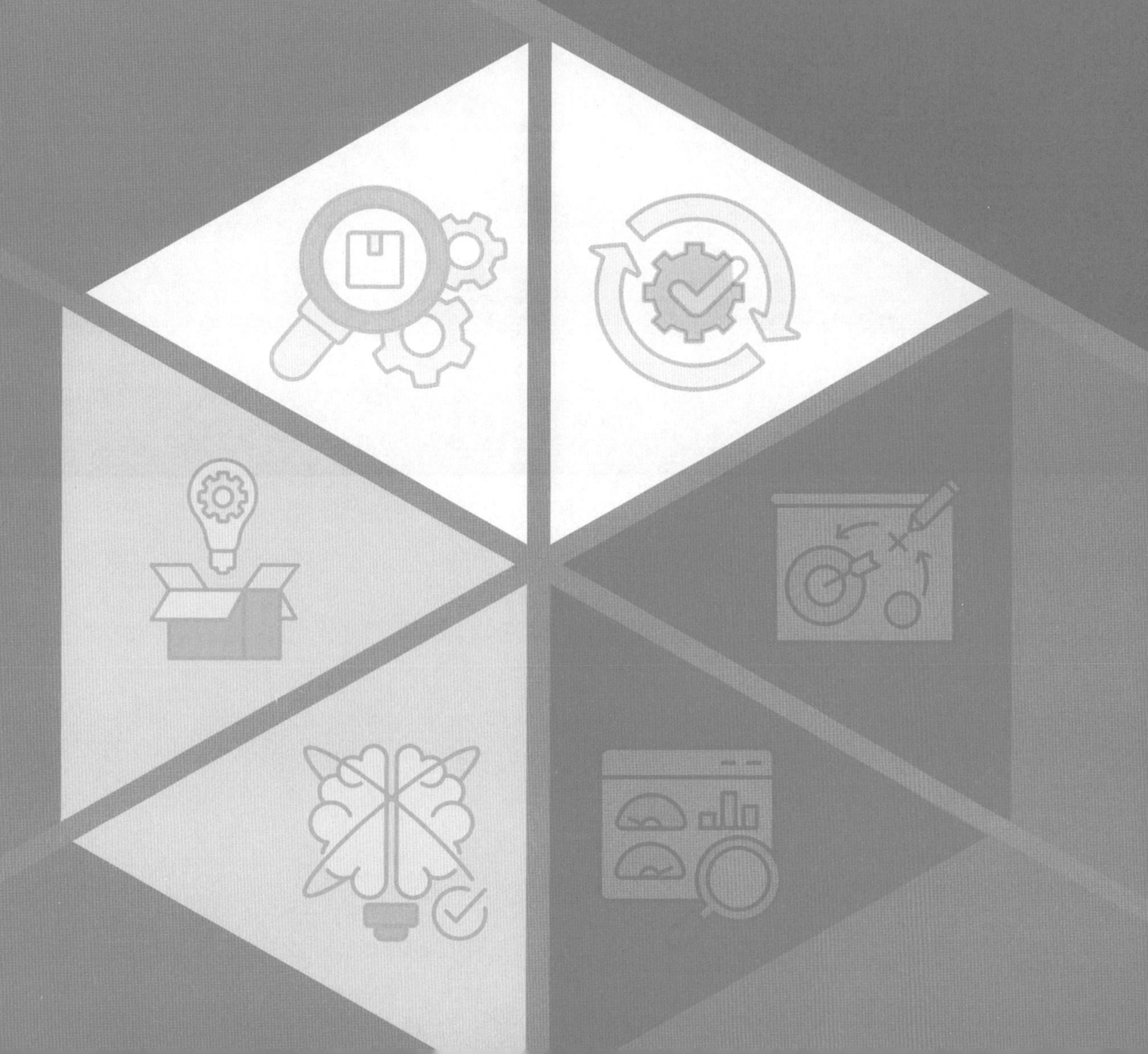

Chapter 9 스프링(spring)

9-1 스프링 상수

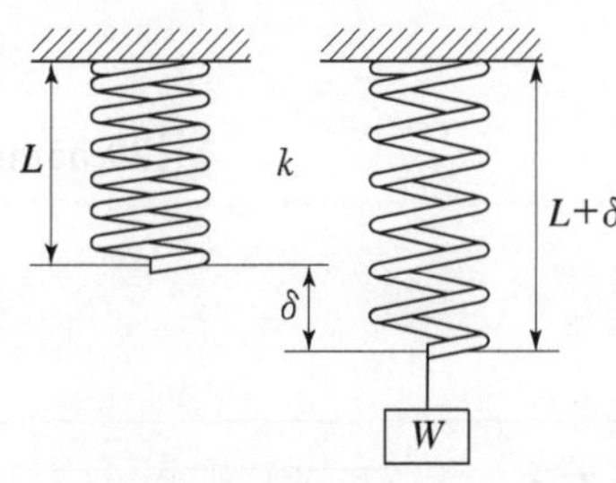

$$W = k\delta \;\Rightarrow\; k = \frac{W}{\delta}$$

여기서, W : 스프링에 작용하는 하중
k : 스프링 상수
δ : 스프링의 처짐량

(1) 스프링의 직렬조합

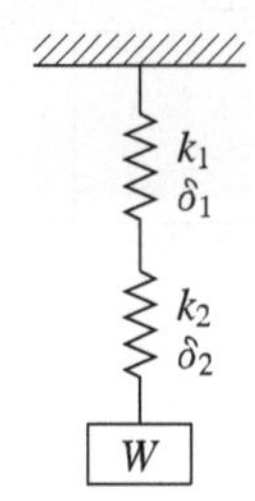

$$\delta = \delta_1 + \delta_2$$

$$\frac{W}{k_{eq}} = \frac{W}{k_1} + \frac{W}{k_2}$$

∴ (등가스프링상수) k_{eq}

$$\frac{1}{k_{eq}} = \frac{1}{k_1} + \frac{1}{k_2}$$

(2) 스프링의 병렬조합

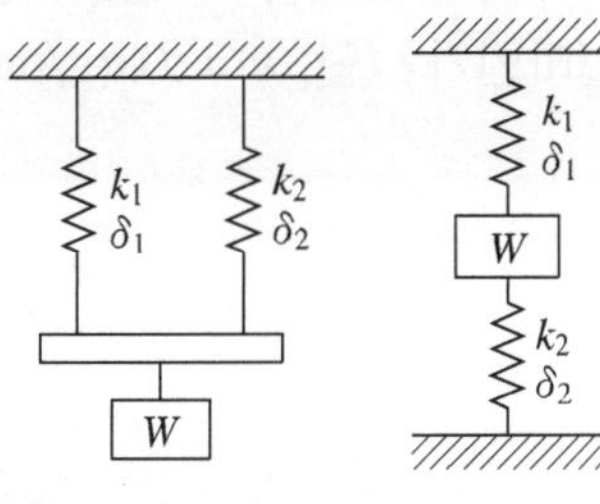

$$W = W_1 + W_2$$

$$k_{eq}\delta = k_1\delta_1 + k_2\delta_2$$

$\delta = \delta_1 = \delta_2$이므로,

∴ (등가스프링상수) k_{eq}

$$k_{eq} = k_1 + k_2$$

예제 9-1

그림과 같은 직렬과 병렬의 조합 스프링계에서 하중 W=15kg 일 때 스프링의 처짐량은 몇 mm인가? (단, k_1=0.2kgf/mm, k_2=0.4kgf/mm, k_3=0.6kgf/mm이다.)

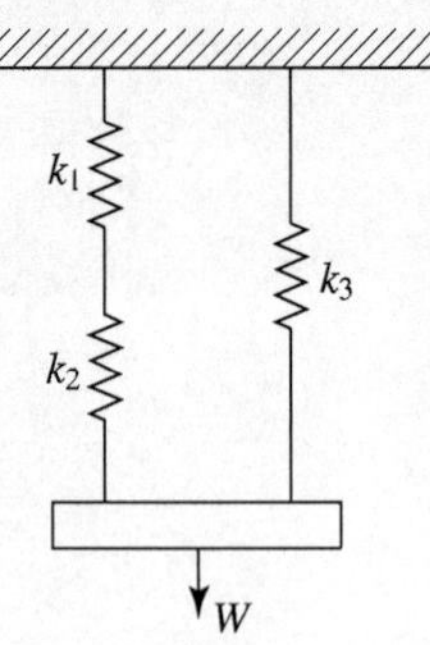

풀이 & 답

$$k_e = k_3 + \frac{1}{\frac{1}{k_1} + \frac{1}{k_2}} = k_3 + \frac{k_1 \cdot k_2}{k_1 + k_2}$$

$$k_e = 0.6 + \frac{0.2 \times 0.4}{0.2 + 0.4} = 0.73\text{kgf/mm}$$

$$\delta = \frac{W}{k_e} = \frac{15}{0.73} = 20.55\text{mm}$$

답 20.55mm

예제 9-2

어느 건설기계의 4개 현가(suspension)스프링 시스템 중 1개가 도시되어 있다. 4개 현가에 동일 스프링 시스템을 사용할 때, 건설기계의 최대 하중이 15ton이면 지면과의 최소 간격[mm]은 얼마인가? (단, k=30kgf/mm이다.)

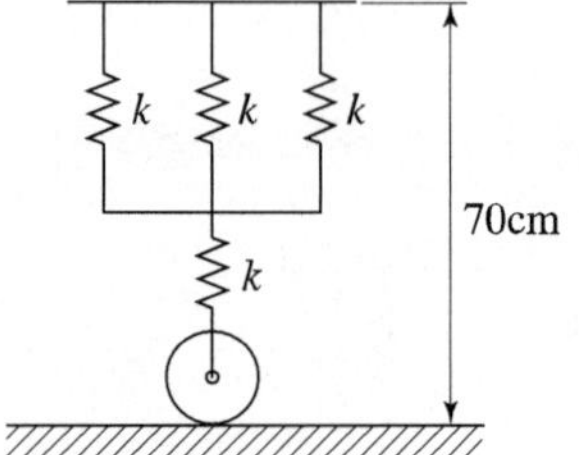

풀이 & 답

$$k_e = \frac{3k^2}{3k + k} = \frac{3k}{4} = \frac{3}{4} \times 30 = 22.5\text{kgf/mm}$$

(현가 장치 1개에 작용하는 하중) $P = \frac{W}{4} = \frac{15000}{4} = 3750\text{kgf}$

$$P = k_e \cdot \delta,\ \delta = \frac{3750}{22.5} = 166.67\text{mm}$$

$$h = 700 - 166.67 = 533.33\text{mm}$$

답 533.33mm

9-2 코일 스프링(coil spring : 나선형 스프링)

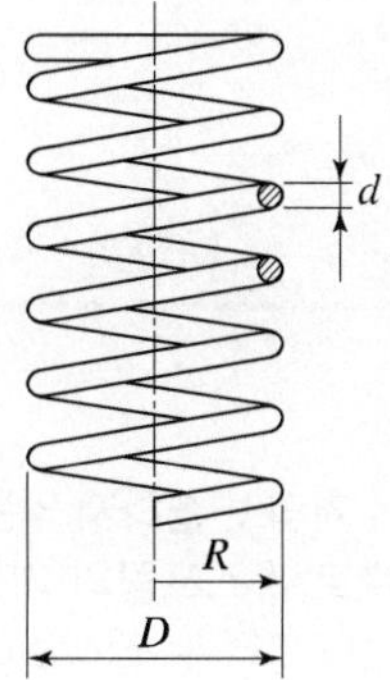

여기서, D : 코일의 평균직경
R : 코일의 평균반경
d : 소선의 직경
δ : 스프링의 처짐량
P : 스프링에 작용하는 힘(하중)
n : 스프링의 유효권수(감김수)
G : 스프링의 전단탄성계수
C : 스프링지수 $C=\dfrac{D}{d}$

1. 소선에 발생하는 전단응력

① 하중에 의한 직접 전단응력 : $\tau_1 = \dfrac{P}{\dfrac{\pi d^2}{4}} = \dfrac{4P}{\pi d^2}$

② 비틀림에 의한 전단응력

$$T = P\cdot\frac{D}{2} = \tau\cdot Z_P = \tau\cdot\frac{\pi d^3}{16} \quad \Rightarrow \quad \tau = \frac{8PD}{\pi d^3}$$

③ 직접전단력과 소선의 휨을 고려하면,

$$\tau_{max} = K'\frac{8PD}{\pi d^3} = K'\frac{8PC}{\pi d^2}$$

$$\tau_{max} = K'\frac{8P_{max}D}{\pi d^3} = K'\frac{8P_{max}C}{\pi d^2}$$

응력을 구할 때는 최대하중을 대입한다.

여기서, K' : 와알의 응력수정계수 $K' = \dfrac{4C-1}{4C-4} + \dfrac{0.615}{C}$

C : 스프링 지수 $C = \dfrac{D}{d}$

기사시험에서 와알의 응력수정계수가 주어지지 않을 때는 계산해서 넣어주어야 된다.

2. 스프링의 처짐

$$\delta = R \cdot \theta = \frac{D}{2} \times \frac{Tl}{GI_P} = \frac{D}{2} \times \frac{P \cdot \frac{D}{2} \cdot \pi D n}{G \frac{\pi d^4}{32}}$$

여기서, (소선의 유효길이) l $l = \pi D n$

(유효감김수) n =(온감김수) n_t −(무효감김수) n_l

코일스프링에 감겨져 있는 총수를 온감김수라 하고, 스프링 끝에서 거의 변형하지 않는 감김수를 무효감김수라고 한다. 모든 역학계산에 쓰이는 감김수는 유효감김수로서 스프링의 기능을 수행할수 있는 부분의 감김수를 나타낸다. 그러므로 역학계산문제에서는 유효감김수는 절상하여 정수로 구한다.

$$\therefore \delta = \frac{8PD^3 n}{Gd^4} = \frac{8PC^3 n}{Gd} = \frac{8PC^4 n}{GD}$$

$$\delta = \frac{8(P_2 - P_1)D^3 n}{Gd^4} = \frac{8(P_2 - P_1)C^3 n}{Gd} = \frac{8(P_2 - P_1)C^4 n}{GD}$$

처짐을 구할 때는 하중의 변화값$(P_2 - P_1)$을 대입한다.

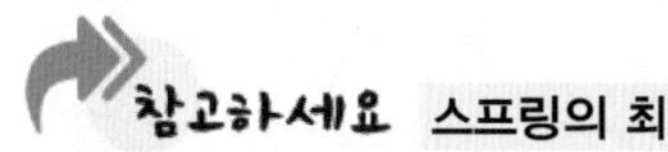

스프링의 최대양정

$$H = \delta = \frac{8(P_2 - P_1)D^3 n}{Gd^4} = \frac{8(P_2 - P_1)C^3 n}{Gd} = \frac{8(P_2 - P_1)C^4 n}{GD}$$

하중의 변화에 대해 스프링양정을 구해준다.

3. 스프링의 탄성에너지

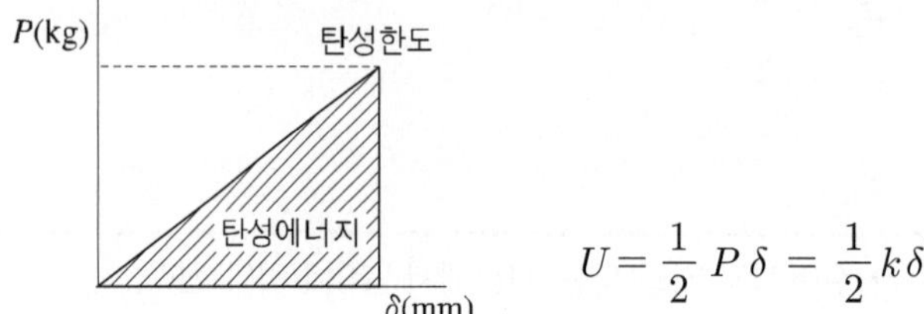

$$U = \frac{1}{2} P \delta = \frac{1}{2} k \delta^2$$

4. 스프링의 체적

$$V = A\,l = \frac{\pi d^2}{4}\pi D n$$

예제 9-3 [2008년 1회 출제(6점)]

소선의 지름 8mm의 강선으로 지름이 82mm인 원통에 밀착하여 감은 코일스프링에 20N에 의하여 6mm의 늘어남을 일으킨다. 다음을 구하여라.(단 재료의 가로탄성계수 G = 90GPa이다.)

(1) 스프링의 유효감김수는 얼마인가?
(2) 강선의 길이는 몇 mm인가?

풀이 & 답

(1) (유효감김수) $n = \dfrac{\delta G d^4}{8WD^3} = \dfrac{0.006 \times 90 \times 10^9 \times 0.008^4}{8 \times 20 \times 0.09^3} = 18.96 = 19$권

(평균지름) $D = 82 + 8 = 90\text{mm} = 0.09\text{m}$

답 19권

(2) (강선의 길이) $l = \pi D n = \pi \times 90 \times 19 = 5372.12\text{mm}$

답 5372.12mm

예제 9-4 [2008년 4회 출제(4점)]

코일 스피링의 소선의 지름 10mm, 코일의 바깥지름 110mm, 비틀림 전단강도 1GPa이다. (단 수정계수는 $K' = \dfrac{4C+2}{4C-3}$일 때, 다음을 구하여라.

(1) 스프링지수를 구하여라?
(2) 최대정적하중은 몇 [N]인가?

풀이 & 답

(1) (스프링 지수) $C = \dfrac{D_m}{d} = \dfrac{100}{10} = 10$

(코일의 평균직경) $D_m = D_2 - d = 110 - 10 = 100$

답 10

(2) (최대 정적하중) $P = \dfrac{\pi \times d^3 \times \tau}{8 \times D_m \times K'} = \dfrac{\pi \times 10^3 \times 1 \times 10^3}{8 \times 100 \times 1.14} = 3444.73\text{N}$

(수정계수) $K' = \dfrac{4C+2}{4C-3} = \dfrac{(4 \times 10) + 2}{(4 \times 10) - 3} = 1.135 = 1.14$

답 3444.73N

예제 9-5

[(5점)]

하중이 3000N 작용할 때의 처짐이 δ =50mm로 되고 코일 스프링에서 소선의 지름 d = 16mm, 평균지름 D =144mm, 전단탄성계수 G =80GPa이다. 다음을 구하시오.

(1) 유효감김수을 구하시오. n[권]
(2) 전단응력을 구하시오. τ[MPa]

풀이 & 답

(1) (유효감김수) $n = \dfrac{\delta G d^4}{8WD^3} = \dfrac{50\times 80\times 10^3\times 16^4}{8\times 3000\times 144^3} = 3.658 = 4$권

답 4권

(2) (전단응력) $\tau = K'\dfrac{8PD}{\pi d^3} = 1.16\times\dfrac{8\times 3000\times 144}{\pi\times 16^3} = 311.545 = 311.55\text{MPa}$

(스프링 지수) $C = \dfrac{D}{d} = \dfrac{144}{16} = 9$

(응력수정계수) $K' = \dfrac{4C-1}{4C-4} + \dfrac{0.615}{C} = \dfrac{4\times 9-1}{4\times 9-4} + \dfrac{0.615}{9} = 1.162 = 1.16$

답 311.55MPa

예제 9-6

[(6점)]

스프링지수 c =8인 압축 코일스프링에서 하중이 1000N에서 800N으로 감소되었을 때, 처짐량의 변화가 25mm가 되도록 하려고 한다. (단, 하중이 1000N 작용될 때 소선의 전단응력은 300MPa이며, 가로탄성계수는 80GPa이다.)

(1) 소선의 지름 d[mm] 구하시오.
(2) 코일의 감김수 n[회] 구하시오.

풀이 & 답

(1) (소선의 지름) $d = \sqrt{\dfrac{8\times P_{max}\times c\times K'}{\pi\times\tau}} = \sqrt{\dfrac{8\times 1000\times 8\times 1.18}{\pi\times 300}} = 8.95\text{mm}$

(kwall's 응력계수) $K' = \dfrac{4c-1}{4c-4} + \dfrac{0.615}{c} = \dfrac{4\times 8-1}{4\times 8-4} + \dfrac{0.615}{8} = 1.184 ≒ 1.18$

답 8.95mm

(2) (코일의 감김수) $n = \dfrac{\delta\times G\times d}{8\times c^3\times (P_2 - P_1)} = \dfrac{25\times 80\times 10^3\times 8.95}{8\times 8^3\times (1000-800)} = 21.85 ≒ 22$권

답 22권

예제 9-7 [2009년 1회 출제(6점)]

원통형 코일 스프링을 사용하여 엔진의 밸브 스프링을 개폐하려고 한다. 스프링에 작용하는 하중은 밸브가 닫혔을 때 100N 밸브가 열렸을 때는 140N 최대 양정은 7.5mm이다. 스프링의 허용전단응력 τ_w =550MPa, 스프링 지수는 10으로 할때 다음을 구하려라. (단, 응력수정계수는 고려하여라.)

(1) 스프링 소선의 직경 d[mm]을 구하여라.
(2) 스프링의 평균직경 D[mm]을 구하여라.
(3) 코일의 감긴권수를 구하여라.(단, 전단 탄성계수 G =85GPa)

풀이 & 답

(1) (스프링 소선의 직경) $d=\sqrt{K'\dfrac{8P_{max}C}{\pi\tau_w}}=\sqrt{1.14\times\dfrac{8\times140\times10}{\pi\times550}}=2.72\text{mm}$

(수정응력계수) $K'=\dfrac{4C-1}{4C-4}+\dfrac{0.615}{C}=\dfrac{4\times10-1}{4\times10-4}+\dfrac{0.615}{10}=1.1448=1.14$

답 2.72mm

(2) (스프링의 평균직경) $D=d\times C=2.72\times10=27.2\text{mm}$

답 27.2mm

(3) (코일의 감김권수) $n=\dfrac{\delta\times G\times d^4}{8\times(P_{max}-P_{min})\times D^3}=\dfrac{7.5\times85\times10^3\times2.72^4}{8\times40\times27.2^3}$

$=5.42=6$권

답 6권

9-3 판 스프링

1. 단일 판 스프링

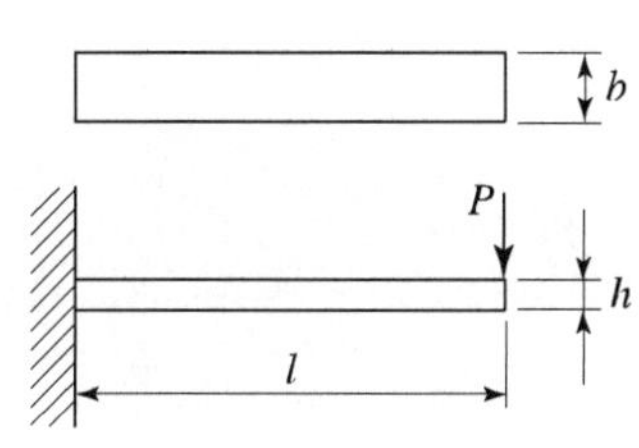

① 최대 굽힘응력 : $\sigma_b=\dfrac{M}{Z}=\dfrac{Pl}{bh^2/6}=\dfrac{6Pl}{bh^2}$

② 처짐량 : $\delta=\dfrac{Pl^3}{3EI}=\dfrac{4Pl^3}{bh^3E}$

③ 스프링 상수 : $k=\dfrac{P}{\delta}=\dfrac{3EI}{l^3}=\dfrac{Ebh^3}{4l^3}$

2. 삼각 겹판 스프링

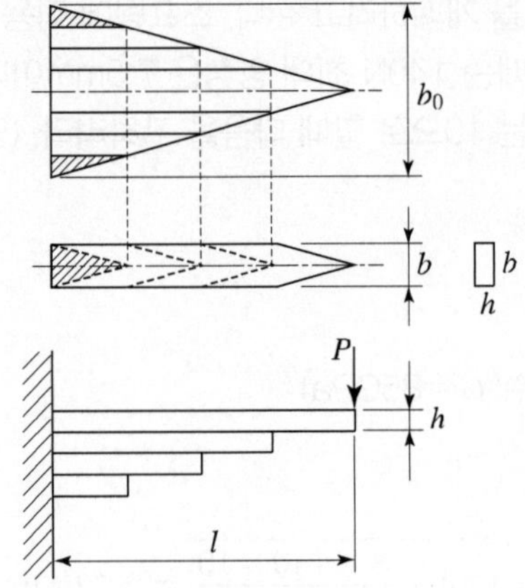

$$\sigma_b = \frac{6Pl}{nbh^2} = \frac{6Pl}{b_0 h^2}$$

$$\delta = \frac{6Pl^3}{nbh^3 E} = \frac{6Pl^3}{b_0 h^3 E}$$

여기서, n : 판의 수
b : 판의 폭
b_0 : 판 전체의 폭($b_0 = n \times b$)

3. 겹판 스프링

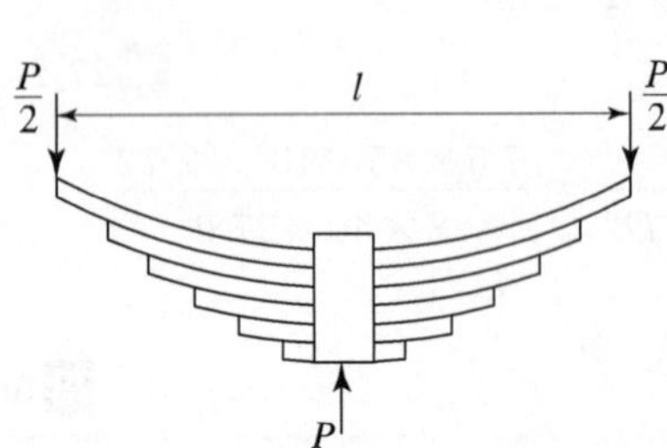

$$\sigma_b = \frac{3Pl}{2nbh^2} = \frac{3Pl}{2b_0 h^2}$$

$$\delta = \frac{3Pl^3}{8nbh^3 E} = \frac{3Pl^3}{8b_0 h^3 E}$$

여기서, n : 판의 수
b : 판의 폭
b_0 : 판 전체의 폭($b_0 = n \times b$)

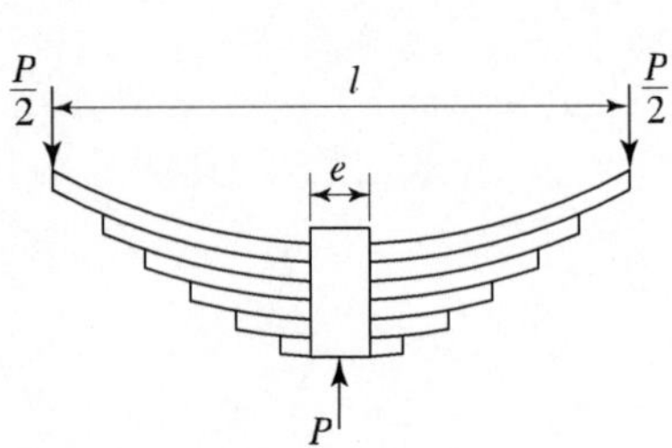

(죔폭) e이 주어지는 경우
(상당길이) $l_e = l - 0.6e$

$$\sigma_b = \frac{3Pl_e}{2nbh^2} = \frac{3Pl_e}{2b_0 h^2}$$

$$\delta = \frac{3P{l_e}^3}{8nbh^3 E} = \frac{3P{l_e}^3}{8b_0 h^3 E}$$

예제 9-8 [2009년 2회 출제(6점)]

겹판스프링에서 스팬의 길이 L=2.5m, 폭 6cm, 판 두께 15mm, 강판수는 6개 죔폭 12cm, 허용굽힘응력 σ_a=350MPa, 탄성계수 E=200GPa일 때 다음을 구하시오.

(1) 겹판스프링이 견딜 수 있는 최대하중을 구하시오. P[kN]

(2) 겹판스프링의 최대 처짐을 구하시오. δ[mm]

풀이 & 답

(1) (최대하중) $P=\dfrac{2\times\sigma_a bZh^2}{3\times L_e}=\dfrac{2\times350\times10^6\times0.06\times6\times0.015^2}{3\times(2.5-0.6\times0.12)}$

$=7784.1845\text{N}=7.78\text{kN}$

답 7.78kN

(2) (최대 처짐량) $\delta=\dfrac{3PL_e^3}{8bZh^3E}=\dfrac{3\times7.78\times10^3\times(2.5-0.6\times0.12)^3}{8\times0.06\times6\times0.015^3\times200\times10^9}$

$=0.17185\text{m}=171.85\text{mm}$

답 171.85mm

예제 9-9 [2012년 1회 출제(4점)]

겹판스프링에서 스팬의 길이 1500mm, 하중 14.7kN, 밴드의 나비 100mm, 두께 12mm, 판 수 5, 죔폭 e=100mm, 종탄성계수 206GPa이다. 다음 물음에 답하여라.

(1) 처짐 δ는 몇 mm인가?

(2) 굽힘응력은 몇 MPa인가?

풀이 & 답

(1) $\delta=\dfrac{3P\cdot l_e^3}{8nbh^3\cdot E}=\dfrac{3\times14.7\times10^3\times1440^3}{8\times5\times100\times12^3\times206\times10^3}=92.48\text{mm}$

$l_e=l-0.6e=1500-0.6\times100=1440\text{mm}$

답 92.48mm

(2) $\sigma_b=\dfrac{3Pl_e}{2nbh^2}=\dfrac{3\times14.7\times10^3\times1440}{2\times5\times100\times12^2}=441\text{MPa}$

답 441MPa

일반기계기사 · 건설기계설비기사 필답형 실기

part 1
기계요소설계_이론

Chapter 10

감아걸기 전동장치

Chapter 10 감아걸기 전동장치

10-1 평벨트 전동

1. 벨트의 길이와 접촉각

(1) 바로걸기(open belting)

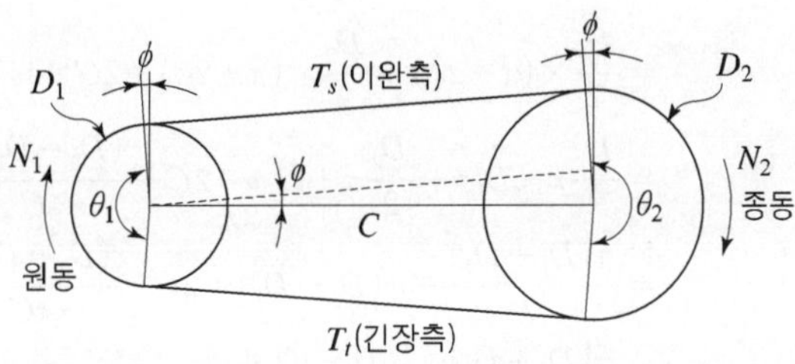

여기서, θ_1 : 원동축의 접촉 중심각
θ_2 : 종동축의 접촉 중심각
D_1 : 원동축의 풀리직경
D_2 : 종동축의 풀리직경
C : 중심거리

① 벨트의 길이

$$L = 2C + \frac{\pi(D_2 + D_1)}{2} + \frac{(D_2 - D_1)^2}{4C}$$

참고하세요 벨트의 길이 유도하기

기초지식 : $\sin^2\phi = \dfrac{1-\cos 2\phi}{2}$ ⇒ 2배각 공식 $\sin\phi \fallingdotseq \phi = \dfrac{\frac{D_2-D_1}{2}}{C} = \dfrac{D_2-D_1}{2C}$

$\cos 2\phi = 1-2\sin^2\phi$

$\cos\phi = 1-2\sin^2\dfrac{\phi}{2}$

$$\sin\frac{\phi}{2} = \frac{\frac{D_2-D_1}{4}}{C}$$

$$L = \widehat{S_1}+\widehat{S_2}+2C\cos\phi = \frac{D_1}{2}\times\theta_1 + \frac{D_2}{2}\times\theta_2 + 2C\times\left(1-2\sin^2\frac{\phi}{2}\right)$$

$$= \frac{D_1}{2}\times(\pi-2\phi) + \frac{D_2}{2}\times(\pi+2\phi) + 2C\times\left\{1-2\times\left(\frac{\frac{D_2-D_1}{4}}{c}\right)^2\right\}$$

$$= \frac{D_1}{2}\pi - D_1\phi + \frac{D_2}{2}\pi + D_2\phi + 2C - \frac{(D_2-D_1)^2}{4C}$$

$$= \frac{\pi(D_1+D_2)}{2} + \phi(D_2-D_1) + 2C - \frac{(D_2-D_1)^2}{4C}$$

$$= \frac{\pi(D_1+D_2)}{2} + \frac{(D_2-D_1)}{2C}(D_2-D_1) + 2C - \frac{(D_2-D_1)^2}{4C}$$

$$= \frac{\pi(D_1+D_2)}{2} + \frac{(D_2-D_1)^2}{2C} + 2C - \frac{(D_2-D_1)^2}{4C}$$

$$= 2C + \frac{\pi(D_1+D_2)}{2} + \frac{(D_2-D_1)^2}{2C} - \frac{(D_2-D_1)^2}{4C}$$

$$= 2C + \frac{\pi(D_2+D_1)}{2} + \frac{(D_2-D_1)^2}{4C}$$

② 접촉 중심각

- 원동축의 접촉 중심각 : $\theta_1 = 180° - 2\phi = 180° - 2\sin^{-1}\left(\dfrac{D_2-D_1}{2C}\right)$
- 종동축의 접촉 중심각 : $\theta_2 = 180° + 2\phi = 180° + 2\sin^{-1}\left(\dfrac{D_2-D_1}{2C}\right)$

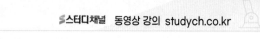

(2) 엇걸기(바로걸기 식에서 무조건 ⊕)

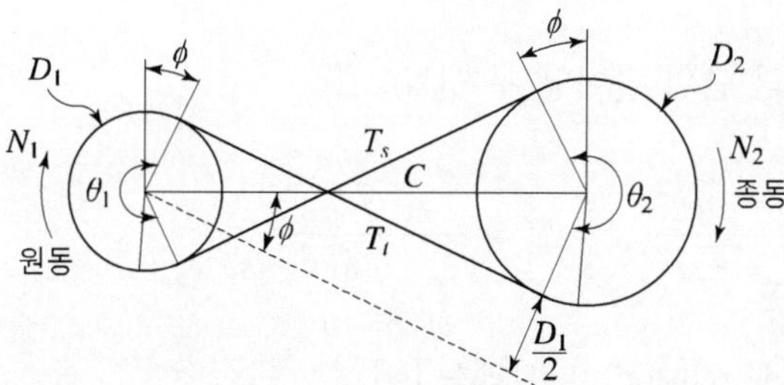

① 벨트의 길이

$$L = 2C + \frac{\pi(D_2 + D_1)}{2} + \frac{(D_2 + D_1)^2}{4C}$$

② 접촉 중심각

$$\theta_1 = \theta_2 = 180° + 2\phi = 180° + 2\sin^{-1}\left(\frac{D_2 + D_1}{2C}\right)$$

2. 평벨트 전동의 장력비($e^{\mu\theta}$)

① 원주속도 : $V = V_1 = V_2$

$$V = \frac{\pi D_1 N_1}{60 \times 1000} = \frac{\pi D_2 N_2}{60 \times 1000}\left[\frac{\text{m}}{\text{s}}\right] \Rightarrow D_1 N_1 = D_2 N_2$$

② 속비 : $\epsilon = \frac{(\text{원동축의 풀리지름})D_1}{(\text{종동축의 풀리지름})D_2} = \frac{N_2}{N_1}$

③ 벨트의 장력비

㉠ 원주속도 $V \leqq 10\text{m/s}$일 때 ⇨ 원심력 무시

$$e^{\mu\theta} = \frac{T_t}{T_s}$$

여기서, θ는 θ_1, θ_2 중 원동축의 접촉 중심각을 대입한다. 단위는 rad으로 한다.

㉡ 원주속도 $V > 10\text{m/s}$일 때 ⇨ 원심력 고려

$$e^{\mu\theta} = \frac{T_t - T_g}{T_s - T_g}$$

여기서, T_g : 부가장력
$V > 10\text{m/s}$일 때 ⇨ 원심력을 고려한 장력을 부가장력이라 한다.

(부가장력) $T_g = \overline{m}v^2 = \frac{wv^2}{g}$: 벨트의 회전에 대한 원심장력

$T_g = \overline{m}\, V^2[\text{N}]$ $\quad \overline{m}$: 벨트의 단위 길이당 질량[kg/m]

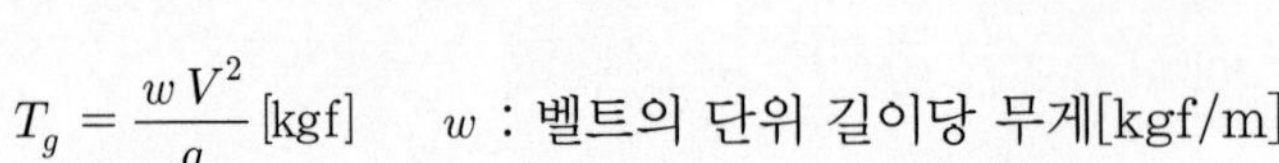

$T_g = \dfrac{wV^2}{g}$ [kgf]　　w : 벨트의 단위 길이당 무게[kgf/m]

$T_g = \dfrac{wV^2}{g}$ [N]　　w : 벨트의 단위 길이당 무게[N/m]

$$e^{\mu\theta} = \frac{T_t - T_g}{T_s - T_g},\quad e^{\mu\theta} = \frac{T_t - \overline{m}v^2}{T_s - \overline{m}v^2},\quad e^{\mu\theta} = \frac{T_t - \dfrac{wv^2}{g}}{T_s - \dfrac{wv^2}{g}}$$

여기서, T_t : 긴장측 장력(tight side tension) [kgf] 또는 [N]
T_s : 이완측 장력(slack side tension) [kgf] 또는 [N]
T_g : 부가장력 [kgf] 또는 [N]
$\overline{m}$: 벨트의 단위 길이당 질량 [kg/m]
V : 원주속도 [m/s]
w : 벨트의 단위길이당 무게 [kgf/m] 또는 [N/m]
θ : 접촉 중심각(원동축의 접촉중심각) [rad]

④ 유효장력과 장력과의 관계

평벨트의 유효장력 : $P_e = T_t - T_s$

㉠ $V \leqq 10$m/s일 때

$$P_e = T_t - T_s = e^{\mu\theta}T_s - T_s = T_s(e^{\mu\theta} - 1) \;\Rightarrow\; \boxed{T_s = \frac{P_e}{e^{\mu\theta} - 1}}$$

$$P_e = T_t - \frac{T_t}{e^{\mu\theta}} = \frac{e^{\mu\theta}T_t}{e^{\mu\theta}} - \frac{T_t}{e^{\mu\theta}} = \frac{T_t(e^{\mu\theta} - 1)}{e^{\mu\theta}} \;\Rightarrow\; \boxed{T_t = \frac{P_e \cdot e^{\mu\theta}}{e^{\mu\theta} - 1}}$$

㉡ $V > 10$m/s일 때

$$\begin{aligned} P_e = T_t - T_s &= (T_s e^{\mu\theta} - T_g e^{\mu\theta} + T_g) - T_s \\ &= T_s(e^{\mu\theta} - 1) + T_g(1 - e^{\mu\theta}) \\ &= (T_s - T_g)(e^{\mu\theta} - 1) \end{aligned}$$

$$\boxed{\therefore\; T_s = \frac{P_e}{e^{\mu\theta} - 1} + T_g = \left(\frac{P_e}{e^{\mu\theta} - 1} + \frac{wV^2}{g}\right)[\text{kgf}]}$$

여기서, P_e[kgf], w[kgf/m] : 단위 길이 당 무게

$$\boxed{\therefore\; T_s = \frac{P_e}{e^{\mu\theta} - 1} + T_g = \left(\frac{P_e}{e^{\mu\theta} - 1} + \frac{wV^2}{g}\right)[\text{N}]}$$

여기서, P_e[N], w[N/m] : 단위 길이 당 무게

$$\boxed{\therefore\; T_s = \frac{P_e}{e^{\mu\theta} - 1} + T_g = \left(\frac{P_e}{e^{\mu\theta} - 1} + \overline{m}V^2\right)[\text{N}]}$$

여기서, P_e[N], $\overline{m}$[kg/m] : 단위 길이 당 질량

같은 방법으로 풀면,

$$\therefore \ T_t = \frac{P_e \cdot \ e^{\mu\theta}}{e^{\mu\theta}-1} + T_g = \left(\frac{P_e \cdot \ e^{\mu\theta}}{e^{\mu\theta}-1} + \frac{wV^2}{g}\right)[\text{kgf}]$$

여기서, P_e[kgf], w[kgf/m] : 단위 길이 당 무게

$$\therefore \ T_t = \frac{P_e \cdot \ e^{\mu\theta}}{e^{\mu\theta}-1} + T_g = \left(\frac{P_e \cdot \ e^{\mu\theta}}{e^{\mu\theta}-1} + \frac{wV^2}{g}\right)[\text{N}]$$

여기서, P_e[N], w[N/m] : 단위 길이 당 무게

$$\therefore \ T_t = \frac{P_e \cdot \ e^{\mu\theta}}{e^{\mu\theta}-1} + T_g = \left(\frac{P_e \cdot \ e^{\mu\theta}}{e^{\mu\theta}-1} + \overline{m}\ V^2\right)[\text{N}]$$

여기서, P_e[N], $\overline{m}$[kg/m] : 단위 길이 당 질량

⑤ 초기장력 : $T_0 = C\dfrac{T_t + T_S}{2}$

초기장력은 벨트를 구동하기 전에 최초 벨트에 작용하는 장력을 초기장력이라 한다.
여기서, (비례상수) C는 초기조건에 의해 주어지는 값이다.

3. 벨트의 전달토크와 전달동력

① 밸트의 전달토크 : $T = P_e \times \dfrac{D}{2}$

② 전달동력

㉠ $V \leq 10\text{m/s}$일 때

$$H_{PS} = \frac{P_e \times V}{75} = \frac{T_t V}{75}\left(\frac{e^{\mu\theta}-1}{e^{\mu\theta}}\right)$$

여기서, P_e : 유효장력[kgf]
T_t : 긴장장력[kgf]

$$H_{KW} = \frac{P_e \times V}{102} = \frac{T_t V}{102}\left(\frac{e^{\mu\theta}-1}{e^{\mu\theta}}\right)$$

여기서, P_e : 유효장력[kgf]
T_t : 긴장장력[kgf]

$$H_{KW} = \frac{P_e \times V}{1000} = \frac{T_t V}{1000}\left(\frac{e^{\mu\theta}-1}{e^{\mu\theta}}\right)$$

여기서, P_e : 유효장력[N]
T_t : 긴장장력[N]

㉡ $V > 10\text{m/s}$일 때

$$H_{PS} = \frac{P_e \times V}{75} = \frac{(T_t - T_g)V}{75}\left(\frac{e^{\mu\theta}-1}{e^{\mu\theta}}\right)$$

여기서, P_e : 유효장력[kgf]
T_t : 긴장장력[kgf]
T_g : 부가장력[kgf]

$$H_{KW} = \frac{P_e \times V}{102} = \frac{(T_t - T_g)V}{102}\left(\frac{e^{\mu\theta}-1}{e^{\mu\theta}}\right)$$

여기서, P_e : 유효장력[kgf]
T_t : 긴장장력[kgf]
T_g : 부가장력[kgf]

$$H_{KW} = \frac{P_e \times V}{1000} = \frac{(T_t - T_g)V}{1000}\left(\frac{e^{\mu\theta}-1}{e^{\mu\theta}}\right)$$

여기서, P_e : 유효장력[N]
T_t : 긴장장력[N]
T_g : 부가장력[N]

4. 벨트의 인장응력 σ_t

$$\sigma_t = \frac{T_t}{A} = \frac{T_t}{b \cdot t \cdot \eta} \Rightarrow t = \frac{T_t}{\sigma_t \cdot b \cdot \eta}$$

여기서, b : 벨트의 폭, t : 벨트의 두께, η : 이음효율, T_t : 긴장장력=벨트허용장력

5. 풀리에 작용되는 합력 T_R

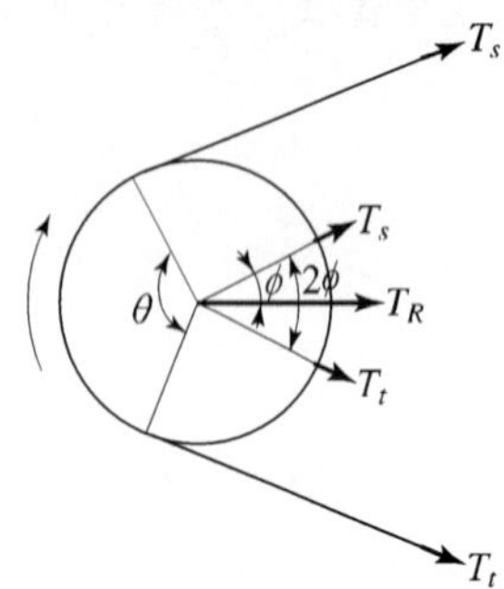

$$T_R = \sqrt{T_t^2 + T_s^2 - 2T_t T_s \cos\theta} \quad \cdots\cdots ①$$

$$T_R = \sqrt{T_t^2 + T_s^2 + 2 \cdot T_t \cdot T_s \cdot \cos(2\phi)} \quad \cdots\cdots ②$$

$$\phi = \sin^{-1}\left(\frac{D_2 - D_1}{2C}\right), \ \theta = 180 - 2\phi$$

$\phi = 0$일 때, $T_R = T_t + T_s$

여기서, T_t : 긴장장력 T_s : 이완장력
C : 축간거리
D_2 : 종동축의 풀리지름 D_1 : 원동축의 풀리지름
θ : 접촉 중심각

6. 벨트 전동에 의한 축설계

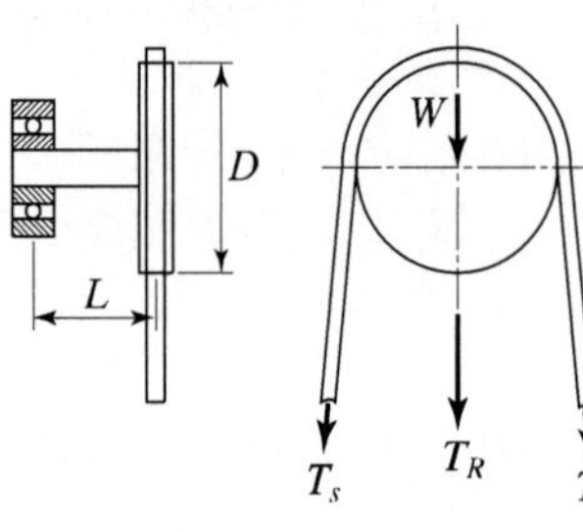

(유효장력) $P_e = T_t - T_s$

(비틀림모멘트) $T = P_e \times \frac{D}{2}$

(굽힘력) $F_M = W + T_R$

(굽힘모멘트) $M = F_M \times L$

(베어링하중) $F_b = W + T_R$

(상당비틀림모멘트) $T_e = \sqrt{T^2 + M^2}$

(상당굽힘모멘트) $M_e = \frac{1}{2}(M + \sqrt{T^2 + M^2})$

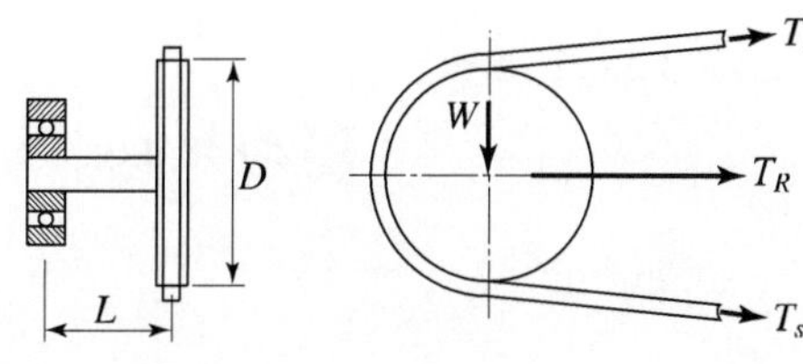

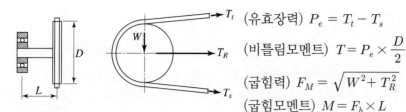

(유효장력) $P_e = T_t - T_s$

(비틀림모멘트) $T = P_e \times \dfrac{D}{2}$

(굽힘력) $F_M = \sqrt{W^2 + T_R^2}$

(굽힘모멘트) $M = F_b \times L$

(베어링하중) $F_b = \sqrt{W^2 + T_R^2}$

(상당비틀림모멘트) $T_e = \sqrt{T^2 + M^2}$

(상당굽힘모멘트) $M_e = \dfrac{1}{2}(M + \sqrt{T^2 + M^2})$

예제 10-1

풀리의 자중 W=65kgf, 풀리의 지름 D =120mm, L =100mm, 벨트의 긴장측 장력 T_t = 150kgf, 이완측 장력 T_s =75kgf일 때 다음을 결정하라.(단, 접촉 중심각은 180°이다.)

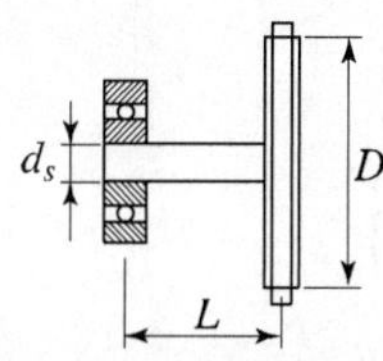

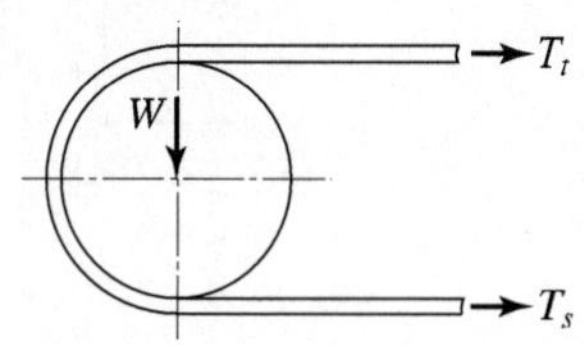

(1) 베어링 하중 F_B[kgf]을 구하여라.
(2) 축에 작용하는 굽힘모멘트는 몇 kgf · mm인가?
(3) 축에 작용하는 비틀림모멘트는 몇 kgf · mm인가?
(4) 축에 작용하는 상당비틀림모멘트는 몇 kgf · mm인가?
(5) 축의 허용전단응력이 40MPa일 때 축지름 $d_s$mm인가?

풀이 & 답

(1) (벨트의 합력) $T_R = T_t + T_s = 150 + 75 = 225\text{kgf}$

(베어링 하중) $F_B = \sqrt{W^2 + T_R^2} = \sqrt{65^2 + 225^2} = 234.2\text{kgf}$

답 234.2kgf

(2) (굽힘력) $F_M = \sqrt{W^2 + T_R^2} = \sqrt{65^2 + 225^2} = 234.2\text{kgf}$

(굽힘모멘트) $M = F_M \times L = 234.2 \times 100 = 23420\text{kgf}\cdot\text{mm}$

답 23420kgf · mm

(3) $T = P_e \times \dfrac{D}{2} = (T_t - T_s) \times \dfrac{D}{2} = (150 - 75) \times \dfrac{120}{2} = 4500\text{kgf}\cdot\text{mm}$

답 4500kgf · mm

(4) $T_e = \sqrt{T^2 + M^2} = \sqrt{4500^2 + 23420^2} = 23848.4\text{kgf}\cdot\text{mm}$

답 23848.4kgf · mm

(5) $d_s = \sqrt[3]{\dfrac{16\,T_e}{\pi\,\tau_a}} = \sqrt[3]{\dfrac{16 \times 23848.4 \times 9.8}{\pi \times 40}} = 30.99\text{mm}$

답 30.99mm

예제 10-2

그림과 같이 900rpm으로 25kW를 전달하는 벨트 전동장치가 있다. 마찰계수 μ =0.2, 풀리의 자중 W =65kgf, 풀리의 지름 D =120mm, L =100mm, 접촉중심각은 θ =180° 이다. 다음 물음에 답하여라.

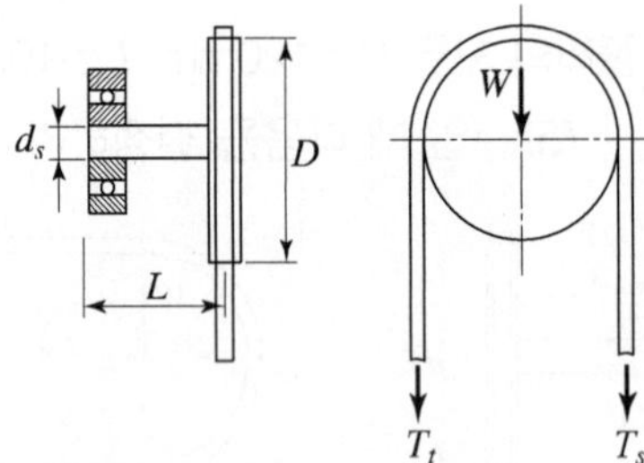

(1) 장력비를 구하여라.
(2) 긴장측 장력 T_t[kgf]은 얼마인가?
(3) 베어링 하중 F_B[kgf]을 구하여라?
(4) 축의 허용전단응력이 40MPa 일때 축지름 d_s[mm]인가?

풀이 & 답

(1) $e^{\mu\theta} = e^{\left(0.2 \times 180 \times \frac{\pi}{180}\right)} = 1.874 \fallingdotseq 1.87$

답 1.87

(2) $T_t = \dfrac{P_e \cdot\ e^{\mu\theta}}{e^{\mu\theta} - 1} = \dfrac{450.93 \times 1.87}{1.87 - 1} = 969.24\text{kgf}$

$T = 974000 \times \dfrac{H_{KW}}{N} = 974000 \times \dfrac{25}{900} = 27055.56\text{kgf}\cdot\text{mm}$

$T = P_e \times \dfrac{D}{2}$, (유효장력) $P_e = \dfrac{2T}{D} = \dfrac{2 \times 27055.56}{120} = 450.93\text{kgf}$

$V = \dfrac{\pi D_1 N_1}{60 \times 1000} = \dfrac{\pi \times 120 \times 900}{60 \times 1000} = 5.65\left[\dfrac{\text{m}}{\text{s}}\right]$

$V \leqq 10\text{m/s}$ 이므로 부가장력 고려하지 않는다.

답 969.24kgf

(3) $F_B = W + T_t + T_s = 65 + 969.24 + 518.31 = 1552.55\text{kgf}$

$$T_s = \frac{T_t}{e^{\mu\theta}} = \frac{969.24}{1.87} = 518.31\text{kgf}$$

답 **1552.55kgf**

(4) (축지름) $d_s = \sqrt[3]{\frac{16\,T_e}{\pi\,\tau_a}} = \sqrt[3]{\frac{16 \times 157594.79 \times 9.8}{\pi \times 40}} = 58.15\text{mm}$

(굽힘력) $F_M = W + T_t + T_s = 65 + 969.24 + 518.31 = 1552.55\text{kgf}$

(굽힘모멘트) $M = F_M \times L = 1552.55 \times 100 = 155255\text{kgf} \cdot \text{mm}$

$T_e = \sqrt{T^2 + M^2} = \sqrt{27055.56^2 + 155255^2} = 157594.79\text{kgf} \cdot \text{mm}$

답 **58.15mm**

예제 10-3

아이텔바인(eytelwein)식의 장력비를 유도하여라. 풀리를 감고 있는 벨트의 미소요소에 대한 자유물체도는 그림과 같다.

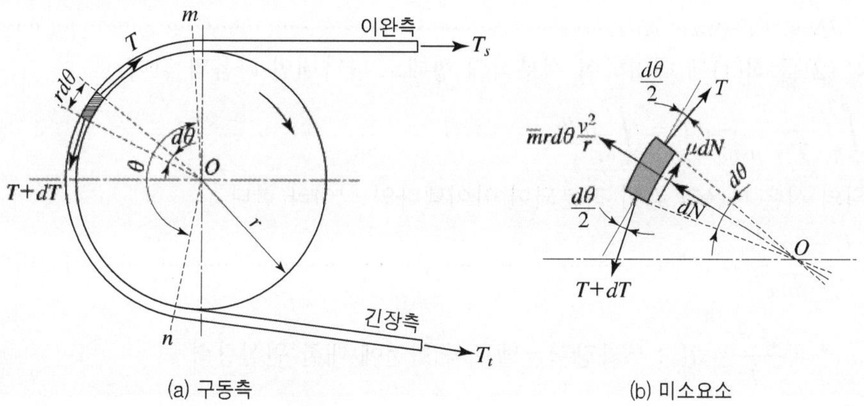

(a) 구동측　　　(b) 미소요소

여기서, T : 미소요소에서 이완측 장력

$T + dT$: 미소요소에서 긴장측 장력

$d\theta$: 미소요소가 풀리 접촉중심각[rad]

r : 반지름

$rd\theta$: 접촉 원호길이

μ : 마찰계수

dN : 접촉면에 수직하는 힘=접촉면을 누르는 힘

$\overline{m}$: 단위길이당의 질량, $\overline{m} = \frac{m}{L} = \frac{\left(\frac{W}{g}\right)}{L} = \frac{W}{L} \times \frac{1}{g} = w \times \frac{1}{g} = \frac{w}{g}$

w : 벨트의 단위길이당 무게

L : 벨트의 길이
v : 속도

풀이 & 답

• 접선방향의 힘의 평형조건

$$(T+dT)\cos\frac{d\theta}{2} = (T)\cos\frac{d\theta}{2} + \mu dN$$

$\cos\frac{d\theta}{2} \fallingdotseq 1$ 단, $\theta[rad]$일 때

위 식을 정리하면 다음과 같다.

$$dT = \mu dN \quad \cdots\cdots (1)$$

• 반경반향 힘의 평형은 다음과 같다.

$$dN = T\sin\frac{d\theta}{2} + (T+dT)\sin\frac{d\theta}{2} - \overline{m}(rd\theta)\cdot\frac{v^2}{r}$$

$\sin\frac{d\theta}{2} \fallingdotseq \frac{d\theta}{2}$ 단, θ[rad]일 때

$dT\sin\frac{d\theta}{2} \approx 0$ 단, θ[rad]일 때

$$dN \fallingdotseq (T-\overline{m}v^2)d\theta \quad \cdots\cdots (2)$$

식 (2)를 식(1)에 대입하여 적분식의 형태로 나타내면 다음과 같다.

$$\int_{T_s}^{T_t}\frac{1}{T-\overline{m}v^2}dT = \int_0^{\theta}\mu d\theta$$

위의 식은 다음과 같이 적분되어 아이텔바인 식이라 한다.

$$\frac{T_t - \overline{m}v^2}{T_s - \overline{m}v^2} = e^{\mu\theta} \quad \cdots\cdots \text{아이텔바인 식}$$

$\overline{m}v^2 = \frac{wv^2}{g} = T_g$: 부가장력 = 벨트의 회전에 대한 원심장력

$$e^{\mu\theta} = \frac{T_t - \overline{m}v^2}{T_s - \overline{m}v^2}, \quad e^{\mu\theta} = \frac{T_t - \frac{wv^2}{g}}{T_s - \frac{wv^2}{g}}$$

여기서, T_t : 긴장측 장력(tight side tension) [kgf] 또는 [N]
T_s : 이완측 장력(slack side tension) [kgf] 또는 [N]
T_g : 부가장력[kgf] 또는 [N]
$\overline{m}$: 벨트의 단위길이당 질량[kg/m]
v : 원주속도[m/s]
w : 벨트의 단위길이당 무게[kgf/m] 또는 [N/m]
θ : 접촉 중심각(원동축의 접촉중심각)[rad]

예제 10-4 [2012년 1회 출제(6점)]

평벨트 바로걸기 전동에서 원동풀리의 지름150mm, 종동풀리의 지름450mm의 폴리가 2m 떨어진 두 축 사이에 설치되어 원동풀리의 분당회전수는 1800rpm, 전달동력은 5kW를 전달할 때 다음을 계산하라. 벨트의 폭(b)와 두께(h)는 각각 140mm, 5mm이다. 벨트의 단위길이 당 질량 $\overline{m}$ =0.001bh(kg/m), 마찰계수는 0.25이다.

(1) 유효장력 P_e은 몇 [N]인가?

(2) 긴장측 장력과 이완측 장력은 몇 N인가?

(3) 초기 장력은 몇 N인가?

(4) 벨트에 의하여 축이 받는 최대 힘은 몇 [N]인가?

풀이 & 답

(1) $V = \dfrac{\pi \cdot D_1 \cdot N_1}{60 \times 1000} = \dfrac{\pi \times 150 \times 1800}{60 \times 1000} = 14.14\text{m/sec},$

$H_{kw} = \dfrac{P_e \cdot V}{1000},\ 5 = \dfrac{P_e \times 14.14}{1000},\ P_e = 353.606\text{N} = 353.61\text{N}$

답 353.61N

(2) $\theta = 180 - 2 \times \sin^{-1}\left(\dfrac{D_2 - D_1}{2c}\right) = 180 - 2 \times \sin^{-1}\left(\dfrac{450 - 150}{2 \times 2000}\right) = 171.4°$

$e^{\mu\theta} = e^{\left(0.25 \times 171.4 \times \frac{\pi}{180}\right)} = 2.11$

$\overline{m} = 0.001bh = 0.001 \times 140 \times 5 = 0.7\dfrac{\text{Kg}}{\text{m}}$

$T_g = \overline{m}\,V^2 = 0.7 \times 14.14^2 = 139.96\text{N}$

$T_t = P_e \cdot \dfrac{e^{\mu\theta}}{e^{\mu\theta - 1}} + T_g = 353.61 \times \dfrac{2.11}{2.11 - 1} + 139.96 = 812.14\text{N}$

$T_s = P_e \cdot \dfrac{1}{e^{\mu\theta} - 1} + T_g = 353.61 \times \dfrac{1}{2.11 - 1} + 139.96 = 458.53\text{N}$

답 (긴장장력) T_t =812.14N
(이완장력) T_s =458.53N

(3) (초기장력) $T_o = \dfrac{T_t + T_s}{2} = \dfrac{812.14 + 458.53}{2} = 635.34\text{N}$

답 635.34N

(4) $R_{\max} = \sqrt{T_t^2 + T_s^2 + 2 \cdot T_t \cdot T_s \cdot \cos(2\phi)}$

$= \sqrt{812.14^2 + 458.53^2 + 2 \times 812.14 \times 458.53 \times \cos 8.6°} = 1267.37\text{N}$

$\phi = \sin^{-1}\left(\dfrac{D_2 - D_1}{2C}\right) = \sin^{-1}\left(\dfrac{450 - 150}{2 \times 2000}\right) = 4.3°$

답 1267.37N

예제 10-5 [2010년 2회 출제(5점)]

평 벨트 바로걸기 전동에서 두 축의 축간거리 2000mm, 원동축 풀리 지름 400mm, 종동축 풀리 600mm인 평벨트 전동장치가 있다. 원동축 N_1 =600rpm으로 120kW 동력전달 시 다음을 구하라. (단, 벨트와 풀리의 마찰계수 0.3, 벨트 재료의 단위길이당 질량은 0.4kg/m이다.)

(1) 원동축 풀리의 벨트 접촉각 $\theta[^\circ]$을 구하여라.

(2) 벨트에 걸리는 긴장측 장력 $T_t[KN]$ 을 구하여라.

(3) 벨트의 최소폭 b[mm]을 구하여라. (단 벨트의 허용장력 3MPa, 벨트의 두께 10mm이다.)

(4) 벨트의 초기 장력 T_o[kN]을 구하여라.

풀이 & 답

(1) $\theta = 180° - 2\sin^{-1}\left(\dfrac{D_2 - D_1}{2C}\right) = 180° - 2\times\sin^{-1}\left(\dfrac{600-400}{2\times2000}\right) = 174.27°$

답 174.27°

(2) $V = \dfrac{\pi\cdot\ D_1\cdot\ N_1}{60\times1000} = \dfrac{\pi\times400\times600}{60\times1000} = 12.57\text{m/sec}$

$T_g = \overline{m}\,V^2 = 0.4\times12.57^2 = 63.201\text{N} = 63.2\text{N}$

$e^{\mu\theta} = e^{\left(0.3\times174.27\times\frac{\pi}{180}\right)} = 2.49$

$H_{kW} = \dfrac{(T_t - T_g)\cdot\ (e^{\mu\theta}-1)\cdot\ V}{1000\cdot\ e^{\mu\theta}}$

$120 = \dfrac{(T_t - 63.2)\times(2.49-1)\times12.57}{1000\times2.49}$, $T_t = 16016.8127\text{N} = 16.02\text{kN}$

답 16.02kN

(3) $\sigma_t = \dfrac{T_t}{b\cdot\ t\cdot\ \eta}$, $b = \dfrac{T_t}{\sigma_t\cdot\ t\cdot\ \eta} = \dfrac{16020}{3\times10\times1} = 534\text{mm}$

답 534mm

(4) $T_o = \dfrac{T_t + T_s}{2} = \dfrac{16020+6471.55}{2} = 11245.775\text{N} = 11.25[\text{kN}]$

$e^{\mu\theta} = \dfrac{T_t - T_g}{T_s - T_g}$, $2.49 = \dfrac{16020-63.2}{T_s - 63.2}$

(이완장력) $T_s = 6471.553\text{N} = 6471.55\text{N}$

답 11.25kN

예제 10-6 [2008년 2회 출제(10점)]

다음 그림을 보고 물음에 답하여라. 구동모터의 전달동력은 2.5kW, 회전수는 350rpm이고 그림에서 품번①은 플랜지 커플링이다. 플랜지커플링에 사용된 볼트의 개수는 6개이고, 골지름이 8mm인 미터보통나사로 체결되어 있다. 볼트의 허용전단응력은 5MPa이다. 품번②은 6204볼베어링이다. 원동 풀리의 무게는 1000N이며 연직방향으로 작용한다. 평벨트의 마찰계수 0.3이다.)

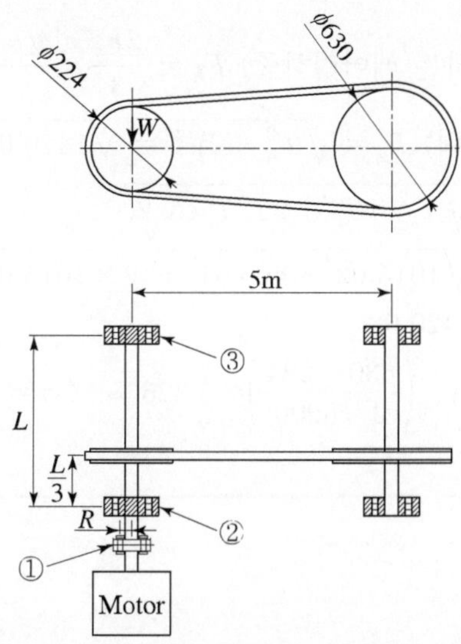

(1) 축의 중심으로부터 ①플랜지 커플링에 사용된 볼트의 중심까지 거리 R[mm]를 구하여라.

(2) 평벨트 풀리에 작용되고 있는 유효장력[N]을 구하여라.

(3) 긴장측 장력[N]을 구하여라.

(4) 품번②베어링에 작용하는 베어링하중[N]을 구하여라.

풀이 & 답

(1) (볼트의 중심까지의 거리) $R = \dfrac{4\times T}{\tau_B \times \pi \times d_B^2 \times Z} = \dfrac{4\times 68180}{5\times\pi\times 8^2\times 6} = 45.21\text{mm}$

(토크) $T = 974000\times 9.8\times \dfrac{H_{KW}}{N} = 974000\times 9.8\times\dfrac{2.5}{350} = 68180\text{N}\cdot\text{mm}$

답 45.21mm

(2) (유효장력) $P_e = \dfrac{1000\times H_{KW}}{\left(\dfrac{\pi D_1 N_1}{60\times 1000}\right)} = \dfrac{1000\times 2.5}{\left(\dfrac{\pi\times 224\times 350}{60\times 1000}\right)} = 609.01\text{N}$

답 609.01N

(3) (긴장측 장력) $T_t = \dfrac{P_e \times e^{\mu\theta}}{e^{\mu\theta}-1} = \dfrac{609.01 \times 2.5}{2.5-1} = 1015.02\text{N}$

(장력비) $e^{\mu\theta} = e^{\left(0.3 \times 175.35 \times \frac{\pi}{180}\right)} = 2.5$

(접촉중심각) $\theta = 180 - 2\sin^{-1}\left(\dfrac{D_2 - D_1}{2C}\right) = 180 - 2\sin^{-1}\left(\dfrac{630-224}{2 \times 5000}\right) = 175.35°$

답 1015.02N

(4) (②베어링에 작용하는 베어링하중) $F_B = \dfrac{2F_s}{3} = \dfrac{2 \times 1736.84}{3} = 1157.89\text{N}$

(축에 작용하는 합력) $F_s = \sqrt{T_R^2 + W^2} = \sqrt{1420.08^2 + 1000^2} = 1736.84\text{N}$

(벨트합력) $T_R = \sqrt{{T_t}^2 + {T_s}^2 + 2T_t T_s \cos 2\phi}$

$= \sqrt{1015.02^2 + 406.01^2 + (2 \times 1015.02 \times 406.01 \times \cos 4.65)}$

$= 1420.08$

$\phi = \sin^{-1}\left(\dfrac{630-224}{2 \times 5000}\right) = 2.326 \Rightarrow 2\phi = 4.65$

답 1157.89N

10-2 V벨트 전동

(평 벨트 전동에서 μ ➡ μ' 만 대입하면 된다.)

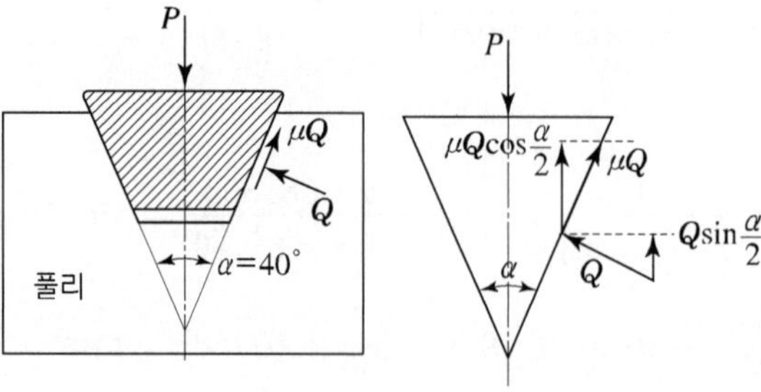

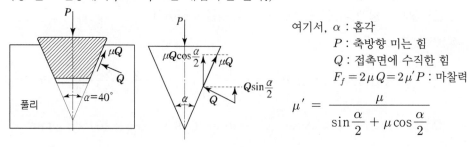

여기서, α : 홈각
P : 축방향 미는 힘
Q : 접촉면에 수직한 힘
$F_f = 2\mu Q = 2\mu' P$: 마찰력

$$\mu' = \frac{\mu}{\sin\frac{\alpha}{2} + \mu\cos\frac{\alpha}{2}}$$

① V벨트의 길이(V벨트는 엇걸기가 없다.)

$$L = 2C + \frac{\pi(D_2 + D_1)}{2} + \frac{(D_2 - D_1)^2}{4C}$$

② 접촉중심각

$$\theta_1 = 180° - 2\phi = 180° - 2\sin^{-1}\left(\frac{D_2 - D_1}{2C}\right)$$

$$\theta_2 = 180° + 2\phi = 180° + 2\sin^{-1}\left(\frac{D_2 - D_1}{2C}\right)$$

③ 수직력

$$\Sigma F_y = 0 \; ; \; \frac{P}{2} - Q \cdot \sin\frac{\alpha}{2} - \mu Q \cdot \cos\frac{\alpha}{2} = 0$$

$$\therefore Q = \frac{P}{2(\sin\frac{\alpha}{2} + \mu\cos\frac{\alpha}{2})}$$

④ 마찰력(= 회전력)

$$F_f = 2\mu Q = 2\mu \cdot \frac{P}{2(\sin\frac{\alpha}{2} + \mu\cos\frac{\alpha}{2})} = \mu' P$$

여기서, (상당마찰계수) $\mu' = \dfrac{\mu}{(\sin\frac{\alpha}{2} + \mu\cos\frac{\alpha}{2})}$

⑤ 장력비 : $e^{\mu'\theta} = \dfrac{T_t}{T_s}$

⑥ V벨트 1가닥의 전달 동력 H_0

㉠ $V \leqq 10$m/s일 때

$$H_{PS} = \frac{P_e \times V}{75} = \frac{T_t V}{75}\left(\frac{e^{\mu'\theta} - 1}{e^{\mu'\theta}}\right)$$

여기서, P_e : 유효장력[kgf]
T_t : 긴장장력[kgf]

$$H_{KW} = \frac{P_e \times V}{102} = \frac{T_t V}{102}\left(\frac{e^{\mu'\theta} - 1}{e^{\mu'\theta}}\right)$$

여기서, P_e : 유효장력[kgf]
T_t : 긴장장력[kgf]

$$H_{KW} = \frac{P_e \times V}{1000} = \frac{T_t V}{1000}\left(\frac{e^{\mu'\theta} - 1}{e^{\mu'\theta}}\right)$$

여기서, P_e : 유효장력[N]
T_t : 긴장장력[N]

㉡ $V > 10$m/s일 때

$$H_{PS} = \frac{P_e \times V}{75} = \frac{(T_t - T_g)V}{75}\left(\frac{e^{\mu'\theta} - 1}{e^{\mu'\theta}}\right)$$

여기서, P_e : 유효장력[kgf]
T_t : 긴장장력[kgf]
T_g : 부가장력[kgf]

$$H_{KW} = \frac{P_e \times V}{102} = \frac{(T_t - T_g)V}{102}\left(\frac{e^{\mu'\theta} - 1}{e^{\mu'\theta}}\right)$$

여기서, P_e : 유효장력[kgf]
T_t : 긴장장력[kgf]
T_g : 부가장력[kgf]

$$H_{KW} = \frac{P_e \times V}{1000} = \frac{(T_t - T_g)V}{1000}\left(\frac{e^{\mu'\theta} - 1}{e^{\mu'\theta}}\right)$$

여기서, P_e : 유효장력[N]
T_t : 긴장장력[N]
T_g : 부가장력[N]

㉢ 전체동력 : H_T

$$H_T = H_0 \times Z \times k_1 \times k_2$$

여기서, Z : 벨트의 가닥수(갯수)는 소수에서 올림하여 정수로 계산한다.

k_1 : 접촉각 수정계수

$\dfrac{D_2 - D_1}{C}$	0.00	0.10	0.20	0.30	0.40	0.50	0.60	0.70	0.80	0.90	1.00	1.10	1.20	1.30	1.40	1.50
작은 벨트에서의 접촉각 $\theta°$	180	174	169	163	157	151	145	139	133	127	120	113	106	99	91	83
접촉각 보정계수	1.00	0.99	0.98	0.96	0.94	0.93	0.91	0.89	0.87	0.85	0.82	0.79	0.77	0.74	0.70	0.66

k_2 : 부하 수정계수

기계의 종류 또는 하중 상태	k_2
송풍기, 원심펌프, 발전기, 컨베이어, 엘리베이터, 인쇄기, 그 밖에 하중변화가 적고 완만한 것	1.0
공작기계, 세탁기계, 면조기계 등 약간의 충격이 있는 것	0.9
왕복압축기	0.85
제지지, 제재기, 제빙기	0.80
분쇄기, 전단기, 광산기계, 제분기, 원심분리기	0.75
방적기, 광산기계는 정격하중에 대해 기동하중 100~150%의 것	0.72
150~200%의 것	0.64
200~250%의 것	0.50

⑦ 벨트의 강도계산

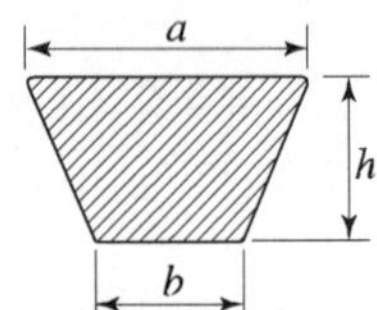

$$\sigma_t = \frac{T_t}{A \cdot \eta} = \frac{T_t}{\frac{1}{2}(a+b)h \cdot \eta}$$

예제 10-7

V벨트의 속도가 20m/sec일 때 D형 V벨트 1개의 전달마력[kW]을 구하라. (단, V벨트 접촉각 θ =130˚, 마찰계수 μ =0.3, 안전계수 S =10, 벨트의 비중은 1.3이다.)

[표] V벨트의 D형의 단면치수

a[mm]	b[mm]	단면적[mm²]	파단하중[N]
31.5	17.0	467.1	8428

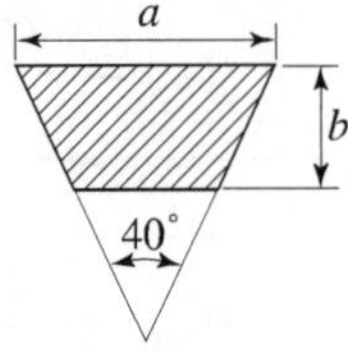

풀이 & 답

(상당마찰계수) $\mu' = \dfrac{\mu}{\mu\cos\alpha + \sin\alpha} = \dfrac{0.3}{0.3 \times \cos 20 + \sin 20} = 0.48$

(장력비) $e^{\mu'\theta} = e^{\left(0.48 \times 130 \times \frac{\pi}{180}\right)} = 2.97$

(긴장장력) $T_t = \frac{F}{S} = \frac{8428}{10} = 842.8\text{N}$

(부가장력) $T_g = \frac{w \cdot V^2}{g} = \frac{r \cdot A \cdot V^2}{g} = \frac{1.3 \times 9800 \times 467.1 \times 10^{-6} \times 20^2}{9.8}$

$= 242.89\text{N}$

(전달장력) $H_{KW} = \frac{P_e \cdot V}{1000} = \frac{(T_t - T_g) \cdot (e^{\mu'\theta} - 1) \cdot V}{1000 \cdot e^{\mu'\theta}}$

$= \frac{(842.8 - 242.89) \times (2.97 - 1) \times 20}{1000 \times 2.97} = 7.96\text{kW}$

답 7.96kW

예제 10-8

1800rpm, 8kW의 전동기(motor)에 의하여 V벨트로 연결된 3000rpm으로 운전되는 풀리가 있다. 이때 사용한 벨트는 B형으로 허용인장력 F =25kgf, 단위 길이당 하중ω = 0.17kgf/m, 작은 풀리의 지름은 120mm이다. 다음을 결정하라. (단, $e^{\mu'\theta}$ =5.7)

(1) 벨트의 부가장력은 몇 kgf인가?
(2) V벨트 1가닥이 전달할 수 있는 동력은 몇 kW인가?
(3) V벨트는 몇 가닥인가? (단, 접촉각 수정계수 0.94, 부하계수1.2이다.)

풀이 & 답

(1) $V = \frac{\pi DN}{60 \times 1000} = \frac{\pi \times 120 \times 3000}{60 \times 1000} = 18.85\text{m/sec}$

$T_g = \frac{\omega V^2}{g} = \frac{0.17 \times 18.85^2}{9.8} = 6.16\text{kgf}$

답 6.16kgf

(2) $H_o = \frac{P_e \cdot V}{102} = \frac{V(F - T_g)}{102} \cdot \frac{e^{\mu'\theta} - 1}{e^{\mu'\theta}}$

$= \frac{18.85 \times (25 - 6.16)}{102} \times \frac{5.7 - 1}{5.7} = 2.87\text{kW}$

답 2.87kW

(3) (벨트의 가락수) $Z = \frac{H_{kw}}{H_0 \times k_1 \times k_2} = \frac{8}{2.87 \times 1.2 \times 0.94} = 2.47 = 3$가닥

(전체 전달동력) $H_{kW} = k_1 \times k_2 \times H_0 \times Z$

답 3가닥

예제 10-9

[2009년 1회 출제(7점)]

V-벨트의 풀리에서 호칭지름은 300mm , 회전수 765rpm 접촉중심각 θ =157.6° 벨트 장치에서 긴장장력이 1.4kN이 작용되고 있다. 전체 전달동력은 40kW, 접촉각 수정계수 0.94, 과부하계수1.2 이다. (단, 등가 마찰계수 μ' =0.48, 벨트의 단면적 236.7mm², 벨트재료의 밀도 ρ =1.5×10³[kg/m³], 이다.)

(1) 벨트의 회전속도 V[m/s]을 구하여라.

(2) 벨트에 작용하는 부가장력 T_g[N]

(3) 벨트에 의해 40kW의 동력을 전달 하고자 한다, 벨트의 가닥수를 구하여라.

풀이 & 답

(1) (벨트의 회전속도) $V = \dfrac{\pi \times D_1 \times N_1}{60 \times 1000} = \dfrac{\pi \times 300 \times 765}{60 \times 1000} = 12.0165 = 12.017\,\mathrm{m/s}$

답 12.017m/s

(2) (부가장력) $T_g = \overline{m}\,V^2 = \rho A V^2 = 1.5 \times 10^3 \times 236.7 \times 10^{-6} \times 12.017^2$
$= 51.272\mathrm{N} = 51.27\,\mathrm{N}$

답 51.27N

(3) (밸트의 가락수) $Z = \dfrac{H_{kw}}{H_0 \times k_1 \times k_2} = \dfrac{40}{11.87 \times 0.94 \times 1.2} = 2.987 = 3$가닥

(밸트 한 가닥의 전달동력) $H_0 = \dfrac{V}{1000}\left(\dfrac{e^{\mu'\theta} - 1}{e^{\mu'\theta}}\right)(T_t - T_g)$

$$= \frac{12.017}{1000}\left(\frac{3.74 - 1}{3.74}\right)(1400 - 51.27)$$

$$= 11.874 = 11.87\,\mathrm{kW}$$

$e^{\mu'\theta} = e^{\left(0.48 \times 157.6 \times \frac{\pi}{180}\right)} = 3.744 = 3.74$

답 3가닥

10-3 로프전동

(1) 풀리의 피치원 지름(D)과 로프의 지름(d)의 관계

로프의 풀리는 활차(滑車)또는 시브(sheave)라고 하며 주철 또는 주강으로 만들고, 둘레는 V홈이 파져 있다. 홈의 각도(α)는 30~60° 정도이다. 로프풀리의 피치원지름은 D은 로프의 지름 d에 대하여 다음의 관계가 되도록 한다.

와이어 로프	$D \geq 50d$
마 로프	$D \geq 40d$
면 로프	$D \geq 30d$

로프의 재질에 따른 설계값입니다. 암기해야 됩니다.

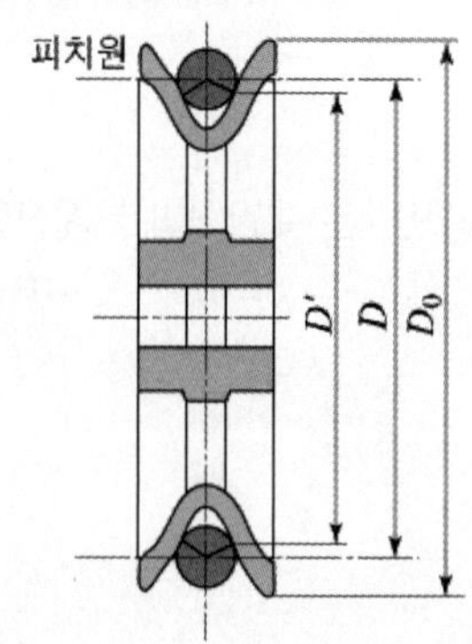

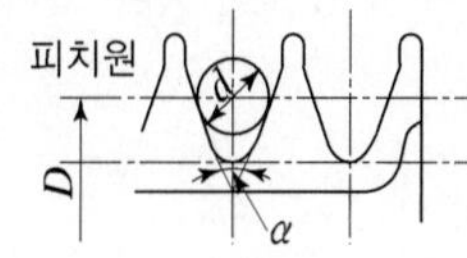

(2)로프의 처짐(h)과 로프의 장력(T)

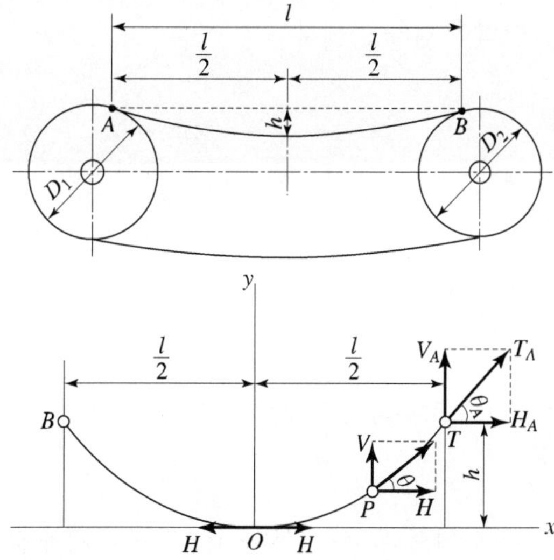

로프전동에서 출제되는 공식입니다.

(수평분력) $H = \dfrac{wl^2}{8h}$

(수직분력) $V = \dfrac{wl}{2}$

여기서, w : 벨트의 단위 길이당 무게[N/m] 또는 [kgf/m]

암기하세요

(로프의 장력) $T_A = \dfrac{wl^2}{8h} + wh = H + wh$

(점 A과 점 B에서 처짐을 고려한 로프길이) $L_{AB} = l\left(1 + \dfrac{8}{3}\dfrac{h^2}{l^2}\right)$

(로프의 전체길이) $L_t = \dfrac{\pi}{2}(D_1 + D_2) + 2L_{AB}$

 양A점과 B점의 거리 l이 주어지지 않으면 l은 축간거리로 계산된다.

(3) 공식 유도하기

로프의 장력 : T
장력의 수평분력 : H
장력의 수직분력 : V
로프의 단위길이당 무게 : w

로프의 단위길이당 무게를 w라 하고, 임의의 점(x,y)에서

$$\tan\theta = \frac{dy}{dx} = \frac{V}{H} = \frac{w\cdot\ x}{H}$$

윗 식을 적분하면 다음과 같다.

$$y = \frac{w}{2H}x^2 + c_1$$

윗 식은 원점(0,0)을 꼭지점으로 한다. $c_1 = 0$

$$y = \frac{w}{2H}x^2$$

위 포물선이 점 $A(l/2, h)$을 지나가는 조건으로부터 수평분력 H가 구해진다.

(수평분력) $H_A = \dfrac{wl^2}{8h}$

한편 점$A(l/2,\ h)$을 지나가는 수직분력은 원점으로부터 A점까지의 로프 무게와 같으므로 다음과 같다.

(수직분력) $V_A = \dfrac{wl}{2}$

A점에서의 장력 T_A는 다음과 같다.

$$T_A = \sqrt{{V_A}^2 + {H_A}^2} = \frac{wl^2}{8h}\sqrt{1+\frac{16h^2}{l^2}}$$

위의 식을 간단히 개략화하기 위해 x가 작은 경우 $\sqrt{1+x} \fallingdotseq 1+\dfrac{x}{2}$를 이용하면 다음과 같다.

$$T_A \fallingdotseq \frac{wl^2}{8h}(1+\frac{8h^2}{l^2}) = \frac{wl^2}{8h}+wh = H+wh$$

(벨트의 장력) $T_A = \dfrac{wl^2}{8h}+wh = H+wh$

(4) 로프의 길이(L) 유도하기

처짐의 식이 포물선의 식으로 표현하면

$$y = ax^2$$

위 포물선이 점 $A(l/2, h)$을 지나가는 조건으로

$y = \dfrac{4h}{l^2}x^2$ 미분하면

$$\frac{dy}{dx} = \frac{8h}{l^2}x$$

AB사이의 길이 L_{AB}은 다음과 같다.

$$L_{AB} = 2\int_{x=0}^{x=\frac{l}{2}} \sqrt{dx^2+dy^2} = 2\int_0^{\frac{l}{2}} \sqrt{1+(\frac{dy}{dx})^2}\,dx$$

위에서 사용하였더 개략화를 위한 식 $\sqrt{1+x} \fallingdotseq 1+\dfrac{x}{2}$를 다시 사용하면 AB사이의 길이 L_{AB}는 다음과 같다.

$$L_{AB} \fallingdotseq 2\int_0^{\frac{l}{2}} \sqrt{1+(\frac{dy}{dx})}\,dx = 2\int_0^{\frac{l}{2}} [1+\left(\frac{8h}{l^2}x\right)^2]dx = l(1+\frac{8}{3}\frac{h^2}{l^2})$$

(점 A과 점 B에서 처짐을 고려한 로프길이) $L_{AB} = l(1+\dfrac{8}{3}\dfrac{h^2}{l^2})$

로프 전체의 길이 L_t 다음과 같다.

$$L_t = \frac{\pi}{2}(D_1+D_2)+2L_{AB}$$

여기서, D_1, D_2 : 각 폴리의 지름

예제 10-10

축간거리 15[m]의 로프 풀리에서 로프의 최대처짐량이 0.3[m]이다. 단, 로프 단위길이에 대한 무게는 w =0.5[kgf/m]이다.

(1) 로프에 발생하는 인장력[kgf]을 구하여라.
(2) 접촉점으로부터 다른 쪽 풀리의 접촉점까지 로프의 길이 L_{AB}[m]을 구하여라.
(3) 원동축과 종동축의 풀리의 지름이 2m로 같다면 로프의 전체길이 L_t [m]를 구하여라.

풀이 & 답

(1) (인장력) $T_A = \dfrac{wl^2}{8h} + wh = \dfrac{0.5\times15^2}{8\times0.3} + 0.5\times0.3 = 47.025[\text{kgf}]$

답 47.025kgf

(2) (접촉점 사이의 로프 길이) $L_{AB} = l(1+\dfrac{8}{3}\dfrac{h^2}{l^2}) = 15\times(1+\dfrac{8}{3}\dfrac{0.3^2}{15^2}) = 15.02[\text{m}]$

답 15.02m

(3) $L_t = \dfrac{\pi}{2}(D_1+D_2) + 2L_{AB} = \dfrac{\pi}{2}(2+2) + 2\times15.02 = 36.32[\text{m}]$

답 36.32m

예제 10-11

로프전동에서 원동풀리의 지름은 1100mm, 종동풀리지름 2500mm이고, 축간거리가 8m일 때, 원동풀리의 분당회전수 400rpm, 전달동력은 75kW이다. 홈의 각은 45°이고, 마찰계수는 0.2일 때 다음을 구하시오. (부가장력은 무시한다.)

(1) 면 로프를 사용할 때 로프의 지름[mm]을 정수로 구하여라.
(2) 로프의 허용인장력[kgf]을 구하여라?

풀이 & 답

(1) 면 로프일 때의 사용식 $D_1 > 30d$ 이므로

(로프의 지름) $d = \dfrac{D_1}{30} = \dfrac{1100}{30} = 36.67\text{mm} ≒ 36\text{mm}$

답 36mm

(2) $\theta = 180° - 2\sin^{-1}\left(\dfrac{D_2 - D_1}{2C}\right) = 180° - 2\times\sin^{-1}\left(\dfrac{2500-1100}{2\times8000}\right) = 169.96°$

$$\mu' = \frac{\mu}{\sin\frac{\alpha}{2} + \mu\cos\frac{\alpha}{2}} = \frac{0.2}{\sin\left(\frac{45}{2}\right) + 0.2\times\cos\left(\frac{45}{2}\right)} = 0.35$$

$$e^{\mu'\theta} = e^{\left(0.35 \times 169.96 \times \frac{\pi}{180}\right)} = 2.82$$

$$H_{KW} = \frac{T_t \cdot (e^{\mu'\theta} - 1) \cdot V}{102 \cdot e^{\mu'\theta}}$$

$$75 = \frac{T_t \times (2.82 - 1) \times \pi \times 1100 \times 400}{102 \times 2.82 \times 60 \times 1000}$$

(긴장장력 = 벨트의 허용인장력) $T_t = 514.5\text{kgf}$

답 514.5kgf

 10-4 체인전동

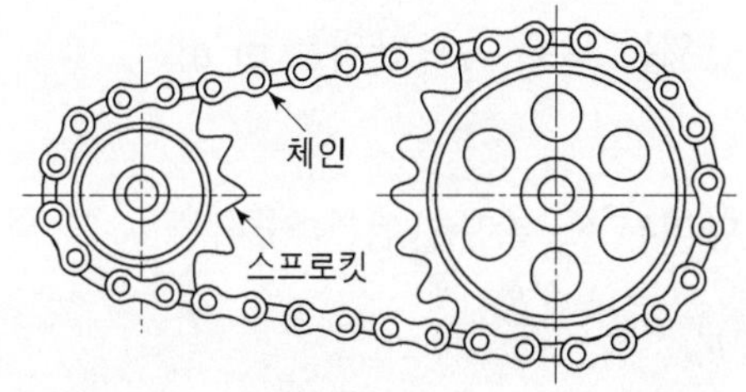

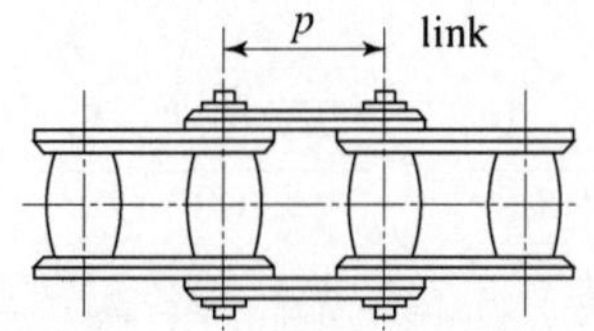

$p = \dfrac{\pi D}{Z}$: 피치

$\pi D_1 = p Z_1, \quad \pi D_2 = p Z_2$

여기서, D_1 : 원동 스프로킷의 피치원 직경
D_2 : 종동 스프로킷의 피치원 직경
Z_1 : 원동 스프로킷의 잇수
Z_2 : 종동 스프로킷의 잇수

(1) 체인의 설계

① 체인의 길이

$L = p \times L_n$(여기서, L_n : 링크수)

$$= 2C + \frac{\pi(D_2 + D_1)}{2} + \frac{(D_2 - D_1)^2}{4C}$$

$$L_n = \frac{L}{p} = \frac{2C}{p} + \frac{\pi(D_2 + D_1)}{2p} + \frac{(D_2 - D_1)^2}{4Cp}$$

$\pi D = p Z$ ➡ $\dfrac{\pi D}{p} = Z$ 로 치환하면,

$$\therefore \text{(링크의 개수) } L_n = \frac{2C}{p} + \frac{Z_2 + Z_1}{2} + \frac{\frac{1}{\pi^2} p (Z_2 - Z_1)^2}{4C}$$

② 체인의 속도

$$V = V_1 = V_2 = \frac{\pi D_1 N_1}{60 \times 1000} = \frac{\pi D_2 N_2}{60 \times 1000} = \frac{p Z_1 N_1}{60 \times 1000} = \frac{p Z_2 N_2}{60 \times 1000} [\text{m/s}]$$

③ 속비

$$\epsilon = \frac{N_2}{N_1} = \frac{D_1}{D_2} = \frac{Z_1}{Z_2}$$

(2) 체인의 전달동력

$$H_{PS} = \frac{F_s \cdot V}{75} = \frac{\left(\frac{e}{kS} F_B\right) \cdot V}{75}$$ [힘의 단위는 kgf, 속도단위는 m/s]

$$H_{KW} = \frac{F_s \cdot V}{102} = \frac{\left(\frac{e}{kS} F_B\right) \cdot V}{102}$$ [힘의 단위는 kgf, 속도단위는 m/s]

$$H_{KW} = \frac{F_s \cdot V}{1000} = \frac{\left(\frac{e}{kS} F_B\right) \cdot V}{1000}$$ [힘의 단위는 N, 속도단위는 m/s]

여기서, F_S : 안전하중=설계장력, $F_S = \frac{e}{k \times S} \times F_B$

S : 안전율

e : 다열계수

k : 부하계수 (다열계수, 부하계수는 체인전동에 따른 상수이다)

F_B : 파단하중(극한하중) 파단하중은 체인의 호칭번호를 알면 KS규격에서 주어진다.

[표] 롤러체인의 각부 치수(KS B 1407)

체인의 호칭 번호	피치 p	롤러의 바깥지름 R(최대)	롤러링 내축 W (최소)	롤러링 외축 W (최대)	핀링판 바깥 지름 D	핀링판 L부의 길이 (최대)	핀링판 두께 T	핀링판 폭 h (최대)	핀링판 폭 H (최대)	스프로킷 피치 C (참고)	피단하중 F단위 (ton)
25	6.35	3.38	3.18	4.8	2.31	4.8	0.75	5.2	6.0	6.4	0.36
35	9.525	5.08	4.78	7.46	3.59	8.6	1.25	7.8	9.0	10.1	0.80
40	12.07	7.94	7.9	11.23	3.97	10.6	1.5	10.4	12.0	14.4	1.42
50	15.88	10.16	9.5	13.90	5.09	12.1	2.0	13.0	15.0	18.1	2.21
60	19.05	11.91	12.7	17.81	5.96	16.2	2.4	15.6	18.1	22.8	3.20
80	25.40	15.88	15.8	22.65	7.94	20.0	3.2	20.8	14.1	29.3	5.65
100	31.75	19.05	19.0	27.51	9.54	24.1	4.0	26.0	30.1	35.8	8.85
120	38.10	22.23	25.4	35.51	11.11	29.2	4.8	31.2	26.2	45.4	12.60
140	44.45	25.40	25.4	37.24	12.71	32.2	5.6	36.4	42.2	48.9	17.40
160	50.80	28.58	31.7	45.27	14.29	37.3	6.4	41.6	48.2	58.5	22.70
200	63.50	39.69	38.1	54.94	19.85	46.5	8.0	52.0	60.3	71.6	35.40
240	76.20	47.63	47.63	67.87	23.81	55.8	9.5	62.4	72.4	87.8	51.10

(3) 스프로킷 휠의 계산식

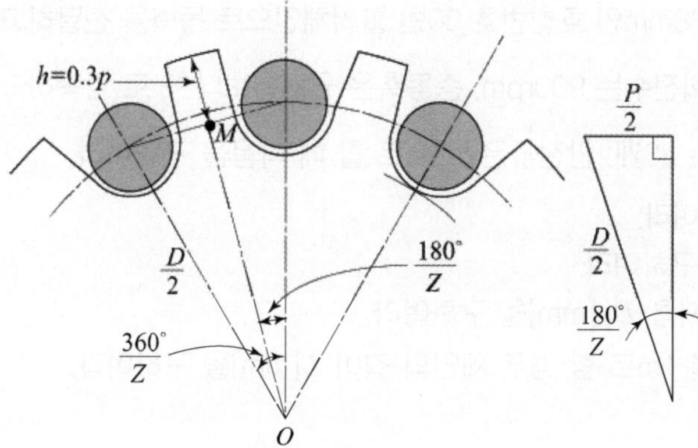

① 스프로킷 휠의 피치원 직경

$$\sin\frac{180^o}{Z} = \frac{\frac{p}{2}}{\frac{D}{2}} = \frac{p}{D} \Rightarrow D = \frac{p}{\sin\left(\frac{180^o}{Z}\right)}$$

② 이의 높이 : $h = 0.3p$

③ 외경 : $\frac{D_0}{2} = \overline{OM} + h \Rightarrow D_0 = p\left(0.6 + \cot\frac{180°}{Z}\right)$

예제 10-12 [2008년 2회 출제(6점)]

원동축 스프로킷 휠의 잇수 20개, 종동축 스프로킷 휠의 잇수 60개이며 축간거리는 800mm을 연결하기 위하여 피치가 15.875mm인 체인을 사용할 때 다음을 구하여라.

(1) 사용해야 될 링크의 개수를 구하여라?
(2) 체인의 전체 길이[mm]를 구하여라?

풀이 & 답

(1) (링크수) $L_n = \frac{2C}{p} + \frac{z_2 + z_1}{2} + \frac{p(z_2 - z_1)^2}{4c\pi^2}$

$$= \frac{2 \times 800}{15.875} + \frac{60 + 20}{2} + \frac{15.875 \times (60 - 20)^2}{4 \times 800 \times \pi^2}$$

$$= 141.59 = 142\text{개}$$

답 142개

(2) (체인의 길이) $L = L_n \times p = 142 \times 15.875 = 2254.25\text{mm}$

답 2254.25mm

예제 10-13 [2019년 1회 출제(7점)]

파단하중 21.67kN, 피치 15.88mm인 호칭번호 50번 롤러체인으로 동력을 전달하고자 한다. 원동 스프로킷의 분당 회전수는 900rpm, 종동축은 원동축보다 $\frac{1}{3}$로 감속하고자 한다. 원동 스프로킷의 잇수는 25개, 안전율은 10으로 할 때 다음을 구하여라.

(1) 체인속도 V[m/s]을 구하여라.
(2) 최대 전달동력 H[kW]을 구하여라.
(3) 피동 스포로킷의 피치원 지름 D_2[mm]을 구하여라.
(4) 양 스프로킷의 중심거리를 1m로 할 경우 체인의 길이 L[mm]을 구하여라.

풀이 & 답

(1) (체인속도) $V = \dfrac{p \times Z_1 \times N_1}{60 \times 1000} = \dfrac{15.88 \times 25 \times 900}{60 \times 1000} = 5.955\,\mathrm{m/s} = 5.96\,\mathrm{m/s}$

답 5.96m/s

(2) (최대 전달동력) $H_{KW} = \dfrac{F_B \times V}{S} = \dfrac{21.67 \times 5.96}{10} = 12.91\,\mathrm{kW}$

답 12.91kW

(3) (피동 스포로킷의 피치원 지름)

$$D_2 = \frac{p}{\sin\left(\dfrac{180}{Z_2}\right)} = \frac{15.88}{\sin\left(\dfrac{180}{75}\right)} = 379.217 = 379.22\,\mathrm{mm}$$

$Z_2 = Z_1 \times 3 = 25 \times 3 = 75$개

답 379.22mm

(4) (체인의 길이) $L = \left(\dfrac{2 \times C}{p} + \dfrac{(Z_1 + Z_2)}{2} + \dfrac{\dfrac{p}{\pi^2}(Z_2 - Z_1)^2}{4C}\right) \times p$

$$= \left(\frac{2 \times 1000}{15.88} + \frac{(75+25)}{2} + \frac{\dfrac{15.88}{\pi^2} \times (75-25)^2}{4 \times 1000}\right) \times 15.88$$

$= 2809.969\,\mathrm{mm} = 2809.97\mathrm{mm}$

답 2809.97mm

예제 10-14

전달동력이 10PS를 전달하기 위해 원동 스프로킷의 분당 회전수는 750rpm, 체인의 속도는 3m/s, 축간거리는 800mm, 종동 스프로킷은 $\frac{1}{3}$배로 감속운전시킨다. 다음 물음에 답하여라.(단, 안전율은 10으로 한다.)

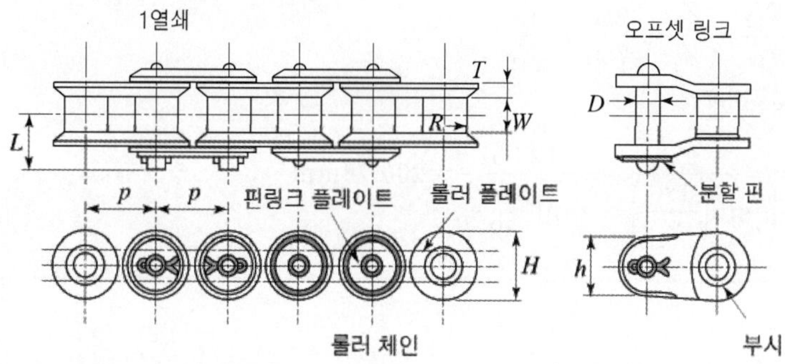

[표] 롤러체인의 각부 치수(KS B 1407)

체인의 호칭 번호	피치 p	롤러의 바깥지름 R(최대)	롤러링 내축 W (최소)	롤러링 외축 W (최대)	핀링판 바깥 지름 D	핀링판 L부의 길이 (최대)	핀링판 두께 T	핀링판 폭 h (최대)	핀링판 폭 H (최대)	스프로킷 피치 C (참고)	피단하중 F단위 (ton)
25	6.35	3.38	3.18	4.8	2.31	4.8	0.75	5.2	6.0	6.4	0.36
35	9.525	5.08	4.78	7.46	3.59	8.6	1.25	7.8	9.0	10.1	0.80
40	12.07	7.94	7.9	11.23	3.97	10.6	1.5	10.4	12.0	14.4	1.42
50	15.88	10.16	9.5	13.90	5.09	12.1	2.0	13.0	15.0	18.1	2.21
60	19.05	11.91	12.7	17.81	5.96	16.2	2.4	15.6	18.1	22.8	3.20
80	25.40	15.88	15.8	22.65	7.94	20.0	3.2	20.8	14.1	29.3	5.65
100	31.75	19.05	19.0	27.51	9.54	24.1	4.0	26.0	30.1	35.8	8.85
120	38.10	22.23	25.4	35.51	11.11	29.2	4.8	31.2	26.2	45.4	12.60
140	44.45	25.40	25.4	37.24	12.71	32.2	5.6	36.4	42.2	48.9	17.40
160	50.80	28.58	31.7	45.27	14.29	37.3	6.4	41.6	48.2	58.5	22.70
200	63.50	39.69	38.1	54.94	19.85	46.5	8.0	52.0	60.3	71.6	35.40
240	76.20	47.63	47.63	67.87	23.81	55.8	9.5	62.4	72.4	87.8	51.10

(1) 파단하중[kgf]를 구하고 단열 롤러 체인을 표에서 선정하시오.

(2) 원동축의 스프로킷 휠의 잇수 : Z_1(정수로 올림)

(3) 종동축의 스프로킷 휠의 피치원 지름 : D_2 [mm]

풀이 & 답

(1) $H_{PS} = \frac{P \times V}{75}$, (전달하중 = 안전하중) $P = \frac{H_{PS} \times 75}{V} = \frac{10 \times 75}{3} = 250\text{kgf}$

(파단하중) $F' = P \times S = 250 \times 10 = 2500\text{kgf}$

체인의 호칭번호는 60번 선택

답 (파단하중) 2500kgf
호칭번호 60번 선택

(2) $V=\dfrac{p\cdot\ Z_1\cdot\ N_1}{60\times1000}$

$3=\dfrac{19.05\times Z_1\times750}{60\times1000}$, $Z_1=12.6 ≒ 13$개

답 13개

(3) $i=\dfrac{N_2}{N_1}=\dfrac{Z_1}{Z_2}$, $\dfrac{250}{750}=\dfrac{13}{Z_2}$

$Z_2=39$개

$D_2=\dfrac{p}{\sin\left(\dfrac{180}{Z_2}\right)}=\dfrac{19.05}{\sin\left(\dfrac{180}{39}\right)}=236.74\text{mm}$

답 236.74mm

예제 10-15 [2009년 2회 출제(3점)]

롤러체인 No.60의 파단 하중이 3200kgf, 피치는 19.05mm을 2열로 사용하여 안전율 10으로 동력을 전달하고자 한다. 구동스프로킷 휠의 잇수는 17개, 회전속도 600rpm으로 회전하며 피동축은 200rpm으로 회전하고 있다. 다음 물음에 답하여라. 단 롤러의 부하계수 k =1.3, 2줄(2열)인 경우 다열계수 e =1.7이다)

(1) 최대전달동력을 구하여라.[kW]

(2) 피동 축 스프로킷휠의 피치원 지름을 구하여라.[mm]

풀이 & 답

(1) (설계장력) $F_s\ =\ \dfrac{e}{k\times s}\times F_B\ =\ \dfrac{1.7}{1.3\times10}\times3200\ =\ 418.4615\ =\ 418.46\text{kgf}$

(속도) $V\ =\ \dfrac{p\times Z_1\times N_1}{60\times1000}\ =\dfrac{19.05\times17\times600}{60\times1000}=\ 3.2385\ =\ 3.24\text{m/s}$

(최대전달동력) $H_{kw}\ =\ \dfrac{F_s\times V}{102}\ =\ \dfrac{418.46\times3.24}{102}\ =\ 13.292\ =\ 13.29\text{kW}$

답 13.29kW

(2) (피동축 스프로킷 휠 잇수) $Z_2=\dfrac{Z_1\times N_1}{N_2}=\dfrac{17\times600}{200}=51$개

(피동축 스프로킷 휠 피치원 지름) $D_2=\dfrac{p}{\sin\dfrac{180}{Z_2}}=\dfrac{19.05}{\sin\dfrac{180}{51}}$

$=309.449=309.45\text{mm}$

답 309.45mm

(4) 스프로킷 휠의 속도변화

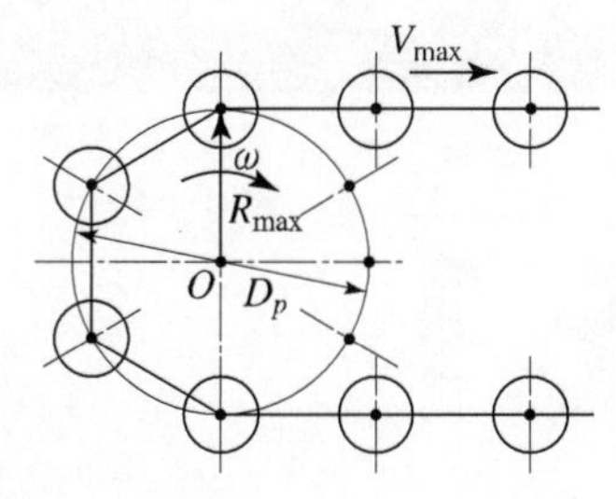

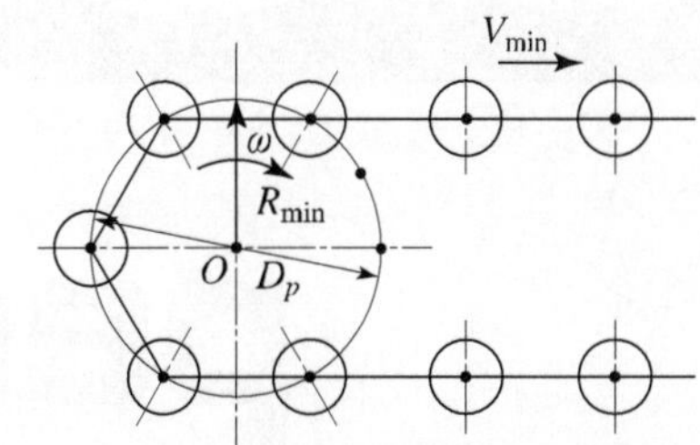

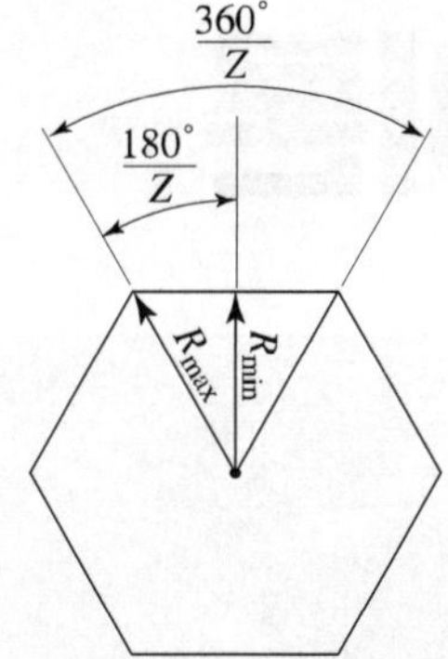

$$\frac{R_{min}}{R_{max}} = \frac{V_{min}}{V_{max}} = \cos\frac{180°}{Z}$$

여기서, R_{max} : 최대 회전반지름
R_{min} : 최소 회전반지름
Z : 스프로킷 잇수

$$(\text{속도 변동률})\ \epsilon = \frac{V_{max} - V_{min}}{V_{max}} = 1 - \frac{V_{min}}{V_{max}} = 1 - \frac{R_{min}}{R_{max}} = 1 - \cos\frac{180°}{Z}$$

예제 10-16

체인 스프로킷의 잇수가 12개일 때 다음 물음에 답하여라.

(1) 최대속도(V_{max})와 최소속도(V_{min})의 비 $\frac{V_{min}}{V_{max}}$를 구하여라.

(2) 체인 스프로킷의 속도 변동률(ϵ)을 구하여라.

풀이 & 답

(1) $\frac{R_{min}}{R_{max}} = \frac{V_{min}}{V_{max}} = \cos\frac{180°}{Z} = \cos\frac{180}{12} = 0.9659$

답 0.9659

(2) $\epsilon = \frac{V_{max} - V_{min}}{V_{max}} = 1 - \frac{V_{min}}{V_{max}} = 1 - \frac{R_{min}}{R_{max}}$

$= 1 - \cos\frac{180°}{Z} = 1 - 0.9659 = 0.0341 = 3.41\%$

답 3.41%

part 1
기계요소설계_이론

Chapter 11

마찰차

마찰차

축간의 거리가 가까울 때 풀리의 마찰력을 이용하여 동력을 전달하는 기계요소이다. 동력 전달이 매우 정숙하나 작은 동력의 전달 시 사용된다. 풀리와 풀리는 선접촉한다.

[마찰차의 종류]

- 원통마찰차 : 두 축이 평행할 때
  - 평마찰차
  - V홈마찰차
- 원추마찰차 : 두 축이 각도를 가진 경우
- 변속마찰차
  - 구면차
  - 이반스 마찰차
  - 원추와 원판차=크라운 마찰차

11-1 원통 마찰차(평마찰차)

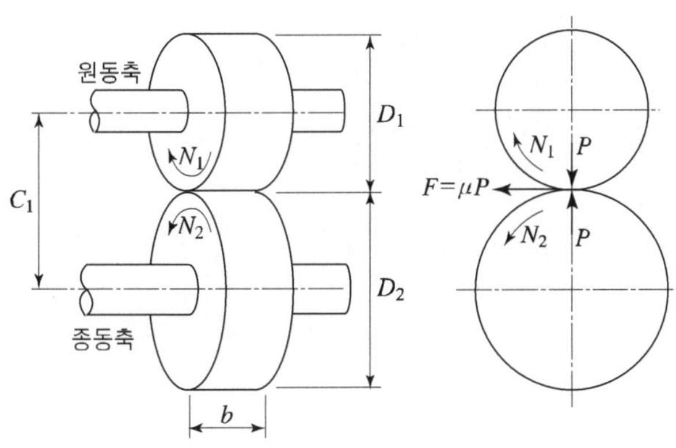

(1) 속비

두 마찰차가 회전할 때 원주속도는 같다.

$$\frac{\pi D_1 N_1}{60\times 1000} = \frac{\pi D_2 N_2}{60\times 1000} \qquad \therefore D_1 N_1 = D_2 N_2 \quad ➡ \quad \epsilon\,(=i\,) = \frac{N_2}{N_1} = \frac{D_1}{D_2}$$

(2) 축간 거리(중심거리) C

$$C = \frac{D_2 + D_1}{2}$$

(3) 마찰차의 직경 계산(유도해 볼 것)

$$C = \frac{D_2 + D_1}{2} \quad ➡ \quad 2C = D_2 + D_1 = D_2 + \epsilon D_2 = D_2(1+\epsilon)$$

$$\therefore D_2 = \frac{2C}{1+\epsilon},\ D_1 = \frac{2C}{1+\dfrac{1}{\epsilon}}$$

(4) 접촉선의 허용선압력(f [N/mm] 또는 [kgf/mm])

$$f = \frac{P}{b} \quad ➡ \quad b = \frac{P}{f},\ P = f\,b$$

(5) 전달토크

(원동차의 토크) $T_1 = \mu P\cdot\dfrac{D_1}{2} = \mu f\,b\,\dfrac{D_1}{2}$

(종동차의 토크) $T_2 = \mu P\cdot\dfrac{D_2}{2} = \mu f\,b\,\dfrac{D_2}{2}$

(6) 전달동력

$H_{PS} = \dfrac{F\times V}{75} = \dfrac{\mu P}{75}\times\dfrac{\pi D N}{60\times 1000}$ 힘의 단위는 [kgf], 속도단위는 [m/s]

$H_{KW} = \dfrac{F\times V}{102} = \dfrac{\mu P}{102}\times\dfrac{\pi D N}{60\times 1000}$ 힘의 단위는 [kgf], 속도단위는 [m/s]

$H_{KW} = \dfrac{F\times V}{1000} = \dfrac{\mu P}{1000}\times\dfrac{\pi D N}{60\times 1000}$ 힘의 단위는 [N], 속도단위는 [m/s]

예제 11-1 [2011년 1회 출제(3점)]

외접원통마찰차의 축간거리 300mm, N_1 =400rpm, N_2 =200rpm인 마찰차의 지름 D_1, D_2는 각각 얼마인가?

풀이 & 답

(속비) $\epsilon = \dfrac{D_1}{D_2} = \dfrac{N_2}{N_1} = \dfrac{200}{400} = \dfrac{1}{2}$

(원동풀리지름) $D_1 = \dfrac{2C}{1+\dfrac{1}{\epsilon}} = \dfrac{2\times 300}{1+2} = 200\text{mm}$

(종동풀리지름) $D_2 = \dfrac{D_1}{\epsilon} = \dfrac{200}{\dfrac{1}{2}} = 400\text{mm}$

답 D_1 =200mm
D_2 =400mm

예제 11-2

분당 회전수가 600rpm, 10PS을 전달시키는 외접 평마찰차가 지름이 450mm이면 그 너비는 몇 mm로 하여야 하는가? (단, 접촉선압력 q =1.5kgf/mm, 마찰계수 μ =0.25이다.)

풀이 & 답

$H_{PS} = \dfrac{\mu P\cdot V}{75}$, $10 = \dfrac{0.25\times P\times\pi\times 450\times 600}{75\times 60\times 1000}$, $P = 212.21\text{kgf}$

$q = \dfrac{P}{b}$, $1.5 = \dfrac{212.21}{b}$

(폭) $b = 141.47\text{mm}$

답 141.47mm

예제 11-3

주철과 목재의 조합으로 된 원동 마찰차의 지름이 300mm, 450rpm으로 10kW을 전달하는 외접 평마찰차가 있다. 다음을 결정하라. (단, 마찰계수는 0.25, 감속비는 $\frac{1}{3}$, 허용선압은 15N/mm이다.)

(1) 밀어붙이는 힘은 몇 N인가?
(2) 중심거리는 몇 mm인가?
(3) 접촉면의 폭은 몇 mm인가?

풀이 & 답

(1) $H_{KW} = \frac{\mu P V}{1000}$

$$P = \frac{H_{KW} \times 1000}{\mu \times V} = \frac{10 \times 1000}{0.25 \times 7.069} = 5658.5089\text{N} = 5658.51\text{N}$$

$$V = \frac{\pi D_A N_A}{60 \times 1000} = \frac{\pi \times 300 \times 450}{60 \times 1000} = 7.069\text{m/sec}$$

답 5658.51N

(2) $i = \frac{N_B}{N_A} = \frac{D_A}{D_B}$, $D_B = \frac{D_A}{i} = 3 \times 300 = 900\text{mm}$

(축간거리) $C = \frac{D_A + D_B}{2} = \frac{300 + 900}{2} = 600\text{mm}$

답 600mm

(3) $f = \frac{P}{b}$, (폭) $b = \frac{P}{f} = \frac{5658.51}{15} = 377.23\text{mm}$

답 377.23mm

11-2 V 홈 마찰차

원통 마찰차의 식에 마찰 계수 대신에 상당 마찰계수를 대입하면 된다.

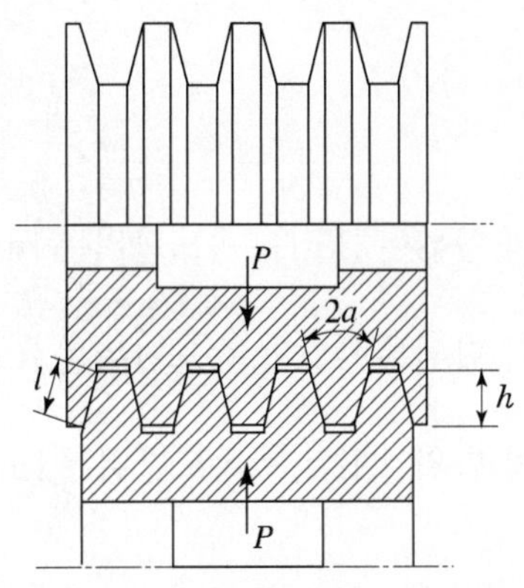

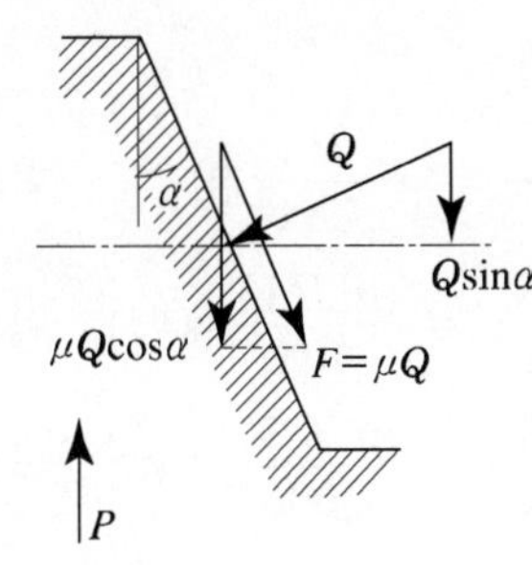

여기서, P : 밀어붙이는 힘
Q : 접촉면에 수직한 힘
$F_f = \mu Q = \mu' P$: 마찰력
μ' : 상당 마찰계수
$\mu' = \dfrac{\mu}{\sin\alpha + \mu\cos\alpha}$
2α : V홈각
α : V홈 반각

(1) 접촉면에 수직하는 힘 Q

$$\Sigma F_y = 0\,;\ P - Q\cdot\sin\alpha - \mu Q\cdot\cos\alpha = 0 \qquad \therefore\ Q = \frac{P}{\sin\alpha + \mu\cos\alpha}$$

(2) 마찰력(= 회전력) F_f

$$F_f = \mu Q = \mu\left(\frac{P}{\sin\alpha + \mu\cos\alpha}\right) = \left(\frac{\mu}{\sin\alpha + \mu\cos\alpha}\right)P = \mu' P$$

(3) 접촉 선압력

$f = \dfrac{Q}{L}$ (여기서, L : 접촉 전길이)

(4) 홈의 높이(깊이) h

$\cos\alpha = \dfrac{h}{l}$ ➡ $h = l\cdot\ \cos\alpha$

(설계식=경험식) $h = 0.94\sqrt{\mu' P} = 0.94\sqrt{\mu Q} = 0.94\sqrt{F_f}$

(마찰력) $F_f[\mathrm{kgf}] = \mu' P[\mathrm{kgf}] = \mu Q[\mathrm{kgf}]$

홈의 깊이 h을 구할 때 일반적으로 설계식을 사용한다. 이때 사용되는 마찰력의 단위는 [kgf]이다. 단 경험식을 사용할 때는 홈의 깊이 h가 높으면 풀리의 탈착이 어렵고 접촉이 나빠져 발열 및 소음이 발생한다. 그래서 h의 상한값을 정하는데 $h \le 0.05D$가 되도록 한다.

(5) 홈의 수 Z

(홈의길이) $L = 2l \cdot Z$ ⬅ 홈수 1개마다 2군데 접촉하므로

$$= 2 \cdot \frac{h}{\cos\alpha} \cdot Z = 2hZ \Leftarrow \cos\alpha \fallingdotseq 1$$

$$\therefore Z = \frac{L}{2h} = \frac{Q}{2hf} \text{ (여기서, } f = \frac{Q}{L}\text{)}$$

(6) 전달동력

$$H_{PS} = \frac{F \times V}{75} = \frac{\mu Q V}{75} = \frac{\mu' P V}{75} \text{ [Ps]}$$ 힘의 단위는 [kgf], 속도단위는 [m/s]

$$H_{KW} = \frac{F \times V}{102} = \frac{\mu Q V}{102} = \frac{\mu' P V}{102} \text{ [kW]}$$ 힘의 단위는 [kgf], 속도단위는 [m/s]

$$H_{KW} = \frac{F \times V}{1000} = \frac{\mu Q V}{1000} = \frac{\mu' P V}{1000} \text{ [kW]}$$ 힘의 단위는 [N], 속도단위는 [m/s]

예제 11-4

원동차의 분당회전수가 750rpm을 종동차로 전달하고자 한다. 홈각도가 40°인 V홈 마찰차에서 원동차의 평균지름이 300mm, 3.7kW의 동력을 전달하고자 한다. 다음 물음에 답하여라. (단 허용선압력은 30N/mm, 마찰계수 μ =0.15이다)

(1) 마찰차를 밀어 붙이는 힘[N]을 구하여라.
(2) 홈의 깊이[mm]를 구하여라.
(3) 홈의 수를 구하여라.

풀이 & 답

(1) $V = \frac{\pi D_A N_A}{60 \times 1000} = \frac{\pi \times 300 \times 750}{60 \times 1000} = 11.78\text{m/sec}$

$$\mu' = \frac{\mu}{\sin\alpha + \mu\cos\alpha} = \frac{0.15}{\sin 20 + 0.15 \times \cos 20} = 0.31$$

$$H_{KW} = \frac{\mu' P V}{1000}$$

$$P = \frac{H_{KW} \times 1000}{\mu' \times V} = \frac{3.7 \times 1000}{0.31 \times 11.78} = 1013.2\text{N}$$

답 1013.2N

(2) (홈의 깊이) $h = 0.94\sqrt{\mu' P} = 0.94 \times \sqrt{0.31 \times 1013.2 \times \frac{1}{9.8}}$

$$= 5.32\text{mm}$$

답 5.32mm

(3) (홈의 개수) $Z=\dfrac{Q}{2hf}=\dfrac{2093.95}{2\times5.32\times30}=6.56 ≒ 7$개

(접촉면에 수직하는 힘) $Q=\dfrac{\mu' P}{\mu}=\dfrac{0.31\times1013.2}{0.15}=2093.95\text{N}$

답 7개

예제 11-5

8kW의 동력을 전달하는 중심거리 450mm인 두 축이 홈붙이 마찰차로 연결되어 있다. 구동축 회전수가 400rpm, 종동축 회전수는 150rpm이며, 홈각은 40°이고 허용접촉 선압은 3.5kgf/mm일 때 다음을 결정하라. (단, 마찰계수는 0.30이다.)

(1) 마찰차를 미는 힘은 몇 [kgf]인가?

(2) 홈의 전체 접촉 길이는 몇 [mm]인가?

(3) 홈의 수는 몇 개인가?

풀이 & 답

(1) $\epsilon=\dfrac{N_B}{N_A}=\dfrac{150}{400}$, $D_A=\dfrac{2C}{1+\dfrac{1}{\epsilon}}=\dfrac{2\times450}{1+\dfrac{400}{150}}=245.45\text{mm}$

$$V=\frac{\pi D_A N_A}{60\times1000}=\frac{\pi\times245.45\times400}{60\times1000}=5.14\text{m/sec}$$

$$\mu'=\frac{\mu}{\sin\alpha+\mu\cos\alpha}=\frac{0.3}{\sin20+0.3\times\cos20}=0.48$$

$$H_{KW}=\frac{\mu' PV}{102},\ 8=\frac{0.48\times P\times5.14}{102},\ P=330.74\text{kgf}$$

답 330.74kgf

(2) (접촉면에 수직하는 힘) $Q=\dfrac{\mu' P}{\mu}=\dfrac{0.48\times330.74}{0.3}=529.18\text{kgf}$

(접촉 길이) $L=\dfrac{Q}{f}=\dfrac{529.18}{3.5}=151.19\text{mm}$

답 151.19mm

(3) (홈의 높이) $h=0.94\sqrt{\mu' P}=0.94\times\sqrt{0.48\times330.74}=11.84\text{mm}$

$$Z=\frac{L}{2h}=\frac{151.19}{2\times11.84}=6.38,\ 7\text{개}$$

답 7개

11-3 원추마찰차(베벨 마찰차)

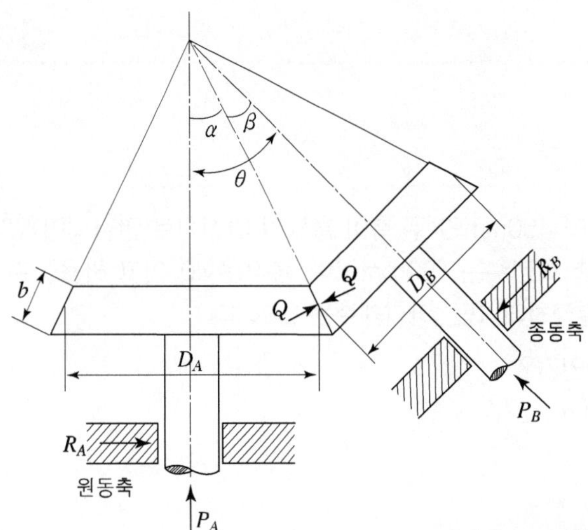

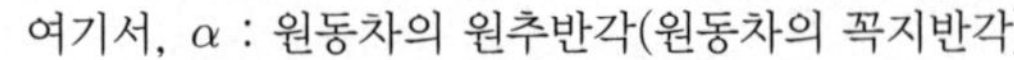

여기서, α : 원동차의 원추반각(원동차의 꼭지반각)
β : 종동축의 원추반각(종동차의 꼭지반각)
θ : 축각 = 교각 $\theta = \alpha + \beta$
D_A, D_B : 원동, 종동축 풀리의 평균직경
P_A, P_B : 축하중 = 축방향 미는 힘
(= 추력 = Thrust하중)
R_A, R_B : 베어링 반력(Radial 하중)
Q : 접촉면에 수직한 힘 = 원추차를 미는 힘

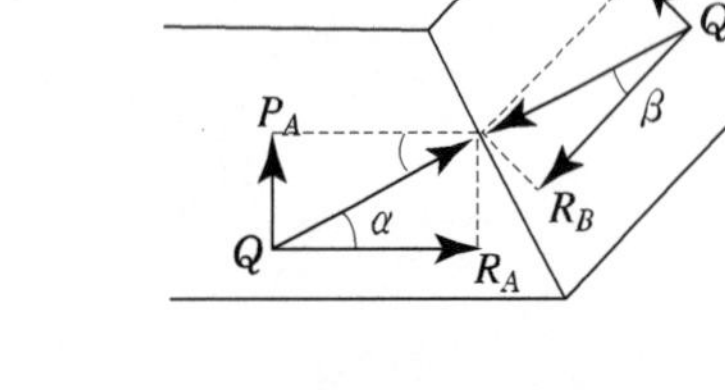

주의 α : 원동차의 원추반각, β : 종동축의 원추반각인데
α : 원동차의 원추각, β : 종동축의 원추각이라고 표현된 교재도 있다.
이런 오해를 없애기 위해 기사시험문제에서는 그림이 주어진다. 그러므로 수검자들은 그림을 보고 α : 원동차의 원추반각 = 꼭지반각, β : 종동축의 원추반각 = 꼭지반각을 구하면 된다.

(1) 속비

$$\epsilon = \frac{N_B}{N_A} = \frac{D_A}{D_B} = \frac{l \sin\alpha}{l \sin\beta}$$

$$\therefore \epsilon = \frac{\sin\alpha}{\sin\beta}$$

(2) 원추반각(α, β)와 속비(ϵ)의 관계

$$\epsilon = \frac{\sin\alpha}{\sin\beta} = \frac{\sin\alpha}{\sin(\theta-\alpha)} = \frac{\sin\alpha}{\sin\theta\cos\alpha - \cos\theta\sin\alpha}$$ ⬅ 분자, 분모를 $\cos\alpha$ 로 나누면,

$$= \frac{\tan\alpha}{\sin\theta - \cos\theta\tan\alpha}$$

$$\therefore \epsilon\sin\theta - \epsilon\cos\theta\tan\alpha = \tan\alpha$$

$$\epsilon\sin\theta = \tan\alpha + \epsilon\cos\theta\tan\alpha = \tan\alpha(1+\epsilon\cos\theta)$$

$$\tan\alpha = \frac{\epsilon\sin\theta}{1+\epsilon\cos\theta}$$ ⬅ 분자, 분모를 ϵ 으로 나누면,

$$\therefore \tan\alpha = \frac{\sin\theta}{\frac{1}{\epsilon}+\cos\theta} \qquad \tan\beta = \frac{\sin\theta}{\epsilon+\cos\theta}$$

(3) 접촉면에 수직한 힘(Q)

① 축 하중=추력 : $P_A = Q\sin\alpha,\ P_B = Q\sin\beta$ ➡ $Q = \frac{P_A}{\sin\alpha} = \frac{P_B}{\sin\beta}$

② 베어링 반력 : $R_A = Q\cos\alpha,\ R_B = Q\cos\beta$ ➡ $Q = \frac{R_A}{\cos\alpha} = \frac{R_B}{\cos\beta}$

$$R_A = Q\cos\alpha = \frac{P_A}{\sin\alpha}\cdot\cos\alpha = \frac{P_A}{\tan\alpha}$$

(4) 접촉선압력

$$f = \frac{Q}{b} = \frac{P_A}{b\sin\alpha} = \frac{P_B}{b\sin\beta}$$ ➡ $$b = \frac{Q}{f} = \frac{P_A}{f\sin\alpha} = \frac{P_B}{f\sin\beta}$$

(5) 전달동력

$$H_{PS} = \frac{F\times V}{75} = \frac{\mu QV}{75} = \frac{\mu P_A V}{75\cdot\sin\alpha}[\mathrm{Ps}]$$ 힘의 단위는 [kgf], 속도단위는 [m/s]

$$H_{KW} = \frac{F\times V}{102} = \frac{\mu QV}{102} = \frac{\mu P_A V}{102\cdot\sin\alpha}[\mathrm{kW}]$$ 힘의 단위는 [kgf], 속도단위는 [m/s]

$$H_{KW} = \frac{F\times V}{1000} = \frac{\mu QV}{1000} = \frac{\mu P_A V}{1000\cdot\sin\alpha}[\mathrm{kW}]$$ 힘의 단위는 [N], 속도단위는 [m/s]

예제 11-6 [2009년 4회 출제(4점)]

원동차가 500rpm, 종동차가 200rpm으로 회전하는 원추 마찰차의 축각이 80°이고 원동차의 접촉면에 작용하는 하중이 450[N]일 때, 다음을 구하시오.

(1) 원동차의 원추반각(원동차 꼭지각의 $\frac{1}{2}$) $\alpha[°]$을 구하시오.

(2) 원동차에 발생하는 축 방향하중 P_1 [N]구하시오.

(3) 원동차에 발생하는 반경 방향하중 R_1 [N]구하시오.

풀이 & 답

(1) (원동차의 원추반각)

$$\alpha = \tan^{-1}\left(\frac{\sin\theta}{\cos\theta + \frac{1}{i}}\right) = \tan^{-1}\left(\frac{\sin 80}{\cos 80 + \frac{5}{2}}\right) = 20.2206 ≒ 20.22°$$

(회전속도비) $i = \frac{N_2}{N_1} = \frac{200}{500} = \frac{2}{5}$

답 20.22°

(2) (원동차에 발생하는 축방향하중)

$$P_1 = Q\sin\alpha = 450 \times \sin(20.22) = 155.531 ≒ 155.53\text{N}$$

답 155.53N

(3) (원동차에 발생하는 반경방향하중)

$$R_1 = Q\cos\alpha = 450 \times \cos(20.22) = 422.267 ≒ 422.27\text{N}$$

답 422.27N

예제 11-7

원추마찰자를 이용하여 10kW의 동력을 전달하고자 한다. 원동차의 평균지름 450mm, 속비는 $\frac{2}{3}$ 이고, 원동차의 회전수는 900rpm이다. 두 축의 교차각이 90˚일 때 다음 각 물음에 답하여라. (단, 마찰계수 μ =0.25, 허용압력 f =2.5kgf/mm이다.)

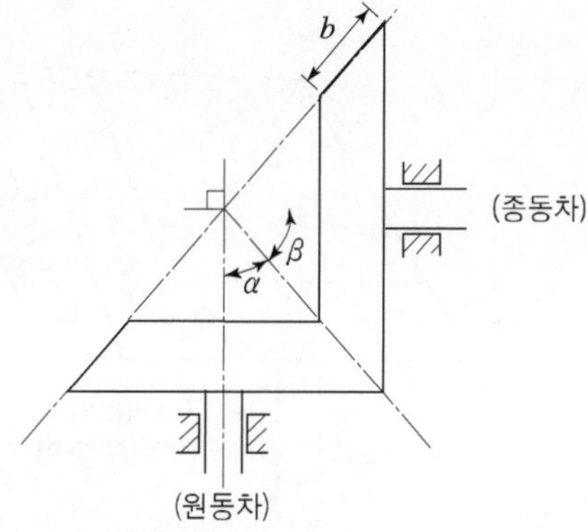

(1) 원추차의 폭 b[mm]를 구하여라?
(2) 원동차의 베어링에 작용하는 추력(Thrust)하중 : F_a[kgf]?
(3) 종동차의 꼭지반각 : β[˚]?

풀이 & 답

(1) (폭) $b = \dfrac{Q}{f} = \dfrac{192.4}{2.5} = 76.96\text{mm}$

$$H_{kW} = \frac{\mu Q \cdot V}{102} = \frac{\mu Q \times \pi D_1 \times N_1}{102 \times 60 \times 1000}$$

$$10 = \frac{0.25 \times Q \times \pi \times 450 \times 900}{102 \times 60 \times 1000}$$

(접촉면에 수직하는 힘) $Q = 192.4\text{kgf}$

답 76.96mm

(2) $\tan\alpha = \dfrac{\sin\theta}{\dfrac{1}{\epsilon} + \cos\theta} = \dfrac{\sin 90}{\dfrac{1}{\epsilon} + \cos 90} = \epsilon$

(원동차의 꼭지반각) $\alpha = \tan^{-1}\left(\dfrac{2}{3}\right) = 33.69°$

$F_a = Q \cdot \sin\alpha = 192.4 \times \sin 33.69 = 106.72\text{kgf}$

답 106.72kgf

(3) $\beta = 90 - 33.69 = 56.31°$

답 56.31˚

예제 11-8

아래 그림과 같이 원추 마찰차를 이용하여 동력을 전달하고자 한다. 원동차의 평균지름이 D_1 =450mm이고 속비 $\epsilon = \frac{2}{3}$이다. 접촉선압력 f =25N/mm, 마찰계수 μ =0.25이다. 다음 물음에 답하여라.

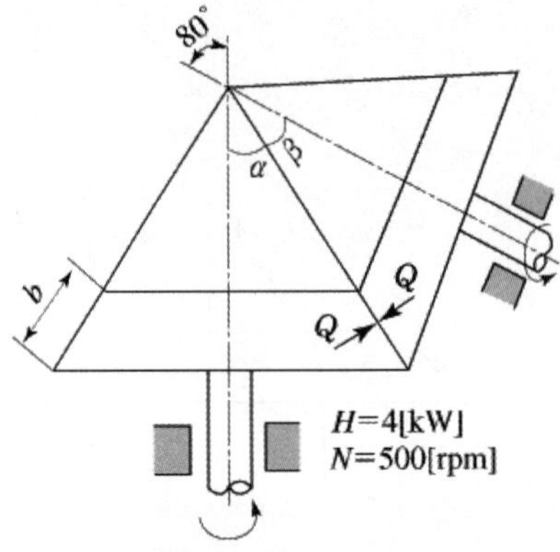

(1) 마찰차를 미는 힘 Q[N]을 구하여라?
(2) 마찰차의 폭 b[mm]을 구하여라?
(3) 원동축베어링에 작용하는 레이디얼 하중 F_{r1}[N]을 구하여라?
(4) 종동축베어링에 작용하는 레이디얼 하중 F_{r2}[N]을 구하여라?

풀이 & 답

(1) $V = \dfrac{\pi D_1 N_1}{60 \times 1000} = \dfrac{\pi \times 450 \times 500}{60 \times 1000} = 11.78\text{m/sec}$

$H_{KW} = \dfrac{\mu Q V}{1000}$, $4 = \dfrac{0.25 \times Q \times 11.78}{1000}$, $Q = 1358.23\text{N}$

답 1358.23N

(2) (폭) $b = \dfrac{Q}{f} = \dfrac{1358.23}{25} = 54.33\text{mm}$

답 54.33mm

(3) $\tan\alpha = \dfrac{\sin\theta}{\dfrac{1}{\epsilon} + \cos\theta} = \dfrac{\sin 80}{\dfrac{3}{2} + \cos 80}$ $\quad \alpha = \tan^{-1}\left(\dfrac{\sin 80}{\dfrac{3}{2} + \cos 80}\right) = 30.47°$

$F_{r1} = Q \cdot \cos\alpha = 1358.23 \times \cos 30.47 = 1170.65\text{N}$

답 1170.65N

(4) (종동축의 꼭지반각) $\beta = \theta - \alpha = 80 - 30.47 = 49.53°$

$F_{r2} = Q \times \cos\beta = 1358.23 \times \cos 49.53 = 881.56\text{N}$

답 881.56N

11-4 무단변속 장치

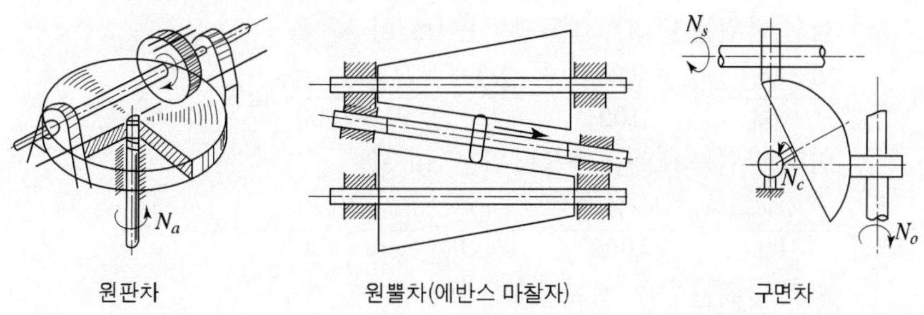

1. 무단변속 마찰차(크라운 마찰차)

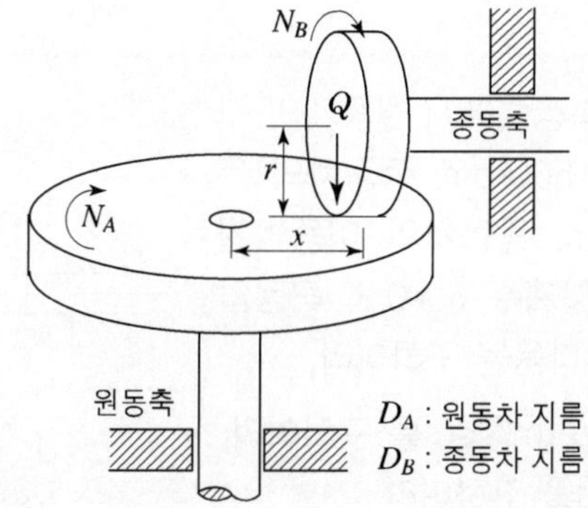

(1) 속비

$$\epsilon = \frac{N_B}{N_A} = \frac{x}{r}$$

속비는 중심으로부터의 거리 x에 비례하고, 종동차의 반지름 r에 반비례한다.

(2) 종동차의 최대 · 최소 회전수

$$\epsilon = \frac{N_{B \cdot \max}}{N_A} = \frac{D_{A \cdot \max}}{D_B} = \frac{x_{\max}}{r}$$

$$\therefore N_{B \cdot \max} = \frac{N_A \cdot x_{\max}}{r}, \; N_{B \cdot \min} = \frac{N_A \cdot x_{\min}}{r}$$

(3) 최대 전달동력 H_{max}

$$H_{max} = \frac{F \times V_{max}}{75} = \frac{\mu Q V_{max}}{75} = \frac{\mu Q}{75} \times \frac{\pi D_B N_{B \cdot max}}{60 \times 1000} [PS]$$

힘의 단위는 [kgf], 속도단위는 [m/s]

$$H_{max} = \frac{F \times V_{max}}{102} = \frac{\mu Q V_{max}}{102} = \frac{\mu Q}{102} \times \frac{\pi D_B N_{B \cdot max}}{60 \times 1000} [kW]$$

힘의 단위는 [kgf], 속도단위는 [m/s]

$$H_{max} = \frac{F \times V_{max}}{1000} = \frac{\mu Q V_{max}}{1000} = \frac{\mu Q}{1000} \times \frac{\pi D_B N_{B \cdot max}}{60 \times 1000} [kW]$$

힘의 단위는 [N], 속도단위는 [m/s]

여기서, Q : 접촉면에 수직하는 힘, q : 접촉선압력 $q = \frac{Q}{b}$[N/mm]또는 [kgf/mm]

예제 11-9

그림과 같은 원판 변속장치에서 원동차의 지름 500mm, 회전수 1500rpm, 종동차의 폭 40mm, 지름 530mm, 종동차의 이동범위 x =40~190mm, 마찰계수 μ =0.2, 허용압력 20N/mm로 할 때 다음을 구하여라.

(1) 종동차의 최대 속도[m/sec]를 구하여라.
(2) 최대전달동력[kW]을 구하여라.

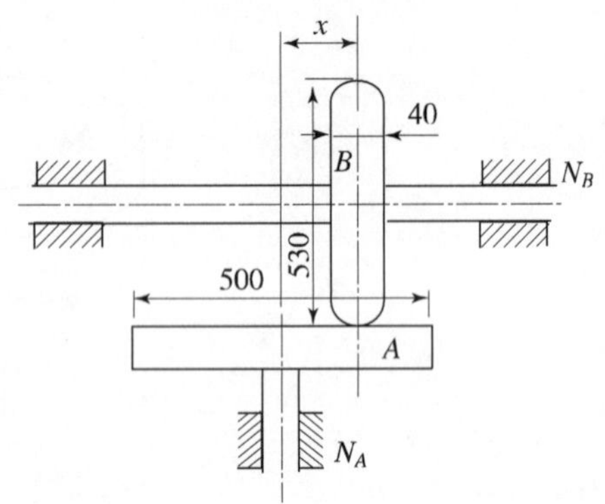

풀이 & 답

(1) $(N_B)_{max} = N_A \cdot \frac{x_{max}}{R_B} = 1500 \times \frac{190}{265} = 1075.47 rpm$

$$(V_B)_{max} = \frac{\pi \cdot D_B \cdot (N_B)_{max}}{60 \times 1000} = \frac{\pi \times 530 \times 1075.47}{60 \times 1000} = 29.85 m/sec$$

답 29.85m/s

(2) $H_{max} = \frac{\mu Q (V_B)_{max}}{1000} = \frac{\mu (q \times b)(V_B)_{max}}{1000} = \frac{0.2 \times (20 \times 40) \times 29.85}{1000}$

$= 4.78 kW$

답 4.78kW

예제 11-10 [2011년 2회 출제]

아래 그림과 같은 원판 마찰차에서 원동차의 직경이 400mm, 주철 재료의 회전수는 1400rpm이다. 종동차의 둘레에 동판이 끼워져 있다. 종동차의 폭은 40mm, 종동차의 지름은 200mm이다. B차의 이동 범위는 x =50~150mm이다. 다음을 구하라. (단, 마찰계수 μ =0.25, 선압 q =20N/mm이고 마찰 전동시 미끄럼은 무시한다.)

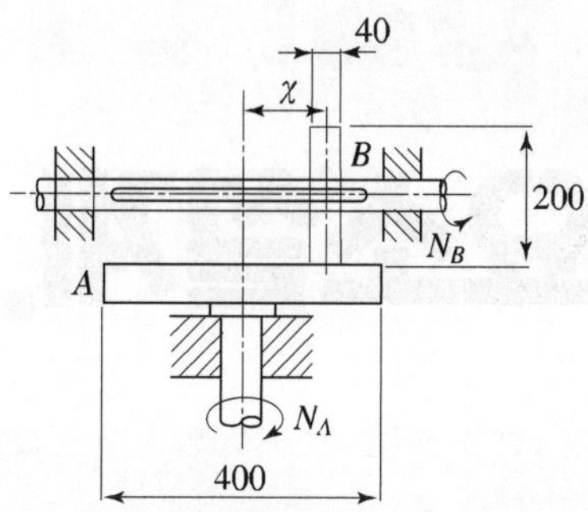

(1) 종동차의 최대속도 V_{max}[m/s]와 최소속도 V_{min}[m/s]을 각각 구하여라.

(2) 최대전달동력 H_{max}[kW]과 최소 전달력 H_{min}[kW]을 각각 구하여라.

풀이 & 답

(1) $i = \dfrac{N_{B,\min}}{N_A} = \dfrac{2x_{\min}}{D_B}$, $N_{B,\min} = \dfrac{1400 \times 2 \times 50}{200} = 700\text{rpm}$

$\dfrac{N_{B,\max}}{N_A} = \dfrac{2x_{\max}}{D_B}$, $N_{B,\max} = \dfrac{1400 \times 2 \times 150}{200} = 2100\text{rpm}$

$V_{\min} = \dfrac{\pi \cdot D_B \cdot N_{B,\min}}{60 \times 1000} = \dfrac{\pi \times 200 \times 700}{60 \times 1000} = 7.33\text{m/sec}$

$V_{\max} = \dfrac{\pi \cdot D_B \cdot N_{B,\max}}{60 \times 1000} = \dfrac{\pi \times 200 \times 2100}{60 \times 1000} = 21.99\text{m/sec}$

답 V_{max} =21.99m/s
V_{min} =7.33m/s

(2) $H_{\max} = \dfrac{\mu Q V_{\max}}{1000} = \dfrac{\mu(q \times b) \times V_{\max}}{1000} = \dfrac{0.25 \times (20 \times 40) \times 21.99}{1000}$

$= 4.398 ≒ 4.4\text{kW}$

$H_{\min} = \dfrac{\mu Q V_{\min}}{1000} = \dfrac{\mu(q \times b) \times V_{\min}}{1000} = \dfrac{0.25 \times (20 \times 40) \times 7.33}{1000}$

$= 1.466 ≒ 1.47\text{kW}$

답 H_{max} =4.4kW
H_{min} =1.47kW

part 1

기계요소설계_이론

Chapter 12
기어 전동장치

기어 전동장치

12-1 기어의 종류

1. 평행축기어

명칭	이의 접촉	설 명	그 림
① 스퍼기어 =평기어 (spur gear)	직선	직선치형을 가지며 잇줄이 축에 평행하다. 제작이 용이하며 가장 많이 쓰인다.	
② 래크(rack)	직선	작은평기어(pinion)와 맞물리고 잇줄이 축방향과 일치한다. 피치원경이 무한대인 평기어로 생각할 수 있다. rack는 직선운동을 pinion은 회전 운동한다.	
③ 헬리컬 기어 (helical gear)	직선	평기어보다 이의 물림이 원활하며, 진동과 소음이 적고 큰 하중과 고속 전동에 사용된다. 평기어보다는 제작이 어렵고, 축방향에 추력(Thrust)이 발생한다.	
④ 헬리컬 래크 (helical rack)	직선	헬리컬기어와 맞물리고 잇줄이 축방향과 일치하지 않는다. 피치원의 반경이 무한대인 헬리컬기어로 생각할 수 있다.	
⑤ 2중 헬리컬 기어 (double helical gear)	직선	더블헬리컬기어라고도 하며 비틀림각 방향이 서로 반대인 한 쌍의 헬리컬기어를 조합한 것이다. 추력(Thrust)이 발생하지 않는다.	

명칭	이의 접촉	설 명	그 림
⑥ 안기어 =내접기어 (internal gear)	직선 (곡선)	원통 또는 원추의 안쪽에 이가 만들어져 있는 기어를 말하며, 두 기어의 회전방향이 같고, 감속비가 크다.	

평행축 기어에서 출제되고 있는 기어는 스퍼기어와 헬리컬기어만 출제되고 있다.

2. 교차축기어

명칭	이의 접촉	설 명	그 림
⑦ 마이터 기어 (miter gear)	직선	두 축이 직각으로 만나며 맞물리는 두 기어의 잇수가 같은 베벨기어이다. 참고 기사시험에서 마이터기어라고 하면 두 축이90˚라는 것을 알아야 한다.	
⑧ 크라운 기어 (crown gear)	직선	피치면이 평면으로 된 베벨기어 이다.	
⑨ 직선 베벨기어 (straight bevel gear)	직선	잇줄이 피치원뿔의 모직선과 일치하는 베벨기어이다. 베벨기어 종류 중 가장 간단하여 많이 사용된다.	
⑩ 스파이럴 베벨기어(spiral bevel gear)	직선	이끝이 곡선이고 모직선에 대하여 비틀려 있는 기어이다. 제작이 어려우나 이의 물림이 좋고 조용하게 회전한다.	
⑪ 제롤 베벨기어 (zerol bevel gear)	곡선	스파이럴 베벨기어 중에서 이너비의 중앙에서 비틀림각이 영(zero)인 베벨기어 이다.	

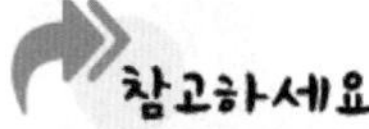

교차축 기어에서 출제되고 있는 기어는 베벨기어만 출제되고 있다.

3. 어긋난축기어

명칭	이의 접촉	설 명	그 림
⑫ 나사 기어 (screw gear)	점	서로 교차하지도 않고, 평행하지도 않는 두 축 사이의 운동을 전달하는 기어로서 헬리컬 기어의 이모양을 갖는다.	
⑬ 하이포이드 기어 (hypoid gear)	곡선	서로 교차하지도 않고, 평행하지도 않는 두 축 사이의 운동을 전달하는 스파이럴 베벨기어로서 일반 스파이럴 베벨기어에 비하여 피니엄의 위치가 이동된 것이다.	
⑭ 원통웜 기어 (worm gear)	곡선	웜기어(wore wheel) 축과 웜(worm)이 직각을 이룬다. 웜기어와 웜이 맞물려 있는 것을 총칭하여 원통 웜기어라 하며, 큰감속을 얻을수 있으나 효율이 낮은 단점이 있다.	웜기어 웜

어긋난 기어에서 출제되고 있는 기어는 원통웜기어만 출제되고 있다.

12-2 이의 간섭과 언더컷

1. 이의 간섭(interference)

한 쌍의 기어를 물려 회전시킬 때 큰 기어(gear)의 이끝이 작은기어(pinion)의 이뿌리에 부딪혀서 회전할 수 없게 되는 현상을 이의 간섭(interference)라 한다.

[이의 간섭원인과 방지책]

원인	방지책
피니언의 잇수가 한계 잇수 이하일 때 기어와 피니언의 잇수비가 클 때=속비가 클 때 압력각이 작을 때 유효 이높이가 높을 때	피니언의 반경방향의 이뿌리면을 파낸다. 치형이 이끝면을 깍아낸다. 압력각을 증가시킨다.(20° 이상으로 한다.) 이의 높이를 줄인다.

2. 언더컷(Under Cut, 절하)

이의간섭(interference)이 심할 경우 간섭에 의하여 피니언의 이뿌리를 깎아내어 이뿌리가 가늘게 되어 이의 강도가 약해지며 물림길이가 짧아지는 현상을 언더컷(undercut, 절하)이라 한다.

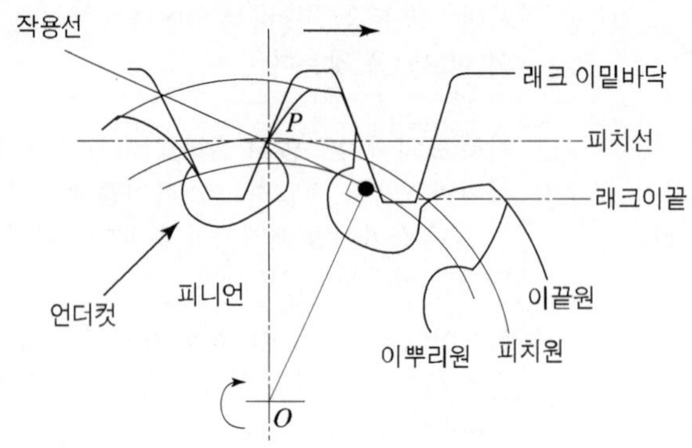

언더컷을 방지하기 위한 방법은 다음과 같다.

① 피니언과 기어의 잇수비를 작게 한다.

② 피니언의 잇수를 최소 잇수 이상으로 한다.

$$Z_e \geq \frac{2}{\sin^2\alpha}$$

③ 기어의 잇수를 한계 잇수 이하로 한다.

④ 압력각을 크게 한다.(20° 또는 그 이상으로 한다.)

⑤ 치형을 수정한다.
기어의 이끝면을 깍아내거나, 또는 피니언의 이뿌리면을 반경방향으로 파낸다.

⑥ 기어의 이높이를 줄인다.(언더텃은 방지되나 물림길이가 짧아져 동력전달이 원활하지 못하다.

⑦ 전위기어를 사용한다.

언더컷을 일으키지 않는 한계는 압력각에 따라 다르고 이론적으로 다음 식으로 주어진다.

> 이끝높이(a)와 모듈(m)이 다를 때 한계잇수 $Z_e = \dfrac{2a}{m\sin^2\alpha}$
>
> 이끝높이(a)와 모듈(m)이 같을 때 한계잇수 $Z_e = \dfrac{2a}{\sin^2\alpha}$

여기서, α : 압력각

압력각(α)	20°	14.5°
이론적 한계잇수	Z_e =17개 이하면 언더컷발생	Z_e =32개 이하면 언더컷발생
실용적 한계잇수	Z_e =14개 이하면 언더컷발생	Z_e =26개 이하면 언더컷발생

12-3 표준기어와 전위기어

(1) 표준기어(standard gear)

기준 랙형 공구의 기준피치선과 기어의 기준피치원이 일치하는 기어이다. 랙 공구와 기어가 피치점에서 서로 구름운동을 하도록 하면 이두께가 원주 피치의 1/2인 기어가 된다. 일반적으로 표준평기어의 기준압력각 α는 14.5°와 20°가 규정되어 있었으나 현재의 KS 규격은 20°로 규정하고 있다.

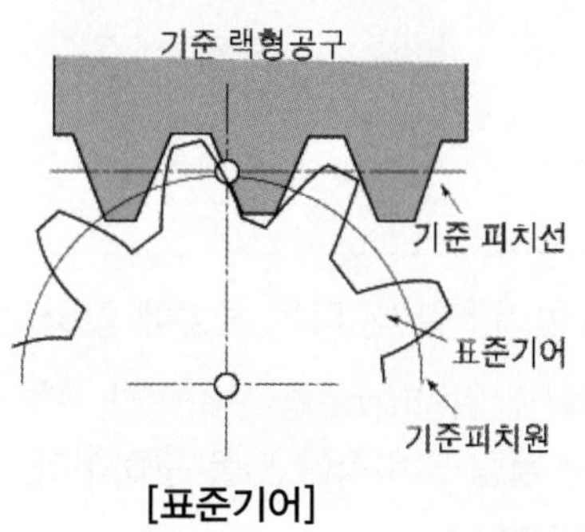

[표준기어]

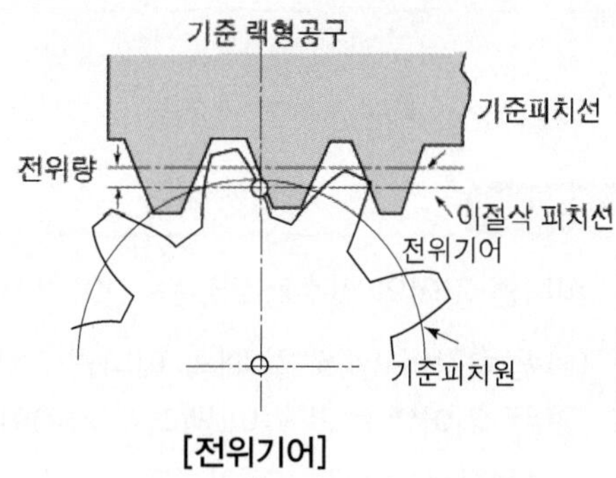

[전위기어]

(2) 전위기어(Profile shifted gear)

기어에 있어서 이를 절삭할 때 한계잇수이하의 잇수를 가공할 이뿌리가 공구 끝에 의하여 먹혀 들어가서 이른바 언더컷이 발생 되어 이의 강도가 약하게 된다. 이것을 방지 하려면 기준랙 공구의 기준피치선을 기어의 피치선으로부터 적당량만큼 이동하여 절삭하여야 된다. 이와 같이 랙공구의 기준피치선이 기어의 피치원에 접하지 않고 일정간격(전위량) 떨어져 있는 기어를 전위기어라 한다.

[전위기어의 사용목적]

① 두 기어 사이의 중심거리를 변화시키고자 할 때
② 언더컷을 방지 하고자 할 때
③ 치의 강도를 증가시키고자 할 때
④ 물림률을 증가시키고자 할 때
⑤ 최소잇수의 개수를 적게 하고자 할 때

[전위량(c)]

랙공구의 기준피치선이 기어의 피치원에 접하지 않고 일정간격 떨어져 있는 거리

(전위량) $c = xm$	여기서, x : 전위계수, m : 모듈
(전위계수) $x \geq 1 - \frac{Z}{2}\sin^2\alpha$	여기서, Z : 잇수, α : 압력각

예제 12-1

전위기어를 사용목적을 4가지를 적으시오.

풀이 & 답

① 두기어 사이의 중심거리를 변화시키고자 할 때
② 언더컷을 방지 하고자 할 때
③ 치의 강도를 증가시키고자 할 때
④ 물림률을 증가시키고자 할 때
⑤ 최소 잇수 개수를 적게 하기 위해서

(3) 전위기어 계산식

예제 12-2

피니언 기어의 잇수가 28, 큰 기어의 잇수가 32, 모듈이 5일 때 다음 물음에 답하여라.

(1) 압력각이 14.5°일 때의 피니언 기어와 큰 기어의 전위량(mm)를 구하여라.
(2) 두 기어의 치면 높이(백래시)가 0이 되도록 하는 물림 압력각(α_b°)를 구하여라.
(정답은 소수점 5자리까지 구하고 아래표를 이용한다.)

압력각 (θ)	소수점 2째자리					압력각 (θ)	소수점 2째자리				
	0	2	4	6	8		0	2	4	6	8
14.0	0.004982	0.005004	0.005025	0.005047	0.002069	17.0	0.009025	0.009057	0.009090	0.009123	0.009156
0.1	0.005091	0.005113	0.005135	0.005158	0.005180	0.1	0.009189	0.009222	0.009255	0.009288	0.009322
0.2	0.005202	0.005225	0.005247	0.005269	0.005292	0.2	0.009355	0.009389	0.009422	0.009456	0.009490
0.3	0.005315	0.005337	0.005360	0.005383	0.005406	0.3	0.009523	0.009557	0.009591	0.009625	0.009659
0.4	0.005429	0.005452	0.005475	0.005498	0.005522	0.4	0.009694	0.009728	0.009762	0.009797	0.009832
0.5	0.005545	0.005568	0.005592	0.005615	0.005639	0.5	0.009866	0.009901	0.009936	0.009971	0.010006
0.6	0.005662	0.005686	0.005710	0.005734	0.005758	0.6	0.010041	0.010076	0.010111	0.010146	0.010182
0.7	0.005782	0.005806	0.005830	0.005854	0.005878	0.7	0.010217	0.010253	0.010289	0.010324	0.010360
0.8	0.005903	0.005927	0.005952	0.005976	0.006001	0.8	0.010396	0.010432	0.010468	0.010505	0.010541
0.9	0.006025	0.006050	0.006075	0.006100	0.006125	0.9	0.010577	0.010614	0.010650	0.010687	0.010724
15.0	0.006150	0.006175	0.006200	0.006225	0.006251	18.0	0.010760	0.010797	0.010834	0.010871	0.010909
0.1	0.006276	0.006301	0.006327	0.006353	0.006378	0.1	0.010946	0.010983	0.011021	0.011058	0.011096
0.2	0.006404	0.006430	0.006456	0.006482	0.006508	0.2	0.011133	0.011171	0.011209	0.011247	0.011285
0.3	0.006534	0.006560	0.006586	0.006612	0.006639	0.3	0.011323	0.011361	0.011400	0.011438	0.011477
0.4	0.006665	0.006692	0.006718	0.006745	0.006772	0.4	0.011515	0.011554	0.011593	0.011631	0.011670
0.5	0.006799	0.006825	0.006852	0.006879	0.006906	0.5	0.011709	0.011749	0.011788	0.011827	0.011866
0.6	0.006934	0.006961	0.006988	0.007016	0.007043	0.6	0.011906	0.011946	0.011985	0.012025	0.012065
0.7	0.007071	0.007098	0.007216	0.007154	0.007182	0.7	0.012105	0.012145	0.012185	0.012225	0.012265
0.8	0.007209	0.007237	0.007266	0.007294	0.007322	0.8	0.012306	0.012346	0.012387	0.012428	0.012468
0.9	0.007350	0.007379	0.007407	0.007435	0.007464	0.9	0.012509	0.012550	0.012591	0.012632	0.012674
16.0	0.007493	0.007521	0.007550	0.007579	0.007608	19.0	0.012715	0.012756	0.012798	0.012840	0.012881
0.1	0.007637	0.007666	0.007695	0.007725	0.007754	0.1	0.012923	0.012965	0.013007	0.013049	0.013091
0.2	0.007784	0.007813	0.007843	0.007872	0.007902	0.2	0.013134	0.013176	0.013218	0.013261	0.013304
0.3	0.007932	0.007962	0.007992	0.008022	0.008052	0.3	0.013346	0.013389	0.013432	0.013475	0.013518
0.4	0.008082	0.008112	0.008143	0.008173	0.008204	0.4	0.013562	0.013605	0.013648	0.013692	0.013736
0.5	0.008234	0.008265	0.008296	0.008326	0.008357	0.5	0.013779	0.013823	0.013867	0.013911	0.013955
0.6	0.008388	0.008419	0.008450	0.008482	0.008513	0.6	0.013999	0.014044	0.014088	0.014133	0.014177
0.7	0.008544	0.008576	0.008607	0.008639	0.008671	0.7	0.014222	0.014267	0.014312	0.014357	0.014402
0.8	0.008702	0.008734	0.008766	0.008798	0.008830	0.8	0.014447	0.014492	0.014538	0.014583	0.014629
0.9	0.008863	0.008895	0.008927	0.008960	0.008992	0.9	0.014674	0.014720	0.014766	0.014812	0.014858
						20.0	0.014904	0.014951	0.014997	0.015044	0.015090

(3) 전위기어 제작시 중심거리 증가량 ΔC[mm]을 구하여라.
(4) 전기기어 제작하였을 때 축간 중심거리 C_f[mm]를 구하여라.
(5) 피니언의 바깥지름 D_{k1}[mm]와 종동기어의 바깥지름 D_{k2}[mm]를 구하여라.

풀이 & 답

(1) (최소잇수) $z_e = \dfrac{2}{\sin^2\alpha} = \dfrac{2}{\sin^2 14.5} = 31.9 = 32$개

(피니언의 전위계수) $x_1 = 1 - \dfrac{Z_1}{Z_e} = 1 - \dfrac{28}{32} = 0.125$

(피니언의 전위량) $c_1 = x_1 \cdot\ m = 0.125 \times 5 = 0.625\text{mm}$

(큰 기어의 전위계수) $x_2 = 1 - \dfrac{Z_2}{Z_e} = 1 - \dfrac{32}{32} = 0$

(큰 기어의 전위량) $c_2 = x_2 \times m = 0 \times 5 = 0$

답 피니언기어의 전위량 : 0.625mm
큰 기어의 전위량 : 0mm

(2) $inv\,\alpha_b = inv\,\alpha + 2 \times \tan\alpha \times \dfrac{x_1 + x_2}{Z_1 + Z_2}$

$= 0.005545 + 2 \times \tan 14.5 \times \dfrac{0.125 + 0}{28 + 32} = 0.006622$

표에서 근사치를 찾으면

$\alpha_1 = 15.36° \Rightarrow inv\,\alpha_1 = 0.006612$

$\alpha_b \Rightarrow inv\alpha_b = 0.006622$

$\alpha_2 = 15.38° \Rightarrow inv\,\alpha_2 = 0.006639$

보간법에 의해

$\dfrac{0.006622 - 0.006612}{0.006639 - 0.006612} = \dfrac{\alpha_b - 15.36}{15.38 - 15.36}$

(물림압력각) $\alpha_b = 15.367407 \fallingdotseq 15.3674$

답 15.3674°

(3) $\Delta C = y \times m = 0.12137 \times 5 = 0.60685\,\text{mm}$

중심거리 증가계수 $y = \dfrac{Z_1 + Z_2}{2}\left(\dfrac{\cos\alpha}{\cos\alpha_b} - 1\right)$

$= \dfrac{28 + 32}{2}\left(\dfrac{\cos 14.5}{\cos 15.3674} - 1\right) = 0.12137$

답 0.60685mm

(4) $C_f = C + \Delta C = \dfrac{m(Z_1+Z_2)}{2} + \Delta C = \dfrac{5\times(28+32)}{2} + 0.60685 = 150.60685\,\text{mm}$

답 150.60685mm

(5) $D_{k1} = \{(Z_1+2)m + 2(y-x_2)m\}$

$= \{(28+2)\times 5 + 2\times(0.12137-0)\times 5)\}$

$= 151.2137\,[\text{mm}]$

$D_{k2} = \{(Z_2+2)m + 2(y-x_1)m\}$

$= \{(32+2)\times 5 + 2\times(0.12137-0.125)\times 5)\}$

$= 169.9637\,[\text{mm}]$

답 D_{k1} **=151.2137mm**
D_{k2} **=169.9637mm**

 12-4 평기어(스퍼기어)

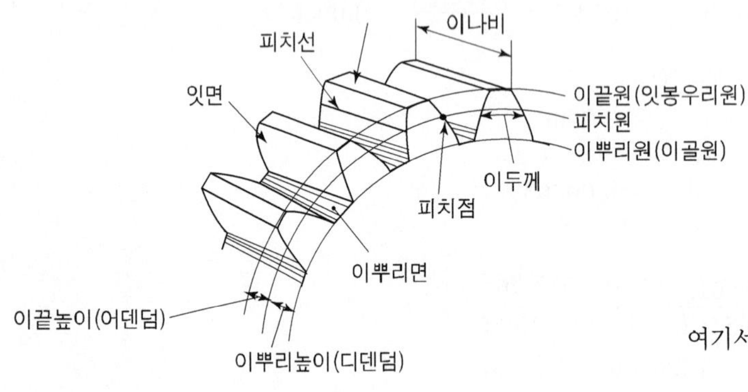

원주피치(P)
에덴덤(α)
기초원피치(Pg)
디덴덤(d)
클리어런스(c)
이끝원
피치원
기초원
이뿌리원
이뿌리원 지름
기초원 지름(D_g)
피치원 지름(D)
이끝원 지름(Do)

여기서, D_g : 기초원 직경
D : 피치원 직경
D_0 : 이끝원 직경
p : 원주피치
a : 어덴덤(addendum) = 이끝높이
d : 디던덤(dedendum) = 이뿌리높이
h : 총 이높이($h = a + d$)
b : 이폭
m : (module) 모듈
α : 압력각
Z : 잇수

(1) 표준기어의 이의 크기 표시방법

① **원주피치**

$\pi D = pZ$ ➡ $p = \dfrac{\pi D}{Z} = \pi m\,[\text{mm}]$

② **모듈 : 미터계에서 사용(정의)**

$m = \dfrac{D}{Z} = a\,[\text{mm}]$ ➡ $D = mZ$

③ **직경피치=지름피치 : 인치계에서 사용(정의)**

$$p_d = \frac{Z}{D} = \frac{1}{m}\left[\frac{1}{\text{inch}}\right] = \frac{25.4}{m}\left[\frac{1}{\text{mm}}\right]$$

(2) 표준치의 계산식

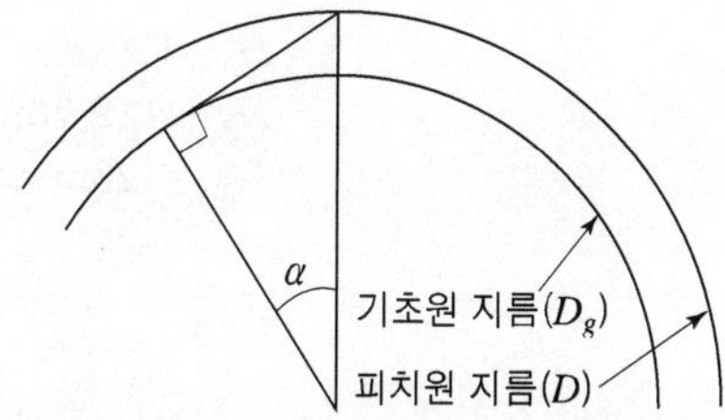

① 기초원 지름, 압력각의 관계

압력각 : $\cos\alpha = \dfrac{D_g/2}{D/2} = \dfrac{D_g}{D}$

$\therefore D_g = D\cos\alpha = mZ\cos\alpha$

② 기초원 피치 : $p_g = \dfrac{\pi D_g}{Z} = \dfrac{\pi D\cos\alpha}{Z} = \pi m\cos\alpha = p\cos\alpha$

③ 이끝원 직경 : $D_0 = D + 2a = mZ + 2m = m(Z+2)$

④ 이높이 : $h = a + d = m + 1.25m = 2.25m$

⑤ 속비 : $\epsilon = \dfrac{N_B}{N_A} = \dfrac{D_A}{D_B} = \dfrac{mZ_A}{mZ_B} = \dfrac{Z_A}{Z_B}$

⑥ 중심거리 : $c = \dfrac{D_A + D_B}{2} = \dfrac{m(Z_A + Z_B)}{2}$

예제 12-3

모듈 4인 외접 표준 스퍼기어가 있다. 피니언의 잇수가 30일 때, 다음을 결정하라.

(단, 속도비 $i = \frac{1}{3}$, 압력각 $\alpha = 20°$ 이다.)

(1) 피니언의 피치원 직경 D_A, 기초원지름 D_{Ag}, 이끝원지름 D_{Ao}을 각각 구하여라.[mm]
(2) 기어의 피치원 직경 D_B, 기초원지름 D_{Bg}, 이끝원지름 D_{Bo}을 각각 구하여라.[mm]
(3) 중심거리는 몇 [mm]인가?
(4) 원주피치 p, 법선피치 p_n를 각각 구하여라.[mm]

풀이 & 답

(1) $D_A = mZ_A = 4 \times 30 = 120\text{mm}$

$D_{Ag} = D_A \cos\alpha = 120 \times \cos 20 = 112.76\text{mm}$

$D_{Ao} = D_A + 2m = 120 + 2 \times 4 = 128\text{mm}$

답 $D_A = 120\text{mm}$
$D_{Ag} = 112.76\text{mm}$
$D_{Ao} = 128\text{mm}$

(2) $D_B = mZ_B = m\frac{Z_A}{i} = 4 \times \frac{30}{\frac{1}{3}} = 360\text{mm}$

$D_{Bg} = D_B \cos\alpha = 360 \times \cos 20 = 338.289 = 338.29\text{mm}$

$D_{Bo} = D_B + 2m = 360 + 2 \times 4 = 368\text{mm}$

답 $D_B = 360\text{mm}$
$D_{Bg} = 338.29\text{mm}$
$D_{Bo} = 368\text{mm}$

(3) $C = \frac{D_A + D_B}{2} = \frac{120 + 360}{2} = 240\text{mm}$

답 240mm

(4) $p = \pi m = \pi \times 4 = 12.57\text{mm}$

$p_n = p\cos\alpha = 12.57 \times \cos 20 = 11.81\text{mm}$

답 $p = 12.57\text{mm}$
$p_n = 11.81\text{mm}$

(3) 기어의 회전력 F_t

루이스식과 Hertz식이 동시에 고려된 경우 작은값을 선택한다.

① Lewis(루이스)의 굽힘강도에 의한 회전력

$$\text{(원동기어 회전력) } F_1 = f_v \cdot f_w \cdot \sigma_{b1} \cdot p \cdot b \cdot y_1 = f_v \cdot f_w \cdot \sigma_{b1} \cdot \pi m \cdot b \cdot y_1 = f_v \cdot f_w \cdot \sigma_{b1} \cdot m \cdot b \cdot Y_1$$

여기서, f_v : 속도계수, f_w : 하중계수
σ_{b1} : 원동기어굽힘응력, m : 모듈
p : 피치($=\pi m$), b : 이폭$=$치폭
y_1 : 치형계수, Y_1 : π를 포함한 치형계수

$$\text{(종동기어 회전력) } F_2 = f_v \cdot f_w \cdot \sigma_{b2} \cdot p \cdot b \cdot y_2 = f_v \cdot f_w \cdot \sigma_{b2} \cdot \pi m \cdot b \cdot y_2 = f_v \cdot f_w \cdot \sigma_{b2} \cdot m \cdot b \cdot Y_2$$

여기서, f_v : 속도계수, f_w : 하중계수
σ_{b2} : 종동기어굽힘응력, m : 모듈
p : 피치($=\pi m$), b : 이폭$=$치폭
y_2 : 치형계수, Y_2 : π를 포함한 치형계수

참고하세요

Lewis(루이스)의 굽힘강도에 의한 회전력은 원동기어의 회전력과 종동기어의 회전력 2개를 모두 구하여야 한다. 원동기어의 재질에 따른 굽힘응력과, 종동기어의 재질에 따른 굽힘응력이 다를 수 있고, 또한 원동기어의 잇수와 종동기어의 잇수가 다르면 치형계수가 각각 다르기 때문이다.

[부하 상태에 따른 하중계수 f_w]

부하상태	f_w
정하중이 걸리는 경우	0.8
변동하중이 걸리는 경우	0.74
충격하중이 걸리는 경우	0.67

[속도에 따른 속도계수 f_v]

f_v의 식	기어의 가공 정도	속도 범위	적 용
$\frac{3.05}{3.05+v}$	기계 다듬질을 하지 않거나 기계 가공을 거칠게 한 기어	(0.5~10m/s) 저속도용	크레인 윈치, 시멘트 밀 등의 기어
$\frac{6.1}{6.1+v}$	기계 다듬질한 기어	(5~20m/s) 중속도용	일반 기계 등의 기어
$\frac{5.55}{5.55+\sqrt{v}}$	정밀 다듬질한 기어	(20~50m/s) 고속도용	증기터빈, 송풍기, 고속용 기계 등의 기어
$\frac{0.75}{1+v}+0.25$	–	20m/s 이내 중속도용	비금속 기어, 전동기용 소형 기어, 제조용 기계 등의 기어

[평기어의 피치기준 치형계수 y]

잇수 Z	압력각 ($\alpha=14.5°$)	압력각($\alpha=20°$)	
	보통이	보통이	낮은이
12	0.067	0.078	0.099
13	0.071	0.083	0.103
14	0.075	0.088	0.108
15	0.078	0.092	0.111
16	0.081	0.094	0.115
17	0.084	0.096	0.117
18	0.086	0.098	0.120
19	0.088	0.100	0.123
20	0.090	0.102	0.125
21	0.092	0.104	0.127
22	0.093	0.105	0.129
24	0.095	0.107	0.132
26	0.098	0.110	0.135
28	0.100	0.112	0.137
30	0.101	0.114	0.139
34	0.104	0.118	0.142
38	0.106	0.122	0.145
43	0.108	0.126	0.147
50	0.110	0.130	0.151
60	0.113	0.134	0.154
75	0.115	0.138	0.158
100	0.117	0.142	0.161
150	0.119	0.146	0.165
300	0.122	0.150	0.170
래크	0.124	0.154	0.175

[평기어의 모듈기준 치형계수 Y (여기서, $Y=\pi y$)]

잇수 Z	압력각 ($\alpha=14.5°$)	압력각($\alpha=20°$)	
	보통이	보통이	낮은이
12	0.210	0.245	0.311
13	0.223	0.261	0.324
14	0.236	0.277	0.339
15	0.245	0.290	0.349
16	0.254	0.296	0.361
17	0.264	0.303	0.368
18	0.270	0.309	0.377
19	0.276	0.314	0.386
20	0.283	0.322	0.393
21	0.289	0.328	0.399
22	0.292	0.331	0.405
24	0.298	0.337	0.415
26	0.308	0.346	0.424
28	0.314	0.353	0.430
30	0.317	0.359	0.437
34	0.327	0.371	0.446
38	0.333	0.384	0.456
43	0.339	0.397	0.462
50	0.346	0.409	0.474
60	0.345	0.422	0.484
75	0.361	0.435	0.496
100	0.368	0.447	0.506
150	0.374	0.460	0.518
300	0.383	0.472	0.534
래크	0.390	0.485	0.550

[주] 표에 잇수가 없는 경우 보간법으로 계산한다.
보통이는 기준래크의 이끝높이가 모듈과 같은 이(이끝높이 $h_f=m$)
낮은이는 기준래크의 이끝높이가 모듈과 작은 이(통상적으로 이끝높이 $h_f=0.8\times m$)

② Hertz의 면압강도에 의한 회전력 F_3

$$F_3 = f_v \cdot K \cdot m \cdot b\left(\frac{2\,Z_1\,Z_2}{Z_1 + Z_2}\right)$$

여기서, K : 접촉면 응력계수(응력 수정계수)[N/mm^2] 또는 [kgf/mm^2]
f_v : 속도계수, Z_1 : 원동기어 잇수, Z_2 : 종동기어 잇수, b : 치폭, m : 모듈

Hertz의 면압강도에 의한 회전력은 원동, 종동 구분없이 한 개의 값이 구해진다.

[K : 접촉면 응력계수]

기어재료의 경도(H_B)		접촉면 응력계수 k [N/mm^2]		기어재료의 경도(H_B)		접촉면 응력계수 k [N/mm^2]	
작은 기어	큰 기어	압력각 α		작은 기어	큰 기어	압력각 α	
		14.5°	20°			14.5°	20°
강(150) 강(200) 강(250)	강(150) 강(150) 강(150)	0.196 0.284 0.392	0.265 0.382 0.519	강(400) 강(500) 강(600)	강(400) 강(400) 강(400)	2.293 2.430 2.568	3.048 3.224 3.410
강(200) 강(250) 강(300)	강(200) 강(200) 강(200)	0.392 0.510 0.647	0.519 0.941 0.843	강(500) 강(600)	강(500) 강(600)	2.871 4.214	3.812 5.576
강(250) 강(300) 강(350)	강(250) 강(250) 강(250)	0.647 0.794 0.960	0.843 1.049 1.274	강(150) 강(200) 강(250) 강(300)	주철 주철 주철 주철	0.294 0.578 0.960 1.029	0.382 0.774 1.274 1.362
강(300) 강(350) 강(400)	강(300) 강(300) 강(300)	0.960 1.137 1.245	1.274 1.509 1.646	강(150) 강(200) 강(250)	인청동 인청동 인청동	0.304 0.608 0.902	0.402 0.804 1.323
강(350) 강(400) 강(500)	강(350) 강(350) 강(350)	1.245 1.588 1.666	1.784 2.058 2.215	주철 니켈주철 니켈주철	주철 니켈주철 인청동	1.294 1.372 1.137	1.842 1.823 1.519

(주) H_B : 브니넬 경도값

(4) 기어의 최대전달동력 H_{max}

$$H_{PS} = \frac{F_t \times V}{75} = \frac{F_t}{75} \times \frac{\pi\, D_A\, N_A}{60 \times 1000}[\mathrm{PS}](\text{회전력} = \text{접선력})$$

F_t의 단위는 [kgf], 속도단위는 [m/s]

$$H_{KW} = \frac{F_t \times V}{102} = \frac{F_t}{102} \times \frac{\pi\, D_A\, N_A}{60 \times 1000}[\mathrm{PS}](\text{회전력} = \text{접선력})$$

F_t의 단위는 [kgf], 속도단위는 [m/s]

$$H_{KW} = \frac{F_t \times V}{1000} = \frac{F_t}{1000} \times \frac{\pi D_A N_A}{60 \times 1000} [\mathrm{kW}]$$(회전력 = 접선력)

F_t의 단위는 [kgf], 속도단위는 [m/s]

예제 12-4

다음과 같은 한 쌍의 외접 표준 평기어가 있다. 다음을 구하라.

(단, 속도계수 $f_v = \dfrac{3.05}{3.05 + V}$, 하중계수 f_w =0.8이다.)

구분	회전수 N[rpm]	잇수 Z[개]	허용굽힘응력 σ_b[N/mm²]	치형계수 $Y(=\pi y)$	압력각 α[°]	모듈 m[mm]	폭 b[mm]	허용접촉면 응력계수 K[N/mm²]
피니언	600	25	294	0.377	20	4	40	0.7442
기어	300	50	127.4	0.433				

(1) 피치원주속도 V[m/s]
(2) 피니언의 굽힘강도에 의한 전달하중 F_1[N]
(3) 기어의 굽힘강도에 의한 전달하중 F_2[N]
(4) 면압강도에 의한 전달하중 F_3[N]
(5) 최대 전달동력 H[kW]

풀이 & 답

(1) $V = \dfrac{\pi m z_1 \cdot N_1}{60 \times 1000} = \dfrac{\pi \times 4 \times 25 \times 600}{60 \times 1000} = 3.14\mathrm{m/sec}$

답 3.14m/sec

(2) $f_v = \dfrac{3.05}{3.05 + V} = \dfrac{3.05}{3.05 + 3.14} = 0.493$

$F_1 = f_w f_v \sigma_{b1} \cdot m \cdot b \cdot Y_1 = 0.8 \times 0.493 \times 294 \times 4 \times 40 \times 0.377 = 6994.32\mathrm{N}$

답 6994.32N

(3) $F_2 = f_w f_v \sigma_{b2} \cdot m \cdot b \cdot Y_2 = 0.8 \times 0.493 \times 127.4 \times 4 \times 40 \times 0.433 = 3481.08\mathrm{N}$

답 3481.08N

(4) $F_3 = K f_v \cdot bm \cdot \dfrac{2 \cdot Z_1 \cdot Z_2}{Z_1 + Z_2} = 0.7442 \times 0.493 \times 40 \times 4 \times \dfrac{2 \times 25 \times 50}{25 + 50}$

$= 1956.75\mathrm{N}$

답 1956.75N

(5) $H = \dfrac{F_t \cdot V}{1000} = \dfrac{1956.75 \times 3.14}{1000} = 6.144\mathrm{kW} = 6.14\mathrm{kW}$

(기어의 회전력) F_t는 F_1, F_2, F_3 중 가장 작은 힘

답 6.14kW

기어의 모듈과 잇수가 주어지면 기어의 이의 크기가 결정된다. 이의 크기가 결정된 상태에서는 기어의 안전성을 고려하여 회전력중 가장 작은 힘을 기어의 회전력으로 사용한다.

예제 12-5

다음 그림과 같이 Motor의 전달동력은 6kW, 분당 회전수는 2000rpm이다. 표준 평기어 전동장치가 있다. 피니언의 잇수 Z_1 =18, 모듈 m =3, 압력각 α =20˚일 때 다음 각 물음에 답하여라. (단, 회전비 i =1/3이다.)

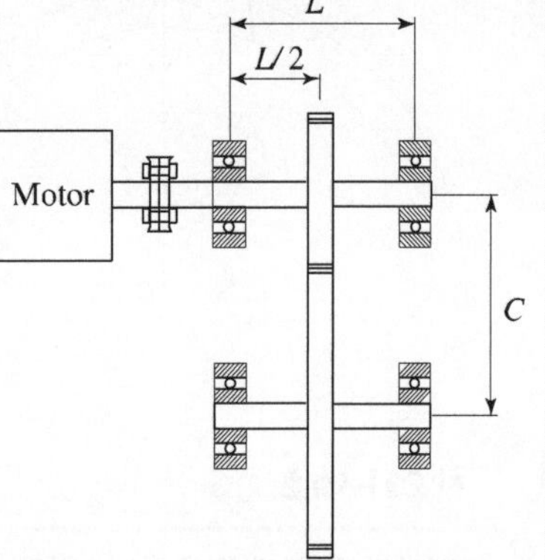

(1) 축간거리 : C[mm]

(2) 종동축에 작용하는 토크 : T_2[kgf · mm]

(3) 원동평기어에 작용하는 접선력(전달하중) : P[kgf]

(4) 평기어의 폭 : b[mm](단, 피니언과 기어의 재질은 같고 허용 굽힘응력 σ_b =7kgf/mm^2, 피니언의 치형계수 $Y_1 = \pi y_1 = 0.333$이다. 속도계수 f_v =0.38, 하중계수 f_w =0.8일 때 아래 표에서 선정하여라.

b[mm]	33	36	40	45	50	55

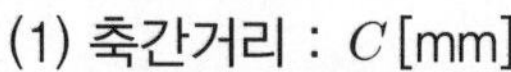

(1) $i = \dfrac{Z_1}{Z_2}$, $Z_2 = 3 \times 18 = 54$개

$$C = \frac{m(Z_1 + Z_2)}{2} = \frac{3 \times (18 + 54)}{2} = 108\text{mm}$$

답 108mm

(2) $$T_2 = 974000 \times \frac{H_{KW}}{N_2} = 974000 \times \frac{6}{\frac{2000}{3}} = 8766\text{kgf} \cdot \text{mm}$$

답 8766kgf · mm

(3) $$H_{KW} = \frac{P \times V}{102} = \frac{P \times \pi m Z_1 \times N_1}{102 \times 60 \times 1000},\ 6 = \frac{P \times \pi \times 3 \times 18 \times 2000}{102 \times 60 \times 1000}$$

$P = 108.23\text{kgf}$

답 108.23kgf

(4) $P = f_w \cdot f_v \cdot \sigma_b \cdot b \cdot m Y_1$

$108.23 = 0.8 \times 0.38 \times 7 \times b \times 3 \times 0.333$

$b = 50.91\text{mm} ≒ 55\text{mm}$(표에서 선정)

답 55mm

(5) 기어에 작용되는 하중

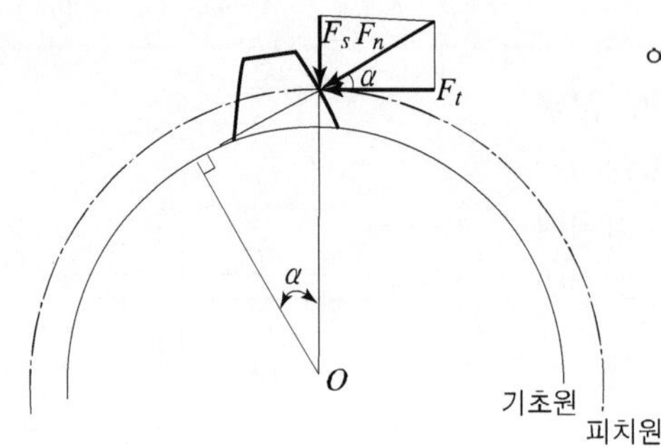

여기서, F_t : 회전력 = 접선력 = 동력을 전달하는 힘 = 전달하중

F_n : 굽힘력(축에 굽힘을 발생시키는 하중) = 전하중 = Radial하중 = 반경반향하중

$F_n = \sqrt{F_t^2 + F_s^2}$

F_s : 축직각하중=분리력

교재마다 기어에 작용하는 힘의 크기를 표현하는 말이 다르다, 표현되는 힘 모두 기억하자!

① F_t : 회전력 = 접선력 = 동력을 전달하는 힘 = 전달하중

(회전력) F_t은 F_1, F_2, F_3 중 가장 작은 힘이 기어의 회전력이다.

F_1 : 루이스의 굽힘강도에서 구한 피니언의 회전력

F_2 : 루이스의 굽힘강도에서 구한 기어의 회전력

F_3 : 헤르쯔의 면압강도에서 구한 기어의 회전력

② F_n : 굽힘력 = 전하중 = Radial 하중 = 축에 굽힘을 발생시키는 하중

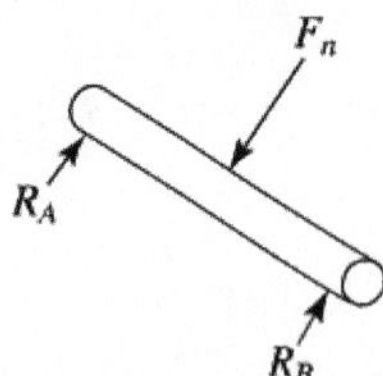

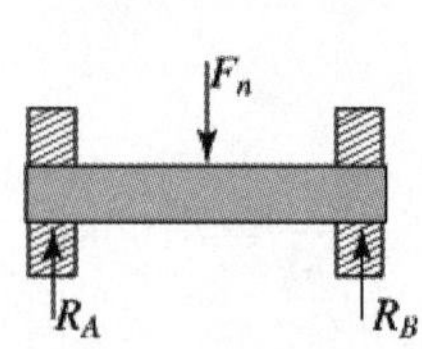

(압력각이 주어질 때) $\cos\alpha = \dfrac{F_t}{F_n}$

(전하중=Radial load) $F_n = \dfrac{F_t}{\cos\alpha}$ (여기서, α : 압력각)

(F_s분리력 = 축직각 하중이 주어질 때)

(전하중 = Radial load) $F_n = \sqrt{F_t^2 + F_s^2}$

③ 분리력 = 축직각 하중 F_s

$$\tan\alpha = \frac{F_s}{F_t} \qquad F_s = F_t \times \tan\alpha$$

예제 12-6

축간거리가 200mm 떨어진 스퍼기어 전동에서 전달동력이 8kW, 피니언의 회전수는 1500rpm이고 기어의 회전수는 500rpm일 때 다음을 구하여라. (단 압력각 20°, 모듈은 2인 스퍼기어을 사용하였다.)

(1) 피니언의 잇수와 기어의 잇수를 각각 구하여라.
(2) 전달하중 F_t[N]을 구하여라.
(3) 축직각하중 F_s[N]을 구하여라.
(4) 축에 작용하는 전하중 즉 굽힘을 발생시키는 하중 F_n[N]을 구하여라?

풀이 & 답

(1) (피니언의 잇수) $Z_A = \frac{D_A}{m} = \frac{100}{2} = 50$개

(기어의 잇수) $Z_B = \frac{Z_A}{\epsilon} = \frac{50}{\frac{1}{3}} = 150$개

(속비) $\epsilon = \frac{N_B}{N_A} = \frac{500}{1500} = \frac{1}{3}$

(피니언지름) $D_A = \frac{2c}{1+\frac{1}{\epsilon}} = \frac{2\times 200}{1+3} = 100\text{mm}$

답 Z_A =50개
Z_B =150개

(2) $F_t[N] = \frac{1000\times H_{KW}}{V} = \frac{1000\times 8}{\frac{\pi\times 100\times 1500}{60\times 1000}} = 1018.59\text{N}$

답 1018.59N

(3) $F_s = F_t \times \tan\alpha = 1018.59 \times \tan 20 = 370.736\text{N} = 370.74\text{N}$

답 370.74N

(4) $F_n = \frac{F_t}{\cos\alpha} = \frac{1018.59}{\cos 20} = 1083.96\text{N}$

답 1083.96N

예제 12-7

그림과 같이 Motor의 전달동력이 10kW이고 원동축이 1500rpm으로 회전하고 있다. 원동기어의 잇수는 30개이고, 종동기어의 잇수는 150개이다. 기어의 모듈 m =2일 때 다음 물음에 답하여라. (단 압력각 α =20˚이다)

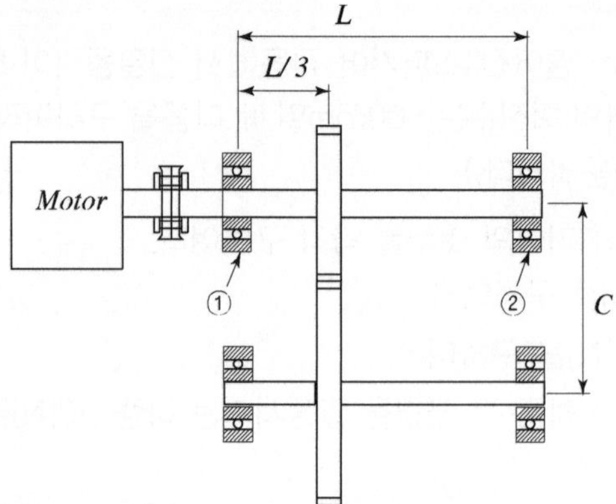

(1) 축간거리 C[mm]을 구하여라?
(2) 스퍼기어의 전달하중 즉 접선력 F_t[N]을 구하여라?
(3) 축에 작용하는 Radial 하중 즉 축에 가해지는 전하중 F_n[N]을 구하여라?
(4) 베어링 ①에 작용하는 베어링 하중 F_{B1}[N]과 베어링 ②에 작용하는 베어링 하중 F_{B2}[N]을 각각 구하여라.
(5) 베어링 ①, ② 중에서 베어링의 수명시간이 짧은 베어링의 수명시간 L_h[hr]을 구하여라. (단 베어링의 전동륜은 볼이며 기본 동적부하용량은 c =15000N, 하중계수는 f_w =1.2)

풀이 & 답

(1) $C = \dfrac{m(Z_A + Z_B)}{2} = \dfrac{2(30+150)}{2} = 180\text{mm}$

답 180mm

(2) $F_t[\text{N}] = \dfrac{1000 \times H_{KW}}{V} = \dfrac{1000 \times H_{KW}}{\dfrac{\pi \times m \times Z_A \times 1500}{60 \times 1000}} = \dfrac{1000 \times 10}{\dfrac{\pi \times 2 \times 30 \times 1500}{60 \times 1000}}$

$= 2122.065\text{N} = 2122.07\text{N}$

답 2122.07N

(3) $F_n = \dfrac{F_t}{\cos\alpha} = \dfrac{2122.07}{\cos 20} = 2258.259\text{N} = 2258.26\text{N}$

답 2258.26N

(4) $F_{B1} = \dfrac{2F_n}{3} = \dfrac{2 \times 2258.26}{3} = 1505.51\,\text{N}$

$F_{B2} = \dfrac{F_n}{3} = \dfrac{2258.26}{3} = 752.75\,\text{N}$

답 F_{B1} =1505.51N
F_{B2} =752.75N

(5) $L_h = 500 \times \dfrac{33.3}{N} \times \left(\dfrac{c}{F_{B1} \times f_w}\right)^3 = 500 \times \dfrac{33.3}{1500} \times \left(\dfrac{15000}{1505.51 \times 1.2}\right)^3$

$= 6353.339\text{hr} = 6353.34\text{hr}$

베어링 하중이 큰 베어링 ①의 수명시간이 짧다.

답 6353.34hr

예제 12-8

그림과 같이 Motor의 전달동력 H =25PS, N =2000rpm인 모터로 회전비 $i = \dfrac{1}{8}$로 감속 운전되는 기어축이 있다. 종동기어의 피치원 지름 D_B =400mm, 축간거리c = 800mm일 때 축 Ⅱ의 길이 L =800mm이다. 다음을 구하라. (보는 단순지지된 단순보 형태이며 스퍼기어의 압력각은 20°이다)

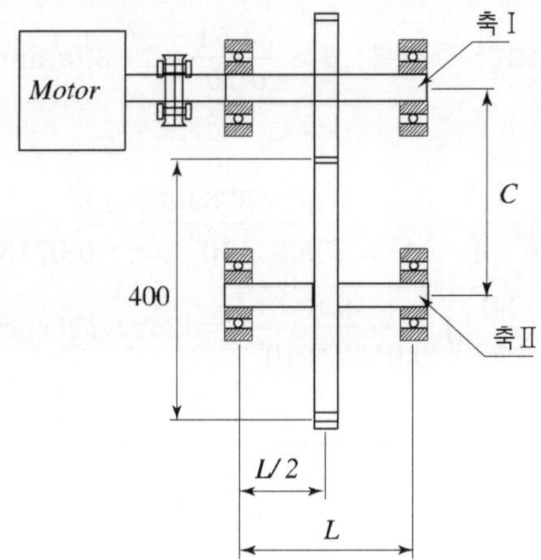

(1) 축 Ⅱ에 작용하는 비틀림 모멘트 T[N · mm]
(2) 축 Ⅱ에 작용하는 굽힘 모멘트 M[N · mm](단, 축과 스퍼기어의 자중은 무시한다.)
(3) 최대 주응력설에 의한 축 Ⅱ의 지름 d[mm]
(단, 축의 허용굽힘응력을 σ_b =58.8N/mm^2, 축의 지름은키 홈의 영향을 고려하여 $\dfrac{1}{0.75}$ 배를 한다.)

(4) 축 Ⅱ의 위험속도 N_{cr} [rpm]
(단, 축의 자중은 무시하며 축의 종탄성계수 E=205.8GPa이다.)

풀이 & 답

(1) $T=716200\times 9.8\dfrac{H}{N}=716200\times 9.8\times\dfrac{25}{2000/8}=701876\text{N}\cdot\ \text{mm}$

답 701876N · mm

(2) $T=F_t\cdot\ \dfrac{D_B}{2}$, $701876=F_t\times\dfrac{400}{2}$

(접선력=전달하중) $F_t=3509.38\text{N}$

(굽힘력) $F_n=\dfrac{F_t}{\cos\alpha}=\dfrac{3509.38}{\cos 20}=3734.6\text{N}$

(굽힘모멘트) $M=\dfrac{F_n\cdot\ L}{4}=\dfrac{3734.6\times 800}{4}=746920\text{N}\cdot\ \text{mm}$

답 746920N · mm

(3) $M_e=\dfrac{1}{2}\left(M+\sqrt{M^2+T^2}\right)=\sigma_b\cdot\ \dfrac{\pi d_0^3}{32}$

$\dfrac{1}{2}\times\left(746920+\sqrt{746920^2+701876^2}\right)=58.8\times\dfrac{\pi\times d_0^3}{32}$

$d_0=53.54\text{mm}$

(키 홈의 깊이 고려한 축지름) $d=\dfrac{53.54}{0.75}=71.39\text{mm}$

답 71.39mm

(4) (처짐량) $\delta=\dfrac{F_n\cdot\ L^3}{48E\cdot\ I}=\dfrac{64\times 3734.6\times 0.8^3}{48\times 205.8\times 10^9\times\pi\times 0.07139^4}=0.0152\times 10^{-2}\text{m}$

$N_{cr}=\dfrac{30}{\pi}\sqrt{\dfrac{g}{\delta}}=\dfrac{30}{\pi}\sqrt{\dfrac{9.8}{0.0152\times 10^{-2}}}=2424.725\text{rpm}=2424.73\text{rpm}$

답 2424.73rpm

12-5 헬리컬 기어

(1) 헬리컬 기어의 개요

① 헬리컬 기어의 이점

㉠ 운전이 정숙원활하며 소음 진동이 작고 따라서 고속운전에 적합하다.

㉡ Super기어보다 물림길이가 길고 물림줄이 커서 물림 상태가 좋다.

㉢ 전동효율 98~99%

㉣ 큰 회전비가 얻어진다. ($\frac{1}{10} \sim \frac{1}{15}$)

② 치형방식

㉠ 치직각 방식 : 치와 직각인 단면의 치형이고,
기준모듈은 치직각 모듈이다. ($m = m_n$)

㉡ 축직각 방식 : 축과 직각인 단면의 치형이고
기준피치원은 축직각 지름이다.($D = D_s$)

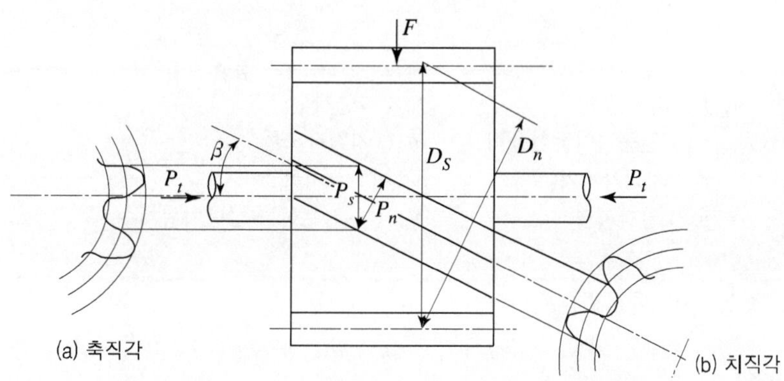

(a) 축직각 (b) 치직각

여기서, $p_n(=p)$: 치직각 피치 p_s : 축직각 피치
$m_n(=m)$: 치직각 모듈 m_s : 축직각 모듈
D_n : 치직각 지름 $D_s(=D)$: 축직각 지름
α : 압력각 β : 비틀림각

(2) 헬리컬 기어의 각부 치수

$$\cos\beta = \frac{\text{치직각}}{\text{축직각}} = \frac{p_n}{p_s} = \frac{D_n}{D_s} = \frac{m_n}{m_s} = \frac{m_n(Z_1+Z_2)}{2C} = \frac{F_t}{F_n}$$

여기서, F_t : 회전력=동력을 전달하는 하중, F_n : 치면에 수직하는 하중(반경 방향 하중)

① 모듈 : $m_n = \cos\beta \cdot m_s = \cos\beta \cdot \dfrac{D_s}{Z}$

② 기준 피치 : $p_n = p_s \cdot \cos\beta$

③ 피치원지름 : $D_s = \dfrac{D_n}{\cos\beta} = \dfrac{m_n Z}{\cos\beta} = \dfrac{\cos\beta \cdot m_s \cdot Z}{\cos\beta} = m_s Z$

④ 이끝원 직경 : $D_0 = D_s + 2a = m_s Z + 2m_n = m_n\left(\dfrac{Z}{\cos\beta} + 2\right)$

⑤ 중심거리 : $C = \dfrac{D_{s1} + D_{s2}}{2} = \dfrac{m_s(Z_1 + Z_2)}{2} = \dfrac{m_n(Z_1 + Z_2)}{2\cos\beta}$

주의 헬리컬 기어는 지름 ~ 축직각지름 을 쓴다.
피치, 모듈 ~ 치직각피치, 치직각모듈

(3) 기어의 회전력 F_t

루이스식과 Hertz식이 동시에 고려된 경우 작은값을 선택한다.

① Lewis(루이스)의 굽힘강도에 의한 회전력

$$\text{(원동기어 회전력) } F_1 = f_v \cdot f_w \cdot \sigma_{b1} \cdot p_n \cdot b \cdot y_{e1}$$
$$= f_v \cdot f_w \cdot \sigma_{b1} \cdot \pi m_n \cdot b \cdot y_{e1}$$
$$= f_v \cdot f_w \cdot \sigma_{b1} \cdot m_n \cdot b \cdot Y_{e1}$$

여기서, f_v : 속도계수　　f_w : 하중계수
σ_{b1} : 원동기어굽힘응력　　m_n : 치직각모듈
p_n : 치직각피치($=\pi m_n$)　　b : 이폭=치폭
y_{e1} : 상당치형계수　　Y_{e1} : π를 포함한 상당치형계수

$$\text{(종동기어 회전력) } F_2 = f_v \cdot f_w \cdot \sigma_{b2} \cdot p_n \cdot b \cdot y_{e2}$$
$$= f_v \cdot f_w \cdot \sigma_{b2} \cdot \pi m_n \cdot b \cdot y_{e2}$$
$$= f_v \cdot f_w \cdot \sigma_{b2} \cdot m_n \cdot b \cdot Y_{e2}$$

여기서, f_v : 속도계수　　f_w : 하중계수
σ_{b2} : 종동기어굽힘응력　　m_n : 치직각모듈
p_n : 피치($=\pi m_n$)　　b : 이폭=치폭
y_{e2} : 상당치형계수　　Y_{e2} : π를 포함한 상당치형계수

Y_e ➡ 주어지지 않으면 Z_e를 구해서 표에서 찾는다.

$$\text{헬리컬 기어의 상당 평기어 잇수 : } Z_e = \frac{Z}{\cos^3\beta}$$

주의 헬리컬기어는 기준피치원지름은 축직각 피치원 지름을 쓴다.
기준피치, 기준모듈은 치직각피치, 치직각모듈을 쓴다.

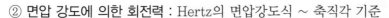

② 면압 강도에 의한 회전력 : Hertz의 면압강도식 ~ 축직각 기준

$$F_3 = f_v \cdot \ K \cdot \ m_s \cdot \ b\left(\frac{2Z_1 Z_2}{Z_1 + Z_2}\right) \cdot \ \frac{C_w}{\cos^2\beta}$$

여기서, K : 접촉면 응력계수(응력 수정계수)

C_w : 헬리컬 기어의 면압계수(보통 헬리컬 기어 : 0.75, 정밀가공 기어 : 1.0)

F_t : 회전력 = 접선력 = 동력을 전달하는 힘 = 전달하중

(회전력) F_t은 F_1, F_2, F_3 중 가장 작은 힘이 기어의 회전력이다.

여기서, F_1 : 루이스의 굽힘강도에서 구한 피니언의 회전력

F_2 : 루이스의 굽힘강도에서 구한 기어의 회전력

F_3 : 헤르쯔의 면압강도에서 구한 기어의 회전력

(4) 헬리컬 기어에 작용하는 힘

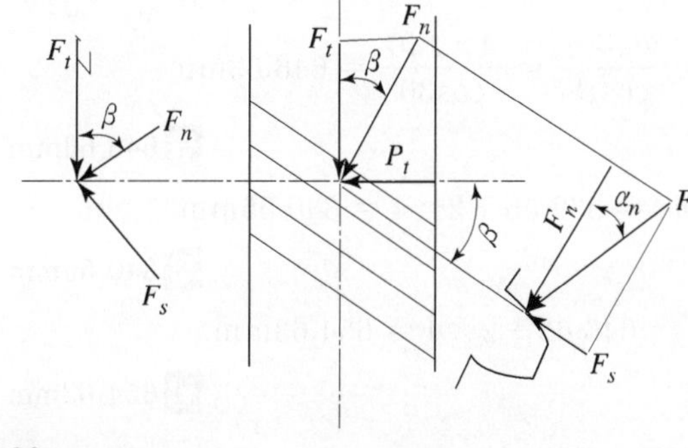

여기서, F_t : 전달하중=이면의 접선력=회전력=동력을 전달하는 힘

P_t : 추력=축하중=트러스트하중=축방향하중=베어링에 가해지는 축방향하중=thrust load

F_n : 상당피치원(치직각피치원)에서 접선방향으로 작용하는 하중

F_s : 분리력

F : 잇면에 작용하는 전체하중

β : 비틀림각

α_n : 치직각 압력각=공구압력각

참고하세요

교재마다 힘의 표현방법이 다르다. 모두 익혀두자.

참고하세요

기사시험 유형은 다음과 같이 구한다.

① $H_{KW} = \frac{F_t \times V}{1000}$ 에서, (전달하중=회전력=접선력) $F_t = \frac{1000 \times H_{KW}}{V}$[N] 먼저 구한다.

② (상당피치원(치직각피치원)에 접선방향으로 작용하는 하중) $F_n = F_t \times \cos\beta$

③ (분리력) $F_s = F_n \times \tan\alpha_n = \frac{F_t}{\cos\beta} \times \tan\alpha_n = F_t \frac{\tan\alpha_n}{\cos\beta}$

④ (베어링에 작용하는 Radial 하중=반경방향 하중) $F = \sqrt{F_t^2 + F_s^2} = F_t \times \sqrt{1 + \left(\frac{\tan\alpha_n}{\cos\beta}\right)^2}$

⑤ (Thrust 하중=축방향 하중) $P_t = F_t \tan\beta$

예제 12-9

피니언의 잇수 72, 기어의 잇수 140, 비틀림각 30°인 한 쌍의 헬리컬 기어가 있다. 치직각 모듈이 4일 때 다음 물음에 답하여라.

(1) 피니언의 피치원지름 D_{s1}[mm]을 구하여라.
(2) 기어의 피치원지름 D_{s2}[mm]을 구하여라.
(3) 피니언의 바깥지름 D_{01}[mm]을 구하여라.
(4) 기어의 바깥지름 D_{02}[mm]을 구하여라.
(5) 축간 거리 C[mm]을 구하여라.

(1) 피니언의 피치원지름 $D_{s1} = m_s Z_1 = \dfrac{m_n Z_1}{\cos\beta} = \dfrac{4 \times 72}{\cos 30} = 332.55\text{mm}$

답 332.55mm

(2) 기어의 피치원지름 $D_{s2} = m_s Z_{s2} = \dfrac{m_n Z_{s2}}{\cos\beta} = \dfrac{4 \times 140}{\cos 30} = 646.63\text{mm}$

답 646.63mm

(3) 피니언의 바깥지름 $D_{01} = D_{s1} + 2m_n = 332.55 + 2 \times 4 = 340.55\text{mm}$

답 340.55mm

(4) 기어의 바깥지름 $D_{02} = D_{s2} + 2m_n = 646.63 + 2 \times 4 = 654.63\text{mm}$

답 654.63mm

(5) 축간 거리 $C = \dfrac{(Z_1 + Z_2)m_n}{2\cos\beta} = \dfrac{(72 + 140) \times 4}{2 \times \cos 30} = 489.59\text{mm}$

답 489.59mm

별해 축간거리 $C = \dfrac{D_{s1} + D_{s2}}{2} = \dfrac{332.55 + 646.63}{2} = 489.59\text{mm}$ 구해도 정답 처리 됩니다.

예제 12-10

헬리컬 기어에서 원동기어의 잇수 Z_1 =60개 회전수 N_1 =1200rpm, 종동기어의 회전수 N_2 =400rpm개, 치직각 모듈 2.5이고 비틀림각 25˚이며, 압력각 20˚이다. 다음 각 물음에 답하여라.

(1) 축직각 모듈은 얼마인가?
(2) 축간거리 c[mm]를 구하여라?
(3) 종동기어의 이끝원 지름을 구하여라?
(4) 종동기어의 상당치형계수(Y_{e2})는 얼마인가?(소수네째자리에서 반올림)

(스퍼기어의 잇수) Z	스퍼기어의 치형계수 $Y=(\pi y)$
60	0.422
75	0.435
100	0.447
150	0.460
300	0.472

풀이 & 답

(1) $m_s = \dfrac{m_n}{\cos\beta} = \dfrac{2.5}{\cos 25°} = 2.76$

답 2.76

(2) $c = \dfrac{m_s(Z_1 + Z_2)}{2} = \dfrac{2.76 \times (60 + 180)}{2} = 331.2\text{mm}$

$Z_2 = \dfrac{Z_1 N_1}{N_2} = \dfrac{60 \times 1200}{400} = 180$개

답 331.2mm

(3) $D_{2o} = D_2 + 2m_n = (m_s \times Z_2) + 2m_n = (2.76 \times 180) + (2 \times 2.5)$
$= 501.8\text{mm}$

답 501.8mm

(4) (종동헬리컬기어의 상당스퍼기어 잇수)

$Z_{e2} = \dfrac{Z_2}{\cos^3\beta} = \dfrac{180}{(\cos 25)^3} = 241.793 = 242$개

$\dfrac{0.472 - 0.460}{300 - 150} = \dfrac{Y_{e2} - 0.460}{242 - 150}$, $Y_{e2} = 0.4674 = 0.467$

답 0.467

예제 12-11

분당 회전수가 600rpm으로 5PS를 전달하는 헬리컬 기어가 있다. 기어의 치직각 모듈은 2, 잇수는 30개, 폭은 20mm, 비틀림각은 22°이다. 다음을 구하여라.

(1) 헬리컬기어의 피치원지름[mm]을 구하여라.
(2) 헬리컬기어의 회전력(접선력) F_t [kgf]을 구하여라.
(3) 반경방향하중 F_n [kgf]을 구하여라.
(4) 축방향 하중 P_t [kgf]을 구하여라.

풀이 & 답

(1) (피치원지름=축직각 피치원지름) $D_s = \dfrac{m_n Z_s}{\cos\beta} = \dfrac{2\times30}{\cos22}$

$= 64.712\text{mm} = 64.71\text{mm}$

답 64.71mm

(2) $F_t = \dfrac{75H_{PS}}{V} = \dfrac{75\times5}{2.033} = 184.46\text{kgf}$

$V = \dfrac{D_s}{2000}\times\dfrac{2\pi N}{60} = \dfrac{64.712}{2000}\times\dfrac{2\pi\times600}{60} = 2.033\text{m/s}$

답 184.46kgf

(3) $F_n = \dfrac{F_t}{\cos\beta} = \dfrac{184.46}{\cos22} = 198.946 = 198.95\text{kgf}$

답 198.95kgf

(4) $P_t = F_t\times\tan\beta = 184.46\times\tan22 = 74.527\text{kgf} = 74.53\text{kgf}$

답 74.53kgf

예제 12-12

전달동력 7kW, 피니언의 회전수 750rpm의 동력을 전달하는 헬리컬기어가 있다. 치직각 피치 7.85mm, 피니언의 잇수가 80개, 기어의 잇수가 285개인 한쌍의 헬리컬 기어의 중심거리를 500mm이다 다음 물음에 답하여라.

(1) 비틀림각 β[°]을 구하여라.
(2) 회전력(접선력) F_t [N]을 구하여라.
(3) 축방향 하중 P_t [N]을 구하여라.
(4) 치면에 가해지는 수직하중 F_n [N]을 구하여라.

풀이 & 답

(1) (비틀림각) $\beta = \cos^{-1}\left[\dfrac{(Z_1+Z_2)m_n}{2c}\right] = \cos^{-1}\left[\dfrac{(80+285)\times 2.5}{2\times 500}\right] = 24.15°$

(치직각모듈) $m_n = \dfrac{p_n}{\pi} = \dfrac{7.85}{\pi} = 2.5$

답 24.15°

(2) $F_t = \dfrac{1000H_{kW}}{V} = \dfrac{1000\times 7}{8.61} = 813.01\text{N}$

(피니언의 피치원지름) $D_{s1} = m_s Z_{s1} = \dfrac{m_n Z_1}{\cos\beta} = \dfrac{2.5\times 80}{\cos 24.15} = 219.18\text{mm}$

$V = \dfrac{\pi D_{s1} N_1}{1000\times 60} = \dfrac{\pi\times 219.18\times 750}{1000\times 60} = 8.61\text{m/s}$

답 813.01N

(3) (축방향 하중) $P_t = F_t \tan\beta = 813.01\times\tan 24.15 = 364.53\text{N}$

답 364.53N

(4) (치면에 가해지는 수직하중) $F_n = \dfrac{F_t}{\cos\beta} = \dfrac{813.01}{\cos 24.15} = 890.99\text{N}$

답 890.99N

예제 12-13

압력각 20˚, 비틀림각 20˚인 헬리컬 기어의 피니언 잇수 60개, 회전수는 900rpm이고 치직각 모듈은 3.0, 허용굽힘응력이 25.5kgf/mm^2, 나비가 45mm일 때 다음을 결정하라. (단, π값을 포함한 수정치형계수는 0.44이다.)

(1) 피니언의 바깥지름은 몇 mm인가?
(2) 피니언의 상당 평치차 잇수는 몇 개인가?
(3) 굽힘 강도를 고려한 전달하중은 몇 N인가?
(4) 전달 동력은 몇 [kW]인가?
(5) 축 방향의 스러스트 하중은 몇 N인가?

풀이 & 답

(1) (축직각 피치원지름)$D_S = m_s \times Z = \dfrac{m_n}{\cos\beta} Z = \dfrac{3}{\cos 20} \times 60 = 191.55mm$

(바깥지름)$D_o = D_s + 2m_n = 191.55 + (2 \times 3) = 197.55mm$

답 197.55mm

(2) $Z_e = \dfrac{Z}{\cos^3\beta} = \dfrac{60}{(\cos 20)^3} = 72.31 \fallingdotseq 73$개

답 73개

(3) $V = \dfrac{\pi D_A N_A}{60 \times 1000} = \dfrac{\pi \times 191.55 \times 900}{60 \times 1000} = 9.03\text{m/sec}$

$f_v = \dfrac{3.05}{3.05 + V} = \dfrac{3.05}{3.05 + 9.03} = 0.25$

$F_t = f_v \sigma_b b m_n Y_e = 0.25 \times 25.5 \times 45 \times 3 \times 0.44 = 378.68\text{kgf} = 3711.06\text{N}$

답 3711.06N

(4) $H_{KW} = \dfrac{F_t \cdot V}{1000} = \dfrac{3711.06 \times 9.03}{1000} = 33.51\text{kW}$

답 33.51kW

(5) $P_t = F_t \cdot \tan\beta = 3711.06 \times \tan 20° = 1350.72\text{N}$

답 1350.72N

12-6 베벨기어

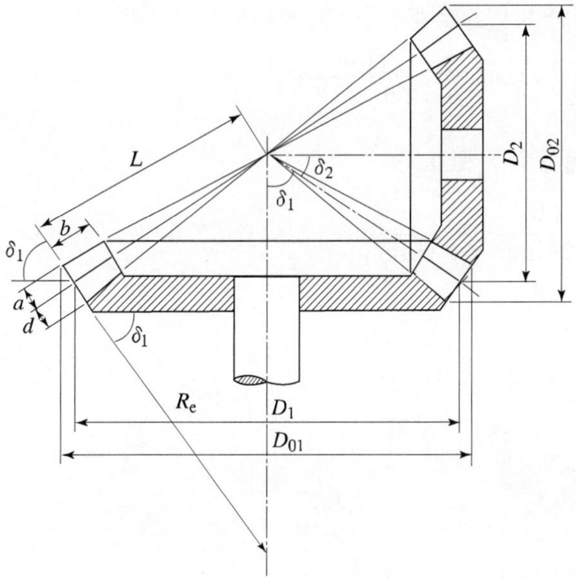

δ_1 : 원동축의 피치원추각

δ_2 : 종동축의 피치원추각

D_1 : 원동 피치원지름

D_2 : 종동 피치원지름

D_{01} : 원동기어의 이끝원 지름

D_{02} : 종동기어의 이끝원 지름

θ : 축각=교각($\theta = \delta_1 + \delta_2$)

L : 모선의 길이=외단 원추거리

R_e : 배원추 반지름=bock cone 반지름=상당 평기어의 피치원 반경

b : 이나비, a : 이끝높이, d : 이뿌리높이

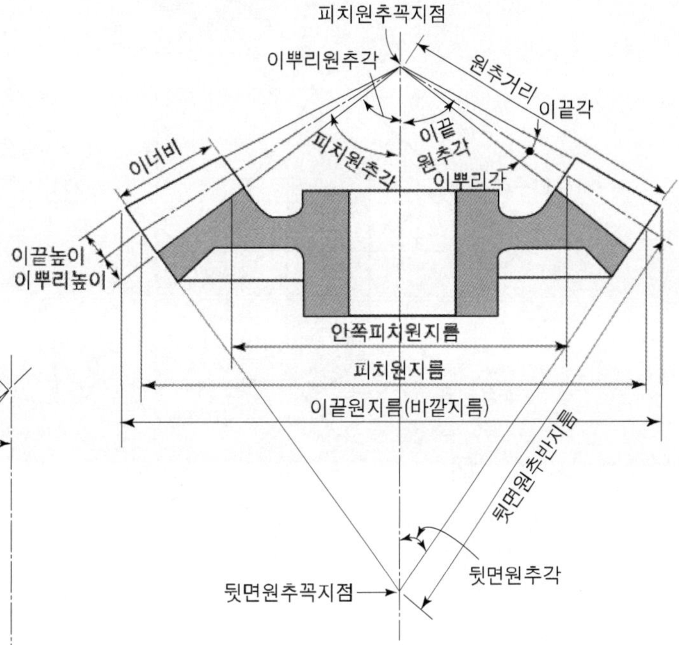

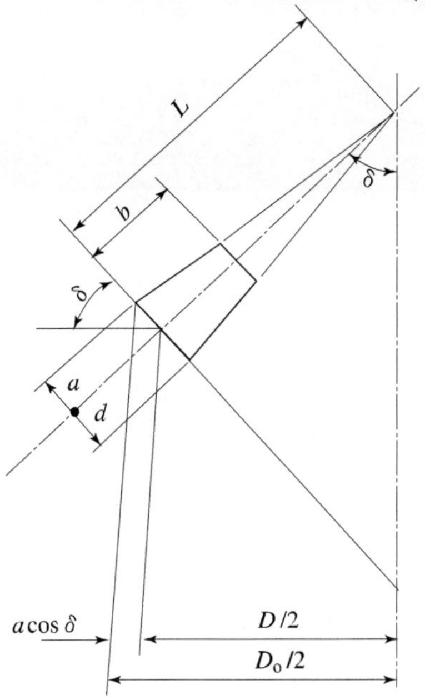

(1) 기어의 치수

① 속도비 : $\epsilon = \dfrac{N_2}{N_1} = \dfrac{D_1}{D_2} = \dfrac{Z_1}{Z_2} = \dfrac{\sin\delta_1}{\sin\delta_2}$

② 피치 원추각 : 원추마찰차와 동일한 방법으로 유도

$$\tan\delta_1 = \frac{\sin\theta}{\dfrac{1}{\epsilon}+\cos\theta}, \quad \tan\delta_2 = \frac{\sin\theta}{\epsilon+\cos\theta}$$

③ 원추 모선의 길이＝외단 원추거리 $L = L_1 = L_2$

$$L_1 \cdot \sin\delta_1 = \frac{D_1}{2} \qquad L_1 = \frac{D_1}{2\sin\delta_1} = \frac{mz_1}{2\sin\delta_1}$$

➡

$$L_2 \cdot \sin\delta_2 = \frac{D_2}{2} \qquad L_2 = \frac{D_2}{2\sin\delta_2} = \frac{mz_2}{2\sin\delta_2}$$

④ 배원추 반지름 : 상당스퍼기어의 피치원 반지름 R_e

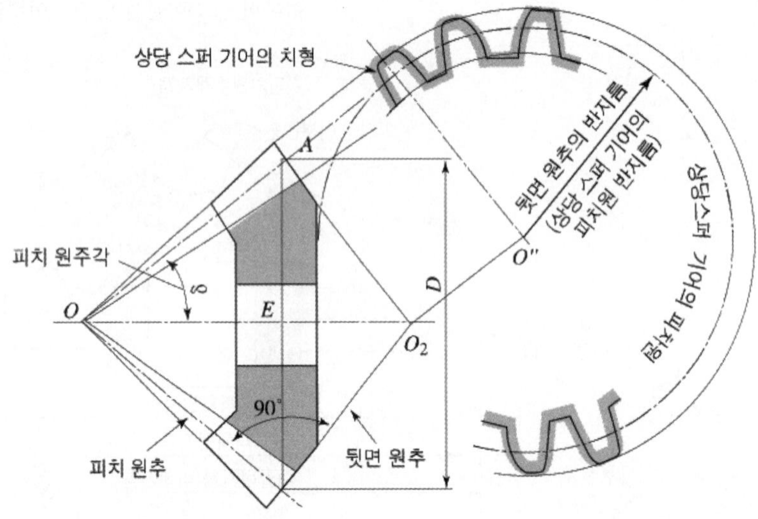

$$\cos\delta_1 = \frac{\dfrac{D_1}{2}}{R_{e1}} \;➡\; R_{e_1} = \frac{D_1}{2\cos\delta_1}$$

$$\cos\delta_2 = \frac{\dfrac{D_2}{2}}{R_{e1}} \;➡\; R_{e_2} = \frac{D_2}{2\cos\delta_2}$$

여기서, D_1 : 원동기어의 피치원 지름

D_2 : 종동기어의 피치원 지름

⑤ 피치원 지름

$D_1 = m \times Z_1 = R_e \times 2\cos\delta_1 = 2 \cdot L_1 \sin\delta_1$

$D_2 = m \times Z_2 = R_e \times 2\cos\delta_2 = 2 \cdot L_2 \sin\delta_2$

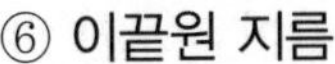

⑥ 이끝원 지름

$$D_{01} = D_1 + 2a\cos\delta_1 = mZ_1 + 2m\cos\delta_1 = m(Z_1 + 2\cos\delta_1)$$

$$D_{02} = D_1 + 2a\cos\delta_2 = mZ_2 + 2m\cos\delta_2 = m(Z_2 + 2\cos\delta_2)$$

⑦ 이너비 b

설계값으로 (원추길이) L에 의해 결정된다.

$b = \frac{1}{3}L \sim \frac{1}{4}L$ 사용한다.

(2) 베벨기어의 회전력 F_t

① Lewis(루이스)의 굽힘강도에 의한 회전력

(원동기어 회전력)
$$F_1 = f_v \cdot f_w \cdot \sigma_{b1} \cdot p \cdot b \cdot y_{e1} \cdot \lambda = f_v \cdot f_w \cdot \sigma_{b1} \cdot \pi m \cdot b \cdot y_{e1} \cdot \lambda = f_v \cdot f_w \cdot \sigma_{b1} \cdot m \cdot b \cdot Y_{e1} \cdot \lambda$$

여기서, f_v : 속도계수, f_w : 하중계수
σ_{b1} : 원동기어굽힘응력, m : 치직각 모듈
p : 치직각 피치$(=\pi m)$, b : 이폭 = 치폭
y_{e1} : 상당치형계수, Y_{e1} : π를 포함한 상당치형계수
λ : 베벨기어계수 $\lambda = \frac{L-b}{L}$, L : 모선의 길이 = 외단원추거리

(종동기어 회전력)
$$F_2 = f_v \cdot f_w \cdot \sigma_{b2} \cdot p \cdot b \cdot y_{e2} \cdot \lambda = f_v \cdot f_w \cdot \sigma_{b2} \cdot \pi m \cdot b \cdot y_{e2} \cdot \lambda = f_v \cdot f_w \cdot \sigma_{b2} \cdot m \cdot b \cdot Y_{e2} \cdot \lambda$$

여기서, f_v : 속도계수, f_w : 하중계수
σ_{b2} : 종동기어굽힘응력, m : 치직각 모듈
p : 치직각 피치$(=\pi m)$, b : 이폭 = 치폭
y_{e2} : 상당치형계수, Y_{e2} : π를 포함한 상당치형계수
λ : 베벨기어계수 $\lambda = \frac{L-b}{L}$, L : 모선의 길이 = 외단원추거리

Y_e ➡ 주어지지 않으면 Z_e를 구해서 표에서 찾는다.

베벨기어의 상당평기어 잇수 : $Z_{e1} = \frac{Z_1}{\cos\delta_1}$, $Z_{e2} = \frac{Z_2}{\cos\delta_2}$

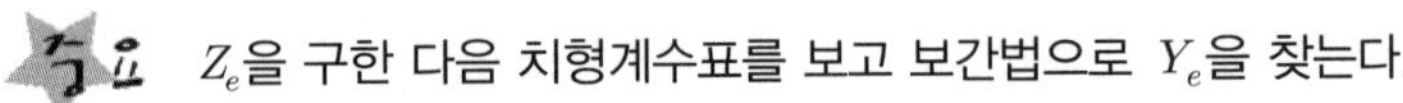

중요 Z_e을 구한 다음 치형계수표를 보고 보간법으로 Y_e을 찾는다.

② **면압강도에 의한 회전력** : Hertz의 면압강도식은 평기어에서와 같이 경도가 작은 재료의 기어에 대하여 사용한다. 베벨기어는 면압강도가 크게 발생됨으로 현재 미국기어제작협회(American Gear Manufacture's Association)AGMA에서 사용하는 식을 사용한다.

$$F_3 = 1.67b\sqrt{D_1}f_m f_s[\text{kgf}] = 16.38b\sqrt{D_1}f_m f_s[\text{N}]$$

여기서, D_1 : 피니언의 피치원 지름[mm]

f_m : 재료에 대한 계수

f_s : 사용기계에 대한 계수

b : 이폭[mm]

[재료계수 f_m]

기어재료		재료계수 f_m	기어재료		재료계수 f_m
작은 기어	큰 기어		작은 기어	큰 기어	
주철 또는 강	주철	0.30	기름담금질강	연강 또는 주철	0.45
조질강	조질강	0.35	침탄강	조질강	0.50
침탄강	주철	0.40	기름담금질강	기름담금질강	0.80
기름담금질강	주철	0.40	침탄강	기름담금질강	0.85
침탄강	연강 또는 주철	0.45	침탄강	침탄강	1.00

[사용기계에 대한 계수 f_s]

사용기계	기계계수 f_s
자동차, 전차(기동토크에 의함)	2.0
항공기, 송풍기, 원심분리기, 기중기, 벨트구동공작기계, 인쇄기, 원심펌프, 감속기, 방직기, 목공기	1.0
공기압축기, 휴대용 전기공구, 광산기계, 선인기, 컨베이어	0.75
분쇄기, 전동기에 직접 연결하여 구동하는 공작기계, 왕복펌프, 압연기	0.65~0.5

F_t : 외단부의 피치원주에 작용하는 집중하중회전력 = 접선력 = 동력을 전달하는 힘 = 전달하중

(회전력) F_t은 F_1, F_2, F_3 중 가장 작은 힘이 기어의 회전력이다.

여기서, F_1 : 루이스의 굽힘강도에서 구한 피니언의 회전력

F_2 : 루이스의 굽힘강도에서 구한 기어의 회전력

F_3 : AGMA에 의한 면압강도에서 구한 기어의 회전력

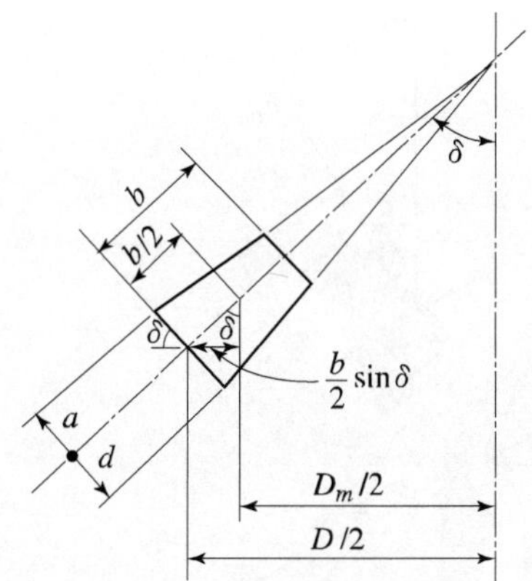

$$\frac{D}{2} = \frac{D_m}{2} + \frac{b}{2}\sin\delta$$

여기서, D : 피치원 지름[mm], $D = mZ$
D_m : 평균피치원 지름
b : 치폭
δ : 피치원주반각

(전달동력) $H_{KW} = \frac{F_t \times V}{1000}$ ·········· ①식

(외단부 피치원상의 원주속도) $V = \frac{\pi \times D \times N}{60 \times 1000} = \frac{\pi \times (mZ) \times N}{60 \times 1000}$
$= \frac{\pi \times (2 \times L \times \sin\delta) \times N}{60 \times 1000}$

(전달동력) $H_{KW} = \frac{F_{tm} \times V_m}{1000}$ ·········· ②식

(이의 중간에 작용하는 전달하중) $F_{tm} = F_t \times \frac{L}{L - b/2}$

(이의 중간 원주속도) $V_m = \frac{\pi \times D_m \times N}{60 \times 1000} = \frac{\pi \times (D - b\sin\delta) \times N}{60 \times 1000}$

(평균 피치원 지름) $D_m = D - b\sin\delta = mZ - b\sin\delta = 2 \times (L - b/2) \times \sin\delta$

①의 전달동력과 ②의 전달동력은 결과값이 같다.

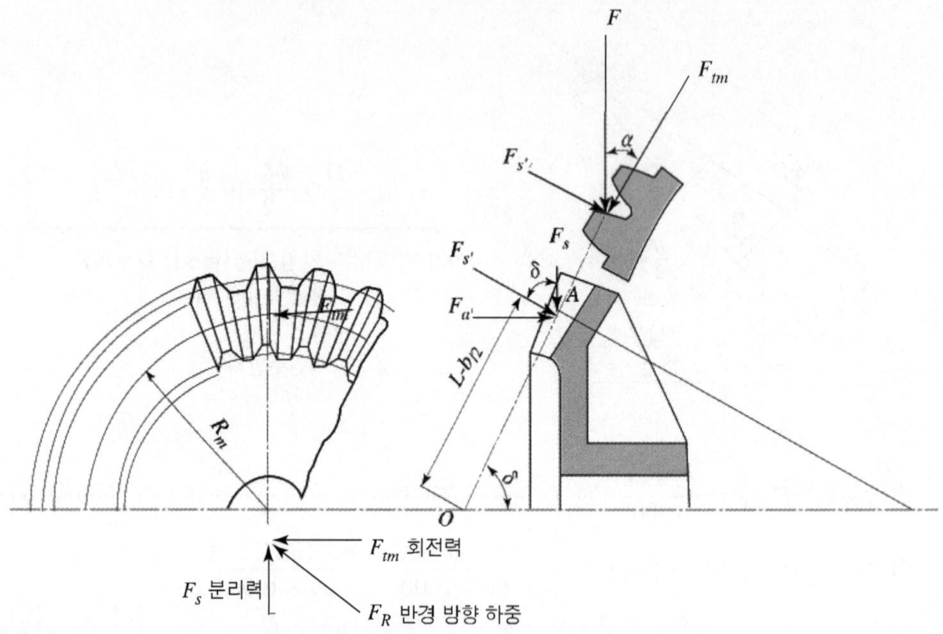

참고하세요

기사시험에서는 반경방향하중(F_R) 과 축방향 하중(F_a)만 출제되고 있다.

(반경방향하중 = Radial load) $F_R = F_{tm}\sqrt{1+(\tan\alpha \times \cos\delta)^2}$

(축방향 하중 = Thrust load) $F_a = F_{tm} \times \tan\alpha \times \sin\delta$

여기서, F_{tm} : 이의 중간인 평균 피치원주상에 작용하는 전달하중

α : 공구압력각 = 압력각

δ : 피치원추각

예제 12-14

피니언의 잇수가 52개, 기어의 잇수가 95개, 모듈이 3인 베벨기어가 있다. 두 축의 교차각이 85°일 때 다음을 구하여라.

(1) 피니언의 피치원추각 δ_1, 기어의 피치원추각 δ_2을 각각 구하여라.[°]

(2) 피니언의 이끝원지름 D_{01}, 기어의 이끝원지름 D_{02}을 각각 구하여라.[mm]

(3) 피니언의 상당 스퍼기어잇수 Z_{e1}, 기어의 상당 스퍼기어잇수 Z_{e2}을 각각 구하여라.[개]

(4) 원추거리 L을 구하여라.[mm]

풀이 & 답

(1) $\tan\delta_1 = \dfrac{\sin\theta}{\dfrac{1}{\epsilon}+\cos\theta} = \dfrac{\sin 85}{\dfrac{Z_2}{Z_1}+\cos 85} = \dfrac{\sin 85}{\dfrac{95}{52}+\cos 85}$,

$\delta_1 = 27.5°,\ \delta_2 = \theta - \delta_1 = 85 - 27.5 = 57.5°$

답 $\delta_1 = 27.5°$
$\delta_2 = 57.5°$

(2) $D_{01} = D_1 + 2m\cos\delta_1 = mZ_1 + 2m\cos\delta_1 = m(Z_1 + 2\cos\delta_1)$

$= 3\times(52 + 2\times\cos 27.5) = 161.32\text{mm}$

$D_{02} = D_2 + 2m\cos\delta_2 = mZ_2 + 2m\cos\delta_2 = m(Z_2 + 2\cos\delta_2)$

$= 3\times(95 + 2\times\cos 57.5) = 288.22\text{mm}$

답 $D_{01} = 161.32\text{mm}$
$D_{02} = 288.22\text{mm}$

(3) $Z_{e1} = \dfrac{Z_1}{\cos\delta_1} = \dfrac{52}{\cos 27.5} = 58.62 = 59$개

$Z_{e2} = \dfrac{Z_2}{\cos\delta_2} = \dfrac{95}{\cos 57.5} = 176.81 = 177$개

답 $Z_{e1} = 59$개
$Z_{e2} = 177$개

(4) $L = \dfrac{D_1}{2\sin\delta_1} = \dfrac{mZ_1}{2\sin\delta_1} = \dfrac{3\times 52}{2\times\sin 27.5} = 168.92\text{mm}$

답 168.92mm

예제 12-15

전달동력 10KW, 분당회전수 300rpm으로 동력을 전달하는 베벨기어가 있다. 피니언의 잇수는 74개, 모듈은 4, 피치원추각은 78.5°, 치폭 25mm, 압력각은 20°이다. 다음을 구하여라.

(1) 피니언의 피치원지름 D[mm]을 구하여라.
(2) 피니언의 평균피치원지름 D_m[mm]을 구하여라.
(3) 외단부의 피치원주에 작용하는 회전력 F_t[N]을 구하여라.
(4) 평균피치원주상에 작용하는 회전력 F_{tm}[N]을 구하여라.
(5) 반경방향 작용하는 하중 F_R[N]
(6) 축방향 작용하는 하중 F_a[N]

풀이 & 답

(1) $D = mZ = 4 \times 74 = 296\text{mm}$

답 296mm

(2) $D_m = D - b\sin\delta = 296 - 25 \times \sin 78.5 = 271.50\text{mm}$

답 271.5mm

(3) (전달동력) $H_{KW} = \dfrac{F_t \times V}{1000}$

$$F_t = \frac{1000 \times H_{KW}}{V} = \frac{1000 \times 10}{4.65} = 2150.537 = 2150.54\text{N}$$

(외단부 피치원상이 원주속도) $V = \dfrac{\pi \times D \times N}{60 \times 1000} = \dfrac{\pi \times 296 \times 300}{60 \times 1000}$

$$= 4.649 = 4.65\frac{\text{m}}{\text{s}}$$

답 2150.54N

(4) (전달동력) $H_{KW} = \dfrac{F_{tm} \times V_m}{1000}$

$$F_{tm} = \frac{1000 \times H_{KW}}{V_m} = \frac{1000 \times 10}{4.26} = 2347.417 = 2347.42\text{N}$$

(평균 피치원상의 원주속도) $V_m = \dfrac{\pi \times D_m \times N}{60 \times 1000} = \dfrac{\pi \times 271.5 \times 300}{60 \times 1000}$

$$= 4.264 = 4.26\frac{\text{m}}{\text{s}}$$

답 2347.42N

(5) $F_R = F_{tm}\sqrt{1 + (\tan\alpha \times \cos\delta)^2} = 2347.42 \times \sqrt{1 + (\tan 20 \times \cos 78.5)^2}$

$= 2353.59\text{N}$

답 2353.59N

(6) $F_a = F_{tm} \times \tan\alpha \times \sin\delta = 2347.42 \times \tan 20 \times \sin 78.5 = 837.238 = 837.24\text{N}$

답 837.24N

예제 12-16

전달동력 15PS을 전달하는 직선베벨기어의 피니언 잇수 40개, 피니언의 분당회전수 450rpm는 축각은 90°, 모듈 4, 속도비는 $\frac{1}{2}$이다. 피니언의 허용굽힘응력은 12.5kgf/mm^{2}이고 상당평치차의 치형계수 Y_e =0.412이다. 다음을 결정하라.(단, 속도계수 $f_v = \frac{3.05}{3.05+V[\text{m/s}]}$, 하중계수 f_w =1이다.)

(1) 피니언의 피치원추각 δ_1, 기어의 피치원추각 δ_2을 각각 구하여라.[°]
(2) 원추거리L을 구하여라.[mm]
(3) 전달하중 F_t은 몇 kgf인가?

풀이 & 답

(1) $\tan\delta_1 = \dfrac{\sin\theta}{\dfrac{1}{\epsilon}+\cos\theta} = \dfrac{\sin 90}{\dfrac{1}{\epsilon}+\cos 90} = \epsilon$

$$\delta_1 = \tan^{-1}\epsilon = \tan^{-1}\frac{1}{2} = 26.57°,\ \delta_2 = \theta - \delta_1 = 90 - 26.57 = 63.43°$$

답 δ_1 =26.57°
δ_2 =63.43°

(2) $L = \dfrac{D_1}{2\sin\delta_1} = \dfrac{m \times Z}{2\sin\delta_1} = \dfrac{4\times 40}{2\times\sin 26.27} = 178.85\text{mm}$

답 178.85mm

(3) $H_{PS} = \dfrac{F_t \cdot V}{75}$

$$V = \frac{\pi D_1 N_1}{60\times 1000} = \frac{\pi \times 160 \times 450}{60\times 1000} = 3.77\text{m/sec}$$

$$15 = \frac{F_t \times 3.77}{75}$$

$$F_t = 298.41\text{kgf}$$

답 298.41kgf

예제 12-17

주강제의 마이터 베벨기어가 압력각 14.5°, 이 나비 65mm, 모듈 8, 잇수 30, 회전수 200rpm일 때 다음을 구하라. 속도계수 $f_v = \frac{3.05}{3.05+V\,[\mathrm{m/s}]}$, 하중계수 f_w =1이다.

(단, 피니언의 치형계수 Y_e =0.352이고 피니언 굽힘강도는 186.2N/mm^2
기어의 치형계수 Y_e =0.442이고 기어 굽힘강도는 200N/mm^{2}이다.)

(1) 피니언 상당평치차 잇수 Z_e
(2) 원추거리 L[mm]
(3) 굽힘강도에 의한 피니언 전달하중 F_1[N]과 굽힘강도에 의한 기어 전달하중 F_2[N] 각각 구하여라.
(4) 면압강도에 의한 전달하중 F_3[N] (단, 재료계수 f_m =0.45, 사용기계계수 f_s =0.75 이다.)
(5) 전달동력[kW]을 구하여라.

풀이 & 답

(1) $Z_e = \frac{Z_1}{\cos\delta_1} = \frac{30}{\cos 45} = 42.43 ≒ 43$개

참고 마이터 베벨기어는 축각(=교각)이 90°인 베벨기어이므로 피치원추각이 45°인 기어이다.

답 43개

(2) 원추거리 $L = \frac{mz}{2\cdot\ \sin\delta} = \frac{8\times 30}{2\times\sin 45} = 169.71\mathrm{mm}$

답 169.71mm

(3) $V = \frac{\pi\cdot\ m\cdot\ z\cdot\ N}{60\times 1000} = \frac{\pi\times 8\times 30\times 200}{60\times 1000} = 2.51\mathrm{m/s}$

(속도계수) $f_v = \frac{3.05}{3.05+V} = \frac{3.05}{3.05+2.51} = 0.55$

$$F_1 = f_v\cdot\ f_w\cdot\ \sigma_{b1}\cdot\ b\cdot\ m\cdot\ Y_{e1}\cdot\ \lambda$$
$$= 0.55\times 1\times 186.2\times 65\times 8\times 0.352\times\left(\frac{169.71-65}{169.71}\right)$$
$$= 11565.62\mathrm{N}$$
$$F_2 = f_v\cdot\ f_w\cdot\ \sigma_{b2}\cdot\ b\cdot\ m\cdot\ Y_{e2}\cdot\ \lambda$$
$$= 0.55\times 1\times 200\times 65\times 8\times 0.442\times\left(\frac{169.71-65}{169.71}\right)$$
$$= 15599.08\mathrm{N}$$

답 F_1 =11565.62N
F_2 =15599.08N

(4) $F_3 = 16.38 \cdot b \cdot \sqrt{D} \cdot f_m \cdot f_s$

$= 16.38 \times 65 \times \sqrt{8 \times 30} \times 0.45 \times 0.75 = 5566.813 = 5566.81\text{N}$

답 5566.81N

(5) $H_{KW} = \dfrac{F_t \times V}{1000} = \dfrac{5566.81 \times 2.51}{1000} = 13.97\text{kW}$

F_t은 F_1, F_2, F_3 중에서 작은 값 대입

답 13.97kW

12-7 웜과 웜휠

(1) 웜기어의 장단점

장 점	단 점
•큰 감속비가 얻어진다.(1/10 ~1/100) •부하용량이 크다. •역전방지를 할 수 있다. •운전 중 소음이 생기지 않고 진동이 적다.	•효율이 낮다(40 ~50%) •호환성이 없다. •웜휠의 가공에 특수공구가 필요하다. •웜휠의 정도 측정이 곤란하다.

(2) 웜(warm) = 웜나사(warm screw)=웜축(warm shaft)
웜휠(warm wheel)=웜기어(warm gear)의 관계

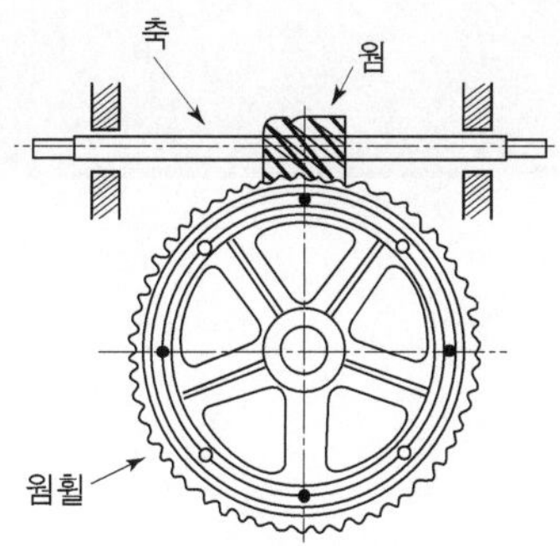

여기서, Z_w : 웜의 줄수 = 웜나사의 줄수

D_w : 웜의 피치원 지름 = 웜나사의 피치원 지름

Z_g : 웜휠의 잇수 = 웜기어의 잇수

D_g : 웜휠의 피치원 지름 = 웜기어의 피치원 지름

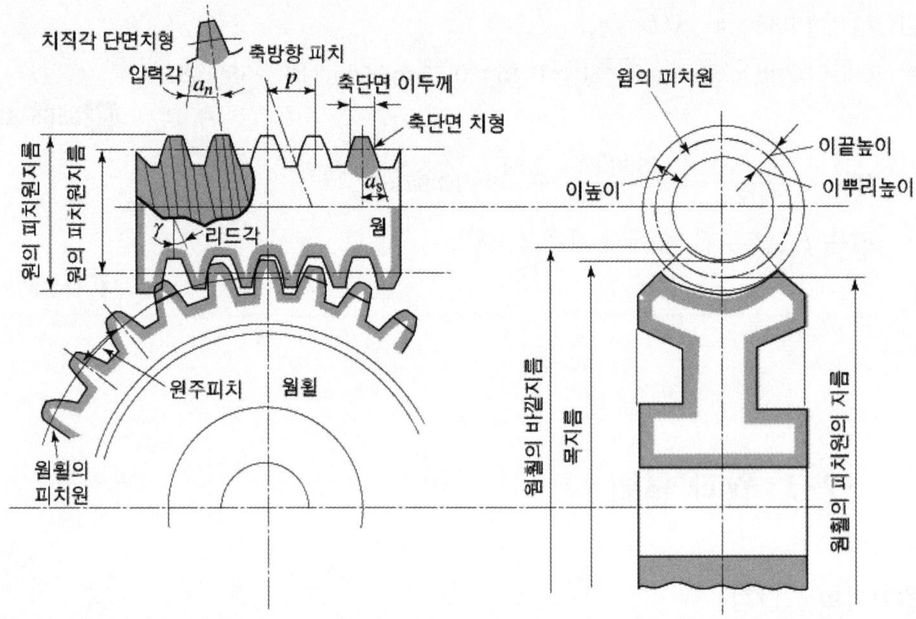

(속비) $i = \dfrac{N_g}{N_w} = \dfrac{Z_w}{Z_g} = \dfrac{l/p_s}{\pi D_g/p_s} = \dfrac{l}{\pi D_g}$

여기서, N_w : 웜의 분당 회전수, N_g : 웜기어의 분당 회전수

Z_w : 웜의 줄수, Z_g : 웜기어의 잇수

l : 웜(나사)의 리드, p_s : 축직각 피치, D_g : 웜기어의 피치원 지름

$i \neq \dfrac{D_w}{D_g}$ 이렇게 구하면 안된다.

	웜(warm) = 웜나사(warm screw)	웜휠(warm wheel) = 웜기어(warm gear)
구분	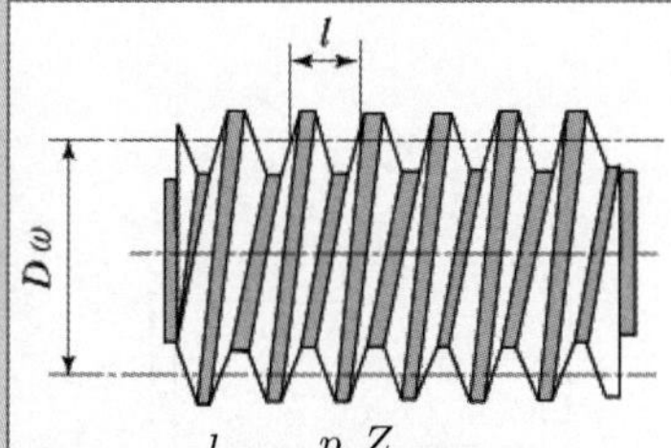 $\tan\gamma = \dfrac{l}{\pi D_w} = \dfrac{p_s Z_w}{\pi D_w}$ 여기서, γ : 리드각 D_w : 웜의 피치원 지름 l : 리드 $l = p_s Z_w$ p_s : 축직각 피치 Z_w : 웜의 줄수	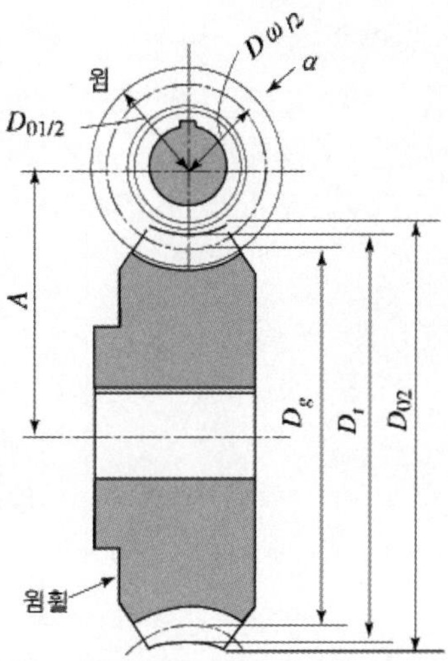
리드각	γ : 리드각 p_n : 치직각 피치, p_s : 축직각 피치 m_n : 치직각 모듈, m_s : 축직각 모듈 $\cos\gamma = \dfrac{p_n}{p_s} = \dfrac{m_n}{m_s}$	D_g : 웜기어의 피치원 지름 $D_g = m_s Z_g$ D_t : 목부지름 D_{02} : 웜기어의 이끝원 지름 여기서, m_s : 축직각 모듈, Z_g : 웜휠의 잇수
모듈	치직각모듈 $m_n = \dfrac{p_n}{\pi}$ 축지각 모듈 $m_s = \dfrac{p_s}{\pi}$	축직각 모듈 $m_s = \dfrac{p_s}{\pi}$
피치	치직각 피치 $p_n = p_s \cos\gamma$	축직각피치 $p_s = \dfrac{\pi D_g}{Z_g}$
피치원 지름	(AGMA설계값) 축과 일체로 된 웜일 때 $D_w = 2p_s + 12.7$	$D_g = m_s \times Z_g$ 여기서, m_s : 축직각 모듈, Z_g : 웜휠의 잇수
바깥지름 또는 이끝지름	바깥지름 $D_{ow} = D_w + 2m_s$	(웜의 이끝원지름) $D_{o2} = D_t + 2h_i$ (목지름) $D_t = D_g + 2a_g$ 여기서, 줄수가 2줄 이하일 때 (이끝높이 증가량) $h_i = 0.75a_g$ (웜휠의 이끝높이) $a_g = m_s(2\cos\gamma - 1)$
속비	$i = \dfrac{N_g}{N_w} = \dfrac{Z_w}{Z_g} = \dfrac{l/p_s}{\pi D_g/p_s} = \dfrac{l}{\pi D_g}$ 여기서, N_w : 웜의 분당 회전수, N_g : 웜기어의 분당 회전수 Z_w : 웜의 줄수, Z_g : 웜기어의 잇수	
축간거리	$A = \dfrac{D_w + D_g}{2}$ 여기서, D_w : 웜의 피치원 지름, D_g : 웜의 피치원 지름	
효율	$\eta = \dfrac{\tan\gamma}{\tan(\gamma + \rho')}$ (상당마찰각) $\rho' = \tan^{-1}\left(\dfrac{\mu}{\cos\alpha_n}\right)$ 여기서, μ : 마찰계수, α_n : 치직각 압력각 = 공구압력각	

(3) 웜(warm) = 웜나사(warm screw) = 웜축(warm shaft)

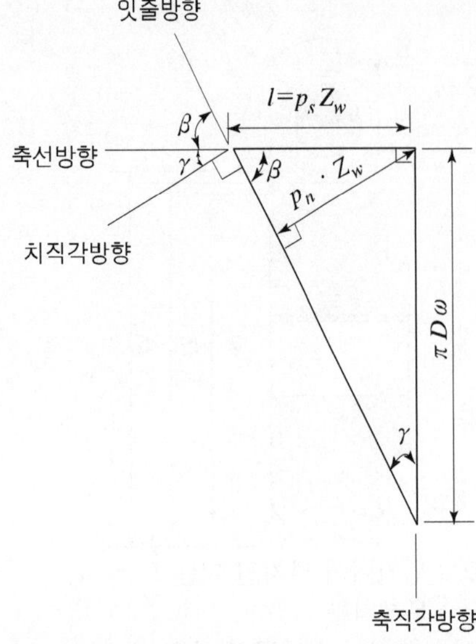

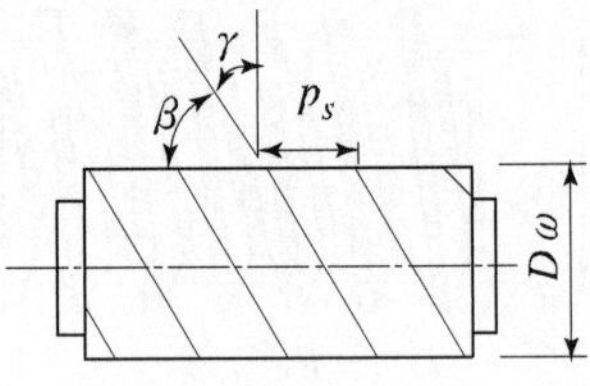

$$\tan\gamma = \frac{l}{\pi D_w} = \frac{p_s Z_w}{\pi D_w}$$

여기서, γ : 리드각 　　　　β : 비틀림각 $\beta = 90° - \gamma$
D_w : 웜의 피치원 지름 　　l : 리드 $l = p_s Z_w$
p_n : 치직각 피치 　　p_s : 축직각 피치
Z_w : 웜의 줄수 　　m_n : 치직각 모듈
m_s : 축직각 모듈

$\tan\gamma = \dfrac{l}{\pi D_w}$, (리드각) $\gamma = \tan^{-1}\left(\dfrac{l}{\pi D_w}\right)$

(속비) $i = \dfrac{N_g}{N_w} = \dfrac{Z_w}{Z_g} = \dfrac{l/p_s}{\pi D_g/p_s} = \dfrac{l}{\pi D_g}$

여기서, D_w : 웜의 피치원 지름, D_g : 웜기어의 피치원 지름

(속비) $i \neq \dfrac{D_w}{D_g}$ 이렇게 구하면 안된다.

(4) 웜기어에 작용하는 회전력 F_t

① 굽힘강도에 의한 회전력 F_1

웜기어의 재료는 이의 물림을 좋게 하기 위하여 연한 것을 사용하는 것이 일반적이므로 이의 강도는 웜휠의 이에 대하여 계산하면 좋다. 웜휠의 굽힘강도는 피치원 위의 접선력은 다음 식과 같다.

$$F_1 = f_v \sigma_b p_n b y [\text{N}]$$

여기서, f_v : 웜휠의 속도계수 σ_b : 허용굽힘응력[N/mm²]
p_n : 웜의 치직각 피치($= p_s \cos\gamma$) b : 이폭[mm]
y : 웜 휠의 치형계수

[웜휠의 속도계수]

재질	속도계수 f_v
금속재료	$f_v = \dfrac{6}{6+v_g}$
합성수지	$f_v = \dfrac{1+0.25v_g}{1+v_g}$

여기서, v_g : 웜 휠의 피치원주상의 속도[m/s] $v_g = \dfrac{\pi D_g N_g}{60 \times 1000}$
D_g : 웜 휠의 피치원 지름[mm]
N_g : 웜 휠의 분당회전수[rpm]

[웜휠의 치형계수]

치직각 압력각 α_n	치형계수 y
14.5°	0.1
20°	0.125
25°	0.15
30°	0.175

② 웜휠의 마멸에 대한 회전력 F_2

웜휠의 잇면에서 압력에 의한 마멸을 고려한 허용전달하중은 다음과 같은 경험식으로 계산한다.

$$F_2 = f_w \phi D_g b_e K [\text{N}]$$

여기서, ϕ : 웜의 리드각에 대한 보정계수 D_g : 웜 휠의 피치원 지름[mm]
b_e : 유효이폭[mm] K : 내마모(내마멸)계수[N/mm²]

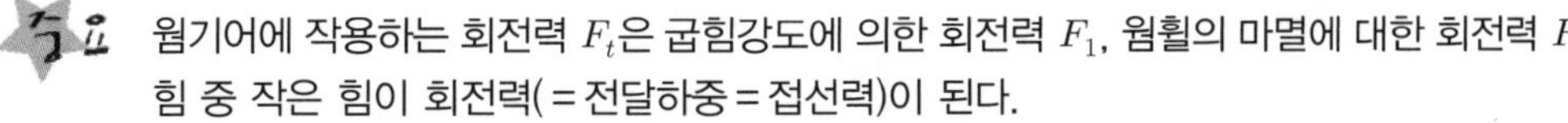

주의 웜기어에 작용하는 회전력 F_t은 굽힘강도에 의한 회전력 F_1, 웜휠의 마멸에 대한 회전력 F_2, 두 힘 중 작은 힘이 회전력(=전달하중=접선력)이 된다.

③ 전달동력 H

(전달동력) $H_{KW} = \dfrac{F_t \times v_g}{1000}$[kW]　　F_t[N], v_g[m/s]일 때

(전달동력) $H_{KW} = \dfrac{F_t \times v_g}{102}$[kW]　　F_t[kgf], v_g[m/s]일 때

(전달동력) $H_{PS} = \dfrac{F_t \times v_g}{75}$[PS]　　F_t[kgf], v_g[m/s]일 때

여기서, v_g : 웜 휠의 피치원주상의 속도[m/s], $v_g = \dfrac{\pi D_g N}{60 \times 1000}$

※ 웜과 웜기어의 전동효율을 고려할 때 웜이 웜휠을 회전시킬 때 웜축에 전달해야 될 동력 H'

(전달동력) $H'_{KW} = \dfrac{1}{\eta} \times \dfrac{F_t \times v_g}{1000}$[kW]　　F_t[N], v_g[m/s]일 때

(전달동력) $H'_{KW} = \dfrac{1}{\eta} \times \dfrac{F_t \times v_g}{102}$[kW]　　F_t[kgf], v_g[m/s]일 때

(전달동력) $H'_{KW} = \dfrac{1}{\eta} \times \dfrac{F_t \times v_g}{75}$[PS]　　F_t[kgf], v_g[m/s]일 때

여기서, v_g : 웜 휠의 피치원주상의 속도[m/s], $v_g = \dfrac{\pi D_g N}{60 \times 1000}$

④ 축방향하중 F_s

$F_t = F_s \tan(\gamma + \rho')$, (축방향하중) $F_s = \dfrac{F_t}{\tan(\gamma + \rho')}$

여기서, ρ' : 상당마찰각 $\rho' = \tan^{-1}\left(\dfrac{\mu}{\cos\alpha_n}\right)$

μ : 마찰계수

α_n : 치직각 압력각

나사에 비교하면 된다.

(나사의 체결력) $P = Q\tan(\gamma + \rho')$

(축방향하중) $Q = \dfrac{F_t}{\tan(\gamma + \rho')}$

예제 12-18

축직각 모듈 4인 웜기어를 이용하여 동력을 전달한다. 이 때 속도비가 $1/30$이고 웜은 2줄 나사이며, 축과 일체로 된 웜이다. 다음을 결정하라.

(1) 웜 휠의 잇수는 몇 개인가?
(2) 웜 기어의 피치원 직경은 몇 mm인가?
(3) 웜 축직각 피치는 몇 mm인가?
(4) 웜 피치원 직경은 몇 mm인가(AGMA식을 사용하여라)?
(5) 중심거리는 몇 mm인가?
(6) 웜이 1회전할 때 진행할 수 있는 길이 즉 리드길이는 몇 mm인가?
(7) 웜의 리드각은 몇 °인가?
(8) (치직각 압력각) α_n이 14.5°이고, 마찰계수가 0.2일 때 웜과 웜기어의 효율을 구하여라.

풀이 & 답

(1) 웜 휠의 잇수 $i = \dfrac{Z_w}{Z_g}$, $Z_g = \dfrac{Z_w}{i} = 2 \times 30 = 60$개

답 60개

(2) (웜 기어의 피치원 직경) $D_g = m_s Z_g = 4 \times 60 = 240\text{mm}$

답 240mm

(3) (웜 축직각 피치) $p_s = \pi m_s = \pi \times 4 = 12.57\text{mm}$

답 12.57mm

(4) (웜의 피치원 직경) $D_w = 2p_s + 12.7 = 2 \times 12.57 + 12.7 = 37.84\text{mm}$

답 37.84mm

(5) (중심거리) $A = \dfrac{D_g + D_w}{2} = \dfrac{240 + 37.84}{2} = 138.92\text{mm}$

답 138.92mm

(6) (웜의 리드길이 = 리드) $l = Z_w\, p_s = 2 \times 12.57 = 25.14\text{mm}$

답 25.14mm

(7) (웜의 리드각) $\gamma = \tan^{-1}\left(\dfrac{l}{\pi D_w}\right) = \tan^{-1}\left(\dfrac{25.14}{\pi \times 37.84}\right) = 11.94°$

답 11.94°

(8) (상당마찰각) $\rho' = \tan^{-1}\left(\dfrac{\mu}{\cos\alpha_n}\right) = \tan^{-1}\left(\dfrac{0.2}{\cos 14.5}\right) = 11.67°$

(효율) $\eta = \dfrac{\tan\gamma}{\tan(\gamma + \rho')} = \dfrac{\tan 11.94}{\tan(11.94 + 11.67)} \times 100 = 0.48378 = 48.38\%$

답 48.38%

예제 12-19

웜 나사의 리드는 60mm, 2줄 나사이다. 웜기어의 잇수가 40개인 기어를 지름 피치 $P_d=3$[1/inch]인 호브로 깎고자 할 때 다음 각 물음에 답하여라.

(1) 치직각피치 p_n[mm]을 구하여라.

(2) 웜의 리드각 γ[°]을 구하여라.

(3) 웜의 피치원지름 D_w과 웜 기어의 피치원 지름 D_g[mm]을 각각 구하여라.

(4) 중심거리 C[mm]을 구하여라.

(5) (치직각 압력각) α_n이 14.5°이고, 마찰계수가 0.2일 때 웜과 웜기어의 효율을 구하여라.

풀이 & 답

(1) (치직각피치) $p_n=\pi m_n[\text{mm}]=\pi\times 8.47=26.609=26.61\text{mm}$

(치직각모듈) $m_n=\dfrac{25.4}{P_d}=\dfrac{25.4}{3}=8.466=8.47\text{mm}$

참고 호브는 치형을 가공하는 공구이므로 치(齒)에 직각한다. 그러므로 치직각 모듈로 계산한다.

답 26.61mm

(2) (리드) $l=Z_w\cdot\ p_s$

(축직각 피치) $p_s=\dfrac{l}{Z_w}=\dfrac{60}{2}=30\text{mm}$

$\cos\gamma=\dfrac{p_n}{p_s}=\dfrac{26.61}{30}$

(리드각) $\gamma=\cos^{-1}\left(\dfrac{26.61}{30}\right)=27.5°$

답 27.5°

(3) $\tan\gamma=\dfrac{l}{\pi D_w}$, $D_w=\dfrac{60}{\pi\times\tan 27.5}=36.69\text{mm}$

(기어의 피치원 지름) $D_g=\left(\dfrac{m_n}{\cos\gamma}\right)\times Z_g=\left(\dfrac{8.47}{\cos 27.5}\right)\times 40=381.96\text{mm}$

답 D_w =36.69mm
D_g =381.96mm

(4) $C=\dfrac{D_w+D_g}{2}=\dfrac{36.69+381.96}{2}=209.325=209.33\text{mm}$

답 209.33mm

(5) (상당마찰각) $\rho' = \tan^{-1}\left(\frac{\mu}{\cos\alpha_n}\right) = \tan^{-1}\left(\frac{0.2}{\cos 14.5}\right) = 11.67°$

(효율) $\eta = \frac{\tan\gamma}{\tan(\gamma+\rho')} = \frac{\tan 27.5}{\tan(27.5+11.67)} \times 100 = 63.896 = 63.9\%$

답 63.9%

예제 12-20

웜축에 공급되는 동력은 3kW, 웜의 분당회전수는 1750rpm이다. 웜기어를 $\frac{1}{12.25}$ 로 감속시킬려고 한다. 웜은 4줄, 축직각 모듈 3.5, 중심거리 110mm로 할 때 다음을 구하여라. (단 마찰계수는 0.1이다)

(1) 웜의 피치원지름 D_w과 웜 기어의 피치원 지름 D_g [mm]을 각각 구하여라.
(2) 웜의 효율 η[%]을 구하여라.(단 공구 압력각 α_n =20°이다)
(3) 웜휠을 작용하는 회전력 F_t [N]을 구하여라.
(4) 웜에 작용하는 축방향 하중 F_s [N]을 구하여라.

풀이 & 답

(1) (웜휠의 피치원 지름) $D_g = m_s Z_g = 3.5 \times 49 = 171.5\text{mm}$

(웜휠의 잇수) $Z_g = Z_w / i = 4 \times 12.25 = 49$개

(축간거리) $C = \frac{D_w + D_g}{2}$

(웜의 피치원지름) $D_w = 2C - D_g = 2 \times 110 - 171.5 = 48.5\text{mm}$

답 D_w =48.5mm
D_g =171.5mm

(2) $\eta = \frac{\tan\gamma}{\tan(\gamma+\rho')} = \frac{\tan 16.1}{\tan(16.1+6.07)} \times 100 = 70.83\%$

(리드각) $\gamma = \tan^{-1}\left(\frac{l}{\pi D_w}\right) = \tan^{-1}\left(\frac{43.98}{\pi \times 48.5}\right) = 16.1°$

(리드) $l = Z_w \cdot p_s = Z_w \cdot m_s \cdot \pi = 4 \times \pi \times 3.5 = 43.98\text{mm}$

(상당마찰력) $\rho' = \tan^{-1}\left(\frac{\mu}{\cos\alpha_n}\right) = \tan^{-1}\left(\frac{0.1}{\cos 20}\right) = 6.07°$

답 70.83%

(3) $H'_{KW} = \frac{1}{\eta} \times \frac{F_t \cdot V}{1000}$

$$(\text{웜휠의 회전력})\ F_t = \frac{1000 \times H'_{KW} \times \eta}{V_g} = \frac{1000 \times 3 \times 0.7083}{1.28} = 1660.08\text{N}$$

$$V_g = \frac{\pi \cdot D_g \cdot N_g}{60 \times 1000} = \frac{\pi \times 171.5 \times \frac{1750}{12.25}}{60 \times 1000} = 1.28\text{m/sec}$$

답 1660.08N

(4) $F_t = F_s \tan(\gamma + \rho')$

$$(\text{축방향하중})\ F_s = \frac{F_t}{\tan(\gamma + \rho')} = \frac{1660.08}{\tan(16.1 + 6.07)} = 4073.998 = 4074\text{N}$$

답 4074N

예제 12-21

[2011년 2회 출제]

웜의 분당회전수는 1500rpm을 웜기어로 $\frac{1}{12}$로 감속시킬려고 한다. 웜은 4줄, 축직각 모듈 3.5, 중심거리 110mm로 할 때 다음을 구하여라. (단, 마찰계수 μ =0.1이다.)

(1) 웜의 피치원지름D_w과 웜 기어의 피치원 지름 $D_g[mm]$을 각각 구하여라.

(2) 웜의 효율 η[%]을 구하여라.(단 공구 압력각=치직각 압력각 α_n =20°이다)

(3) 웜휠을 작용하는 회전력 F_t[N]을 구하여라. (웜휠의 재질은 금속재료인 청동이며 굽힘응력은 80MPa, 치폭은 15mm이다. 다음 표를 참조하여라.)

재질	속도계수
금속재료	$f_v = \frac{6}{6+v_g}$
합성수지	$f_v = \frac{1+0.25v_g}{1+v_g}$

치직각 압력각 α_n	치형계수 y
14.5°	0.1
20°	0.125
25°	0.15
30°	0.175

풀이 & 답

(1) (웜기어의 피치원 지름) $D_g = m_s Z_g = 3.5 \times 48 = 168\text{mm}$

(웜기어의 잇수) $Z_g = Z_w / i = 4 \times 12 = 48$개

$$(\text{축간거리})\ C = \frac{D_w + D_g}{2}$$

(웜의 피치원 지름) $D_w = 2C - D_g = 2 \times 110 - 168 = 52\text{mm}$

답 D_w =52mm
D_g =168mm

$$(2)\ \eta = \frac{\tan\gamma}{\tan(\gamma + \rho')} = \frac{\tan 15.07}{\tan(15.07 + 6.07)} = 0.69635 = 69.64\%$$

(리드각) $\gamma = \tan^{-1}\left(\frac{l}{\pi D_w}\right) = \tan^{-1}\left(\frac{43.98}{\pi \times 52}\right) = 15.067° = 15.07°$

(리드) $l = Z_w \cdot p_s = Z_w \cdot m_s \cdot \pi = 4 \times \pi \times 3.5 = 43.98\text{mm}$

(상당마찰각) $\rho' = \tan^{-1}\left(\frac{\mu}{\cos\alpha_n}\right) = \tan^{-1}\left(\frac{0.1}{\cos 20}\right) = 6.07°$

답 69.64%

(3) (웜휠의 회전력) $F_t = f_v \sigma_b p_n b y = 0.85 \times 80 \times 10.62 \times 15 \times 0.125 = 1354.05\text{N}$

(웜의 치직각 피치) $p_n = p_s \cos\gamma = \pi m_s \cos\gamma = \pi \times 3.5 \times \cos 15.07 = 10.62\text{mm}$

(속도계수) $f_v = \frac{6}{6 + v_g} = \frac{6}{6 + 1.1} = 0.845 = 0.85$

(웜휠 속도) $v_g = \frac{\pi D_g N_g}{60 \times 1000} = \frac{\pi \times 168 \times 125}{60 \times 1000} = 1.0995\text{m/s} = 1.1\text{m/s}$

(웜휠의 분당회전수) $N_g = N_w \times i = 1500 \times \frac{1}{12} = 125\text{rpm}$

답 1354.05N

평기어(스퍼기어)	$\cos\alpha = \frac{\text{회전력(=동력을 전달하는 힘)}}{\text{굽힘력(=반경반향하중)}} = \frac{\text{기초원지름}}{\text{피치원지름}}$ 여기서, α : 압력각
헬리컬기어	$\cos\beta = \frac{\text{치직각방식}}{\text{축직각방식}} = \frac{m_n}{m_s}$ 여기서, β : 비틀림각
베벨기어	$\tan\delta_1 = \frac{\sin\theta}{\frac{1}{\epsilon} + \cos\theta}$, $\tan\delta_2 = \frac{\sin\theta}{\epsilon + \cos\theta}$ 여기서, δ : 피치원추반각
웜기어	$\cos\gamma = \frac{\text{치직각방식}}{\text{축직각방식}} = \frac{p_n}{p_s}$ 여기서, γ : 리드각

 12-8 기어열과 유성기어

(1) 단순기어열

기어갯수와 축의 수가 일치될 때를 단순 기어열이라 한다.
Motor의 전달동력이 축 I 에 전달동력 H_1이다.

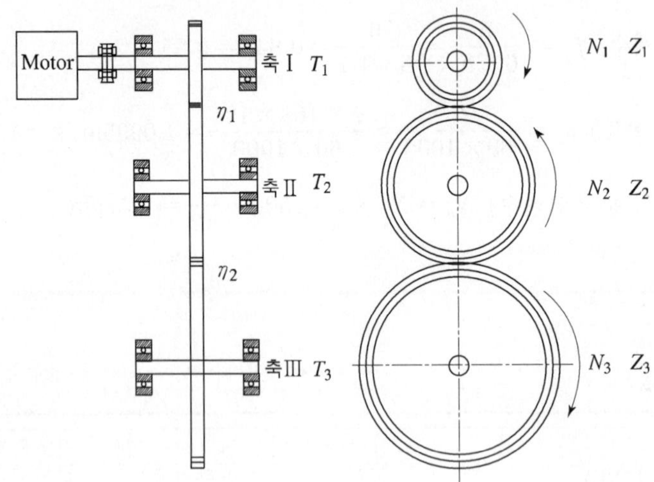

① 속비

$$i_1 = \frac{N_2}{N_1} = \frac{Z_1}{Z_2}, \; N_2 = i_1 \times N_1$$

$$i_2 = \frac{N_3}{N_2} = \frac{Z_2}{Z_3}, \; N_3 = i_2 \times N_2 = i_2 \times (i_1 \times N_1) = i_1 \times i_2 \times N_1 = \frac{Z_1}{Z_2} \times \frac{Z_2}{Z_3} \times N_1$$

$$= \frac{Z_1}{Z_3} N_1$$

② 토크

$$T_1 = \frac{60}{2\pi} \times \frac{H_1}{N_1}$$

$$T_2 = \frac{60}{2\pi} \times \frac{H_2}{N_2} = \frac{60}{2\pi} \times \frac{H_1 \times \eta_1}{N_2} = \frac{60}{2\pi} \times \frac{H_1 \times \eta_1}{i_1 \times N_1} = T_1 \times \frac{\eta_1}{i_1}$$

$$T_3 = \frac{60}{2\pi} \times \frac{H_3}{N_3} = \frac{60}{2\pi} \times \frac{H_2 \times \eta_2}{i_1 \times i_2 \times N_1} = \frac{H_1 \times \eta_1 \times \eta_2}{i_1 \times i_2 \times N_1} = T_1 \times \frac{\eta_1 \times \eta_2}{i_1 \times i_2}$$

(2) 복합기어열

기어갯수와 축의 수가 일치 하지 않을 때를 복합 기어열이라 한다.
Motor의 전달동력이 축 I 에 전달동력 H_1 이다.

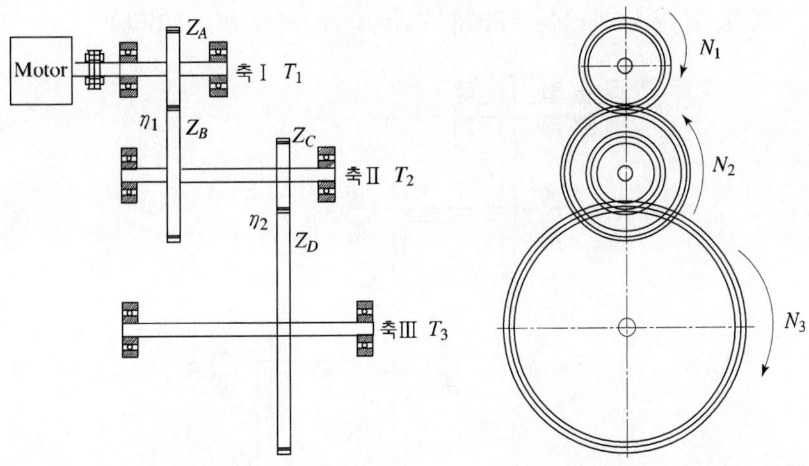

① 속비

$$i_1 = \frac{N_2}{N_1} = \frac{Z_A}{Z_B},\ N_2 = i_1 \times N_1$$

$$i_2 = \frac{N_3}{N_2} = \frac{Z_C}{Z_D},\ N_3 = i_2 \times N_2 = i_2 \times (i_1 \times N_1) = i_1 \times i_2 \times N_1 = \frac{Z_A}{Z_B} \times \frac{Z_C}{Z_D} \times N_1$$

② 토크

$$T_1 = \frac{60}{2\pi} \times \frac{H_1}{N_1}$$

$$T_2 = \frac{60}{2\pi} \times \frac{H_2}{N_2} = \frac{60}{2\pi} \times \frac{H_1 \times \eta_1}{N_2} = \frac{60}{2\pi} \times \frac{H_1 \times \eta_1}{i_1 \times N_1} = T_1 \times \frac{\eta_1}{i_1}$$

$$T_3 = \frac{60}{2\pi} \times \frac{H_3}{N_3} = \frac{60}{2\pi} \times \frac{H_2 \times \eta_2}{i_1 \times i_2 \times N_1} = \frac{H_1 \times \eta_1 \times \eta_2}{i_1 \times i_2 \times N_1} = T_1 \times \frac{\eta_1 \times \eta_2}{i_1 \times i_2}$$

예제 12-22

오른쪽 그림과 같은 연동장치(連動裝置)에서 Ⅰ축에 15kW, 800rpm으로 운전되는 Motor가 있다. 표준 평기어를 사용하여 Ⅰ축에서 Ⅳ축까지 동력을 전달하고자 한다. 다음 물음에 답하여라. 한 쌍의 기어전동효율0.95이다. (단, 잇수 $Z_A=18$개, $Z_B=32$개, $Z_C=10$개, $Z_D=54$개, $Z_E=20$개, $Z_F=54$개, 모듈 $M=3$이다.)

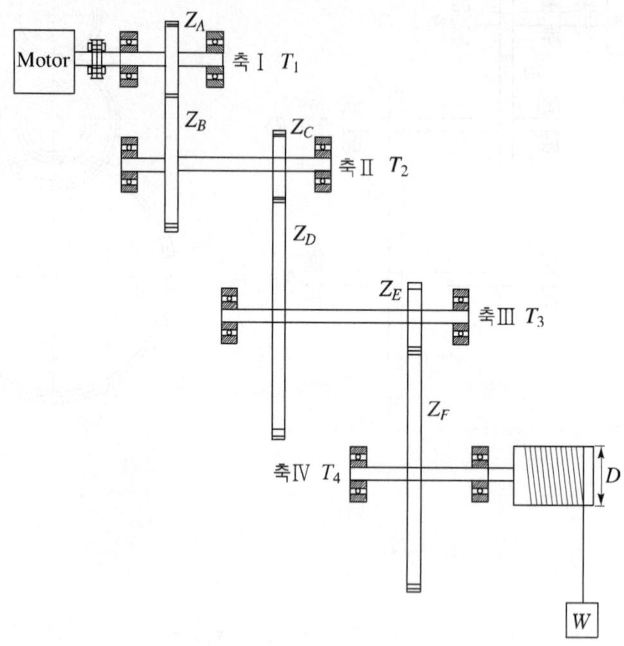

(1) Ⅳ축의 회전수 N_4[rpm]을 구하여라.

(2) Ⅳ축 기어에 작용하는 토크 T_4[N · m]를 구하여라.

(3) Ⅳ축 드럼의 지름 D =100mm일 때 최대 권상하중 W[kgf]를 구하시오.

풀이 & 답

(1) Ⅳ축의 회전력

$$N_4 = i_1 \times i_2 \times i_3 \times N_1 = \frac{Z_A}{Z_B} \times \frac{Z_C}{Z_D} \times \frac{Z_E}{Z_F} \times N_1 = \frac{18}{32} \times \frac{10}{54} \times \frac{20}{54} \times 800$$

$$= 30.86\text{rpm}$$

답 30.86rpm

(2) Ⅳ축 기어에 작용하는 토크

$$T_4 = \frac{60}{2\pi} \times \frac{\eta_1 \times \eta_1 \times \eta_1 \times H_1}{N_4} = \frac{60}{2\pi} \times \frac{0.95 \times 0.95 \times 0.95 \times 15 \times 10^3}{30.86}$$

$$= 3979.58\text{N} \cdot \text{m}$$

답 3979.58N · m

(3) 최대 권상하중 W[kgf]

$$T_4 = W \times \frac{D}{2}$$

$$(\text{최대권상하중})\ W = \frac{2T_4}{D} = \frac{2 \times 3979580}{100} = 79591.6\text{N} = 8121.59\text{kgf}$$

답 8121.59kgf

예제 12-23

다음 그림과 같은 윈치 장치로서 무게 W =2000kgf의 물체를 매분 45m의 속도로 올리고자 한다. 다음 각 물음에 답하여라. (단, 이 장치에 있어서 한 쌍의 기어전동 효율은 0.95, 기어의 이빨수의 비 $A:B:C:D=1:3:2:9$이고 드럼의 지름은 $D=500$mm이다.)

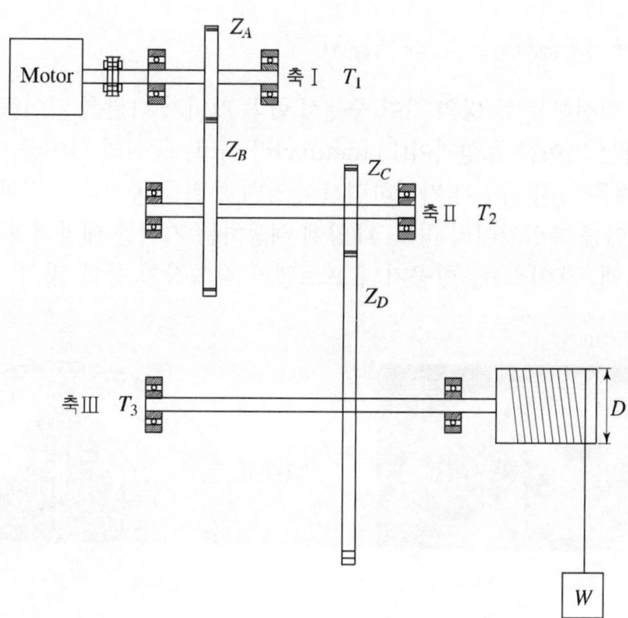

(1) Motor동력회전수 N_1 [rpm]을 구하여라.

(2) Motor의 동력를 구하여라[kW].

풀이 & 답

(1) **Motor동력회전수**

$$V = \frac{45\text{m}}{\text{min}} = 0.75\frac{\text{m}}{\text{s}},\ V = \frac{\pi D N_3}{60 \times 1000}$$

$$(3축의\ 회전수)\ N_3 = \frac{60 \times 1000\,V}{\pi D} = \frac{60 \times 1000 \times 0.75}{\pi \times 500} = 28.647 = 28.65\text{rpm}$$

$$N_3 = i_1 \times i_2 \times N_1 = \frac{Z_A}{Z_B} \times \frac{Z_C}{Z_D} \times N_1$$

$$(모터의\ 회전수)\ N_1 = \frac{N_3 \times Z_B \times Z_D}{Z_A \times Z_C} = \frac{28.65 \times 3 \times 9}{1 \times 2} = 386.78\text{rpm}$$

답 **386.78rpm**

(2) **Motor의 동력**[kW]

$$H_{KW} = \frac{W \cdot V}{102 \times \eta_1 \times \eta_2} = \frac{2000 \times 0.75}{102 \times 0.95 \times 0.95} = 16.29\text{kW}$$

답 **16.29kW**

(3) 유성기어장치(Planetary Gear Train)

서로 맞물려 회전하는 한 쌍의 기어 중에서 한쪽 기어가 다른쪽 기어축을 중심으로 공전할 때 이 공전하는 기어를 유성기어(Planetary)라 하고, 중심의 기어를 태양기어(Sun gear)라 한다. 이것은 마치 지구가 자전하면서 태양의 주위를 공전하는 것과 흡사하므로 지구에 해당하는 기어를 유성기어라 하고, 태양에 해당하는 기어를 태양기어라 한다. 유성기어장치는 공작기계, 호이스트, 항공기의 프로펠러 감속장치 등에 많이 사용되고 있다.

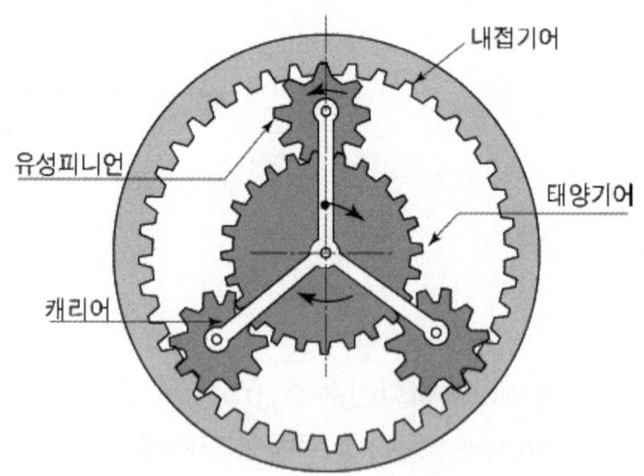

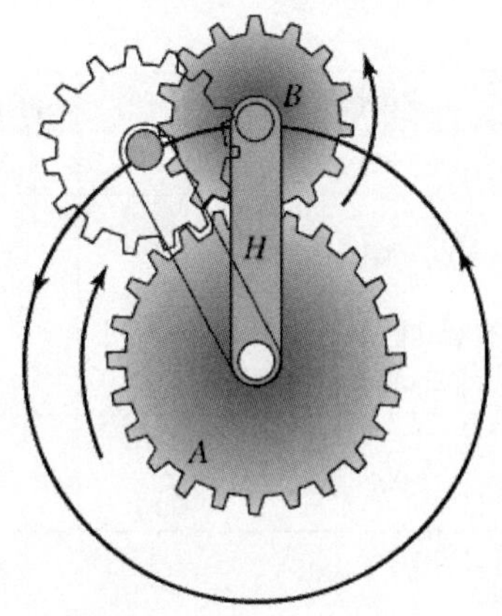

A : 태양기어(Sun gear)
B : 유성기어(Planetary)
H : 암(Arm)=캐리어(carrier)

① 유성기어의 구성

그림과 같은 유성기어는 전형적으로 다음과 같이 구성되어 있다.

㉠ 기어 A는 태양기어로 고정되어 있는 경우도 있고, 고정되어 있지 않고 자유로이 회전할 수 있는 경우도 있다.

㉡ 기어 B는 유성기어로 축 O_B를 중심으로 하여 자전하면서 태양기어 주위를 공전한다.

㉢ H는 캐리어 또는 암이라고 하며 태양기어의 중심과 유성기어의 중심을 연결한다.

② 유성기어 회전수 계산

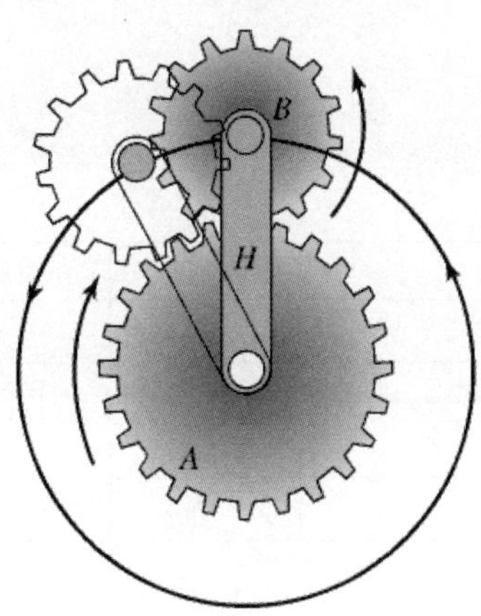

A : 태양기어(Sun gear)
B : 유성기어(Planetary)
H : 암(Arm)=캐리어(carrier)

㉠ 전체공정 : 태양기어(A)와 유성기어(B)를 고정시킨 상태에서 암(H)만을 회전시키는 경우이다. 이 경우에 암(H)이 회전하면 암의 회전수 만큼 각각의 기어는 회전하게 되는데, 이것은 마치 유성이 자전하고 있는 것과 같은 개념으로 생각할 수 있다.

㉡ 암고정 : 태양기어(A)와 유성기어(B)는 자유롭게 두고 암(H)만 고정시킨 경우이다. 주어진 조건에서 A가 고정되어 있다고 하였으므로 $+N_H$의 회전을 하면 안된다. 그러므로 자유로운 상태기어 A는 $-N_H$회전을 해야 만 한다. 결국 유성기어 B는 A기어의 회전에 의해서 태양기어 주위를 공전하게 된다.

㉢ 유효회전수(정미회전수) : 유성기어B의 최종회전수는 암(H)의 회전에 의한 자전과 암(H)의 고정에 의한 공전의 합으로 결정된다.

[유성기어의 계산]

구분	태양기어 A	기어 B	암 H	비고
전체고정	$+N_H$	$+N_H$	$+N_H$	①
암고정	$-N_H$	$(-N_H)\times(-1)\times\dfrac{Z_A}{Z_B}$ (−1) : 외접일 때 회전방향이 바뀌기 때문에 붙인다.	0	②
정미회전수 (합성회전수 : ①+②)	0	$(+N_H)+\left\{(-N_H)\times(-1)\times\dfrac{Z_A}{Z_B}\right\}$	$+N_H$	①+②

[주의] 시계방향을 +방향으로 하고 계산한 표이다.

예제 12-24

그림과 같은 유성기어에서 A를 시계방향으로 3회전하고 B를 반시계방향 12회전시키려고 한다. 암 H를 어느 방향으로 몇 회전시켜야 하는가?(단, A차의 잇수는 60이고 B차의 잇수는 30이다.)

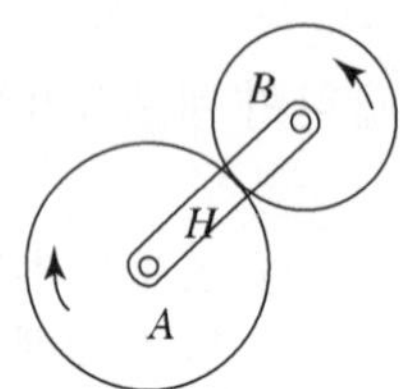

풀이 & 답

구분	태양기어 A	기어 B	암 H	비고
전체고정	$+N_H$	$+N_H$	$+N_H$	①
암고정	$-(N_H-3)$	$-(N_H-3)\times(-1)\times\dfrac{Z_A}{Z_B}$	0	②
정미회전수	3	−12	$+N_H$	①+②

주어진 조건을 표로써 정리하면 다음과 같다.

$$(+N_H)+\left[-(N_H-3)\times(-1)\frac{Z_A}{Z_B}\right]=-12,\ (+N_H)+\left[-(N_H-3)\times(-1)\frac{60}{30}\right]=-12$$

$N_H=-2$ (반시계방향으로 2회전한다)

답 반시계방향 2회전

예제 12-25

그림과 같은 유성 기어열에서 기어 A가 고정되고, 암(arm) D를 시계방향으로 4회전 시키면 기어 C 는 어느 방향으로 몇 회전하는가?(단, 그림의 숫자는 잇수를 나타낸다.)

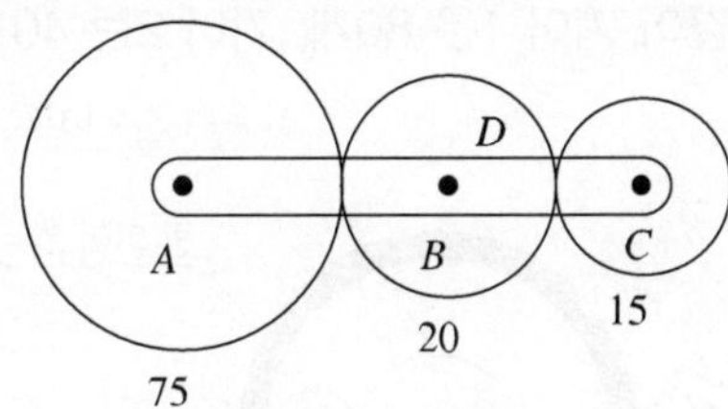

풀이 & 답

구분	기어 A	기어 B	기어 C	암 D
전체 고정	$+N_H$	$+N_H$	$+N_H$	$+N_H$
암고정	$-N_H$	$(-N_H)\times(-1)\times\dfrac{Z_A}{Z_B}$	$(-N_H)\times(-1)\times\dfrac{Z_A}{Z_B}\times(-1)\times\dfrac{Z_B}{Z_C}$ $=-N_H\times\dfrac{Z_A}{Z_C}$	0
정미 회전수	0	$(+N_H)+\left((-N_H)\times(-1)\times\dfrac{Z_A}{Z_B}\right)$	N_C	4

암 D에서 $(+N_H)+0=4,\ N_H=4$

$$N_C=(+N_H)+\left(-N_H\times\frac{Z_A}{Z_C}\right)=(+4)+\left(-4\times\frac{75}{15}\right)=-16$$

답 반시계방향 16회전

예제 12-26

그림에서와 같은 유성기어 장치에서 암(arm)④가 30rpm의 속도로써 시계방향으로 회전할 때 기어2의 회전방향과 N_2[rpm]을 구하여라. (단 기어 1은 고정된 링 기어이고, 각 기어의 잇수는 그림과 같이 기어 1은 80개, 기어 2는 40개, 기어 3은 20개)

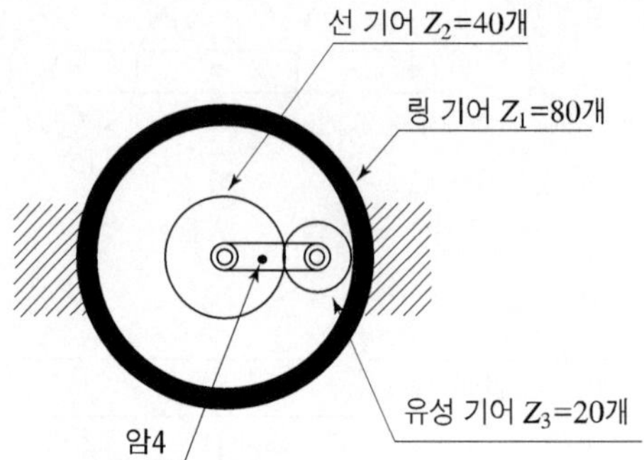

풀이 & 답

구분	기어 1	기어 3	기어 2	암 4
전체고정	$+N_H$	$+N_H$	$+N_H$	$+N_H$
암고정	$-N_H$	$(-N_H)\times(+1)\times\dfrac{Z_1}{Z_3}$ 참고 (+1) 내접일 때 사용된다.	$(-N_H)\times(+1)\times\dfrac{Z_1}{Z_3}\times(-1)\times\dfrac{Z_3}{Z_2}$ $=N_H\times\dfrac{Z_1}{Z_2}$	0
정미 회전수	0	$(+N_H)+\left\{(-N_H)\times(-1)\times\dfrac{Z_1}{Z_3}\right\}$	N_2	30

$$N_2=(+N_H)+\left(N_H\times\frac{Z_1}{Z_2}\right)=(+30)+\left(30\times\frac{80}{40}\right)=+90\text{rpm}$$

답 **시계방향 90rpm**

Chapter 13

공정관리

건설기계설비기사만 출제됩니다.

Chapter 13 공정관리

13-1 공정표(Progress schedule)

공정표(Progress schedule)는 가설, 철거, 목공사, 조적공사 등 각 공종의 시공계획 및 진척사항과 시간의 상관관계를 도표화한 공사예정표로, 공정표에는 정해진 공기에 기준한 부분공사를 시간적으로 조합하여 각 부분공사의 착수 또는 완성일, 공사의 진행속도 등이 표시되며, 또한 이를 근거로 예정과 실제를 비교, 공사속도를 조절하여 예정한 공사기간 내에 공사예산에 맞추어 정밀도가 높은 양질의 실내건축물을 신속하고 안전하게 완성시키는데 그 목적이 있다. 건축 및 실내 건축 및 건축공사에 사용되는 공정표의 종류는 여러 가지가 있으나, 대표적인 공정표의 종류 및 특징은 다음과 같다.

[공정표의 종류]

(1) 횡선식 공정표(Bar chart(바챠트) = Gantt chart(칸트 챠트)

(2) 사선식 공정표

(3) 네트워크 공정표(Network progress chart)

① PERT기법 ② CPM기법 두 가지가 있다.

건설기계기사 시험에서는 네트워크 공정표만 출제된다.

[횡선식 공정표 예]

작업명 \ 공기	1	2	3	4	5	6	7	8	9	10	11	12	진행도 (%)
철거공사	■												(10%)
조직공사		■	■										(20%)
전기, 배관공사			■	■									(30%)
목공사			■	■	■								(40%)
설비공사					■	■							(50%)
미장공사						■	■						(70%)
도장공사							■	■	■				(80%)
내장공사									■	■	■		(90%)
마무리공사											■	■	(100%)

[사선식 공정표 예]

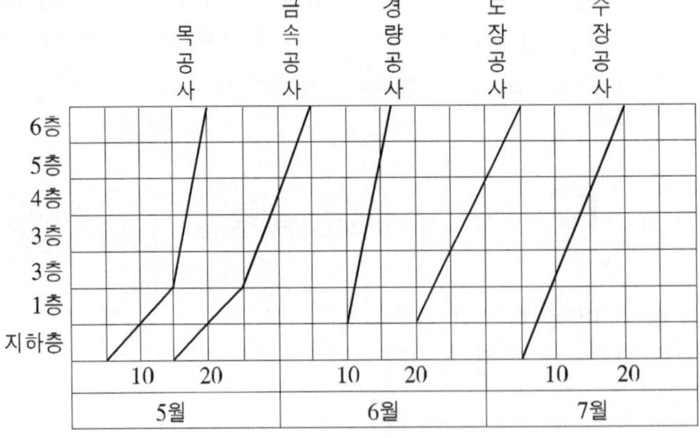

[네트워크 공정표 예]

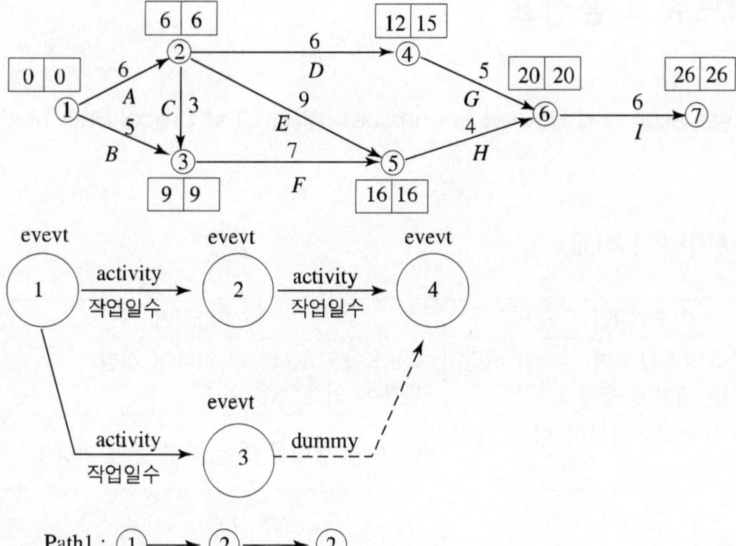
0 | 0
6 | 6
12 | 15
20 | 20
26 | 26
9 | 9
16 | 16
6
A
5
B
C 3
6
D
9
E
7
F
5
G
4
H
6
I
evevt
activity
작업일수
dummy
1
2
3
4
Path1 : 1 → 2 → 2
Path2 : 1 → 3 - - → 4

13-2 네트워크 공정표

PERT(Program Evaluation and Review Technique)기법과 CPM(Critical Path Method) 기법이 있다.

1. PERT기법과 CPM기법의 비교

구분	PERT기법	CPM기법
개발 응용	•미군수국특별계획부에 의하여 배갈 •함대탄도탄 개발에 응용	•WalKer와 Kelly에 의하여 개발 •듀폰에 의해 보존, 응용
대상	신규사업, 비반복, 경험이 없는 사업 등에 활용	반복사업,경험이 있는 사업 등에 활용
일정 계산	TE | TL 단계중심(event)의 일정계산 ① TE(Early Time) (최조(最早)시간) ② TL(Late Time) (최지(最遲)시간)	LFT EFT EST LST 활동중심(activity)의 일정계산 ① EST(Earliest Starting Time) (최조(最早) 개시시간) ② LST(Latest Starting Time) (최지(最遲) 개시시간) ③ EFT(Earliest Finishing Time) (최조(最早) 완료시간) ④ LFT(Latest Finishing Time) (최지(最遲) 완료시간)
여유 시간	① 정 여유(PS : Positive Slack) ② 영 여유(ZS : Zera Slack) ③ 부 여유(Negative Slack)	① 총 여유(TF : Total Flote) ② 자유 여유(FF : Free Flote) ③ 간섭 여유(IF또는DF) : Interferring Flote=Dependent Flote)
주공정	TL－TE＝0 (굵은 선 표시)	TF－FF＝0(굵은 선 표시)
검토	확률적인 검토	비용견적, 비용구배, 일정단축 ① 정상소요 공사기간및 공사경비 ② 특급소요 공사기간및 공사경비

2. 네트워크공정표에 쓰이는 용어 및 기호

NO	용어	영어	기호	내용
1	프로젝트	Project		네트워크에 표현하고자 하는 대상 공사
2	네트워크	Network		작업의 순서 관계를 ⟶와 ○로 표현한 망상도
3	작업활동	Activity	⟶	프로젝트를 구성하는 단위
4	명목상의 작업	Dummy	----→	Arrow형 네트워크에서 정상표현으로 할 수 없는 작업 상호관계를 표시한 화살표
5	결합점	Event Node	○	작업과 작업을 연결하는 점
6	소요시간	Duration	D	작업에 필요한 시간
7	가장 빠른 시작시간 최조(最早)시간	Early Time	TE	각단계가 가장 빨리 시작 될수 있는 시간
8	가장 늦은 시작시간 최지(最遲)시간	TL(Late Time)	TL	각단계가 가장 늦게 시작 될수 있는 시간
9	가장 빠른 시작시간 최조개시시간	Earliest Starting Time	EST	가장 빨리 작업을 시작할 수 있는 시간
10	가장 빠른 완료시간 최조완료식간	Earliest Finishing Time	EFT	가장 빨리 작업을 완료할 수 있는 시간
11	가장 늦은 시작시간 최지개시시간	Latest Starting Time	LST	작업시작을 공기에 영향이 없는 범위에서 가장 늦게 시작해도 되는 시간
12	가장 늦은 완료시간 최지완료시간	Latest Finishing Time	LFT	작업시작을 공기에 영향이 없는 범위에서 가장 늦게 완료해도 되는 시간
13	주공정	Critical Path 크리티칼 패스	CP	개시 결합점에서 부터 종료 결합점까지 가장 작업시간이 긴 작업들의 경로
12	총 여유	Total Flot	TF	작업을EST로 시작하고 LFT로 완료할때생기는 여유시간
13	자유 여유	Free Flote	FF	작업을 EST로 시작하고 후속 작업도 EST로 시작하여도 존재하는 여유시간
14	간섭 여유	Interferring Flote	IF DF	총여유시가와 자유여유시간의 차이를 말하여,자유여유시간을 넘어 간섭여유시간을 사요하게되면 그만큼 후속작업의 여유시간이 감소된다.

3. 네트워크의 구성

일반적으로 네트워크는 화살선으로 표시되어 작업, 더미, 결합점으로 이루어진 연결도를 말하며, 이 연결도에 의하여 선후관계를 표현한 것이다.

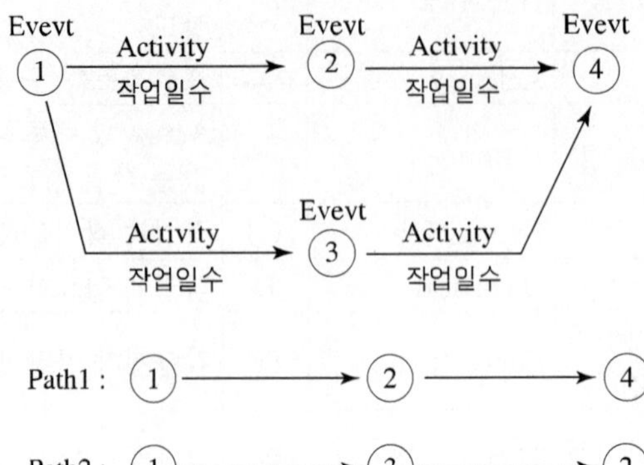

(1) 네트워크의 구성요소

① Activity (작업 활동) : 프로젝트를 구성하는 단위이며 (→)로 나타낸다.
② Event(결합점) : 작업의 시작과 완료를 표시하며(○)로 나타낸다.
③ Dummy(더미) : 명목상의 활동으로 실제적으로는 시간과 물량이 없다. (⇢)로 나타낸다.
④ 선행작업 : 어떠한 작업에 있어 선행되는 작업(전(前)공전)
⑤ 후속작업 : 어떠한 작업에 있어 후속되는 작업(후(後)공정)

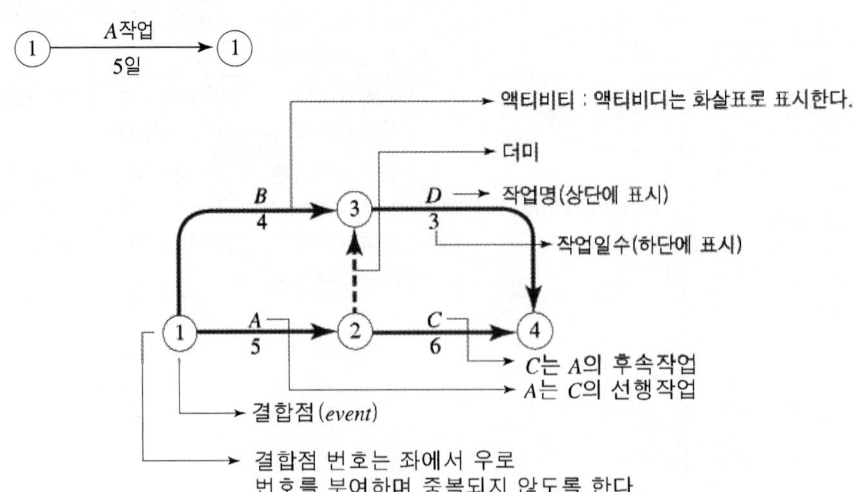

(2) Dummy (더미 : 명목상의 작업)

자겁 상호간의 연관관계를 나타내는 명목상의 작업으로 실지 작업은 없으나 작업간의 관련성, 공정 진행상의 제약을 표시한 것으로 점선 화살표ㅎ로 표시하며, 시간을 포함하는 경우는 있다.

① 넘버링 더미(Numbering Dummy)

결합점과 결합점 사이의 중복 작업을 피하기 위하여 사용한다.

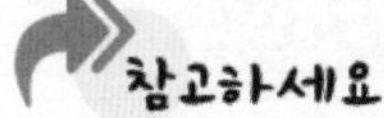

①과②에서 실선2개로 연결하면 안된다.

작업명	선행작업
A	없음
B	없음

틀린 예	옳은 예

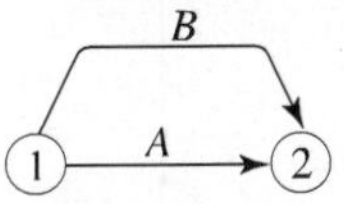

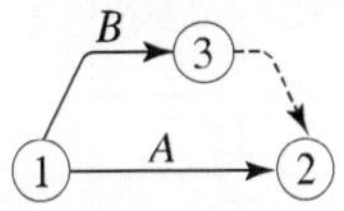

작업명	선행작업
A	없음
B	없음
C	없음

틀린예	옳은 예

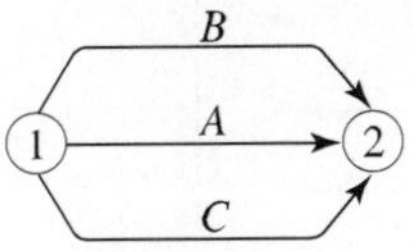

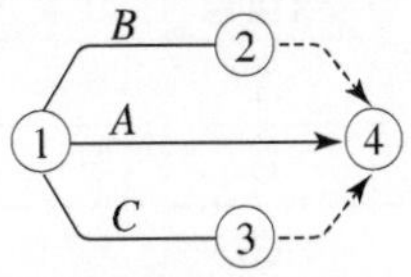

작업명	선행작업
A	없음
B	없음
C	없음
D	A

틀린 예	옳은 예

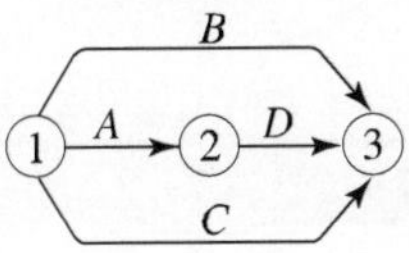

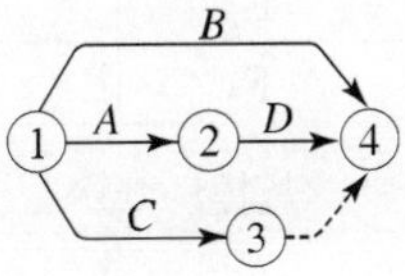

작업명	선행작업
A	없음
B	없음
C	A,B
D	A,B

틀린 예	옳은 예

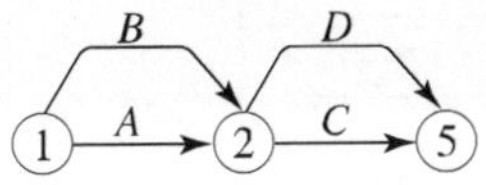

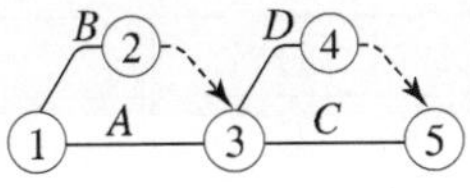

작업명	선행작업
A	없음
B	없음
C	없음
D	A, B, C
E	A, B, C
F	A, B, C

틀린 예	옳은 예

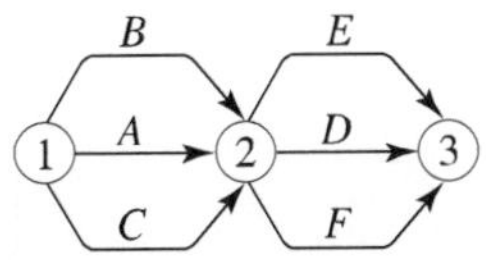

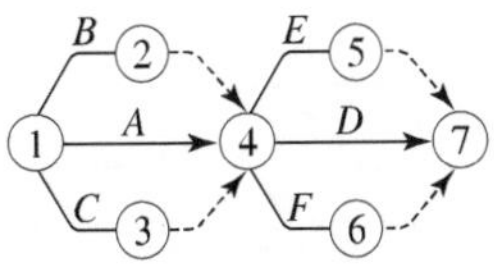

② 로지컬 더미(Logical Dummy) : 선행작업과 후속작업에서 더미가 없이는 공정표가 성립되지 않을 때 사용되는 더미이다.

작업명	선행작업
A	없음
B	없음
C	A
D	A, B

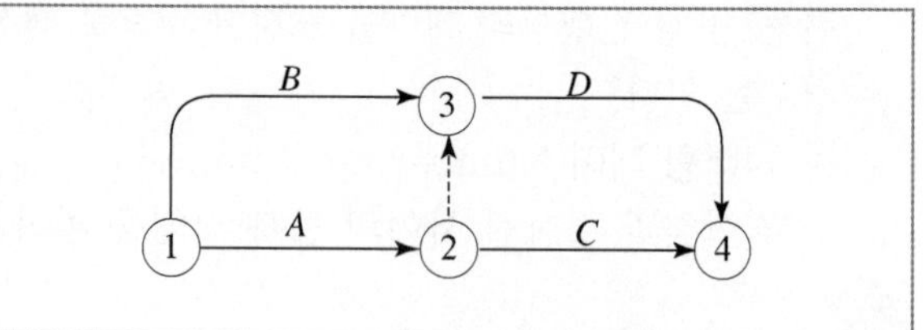

작업명	선행작업
A	없음
B	없음
C	없음,
D	A, B
E	B, C

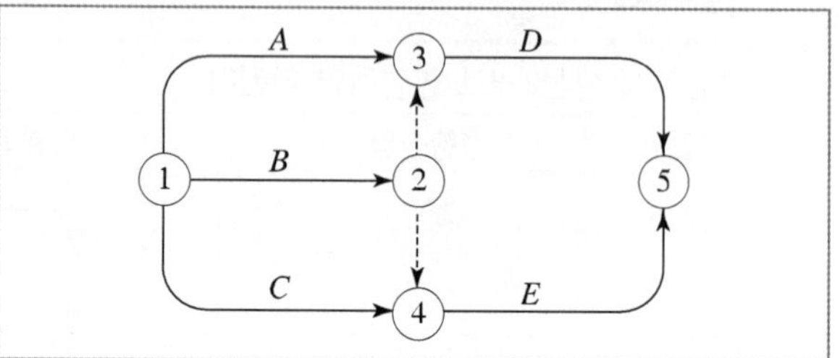

작업명	선행작업
A	없음
B	없음
C	없음,
D	A, B,C
E	A, B
F	A

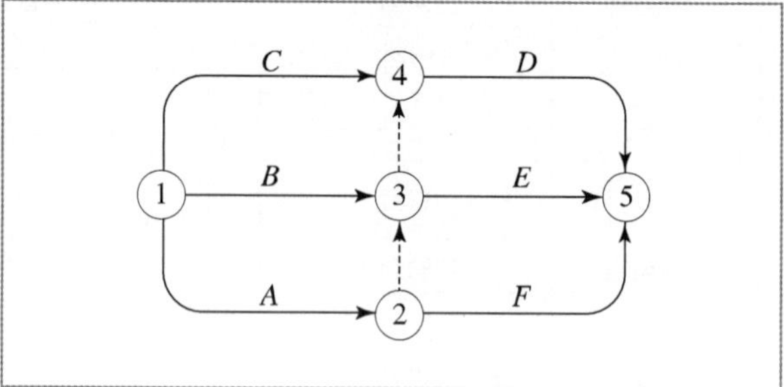

작업명	선행작업
A	없음
B	없음
C	없음,
D	B
E	A, B, C
F	C

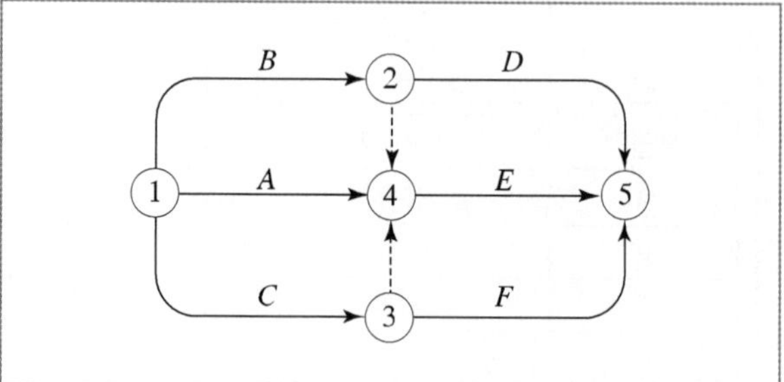

작업명	선행작업
A	없음
B	없음
C	없음,
D	A, B
E	A, B, C
F	A, C

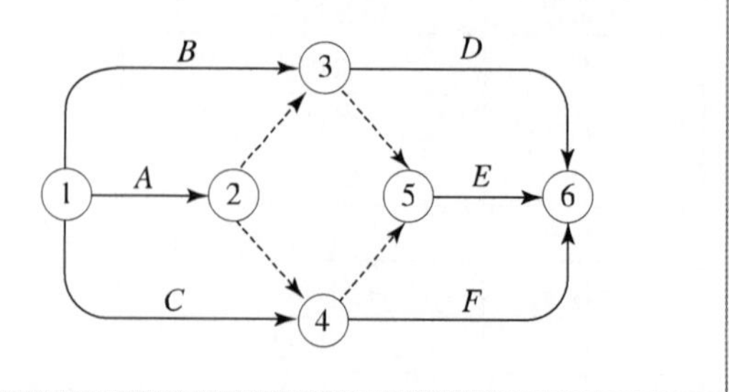

(3) 네트워크 작성 시 주의사항

① 동일 Event 사이에 동시 작업을 두지 않는다.

잘못된 예	수정된 예

② 작업의 역진을 하지 않는다.

잘못된 예	수정된 예

③ 가능한 교차를 하지 않는다.

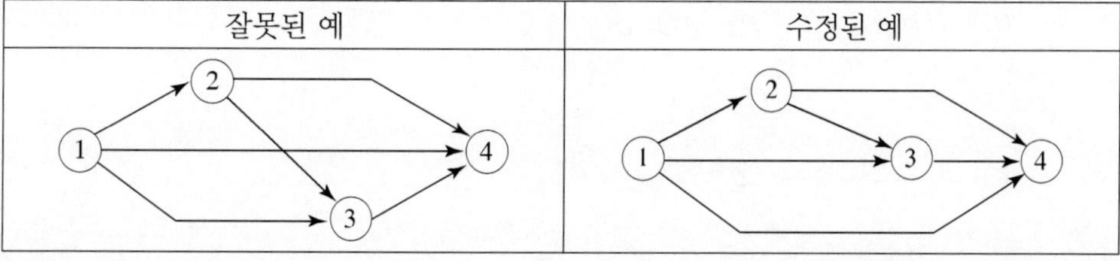

④ 무의미한 Dummy는 표기하지 않는다.

잘못된 예	수정된 예

⑤ 시작 및 종료점은 한 점으로 되어야 한다.

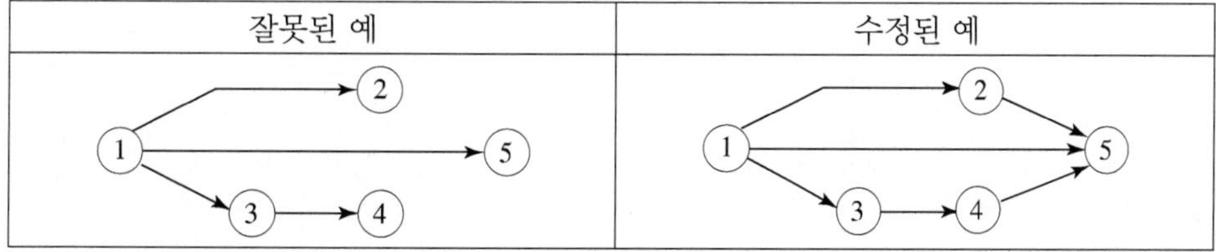

⑥ 작업간의 예각을 방지한다.

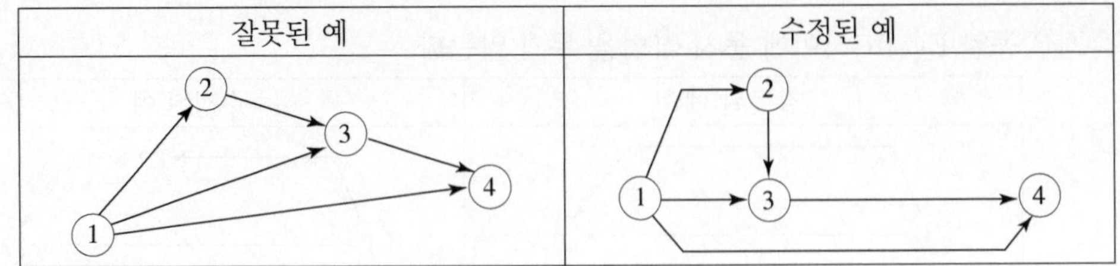

⑦ Event 번호 부여시 작은 번호에서 큰 번호 순으로 한다.

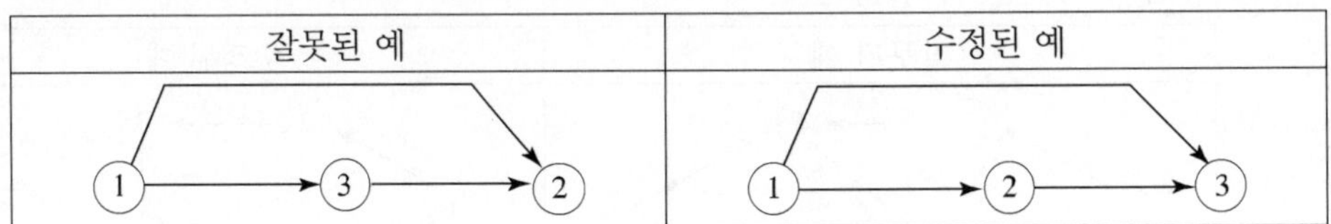

(4) PERT기법공정표 작성

TL(최소값 선택) TE(최대값 선택)

$TLi=(TLI-D)_{\min}$ $TLj=(TLI-D)_{\max}$

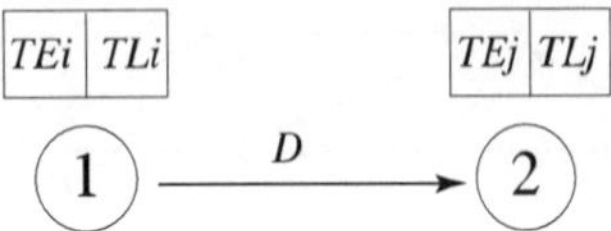

예제 13-1

다음 작업 List를 가지고 PERT기법 Network를 그리고, Critical Path를 굵은 선으로 표시하고 최종 소요공사기간 일수를 구하시오.

작업명	선행 작업	후속 작업	소요 공기 일수
A	–	C, D	5
B	–	E, F	9
C	A	E, F	7
D	A	H	8
E	B, C	G	5
F	B, C	H	4
G	E	–	4
H	D, F	–	8

풀이 & 답

PERT기법 Network

최종소요공사기간일수 : 24일

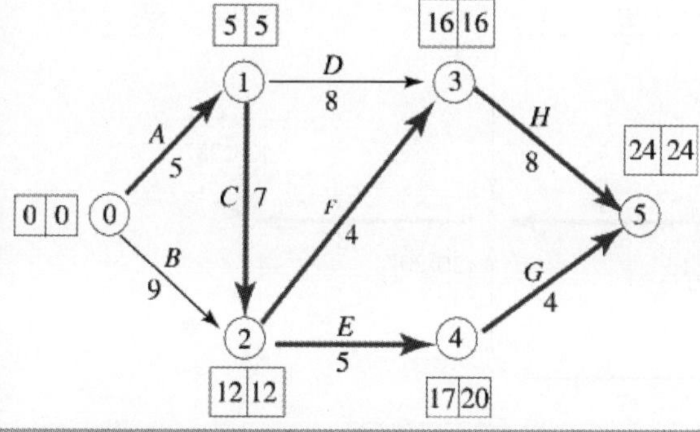

예제 13-2

다음 작업 List를 가지고 PERT기법 Network를 그리고, Critical Path를 굵은 선으로 표시하고 최종 소요공사기간 일수를 구하시오.

작업명	선행 작업	후속 작업	공사일수	비 고
A	없음	B, C, D	5	(예) A ⓪---------->①
B	A	E, F	6	
C	A	F	8	
D	A	G	4	
E	B	G	3	
F	B, C	G	7	
G	D, E, F	없음	8	

풀이 & 답

PERT기법 Network

최종소요공사기간일수 : 28일

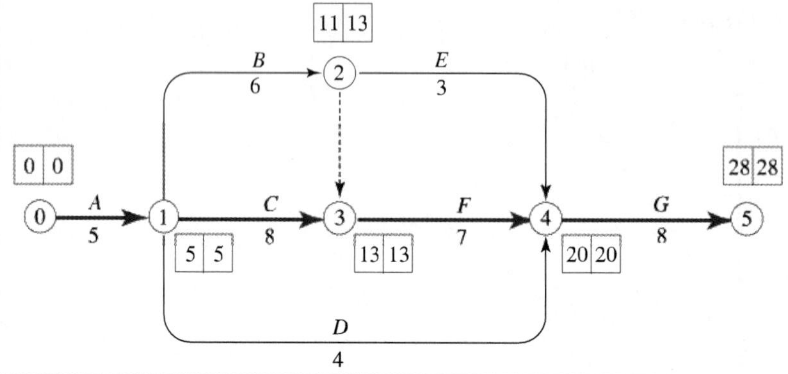

예제 13-3

다음 작업 List를 가지고 PERT기법 Network를 그리고, Critical Path를 굵은 선으로 표시하고 최종 소요공사기간 일수를 구하시오.

작업기호	A	B	C	D	E	F	G	H	I
선행작업	–	–	A, B	A, B	D	C, E	F	C, E	G, H
소요일수	3	6	2	1	2	2	2	5	1

풀이 & 답

PERT기법 Network
최종소요공사기간일수 : 15일

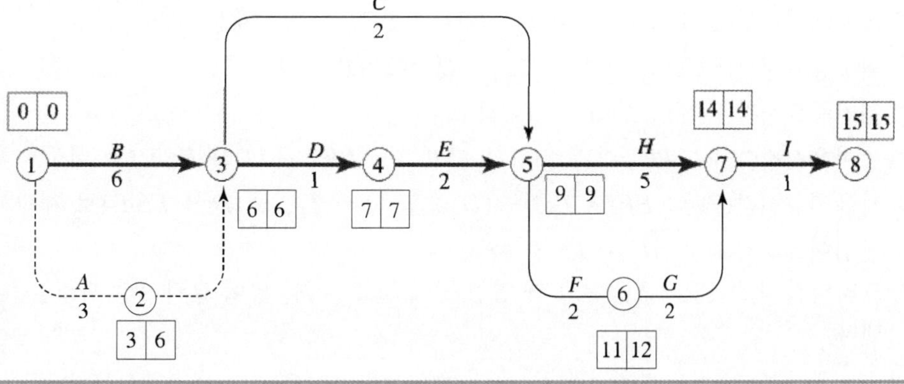

(5) CPM기법 공정표 작성

CPM기법공정표 작성 : 기본 룰(rule)을 근거로 하여 작업의 개시에서 종료까지 상태를 파악하여 아래표를 모델로 하여 작성한다.

액티비티		개시시각		종료시각		여유시각			크리티칼 패스
$i \to j$	시간	최초	최저	최조	최저	총	자유	간섭	CP
	D	EST	LST	EFT	LFT	TF	FF	IF	
①	②	③	④	⑤	⑥	⑦	⑧	⑨	⑩

① 액티비트 $i \to j$: i이벤트에서 j 이벤트로 작업 활성화 과정을 순서대로 만들어 나감

② i이벤트에서 j이벤트로 활성화 될 때 작업일수(D)

③ 최초개시시각(EST) : $EST = T_{Ei}$값

④ 최지개시시각(LST) : $LST = T_{Lj} - D = LFT - D$로 계산

⑤ 최조종료시각(EFT) : $EFT = T_{Ei} + D = EST + D$로 계산

⑥ 최지종료시각(LFT) : $LFT = T_{Lj}$값

⑦ 총여유시각(TF) : $TF = T_{Lj} - (D + T_{Ei}) = LFT - (D + EST)$로 계산

⑧ 자유여유시각(FF) : $FF = T_{Ej} - (D + T_{Ei}) = T_{Ej} - (D + EST)$로 계산

⑨ 간섭여유시각(IF) : $IF = TF - FF$

⑩ 크리티칼 패스(CP) : TF와 FF가 영인 곳에 별표(☆)를 넣어 크리티칼 패스임을 나타낸다.

예제 13-4

다음과 같은 네트워크 계획 공정표에서 $\boxed{T_E \mid T_L}$를 계산하여 크리티칼 패스(critical path)를 굵은 선으로 표시하고 데이터 네트워크 공정표를 작성하라.

(1) 네트워크 계획 공정표를 작성하여라.

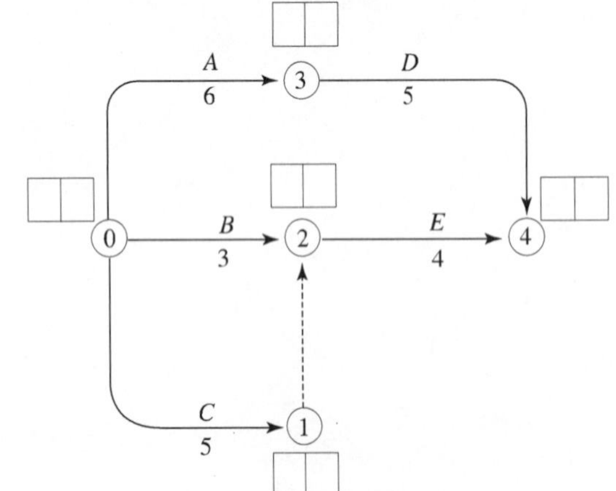

(2) 데이터 네트워크 고정표를 작성하여라.

액티비티		개시시각		종료시각		여유시각			크리티칼 패스
$i \to j$	시간	최조	최지	최조	최지	총	자유	간섭	CP
	D	EST	LST	EFT	LFT	TF	FF	IF	
0 → 1									
0 → 2									
0 → 3									
1 → 2									
2 → 4									
3 → 4									

풀이 & 답

(1) **네트워크 계획 공정표**

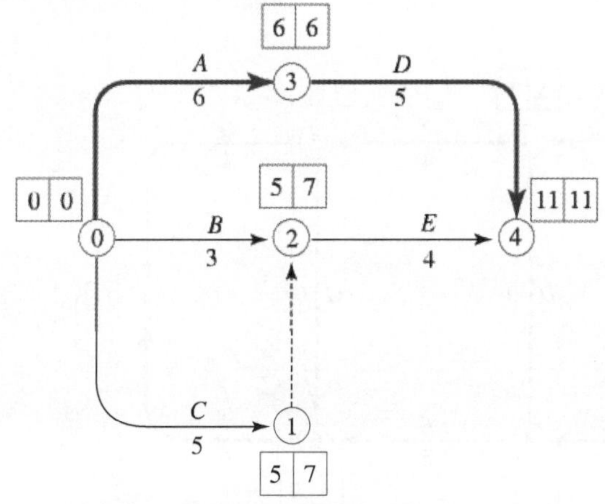

① 공정일수 : 11일

② 주공정(critical path) : ⓪→③→④

(2) **데이터 네트워크 공정표**

액티비티		개시시각		종료시각		여유시각			크리티칼 패스
$i \to j$	시간	최조	최지	최조	최지	총	자유	간섭	CP
	D	EST	LST	EFT	LFT	TF	FF	IF	
0 → 1	5	0	2	0	2	2	0	2	
0 → 2	3	0	4	3	7	4	2	2	
0 → 3	6	0	0	6	6	0	0	0	☆
1 → 2	0	5	7	5	7	2	0	2	
2 → 4	4	5	7	9	11	2	2	0	
3 → 4	5	6	6	11	11	0	0	0	☆

예제 13-5

다음의 활동 목록표를 계산에 의해 완성하고 한계 공정선(critical path)을 제시하시오.

작업명	활 동	공사 기간	가장 빠른 작업		가장 늦은 작업	
			개시 시간	완료 시간	개시 시간	완료 시간
A	1−2	2				
B	1−3	5				
C	2−4	2				
D	3−4	0				
E	3−6	3				
F	4−5	4				
G	5−6	0				
H	5−7	4				
I	6−7	6				

풀이 & 답

네트워크 계획 공정표

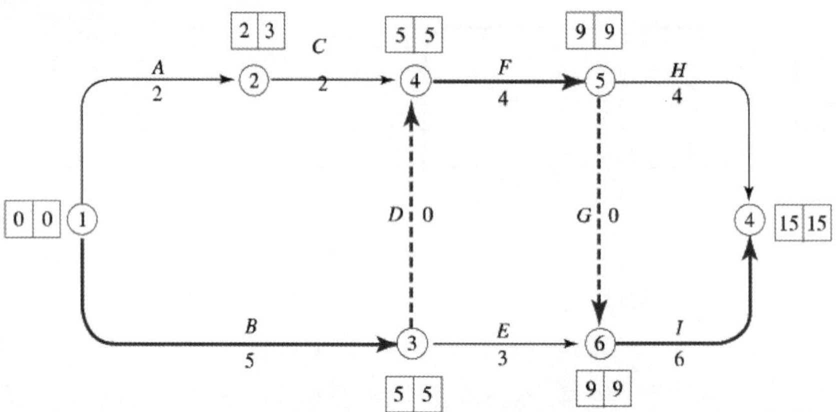

활동	공사 기간	가장 빠른 작업		가장 늦은 작업		TF	FF	DF	CP
		개시 시간 (EST)	완료 시간 (EFT)	개시 시간 (LST)	완료 시간 (LFT)				
1−2	2	0	0+2=2	3−2=1	3	1	0	1	
1−3	5	0	0+5=5	5−5=0	5	0	0	0	☆
2−4	2	2	2+2=4	5−2=3	5	1	1	0	
3−4	0	5	5+0=5	5−0=0	5	0	0	0	☆
3−6	3	5	5+3=8	9−3=6	9	1	1	0	
4−5	4	5	5+4=9	9−4=5	9	0	0	0	☆
5−6	0	9	9+0=9	9−0=9	9	0	0	0	☆
5−7	4	9	9+4=14	15−4=11	15	2	2	0	
6−7	6	9	9+6=15	15−6=9	15	0	0	0	☆

∴ C.P : ① → ③ → ④ → ⑤ → ⑥ → ⑦

다음 데이터를 네트워크 공정표로 작성하시오.

작업명	작업 일수	선행 작업	비 고
A	1일	없음	단, 화살형 네트워크로 주공정선은 굵은 선으로 표시하고, 각 결합점에서서의 계산은 다음과 같다. LFT EFT EST LST i —작업명 / 작업일수→ j
B	2일	없음	
C	3일	없음	
D	6일	A, B, C	
E	4일	B, C	
F	2일	C	

풀이 & 답

네트워크 계획 공정표

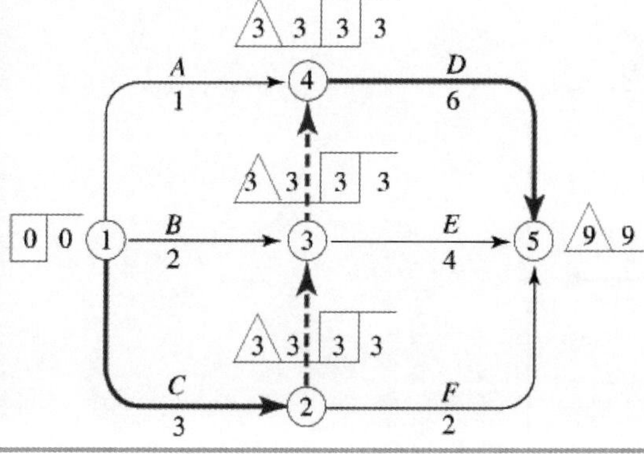

예제 13-7

다음 데이터를 네트워크 공정표로 작성하시오.

<table>
<tr><th>작업명</th><th>선행 작업</th><th>작업 일수</th><th>비 고</th></tr>
<tr><td>A</td><td>없음</td><td>3</td><td rowspan="6">더미는 작업이 아니므로 여유 시간계산에서는 대상에 제외하고 실작업의 여유만 계산한다.
LFT EFT EST LST
i 작업명 / 작업일수 j</td></tr>
<tr><td>B</td><td>없음</td><td>5</td></tr>
<tr><td>C</td><td>없음</td><td>2</td></tr>
<tr><td>D</td><td>B</td><td>3</td></tr>
<tr><td>E</td><td>A, B, C</td><td>4</td></tr>
<tr><td>F</td><td>C</td><td>2</td></tr>
</table>

풀이 & 답

네트워크 계획 공정표

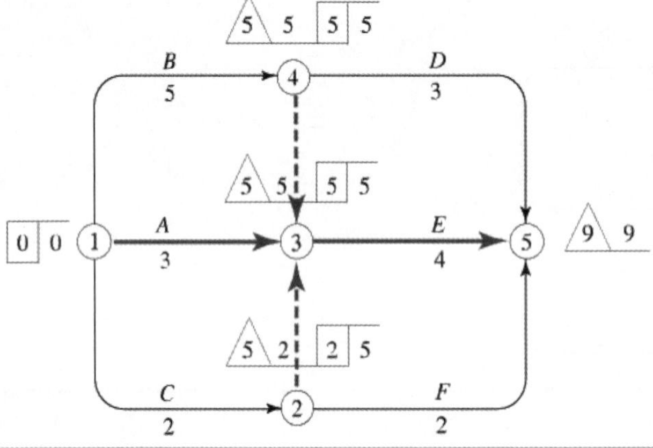

다음 데이터를 네트워크 공정표로 작성하고 각 작업별 여유시간을 산출하시오.

작업명	작업일수	선행 작업	비 고
A	2	없음	단, 크리티컬 패스는 굵은선으로 표시하고, 결합점에서는 다음과 같이 표시한다. LFT EFT EST LST ⓘ —작업명/작업일수→ ⓙ
B	5	없음	
C	3	없음	
D	4	A, B	
E	3	A, B	

풀이 & 답

(1) 네트워크 계획 공정표

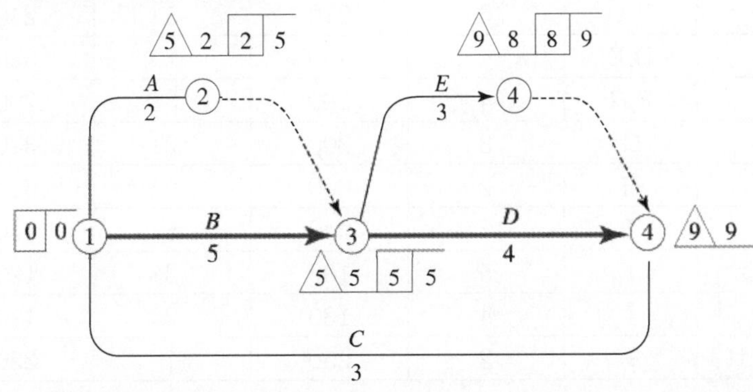

(2) 여유시간

작업명	TF (총여유시간)	FF (자유여유시간)	DF=IF (간섭여유시간)	CP
A	5−0−2=3	5−0−2=3	3−3=0	
B	0	0	0	☆
C	9−0−3=6	9−0−3=6	9−9=0	
D	0	0	0	☆
E	9−5−3=1	9−5−3=1	3−3=0	

(6) 특급상태와 비용구배

① **특급상태** : 지정된 공사기간내에 작업을 달성하기 어려울 경우에는 작업인원증가, 자재의 증강, 초과근무를 실시하여 공기를 단축하고 자하는 공정

② **비용구배**(=공비증가율=비용경사) : 특급상태로 작업할 때 표준상태보다 시간당 추가 되는 비용을 의미한다.

$$\text{비용구배} = \frac{\text{특급상태비용} - \text{표준상태비용}}{\text{표준상태시간} - \text{특급상태시간}}$$

예제 13-9

다음과 같은 작업 리스트가 있다. 물음에 답하여라.

작업명	선행작업	후속작업	표준상태		특급상태	
			일수	공비(만원)	일수	공비(만원)
A	–	B, C	6	210	5	240
B	A	D, E	4	450	2	630
C	A	F, G	4	160	3	200
D	B	G	3	300	2	370
E	B	H	2	600	2	600
F	C	I	7	240	5	340
G	C, D	I	5	100	3	120
H	E	I	4	130	2	170
I	F, G, H	–	2	250	1	350

(1) 네트워크 $\boxed{T_E \mid T_L}$ 를 작성하여라.

(2) 표준상태 CP를 찾아라.

(3) 다음의 작업 리스트 빈칸을 채워라.

활동	공비증가율	가장 빠른 작업		가장 늦은 작업		TF	FF	DF	CP
		개시 시간 (EST)	완료 시간 (EFT)	개시 시간 (LST)	완료 시간 (LFT)				
A									
B									
C									
D									
E									
F									
G									
H									
I									

풀이 & 답

(1) 네트워크 계획 공정표

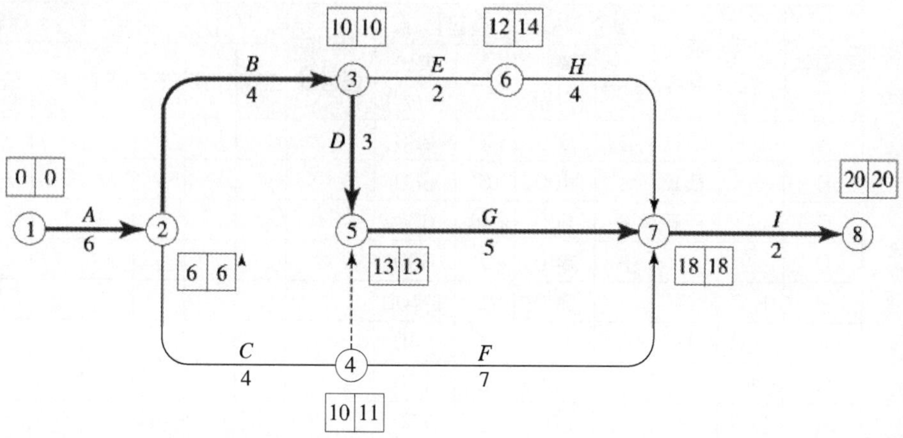

(2) 주공정CP

① → ② → ③ → ⑤ → ⑦ → ⑧

(3) 작업리스트

활동	공비증가율	개시		완료		TF	FF	DF	CP
		EST	EFT	LST	LFT				
A	$\frac{240-210}{6-5}=30$	0	6	0	6	0	0	0	☆
B	$\frac{630-450}{4-2}=90$	6	10	6	10	0	0	0	☆
C	$\frac{200-160}{4-3}=40$	6	10	7	11	1	0	1	
D	$\frac{370-300}{3-2}=70$	10	13	10	13	0	0	0	☆
E	불가	10	12	12	14	2	0	2	
F	$\frac{340-240}{7-5}=50$	10	17	11	18	1	1	0	
G	$\frac{120-100}{5-3}=10$	13	18	13	18	0	0	0	☆
H	$\frac{170-130}{4-2}=20$	12	16	14	18	2	2	0	
I	$\frac{350-250}{2-1}=100$	18	20	18	20	0	0	0	☆

예제 13-10

다음과 같은 작업 리스트가 있다. 물음에 답하여라.

작업명	선행 작업	후속 작업	표준상태		특급상태		공비 증강율	개시		완료		여유		
			일수	공비(만원)	일수	공비(만원)		EST	LST	EFT	LFT	TF	FF	DF
A	–	C,D	4	210	3	280								
B	–	E,F	8	400	6	560								
C	A	E,F	6	500	4	600								
D	A	H	9	540	7	600								
E	B,C	G	4	500	1	1,100								
F	B,C	H	5	150	4	240								
G	E	–	3	150	3	150								
H	D,F	–	7	600	6	750								

(1) 네트워크 $\boxed{T_E \mid T_L}$ 를 작성하여라.

(2) 다음의 작업 리스트 빈칸을 채워라.

풀이 & 답

(1)

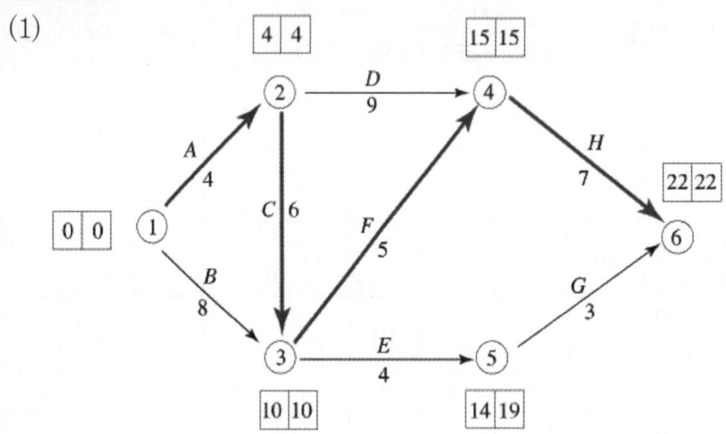

참고 주공정(CP)을 일직선으로 한 공정표가 공기 단축에 편리하다.

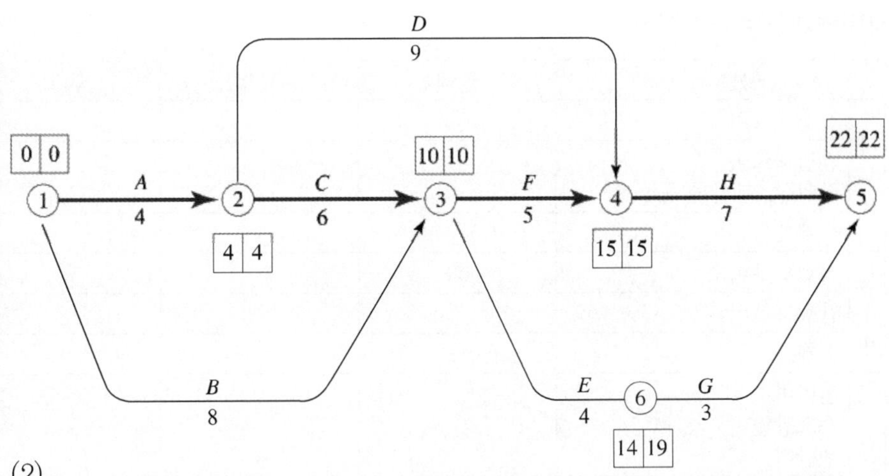

(2)

작업명	공비증강율	개시		완료		여유		
		EST	LST	EFT	LFT	TF	FF	DF
A	$\frac{280-210}{4-3}=70$	0	4−4=0	0+4=4	4	4−0−4=0	4−0−4=0	0
B	$\frac{560-400}{8-6}=80$	0	10−8=2	0+8=8	10	10−0−8=2	10−0−8=2	0
C	$\frac{600-500}{6-4}=50$	4	10−6=4	4+6=10	10	10−4−6=0	10−4−6=0	0
D	$\frac{600-540}{9-7}=30$	4	15−9=6	4+9=13	15	15−4−9=2	15−4−9=2	0
E	$\frac{1100-500}{4-1}=200$	10	19−4=15	10+4=14	19	19−10−4=5	14−10−4=0	5
F	$\frac{240-150}{5-4}=90$	10	15−5=10	10+5=15	15	15−10−5=0	15−10−5=0	0
G	$\frac{150-150}{3-3}=0$	14	22−3=19	14+3=17	22	22−14−3=5	22−14−3=5	0
H	$\frac{750-600}{7-6}=150$	15	22−7=15	15+7=22	22	22−15−7=0	22−15−7=0	0

답

작업명	선행 작업	후속 작업	표준상태		특급상태		공비 증강율	개시		완료		여유		
			일수	공비(만원)	일수	공비(만원)		EST	LST	EFT	LFT	TF	FF	DF
A	−	C, D	4	210	3	280	70	0	0	4	4	0	0	0
B	−	E, F	8	400	6	560	80	0	2	8	10	2	2	0
C	A	E, F	6	500	4	600	50	4	4	10	10	0	0	0
D	A	H	9	540	7	600	30	4	6	13	15	2	2	0
E	B, C	G	4	500	1	1,100	200	10	15	14	19	5	0	5
F	B, C	H	5	150	4	240	90	10	10	15	15	0	0	0
G	E	−	3	150	3	150	0	14	19	17	22	5	5	0
H	D, F	−	7	600	6	750	150	15	15	22	22	0	0	0

(7) 공사비용계산 = 공비계산

<table>
<tr><th colspan="3">구분</th><th>금액</th><th>구성비</th><th>비고</th></tr>
<tr><td rowspan="11">순공사원가</td><td rowspan="3">재료비</td><td>직접재료비</td><td>①</td><td></td><td></td></tr>
<tr><td>간접재료비
작업실, 부산물 등</td><td></td><td></td><td></td></tr>
<tr><td>소계</td><td>㉮</td><td></td><td></td></tr>
<tr><td rowspan="3">노무비</td><td>직접노무비</td><td>②</td><td></td><td></td></tr>
<tr><td>간접노무비</td><td></td><td></td><td></td></tr>
<tr><td>소계</td><td>㉯</td><td></td><td></td></tr>
<tr><td rowspan="4">경비</td><td>전력비
수도광열비
운반비</td><td></td><td></td><td></td></tr>
<tr><td>기계정비</td><td>③</td><td></td><td></td></tr>
<tr><td>특허권 사용료
기술료
연구개발비
품질관리비
가설비
지급임차료
보험료
복리후생비
보관비
외주가공비
안전관리비
소모품비
여비 · 교통비 · 통신비
세금과공과
폐기물처리비
도서인쇄비
지급수수료
환경보전비
보상비
안전점검비
건설근로자퇴직공제부금비
기타법정경비</td><td></td><td></td><td></td></tr>
<tr><td>소계</td><td>㉰</td><td></td><td></td></tr>
<tr><td colspan="3">일반관리비(　　)%</td><td>㉱</td><td></td><td></td></tr>
<tr><td colspan="3">이윤(　　)%</td><td>㉲</td><td></td><td></td></tr>
<tr><td colspan="3">총원가</td><td></td><td></td><td></td></tr>
</table>

- 직접공사비 = 직접재료비 + 직접노무비 + 직접(기계)정비 = ① + ② + ③
- 순공사비(순공사원가) = 재료비 + 노무비 + 경비 = ㉮ + ㉯ + ㉰
- 총공사비(총원가) = 순공사비(재료비 + 노무비 + 경비) + 일반관리비 + 이윤
  = ㉮ + ㉯ + ㉰ + ㉲ + ㉱

예제 13-11

우리나라 예산회계 예규에 의한 다음과 같은 건축 기계설비 공사원가 계산서(예시)에서 (1) 직접 공사비와 (2) 총공사비는 각각 얼마인가[원]?

■ 공사명 : 국제건설 신축기계설비공사

구 분			금 액	구성비	비 고
순공사원가	재료비	직접재료비	200,553,996		
		간접재료비(작업실, 부산물 등)			
		소계	200,553,996	49.45%	
	노무비	직접노무비	103,601,855		
		간접노무비	15,290,278		
		소계	124,892,133	27.7%	
	경비	전력비			설계내역에 포함
		수도광열비	2,345,840		
		운반비			
		기계경비			설계내역에 포함
		특허권 사용료			
		기술료			
		연구개발비			
		품질관리비			
		가설비			
		지급임차료			
		보험료	4,246,342		노무비의 3.4%
		복리후생비	7,754,472		(재료비+노무비)의1.867%
		보관비			
		외주가공비			
		안전관리비	9,899,189		(재료비+직접노무비)의2.48%
		소모품비	5,201,448		(재료비+노무비)의1.252%
		여비 · 교통비 · 통신비	1,000,518		(재료비+노무비)의0.329%
		세금과공과	3,527,180		(재료비+노무비)의0.8497%
		폐기물처리비			
		도서인쇄비	394,678		(재료비+노무비)의0.0957%
		지급수수료	3,963,404		(재료비+노무비)의0.954%
		환경보전비			
		보상비			
		안전점검비			
		건설근로자퇴직공제부금비			
		기타법정경비			
		소계	38,835,065	6.68%	
일반관리비(4.71)%			21,396,789	3.68%	
이윤(15)%			27,768,598	4.77%	
총원가					

풀이 & 답

(1) **직접공사비** = 직접재료비 + 직접노무비 + 직접(기계)정비
= 200,553,996 + 103,601,855 + 0 = 304,155,851원

(2) **총공사비(총원가)** = 순공사비(재료비 + 노무비 + 경비) + 일반관리비 + 이윤
= 200,553,996 + 124,892,133 + 38,835,065

+21,396,789+27,768,598
=413,446,581원

답 **직접공사비 : 304,155,851원**
총공사비 : 413,446,581원

일반기계기사 · 건설기계설비기사 필답형 실기

Chapter 14

건설기계일반

건설기계설비기사만 출제됩니다.

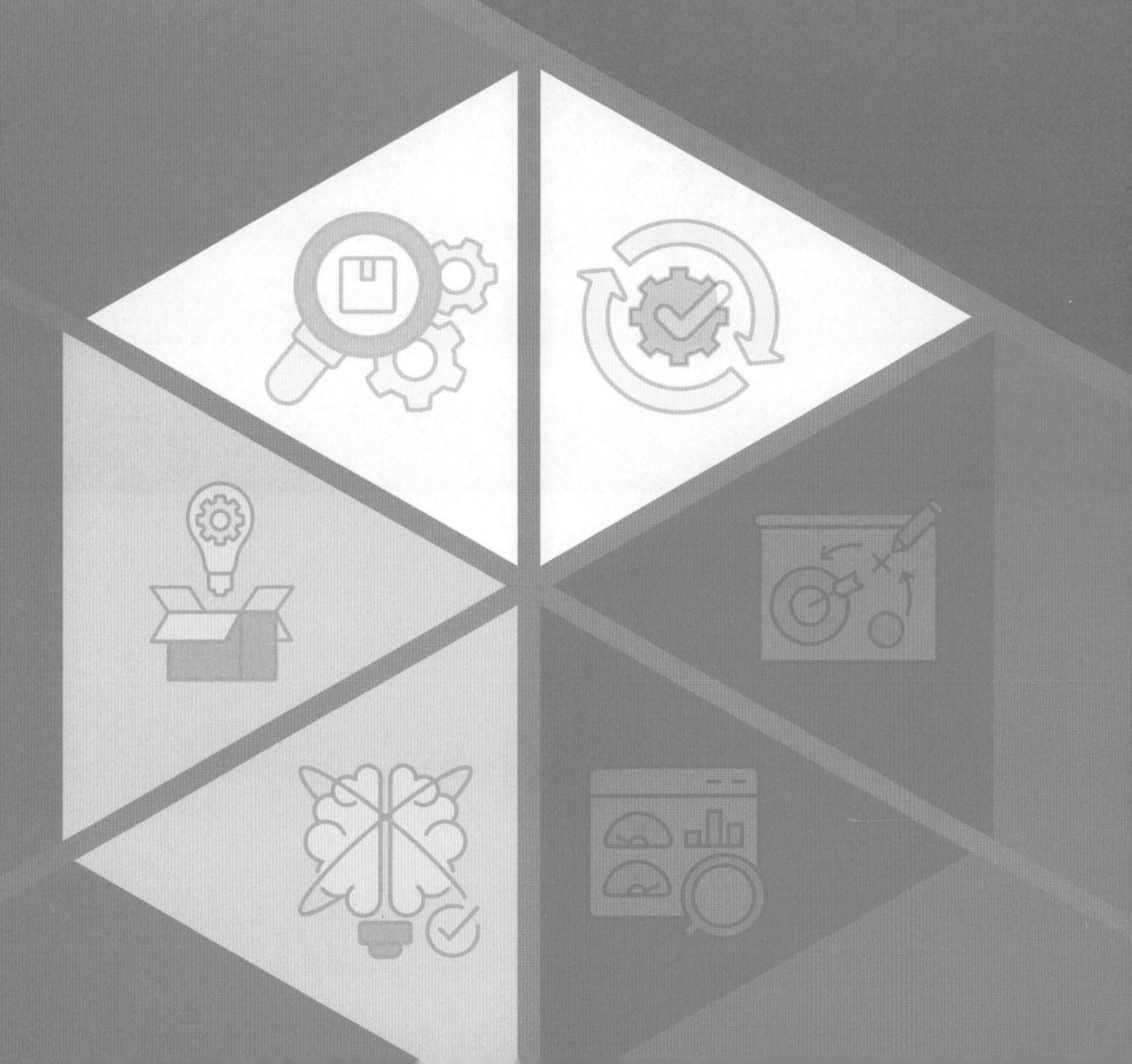

 14-1 건설기계관리법의 건설기계

	명칭	범위	규격
1	불도저(bulldozer)	무한궤도 또는 타이어식인 것	자중[ton] 또는 작업가능상태의 중량[ton]
2	굴삭기(excavator)	무한궤도 또는 타이어식으로 굴삭장치를 가진 1톤 이상인 것	자중[ton]
3	로더(loader)	무한궤도 또는 타이어식으로 적재장치를 가진 1톤 이상인 것	표준버킷용량[m^3] 또는 표준버킷의 산적용량[m^3]
4	지게차(fork lift)	타이어식으로 들어올림 장치를 가진 것	들어올림용량[ton]
5	스크레이퍼(scraper)	흙, 모래의 굴삭 및 운반장치를 가진 자주적인 것	볼(bowl)평적용량[m^3]
6	덤프트럭(dump truck)	적재용량 12톤 이상인 것 다만, 적재용량 12톤 이상 20톤 미만인 것으로 화물운송에 사용하기 위하여 자동차 관리법에 의한 자동차로 등록된 것은 제외한다.	최대적재량[ton]
7	기중기(crane)	무한궤도 또는 타이어식으로 강재의 지주 및 선회장치를 가진 것, 다만 궤도(레일)식은 제외한다.	기중 능력[ton]
8	모터 그레이더 (motor grader)	정지 장치를 가진 자주적인 것	삽날(blade)길이[m]
9	롤러(roller)	•조정석과 전압장치를 가진 자주적인 것 •피견인 진동식인 것	중기의 용량[ton]
10	노상 안정기(stabilizer)	노상안정장치를 가진 자주적인 것	유체 탱크의 용량[L]
11	콘크리트 배칭플랜트 (concrete batching plant)	골재 저장통, 계량장치 및 혼합장치를 가진 것으로서 원동기를 가진 이동식인 것	콘크리트의 시간당 생산량 [ton/hr]
12	콘크리트 피니셔 (concrete finisher)	정리 및 사상장치를 가진 것으로 원동기를 가진 것	시공할 수 있는 표준 폭[m]

	명칭	범위	규격
13	콘크리트스프레드 (concrete spreader)	정리 장치를 가진 것으로 원동기를 가진 것	시공할 수 있는 표준 폭[m]
14	콘크리트 믹서트럭 (concrete mixer truck)	혼합장치를 가진 자주식인 것 (재료의 투입 배출을 위한 보조장치가 부착된 것을 포함한다.)	용기내에서 1회 이상 혼합 할 수 있는 콘크리트 생산량[m^3]
15	콘크리트 펌프 (concrete pump)	콘크리트 배송능력이 매시간당 5m3 이상으로 원동기를 가진 이동식과 트럭 적재인 것	콘크리트의 시간당 배송능력 [m^3/hr]
16	아스팔트 믹싱 플랜트 (asphalt mixing plant)	골재공급장치, 건조가열장치, 혼합장치, 아스팔트 공급장치를 가진 것으로 원동기를 가진 것	아스콘 (ascon)시간당 생산량 [ton/hr]
17	아스팔트 피니셔 (asphalt finisher)	정리 및 사상장치를 가진 것으로 원동기를 가진 것	아스콘을 부설할 수 있는 표준 포장폭[m]
18	아스팔트 살포기 (asphalt distributor)	아스팔트 살포장치를 가진 자주식인 것	아스팔트 탱크의 용량[L]
19	골재 살포기(spreader)	골재살포 장치를 가진 자주식인 것	노반재 표준 부설폭[m]
20	쇄석기(crusher)	20kW 이상의 원동기를 가진 이동식인 것	[m^3/hr]
21	공기 압축기 (air compressor)	공기 토출량이 매분당 2.83m^3 (매 cm^2당 7kg 기준 이상의 이동식인 것)	매분당 공기 산출량[m^3/min]
22	천공기(drill machine)	천공장치를 가진 자주식인 것	
23	항타 및 항발기 (pile hammer, pile driver)	원동기를 가진 것으로 해머 또는 뽑는 장치의 중량이 0.5톤 이상인 것	
24	사리채취기	사리채취장치를 가진 것으로 원동기를 가진 것	사리채취량
25	준설선(dredger)	펌프식, 버킷식, 디퍼식 또는 그래브식으로 비자항식인 것	[PS]또는 [m^3]
26	특수건설기계	제 1호 내지 제 25호의 건설기계와 유사한 구조 및 기능을 가진 기계류로서 건설부장관이 따로 정하는 것 ① 도로보수트럭 ② 노면파쇄기 ③ 노면측정장비 ④ 콘크리트 믹서 트레일러 ⑤ 아스팔트 콘트리트 재생기 ⑥ 수목이식기	

14-2 건설기계 범위와 규격

작업 종류	해당기계
벌개 · 제근	불도저, 레이크 도저
굴착	셔벨, 백호, 클램 쉘, 불도저, 리퍼, 버킷휠, 드래그 라인
싣기	로우더, 셔벨, 백호, 클램 쉘,
굴착 · 싣기	셔벨, 백호, 클램 쉘, 트랜처(trencher)
굴착 · 운반	불도저, 스크레이퍼 도저, 스크레이퍼, 트랙터 쇼벨, 드래져
운반	불도저, 덤프트럭, 벨트 컨베이어, 웨곤, 토운차, 트레일러, 덤프 트레일러, 덤프터, 가공삭도, 기관차
함수비 조절	스태빌라이저, 파라우, 할로우, 브로우, 살수차
정지(整地)	모터그레이더, 골재 살포기
도랑파기	트랜처(trencher), 백호
다짐	로드 롤러, 타이어 롤러, 탬핑 롤러, 진동롤러, 플레이트 콤팩터, 래머, 탬퍼
기초공사	디젤 해머, 진동파일 드라이버, 보링기, 어스드릴, 어스오거, 그라우팅 기계
기중기류	트럭/휠/무한궤도식/케이블/데릭/지브/탑형 크레인, 엘리베이터, 호이스트, 윈치
터널공사	착암기, 브레이커, 점보드릴, 크롤러드릴, T.B.M, 쉴드, 로드헤더
골재생산	쇄석기, 골재선별기, 골재공급기
콘크리트 타설	콘크리트 배처플랜트, 믹서기, 트럭믹서, 아지테이터 트럭, 펌프, 진동기
포장	믹싱 플랜트, 피니셔, 살포기, 포장 정리기, 포설기, 페이버, 스크리드, 커터
도로유지 · 제설	도로청소차, 라인마커, 리프트카, 스노우플로우, 노면파쇄기
공기압축	공기압축기, 송풍기, 펌프
해상공사	각종 준설선, 기중기선, 쇄암선, 항타선, 토운선, 콘크리트 플랜트선, 앵커 바지선

[참고] • 벌개작업(伐開作業) : 사업의 개시, 접근도로의 건설 등으로 요철 또는 나무가 무성한 지역에 걸친 처음의 작업
• 제근작업(制根作業) : 노면의 잡초 및 나무뿌리 등을 제거하는 작업
• 정지작업(整地作業) : 땅을 반반하게 고르는 작업

 14-3 건설기계안전기준규칙에서 정하는 "대형건설기계"의 정의

① 길이가 16.7미터를 초과하는 건설기계
② 너비가 2.5미터를 초과하는 건설기계
③ 높이가 4.0미터를 초과하는 건설기계
④ 최소회전반경이 12미터를 초과하는 건설기계
⑤ 총중량이 40톤을 초과하는 건설기계
⑥ 총중량 상태에서 축하중이 10톤을 초과하는 건설기계

 14-4 건설기계에 사용되는 동력 전달기구

① **클러치** : 기관과 변속기 사이에 설치되어 있으며, 필요에 따라 동력을 차단 및 전달한다.

② **변속기** : 주행 상태에 맞도록 기어의 물림을 변경시키고, 전진과 후진을 하기 위한 장치이다.

③ **추진축** : 변속기와 종감속 기어 사이에 설치되며, 변속기의 출력을 종감속 기어에 전달한다.

④ **종감속 기어 및 차동 장치** : 추진축으로부터 전달된 기광의 회전력을 최종적으로 증가시킴과 동시에 회전을 할 때 좌우 타이어에 적합한 회전 속도로 동력을 전달한다.

⑤ **조향 장치** : 조향 장치는 트랙 장비에서 변속기로부터 전달된 동력을 베벨기어에서 동력을 90°로 변환하여 동력을 차단 또는 연결한다.

⑥ **브레이크** : 휠 타입에서는 타이어에 제동을 가해 주며, 트랙 장치에서는 스티어링 클러치 외부를 밴드로서 좌우 트랙을 정지 시킨다.

⑦ **최종 감속 장치** : 최종 감속 장치는 회전속도를 최종적으로 감속시켜 구봉 스프로킷에 전달하는 역할을 하며, 좌우 조향 장치의 바깥쪽에 설치되어 있다.

⑧ **언더캐리지 및 차축** : 동력을 받아 움직이는 하부 구동 장치를 말하며, 중량을 지지하고, 전 · 후진에 필요한 각종 장치가 설치되어 있다.

14-5 Crane(기중기)의 작업장치

[Crane(기중기)의 작업장치(전부장치 ; front attachment)6개]

① Hook(갈쿠리) : 일반적인 기중작업, 화물의 적재 및 적하 작업등에 사용 주로 지브붐이 하중을 받쳐 주는 역할을 한다.

② Clamshell(클램셸 ; 조개 껍데기)

㉠ 토사적재작업, 수직 굴토작업, 오물 제거작업

㉡ 수중굴착, 호퍼작업 및 깊은 구멍파기 작업에 적합

③ Shovel(셔블 ; 삽) : 지면보다 높은 곳의 토사굴토, 경사면의 굴토, 차량의 토사적재, 도로의 기초공사에 적합

④ Drag line(드래그라인 ; 긁어파기) : 제방구축작업, 배수로구축작업, 평면굴토 및 수중작업 차량에 토사를 적재시 적합

⑤ Trench hoe(트렌치호 ; 도랑파기) : 배수로 작업, 매몰작업, 굴토작업, 채굴작업, 송유관 매설작업에 적합

⑥ Pile driver(파일드라이버 ; 기둥박기) : 건물기초공사 작업시 기둥박기 작업, 교량의 교주 항타작업 등에 사용

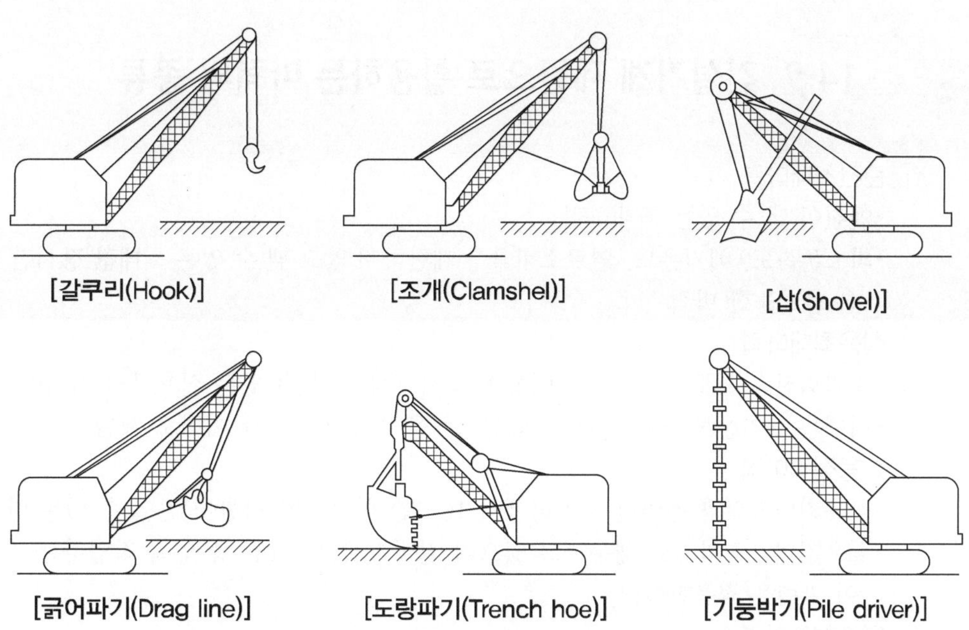

[갈쿠리(Hook)] [조개(Clamshel)] [삽(Shovel)]

[긁어파기(Drag line)] [도랑파기(Trench hoe)] [기둥박기(Pile driver)]

14-6 굴삭기의 전부장치와 규격

[작업장치(전면부장치, front attachment)의 종류]

① 백호우 •작업위치보다 낮은 굴착
•성능표시 방법 : 버킷(bucket)의 용량[m^3]

② 파워 셔블 •작업위치보다 높은 굴착
•성능표시 방법 : 버킷(bucket)의 용량[m^3]

③ 드래그라인 •수중작업 넓은 굴착
•성능표시 방법 : 버킷(bucket)의 용량[m^3]

④ 클램셸 •수중작업 좁은, 우물, 웰(well) 작업
•성능표시 방법 : 버킷(bucket)의 용량[m^3]

⑤ 어스드릴 •무소음 대구경 소음방지
•성능표시 방법 : 굴착 구경으로 표시[mm]

⑥ 파일드라이버 •말뚝 박기, 중량물의 들어올리기와 내리기, 다른 작업장치를 이용하여 파쇄작업, 폐철 수집과 건축시공 등에 많이 사용
•성능표시 방법 : 해머의 중량[ton]으로 표시

14-7 건설기계 제원으로 활용하는 마력의 종류

① 순간최대마력
- 엔진이 낼 수 있는 최대마력
- 피스톤속도, 배기온도, 연료소비율을 제한하지 않고 낼 수 있는 최대값 장시간 회전은 불가능한 마력

② 실용최대마력
- 정격회전속도에 의해 1시간 이상 연속시험에 견딜 수 있는 실용상의 최대마력
- 이때는 배기온도 600도 이하, 연료소비율 240g/ps · hr 이하로 제한

③ 실용정격마력
- 실용최대마력과 동일한 조건하에서 10시간 이상 연속시험에 견딜 수 있는 마력
- 실용최대마력의 85%채용하고 있으며 건설기계처럼 1일 중 연속 작업하는 기계는 이 마력을 적용한다.

④ 연속정격마력
- 연속적으로 수천시간 사용할 수 있는 마력으로서 선박, 펌프
- 실용최대마력의 70%정도가 보통이며 연속부하마력 성능시험은 정격마력의 90% 부하로서 10시간 연속 회전시킬 때의 상황으로 결정

14-8 불도우저의 타이어식과 크롤러형

구분	타이어식=휠형(wheel type)	무한궤도식=크롤러형(crawler)
그림	타이어도저	무한궤도식 도저
주행속도	빠르다.	느리다.
작업거리	먼거리의 작업이 용이하다. 즉 작업거리의 영향을 작게 받는다.	짧은거리 작업이 용이하다. 즉 작업거리의 영향을 많이 받는다.
토질	타이어가 연약지반에 묻혀 작업이 곤란하다. 즉 토질의 영향을 많이 받는다.	연약지반의 작업에 유리하다. 즉 토질의 영향을 작게 받는다.
경사지 작업	경사지에서 잘 굴려 작업이 곤란하다. 경사지 작업이 어렵다.	경사지에서 작업이 용이하다.
작업안전성	작업의 안정성이 떨어진다.	작업의 안전성이 높다.
등판능력, 견인능력	작다.	크다.
접지 압력 P_r	크다 $P_r = 2.5[\mathrm{kgf/cm^2}]$	작다. $P_r = 0.5[\mathrm{kgf/cm^2}]$ 접지압이 작을수록 안전하다.

(무한궤도식 접지압) $P_r = \dfrac{W}{2 \times b \times l}[\mathrm{kgf/cm^2}]$

여기서, W : 빈차의 무게[kgf], b : 트랙의 폭, l : $L + (h \times 0.35)$

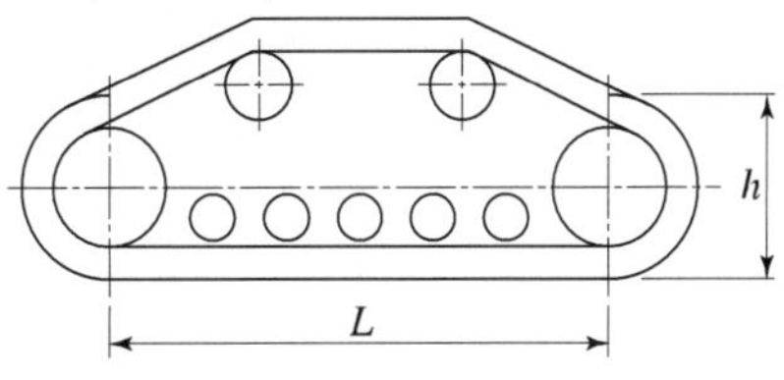

 14-9 시간당 작업량 계산식

$$(\text{시간당 작업량})\ Q = \frac{60\cdot\ q\cdot\ f\cdot\ E\cdot\ e}{Cm}[\text{m}^3/\text{hr}]$$

여기서, q : 토공판용량[m^3]

E : 작업효율[%]

f : 토량환산계수 = 체적환산계수

Cm : 1회 사이클 시간[min]

Cm = 전진하는데 걸린 시간 + 후진하는데 걸린 시간 + 변속시간

$$= \frac{L}{V_1} + \frac{L}{V_2} + t$$

여기서, V_1 : 전진속도, V_2 : 후진속도, t : 변속시간

예제 14-1

무한궤도식 19톤 불도저가 자연상태의 초질토를 작업거리 60m로 굴삭 운반하는 경우 시간당 작업량은 몇 m^3/hr인가? (단, 토량환산계수 f =1, 운반거리계수 e =0.80, 삽날의 용량 g =3.2m^3, 전진속도 1단 V_1 =40m/min, 후진속도 2단 V_2 =70m/min, 1사이클에서 기어변환에 요하는 시간은 0.33min, 작업효율은 75%임)

풀이 & 답

$$(\text{시간당 작업량})\ Q = \frac{60\cdot\ q\cdot\ f\cdot\ E\cdot\ e}{Cm} = \frac{60\times3.2\times1\times0.75\cdot\ 0.8}{2.687} = 42.873[\text{m}^3/\text{hr}]$$

여기서, q : 토공판용량[m^3]

E : 작업효율[%]

f : 토량환산계수 = 체적환산계수

Cm : 1회 사이클 시간[min]

Cm = 전진하는데 걸린 시간 + 후진하는데 걸린 시간 + 변속시간

$$= \frac{L}{V_1} + \frac{L}{V_2} + t$$

여기서, V_1 : 전진속도, V_2 : 후진속도, t : 변속시간

답 42.873m^3/hr

14-10 건설기계의 견인력과 견인계수

견인력이란 건설기계가 주행 또는 작업을 위하여 구동할 때에는 공기저항, 구배저항, 가속저항, 회전저항 등을 받게 된다. 이들 저항의 합계보다 더 큰 힘을 가져야 만이 기계는 비로소 움직이게 되고 이때의 힘을 견인력(T)이라 한다.

① 견인력 T

$$T[\text{kgf}] = \frac{270 \times \text{기계효율} \times \text{제동마력}[\text{Ps}] \times \text{기계효율}}{\text{기계속도}[\text{km/hr}]}$$

② 견인계수 μ

지반의 마찰계수로 지반의 종류에 따라 달라진다.

$$\mu = \frac{(\text{견인력})T}{(\text{기계의 전하중})W}$$

여기서, 견인계수 :

비고	차륜식	무한궤도식
건조된 콘크리트	0.95	0.45
건조된 흙	0.55	0.90

14-11 건설기계의 주행저항의 종류

① **회전저항** : 건설기계가 노면 또는 지면을 굴러갈 때 받는 저항
② **구배저항** : 건설기계가 구배있는 경사지를 올라갈 때 필요한 견인력은 그 구배에 비례해 감소한다. 이때에 증가되는 힘을 구배저항이라 한다.
③ **공기저항** : 주행시 차량이 전면으로 받는 공기저항
④ **가속저항** : 기계를 감속, 가속시의 관성저항

14-12 크레인용 케이블(와이어로프)의 구조와 교체 시기

① 크레인용 케이블(와이어로프)의 구조

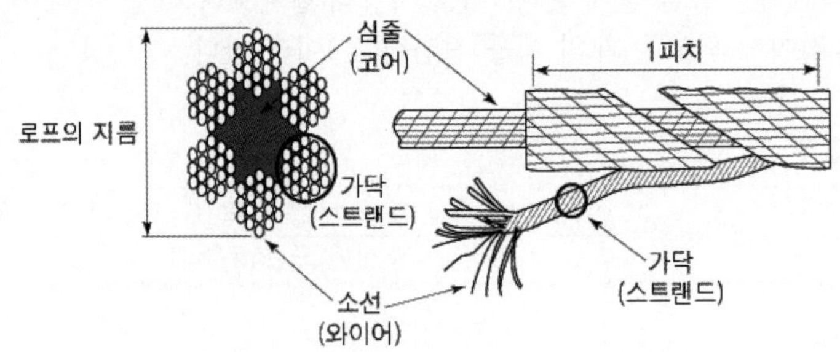

② 크레인용 케이블(와이어로프)의 교체 시기

㉠ 와이어 로프 길이 30cm 당 소선이 10% 이상 절단 시
㉡ 와이어 로프 지름이 7% 이상 감소 시
㉢ 심한 변형이나 부식이 발생될 때
㉣ 킹크(꼬아 놓은 것이 풀어지는 현상)가 심할 때

 14-13 준설선의 종류와 규격

준설선은 선박 위에 각종 굴삭기계를 장착하여 수중구조물의 기초 터파기, 항만과 항구의 준설, 하천 및 호수의 매설토사 준설

① 그래브 준설선(Grab dredger) : 그래브 버킷(크램셸) 평적 용량(m^3)으로 표시
② 버킷 준설선(Bucket dredger) : 주 엔진의 연속 정격출력(ps)으로 표시
③ 디퍼 준설선(Dipper dredger) : 버킷의 용량(m^3)으로 표시
④ 펌프 준설선(Pump dredger) : 주엔진의 정격출력(ps)으로 표시

 14-14 다짐용 기계(Roller)의 다짐하는 방법에 따른 분류

다짐용기계 ① 정적압력에 의한 것 : ㉠ 탠덤 로울러(Tandem roller)
㉡ 머캐덤 로울러(Macadam roller)
㉢ 탬핑 로울러(tamping roller)
㉣ 타이어 로울러(tire roller)
② 진동에 의한 것 : 진동 로울러(vibrating roller)
③ 충격에 의한 것 : 램머(Rammer)

[탠덤 로울러(Tandem roller)]

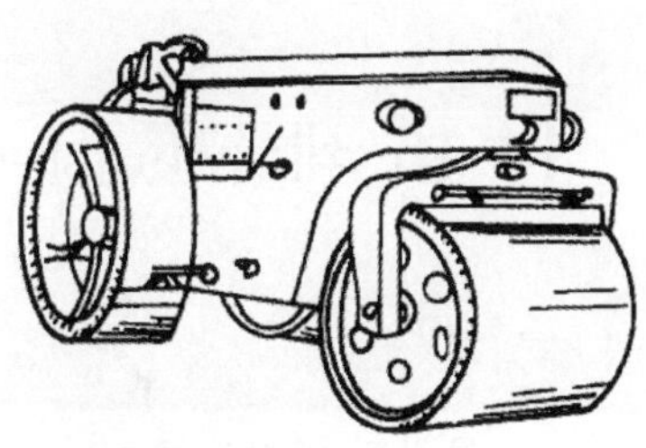

[머캐덤 롤러(Macadam roller)]

[탬핑 롤러(Tamping roller)]

14-15 지게차의 마스트와 포크의 운동방향에 따른 분류

① 카운터밸런스형 지게차
   차체 전면에는 포크와 마스트가 부착되어 있으며 차체 후면에는 카운터 웨이터가 설치된 지게차
② 리치형 지게차
   마스트 또는 포크가 전후로 이동할 수 있는 지게차
③ 사이드포크형
   좁은 통로에서도 선회할 수 있도록 차체측면에 포크와 마스트를 장착한 지게차

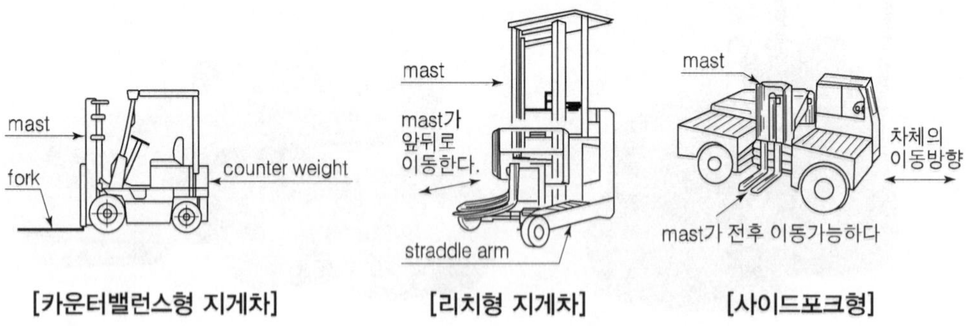

[카운터밸런스형 지게차] [리치형 지게차] [사이드포크형]

14-16 쇄석기(crusher)

(1) 1차 쇄석기

광산에서 암석을 거져와서 100~500mm 크기로 만드는 쇄석기
① **죠 크려셔**(Jaw crusher)
② **자이레토리 크려셔**(Gyratory crusher) : 투입구의 크기는 콘게이브와 맨틀 사이의 간극[mm]×맨틀지름[mm]

(2) 2차 쇄석기

1차 쇄석기에서 나온 것을 10~15mm 크기로 만드는 쇄석기
① **콘 크려셔**(Cone crusher) : 맨틀의 최대지름[mm], 베드의 지름[mm]
② **햄머 밀 크려셔**(Hammer mill crusher) : 드럼 지름[mm]×길이[mm]
③ **더블 롤 크려셔**(Double rall crusher) : 롤의 지름[mm]×길이[mm]

(3) 3차 쇄석기

2차 쇄석기에서 나온 것을 10mm 이하로 만드는 쇄석기

① **로드 밀**(Rod mill) : 5mm 이하의 잔골재를 생산하는 것.
규격은 드럼지름[mm]×길이[mm]

② **햄머 크려셔**(Hammer crusher)

③ **임펙트 크려셔**(Impact crusher) : 시간당 쇄석능력[ton/hr]

④ **볼 밀**(Ball mill) : 드럼지름[mm]×길이[mm]

일반기계기사 · 건설기계설비기사 필답형 실기

part 1
기계요소설계_이론

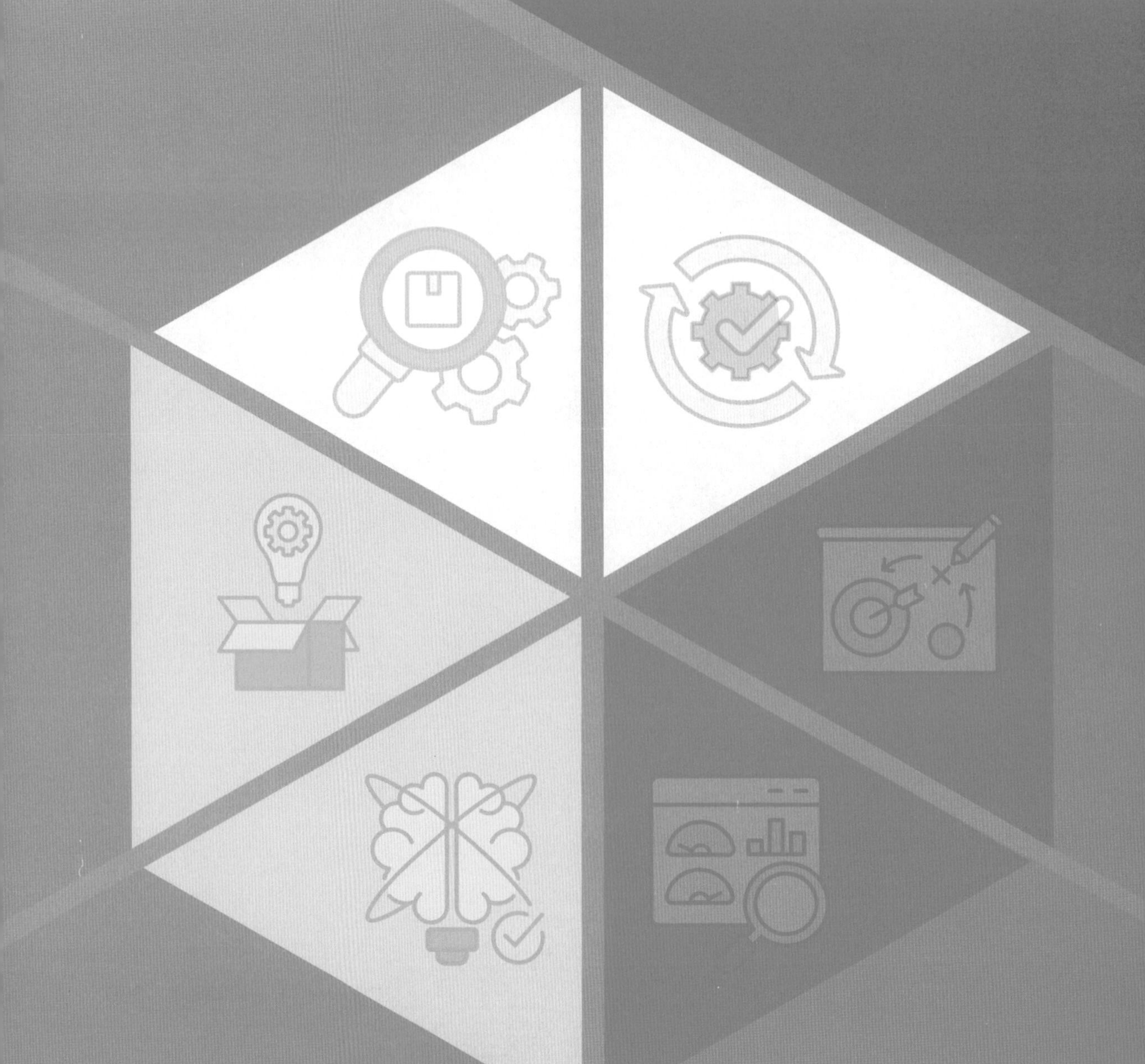

Chapter 15

플랜트 배관

건설기계설비기사만 출제됩니다.

 15-1 배관의 지지방법

대분류		소분류	
명칭	용도	명칭	용도
서포트 (Support)	배관계의 중량을 지지하는 장치(밑에서 지지하는 것)	파이프 슈	관의 수평부, 곡관부지지에 사용
		리지드 서포트	빔 등으로 만든 지지대
		롤러 서포트	관의 축방향 이동 가능
		스프링 서포트	하중 변화에 다라 미소한 상하이동 허용
행거 (Hanger)	배관계 의 중량을 지지하는 장치(위에서 달아매는 것)	리지드 행거	빔에 턴버클 연결 달아 올림 (수직방향 변위 없는 곳에 사용)
		스프링행거	방진을 위행 턴버클 대신 스프링 설치(변위가 적은 개소에 사용)
		콘스텐트 행거	배관의 상하 이동 허용하면서 관지지력 일정하게 유지(변위 큰 개소)
레스트레인트 (Restraint)	배관의 열팽창에 의한 이동을 구속 제한하는 것	앵커(Anchor)	관지점에서 이동 · 회전 방지 (고정)
		스터퍼(stopper)	관의 직선이동 제한
		가이드(Guide)	관의 회전제한, 축방향의 이동안내
브레이스 (Brace)	열팽창 및 중력에 의한 힘이외의 외력에 의한 배관 이동을 제한하는 것. 주로 배관의 진동 및 충격을 흡수하는 역할을 한다.	방진기	배관계의 진동방지 및 감쇠
		완충기	배관 계에서 발생한 충격을 완화

15-2 탄소강관의 종류

분류	규격명칭	KS기호	비고
배관용배(액체수송용)	배관용 탄소강 강관 (S : steel, P : pipe, P : piping)	SPP	•온도 350℃ 이하, 압력1MPa(10kgf/cm^2) 이하에서 사용 •증기, 물, 가스 및 공기 및 일반 배관용. 호칭경은 6A~500A, 아연 도금을 하지 않은 흑관과 아연도금을 한 백관이 있다.
	압력 배관용 탄소강 강관 (S : steel, P : pipe, P : pressure, S : service)	SPPS	•사용온도가 −15~350℃, 압력 1~10MPa(10~100kgf/cm^2)에서 사용 •압력 배관용 호칭경 6A~500A
	고압배관용 탄소강 강관 (S : steel, P : pipe, P : pressure, H : high)	SPPH	•350℃ 이하, 사용압력 10MPa(100kgf/cm^2) 이상의 고압 배관으로 이음매 없는 강관으로 되어 있다. •암모니아 합성 공업 등의 고압 배관, 내연기관의 연료 분사관용에 사용된다.
	고온 배관용 탄소강 강관 (S : steel, P : pipe, H : high, T : temperature)	SPHT	•350℃ 이상의 고온 배관용으로 사용된다.
	배관용 아크 용접 탄소강 강관 (S : steel, P : pipe, W : welding)	SPW	•호칭경 350~1500A의 대경관, 사용압력 1.5MPa(15kgf/cm^2) 이하의 수도, 도시가스, 공업용수 등의 일반 배관용으로 사용된다.
	배관용 합금강 강관 (S : steel, P : pipe, A : alloy)	SPA	•Ni, Cr, Mo, Mn, Si, Al 등의 원소를 첨가 하여 물리적, 기계적 성질을 향상 시킨 강관이다. •350℃ 이상에서도 잘 견디므로, 보일러의 증기관으로 사용된다.
	저온 배관용 강관 (S : steel P : pipe, L : low, T : temperature)	SPLT	•빙점 이하의 특히 저온용이고, SPHT와 같은 외경으로 사용된다.
수도용	수도용 아연도금 강관 (S : steel, P : pipe, P : pipiping, W : water)	SPPW	•정수두 100m 이하의 수도용으로 SPP에 아연 도금한 것을 사용한다.
	상수도용 도복장 강관 (S : steel, T : tube, P : pipe, W : water, A : asphalt, C : coltar)	STPW−A STPW−C	•SPP또는 SPW관에 피복한 것으로 정수두 100m 이하의 수도용 •80A~1500A
열전달용	보일러 및 열교환기용 탄소강강관 (S : steel, T : tube, B : Boiler, H : heat)	STBH	•관내외에서 열교환이 목적인 보일러의 수관, 연관, 과열관, 공기예열관, 화학공업, 석유공업의 열교환기관, 콘덴서관, 촉매관, 가열노관용에 쓴다.
	보일러, 열교환기용 합금강 강관 (S : steel, T : tube, H : heat, A : alloy)	STHA	•관의 내외에서 열을 주고받을 목적으로 사용되며, 용도 및 규격은 탄소강강관과 같다.
	저온 열교환기용 강관 (S : steel, T : tube, L : low, T : temperature)	STLT	•빙점 아래, 특히 저온에 사용, 냉동 창고, 스케이트 링크 등의 배관에 사용되며 50kgf/cm^{2}의 수압시험을 실시. •빙점 이하의 특히 낮은 온도에서 관 내외에서 열교환용으로 사용하는 강관
구조용	일반 구조용 탄소강 강관	STK	•일반 구조용 강재로 사용되며 내열, 내식성이 있고 사용 온도 범위가 넓다.
	기계 구조용 탄소강 강관	STKM	•자동차, 자전거, 기계, 항공기 등의 기계부품으로 절삭해서 사용
	기계구조용 합금강 강관	SCMTK	•항공기, 자동차, 자전거, 기타 구조물에 사용
	일반 구조형 각형 강관	SPSR	•토목 · 건축 · 기타 구조물 •표준 길이 6m, 8m, 10m, 12m
기타	고압가스 용기용 이음매 없는 강관 (S : steel, T : tube, H : high, G : gas)	STHG	•고압가스, 액화가스 또는 용해 가스를 충전하고 용기의 제조에 쓴다.

15-3 탄소강관의 사용압력과 온도 범위

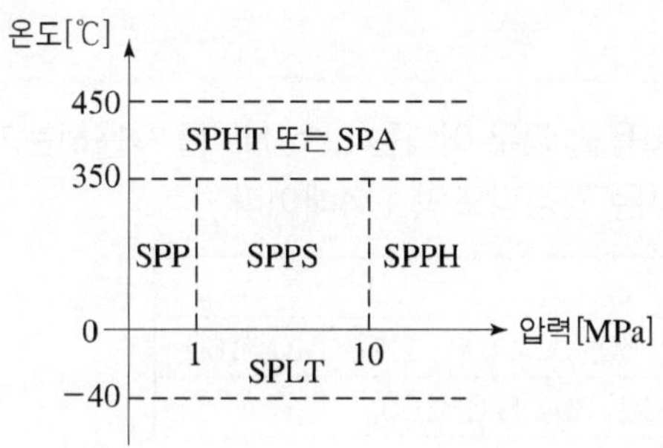

SPP	(일반)	배관용 탄소강관
SPPS	압력	배관용 탄소강관
SPPH	고압	배관용 탄소강관
SPHT	고온	배관용 탄소강관
SPLT	저온	배관용 탄소강관
SPA		배관용 합금강 강관

15-4 강관의 규격표시방법

[압력배관용 탄소강 강관(KS기호 : SPPS)의 규격표시 방법]

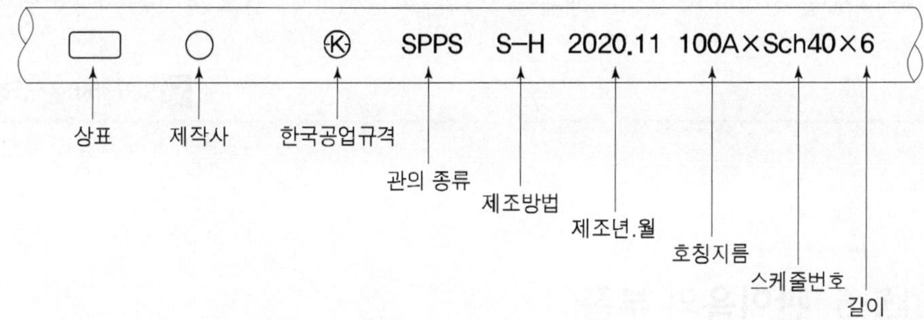

 15-5 배관의 스케줄 번호(Sch. No) 계산하기

예제 15-1

사용압력 65kg/cm^{2}의 배관에 SPPS-38을 사용할 경우 어떠한 Sch. No 를 사용하는가?
(단 압력 배관용 탄소강관 SPPS의 허용응력은 인강강도의 1/4배이다.)

스케줄 계	Sch.No
일반강관 Sch	10. 20. 30. 40. 60. 80. 100. 120. 140. 160.
스테인리스Sch	5S. 10S. 20S. 40. 80. 120. 160.

풀이 & 답

STPG-38의 인장강도는 38kgf/mm^{2}이다.

(스케줄 번화) $Sch.No = 10 \times \dfrac{\text{사용압력}[\text{kgf/cm}^2]}{\text{허용응력}[\text{kgf/mm}^2]}$

$$= 10 \times \frac{65[\text{kgf/cm}^2]}{\left(\dfrac{38[\text{kgf/mm}^2]}{4}\right)} = 69\text{cm}^2$$

결국 Sch #80을 선정하고 관경은 배관을 흐르는 유량에 따라 필요한 것을 사용하면 된다.

답 Sch #80을 선정

 15-6 관이음의 부품

① 배관 방향을 바꿀 때 : 엘보, 벤드
② 관을 도중에서 분기할 때 : 티, 와이, 크로스
③ 지름이 같은 관의 직선 연결 : 소켓, 유니언, 플랜지, 니플
④ 지름이 다른 관의 연결 : 부싱, 이경 소켓, 이경 엘보, 이경 티
⑤ 관 끝을 막을 때 : 캡, 플러그, 블라인드 플랜지
⑥ 관의 수리, 점검, 교체가 필요할 때 : 유니언(50A 이하의 관에 사용), 플랜지

15-7 관이음에서 신축이음의 종류

① 슬리브형 신축 이음쇠(sleeve type expantion joint)
② 벨로즈형 신축 이음쇠(bellows type expantion joint)
③ 루프형 신축 이음쇠(loop type expantion joint)
④ 스위블형 신축 이음쇠(swivel type expantion joint)
⑤ 볼조인트형 신축 이음쇠(ball joint type expantion joint)
⑥ 플렌시블 신축 이음쇠(flexible type expantion joint)

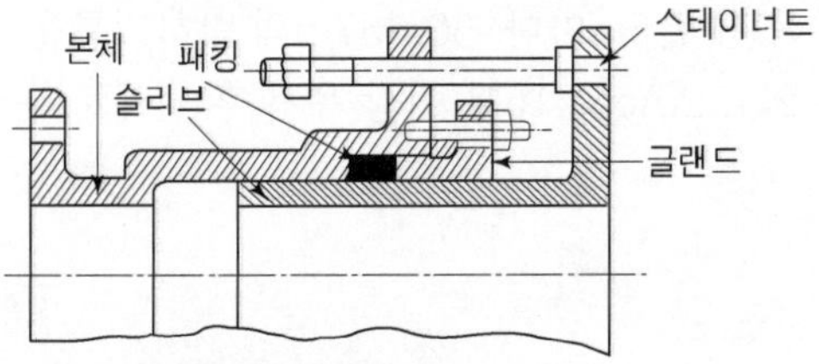

[슬리브형 신축이음]

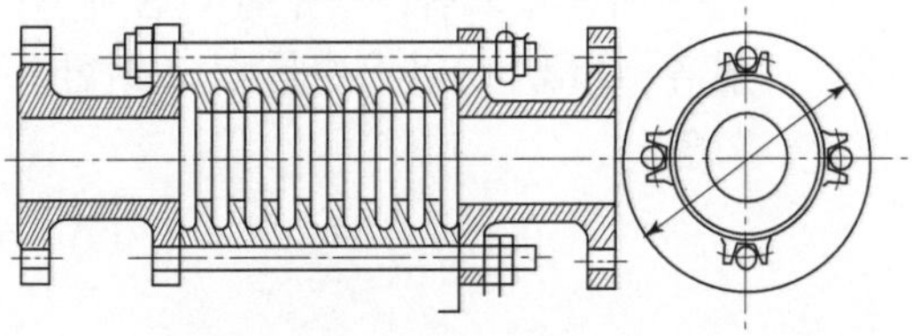

[벨로즈형 신축이음]

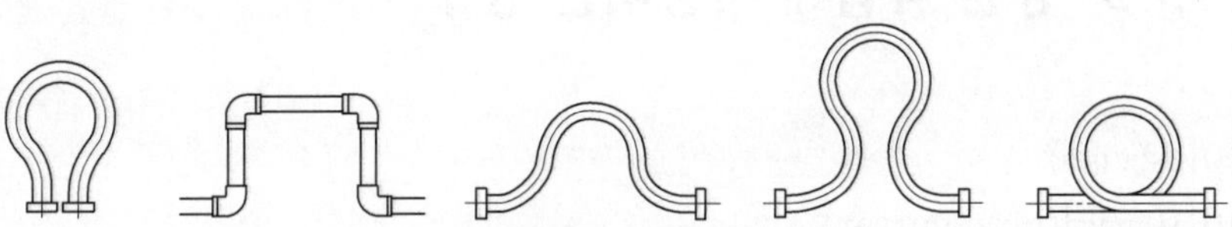

[루프형 신축이음]

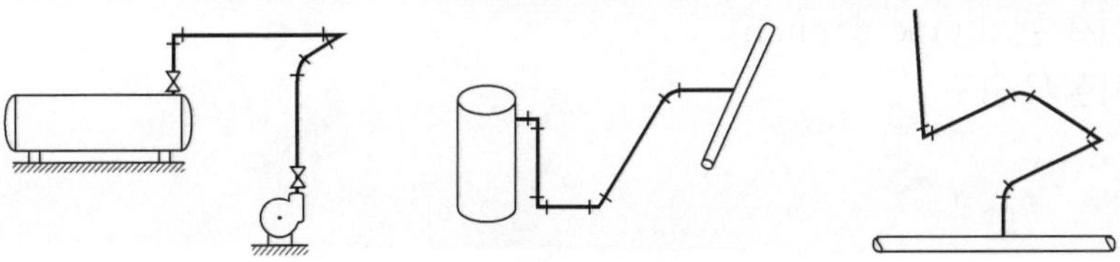

[스위블형 신축이음]

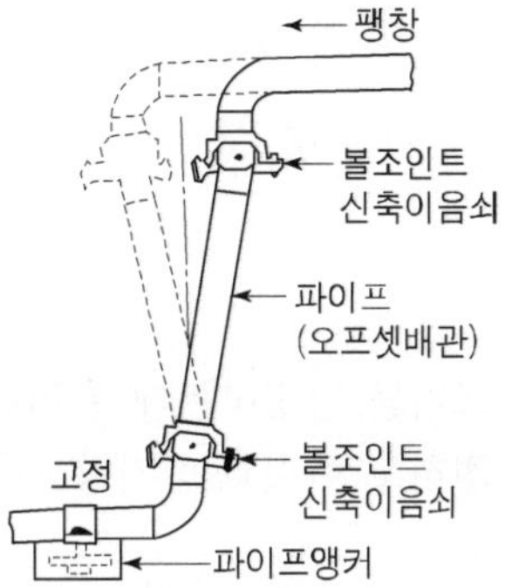

[볼조인트 신축이음]

15-8 배관시험방법

① 수압시험
수두 3mAq 또는 수압 0.3kgf/cm^2 이상으로 30분 이상 유지
② 기압시험
압력(기압) 0.3kgf/cm^2 이상으로 15분 이상 유지
③ 연기시험(최종시험)
수두 25mmAq에 상당하는 기압으로 15분 이상 유지
④ 박하시험(최종시험)
모든 배관과 트랩을 봉수한 다음 주관(수직관) 7.5m마다 50g(57g)의 박하기름을 주입 후 4L(3.8L)의 온수를 붓고 시험수두 25mmAq로 15분 이상 유지 후 냄새로 누설 확인

15-9 강관 작업에 사용되는 공구

① 바이스(vise)
② 파이프 커터(pipe cutter)
③ 파이프 리머(pipe reamer)
④ 파이프 렌치(pipe wrench)
⑤ 나사절삭 공구

15-10 닥트의 설계방법

닥트의 설계방법에는 등속법, 등마찰법, 전압법 등이 있다.

(1) 등속법

① 등속법은 개략적인 닥트 크기를 결정하는데 유리하다.
② 이 방법은 공기 속도를 가정하고 이것과 공기량(m^3/min)을 이용하여 마찰저항과 닥트 크기를 구한다.

(2) 등마찰법

① 등마찰법은 단위길이당의 마찰저항의 값을 일정하게 하여 덕크의 단면을 결정한다.
② 각 닥트의 길이가 다른 경우는 우선 기준 경로를 등마찰법으로 설계한다.
③ 그리고 다른 경로는 기준경로의 전압력 손실을 그 경로의 닥트 상당길이로 나눈값을 단위길이당 마찰 저항치를 설계하며, 압력손실을 기준 경로의 전압력 손실에 가깝게 한다. 이 경우 풍속은 허용 최대 풍속을 넘지 않도록 한다.
④ 단위 길이당 마찰 저항은 보통 0.008~0.2mmAq/m이 사용된다.
⑤ 이 방법은 닥트 경로의 길이에 비례하여 저항이 증가하기 때문에 각 취출구마다 풍량 조정이 필요하다.

(3) 전압법

① 전압법은 닥트 각 부분의 국부저항은 전압 기준에 의해 손실계수를 이용하여 구하며, 각 취출구까지의 전압력 손실이 같아지도록 닥트 간면을 결정한다.
② 이 경우 기준 경로의 전압력 손실을 먼저 구하고 다른 취출구에 이르는 닥트 경로는 이 기준 경로의 전압력 손실과 거의 같아지도록 설계한다.
③ 기준 경로와의 전압력 손실의 차는 댐퍼, 오리피스 등에 의해 조정한다. 또 이 경우는 닥트 각 부분의 풍속을 넘지 않도록 한다.

(4) 닥트 청소 시스템

① 닥트 청소는 첨단장비를 이용한 고도의 작업일 뿐만 아니라 많은 장비와 인원이 동원돼 짧은 기간 안에 청소를 완료해야 하는 특수한 작업여건을 갖는다.
② 따라서 풍부한 현장경험과 완벽한 작업운영이 필수적이다.

(5) 닥트의 소음방지

닥트를 통해 전달되는 소음을 방지하기 위해서는 다음과 같은 여러 가지 방법이 있다.
① 닥트의 도중에 흡음재를 부착한다.
② 송풍기 출구 부근에 플리넘 체임버를 장치한다.
③ 닥트의 적당한 장소에 소음을 위한 흡음 장치를 설치한다.
④ 댐퍼 취출구에 흡음재를 부착한다.

15-11 대수평균온도차 구하기

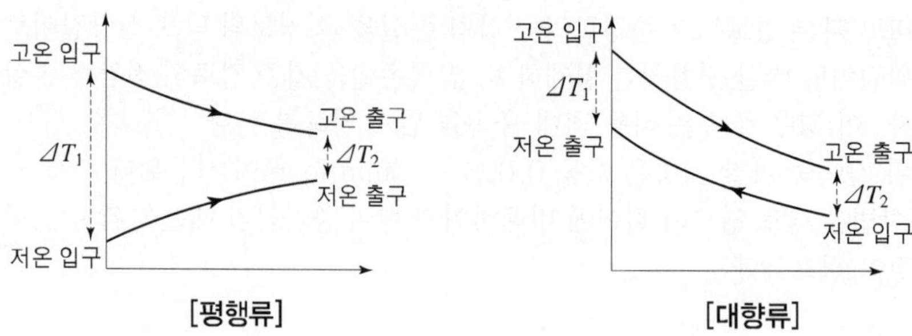

[평행류] [대향류]

$$(\text{대수평균온도차})\ \Delta T_m = \frac{\Delta T_1 - \Delta T_2}{\ln\left(\dfrac{\Delta T_1}{\Delta T_2}\right)}$$

(1) 이중관식 열교환기에서 대향류(counter flow)일 때

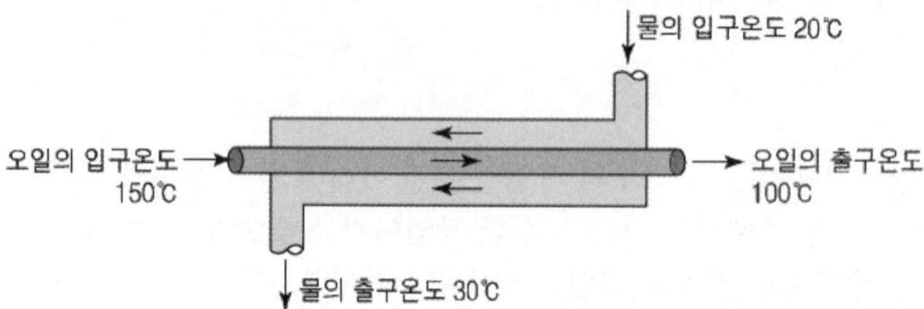

예제 15-2

대향류(counter flow)일 때 대수평균온도차 ΔT_m를 구하여라.

풀이 & 답

$\Delta T_1 = 150 - 30 = 120℃$

$\Delta T_2 = 100 - 20 = 80℃$

$$(\text{대수평균온도차})\ \Delta T_m = \frac{\Delta T_1 - \Delta T_2}{\ln\left(\dfrac{\Delta T_1}{\Delta T_2}\right)} = \frac{120 - 80}{\ln\dfrac{120}{80}} = 98.652℃ = 98.65℃$$

답 98.65℃

(2) 이중관식 열교환기에서 평행류(parallel flow)일 때

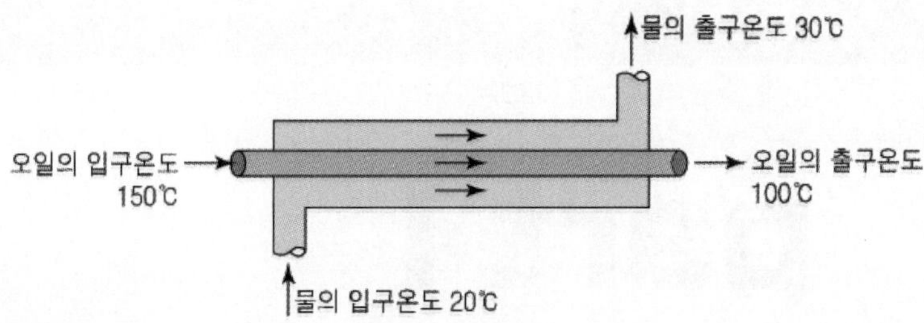

예제 15-3

평행류(parallel flow)일 때 대수평균온도차 ΔT_m를 구하여라.

풀이 & 답

$\Delta T_1 = 150 - 20 = 130$℃

$\Delta T_2 = 100 - 30 = 70$℃

$$(\text{대수평균온도차})\ \Delta T_m = \frac{\Delta T_1 - \Delta T_2}{\ln\left(\dfrac{\Delta T_1}{\Delta T_2}\right)} = \frac{130 - 70}{\ln\dfrac{130}{70}} = 96.924℃ = 96.92℃$$

답 96.92℃

일반기계기사 · 건설기계설비기사 필답형 실기

part 1
기계요소설계_이론

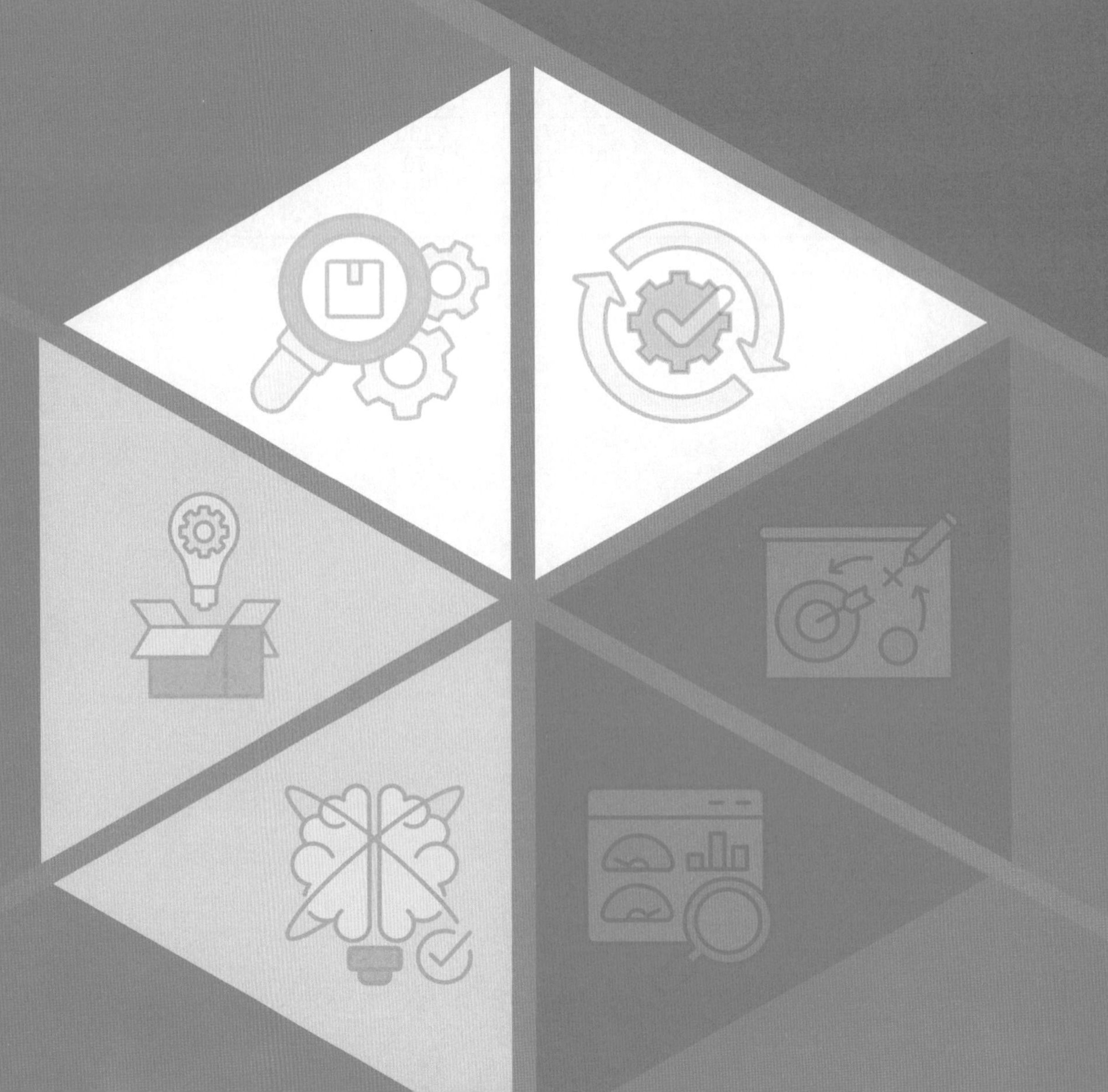

Chapter 16

유체기계

건설기계설비기사만 출제됩니다.

Chapter 16 유체기계

16-1 에너지를 변환시키는 작동의 관점에 따른 유체기계 분류

(1) 수동력을 발생시키는 장치

기계적 에너지를 이용하여 유체에너지, 즉 수동력을 발생시키는 장치

① 펌프(pump)
② 송풍기(blower)
③ 압축기(compressor)

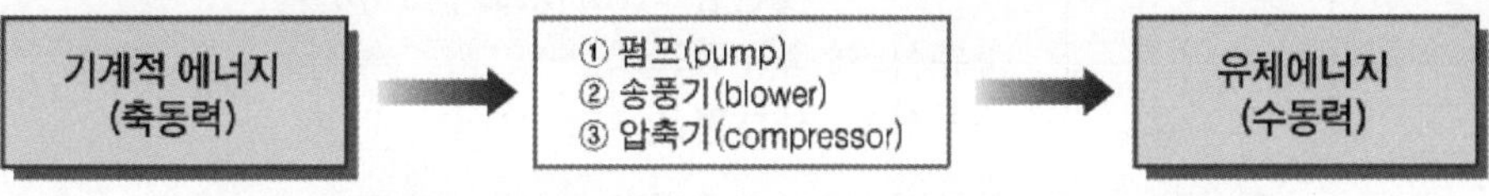

(2) 축동력을 얻는 장치

유체가 가진 위치에너지 및 속도에너지를 이용하여 필요한 기계적 에너지, 즉 축동력을 얻는 장치

① 수차(water turbine)
② 풍차(win mill)
③ 유압모터(Hydrulic Motor)

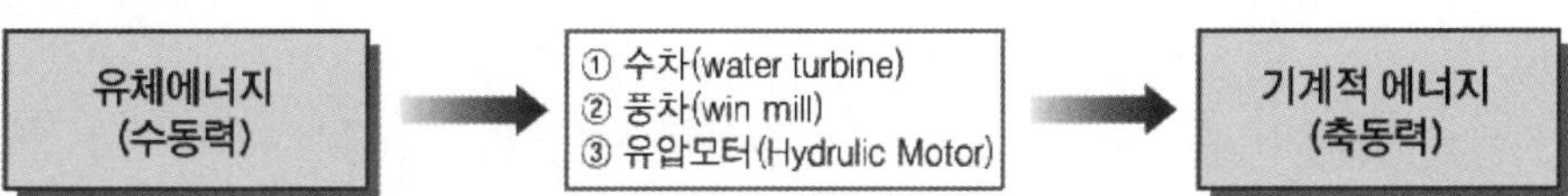

(3) 동력을 전달하는 유체전동장치

유체를 통해 동력을 전달하는 유체전동장치

① 유체커플링(Hydro dynamic coupling) : 유체를 매체로 하여 동력을 전달하는 장치이다.

② 유체토크컨버터(Fluid torque converter) : 두 축 사이에 동력을 전달할 때 두 축 사이의 속도비를 무단변속 시킬 수 있는 장치로써 원동축과 종동축사이에 액체를 운동전달의 작동매체로 사용하는 장치이다.

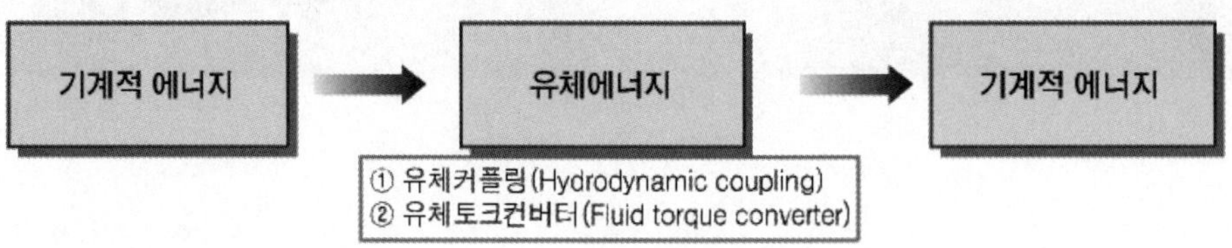

16-2 작동유체에 따른 유체기계의 분류

(1) 수력기계 : 작동유체로 물을 사용

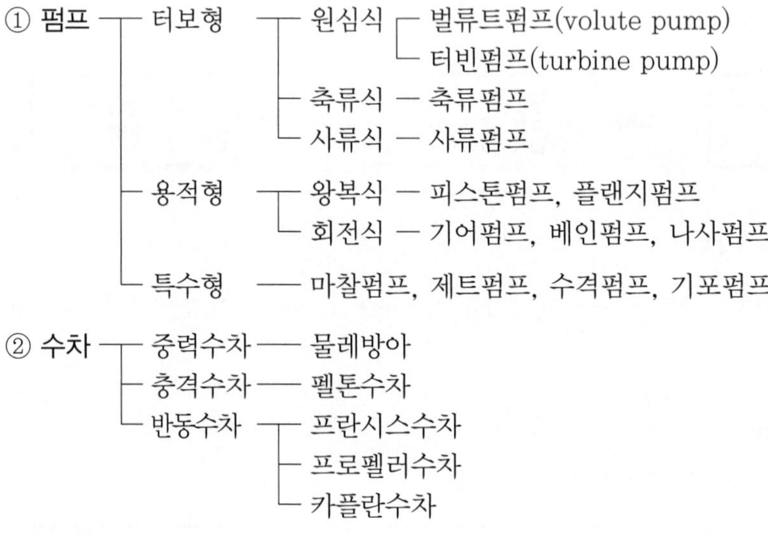

(2) 공기기계 : 작동매체로 공기를 사용

① 저압식 : 송풍기, 풍차

② 고압식 : 압축기, 진공펌프

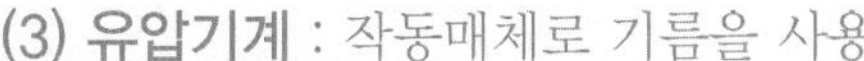

(3) 유압기계 : 작동매체로 기름을 사용

① **유압펌프** : 기어펌프, 베인펌프, 플랜지 펌프, 나사펌프
② **제어밸브** : 압력제어밸브, 유량제어밸브, 방향제어밸브
③ **유압구동부** : 유압실린더, 유압모터, 요동모터

16-3 작용원리에 따른 유체기계의 분류

(1) 터보형

임펠러를 케이싱 내에서 회전시켜 액체에 에너지를 부여하는 펌프(비용적식 유체기계)
① **원심식** : 임펠러의 원심력에 의해 액체에 압력 및 속도 에너지를 주는 펌프
[종류] 벌류트펌프(volute pump), 터빈펌프(turbine pump)

참고 터빈펌프(turbine pump)를 디퓨져 펌프(diffuser pump)라고도 한다.

② **축류식** : 임펠러의 양력에 의해 액체에 압력 및 속도에너지를 주는 펌프
[종류] 축류펌프(=프로펠러 펌프)
③ **사류식** : 임펠러의 원심력 및 양력에 의해 액체에 압력 및 속도에너지를 주는 펌프
[종류] 사류펌프

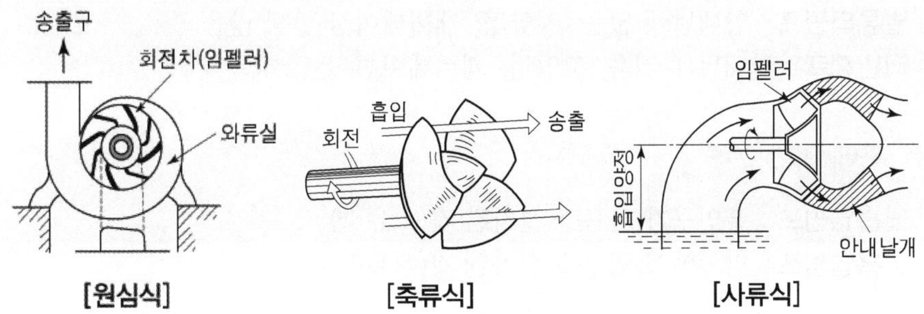

[원심식] [축류식] [사류식]

(2) 용적형

피스톤, 플랜지 등의 압력작용에 의해 액체를 압송하는 펌프
① **왕복식** : 피스톤펌프, 플랜지펌프
② **회전식** : 기어펌프, 베인펌프, 나사펌프

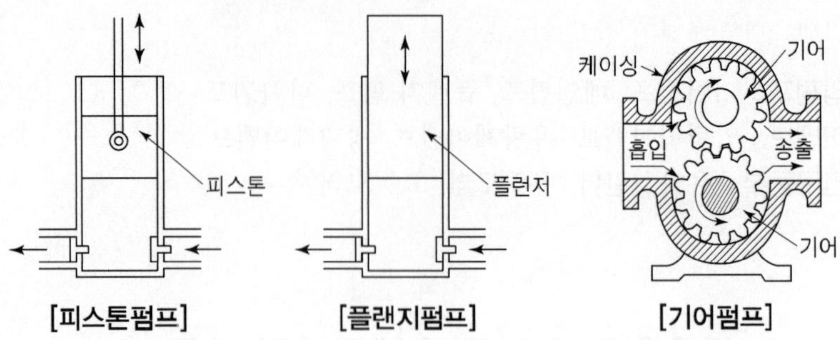

(3) 특수형

① 마찰펌프
② 제트펌프
③ 기포펌프
④ 수격펌프

 16-4 원심펌프의 분류

(1) 안내날개의 유무에 따른 분류

① **벌류터펌프** : 안내날개 없음. 저양정, 캐비테이션 발생 많음
② **터빈펌프** : 안내날개 있음. 고양정, 캐비테이션 발생 적음

(2) 흡입구에 의한 분류

① **단흡입펌프** : 흡입구가 한쪽만 설치된 것(소유량)
② **양흡입펌프** : 양쪽에 흡입구를 설치한 것(대유량)

(3) 단(段)수에 의한 분류

① **단단펌프** : 펌프 한 대에 회전차 한 개를 설치(저양정)
② **다단펌프** : 한 개의 축에 여러 개의 회전차를 설치(고양정)

(4) 회전차의 모양에 따른 분류

① **반경류형 회전차** : 유체가 축에 거의수직인 평면 내를 반지름방향으로 흐르게 하는 회전차(저속도)
② **혼류형 회전차** : 반지름방향과 축방향의 조합된 회전차(고속도)

(5) 케이싱에 따른 분류

① **상하분할형 펌프** : 대형펌프에 많이 사용
② **분할형펌프** : 다단펌프에 사용
③ **원통형 펌프** : 고압용(80kg/cm^2) 이상

(6) 축의 방향에 따른 분류

① **횡축펌프** : 설치면적이 넓을 때
② **종축펌프** : 설치면적이 좁을 때

16-5 벌류트펌프와 터빈펌프의 비교

벌류트펌프(volute pump)	터빈펌프(turbine pump) =디퓨져 펌프(diffuser pump)
송출구 회전차(임펠러) 와류실	송출구 회전차(임펠러) 안내날개 와류실
① 회전차(impeller)에 안내날개(guide vane)가 없다. ② 저양정＝저압 ③ 공동현상이 발생하기 쉽다 ④ 구조가 간단하고 소형이다 ⑤ 단단펌프로 많이 사용된다. ⑥ 소~다량의 유량을 보낼 수 있다.	① 회전차(impeller)에 안내날개(guide vane)가 있다. ② 고양정＝고압 ③ 공동현상이 발생하기 어렵다. ④ 구조가 복잡하고 대형이다 ⑤ 다단펌프로 많이 사용된다. ⑥ 중~대 유량을 보낼 수 있다.

16-6 비교회전도(Specific Speed : 비속도)

① 단위유량($1\text{m}^3/\text{s}$)에 단위 수두(1m)를 발생시키기 위한 회전차의 분당회전수(rpm)이다. 또는

② 단위유량($1\text{m}^3/\text{min}$)에 단위 수두(1m)를 발생시키기 위한 회전차의 분당회전수(rpm)이다.

③ 비교회전도의 단위는 $[\text{m}^3/\text{s} \cdot \text{m} \cdot \text{rpm}]$ 또는 $[\text{m}^3/\text{min} \cdot \text{m} \cdot \text{rpm}]$이다.

④ 한 개의 회전차를 형상과 운전상태를 상사하게 유지하면서 그의 크기를 바꾸고 단위유량에서 단위수두(양정)를 발생시킬 때 그 회전차에 주어져야 할 매분 회전수를 원래의 회전차를 **비교회전도**라 하며, 회전차의 형상을 나타내는 척도로서 펌프의 성능을 나타내거나 최적합한 회전수를 결정하는데 이용된다.

⑤ 비교회전도(비속도) N_s는 다음과 같이 나타낸다.

$$N_s = N\frac{Q^{\frac{1}{2}}}{H^{\frac{3}{4}}}[\text{m}^3/\text{s} \cdot \text{m} \cdot \text{rpm}] \text{ 또는 } [\text{m}^3/\text{min} \cdot \text{m} \cdot \text{rpm}]$$

만일, 단수를 i라고 하면 양 흡입이면 $N_s = N\dfrac{(2Q)^{\frac{1}{2}}}{\left(\dfrac{H}{i}\right)^{\frac{3}{4}}}$

16-7 펌프의 축추력과 방지법

(1) 축추력(Axial thrust)

단흡입회전차(편 흡입회전차, 片吸入回傳車)에 있어서 전면측벽과 후면측벽에 작용하는 정압(靜壓)에 차가 생기기 때문에 축방향으로 작용한 힘을 축추력이라 한다.

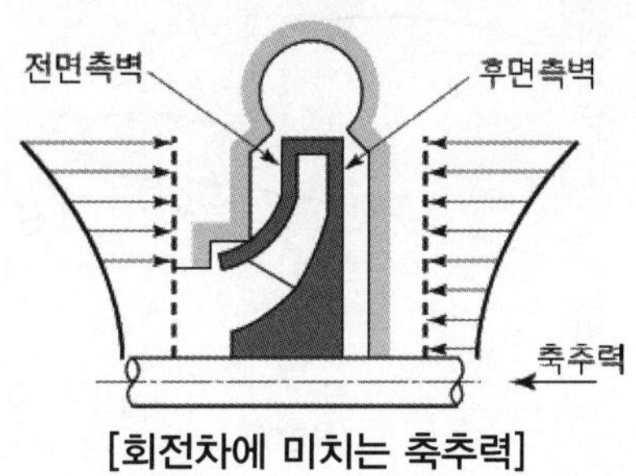

[회전차에 미치는 축추력]

(2) 축추력의 방지법

① 회전차의 뒤쪽 측판을 지난 부분에 구멍을 뚫어 뒤쪽면(배면(背面))의 압력을 떨어뜨리기 위해 평형공(balance hole)을 설치하면 된다.

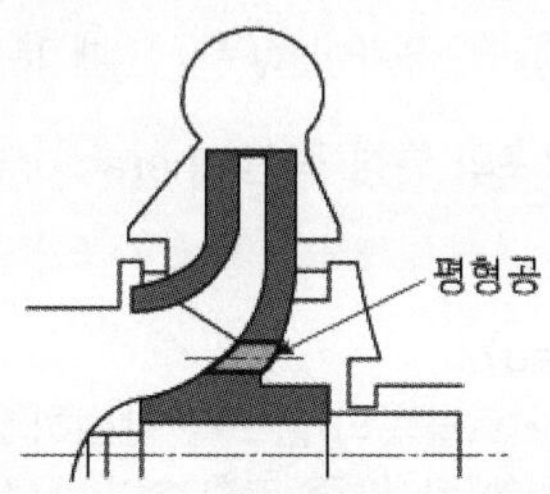

② 후면측벽에 방사상의 리브(보강대 riv)를 설치한다.

③ 다단펌프에서는 단수만큼의 회전차를 반대방향으로 배열시켜 축추력이 상쇄되게끔 하는 자기 평형(self balance)법을 사용한다.

[자기평형법(self balance)]

④ 평형원판(평형판, balance disc)이나 평형피스톤(balance Piston)을 사용한다.

⑤ 스러스트베어링(Trust bering)을 장치하여 사용한다.

⑥ 양흡입형의 회전차를 사용한다.

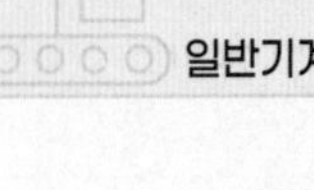

16-8 원심펌프의 특성 곡선

펌프의 회전속도를 일정하게 유지하고 펌프의 송출유량의 변화에 에 대하여 전양정(H), 축동력(L), 효율(η) 등을 구하여 선도로 나타낸 것을 펌프의 특성곡선이라고 한다.

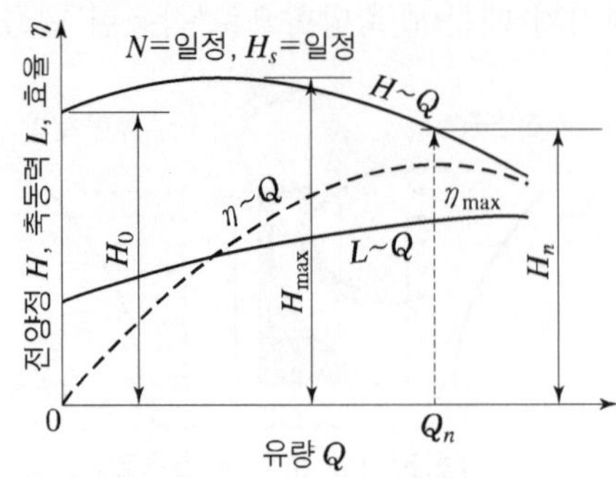

여기서, H~ Q곡선 : 양정곡선
L~ Q곡선 : 축동력곡선
η~ Q곡선 : 효율곡선
Q_n : 규정유량(효율을 최대(η_{max})로 할 때의 유량)
H_n : 규정양정(효율을 최대(η_{max})로 할 때의 양정)
H_{max} : 최고체절양정
H_0 : 체절양정(단, 유량이 $Q=0$일 때 토출측 밸브를 완전히 닫고 운전할 때)

[원심펌프의 특성 곡선(characteristic curve)]

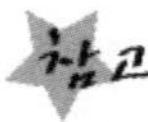

※ **체절상태(shut off head)**

펌프를 정상 운전하다가 토출측의 밸브를 완전히 닫고 운전 할 경우는 펌프의 최대 능력에 해당되는 압력이 발생하게 된다. 즉 토출측의 밸브를 닫으면 정상 운전할 때보다도 압력이 상승하게 되는데 이때의 양정을 체절양정(H_0), 체절압력, 체절유량이라 한다.

※ **산고곡선(山高曲線)** : 체절양정(H_0)보다 최고양정(H_{max})가 높은 부분을 산고곡선이라 하고 산고곡선에서 펌프를 운전하면 맥동현상(서징, surging)이 발생된다. 즉 서징현상을 방지하기위해서는 원심펌프의 특성곡선의 왼쪽 하향곡선에서의 운전을 피하도록 한다.

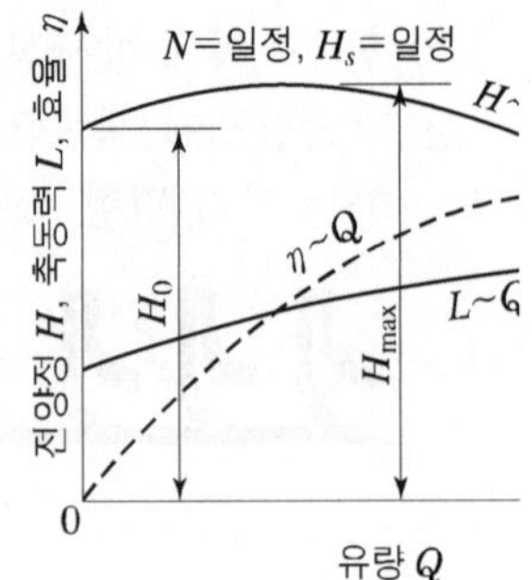

16-9 공동현상(空洞現像, 캐비테이션, Cavitation)

(1) 공동현상이 발생하는 부분

① 펌프입구에서의 공동현상
② 교축(관줄임 = 관의 단면적 변화)에서의 공동현상
③ 펌프의 회전차(impeller)부분에서의 공동현상
그림에서 A부분에서 캐비테이션이 발생된다.

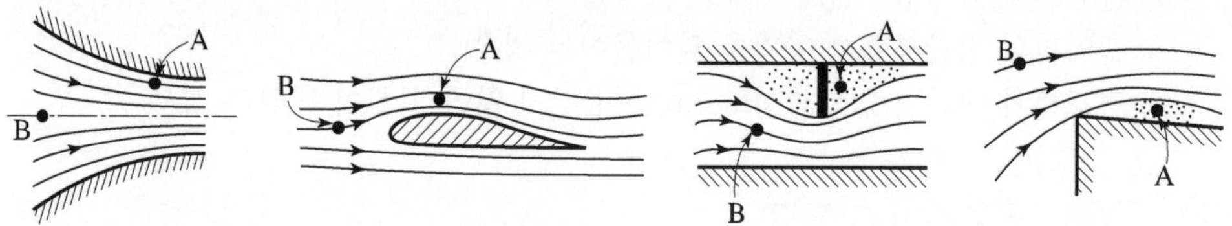

(2) 유압펌프에서의 공동현상 방지책

① 유효흡입수두 NPSH(Net Positive Suction Head)를 크게 한다.
② 흡입양정을 낮춘다.(펌프의 설치위치를 낮춘다)
③ 손실수두를 작게 한다.(밸브의 부속품의 수를 적게 하게 손실수두를 줄인다)
④ 관의 단면적을 크게 한다.
⑤ 펌프의 회전수를 낮추어 유속을 작게 하여 비교회전수를 적제하고, 유량을 적게 보낸다.
⑥ 양흡입펌프를 사용한다.
⑦ 입축펌프를 사용하고, 회전차를 수중에 완전히 잠기게 한다.
⑧ 두 대 이상의 펌프를 사용하여 유량을 나누어서 보낸다.

(3) 캐비테이션 발생에 따른 여러 가지 현상

① 진동(vibration)와 소음(noise)가 발생한다.
② 양정곡선과 효율곡선의 저하를 가져온다.(그림의 곡선부분의 3', 6'로 된다)
③ 캐비테이션이 발생되는 부분(회전차, impeller, 단면축소부)에 침식이 생긴다.

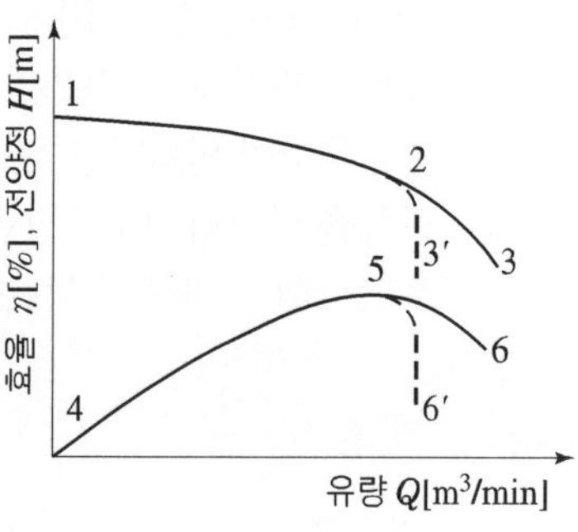

16-10 펌프의 소음

(1) 펌프가 소음을 내는 경우

① 여과기가 너무 작은 경우 흡입에 대한 손실이 클 때
② 유압유의 점도가 너무 큰 경우 유동저항 및 손실수두가 클 때
③ 펌프의 회전이 너무 빠른 경우 공동화 현상에 의해
④ 유중에 기포가 있는 경우 기포가 터지면서 충격에 의한 소음발생
⑤ 흡입관이 막혀있는 경우
⑥ 흡입과의 접합부에서 공기를 빨아들이는 경우
⑦ 펌프축과 원동기축의 중심(center)이 맞지 않아 편심이 되었을 경우

(2) 펌프가 소음을 줄이는 방법

① 공동 현상이 일어나지 않도록 한다.
②맥동을 흡수하기 위해 펌프출구에 머플러를 설치한다.
③ 방진고무를 설치한다.
④ 송출 관로의 일부에 고무호스를 설치한다.
⑤ 펌프 내부의 급격한 압력 변화를 주지 않는다.
⑥ 펌프축과 원동기축의 중심(center)를 잘 맞춘다.

16-11 맥동현상(서징현상, surging)

- 사람의 심장에서 피를 토출 할 때 맥박이 뛰는 현상과 비슷한 현상이다.
- 펌프(pump), 송풍기(blower)등 액체나 기체를 송출하는 하는 중에 한 숨을 쉬는 것과 같은 상태가 되어 펌프인 경우 입구의 진공계와 출구의 압력계의 침이 흔들리고 동시에 송출유량이 변화하는 현상 즉, 송출압력과 송출유량 사이에 주기적인 변동이 일어나는 현상을 말한다. 이 서징현상이 일단 일어나면 그 변동의 주기는 비교적 거의 일정하고 운전상태를 바꾸지 않는 한 서징현상은 계속 일어난다.

(1) 발생 원인

① 펌프의 유량 양정곡선이 산고곡선이고, 곡선의 산고상승부(H_1, H_c, H_2)에서 운전했을 때

② 배관 중에 물탱크나 공기탱크가 있을 때

③ 유량조절밸브가 탱크 뒤쪽에 있을 때

위의 ①, ②, ③ 세가지 조건을 모두 만족될 때 서징현상이 발생된다.

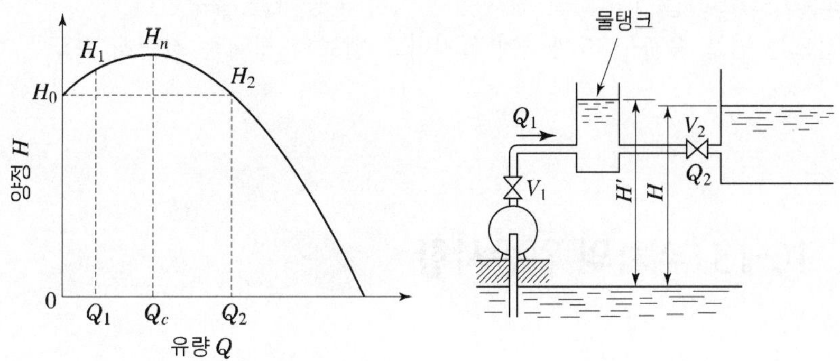

(2) 서징현상의 방지법

① 회전차나 안내깃의 형상치수를 바꾸어 그 특성을 변화시킨다.

② 깃의 출구각도(β)를 적게 하거나 안내깃의 각도를 조절할 수 있도록 한다.

③ 방출밸브 등을 사용하여 펌프 속의 양수량을 서징할 때의 양수량 이상으로 증가시키거나 무단변속기를 사용하여 회전차의 회전수를 변화시킨다.

④ 관로에서 불필요한 공기탱크나 잔류공기를 제거하고 관로에서의 저항을 감소시킨다.

⑤ 유량과 양정의 관계곡선에서 서징(surging)현상을 고려할 때 왼편하강 특성곡선 구간에서 운전하는 것을 피하는 것이 좋다. 즉 산고곡선에서 산고상승부에서 운전을 피한다.

16-12 수격현상(water hammering)

관(管) 속을 액체가 충만하게 흐르고 있을 때 관로의 끝에 있는 밸브를 갑자기 닫으면 운동하고 있는 물체를 갑자기 정지시킬 때와 같은 심한 충격을 받게 된다. 또한 액체의 유속을 급격히 변화시키면 압력의 변화가 심하게 변하되는 현상을 **수격현상**이라고 한다.

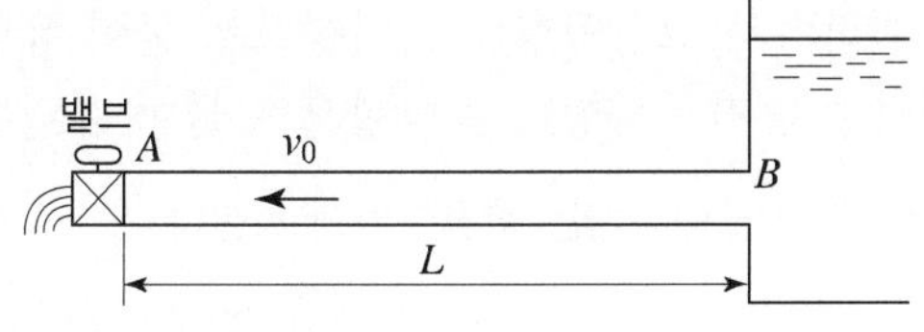

[수격현상의 방지법]

① 펌프의 플라이휠을 설치하여 펌프의 속도가 급격히 변화하는 것을 막는다.
② 관의 직경을 크게 하여 관내의 유속을 낮게 한다.
③ 조압수조(Surge tank)를 관선에 설치하여 충격을 흡수한다.
④ 밸브는 펌프 송출구 가까이에 설치하고 밸브의 개폐는 천천히 하도록 한다.

 16-13 수차의 일반사항

유체가 가진 위치에너지 및 속도에너지를 이용하여 필요한 기계적 에너지, 즉 축동력을 얻는 장치

① 수차(water turbine)
② 풍차(win mill)
③ 유압모터(hydrulic Motor)

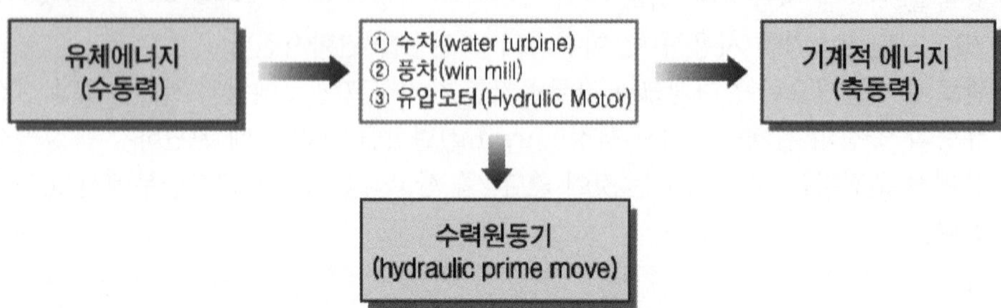

(1) 수차의 종류

① **중력수차** : 물의 중력에너지 이용
[종류] 물레방아
② **충격수차**(충동수차) : 물의 속도에너지를 이용, 접선방향으로 물이 입력된다.
[종류] 펠톤수차
③ **반동수차** : 물의 중력에는 관계없이 물의 압력과 속도 에너지 이용
[종류] ㉠ 프란시스수차 : 반경류방향으로 물이 유입된다.
㉡ 프로펠러수차(고정익형) : 축방향으로 물이 유입된다.
㉢ 카플란수차(가동익형) : 축방향으로 물이 유입된다.

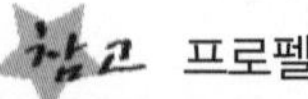 프로펠러수차와 카플란수차는 축류수차에 속한다.

(2) 수차의 비교

비고	충격수차	반동수차					
	펠톤수차	프란시스 수차				축류수차	
		저속차	중속차	고속차	초고속차	프로펠러수차	카플란수차
n_s[m−HP]	10~30	60~135	135~200	200~400	400~500	500~1000	
n_s[m−kW]	10~25	50~120	120~180	180~360	360~430	250~800	
적용낙차[m]	200~1800 m	40~500m				약 80m 이하 (보통 10~60m)	

 16-14 유체 토크 컨버터(Fluid torque converter)

유체 토크 컨버터는 유체 커플링으로부터 개발되었다. 토크 컨버터의 구조는 유체 커플링에서 펌프와 터빈의 날개를 적당한 각도로 만곡(彎曲)시키고, 유체의 유동방향을 변화시키는 역할을 하는 스테이터(stator)를 추가한 형태이다.

(1) 유체 토크 컨버터의 구조

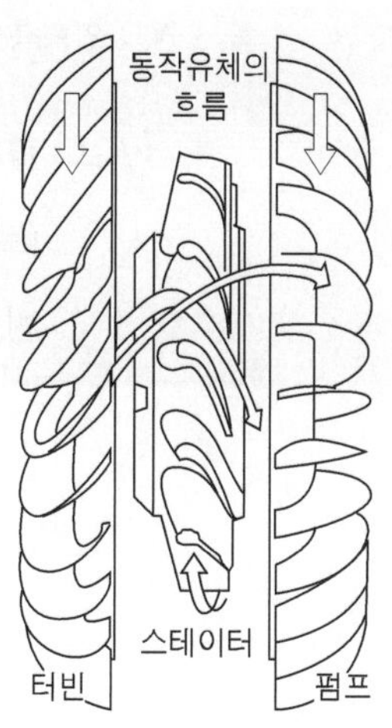

① 입력측에 해당하는 펌프(pump=impeller),
출력측에 해당되는 터빈(tubine=runner)
토크 변동을 줄 수 있는 스테이터(stator)가 있다.

② 펌프는 기관과 기계적으로 연결되어 기관의 회전속도와 같은 속도로 회전하면서 기관의 기계적 에너지를 유체의 유동에너지로 변환시킨다.

③ 터빈은 펌프와 마주보고 있으며 변속기 입력축과 연결되어 있다. 유체의 유동에너지를 다시 기계적 에너지로 변환시켜 변속기에 전달한다.

④ 스테이터는 펌프와 터빈 사이에서 유체의 유동방향을 변화시켜 기관으로부터 펌프에 전달된 입력토크보다 터빈으로부터의 출력토크를 배가(倍加)시킨다.

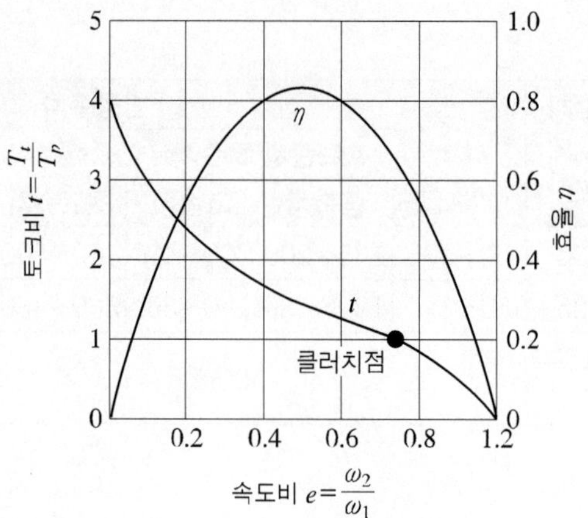

$$T_t = T_p + T_s$$

$$(\text{토크비})\ t = \frac{T_t}{T_p}$$

$$(\text{회전비})\ e = \frac{\omega_2}{\omega_1} = \frac{N_2}{N_1}$$

여기서, T_p : 입력측에 해당하는 펌프(pump=impeller)의 토크
T_t : 출력측에 해당되는 터빈(tubine=runner)의 토크
T_s : 토크 변동을 줄 수 있는 스테이터(stator)의 토크
ω_1 : 입력측의 각속도 ω_1 : 출력측의 각속도
N_1 : 입력측의 회전수 N_2 : 출력측의 회전수

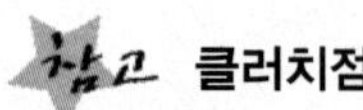
클러치점

(토크비) $t=\dfrac{T_t}{T_p}=1$이 될 때의 지점, 즉 입력축의 펌프의 토크가 그래도 출력축 터빈으로 전달될 때의 상태를 클러치점이라 한다.

part 2
연도별 기출문제

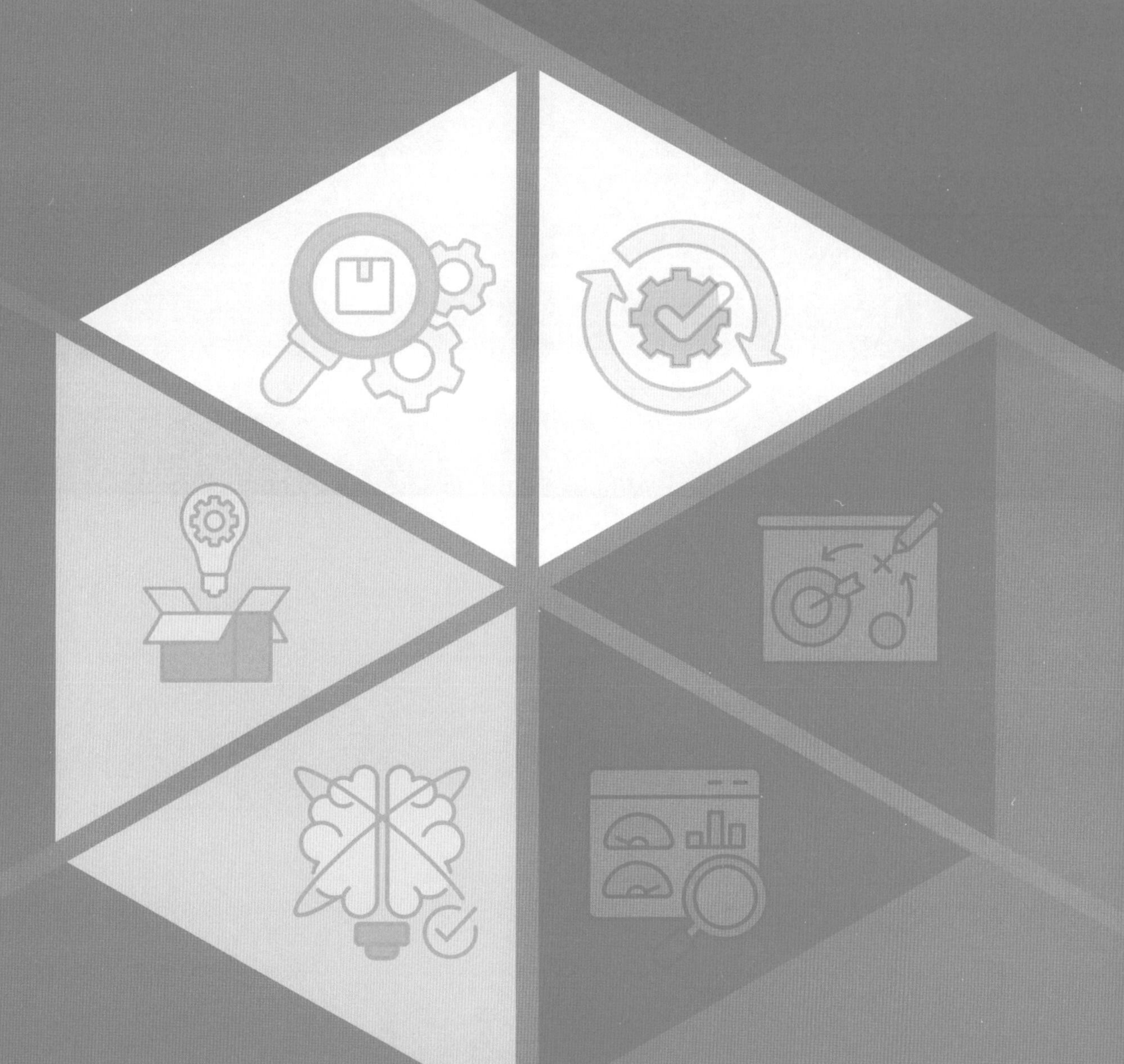

필답형 실기

- 기계요소설계 -

2008년도 1회

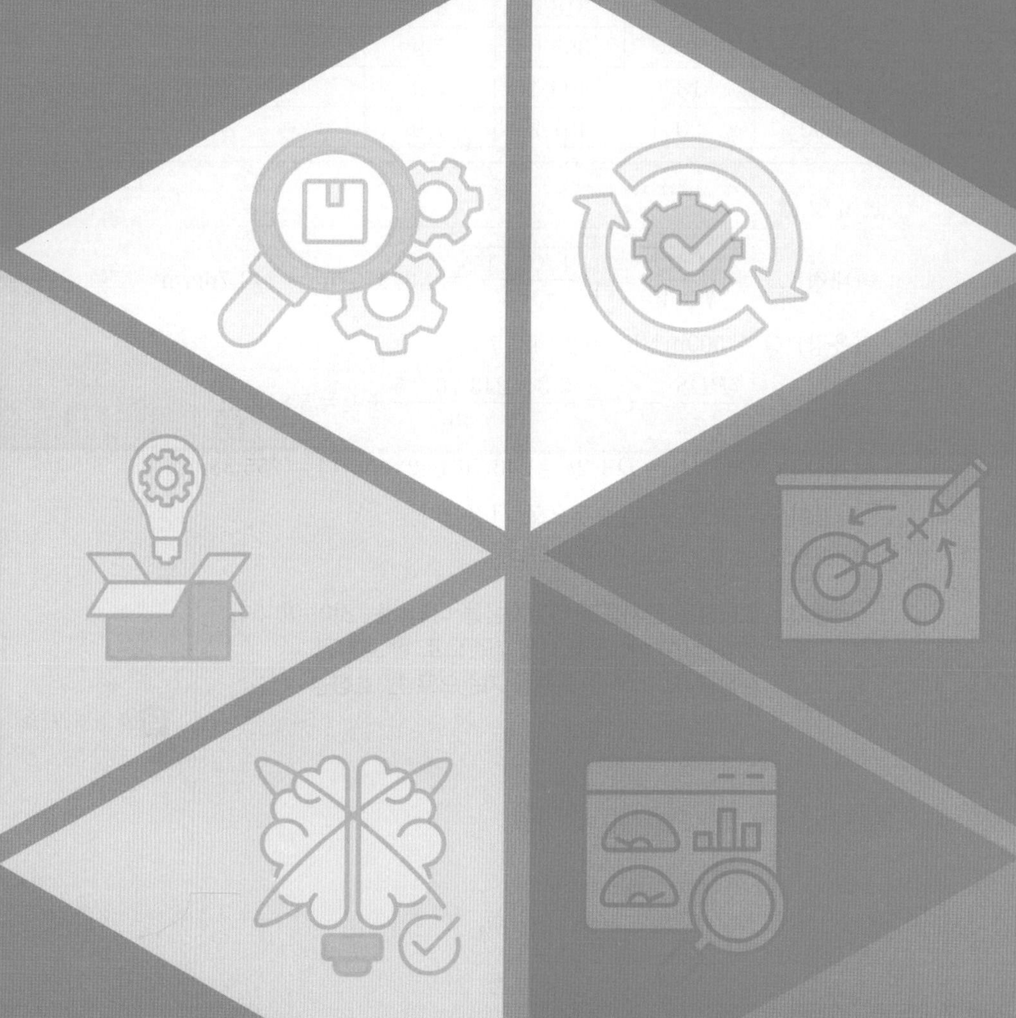

01

일반 배관용 강관 SPP파이프에 한 시간당 500m^{3}의 유체가 3m/s로 흐르고 있다. 이 파이프의 지름과 두께를 계산하고 아래의 표로부터 SPP의 호칭경을 선택하라.(단, 부식여유 C=1mm, 안전율 S=5, 최저인장강도 σ= 38[kgf/mm^2], 내압P=30[kgf/cm^2]이다.) [6점]

[표] 배관용 탄소강관(SPP) (KS D 3507-85, JIS G 3452-73)

호칭경		외경 mm	두께 mm	소켓이 포함 안 된 중량 kgf/m
(A)mm	(B)inch			
100	5	114.3	4.5	12.2
125	6	139.8	4.5	15
150	7	165.2	5	19.8
185	8	190.7	5.3	24.2
200	9	216.3	5.8	30.1
225	10	241.6	6.2	36
250	12	267.4	6.6	42.4
300	14	318.5	6.9	53
400	16	355.6	7.9	67.7
450	18	406.4	7.9	77.6
500	20	457.2	7.9	87.5

풀이 및 답

(내경) $D = \sqrt{\dfrac{4Q}{\pi V}} = \sqrt{\dfrac{4\times 0.14}{\pi \times 3}} = 0.243757\text{m} = 243.76\text{mm}$

(유량) $Q = 500\text{m}^3/\text{hr} = 0.14\text{m}^3/\text{s}$

(두께) $t = \dfrac{PDS}{2\sigma_a} + C = \dfrac{0.3\times 243.76\times 5}{2\times 38} + 1 = 5.81\text{mm}$

(계산된 외경) $D_2 = D + 2t = 243.76 + (2\times 5.81) = 255.38\text{mm}$

외경이 처음으로 커지는 것으로 선정한다.

그러므로 호칭경 250을 선정한다.

호칭경은 안지름과 바깥지름을 나타내는 것이 아니다.
호칭경 (A) mm은 내경을 기준으로 한 호칭경
호칭경 (B) inch은 외경을 기준으로 한 호칭경

답 호칭경 250

개스킷이 끼워져 있는 압력용기가 있다. 압력에 의해 발생한 하중은 3kN이고 볼트를 이용하여 압력용기 덮개를 체결하고자 한다. 이때 필요한 비틀림 모멘트는 20[kN · mm]일 때 다음을 구하여라. (단, 볼트의 지름은 12mm이고, 볼트와 개스킷의 스프링상수는 각각 0.7×10^9[N/m], 9.5×10^9[N/m]이며 너트로 죌 때 비틀림 모멘트 $T=0.2F_i\times d$의 조건을 만족하며 이때 F_i[kN], (볼트의 지름) d[mm], T[N · mm]이다.) **[6점]**

(1) 초기 하중 F_i[kN]의 크기는 얼마인가?

(2) 볼트에 작용하는 하중 F_B[kN]는 얼마인가?

(3) 개스킷에 작용하는 하중 F_c[kN]는 얼마인가?

풀이 및 답

(1) 초기 하중 F_i[kN]의 크기는 얼마인가?

$$(\text{초기 하중})\ F_i=\frac{T}{0.2\times d}=\frac{20}{0.2\times12}=8.33\text{kN}$$

답 8.33kN

(2) 볼트에 작용하는 하중 F_B[kN]는 얼마인가?

$$(\text{볼트에 작용하는 하중})\ F_B=F_i+P\frac{k_b}{k_b+k_c}=8.33+3\left(\frac{0.7}{0.7+9.5}\right)=8.54\text{kN}$$

답 8.54kN

(3) 개스킷에 작용하는 하중 F_c[kN]는 얼마인가?

$$(\text{개스킷에 작용하는 하중})\ F_t=F_i-P\frac{k_c}{k_b+k_c}=8.33-3\left(\frac{9.5}{0.7+9.5}\right)=5.54\text{kN}$$

답 5.54kN

03

코일 스프링을 만들기 위해 5mm의 강선으로 90mm의 원통에 강선을 감았다. 제작된 코일 스프링에 20N의 하중을 가했더니 40mm의 늘음이 발생하였다. 다음 물음에 답하여라. (단, 재료의 가로탄성계수 G =90GPa이다.) **[6점]**

(1) 스프링의 유효감김수[권]는 얼마인가?
(2) 강선의 길이는 몇 [mm]인가?

풀이 및 답

(1) 스프링의 유효감김수[권]는 얼마인가?

$$(\text{유효감김수})\ n = \frac{\delta G d^4}{8PD^3} = \frac{40\times 90\times 10^3 \times 5^4}{8\times 20\times 95^3} = 16.401 = 17\text{권}$$

$$(\text{평균지름})\ D = 90 + 5 = 95\text{mm}$$

답 17권

(2) 강선의 길이는 몇 [mm]인가?

$$(\text{강선의 길이})\ l = \pi D_e n = \pi \times 95 \times 17 = 5073.672 = 5073.67\text{mm}$$

답 5073.67mm

04

밴드 브레이크의 드럼의 지름이 800mm일 때 제동토크 T =3[kN · m]을 얻으려고 한다. 밴드의 두께는 3mm로 할 때 다음을 구하여라. (단, 마찰계수 μ =0.35, 접촉각 θ =250°, 밴드의 허용인장응력 σ_a =80MPa이다.) **[8점]**

(1) 긴장측 장력[kN]을 구하여라.
(2) 밴드의 너비[mm]를 구하여라.

풀이 및 답

(1) 긴장측 장력[kN]을 구하여라.

$$(\text{긴장측 장력})\ T_t = \frac{e^{\mu\theta}\times f}{e^{\mu\theta}-1} = \frac{4.61\times 7500}{4.61-1} = 9577.56 = 9.58\text{kN}$$

$$(\text{장력비})\ e^{\mu\theta} = e^{\left(0.35\times 250\times \frac{\pi}{180}\right)} = 4.605 = 4.61$$

$$(\text{제동력})\ f = \frac{2T}{D} = \frac{2\times 3\times 10^3}{800\times 10^{-3}} = 7500\text{N}$$

답 9.58kN

(2) 밴드의 너비[mm]를 구하여라.

$$(\text{밴드의 너비})\ B = \frac{T_t}{\sigma_a \times t} = \frac{9.58 \times 10^3}{80 \times 3} = 39.9166\text{mm} = 39.92\text{mm}$$

답 39.92mm

05

그림에서와 같이 평벨트 전동장치를 이용하여 W=2000N을 2m/s의 속도로 올리려고 한다. 아래 조건을 따라 다음을 구하여라. [8점]

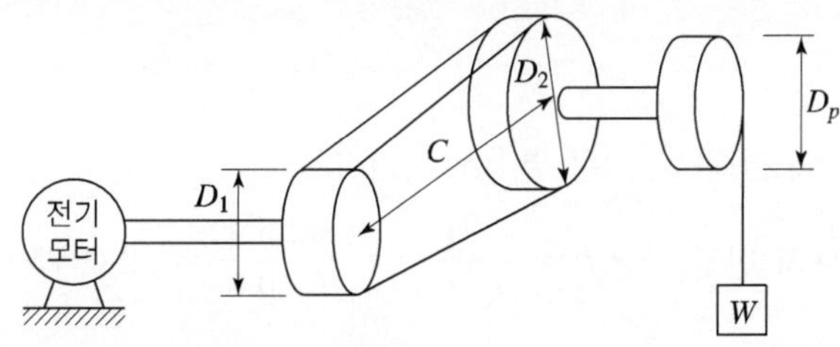

[조건] D_1 : 300mm, D_2 : 600mm, D_p : 500mm, C : 3m
평벨트의 허용인장응력 σ_a : 2MPa
평벨트의 이음효율 : 80%
평벨트의 마찰계수 μ : 0.2

(1) 원동 풀리의 접촉각 θ는 몇 도인가?
(2) 긴장측 장력 T_t[N]와 이완측 장력 T_s[N]를 각각 구하여라.
(3) 벨트의 면적($b \times t$)은 몇 [mm^2]인가?
(4) 초기장력은 몇 T_o[N]인가?

풀이 및 답

(1) 원동 풀리의 접촉각 θ는 몇 도인가?

$$(\text{원동 풀리의 접촉각})\ \theta = 180 - 2\sin^{-1}\left(\frac{D_2 - D_1}{2C}\right)$$

$$= 180 - 2\sin^{-1}\left(\frac{600 - 300}{2 \times 3000}\right) = 174.27°$$

답 174.27°

(2) 긴장측 장력 T_t[N]와 이완측 장력 T_s[N]를 각각 구하여라.

$$(\text{장력비})\ e^{\mu\theta} = e^{\left(0.2 \times 174.27 \times \frac{\pi}{180}\right)} = 1.84$$

$$T_2 = W \times \frac{D_0}{2} = P_e \times \frac{D_2}{2}$$

(유효장력) $P_e = \frac{2T_2}{D_2} = \frac{2 \times 2000 \times \frac{500}{2}}{600} = 1666.67\text{N}$

(긴장장력) $T_t = \frac{P_e \times e^{\mu\theta}}{e^{\mu\theta} - 1} = \frac{1666.67 \times 1.84}{1.84 - 1} = 3650.8\text{N}$

(이완장력) $T_s = \frac{T_t}{e^{\mu\theta}} = \frac{3650.8}{1.84} = 1984.13\text{N}$

답 T_t =3650.8N
T_s =1984.13N

(3) 벨트의 면적($b \times t$)은 몇 [mm^2]인가?

(벨트의 면적) $b \times t = \frac{T_t}{\sigma_a \times \eta} = \frac{3650.8}{2 \times 0.8} = 2281.75\text{mm}^2$

답 2281.75mm^2

(4) 초기장력은 몇 T_o[N]인가?

(초기장력) $T_0 = \frac{T_t + T_s}{2} = \frac{3650.8 + 1984.13}{2} = 2817.465\text{N} = 2817.47\text{N}$

답 2817.47N

06

두 개의 판을 이음하기 위해 양쪽 덮개판 2줄 맞대기 이음에서 강판의 두께가 12mm, 리벳의 지름이 30mm, 피치가 90mm일 때 리벳이음의 효율을 구하여라. (단, 리벳의 전단강도는 300MPa이고, 강판의 인장강도는 800MPa이다.)

[6점]

풀이 및 답

(강판 효율) $\eta_t = 1 - \frac{d}{p} = 1 - \frac{30}{90} = 0.66666 = 66.67\%$

(리벳의 효율) $\eta_r = \frac{\tau \times \pi \times d^2 \times 1.8 \times n}{4 \times \sigma_t \times p \times t} = \frac{300 \times \pi \times 30^2 \times 1.8 \times 2}{4 \times 800 \times 90 \times 12}$

$= 0.88357 = 88.36\%$

그러므로 리벳이음 효율은 66.67%이다.

답 66.67%

07

스퍼기어를 이용하여 동력을 전달하고자 한다. 전달동력은 8kW이고, 스퍼기어의 압력각이 20°이다. 피니언의 회전수는 1800rpm이고, 기어의 회전수는 600rpm일 때 다음을 구하여라. (단, 축간거리는 250mm이다.) [8점]

(1) 피니언과 기어의 피치원 지름을 각각 구하여라.
(2) 전달하중 F_t[N]는 얼마인가?
(3) 축 직각 하중 F_s[N]는 얼마인가?
(4) 전체하중 F_n[N]은 얼마인가?

풀이 및 답

(1) 피니언과 기어의 피치원 지름을 각각 구하여라.

(피니언의 피치원 지름) $D_1 = \dfrac{2c}{\dfrac{1}{\epsilon}+1} = \dfrac{2\times 250}{3+1} = 125\text{mm}$

(기어의 피치원 지름) $D_2 = \dfrac{N_1 D_1}{N_2} = \dfrac{1800\times 125}{600} = 375\text{mm}$

(속비) $\epsilon = \dfrac{N_2}{N_1} = \dfrac{600}{1800} = \dfrac{1}{3}$

답 D_1 =125mm
D_2 =375mm

(2) 전달하중 F_t[N]는 얼마인가?

(전달하중) $F_t = \dfrac{1000\times H_{KW}}{V} = \dfrac{1000\times 8\times 60\times 1000}{\pi\times 125\times 1800} = 679.06\text{N}$

답 679.06N

(3) 축 직각 하중 F_s[N]는 얼마인가?

(축 직각 하중) $F_s = F_t \tan\alpha = 679.06\tan 20 = 247.16\text{N}$

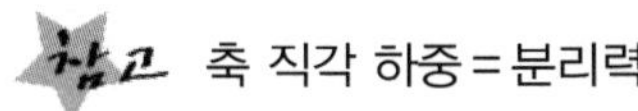
참고 축 직각 하중=분리력

답 247.16N

(4) 전체하중 F_n[N]은 얼마인가?

(전체하중) $F_n = \dfrac{F_t}{\cos\alpha} = \dfrac{679.06}{\cos 20} = 722.64\text{N}$

참고 스퍼기어에서
전체하중 = Radial하중 = 굽힘하중 = 베어링하중. 다 같은 의미이다.

답 722.64N

08

엔드 저널 베어링에 작용하는 하중은 30kN이고, 분당 회전수는 200rpm일 때 다음을 구하여라. (단, 허용굽힘응력 60MPa, 허용 베어링 압력 p=7.5MPa, 허용압력속도지수 $p \cdot V$=5.8[MPa · m/s]이다.) [8점]

(1) 저널의 길이는 몇 [mm]인가?
(2) 저널의 지름은 몇 [mm]인가?
(3) 안전도를 검토하여라.

풀이 및 답

(1) 저널의 길이는 몇 [mm]인가?

$$(\text{저널의 길이})\ l = \frac{W\pi N}{60\times 1000\times p\cdot V} = \frac{30\times 10^3\times \pi \times 200}{60\times 1000\times 5.8} = 54.17\text{mm}$$

답 54.17mm

(2) 저널의 지름은 몇 [mm]인가?

$$(\text{저널의 지름})\ d = \sqrt[3]{\frac{16Wl}{\pi\sigma_a}} = \sqrt[3]{\frac{16\times 30\times 10^3\times 54.17}{\pi\times 60}} = 51.67\text{mm}$$

답 51.67mm

(3) 안전도를 검토하여라.

$$p = \frac{W}{d\times l} = \frac{30\times 10^3}{51.67\times 54.17} = 10.72\text{MPa}$$

7.5MPa < 10.72MPa이므로 불안전하다.

답 불안전하다

09 전달동력은 10kW, 회전수는 400rpm이다. 이 스플라인 이의 측면의 허용면압력을 35MPa으로 하고, 잇수는 6개, 이 높이는 2mm, 모따기는 0.15mm이다. 아래의 표로부터 스플라인의 규격을 선정하라. (단, 전달효율은 75%, 보스의 길이는 58mm이다.) [6점]

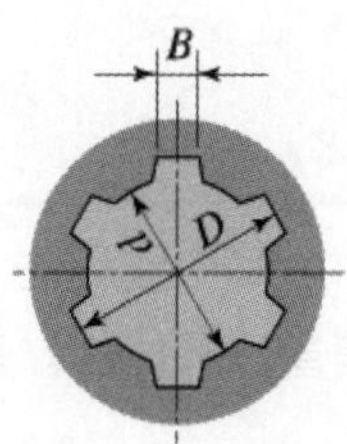

형식	1형						2형					
홈수	6		8		10		6		8		10	
호칭 지름 d	큰 지름 D	너비 B	큰 지름 D	너비 B	큰 지름 D	너비 B	큰 지름 D	너비 B	큰 지름 D	너비 B	큰 지름 D	너비 B
11	–	–					14	3	–	–	–	–
13	–	–					16	3.5	–	–	–	–
16	–	–					20	4	–	–	–	–
18	–	–					22	5	–	–	–	–
21	–	–					25	5	–	–	–	–
23	26	6					28	6	–	–	–	–
26	30	6					32	6	–	–	–	–
28	32	7					34	7	–	–	–	–
32	36	8	36	6			38	8	38	6	–	–
36	40	8	40	7			42	8	42	7	–	–
42	46	10	46	8	–	–	48	10	48	8	–	–
46	50	12	50	9	–	–	54	12	54	9	–	–
52	58	14	58	10	–	–	60	14	60	10	–	–
56	62	14	62	10	–	–	65	14	65	10	–	–
62	68	16	68	12	–	–	72	16	72	12	–	–
72	78	18	–	–	78	12	82	18	–	–	82	12
82	88	20	–	–	88	12	92	20	–	–	92	12
92	98	22	–	–	98	14	102	22	–	–	102	14
102	–	–	–	–	108	16	–	–	–	–	112	16
112	–	–	–	–	120	18	–	–	–	–	125	18

풀이 및 답

(토크) $T = 974000 \times 9.8 \times \dfrac{H_{KW}}{N} = 974000 \times 9.8 \times \dfrac{10}{400} = 238630\text{N}\cdot\text{mm}$

(평균지름) $d_m = \dfrac{2T}{q(h-2c)\,l\,Z\eta} = \dfrac{2 \times 238630}{35(2-2\times0.15)\times58\times6\times0.75}$

$= 30.73\text{mm}$

그러므로 $d + D = 61.46\text{mm}$, 그리고 $h = \frac{D-d}{2}$에서 $D - d = 4$

두 식을 연립하면 $D = 32.73\text{mm}$, $d = 28.73\text{mm}$

호칭지름 d보다 처음으로 커지는 값 선정.

답 호칭지름 32mm

10

중실축의 지름이 50mm, 축의 길이는 600mm, 축의 회전수는 300rpm으로 회전하며, 40kW의 동력을 전달한다. 다음을 구하여라. (단, 가로탄성계수는 80GPa이다.) **[8점]**

(1) 전달토크[N · m]를 구하여라.

(2) 비틀림응력 τ[MPa]는 얼마인가?

(3) 비틀림각 θ[rad]는 얼마인가?

풀이 및 답

(1) 전달토크[N · m]를 구하여라.

(전달토크) $T = 974 \times 9.8 \times \frac{H_{KW}}{N} = 974 \times 9.8 \times \frac{40}{300} = 1272.69\text{N} \cdot \text{m}$

(별해) $T = \frac{60}{2\pi} \times \frac{H}{N} = \frac{60}{2\pi} \times \frac{40 \times 10^3}{300} = 1273.24\text{N} \cdot \text{m}$

둘 다 정답이다.

답 1272.69N · m

(2) 비틀림응력 τ[MPa]는 얼마인가?

(비틀림응력) $\tau = \frac{16T}{\pi d^3} = \frac{16 \times 1272.69 \times 10^3}{\pi \times 50^3} = 51.85\text{MPa}$

답 51.85MPa

(3) 비틀림각 θ[rad]는 얼마인가?

(비틀림각) $\theta = \frac{Tl}{GI_P} = \frac{32 \times 1272.69 \times 0.6}{80 \times 10^9 \times \pi \times 0.05^4} = 0.0155\text{rad}$

답 0.016rad

필답형 실기

- 기계요소설계 -

2008년도 2회

01

축지름 30mm, 전동축에 500rpm으로 10kW의 동력을 전달시킨다. 이 축에 부착된 묻힘키의 크기는 $b \times h \times l$ =10×8×70mm이다. 다음을 구하여라.

[6점]

(1) 키에 작용하는 토크[N · m]를 구하여라.
(2) 키에 작용되고 있는 전단강도[MPa]를 구하여라.
(3) 키에 작용되고 있는 압축강도[MPa]를 구하여라.

풀이 및 답

(1) 키에 작용하는 토크[N · m]를 구하여라.

(키에 작용하는 토크) $T = 974 \times \frac{H_{KW}}{N} = 974\frac{10}{500}$

$= 19.48\text{kgf} \cdot \text{m} = 190.9\text{N} \cdot \text{m}$

(별해) $T = \frac{60}{2\pi} \times \frac{H}{N} = \frac{60}{2\pi} \times \frac{10 \times 10^3}{500} = 190.9859\text{N} \cdot \text{m} = 190.99\text{N} \cdot \text{m}$

둘 다 정답이다.

답 190.9N · m

(2) 키에 작용되고 있는 전단강도[MPa]를 구하여라.

(키에 작용되고 있는 전단강도) $\tau = \frac{2T}{bdl} = \frac{2 \times 190900}{10 \times 30 \times 70}$

$= 18.1809 = 18.18\text{MPa}$

답 18.18MPa

(3) 키에 작용되고 있는 압축강도[MPa]를 구하여라.

(키에 작용되고 있는 압축강도) $\sigma = \frac{4T}{hdl} = \frac{4 \times 190900}{8 \times 30 \times 70}$

$= 45.452 = 45.45\text{MPa}$

답 45.45MPa

02

다음 그림과 같은 밴드 브레이크를 사용하여 100rpm으로 회전하는 5PS의 드럼을 제동하려고 한다. 막대 끝에 20kgf의 힘을 가한다. 마찰계수가 0.3일 때 레버의 길이를 구하여라. [5점]

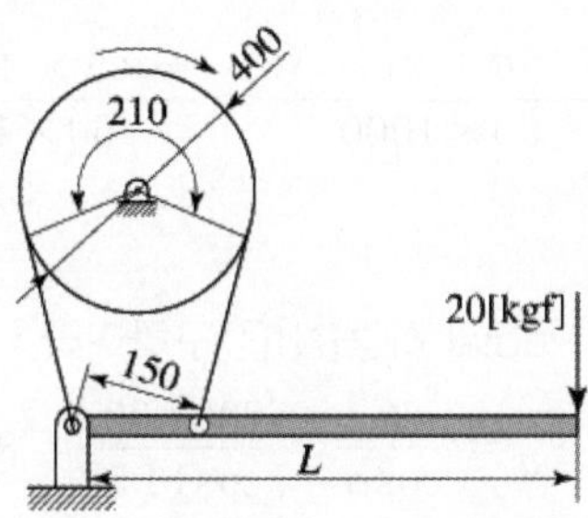

풀이 및 답

(장력비) $e^{\mu\theta} = e^{\left(0.3 \times 210 \times \frac{\pi}{180}\right)} = 3.002 = 3$

(마찰력) $f = \dfrac{H_{ps} \times 75}{\left(\dfrac{\pi DN}{60 \times 1000}\right)} = \dfrac{5 \times 75}{\left(\dfrac{\pi \times 400 \times 100}{60 \times 1000}\right)} = 179.049 = 179.05\text{kgf}$

(레버의 길이) $l = \dfrac{a \times T_s}{F} = \dfrac{a \times f}{F(e^{\mu\theta} - 1)} = \dfrac{150 \times 179.05}{20 \times (3-1)}$

$= 671.4375 = 671.44\text{mm}$

답 671.44mm

03

평기어에서 압력각 14.5°, 원동 기어의 잇수는 14개, 종동 기어의 잇수는 49개, 모듈 5이다. 720rpm으로 22kW를 전달하려고 한다. 이너비는 50mm일 때 다음을 구하여라. (단, 잇수 14개일 때의 π를 포함한 치형계수는 0.261이고, 잇수 49개일 때의 π를 포함한 치형계수는 0.357이다. 사용되는 속도계수는 $f_v = \dfrac{3.05}{3.05 + V[\text{m/s}]}$를 이용한다.) [8점]

(1) 접선전달하중[N]을 구하여라.
(2) 축에 작용하는 Radial 하중[N]을 구하여라.
(3) 피니언의 굽힘응력[MPa]을 구하여라.

풀이 및 답

(1) 접선전달하중[N]을 구하여라.

$$(\text{접선전달하중})\ F = \frac{1000 \times H}{V} = \frac{1000 \times 22}{2.64} = 8333.33\text{N}$$

$$(\text{속도})\ V = \frac{\pi \times m \times z_1 \times N_1}{60 \times 1000} = \frac{\pi \times 5 \times 14 \times 720}{60 \times 1000} = 2.638 = 2.64\text{m/s}$$

답 8333.33N

(2) 축에 작용하는 Radial 하중[N]을 구하여라.

$$(\text{Radial 하중})\ F_R = \frac{F}{\cos\alpha} = \frac{8333.33}{\cos 14.5} = 8607.499 = 8607.5\text{N}$$

답 8607.5N

(3) 피니언의 굽힘응력[MPa]을 구하여라.

$$(\text{피니언의 굽힘응력})\ \sigma_b = \frac{F}{f_v m b Y} = \frac{8333.33}{0.54 \times 5 \times 50 \times 0.261} = 236.51\text{MPa}$$

$$(\text{속도계수})\ f_v = \frac{3.05}{3.05 + V} = \frac{3.05}{3.05 + 2.64} = 0.54$$

답 236.51MPa

04

하중이 3kN 작용할 때 처짐이 50mm로 되는 코일 스프링에서 소선의 지름은 18mm, 스프링지수는 9이다. 왈의 수정응력계수는 $K=1.15$로 하고, 가로 탄성계수 $G=80$GPa이다. 다음을 구하여라. [7점]

(1) 감김수(권수)를 구하여라.
(2) 코일에 발생하는 전단응력[MPa]을 구하여라.

풀이 및 답

(1) 감김수(권수)를 구하여라.

$$(\text{감김수})\ n = \frac{\delta G d}{8 F c^3} = \frac{50 \times 80 \times 10^3 \times 18}{8 \times 3000 \times 9^3} = 4.115 = 5\text{권}$$

답 5권

(2) 코일에 발생하는 전단응력[MPa]을 구하여라.

$$(\text{전단응력})\ \tau = K\frac{8Fc}{\pi d^2} = 1.15 \times \frac{8 \times 3000 \times 9}{\pi \times 18^2} = 244.0375 = 244.04\text{MPa}$$

답 244.04MPa

05

다음 그림을 보고 물음에 답하여라. (단, 구동모터의 전달동력은 2.5kW, 회전수는 350rpm이고, 그림에서 품번 ①은 플랜지 커플링이다. 플랜지 커플링에 사용된 볼트의 개수는 6개이고, 골지름이 8mm인 미터보통나사로 체결되어 있다. 볼트의 허용전단응력은 5MPa이다. 품번 ②는 6204볼베어링이다. 원동 풀리의 무게는 1000N이며 연직방향으로 작용한다. 평벨트의 마찰계수는 0.3 이다.) [10점]

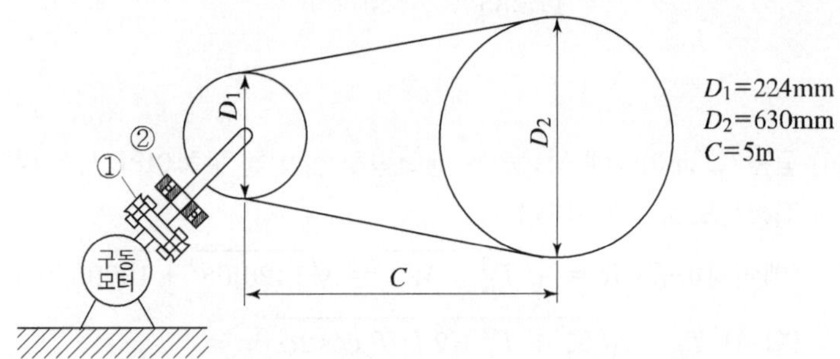

(1) 축의 중심으로부터 플랜지 커플링에 사용된 볼트의 중심까지의 거리 R [mm]을 구하여라.
(2) 평벨트 풀리에 작용되고 있는 유효장력[N]을 구하여라.
(3) 긴장측 장력[N]을 구하여라.
(4) 품번 ② 베어링에 작용하는 베어링하중[N]을 구하여라. (단, 원동 풀리의 무게는 연직방향으로 작용한다.)

풀이 및 답

(1) 축의 중심으로부터 플랜지 커플링에 사용된 볼트의 중심까지의 거리 R[mm]을 구하여라.

(볼트의 중심까지의 거리) $R = \dfrac{4 \times T}{\tau_B \times \pi \times d_B^2 \times Z} = \dfrac{4 \times 68180}{5 \times \pi \times 8^2 \times 6} = 45.21\text{mm}$

(토크) $T = 974000 \times 9.8 \times \dfrac{H_{KW}}{N} = 974000 \times 9.8 \times \dfrac{2.5}{350} = 68180\text{N} \cdot \text{mm}$

답 45.21mm

(2) 평벨트 풀리에 작용되고 있는 유효장력[N]을 구하여라.

(유효장력) $P_e = \dfrac{1000 \times H_{KW}}{\left(\dfrac{\pi\ D_1\ N_1}{60 \times 1000}\right)} = \dfrac{1000 \times 2.5}{\left(\dfrac{\pi \times 224 \times 350}{60 \times 1000}\right)} = 609.01\text{N}$

답 609.01N

(3) 긴장측 장력[N]을 구하여라.

(긴장측 장력) $T_t = \dfrac{P_e \times e^{\mu\theta}}{e^{\mu\theta}-1} = \dfrac{609.01 \times 2.5}{2.5-1} = 1015.02\text{N}$

(장력비) $e^{\mu\theta} = e^{\left(0.3 \times 175.35 \times \frac{\pi}{180}\right)} = 2.5$

(접촉중심각) $\theta = 180 - 2\sin^{-1}\left(\dfrac{D_2 - D_1}{2C}\right) = 180 - 2\sin^{-1}\left(\dfrac{630-224}{2 \times 5000}\right)$

$= 175.35°$

답 1015.02N

(4) 품번 ② 베어링에 작용하는 베어링하중[N]을 구하여라. (단, 원동 풀리의 무게는 연직방향으로 작용한다.)

(베어링하중) $R = \sqrt{T_R^2 + W^2} = \sqrt{1420.08^2 + 1000^2} = 1736.84\text{N}$

(합력) $T_R = \sqrt{T_t^2 + T_s^2 + 2T_t T_s \cos 2\phi}$

$= \sqrt{1015.02^2 + 406.01^2 + (2 \times 1015.02 \times 406.01 \times \cos 4.65}$

$= 1420.08$

$\phi = \sin^{-1}\left(\dfrac{630-224}{2 \times 5000}\right) = 2.326 \Rightarrow 2\phi = 4.65$

답 1736.84N

06

그림과 같은 겹치기 양면 이음을 필릿 용접하려고 한다. 작용되고 있는 하중[kN]을 구하여라. (단, 용접부의 허용인장응력은 70MPa이고, 목길이는 강판의 두께 15mm와 같다. 용접길이는 40mm이다.) [5점]

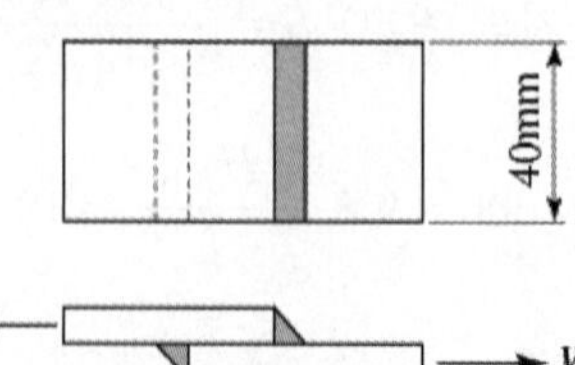

풀이 및 답

(하중) $P = \sigma_a \times 2 \times (t \times l) = 70 \times 2 \times (15\cos 45 \times 40)$

$= 59396.969\text{N} = 59.4\text{kN}$

답 59.4kN

07 다판 클러치를 사용하여 1000rpm으로 15PS을 전달하려고 한다. 원판의 바깥지름 300mm, 안지름 240mm, 마찰계수 0.15이며, 마찰면의 접촉면 압력은 0.8kgf/cm^{2}이다. 마찰면의 개수를 구하여라. [6점]

풀이 및 답

(마찰면의 개수) $Z = \dfrac{2T}{\mu q \pi D_m^2 \ b} = \dfrac{2 \times 10743}{0.15 \times 0.008 \times \pi \times 270^2 \times 30}$

$= 2.61 = 3$개

(토크) $T = 716200 \times \dfrac{H_{PS}}{N} = 716200 \times \dfrac{15}{1000} = 10743\text{kgf} \cdot \text{mm}$

(평균지름) $D_m = \dfrac{D_2 + D_1}{2} = \dfrac{300 + 240}{2} = 270\text{mm}$

(접촉폭) $b = \dfrac{D_2 - D_1}{2} = \dfrac{300 - 240}{2} = 30\text{mm}$

답 3개

08 원동축 스프로킷 휠의 잇수 20개, 종동축 스프로킷 휠의 잇수 60개이며, 축간거리는 800mm를 연결하기 위하여 피치가 15.875mm인 체인을 사용할 때 다음을 구하여라. [6점]

(1) 사용해야 될 링크의 개수를 구하여라.
(2) 체인의 전체 길이[mm]를 구하여라.

풀이 및 답

(1) 사용해야 될 링크의 개수를 구하여라.

(링크수) $L_n = \dfrac{2C}{p} + \dfrac{z_2 + z_1}{2} + \dfrac{p(z_2 - z_1)^2}{4c\pi^2}$

$= \dfrac{2 \times 800}{15.875} + \dfrac{60 + 20}{2} + \dfrac{15.875 \times (60 - 20)^2}{4 \times 800 \times \pi^2} = 141.59 = 142$개

답 142개

(2) 체인의 전체 길이[mm]를 구하여라.

(체인의 길이) $L = L_n \times p = 142 \times 15.875 = 2254.25\text{mm}$

답 2254.25mm

09

베어링 번호가 6312인 단열 깊은 홈 볼베어링에 그리스 윤활유로 4500시간의 수명을 주고자 한다. 한계속도지수는 18000[mm · rpm]이라 할 때 다음을 구하여라. (단, 기본동적부하용량 C=8350kgf, 하중계수는 1.5이다.) [10점]

(1) 베어링의 내경[mm]을 구하여라.
(2) 베어링의 최대 사용 가능한 회전수[rpm]를 구하여라.
(3) 최대 사용 가능한 회전수로 회전할 경우 베어링하중[kgf]을 구하여라.

풀이 및 답

(1) 베어링의 내경[mm]을 구하여라.

(베어링의 내경) $d = 5 \times 12 = 60\text{mm}$

답 60mm

(2) 베어링의 최대 사용 가능한 회전수[rpm]를 구하여라.

(최대 회전수) $N_{max} = \dfrac{dN}{d} = \dfrac{18000}{60} = 300\text{rpm}$

답 300rpm

(3) 최대 사용 가능한 회전수로 회전할 경우 베어링하중[kgf]을 구하여라.

(허용가능한 베어링하중) $P_{th} = \dfrac{C}{1.5 \times \left(\dfrac{L_h \times N}{500 \times 33.3}\right)^{\frac{1}{r}}} = \dfrac{8350}{1.5 \times \left(\dfrac{4500 \times 300}{500 \times 33.3}\right)^{\frac{1}{3}}}$

$= 1286.141 = 1286.14\text{kgf}$

답 1286.14kgf

10

미터 사다리꼴 나사 Tr32×3에 축방향 하중 1000N이 작용되고 있다. 다음을 구하여라. (단, 나사면의 마찰계수는 0.3이다.) [7점]

(1) 사다리꼴 나사의 유효지름[mm]을 구하여라.
(2) 사다리꼴 나사의 골지름[mm]을 구하여라.
(3) 사다리꼴 나사에 돌리는 데 필요한 토크[N · mm]를 구하여라.

풀이 및 답

(1) 사다리꼴 나사의 유효지름[mm]을 구하여라.

(유효지름) $D_e = D_2 - 0.5p = 32 - 0.5 \times 3 = 30.5\text{mm}$

답 30.5mm

(2) 사다리꼴 나사의 골지름[mm]을 구하여라.

(골지름) $D_1 = D_2 - p = 32 - 3 = 29\text{mm}$

답 29mm

(3) 사다리꼴 나사에 돌리는 데 필요한 토크[N · mm]를 구하여라.

(토크) $T = W\tan(\lambda + \rho') \times \dfrac{D_e}{2} = 1000\tan(1.79 + 17.25) \times \dfrac{30.5}{2}$

$= 5262.91\text{N} \cdot \text{mm}$

(리드각) $\lambda = \tan^{-1}\left(\dfrac{p}{\pi D_e}\right) = \tan^{-1}\left(\dfrac{3}{\pi \times 30.5}\right) = 1.79°$

(상당마찰각) $\rho' = \tan^{-1}\left(\dfrac{\mu}{\cos\dfrac{\alpha}{2}}\right) = \tan^{-1}\left(\dfrac{0.3}{\cos\dfrac{30}{2}}\right) = 17.25°$

답 5262.91N · mm

필답형 실기

- 기계요소설계 -

2008년도 4회

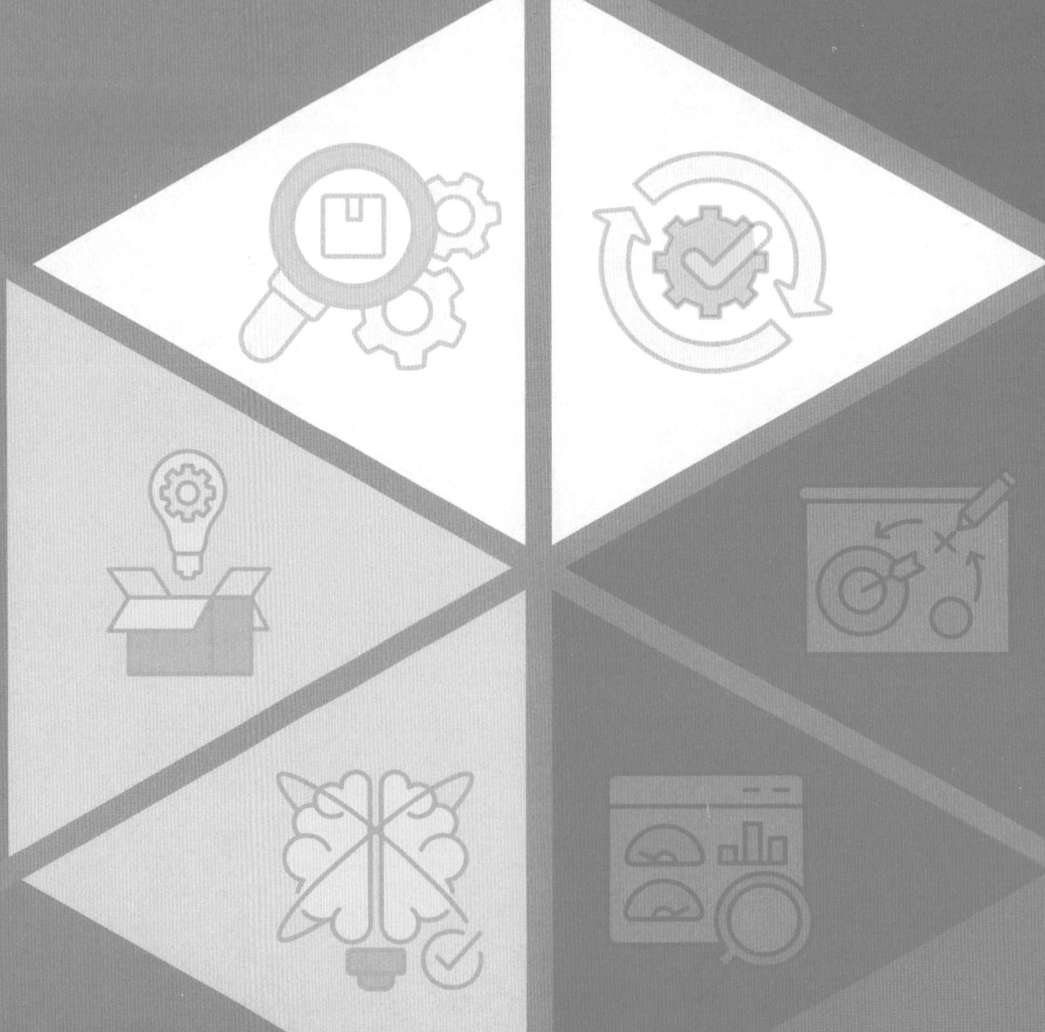

01

양쪽 베어링이 지지하고 있는 외경 60mm, 내경 30mm, 길이 500mm인 중공축의 중앙에 질량이 90kg인 디스크가 놓여 있다. 축의 자중을 무시할 때 다음을 구하여라. (단, E=201GPa이고, 표준 중력가속도 g=9.81m/s^{2}이다.) [6점]

(1) 축의 최대 처짐[μm]을 구하여라.
(2) 축의 위험회전수[rpm]를 구하여라.

풀이 및 답

(1) 축의 최대 처짐[μm]을 구하여라.

(축의 최대 처짐) $\delta = \dfrac{mgL^3}{48EI} = \dfrac{90 \times 9.81 \times 0.5^3}{48 \times 201 \times 10^9 \times 0.000000596}$

$= 0.000019192\text{m} = 19.19\mu\text{m}$

(단면 2차 모멘트) $I = \dfrac{\pi d_2^4}{64}(1 - x^4) = \dfrac{\pi \times 0.06^4}{64}\left[1 - \left(\dfrac{30}{60}\right)^4\right]$

$= 0.000000596\text{m}^4$

답 19.19μm

(2) 축의 위험회전수[rpm]를 구하여라.

(축의 위험 rpm) $N_c = \dfrac{30}{\pi}\sqrt{\dfrac{g}{\delta}} = \dfrac{30}{\pi}\sqrt{\dfrac{9.81}{0.00001919}}$

$= 6827.605\text{rpm} = 6827.61\text{rpm}$

답 6827.61rpm

02

웜나사의 줄수는 2줄, 웜나사의 피치원 지름 60mm, 동력이 공급되는 웜나사의 회전수는 1000rpm, 전달동력은 30kW이다. 축직각 피치는 31.4mm이다. 다음을 구하여라. (단, 압력각은 14.5°, 마찰계수는 0.1이다.) [8점]

(1) 진입각은 몇 도인가?
(2) 웜의 회전력은 몇 [N]인가?
(3) 웜나사에 작용하는 축방향은 몇 [N]인가?

풀이 및 답

(1) 진입각은 몇 도인가?

$$(\text{진입각})\ \lambda = \tan^{-1}\left(\frac{Z_w \times p_s}{\pi \times D_e}\right) = \tan^{-1}\left(\frac{2\times 31.4}{\pi \times 60}\right) = 18.4262 = 18.43°$$

답 18.43°

(2) 웜의 회전력은 몇 [N]인가?

$$(\text{웜의 회전력})\ F = \frac{H_{kW}\times 1000}{V} = \frac{30\times 1000}{3.14} = 9554.14\text{N}$$

$$(\text{속도})\ V = \frac{\pi DN}{60\times 1000} = \frac{\pi \times 60 \times 1000}{60 \times 1000} = 3.14\text{m/s}$$

답 9554.14N

(3) 웜나사에 작용하는 축방향은 몇 [N]인가?

$$F = Q\tan(\lambda + \rho')$$

$$(\text{축방향하중})\ Q = \frac{F}{\tan(\lambda+\rho')} = \frac{9554.14}{\tan(18.43+5.9)}$$

$$= 21130.568 = 21130.57\text{N}$$

$$(\text{상당마찰각})\ \rho' = \tan^{-1}\left(\frac{\mu}{\cos\alpha}\right) = \tan^{-1}\left(\frac{0.1}{\cos 14.5}\right) = 5.897 = 5.9°$$

답 21130.57N

03

다판 클러치를 이용하여 동력 전달을 하려고 한다. 외경이 80mm, 내경이 50mm, 클러치의 회전수는 1500rpm, 전달동력은 10kW이다. 다음을 구하여라. (단, 마찰계수는 0.2, 접촉면 압력은 0.6MPa이다.) [7점]

(1) 전달토크[N · m]를 구하여라.
(2) 접촉면 수는 몇 개인가?

풀이 및 답

(1) 전달토크[N · m]를 구하여라.

$$(\text{전달토크})\ T = 974 \times 9.8 \times \frac{H_{KW}}{N} = 974 \times 9.8 \times \frac{10}{1500}$$

$$= 63.6346\text{N}\cdot\text{m} = 63.63\text{N}\cdot\text{m}$$

(별해) $T = \frac{60}{2\pi} \times \frac{H}{N} = \frac{60}{2\pi} \times \frac{10 \times 10^3}{1500} = 63.6619\text{N}\cdot\text{m} = 63.66\text{N}\cdot\text{m}$

둘 다 맞게 한다.

답 63.63N · m

(2) 접촉면 수는 몇 개인가?

(접촉면 수) $Z = \frac{8 \times T}{\mu \times q \times \pi \times (D_2^2 - D_1^2) \times D_e}$

$= \frac{8 \times 63.63}{0.2 \times 0.6 \times 10^6 \times \pi \times (0.08^2 - 0.05^2) \times 0.065} = 5.32 = 6$개

(평균지름) $D_e = \frac{D_2 + D_1}{2} = \frac{80 + 50}{2} = 65\text{mm} = 0.065\text{m}$

답 6개

04

NO.6310베어링의 동적부하용량이 6320kgf인 레이디얼 볼베어링의 수명시간 L_h =30000hr이고 한계속도지수 200000[mm · rpm]일 때 다음을 구하여라. (단, 하중계수 f_w =1.5이다.) [6점]

(1) 베어링의 최대 회전수[rpm]는 얼마인가?
(2) 베어링의 최대 회전수일 때의 베어링 하중[N]은 얼마인가?

풀이 및 답

(1) 베어링의 최대 회전수[rpm]는 얼마인가?

(베어링의 최대 회전수) $N_{max} = \frac{dN}{d} = \frac{200000}{50} = 4000\text{rpm}$

(안지름) $d = 10 \times 5 = 50\text{mm}$

답 4000rpm

(2) 베어링의 최대 회전수일 때의 베어링 하중[N]은 얼마인가?

(베어링 하중) $P_{th} = \frac{c}{f_w \times \left(\frac{L_h \times N_{max}}{500 \times 33.3}\right)^{\frac{1}{3}}} = \frac{6320 \times 9.8}{1.5 \times \left(\frac{30000 \times 4000}{500 \times 33.3}\right)^{\frac{1}{3}}}$

$= 2137.615\text{N} = 2137.62\text{N}$

답 2137.62N

05

전달동력 8kW, 축의 회전수는 1500rpm이고, 축의 지름은 35mm이다. 아래 그림처럼 축에 묻힘키가 있다. 다음을 계산하여라. (단, 키의 규격은 $b \times h \times l = 9 \times 8 \times 42$이며 $\dfrac{h_2}{h_1} = 0.6$이다.) [6점]

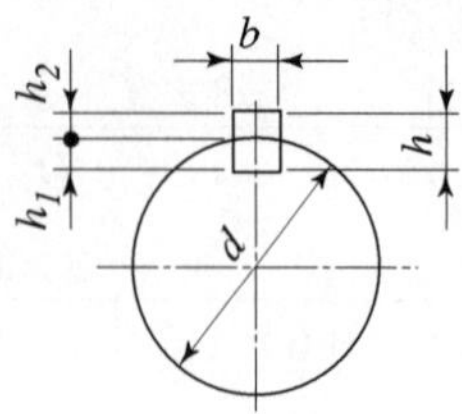

(1) 묻힘키의 전단응력은 몇 [N/mm^2]인가?
(2) 묻힘키의 압축응력은 몇 [N/mm^2]인가?

풀이 및 답

(1) 묻힘키의 전단응력은 몇 [N/mm^2]인가?

(묻힘키의 전단응력) $\tau_k = \dfrac{2T}{b \times l \times d_s} = \dfrac{2 \times 50.91 \times 10^3}{9 \times 42 \times 35}$

$= 7.6961 = 7.7\text{N/mm}^2$

(토크) $T = 974 \times 9.8 \times \dfrac{H_{KW}}{N} = 974 \times 9.8 \times \dfrac{8}{1500} = 50.9077 = 50.91\text{N}\cdot\ \text{m}$

답 7.7N/mm^2

(2) 묻힘키의 압축응력은 몇 [N/mm^2]인가?

(묻힘키의 압축응력) $\sigma_k = \dfrac{2T}{l \times h_2 \times d_s} = \dfrac{2 \times 50.91 \times 10^3}{42 \times 3 \times 35}$

$= 23.088 = 23.09\text{N/mm}^2$

$\dfrac{h_2}{h_1} = 0.6$에서 $h_2 = 0.6h_1$을 $h = h_1 + h_2$에 대입하면 $h = h_1 + 0.6h_1 = 1.6h_1$

그러므로 $h_1 = \dfrac{8}{1.6} = 5\text{mm}$, $h_2 = 3\text{mm}$이 된다.

답 23.09N/mm^2

06

원동 스프로킷의 잇수는 20개이고, 중동 스프로킷의 잇수는 64개이다. 체인 장력은 2000N, 중심거리는 800mm이며 구동 스프로킷 휠의 회전수는 500rpm이다. 다음을 구하여라. [단, (체인의 피치) p =15.88mm] **[8점]**

(1) 링크 수는 몇 개인가?
(2) 체인의 길이는 몇 [mm]인가?
(3) 체인에 의한 전달동력은 몇 [kW]인가?

풀이 및 답

(1) 링크 수는 몇 개인가?

$$(\text{링크 수})\ L_n = \frac{2c}{p} + \frac{(z_2+z_1)}{2} + \frac{p(z_2-z_1)^2}{4c\pi^2}$$

$$= \frac{2\times 800}{15.88} + \frac{64+20}{2} + \frac{15.88\times(64-20)^2}{4\times 800\times \pi^2}$$

$$= 143.72 = 144\text{개}$$

답 144개

(2) 체인의 길이는 몇 [mm]인가?

$$(\text{체인의 길이})\ L = L_n \times p = 144\times 15.88 = 2286.72\text{mm}$$

답 2286.72mm

(3) 체인에 의한 전달동력은 몇 [kW]인가?

$$(\text{전달동력})\ H = \frac{F\times V}{1000} = \frac{2000\times 2.65}{1000} = 5.3 = 5.3\text{kW}$$

$$(\text{속도})\ V = \frac{p\times z_1\times N_1}{60\times 1000} = \frac{15.88\times 20\times 500}{60\times 1000} = 2.646 = 2.65\text{m/s}$$

답 5.3kW

07

원판 브레이크의 접촉면 평균지름이 450mm, 추력이 10kN, 회전수가 300rpm 일 때 다음을 구하여라. (단, 마찰계수 μ =0.4이다.) **[5점]**

(1) 제동토크[N · m]를 구하여라.
(2) 마찰동력[kW]을 구하여라.

풀이 및 답

(1) 제동토크[N · m]를 구하여라.

(제동토크) $T = \mu F \times \frac{D_e}{2} = 0.4 \times 10 \times 10^3 \times \frac{0.45}{2} = 900\text{N} \cdot \text{m}$

답 900N · m

(2) 마찰동력[kW]을 구하여라.

(마찰동력) $H_{kW} = \frac{T \times N}{974 \times 9.8} = \frac{900 \times 300}{974 \times 9.8} = 28.286 = 28.29\text{kW}$

(별해) $H = T \times \frac{2\pi N}{60} = 900 \times \frac{2\pi \times 300}{60} = 28274.333\text{W} = 28.27\text{kW}$

둘 다 정답이다.

답 28.29kW

08

TM50나사(외경 50mm, 유효경 46mm, 피치 p =8mm)인 나사잭의 한줄나사이며 축하중 50kN이 작용한다. 너트부 마찰계수는 0.15이고, 자립면 마찰계수는 0.01, 자립면의 평균지름은 50mm일 때 다음을 구하여라. [10점]

(1) 회전토크[N · m]를 구하여라.
(2) 나사잭의 효율은 몇 [%]인가?
(3) 축하중을 들어 올리는 속도가 3[m/min]일 때 전달동력은 몇 [kW]인가?

풀이 및 답

(1) 회전토크[N · m]를 구하여라.

$$(\text{회전토크})\ T = Q\tan(\rho' + \lambda) \times \frac{D_e}{2} + \mu' Q \times \frac{d'}{2}$$

$$= \left[50000 \times \tan(3.17 + 8.83) \times \frac{0.046}{2}\right] + \left[0.01 \times 50000 \times \frac{0.05}{2}\right]$$

$$= 256.94\text{N} \cdot \text{m} = 256.94\text{N} \cdot \text{m}$$

(리드각) $\lambda = \tan^{-1}\left(\frac{p}{\pi D_e}\right) = \tan^{-1}\left(\frac{8}{\pi \times 46}\right) = 3.168° = 3.17°$

(상당마찰각) $\rho' = \tan^{-1}\frac{\mu}{\cos\frac{\alpha}{2}} = \tan^{-1}\frac{0.15}{\cos\frac{30°}{2}} = 8.827° = 8.83°$

답 256.94N · m

(2) 나사잭의 효율은 몇 [%]인가?

$$(\text{나사잭의 효율})\ \eta = \frac{Qp}{2\pi T} = \frac{50000 \times 0.008}{2 \times \pi \times 256.94}$$

$$= 0.24776 \fallingdotseq 24.776\% \fallingdotseq 24.78\%$$

답 24.78%

(3) 축하중을 들어 올리는 속도가 3[m/min]일 때 전달동력은 몇 [kW]인가?

$$(\text{전달동력})\ H_{kW} = \frac{P \times V}{1000 \times \eta} = \frac{50000 \times 3}{1000 \times 60 \times 0.2478} = 10.0887 = 10.09\text{kW}$$

답 10.09kW

09

엔드 저널로 지지된 축의 회전수는 1200rpm이다. 저널의 지름 d =150mm, 길이 l =175mm이고, 반경 방향의 베어링 하중은 3000N이다. 다음을 구하여라. [8점]

(1) 베어링 압력은 몇 [kPa]인가?
(2) 베어링 압력속도계수는 몇 [kW/m^2]인가?
(3) 안전율 S =2일 때 표에서 재질을 선택하라.

재 질	엔드 저널 $P \cdot V$ [kW/m^2]
구리-주철	2625
납-청동	2100
청동	1750
PTFE 조직	875

풀이 및 답

(1) 베어링 압력은 몇 [kPa]인가?

$$(\text{베어링 압력})\ P = \frac{W}{d \times l} = \frac{3000}{0.15 \times 0.175} = 114285.714\text{Pa} = 114.29\text{kPa}$$

답 114.29kPa

(2) 베어링 압력속도계수는 몇 [kW/m^2]인가?

$$(\text{베어링 압력속도계수})\ P \cdot V = P \times \frac{\pi \times d \times N}{60 \times 1000} = 114.29 \times \frac{\pi \times 150 \times 1200}{60 \times 1000}$$

$$= 1077.16\text{kW/m}^2$$

답 1077.16kW/m^2

(3) 안전율 S =2일 때 표에서 재질을 선택하라.

$P \cdot V \times S = 1077.16 \times 2 = 2154.32\,\text{kW/m}^2$

그러므로 구리-주철을 선택한다.

답 구리-주철

10

코일 스프링의 소선의 지름 10mm, 코일의 바깥지름 110mm, 비틀림 전단강도 1GPa이다. 다음을 구하여라. (단, 수정계수 $K = \dfrac{4C+2}{4C-3}$) [6점]

(1) 스프링지수를 구하여라.
(2) 최대 정적하중은 몇 [N]인가?

풀이 및 답

(1) 스프링지수를 구하여라.

(스프링지수) $c = \dfrac{D_m}{d} = \dfrac{100}{10} = 10$

(코일의 평균직경) $D_m = D_2 - d = 110 - 10 = 100$

답 10

(2) 최대 정적하중은 몇 [N]인가?

(최대 정적하중) $P = \dfrac{\pi \times d^3 \times \tau}{8 \times D_m \times k} = \dfrac{\pi \times 10^3 \times 1 \times 10^3}{8 \times 100 \times 1.14} = 3444.73\text{N}$

(수정계수) $k = \dfrac{4c+2}{4c-3} = \dfrac{(4 \times 10)+2}{(4 \times 10)-3} = 1.135 = 1.14$

답 3444.73N

필답형 실기

- 기계요소설계 -

2009년도 1회

01

헬리컬 기어를 설계하고자 한다. 헬리컬 기어의 잇수 30개, 치직각 모듈 3, 이의 비틀림각 β =30°일 때 다음을 구하여라. [6점]

(1) 상당 평기어 잇수 Z_e는 몇 개인가?
(2) 피치원 지름은 몇 [mm]인가?
(3) 이끝원 지름은 몇 [mm]인가?

풀이 및 답

(1) 상당 평기어 잇수 Z_e는 몇 개인가?

(상당 평기어 잇수) $Z_e = \dfrac{Z}{\cos^3\beta} = \dfrac{30}{\cos^3 30} = 46.188 = 47$개

답 47개

(2) 피치원 지름은 몇 [mm]인가?

(피치원 지름) $D_s = \dfrac{m_n}{\cos\beta} \times Z = \dfrac{3}{\cos 30} \times 30 = 103.923 = 103.92\text{mm}$

답 103.92mm

(3) 이끝원 지름은 몇 [mm]인가?

(이끝원 지름) $D_0 = D_s + 2m_n = 103.92 + (2 \times 3) = 109.92\text{mm}$

답 109.92mm

02

동일한 토크를 받을 때 지름 90mm인 중실축과 비틀림응력이 같은 안과 밖의 지름비가 0.5인 중공축의 바깥지름[mm]을 구하여라. [3점]

풀이 및 답

(중실축의 극단면계수) Z_{p1} = (중공축의 극단면계수) Z_{p2}

$$\frac{\pi \times 90^3}{16} = \frac{\pi D_2^3}{16} \times (1 - 0.5^4)$$

(중공축의 바깥지름) $D_2 = \sqrt[3]{\dfrac{90^3}{(1-0.5^4)}} = 91.9571 = 91.96\,\text{mm}$

답 91.96mm

03

엔드 저널의 축지름 $d = 10$cm, 저널의 길이 $L = 50$cm인 레이디얼 저널 베어링에서 8kN의 레이디얼 하중이 작용할 때 베어링 압력 p[MPa]를 구하여라. [3점]

풀이 및 답

$$(\text{베어링 압력})\ p = \frac{W}{d \times l} = \frac{8 \times 10^3}{100 \times 500} = 0.16\,\text{MPa}$$

답 0.16MPa

04

강판이 그림과 같이 용접다리 길이 $f = 8$mm로 필릿 용접되어 하중을 받고 있다. 용접부 허용전단응력이 140MPa이라면 편심하중 F[N]를 구하여라.
(단, $B = H = 50$mm, $a = 150$mm이고,
용접부 단면의 극단면 모멘트 $J_P = 0.707f\dfrac{B(3H^2 + B^2)}{6}$이다.) [4점]

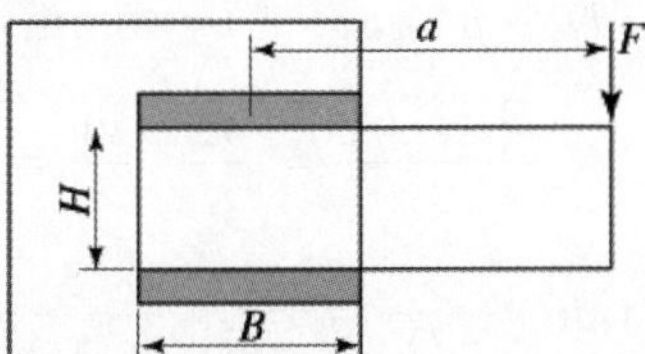

풀이 및 답

$$(\text{직접전단응력})\ \tau_1 = \frac{F}{2 \times B \times 0.707 \times f} = \frac{F}{2 \times 50 \times 0.707 \times 8}$$
$$= 0.001768F = 0.00177F$$

$$(\text{모멘트에 의한 전단응력})\ \tau_2 = \frac{T}{Z_p} = \frac{F \times a \times r_{\max}}{J_p} = \frac{F \times 150 \times 35.36}{471333.33}$$
$$= 0.011253F = 0.011F$$

$$\therefore\ \theta = \tan^{-1}\left(\frac{\frac{H}{2}}{\frac{B}{2}}\right) = \tan^{-1}\left(\frac{\frac{50}{2}}{\frac{50}{2}}\right) = 45°$$

$$\therefore\ r_{\max} = \sqrt{\left(\frac{H}{2}\right)^2 + \left(\frac{B}{2}\right)^2} = \sqrt{\left(\frac{50}{2}\right)^2 + \left(\frac{50}{2}\right)^2} = 35.36\text{mm}$$

$$J_P = 0.707f\,\frac{B(3H^2 + B^2)}{6} = 0.707 \times 8 \times \frac{50 \times (3 \times 50^2 + 50^2)}{6}$$
$$= 471333.33\,\text{mm}^4$$

$$\tau_a = \sqrt{\tau_1^{\,2} + \tau_2^{\,2} + 2\tau_1\tau_2\cos\theta}$$

$$= \sqrt{(0.00177F)^2 + (0.011F)^2 + (2\times 0.00177F \times 0.011F \times \cos 45)}$$

$$= F\sqrt{0.00177^2 + 0.011^2 + (2\times 0.00177 \times 0.011 \times \cos 45)}$$

(편심하중) $F = \dfrac{140}{\sqrt{0.00177^2 + 0.011^2 + (2\times 0.00177\times 0.011\times \cos 45)}}$

$= 11367.93\text{N}$

답 11367.93N

05

사각나사로 운동을 전달하고자 한다. 호칭지름이 48mm이고, 피치는 8mm이고, 35kN의 하중을 지지하고 있다. 이 나사의 효율은 몇 %인가? (단, 나사부에서 마찰계수 μ =0.1이다.) [4점]

풀이 및 답

(안지름) $D_1 = D_2 - p = 48 - 8 = 40\text{mm}$

(평균지름) $D_e = \dfrac{D_2 + D_1}{2} = \dfrac{48+40}{2} = 44\text{mm}$

(리드각) $\lambda = \tan^{-1}\dfrac{p}{\pi D_e} = \tan^{-1}\dfrac{8}{\pi\times 44} = 3.3122 = 3.31°$

(마찰각) $\rho = \tan^{-1}\mu = \tan^{-1}0.1 = 5.71°$

(나사의 효율) $\eta = \dfrac{\tan\lambda}{\tan(\lambda+\rho)} = \dfrac{\tan 3.31}{\tan(3.31+5.71)} = 0.36433 = 36.43\%$

답 36.43%

06

밴드 브레이크에서 드럼의 직경이 1200mm이고, 밴드의 두께는 30mm, 마찰계수는 0.35이고, 이완측 장력이 400N이 가해진다. 제동토크가 1kJ이다. 밴드의 허용 인장응력이 8MPa일 때 다음을 구하여라. [4점]

(1) 제동토크를 발생시키기 위한 접촉각 θ[°]는 얼마인가?

(2) 허용 인장응력을 고려한 밴드의 최소 폭 b[mm]는 얼마인가?

풀이 및 답

(1) 제동토크를 발생시키기 위한 접촉각 θ[°]는 얼마인가?

(마찰력) $f = \dfrac{2T}{D} = \dfrac{2\times 1000}{1.2} = 1666.67\text{N}$

(이완장력) $T_s = \dfrac{f}{e^{\mu\theta}-1} \Rightarrow e^{\mu\theta} = \dfrac{f}{T_s}+1 = \dfrac{1666.67}{400}+1 = 5.17$

$e^{\mu\theta} = 5.17 \Rightarrow \mu\theta = \ln(5.17)$

(접촉각) $\theta = \dfrac{1}{\mu}\ln(5.17) = \dfrac{1}{0.35}\ln(5.17) = 4.6939\text{rad} = 268.94°$

답 268.94°

(2) 허용 인장응력을 고려한 밴드의 최소 폭 b[mm]는 얼마인가?

(밴드의 최소 폭) $b = \dfrac{T_t}{t\times\sigma_a} = \dfrac{e^{\mu\theta}\times T_s}{t\times\sigma_a} = \dfrac{5.17\times400}{30\times8} = 8.6166 = 8.62\text{mm}$

답 8.62mm

07

호칭번호 #50 롤러체인(파단하중 22kN, 피치 15.875mm)으로 1000rpm의 구동축을 250rpm으로 감속 운전하고자 한다. 구동 스프로킷의 잇수 25개, 안전율 10으로 할 때 다음을 구하여라. [7점]

(1) 체인속도 V[m/s]를 구하여라.
(2) 최대 전달동력 H[kW]를 구하여라.
(3) 종동 스프로킷의 피치원 지름 D_2[mm]를 구하여라.
(4) 양 스프로킷의 중심거리를 900mm로 할 경우 체인의 길이 L[mm]을 구하여라.

풀이 및 답 

(1) 체인속도 V[m/s]를 구하여라.

(체인속도) $V = \dfrac{p\times Z_1\times N_1}{60\times1000} = \dfrac{15.875\times25\times1000}{60\times1000}$
$= 6.6145\text{m/s} = 6.61\text{m/s}$

답 6.61m/s

(2) 최대 전달동력 H[kW]를 구하여라.

(최대 전달동력) $H_{KW} = \dfrac{F_B\times V}{S} = \dfrac{22\times6.61}{10} = 14.542 = 14.54\text{kW}$

답 14.54kW

(3) 피동 스프로킷의 피치원 지름 D_2[mm]를 구하여라.

(피동 스프로킷의 피치원 지름) $D_2 = \dfrac{P}{\sin\left(\dfrac{180}{Z_2}\right)} = \dfrac{15.875}{\sin\left(\dfrac{180}{100}\right)} = 505.4\text{mm}$

$$Z_2 = Z_1 \times \frac{1000}{250} = 25 \times 4 = 100\text{개}$$

답 505.4mm

(4) 양 스프로킷의 중심거리를 900mm로 할 경우 체인의 길이 L[mm]을 구하여라.

$$(\text{체인의 길이})\ L = L_n \times p = \left(\frac{2 \times C}{p} + \frac{(Z_2 + Z_1)}{2} + \frac{p(Z_2 - Z_1)^2}{4C\pi^2}\right) \times p$$

$$= \left(\frac{2 \times 900}{15.875} + \frac{(100+25)}{2} + \frac{15.875 \times (100-25)^2}{4 \times 900 \times \pi^2}\right) \times 15.875$$

$$= 2832.0851\text{mm} \fallingdotseq 2832.09\text{mm}$$

답 2832.09mm

08

V벨트 전동에서 원동 풀리의 호칭지름은 250mm, 회전수 950rpm, 접촉중심각 θ =160°, 벨트 장치에서 긴장장력이 1.4kN이 작용되고 있다. 전체 전달동력은 50kW, 접촉각 수정계수 0.94, 과부하계수 1.2이다. 다음을 구하여라. (단, 등가마찰계수 μ' =0.48, 벨트의 단면적 236.7mm^2, 벨트 재료의 비중은 1.5이다.) [7점]

(1) 벨트의 회전속도 V[m/s]를 구하여라.
(2) 벨트에 작용하는 부가장력 T_g[N]를 구하여라.
(3) 벨트의 가닥 수를 구하여라.

풀이 및 답

(1) 벨트의 회전속도 V[m/s]를 구하여라.

$$(\text{벨트의 회전속도})\ V = \frac{\pi \times D_1 \times N_1}{60 \times 1000} = \frac{\pi \times 250 \times 950}{60 \times 1000} = 12.4354 = 12.44\text{m/s}$$

답 12.44m/s

(2) 벨트에 작용하는 부가장력 T_g[N]를 구하여라.

$$(\text{벨트의 부가장력})\ T_g = \frac{wV^2}{g} = \frac{\rho g A V^2}{g} = \rho A V^2$$

$$= 1.5 \times 10^3 \times 236.7 \times 10^{-6} \times 12.44^2$$

$$= 54.9452 = 54.95\text{N}$$

답 54.95N

(3) 벨트의 가닥 수를 구하여라.

$$(\text{벨트의 가닥 수})\ Z=\frac{H_{KW}}{H_0\times k_\theta\times k_m}=\frac{50}{12.35\times 0.94\times 1.2}=3.589=4\text{가닥}$$

k_θ : 접촉각 보정계수, k_m : 과부하계수

$$(\text{벨트 한 가닥의 전달동력})\ H_0=\frac{V}{1000}\left(\frac{e^{\mu'\theta}-1}{e^{\mu'\theta}}\right)(T_t-T_g)$$

$$=\frac{12.44}{1000}\left(\frac{3.82-1}{3.82}\right)(1400-54.95)$$

$$=12.3522\,\text{kW}=12.35\,\text{kW}$$

$$e^{\mu'\theta}=e^{\left(0.48\times 160\times\frac{\pi}{180}\right)}=3.8206=3.82$$

답 4가닥

09 외접원통 마찰차를 이용하여 동력을 전달하고자 한다. 서로 평행한 두 축 사이에 동력을 전달하는 외접 원통 마찰차를 이용하여 축간거리 300mm, 원동축 회전수 800rpm, 원동축에 대한 종동축의 회전비는 0.5이며, 서로 1kN의 힘으로 밀어서 접촉시키고자 할 때 다음을 구하여라. (단, 두 마찰차간의 마찰계수는 0.2이다.) [6점]

(1) 원동차의 지름 D_1[mm]과 종동차의 지름 D_2[mm]를 구하여라.
(2) 원주속도 V[m/s]를 구하여라.
(3) 최대 전달동력 H[kW]를 구하여라.

풀이 및 답

(1) 원동차의 지름 D_1[mm]과 종동차의 지름 D_2[mm]를 구하여라.

$$(\text{원동차의 지름})\ D_1=\frac{2C}{\frac{1}{i}+1}=\frac{2\times 300}{\frac{1}{0.5}+1}=200\,\text{mm}$$

$$(\text{종동차의 지름})\ D_2=\frac{D_1}{i}=\frac{200}{0.5}=400\,\text{mm}$$

답 D_1 =200mm
D_2 =400mm

(2) 원주속도 V[m/s]를 구하여라.

$$(\text{원주속도})\ V=\frac{\pi D_1 N_1}{60\times 1000}=\frac{\pi\times 200\times 800}{60\times 1000}=8.3775=8.38\,\text{m/s}$$

답 8.38m/s

(3) 최대 전달동력 H[kW]를 구하여라.

$$(\text{최대 전달동력})\ H_{kw} = \frac{\mu \times P \times V}{1000} = \frac{0.2 \times 1000 \times 8.38}{1000} = 1.68\,\text{kW}$$

답 1.68kW

10

원통형 코일 스프링을 이용하여 엔진의 밸브 스프링으로 사용하려고 한다. 스프링에 작용하는 하중은 밸브가 닫혔을 때 100N, 밸브가 열렸을 때는 140N, 최대 양정은 8mm이다. 스프링의 허용전단응력 및 전단탄성계수는 각각 $\tau_a =$ 600MPa, $G =$70GPa, 스프링지수는 10으로 할 때 다음을 구하여라. (단, 밸브가 열려 있을 때 스프링이 받는 전단응력은 허용전단응력과 같다고 하고 응력수정계수는 고려하여라.) [6점]

(1) 스프링 소선의 직경 d[mm]를 구하여라.
(2) 스프링의 평균직경 D[mm]를 구하여라.
(3) 코일의 감긴 권수를 구하여라.

풀이 및 답

(1) 스프링 소선의 직경 d[mm]를 구하여라.

$$(\text{스프링 소선의 직경})\ d = \sqrt{k' \frac{8P_{\max}C}{\pi \tau_w}} = \sqrt{1.14 \times \frac{8 \times 140 \times 10}{\pi \times 600}}$$

$$= 2.602 = 2.6\,\text{mm}$$

$$(\text{왈의 수정응력계수})\ k' = \frac{4C-1}{4C-4} + \frac{0.615}{C} = \frac{4 \times 10 - 1}{4 \times 10 - 4} + \frac{0.615}{10}$$

$$= 1.1448 = 1.14$$

답 2.6mm

(2) 스프링의 평균직경 D[mm]를 구하여라.

$$(\text{스프링의 평균직경})\ D = d \times C = 2.6 \times 10 = 26\,\text{mm}$$

답 26mm

(3) 코일의 감긴 권수를 구하여라.

$$(\text{코일의 감김수})\ n = \frac{\delta \times G \times d^4}{8 \times (P_{\max} - P_{\min}) \times D^3} = \frac{8 \times 70 \times 10^3 \times 2.6^4}{8 \times (140 - 100) \times 26^3}$$

$$= 4.55 = 5\text{권}$$

답 5권

필답형 실기

- 기계요소설계 -

2009년도 2회

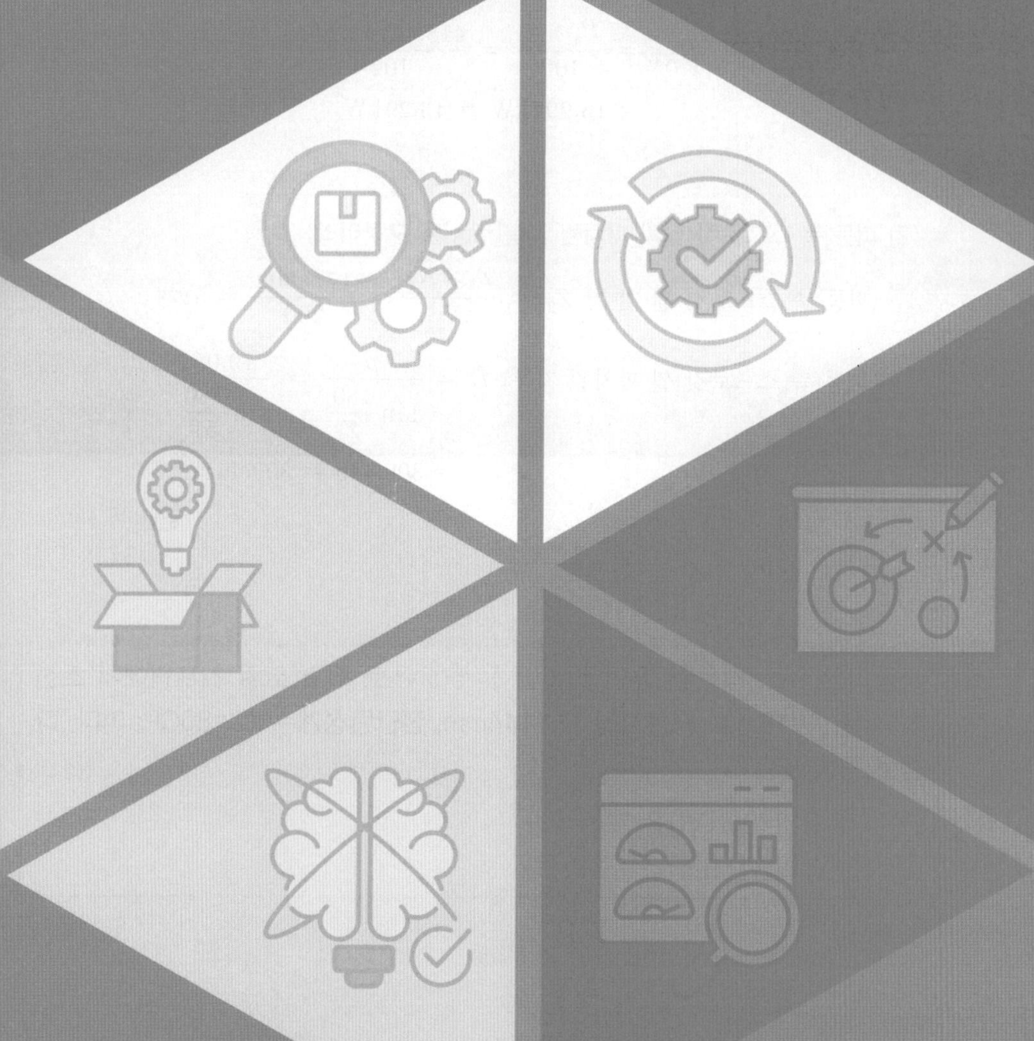

01

롤러 체인 No.60의 파단 하중이 3200kgf, 피치는 19.05mm를 2열로 사용하여 안전율 10으로 동력을 전달하고자 한다. 구동 스프로킷 휠의 잇수는 17개, 회전속도 600rpm으로 회전하며 피동 축은 200rpm으로 회전하고 있다. 다음 물음에 답하여라. [단, 롤러의 부하계수 $k=1.3$, 2줄(2열)인 경우 다열계수 $e=1.7$이다.] [3점]

(1) 최대 전달동력[kW]을 구하여라.
(2) 피동 축 스프로킷 휠의 피치원 지름[mm]을 구하여라.

풀이 및 답

(1) 최대 전달동력[kW]을 구하여라.

(설계장력) $P_s = \dfrac{F_B}{k \times s} \times e = \dfrac{3200}{1.3 \times 10} \times 1.7 = 418.4615 = 418.46\,\text{kgf}$

(속도) $V = \dfrac{p \times Z_1 \times N_1}{60 \times 1000} = 3.2385 = 3.24\,\text{m/s}$

(최대 전달동력) $H_{KW} = \dfrac{P_s \times V}{102} = \dfrac{418.46 \times 3.24}{102}$

$= 13.292\,\text{kW} = 13.29\,\text{kW}$

답 13.29kW

(2) 피동 축 스프로킷 휠의 피치원 지름[mm]을 구하여라.

(피동 축 스프로킷 휠 잇수) $Z_2 = \dfrac{Z_1 \times N_1}{N_2} = \dfrac{17 \times 600}{200} = 51$개

(피동 축 스프로킷 휠 피치원 지름) $D_2 = \dfrac{p}{\sin\dfrac{180}{Z}} = \dfrac{19.05}{\sin\dfrac{180}{51}}$

$= 309.449 = 309.45\,\text{mm}$

답 309.45mm

02

하중이 3000N 작용할 때의 처침이 $\delta=50$mm로 되고 코일 스프링에서 소선의 지름 $d=16$mm, 평균지름 $D=144$mm, 전단탄성계수 $G=80$GPa이다. 다음을 구하여라. [5점]

(1) 유효감김수 n[회]을 구하여라.
(2) 전단응력 τ[MPa]를 구하여라.

풀이 및 답

(1) 유효감김수 n[회]을 구하여라.

$$(\text{유효감김수})\ n = \frac{\delta G d^4}{8PD_3} = \frac{50\times80\times10^3\times16^4}{8\times3000\times144^3} = 3.657 = 4\text{회}$$

답 4회

(2) 전단응력 τ[MPa]를 구하여라.

$$(\text{스프링지수})\ c = \frac{D}{d} = \frac{144}{16} = 9$$

$$(\text{왈의 수정계수})\ k = \frac{4C-1}{4C-4} + \frac{0.615}{C} = \frac{4\times9-1}{4\times9-4} + \frac{0.615}{9}$$

$$= 1.162 = 1.16$$

$$(\text{전단응력})\ \tau = k\frac{8PD}{\pi d^3} = 1.16\times\frac{8\times3000\times144}{\pi\times16^3} = 311.545 = 311.55\text{MPa}$$

답 311.55MPa

03

베어링 번호 1300 복렬 자동 조심 볼베어링(α =15°) 레이디얼 하중 4000N, 스러스트 하중 3000N이고, 내륜회전으로 400rpm으로 40000시간의 수명을 가지는 베어링에서 다음을 구하여라. [6점]

베어링 형식	내륜 회전	외륜 회전	단열		복렬				e
			$F_a/VF_r > e$		$F_a/VF_r \le e$		$F_a/VF_r > e$		
	V		X	Y	X	Y	X	Y	
자동조심 볼베어링	1	1	0.4	0.4×cotα	1	0.42×cotα	0.65	0.65×cotα	1.5×tanα

(1) 표를 보고 반지름 방향 동등가 하중 P_r[N]을 구하여라.

(2) 동적 부하 용량[N]을 구하여라.

풀이 및 답

(1) 표를 보고 반지름 방향 동등가 하중 P_r[N]을 구하여라.

$$(\text{반지름 방향 동등가 하중})\ P_r = XVF_r + YF_a$$

$$= (0.65\times1\times4000) + (0.65\times\cot15\times3000)$$

$$= 9877.499 = 9877.5\text{N}$$

답 9877.5N

(2) 동적 부하 용량[N]을 구하여라.

$$(\text{동적 부하 용량})\ C = \left(\frac{L_H \times N}{500 \times 33.3}\right)^{\frac{1}{r}} \times P_r = \left(\frac{40000 \times 400}{500 \times 33.3}\right)^{\frac{1}{3}} \times 9877.5\,\text{N}$$
$$= 97472.5407 = 97472.54\,\text{N}$$

답 97472.54N

04

그림과 같은 단식 블록 브레이크를 가진 중량물의 자유낙하를 방지하려고 한다. 다음을 구하여라. (단, 드럼면은 주철이고 브레이크 블록은 목재로서 마찰계수 μ =0.3이다.) [6점]

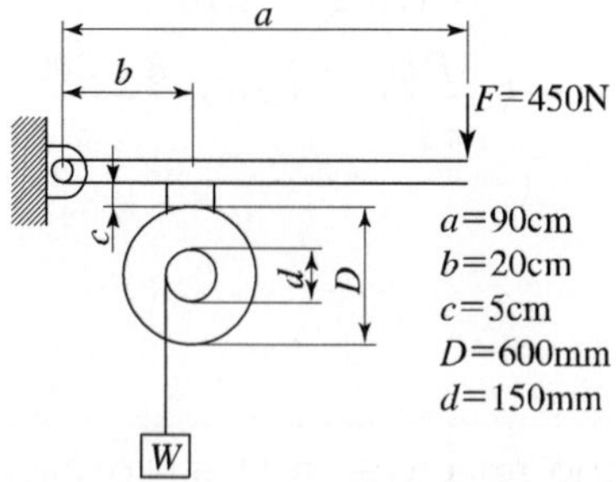

(1) 제동력 f는 몇 [N]인가?
(2) 제동토크는 몇 [N · m]인가?
(3) 중량물은 최대 몇 [N]까지 허용되는가?

풀이 및 답

(1) 제동력 f는 몇 [N]인가?

$\Sigma M_0 = 0,\ F \times a - Q \times b + \mu Q \times c = 0$

$$Q = \frac{F \times a}{(b - \mu c)} = \frac{450 \times 90}{(20 - 0.3 \times 5)} = 2189.189 = 2189.19\,\text{N}$$

$$(\text{제동력})\ f = \mu Q = 0.3 \times 2189.19 = 656.757 = 656.76\,\text{N}$$

답 656.76N

(2) 제동토크는 몇 [N · m]인가?

$$(\text{제동토크})\ T = f \times \frac{D}{2} = 656.76 \times \frac{0.6}{2} = 197.028 = 197.03\,\text{N} \cdot \text{m}$$

답 197.03N · m

(3) 중량물은 최대 몇 [N]까지 허용되는가?

(중량) $W = \dfrac{2T}{d} = \dfrac{2\times 197.03}{0.15} = 2627.066 = 2627.07\text{N}$

답 2627.07N

05

중앙에 질량이 집중된 회전축이 양쪽 끝에 베어링으로 지지되고 있다. 집중된 질량은 100kg이고 총 길이는 600mm이며 축의 자중은 무시한다. 베어링은 스프링 상수계수 $K_b = 40\times 10^6$[N/m]이고, 축의 지름은 50mm, 탄성계수는 205GPa이다. 중력가속도는 9.81m/s^{2}로 한다. 다음을 구하여라. [6점]

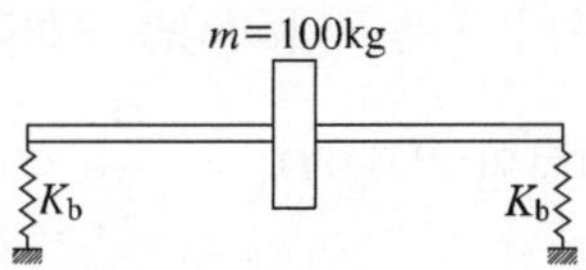

(1) 베어링이 단순지지된 경우 축의 처짐 δ_1[μm]을 구하여라.
(2) 집중질량에 의한 베어링 부분의 처짐 δ_2[μm]를 구하여라.
(3) 회전축의 위험 rpm을 구하여라.

풀이 및 답

(1) 베어링이 단순지지된 경우 축의 처짐 δ_1[μm]을 구하여라.

(베어링이 단순지지된 경우의 처짐)

$$\delta_1 = \frac{(mg)L^3}{48EI} = \frac{(100\times 9.81)\times 600^3}{48\times 205\times 10^3\times \frac{\pi}{64}\times 50^4} = 0.07019\text{mm} = 70.19\mu\text{m}$$

답 70.19μm

(2) 집중질량에 의한 베어링 부분의 처짐 δ_2[μm]를 구하여라.

(집중하중에 의한 베어링 부분의 처짐)

$$\delta_2 = \frac{mg/2}{K_b} = \frac{(100\times 9.81)/2}{40\times 10^3} = 0.01226\text{mm} = 12.26\mu\text{m}$$

답 12.26μm

(3) 회전축의 위험 rpm을 구하여라.

$$(\text{위험 rpm})\ N_c = \frac{30}{\pi}\sqrt{\frac{g}{\delta_1+\delta_2}} = \frac{30}{\pi}\sqrt{\frac{9.81\times 10^6}{70.19+12.26}}$$
$$= 3293.901 = 3293.9\text{rpm}$$

답 3293.9rpm

06

베벨 기어의 원동 기어의 피치 원지름이 150mm이고 속비 $i = \frac{1}{2}$, 두 축의 교차각이 90°이다. 다음을 구하여라. [5점]

(1) 종동 기어의 피치원 지름 D_2[mm]를 구하여라.

(2) 모선의 길이 L[mm]을 구하여라.

(3) 전달동력이 40[kW]이고, 작은기어의 회전수가 2000[rpm]일 때 작은기어의 회전력[N]은?

풀이 및 답

(1) 종동 기어의 피치원 지름 D_2[mm]를 구하여라.

(종동 기어의 피치원 지름) $D_2 = \frac{D_1}{i} = \frac{150}{\left(\frac{1}{2}\right)} = 300\,\text{mm}$

답 300mm

(2) 모선의 길이 L[mm]을 구하여라.

(원동 기어의 피치 원주각) $\delta_1 = \tan^{-1}\left(\frac{\sin\theta}{\frac{1}{i} + \cos\theta}\right) = \tan^{-1} i = \tan^{-1}\left(\frac{1}{2}\right)$

$= 26.365 = 26.57°$

(모선의 길이) $L = \frac{D_1}{2\sin\delta_1} = \frac{150}{2 \times \sin 26.57} = 167.676 = 167.68\,\text{mm}$

답 167.68mm

(3) 전달동력이 40[kW]이고, 작은기어의 회전수가 2000[rpm]일 때 작은기어의 회전력[N]은?

(작은기어의 회전력) $F = \frac{H_{KW}}{V} \times 1000 = \frac{40 \times 1000}{\left(\frac{\pi \times 150 \times 2000}{60 \times 1000}\right)}$

$= 2546.479 = 2546.48\,\text{N}$

답 2546.48N

07

그림과 같이 겹치기 양면이음으로 필릿 용접하려고 한다. 유효길이 120mm, 강판의 두께는 12mm, 용접부의 허용인장응력 70MPa일 때. 최대하중[kN]을 구하여라. [3점]

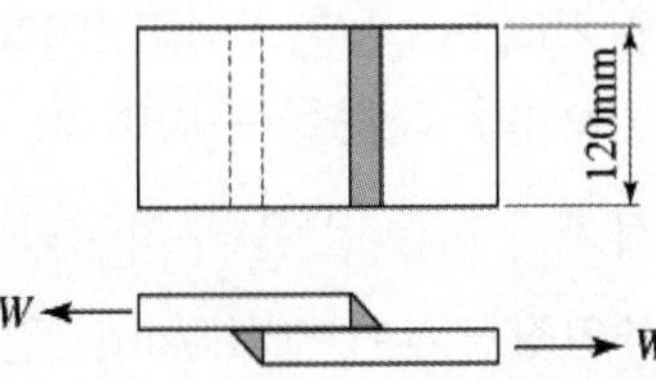

풀이 및 답

(최대하중) $W = \sigma \times 2tL = \sigma \times 2 \times h\cos 45 \times L = 70 \times 2 \times 12\cos 45 \times 120$

$= 142552.727 = 142.55\,\text{kN}$

답 142.55kN

08

겹판 스프링에서 스팬의 길이 $L = 2.5$m, 폭 0.06m, 판 두께 15mm, 강판 수는 6개, 죔폭 12cm, 허용굽힘응력 $\sigma_a = 350$MPa, 탄성계수 $E = 200$GPa일 때. 다음을 구하여라. [6점]

(1) 겹판 스프링이 견딜 수 있는 최대하중 P[kN]를 구하여라.
(2) 겹판 스프링의 최대처짐 δ[mm]를 구하여라.

풀이 및 답

(1) 겹판 스프링이 견딜 수 있는 최대하중 P[kN]를 구하여라.

(겹판 스프링이 견딜 수 있는 최대하중)

$$P = \frac{2 \times \sigma_b \times Z \times h^2 \times b}{3 \times L_e} = \frac{2 \times 350 \times 10^6 \times 6 \times 0.015^2 \times 0.06}{3 \times (2.5 - 0.6 \times 0.12)}$$

$= 7784.1845\text{N} = 7.78\text{kN}$

답 7.78kN

(2) 겹판 스프링의 최대처짐 δ[mm]를 구하여라.

(겹판 스프링의 최대처짐량)

$$\delta = \frac{3 \times P \times L_e^3}{8 \times b \times Z \times h^3 \times E} = \frac{3 \times 7.78 \times 10^3 \times (2.5 - 0.6 \times 0.12)^3}{8 \times 0.06 \times 6 \times 0.015^3 \times 200 \times 10^9}$$

$= 0.1718504\,\text{m} = 171.85\,\text{mm}$

답 171.85mm

09

면 로프를 이용하여 동력을 전달하고자 한다. 원동 풀리의 피치원 지름이 1200mm, 회전수가 400rpm의 동력을 전달하기 위해 지름 30mm의 면 로프를 바로걸기를 이용하여 동력을 전달하고자 한다. 종동 풀리의 피치원 지름이 2400mm이고, 축간거리 9m, V홈각 45°, 마찰계수 μ =0.2, 면 로프의 단위길이의 무게는 1.5N/m이다. 다음을 구하여라. **[6점]**

(1) 원동 풀리의 접촉각 θ_1[rad]을 구하여라.

(2) 면 로프의 허용인장응력이 80[N/cm^2]일 때 300[kW] 동력을 전달하기 위한 면 로프의 줄수를 정수로 구하여라.

풀이 및 답

(1) 원동 풀리의 접촉각 θ_1[rad]을 구하여라.

$$\phi = \sin^{-1}\left(\frac{D_2 - D_1}{2C}\right) = \sin^{-1}\left(\frac{2400-1200}{2\times 9000}\right) = 3.82°$$

$$\text{(원동 풀리 접촉각) } \theta_1 = 180 - 2\times 3.82 = 172.36° = 172.36°\times\frac{\pi}{180}$$

$$= 3.008\,\text{rad} = 3.01\,\text{rad}$$

답 3.01rad

(2) 면 로프의 허용인장응력이 80[N/cm^2]일 때 300[kW] 동력을 전달하기 위한 면 로프의 줄수를 정수로 구하여라.

$$\text{(로프의 긴장력) } T_t = \sigma\times\frac{\pi}{4}d^2 = 80\times\frac{\pi}{4}\times 3^2 = 565.4866\text{N} = 565.49\text{N}$$

$$\text{(속도) } V = \frac{\pi\times D_1\times N_1}{60\times 1000} = \frac{\pi\times 1200\times 400}{60\times 1000} = 25.1327 = 25.13\,\text{m/s}$$

$$\text{(상당마찰계수) } \mu' = \frac{\mu}{\sin\frac{\alpha}{2}+\mu\cos\frac{\alpha}{2}} = \frac{0.2}{\sin\frac{45}{2}+0.2\cos\frac{45}{2}} = 0.35$$

$$\text{(장력비) } e^{\mu'\theta} = e^{0.35\times 3.01} = 2.868 = 2.87$$

$$\text{(유효장력) } P_e = \left(T_t - \frac{wv^2}{g}\right)\times\frac{e^{\mu'\theta}-1}{e^{\mu'\theta}}$$

$$= \left(565.49 - \frac{1.5\times 25.13^2}{9.8}\right)\times\frac{2.87-1}{2.87}$$

$$= 305.4741 = 305.47\,\text{N}$$

$$\text{(로프 1개의 전달동력) } H_0 = \frac{P_e\times V}{1000} = \frac{305.47\times 25.13}{1000} = 7.6764 = 7.68\text{kW}$$

$$(\text{줄수})\ n = \frac{H_{KW}}{H_0} = \frac{300}{7.68} = 39.062 = 40\text{가닥}$$

답 40가닥

10

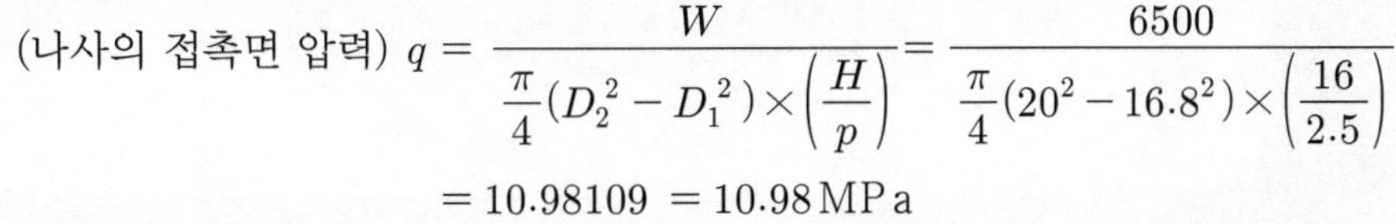
축방향 하중이 6.5kN을 받는 사각나사가 있다. 사각나사의 골지름 16.8mm, 산지름이 20mm, 피치가 2.5mm, 너트의 높이가 16mm이다. 이때 나사의 접촉면 압력[MPa]을 구하여라. [4점]

풀이 및 답

$$(\text{나사의 접촉면 압력})\ q = \frac{W}{\frac{\pi}{4}(D_2^2 - D_1^2) \times \left(\frac{H}{p}\right)} = \frac{6500}{\frac{\pi}{4}(20^2 - 16.8^2) \times \left(\frac{16}{2.5}\right)}$$

$$= 10.98109 = 10.98\,\text{MPa}$$

답 10.98MPa

필답형 실기

- 기계요소설계 -

2009년도 4회

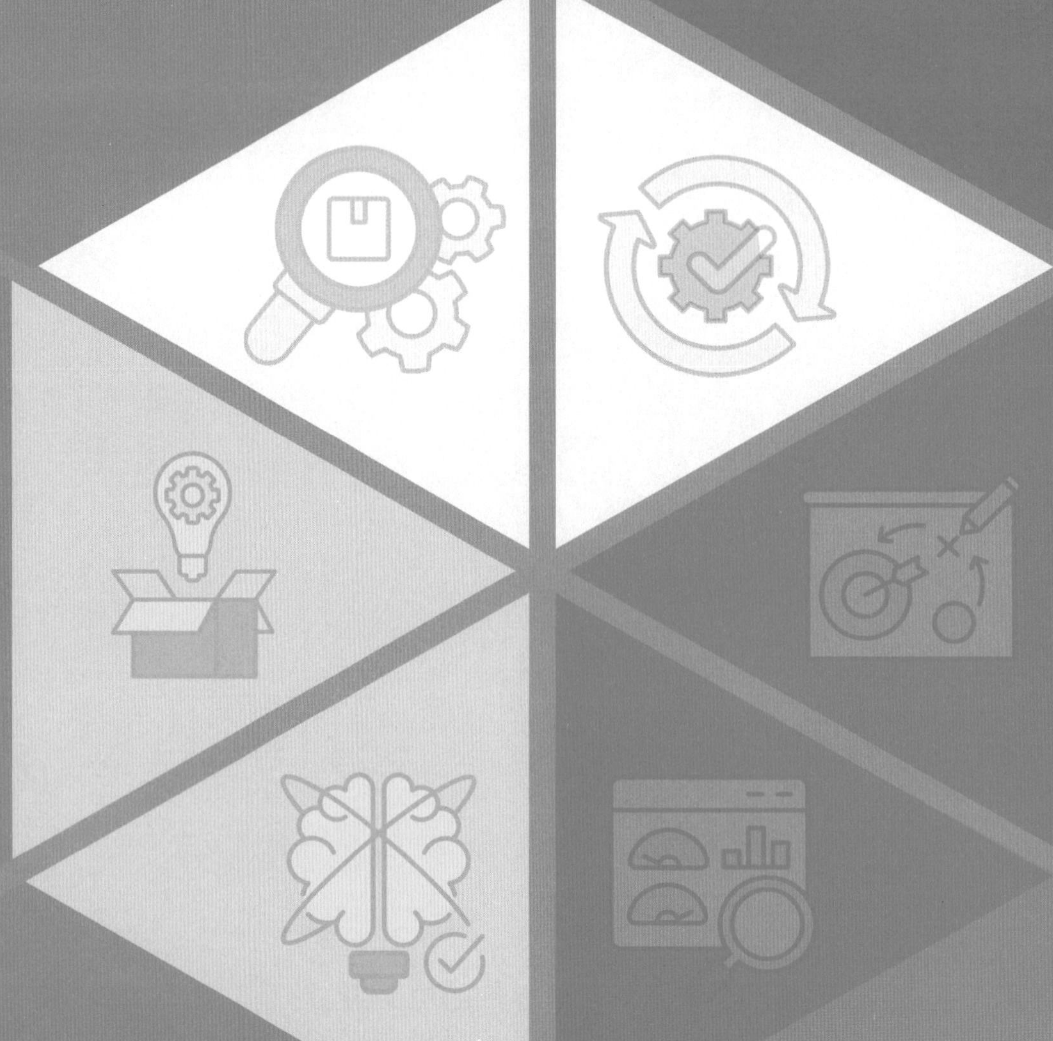

01

그림과 같이 밴드 브레이크에서 하중 W의 낙하를 방지하기 위하여 레버 끝에 F=400N의 힘이 작용될 때, 다음을 구하여라. (단, 마찰계수 μ=0.3, 밴드의 두께 t=2mm, 밴드의 허용인장응력은 80MPa이다.) [5점]

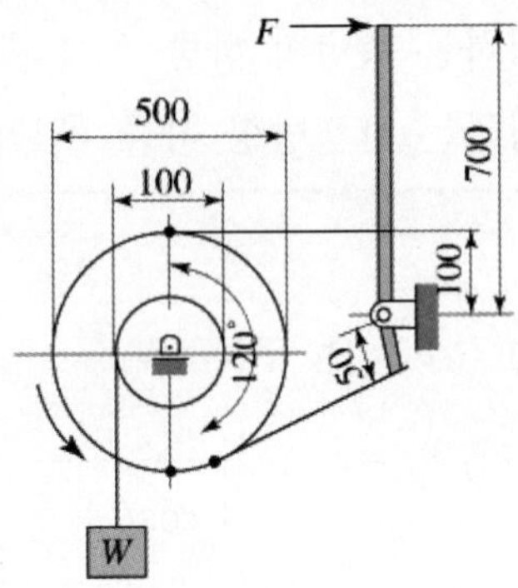

(1) 낙하하지 않을 최대하중 W[N]를 구하여라.

(2) 밴드의 폭 b[mm]를 구하여라.

풀이 및 답

(1) 낙하하지 않을 최대하중 W[N]를 구하여라.

(낙하하지 않을 최대하중) $W = f \times \dfrac{D_2}{D_1} = 2334.89 \times \dfrac{500}{100} = 11674.45\text{N}$

$$\sum M_o = 0$$

$$F \times 700 - \frac{f\,e^{\mu\theta}}{e^{\mu\theta}-1} \times 100 + \frac{f}{e^{\mu\theta}-1} \times 50 = 0$$

$$f = \frac{400 \times 700}{119.92} = 2334.89\text{N}$$

(장력비) $e^{\mu\theta} = e^{\left(0.3 \times 240 \times \frac{\pi}{180}\right)} = 3.51358 \fallingdotseq 3.51$

답 11674.45N

(2) 밴드의 폭 b[mm]를 구하여라.

(밴드의 폭) $b = \dfrac{T_t}{\sigma_a \times t} = \dfrac{3265.13}{80 \times 2} = 20.407 \fallingdotseq 20.41\,\text{mm}$

(긴장장력) $T_t = \dfrac{f e^{\mu\theta}}{e^{\mu\theta} - 1} = \dfrac{2334.89 \times 3.51}{3.51 - 1} = 3265.125\text{N} = 3265.13\text{N}$

답 20.41mm

02 원동차가 500rpm, 종동차가 200rpm으로 회전하는 원추 마찰차의 축각이 80°이고 접촉면에 작용하는 하중이 450[N]일 때, 다음을 구하여라. **[6점]**

(1) 원동차의 꼭지반각 θ_1[°]을 구하여라.

(2) 원동차에 발생하는 축방향 하중 P_1[N]을 구하여라.

(3) 원동차에 발생하는 반경방향 하중 R_1[N]을 구하여라.

풀이 및 답

(1) 원동차의 꼭지반각 θ_1[°]을 구하여라.

(원동차의 원추각) $\theta_1 = \tan^{-1}\left(\dfrac{\sin\theta}{\cos\theta + \dfrac{1}{\epsilon}}\right) = \tan^{-1}\left(\dfrac{\sin 80}{\cos 80 + \dfrac{5}{2}}\right)$

$= 20.2206 \fallingdotseq 20.22°$

(회전속도비) $i = \dfrac{N_2}{N_1} = \dfrac{200}{500} = \dfrac{2}{5}$

답 20.22°

(2) 원동차에 발생하는 축방향 하중 P_1[N]을 구하여라.

(원동차에 발생하는 축방향 하중) $P_1 = Q\sin\theta_1 = 450 \times \sin(20.22)$

$= 155.531 \fallingdotseq 155.53\text{N}$

답 155.53N

(3) 원동차에 발생하는 반경방향 하중 R_1[N]을 구하여라.

(원동차에 발생하는 반경방향 하중) $R_1 = Q\cos\theta_1 = 450 \times \cos(20.22)$

$= 422.267595199 \fallingdotseq 422.27\text{N}$

답 422.27N

03

다음 그림과 같이 120kN인 풀리가 부착되어 있다. 축의 탄성계수 $E=210$GPa, 축지름이 90mm일 때, 다음을 구하여라. (단, 축의 자중은 무시한다. 중력가속도는 9.81m/s²이다.) [6점]

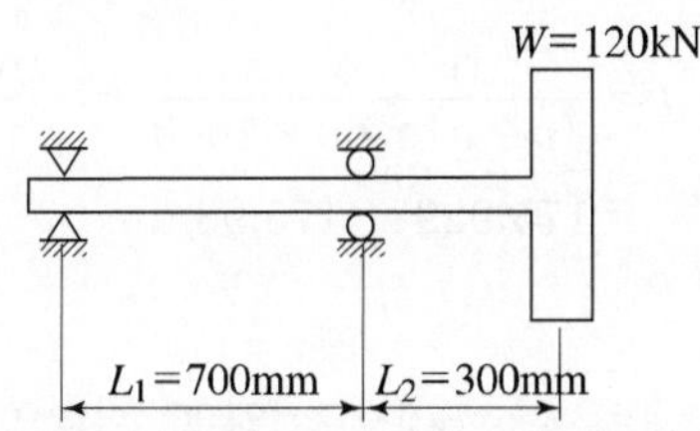

(1) 풀리부분의 축의 처짐량[μm]은 얼마인가?

(2) 공진현상을 발생시키는 위험회전수[rpm]를 구하여라.

풀이 및 답

(1) 풀리부분의 축의 처짐량[μm]은 얼마인가?

$$(\text{축의 처짐})\ \delta=\frac{W(L_1+L_2)L_2^2}{3EI}=\frac{120\times10^3\times1000\times300^2}{3\times210\times10^3\times\dfrac{\pi(90)^4}{64}}\times10^3$$

$$=5322.8382 \fallingdotseq 5322.84\mu\text{m}$$

답 5322.84μm

(2) 공진현상을 발생시키는 위험회전수[rpm]를 구하여라.

$$N=\frac{30}{\pi}\sqrt{\frac{g}{\delta}}=\frac{30}{\pi}\sqrt{\frac{9.81\times10^3}{5322.84\times10^{-3}}}=409.9531 \fallingdotseq 409.95\text{rpm}$$

답 409.95rpm

04

분당회전수가 420rpm으로 회전하는 엔드저널베어링이 있다. 회전하는 축으로부터 16kN의 하중을 받는 엔드저널 베어링을 설계하고자 한다. 다음을 구하여라. [4점]

(1) 압력속도계수가 $p\cdot v=2$[N/mm² · m/s]일 때 저널의 길이 l[mm]을 구하여라.

(2) 축의 허용굽힘응력 $\sigma_a=60$[MPa]일 때 저널의 지름 d[mm]를 구하여라.

풀이 및 답

(1) 압력속도계수가 $p \cdot v = 2[\text{N/mm}^2 \cdot \text{m/s}]$일 때 저널의 길이 l[mm]을 구하여라.

$$p \cdot v = 2[\text{N/mm}^2] = \frac{W}{d \times l} \times \frac{\pi DN}{60000} = \frac{W \times \pi N}{60000 \times l}$$

$$(\text{저널의 길이})\ l = \frac{W \times N \times \pi}{(p \cdot v) \times 60 \times 1000} = \frac{16 \times 10^3 \times 420 \times \pi}{2 \times 60 \times 1000}$$

$$= 175.929 ≒ 175.93\text{mm}$$

답 175.93mm

(2) 축의 허용굽힘응력 $\sigma_a = 60$[MPa]일 때 저널의 지름 d[mm]를 구하여라.

$$(\text{저널의 지름})\ d = \sqrt[3]{\frac{16Wl}{\sigma_a \pi}} = \sqrt[3]{\frac{16 \times 16 \times 10^3 \times 175.93}{60 \times \pi}}$$

$$= 62.052 ≒ 62.05\text{mm}$$

답 62.05mm

05

스프링지수 $c = 8$인 압축 코일 스프링에서 하중이 700N에서 500N으로 감소되었을 때, 처짐량의 변화가 25mm가 되도록 하려고 한다. 다음을 구하여라. (단, 하중이 700N이 작용될 때 소선의 전단응력은 300MPa이며, 가로 탄성계수는 80GPa이다.) [6점]

(1) 소선의 지름 d[mm]를 구하여라.
(2) 코일의 감김수 n[회]을 구하여라.

풀이 및 답

(1) 소선의 지름 d[mm]를 구하여라.

$$(\text{소선의 지름})\ d = \sqrt{\frac{8 \times P_{\max} \times c \times k'}{\pi \times \tau}} = \sqrt{\frac{8 \times 700 \times 8 \times 1.18}{\pi \times 300}}$$

$$= 7.489 ≒ 7.49\text{mm}$$

$$(\text{kwall's 응력계수})\ k' = \frac{4c-1}{4c-4} + \frac{0.615}{c} = \frac{4 \times 8 - 1}{4 \times 8 - 4} + \frac{0.615}{8} = 1.184 ≒ 1.18$$

답 7.49mm

(2) 코일의 감김수 n[회]을 구하여라.

$$(\text{코일의 감김수})\ n = \frac{\delta \times G \times d}{8 \times c^3 \times (P_{\max} - P_{\min})} = \frac{25 \times 80 \times 10^3 \times 7.49}{8 \times 8^3 \times (700 - 500)}$$

$$= 18.286 ≒ 19\text{회}$$

답 19회

06

양쪽 덮개판 맞대기 이음으로 두 판재를 결합하고자 한다. 두께가 20mm인 강판을 리벳의 지름이 30mm, 피치가 60mm, 1줄 양쪽 덮개판 맞대기 이음을 하였다. 이 이음에 316kN의 힘이 작용한다면 리벳이음의 효율[%]은 얼마인가? (단, 리벳의 전단강도는 판의 인장강도의 85%이다.) [4점]

풀이 및 답

(강판의 효율) $\eta_t = 1 - \dfrac{d_r}{p} = 1 - \dfrac{30}{60} = 0.5 = 50\%$

(리벳의 효율) $\eta_r = \dfrac{0.85 \times \pi \times d_r^2 \times n \times 1.8}{p \times t \times 4} = \dfrac{0.85 \times \pi \times 30^2 \times 1 \times 1.8}{60 \times 20 \times 4}$

$= 0.90124 \fallingdotseq 90.12\%$

그러므로 리벳이음의 효율은 50%를 선정한다.

답 50%

07

평기어의 단점을 보완하기 위해 전위기어를 사용한다. 전위기어를 사용할 때의 장점을 5가지 서술하여라. [5점]

풀이 및 답

① 언더컷을 방지하기 위해서 사용된다.
② 기어의 중심거리를 자유로 변화시킬 때 사용된다.
③ 이의 강도를 개선시킬 때 사용한다.
④ 성능상 가장 적당한 인벌류트 곡선이 선택된다.
⑤ 미끄럼률을 줄일 수 있고 물림률을 증가시킬 수 있다.
⑥ 최소 잇수의 개수를 적게 할 때

08

사각나사의 바깥지름이 50mm, 안지름이 44mm인 1줄 사각나사를 25mm 전진하는데 2.5회전을 한다. 마찰계수 μ =0.12, 스패너에 작용한 힘이 30N이고, 스패너의 길이가 100mm이다. 다음을 구하여라. [5점]

(1) 올릴 수 있는 하중 Q[N]는?
(2) 위에서 구한 올릴 수 있는 하중 Q를 50[m/min]으로 올리기 위한 동력 H[kW]를 구하여라.

(1) 올릴 수 있는 하중 Q[N]는?

$$(\text{하중})\ Q = \frac{F \times L}{\tan(\rho+\lambda)\times\frac{D_e}{2}} = \frac{30\times100}{\tan(6.94+3.87)\times\frac{47}{2}}$$

$$= 674.973 \fallingdotseq 674.97\text{N}$$

$$(\text{리드각})\ \lambda = \tan^{-1}\frac{l}{\pi D_e} = \tan^{-1}\frac{10}{\pi\times47} = 3.874 \fallingdotseq 3.87°$$

$$(\text{평균지름})\ D_e = \frac{D_2+D_1}{2} = \frac{50+44}{2} \fallingdotseq 47\text{mm}$$

$$(\text{리드})\ l = \frac{\text{전진거리}}{\text{회전}} = \frac{25}{2.5} \fallingdotseq 10\text{mm}$$

$$(\text{마찰각})\ \rho = \tan^{-1}\mu = \tan^{-1}0.12 = 6.842 \fallingdotseq 6.84°$$

답 674.97N

(2) 위에서 구한 올릴 수 있는 하중 Q를 50[m/min]으로 올리기 위한 동력 H[kW]를 구하여라.

$$(\text{동력})\ H = \frac{Q\cdot V}{1000\cdot\eta} = \frac{674.97\times50}{1000\times0.3577\times60} = 1.572 \fallingdotseq 1.57\text{kW}$$

$$(\text{효율})\ \eta = \frac{\tan\lambda}{\tan(\lambda+\rho)} = \frac{\tan3.87}{\tan(3.87+6.84)} = 0.35767 = 35.767 \fallingdotseq 35.77\%$$

답 1.57kW

09

수압 4MPa이 흐르는 강관파이프를 설계하고자 한다. 유량 0.5m^3/sec를 상온에서 이음매 없는 강관을 사용할 때, 바깥지름은 몇 [mm]로 해야 하는가? (단, 평균유속 V=3m/sec, 부식여유 C=1mm, 허용인장응력 80MPa이다.)

[4점]

풀이 및 답

$$(\text{바깥지름})\ D_2 = D_1+2t = 460.66+(2\times12.52) \fallingdotseq 485.7\text{mm}$$

$$(\text{강관의 두께})\ t = \frac{PD_1}{2\sigma_a}+C = \frac{4\times460.66}{2\times80}+1 = 12.516\text{mm} \fallingdotseq 12.52\text{mm}$$

$$(\text{안지름})\ D_1 = \sqrt{\frac{4Q}{V\pi}} = \sqrt{\frac{4\times0.5}{3\times\pi}} = 0.460658\text{m} \fallingdotseq 460.66\text{mm}$$

답 485.7mm

10

지름이 50mm이고 400rpm으로 회전하는 축이 플랜지 커플링에 연결되어 있다. 축의 허용전단응력이 20MPa이고 볼트의 허용전단응력이 25MPa이며 볼트의 수는 8개이다. 축에 의한 토크 전달과 커플링에 의한 전달 토크가 같도록 설계하는 경우 다음을 구하여라. (단, 커플링의 동력전달은 볼트의 강도에만 의존한다. 축의 중심으로부터 볼트의 중심까지의 거리는 84mm이다.) [5점]

(1) 축의 강도의 관점에서 최대 전달동력 H[kW]를 구하여라.
(2) 볼트의 지름 d_B[mm]를 구하여라.

풀이 및 답

(1) 축의 강도의 관점에서 최대 전달동력 H[kW]를 구하여라.

(축의 전달동력) $H_{KW} = \dfrac{T \times N}{974000 \times 9.8} = \dfrac{490873.85 \times 400}{974000 \times 9.8}$

$= 20.5705 \fallingdotseq 20.57\text{kW}$

(토크) $T = \tau_s \times Z_p = 20 \times \dfrac{\pi \times 50^3}{16} = 490873.852 \fallingdotseq 490873.85\text{N}\cdot\text{mm}$

답 20.57kW

(2) 볼트의 지름 d_B[mm]를 구하여라.

(볼트의 지름) $d_B = \sqrt{\dfrac{8 \times T}{\tau_a \times \pi \times Z \times D}} = \sqrt{\dfrac{8 \times 490873.85}{25 \times \pi \times 8 \times (84 \times 2)}}$

$= 6.09937 \fallingdotseq 6.1\text{mm}$

답 6.1mm

필답형 실기

- 기계요소설계 -

2010년도 1회

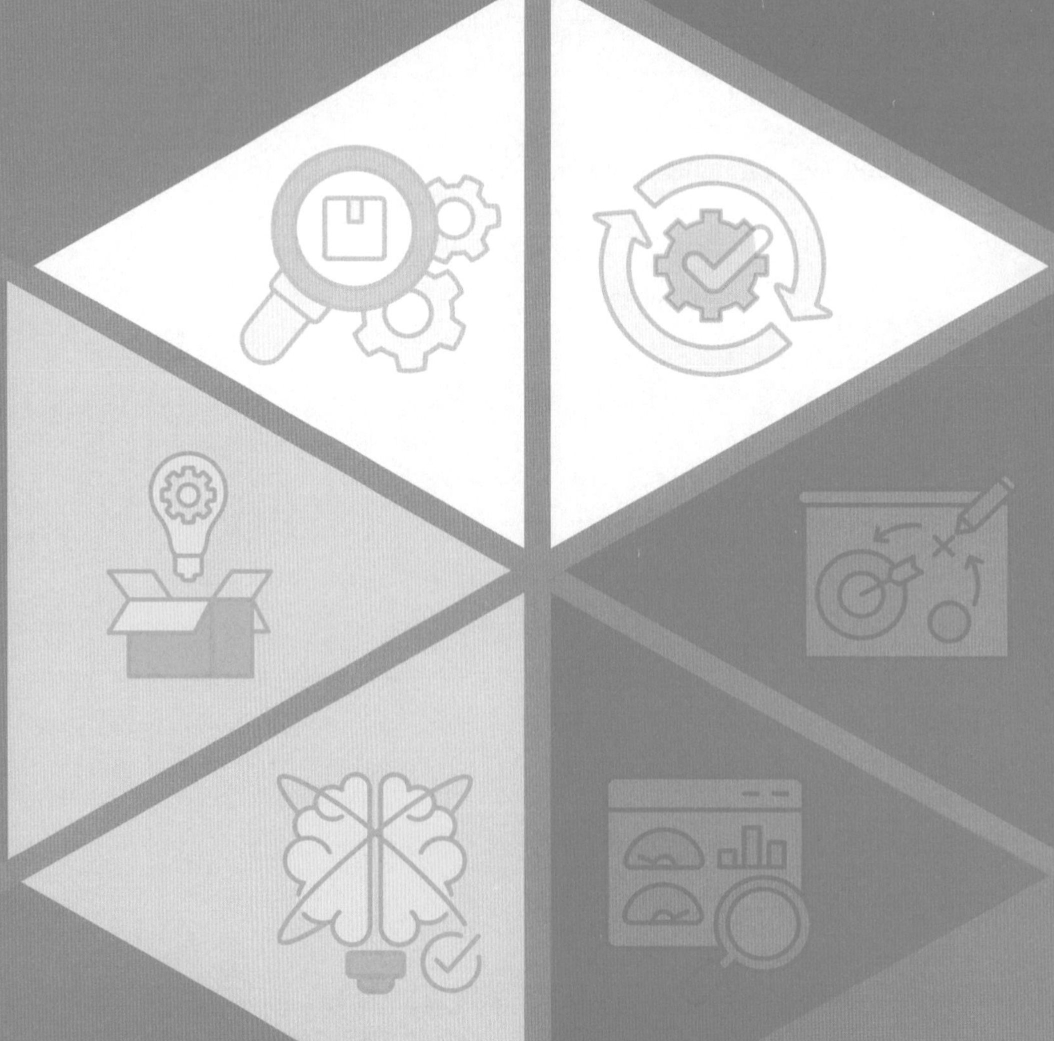

01

다음 그림은 회전수 2000rpm, 4kW인 Motor에 직결한 평기어 감속장치의 입력축이다. 축의 길이 L =300mm, 스퍼기어의 압력각 α =20°, 축의 허용전단 응력 τ_a =80N/mm²일 때 다음을 구하여라. [6점]

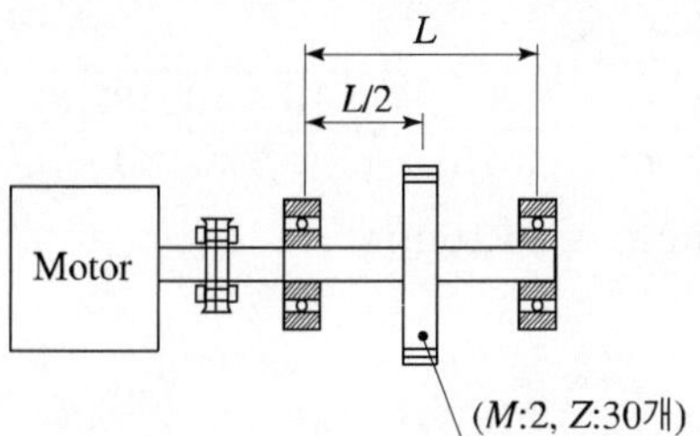

(1) 비틀림 모멘트 T는 몇 [N · mm]인가?
(2) 굽힘 모멘트 M은 몇 [N · mm]인가? (단, 보는 단순지지보의 형태이다.)
(3) 굽힘 모멘트와 비틀림 모멘트의 동적효과계수가 각각 k_m =2.0, k_t =1.5일 때 상당 비틀림 모멘트 T_e는 몇 [N · mm]인가?
(4) 축의 지름 d는 몇 [mm]인가? (단, 축지름은 키 홈의 영향을 고려하여 1/0.75배를 한다.)

풀이 및 답

(1) 비틀림 모멘트 T는 몇 [N · mm]인가?

$$T=\frac{60}{2\pi}\times\frac{H}{N}=\frac{60}{2\pi}\times\frac{4\times10^3}{2000}=19.098593\text{N}\cdot\ \text{m}=19098.59\text{N}\cdot\ \text{mm}$$

답 19098.59N · mm

(2) 굽힘 모멘트 M은 몇 [N · mm]인가? (단, 보는 단순지지보의 형태이다.)

$$M=\frac{F_n\cdot\ L}{4}=\frac{677.48\times300}{4}=50811\text{N}\cdot\ \text{mm}$$

(기어의 회전력) $F_t=\dfrac{2T}{D}=\dfrac{2T}{M\times Z}=\dfrac{2\times19098.59}{2\times30}=636.619\text{N}=636.62\text{N}$

(축의 굽힘력) $F_n=\dfrac{F_t}{\cos\alpha}=\dfrac{636.62}{\cos20}=677.476\text{N}=677.48\text{N}$

답 50811N · mm

(3) 굽힘 모멘트와 비틀림 모멘트의 동적효과계수가 각각 k_m =2.0, k_t =1.5일 때 상당 비틀림 모멘트 T_e는 몇 [N · mm]인가?

$$T_e=\sqrt{(k_m\cdot\ M)^2+(k_t\cdot\ T)^2}=\sqrt{(2\times50811)^2+(1.5\times19098.59)^2}$$

$= 105582.8215\text{N} \cdot \text{mm} = 105582.82\text{N} \cdot \text{mm}$

답 105582.82N · mm

(4) 축의 지름 d는 몇 [mm]인가? (단, 축지름은 키 홈의 영향을 고려하여 1/0.75배를 한다.)

$$d = \sqrt[3]{\frac{16 \times T_e}{\pi \times \tau}} \times \frac{1}{0.75} = \sqrt[3]{\frac{16 \times 105582.82}{\pi \times 80}} \times \frac{1}{0.75}$$

$= 25.163\text{mm} = 25.16\text{mm}$

답 25.16mm

02

나사부의 마찰계수가 0.2로 동일한 운동전달용 나사 2개가 있다. 다음 물음에 답하여라. [5점]

> 나사 A는 유효지름이 6mm, 피치 0.8mm
> 나사 B는 유효지름이 8mm, 피치 1.0mm

(1) 나사 A의 효율과 나사 B의 효율을 각각 구하여라.
(2) 운동전달용 나사를 사용할 때 나사 A와 나사 B 중 어떤 나사를 선택하여야 할지 결정하고, 선택한 이유를 써라.

풀이 및 답

(1) 나사 A의 효율과 나사 B의 효율을 각각 구하여라.

나사 A (마찰각) $\rho = \tan^{-1}\mu = \tan^{-1}0.2 = 11.309° = 11.31°$

(리드각) $\lambda = \tan^{-1}\frac{p}{\pi \times d_e} = \tan^{-1}\frac{0.8}{\pi \times 6} = 2.43°$

(A나사의 효율) $\eta_A = \frac{\tan\lambda}{\tan(\lambda + \rho)} = \frac{\tan 2.43}{\tan(2.43 + 11.31)}$

$= 0.173556 = 17.36\%$

나사 B (마찰각) $\rho = \tan^{-1}\mu = \tan^{-1}0.2 = 11.309° = 11.31°$

(리드각) $\lambda = \tan^{-1}\frac{p}{\pi \times d_e} = \tan^{-1}\frac{1}{\pi \times 8} = 2.278° = 2.28°$

(B나사의 효율) $\eta_B = \frac{\tan\lambda}{\tan(\lambda + \rho)} = \frac{\tan 2.28}{\tan(2.28 + 11.31)}$

$= 0.164699 = 16.47\%$

답 $\eta_A = 17.36\%$
$\eta_B = 16.47\%$

(2) 운동전달용 나사를 사용할 때 나사 A와 나사 B 중 어떤 나사를 선택하여야 할지 결정하고, 선택한 이유를 써라.

나사의 효율이 높다는 의미는 외부 토크에 의해 축방향으로 많이 이동한다는 것을 의미한다. 즉, 운동전달용 나사를 선택할 때는 효율이 높은 나사가 좋고, 체결용 나사일 때는 나사의 효율이 낮은 나사를 선택한다.

답 나사 A 선택
$\eta_A > \eta_B$

03

지름 50mm의 축에 직경 600mm의 풀리가 묻힘키에 의하여 조립되어 있다. 묻힘키의 규격이 12×8×80일 때 풀리에 걸리는 접선력은 300kgf이다. 다음 물음에 답하여라. [4점]

(1) 키의 전단강도[kgf/mm^2]를 결정하여라.
(2) 키의 압축(압궤)강도[kgf/mm^2]를 결정하여라.

풀이 및 답

(1) 키의 전단강도[kgf/mm^2]를 결정하여라.

$$T = P \times \frac{D}{2} = 300 \times \frac{600}{2} = 90000\,\text{kgf}\cdot\ \text{mm}$$

$$(\text{전단강도})\ \tau_k = \frac{2T}{bld} = \frac{2 \times 90000}{12 \times 80 \times 50} = 3.75\,\text{kgf/mm}^2$$

답 3.75kgf/mm^2

(2) 키의 압축(압궤)강도[kgf/mm^2]를 결정하여라.

$$(\text{압축강도})\ \sigma_{ck} = \frac{4T}{hld} = \frac{4 \times 90000}{8 \times 80 \times 50} = 11.25\,\text{kgf/mm}^2$$

답 11.25kgf/mm^2

04

두께가 10mm인 강판을 1줄 겹치기 리벳이음으로 연결하고자 한다. 다음을 구하여라. [5점]

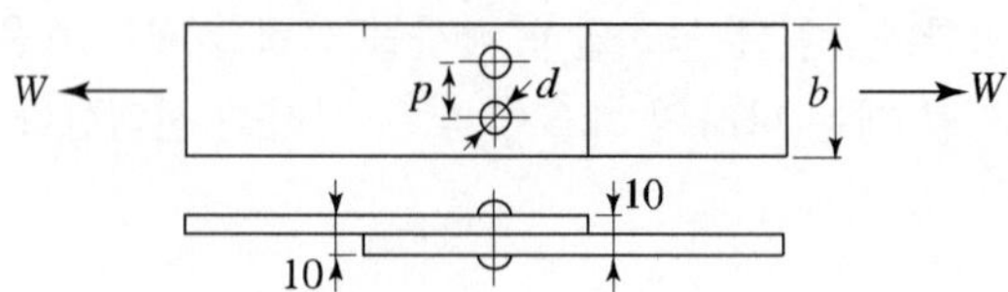

(1) 리벳의 지름 d는 몇 [mm]인가?
(단, 리벳의 전단응력과 압축응력은 $\tau_r = 0.7\sigma_c$의 관계에 있다.)

(2) 피치 p는 몇 [mm]인가?
(단, 리벳의 전단응력과 강판의 인장응력은 $\tau_r = 0.7\sigma_t$의 관계에 있다.)

(3) 리벳이음의 효율 η는 몇 [%]인가?

풀이 및 답

(1) 리벳의 지름 d는 몇 [mm]인가?

$$\tau_r \cdot 2 \times \frac{\pi d^2}{4} = \sigma_c \cdot 2d \times t$$

$$d = \frac{4\sigma_c \cdot t}{\pi \cdot \tau_r} = \frac{4 \times 10}{\pi \times 0.7} = 18.189\text{mm} = 18.19\text{mm}$$

답 18.19mm

(2) 피치 p는 몇 [mm]인가?

$$(\text{피치})\ p = d + \frac{\pi d^2 \cdot \tau_r}{4\sigma_t \cdot t} = 18.19 + \frac{\pi \times 18.19^2 \times 0.7}{4 \times 10}$$

$$= 36.38\text{mm}$$

답 36.38mm

(3) 리벳이음의 효율 η는 몇 [%]인가?

$$(\text{강판의 효율})\ \eta_t = 1 - \frac{d}{p} = \left(1 - \frac{18.19}{36.38}\right) \times 100 = 50\%$$

$$(\text{리벳의 효율})\ \eta_r = \frac{\pi d^2 \cdot \tau_r}{4\sigma_t p \cdot t} = \frac{\pi \times 18.19^2 \times 0.7}{4 \times 36.38 \times 10} \times 100 = 50\%$$

$$(\text{리벳이음의 효율})\ \eta = 50\%$$

답 50%

600rpm으로 회전하는 깊은 홈 볼베어링에 최초 3시간은 2940N의 레이디얼 하중이 작용하고 그 후 4900N의 레이디얼 하중이 1시간 작용하여 이와 같은 하중상태가 반복된다. 다음을 구하여라. [5점]

(1) 1사이클 동안 평균유효하중 P_m [N]을 구하여라.

(2) 베어링의 정격수명시간을 10000시간으로 하려면 기본동적 부하용량은 몇 [N]인가?

풀이 및 답

(1) 1사이클 동안 평균유효하중 P_m [N]을 구하여라.

$$(\text{1사이클 동안 평균유효하중})\ P_m = \left[\frac{\sum_{i=1}^{n}\left(P_i^{r}\cdot\ T_i\right)}{T_t}\right]^{\frac{1}{r}}$$

$$= \sqrt[3]{\frac{P_1^{3}\cdot\ T_1 + P_2^{3}\cdot\ T_2}{T_t}}$$

$$= \sqrt[3]{\frac{2940^3 \times 3 + 4900^3 \times 1}{4}} = 3646.1\text{N}$$

답 3646.1N

(2) 베어링의 정격수명시간을 10000시간으로 하려면 기본동적 부하용량은 몇 [N]인가?

$$L_h = 500 \times \frac{33.3}{N} \times \left(\frac{C}{P_m\cdot\ f_w}\right)^r$$

$$10000 = 500 \times \frac{33.3}{600} \times \left(\frac{C}{3646.1}\right)^3$$

$$C = 25946.228\text{N} = 25946.23\text{N}$$

답 25946.23N

06

그림과 같은 주철재 원추 클러치를 600rpm으로 접촉면 압력이 0.3MPa 이하가 되도록 사용할 때 다음을 구하여라. (단, 마찰계수 μ =0.2이다.) [5점]

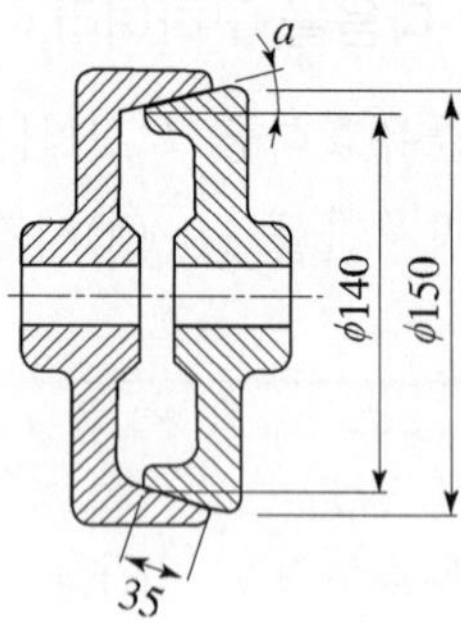

(1) 전동토크 T[N · mm]를 구하여라.
(2) 전달동력 H[kW]를 구하여라.
(3) 원추면의 경사각 α[°]를 구하여라.
(4) 축 방향으로 미는 힘 P[N]를 구하여라.

풀이 및 답

(1) 전동토크 T[N · mm]를 구하여라.

$$T = \mu q \pi D_m b \cdot \frac{D_m}{2}$$

$$= 0.2 \times 0.3 \times \pi \times \frac{(140+150)}{2} \times 35 \times \frac{(140+150)}{4} = 69354.58\text{N} \cdot \text{mm}$$

답 69354.58N · mm

(2) 전달동력 H[kW]를 구하여라.

$$H = T \times \frac{2\pi N}{60} = 69.35458 \times \frac{2 \times \pi \times 600}{60} = 4357.67678\text{W} = 4.36\text{kW}$$

답 4.36kW

(3) 원추면의 경사각 α[°]를 구하여라.

$$D_m = \frac{D_1 + D_2}{2} = D_1 + b \cdot \sin\alpha$$

$$\frac{140+150}{2} = 140 + 35 \times \sin\alpha, \quad \sin\alpha = 0.142857$$

$$\alpha = 8.21°$$

답 8.21°

(4) 축 방향으로 미는 힘 P[N]를 구하여라.

$$\mu' = \frac{\mu}{\mu\cos\alpha + \sin\alpha} = \frac{0.2}{0.2 \times \cos 8.21 + \sin 8.21} = 0.59$$

$$T = \mu' P \cdot \frac{D_1 + D_2}{4}$$

$$69354.58 = 0.59 \times P \times \frac{140 + 150}{4},\ P = 1621.38\text{N}$$

답 1621.38N

07

200×70의 홈 형강을 그림과 같이 4측 필릿 용접이음을 하였을 때, 편심하중 W =60kN이 작용하면 용접부에 발생하는 최대 전단응력[MPa]은 얼마인가? [5점]

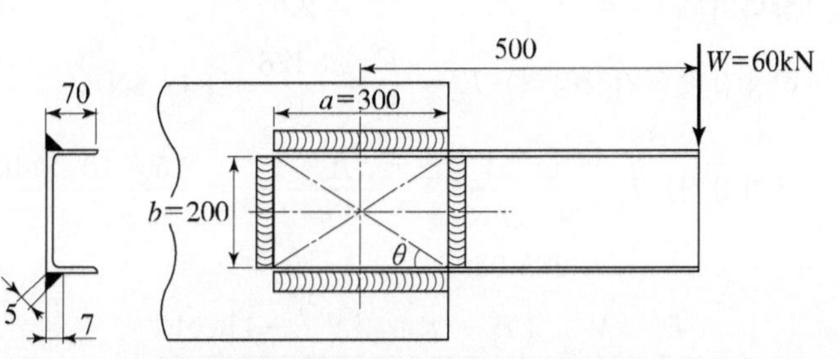

풀이 및 답

$$\tau_1 = \frac{W}{A} = \frac{W}{t \times 2 \times (a+b)} = \frac{60000}{5 \times 2 \times (300 + 200)} = 12\text{MPa}$$

$$\tau_2 = \frac{T \cdot r_{max}}{I_P} = \frac{W \cdot L \cdot r_{max} \cdot 6}{t \cdot (a+b)^3}$$

$$= \frac{60 \times 10^3 \times 500 \times \sqrt{150^2 + 100^2} \times 6}{5 \times (300 + 200)^3} = 51.92\text{MPa}$$

$$\cos\theta = \frac{a/2}{r_{max}} = \frac{150}{\sqrt{150^2 + 100^2}} = 0.83$$

$$\tau_{max} = \sqrt{\tau_1^2 + \tau_2^2 + 2\tau_1 \cdot \tau_2 \cdot \cos\theta}$$

$$= \sqrt{12^2 + 51.92^2 + 2 \times 12 \times 51.92 \times 0.83} = 62.24\text{MPa}$$

답 62.24MPa

08

아래 표 D형 V벨트의 전달동력을 구하여라. 벨트의 속도는 20m/s이다. (단, V벨트 접촉각 θ =130°, 마찰계수 μ =0.3, 안전계수 S =10, 벨트의 비중량은 15kN/m³이다.) [4점]

[표] V벨트 D형의 단면치수

a[mm]	b[mm]	단면적[mm²]	파단하중[N]
31.5	17.0	467.1	8428

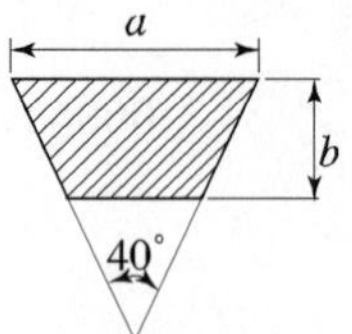

풀이 및 답

(상당마찰계수) $\mu' = \dfrac{\mu}{\mu\cos\alpha + \sin\alpha} = \dfrac{0.3}{0.3\times\cos20 + \sin20} = 0.48$

(장력비) $e^{\mu'\theta} = e^{\left(0.48\times130\times\frac{\pi}{180}\right)} = 2.97$

(허용장력 = 긴장장력) $T_t = \dfrac{F}{S} = \dfrac{8428}{10} = 842.8\text{N}$

(부가장력) $T_g = \dfrac{w\cdot\ V^2}{g} = \dfrac{r\cdot\ A\cdot\ V^2}{g} = \dfrac{15\times10^3\times467.1\times10^{-6}\times20^2}{9.8}$

$= 285.98\,\text{N}$

$$H_{KW} = \frac{P_e\cdot\ V}{1000} = \frac{(T_t - T_g)\cdot\ (e^{\mu'\theta}-1)\cdot\ V}{1000\cdot\ e^{\mu'\theta}}$$

$$= \frac{(842.8-285.98)\times1.97\times20}{1000\times2.97} = 7.3867\,\text{kW} = 7.39\,\text{kW}$$

답 7.39kW

09

그림과 같은 내확 브레이크에서 실린더에 보내게 되는 유압이 392N/cm²일 때 브레이크 드럼이 500rpm으로 회전할 때 제동동력[kW]을 구하여라. (단, 마찰계수 μ =0.3, 실린더의 내경은 18mm, a=120mm, b =60mm, c =55mm, 드럼의 지름은 160mm이다.) [5점]

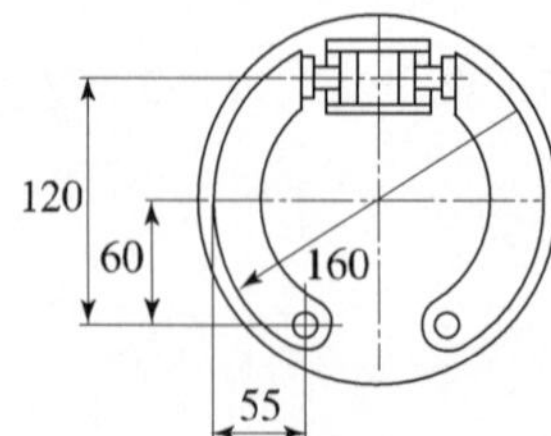

풀이 및 답

$$F_1 = F_2 = P \times \frac{\pi d^2}{4} = 392 \times \frac{\pi}{4} \times 1.8^2 = 997.52\text{N}$$

$$\sum M_0 = Q_1 \cdot \ b + \mu Q_1 \cdot \ c - F_1 \cdot \ a = 0$$

$$Q_1 = \frac{997.52 \times 120}{60 + 0.3 \times 55} = 1564.74\text{N}$$

$$\sum M_0 = F_2 \cdot \ a - Q_2 \cdot \ b + \mu Q_2 \cdot \ c = 0$$

$$Q_2 = \frac{997.52 \times 120}{60 - 0.3 \times 55} = 2751.78\text{N}$$

(마찰력) $f = \mu(Q_1 + Q_2) = 0.3 \times (1564.74 + 2751.78) = 1294.96\text{N}$

$$H_{KW} = \frac{f \times V}{1000} = \frac{1264.96}{1000} \times \frac{\pi \times 160 \times 500}{60 \times 1000} = 5.4243\text{kW} = 5.42\text{kW}$$

답 5.42kW

10

450rpm으로 15PS을 전달하는 직선 베벨 기어의 피니언 피치원 직경은 160mm, 속도비는 $\frac{1}{2}$이다. 허용굽힘응력은 12.5kgf/mm^{2}이고 상당평치차의 치형계수(π포함) Y_e =0.412이다. 다음을 결정하라. (단, 축각은 90°, 치폭 60mm이다.) [6점]

(1) 피니언의 피치 원추각과 기어의 피치 원추각[°]을 각각 구하여라.
(2) 원추 모선의 길이[mm]는 얼마인가?
(3) 전달하중은 몇 [kgf]인가?
(4) 모듈은 얼마인가?

풀이 및 답

(1) 피니언의 피치 원추각과 기어의 피치 원추각[°]을 각각 구하여라.

$$\tan\alpha = \frac{\sin 90}{\frac{1}{i} + \cos 90} = i$$

(피니언의 피치 원추각) $\alpha = \tan^{-1}(i) = \tan^{-1}(0.5) = 26.57°$

(기어의 피치 원추각) $\beta = 90 - \alpha = 90° - 26.57° = 63.43°$

답 α =26.57°
β =63.43°

(2) 원추 모선의 길이[mm]는 얼마인가?

$$(\text{모선의 길이})\ L = \frac{D_A}{2\sin\alpha} = \frac{160}{2\times\sin 26.57} = 178.85\text{mm}$$

답 178.85mm

(3) 전달하중은 몇 [kgf]인가?

$$H_{PS} = \frac{F_t \cdot V}{75}$$

$$V = \frac{\pi D_A N_A}{60\times1000} = \frac{\pi\times160\times450}{60\times1000} = 3.77\text{m/sec}$$

$$15 = \frac{F\times3.77}{75},\ F_t = 298.41\text{kgf}$$

답 298.41kgf

(4) 모듈은 얼마인가?

$$F_t = f_v\sigma_b bmY_e\lambda$$

$$f_v = \frac{3.05}{3.05+3.77} = 0.45$$

$$\lambda = \frac{L-b}{L} = \frac{178.85-60}{178.85} = 0.66$$

$$298.41 = 0.45\times12.5\times60\times m\times0.412\times0.66$$

$$m = 3.25$$

답 3.25mm

필답형 실기
- 기계요소설계 -

2010년도 2회

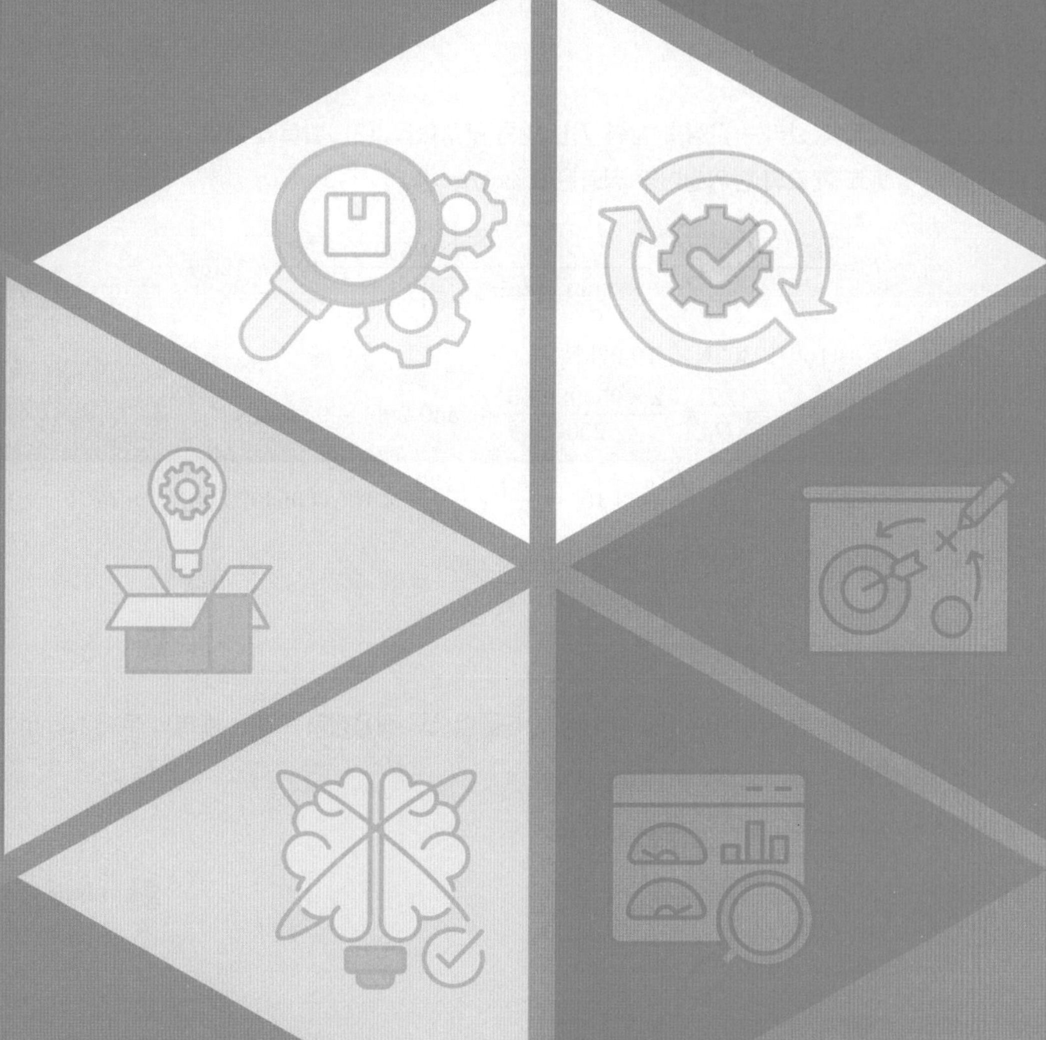

01

평벨트 전동으로 동력을 전달하고자 한다. 두 축의 중심거리 1000mm, 원동축 풀리 지름 200mm, 종동축 풀리 300mm인 평벨트 전동장치가 있다. 원동축 N_1 =1200rpm으로 120kW 동력전달 시 다음을 구하여라. [5점]

(1) 원동축 풀리의 벨트 접촉각 $\theta[^\circ]$를 구하여라.
(2) 벨트에 걸리는 긴장측 장력 T_t[kN]를 구하여라. (단, 벨트와 풀리의 마찰계수 0.3, 벨트 재료의 단위길이당 질량은 0.4kg/m이다.)
(3) 벨트의 최소폭 b[mm]를 구하여라. (단, 벨트의 허용응력 3MPa, 벨트의 두께 10mm이다.)

풀이 및 답

(1) 원동축 풀리의 벨트 접촉각 $\theta[^\circ]$를 구하여라.

$$\theta_1 = 180 - 2\phi = 180 - 2\sin^{-1}\left(\frac{D_2 - D_1}{2C}\right) = 180 - 2\sin^{-1}\left(\frac{300-200}{2\times 1000}\right)$$
$$= 174.268 ≒ 174.27^\circ$$

답 174.27°

(2) 벨트에 걸리는 긴장측 장력 T_t[kN]를 구하여라. (단, 벨트와 풀리의 마찰계수 0.3, 벨트 재료의 단위길이당 질량은 0.4kg/m이다.)

$$T_t = \frac{e^{\mu\theta}\times f}{e^{\mu\theta}-1} + T_g = \frac{\left(e^{0.3\times 174.27\times \frac{\pi}{180}}\right)\times 9549.3}{\left(e^{0.3\times 174.27\times\frac{\pi}{180}}\right)-1} + (0.4\times 12.57^2)$$
$$= 16019.362\text{N} ≒ 16.02\text{kN}$$

(마찰력) $f = \frac{2T}{D_1} = \frac{2\times 954929.66}{200} = 9549.29\text{N} = 9549.3\text{N}$

(토크) $T = \frac{60}{2\pi}\times\frac{H_{kW}}{N}\times 10^6 = \frac{60}{2\pi}\times\frac{120}{1200}\times 10^6 = 954929.66\text{N}\cdot\text{mm}$

(속도) $V = \frac{\pi D_1 N_1}{60\times 1000} = \frac{\pi\times 200\times 1200}{60\times 1000} = 12.566 = 12.57\text{m/s}$

답 16.02kN

(3) 벨트의 최소폭 b[mm]를 구하여라. (단, 벨트의 허용장력 3MPa, 벨트의 두께 10mm이다.)

$$b = \frac{T_t}{\sigma_a\times t} = \frac{16020}{3\times 10} = 534\text{mm}$$

답 534mm

02 외접마찰차를 이용하여 동력을 전달하고자 한다. 외접하는 마찰 전동차에서 원동차의 회전수는 1000rpm, 종동차 600rpm, 중심거리 600mm, 마찰차 간의 마찰계수 0.2, 마찰차 폭 80mm, 허용접촉압력 20N/mm이다. 다음을 구하여라. [4점]

(1) 두 마찰차의 지름 D_A[mm], D_B[mm]를 구하여라.

(2) 전달 가능한 최대동력[kW]을 구하여라.

풀이 및 답

(1) 두 마찰차의 지름 D_A[mm], D_B[mm]를 구하여라.

$$D_A = \frac{2C}{\frac{1}{\epsilon}+1} = \frac{2\times600}{\frac{5}{3}+1} = 450\text{mm} \qquad D_B = \frac{2C}{\epsilon+1} = \frac{2\times600}{\frac{3}{5}+1} = 750\text{mm}$$

$$\epsilon = \frac{D_1}{D_2} = \frac{N_2}{N_1} = \frac{600}{1000} = \frac{3}{5}$$

답 D_A =450mm
D_B =750mm

(2) 전달 가능한 최대동력[kW]을 구하여라.

$$H_{KW} = \frac{\mu qB\times V}{102\times9.8} = \frac{0.2\times20\times80\times\frac{\pi\times450\times1000}{60000}}{102\times9.8} = 7.5428\text{kW} \fallingdotseq 7.54\text{kW}$$

답 7.54kW

03 아래 그림과 같은 블록 브레이크를 이용한 제동장치가 있다. 레버 끝에 150N의 힘으로 제동하여 자유낙하로 방지하고자 한다. 블록의 허용압력은 200kPa, 브레이크 용량 1.2W/mm^{2}일 때 다음을 계산하라. [5점]

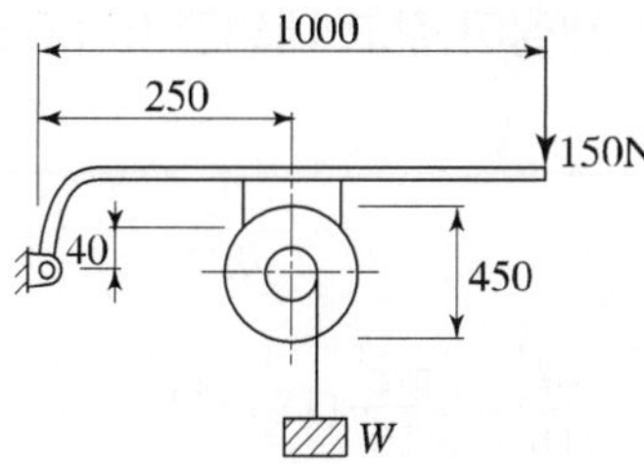

(1) 제동토크 T[N · m]를 구하여라. (단, 블록과 드럼의 마찰계수는 0.35이다.)

(2) 이 브레이크 드럼의 최대회전수 N[rpm]을 구하여라.

풀이 및 답

(1) 제동토크 T[N · m]를 구하여라. (단, 블록과 드럼의 마찰계수는 0.35이다.)

$$T = f \times \frac{D}{2} = \mu P \times \frac{D}{2} = 0.35 \times 635.59 \times \frac{450}{2} = 50052.7125 \fallingdotseq 50.05\text{N}\cdot\text{m}$$

$$(\text{블록 브레이크를 미는 힘})\ P = \frac{150 \times 1000}{250 - 0.35 \times 40} = 635.59\text{N}$$

답 50.05N · m

(2) 이 브레이크 드럼의 최대회전수 N[rpm]을 구하여라.

$$\mu q V = 1.2\text{W/mm}^2 = 1.2\left[\frac{\text{N}\cdot\ \text{m/s}}{\text{mm}^2}\right] = 1.2\left[\frac{\text{N}}{\text{mm}^2} \times \frac{\text{m}}{\text{s}}\right] = \mu \times q \times \frac{\pi \times D \times N}{60 \times 1000}$$

$$(\text{분당회전수})\ N = 1.2 \times \frac{60 \times 1000}{\mu \times q \times \pi \times D} = 1.2 \times \frac{60 \times 1000}{0.35 \times 0.2 \times \pi \times 450}$$

$$= 727.57\text{rpm}$$

$$(\text{허용압력})\ q = 200\text{kPa} = 0.2\text{MPa} = 0.2\text{N/mm}^2$$

답 727.57rpm

04

단열 레이디얼 볼베어링(동적부하용량 C=30kN)이 800rpm으로 레이디얼 하중 5kN을 받는 경우 베어링의 수명시간은 몇 시간[hr]인가? [3점]

풀이 및 답

$$(\text{베어링 수명})\ L_h = 500 \times \frac{33.3}{N} \times \left(\frac{C}{P}\right)^r = 500 \times \frac{33.3}{800} \times \left(\frac{30000}{5000}\right)^3 = 4495.5\text{hr}$$

답 4495.5hr

05

중실축과 중공축이 있다. 중실축과 중공축이 동일한 비틀림 모멘트 T를 받고 있을 때 두 축에 발생하는 비틀림 응력이 동일하도록 제작하고자 한다. 지름 80mm의 중실축과 재질이 같고 내외경비가 0.6인 중공축의 바깥지름[mm]은? [3점]

풀이 및 답

$$T_{중실} = T_{중공},\ \frac{\pi d^3}{16} = \frac{\pi d^3}{16}(1 - x^4)$$

$$\therefore\ d_2 = \frac{d}{\sqrt[3]{(1 - x^4)}} = \frac{80}{\sqrt[3]{(1 - 0.6^4)}} = 83.78836 \fallingdotseq 83.79\text{mm}$$

답 83.79mm

06

아래 그림과 같이 볼트를 이용하여 두께 15mm 판을 고정하려고 한다. 두께 15mm인 사격형의 강판에 M16(골지름 13.835mm) 볼트 4개를 사용하여 채널에 고정하고 끝단에 30kN의 하중을 수직으로 가하였을 때 볼트에 작용하는 최대전단응력[MPa]은? [4점]

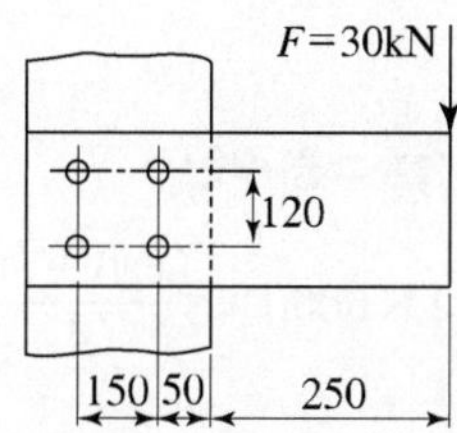

풀이 및 답

(직접전단력) $F_1 = \frac{F}{4} = \frac{30 \times 10^3}{4} = 7500\text{N}$

(모멘트에의한 전단력) $F_2 = \frac{30 \times 10^3 \times 375}{4 \times \sqrt{75^2 + 60^2}} = 29282.58\text{N}$

$$\Sigma M = 0,\ F \times 375 - 4 \times (F_2 \times \sqrt{75^2 + 60^2}\ ) = 0$$

(최대전단력) $F_{max} = \sqrt{F_1^2 + F_2^2 + 2F_1F_2\cos\theta}$

$$= \sqrt{7500^2 + 29282.58^2 + 2 \times 7500 \times 29282.58 \times 0.78}$$

$$= 35444.68\text{N}$$

$$\cos\theta = \frac{75}{\sqrt{75^2 + 60^2}} = 0.78$$

∴ (최대전단응력) $\tau_{max} = \frac{F_{max}}{A} = \frac{35444.68}{\frac{\pi}{4} \times 13.835^2}$

$$= 235.675\text{MPa} = 235.68\text{MPa}$$

답 235.68MPa

07

접촉면의 안지름 80mm, 바깥지름 120mm, 접촉면 수 4개인 다판 클러치의 평균마찰계수 0.2이고, 6000N의 힘을 다판 클러치에 가할 때 균일 압력으로 가정하여 다음을 구하여라. [4점]

(1) 마찰판에 가해지는 압력 P [MPa]를 구하여라.

(2) 전달토크 T [N · m]를 구하여라.

풀이 및 답

(1) 마찰판에 가해지는 압력 P[MPa]를 구하여라.

$$P=\frac{F}{A}=\frac{F}{\frac{\pi(d_2^2-d_1^2)}{4}\times Z}=\frac{6000}{\frac{\pi}{4}\times(120^2-80^2)\times 4}=0.23893 \fallingdotseq 0.24\text{MPa}$$

답 0.24MPa

(2) 전달토크 T[N · m]를 구하여라.

$$T=\mu F\times\frac{D_e}{2}=0.2\times 6000\times\frac{(120+80)}{4}\times 10^{-3}=60\text{N}\cdot\text{m}$$

답 60N · m

08

아래 그림과 같이 한 줄 겹치기 리벳이음을 하려고 한다. 리벳허용전단응력 τ_r =50MPa, 강판의 허용인장응력 σ_t =120MPa, 리벳지름 d =16mm일 때 다음을 구하여라. **[6점]**

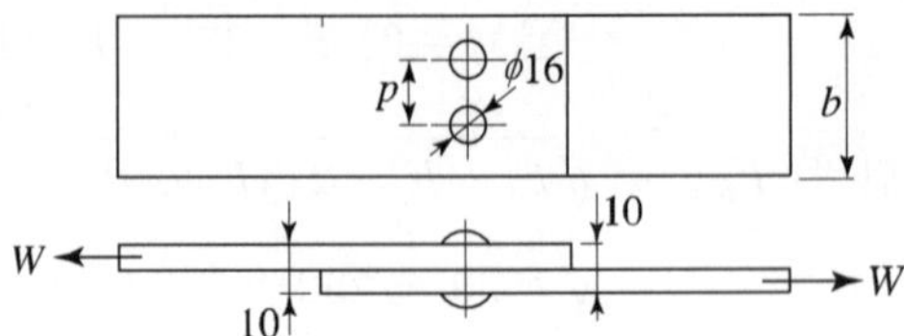

(1) 리벳의 허용전단응력을 고려하여 가할 수 있는 최대하중 W[kN]를 구하여라.

(2) 리벳의 허용하중과 강판의 허용하중이 같다고 할 때 강판의 너비 b[mm]를 구하여라.

(3) 강판의 효율[%]을 구하여라.

풀이 및 답

(1) 리벳의 허용전단응력을 고려하여 가할 수 있는 최대하중 W[kN]를 구하여라.

$$W=\tau_a\times\frac{\pi}{4}d^2\times 2=50\times\frac{\pi\times 16^2}{4}\times 2=20106.1929\text{N}\fallingdotseq 20.11\text{kN}$$

답 20.11kN

(2) 리벳의 허용하중과 강판의 허용하중이 같다고 할 때 강판의 너비 b[mm]를 구하여라.

$$\tau_r=\frac{W}{2\times\frac{\pi d^2}{4}},\ \sigma_t=\frac{W}{t(b-2d)}\text{에서}$$

W가 같으므로 $\tau_r\left(2\times\frac{\pi d^2}{4}\right)=\sigma_t[t(b-2d)]$

$$(\text{강판 너비})\ b=\frac{2\tau_r\times\frac{\pi d^2}{4}}{\sigma_t\times t}+2d=\frac{2\times50\times\frac{\pi16^2}{4}}{120\times10}+(2\times16)$$

$$=48.755 ≒ 48.76\text{mm}$$

답 48.76mm

(3) 강판의 효율[%]을 구하여라.

$$\eta_t=1-\frac{d}{p}=1-\frac{16}{24.38}=0.34372 ≒ 34.37\%$$

$$p=\frac{\tau_r\times\pi d^2\times n}{4\times\sigma_t\times t}+d=\frac{50\times\pi\times16^2\times1}{4\times120\times10}+16=24.377\text{mm}=24.38\text{mm}$$

답 34.37%

09

코일스프링의 소선의 지름이 6mm의 강선으로 코일의 평균지름 70mm인 하중 15N이 작용한다. 이 코일 스프링이 6mm 늘어나도록 유효감김수와 소선의 길이는? (단, 전단탄성계수 G =80GPa이다.) [3점]

(1) 유효감김수 n[권]은 얼마인가?
(2) 소선의 길이 L[mm]은 얼마인가?

풀이 및 답

(1) 유효감김수 n[권]은 얼마인가?

$$(\text{감김수})\ n=\frac{\delta G d^4}{8PD^3}=\frac{6\times80\times10^3\times6^4}{8\times15\times70^3}=15.1137 ≒ 16\text{권}$$

답 16권

(2) 소선의 길이 L[mm]은 얼마인가?

$$(\text{소선의 길이})\ L=\pi D n=\pi\times70\times16=3518.5838=3518.58\text{mm}$$

답 3518.58mm

10

스퍼기어의 모듈 $m=4$, 이 폭 $b=50$mm, 한 쌍의 외접 스퍼기어에서 작은 기어(피니언)의 허용굽힘응력은 200MPa이고, 기어 잇수 $z_1=20$개, 큰 기어의 허용굽힘응력은 120MPa, $z_2=100$, $N_1=1000$rpm으로 동력을 전달한다. 다음을 구하여라. (단, 속도계수 $f_v=\dfrac{3.05}{3.05+v}$, 하중계수 $f_w=0.8$, 치형계수 $Y_1=\pi y_1=0.322$, $Y_2=\pi y_2=0.446$이다.) [7점]

(1) 피니언의 최대전달하중 P_1[N]을 구하여라.
(2) 큰 기어의 최대전달하중 P_2[N]를 구하여라.
(3) 면압강도를 고려한 기어장치의 최대전달하중 P_3[N]를 구하여라. (단, 비응력계수 $K=0.38\text{N/mm}^2$이다.)
(4) 기어장치에서의 최대전달동력 H[kW]를 구하여라.

풀이 및 답

(1) 작은 기어의 최대전달하중 P_1[N]을 구하여라.

$$P_1=f_v\times f_w\times f_n\times\sigma_{b1}\times b\times m\times Y_1$$

$$=\left(\frac{3.05}{3.05+\dfrac{\pi\times4\times20\times1000}{60000}}\right)\times0.8\times1\times200\times50\times4\times0.322$$

$$\fallingdotseq 4341.4989\fallingdotseq 4341.5\text{N}$$

답 4341.5N

(2) 큰 기어의 최대전달하중 P_2[N]를 구하여라.

$$P_2=f_v\times f_w\times f_n\times\sigma_{b2}\times b\times m\times Y_2=3608.028\fallingdotseq 3608.03\text{N}$$

답 3608.03N

(3) 면압강도를 고려한 기어장치의 최대전달하중 P_3[N]를 구하여라.
(단, 비응력계수 $K=0.38\text{N/mm}^2$이다.)

$$P_3=f_v\times K\times m\times b\times\left(\frac{2Z_1Z_2}{Z_1+Z_2}\right)$$

$$=\left(\frac{3.05}{3.05+\dfrac{\pi\times4\times20\times1000}{60000}}\right)\times0.38\times4\times50\times\frac{2\times100\times20}{100+20}$$

$$=1067.3975\text{N}\fallingdotseq 1067.4\text{N}$$

답 1067.4N

(4) 기어장치에서의 최대전달동력 H [kW]를 구하여라.

$$H_{KW} = \frac{P_3 \times V}{102 \times 9.8} = \frac{1067.4 \times \left(\frac{\pi \times 4 \times 20 \times 1000}{60000}\right)}{102 \times 9.8} = 4.4729\text{kW} = 4.47\text{kW}$$

답 4.47kW

11

한 개의 축에 두 개의 회전체가 회전하고 있다. 축 자체 위험속도 N_0 = 400rpm, 회전체 단독으로 붙어 있을 때 위험속도 N_1 =800rpm, N_2 = 2000rpm이다. 이 축의 전체 위험 회전수는 몇 rpm인가? [3점]

풀이 및 답

$$\frac{1}{N_c^2} = \frac{1}{N_0^2} + \frac{1}{N_1^2} + \frac{1}{N_2^2}$$

$$(\text{위험 회전수})\ N_c = \frac{1}{\sqrt{\frac{1}{N_0^2} + \frac{1}{N_1^2} + \frac{1}{N_2^2}}} = \frac{1}{\sqrt{\frac{1}{400^2} + \frac{1}{800^2} + \frac{1}{2000^2}}}$$

$$= 352.1803 = 352.18\text{rpm}$$

답 352.18rpm

12

800rpm으로 회전하는 플라이 휠이 있다. 플라이 휠의 직경은 180mm, 비중은 7.3이다. 플라이 휠의 가장자리에 발생하는 응력[kPa]은 얼마인가? [3점]

풀이 및 답

$$(\text{인장응력})\ \sigma = \frac{\gamma V^2}{g} = \frac{s\gamma_w V^2}{g} = s\rho_w V^2 = 7.3 \times 1000 \times \left(\frac{\pi \times 180 \times 800}{60000}\right)^2$$

$$= 414997.1229\text{Pa} \fallingdotseq 415\text{kPa}$$

$$(\text{비중})\ s = \frac{\gamma}{\gamma_m},\ \gamma_w = \rho_w \times g$$

답 415kPa

필답형 실기

- 기계요소설계 -

2010년도 4회

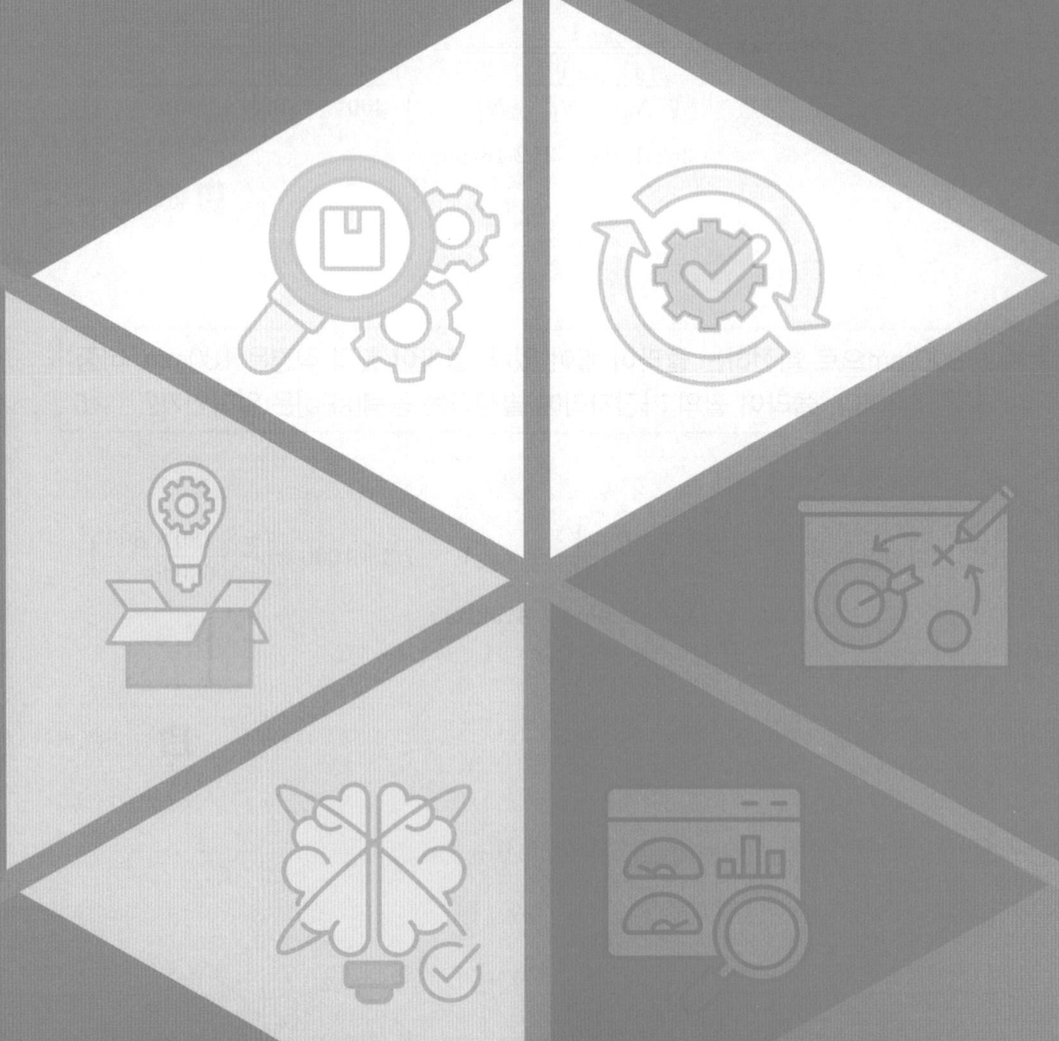

01

압력용기의 안지름 700mm, 두께 12mm의 강관을 어느 정도의 압력[kPa]까지 사용이 가능한가? (단, 허용응력은 80MPa, 이음효율은 75%, 부식여유는 1mm이다.)

[4점]

풀이 및 답

$$t = \frac{PD}{2\sigma_a \eta} + C \rightarrow P = \frac{(t-c)2\sigma\eta}{D} = \frac{(12-1)(2\times 80\times 0.75)}{700}\times 10^3$$

$$= 1885.7142 \fallingdotseq 1885.71\text{kPa}$$

답 1885.71kPa

02

블록 브레이크에서 200N · m의 토크를 제동하고자 한다. 다음을 구하여라. (단, D=800mm, a=2000mm, b=1000mm, c=80mm, μ=0.4이다.) [5점]

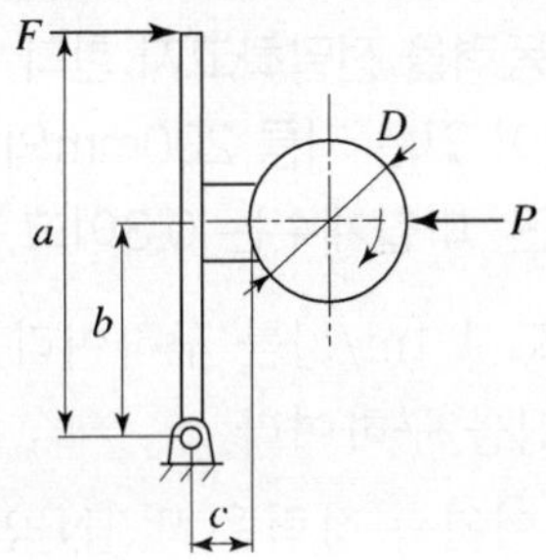

(1) 누르는 힘 P[N]를 구하여라.
(2) 브레이크 레버에 가하는 힘 F[N]를 구하여라.

풀이 및 답

(1) 누르는 힘 P[N]를 구하여라.

$$T = \mu P \times \frac{D}{2},\ P = \frac{2T}{\mu D} = \frac{2\times 200\times 10^3}{0.4\times 800} = 1250\text{N}$$

답 1250N

(2) 브레이크 레버에 가하는 힘 F[N]를 구하여라.

$$\sum M_0 = 0$$

$$F\times a - P\times b - \mu P\times c = 0$$

$$F = \frac{P(\mu c + b)}{a} = \frac{1250\times(0.4\times 80+1000)}{2000} = 645\text{N}$$

답 645N

03

사각나사를 이용하여 축방향 하중을 올리려 한다. 유효지름 14.7mm, 피치 2mm 되는 사각나사를 길이 450mm의 스패너에 300N의 힘을 가해서 회전시키면 몇 kN의 물체를 올릴 수 있겠는가? (단, 마찰계수 μ =0.1이다.) [4점]

풀이 및 답

$$T = Q\tan(\lambda+\rho)\times\frac{d_e}{2} \rightarrow Q = \frac{T}{\tan(\lambda+\rho)\times\frac{d_e}{2}}$$

$$= \frac{300\times450}{\tan(2.48+5.71)\times\frac{14.7}{2}}$$

$$= 127618.3314\text{N} \fallingdotseq 127.62\text{kN}$$

답 127.62kN

04

평밸트를 이용하여 동력을 전달하고자 한다. 매분 120회전을 하는 출력 1.5kW의 모터축에 설치되어 있는 지름 200mm의 풀리에 의하여 벨트 구동을 할 때 다음을 구하여라. (단, 마찰계수는 0.3이고, 접촉각은 160°이다.) [6점]

(1) 벨트의 원주속도 V[m/s]를 구하여라.
(2) 유효장력 P_e[N]를 구하여라.
(3) 긴장측 장력과 이완측 장력은 몇 [N]인가?

풀이 및 답

(1) 벨트의 원주속도 V[m/s]를 구하여라.

$$V = \frac{\pi DN}{60000} = \frac{\pi\times200\times120}{60000} = 1.2566 \fallingdotseq 1.26\text{m/s}$$

답 1.26m/s

(2) 유효장력 P_e[N]를 구하여라.

$$H_{kW} = \frac{P_e\times V}{1000},\quad 1.5 = \frac{P_e\times1.26}{1000}$$

(유효장력) $P_e = 1190.48\text{N}$

답 1190.48N

(3) 긴장측 장력과 이완측 장력은 몇 [N]인가?

(이완장력) $T_s = \dfrac{P_e}{e^{\mu\theta}-1} = \dfrac{1190.48}{2.31-1} = 908.7633 \fallingdotseq 908.76\text{N}$

(장력비) $e^{\left(0.3\times 160\times \frac{\pi}{180}\right)} = 2.3111 = 2.31$

(긴장장력) $T_t = T_s e^{\mu\theta} = 908.76\times 2.31 = 2099.2356\text{N} = 2099.24\text{N}$

답 T_t =2099.24N
T_s =908.76N

05

다판 클러치를 이용하여 동력을 전달하고자 한다. 접촉면의 바깥지름 800mm, 안지름 450mm인 다판 클러치로 1500rpm, 750kW를 전달할 때 다음을 구하여라. (단, 마찰계수 μ =0.25, 접촉면 압력 p =80kPa이다.) [5점]

(1) 전달토크 T[N · m]를 구하여라.
(2) 접촉면의 수 Z[개]를 구하여라.

풀이 및 답

(1) 전달토크 T[N · m]를 구하여라.

$$T = 974\times\frac{H_{kw}}{N}\times 9.8 = 974\times\frac{750}{1500}\times 9.8 = 4772.6\text{N}\cdot\text{m}$$

답 4772.6N · m

(2) 접촉면의 수 Z[개]를 구하여라.

$$q = \frac{Q}{\frac{\pi}{4}(d_2^2-d_1^2)Z},\quad T = \mu Q\times\frac{d_m}{2} = \mu qz\left[\left(\frac{\pi}{4}(d_2^2-d_1^2)\right)\right]\times\frac{d_2+d_1}{4}$$

$$Z = \frac{T}{\mu q\frac{\pi}{4}(d_2^2-d_1^2)\times\frac{d_2+d_1}{4}} = \frac{4772.6\times 10^3}{0.25\times 0.08\times\frac{\pi}{4}(800^2-450^2)\times\frac{800+450}{4}}$$

$= 2.222 \fallingdotseq 3$개

답 3개

06

아래 그림의 유성기어에서 기어 A의 잇수 Z_A =45개, B의 잇수 Z_B =30개인 그림과 같은 유성 기어에서 A는 고정되어 있고 B가 시계방향으로 15회전할 때, 암 H의 회전수는 어떻게 되는가? [5점]

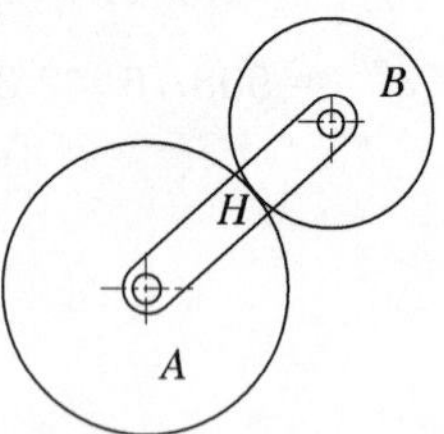

풀이 및 답

구분	A	B	H
전체고정	$+x$	$+x$	$+x$
암고정	$-x$	$-x\times-\dfrac{Z_A}{Z_B}$	0
정미회전수	0	$x+x\dfrac{Z_A}{Z_B}$	$+x$

$$x\left(1+\frac{Z_A}{Z_B}\right)=15 \qquad \therefore\ x=\frac{15}{1+\dfrac{45}{30}}=6$$

$\therefore$ H는 6(시계방향)회전

답 6(시계방향)회전

07

축의 지름이 50mm이고 축의 중앙에 600N의 기어를 설치하였을 때, 축의 자중을 무시하고 축의 위험 분당 회전수(rpm)를 구하여라. (단, 종탄성계수 $E=$ 2.1GPa이다.) [4점]

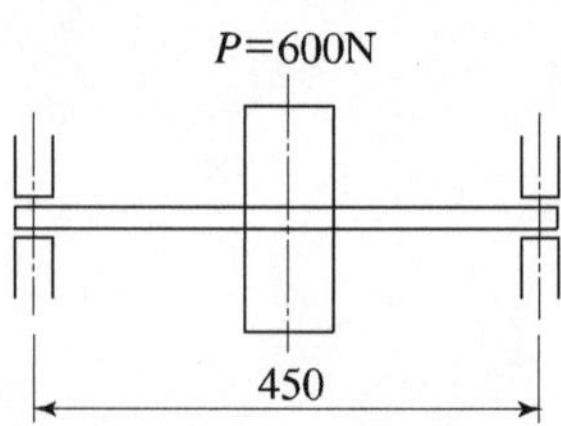

풀이 및 답

$$\delta = \frac{WL^3}{48EI}$$

$$N_c = \frac{30}{\pi}\sqrt{\frac{g}{\delta}} = \frac{30}{\pi}\sqrt{\frac{9.8\times10^3}{\left(\dfrac{600\times450^3}{48\times2.1\times10^3\times\dfrac{\pi(50)^4}{64}}\right)}} = 710.9601 ≒ 710.96\text{rpm}$$

답 710.96rpm

08

코터(cotter)을 이용하여 소켓과 로드를 연결하고자 한다. 인장하중 40kN, 소켓의 바깥지름 120mm, 로드의 지름 65mm, 코터의 너비 40mm, 코터의 두께 15mm일 때 다음을 구하여라. [5점]

(1) 로드의 코터 구멍부분의 인장응력 σ_t [MPa]를 구하여라.

(2) 코터의 굽힘응력 σ_b [MPa]를 구하여라.

풀이 및 답

(1) 로드의 코터 구멍부분의 인장응력 σ_t [MPa]를 구하여라.

$$\sigma_t = \frac{F}{\frac{\pi}{4}d_1^2 - dt} = \frac{40\times10^3}{\frac{\pi}{4}(65)^2 - 65\times15} = 17.0698 ≒ 17.07\text{MPa}$$

답 17.07MPa

(2) 코터의 굽힘응력 σ_b [MPa]를 구하여라.

$$\sigma_b = \frac{6PD}{8\times b^2\times t} = \frac{6\times40000\times120}{8\times40^2\times15} = 150\text{MPa}$$

답 150MPa

09

아래 그림을 보고 다음 물음에 답하여라. 지름 30mm의 축에 $D_B=300$mm인 풀리 B에 긴장측 장력 300N, 이완측 장력 100N이 작용하고 있다. 축은 2000rpm으로 회전하며 $D_A=250$mm인 풀리에 A에는 이완측 장력 $P_2=\frac{1}{3}P_1$이 작용하고 있을 때 다음을 구하여라. (단, P_1은 풀리 A의 긴장측 장력이고, $G=81$GPa이다.) [7점]

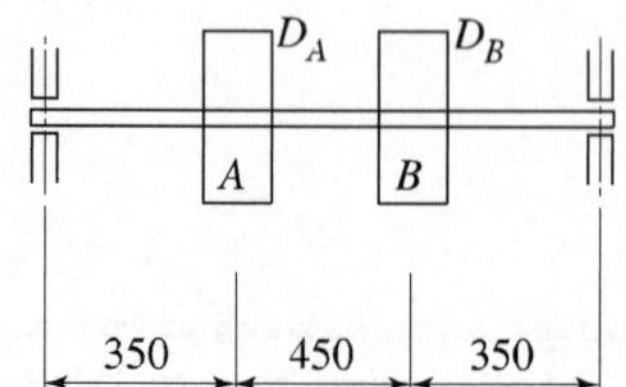

(1) 풀리 B의 전달토크 T[N · m]를 구하여라.
(2) 축의 전 길이에 대한 비틀림각 θ[deg]를 구하여라.
(3) 풀리 A의 긴장측 장력과 이완측 장력[N]을 구하여라.

풀이 및 답

(1) 풀리 B의 전달토크 T[N · m]를 구하여라.

$$T_B=P_{eA}\times\frac{D_B}{2}=(T_t-T_s)\times\frac{D_B}{2}=(300-100)\times\frac{300}{2}\times10^{-3}=30\text{N}\cdot\text{m}$$

답 30N · m

(2) 축의 전 길이에 대한 비틀림각 θ[deg]를 구하여라.

$$\theta=\frac{TL}{GI_P}=\frac{30\times10^3\times(350+450+350)}{81\times10^3\times\frac{\pi(30)^4}{32}}$$

$$=0.005361\text{rad}\times\frac{180}{\pi}\doteqdot0.306885\doteqdot0.31°$$

답 0.31°

(3) 풀리 A의 긴장측 장력과 이완측 장력[N]을 구하여라.

$$T_B=T_A=P_{eB}\times\frac{D_A}{2}=(P_1-P_2)\times\frac{D_A}{2}=(3P_2-P_2)\times\frac{D_A}{2}$$

$$=2P_2\times\frac{D_A}{2}=P_2\times D_A$$

(이완장력) $P_2 = \dfrac{T_B}{D_A} = \dfrac{30 \times 10^3}{250} = 120\text{N}$

(긴장장력) $P_1 = 3P_2 = 3 \times 120 = 360\text{N}$

답 $P_1 = 360\text{N}$
$P_2 = 120\text{N}$

10 너트의 풀림방지법 5가지를 적어라. [5점]

풀이 및 답

① 로크너트(lock nut)를 사용한다.
② 멈춤나사(set screw)를 사용한다.
③ 와셔를 사용한다.
④ 자동 죔 너트를 사용한다.
⑤ 분할핀을 사용한다.
⑥ 철사를 이용한다.
⑦ 플라스틱이 들어간 너트를 사용한다.

필답형 실기
- 기계요소설계 -

2011년도 1회

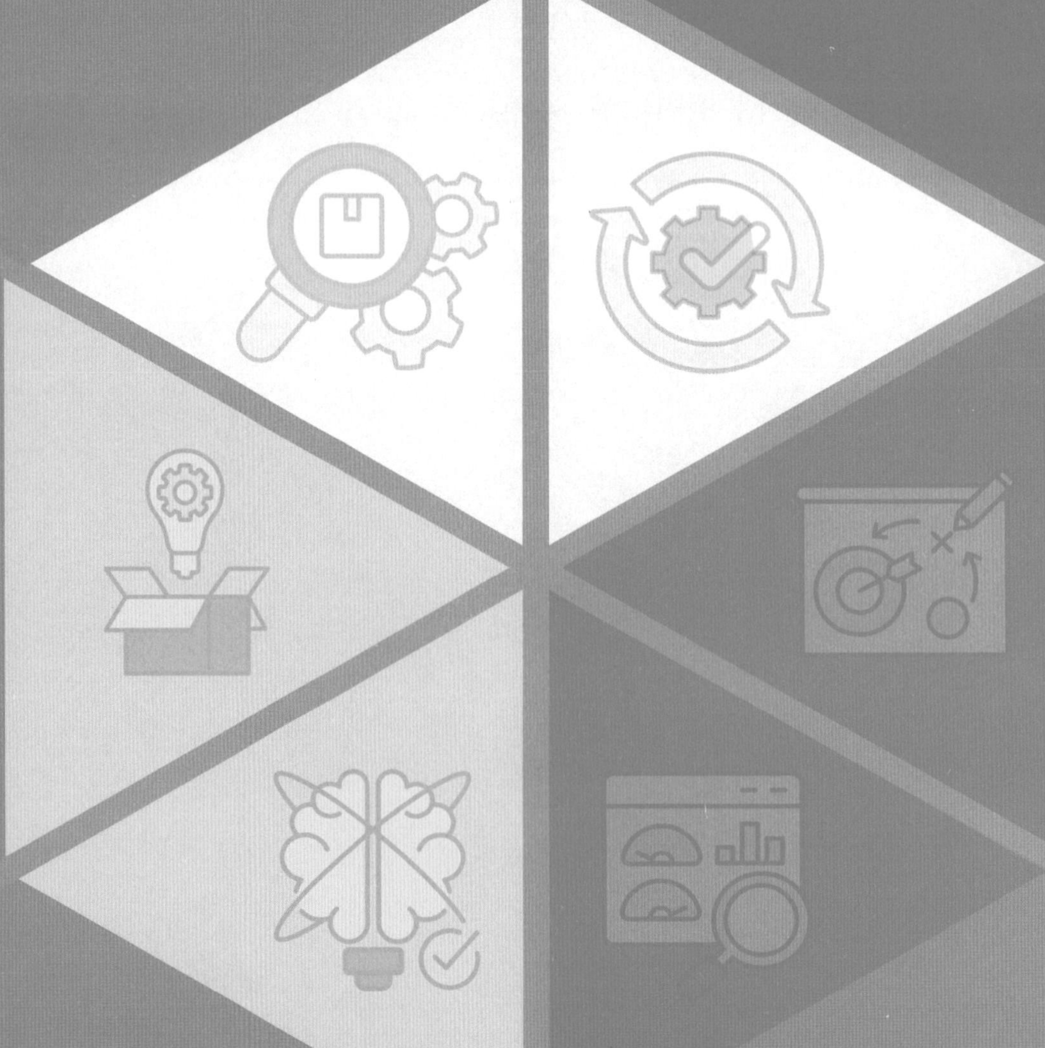

01

다음의 조건으로 축을 설계하여라. 연강제 중실 둥근축이 4kW, 200rpm으로 회전하고 있다. 비틀림각이 전 길이에 대하여 0.25°/m 이내로 하기 위해서는 지름[mm]을 얼마로 하면 되는가? (단, 가로탄성계수 $G=81\times10^3$N/mm^{2}이다.) [3점]

풀이 및 답

$$\frac{\theta}{L}=0.25°/\text{m}\times\frac{1\text{m}}{1000\text{mm}}\times\frac{\pi}{180}=4.36\times10^{-6}\text{rad/mm}$$

$$\frac{\theta}{L}=\frac{T}{GI_P}$$

$$4.36\times10^{-6}=\frac{\frac{60}{2\pi}\times\frac{H}{N}\times10^3}{G\times\frac{\pi d^4}{32}}=\frac{\frac{60}{2\pi}\times\frac{4000}{200}\times10^3}{81\times10^3\times\frac{\pi\times d^4}{32}}$$

$$d=48.4459\text{mm}\fallingdotseq48.45\text{mm}$$

답 48.45mm

02

아래 그림과 같은 브레이크에서 100N · m의 토크를 제동하려고 한다. 레버 끝에 가하는 힘 F는 몇 N인가? (단, 마찰계수 $\mu=0.2$로 한다.) [4점]

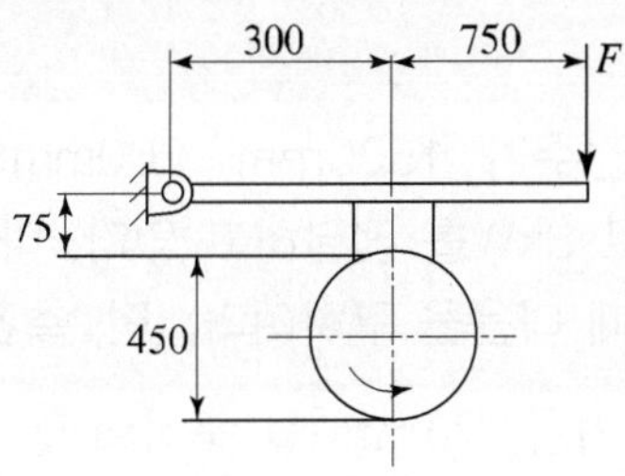

풀이 및 답

$$\Sigma M_0=0,\ F\times1050+f\times75-P\times300=0$$

$$f=\mu P,\ T=f\times\frac{D}{2},\ f=\frac{2T}{D}=\frac{200\times10^3}{450}=444.4444=444.44\text{N}$$

$$F=\frac{P\times300-f\times75}{1050}=\frac{f\times\left(\frac{300}{\mu}-75\right)}{1050}=\frac{444.44\times\left(\frac{300}{0.2}-75\right)}{1050}$$

$$=603.1685=603.17\text{N}$$

답 603.17N

03

기본 동적부하용량이 80kN인 베어링번호 6312의 단열 레이디얼 볼베어링에 그리스(grease) 윤활로 50000시간의 수명을 주려고 한다. 다음을 구하여라. (단, dN의 값은 180000이다.) [4점]

(1) 최대사용회전수 N[rpm]을 구하여라.

(2) 이때 베어링 하중은 몇 [kN]인가? (단, 하중계수 f_w =1.2이다.)

풀이 및 답

(1) 최대사용회전수 N[rpm]을 구하여라.

$$dN = d \times N \geq \ 180000, \ N \leq \ \frac{180000}{5 \times 12} = 3000\text{rpm}$$

답 3000rpm

(2) 이때 베어링 하중은 몇 [kN]인가? (단, 하중계수 f_w =1.2이다.)

$$L_h = 500 \times \frac{33.3}{N} \times \left(\frac{C}{P \times f_w} \right)^r$$

$$P = \frac{C}{f_w} \times \sqrt[r]{\frac{500 \times 33.3}{N \times L_h}} = \frac{80}{1.2} \times \sqrt[3]{\frac{500 \times 33.3}{3000 \times 50000}} = 3.2039 = 3.2\text{kN}$$

답 3.2kN

04

원동 풀리의 회전수가 1500rpm, 200mm의 평벨트 풀리가 종동축으로 300rpm의 축으로 8kW를 전달하고 있다. 마찰계수가 0.3이고 단위 길이당 무게가 4N/m일 때 다음을 구하여라. (단, 축간거리는 1000mm이다.) [5점]

(1) 종동 풀리의 지름 D_2[mm]를 구하여라.

(2) 긴장측의 장력 T_t[N]를 구하여라.

(3) 벨트의 길이 L[mm]을 구하여라. (단, 벨트는 바로걸기이다.)

풀이 및 답

(1) 종동 풀리의 지름 D_2[mm]를 구하여라.

$$\epsilon = \frac{D_1}{D_2} = \frac{N_2}{N_1} = \frac{300}{1500} = \frac{1}{5} \ \ D_2 = 5 \times D_1 = 5 \times 200 = 1000\text{mm}$$

답 1000mm

(2) 긴장측의 장력 T_t[N]를 구하여라.

$$(\text{긴장측의 장력})\ T_t = \frac{e^{\mu\theta} \times P_e}{e^{\mu\theta} - 1} + T_g = \frac{2 \times 509.08}{2-1} + \frac{4 \times 15.71^2}{9.8}$$
$$= 1118.896 = 1118.9\text{N}$$

$$(\text{접촉각})\ \theta = 180 - 2\phi = 180 - 2\sin^{-1}\left(\frac{D_2 - D_1}{2C}\right)$$
$$= 180 - 2\sin^{-1}\left(\frac{1000 - 200}{2 \times 1000}\right)$$
$$= 132.8436 = 132.84°$$

$$(\text{장력비})\ e^{\mu\theta} = e^{\left(0.3 \times 132.84 \times \frac{\pi}{180}\right)} = 2$$

$$(\text{유효장력})\ P_e = \frac{2T}{D} = \frac{2 \times \left(974000 \times \frac{8}{1500} \times 9.8\right)}{200} = 509.0773 = 509.08\text{N}$$

$$(\text{속도})\ V = \frac{\pi \times D \times N}{60 \times 1000} = \frac{\pi \times 200 \times 300}{60 \times 1000} = 15.71\text{m/s}$$

답 1118.9N

(3) 벨트의 길이 L[mm]을 구하여라. (단, 벨트는 바로걸기이다.)

$$L = 2C + \frac{\pi(D_1 + D_2)}{2} + \frac{(D_2 - D_1)^2}{4C}$$
$$= 2 \times 1000 + \frac{\pi(1000 + 200)}{2} + \frac{(1000 - 200)^2}{4 \times 1000}$$
$$= 4044.9555 = 4044.96\text{mm}$$

답 4044.96mm

05

외접 원통 마찰차의 축간거리 300mm, N_1 =400rpm, N_2 =200rpm인 원통 마찰차의 지름 D_1, 종동 마찰차의 지름 D_2를 구하시오. [3점]

풀이 및 답

$$D_1 = \frac{2l}{\frac{1}{\epsilon} + 1} = \frac{2 \times 300}{2 + 1} = 200\text{mm} \qquad D_2 = \frac{2l}{\epsilon + 1} = \frac{2 \times 300}{\frac{1}{2} + 1} = 400\text{mm}$$

$$\epsilon = \frac{D_1}{D_2} = \frac{N_2}{N_1} = \frac{200}{400} = \frac{1}{2}$$

답 D_1 =200mm
D_2 =400mm

06

스플라인(spline)을 이용하여 동력을 전달하고자 한다. 스플라인 안지름 80mm, 바깥지름 86mm, 잇수 6개, 200rpm으로 회전할 때 다음을 구하여라. (단, 이 측면의 허용접촉면압력은 19.62N/mm^2, 보스길이는 150mm, 접촉효율은 0.75이다.) [5점]

(1) 전달토크 T[N · m]를 구하여라.
(2) 전달동력은 몇 [kW]인가?

풀이 및 답

(1) 전달토크 T[N · m]를 구하여라.

$$T = \eta \times Q \times \frac{d_e}{2} = \eta \times \left(q \times \frac{d_2 - d_1}{2} \times l \times z\right) \times \frac{d_2 + d_1}{4}$$

$$= 0.75 \times 19.62 \times \frac{86^2 - 80^2}{8} \times 150 \times 6$$

$$= 1648815.75 = 1648.82\text{N} \cdot \text{m}$$

답 1648.82N · m

(2) 전달동력은 몇 [kW]인가?

$$H_{Kw} = T \times \frac{2\pi N}{60} = 1648.82 \times \frac{2 \times \pi \times 200}{60} = 34532.8053 = 34.53\text{kW}$$

답 34.53kW

07

원추클러치를 이용하여 동력을 전달하고자 한다. 접촉면의 평균지름 400mm, 경사각 30°의 주철제 원추 클러치가 있다. 이 클러치의 축방향으로 누르는 힘이 600N일 때 회전토크는 몇 N · m인가? (단, 마찰계수는 0.3이다.) [3점]

풀이 및 답

$$T = \mu' P \times \frac{d_m}{2} = 0.39 \times 600 \times \frac{400}{2} \times 10^{-3} = 46.8\text{N} \cdot \text{m}$$

(상당마찰계수) $\mu' = \dfrac{\mu}{\sin\alpha + \mu\cos\alpha} = \dfrac{0.3}{\sin 30 + 0.3\cos 30} = 0.39$

답 46.8N · m

리벳을 이용하여 두 개의 판을 이음하고자 한다. 리벳의 구멍지름 20mm, 피치 60mm, 판두께 16mm인 양쪽 덮개판 1줄 리벳 맞대기이음의 효율을 계산하라. (단, 리벳의 전단강도는 판의 인장강도의 85%이다. 리벳 1개에 대한 전단면이 2개인 복전단으로 1.8배로 계산하라.) [5점]

(1) 판의 효율 η_p [%]를 구하여라.
(2) 리벳 효율 η_r [%]을 구하여라.
(3) 리벳이음의 효율은 몇 [%]인가?

풀이 및 답

(1) 판의 효율 η_p [%]를 구하여라.

$$\eta_p = 1 - \frac{d}{p} = 1 - \frac{20}{60} = 0.66666 = 66.67\%$$

답 66.67%

(2) 리벳 효율 η_r [%]을 구하여라.

$$\eta_r = \frac{\tau_a \times \frac{\pi d^2}{4} \times n \times 1.8}{\sigma_a \times t \times p} = 0.85 \times \frac{\frac{\pi \times 20^2}{4} \times 1 \times 1.8}{16 \times 60} = 0.500691 = 50.07\%$$

(단, $\frac{\tau_a}{\sigma_a} = 0.85$)

답 50.07%

(3) 리벳이음의 효율은 몇 [%]인가?

리벳이음의 효율 η은 둘 중 작은값 $n_r = 50.07\%$이다.

답 50.07%

09

겹판 스프링을 설계하고자 한다. 스팬의 길이 2500mm, 강판의 폭 60mm, 두께 15mm, 강판의 수 6개, 허리조임의 폭 120mm인 겹판 스프링에서 스프링의 허용굽힘응력을 350N/mm^2, 세로탄성계수를 250kN/mm^{2}라 할 때 다음을 구하여라. (단, $l_e = l - 0.6e$로 계산하고, 여기서, l은 스팬의 길이, e는 허리조임의 폭이다.) [4점]

(1) 스프링이 받칠 수 있는 최대하중은 몇 [kN]인가?
(2) 처짐은 몇 [mm]인가?

풀이 및 답

(1) 스프링이 받칠 수 있는 최대하중은 몇 [kN]인가?

$$P = \frac{2\sigma_a B n h^2}{3L_e} = \frac{2\times350\times60\times6\times15^2}{3\times2428}\times10^{-3} = 7.78418\text{kN} = 7.78\text{kN}$$

$$(L_e = l - 0.6e = 2500 - 0.6\times120 = 2428\text{mm})$$

답 7.78kN

(2) 처짐은 몇 [mm]인가?

$$\delta = \frac{3PL_e^3}{8EBnh^3} = \frac{3\times7.78\times10^3\times2428^3}{8\times250\times10^3\times60\times6\times15^3} = 137.48034\text{mm} = 137.48\text{mm}$$

답 137.48mm

10

키의 허용전단응력은 30MPa, 허용압축응력은 80MPa이다. 지름이 50mm인 축의 회전수 800rpm, 동력 20kW를 전달시키고자 할 때, 이 축에 작용하는 묻힘키의 길이를 결정하라. (단, 키의 $b\times h$ =12×8이고, 묻힘깊이 $t = \frac{h}{2}$ 이다.)

[5점]

(1) 키의 허용전단응력을 이용하여 키의 길이를 [mm]로 구하여라.
(2) 키의 허용압축응력을 이용하여 키의 길이를 [mm]로 구하여라.
(3) 묻힘키의 최대 길이를 결정하라.

[표] 길이 l 의 표준값

6	8	10	12	14	16	18	20	22	25	28	32	36
40	45	50	56	63	70	80	90	100	110	125	140	160

풀이 및 답

(1) 키의 허용전단응력을 이용하여 키의 길이를 [mm]로 구하여라.

$$\tau_a = \frac{F}{b\times l},\quad l = \frac{F}{\tau_a\times b} = \frac{9545.2}{30\times12} = 26.5144\text{mm} = 26.51\text{mm}$$

$$F = \frac{2T}{D} = \frac{2\times\left(974000\times\frac{20}{800}\times9.8\right)}{50} = 9545.2\text{N}$$

답 26.51mm

(2) 키의 허용압축응력을 이용하여 키의 길이를 [mm]로 구하여라.

$$\sigma_a = \frac{F}{t\times l},\ \ l = \frac{F}{\sigma_a\times t} = \frac{9545.2}{80\times 4} = 29.8287\text{mm} = 29.83\text{mm}$$

답 29.83mm

(3) 묻힘키의 최대 길이를 결정하라.

길이는 29.83mm보다 큰 32mm로 선정한다.

답 32mm

11

스퍼기어를 이용하여 동력을 전달하고자 한다. 8kW, 1200rpm으로 회전하는 스퍼기어의 모듈이 5, 압력각이 20°이다. 축간거리 750mm, 대기어의 회전수는 600rpm, 치폭이 50mm일 때 다음을 구하여라. (단, π를 포함한 치형계수는 0.369이다.) [5점]

(1) 피니언과 기어의 잇수 Z_1과 Z_2를 구하여라.
(2) 전달하중 F는 몇 [N]인가?
(3) 굽힘응력 σ_b는 몇 [N/mm^2]인가?

풀이 및 답

(1) 피니언과 기어의 잇수 Z_1과 Z_2를 구하여라.

(축간거리) $C = \dfrac{m(Z_1+Z_2)}{2}$에서 $Z_1+Z_2 = \dfrac{2\times C}{m} = \dfrac{2\times 750}{5} = 300$개

(속비) $\epsilon = \dfrac{Z_1}{Z_2} = \dfrac{N_2}{N_1} = \dfrac{600}{1200} = \dfrac{1}{2}$

$$\frac{Z_1}{Z_2} = \frac{1}{2},\ Z_2 = 2Z_1$$

$$300 = Z_1 + Z_2 = Z_1 + 2Z_1 = 3Z_1$$

Z_1 =100개, Z_2 =200개

답 Z_1 =100개
Z_2 =200개

(2) 전달하중 F는 몇 [N]인가?

$$F = \frac{2T}{D_1} = \frac{2T}{mZ_1} = \frac{2\times\left(974000\times\dfrac{8}{1200}\times 9.8\right)}{5\times 100} = 254.54\text{N}$$

답 254.54N

(3) 굽힘응력 σ_b는 몇 [N/mm^2]인가?

$$F = f_v \times f_w \times \sigma_b \times b \times m \times Y$$

$$f_v = \frac{3.05}{3.05 + \frac{\pi \times 5 \times 100 \times 1200}{60000}} = 0.08849 \fallingdotseq 0.088$$

$$\sigma_b = \frac{F}{f_v \times f_w \times b \times m \times Y} = \frac{254.54}{0.088 \times 1 \times 50 \times 5 \times 0.369}$$

$$= 31.355 = 31.36\,\mathrm{N/mm^2}$$

답 31.36N/mm^2

12 나사의 풀림방지법 5가지를 적어라. [4점]

풀이 및 답

① 로크너트(lock nut)를 사용한다.
② 멈춤나사(set screw)를 사용한다.
③ 분할핀에 의한 방법
④ 와셔에 의한 방법
⑤ 자동 죔 너트를 사용한다.
⑥ 철사를 사용한다.
⑦ 플라스틱이 들어간 너트를 사용한다.

필답형 실기
- 기계요소설계 -

2011년도 2회

01

웜의 분당회전수 1500rpm이고 웜기어로 $\frac{1}{12}$로 감속시키려고 한다. 웜은 4줄, 축직각 모듈 3.5, 중심거리 110mm로 할 때 다음을 구하여라. (단, μ=0.1이다.)

[5점]

(1) 웜의 피치원 지름 D_w와 웜 기어의 피치원 지름 D_g[mm]를 각각 구하여라.
(2) 웜의 효율 η[%]를 구하여라. (단, 공구 압력각=치직각 압력각 α_n =20°이다.)
(3) 웜휠을 작용하는 회전력 F_t[N]를 구하여라. (단, 웜휠의 재질은 금속재료인 청동이며 굽힘응력은 80MPa, 치폭은 40mm이다. 다음 표를 참조하여라.)

재질	속도계수
금속재료	$f_v = \frac{6}{6+v_g}$
합성수지	$f_v = \frac{1+0.25v_g}{1+v_g}$

치직각 압력각 α_n	치형계수 y
14.5°	0.1
20°	0.125
25°	0.15
30°	0.175

풀이 및 답

(1) 웜의 피치원 지름 D_w와 웜 기어의 피치원 지름 D_g[mm]를 각각 구하여라.

(웜휠의 피치원 지름) $D_g = m_s Z_g = 3.5 \times 48 = 168\text{mm}$

(웜휠의 잇수) $Z_g = Z_w / i = 4 \times 12 = 48$개

(축간거리) $A = \frac{D_w + D_g}{2}$

(웜의 피치원 지름) $D_w = 2A - D_g = 2 \times 110 - 168 = 52\text{mm}$

답 D_w =52mm
D_g =168mm

(2) 웜의 효율 η[%]를 구하여라. (단, 공구 압력각=치직각 압력각 α_n =20°이다.)

$$\eta = \frac{\tan\gamma}{\tan(\gamma+\rho')} = \frac{\tan 15.07}{\tan(15.07+6.07)} = 0.69635 = 69.64\%$$

(리드각) $\gamma = \tan^{-1}\left(\frac{l}{\pi D_w}\right) = \tan^{-1}\left(\frac{43.98}{\pi \times 52}\right) = 15.067° = 15.07°$

(리드) $l = Z_w \cdot\ p_s = Z_w \cdot\ m_s \cdot\ \pi = 4 \times \pi \times 3.5 = 43.98\text{mm}$

(상당마찰각) $\rho' = \tan^{-1}\left(\frac{\mu}{\cos\alpha_n}\right) = \tan^{-1}\left(\frac{0.1}{\cos 20}\right) = 6.07°$

답 69.64%

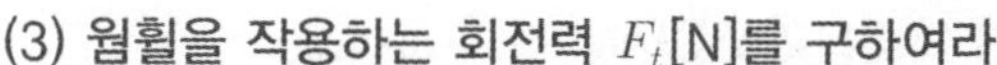
(3) 웜휠을 작용하는 회전력 F_t[N]를 구하여라.

(웜휠의 회전력) $F_t = f_v \sigma_b p_n b y = 0.85 \times 80 \times 10.62 \times 40 \times 0.125 = 3610.8\text{N}$

(웜의 치직각 피치) $p_n = p_s \cos\gamma = 3.5 \times \pi \times \cos 15.07$

$= 10.617\text{mm} = 10.62\text{mm}$

(속도계수) $f_v = \dfrac{6}{6+v_g} = \dfrac{6}{6+1.1} = 0.845 = 0.85$

(웜휠 속도) $v_g = \dfrac{\pi D_g N_g}{60 \times 1000} = \dfrac{\pi \times 168 \times 125}{60 \times 1000} = 1.0995\text{m/s} = 1.1\text{m/s}$

(웜휠의 분당 회전수) $N_g = N_w \times i = 1500 \times \dfrac{1}{12} = 125\text{rpm}$

답 3610.8N

02

아래 cotter 그림에서 축방향 하중이 5kN 작용될 때 다음 물음에 답하여라. [5점]

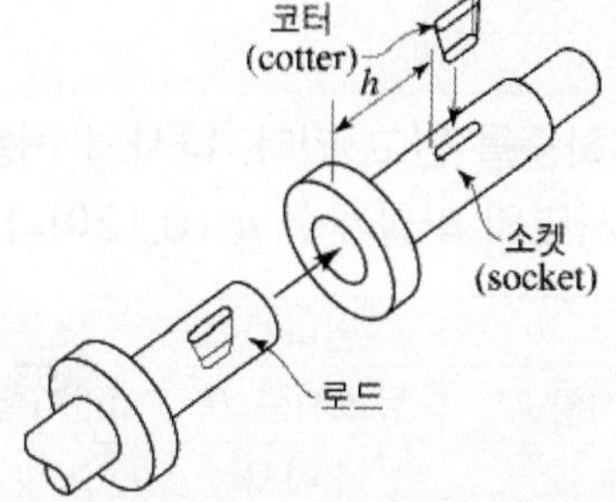

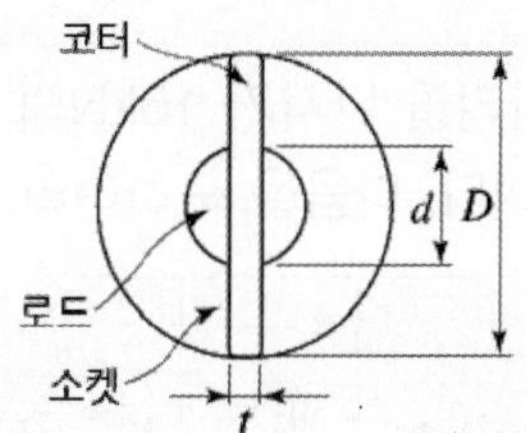

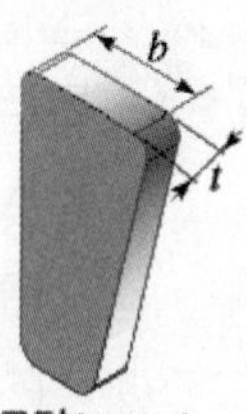

여기서, D : 소켓의 바깥지름 $D = 140\text{mm}$
d : 로드의 지름 $d = 70\text{mm}$
h : 코터 구멍에서 소켓 끝까지의 거리 $h = 100\text{mm}$
t : 코터의 두께 $t = 20\text{mm}$
b : 코터의 너비 $b = 90\text{mm}$

(1) 로드의 코터 구멍부분의 인장응력 σ_1[MPa]을 구하여라.
(2) 로드의 코터 구멍 측면의 압축응력 σ_2[MPa]를 구하여라.
(3) 소켓의 코터 구멍 측면의 압축응력 σ_3[MPa]를 구하여라.
(4) 코터의 굽힘응력 σ_b[MPa]를 구하여라.

풀이 및 답

(1) 로드의 코터 구멍부분의 인장응력 σ_1[MPa]을 구하여라.

$$\sigma_1 = \frac{P}{\pi d^2/4 - (t \times d)} = \frac{5000}{\pi \times 70^2/4 - (20 \times 70)} = 2.04\,\text{N/mm}^2 = 2.04\,\text{MPa}$$

답 2.04MPa

(2) 로드의 코터 구멍 측면의 압축응력 σ_2[MPa]를 구하여라.

$$\sigma_2 = \frac{P}{t \times d} = \frac{5000}{20 \times 70} = 3.57\,\mathrm{N/mm^2} = 3.57\,\mathrm{MPa}$$

답 3.57MPa

(3) 소켓의 코터 구멍 측면의 압축응력 σ_3[MPa]를 구하여라.

$$\sigma_3 = \frac{P}{(D-d)t} = \frac{5000}{(140-70) \times 20} = 3.571\,\mathrm{N/mm^2} = 3.57\,\mathrm{MPa}$$

답 3.57MPa

(4) 코터의 굽힘응력 σ_b[MPa]를 구하여라.

$$\sigma_b = \frac{6 \times PD}{8 \times b^2 \times t} = \frac{6 \times 5000 \times 140}{8 \times 90^2 \times 20} = 3.2407\,\mathrm{N/mm^2} = 3.24\,\mathrm{MPa}$$

답 3.24MPa

03

미터사다리꼴 나사가 15kN의 축방향 하중을 받고 있다. 나사의 허용응력이 80MPa이다. 다음을 구하여라. (단, 나사면의 마찰계수 μ =0.12이다.) [6점]

나사의 호칭	피치 P	접촉 높이 H_1	암나사		
			골지름 D	유효지름 D_2	안지름 D_1
			수나사		
			바깥지름 d	유효지름 d_2	골지름 d_1
Tr 10×2	2	1	10.000	9.000	8.000
Tr 10×1.5	1.5	0.75	10.000	9.250	8.500
Tr 11×3	3	1.5	11.000	9.500	8.000
Tr 11×2	2	1	11.000	10.000	9.000
Tr 12×3	3	1.5	12.000	10.500	9.000
Tr 12×2	2	1	12.000	11.000	10.000
Tr 14×3	3	1.5	14.000	12.500	11.000
Tr 14×2	2	1	14.000	13.000	12.000
Tr 16×4	4	2	16.000	14.000	12.000
Tr 16×2	2	1	16.000	15.000	14.000
Tr 18×4	4	2	18.000	16.000	14.000
Tr 18×2	2	1	18.000	17.000	16.000

(1) 나사의 호칭을 결정하여라.
(2) 나사의 체결력[N]을 구하여라.
(3) 나사의 효율 η[%]를 구하여라.

풀이 및 답

(1) 나사의 호칭을 결정하여라.

$$\sigma_a = \frac{4Q}{\pi d_1^2}$$

(골지름) $d_1 = \sqrt{\frac{4Q}{\pi \times \sigma_a}} = \sqrt{\frac{4 \times 15 \times 10^3}{\pi \times 80}} = 15.45\text{mm}$

표로부터 골지름 15.45보다 큰 16mm를 선택, 그러므로 Tr 18×2 선정.

답 Tr 18×2 선정

(2) 나사의 체결력[N]을 구하여라.

(체결력) $P = Q\tan(\lambda + \rho') = 15000 \times \tan(2.14 + 7.08)$

$= 2434.843\text{N} = 2434.84\text{N}$

(리드각) $\lambda = \tan^{-1}\frac{p}{\pi \times d_2} = \tan^{-1}\frac{2}{\pi \times 17} = 2.144° = 2.14°$

(마찰각) $\rho = \tan^{-1}\mu' = \tan^{-1}\left(\frac{\mu}{\cos\frac{\alpha}{2}}\right) = \tan^{-1}\left(\frac{0.12}{\cos\frac{30°}{2}}\right)$

$= 7.0817° = 7.08°$

답 2434.84N

(3) 나사의 효율 η[%]를 구하여라.

(나사의 효율) $\eta = \frac{\tan\lambda}{\tan(\lambda + \rho')} = \frac{\tan(2.14)}{\tan(2.14 + 7.08)} = 0.230204 = 23.02\%$

답 23.02%

04

그림과 같이 베어링 간격 500mm, 축지름 50mm인 연강축의 중앙에 P =50N의 하중을 받으며 회전하고 있다. 축자중을 무시할 때 다음 각 물음에 답하여라. (단, 축은 단순지지된 보이며, 축의 탄성계수 E =210GPa이다.) [4점]

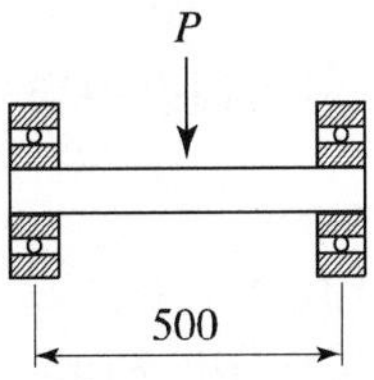

(1) 축의 처짐량 δ[μm]를 구하여라.

(2) 축의 위험속도 N_c[rpm]를 구하여라. (단, 중력가속도 g =9.81m/s^{2}이다.)

풀이 및 답

(1) 축의 처짐량 $\delta[\mu m]$를 구하여라.

$$\delta = \frac{Pl^3}{48EI} = \frac{50 \times 500^3}{48 \times 210 \times 10^3 \times 306796.16} = 0.00202101\text{mm} = 2.02\mu\text{m}$$

$$E = 210\text{GPa} = 210 \times 10^3\text{MPa} = 210 \times 10^3\text{N/mm}^2$$

$$I = \frac{\pi d^4}{64} = \frac{\pi \times 50^4}{64} = 306796.1576\text{mm}^4 = 306796.16\text{mm}^4$$

답 $2.02\mu m$

(2) 축의 위험속도 N_c[rpm]를 구하여라. (단, 중력가속도 g=9.81m/s^{2}이다.)

$$N_c = \frac{30}{\pi}\sqrt{\frac{g}{\delta}} = \sqrt{\frac{9.81}{2.02 \times 10^{-6}}} = 21044.092\text{rpm} = 21044.09\text{rpm}$$

답 21044.09rpm

05

베어링 번호 NU2210, 기본 동적 부하용량 C=4850kgf의 원통 롤러 베어링에 하중 P=250kgf이 작용하고 있다. 다음을 구하여라. [단, 베어링의 사용한계 회전속도지수 $(dN)_a$=200000mm · rpm, 하중계수 f_w=1.5이다.] [4점]

(1) 이 베어링의 최대 사용 회전수 N[rpm]을 구하여라.
(2) 최대 사용 회전수에서의 베어링 수명시간 L_H[hr]를 구하여라.

풀이 및 답

(1) 이 베어링의 최대 사용 회전수 N[rpm]을 구하여라.

$$N = \frac{(dN)_a}{d} = \frac{200000}{10 \times 5} = 4000\text{rpm}$$

답 4000rpm

(2) 최대 사용 회전수에서의 베어링 수명시간 L_H[hr]를 구하여라.

$$L_H = 500 \times \frac{33.3}{N} \times \left(\frac{C}{f_w \times P}\right)^r = 500 \times \frac{33.3}{4000} \times \left(\frac{4850}{1.5 \times 250}\right)^{\frac{10}{3}}$$

$$= 21137.6068\text{hr} = 21137.61\text{hr}$$

답 21137.61hr

06

다음 그림과 같은 크라운 마찰차에 있어서 원동차의 직경이 400mm, 주철 재료의 회전수는 1400rpm이다. 종동차의 둘레에 동판이 끼워져 있다. 폭 40mm, $D=$ 530mm이다. B차의 이동 범위는 $x=$50~150mm이다. 다음을 구하여라. (단, 마찰계수 $\mu=$0.25, 선압 $q=$20N/mm이고 마찰 전동 시 미끄럼은 무시한다.)[4점]

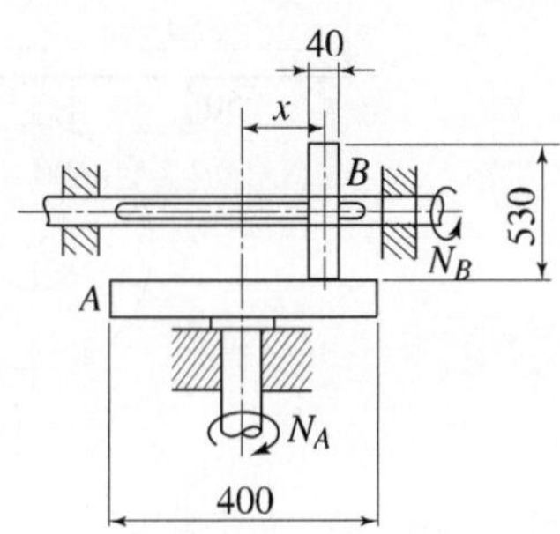

(1) 종동차의 최대 속도 V_{max}[m/s]와 최소 속도 V_{min}[m/s]을 각각 구하여라.

(2) 최대 전달동력 H_{max}[kW]와 최소 전달력 H_{min}[kW]을 각각 구하여라.

풀이 및 답

(1) 종동차의 최대 속도 V_{max}[m/s]와 최소 속도 V_{min}[m/s]을 각각 구하여라.

$$i=\frac{N_{B,\min}}{N_A}=\frac{x_{\min}}{D_{B/2}},\ N_{B,\min}=\frac{1400\times 50}{530/2}=264.15\,\text{rpm}$$

$$\frac{N_{B,\max}}{N_A}=\frac{x_{\max}}{D_{B/2}},\ N_{B,\max}=\frac{1400\times 150}{530/2}=792.45\,\text{rpm}$$

$$V_{\min}=\frac{\pi\cdot\ D_B\cdot\ N_{B,\min}}{60\times 1000}=\frac{\pi\times 530\times 264.15}{60\times 1000}=7.33\,\text{m/sec}$$

$$V_{\max}=\frac{\pi\cdot\ D_B\cdot\ N_{B,\max}}{60\times 1000}=\frac{\pi\times 530\times 792.45}{60\times 1000}=21.99\,\text{m/sec}$$

답 $V_{max}=21.99$m/s
$V_{min}=7.33$m/s

(2) 최대 전달동력 H_{max}[KW]와 최소 전달력 H_{min}[KW]을 각각 구하여라.

$$H_{\max}=\frac{\mu Q V_{\max}}{1000}=\frac{\mu(q\times b)\times V_{\max}}{1000}=\frac{0.25\times(20\times 40)\times 21.99}{1000}$$

$$=4.398\fallingdotseq 4.4\,\text{kW}$$

$$H_{\min}=\frac{\mu Q V_{\min}}{1000}=\frac{\mu(q\times b)\times V_{\min}}{1000}=\frac{0.25\times(20\times 40)\times 7.33}{1000}$$

$$=1.466\fallingdotseq 1.47\,\text{kW}$$

답 $H_{max}=4.4$kW
$H_{min}=1.47$kW

07

그림과 같은 단식 블록 브레이크에서 중량 W의 자연낙하를 방지하려 한다. 다음 물음에 답하여라. (단, 마찰계수 μ =0.2, 블록 브레이크의 접촉면적은 80mm^{2}이다. 풀리의 회전수는 120rpm이다.) **[5점]**

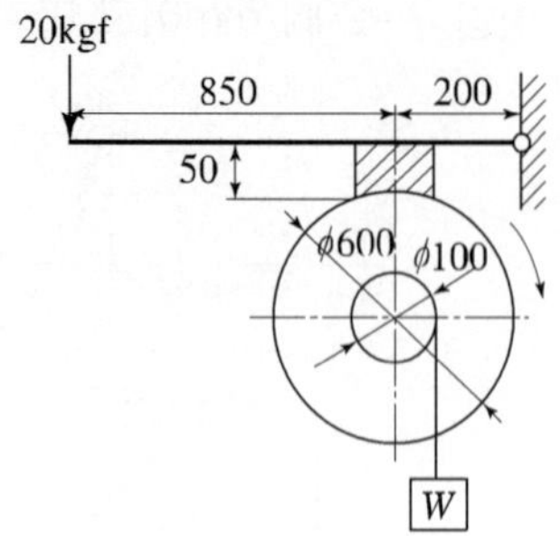

(1) 제동토크 T_f[N · mm]를 구하여라.

(2) 최대중량 W[kN]를 구하여라.

(3) 블록 브레이크의 용량 μqv[W/mm^2]를 구하여라.

풀이 및 답

(1) 제동토크 T_f[N · mm]를 구하여라.

$\Sigma M = 0,\ -20\times(850+200)+Q\times200-0.2\times Q\times50=0$

(블록 브레이크를 미는 힘) $Q = 110.5263\text{kgf} = 1083.1578\text{N} = 1083.16\text{N}$

(제동토크) $T_f = \mu Q\times\dfrac{D}{2} = 0.2\times1083.16\times\dfrac{600}{2} = 64989.6\text{N}\cdot\ \text{mm}$

답 64989.6N · mm

(2) 최대중량 W[kN]를 구하여라.

(제동토크) $T_f = W\times\dfrac{100}{2}$

$$W = \frac{2\times T_f}{100} = \frac{2\times64989.6}{100} = 1299.792\text{N} = 1.3\text{kN}$$

답 1.3kN

(3) 블록 브레이크의 용량 μqv[W/mm^2]를 구하여라.

$$\mu qv = \mu\times\frac{Q}{A}\times\frac{\pi\times600\times N}{60\times1000} = 0.2\times\frac{1083.16}{80}\times\frac{\pi\times600\times120}{60\times1000}$$

$$= 10.20854[\text{W/mm}^2] = 10.21[\text{W/mm}^2]$$

답 10.21W/mm^2

08

지름 50mm인 축의 허용전단응력이 4.5MPa이다. 이 축에 풀리를 고정하기 위해 $b \times h \times l = 15 \times 10 \times 85$인 묻힘키를 사용했을 때, 다음을 구하여라. [4점]

(1) 키의 전단응력 τ_k[MPa]를 구하여라.

(2) 키의 압축응력 σ_k[MPa]를 구하여라.

풀이 및 답

(1) 키의 전단응력 τ_k[MPa]를 구하여라.

$$\tau_k = \frac{2T}{bld} = \frac{2\tau_s Z_p}{bld} = \frac{2 \times 4.5 \times \pi \times 50^3}{15 \times 85 \times 50 \times 16} = 3.46\,\text{MPa}$$

답 3.46MPa

(2) 키의 압축응력 σ_k[MPa]를 구하여라.

$$\sigma_c = \frac{4T}{hld} = \frac{4\tau_s Z_p}{hld} = \frac{4 \times 4.5 \times \pi \times 50^3}{10 \times 85 \times 50 \times 16} = 10.39\,\text{MPa}$$

답 10.39MPa

09

축지름 90mm의 클램프 커플링에서 볼트 8개를 사용하여 50kW, 400rpm으로 동력을 전달하고자 한다. 마찰력으로만 동력을 전달한다고 할 때 다음을 구하여라. (단, 마찰계수 $\mu = 0.2$이다.) [4점]

(1) 전동토크 T[N · mm]를 구하여라.

(2) 볼트의 허용인장응력 $\sigma_b = 60$[MPa]일 때 다음 나사를 선정하여라.

[표] 미터나사의 규격

볼트의 호칭	피치	골지름	바깥지름
M 8	1.25	6.647	8.000
M10	1.5	8.376	10.000
M12	1.75	10.106	12.000
M14	2	11.835	14.000
M16	2	13.835	16.000
M18	2.5	15.294	18.000
M20	2.5	17.294	20.000

풀이 및 답

(1) 전동토크 T[N · mm]를 구하여라.

$$T = \frac{60}{2\pi} \times \frac{H}{N} = \frac{60}{2\pi} \times \frac{50 \times 10^3}{400} = 1193.662073\text{N} \cdot \text{m} = 1193662.07\text{N} \cdot \text{mm}$$

답 1193662.07N · mm

(2) 볼트의 허용인장응력 σ_b =60[MPa]일 때 다음 나사를 선정하여라.

$$T = \mu\left(\sigma_b \times \frac{\pi}{4}d_1^2 \times \frac{Z}{2}\right) \times \pi \times \frac{d_s}{2}$$

$$1193662.07 = 0.2 \times \left(60 \times \frac{\pi}{4}d_1^2 \times \frac{8}{2}\right) \times \pi \times \frac{90}{2}$$

(볼트의 골지름) $d_1 = 14.965\text{mm}$

표로부터 골지름 14.965보다 큰 15.294를 선택, 그러므로 M18 선정.

답 M18 선정

10

원통 코일 스프링의 평균지름 D =40mm, 코일의 단면지름 d =5mm, 코일의 가로 탄성계수 G =80GPa이다. 코일 스프링에 작용하는 하중은 P =200N, 스프링의 처짐량 δ =12mm이다. 다음을 구하여라. **[4점]**

(1) 코일 스프링의 감김수를 구하여라.

(2) 스프링의 발생하는 전단응력 τ_s[MPa]를 구하여라.

풀이 및 답

(1) 코일 스프링의 감김수를 구하여라.

$$\delta = \frac{8PD^3n}{Gd^4}$$

$$(\text{감김수})\ n = \frac{\delta G d^4}{8PD^3} = \frac{12 \times 80 \times 10^3 \times 5^4}{8 \times 200 \times 40^3} = 5.859 = 6\text{권}$$

답 6권

(2) 스프링의 발생하는 전단응력 τ_s[MPa]를 구하여라.

$$\tau_s = K'\frac{8P \cdot D}{\pi d^3} = 1.18 \times \frac{8 \times 200 \times 40}{\pi \times 5^3} = 192.31\,\text{MPa}$$

$$(\text{수정응력계수})\ K' = \frac{4c-1}{4c-4} + \frac{0.615}{c} = \frac{4\times 8-1}{4\times 8-4} + \frac{0.615}{8} = 1.184 = 1.18$$

$$(\text{스프링지수})\ c = \frac{D}{d} = \frac{40}{5} = 8$$

답 192.31MPa

11

60번 롤러 체인으로 회전수 n_1 =900rpm, 잇수 Z_1 =20인 원동차에서 잇수 Z_2 =60인 종동차에 동력을 전달하고자 한다. 축간거리 C =1200mm, 안전율 S =15일 때 다음 각 물음에 답하여라. [5점]

체인의 호칭번호	피치 p	파단하중 F[ton]
25	6.35	0.36
35	9.525	0.80
40	12.70	1.42
50	15.88	2.21
60	19.06	3.20
80	25.40	5.65
100	31.75	8.85

(1) 체인의 전달동력 H[kW]를 구하여라.
(2) 체인의 전체 길이 L[mm]을 구하여라.
(3) 원동 스프로킷의 피치원 지름 D_1[mm], 종동 스프로킷의 피치원 지름 D_2[mm]를 구하여라.

풀이 및 답

(1) 체인의 전달동력 H[kW]를 구하여라.

$$H = \frac{F \times V}{102S} = \frac{3.2 \times 10^3 \times 5.72}{102 \times 15} = 11.96\text{kW}$$

$$V = \frac{p \cdot\ Z_1 \cdot\ n_1}{60 \times 1000} = \frac{19.05 \times 20 \times 900}{60 \times 1000} = 5.72\text{m/sec}$$

답 11.96kW

(2) 체인의 전체 길이 L[mm]을 구하여라.

$L = L_n \times p[\text{mm}] = 167 \times 19.06 = 3183.02\text{mm}$

(링크의 개수) $L_n = \dfrac{2C}{p} + \dfrac{Z_2 + Z_1}{2} + \dfrac{\frac{1}{\pi^2} p\,(Z_2 - Z_1)^2}{4C}$

$$= \frac{2 \times 1200}{19.06} + \frac{60+20}{2} + \frac{\frac{1}{\pi^2} \times 19.06 \times (60-20)^2}{4 \times 1200}$$

$= 166.561 = 167$개

답 3183.02mm

(3) 원동 스프로킷의 피치원 지름 D_1[mm], 종동 스프로킷의 피치원 지름 D_2[mm]를 구하여라.

$$D_1 = \frac{p}{\sin\left(\frac{180°}{Z_1}\right)} = \frac{19.06}{\sin\left(\frac{180°}{20}\right)} = 121.84\text{mm}$$

$$D_2 = \frac{p}{\sin\left(\frac{180°}{Z_2}\right)} = \frac{19.06}{\sin\left(\frac{180°}{60}\right)} = 364.1855\text{mm} = 364.19\text{mm}$$

답 D_1 =121.84mm
D_2 =364.19mm

필답형 실기
- 기계요소설계 -

2011년도 4회

01

아래의 내확 브레이크 그림을 보고 다음 물음에 답하여라. [6점]

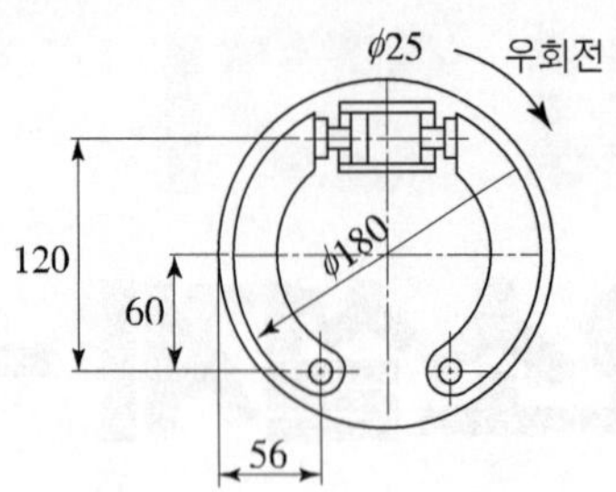

분당회전수 $N=800\text{rpm}$
제동동력 $H_{kW}=20\text{kW}$
마찰계수 $\mu=0.35$

(1) 브레이크 제동력 f는 몇 [N]인가?
(2) 실린더를 미는 조작력 F는 몇 [N]인가?
(3) 제동에 필요한 실린더 작용압력은 몇 [MPa]인가?

풀이 및 답

(1) 브레이크 제동력 f는 몇 [N]인가?

$$H_{KW}=\frac{f\cdot V}{1000},\quad 20=\frac{f\times\pi\times180\times800}{1000\times60\times1000},\quad f=2652.58\text{N}$$

답 2652.58N

(2) 실린더를 미는 조작력 F는 몇 [N]인가?

$$-F\times120+W_1\times60+0.35\times W_1\times56=0,\quad W_1=1.51F$$

$$F\times120+0.35\times W_2\times56-W_2\times60=0,\quad W_2=2.97F$$

$$f=\mu(W_1+W_2),\ 2652.58=0.35\times(1.51+2.97)F$$

$$F=1691.7\text{N}$$

답 1691.7N

(3) 제동에 필요한 실린더 작용압력은 몇 [MPa]인가?

$$P=\frac{F}{A}=\frac{4\times1691.7}{\pi\times25^2}=3.45\text{MPa}$$

답 3.45MPa

02

축지름이 80mm이고, 축의 회전수는 240rpm, 전달동력은 70kW일 때 다음을 구하여라. (단, 키의 길이는 56mm, 키의 허용전단응력은 50MPa, 키의 허용압축응력은 150MPa이다.) [4점]

(1) 키의 폭[mm]을 구하여라.
(2) 키의 높이[mm]를 구하여라.

풀이 및 답

(1) 키의 폭[mm]을 구하여라.

$$\tau_k = \frac{2T}{bld},\quad 50 = \frac{2\times 974000\times 9.8\times 70}{b\times 56\times 80\times 240},\quad b = 24.86\,\mathrm{mm}$$

답 24.86mm

(2) 키의 높이[mm]를 구하여라.

$$\sigma_c = \frac{4T}{hld},\quad 150 = \frac{4\times 974000\times 9.8\times 70}{h\times 56\times 80\times 240},\quad h = 16.57\,\mathrm{mm}$$

답 16.57mm

03

Tr55×8(유효직경 51mm)인 나사가 축하중 8kN를 받고 있다. 너트부 마찰계수는 0.15이고, 자립면 마찰계수는 0.01, 자립면 평균 지름은 64mm일 때, 다음을 구하여라. [6점]

(1) 회전토크 T는 몇 [N · m]인가?
(2) 나사잭의 효율은 몇 [%]인가?
(3) 축하중을 들어올리는 속도가 0.9[m/min]일 때 전달동력은 몇 [kW]인가?

풀이 및 답

(1) 회전토크 T는 몇 [N · m]인가?

$$T = Q\times\left(\frac{\mu'\pi d_2 + p}{\pi d_2 - \mu'\times p}\times\frac{d_2}{2} + \mu_f\times\frac{d_f}{2}\right)$$

$$= 8000\times\left(\frac{0.16\times\pi\times 51 + 8}{\pi\times 51 - 0.16\times 8}\times\frac{51}{2} + 0.01\times\frac{64}{2}\right)$$

$$= 45730.81\mathrm{N\cdot mm} = 45.73\mathrm{N\cdot m}$$

$$\mu' = \frac{\mu}{\cos\left(\frac{\alpha}{2}\right)} = \frac{0.15}{\cos\left(\frac{30}{2}\right)} = 0.1553 \fallingdotseq 0.16$$

답 45.73N · m

(2) 나사잭의 효율은 몇 [%]인가?

$$\eta = \frac{Q \cdot p}{2\pi T} = \frac{8000 \times 8 \times 10^{-3}}{2 \times \pi \times 45730} \times 100 = 22.27\%$$

답 22.27%

(3) 축하중을 들어올리는 속도가 0.9[m/min]일 때 전달동력은 몇 [kW]인가?

$$H_{KW} = \frac{Q \cdot V}{\eta} = \frac{8000 \times 0.9 \times 10^{-3}}{0.2227 \times 60} = 0.54\text{kW}$$

답 0.54kW

04

원통형 코일 스프링의 평균직경 D=80mm, 스프링지수 10, 전단탄성계수 80GPa이다. 다음을 구하여라. [5점]

(1) 압축하중 3[kN]일 때 수축량이 120[mm]이었다. 유효감김수 n을 정수로 구하여라.
(2) 비틀림에 의한 최대 전단응력은 몇 [MPa]인가?

풀이 및 답

(1) 압축하중 3[kN]일 때 수축량이 12[mm]이었다. 유효감김수 n을 정수로 구하여라.

$$C = \frac{D}{d},\ (\text{소선의 지름})\ d = \frac{D}{c} = \frac{80}{10} = 8\,\text{mm}$$

$$\delta = \frac{8nPD^3}{Gd^4},\ 120 = \frac{8 \times n \times 3 \times 10^3 \times 80^3}{80 \times 10^3 \times 8^4},\quad n = 3.2 \fallingdotseq 4\text{권}$$

답 4권

(2) 비틀림에 의한 최대 전단응력은 [MPa]인가?

$$K' = \frac{4C-1}{4C-4} + \frac{0.615}{C} = \frac{4 \times 10 - 1}{4 \times 10 - 4} + \frac{0.615}{10} = 1.14483 \fallingdotseq 1.14$$

$$\tau_{max} = K' \cdot \frac{8P \cdot D}{\pi d^3} = 1.14 \times \frac{8 \times 3 \times 10^3 \times 80}{\pi \times 8^3}$$

$$= 1360.7747\,\text{MPa} \fallingdotseq 1360.77\,\text{MPa}$$

답 1360.77MPa

05 회전수가 300rpm인 복렬 자동조심 베어링이 있다. 레이디얼 하중 4.91kN, 스러스트 하중 2.96kN을 동시에 받게 하고 기본동적부하용량 C=47.5kN이다. 다음을 구하여라. [5점]

[표] 볼 베어링과 롤러 베어링의 V, X 및 Y 값

베어링 형식		내륜회전하중	외륜회전하중	단열 $F_a/VF_r>e$		복렬 $F_a/VF_r \le e$		복렬 $F_a/VF_r>e$		e
		V		X	Y	X	Y	X	Y	
깊은 홈 볼 베어링	F_a/C_0 =0.014 =0.028 =0.056 =0.084 =0.11 =0.17 =0.28 =0.42 =0.56	1	1.2	0.56	2.30 1.99 1.71 1.55 1.45 1.31 1.15 1.04 1.00	1	0	0.56	2.30 1.99 1.71 1.55 1.45 1.31 1.15 1.04 1.00	0.19 0.22 0.26 0.28 0.30 0.34 0.38 0.42 0.44
앵귤러 볼 베어링	α =20° =25° =30° =35° =40°	1	1.2	0.43 0.41 0.39 0.37 0.35	1.00 0.87 0.76 0.56 0.57	1	1.09 0.92 0.78 0.66 0.55	0.70 0.67 0.63 0.60 0.57	1.63 1.41 1.24 1.07 0.93	0.57 0.68 0.80 0.95 1.14
자동 조심 볼 베어링		1	1	0.4	0.4×cotα	1	0.42×cotα	0.65	0.65×cotα	1.5×tanα
매그니토 볼 베어링		1	1							0.2

e : 하중변화에 따른 계수, α : 볼의 접촉각

(1) 레이디얼 계수 X, 스러스트 계수 Y를 구하여라. (단, α=10.57°이다.)
(2) 등가 레이디얼 하중 P_r[kN]을 구하여라.
(3) 베어링 수명시간 L_h[hr]를 구하여라. (단, 하중계수는 1.2이다.)

풀이 및 답

(1) 레이디얼 계수 X, 스러스트 계수 Y를 구하여라. (단, α=10.57°이다.)

$e = 1.5\times\tan\alpha = 1.5\times\tan(10.57) = 0.28,\ V=1$

$$\frac{F_a}{F_r} = \frac{2.96}{4.91} = 0.60 > 0.28$$

$X = 0.65,\ Y = 0.65\times\cot\alpha(10.57°) = 3.48$

답 X=0.65
Y=3.48

(2) 등가 레이디얼 하중 P_r[kN]을 구하여라.

$$P_r = XVF_r + YF_t = (0.65\times1\times4.91)+(3.48\times2.96) = 13.49\text{kN}$$

답 13.49kN

(3) 베어링 수명시간 L_h[hr]를 구하여라. (단, 하중계수는 1.2이다.)

$$L_h = 500\times\left(\frac{C}{f_w\cdot\ P_r}\right)^r\times\frac{33.3}{N} = 500\times\left(\frac{47.5}{1.2\times13.49}\right)^3\times\frac{33.3}{300} = 1402.15\text{hr}$$

답 1402.15hr

06

축간거리 50m의 로프 풀리에서 로프가 750mm 처졌다. 로프 단위길이당 무게 w =8N/m이다. 다음을 구하여라. [4점]

(1) 로프에 생기는 인장력 T는 몇 [N]인가?
(2) 풀리와 로프의 접촉점에서 접촉점까지의 길이 L은 몇 [m]인가?

풀이 및 답

(1) 로프에 생기는 인장력 T는 몇 [N]인가?

$$T = \frac{w\cdot\ C^2}{8\delta}+w\cdot\ \delta = \frac{8\times50^2}{8\times0.75}+8\times0.75 = 3339.33\text{N}$$

답 3339.33N

(2) 풀리와 로프의 접촉점에서 접촉점까지의 길이 L은 몇 [m]인가?

$$L = C\cdot\left(1+\frac{8}{3}\frac{\delta^2}{C^2}\right) = 50\times\left(1+\frac{8}{3}\times\frac{0.75^2}{50^2}\right) = 50.03\text{m}$$

답 50.03m

07

언더컷 방지법 3가지를 서술하라. [3점]

풀이 및 답

① 압력각을 증가시킨다.
② 기어를 한계잇수 이상으로 만든다.
③ 이의 높이를 낮게 한다.
④ 전위기어를 사용한다.

08

호칭번호 #60의 피치는 19.05mm, 파단하중 32kN이다. 안전율 8이고, 잇수 Z_1 =50, Z_2 =25이고, 원동 스프로킷의 회전수는 300rpm, 축간거리는 650mm이다. 다음을 구하여라. [5점]

(1) 원동 스프로킷의 피치원 지름 D_1[mm]을 구하여라.
(2) 전달동력 H[kW]를 구하여라.
(3) 체인의 링크수 L_n을 구하여라. (단, 짝수로 결정하라.)

풀이 및 답

(1) 구동 스프로킷의 피치원 지름 D_1[mm]을 구하여라.

$$D_1 = \frac{p}{\sin\left(\frac{180}{Z_1}\right)} = \frac{19.05}{\sin\left(\frac{180}{50}\right)} = 303.39\text{mm}$$

답 303.39mm

(2) 전달동력 H[kW]를 구하여라.

$$H = \frac{F_B \times p \times Z_1 \times N_1}{1000 \times S \times 60 \times 1000} = \frac{32 \times 10^3 \times 19.05 \times 50 \times 300}{1000 \times 8 \times 60 \times 1000} = 19.05\text{kW}$$

답 19.05kW

(3) 체인의 링크수 L_n을 구하여라. (단, 짝수로 결정하라.)

$$L_n = \frac{2C}{p} + \frac{Z_1 + Z_2}{2} + \frac{p \times (Z_2 - Z_1)^2}{4C\pi^2}$$

$$= \frac{2 \times 650}{19.05} + \frac{50 + 25}{2} + \frac{19.05(25 - 50)^2}{4 \times 650 \times \pi^2} = 106.21 \rightarrow 108\text{개}$$

답 108개

09

그림과 같이 용접다리길이(h) 8mm로 필릿 용접되어 하중을 받고 있다. 용접부 허용전단응력이 140MPa이라면 허용하중 F[N]를 구하여라. (단, $b = d =$ 50mm, a =150mm이고 용접부 단면의 극단면 모멘트 $J_P = 0.707h\frac{b(3d^2 + b^2)}{6}$ 이다.) [4점]

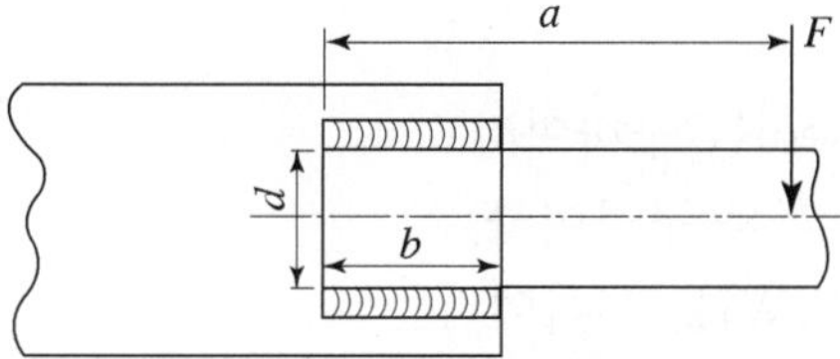

풀이 및 답

① 직접전단응력 $\tau_1 = \dfrac{F}{t \cdot 2b} = \dfrac{F}{2 \times 50 \times 8 \times \cos 45°} = 1.77 \times 10^{-3} F$

② 비틀림전단응력 $\tau_2 = \dfrac{F \cdot \left(a - \dfrac{b}{2}\right)}{J_P / r} = \dfrac{F \times (150 - 25) \times \sqrt{25^2 + 25^2}}{0.707 \times 8 \times \dfrac{(3 \times 50^2 + 50^2) \times 50}{6}}$

$= 9.38 \times 10^{-3} F$

③ 최대전단응력

$\tau_a^2 = \tau_1^2 + \tau_2^2 + 2 \cdot \tau_1 \cdot \tau_2 \cdot \cos\theta$

$140^2 = \left(1.77^2 + 9.38^2 + 2 \times 1.77 \times 9.38 \times \dfrac{25}{35.36}\right) F^2 \times 10^{-6}$

$F = 13078.18\text{N}$

답 13078.18N

10

동일한 토크를 받는 중실축과 중공축이 있다. 지름 90mm인 중실축과 비틀림 응력이 같은 안과 밖의 지름비 0.5인 중공축의 바깥지름[mm]을 구하여라.[3점]

풀이 및 답

$T = \tau \cdot Z_P = \tau \cdot \dfrac{\pi d_2^3}{16}(1 - x^4)$

$90^3 = d_2^3 \times (1 - 0.5^4)$

$d_2 = 91.95\text{mm}$

답 91.95mm

11

한 쌍의 Sper gear가 있다. 모듈은 3, 회전수 1000rpm, 잇수 25, 이 너비가 35mm, 굽힘응력 250MPa, 치형계수 $Y = \pi y = 0.32$인 피니언이 있다. 다음을 구하여라. [5점]

(1) 속도[m/sec]를 구하여라.
(2) 전달하중 F를 구하여라.
(3) 전달동력[kW]을 구하여라.

풀이 및 답

(1) 속도[m/sec]를 구하여라.

$$V = \frac{\pi D \cdot N}{60 \times 1000} = \frac{\pi \times (3 \times 25) \times 1000}{60 \times 1000} = 3.93\,\mathrm{m/sec}$$

답 3.93m/sec

(2) 전달하중 F를 구하여라.

$$F = f_v \cdot \sigma_b \cdot b \cdot m \cdot Y = \frac{3.05}{3.05 + 3.93} \times 250 \times 35 \times 3 \times 0.32 = 3670.49\,\mathrm{N}$$

답 3670.49N

(3) 전달동력[kW]을 구하여라.

$$H_{KW} = \frac{F \cdot V}{1000} = \frac{3670.49 \times 3.93}{1000} = 14.43\,\mathrm{kW}$$

답 14.43kW

필답형 실기
- 기계요소설계 -

2012년도 1회

01

아래 그림의 밴드 브레이크를 보고 물음에 답하여라. [6점]

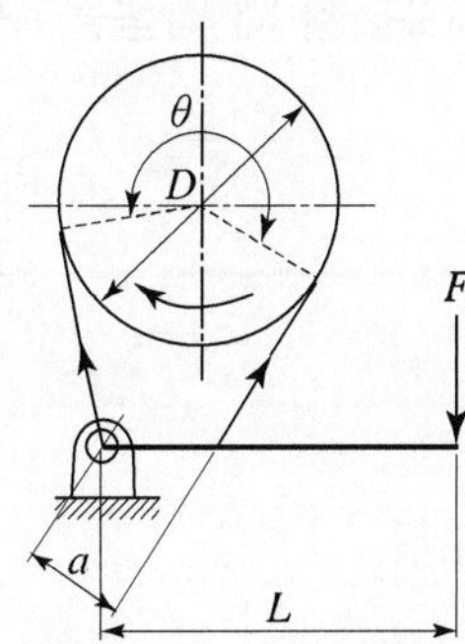

마찰계수 $\mu = 0.4$
접촉각 θ =300˚
a =60mm
L =300mm
D =150mm
F =500N

(1) 제동력은 몇 [kN]인가?
(2) 이완측 장력은 몇 [kN]인가?
(3) 밴드 폭은 몇 [mm]인가? (단, 인장응력은 100MPa이고, 밴드 두께는 3mm, 이음효율은 0.9이다.)

풀이 및 답

(1) 제동력은 몇 [kN]인가?

$$e^{\mu\theta} = e^{\left(0.4 \times 300 \times \frac{\pi}{180}\right)} = 8.12$$

$$F \cdot L = T_s \cdot a = f \cdot \frac{a}{e^{\mu\theta} - 1}$$

$$500 \times 300 = f \times \frac{60}{8.12 - 1}, \quad f = 17800\,\text{N} = 17.8\,\text{kN}$$

답 17.8kN

(2) 이완측 장력은 몇 [kN]인가?

$$T_s = f \cdot \frac{1}{e^{\mu\theta} - 1} = 17.8 \times \frac{1}{8.12 - 1} = 2.5\,\text{kN}$$

답 2.5kN

(3) 밴드 폭은 몇 [mm]인가? (단, 인장응력은 100MPa이고, 밴드 두께는 3mm, 이음효율은 0.9이다.)

$$T_t = T_s \cdot e^{\mu\theta} = 2.5 \times 8.12 = 20.3\,\text{kN}$$

$$\sigma = \frac{T_t}{b \cdot t \cdot \eta}, \quad 100 = \frac{20.3 \times 10^3}{b \times 3 \times 0.9}, \quad b = 75.19\,\text{mm}$$

답 75.19mm

02

겹판 스프링의 길이는 2m이고, 하중은 15kN, 죔폭 50mm, 폭 50mm, 두께 12mm, 판의 개수는 8개, 수직탄성계수 210GPa일 때 다음을 구하여라. [4점]

(1) 처짐 δ는 몇 [mm]인가?
(2) 굽힘응력은 몇 [MPa]인가?

풀이 및 답

(1) 처짐 δ는 몇 [mm]인가?

$$l_e = l - 0.6e = 2000 - 0.6 \times 50 = 1970\,\text{mm}$$

$$\delta = \frac{3P \cdot l_e^3}{8nbh^3 \cdot E} = \frac{3 \times 15 \times 10^3 \times 1970^3}{8 \times 8 \times 50 \times 12^3 \times 210 \times 10^3} = 296.28\,\text{mm}$$

답 296.28mm

(2) 굽힘응력은 몇 [MPa]인가?

$$\sigma_b = \frac{3P \cdot l_e}{2nbh^2} = \frac{3 \times 15 \times 10^3 \times 1970}{2 \times 8 \times 50 \times 12^2} = 769.53\,\text{MPa}$$

답 769.53MPa

03

TM55×8 나사(유효지름 d_2 =51mm)로 축하중 30kN를 들어 올린다. 다음을 구하여라. [5점]

(1) 나사잭을 돌리는 토크는 몇 [N · m]인가? (단, 나사면의 상당마찰계수는 0.1이다.)
(2) 렌치의 길이는 몇 [mm]인가? (단, 렌치에 작용하는 하중은 300N이다.)
(3) 렌치의 직경은 몇 [mm]인가? (단, 렌치의 굽힘응력은 100MPa이다.)

풀이 및 답

(1) 나사잭을 돌리는 토크는 몇 [N · m]인가? (단, 나사면의 상당마찰계수는 0.1이다.)

$$T = Q \cdot \frac{\mu' \pi d_2 + p}{\pi d_2 - \mu' p} \cdot \frac{d_2}{2}$$

$$= 30 \times 10^3 \times \frac{0.1 \times \pi \times 51 + 8}{\pi \times 51 - 0.1 \times 8} \times \frac{51}{2}$$

$$= 115272.754\,\text{N} \cdot \text{mm} = 115.27\,\text{N} \cdot \text{m}$$

답 115.27N · m

(2) 렌치의 길이는 몇 [mm]인가? (단, 렌치에 작용하는 하중은 300N이다.)

$T = F \cdot l,\ 115.27 \times 10^3 = 300 \times l,\ l = 384.23\,\mathrm{mm}$

답 384.23mm

(3) 렌치의 직경은 몇 [mm]인가? (단, 렌치의 굽힘응력은 100MPa이다.)

$$\sigma = \frac{M}{Z} = \frac{32 \cdot M}{\pi d^3}$$

$$100 = \frac{32 \times (300 \times 384.23)}{\pi \times d^3},\ d = 22.73\mathrm{mm}$$

답 22.73mm

04

한줄 겹치기 리벳이음으로 두 판재를 결합하고자 한다. 판 두께 8mm, 리벳 직경 20mm, 피치 40mm이다. 1피치당의 하중을 30kN으로 할 때 다음을 계산하라. [5점]

(1) 판의 인장응력은 몇 [N/mm^2]인가?
(2) 리벳의 전단응력은 몇 [N/mm^2]인가?
(3) 리벳이음의 효율은 몇 [%]인가?

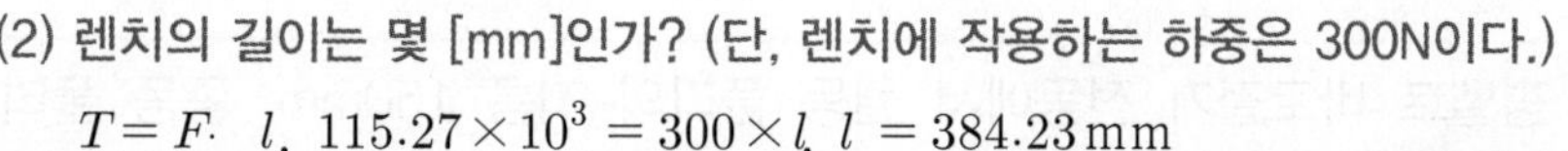

풀이 및 답

(1) 판의 인장응력은 몇 [N/mm^2]인가?

$$\sigma_t = \frac{W_p}{(p-d) \cdot t} = \frac{30 \times 10^3}{(40-20) \times 8} = 187.5\,\mathrm{N/mm^2}$$

답 187.5N/mm²

(2) 리벳의 전단응력은 몇 [N/mm^2]인가?

$$\tau_r = \frac{4 W_p}{\pi d^2} = \frac{4 \times 30 \times 10^3}{\pi \times 20^2} = 95.49\,\mathrm{N/mm^2}$$

답 95.49N/mm²

(3) 리벳이음의 효율은 몇 [%]인가?

$$\eta_t = 1 - \frac{d}{p} = \left(1 - \frac{20}{40}\right) \times 100 = 50\%$$

$$\eta_r = \frac{\pi d^2 \cdot \tau_r}{4 \sigma_t p \cdot t} = \frac{\pi \times 20^2 \times 95.49}{4 \times 187.5 \times 40 \times 8} \times 100 = 50\%$$

그러므로 리벳이음효율 $\eta = 50\%$이다.

답 50%

05

평벨트 바로걸기 전동에서 원동 풀리의 지름 150mm, 종동 풀리의 지름 450mm의 2m 떨어진 두 축 사이에 설치되어 2000rpm으로 5kW를 전달할 때 다음을 계산하라. (단, 벨트의 폭과 두께를 (폭) $b=140$mm, (두께) $h=5$mm, 벨트의 단위길이당 무게 $w=0.001bh$[N/m], 마찰계수는 0.25이다.) **[6점]**

(1) 유효장력 P_e는 몇 [N]인가?

(2) 긴장측 장력과 이완측 장력은 몇 [N]인가?

(3) 벨트에 의하여 축이 받는 최대 힘은 몇 [N]인가?

풀이 및 답

(1) 유효장력 P_e는 몇 [N]인가?

$$V=\frac{\pi \cdot D_1 \cdot N_1}{60\times1000}=\frac{\pi\times150\times2000}{60\times1000}=15.71\,\mathrm{m/sec}$$

$$H_{KW}=\frac{P_e \cdot V}{1000},\ 5=\frac{P_e\times15.71}{1000},\ P_e=318.2686\mathrm{N}=318.27\mathrm{N}$$

답 318.27N

(2) 긴장측 장력과 이완측 장력은 몇 [N]인가?

$$\theta=180-2\times\sin^{-1}\left(\frac{D_2-D_1}{2c}\right)=180-2\times\sin^{-1}\left(\frac{450-150}{2\times2000}\right)=171.4°$$

$$e^{\mu\theta}=e^{\left(0.25\times171.4\times\frac{\pi}{180}\right)}=2.11$$

$$T_g=\frac{w\cdot V^2}{g}=\frac{(0.001\times140\times5)\times15.71^2}{9.8}=17.63\mathrm{N}$$

$$T_t=P_e\cdot\frac{e^{\mu\theta}}{e^{\mu\theta}-1}+T_g=318.27\times\frac{2.11}{2.11-1}+17.63=622.63\mathrm{N}$$

$$T_s=P_e\cdot\frac{1}{e^{\mu\theta}-1}+T_g=318.27\times\frac{1}{2.11-1}+17.63=304.36\mathrm{N}$$

답 T_t =622.63N
T_s =304.36N

(3) 벨트에 의하여 축이 받는 최대 힘은 몇 [N]인가?

$$R_{\max}=\sqrt{T_t^2+T_s^2-2\cdot T_t\cdot T_s\cdot\cos\theta}$$

$$=\sqrt{622.63^2+304.36^2-2\times622.63\times304.36\times\cos171.4°}$$

$$=924.6\mathrm{N}$$

답 924.6N

06

복렬 자동조심 원추 롤러 베어링에 레이디얼 하중과 스러스트 하중이 동시에 작용한다. 접촉각 $\alpha=25°$, 레이디얼 하중 2kN, 스러스트하중 1.5kN, 2000rpm으로 50000hr의 베어링 수명을 갖는다. 하중계수가 1.2일 때 다음을 계산하라. (단, 하중은 내륜회전하중이다.) **[4점]**

[표] 베어링의 계수 V, X 및 Y 값

베어링 형식		내륜회전하중	외륜회전하중	단열 $F_a/VF_r>e$		복렬 $F_a/VF_r\le e$		복렬 $F_a/VF_r>e$		e
		V		X	Y	X	Y	X	Y	
깊은 홈 볼 베어링	F_a/C_0 =0.014 =0.028 =0.056 =0.084 =0.11 =0.17 =0.28 =0.42 =0.56	1	1.2	0.56	2.30 1.99 1.71 1.55 1.45 1.31 1.15 1.04 1.00	1	0	0.56	2.30 1.99 1.71 1.55 1.45 1.31 1.15 1.04 1.00	0.19 0.22 0.26 0.28 0.30 0.34 0.38 0.42 0.44
앵귤러 볼 베어링	$\alpha=20°$ $=25°$ $=30°$ $=35°$ $=40°$	1	1.2	0.43 0.41 0.39 0.37 0.35	1.00 0.87 0.76 0.56 0.57	1	1.09 0.92 0.78 0.66 0.55	0.70 0.67 0.63 0.60 0.57	1.63 1.41 1.24 1.07 0.93	0.57 0.68 0.80 0.95 1.14
자동 조심 볼 베어링		1	1	0.4	$0.4\times\cot\alpha$	1	$0.42\times\cot\alpha$	0.65	$0.65\times\cot\alpha$	$1.5\times\tan\alpha$
매그니토 볼 베어링		1	1	0.5	2.5	–	–	–	–	0.2
자동 조심 원추 롤러 베어링 $\alpha\neq0$		1	1.2	0.4	$0.4\times\cot\alpha$	1	$0.45\times\cot\alpha$	0.67	$0.67\times\cot\alpha$	$1.5\times\tan\alpha$
스러스트 볼 베어링	$\alpha=45°$ $=60°$ $=70°$	–	–	0.66 0.92 1.66	1	1.18 1.90 3.66	0.59 0.54 0.52	0.66 0.92 1.66	1	1.25 2.17 4.67
스러스트 롤러 베어링		–	–	$\tan\alpha$	1	$1.5\times\tan\alpha$	0.67	$\tan\alpha$	1	$1.5\times\tan\alpha$

e : 하중변화에 따른 계수, α : 볼의 접촉각

(1) 등가 레이디얼 하중은 몇 [N]인가?
(2) 베어링의 기본동정격하중은 몇 [N]인가?

풀이 및 답

(1) 등가 레이디얼 하중은 몇 [N]인가?

자동 조심 롤러 베어링 내륜회전하중으로 표에서

$V=1.0$, $e=1.5\times\tan\alpha=1.5\times\tan25°=0.7$

$\dfrac{F_a}{V\cdot F_r}=\dfrac{1.5}{1\times2}=0.75>e$, 복렬이므로

$X = 0.67,\ Y = 0.67 \times \cot\alpha = 0.67 \times \cot 25° = 1.44$

$P_r = X \cdot V \cdot F_r + YF_a = (0.67 \times 1 \times 2 + 1.44 \times 1.5) \times 10^3 = 3500\text{N}$

답 3500N

(2) 베어링의 기본동정격하중은 몇 [N]인가?

$$L_h = 500\left(\frac{C}{1.2 \times 3500}\right)^{\frac{10}{3}} \times \frac{33.3}{2000}$$

$$50000 = 500 \times \left(\frac{C}{1.2 \times 3500}\right)^{\frac{10}{3}} \times \frac{33.3}{2000}$$

$C = 57124.84\text{N}$

답 57124.84N

07

외접하는 평마찰차의 전달동력은 2kW, 원동차의 회전수는 1000rpm이다. 축간거리 250mm, 속도비 1/3, 접촉허용선압력 9.8N/mm, 마찰계수 0.3일 때 다음을 구하여라. [4점]

(1) 마찰차의 회전속도는 몇 [m/s]인가?
(2) 마찰차를 누르는 힘은 몇 [N]인가?
(3) 마찰차의 길이(폭)는 몇 [mm]인가?

풀이 및 답

(1) 마찰차의 회전속도는 몇 [m/s]인가?

$D_2 = 3D_1$

$$D_1 = \frac{2C}{\frac{1}{\epsilon} + 1} = \frac{2 \times 250}{3 + 1} = 125\text{mm}$$

$$V = \frac{\pi \times D_1 \times N_1}{60 \times 1000} = \frac{\pi \times 125 \times 1000}{60 \times 1000} = 6.54\text{m/s}$$

답 6.54m/s

(2) 마찰차를 누르는 힘은 몇 [N]인가?

$$H_{KW} = \frac{\mu \times P \times V}{1000}$$

$$2 = \frac{0.3 \times P \times 6.54}{1000},\ P = 1019.367\text{N} = 1019.37\text{N}$$

답 1019.37N

(3) 마찰차의 길이(폭)는 몇 [mm]인가?

$$f_a = \frac{P}{b},\ b = \frac{1019.37}{9.8} = 104.02\,\text{mm}$$

답 104.02mm

08

안지름 600mm인 파이프에 1MPa 압력으로 물이 흐를 때 관 두께는 몇 mm인가? (단, 관의 허용인장응력은 80MPa이고, 부식여유 1mm의 관이음효율은 75%이다.) [3점]

풀이 및 답

$$t = \frac{PD}{2\sigma_a \times \eta} + C = \frac{1 \times 600}{2 \times 80 \times 0.75} + 1 = 6\,\text{mm}$$

답 6mm

09

클램프 커플링을 이용하여 축지름 90mm인 축을 축이음하고자 한다. 사용된 볼트의 개수는 8개이다. 축이 120rpm, 40kW의 동력을 받을 때 다음을 구하여라. (단, 마찰계수는 0.25이고 마찰력만으로 동력을 전달하고 있다.) [4점]

(1) 클램프가 축을 누르는 힘은 몇 [N]인가?
(2) 볼트 지름은 몇 [mm]인가? (단, 볼트의 허용인장응력은 140MPa이다.)

풀이 및 답

(1) 클램프가 축을 누르는 힘은 몇 [N]인가?

$$T = \pi \mu W \times \frac{d}{2} = 974000 \times 9.8 \times \frac{H_{kW}}{N}$$

$$\pi \times 0.25 \times W \times \frac{90}{2} = 974000 \times 9.8 \times \frac{40}{120}$$

$$W = 90024.64\,\text{N}$$

답 90024.64N

(2) 볼트 지름은 몇 [mm]인가? (단, 볼트의 허용인장응력은 140MPa이다.)

$$W = \sigma_t \times \frac{\pi}{4} d_B^2 \times \frac{Z}{2},\ 90024.64 = 140 \times \frac{\pi}{4} d_B^2 \times \frac{8}{2}$$

$$d_B = 14.31\,\text{mm}$$

답 14.31mm

10 한 쌍의 헬리컬 기어가 있다.

구분	잇수	상당치형계수	치폭	치직각모듈	접촉면 응력계수
피니언	30	$Y_{e1}=0.414$	60mm	5	1.84N/mm^2
기어	90	$Y_{e2}=0.427$			

비틀림각 30°, 피니언의 회전수 1000rpm, 피니언의 굽힘응력 110MPa, 하중계수 0.8, 면압계수 $C_w=0.75$, 속도계수 $f_v=\dfrac{3.05}{3.05+V}$, 피니언과 기어의 재질은 같다. 다음을 계산하여라. [5점]

(1) 피니언의 굽힘강도에 의한 전달하중은 몇 [N]인가?
(2) 기어의 굽힘강도에 의한 전달하중은 몇 [N]인가?
(3) 면압강도에 의한 전달하중은 몇 [N]인가?

풀이 및 답

(1) 피니언의 굽힘강도에 의한 전달하중은 몇 [N]인가?

$$m_s=\frac{m_n}{\cos\beta}=\frac{5}{\cos 30°}=5.77$$

$$V=\frac{\pi(m_s\times Z_1)\times N_1}{60\times 1000}=\frac{\pi\times 5.77\times 30\times 1000}{60\times 1000}=9.06\text{m/s}$$

$$F_1=f_w\times f_v\times\sigma_b\times b\times m_n\times Y_{e1}$$
$$=0.8\times\left(\frac{3.05}{3.05+9.06}\right)\times 110\times 60\times 5\times 0.414$$
$$=2752.71\text{N}$$

답 2752.71N

(2) 기어의 굽힘강도에 의한 전달하중은 몇 [N]인가?

$$F_2=f_w\times f_v\times\sigma_b\times b\times m_n\times Y_{e2}$$
$$=0.8\times\left(\frac{3.05}{3.05+9.06}\right)\times 110\times 60\times 5\times 0.427$$
$$=2839.14\text{N}$$

답 2839.14N

(3) 면압강도에 의한 전달하중은 몇 [N]인가?

$$F'=f_v\times k\times b\times m_s\times\frac{C_w}{\cos^2\beta}\times\frac{2\times Z_1\times Z_2}{Z_1+Z_2}$$

$$= \frac{3.05}{3.05+9.06} \times 1.84 \times 60 \times 5.77 \times \frac{0.75}{(\cos 30°)^2} \times \frac{2 \times 30 \times 90}{30+90}$$

$$= 7219.6\,\text{N}$$

답 7219.6N

11

다음 조건으로 Sunk key의 응력을 구하여라. 축지름이 120mm이고, 축에 보스를 끼웠을 때 사용한 Sunk key의 길이가 300mm, 너비가 28mm, 높이가 16mm이다. 이 축을 1000rpm, 8KW로 운전할 때 키의 전단응력과 압축응력은 몇 MPa인가? [4점]

풀이 및 답

$$T = 974000 \times 9.8 \times \frac{H_{KW}}{N} = 974000 \times 9.8 \times \frac{8}{1000} = 76361.6\,\text{N}\cdot\ \text{mm}$$

$$\tau_k = \frac{2T}{bld} = \frac{2 \times 76361.6}{28 \times 300 \times 120} = 0.15\,\text{MPa}$$

$$\sigma_k = \frac{4T}{hld} = \frac{4 \times 76361.6}{16 \times 300 \times 120} = 0.53\,\text{MPa}$$

답 τ_k =0.15MPa
σ_k =0.53MPa

필답형 실기

- 기계요소설계 -

2012년도 2회

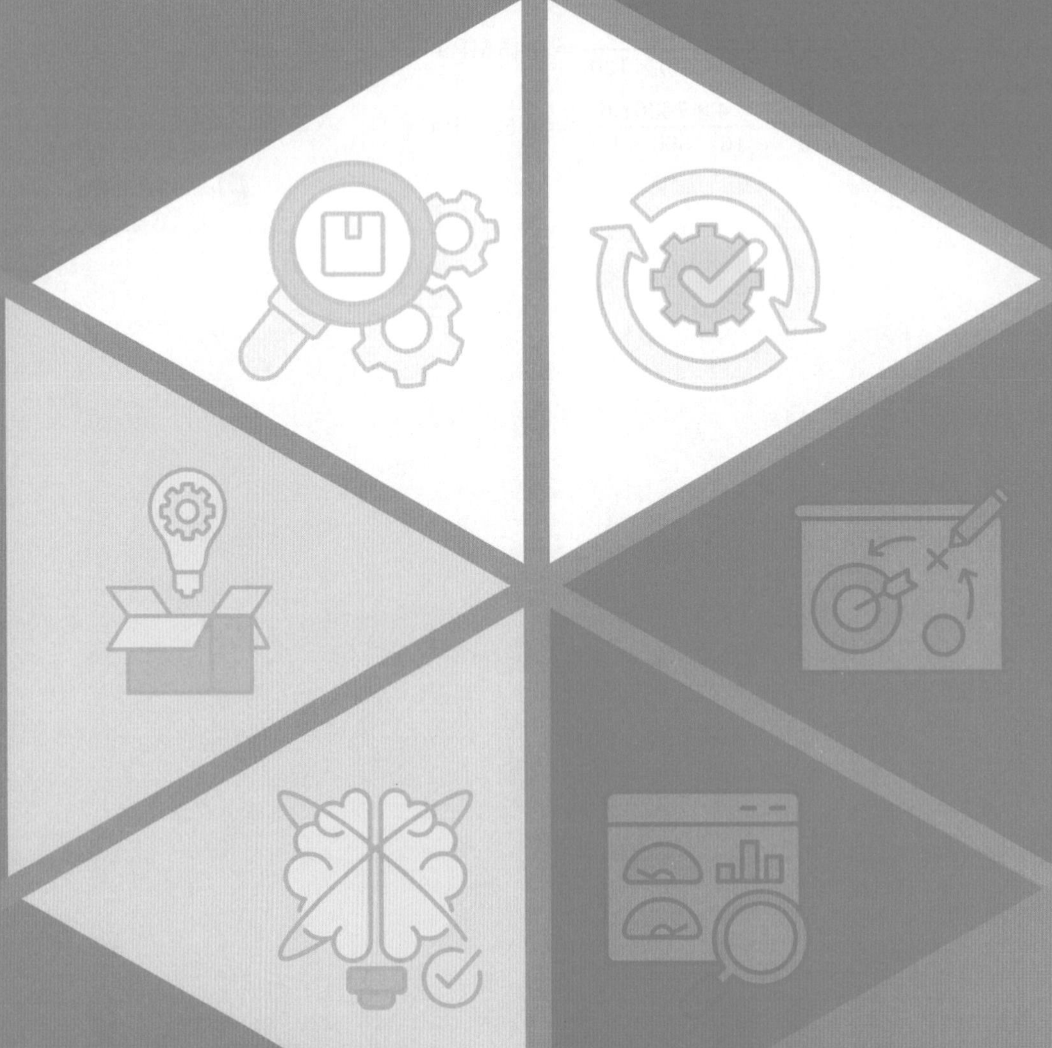

01

아래 그림과 같은 동력전달 system이 있다. 원동 풀리의 접촉각은 162°로 40kW, 1000rpm을 바로걸기로 종동 풀리에 전달하고 있으며 플랜지 커플링의 볼트 전단응력은 19.6MPa, 플랜지 커플링의 볼트의 피치원 지름은 80mm, 볼트 수 4개일 때 다음을 구하여라. [8점]

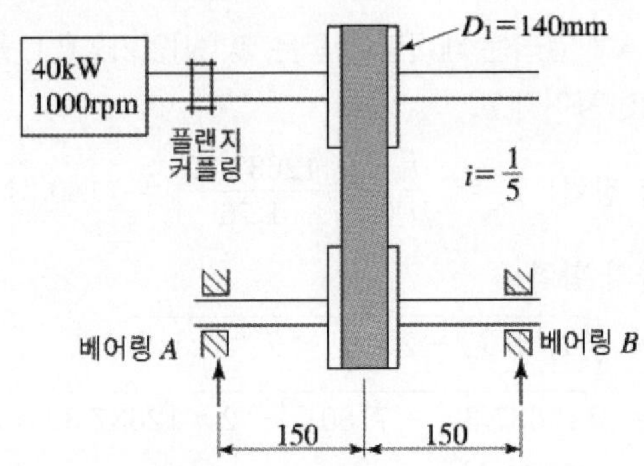

(1) 플랜지 커플링의 볼트 지름은 몇 [mm]인가?

(2) 긴장측 장력은 몇 [N]인가? (단, 벨트 풀리를 운전하는데 마찰계수는 0.2이다.)

(3) 베어링 A에 걸리는 베어링 하중은 몇 [N]인가? (단, 풀리의 자중은 637N이고 장력과 직각방향이다.)

(4) 베어링의 동정격하중은 몇 [kN]인가? (단, 베어링은 볼 베어링으로 수명시간은 60000시간이고 하중계수는 1.8이다.)

풀이 및 답

(1) 플랜지 커플링의 볼트 지름은 몇 [mm]인가?

$$T = \tau_B \times \frac{\pi d^2}{4} \times Z \times \frac{D_B}{2}$$

$$974000 \times 9.8 \times \frac{40}{1000} = 19.6 \times \frac{\pi d^2}{4} \times 4 \times \frac{80}{2}$$

$$d = 12.45\,\text{mm}$$

답 12.45mm

(2) 긴장측 장력은 몇 [N]인가? (단, 벨트 풀리를 운전하는데 마찰계수는 0.2이다.)

$$V = \frac{\pi \times 140 \times 1000}{60 \times 1000} = 7.33\text{m/s}$$

$$e^{\mu\theta} = e^{\left(0.2 \times 162 \times \frac{\pi}{180}\right)} = 1.76$$

$$H_{KW} = \frac{T_t \times (e^{\mu\theta} - 1) \times V}{1000 \times e^{\mu\theta}},\ 40 = \frac{T_t \times (1.76 - 1) \times 7.33}{1000 \times 1.76}$$

$T_t = 12637.32\,\text{N}$

답 12637.32N

(3) 베어링 A에 걸리는 베어링 하중은 몇 [N]인가? (단, 풀리의 자중은 637N이고 장력과 직각방향이다.)

(이완측 장력) $T_s = \dfrac{T_t}{e^{\mu\theta}} = \dfrac{12637.32}{1.76} = 7180.3\,\text{N}$

(장력들의 합력)

$$R = \sqrt{T_t^2 + T_s^2 - 2 \times T_t \times T_s \times \cos\theta_1}$$

$$= \sqrt{12637.32^2 + 7180.3^2 - 2 \times 12637.32 \times 7180.3 \times \cos 162°}$$

$$= 19592.24\,\text{N}$$

(축에 작용하는 힘) $F = \sqrt{19592.24^2 + 637^2} = 19602.59\,\text{N}$

(베어링 하중) $P = \dfrac{19602.59}{2} = 9801.3\,\text{N}$

답 9801.3N

(4) 베어링의 동정격하중은 몇 [kN]인가? (단, 베어링은 볼 베어링으로 수명시간은 60000시간이고 하중계수는 1.8이다.)

$N_2 = 1000 \times \dfrac{1}{5} = 200\,\text{rpm}$

$$L_h = 500\left(\frac{C}{f_w \times P}\right)^r \times \frac{33.3}{N_2}$$

$$60000 = 500 \times \left(\frac{C}{1.8 \times 9801.3}\right)^3 \times \frac{33.3}{200}$$

$C = 158177.6759\,\text{N} = 158.18\,\text{kN}$

답 158.18kN

02

600rpm으로 회전하는 원판 클러치의 평균지름 120mm, 폭은 30mm이다. 접촉면 압력이 0.49MPa, 마찰계수는 0.2이다. 다음을 구하여라. [4점]

(1) 축방향 미는 힘은 몇 [N]인가?
(2) 전달동력은 몇 [kW]인가?

풀이 및 답

(1) 축방향 미는 힘은 몇 [N]인가?

$$P = q \times \pi D \times b = 0.49 \times \pi \times 120 \times 30 = 5541.77\text{N}$$

답 5541.77N

(2) 전달동력은 몇 [kW]인가?

$$H_{KW} = \frac{\mu P \times V}{1000} = \frac{0.2 \times 5541.77 \times \pi \times 120 \times 600}{1000 \times 60 \times 1000} = 4.18\text{kW}$$

답 4.18kW

03

다음과 같은 조건으로 겹판 스프링을 제작하려고 한다. 너비 90mm, 두께 10mm의 스프링 강을 사용하여 최대하중 10kN일 때의 허용굽힘응력이 340MPa, 판의 길이가 800mm, 죔폭은 80mm이다. 판의 수는 몇 개인가? [4점]

풀이 및 답

(유효 스팬의 길이) $l_e = l - 0.6e = 800 - 0.6 \times 80 = 752\text{mm}$

$$\sigma_b = \frac{3P \times l_e}{2nbh^2},\ 340 = \frac{3 \times 10000 \times 752}{2 \times n \times 90 \times 10^2}$$

$n = 3.69 \fallingdotseq 4$

답 4개

04

500rpm으로 회전하는 축을 엔드 저널 베어링으로 지지하고 있다. 엔드 저널 베어링에서 베어링 하중 7ton, 저널 지름 200mm, 마찰계수 0.15이다. 마찰열은 몇 kcal/min인가? [4점]

풀이 및 답

$$W_f = \mu W \times V = \frac{0.15 \times 7 \times 10^3 \times \pi \times 200 \times 500}{427 \times 1000} = 772.52\text{kcal/min}$$

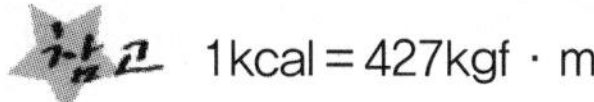

답 772.52kcal/min

05

로프전동으로 동력을 전달하고자 한다. 축간거리 20m의 로프 풀리에서 로프가 0.3m 처졌다. 로프의 지름은 19mm이고, 벨트의 단위길이당 무게 $w=$ 4N/m일 때 다음을 구하여라. **[5점]**

(1) 로프에 작용하는 장력은 몇 [N]인가?
(2) 접촉점부터 접촉점까지의 로프의 길이는 몇 [mm]인가?

풀이 및 답

(1) 로프에 작용하는 장력은 몇 [N]인가?

$$T=\frac{w\times C^2}{8\delta}+w\times\delta=\frac{4\times 20^2}{8\times 0.3}+4\times 0.3=667.87\,\text{N}$$

답 667.87N

(2) 접촉점부터 접촉점까지의 로프의 길이는 몇 [mm]인가?

$$l=C\times\left(1+\frac{8}{3}\times\frac{\delta^2}{C^2}\right)=20\times\left(1+\frac{8}{3}\times\frac{0.3^2}{20^2}\right)\times 1000=20012\,\text{mm}$$

답 20012mm

06

밴드 브레이크를 이용하여 회전하고 있는 직경 800mm 드럼을 정지하려고 한다. 밴드의 긴장측 장력이 1.2kN일 때 제동토크는 몇 N · m인가? (단, 장력비 $e^{\mu\theta}=3.2$이다.) **[4점]**

풀이 및 답

$$T_t=f\times\frac{e^{\mu\theta}}{e^{\mu\theta}-1},\ 1.2\times 10^3=f\times\frac{3.2}{3.2-1},\ f=825\,\text{N}$$

$$T=f\times\frac{D}{2}=825\times\frac{0.8}{2}=330\,\text{N}\cdot\text{m}$$

답 330N · m

07

5kN의 축방향 하중을 들어올리기 위해 나사잭을 사용하였다. 나사잭에 사용된 TM50의 규격은 다음과 같다. 유효직경 d_2 =46mm, 피치 p =8mm, 나사의 마찰계수 μ =0.15, 스크트부의 마찰계수 u_f =0.01, 스크트부의 평균직경 d_f =50mm이다. 다음을 구하시오. **[6점]**

(1) 회전토크는 몇 [N · m]인가?
(2) 나사잭의 효율은 몇 [%]인가?
(3) 소요동력은 몇 [kW]인가? (단, 나사를 들어 올리는 속도는 0.3m/min이다.)

풀이 및 답

(1) 회전토크는 몇 [N · m]인가?

$$\mu' = \frac{\mu}{\cos\frac{\alpha}{2}} = \frac{0.15}{\cos\frac{30}{2}} = 0.1553 = 0.16$$

$$T = Q \times \left(\frac{\mu' \pi d_2 + p}{\pi d_2 - \mu' \times p} \times \frac{d_2}{2} + \mu_f \times \frac{d_f}{2} \right)$$

$$= 5000 \times \left(\frac{0.16 \times \pi \times 46 + 8}{\pi \times 46 - 0.16 \times 8} \times \frac{46}{2} + 0.01 \times \frac{50}{2} \right) \times 10^{-3}$$

$$= 26.24 \mathrm{N \cdot m}$$

답 26.24N · m

(2) 나사잭의 효율은 몇 [%]인가?

$$\eta = \frac{Q \times p}{2\pi T} = \frac{5000 \times 0.008}{2 \times \pi \times 26.24} \times 100 = 24.26\%$$

답 24.26%

(3) 소요동력은 몇 [kW]인가? (단, 나사를 들어 올리는 속도는 0.3m/min이다.)

$$H_{KW} = \frac{Q \times V}{1000 \times \eta} = \frac{5000 \times \left(\frac{0.3}{60}\right)}{1000 \times 0.2426} = 0.103\mathrm{kW} = 0.1\mathrm{kW}$$

답 0.1kW

08

외접 스퍼기어의 전달동력은 40kW, 원동 기어의 회전수는 500rpm, 감속비는 1/2일 때 다음을 구하여라. (단, 축간거리 90mm, 허용굽힘응력 490.5MPa, 치폭 $b = 1.5 \times m$(m은 모듈이다.), 치형계수 $Y = \pi y = \pi \times 0.125$, 속도계수 $f_v = \dfrac{3.05}{3.05 + V}$이고, 면압강도는 고려하지 않는다.) **[6점]**

(1) 전달력은 몇 [kN]인가?
(2) 모듈은 얼마인가?
(3) 피니언 기어의 잇수 Z_1, 기어의 잇수 Z_2는 몇 개인가?

풀이 및 답

(1) 전달력은 몇 [kN]인가?

$$D_1 = \frac{2C}{\frac{1}{\epsilon} + 1} = \frac{2 \times 90}{2 + 1} = 60\text{mm}$$

$$V = \frac{\pi \times D_1 \times N_1}{60 \times 1000} = \frac{\pi \times 60 \times 500}{60 \times 1000} = 1.57\text{m/s}$$

$$H_{KW} = F_t \times V, \ 40 = F_t \times 1.57$$

$$F_t = 25.4777\text{kN} = 25.48\text{kN}$$

답 25.48kN

(2) 모듈은 얼마인가?

$$F_t = f_v \times \sigma_b \times b \times m \times Y$$

$$25.48 \times 10^3 = \frac{3.05}{3.05 + 1.57} \times 490.5 \times 1.5 \times m^2 \times (\pi \times 0.125)$$

$$m = 11.5578\text{mm} = 11.56\text{mm}$$

답 11.56mm

(3) 피니언 기어의 잇수 Z_1, 기어의 잇수 Z_2는 몇 개인가?

$$D = m \times Z_1, \ Z_1 = \frac{60}{11.56} = 5.19 \fallingdotseq 6$$

$$i = \frac{Z_1}{Z_2} = \frac{1}{2}, \ Z_2 = 2 \times 6 = 12$$

참고 속비를 맞추는 것이 우선이다.

답 $Z_1 = 6$개
$Z_2 = 12$개

09

줄수가 3개인 웜의 구동동력이 25kW, 웜의 회전수는 1000rpm이다. 웜의 피치는 31.4mm, 웜의 피치원 지름은 64mm, 웜의 마찰계수는 0.1이다. 다음 물음에 답하여라. [5점]

(1) 웜의 리드각 λ는 몇 도인가?
(2) 웜의 피치원에 작용하는 접선력은 몇 [N]인가?

풀이 및 답

(1) 웜의 리드각 λ는 몇 도인가?

$$\tan\lambda = \frac{Z_w \times p}{\pi \times D_w},\ \lambda = \tan^{-1}\left(\frac{3 \times 31.4}{\pi \times 64}\right) = 25.1°$$

답 25.1°

(2) 웜의 피치원에 작용하는 접선력은 몇 [N]인가?

$$T = 974000\frac{H_{kW}}{N} = P_t \times \frac{D_w}{2}$$

$$974000 \times 9.8 \times \frac{25}{1000} = P_t \times \frac{64}{2}$$

$$P_t = 7457.19\text{N}$$

답 7457.19N

10

1줄 겹치기 리벳이음으로 두 판재를 결합하고자 한다. 강판의 두께가 15mm, 리벳의 지름 16mm일 때 효율을 최대로 하기 위한 피치를 mm로 구하고 강판의 효율은 몇 %인가? (단, 강판의 인장응력은 40N/mm^2, 리벳의 전단응력은 30N/mm^{2}이다.) [4점]

(1) 피치 p[mm]는 얼마인가?
(2) 강판의 효율 η_t[%]는 얼마인가?

풀이 및 답

(1) 피치 p[mm]는 얼마인가?

$$p = d + \frac{\pi d^2 \times \tau_r}{4t \times \sigma_t} = 16 + \frac{\pi \times 16^2 \times 30}{4 \times 15 \times 40} = 26.05\text{mm}$$

(2) 강판의 효율 η_t[%]는 얼마인가?

$$\eta_t = 1 - \frac{d}{p} = \left(1 - \frac{16}{26.05}\right) \times 100 = 38.58\%$$

답 p = 26.05mm
η_t = 38.58%

필답형 실기

- 기계요소설계 -

2012년도 4회

01

나사잭의 나사부는 TM45이다. 바깥지름 45mm, 유효지름 d_e =41mm, 피치 p =8mm, 한 줄 나사의 나사잭에서 하중 W =3ton을 올리기 위해 레버에 가하는 힘 F =30kgf이다. 다음을 구하여라. (단, 나사부의 상당마찰계수 μ' =0.12이고 칼라부의 마찰계수 μ_m =0.01, 칼라부의 반지름 r_m =40mm이다.) [5점]

(1) 하중을 들어 올리는 데 필요한 토크 T[kgf · mm]를 구하여라.
(2) 잭의 효율 η[%]를 구하여라.
(3) 너트의 높이 $H_{\neq \ t}$[mm]를 계산하여라. (단, 나사산 높이 h =3.5mm, 접촉면 압력 q =0.8kgf/mm^{2}이다.)
(4) 나사잭의 동력 H[kW]를 구하여라. (단, 하중 3ton을 4m/min의 속도로 올리려 한다.)

풀이 및 답

(1) 하중을 들어 올리는 데 필요한 토크 T[kgf · mm]를 구하여라.

$$T = \left(W \times \frac{\mu'\pi d_e + p}{\pi d_e - \mu' p} \times \frac{d_e}{2}\right) + (\mu_m \times W \times r_m)$$

$$= \left(3000 \times \frac{0.12 \times \pi \times 41 + 8}{\pi \times 41 - 0.12 \times 8} \times \frac{41}{2}\right) + (0.01 \times 3000 \times 40)$$

$$= 12483.818\text{kgf}\cdot\ \text{mm} = 12483.82\text{kgf}\cdot\ \text{mm}$$

답 12483.82kgf · mm

(2) 잭의 효율 η[%]를 구하여라.

$$\eta = \frac{Wp}{2\pi T} = \frac{3000 \times 8}{2 \times \pi \times 12483.82} = 0.30597 = 30.6\%$$

답 30.6%

(3) 너트의 높이 $H_{\neq \ t}$[mm]를 계산하여라. (단, 나사산 높이 h =3.5mm, 접촉면 압력 q =0.8kgf/mm^{2}이다.)

$$H_{\neq \ t} = p \times Z = p \times \frac{W}{\pi d_e h q} = 8 \times \frac{3000}{\pi \times 41 \times 3.5 \times 0.8}$$

$$= 66.5456\text{mm} = 66.55\text{mm}$$

답 66.55mm

(4) 나사잭의 동력 H[kW]를 구하여라. (단, 하중 3ton을 4m/min의 속도로 올리려 한다.)

$$H = \frac{W \times V}{102\eta} = \frac{3000 \times \frac{4}{60}}{102 \times 0.306} = 6.4077\text{kW} = 6.41\text{kW}$$

답 6.41kW

02

그림과 같은 밴드 브레이크에서 15kW, N =300rpm의 동력을 제동하려고 한다. 다음 조건을 보고 물음에 답하여라. [5점]

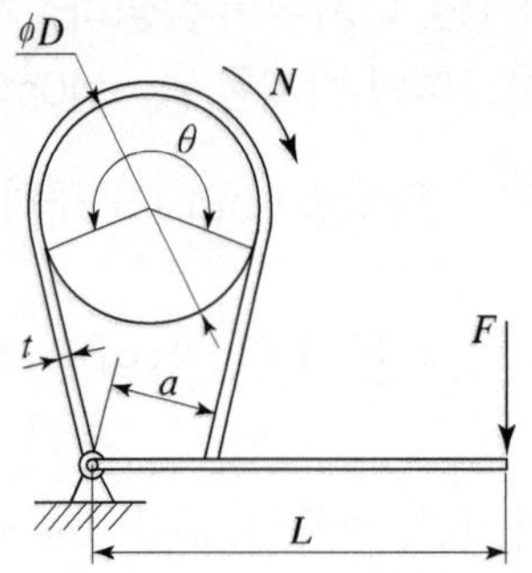

레버에 작용하는 힘 F =150N
접촉각 θ =225°
거리 a =200mm
풀리의 지름 D =600mm
마찰계수 μ =0.3
밴드의 허용응력 σ_b =17MPa
밴드의 두께 t =5mm
레버의 길이 L[mm]

(1) 레버의 길이 L[mm]을 구하여라.
(2) 밴드의 폭 b[mm]를 구하여라.
(3) 위 그림에서 좌회전일 경우 제동동력 H_{KW}[kW]를 구하여라.

풀이 및 답

(1) 레버의 길이 L[mm]을 구하여라.

$$H = \frac{f \cdot V}{1000} = \frac{f \times \left(\frac{\pi \cdot DN}{60 \times 1000}\right)}{1000}$$

$$15 = \frac{f \times \left(\frac{\pi \times 600 \times 300}{60 \times 1000}\right)}{1000}$$

(마찰력) $f = 1591.549\text{N} = 1591.55\text{N}$

$$e^{\mu\theta} = e^{\left(0.3 \times 225 \times \frac{\pi}{180}\right)} = 3.248 = 3.25$$

$$\Sigma M = 0,\ +F \cdot L - T_s \cdot a = 0$$

$$L = \frac{T_s \times a}{F} = \frac{\frac{f}{(e^{\mu\theta}-1)} \times a}{F} = \frac{\frac{1591.55}{(3.25-1)} \times 200}{150}$$

$$= 943.1407\text{mm} = 943.14\text{mm}$$

답 943.14mm

(2) 밴드의 폭 b[mm]를 구하여라.

$$\sigma_b = \frac{T_t}{bt\eta}$$

$$(폭)\ b=\frac{T_t}{\sigma_b t\eta}=\frac{\frac{fe^{\mu\theta}}{e^{\mu\theta}-1}}{\sigma_b t\eta}=\frac{\frac{1591.55\times 3.25}{3.25-1}}{17\times 5\times 1}=27.0459\text{mm}=27.05\text{mm}$$

답 27.05mm

(3) 위 그림에서 좌회전일 경우 제동동력 H_{KW}[kW]를 구하여라.

$$\Sigma M=0,\ +F\cdot L-T_t\cdot a=0$$

$$T_t=\frac{F\cdot L}{a}=\frac{150\times 943.14}{200}=707.355\text{N}=707.36\text{N}$$

$$T_s=\frac{T_t}{e^{\mu\theta}}=\frac{707.36}{3.25}=217.649\text{N}=217.65\text{N}$$

$$(좌회전일\ 때\ 마찰력)\ f=T_t-T_s=707.38-217.65=489.71\text{N}$$

$$H_{KW}=\frac{f\cdot V}{1000}=\frac{489.71\times\left(\frac{\pi\times 600\times 300}{60\times 1000}\right)}{1000}=4.6154\text{kW}=4.62\text{kW}$$

답 4.62kW

03

평벨트의 평행걸기로 동력전달을 한다. 원동풀리의 지름은 D_1 =400mm, 원동풀리의 분당회전수는 N_1 =300rpm, 종동풀리의 지름은 D_2 =600mm이다. 평벨트의 두께 t =5mm이다. 전달동력은 4kW, 축간거리는 1.8m일 때 다음을 결정하라.(단, 벨트의 인장응력 σ_t =6MPa, 벨트의 안전율 1.5, 이음효율 η =80%, 마찰계수 μ =0.2이다.) [5점]

(1) 원동차의 접촉중심각 θ_1[°], 종동차의 접촉중심각 θ_2[°]를 구하여라.
(2) 긴장측 장력[N]을 구하여라. (부가장력은 고려하지 않는다)
(3) 평벨트의 폭[mm]을 구하여라.
(4) 평벨트의 원주속도가 10m/s될 때의 평벨트에 발생되는 부가장력 T_g[N]을 구하여라. (단, 벨트의 비중량 γ =37000N/m^3, 벨트의 단면적은 0.7cm^{2}으로 계산한다.)

풀이 및 답

(1) 원동차의 접촉중심각 θ_1[°], 종동차의 접촉중심각 θ_2[°]를 구하여라.

$$\theta_1=180°-2\sin^{-1}\left(\frac{D_2-D_1}{2C}\right)=180°-2\sin^{-1}\left(\frac{600-400}{2\times 1800}\right)=173.63°$$

$$\theta_2 = 180° + 2\phi = 180° + 2\sin^{-1}\left(\frac{600-400}{2\times 1800}\right) = 186.37°$$

답 $\theta_1 = 173.63°$
$\theta_2 = 186.37°$

(2) 긴장측 장력[N]을 구하여라. (부가장력은 고려하지 않는다)

$$T_t = P_e \cdot \frac{e^{\mu\theta}}{e^{\mu\theta}-1} = 636.94 \times \frac{1.83}{(1.83-1)} = 1404.337\text{N} = 1404.34\text{N}$$

$$V = \frac{\pi D_1 N_1}{60\times 1000} = \frac{\pi \times 400 \times 300}{60 \times 1000} = 6.2831\text{m/sec} = 6.28\text{m/sec}$$

$$H_{KW} = \frac{P_e \cdot V}{1000},\ P_e = \frac{4\times 1000}{6.28} = 636.9426\text{N} = 636.94\text{N}$$

$$e^{\mu\theta_1} = e^{\left(0.2\times 173.63 \times \frac{\pi}{180}\right)} = 1.83$$

답 1404.34N

(3) 평벨트의 폭[mm]을 구하여라.

$$\sigma_a = \frac{\sigma_b}{s} = \frac{T_t}{bt\eta},\ \frac{6}{1.5} = \frac{1404.34}{b\times 5\times 0.8},\ b = 87.7712\text{mm} = 87.77\text{mm}$$

답 87.77mm

(4) 평벨트의 원주속도가 10m/s될 때의 평벨트에 발생되는 부가장력 T_g[N]을 구하여라. (단, 벨트의 비중량 γ =37000N/m^3, 벨트의 단면적은 0.7cm^{2}으로 계산한다.)

(벨트의 단위길이당 무게) $w = \gamma A = 37000 \times 0.7 \times 10^{-4} = 2.59\text{N/m}$

(부가장력) $T_g = \dfrac{wV^2}{g} = \dfrac{2.59\times 10^2}{9.8} = 26.4287\text{N} = 26.43\text{N}$

답 26.43N

04

다음과 같은 조건을 갖는 한 쌍의 외접 스퍼기어가 있다. 다음을 결정하라. (단, 하중계수는 0.8이다.) [6점]

비고	허용굽힘응력 σ_b[kgf/mm^2]	회전수 N[rpm]	압력각 α[°]	모듈 m	치폭 b[mm]	잇수 Z	치형계수 $Y(=\pi y)$	접촉면 응력계수 K[kgf/mm^2]
피니언	26	1000	20	3	45	24	0.359	0.079
기어	9	300				72	0.442	

(1) 피니언의 속도는 몇 [m/sec]인가?
(2) 피니언의 굽힘강도에 의한 전달하중은 몇 [kgf]인가?
(3) 기어의 굽힘강도에 의한 전달하중은 몇 [kgf]인가?
(4) 최대 전달동력은 몇 [kW]인가?

풀이 및 답

(1) 피니언의 속도는 몇 [m/sec]인가?

$$V=\frac{\pi m Z_A N_A}{60\times 1000}=\frac{\pi\times 3\times 24\times 1000}{60\times 1000}=3.77\text{m/sec}$$

답 3.77m/sec

(2) 피니언의 굽힘강도에 의한 전달하중은 몇 [kgf]인가?

$$f_v=\frac{3.05}{3.05+V}=\frac{3.05}{3.05+3.77}=0.45$$

$$F_A=f_w f_v \sigma_{bA}\, bm Y_A=0.8\times 0.45\times 26\times 45\times 3\times 0.359=453.63\text{kgf}$$

답 453.63kgf

(3) 기어의 굽힘강도에 의한 전달하중은 몇 [kgf]인가?

$$F_B=f_w f_v \sigma_{bB} bm Y_B=0.8\times 0.45\times 9\times 45\times 3\times 0.442=193.33\text{kgf}$$

답 193.33kgf

(4) 최대 전달동력은 몇 [kW]인가?

(면압강도에 의한 전달하중) $F'=f_v\cdot\ K\cdot\ b\cdot\ m\cdot\ \left[\dfrac{2Z_A Z_B}{Z_A+Z_B}\right]$

$$=0.45\times 0.079\times 45\times 3\times \frac{2\times 24\times 72}{24+72}$$

$$=172.77\text{kgf}$$

$F_A=453.63\text{kgf},\ F_B=193.33\text{kgf},\ F'=172.77\text{kgf}$ 중에서 제일 작은 힘이 기

어의 회전력이 된다.

기어의 회전력 $F_t = 172.77\text{kgf}$

$$H_{KW} = \frac{F_t \cdot V}{102} = \frac{172.77 \times 3.77}{102} = 6.39\text{kW}$$

답 6.39kW

05

그림과 같은 1줄 겹치기 리벳 이음에서 t =12mm, d =19mm, p =30mm, b = 100mm이다. 전체하중 W =1200kgf이라 할 때 다음 각 물음에 답하여라.

[5점]

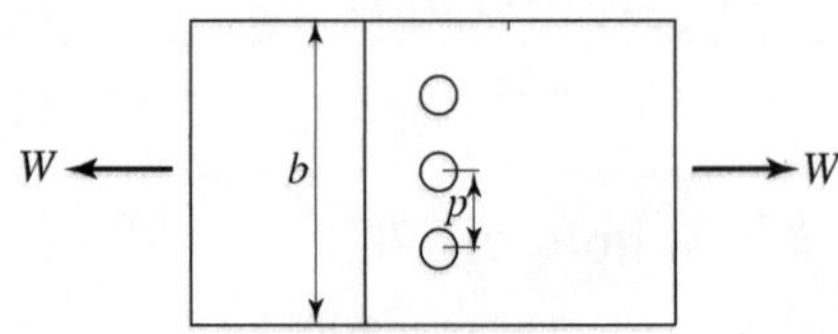

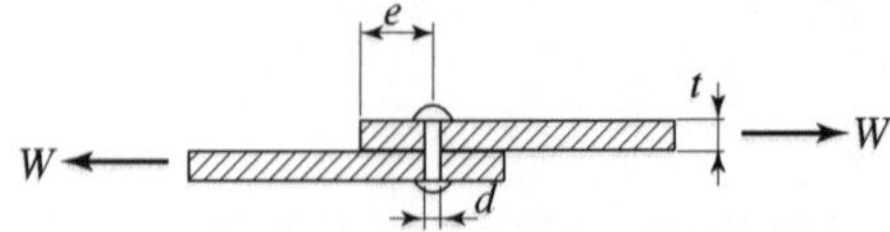

(1) 이음부의 강판에 발생하는 인장응력 σ_t[kgf/mm²]를 구하여라.

(2) 리벳에 발생하는 전단응력 τ[kg/mm²]를 구하여라.

(3) 마진 e[mm]의 최소값과 최대값을 결정하여라.

풀이 및 답

(1) 이음부의 강판에 발생하는 인장응력 σ_t[kgf/mm²]를 구하여라.

$$\sigma_t = \frac{W}{A_t} = \frac{W}{(b-3d) \cdot t} = \frac{1200}{(100-3\times 19)\times 12}$$

$$= 2.325\text{kgf/mm}^2 = 2.33\text{kgf/mm}^2$$

답 2.33kgf/mm²

(2) 리벳에 발생하는 전단응력 τ[kg/mm²]를 구하여라.

$$\tau = \frac{W}{A_r} = \frac{W}{\frac{\pi}{4}d_r^2 \times 3} = \frac{1200}{\frac{\pi}{4}19^2 \times 3} = 1.41\text{kgf/mm}^2$$

답 1.41kgf/mm²

(3) 마진 e [mm]의 최소값과 최대값을 결정하여라.

$e_{min} = 2d,\ e_{min} = 2 \times 19 = 38\text{mm}$

$e_{max} = 2.5d,\ e_{max} = 2.5 \times 19 = 47.5\text{mm}$

답 $e_{min} = 38\text{mm}$
$e_{max} = 47.5\text{mm}$

06

다음 그림은 코터 이음으로 축에 작용하는 인장하중이 49kN이다. 소켓, 코터를 모두 연강으로 하고 강도를 구하여라. (단, 로드의 지름 d =75mm, 구멍부분 로드의 지름 d_1 =70mm, 코터 두께 t =20mm, 코터 폭 b =90mm, 소켓의 외경 D =140mm, 이음에 작용하는 하중을 W라 하고 하중이 변화하는 것을 고려해서 안전하게 $\frac{5}{4}$배가 가해지는 것으로 보고 계산하라.) [4점]

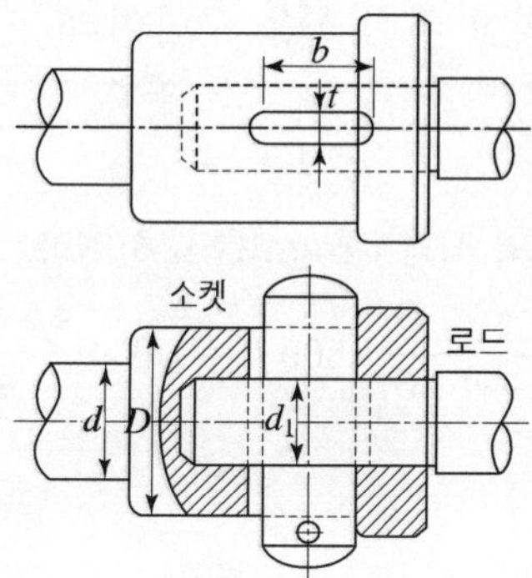

(1) 코터 구멍 부분의 소켓의 인장응력 σ_t [N/mm²]를 구하여라.

(2) 코터의 굽힘응력 σ_b [N/mm²]를 구하여라.

풀이 및 답

(1) 코터 구멍 부분의 소켓의 인장응력 σ_t [N/mm²]를 구하여라.

$$F = \frac{5}{4} \times W = \frac{5}{4} \times 49 \times 10^3 = 61250\text{N}$$

$$\sigma_t = \frac{F}{\frac{\pi}{4}(D^2 - d_1^2) - t \cdot (D - d_1)} = \frac{61250}{\frac{\pi}{4}(140^2 - 70^2) - 20 \times (140 - 70)}$$

$$= 6.04\text{N/mm}^2$$

답 6.04N/mm^2

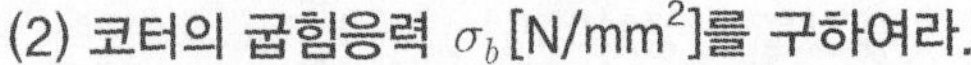

(2) 코터의 굽힘응력 σ_b[N/mm²]를 구하여라.

$$\sigma_b = \frac{F \cdot D \cdot 6}{8tb^2} = \frac{61250 \times 140 \times 6}{8 \times 20 \times 90^2} = 39.7\text{N/mm}^2$$

답 39.7N/mm²

07

어느 엔진의 밸브에 사용하고 있는 코일 스프링의 평균지름이 40mm로서 392N의 초기하중이 작용하고 있다. 밸브의 최대 양정은 13mm이고 스프링에 작용하는 전(全)하중은 539N이다. 강선에 작용하고 있는 최대 전단응력은 509.6N/mm², 스프링 전단탄성계수 G=80360N/mm²이다. 다음을 구하여라. (단, 왈의 수정계수 K'=1.0이다.) **[5점]**

(1) 스프링의 소선의 직경 d[mm]를 구하여라.
(2) 코일의 감김 수 n을 구하여라.
(3) 초기하중에 의한 처짐 δ_1을 구하여라.

풀이 및 답

(1) 스프링의 소선의 직경 d[mm]를 구하여라.

$$\tau = K' \times \frac{8P_{max} \cdot D}{\pi d^3},\ 509.6 = 1.0 \times \frac{8 \times 539 \times 40}{\pi \times d^3},\ d = 4.76\text{mm}$$

답 4.76mm

(2) 코일의 감김 수 n을 구하여라.

$$\delta = \frac{8 \cdot n \cdot (\Delta P) \cdot D^3}{G \cdot d^4}$$

$$13 = \frac{8 \times n \times (539 - 392) \times 40^3}{80360 \times 4.76^4}$$

$n = 7.13 \fallingdotseq 8$권

답 8권

(3) 초기하중에 의한 처짐 δ_1을 구하여라.

$$\delta_1 = \frac{8 \cdot n \cdot P_1 \cdot D^3}{G \cdot d^4} = \frac{8 \times 8 \times 392 \times 40^3}{80360 \times 4.76^4} = 38.92\text{mm}$$

답 38.92mm

08

한 쌍의 홈마찰차의 중심거리 약 400mm의 두 축 사이에 5kW의 동력을 전달시키려고 한다. 구동축과 수동축의 회전속도는 각각 300rpm, 100rpm이다. 다음을 구하여라. (단, 홈의 각도 40°, 마찰계수 0.2, 접촉면의 허용압력은 29.4N/mm이다.) [5점]

(1) 구동축의 평균지름 D_1[mm], 수동축의 평균지름 D_2[mm]를 각각 구하여라.
(2) 홈마찰차를 밀어 붙이는 힘 P[N]를 구하여라.
(3) 홈마찰차의 홈의 개수를 구하여라.

풀이 및 답

(1) 구동축의 평균지름 D_1[mm], 수동축의 평균지름 D_2[mm]를 각각 구하여라.

$$C = \frac{D_1 + D_2}{2},\ i = \frac{N_2}{N_1} = \frac{100}{300} = \frac{1}{3}$$

$$D_1 = \frac{2C}{\frac{1}{i}+1} = \frac{2\times 400}{3+1} = 200\text{mm},\ D_2 = \frac{D_1}{i} = \frac{200}{\frac{1}{3}} = 600\text{mm}$$

답 D_1 =200mm
D_2 =600mm

(2) 홈마찰차를 밀어 붙이는 힘 P[N]를 구하여라.

$$H = \frac{\mu' P \times V}{1000},\ P = \frac{H\times 1000}{\mu' \times V} = \frac{5\times 1000}{0.38\times 3.14} = 4190.412\text{N} = 4190.41\text{N}$$

$$\mu' = \frac{\mu}{\mu\cos\alpha + \sin\alpha} = \frac{0.2}{0.2\times\cos 20 + \sin 20} = 0.3773 = 0.38$$

$$V = \frac{\pi \cdot D_1 \cdot N_1}{60\times 1000} = \frac{\pi\times 200\times 300}{60\times 1000} = 3.1415 = 3.14\text{m/s}$$

답 4190.41N

(3) 홈마찰차의 홈의 개수를 구하여라.

$$f = \frac{Q}{2\cdot h\cdot Z},\ Z = \frac{Q}{2\times h\times f} = \frac{7907.05}{2\times 11.98\times 29.4} = 11.224 ≒ 12\text{개}$$

$$Q = \frac{P}{\mu\cos\alpha + \sin\alpha} = \frac{4190.41}{0.2\times\cos 20 + \sin 20} = 7907.0506\text{N} = 7907.05\text{N}$$

(홈의 높이) $h = 0.94\sqrt{\mu' P} = 0.94\times\sqrt{0.38\times 4190.41N\times\frac{1\text{kgf}}{9.8\text{N}}}$

$= 11.982\text{mm} = 11.98\text{mm}$

답 12개

09

150rpm으로 5000kgf의 베어링 하중을 지지하는 끝저널이 있다. 허용압력 속도계수 $p_a \cdot V$=0.2kgf/mm^2 · m/s, 저널의 허용굽힘응력 σ_b=6kgf/mm^{2}이라 할 때 다음을 구하여라. [5점]

(1) 저널의 길이 l[mm]을 구하여라.
(2) 저널의 지름 d[mm]를 구하여라.
(3) 베어링의 마찰계수 0.1일 때 마찰동력[kW]을 구하여라.

풀이 및 답

(1) 저널의 길이 l[mm]을 구하여라.

$$p_a \cdot V = \frac{W}{d \cdot l} \times \frac{\pi d N}{60 \times 1000}$$

$$0.2 = \frac{5000}{l} \times \frac{\pi \times 150}{60 \times 1000},\ l = 196.35\text{mm}$$

답 196.35mm

(2) 저널의 지름 d[mm]를 구하여라.

$$\sigma_b = \frac{W \times \frac{l}{2}}{\frac{\pi d^3}{32}},\ 6 = \frac{5000 \times \frac{196.35}{2}}{\frac{\pi d^3}{32}},\ d = 94.1\text{mm}$$

답 94.1mm

(3) 베어링의 마찰계수 0.1일 때 마찰동력[kW]을 구하여라.

$$H_f = \frac{\mu W \times V}{102} = \frac{0.1 \times 5000 \times 0.74}{102} = 3.627\text{kW} = 3.63\text{kW}$$

$$V = \frac{\pi d N}{60 \times 1000} = \frac{\pi \times 94.1 \times 150}{60 \times 1000} = 0.739 = 0.74\text{m/s}$$

답 3.63kW

10

다음 그림과 같이 축 중앙에 $W=80$kgf의 하중을 받는 연강 중심원 축이 양단에서 베어링으로 자유롭게 받쳐진 상태에서 100rpm, 5PS의 동력을 전달한다. 축 재료의 인장응력 $\sigma=5$kgf/mm^2, 전단응력 $\tau=4$kgf/mm^{2}이다. 다음 각 물음에 답하여라. (단, 키 홈의 영향은 무시한다.) [5점]

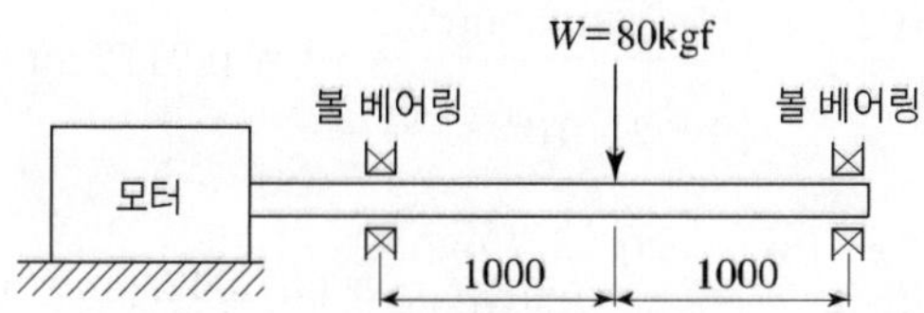

(1) 최대 전단응력설에 의한 축의 지름[mm]은? (단, 축의 자중은 무시하고, 계산으로 구한 축지름을 근거로 50, 55, 60, 70, 80, 90 값들 중에서 축지름을 선택한다.)

(2) 축 재료의 탄성계수 $E=2\times10^6$[kgf/cm^2], 비중량 $\gamma=0.00786$[kgf/cm^3], 축자중을 고려할 때의 던커레이 실험공식에 의한 이 축의 위험속도 N_c [rpm]는?

풀이 및 답

(1) 최대 전단응력설에 의한 축의 지름[mm]은? (단, 축의 자중은 무시하고, 계산으로 구한 축지름을 근거로 50, 55, 60, 70, 80, 90 값들 중에서 축지름을 선택한다.)

$$M=\frac{W\cdot L}{4}=\frac{80\times2000}{4}=40000\text{kgf}\cdot\text{mm}$$

$$T=716200\frac{H_{PS}}{N}=716200\times\frac{5}{100}=35810\text{kgf}\cdot\text{mm}$$

$$T_e=\sqrt{T^2+M^2}=\sqrt{35810^2+40000^2}=53687.58\text{kgf}\cdot\text{mm}$$

$$T_e=\tau\cdot\frac{\pi d^3}{16}\ :\ 53687.58=4\times\frac{\pi\times d^3}{16}$$

$d=40.89$mm

문제의 조건에서 계산된 값의 직상위값을 선택하면 다음과 같다.

축지름 50mm

답 50mm

(2) 축 재료의 탄성계수 $E=2\times10^6$[kgf/cm^2], 비중량 $\gamma=0.00786$[kgf/cm^3], 축자중을 고려할 때의 던커레이 실험공식에 의한 이 축의 위험속도 N_c[rpm]는?

$$\omega=\gamma\cdot A=0.00786\cdot\frac{\pi\times5^2}{4}=0.154=0.15\text{kgf/cm}$$

$$\delta_0 = \frac{5wl^4}{384EI} = \frac{5 \times 0.15 \times 200^4}{384 \times 2 \times 10^6 \times \frac{\pi \times 5^4}{64}} = 0.0509\text{cm} = 0.05\text{cm}$$

$$N_0 = \frac{30}{\pi}\sqrt{\frac{g}{\delta_0}} = \frac{30}{\pi} \times \sqrt{\frac{980}{0.05}} = 1336.901\text{rpm} = 1336.9\text{rpm}$$

$$\delta_1 = \frac{Wl^3}{48EI} = \frac{80 \times 200^3}{48 \times 2 \times 10^6 \times \frac{\pi \times 5^4}{64}} = 0.2172\text{cm} = 0.22\text{cm}$$

$$N_1 = \frac{30}{\pi}\sqrt{\frac{g}{\delta_1}} = \frac{30}{\pi} \times \sqrt{\frac{980}{0.22}} = 637.342\text{rpm} = 637.34\text{rpm}$$

$$\frac{1}{N_c^2} = \frac{1}{N_0^2} + \frac{1}{N_1^2} = \frac{1}{1336.9^2} + \frac{1}{637.34^2}$$

$$N_c = 575.308\text{rpm} = 575.31\text{rpm}$$

답 575.31rpm

필답형 실기

- 기계요소설계 -

2013년도 1회

01

한 쌍의 홈마찰차의 원동차의 평균지름 D_1 =200mm, 두 축 사이에 10PS의 동력을 전달시키려고 한다. 구동축과 수동축의 회전속도는 각각 400rpm, 100rpm이다. 홈의 각도를 40˚, 마찰계수 0.2, 접촉면의 허용압력을 30N/mm라 할 때 밀어 붙이는 힘과 홈의 깊이와 수를 결정하라. [5점]

(1) 축간거리 C[mm]를 구하여라.
(2) 홈마찰차를 밀어 붙이는 힘 P[kgf]를 구하여라.
(3) 홈마찰차의 홈의 개수를 구하여라.

풀이 및 답

(1) 축간거리 C[mm]를 구하여라.

$$i=\frac{N_2}{N_1}=\frac{D_1}{D_2},\ D_2=\frac{D_1\times N_1}{N_2}=\frac{200\times400}{100}=800\text{mm}$$

$$C=\frac{D_1+D_2}{2}=\frac{200+800}{2}=500\text{mm}$$

답 500mm

(2) 홈마찰차를 밀어 붙이는 힘 P[kgf]를 구하여라.

$$H_{PS}=\frac{\mu' P\times V}{75}$$

$$P=\frac{H\times75}{\mu'\times V}=\frac{10\times75}{0.38\times4.19}=471.046\text{kgf}=471.05\text{kgf}$$

$$\mu'=\frac{\mu}{\mu\cos\alpha+\sin\alpha}=\frac{0.2}{0.2\times\cos20+\sin20}=0.3773=0.38$$

$$V=\frac{\pi\cdot\ D_1\cdot\ N_1}{60\times1000}=\frac{\pi\times200\times400}{60\times1000}=4.1887\text{m/s}=4.19\text{m/s}$$

답 471.05kgf

(3) 홈마찰차의 홈의 개수를 구하여라.

$$f=\frac{Q}{2\cdot\ h\cdot\ Z}$$

$$Z=\frac{Q}{2\times h\times f}=\frac{888.84}{2\times12.58\times\frac{30}{9.8}}=11.54\fallingdotseq 12\text{개}$$

$$Q=\frac{P}{\mu\cos\alpha+\sin\alpha}=\frac{471.05}{0.2\times\cos20+\sin20}=888.8429\text{kgf}=888.84\text{kgf}$$

(홈의 높이) $h=0.94\sqrt{\mu' P}=0.94\times\sqrt{0.38\times471.05}$

$=12.576\text{mm}=12.58\text{mm}$

답 12개

02

평균지름이 40mm인 코일 스프링에서 유효권수 6, 스프링지수 8이다. 가로탄성계수가 83GPa일 때, 다음을 구하여라. [4점]

(1) 스프링탄성계수 k[N/mm]를 구하여라.

(2) 스프링에 작용하는 하중이 200N일 때 처짐량 δ[mm]를 구하여라.

풀이 및 답

(1) 스프링탄성계수 k[N · mm]를 구하여라.

$$\delta = \frac{P}{k} = \frac{8PD^3n}{Gd^4}$$

$$k = \frac{Gd^4}{8D^3n} = \frac{Gd}{8C^3n} = \frac{83\times10^3\times5}{8\times8^3\times6} = 16.89\text{N/mm}$$

답 16.89N/mm

(2) 스프링에 작용하는 하중이 200N일 때 처짐량 δ[mm]를 구하여라.

$$\delta = \frac{P}{k} = \frac{200}{16.89} = 11.84\text{mm}$$

답 11.84mm

03

기본동적 부하용량이 C=500kgf인 레이디얼 롤러 베어링에 100kgf의 반지름 방향으로 부하를 가한 상태에서 400rpm으로 회전시키면 수명시간[hr]은 얼마인가? [3점]

풀이 및 답

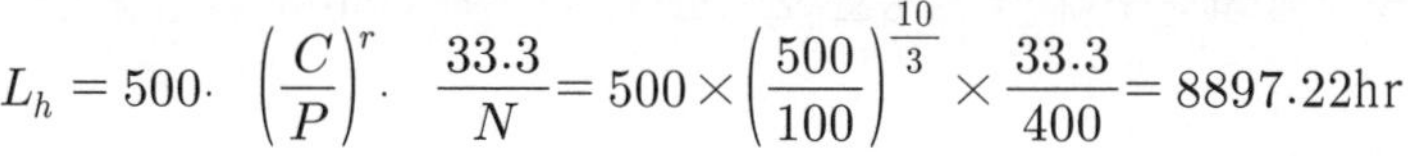

$$L_h = 500\cdot\left(\frac{C}{P}\right)^r\cdot\frac{33.3}{N} = 500\times\left(\frac{500}{100}\right)^{\frac{10}{3}}\times\frac{33.3}{400} = 8897.22\text{hr}$$

답 8897.22hr

04

300rpm, 5kW을 전달하는 길이 1200mm의 축의 끝단에 100N의 회전체를 매달았을 때 다음을 결정하라. (단, 축은 외팔보의 형태이며, 축의 허용전단응력 τ_a =5MPa이다.) **[5점]**

(1) 축의 자중을 무시했을 때, 최대 전단응력설을 고려하여 축 직경을 결정하고 아래 표에서 선택하라.

d =40, 50, 60, 70, 80, 85, 90, 95, 100

(2) 설계된 축에 묻힘키를 설계하고자 한다. 키의 전단허용응력 τ_{key} =60[MPa]일 때 키의 폭을 결정하여라. (단, 키의 길이는 20mm이다.)

(3) 키홈의 깊이를 고려할 때의 축 직경[mm]을 구하여라. (단, 키홈이 없는 축과 키홈이 있는 축의 비틀림 강도의 비 β =0.75이다.)

(4) 키홈의 깊이를 고려할 때의 키홈의 깊이 t[mm]를 구하여라.

풀이 및 답

(1) 축의 자중을 무시했을 때, 최대 전단응력설을 고려하여 축 직경을 결정하고 아래 표에서 선택하라.

d =40, 50, 60, 70, 80, 85, 90, 95, 100

$$T = \frac{60}{2\pi} \times \frac{H}{N} = \frac{60}{2\pi} \times \frac{5 \times 10^3}{300} = 159.154943\text{N}\cdot\text{m} = 159154.94\text{N}\cdot\text{mm}$$

$$M = W \cdot L = 100 \times 1200 = 120000\text{N}\cdot\text{mm}$$

$$T_e = \sqrt{T^2 + M^2} = \sqrt{159154.94^2 + 120000^2}$$

$$= 199324.596\text{N}\cdot\text{mm} = 199324.6\text{N}\cdot\text{mm}$$

$$d_{th} = \sqrt[3]{\frac{16 \times T_e}{\pi \times \tau_a}} = \sqrt[3]{\frac{16 \times 199324.6}{\pi \times 5}} = 58.774\text{mm} = 58.77\text{mm}$$

주어진 표로부터 축 직경을 선택한다. $\therefore d = 60\text{mm}$

답 60mm

(2) 설계된 축에 묻힘키를 설계하고자 한다. 키의 전단허용응력 τ_{key} =60[MPa]일 때 키의 폭을 결정하여라. (단, 키의 길이는 20mm이다.)

$$\tau_{key} = \frac{2T}{bld}$$

$$b = \frac{2T}{\tau_{key} l d} = \frac{2 \times 159154.94}{60 \times 20 \times 60} = 4.4209\text{mm} = 4.42\text{mm}$$

답 4.42mm

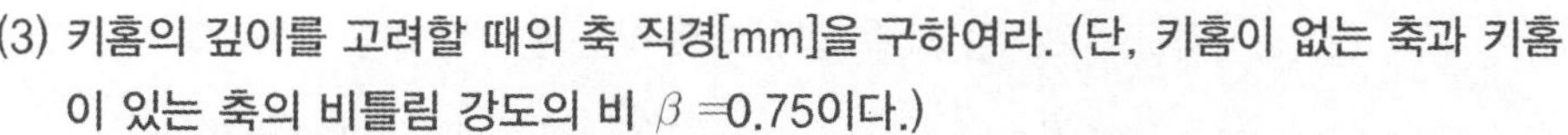
(3) 키홈의 깊이를 고려할 때의 축 직경[mm]을 구하여라. (단, 키홈이 없는 축과 키홈이 있는 축의 비틀림 강도의 비 β =0.75이다.)

$$d' = \sqrt[3]{\frac{16\times T_e}{\pi\times\beta\tau_a}} = \sqrt[3]{\frac{16\times 199324.6}{\pi\times 0.75\times 5}} = 64.689\text{mm} = 64.69\text{mm}$$

답 64.69mm

(4) 키홈의 깊이를 고려할 때의 키홈의 깊이 t[mm]를 구하여라.

$$t = d' - d_{th} = 64.69 - 58.77 = 5.92\text{mm}$$

답 5.92mm

05

그림과 같은 주철재 원추 클러치를 이용하여 12kW, 600rpm 동력을 전달하고자 한다. 접촉면 압력이 0.8MPa 이하가 되도록 사용할 때 다음을 구하여라. (단, 원추 클러치의 평균지름 D_m =145mm, 마찰계수 μ =0.2이다.) [4점]

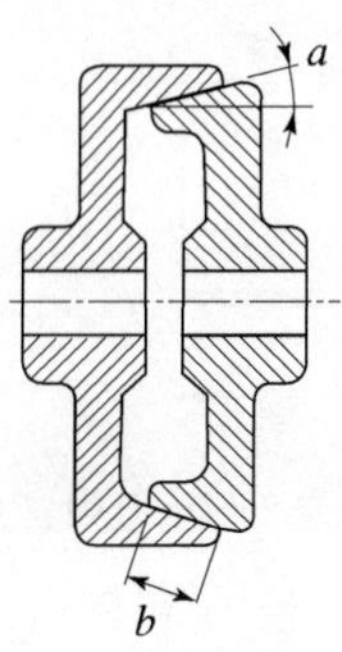

(1) 원추 클러치의 폭 b[mm]를 구하여라.

(2) 경사각 α =20°일 때 축 방향으로 미는 힘 P[N]를 구하여라.

풀이 및 답

(1) 원추 클러치의 폭 b[mm]를 구하여라.

$$T = \frac{60}{2\pi}\times\frac{H}{N} = \frac{60}{2\pi}\times\frac{12\times 10^3}{600} = 190.985931\text{N}\cdot\text{m} = 190985.93\text{N}\cdot\text{mm}$$

$$T = \mu q\pi D_m b\times\frac{D_m}{2}$$

$$(\text{폭})\ b = \frac{2T}{\mu q\pi D^{2_m}} = \frac{2\times 190985.93}{0.2\times 0.8\times\pi\times 145^2} = 36.143\text{mm} = 36.14\text{mm}$$

답 36.14mm

(2) 경사각 α =20°일 때 축 방향으로 미는 힘 P[N]를 구하여라.

$$\mu' = \frac{\mu}{\mu\cos\alpha + \sin\alpha} = \frac{0.2}{0.2\times\cos20 + \sin20} = 0.377 = 0.38$$

$$T = \mu' P \times \frac{D_m}{2}$$

$$P = \frac{2T}{\mu' D_m} = \frac{2\times190985.93}{0.38\times145} = 6932.338\text{N} = 6932.34\text{N}$$

답 6932.34N

06

그림과 같은 밴드 브레이크에서 15kW, N =300rpm의 동력을 제동하려고 한다. 다음 조건을 보고 물음에 답하여라. [5점]

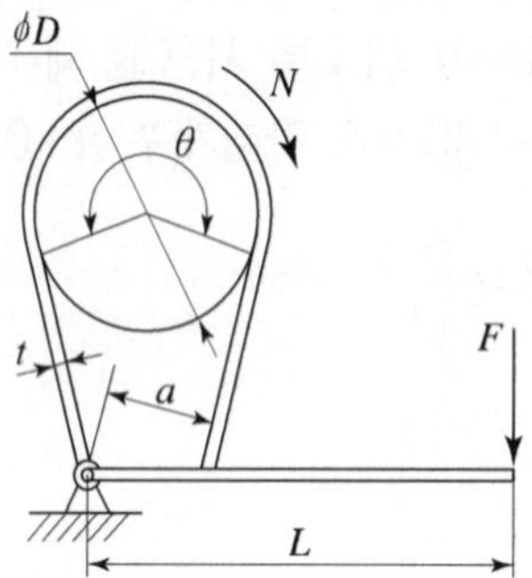

레버에 작용하는 힘 F =300N
접촉각 θ =225°
거리 a =150mm
풀리의 지름 D =600mm
마찰계수 μ =0.3
밴드의 허용응력 σ_b =20MPa
밴드의 두께 t =5mm

(1) 긴장측 장력 T_t[N]를 구하여라.
(2) 레버의 길이 L[mm]을 구하여라.
(3) 밴드의 폭 b[mm]를 구하여라.

풀이 및 답

(1) 긴장측 장력 T_t[N]를 구하여라.

$$H = \frac{f\cdot V}{1000} = \frac{f\times\left(\dfrac{\pi\cdot DN}{60\times1000}\right)}{1000}$$

$$15 = \frac{f\times\left(\dfrac{\pi\times600\times300}{60\times1000}\right)}{1000}$$

(마찰력) $f = 1591.549\text{N} = 1591.55\text{N}$

$$e^{\mu\theta} = e^{\left(0.3\times225\times\frac{\pi}{180}\right)} = 3.248 = 3.25$$

$$T_t = \frac{fe^{\mu\theta}}{(e^{\mu\theta}-1)} = \frac{1591.55 \times 3.25}{(3.25-1)} = 2298.905\text{N} = 2298.91\text{N}$$

답 2298.91N

(2) 레버의 길이 L[mm]을 구하여라.

$\Sigma M = 0$, $+F \cdot L - T_s \cdot a = 0$

$$L = \frac{T_s \times a}{F} = \frac{\frac{T_t}{e^{\mu\theta}} \times a}{F} = \frac{\frac{2298.91}{3.25} \times 150}{300} = 353.678\text{mm} = 353.68\text{mm}$$

답 353.68mm

(3) 밴드의 폭 b[mm]를 구하여라.

$$\sigma_b = \frac{T_t}{bt\eta}$$

$$(\text{폭})\ b = \frac{T_t}{\sigma_b t\eta} = \frac{2298.91}{20 \times 5 \times 1} = 22.9891\text{mm} = 22.99\text{mm}$$

답 22.99mm

07

1800rpm, 40kW의 전동기(motor)에 의하여 원동 풀리의 지름의 평균지름이 240mm, V벨트로 연결된 종동축의 회전수는 3000rpm으로 운전되는 풀리가 있다. 두 축간 거리는 750mm이다. 이때 사용한 벨트는 B형으로 허용인장력 F=120kgf, 단위 길이당 하중 ω=0.17kgf/m이다. 다음을 구하여라. (단, $e^{\mu'\theta}$=5.7, 부하수정계수 k_2=0.7이다.) [5점]

(1) 동력전달을 위한 V벨트의 길이 L[mm]을 구하여라.
(2) 원동 풀리의 접촉중심각 θ_1[°]을 구하여라.
(3) V벨트의 가닥수 Z[개]를 구하여라.

풀이 및 답

(1) 동력전달을 위한 V벨트의 길이 L[mm]을 구하여라.

$$L = 2C + \frac{\pi(D_2 + D_1)}{2} + \frac{(D_1 - D_2)^2}{4C}$$

$$= (2 \times 750) + \frac{\pi(144 + 240)}{2} + \frac{(240 - 144)^2}{4 \times 750}$$

$$= 2106.257\text{mm} = 2106.26\text{mm}$$

$$(종동\ 풀리의\ 지름)\ D_2 = \frac{D_1 \times N_1}{N_2} = \frac{240 \times 1800}{3000} = 144\text{mm}$$

답 2106.26mm

(2) 원동 풀리의 접촉중심각 $\theta_1[^\circ]$을 구하여라.

$$\theta_1 = 180° + 2\phi = 180° + 2\sin^{-1}\left(\frac{D_1 - D_2}{2C}\right)$$

$$= 180° + 2\sin^{-1}\left(\frac{240 - 144}{2 \times 750}\right) = 187.3388 = 187.34°$$

답 187.34°

(3) V벨트의 가닥수 Z[개]를 구하여라.

$$(부가장력)\ T_g = \frac{\omega V^2}{g} = \frac{0.17 \times 22.62^2}{9.8} = 8.875\text{kgf} = 8.88\text{kgf}$$

$$V = \frac{\pi D_1 N_1}{60 \times 1000} = \frac{\pi \times 240 \times 1800}{60 \times 1000} = 22.619\text{m/s} = 22.62\text{m/s}$$

$$H_o = \frac{P_e \cdot V}{102} = \frac{(T_t - T_g)}{102} \cdot \frac{e^{\mu'\theta} - 1}{e^{\mu'\theta}} \times V$$

$$= \frac{(120 - 8.88)}{102} \times \frac{(5.7 - 1)}{5.7} \times 22.62$$

$$= 20.319\text{kW} = 20.32\text{kW}$$

$$(V벨트의\ 가닥수)\ Z = \frac{H_{KW}}{H_o k_2} = \frac{40}{20.32 \times 0.7} = 2.812 = 3가닥$$

답 3가닥

08

직선 베벨 기어의 피니언의 회전수는 450rpm, 피치원 직경은 160mm, 속도비는 $\frac{1}{2}$이다. 허용굽힘응력은 12.5kgf/mm^{2}이고 상당평치차의 치형계수 Y_e = 0.412이다. 다음을 결정하라. (단, 축각은 90°, 치폭 60mm, 모듈 2이다.)

[5점]

(1) 원추 모선의 길이 L[mm]은 얼마인가?
(2) 피니언 기어의 이끝원지름 D_{o1}[mm]을 구하여라.
(3) 전달동력 H[kW]를 구하여라. (단, 속도계수 1.5, 하중계수 1.3이다.)

풀이 및 답

(1) 원추 모선의 길이 L[mm]은 얼마인가?

$$\tan\alpha = \frac{\sin\theta}{\frac{1}{i}+\cos\theta} = i \qquad \alpha = \tan^{-1}(i) = \tan^{-1}\left(\frac{1}{2}\right) = 26.57°$$

$$L = \frac{D_A}{2\sin\alpha} = \frac{160}{2\times\sin 26.57} = 178.85\text{mm}$$

답 178.85mm

(2) 피니언 기어의 이끝원지름 D_{o1}[mm]을 구하여라.

$$D_{01} = D_1 + 2m\cos\alpha = 160 + (2\times 2\times\cos 26.57) = 163.577\text{mm} = 163.58\text{mm}$$

답 163.58mm

(3) 전달동력 H[kW]를 구하여라. (단, 속도계수 1.5, 하중계수 1.3이다.)

$$H = \frac{F_t\times V}{102} = \frac{800.82\times 3.77}{102} = 29.598\text{kW} = 29.6\text{kW}$$

(원동 기어 회전력) $F_t = f_v\cdot\ f_w\cdot\ \sigma_{b1}\cdot\ m\cdot\ b\cdot\ Y_{e1}\lambda$

$$= 1.5\times 1.3\times\ 12.5\times 2\times 60\times 0.412\times\frac{178.85-60}{178.85}$$

$$= 800.817\text{kgf} = 800.82\text{kgf}$$

(속도) $V = \dfrac{\pi D_1 N_1}{60\times 1000} = \dfrac{\pi\times 160\times 450}{60\times 1000} = 3.7699\text{m/s} = 3.77\text{m/s}$

답 29.6kW

09

TW52 사다리꼴 한 줄 나사의 나사잭에서 하중 W=6ton을 들어 올리려고 한다. 다음 물음에 답하여라. [5점]

호칭	n(1인치당산수)	바깥지름 d	유효지름 d_2	골지름 d_1
TW52	3	52	48	43.5

(1) 하중을 들어 올리는 데 필요한 토크 T[kgf · mm]를 구하여라. (단, 나사부의 마찰계수 μ=0.155, 칼리부의 마찰계수 μ_r=0.01, 칼리부의 평균지름 d_r=60mm이다.)

(2) 나사잭의 축방향 하중에 의한 나사에 발생하는 최대발생응력 $\sigma_{\max}$[MPa]를 구하여라.

(3) 나사의 허용인장응력이 190MPa일 때 안전성을 검토하고 안전계수를 구하여라.

풀이 및 답

(1) 하중을 들어 올리는 데 필요한 토크 T[kgf · mm]를 구하여라.
(단, 나사부의 마찰계수 μ =0.155, 칼리부의 마찰계수 μ_r =0.01, 칼리부의 평균지름 d_r =60mm이다.)

$$\mu' = \frac{\mu}{\cos\frac{\beta}{2}} = \frac{0.155}{\cos\left(\frac{29°}{2}\right)} = 0.16$$

$$(\text{피치})\ p = \frac{25.4}{n} = \frac{25.4}{3} = 8.4666\text{mm} = 8.47\text{mm}$$

$$\rho' = \tan^{-1}\mu' = \tan^{-1}(0.16) = 9.09°$$

$$\lambda = \tan^{-1}\frac{p}{\pi d_2} = \tan^{-1}\left(\frac{8.47}{\pi\times 48}\right) = 3.21°$$

$$T = W\left[\mu_r\frac{60}{2} + \tan(\lambda+\rho')\cdot\ \frac{48}{2}\right]$$

$$= 6\times 10^3\times\left[0.01\times\frac{60}{2} + \tan(3.21° + 9.09°)\times\frac{48}{2}\right]$$

$$= 33197.08\text{kgf}\cdot\ \text{mm}$$

답 33197.08kgf · mm

(2) 나사잭의 축방향 하중에 의한 나사에 발생하는 최대발생응력 σ_{max}[MPa]를 구하여라.

$$\sigma_{max} = \frac{W}{\frac{\pi}{4}d_1^2} = \frac{6000\times 9.8}{\frac{\pi}{4}\times 43.5^2} = 39.564\,\text{MPa} = 39.56\text{MPa}$$

답 39.56MPa

(3) 나사의 허용인장응력이 190MPa일 때 안전성을 검토하고 안전계수를 구하여라.

$$\text{안전계수} = \frac{\text{허용응력}}{\text{최대발생응력}} = \frac{190}{39.56} = 4.8$$

답 안전하다.
안전계수 = 4.8

10 150rpm으로 5000kgf의 베어링 하중을 지지하는 끝저널이 있다. 허용압력 속도계수 $p_a \cdot V$=0.2kgf/mm^2 · m/s, 저널의 허용굽힘응력이 σ_b=6kgf/mm^{2}이라 할 때 다음을 구하여라. [5점]

(1) 저널의 길이 l[mm]을 구하여라.

(2) 저널의 지름 d[mm]를 구하여라.

(3) 베어링의 압력 q[kgf/mm^2]를 구하고, 베어링의 허용압력 p_a=0.6[kgf/mm^2]일 때 안전성을 고려하여라.

풀이 및 답

(1) 저널의 길이 l[mm]을 구하여라.

$$p_a \cdot V = \frac{W}{d \cdot l} \times \frac{\pi d N}{60 \times 1000}$$

$$0.2 = \frac{5000}{l} \times \frac{\pi \times 150}{60 \times 1000},\ l = 196.35\text{mm}$$

답 196.35mm

(2) 저널의 지름 d[mm]를 구하여라.

$$\sigma_b = \frac{W \times \dfrac{l}{2}}{\dfrac{\pi d^3}{32}} \ :\ 6 = \frac{5000 \times \dfrac{196.35}{2}}{\dfrac{\pi d^3}{32}}$$

$d = 94.1\text{mm}$

답 94.1mm

(3) 베어링의 압력 q[kgf/mm^2]를 구하고, 베어링의 허용압력 p_a=0.6[kg/mm^2]일 때 안전성을 고려하여라.

$$q = \frac{W}{d \cdot l} = \frac{5000}{94.1 \times 196.35} = 0.27\text{kgf/mm}^2$$

$\therefore\ q \le P_a(0.6\text{kgf/mm}^2)$, 안전

답 0.27kgf/mm^2, 안전

11 용접잔류응력 완화 방법을 4가지 적으시오. [4점]

풀이 및 답

① 치핑 해머로 비드 표면을 연속적으로 가볍게 때려주는 피닝법을 사용한다.
② 응력제거 풀림 열처리를 한다.
③ 가스화염을 이용한 저온 응력 경감법을 사용한다.
④ 모재에 줄 수 있는 열량을 될 수 있으면 적게 한다.
⑤ 열량을 한 곳에 집중시키지 말아야 한다.
⑥ 홈의 형상이나 용접 순서 등을 사전에 잘 고려한다.

필답형 실기
- 기계요소설계 -

2013년도 2회

01

다음과 같은 조건을 갖는 한 쌍의 외접 스퍼기어가 있다. 스퍼기어의 전달동력은 10kW이다. 피니언의 피치원 지름은 72mm이다. 다음을 결정하여라. (단, 하중계수는 0.8. 속도계수는 0.45이다.) [5점]

비고	허용굽힘응력 σ_b[kgf/mm²]	회전수 N[rpm]	압력각 $\alpha[°]$	치폭 b[mm]	치형계수 $Y(=\pi y)$	접촉면 응력계수 K[kgf/mm²]
피니언	26	1000	20	(모듈) $m \times 10$	0.359	0.079
기어	9	200			0.422	

(1) 굽힘강도에 의한 모듈 m을 결정하여라. (단, 모듈을 올림하여 정수로 결정한다.)
(2) 면압강도에 의한 모듈 m을 결정하여라.
(3) 둘 중에서 모듈 m을 결정하고, 치폭 b[mm]를 결정하여라.

풀이 및 답

(1) 굽힘강도에 의한 모듈 m을 결정하여라. (단, 소수 첫번째 자리에서 반올림하여 정수로 구한다.)

$$H = \frac{F_t \times v}{102}, \quad F_t = \frac{H \times 102}{v} = \frac{10 \times 102}{3.77} = 270.557\text{kgf} = 270.56\text{kgf}$$

$$v = \frac{\pi D_A N_A}{60 \times 1000} = \frac{\pi \times 72 \times 1000}{60 \times 1000} = 3.769\text{m/s} = 3.77\text{m/s}$$

$$F_t = f_w f_v \sigma_{bA} b m Y_A = f_w f_v \sigma_{bA} 10 m^{2_A} Y_A$$

$$m_A = \sqrt{\frac{F_t}{10 \times f_w f_v \sigma_{bA} Y_A}} = \sqrt{\frac{270.56}{10 \times 0.8 \times 0.45 \times 26 \times 0.359}}$$

$$= 2.837\text{mm} = 3$$

$$m_B = \sqrt{\frac{F_t}{10 \times f_w f_v \sigma_{bB} Y_B}} = \sqrt{\frac{270.56}{10 \times 0.8 \times 0.45 \times 9 \times 0.422}}$$

$$= 4.4483 = 5$$

모듈이 큰 것이 이의 크기가 크기 때문에 큰 것을 선정한다.

답 5

(2) 면압강도에 의한 모듈 m을 결정하여라.

면압강도에 의한 전달하중

$$F_t = f_v \cdot K \cdot b \cdot m_c \cdot \left[\frac{2Z_A Z_B}{Z_A + Z_B}\right]$$

$$= f_v \cdot \ K \cdot \ 10m_c \cdot \ m_c \cdot \ \left[\frac{2\dfrac{D_A}{m_c} \times \dfrac{D_B}{m_c}}{\dfrac{D_A}{m_c} + \dfrac{D_B}{m_c}} \right]$$

$$= f_v \cdot \ K \cdot \ 20m_c \times \frac{D_A \times D_B}{(D_A + D_B)}$$

$$m_c = \frac{F_t}{f_v \cdot \ K \cdot \ 20 \times \dfrac{D_A \times D_B}{(D_A + D_B)}} = \frac{270.56}{0.45 \times 0.079 \times 20 \times \dfrac{72 \times 360}{(72+360)}}$$

$$= 6.34 = 7$$

답 7

(3) 둘 중에서 모듈 m을 결정하고, 치폭 b[mm]를 결정하여라.

$m = 7, \ b = 10 \times m = 70\text{mm}$

답 $m = 7$
$b = 70\text{mm}$

02

아래 그림과 같이 아이볼트 힘 F_1, F_2, F_3이 작용하고 있다. 아이볼트가 축방향 하중만 작용하기 위한 F_4[kN] 최대 크기와 각도 θ[°]을 구하여라. (단, 아이볼트는 M20, 볼트의 골지름 17.294mm, 볼트의 허용 수직응력(σ_b)은 120MPa이다.)

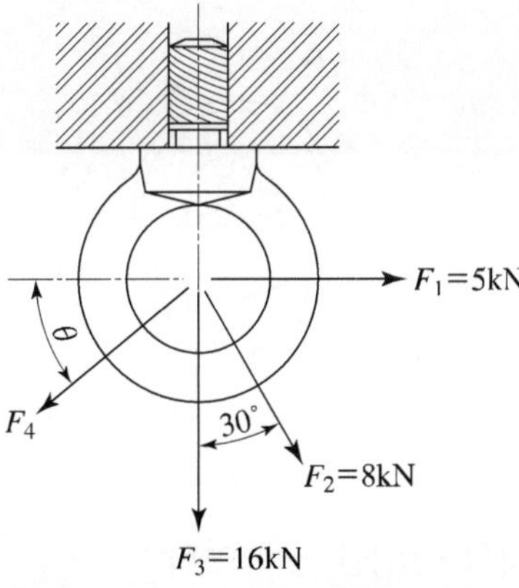

풀이 및 답

아이볼트가 축방향 하중만 작용하기 위해서는

(볼트에 작용하는 하중) $F_b = \sigma_b \times \frac{\pi}{4} d_1^2 = 120 \times \frac{\pi}{4} \times 17.294^2$

$= 28187.855[\mathrm{N}] = 28.19[\mathrm{kN}]$

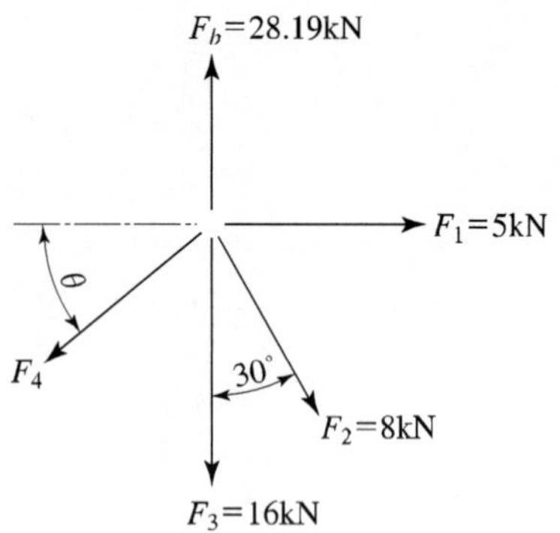

$\Sigma F_x = 0$, → ⊕

$F_1 + F_2 \sin 30 - F_4 \cos\theta = 0$

$F_4 \cos\theta = F_1 + F_2 \sin 30$

$= 5 + 8 \times \sin 30$

$= 9\mathrm{kN}$ ………………………………… ①식

$\Sigma F_y = 0$, ↑ ⊕

$F_b - F_4 \sin\theta - F_3 - F_2 \cos 30 = 0$

$F_4 \sin\theta = F_b - F_3 - F_2 \cos 30$

$= 28.19 - 16 - 8 \times \cos 30$

$= 5.261[\mathrm{kN}] = 5.26[\mathrm{kN}]$ …… ②식

$\frac{②식}{①식} = \frac{F_4 \sin\theta}{F_4 \cos\theta} = \frac{5.26}{9}$, $\tan\theta = \frac{5.26}{9}$, $\theta = \tan^{-1}\left(\frac{5.26}{9}\right) = 30.303° = 30.3°$

$F_4 = \frac{9}{\cos 30.3} = 10.423[\mathrm{kN}] = 10.42[\mathrm{kN}]$ $\theta = 30.3°$

답 30.3°

03

그림과 같이 좌회전하는 단동식 밴드 브레이크에서 제동동력은 8kW, 분당 드럼의 회전수는 250rpm, 드럼의 지름은 300mm일 때 다음을 구하여라. (단, μ=0.3, θ=225°, L=900mm, a=120mm이다.) [5점]

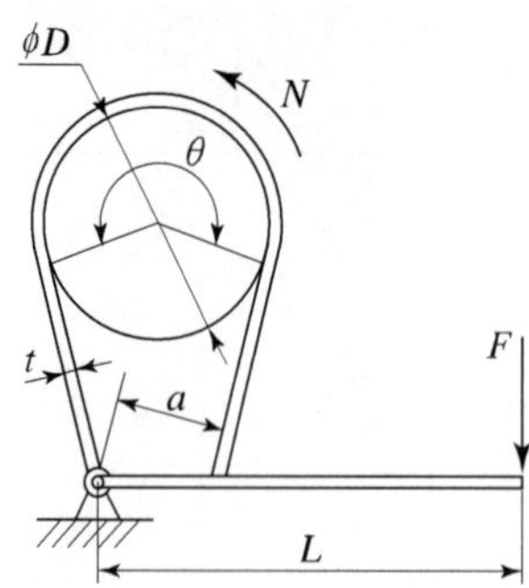

(1) 제동토크 T[N · m]를 구하여라.
(2) 제동력 f[N]를 구하여라.
(3) 긴장측 장력 T_t[N]를 구하여라.
(4) 레버에 작용하는 조작력 F[N]를 구하여라.

풀이 및 답

(1) 제동토크 T[N · m]를 구하여라.

$$T=\frac{60}{2\pi}\times\frac{H}{N}=\frac{60}{2\pi}\times\frac{8\times10^3}{250}=305.577\text{N}\cdot\text{m}=305.58\text{N}\cdot\text{m}$$

답 305.58N · m

(2) 제동력 f[N]를 구하여라.

$$T=f\times\frac{D}{2}$$

(마찰력) $f=\dfrac{2T}{D}=\dfrac{2\times305.58}{0.3}=2037.2\text{N}$

답 2037.2N

(3) 긴장측 장력 T_t[N]를 구하여라.

$$e^{\mu\theta}=e^{\left(0.3\times225\times\frac{\pi}{180}\right)}=3.248=3.25$$

$$T_t=\frac{f\,e^{\mu\theta}}{(e^{\mu\theta}-1)}=\frac{2037.2\times3.25}{(3.25-1)}=2942.622\text{N}=2942.62\text{N}$$

답 2942.62N

(4) 레버에 작용하는 조작력 F[N]를 구하여라.

$$\Sigma M=0,\ +F\cdot L-T_t\cdot a=0$$

$$F=\frac{T_t\times a}{L}=\frac{2942.62\times120}{900}=392.349\text{N}=392.35\text{N}$$

답 392.35N

04 200×70의 홈 형강을 그림과 같이 4측 필릿 용접이음을 하였을 때, 편심하중 W=58.8kN이 작용하면 용접부에 발생하는 최대 전단응력[MPa]은 얼마인가? [5점]

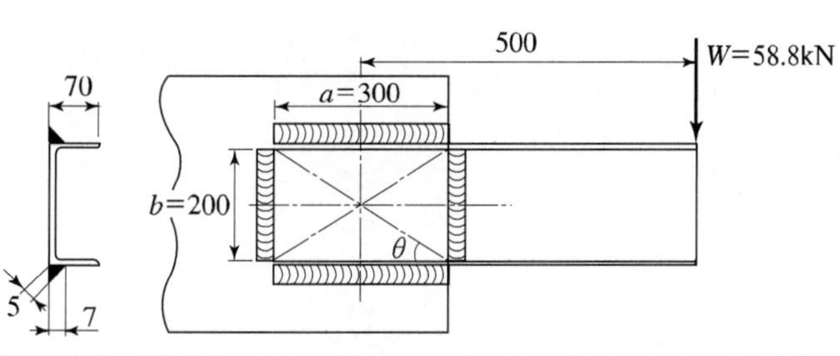

풀이 및 답

$$\tau_1 = \frac{W}{A} = \frac{W}{tl} = \frac{58.8\times10^{-3}}{0.005\times2\times(0.3+0.2)} = 11.76\text{MPa}$$

$$\tau_2 = \frac{T\cdot\ r_{max}}{I_P} = \frac{W\cdot\ L\cdot\ r_{max}\cdot\ 6}{t\cdot\ (a+b)^3}$$

$$= \frac{58.8\times10^{-3}\times0.5\times(0.15^2+0.1^2)^{1/2}\times6}{0.005\times(0.3+0.2)^3} = 50.88\text{MPa}$$

$$\cos\theta = \frac{a/2}{r_{max}} = \frac{150}{\sqrt{150^2+100^2}} = 0.83$$

$$\tau_{max} = \sqrt{\tau_1^2+\tau_2^2+2\tau_1\cdot\ \tau_2\cdot\ \cos\theta}$$

$$= \sqrt{11.76^2+50.88^2+2\times11.76\times50.88\times0.83} = 60.99\text{MPa}$$

답 60.99MPa

05

지름 50mm인 축의 허용전단응력이 4.5kgf/mm^{2}이다. 이 축에 풀리를 고정하기 위해 $b\times h\times l$ =15×10×85인 묻힘키를 사용하였다. 다음 물음에 답하여라.

[4점]

(1) 키의 작용하는 전단응력 τ_k[kgf/mm^2]를 구하여라.

(2) 키의 작용하는 압축응력 σ_k[kgf/mm^2]를 구하여라.

풀이 및 답

(1) 키의 작용하는 전단응력 τ_k[kgf/mm^2]를 구하여라.

$$\tau_k = \frac{2T}{bld} = \frac{2\tau_s Z_p}{bld} = \frac{2\times4.5\times\pi\times50^3}{15\times85\times50\times16} = 3.46\text{kgf/mm}^2$$

답 3.46kgf/mm^2

(2) 키의 작용하는 압축응력 σ_k[kgf/mm^2]를 구하여라.

$$\sigma_k = \frac{4T}{hld} = \frac{4\tau_s Z_p}{hld} = \frac{4\times4.5\times\pi\times50^3}{10\times85\times50\times16} = 10.39\text{kgf/mm}^2$$

답 10.39kgf/mm^2

06

베어링 번호 6310, 기본 동적 부하용량 C=4850kgf의 단열 레이디얼 볼 베어링이고 사용한계 회전속도(지수)가 200000mm · rpm이라 할 때 다음 각 물음에 답하여라. (단, 하중계수 f_w=1.5이다.) [5점]

(1) 이 베어링의 안지름 d[mm]를 구하여라.
(2) 이 베어링의 최대 사용 회전수 n[rpm]을 구하여라.
(3) 베어링 하중이 250[kgf]가 작용하고 있을 때 이 베어링의 수명시간 L_h [hr]를 구하여라.

풀이 및 답

(1) 이 베어링의 안지름 d[mm]를 구하여라.

$d = 10 \times 5 = 50[\text{mm}]$

답 50mm

(2) 이 베어링의 최대 사용 회전수 n[rpm]을 구하여라.

$$n = \frac{(dn)}{d} = \frac{200000}{50} = 4000\text{rpm}$$

답 4000rpm

(3) 베어링 하중이 250[kgf]가 작용하고 있을 때 이 베어링의 수명시간 L_h [hr]를 구하여라.

$$L_h = 500 \times \frac{33.3}{N} \times \left(\frac{C}{f_w \cdot P}\right)^r$$

$$L_h = 500 \times \frac{33.3}{4000} \times \left(\frac{4850}{1.5 \times 250}\right)^3 = 9005.0402\text{hr} = 9005.04\text{hr}$$

답 9005.04hr

07

전동기의 동력 30PS, 회전수가 500rpm의 전달 받는 축이 있다. 축의 중앙에는 자중이 W =300kgf의 회전체가 있고 축의 길이는 900mm일 때 다음을 결정하라. (단, 축의 허용전단응력 τ_a =5kgf/mm^{2}이다.) [5점]

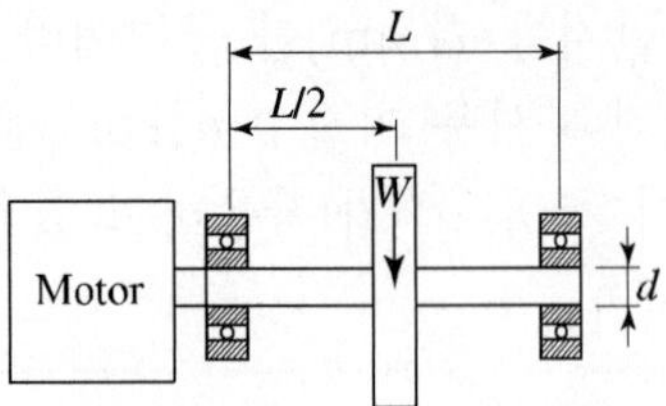

(1) 축에 작용하는 비틀림 모멘트는 몇 [kgf · mm]인가?
(2) 축에 작용하는 굽힘 모멘트는 몇 [kgf · mm]인가?
(3) 최대 전단응력설에 의한 축 직경을 구하여라.

풀이 및 답

(1) 축에 작용하는 비틀림 모멘트는 몇 [kgf · mm]인가?

$$T=\frac{60}{2\pi}\times\frac{H}{N}=\frac{60}{2\pi}\times\frac{30\times75}{500}=42.971834\text{kgf}\cdot\text{m}=42971.83\text{kgf}\cdot\text{mm}$$

답 42971.83kgf · mm

(2) 축에 작용하는 굽힘 모멘트는 몇 [kgf · mm]인가?

$$M=\frac{WL}{4}=\frac{300\times900}{4}=67500\text{kgf}\cdot\text{mm}$$

답 67500kgf · mm

(3) 최대 전단응력설에 의한 축 직경을 구하여라.

$$T_e=\sqrt{T^2+M^2}=\sqrt{42971.83^2+67500^2}=80017.67\text{kgf}\cdot\text{mm}$$

$$d=\sqrt[3]{\frac{16\,T_e}{\pi\,\tau_a}}=\sqrt[3]{\frac{16\times80017.67}{\pi\times5}}=43.357\text{mm}=43.36\text{mm}$$

답 43.36mm

08

원통 마찰차로 동력을 전달하고자 한다. 구동축 회전수가 400rpm, 종동축 회전수는 100rpm이며, 축간거리는 450mm, 허용접촉 선압은 q =4.3kgf/mm일 때 다음을 결정하라. (단, 마찰차의 폭 b =20mm, 마찰계수는 0.3이다.) [4점]

(1) 원동차의 풀리 지름 D_A[mm], 종동차의 풀리 지름 D_B[mm]를 각각 구하여라.

(2) 전달동력 H[kW]를 구하여라.

풀이 및 답

(1) 원동차의 풀리 지름 D_A[mm], 종동차의 풀리 지름 D_B[mm]를 각각 구하여라.

$$i = \frac{N_B}{N_A} = \frac{100}{400} = \frac{1}{4}$$

$$D_A = \frac{2 \times C}{1 + \frac{1}{i}} = \frac{2 \times 450}{1+4} = 180\text{mm}$$

$$D_B = D_A \times \frac{1}{i} = 180 \times 4 = 720\text{mm}$$

답 D_A =180mm
D_B =720mm

(2) 전달동력 H[kW]를 구하여라.

$$H = \frac{\mu \times Q \times V}{102} = \frac{0.3 \times 86 \times 3.77}{102} = 0.9535\text{kW} = 0.95\text{kW}$$

$$Q = q \times b = 4.3 \times 20 = 86\text{kgf}$$

$$V = \frac{\pi D_A N_A}{60 \times 1000} = \frac{\pi \times 180 \times 400}{60 \times 1000} = 3.7699\text{m/s} = 3.77\text{m/s}$$

답 0.95kW

09

코일 스프링의 높이 H=150mm일 때 스프링에 작용하는 힘은 160N이고 20mm를 압착하여 스프링의 높이를 H'=130mm가 될 때의 스프링 힘은 250N이 필요한 압축 코일 스프링이 있다. 다음 물음에 답하여라. (단, 스프링 지수 c=15, 스프링의 바깥지름은 40mm, 전단탄성계수 G=784GPa이다.)

[5점]

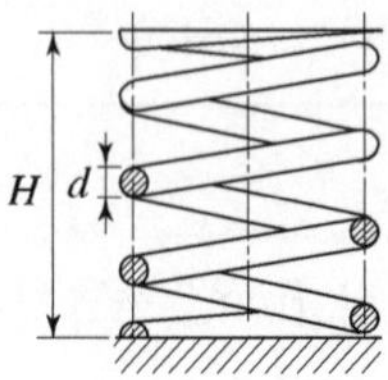

(1) 코일 스프링의 평균지름 D_m을 구하여라.
(2) 소선의 지름 d[mm]를 구하여라.
(3) 유효감김수 n[권]을 구하여라.

풀이 및 답

(1) 코일 스프링의 평균지름 D_m을 구하여라.

(평균지름) $D_m = D_o - d = D_o - \frac{D_m}{c}$, $D_m\left(1+\frac{1}{c}\right) = D_o$

$$D_m = \frac{D_o}{\left(1+\frac{1}{c}\right)} = \frac{40}{\left(1+\frac{1}{15}\right)} = 37.5\text{mm}$$

답 37.5mm

(2) 소선의 지름 d[mm]를 구하여라.

$$d = \frac{D_m}{c} = \frac{37.5}{15} = 2.5\,\text{mm}$$

답 2.5mm

(3) 유효감김수 n[권]을 구하여라.

$$\delta = \frac{8\cdot\ n\cdot\ (\Delta P)\cdot\ D_m^3}{G\cdot\ d^4}$$

$$20 = \frac{8\times n\times(250-160)\times 37.5^3}{784000\times 2.5^4}$$

$n = 16.131 \fallingdotseq 17$권

답 17권

10

두 축에 400mm와 600mm의 주철제 풀리를 고정시켜 가죽벨트로 평행걸기를 하여 30kW를 전달하고자 한다. 원동차의 회전수가 800rpm일 때 다음을 결정하라. (단, 가죽벨트의 폭 b =160mm, 벨트 단위길이당 무게 w =7N/m, 허용인장응력 σ_t =3MPa, 이음효율 η =0.85, 장력비 $e^{\mu\theta}$ =2.15이다.) [4점]

(1) 긴장측 장력 T_t[N]를 구하여라.

(2) 벨트의 두께 t는 몇 [mm]인가?

풀이 및 답

(1) 긴장측 장력 T_t[N]를 구하여라.

$$T_t = \frac{P_e \cdot\ e^{\mu\theta}}{e^{\mu\theta}-1} + T_g = \frac{1789.98 \times 2.15}{2.15-1} + 200.64 = 3547.124\text{N} = 3547.12\text{N}$$

$$V = \frac{\pi D_A N_A}{60 \times 1000} = \frac{\pi \times 400 \times 800}{60 \times 1000} = 16.755\text{m/s} = 16.76\text{m/s}$$

$$H_{KW} = \frac{P_e \cdot\ V}{1000}$$

$$P_e = \frac{H_{KW} \times 1000}{V} = \frac{30 \times 1000}{16.76} = 1789.976\text{N} = 1789.98\text{N}$$

$$(\text{부가장력})\ T_g = \frac{wV^2}{g} = \frac{7 \times 16.76^2}{9.8} = 200.641\text{N} = 200.64\text{N}$$

답 3547.12N

(2) 벨트의 두께 t는 몇 [mm]인가?

$$\sigma_t = \frac{T_t}{bt\eta},\ 3 = \frac{3547.12}{160 \times t \times 0.85}$$

$$t = 8.693\text{mm} = 8.69\text{mm}$$

답 8.69mm

11

감속장치에서 한 쌍의 표준 평기어를 정밀 측정하여 다음과 같이 측정되었다. 축간거리가 250mm, 피니언의 바깥지름이 108mm, 이끝 원주에서의 피치가 13.571mm이었다. 다음 각 물음에 답하여라. [4점]

(1) 피니언의 잇수 Z_1을 구하여라.

(2) 기어의 잇수 Z_2를 구하여라.

풀이 및 답

(1) 피니언의 잇수 Z_1을 구하여라.

$$p_o = \frac{\pi D_o}{Z_1}$$

$$13.571 = \frac{\pi \times 108}{Z_1},\ Z_1 = 25\text{개}$$

답 25개

(2) 기어의 잇수 Z_2를 구하여라.

$$D_o = m(Z_1 + 2)$$

$$108 = m(25 + 2)$$

$$(\text{모듈})\ m = 4$$

$$(\text{축간거리})\ C = \frac{m \times (Z_1 + Z_2)}{2},\ 250 = \frac{4}{2}(25 + Z_2),\ Z_2 = 100\text{개}$$

답 100개

필답형 실기
- 기계요소설계 -

2013년도 4회

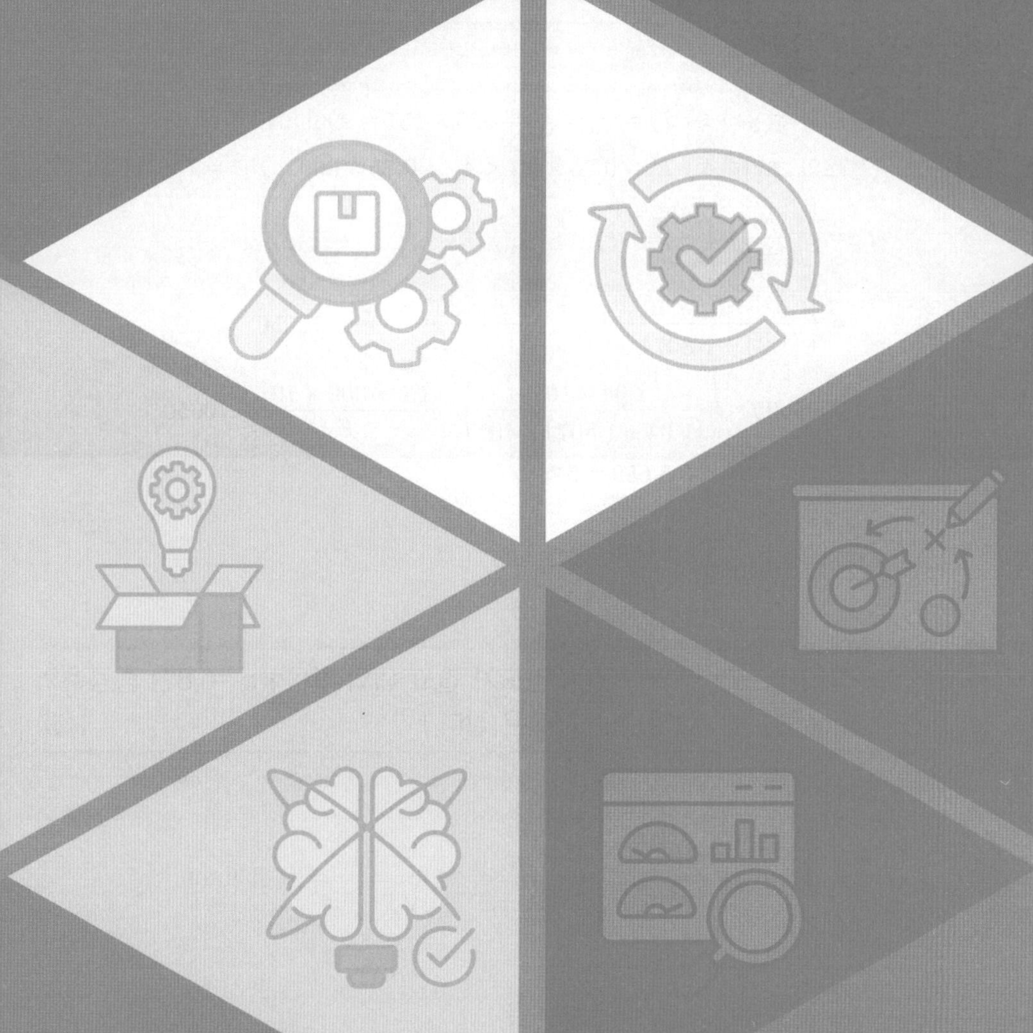

01

다음 그림은 압력용기의 일부이다. 압력에 의한 전체 힘이 F_P =300kN이다. 볼트의 안전계수 S =1.5로 하고 결합이 풀어졌을 때 볼트를 재사용하려고 한다. 볼트의 개수를 구하여라. (단, 볼트에 작용하는 초기하중 F_i는 다음의 식을 사용한다.) [4점]

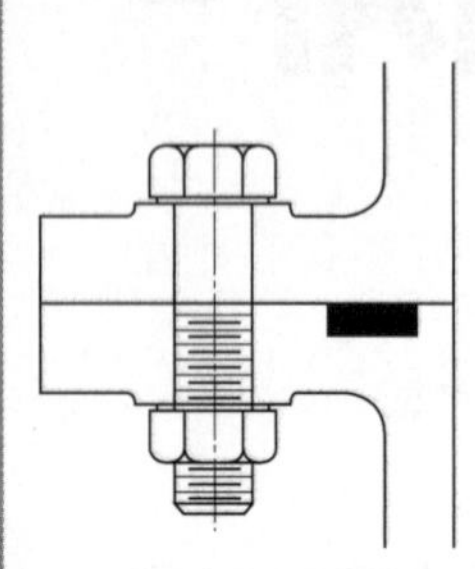

$F_i = 0.75 \times \sigma_P \times A_t$

여기서, A_t : 볼트의 인장받는 부분의 면적

$A_t = 157\text{mm}^2$

σ_P : 볼트의 보장강도, $\sigma_P = 600\text{MPa}$

압력용기의 재질은 주철이며 주철의 스프링상수는 $k_m = 1.807 \times 10^9\,\text{N/m}$

볼트의 스프링상수는 $k_b = 1.04 \times 10^9\,\text{N/m}$

볼트의 허용응력은 $\sigma_a = 635\text{MPa}$이다.

풀이 및 답

(볼트의 허용하중) $F_b = \sigma_a \times A_t = 635 \times 157 = 99695\text{N}$

(볼트의 초기하중) $F_i = 0.75 \times \sigma_P \times A_t = 0.75 \times 600 \times 157 = 70650\text{N}$

$$F_b = \left(\frac{k_b}{k_b + k_m}\right)\frac{SF_P}{Z} + F_i$$

$$= \left\{\frac{1.04 \times 10^9}{(1.04 + 1.807) \times 10^9}\right\} \times \frac{1.5 \times 300 \times 10^3}{Z} + 70650$$

$$F_b = 99695 = \left(\frac{1.04 \times 10^9}{(1.04 + 1.807) \times 10^9}\right) \times \frac{1.5 \times 300 \times 10^3}{Z} + 70650$$

(볼트의 개수) $Z = 5.659 = 6$개

답 6개

02

중실축의 지름 50mm와 비틀림 강도가 같고 내외경비가 x =0.8인 중공축의 안지름[mm]을 구하여라. (단, 재질은 같다.) [4점]

풀이 및 답

$$\frac{\pi d_2^3}{16}(1 - x^4) = \frac{\pi d^3}{16},\ d_2 = \frac{d}{\sqrt[3]{1 - x^4}} = \frac{50}{\sqrt[3]{1 - 0.8^4}} = 59.6\text{mm}$$

(내외경비) $x=\dfrac{d_1}{d_2}$, $d_1 = x \times d_2 = 0.8 \times 59.6 = 47.68\text{mm}$

답 47.68mm

03

400rpm으로 6kW를 전달하는 풀리를 축에 부착하고자 한다. 묻힘키의 높이가 8mm일 때 다음을 구하여라. [단, 축의 허용 비틀림 응력(τ_a)은 20MPa, 키의 길이는 l =1.5d이고, 축과 키의 재질은 동일하다.] [4점]

(1) 토크 T[N · mm]를 구하여라.
(2) 키의 폭 b[mm]를 구하여라.

풀이 및 답

(1) 토크 T[N · mm]를 구하여라.

$$T=\frac{60}{2\pi}\times\frac{H}{N}=\frac{60}{2\pi}\times\frac{6\times10^3}{400}=143.2394488\text{N}\cdot\ \text{m}=143239.45\text{N}\cdot\ \text{mm}$$

답 143239.45mm

(2) 키의 폭 b[mm]를 구하여라.

$$\tau_a=\frac{2T}{bld}$$

$$b=\frac{2T}{\tau_a ld}=\frac{2\times143239.45}{20\times49.74\times33.16}=8.684\text{mm}=8.68\text{mm}$$

$$d=\sqrt[3]{\frac{16\times T}{\pi\times\tau_a}}=\sqrt[3]{\frac{16\times143239.45}{\pi\times20}}=33.164\text{mm}=33.16\text{mm}$$

$$l=1.5\times d=1.5\times33.16=49.74\text{mm}$$

답 8.68mm

04

주철과 목재의 조합으로 된 외접 원동 마찰차의 지름 300mm, 회전수450rpm, 폭은 25mm이다. 전달동력[kW]을 구하여라. (단, 마찰계수는 0.25, 허용선압은 q_a =1.5kgf/mm이다.) [3점]

풀이 및 답

$$H_{KW}=\frac{\mu PV}{102}=\frac{0.25\times37.5\times7.07}{102}=0.649\text{kW}=0.65\text{kW}$$

(밀어 붙이는 힘) $P = q_a \times b = 1.5 \times 25 = 37.5\text{kgf}$

(속도) $V = \dfrac{\pi D_A N_A}{60 \times 1000} = \dfrac{\pi \times 300 \times 450}{60 \times 1000} = 7.07\text{m/sec}$

답 0.65kW

05

헬리컬 기어의 피니언 잇수와 회전수가 60개, 900rpm이고, 종동 기어의 회전수는 450rpm, 치직각 모듈은 3, 압력각 15°, 비틀림각 20°인 허용굽힘응력이 25.5kgf/mm², 너비가 45mm, 상당치형계수가 0.440일 때 다음을 결정하라. (단, 수정 치형계수는 π값을 포함하고 있다. 속도계수는 $f_v = \dfrac{3.05}{3.05 + V}$, 하중계수는 f_w =1.2) **[5점]**

(1) 헬리컬 기어의 속도 V[m/s]를 구하여라.
(2) 축간거리 c[mm]를 구하여라.
(3) 피니언의 상당 평치차 잇수 Z_e[개]를 구하여라.
(4) 축에 작용하는 추력(thrust load) P_t[kgf]를 구하여라.

풀이 및 답

(1) 헬리컬 기어의 속도 V[m/s]를 구하여라.

$$V = \frac{\pi D_A N_A}{60 \times 1000} = \frac{\pi \times 191.55 \times 900}{60 \times 1000} = 9.03\text{m/sec}$$

$$D_A = \frac{m_n}{\cos\beta} Z_A = \frac{3}{\cos 20} \times 60 = 191.55\text{mm}$$

답 9.03m/s

(2) 축간거리 c[mm]를 구하여라.

$$c = \frac{m_s (Z_1 + Z_2)}{2} = \frac{3.19 \times (60 + 120)}{2} = 287.1\text{mm}$$

$$Z_2 = \frac{Z_1 N_1}{N_2} = \frac{60 \times 900}{450} = 120\text{개}$$

(축직각 모듈) $m_s = \dfrac{m_n}{\cos\beta} = \dfrac{3}{\cos 20°} = 3.192 = 3.19$

답 287.1mm

(3) 피니언의 상당 평치차 잇수 Z_e[개]를 구하여라.

$$Z_e = \frac{Z_A}{\cos^3\beta} = \frac{60}{(\cos 20)^3} = 72.31 ≒ 73개$$

답 73개

(4) 축에 작용하는 추력(thrust load) P_t[kgf]를 구하여라.

$$P_t = F_t \cdot \tan\beta = 454.41 \times \tan 20° = 165.39\text{kgf}$$

$$f_v = \frac{3.05}{3.05 + V} = \frac{3.05}{3.05 + 9.03} = 0.25$$

(기어의 회전력) $F_t = f_v f_w \sigma_b b m_n Y_e = 0.25 \times 1.2 \times 25.5 \times 45 \times 3 \times 0.44$
$= 454.41\text{kgf}$

답 165.39kgf

06

롤러 체인 No.60의 파단 하중이 3200kgf, 피치는 19.05mm를 2열로 사용하여 안전율 10으로 동력을 전달하고자 한다. 구동 스프로킷 휠의 잇수는 17개, 회전속도 600rpm으로 회전하며 피동축은 200rpm으로 회전하고 있다. 다음 물음에 답하여라. [단, 롤러의 부하계수 k =1.3, 2줄(2열)인 경우 다열계수 e =1.7이다.] **[4점]**

(1) 체인의 허용장력 F_a를 구하여라.
(2) 최대전달동력[kW]을 구하여라.

풀이 및 답

(1) 체인의 허용장력 F_a를 구하여라.

(허용장력) $F_a = \frac{e}{k \times s} \times F_B = \frac{1.7}{1.3 \times 10} \times 3200 = 418.4615 = 418.46\text{kgf}$

답 418.46kgf

(2) 최대전달동력[kW]을 구하여라.

(최대 전달동력) $H_{kw} = \frac{F_a \times V}{102} = \frac{418.46 \times 3.24}{102} = 13.292 = 13.29\text{kW}$

(속도) $V = \frac{p \times Z_1 \times N_1}{60 \times 1000} = \frac{19.05 \times 17 \times 600}{60 \times 1000} = 3.2385 = 3.24\text{m/s}$

답 13.29kW

07

이음매 없는 강관에서 유량이 $0.3m^3/sec$, 평균유속이 6m/sec이다. 강관에 관한 조건은 다음 표와 같을 때 강관의 두께 t[mm]를 결정하라. (단, 수압은 $0.3kgf/mm^2$이다.) [4점]

[표] 내압을 받는 얇은 파이프 계산식의 상수 일람표

<table>
<tr><th rowspan="2">재질</th><th rowspan="2">이음효율</th><th>인장강도</th><th>허용응력</th><th colspan="2" rowspan="2">부식여유[mm]</th></tr>
<tr><th>[kgf/mm²]</th><th>[kgf/mm²]</th></tr>
<tr><td rowspan="2">주강</td><td rowspan="2"></td><td rowspan="2">45</td><td rowspan="2">6.0</td><td>$t \le 55$</td><td>6(1−pD)/27.500</td></tr>
<tr><td>$t > 55$</td><td>0</td></tr>
<tr><td rowspan="2">강</td><td>이음매 없는 파이프 1.00</td><td rowspan="2">34~45</td><td rowspan="2">8.0</td><td colspan="2" rowspan="2">1.0</td></tr>
<tr><td>단접 파이프 0.80</td></tr>
<tr><td rowspan="2">동</td><td rowspan="2"></td><td rowspan="2">20~25</td><td rowspan="2">2.0</td><td>$D \le 100$</td><td>1.5</td></tr>
<tr><td>$100 < D \le 125$</td><td>0</td></tr>
</table>

풀이 및 답

$$Q = \frac{\pi}{4}D^2 V$$

$$(\text{내경})\ D = \sqrt{\frac{0.3 \times 4}{\pi \times 6}} = 0.252313\text{m} = 252.31\text{mm}$$

$$t = \frac{PD}{2\sigma_a \eta} + C = \frac{0.3 \times 252.31}{2 \times 8 \times 1.0} + 1.0 = 5.73\text{mm}$$

답 5.73mm

08

다음 그림의 원추 코일 스프링의 처짐을 구하여라. [4점]

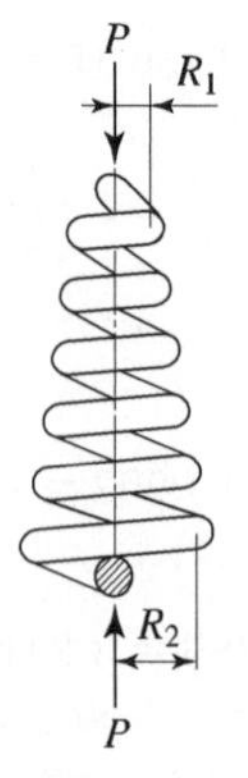

(하중) $P = 300\text{N}$
(전단탄성계수) $G = 80\text{GPa}$
$R_1 = 30\text{mm}$
$R_2 = 50\text{mm}$
(감김수) $n = 6$권
(소선의 지름) $d = 8\text{mm}$

풀이 및 답

$$\delta = \frac{16P(R_1+R_2)(R_1^2+R_2^2)n}{G\,d^4} = \frac{16\times300\times(30+50)\times(30^2+50^2)\times6}{80\times10^3\times8^4}$$
$$= 23.906\text{mm} = 23.91\text{mm}$$

답 23.91mm

09

다음 그림과 같은 밴드 브레이크를 사용하여 100rpm으로 회전하는 5PS의 드럼을 제동하려고 한다. 막대 끝에 20kgf의 힘을 가한다. 마찰계수가 μ =0.3일 때 다음 물음에 답하여라. [4점]

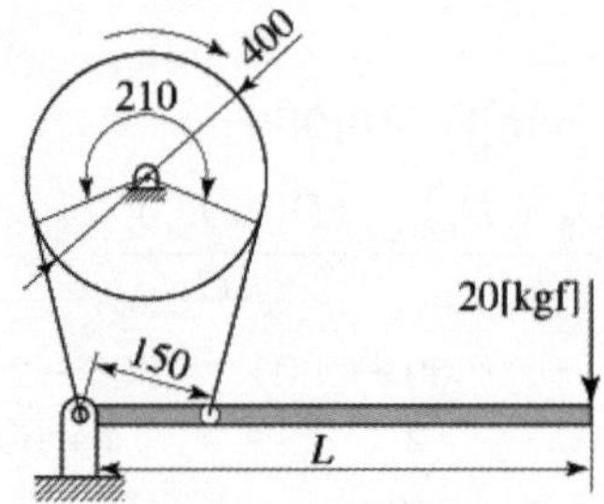

(1) 제동토크 T[kgf · m]를 구하여라.
(2) 레버의 길이 L[mm]을 구하여라.

풀이 및 답

(1) 제동토크 T[kgf · m]를 구하여라.

$$T = \frac{60}{2\pi}\times\frac{H}{N} = \frac{60}{2\pi}\times\frac{5\times75}{100} = 35.8098\text{kgf}\cdot\text{m} = 35.81\text{kgf}\cdot\text{m}$$

답 35.81kgf · m

(2) 레버의 길이 L[mm]을 구하여라.

(장력비) $e^{\mu\theta} = e^{\left(0.3\times210\times\frac{\pi}{180}\right)} = 3.002 = 3$

(마찰력) $f = \frac{2T}{D} = \frac{2\times35810}{400} = 179.05\text{kgf}$

(레버의 길이) $L = \frac{a\times T_s}{F} = \frac{a\times f}{F(e^{\mu\theta}-1)} = \frac{150\times179.05}{20\times(3-1)}$

$$= 671.4375 = 671.44\text{mm}$$

답 671.44mm

10

평벨트 전동으로 5kW의 동력을 속도가 18m/s로 전달하고자 한다. 원동차 지름이 200mm 주고, 속비는 1/3, 축간거리는 원동차의 지름의 3배로 설계하고자 한다. 다음 물음에 답하여라. (단, 마찰계수 μ =0.28, 벨트의 밀도 $\rho =$ 1500kg/m^3, 벨트의 폭 b =89mm, 두께 t =7mm, 밸트의 허용응력 $\sigma_a =$ 3N/mm^{2}이다.) **[5점]**

(1) 벨트의 길이 L[mm]을 구하여라.
(2) 원동축의 중심각 θ_1[°]을 구하여라.
(3) 긴장장력 T_t[N]를 구하여라. (단, 원심력을 고려하여라.)
(4) 이완장력을 구하여라.

풀이 및 답

(1) 벨트의 길이 L[mm]을 구하여라.

$$L = 2C + \frac{\pi(D_2 + D_1)}{2} + \frac{(D_2 - D_1)^2}{4C}$$

$$= 2 \times 600 + \frac{\pi \times (600 + 200)}{2} + \frac{(600 - 200)^2}{4 \times 600}$$

$$= 2523.303\text{mm} = 2523.3\text{mm}$$

(축간거리) $C = 3 \times D_1 = 3 \times 200 = 600\text{mm}$

(종동차 지름) $D_2 = \dfrac{D_1}{\epsilon} = \dfrac{200}{\frac{1}{3}} = 600\text{mm}$

답 2523.3mm

(2) 원동축의 중심각 θ_1[°]을 구하여라.

$$\theta_1 = 180° - 2\sin^{-1}\left(\frac{D_2 - D_1}{2C}\right) = 180° - 2 \times \sin^{-1}\left(\frac{600 - 200}{2 \times 600}\right)$$

$$= 141.057° = 141.06°$$

답 141.06°

(3) 긴장장력 T_t[N]를 구하여라. (단, 원심력을 고려하여라.)

$$T_t = \frac{P_e \cdot\ e^{\mu\theta}}{e^{\mu\theta} - 1} + \overline{m}V^2 = \frac{277.28 \times 1.99}{1.99 - 1} + 0.93 \times 18^2 = 858.68\text{N}$$

(유효장력) $P_e[\text{N}] = \dfrac{H_{KW} \times 1000}{V} = \dfrac{5 \times 1000}{18} = 277.777\text{N} = 277.78\text{N}$

$$\overline{m} = \frac{m}{L} = \frac{\rho btL}{L} = \rho bt = 1500 \times 0.089 \times 0.007 = 0.9345\text{kg/m} = 0.93\text{kg/m}$$

$$e^{\mu\theta} = e^{\left(0.28 \times 141.06 \times \frac{\pi}{180}\right)} = 1.9924 = 1.99$$

답 858.68N

(4) 이완장력을 구하여라.

$$T_s = \frac{P_e}{e^{\mu\theta} - 1} + \overline{m}V^2 = \frac{277.28}{1.99 - 1} + 0.93 \times 18^2 = 581.4\text{N}$$

답 581.4N

11

엔드 저널 베어링이 400rpm으로 회전하면서 하중이 400N을 받고 있다. 베어링의 안지름 d =25mm, 저널의 길이 l =25mm이다. 다음을 구하여라. [4점]

(1) 베어링 압력 P[MPa]를 구하여라.
(2) 베어링의 발열계수 $(P \cdot v)$[W/mm^2]를 구하고, 베어링의 허용발열계수 $(P \cdot v)_a$ =2[W/mm^2]일 때 베어링의 안전성 여부를 판단하여라.

풀이 및 답

(1) 베어링 압력 P[MPa]를 구하여라.

$$P = \frac{Q}{dl} = \frac{400}{25 \times 25} = 0.64\text{N/mm}^2 = 0.64\text{MPa}$$

답 0.64MPa

(2) 베어링의 발열계수 $(P \cdot v)$[W/mm^2]를 구하고, 베어링의 허용발열계수 $(P \cdot v)_a =$ 2[W/mm^2]일 때 베어링의 안전성 여부를 판단하여라.

$$Pv = P \times \frac{\pi dn}{60 \times 1000} = 0.64 \times \frac{\pi \times 25 \times 400}{60 \times 1000}$$

$$= 0.3351\text{W/mm}^2 = 0.34\text{W/mm}^2$$

$(P \cdot v)_a > (P \cdot v)$ 안전하다.

답 $(P \cdot v)$ =0.34W/mm^2
안전하다.

12

다음 그림과 같이 한줄 겹치기 리벳이음으로 두 강판이 결합되어 있다. 리벳의 지름 d =16mm, 강판의 두께 t =10mm, 하중 W=15kN, 강판의 허용인장응력 σ_t =85MPa, 리벳의 허용전단응력 τ_r =70MPa이다. 다음 물음에 답하여라. **[5점]**

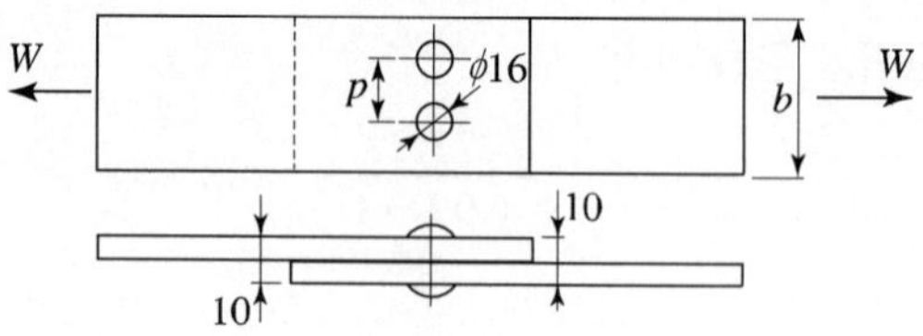

(1) 리벳 한 개의 전단응력 τ_0[MPa]를 구하여라.
(2) 효율을 최대로 하는 피치 p[mm]를 구하여라.
(3) 강판의 효율 η_t[%]를 구하여라.

풀이 및 답

(1) 리벳 한 개의 전단응력 τ_0[MPa]를 구하여라.

$$\tau_0 = \frac{W}{\frac{\pi}{4}d^2 \times 2} = \frac{15 \times 10^3}{\frac{\pi}{4} \times 16^2 \times 2} = 37.301\text{N/mm}^2 = 37.3\text{MPa}$$

답 37.3MPa

(2) 효율을 최대로 하는 피치 p[mm]를 구하여라.

$$p = \frac{\tau_r \pi d^2 n}{4 \sigma_t t} + d = \frac{70 \times \pi \times 16^2 \times 1}{4 \times 85 \times 10} + 16 = 32.558\text{mm} = 32.56\text{mm}$$

답 32.56mm

(3) 강판의 효율 η_t[%]를 구하여라.

$$\eta_t = 1 - \frac{d}{p} = 1 - \frac{16}{32.56} = 0.508599 = 50.86\%$$

답 50.86%

필답형 실기

- 기계요소설계 -

2014년도 1회

01

다음 그림에서 스플라인 축이 전달할 수 있는 동력[kW]을 구하시오. [5점]

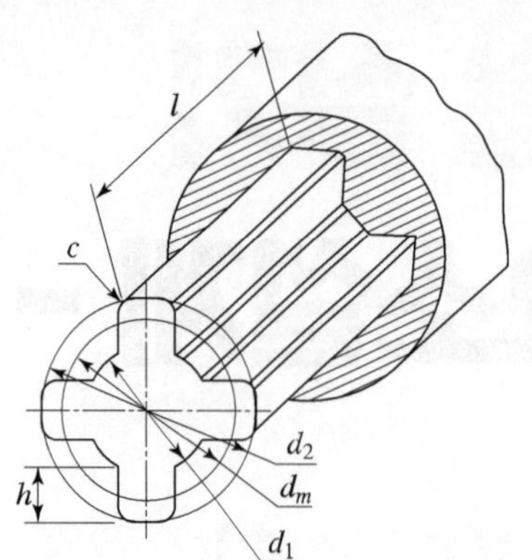

c : 모떼기 $c = 0.4\text{mm}$

l : 보스의 길이 $l = 100\text{mm}$

d_1 : 이뿌리 직경 $d_1 = 46\text{mm}$

d_2 : 이끝원 직경 $d_2 = 50\text{mm}$

η : 접촉효율 $\eta = 75\%$

z : 이의 개수 $z = 4$개

q_a : 허용접촉 면압력 $q_a = 10\text{MPa}$

N : 분당회전수 $N = 1200\text{rpm}$

풀이 및 답

(동력) $H = T \times \dfrac{2\pi N}{60} = 86.4 \times \dfrac{2 \times \pi \times 1200}{60} = 10857.3442\text{W} = 10.86\text{kW}$

$$T = q_a \cdot (h - 2c) \cdot l \cdot z \cdot \frac{d_m}{2} \cdot \eta$$

$$= 10 \times (2 - 2 \times 0.4) \times 100 \times 4 \times \frac{48}{2} \times 0.75 = 86400\text{N} \cdot \text{mm} = 86.4\text{N} \cdot \text{m}$$

$$d_m = \frac{d_2 + d_1}{2} = \frac{50 + 46}{2} = 48\text{mm}, \quad h = \frac{d_2 - d_1}{2} = \frac{50 - 46}{2} = 2\text{mm}$$

답 10.86kW

02

아래 그림은 에반스 마찰차이다. 속비는 $\dfrac{1}{3}$~ 3의 범위로 원동차의 분당회전수 N_A =700rpm으로 2kW의 동력을 전달한다. 축간 거리는 350mm, 가죽벨트의 마찰계수는 0.3이다. 다음 그림을 보고 물음에 답하여라. (단, 중간의 가죽벨트의 두께는 무시할 정도는 얇다고 가정한다.) [5점]

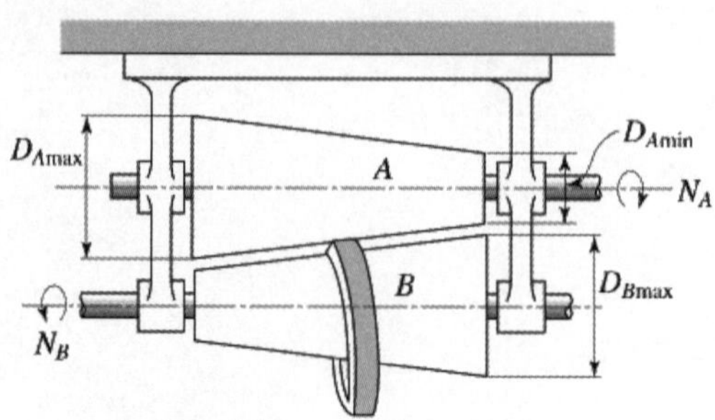

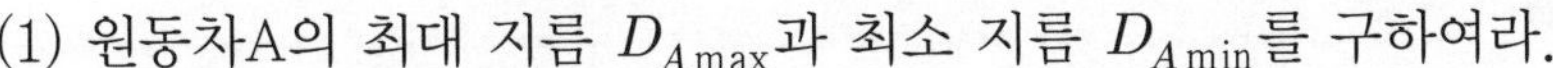

(1) 원동차A의 최대 지름 $D_{A\max}$과 최소 지름 $D_{A\min}$를 구하여라.
(2) 원동차와 종동차를 밀어 붙이는 최대 힘 $P_{\max}$[N]을 구하여라.
(3) 중간 가죽벨트의 폭 b[mm]를 구하여라.
(가죽벨트의 접촉면압력은 14MPa이다.)

풀이 및 답

(1) 원동차A의 최대 지름 $D_{A\max}$과 최소 지름 $D_{A\min}$를 구하여라.

$$D_{A\max} = \frac{2\times C}{1+\frac{1}{\epsilon}} = \frac{2\times 350}{1+\frac{1}{(3)}} = 525\text{mm}$$

$$D_{A\min} = \frac{2\times C}{1+\frac{1}{\epsilon}} = \frac{2\times 350}{1+\frac{1}{\left(\frac{1}{3}\right)}} = 175\text{mm}$$

답 $D_{A\max}$ =525mm
$D_{A\min}$ =175mm

(2) 원동차와 종동차를 밀어 붙이는 최대 힘 $P_{\max}$[N]을 구하여라.

$$P_{\max} = \frac{H_{KW}}{\mu\times V_{Amin}} = \frac{2\times 10^3}{0.3\times\frac{\pi\times 175\times 700}{60\times 1000}} = 1039.379 \fallingdotseq 1039.38[\text{N}]$$

답 1039.38N

(3) 중간 가죽벨트의 폭 b[mm]를 구하여라.

$$(\text{폭})\ b = \frac{P_{\max}}{q} = \frac{1039.38}{14} = 74.24\text{mm}$$

답 74.24mm

03

전단기(shearing machine)를 이용하여 강판을 절단하고자 한다. 강판의 절단에 필요한 일량은 5[kJ]이다. 전단기는 2000[rpm]으로 회전하는 플라이 휠을 달아 여기에 저장된 에너지로 강판을 절단하는데 작업 후 플라이 휠의 회전수는 15[%] 줄어들었다. 두께 t =15mm의 강철제 원판형 플라이 휠의 바깥지름은 몇 [mm]인가? (단, 플라이 휠의 비중량은 74000[N/m^3]이며, 휠의 강도는 고려하지 않는다.) [5점]

풀이 및 답

전단작업 전의 회전수는 2000[rpm]이므로

$$w_{max} = \frac{2\pi N_1}{60} = \frac{2\times\pi\times 2000}{60} = 209.44[rad/s]$$

전단작업 후의 회전수는 15[%] 줄어들므로

$$w_{min} = \frac{2\pi N_2}{60} = \frac{2\times\pi\times(2000\times 0.85)}{60} = 178.02[rad/s]$$

(운동에너지의 변화) $\Delta E = \frac{J}{2}(w_{max}^2 - w_{min}^2) = 5000J$

(플라이 휠의 극관성 모멘트) $J = \frac{2\Delta E}{w_{max}^2 - w_{min}^2} = \frac{2\times 5000}{209.44^2 - 178.02^2}$

$= 0.82[kg\cdot m^2]$

플라이 휠의 바깥지름은 $J = \frac{\gamma\pi t D^4}{32g}$

$$D = \sqrt[4]{\frac{32gJ}{\pi t\gamma}} = \sqrt[4]{\frac{32\times 9.8\times 0.82}{\pi\times 0.015\times 74000}} = 0.521109[m] = 521.11[mm]$$

답 521.11mm

04

하중이 3000N 작용할 때의 처침이 δ =50mm로 되고 코일 스프링에서 소선의 지름 d =16mm, 평균지름 D =144mm, 전단탄성계수 G =80GPa이다. 다음을 구하여라. **[5점]**

(1) 유효감김수 n[권]을 구하여라.
(2) 전단응력 τ[MPa]를 구하여라.

풀이 및 답

(1) 유효감김수 n[권]을 구하여라.

(유효감김수) $n = \frac{\delta G d^4}{8WD^3} = \frac{50\times 80\times 10^3\times 16^4}{8\times 3000\times 144^3} = 3.658 = 4$권

답 4권

(2) 전단응력 τ[MPa]를 구하여라.

(전단응력) $\tau = K'\frac{8PD}{\pi d^3} = 1.16\times\frac{8\times 3000\times 144}{\pi\times 16^3} = 311.545 = 311.55MPa$

(스프링지수) $C = \dfrac{D}{d} = \dfrac{144}{16} = 9$

(응력수정계수) $K' = \dfrac{4C-1}{4C-4} + \dfrac{0.615}{C} = \dfrac{4\times 9-1}{4\times 9-4} + \dfrac{0.615}{9} = 1.162 = 1.16$

답 311.55MPa

05

아래 그림처럼 블록 브레이크에서 중량 W의 자연낙하를 방지하려 한다. 다음 물음에 답하여라. (단, 마찰계수 μ =0.2, 블록 브레이크의 접촉면적은 80mm^{2}이다. 풀리의 회전수는 120rpm이다.) [5점]

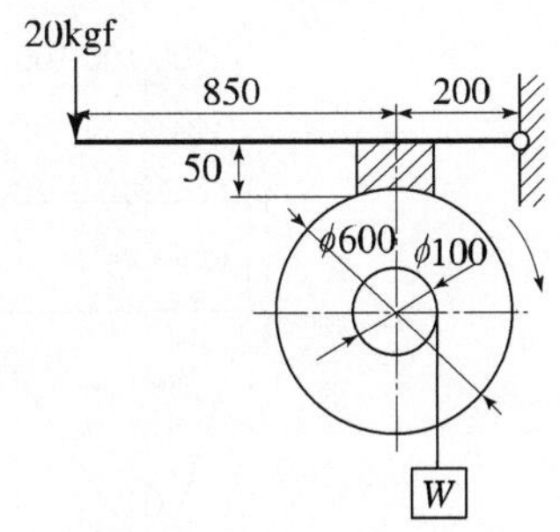

(1) 제동토크 T_f[N · mm]를 구하여라.

(2) 최대중량 W[kN]를 구하여라.

(3) 블록 브레이크의 용량 $\mu q v$ [W/mm^2]를 구하여라.

풀이 및 답

(1) 제동토크 T_f[N · mm]를 구하여라.

$\Sigma M = 0,\ -20\times(850+200) + Q\times 200 - 0.2\times Q\times 50 = 0$

(블록 브레이크를 미는 힘) $Q = 110.5263\text{kgf} = 1083.1578\text{N} = 1083.16\text{N}$

(제동토크) $T_f = \mu Q \times \dfrac{D}{2} = 0.2\times 1083.16\times \dfrac{600}{2} = 64989.6\text{N}\cdot\text{mm}$

답 64989.6N · mm

(2) 최대중량 W[kN]를 구하여라.

(제동토크) $T_f = W\times \dfrac{100}{2}$

$$W = \frac{2\times T_f}{100} = \frac{2\times 64989.6}{100} = 1299.792\text{N} = 1.3\text{kN}$$

답 1.3kN

(3) 블록 브레이크의 용량 μqv[W/mm²]를 구하여라.

$$\mu qv = \mu \times \frac{Q}{A} \times \frac{\pi \times 600 \times N}{60 \times 1000} = 0.2 \times \frac{1083.16}{80} \times \frac{\pi \times 600 \times 120}{60 \times 1000}$$

$$= 10.20854[\mathrm{W/mm^2}] = 10.21[\mathrm{W/mm^2}]$$

답 $10.21\mathrm{W/mm^2}$

06

그림과 같이 편심하중 P가 작용하는 구조물에서 리벳의 지름이 16mm이고 허용전단응력이 70MPa일 때 허용편심하중 P[kN]를 구하여라. (단, 편심거리 e =50mm이다.) [5점]

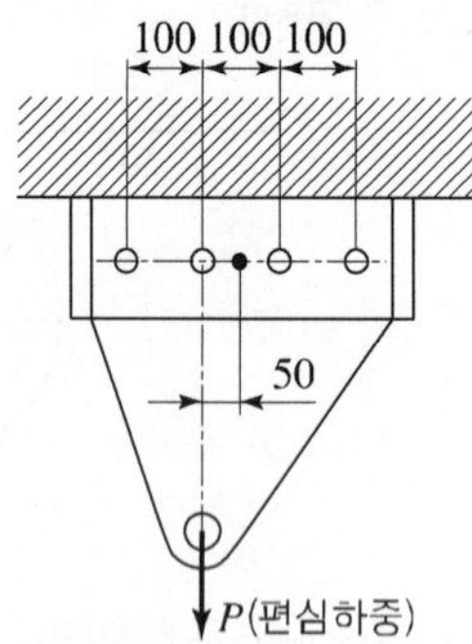

풀이 및 답

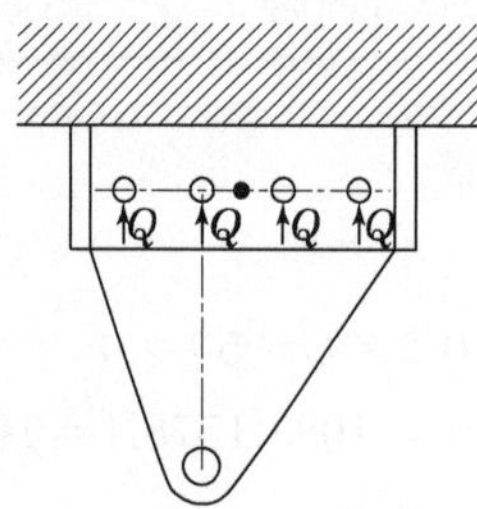

• 직접전단하중 $Q = \frac{P}{Z} = \frac{P}{4}$

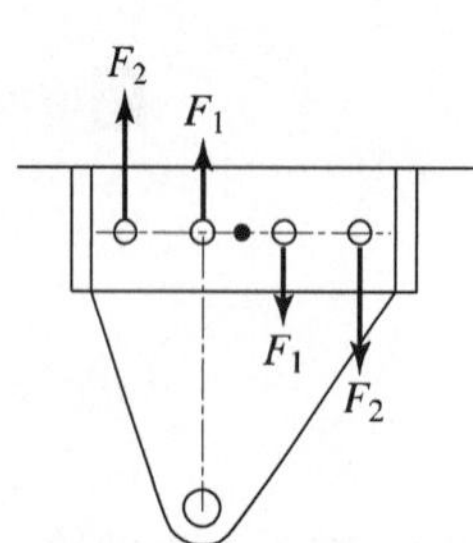

• 모멘트에 전단하중 F_1, F_2

$P \times e = 2(F_1 \cdot \ r_1 + F_2 \cdot \ r_2)$

$= 2(F_1 \cdot \ r_1 + 3F_1 \cdot \ r_2) = 2F_1(r_1 + 3 \cdot \ r_2)$

$F_1 = \frac{P \times e}{2(r_1 + 3 \times r_2)} = \frac{P \times 50}{2 \times (50 + 3 \times 150)} = 0.05P$

$F_2 = 3F_1 = 3 \times 0.05P = 0.15P$

150mm : F_2 = 50mm : F_1 $\qquad F_2 = 3F_1$

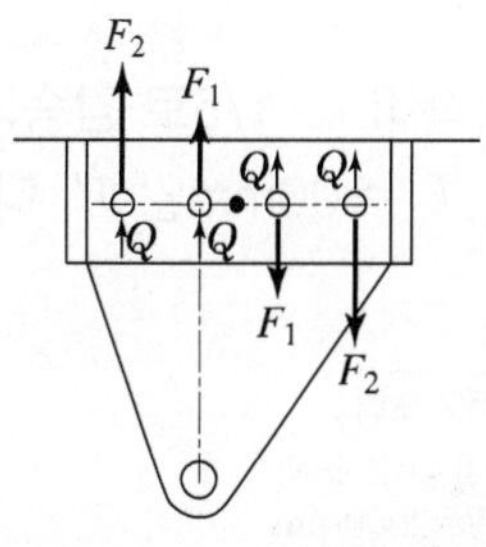

• (리벳 1개에 걸리는 최대 전단하중) R_{max}

$$R_{max} = Q + F_2 = \frac{P}{4} + 0.15P = 0.4P$$

• (허용전단응력) $\tau_a = \dfrac{R_{max}}{\dfrac{\pi}{4}d_1^2}$

$$R_{max} = \tau_a \times \frac{\pi}{4}d^2 = 70 \times \frac{\pi}{4}16^2$$
$$= 14074.335\text{N} = 14074.34\text{N}$$
$$R_{max} = 14074.3\text{N} = 0.4P$$

(편심하중) $P = 35185.75\text{N} = 35.19\text{kN}$

답 35.19kN

07

호칭번호 #60의 피치는 19.05mm, 파단하중은 32kN이다. 안전율 8이고, 잇수 $Z_1=50$, $Z_2=25$이고, 구동 스프로킷의 회전수는 300rpm, 축간거리는 650mm이다. 다음을 구하여라. [5점]

(1) 구동 스프로킷의 피치원 지름 D_1[mm]을 구하여라.
(2) 전달동력 H[kW]를 구하여라.
(3) 체인의 링크수 L_n을 구하여라. (단, 짝수로 결정하라.)

풀이 및 답

(1) 구동 스프로킷의 피치원 지름 D_1[mm]을 구하여라.

$$D_1 = \frac{p}{\sin\left(\dfrac{180}{Z_1}\right)} = \frac{19.05}{\sin\left(\dfrac{180}{50}\right)} = 303.39\text{mm}$$

답 303.39mm

(2) 전달동력 H[kW]를 구하여라.

$$H = \frac{F_B \cdot \ p \cdot \ Z_1 \times N_1}{1000 \cdot \ S \cdot \ 60 \times 1000} = \frac{32 \times 10^3 \times 19.05 \times 50 \times 300}{1000 \times 8 \times 60 \times 1000} = 19.05\text{kW}$$

답 19.05kW

(3) 체인의 링크수 L_n을 구하여라. (단, 짝수로 결정하라.)

$$L_n = \frac{2C}{p} + \frac{Z_1 + Z_2}{2} + \frac{p \times (Z_2 - Z_1)^2}{4C\pi^2}$$
$$= \frac{2 \times 650}{19.05} + \frac{50 + 25}{2} + \frac{19.05(25-50)^2}{4 \times 650 \times \pi^2} = 106.21 \rightarrow 108\text{개}$$

답 108개

08

전기 모터의 동력 20kW, $N=2000$rpm인 감속비 $i=1/5$로 감속되어 단순지지된 축으로 동력이 전달되고 있다. $P=2$kN, $L=800$mm일 때, 다음 각 물음에 답하여라. **[6점]**

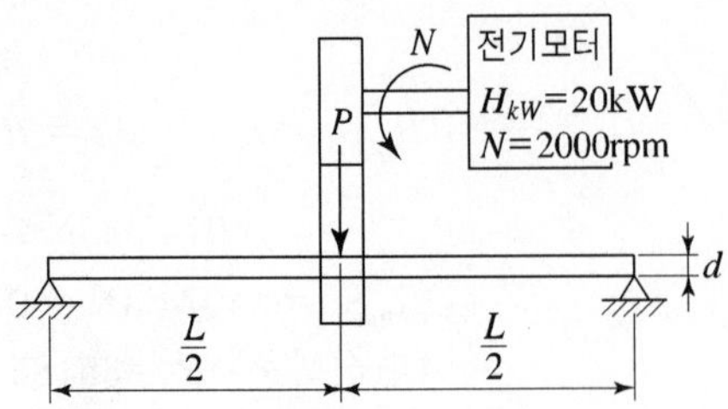

(1) 축에 작용하는 비틀림 모멘트 T[N · mm]를 구하여라.
(2) 축에 작용하는 굽힘 모멘트 M[N · mm]을 구하여라.
(3) 축의 허용전단응력 $\tau_a=30$MPa일 때 최대 전단응력설에 의한 축지름 d[mm]를 구하여라. (단, 키 홈의 영향을 고려하여 1/0.75배로 한다.)
(4) 이 축의 위험속도 N_c[rpm]를 구하여라. (단, $E=210$GPa, 축자중은 무시한다.)

풀이 및 답

(1) 축에 작용하는 비틀림 모멘트 T[N · mm]를 구하여라.

$$T=\frac{60}{2\pi}\frac{H}{N}=\frac{60}{2\pi}\times\frac{20\times10^3}{2000\times\frac{1}{5}}=477.4648293\text{N}\cdot\text{m}=477464.83\text{N}\cdot\text{mm}$$

답 477464.83N · mm

(2) 축에 작용하는 굽힘 모멘트 M[N · mm]을 구하여라.

$$M=\frac{PL}{4}=\frac{2\times10^3\times800}{4}=400000\text{N}\cdot\text{mm}$$

답 400000N · mm

(3) 축의 허용전단응력 $\tau_a=30$MPa일 때 최대 전단응력설에 의한 축지름 d[mm]를 구하여라. (단, 키 홈의 영향을 고려하여 1/0.75배로 한다.)

$$d=\frac{1}{0.75}\times\sqrt[3]{\frac{16T_e}{\pi\tau_a}}=\frac{1}{0.75}\times\sqrt[3]{\frac{16\times622874.52}{\pi\times30}}=63.05\text{mm}$$

$$T_e=\sqrt{T^2+M^2}=\sqrt{477464.83^2+400000^2}=622874.52\text{N}\cdot\text{mm}$$

답 63.05mm

(4) 이 축의 위험속도 N_c[rpm]를 구하여라. (단, E =210GPa, 축자중은 무시한다.)

$$\delta = \frac{P \cdot L^3}{48EI} = \frac{2000 \times 800^3}{48 \times 210 \times 10^3 \times \frac{\pi \times 63.05^4}{64}} = 0.13\text{mm}$$

$$N_c = \frac{30}{\pi}\sqrt{\frac{g}{\delta}} = \frac{30}{\pi} \times \sqrt{\frac{9800}{0.13}} = 2621.88\text{rpm}$$

답 2621.88rpm

09

1100rpm으로 회전하는 축을 지지하는 엔드 저널 베어링이 있다. 저널의 지름 d =150mm, 길이 l =175mm이고 반경 방향의 베어링 하중은 2500N이다. 다음을 구하여라. [5점]

(1) 베어링 압력 p는 몇 [kPa]인가?
(2) 베어링 압력속도계수는 몇 [kW/m^2]인가?
(3) 안전율 S =2일 때 표에서 재질을 선택하라.

재 질	엔드 저널 $(p \cdot V)_a$[kW/m^2]
구리-주철	2625
납-청동	2100
청동	1750
PTFE 조직	875

풀이 및 답

(1) 베어링 압력 p는 몇 [kPa]인가?

$$p = \frac{Q}{d \times l} = \frac{2500}{150 \times 175} = 0.09523809\text{MPa} = 95.24\text{kPa}$$

답 95.24kPa

(2) 베어링 압력속도계수는 몇 [kW/m^2]인가?

$$pV = p \times \frac{\pi dN}{60000} = 95.24 \times \frac{\pi \times 150 \times 1100}{60000}[\text{kPa} \cdot \text{m/s}]$$

$$= 822.8145\,[\text{kN/m}^2 \cdot \text{m/s}] = 822.81\,[\text{kW/m}^2]$$

답 822.81kW/m^2

(3) 안전율 S =2일 때 표에서 재질을 선택하라.

현재 발생되고 있는 압력속도지수보다 큰 것을 사용해야 안전하다. 즉 안전율이

2라고 하는 것은 현재 발생되고 있는 압력속도지수보다 2배가 되더라도 베어링은 안전해야 된다는 것을 의미한다.

그러므로 $(pV)_a = (pV) \times S = 822.81 \times 2 = 1645.62\,[\text{kW/m}^2]$

$\therefore$ $1645.62\,[\text{kW/m}^2]$보다 처음으로 커지는 청동을 선택한다.

답 청동

10

아래 그림과 같은 압력용기에서 압력에 의한 전체 하중이 90kN이 작용하며, 용기의 뚜껑을 6개의 볼트로 결합할 때 너트의 높이[mm]를 구하여라. (단, 볼트의 재질은 강, 너트의 재질은 주철이다. 볼트는 M16을 사용하였고, M16 볼트의 피치는 2mm, 나사산 높이는 1.083mm, 유효지름은 14.701mm이다.)

[4점]

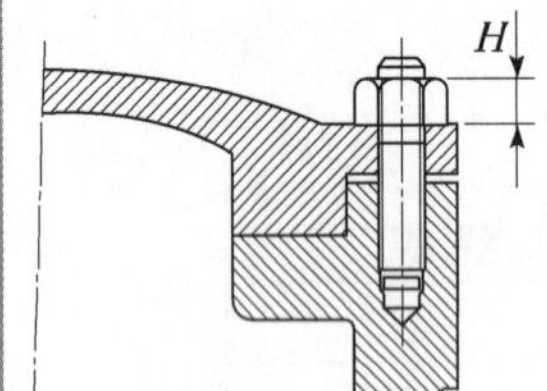

[표] 허용 접촉압력

재료		q[kgf/mm²]	
볼트	너트	결합용	전동용
연강	연강 또는 청동	3.0	1.0
경강	경강 또는 청동	4.0	1.3
강	주철	1.5	0.5

풀이 및 답

(너트의 높이) $H = p \times Z = p \times \dfrac{Q}{\pi d_e h \times q_a} = 2 \times \dfrac{1530.61}{\pi \times 14.701 \times 1.083 \times 1.5}$

$= 40.8016\text{mm} = 40.8\text{mm}$

(볼트 하나에 작용하는 축방향 하중) $Q = \dfrac{90000}{6} = 15000\text{N}$

$= 1530.6122\text{kgf} = 1530.61\text{kgf}$

볼트는 강, 너트는 주철을 사용하였고 결합용이므로

(허용 접촉면압력) $q_a = 1.5\text{kgf/mm}^2$

답 40.8mm

필답형 실기

- 기계요소설계 -

2014년도 2회

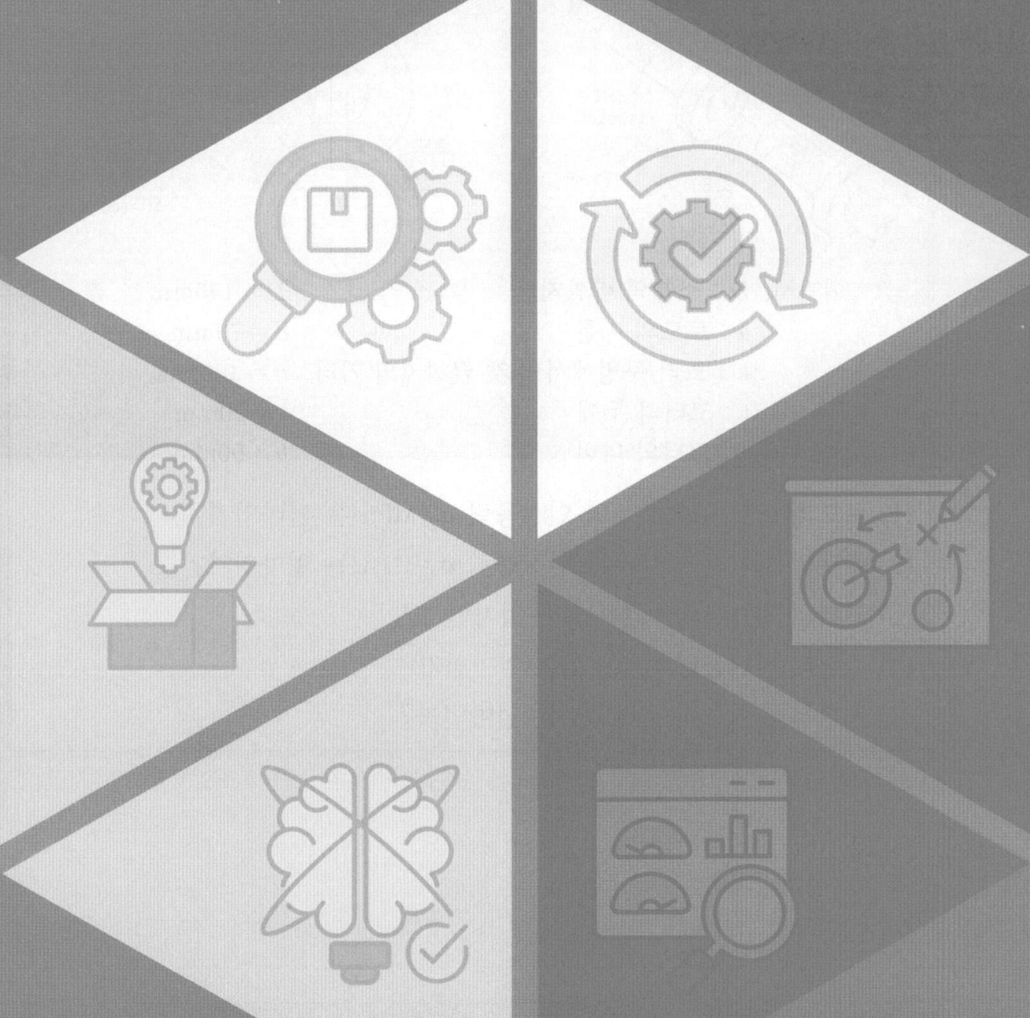

01

기어에 발생하는 언더컷을 방지하기 위해 전위기어를 제작하려고 한다. 기어의 압력각은 $\alpha = 20^\circ$이다. 기어 잇수는 14개, 모듈이 3일 때이다. 전위기어를 제작할 때 전위량을 얼마로 해야 되는가? [4점]

풀이 및 답

(전위량) $c = x \times m = 0.18 \times 3 = 0.54\text{mm}$

(전위계수) $x = 1 - \dfrac{Z}{2}\sin^2\alpha = 1 - \dfrac{14}{2}\sin^2 20 = 0.18$

답 0.54mm

02

아래 그림에서 축방향 하중이 5KN 작용될 때 다음 물음에 답하여라. [6점]

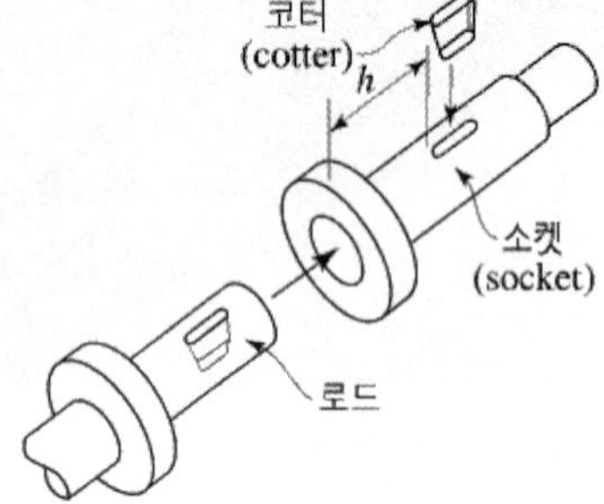

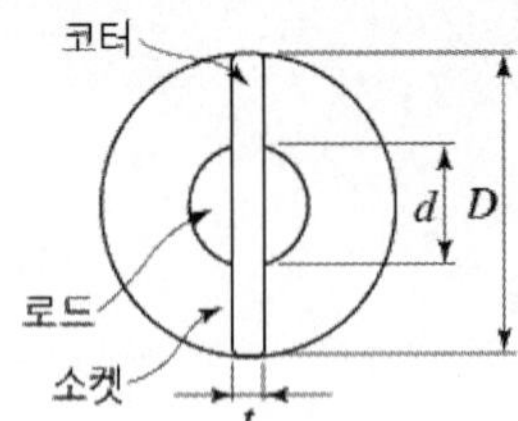

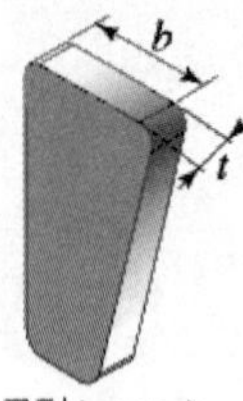

코터(cotter)

여기서,		
D	소켓의 바깥지름	$D = 140\text{mm}$
d	로드의 지름	$d = 70\text{mm}$
h	코터 구멍에서 소켓 끝까지의 거리	$h = 100\text{mm}$
t	코터의 두께	$t = 20\text{mm}$
b	코터의 너비	$b = 90\text{mm}$

(1) 로드의 코터 구멍부분의 인장응력 σ_2[MPa]는 얼마인가?

(2) 소켓의 코터 구멍부분의 인장응력 σ_3[MPa]는 얼마인가?

(3) 코터의 전단응력 τ_c[MPa]는 얼마인가?

(4) 소켓의 전단응력 τ_s[MPa]는 얼마인가?

(5) 코터의 굽힘응력 σ_b[MPa]는 얼마인가?

풀이 및 답

(1) 로드의 코터 구멍부분의 인장응력 σ_2[MPa]는 얼마인가?

$$\sigma_2 = \frac{P}{\pi d^2/4-(t\times d)} = \frac{5000}{\pi\times 70^2/4-(20\times 70)} = 2.04\text{N/mm}^2 = 2.04\text{MPa}$$

답 2.04MPa

(2) 소켓의 코터 구멍부분의 인장응력 σ_3[MPa]는 얼마인가?

$$\sigma_3 = \frac{P}{\frac{\pi}{4}(D^2-d^2)-\left\{t\times\frac{(D-d)}{2}\right\}\times 2}$$

$$= \frac{5000}{\frac{\pi}{4}(140^2-70^2)-\left\{20\times\left(\frac{140-70}{2}\right)\right\}\times 2} = 0.49\text{N/mm}^2 = 0.49\text{MPa}$$

답 0.49MPa

(3) 코터의 전단응력 τ_c[MPa]는 얼마인가?

$$\tau_c = \frac{P}{2\times t\times b} = \frac{5000}{2\times 20\times 90} = 1.39\text{N/mm}^2 = 1.39\text{MPa}$$

답 1.39MPa

(4) 소켓의 전단응력 τ_s[MPa]는 얼마인가?

$$\tau_s = \frac{P}{4\times\left(\frac{D-d}{2}\right)\times h} = \frac{5000}{4\times\left(\frac{140-70}{2}\right)\times 100} = 0.3571\text{N/mm}^2 = 0.36\text{MPa}$$

답 0.36MPa

(5) 코터의 굽힘응력 σ_b[MPa]는 얼마인가?

$$\sigma_b = \frac{6\times PD}{8\times b^2\times t} = \frac{6\times 5000\times 140}{8\times 90^2\times 20} = 3.2407\text{N/mm}^2 = 3.24\text{MPa}$$

답 3.24MPa

03

그림과 같은 블록 브레이크 장치에서 레버 끝에 150N의 힘으로 제동하여 자유낙하로 방지하고자 한다. 블록의 허용압력은 200kPa, 브레이크 용량 1.2W/mm^{2}일 때 다음을 계산하여라. [5점]

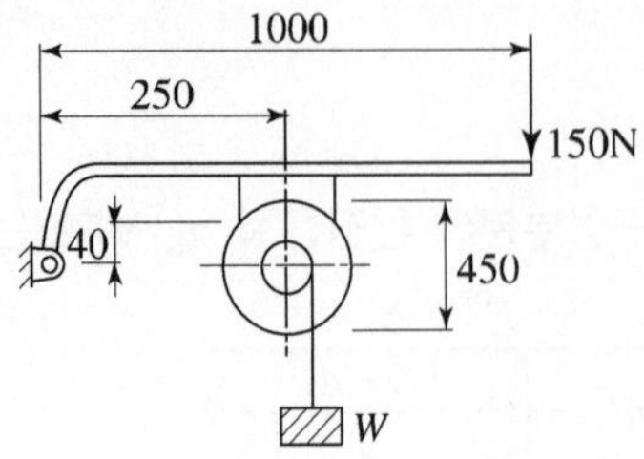

(1) 제동토크 T[N · m]를 구하여라. (단, 블록과 드럼의 마찰계수는 0.35이다.)
(2) 이 브레이크 드럼의 최대회전수 N[rpm]을 구하여라.

풀이 및 답

(1) 제동토크 T[N · m]를 구하여라. (블록과 드럼의 마찰계수는 0.35이다.)

$$T = f \times \frac{D}{2} = \mu P \times \frac{D}{2} = 0.35 \times 635.59 \times \frac{450}{2} = 50052.7125 \fallingdotseq 50.05\text{N} \cdot \text{m}$$

(블록 브레이크를 미는 힘) $P = \dfrac{150 \times 1000}{250 - 0.35 \times 40} = 635.59\text{N}$

답 50.05N · m

(2) 이 브레이크 드럼의 최대회전수 N[rpm]을 구하여라.

$$\mu q V = 1.2\,\text{W/mm}^2$$

$$N(\text{최대회전수}) = \frac{Q \times 60000}{\mu q \pi D} = \frac{1.2 \times 60000}{0.35 \times 0.2 \times \pi \times 450} = 727.57\text{rpm}$$

답 727.57rpm

04

스프링지수 C=8인 압축 코일 스프링에서 하중이 700N에서 500N으로 감소되었을 때, 처짐량의 변화가 25mm가 되도록 하려고 한다. 다음을 구하여라. (단, 하중이 700N 작용될 때 소선의 전단응력은 300MPa이며, 가로탄성계수는 80GPa이다.) [6점]

(1) 소선의 지름 d[mm]를 구하여라.
(2) 코일의 감김수 n[회]을 구하여라.

풀이 및 답

(1) 소선의 지름 d[mm]를 구하여라.

$$(\text{소선의 지름})\ d = \sqrt{\frac{8 \times P \times c \times k'}{\pi \times \tau}} = \sqrt{\frac{8 \times 700 \times 8 \times 1.18}{\pi \times 300}}$$

$$= 7.489 \fallingdotseq 7.49\text{mm}$$

$$(\text{kwall's 응력계수})\ k' = \frac{4c-1}{4c-4} + \frac{0.615}{c} = \frac{4 \times 8 - 1}{4 \times 8 - 4} + \frac{0.615}{8} = 1.184 \fallingdotseq 1.18$$

답 7.49mm

(2) 코일의 감김수 n[회]을 구하여라.

$$(\text{코일의 감김수})\ n = \frac{8 \times G \times d}{8 \times C^3 \times \Delta P} = \frac{25 \times 80 \times 7.49}{8 \times 8 \times (700 - 500)} = 18.286 \fallingdotseq 19\text{회}$$

답 19회

05 V벨트 전동에서 원동 풀리의 호칭지름은 250mm, 회전수 950rpm, 접촉중심각 θ =160°, 벨트 장치에서 긴장장력이 1.4kN이 작용되고 있다. 전체 전달동력은 50kW, 접촉각 수정계수 0.94, 과부하계수 1.2이다. 다음을 구하여라. (단, 등가마찰계수 μ' =0.48, 벨트의 단면적 236.7mm^2, 벨트 재료의 비중은 1.5이다.) [7점]

(1) 벨트의 회전속도 V[m/s]를 구하여라.
(2) 벨트에 작용하는 부가장력 T_g[N]를 구하여라.
(3) 벨트의 가닥수를 구하여라.

풀이 및 답

(1) 벨트의 회전속도 V[m/s]를 구하여라.

$$(\text{벨트의 회전속도})\ V = \frac{\pi \times D_1 \times N_1}{60 \times 1000} = \frac{\pi \times 250 \times 950}{60 \times 1000} = 12.4354 = 12.44\text{m/s}$$

답 12.44m/s

(2) 벨트에 작용하는 부가장력 T_g[N]를 구하여라.

$$(\text{벨트의 부가장력})\ T_g = \frac{wV^2}{g} = \frac{\rho g A V^2}{g} = \rho A V^2$$

$$= 1.5 \times 10^3 \times 236.7 \times 10^{-6} \times 12.44^2$$

$$= 54.9452 = 54.95\text{N}$$

답 54.95N

(3) 벨트의 가닥수를 구하여라.

(벨트의 가닥수) $Z=\dfrac{H_{KW}}{H_0\times k_\theta\times k_m}=\dfrac{50}{12.35\times 0.94\times 1.2}=3.589=4$가닥

여기서, k_θ : 접촉각 보정계수, k_m : 과부하계수

(벨트 한 가닥의 전달동력) $H_0=\dfrac{V}{1000}\left(\dfrac{e^{\mu'\theta}-1}{e^{\mu'\theta}}\right)(T_t-T_g)$

$=\dfrac{12.44}{1000}\left(\dfrac{3.82-1}{3.82}\right)(1400-54.95)$

$=12.3522\text{kW}=12.35\text{kW}$

$e^{\mu'\theta}=e^{\left(0.48\times 160\times\frac{\pi}{180}\right)}=3.8206=3.82$

답 4가닥

06

1300 복렬 자동 조심 볼베어링(α =15°) 레이디얼 하중 4000N, 스러스트 하중 3000N이고, 내륜회전으로 400rpm으로 40000시간의 수명을 가지는 베어링에서 다음을 구하여라. [6점]

베어링 형식	내륜 회전	외륜 회전	단열		복렬				e
			$F_a/VF_r>e$		$F_a/VF_r\le e$		$F_a/VF_r>e$		
	V		X	Y	X	Y	X	Y	
자동조심 볼베어링	1	1	0.4	$0.4\times\cot\alpha$	1	$0.42\times\cot\alpha$	0.65	$0.65\times\cot\alpha$	$1.5\times\tan\alpha$

(1) 표를 보고 반지름 방향 동등가 하중 P_r[N]을 구하여라.

(2) 동적 부하 용량[N]을 구하여라.

풀이 및 답

(1) 표를 보고 반지름 방향 동등가 하중 P_r[N]을 구하여라.

(반지름 방향 동등가 하중) $P_r=XVF_r+YF_a$

$=(0.65\times 1\times 4000)+(0.65\times\cot 15\times 3000)$

$=9877.499=9877.5\text{N}$

답 9877.5N

(2) 동적 부하 용량[N]을 구하여라.

(동적 부하 용량) $C=\left(\dfrac{L_H\times N}{500\times 33.3}\right)^{\frac{1}{r}}\times P_r=\left(\dfrac{40000\times 400}{500\times 33.3}\right)^{\frac{1}{3}}\times 9877.5\text{N}$

$=97472.5407=97472.54\text{N}$

답 97472.54N

07

아래 그림과 같은 양쪽 덮개판 2줄 맞대기 이음에서 피치가 56mm, 리벳의 지름이 16mm, 강판의 두께가 20mm, 리벳의 전단강도가 강판의 인장강도의 85%일 때 이 리벳이음의 효율은 몇 %인가? [5점]

$W \leftarrow$ $\rightarrow W$

풀이 및 답

(강판의 효율) $\eta_t = 1 - \dfrac{d}{p} = 1 - \dfrac{16}{56} = 0.7143 = 71.43\%$

(리벳의 효율) $\eta_r = \dfrac{\pi d^2 \times \tau_r \times n \times 1.8}{4 \times \sigma_t \times p \times t} = \dfrac{\pi \times 16^2 \times (1 \times 0.85) \times 2 \times 1.8}{4 \times 1 \times 56 \times 20}$

$= 0.5493 = 54.93\%$

$\eta_t > \eta_r$ 이므로 리벳이음의 효율 $\eta = 54.93\%$ 이다.

답 54.93%

08

TM55×8 나사(유효지름 d_2 =51mm)로 축하중 30kN을 들어 올린다. 다음을 구하여라. [5점]

(1) 나사잭을 돌리는 토크는 몇 [N · m]인가? (단, 나사면의 상당마찰계수는 0.1이다.)
(2) 렌치의 길이는 몇 [mm]인가? (단, 렌치에 작용하는 하중은 300N이다.)
(3) 렌치의 직경은 몇 [mm]인가? (단, 렌치의 굽힘응력은 100MPa이다.)

풀이 및 답

(1) 나사잭을 돌리는 토크는 몇 [N · m]인가? (단, 나사면의 상당마찰계수는 0.1이다.)

$T = Q \cdot \dfrac{\mu' \pi d_2 + p}{\pi d_2 - \mu' p} \cdot \dfrac{d_2}{2} = 30 \times 10^3 \times \dfrac{0.1 \times \pi \times 51 + 8}{\pi \times 51 - 0.1 \times 8} \times \dfrac{51}{2}$

$= 115272.754\text{N} \cdot \text{m} = 115.27\text{N} \cdot \text{m}$

답 115.27N · m

(2) 렌치의 길이는 몇 [mm]인가? (단, 렌치에 작용하는 하중은 300N이다.)

$T = F \times l,\ 115.27 \times 10^3 = 300 \times l,\ l = 384.23\text{mm}$

답 384.23mm

(3) 렌치의 직경은 몇 [mm]인가? (단, 렌치의 굽힘응력은 100MPa이다.)

$$\sigma = \frac{M}{Z} = \frac{32 \cdot M}{\pi d^3},\ 100 = \frac{32 \times (300 \times 384.23)}{\pi \times d^3}$$

$$d = 22.73\text{mm}$$

답 22.73mm

09

원통 마찰 커플링을 이용하여 축이음을 하고자 한다. 축지름 90mm, 전달동력은 35kW, 분당회전수는 250rpm으로 동력을 전달하고자 한다. 마찰력으로만 동력을 전달한다. 다음 물음에 답하여라. (단, 원통 마찰 커플링의 마찰면의 마찰계수 μ=0.2이다.) [5점]

(1) 전동토크 T[J]를 구하여라.
(2) 축을 졸라매는 힘 W[N]는 얼마인가?

풀이 및 답

(1) 전동토크 T[J]를 구하여라.

$$T = \frac{60}{2\pi} \times \frac{H}{N} = \frac{60}{2\pi} \times \frac{35 \times 10^3}{250} = 1336.901522\text{J} = 1336.9\text{J}$$

답 1336.9J

(2) 축을 졸라매는 힘 W[N]는 얼마인가?

$$T = \pi \mu W \times \frac{d_s}{2}$$

$$W = \frac{2T}{\pi \mu d_s} = \frac{2 \times 1336.9}{\pi \times 0.2 \times 0.09} = 47283.17\text{N}$$

답 47283.17N

필답형 실기

- 기계요소설계 -

2014년도 4회

01

아래 그림의 블록 브레이크 그림을 보고 다음 물음에 답하여라. [5점]

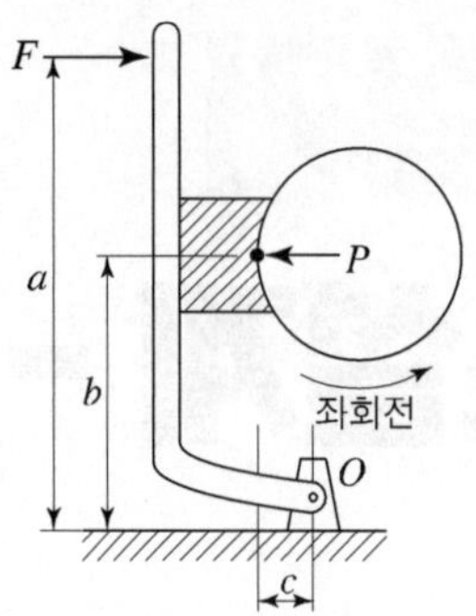

(블록 브레이크 누르는 힘) $P=20\text{kN}$
(드럼의 지름) $D=800\text{mm}$
(마찰계수) $\mu=0.2$
$a=1200\text{mm}$, $b=600\text{mm}$, $c=80\text{mm}$

(1) 드럼을 정지시키기 위한 조작력 F[kN]를 구하여라.
(2) 블록의 허용압력은 200[kPa], 브레이크 용량 0.8[N/mm^2 · m/s]일 때 브레이크 드럼의 최대회전수 N[rpm]을 구하여라.

풀이 및 답

(1) 드럼을 정지시키기 위한 조작력 F[kN]를 구하여라.

$\Sigma M_o=0$, $F\times a-P\times b-\mu P\times c=0$

$$F=\frac{P(b+\mu c)}{a}=\frac{20\times(600+0.2\times 80)}{1200}=10.266=10.27\text{kN}$$

답 10.27kN

(2) 블록의 허용압력은 200[kPa], 브레이크 용량 0.8[N/mm^2 · m/s]일 때 브레이크 드럼의 최대회전수 N[rpm]을 구하여라.

$q=200\text{kPa}=0.2\text{N/mm}^2$

$\mu qv=\mu q\cdot\dfrac{\pi DN}{60\times 1000}$ $\qquad 0.8=0.2\times 0.2\times\dfrac{\pi\times 800\times N}{60\times 1000}$

$N=477.46\text{rpm}$

답 477.46rpm

02

엔드 저널 베어링에 작용하는 하중은 30kN이고 분당 회전수는 200rpm일 때 다음을 구하여라. (단, 허용굽힘응력 60MPa, 허용베어링압력 $p=7.5$MPa, 허용압력속도지수 $p\cdot V=5.8$[MPa · m/s]이다.) [5점]

(1) 저널의 길이는 몇 [mm]인가?
(2) 저널의 지름은 몇 [mm]인가?
(3) 안전도를 검토하여라.

풀이 및 답

(1) 저널의 길이는 몇 [mm]인가?

$$(\text{저널의 길이})\ l = \frac{W\pi N}{60\times 1000\times p\cdot V} = \frac{30\times 10^3\times \pi\times 200}{60\times 1000\times 5.8} = 54.17\text{mm}$$

답 54.17mm

(2) 저널의 지름은 몇 [mm]인가?

$$(\text{저널의 지름})\ d = \sqrt[3]{\frac{16Wl}{\pi\sigma_a}} = \sqrt[3]{\frac{16\times 30\times 10^3\times 54.17}{\pi\times 60}} = 51.67\text{mm}$$

답 51.67mm

(3) 안전도를 검토하여라.

$$p = \frac{W}{d\times l} = \frac{30\times 10^3}{51.67\times 54.17} = 10.72\text{MPa}$$

7.5MPa < 10.72MPa이므로 불안전하다.

답 불안전하다

03 다음 그림과 같은 브래킷을 M20 볼트 3개로 고정시킬 때 1개의 볼트의 생기는 최대수직응력 σ_{max} [kgf/mm^2]를 최대주응력설에 의해 구하여라. [5점]

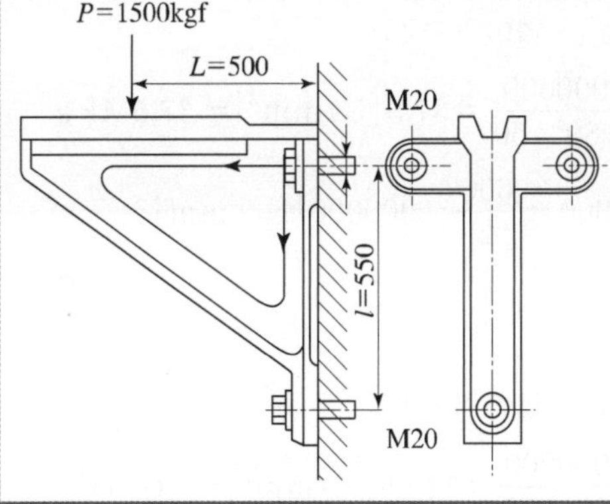

[표] 미터나사의 규격

볼트의 호칭	피치	골지름	바깥지름
M 8	1.25	6.647	8.000
M10	1.5	8.376	10.000
M12	1.75	10.106	12.000
M14	2	11.835	14.000
M16	2	13.835	16.000
M18	2.5	15.294	18.000
M20	2.5	17.294	20.000

풀이 및 답

$\Sigma M_o = 0$

$P\cdot L = 2Q_B\cdot l$

$1500\times 500 = 2\times Q_B\times 550$

$$Q_B = 681.8181\text{kgf} = 681.82\text{kgf}$$

$$\sigma_{tB} = \frac{Q_B}{\frac{\pi d_1^2}{4}} = \frac{681.82}{\frac{\pi \times 17.294^2}{4}} = 2.9026\text{kgf/mm}^2 = 2.9\text{kgf/mm}^2$$

$$\tau_B = \frac{\frac{P}{3}}{\frac{\pi d_1^2}{4}} = \frac{\frac{1500}{3}}{\frac{\pi \times 17.294^2}{4}} = 2.1285\text{kgf/mm}^2 = 2.13\text{kgf/mm}^2$$

$$\sigma_{\max} = \frac{\sigma_{tB}}{2} + \sqrt{\left(\frac{\sigma_{tB}}{2}\right)^2 + \tau_B^2} = \frac{2.9}{2} + \sqrt{\left(\frac{2.9}{2}\right)^2 + 2.13^2}$$

$$= 4.0267\text{kgf/mm}^2 = 4.03\text{kgf/mm}^2$$

답 4.03kgf/mm^2

04

지름 50mm의 축에 직경 600mm의 풀리가 묻힘키에 의하여 매달려 있다. 묻힘키의 규격이 12×8×80일 때 풀리에 걸리는 접선력은 3kN이다. 다음 물음에 답하여라. [5점]

(1) 키에 작용되는 전단응력[MPa]은 얼마인가?
(2) 키에 작동되는 압축응력[MPa]은 얼마인가?

풀이 및 답

(1) 키에 작용되는 전단응력[MPa]은 얼마인가?

(전단응력) $\tau_k = \frac{2T}{bld} = \frac{2 \times 900000}{12 \times 80 \times 50} = 37.5[\text{N/mm}^2] = 37.5\text{MPa}$

$$T = W \times \frac{D}{2} = 3000 \times \frac{600}{2} = 900000[\text{N} \cdot \text{mm}]$$

답 37.5MPa

(2) 키에 작동되는 압축응력[MPa]은 얼마인가?

(압축응력) $\sigma_c = \frac{4T}{hld} = \frac{4 \times 900000}{8 \times 80 \times 50} = 112.5[\text{N/mm}^2] = 112.5\text{MPa}$

답 112.5MPa

05

하중이 3kN 작용할 때 처짐이 50mm로 되는 코일 스프링에서 소선의 지름은 18mm, 스프링지수는 9이다. 왈의 수정응력계수는 K=1.15로 하고, 가로탄성계수 G=80GPa이다. 다음을 구하여라. [7점]

(1) 감김수(권수)를 구하여라.
(2) 코일에 발생하는 전단응력[MPa]을 구하여라.

풀이 및 답

(1) 감김수(권수)를 구하여라.

$$(\text{감김수})\ n=\frac{\delta Gd}{8Fc^3}=\frac{50\times80\times10^3\times18}{8\times3000\times9^3}=4.115=5\text{권}$$

답 5권

(2) 코일에 발생하는 전단응력[MPa]을 구하여라.

$$(\text{전단응력})\ \tau=K\frac{8Fc}{\pi d^2}=1.15\times\frac{8\times3000\times9}{\pi\times18^2}=244.0375=244.04\text{MPa}$$

답 244.04MPa

06

평기어에서 압력각 14.5°, 원동 기어의 잇수는 14개, 종동 기어의 잇수는 49개, 모듈 5이다. 720rpm으로 22kW를 전달하려고 한다. 이너비는 50mm일 때 다음을 구하여라. (단, 잇수 14개일 때의 π를 포함한 치형계수는 0.261이고, 잇수 49개일 때의 π를 포함한 치형계수는 0.357이다. 사용되는 속도계수는 $f_v=\dfrac{3.05}{3.05+V[\text{m/s}]}$를 이용한다.) [5점]

(1) 접선전달하중[N]을 구하여라.
(2) 축에 작용하는 Radial 하중[N]을 구하여라.
(3) 피니언의 굽힘응력[MPa]을 구하여라.

풀이 및 답

(1) 접선전달하중[N]을 구하여라.

$$(\text{접선전달하중})\ F=\frac{1000\times H}{V}=\frac{1000\times22}{2.64}=8333.33\text{N}$$

$$(\text{속도})\ V=\frac{\pi\times m\times z_1\times N_1}{60\times1000}=\frac{\pi\times5\times14\times720}{60\times1000}=2.638=2.64\text{m/s}$$

답 8333.33N

(2) 축에 작용하는 Radial 하중[N]을 구하여라.

$$(\text{Radial 하중})\ F_R = \frac{F}{\cos\alpha} = \frac{8333.33}{\cos 14.5} = 8607.499 = 8607.5\text{N}$$

답 8607.5N

(3) 피니언의 굽힘응력[MPa]을 구하여라.

$$(\text{피니언의 굽힘응력})\ \sigma_b = \frac{F}{f_v\, m\, b\, Y} = \frac{8333.33}{0.54 \times 5 \times 50 \times 0.261} = 236.51\text{MPa}$$

$$(\text{속도계수})\ f_v = \frac{3.05}{3.05 + V} = \frac{3.05}{3.05 + 2.64} = 0.54$$

답 236.51MPa

07

축간거리 20m의 로프 풀리에서 로프가 0.3m 처졌다. 로프의 지름은 19mm이고 벨트의 단위길이당 무게 w =4N/m일 때 다음을 구하여라. [5점]

(1) 로프에 작용하는 장력은 몇 [N]인가?
(2) 접촉점부터 접촉점까지의 로프의 길이는 몇 [mm]인가?

풀이 및 답

(1) 로프에 작용하는 장력은 몇 [N]인가?

$$T = \frac{w \times C^2}{8\delta} + w \times \delta = \frac{4 \times 20^2}{8 \times 0.3} + 4 \times 0.3 = 667.87\text{N}$$

답 667.87N

(2) 접촉점부터 접촉점까지의 로프의 길이는 몇 [mm]인가?

$$l = C \times \left(1 + \frac{8}{3} \times \frac{\delta^2}{C^2}\right) = 20 \times \left(1 + \frac{8}{3} \times \frac{0.3^2}{20^2}\right) \times 1000 = 20012\text{mm}$$

답 20012mm

08

그림과 같은 1줄 겹치기 리벳 이음에서 t =12mm, d =20mm, p =70mm이다. 1피치의 하중이 1200N이라 할 때 다음 각 물음에 답하여라. [5점]

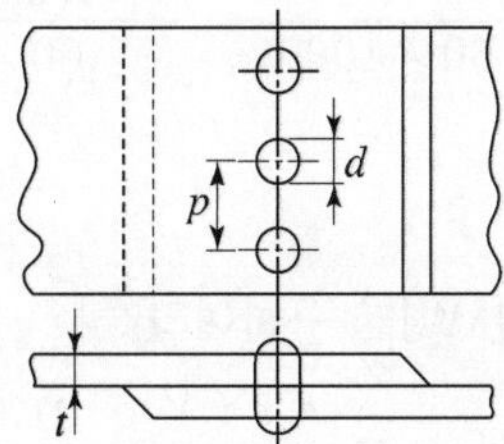

(1) 이음부의 강판에 발생하는 인장응력 σ_t [N/mm²]를 구하여라.
(2) 리벳에 발생하는 전단응력 τ[N/mm²]를 구하여라.
(3) 강판의 효율[%]을 구하여라.

풀이 및 답

(1) 이음부의 강판에 발생하는 인장응력 σ_t[N/mm²]를 구하여라.

$$\sigma_t = \frac{W_p}{A_t} = \frac{W_p}{(p-d)\cdot\ t} = \frac{1200}{(70-20)\times 12} = 2\text{N/mm}^2$$

답 2N/mm²

(2) 리벳에 발생하는 전단응력 τ[N/mm²]를 구하여라.

$$\tau = \frac{W_p}{A_\tau} = \frac{W_p}{\frac{\pi}{4}d^2 \times n} = \frac{1200}{\frac{\pi}{4}\times 20^2 \times 1} = 3.82\text{N/mm}^2$$

답 3.82N/mm²

(3) 강판의 효율[%]을 구하여라.

(강판의 효율) $\eta_t = 1 - \frac{d}{p} = 1 - \frac{20}{70} = 0.71428 = 71.43\%$

답 71.43%

09

#50번 롤러 체인(파단하중 21.67kN, 피치 15.875mm)으로 구동축의 회전수 900rpm을 피동축으로 300rpm으로 감속 운전하고자 한다. 구동 스프로킷의 잇수 25개, 안전율 15로 할 때 다음을 구하여라. [6점]

(1) 체인속도 V[m/s]를 구하여라.
(2) 최대 전달동력 H[kW]를 구하여라.
(3) 피동 스프로킷의 피치원 지름 D_2[mm]를 구하여라.

풀이 및 답

(1) 체인속도 V[m/s]를 구하여라.

$$(\text{체인속도})\ V = \frac{p \times Z_1 \times N_1}{60 \times 1000} = \frac{15.875 \times 25 \times 900}{60 \times 1000} = 5.953\text{m/s} = 5.95\text{m/s}$$

답 5.95m/s

(2) 최대 전달동력 H[kW]를 구하여라.

$$(\text{최대 전달동력})\ H_{KW} = \frac{F_B \times V}{S} = \frac{21.67 \times 5.95}{15} = 8.5957 = 8.6\text{kW}$$

답 8.6kW

(3) 피동 스프로킷의 피치원 지름 D_2[mm]를 구하여라.

$$(\text{피동 스프로킷의 피치원 지름})\ D_2 = \frac{p}{\sin\left(\frac{180}{Z_2}\right)} = \frac{15.875}{\sin\left(\frac{180}{75}\right)} = 379.098 = 379.1\text{mm}$$

$Z_2 = Z_1 \times 3 = 25 \times 3 = 75$개

답 379.1mm

10

그림과 같이 축의 중앙에 (무게) W=600N의 풀리를 설치하였다. 지름 50mm, 축의 비중량은 73.5kN/m^{3}이다. 다음 물음에 답하여라. (단, 종탄성계수 E = 2.1GPa이다.) [5점]

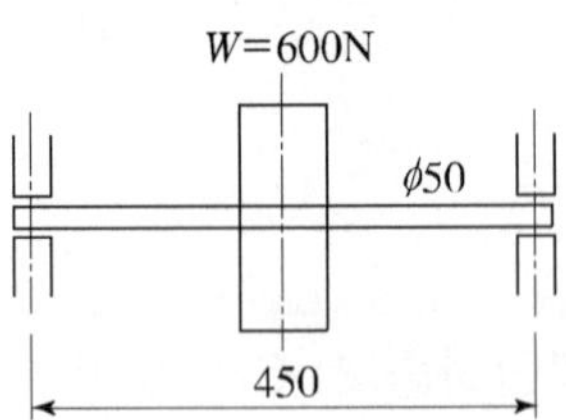

(1) 축의 자중을 고려한 처짐량[μm]은 얼마인가?
(2) 풀리 무게에 의한 처짐량[μm]은 얼마인가?
(3) 축의 위험회전수 N_c[rpm]는 얼마인가?

풀이 및 답

(1) 축의 자중을 고려한 처짐량[μm]은 얼마인가?

(축의 분포하중 크기) $w = \gamma \times A = 7.35 \times 10^{-5} \times \frac{\pi}{4} \times 50^2$

$= 0.144 = 0.14\text{N/mm}$

(최대 처짐량) $\delta_1 = \frac{5w \times l^4}{384E \times I} = \frac{5 \times 0.14 \times 450^4}{384 \times 2.1 \times 10^3 \times \frac{\pi \times 50^4}{64}}$

$= 0.116023\text{mm} = 116.02\mu\text{m}$

답 116.02μm

(2) 풀리 무게에 의한 처짐량[μm]은 얼마인가?

(최대 처짐량) $\delta_2 = \frac{W \cdot l^3}{48E \cdot I} = \frac{600 \times 450^3}{48 \times 2.1 \times 10^3 \times \frac{\pi \times 50^4}{64}}$

$= 1.767984\text{mm} = 1767.98\mu\text{m}$

답 1767.98μm

(3) 축의 위험회전수 N_c[rpm]는 얼마인가?

$\frac{1}{{N_c}^2} = \frac{1}{{N_1}^2} + \frac{1}{{N_2}^2} = \frac{1}{2775.35^2} + \frac{1}{710.96^2}$

$N_c = 688.72\text{rpm}$

$N_1 = \frac{30}{\pi}\sqrt{\frac{g}{\delta_1}} = \frac{30}{\pi} \times \sqrt{\frac{9.8}{116.02 \times 10^{-6}}} = 2775.35\text{rpm}$

$N_2 = \frac{30}{\pi}\sqrt{\frac{g}{\delta}} = \frac{30}{\pi}\sqrt{\frac{9.8}{1767.98 \times 10^{-6}}} = 710.96\text{rpm}$

답 688.72rpm

필답형 실기
- 기계요소설계 -

2015년도 1회

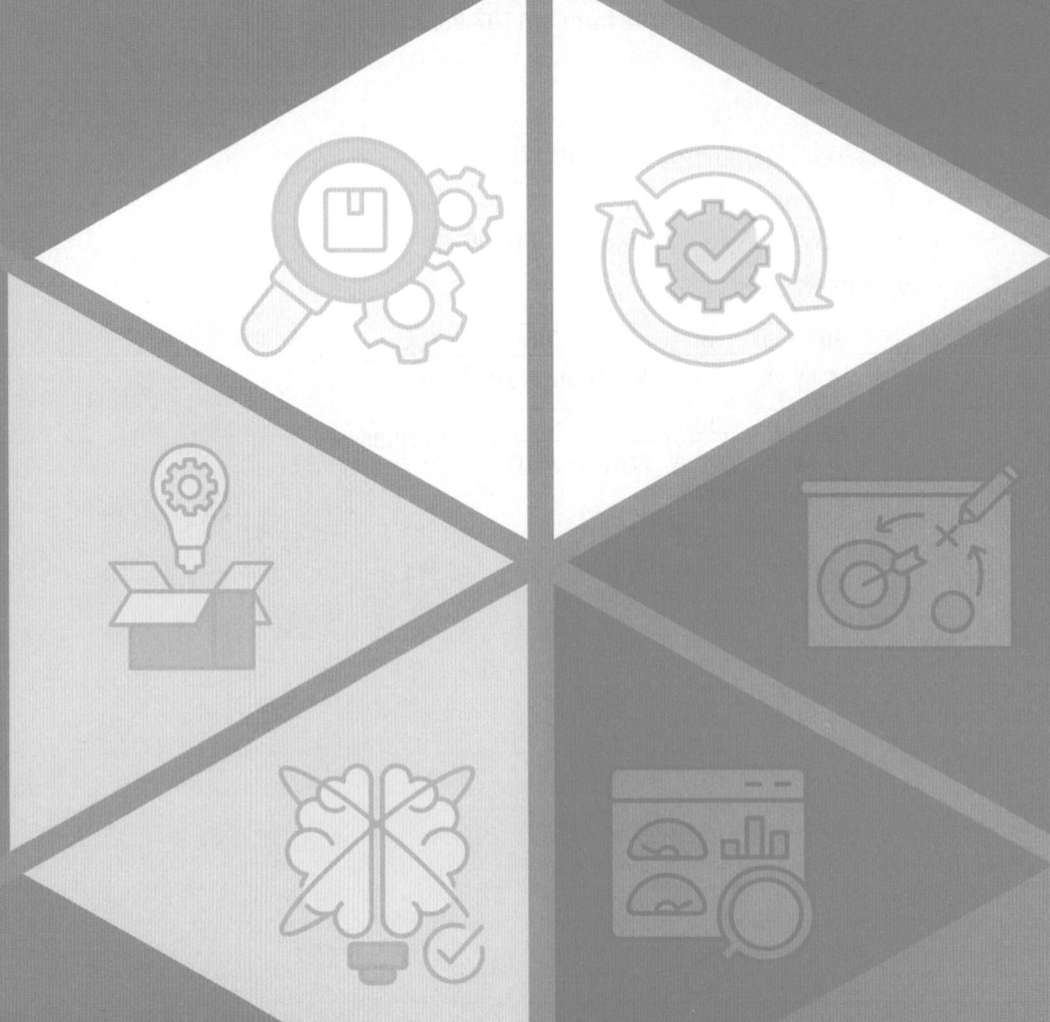

01

주철로 제작된 피니언의 분당회전수는 340rpm, 전달동력 30kW 전달하려고 한다. 아래 조건으로 물음에 답하여라. [6점]

[조건]

㉮ 피치원 지름 $D = 220\text{mm}$ ㉯ 평기어에서 압력각 $\alpha = 20°$
㉰ 피치기준 치형계수 $y = 0.377$ ㉱ 이나비 $b = 10 \times m$, m : 모듈
㉲ 속도계수 $f_v = \dfrac{3.05}{3.05 + V}$ ㉳ 하중계수 $f_w = 1.0$
㉴ 피니언의 굽힘응력 $\sigma_b = 85\text{MPa}$

(1) 피니언의 접선력 F[N]를 구하여라.
(2) 모듈 m를 다음 규격에서 선정하여라.

2	2.5	3	3.5	4	4.5	5

풀이 및 답

(1) 피니언의 접선력 F[N]를 구하여라.

$$H_{KW} = \frac{F \times V}{1000}$$

$$(\text{접선력})\ F = \frac{H_{KW} \times 1000}{V} = \frac{30 \times 1000}{3.92} = 7653.0612\text{N} = 7653.061\text{N}$$

$$V = \frac{\pi \times D \times N}{60 \times 1000} = \frac{\pi \times 220 \times 340}{60 \times 1000} = 3.916\text{m/s} = 3.92\text{m/s}$$

답 7653.061N

(2) 모듈 m를 다음 규격에서 선정하여라.

$$f_v = \frac{3.05}{3.05 + V} = \frac{3.05}{3.05 + 3.92} = 0.4375 = 0.44$$

$$F = f_w \times f_v \times \sigma_b \times b \times p \times y = f_w \times f_v \times \sigma_b \times 10m \times \pi m \times y$$

$$= f_w \times f_v \times \sigma_b \times 10 \times \pi \times m^2 \times y$$

$$7653.061 = 1.0 \times 0.44 \times 85 \times 10m^2 \times \pi \times 0.377$$

$$m = 4.156$$

답 4.5선택

02

축지름이 40mm이고 축이 회전수가 1000rpm, 전달동력 30kW를 전달시키고자 할 때 이 축에 사용되는 묻힘키의 길이를 결정하고 키의 규격을 표시 하여라. 키의 폭은12mm, 키의 높이는 8mm이다.(단, 키의 허용전단응력 τ_k = 30MPa, 키의 허용압축응력 σ_k =80MPa이다.) [3점]

키의 길이규격	20	22	25	28	32	36	40	45	50	56	64	70

풀이 및 답

$$T=\frac{H_{KW}}{\left(\frac{2\pi N}{60}\right)}\times 10^6=\frac{30}{\left(\frac{2\times\pi\times 1000}{60}\right)}\times 10^6$$

$$=286478.897[\text{N}\cdot\ \text{mm}]=286478.9[\text{N}\cdot\ \text{mm}]$$

$$\tau_k=\frac{2T}{bld}\ ;\ 30=\frac{2\times 286478.9}{12\times l\times 40},\ l=39.788\text{mm}=39.79\text{mm}$$

$$\sigma_k=\frac{4T}{hld}\ ;\ 80=\frac{4\times 286478.9}{8\times l\times 40},\ l=44.762\text{mm}=44.76\text{mm}$$

표로부터 44.76mm보다 큰 치수를 선택하면 45mm 묻힘키의 길이가 된다.

∴ 키의 규격 $b\times h\times l=12\times 8\times 45$

답 키의 규격 $b\times h\times l=12\times 8\times 45$

03

로프전동에서 원동풀리의 피치원지름은 D =1100mm, 로프의 지름 d = 36mm, 종동풀리지름 D' =2500mm이고, 축간거리가 8m일 때, 원동풀리의 분당회전수 N =200rpm, 전달동력은 150kW이다. 홈의 각은 45°이고, 마찰계수는 0.2일 때 다음을 구하시오. [7점]

(1) 로프의 긴장장력[kgf]을 구하여라.

(2) 로프의 인장응력 σ_n[MPa]을 구하여라.(단, 로프의 이음효율은 80%이다)

(3) 로프의 굽힘응력 σ_b[MPa]을 구하여라.(단 로프의 탄성계수는 1GPa, 굽힘계수는 $\frac{3}{8}$이다)

(4) 로프의 최대인장응력 σ_{max}[MPa]을 구하여라.

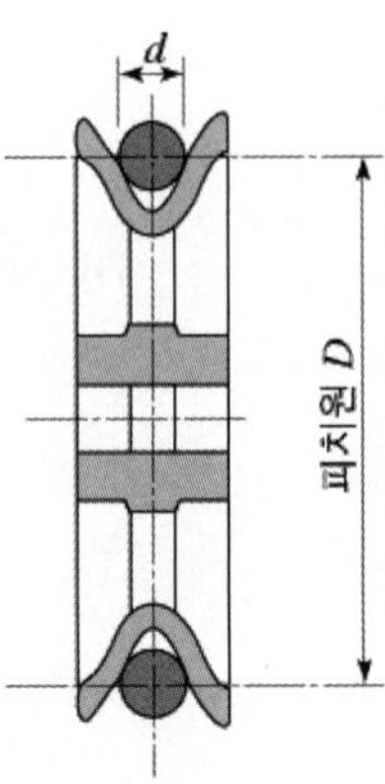

(1) 로프의 긴장장력[kgf]을 구하여라.

$$\theta = 180° - 2\sin^{-1}\left(\frac{D' - D}{2C}\right) = 180° - 2\times\sin^{-1}\left(\frac{2500-1100}{2\times 8000}\right) = 169.96°$$

$$\mu' = \frac{\mu}{\sin\frac{\alpha}{2} + \mu\cos\frac{\alpha}{2}} = \frac{0.2}{\sin\left(\frac{45}{2}\right) + 0.2\times\cos\left(\frac{45}{2}\right)} = 0.35$$

$$e^{\mu'\theta} = e^{\left(0.35\times 169.96\times\frac{\pi}{180}\right)} = 2.82$$

$$H_{KW} = \frac{T_t\cdot\ (e^{\mu'\theta}-1)\cdot\ V}{102\cdot\ e^{\mu'\theta}},\ 150 = \frac{T_t\times(2.82-1)\times\pi\times1100\times200}{102\times2.82\times60\times1000}$$

(진장응력) $T_t = 2058.0117\text{kgf} = 2058.012\text{kgf}$

답 2058.012kgf

(2) 로프의 인장응력 σ_n[MPa]을 구하여라.(단, 로프의 이음효율은 80%이다)

$$\sigma_n = \frac{T_t}{\eta\times\frac{\pi}{4}d^2} = \frac{2058.012\times9.8}{0.8\times\frac{\pi}{4}\times36^2} = 24.767[\text{MPa}] = 24.77[\text{MPa}]$$

답 24.77MPa

(3) 로프의 굽힘응력 σ_b[MPa]을 구하여라.(단 로프의 탄성계수는 1GPa, 굽힘계수는 $\frac{3}{8}$이다)

$$\sigma_b = C_b\frac{E\times d}{D} = \frac{3}{8}\times\frac{1000\times36}{1100} = 12.2727[\text{MPa}] = 12.27[\text{MPa}]$$

답 12.27MPa

(4) 로프의 최대인장응력 σ_{max}[MPa]을 구하여라.

$$\sigma_{max} = \sigma_n + \sigma_b = 24.77 + 12.27 = 37.04[\text{MPa}]$$

답 37.04MPa

04

내압 P =1MPa를 받는 압력용기가 있다. 압력용기의 내경 D =250mm이다. 체결용 미터나사를 사용하였다. 미터나사의 허용응력 $\sigma_a = 60MPa$이다. 사용할 볼트의 개수는 6개이다. 압력용기를 안전하게 사용하기 위한 볼트의 호칭을 아래 규격에서 결정하시오. [3점]

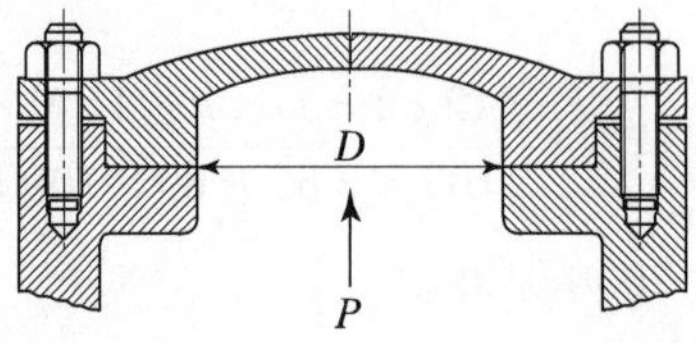

[표] 미터나사의 규격

볼트의 호칭	피치	골지름	바깥지름
M 8	1.25	6.647	8.000
M10	1.5	8.376	10.000
M12	1.75	10.106	12.000
M14	2	11.835	14.000
M16	2	13.835	16.000
M18	2.5	15.294	18.000
M20	2.5	17.294	20.000

풀이 및 답

(압력에 의한 힘) $F_P = P \times \frac{\pi}{4}D^2 = 1 \times \frac{\pi}{4} \times 250^2$

$= 49087.385\text{N} = 49087.39\text{N}$

(볼트 하나가 받는 인장력) $F_B = \frac{F_P}{Z} = \frac{49087.39}{6} = 8181.231\text{N} = 8181.23\text{N}$

(볼트의 골지름) $d_1 = \sqrt{\frac{4F_B}{\pi\sigma_a}} = \sqrt{\frac{4 \times 8181.23}{\pi \times 60}} = 13.176\text{mm}$

볼트는 M16으로 결정한다.

답 M16

05

차량용 겹판 스프링이다. 아래 조건을 보고 겹판스프링의 고유진동수 f_n[Hz]을 구하여라. [4점]

[조건]

스프링에 작용하는 하중 $P = 2000\text{kgf}$

스프링의 길이 $l = 1500\text{mm}$

스프링 한 장의 높이 $h = 12\text{mm}$

스프링의 탄성계수는 $E = 210\text{GPa}$

판의 수 $n = 6$장

죔폭 $e = 80\text{mm}$

폭 $b = 200\text{mm}$

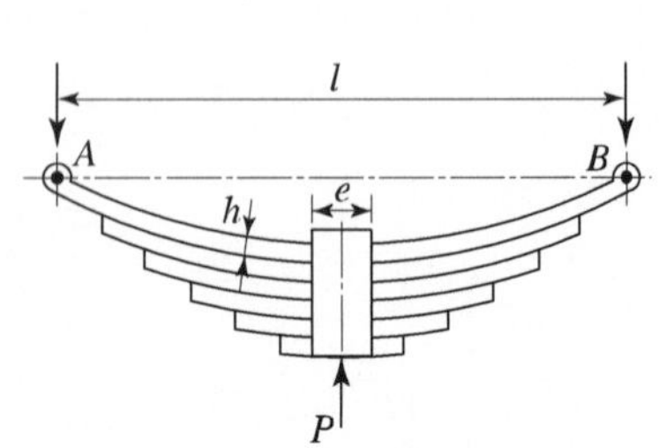

풀이 및 답

$$(\text{고유진동수})\ f_n = \frac{w_n}{2\pi} = \frac{\sqrt{\frac{g}{\delta}}}{2\pi} = \frac{\sqrt{\frac{9800}{51.67}}}{2\pi} = 2.1918\text{Hz} = 2.19\text{Hz}$$

$$(\text{처짐량})\ \delta = \frac{3Pl'^3}{8Enbh^3} = \frac{3\times2000\times9.8\times1452^3}{8\times210\times10^3\times6\times200\times12^3}$$

$$= 51.6705\text{mm} = 51.67\text{mm}$$

$$(\text{상당길이})\ l' = l - 0.6e = 1500 - 0.6\times80 = 1452\text{mm}$$

답 2.19Hz

06

축지름 100mm인 두 축을 연결하기 위해 클램프 커플링을 사용하였다. 축의 허용전단응력이 21MPa이고 클램프 커플링의 마찰계수는 0.3, 사용된 볼트 M20을 6개 사용하였다(단, M20의 골지름은 17.294mm이다). 다음 물음에 답하여라. [5점]

(1) 축을 졸라매는 힘은 몇 [N]인가?
(2) 볼트에서 발생하는 인장응력은 몇 [MPa]인가?

풀이 및 답

(1) 축을 졸라매는 힘은 몇 [N]인가?

$$(\text{졸라메는 힘})\ W = \frac{2T}{\pi\mu d} = \frac{2\times4123340.36}{\pi\times0.3\times100} = 87500[\text{N}]$$

$$T = \tau_a\times\frac{\pi d^3}{16} = 21\times\frac{\pi\times100^3}{16}$$

$$= 4123340.358[\text{N}\cdot\ \text{mm}] = 4123340.36[\text{N}\cdot\ \text{mm}]$$

답 87500N

(2) 볼트에서 발생하는 인장응력은 몇 [MPa]인가?

$$(\text{볼트하나에 작용하는 하중})\ F_B = \frac{W}{\frac{Z}{2}} = \frac{87500}{\frac{6}{2}} = 29166.67[\text{N}]$$

$$(\text{볼트의 인장응력})\ \sigma_t = \frac{F_B}{\frac{\pi d_1^2}{4}} = \frac{29166.67}{\frac{\pi}{4}\times17.294^2}$$

$$= 124.166[\text{MPa}] = 124.17[\text{MPa}]$$

답 124.17MPa

07

미터계 사다리꼴 나사 Tr20을 사용한 나사잭이 있다. 나사부의 마찰계수 $\mu=0.2$, 스러스트 칼라부의 마찰계수 $\mu_t=0.01$, 칼라부의 평균반지름 $r_t=15\text{mm}$이다)

나사규격	피치	바깥지름	유효지름	골지름
$Tr\,20\times2$	2	20	19	18

나사잭에서 축방향 하중 $W=2000\text{kgf}$을 10m/min의 속도로 올리고자 한다. 다음 물음에 답하여라. [6점]

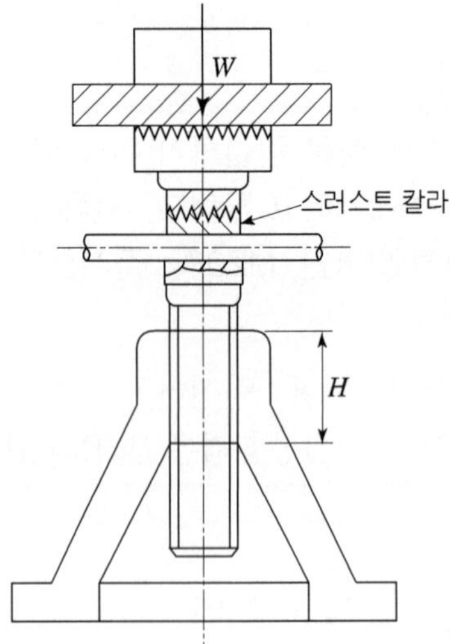

(1) 하중을 들어 올리는데 필요한 토크 T[J]를 구하여라.
(2) 나사잭의 효율 η[%]을 구하여라.
(3) 소요동력 H[kW]을 구하여라.

풀이 및 답

(1) 하중을 들어 올리는데 필요한 토크 T[J]를 구하여라.

(상당마찰계수) $\mu'=\dfrac{\mu}{\cos\dfrac{\alpha}{2}}=\dfrac{0.2}{\cos\left(\dfrac{30°}{2}\right)}=0.207=0.21°$

(상당마찰각) $\rho'=\tan^{-1}\mu'=\tan^{-1}(0.21)=11.859°=11.86°$

(나사의 리드각) $\lambda=\tan^{-1}\dfrac{p}{\pi\times d_m}=\tan^{-1}\left(\dfrac{2}{\pi\times19}\right)=1.919°=1.92°$

$$T=W\left[\left(\tan(\lambda+\rho')\cdot\ \frac{d_m}{2}\right)+(\mu_t\times r_t)\right]$$

$$= 2000 \times \left[\left(\tan(1.92° + 11.86°) \times \frac{19}{2}\right) + (0.01 \times 15)\right]$$

$$= 4959.815\text{kgf} \cdot \text{mm} = 48.606\text{J} = 48.61\text{J}$$

답 48.6J

(2) 나사잭의 효율 η[%]을 구하여라.

$$\eta = \frac{W \cdot p}{2\pi T} = \frac{2000 \times 9.8 \times 2 \times 10^{-3}}{2 \times \pi \times 48.61} \times 100 = 12.834\% = 12.83\%$$

답 12.83%

(3) 소요동력 H[kW]을 구하여라.

$$H = \frac{W \cdot V}{1000 \times \eta} = \frac{2000 \times 9.8 \times \frac{10}{60}}{1000 \times 0.1283} = 25.461\text{kW} = 25.46\text{kW}$$

답 25.46kW

08

그림과 같은 양쪽 덮개판 2줄 맞대기 이음에서 피치가 56mm, 리벳의 지름이 16mm, 강판의 두께가 20mm, 리벳의 전단강도가 강판의 인장강도의 85%일 때 이 리벳이음의 효율은 몇 %인가?(단, 양쪽 덮개판 2줄 맞대기 이음에서 파단면의 개수에 1.8배하여 계산한다) [3점]

W ← → W

풀이 및 답

$$(\text{강판의 효율})\ \eta_t = 1 - \frac{d}{p} = 1 - \frac{16}{56} = 0.7143 = 71.43\%$$

$$(\text{리벳의 효율})\ \eta_r = \frac{\pi d^2 \times \tau_r \times n \times 1.8}{4 \times \sigma_t \times p \times t} = \frac{\pi \times 16^2 \times (1 \times 0.85) \times 2 \times 1.8}{4 \times 1 \times 56 \times 20}$$

$$= 0.5493 = 54.93\%$$

$\eta_t > \eta_r$ 이므로 리벳이음의 효율 $\eta = 54.93\%$ 이다.

답 54.93%

09

그림과 같은 겹치기 양면 이음을 필릿 용접하려고 한다. 작용되고 있는 하중 [N]을 구하여라. (단 용접부의 허용인장응력은 70MPa이고, 목길이는 강판의 두께 15mm와 같다. 용접길이는 140mm이다.) [3점]

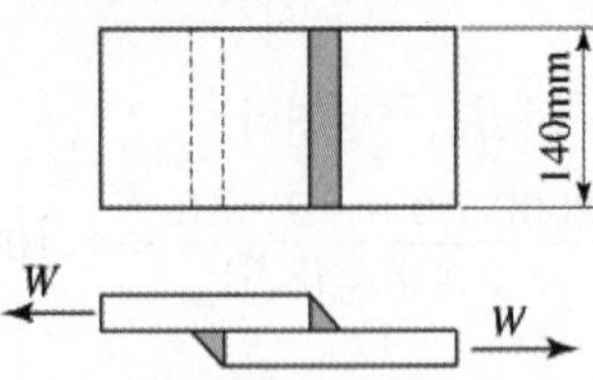

풀이 및 답

$$W = \tau_a \times 2tl = 70 \times 2 \times 15 \times \cos45 \times 140 = 207889.393\text{N} = 207889.39\text{N}$$

답 207889.39N

10

풀리의 자중 W=65kgf, 풀리의 지름 D=120mm, L=100mm, 벨트의 긴장측 장력 T_t=150kgf, 이완측 장력 T_s=75kgf일 때 다음을 결정하라.(단 접촉 중심각은 180도이다) [5점]

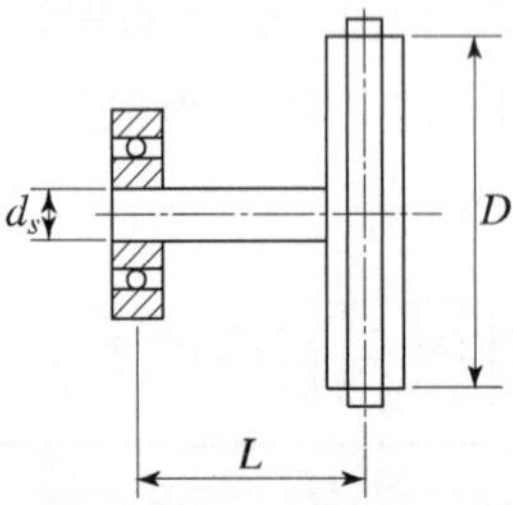

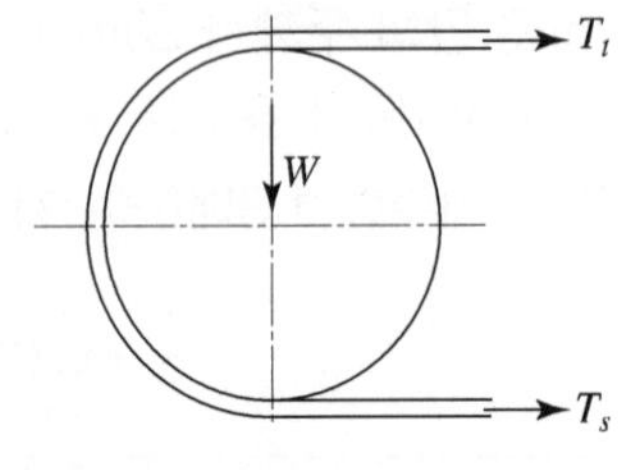

(1) 베어링 하중 F_B[kgf]을 구하여라.

(2) 축에 작용하는 굽힘모멘트는 몇 kgf · mm인가?

(3) 축에 작용하는 비틀림모멘트는 몇 kgf · mm인가?

(4) 축에 작용하는 상당비틀림모멘트는 몇 kgf · mm인가?

(5) 축의 허용전단응력이 40MPa일 때 축지름 d_s[mm]인가?

풀이 및 답

(1) 베어링 하중 F_B[kgf]을 구하여라.

(벨트의 합력) $T_R = T_t + T_s = 150 + 75 = 225\text{kgf}$

(베어링 하중) $F_B = \sqrt{W^2 + T_R^2} = \sqrt{65^2 + 225^2} = 234.2\text{kgf}$

답 234.2kgf

(2) 축에 작용하는 굽힘모멘트는 몇 kgf · mm인가?

(굽힘력) $F_M = \sqrt{W^2 + T_R^2} = \sqrt{65^2 + 225^2} = 234.2\text{kgf}$

(굽힘모멘트) $M = F_B \times L = 234.2 \times 100 = 23420\text{kgf} \cdot \text{mm}$

답 23420kgf · mm

(3) 축에 작용하는 비틀림모멘트는 몇 kgf · mm인가?

$$T = P_e \times \frac{D}{2} = (T_t - T_s) \times \frac{D}{2} = (150 - 75) \times \frac{120}{2} = 4500\text{kgf} \cdot \text{mm}$$

답 4500kgf · mm

(4) 축에 작용하는 상당비틀림모멘트는 몇 kgf · mm인가?

$$T_e = \sqrt{T^2 + M^2} = \sqrt{4500^2 + 23420^2} = 23848.4\text{kgf} \cdot \text{mm}$$

답 23848.4kgf · mm

(5) 축의 허용전단응력이 40MPa일 때 축지름 d_s[mm]인가?

$$d_s = \sqrt[3]{\frac{16\,T_e}{\pi\,\tau_a}} = \sqrt[3]{\frac{16 \times 23848.4 \times 9.8}{\pi \times 40}} = 30.99\text{mm}$$

답 30.99mm

11

웜기어를 이용하여 동력을 전달하고자 한다. 웜나사는 2줄이며, 웜나사의 리드 l =60mm, 웜기어의 잇수는 30개, 웜기어를 제작할 때 지름피치 p_d = 3[1/inch]인 호브로 깍고자 한다. 다음 물음에 답하여라. [5점]

(1) 웜의 리드각 γ[°]을 구하여라.

(2) 웜의 지름 D_w[mm]와 웜기어의 피치원 지름 D_g[mm]을 각각 구하여라.

(3) 마찰계수 μ =0.03이라 할 때 전동효율 η[%]을 구하여라. (단, 압력각 α = 20°이다)

풀이 및 답

(1) 웜의 리드각 γ[°]을 구하여라.

$$\cos\gamma = \frac{p_n}{p_s} = \frac{\pi \times m_n}{\frac{l}{Z_w}} = \frac{\pi \times \frac{25.4}{p_d}}{\frac{60}{2}} = \frac{\pi \times \frac{25.4}{3}}{\frac{60}{2}} = 0.8866$$

(웜의 리드각) $\gamma = \cos^{-1}(0.8866) = 27.55°$

답 27.55°

(2) 웜의 지름 D_w[mm]와 웜기어의 피치원 지름 D_g[mm]을 각각 구하여라.

$\tan\gamma = \dfrac{l}{\pi D_w}$, $\tan 27.55 = \dfrac{60}{\pi \times D_w}$

(웜의 지름) $D_w = 36.61\text{mm}$

$p_s = \pi m = \pi \dfrac{D_g}{Z} = \dfrac{l}{Z_w}$, $\pi \times \dfrac{D_g}{30} = \dfrac{60}{2}$

(웜기어의 피치원 지름) $D_g = 286.48\text{mm}$

답 D_w =36.61mm
D_g =286.48mm

(3) 마찰계수 μ =0.03이라 할 때 전동효율 η[%]을 구하여라. (단, 압력각 α =20°이다)

(상당마찰각) $\rho' = \tan^{-1}(\mu') = \tan^{-1}\left(\dfrac{0.03}{\cos 20}\right) = 1.83°$

$\eta = \dfrac{\tan\gamma}{\tan(\gamma + \rho')} = \dfrac{\tan 27.55}{\tan(27.55 + 1.83)} = 0.92658\% = 92.66\%$

답 92.66%

필답형 실기

- 기계요소설계 -

2015년도 2회

01

사각나사의 외경 d =50mm로서 25mm 전진시키는데 2.5 회전하였고 25mm 전진하는데 1초의 기간이 걸렸다. 하중 Q를 올리는데 쓰인다. 나사 마찰계수가 0.3일 때 다음을 계산하라. (단, 나사의 유효지름은 0.74d로 한다.) [5점]

(1) 너트에 110mm길이의 스패너를 25N의 힘으로 돌리면 몇 kN의 하중을 올릴 수 있는가?
(2) 나사의 효율은 몇 %인가?
(3) 나사를 전진하는데 필요한 동력을 구하여라[kW].

풀이 및 답

(1) 너트에 110mm길이의 스패너를 25N의 힘으로 돌리면 몇 kN의 하중을 올릴 수 있는가?

$T = Q\times\tan(\lambda+\rho)\times\frac{d_e}{2} = F\times L$ 에서

(축방향하중) $Q = \frac{F\times L}{\tan(\lambda+\rho)\times\frac{d_e}{2}} = \frac{25\times110}{\tan(4.92+16.7)\times\frac{37}{2}}$

$= 375.06107\text{N} = 0.38\text{kN}$

(리드) $l = p = \frac{25}{2.5} = 10\text{mm}$

(유효지름) $d_e = 0.74d = 0.74\times50 = 37\text{mm}$

(리드각) $\lambda = \tan^{-1}\frac{p}{\pi\times d_e} = \tan^{-1}\frac{10}{\pi\times37} = 4.91703° = 4.92°$

(마찰각) $\rho = \tan^{-1}\mu = \tan^{-1}0.3 = 16.6992° = 16.7°$

답 0.38kN

(2) 나사의 효율은 몇 %인가?

$\eta = \frac{Qp}{2\pi T} = \frac{380\times10}{2\times\pi\times(25\times110)} = 0.2199231 = 21.99\%$

답 21.99%

(3) 나사를 전진하는데 필요한 동력을 구하여라[kW].

(입력동력) $H_{KW} = \frac{Q\times v}{\eta\times1000} = \frac{380\times0.025}{0.2199\times1000} = 0.043201 = 0.043\text{kW}$

(속도) $v = \frac{25\text{mm}}{1\text{sec}} = 0.025\frac{\text{m}}{\text{s}}$

답 0.043kW

02

지름 50mm의 축에 직경 600mm의 풀리가 묻힘키에 의하여 매달려 있다. 묻힘키의 규격이 12×8×80일 때 풀리에 걸리는 접선력은 3kN이다. 다음 물음에 답하여라. [3점]

(1) 키에 작용되는 전단응력[MPa]은 얼마인가?
(2) 키에 작용되는 압축응력[MPa]은 얼마인가?

풀이 및 답

(1) 키에 작용되는 전단응력[MPa]은 얼마인가?

$$(\text{전단응력})\ \tau_k = \frac{2T}{bld} = \frac{2\times 900000}{12\times 80\times 50} = 37.5[\text{N/mm}^2] = 37.5\text{MPa}$$

$$T = W\times \frac{D}{2} = 3000\times \frac{600}{2} = 900000[\text{N}\cdot\ \text{mm}]$$

답 37.5MPa

(2) 키에 작용되는 압축응력[MPa]은 얼마인가?

$$(\text{압축응력})\ \sigma_c = \frac{4T}{hld} = \frac{4\times 900000}{8\times 80\times 50} = 112.5[\text{N/mm}^2] = 112.5\text{MPa}$$

답 112.5MPa

03

한 줄 겹치기 리벳이음에서 리벳허용전단응력 τ_a =50MPa, 강판의 허용인장응력 σ_t =120MPa, 리벳지름 d =16mm일 때 다음을 구하라. [4점]

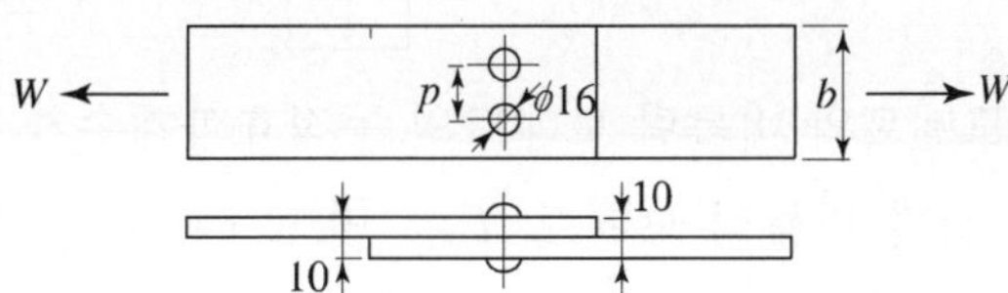

(1) 리벳의 허용전단응력을 고려하여 가할 수 있는 최대하중 W[kN]인가?
(2) 리벳의 허용하중과 강판의 허용하중이 같다고 할 때 강판의 너비 b[mm]인가?
(3) 강판의 효율[%]을 구하시오?

풀이 및 답

(1) 리벳의 허용전단응력을 고려하여 가할 수 있는 최대하중 W[kN]인가?

$$(\text{최대하중})\ W = \tau_a \times \frac{\pi}{4}d^2 \times 2 = 50\times \frac{\pi}{4}16^2 \times 2 = 20106.1929\text{N} = 20.11\text{kN}$$

 피치내 하중을 구하는 것이 아니고 전체 하중을 구하는 문제이다.

답 20.11kN

(2) 리벳의 허용하중과 강판의 허용하중이 같다고 할 때 강판의 너비 b[mm]인가?

$W = \sigma_t \times \{bt - (2 \times dt)\}$, $20110 = 120 \times \{b \times 10 - (2 \times 16 \times 10)\}$

(강판의 너비) $b = 48.758\text{mm} = 48.76\text{mm}$

답 48.76mm

(3) 강판의 효율[%]을 구하시오?

(강판의 효율) $\eta_t = 1 - \dfrac{d}{p} = 1 - \dfrac{16}{24.38} = 0.34372 = 34.37\%$

(피치) $p = \dfrac{\tau_r \pi d^2 n}{4\sigma_t t} + d = \dfrac{50 \times \pi \times 16^2 \times 1}{4 \times 120 \times 10} + 16 = 24.377\text{mm} = 24.38\text{mm}$

답 34.37%

04

전동기의 분당회전수 2000rpm, 전달동력은 5kW와 연결된 축을 아래그림과 같이 기어가 중간단에 설치되어 있다. 기어에 의해 축에 발생되는 굽힘하중은 F_b =800N이고, 축의 허용전단응력이 τ_a =100MPa일 때 다음을 구하라. (단, 축과 기어의 자중은 무시한다.) [5점]

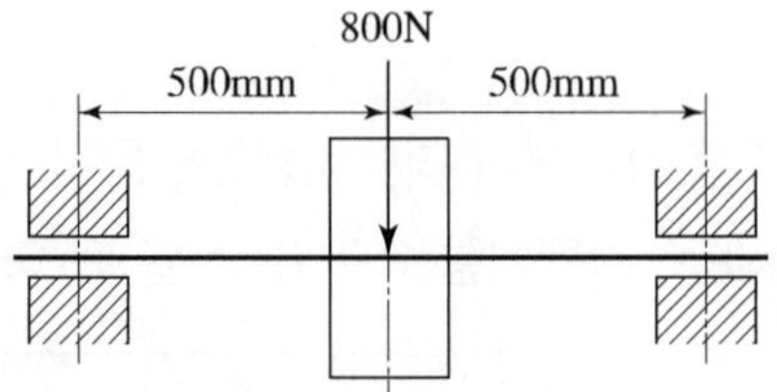

(1) 굽힘 모멘트와 비틀림 모멘트의 동적효과계수가 각각 k_m =2.0, k_t =1.5일 때 상당 비틀림 모멘트 T_e는 몇 N · mm인가?

(2) 축의 지름 d_s는 몇 mm인가?(단, 키 홈의 영향을 고려하여 1/0.75배를 한다.)

풀이 및 답

(1) 굽힘 모멘트와 비틀림 모멘트의 동적효과계수가 각각 k_m =2.0, k_t =1.5일 때 상당 비틀림 모멘트 T_e는 몇 N · mm인가?

$$T = \frac{H_{KW}}{\frac{2\pi N}{60}} \times 10^6 = \frac{5}{\frac{2 \times \pi \times 2000}{60}} \times 10^6 = 23873.24\text{N} \cdot \text{mm}$$

$$M = \frac{F_b \times L}{4} = \frac{800 \times 1000}{4} = 200000\text{N} \cdot \text{mm}$$

$$T_e = \sqrt{(k_m \cdot M)^2 + (k_t \cdot T)^2} = \sqrt{(2.0 \times 200000)^2 + (1.5 \times 23873.24)^2}$$
$$= 401599.73\text{N} \cdot \text{mm}$$

답 401599.73N · mm

(2) 축의 지름 d_s는 몇 mm인가?(단, 키 홈의 영향을 고려하여 1/0.75배를 한다.)

$$d_s = \sqrt[3]{\frac{16T_e}{\pi \times \tau_a}} \times \frac{1}{0.75} = \sqrt[3]{\frac{16 \times 401599.73}{\pi \times 100}} \times \frac{1}{0.75} = 36.46\text{mm}$$

답 36.46mm

05

단열 앵귤러 볼베어링 7210형베어링의 규격의 일부분이다. F_r =3430N의 레이디얼 하중과 F_a =4547.2N의 스러스트 하중이 작용하고 있다. 이 베어링의 정격수명을 구하라.(단, 외륜은 고정하고 내륜 회전으로 사용하며 기본동적 부하용량 C=31850N, 기본정적 부하용량 C_0 =25480N, 하중계수 f_w =1.3)

[6점]

베어링 형식	내륜 회전	외륜 회전	단열				복렬				e
			$F_a/VF_r \le e$		$F_a/VF_r > e$		$F_a/VF_r \le e$		$F_a/VF_r > e$		
	V		X	Y	X	Y	X	Y	X	Y	
단열 앵귤러 볼베어링	1	1	1	0	0.44	1.12	1	1.26	0.72	1.82	0.5

(1) 등가 레이디얼 하중 P_e[N]?

(2) 정격수명 L_n[rev]?

(3) 초당 15회전하고, 1일 5시간을 사용하는 베어링이라면 베어링을 안전하게 사용 할 수 있는 일수를 구하여라.

풀이 및 답

(1) 등가 레이디얼 하중 P_e[N]?

$$\frac{F_a}{VF_r} = \frac{4547.2}{1 \times 3430} = 1.325, \ e = 0.5$$

$F_a/VF_r > e$ 단열이므로 표에서 $X = 0.44$, $Y = 1.12$

$P_e = XVF_r + YF_a = 0.44 \times 1.0 \times 3430 + 1.12 \times 4547.2 = 6602.06\text{N}$

답 6602.06N

(2) 정격수명 L_n[rev]?

$$L_n = \left(\frac{C}{P_e \times f_w}\right)^r = \left(\frac{31850}{6602.06 \times 1.3}\right)^3 = 51.1 \times 10^6 \text{rev}$$

답 51.1×10^6회전

(3) 초당 15회전하고, 1일 5시간을 사용하는 베어링이라면 베어링을 안전하게 사용 할 수 있는 일수를 구하여라.

(수명시간) $L_h = \dfrac{L_n}{N \times 60} = \dfrac{51.1 \times 10^6}{900 \times 60} = 946.3\text{hr}$

(사용일수) $Day = \dfrac{946.3}{5} = 189.26$일 $= 189$일

(분당회전수) $N = 15 \times 60 = 900\text{rpm}$

답 189일

06

다음 그림과 같은 밴드 브레이크를 사용하여 100rpm으로 회전하는 5PS의 드럼을 제동하려고 한다. 막대 끝에 20kgf의 힘을 가한다. 마찰계수가 $\mu = 0.3$일 때 레버의 길이 L[mm]를 구하여라. [4점]

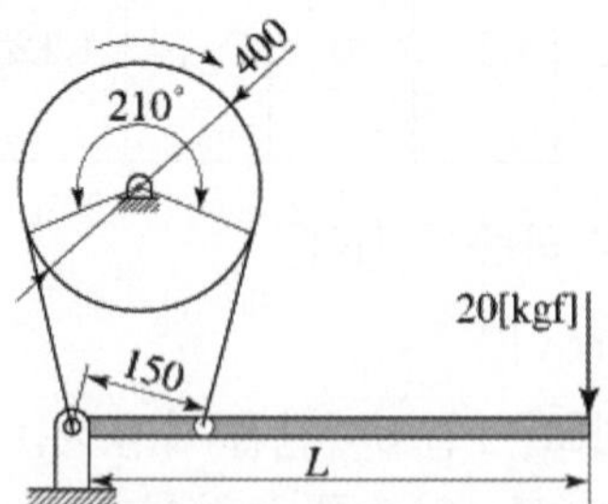

풀이 및 답

(장력비) $e^{\mu\theta} = e^{\left(0.3 \times 210 \times \frac{\pi}{180}\right)} = 3.002 = 3$

(마찰력) $f = \dfrac{H_{ps} \times 75}{\left(\dfrac{\pi DN}{60 \times 1000}\right)} = \dfrac{5 \times 75}{\left(\dfrac{\pi \times 400 \times 100}{60 \times 1000}\right)} = 179.049 = 179.05\text{kgf}$

(레버의 길이) $L=\dfrac{a\times T_s}{F}=\dfrac{a\times f}{F(e^{\mu\theta}-1)}=\dfrac{150\times 179.05}{20\times(3-1)}$

$=671.4375=671.44\text{mm}$

답 671.44mm

07

스프링지수 $c=8$인 압축 코일스프링에서 하중이 1000N에서 800N으로 감소되었을 때, 처짐량의 변화가 25mm가 되도록 하려고 한다.(단 하중이 1000N 작용될 때 소선의 허용전단응력은 300MPa이며, 가로탄성계수는 80GPa이다.) [4점]

(1) 소선의 지름 d[mm] 구하시오.

(2) 코일의 감김수 n[회] 구하시오.

풀이 및 답

(1) 소선의 지름 d[mm] 구하시오.

(소선의 지름) $d=\sqrt{\dfrac{8\times P_{max}\times c\times K'}{\pi\times\tau}}=\sqrt{\dfrac{8\times 1000\times 8\times 1.18}{\pi\times 300}}=8.95\text{mm}$

(kwall's 응력계수) $K'=\dfrac{4c-1}{4c-4}+\dfrac{0.615}{c}=\dfrac{4\times 8-1}{4\times 8-4}+\dfrac{0.615}{8}$

$=1.184\fallingdotseq 1.18$

답 8.95mm

(2) 코일의 감김수 n[회] 구하시오.

(코일의 감김수) $n=\dfrac{\delta\times G\times d}{8\times c^3\times(P_{max}-P_{min})}=\dfrac{25\times 80\times 10^3\times 8.95}{8\times 8^3\times(1000-800)}$

$=21.85\fallingdotseq 22$회

답 22회

08

V-벨트의 풀리에서 호칭지름은 300mm, 회전수 765rpm 접촉중심각 $\theta = 157.6^\circ$, 벨트 장치에서 긴장장력이 1.4kN이 작용되고 있다. 전체 전달동력은 40kW, 접촉각 수정계수 0.94, 과부하계수 1.2이다. (단 등가 마찰계수 $\mu' = 0.48$, 벨트의 단면적 $A = 236.7\text{mm}^2$, 벨트재료의 밀도 $\rho = 1500\text{kg/m}^3$이다.)

[6점]

(1) 벨트의 회전속도 V[m/s]을 구하여라.
(2) 벨트에 작용하는 부가장력 T_g[N]
(3) 벨트에 의해 40kW의 동력을 전달 하고자 한다, 벨트의 가닥수를 구하여라.

풀이 및 답

(1) 벨트의 회전속도 V[m/s]을 구하여라.

$$(\text{벨트의 회전속도})\ V = \frac{\pi \times D_1 \times N_1}{60 \times 1000} = \frac{\pi \times 300 \times 765}{60 \times 1000} = 12.0165 = 12.017\,\text{m/s}$$

답 12.017m/s

(2) 벨트에 작용하는 부가장력 T_g[N]

$$(\text{부가장력})\ T_g = \overline{m}\,V^2 = \rho A V^2 = 1.5 \times 10^3 \times 236.7 \times 10^{-6} \times 12.017^2 = 51.272\text{N} = 51.27\text{N}$$

답 51.27N

(3) 벨트에 의해 40kW의 동력을 전달 하고자 한다, 벨트의 가닥수를 구하여라.

$$(\text{벨트의 가락수})\ Z = \frac{H_{kw}}{H_0 \times k_1 \times k_2} = \frac{40}{11.88 \times 0.94 \times 1.2} = 2.987 = 3\text{가닥}$$

$$(\text{벨트 한 가닥의 전달동력})\ H_0 = \frac{V}{1000}\left(\frac{e^{\mu'\theta} - 1}{e^{\mu'\theta}}\right)(T_t - T_g)$$

$$= \frac{12.017}{1000}\left(\frac{3.74 - 1}{3.74}\right)(1400 - 51.27)$$

$$= 11.874 = 11.87\,\text{kW}$$

$$e^{\mu'\theta} = e^{\left(0.48 \times 157.6 \times \frac{\pi}{180}\right)} = 3.744 = 3.74$$

답 3가닥

09

롤러체인 No.60의 파단 하중이 3200kgf, 피치는 19.05mm을 안전율 10으로 동력을 전달하고자 한다. 구동스프로킷 휠의 잇수는 17개, 회전속도 600rpm으로 회전하며 피동축은 200rpm으로 회전하고 있다. 다음 물음에 답하여라. (단, 롤러의 부하계수 k =1.3) [5점]

(1) 최대전달동력[kW]을 구하여라.(단, 2줄(2열)인 경우 다열계수 e =1.7이다.)
(2) 피동 축 스프로킷휠의 피치원 지름[mm]을 구하여라.
(3) 축간거리가 1200mm이다, 한 줄에 사용해야 될 링크의 개수를 구하여라. (단 오프셋 효과를 고려하여 짝수개로 선정한다.)

풀이 및 답

(1) 최대전달동력[kW]을 구하여라.(단, 2줄(2열)인 경우 다열계수 e =1.7이다.)

(설계장력) $F_s = \dfrac{e}{k \times s} \times F_B = \dfrac{1.7}{1.3 \times 10} \times 3200 = 418.4615 = 418.46\text{kgf}$

(속도) $V = \dfrac{p \times Z_1 \times N_1}{60 \times 1000} = \dfrac{19.05 \times 17 \times 600}{60 \times 1000} = 3.2385 = 3.24\,\text{m/s}$

(최대전달동력) $H_{kW} = \dfrac{F_s \times V}{102} = \dfrac{418.46 \times 3.24}{102} = 13.292 = 13.29\,\text{kW}$

답 13.29kW

(2) 피동 축 스프로킷휠의 피치원 지름[mm]을 구하여라.

(피동축 스프로킷 휠 잇수) $Z_2 = \dfrac{Z_1 \times N_1}{N_2} = \dfrac{17 \times 600}{200} = 51$개

(피동축 스프로킷 휠 피치원 지름) $D_2 = \dfrac{p}{\sin\dfrac{180}{Z_2}} = \dfrac{19.05}{\sin\dfrac{180}{51}}$

$= 309.449 = 309.45\,\text{mm}$

답 309.45mm

(3) 축간거리가 1200mm이다, 한 줄에 사용해야 될 링크의 개수를 구하여라. (단 오프셋 효과를 고려하여 짝수개로 선정한다.)

(링크의 개수) $L_n = \dfrac{2 \times C}{p} + \dfrac{(Z_1 + Z_2)}{2} + \dfrac{\dfrac{p}{\pi^2}(Z_2 - Z_1)^2}{4C}$

$$= \frac{2\times 1200}{19.05} + \frac{(51+17)}{2} + \frac{\frac{19.05}{\pi^2}\times(51-17)^2}{4\times 1200}$$

$$= 160.449 = 162\text{개}$$

답 162개

10

원추 마찰차를 이용하여 10kW의 동력을 전달하고자 한다. 원동차의 평균지름 450mm, 속비는 $\frac{2}{3}$이고, 원동차의 회전수는 900rpm이다. 두 축의 교차각이 90°일 때 다음 각 물음에 답하여라. (단, 마찰계수 μ=0.25, 허용압력 f = 2.5kgf/mm이다.) [4점]

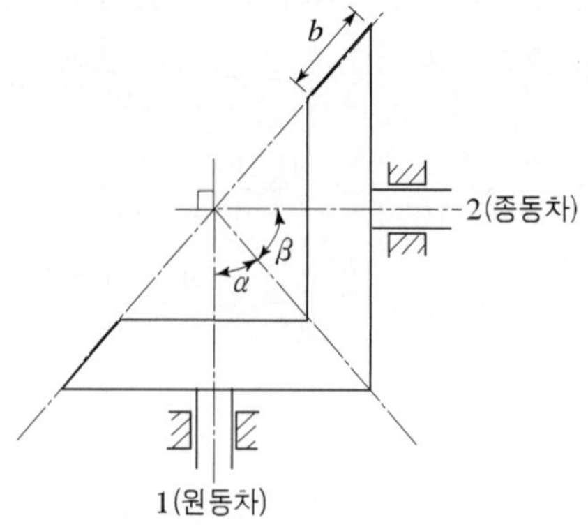

(1) 원추차의 폭 b[mm]를 구하여라?
(2) 원동차의 베어링에 작용하는 추력(Thrust)하중 F_a[kgf]은?

풀이 및 답

(1) 원추차의 폭 b[mm]를 구하여라?

(폭) $b = \frac{Q}{f} = \frac{192.4}{2.5} = 79.96\text{mm}$

$$H_{KW} = \frac{\mu Q \cdot V}{102} = \frac{\mu Q\times \pi D_1 \times N_1}{102\times 60\times 1000}$$

$$10 = \frac{0.25\times Q\times \pi\times 450\times 900}{102\times 60\times 1000}$$

(접촉면에 수직하는 힘) $Q = 192.4\text{kgf}$

답 76.96mm

(2) 원동차의 베어링에 작용하는 추력(Thrust)하중 F_a[kgf]은?

$$\tan\alpha = \frac{\sin\theta}{\frac{1}{\epsilon}+\cos\theta} = \frac{\sin 90}{\frac{1}{\epsilon}+\cos 90} = \epsilon$$

(원동차의 꼭지반각) $\alpha = \tan^{-1}\left(\frac{2}{3}\right) = 33.69°$

$F_a = Q \cdot \sin\alpha = 192.4 \times \sin 33.69 = 106.72\text{kgf}$

답 106.72kgf

11

원 축에 공급되는 동력을 웜기어로 전달하고자 한다. 웜의 분당회전수는 1750rpm이다. 웜기어를 $\frac{1}{12.25}$로 감속시킬려고 한다. 웜은 4줄, 축직각 모듈 3.5, 중심거리 110mm로 할 때 다음을 구하여라.(단 마찰계수는 0.1이다) [6점]

(1) 웜의 피치원지름 D_w과 웜 기어의 피치원 지름 D_g[mm]을 각각 구하여라.
(2) 웜의 효율 η[%]을 구하여라.(단 공구 압력각 α_n =20°이다)
(3) 웜휠에 작용하는 회전력 F_t =1800[N]이다. 이때 전달동력[kW]을 구하여라.

풀이 및 답

(1) 웜의 피치원지름 D_w과 웜 기어의 피치원 지름 D_g[mm]을 각각 구하여라.

(웜휠의 피치원 지름) $D_g = m_s Z_g = 3.5 \times 49 = 171.5\text{mm}$

(웜휠의 잇수) $Z_g = Z_w / i = 4 \times 12.25 = 49$개

(축간거리) $A = \frac{D_w + D_g}{2}$

(웜의 피치원 지름) $D_w = 2A - D_g = 2 \times 110 - 171.5 = 48.5\text{mm}$

답 D_w =48.5mm
D_g =171.5mm

(2) 웜의 효율 η[%]을 구하여라.(단 공구 압력각 α_n =20° 이다)

$$\eta = \frac{\tan\gamma}{\tan(\gamma+\rho')} = \frac{\tan 16.1}{\tan(16.1+6.07)} \times 100 = 70.83\%$$

(리드각) $\gamma = \tan^{-1}\left(\frac{l}{\pi D_w}\right) = \tan^{-1}\left(\frac{43.98}{\pi \times 48.5}\right) = 16.1°$

(리드) $l = Z_w \cdot \ p_s = Z_w \cdot \ m_s \cdot \ \pi = 4 \times \pi \times 3.5 = 43.98\text{mm}$

(상당마찰각) $\rho' = \tan^{-1}\left(\frac{\mu}{\cos\alpha_n}\right) = \tan^{-1}\left(\frac{0.1}{\cos 20}\right) = 6.07°$

답 70.83%

(3) 웜휠에 작용하는 회전력 F_t =1800[N]이다. 이때 전달동력[KW]을 구하여라.

$$H_{KW} = \frac{1}{\eta} \times \frac{F_t \times V}{1000} = \frac{1}{0.7083} \times \frac{1800 \times 1.28}{1000} = 3.25\text{kW}$$

$$V_g = \frac{\pi \times D_g \times N_g}{60 \times 1000} = \frac{\pi \times 171.5 \times \frac{1750}{12.25}}{60 \times 1000} = 1.28\text{m/sec}$$

답 3.25kW

필답형 실기

- 기계요소설계 -

2015년도 4회

01

웜의 분당회전수는 1500rpm을 웜기어로 $\frac{1}{12}$로 감속시킬려고 한다. 웜은 4줄, 축직각 모듈 3.5, 중심거리 110mm로 할 때 다음을 구하여라. [5점]

(1) 웜의 피치원지름 D_w과 웜 기어의 피치원 지름 D_g[mm]을 각각 구하여라.

(2) 웜의 효율 η[%]을 구하여라.(단, 공구 압력각=치직각 압력각 α_n =20°, 마찰계수 μ =0.1이다)

(3) 웜휠에 작용하는 회전력 F_t[N]을 구하여라.
(웜휠의 재질은 금속재료인 청동이며 굽힘응력은 80MPa, 치폭은 15mm 이다. 다음 표를 참조하여라.)

재질	속도계수
금속재료	$f_v = \frac{6}{6+v_g}$
합성수지	$f_v = \frac{1+0.25v_g}{1+v_g}$

치직각 압력각 α_n	치형계수 y
14.5°	0.1
20°	0.125
25°	0.15
30°	0.175

풀이 및 답

(1) 웜의 피치원지름 D_w과 웜 기어의 피치원 지름 D_g[mm]을 각각 구하여라.

(웜휠의 피치원 지름) $D_g = m_s Z_g = 3.5 \times 48 = 168\text{mm}$

(웜휠의 잇수) $Z_g = Z_w / i = 4 \times 12 = 48$개

(축간거리) $C = \frac{D_w + D_g}{2}$

(웜의 피치원 지름) $D_w = 2C - D_g = 2 \times 110 - 168 = 52\text{mm}$

답 D_w =52mm
D_g =168mm

(2) 웜의 효율 η[%]을 구하여라.

$$\eta = \frac{\tan\gamma}{\tan(\gamma + \rho')} = \frac{\tan 15.07}{\tan(15.07 + 6.07)} = 0.69635 = 69.64\%$$

(리드각) $\gamma = \tan^{-1}\left(\frac{l}{\pi D_w}\right) = \tan^{-1}\left(\frac{43.98}{\pi \times 52}\right) = 15.067° = 15.07°$

(리드) $l = Z_w \cdot p_s = Z_w \cdot m_s \cdot \pi = 4 \times \pi \times 3.5 = 43.98\text{mm}$

(상당마찰각) $\rho' = \tan^{-1}\left(\frac{\mu}{\cos\alpha_n}\right) = \tan^{-1}\left(\frac{0.1}{\cos 20}\right) = 6.07°$

답 69.64%

(3) 웜휠에 작용하는 회전력 F_t[N]을 구하여라.

(웜휠의 회전력) $F_t = f_v \sigma_b p_n b y = 0.85 \times 80 \times 10.62 \times 15 \times 0.125 = 1354.05\text{N}$

(웜의 치직각 피치) $p_n = p_s \cos\gamma = \pi m_s \times \cos\gamma = \pi \times 3.5 \times \cos 15.07$
$= 10.62\text{mm}$

(속도계수) $f_v = \dfrac{6}{6+v_g} = \dfrac{6}{6+1.1} = 0.845 = 0.85$

(웜휠 속도) $v_g = \dfrac{\pi D_g N_g}{60 \times 1000} = \dfrac{\pi \times 168 \times 125}{60 \times 1000} = 1.0995\text{m/s} = 1.1\text{m/s}$

(웜 휠의 분당회전수) $N_g = N_w \times i = 1500 \times \dfrac{1}{12} = 125\text{rpm}$

답 1354.05N

02

8kW의 동력을 전달하는 중심거리 450mm인 두 축이 홈붙이 마찰차로 연결되어 있다. 구동축 회전수가 400rpm 종동축 회전수는 150rpm이며, 홈각은 40°이고 허용접촉 선압은 3.5kgf/mm일 때 다음을 결정하라.(단, 마찰계수는 0.3이다.) [5점]

(1) 마찰차를 미는 힘은 몇 [kgf]인가?
(2) 홈의 전체 접촉 길이는 몇 [mm]인가?
(3) 홈의 수는 몇 개인가?

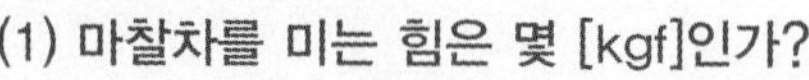

(1) 마찰차를 미는 힘은 몇 [kgf]인가?

$\epsilon = \dfrac{N_B}{N_A} = \dfrac{150}{400}$, $D_A = \dfrac{2C}{1+\dfrac{1}{\epsilon}} = \dfrac{2 \times 450}{1+\dfrac{400}{150}} = 245.45\text{mm}$

$V = \dfrac{\pi D_A N_A}{60 \times 1000} = \dfrac{\pi \times 245.45 \times 400}{60 \times 1000} = 5.14\text{m/sec}$

$\mu' = \dfrac{\mu}{\sin\alpha + \mu\cos\alpha} = \dfrac{0.3}{\sin 20 + 0.3 \times \cos 20} = 0.48$

$H_{KW} = \dfrac{\mu' P V}{102}$, $8 = \dfrac{0.48 \times P \times 5.14}{102}$, $P = 330.74\text{kgf}$

답 330.74kgf

(2) 홈의 전체 접촉 길이는 몇 [mm]인가?

(접촉면에 수직하는 힘) $Q=\dfrac{\mu' P}{\mu}=\dfrac{0.48\times 330.74}{0.3}=529.18\text{kgf}$

(접촉길이) $L=\dfrac{Q}{f}=\dfrac{529.18}{3.5}=151.19\text{mm}$

답 151.19mm

(3) 홈의 수는 몇 개인가?

(홈의 높이) $h=0.94\sqrt{\mu' P}=0.94\times\sqrt{0.48\times 330.74}=11.84\text{mm}$

$$Z=\frac{L}{2h}=\frac{151.19}{2\times 11.84}=6.38,\ Z=7\text{개}$$

답 7개

03

그림과 같이 밴드브레이크에서 하중 W의 낙하를 방지하기 위하여 레버 끝에 F=400N의 힘이 작용될 때, 다음을 구하시오.(단, 마찰계수 μ=0.3, 밴드의 두께 t=2mm, 밴드의 허용인장응력은 80MPa이다. a=100mm, b=50, L=700mm) [5점]

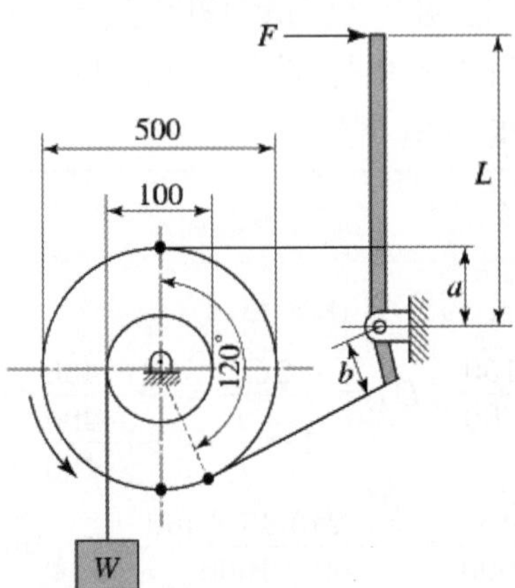

(1) 낙하하지 않을 최대하중 W[N] 구하시오.

(2) 밴드의 폭 b[mm]을 구하시오.

풀이 및 답

(1) 낙하하지 않을 최대하중 W[N] 구하시오.

(낙하하지 않을 최대하중) $W=f\times\dfrac{D_2}{D_1}=2334.89\times\dfrac{500}{100}=11674.45\text{N}$

(마찰력) $f = T_t \times \frac{(e^{\mu\theta}-1)}{e^{\mu\theta}} = 3265.12 \times \frac{(3.51-1)}{3.51} = 2334.866 ≒ 2334.89\text{N}$

$$\Sigma M_A = 0,\ (F\times L) - (T_t \times a) + (T_s \times b) = 0$$

$$(F\times 700) - (T_t \times 100) + \left(\frac{T_t}{e^{\mu\theta}} \times 50\right) = 0$$

(인장장력) $T_t = \frac{L}{\left(a - \frac{b}{e^{\mu\theta}}\right)} = \frac{400\times 700}{\left(100 - \frac{50}{3.51}\right)} = 3265.116 ≒ 3265.12\text{N}$

(장력비) $e^{\mu\theta} = e^{\left(0.3\times 240\times \frac{\pi}{180}\right)} = 3.51358 ≒ 3.51$

답 11674.45N

(2) 밴드의 폭 b[mm]을 구하시오.

(밴드의 폭) $b = \frac{T_t}{\sigma_a \times t} = \frac{3265.12}{80\times 2} = 20.407 ≒ 20.41\text{mm}$

답 20.41mm

04

지름이 50mm이고 400rpm으로 회전하는 축이 플랜지 커플링에 연결되어 있다. 축의 허용전단응력이 20MPa이고 볼트의 허용전단응력이 25MPa이며 볼트의 수는 8개이다. 축에 의한 토크 전달과 커플링에 의한 전달 토크가 같도록 설계하는 경우 다음을 구하여라. (단, 커플링의 동력전달은 볼트의 강도에만 의존 한다. 축의 중심 부터 볼트의 중심까지 거리는 84mm이다.) [5점]

(1) 축의 강도의 관점에서 최대 전달 동력을 구하여라. H[kW]

(2) 볼트의 지름을 구하여라. d_B[mm]

풀이 및 답

(1) 축의 강도의 관점에서 최대 전달 동력을 구하여라.

(축의 전달동력) $H_{KW} = \frac{T\times N}{974000\times 9.8} = \frac{490873.85\times 400}{974000\times 9.8}$

$= 20.5705 ≒ 20.57\text{kW}$

(토크) $T = \tau_s \times Z_p = 20 \times \frac{\pi\times 50^3}{16} = 490873.852 ≒ 490873.85\text{N}\cdot\text{mm}$

답 20.57kW

(2) 볼트의 지름을 구하여라.

$$(\text{볼트의 지름})\ d_B = \sqrt{\frac{8\times T}{\tau_a \times \pi \times Z \times D}} = \sqrt{\frac{8\times 490873.85}{25\times \pi \times 8 \times (84\times 2)}}$$

$$= 6.09937 \fallingdotseq 6.1\text{mm}$$

답 6.1mm

05

V벨트 전동에서 원동풀리의 호칭지름은 250mm, 회전수 950rpm, 접촉중심각 θ =160°, 벨트 장치에서 긴장장력이 1.4kN이 작용되고 있다. 전체 전달동력은 50kW, 접촉각 수정계수 0.94, 과부하계수1.2 이다. (단 등가 마찰계수 μ' =0.48, 벨트의 단면적 236.7mm^2, 벨트재료의 비중은 1.5이다.) [6점]

(1) 벨트의 회전속도 V[m/s]을 구하여라.
(2) 벨트에 작용하는 부가장력 T_g[N]
(3) 벨트의 가닥수를 구하여라.

풀이 및 답

(1) 벨트의 회전속도 V[m/s]을 구하여라.

$$(\text{벨트의 회전속도})\ V = \frac{\pi \times D_1 \times N_1}{60\times 1000} = \frac{\pi \times 250 \times 950}{60 \times 1000} = 12.4354 = 12.44\text{m/s}$$

답 12.44m/s

(2) 벨트에 작용하는 부가장력 T_g[N]

$$(\text{벨트의 부가장력})\ T_g = \frac{wV^2}{g} = \frac{\rho g A V^2}{g} = \rho A V^2$$

$$= 1.5\times 10^3 \times 236.7 \times 10^{-6} \times 12.44^2$$

$$= 54.9452 = 54.95\text{N}$$

답 54.95N

(3) 벨트의 가닥수를 구하여라.

$$(\text{벨트의 가닥수})\ Z = \frac{H_{KW}}{H_0 \times k_\theta \times k_m} = \frac{50}{12.35 \times 0.94 \times 1.2} = 3.589 = 4\text{가닥}$$

여기서, k_θ : 접촉각 보정계수, k_m : 과부하계수

$$(\text{벨트 한 가닥의 전달동력})\ H_0 = \frac{V}{1000}\left(\frac{e^{\mu'\theta}-1}{e^{\mu'\theta}}\right)(T_t - T_g)$$

$$= \frac{12.44}{1000}\left(\frac{3.82-1}{3.82}\right)(1400-54.95)$$
$$= 12.3522\text{kW} = 12.35\text{kW}$$

$$e^{\mu'\theta} = e^{\left(0.48\times160\times\frac{\pi}{180}\right)} = 3.8206 = 3.82$$

답 4가닥

06

다음과 같은 조건을 갖는 한 쌍의 외접 스퍼기어가 있다. 스퍼기어의 전달동력은 10kW이다. 피니언의 피치원 지름은 72mm다음을 결정하라.(단, 하중계수는 0.8. 속도계수는 0.45) [5점]

비고	허용굽힘응력 σ_b[kgf/mm^2]	회전수 N[rpm]	압력각 α[°]	치폭 b[mm^2]	치형계수 $Y(=\pi y)$	접촉면응력계수 K[kgf/mm^2]
피니언	26	1000	20	(모듈)$m\times10$	0.359	0.079
기어	9	200			0.422	

(1) 굽힘강도에 의한 모듈을 결정하여라.(소수첫번째 자리에서 반올림하여 정수로 구한다) : m

(2) 면압강도에 의한 모듈을 결정하여라.

(3) 둘 중에서 모듈을 결정하고, 치폭을 결정하여라. : m, b[mm]

풀이 및 답

(1) 굽힘강도에 의한 모듈을 결정하여라.(소수첫번째 자리에서 반올림하여 정수로 구한다) : m

$$H = \frac{F_t\times v}{102},\ F_t = \frac{H\times102}{v} = \frac{10\times102}{3.77} = 270.557\text{kgf} = 270.56\text{kgf}$$

$$v = \frac{\pi D_A N_A}{60\times1000} = \frac{\pi\times72\times1000}{60\times1000} = 3.769\text{m/s} = 3.77\text{m/s}$$

$$F_t = f_w f_v \sigma_{bA} bm Y_A = f_w f_v \sigma_{bA} 10m^2 Y_A$$

$$m_A = \sqrt{\frac{F_t}{10\times f_w f_v \sigma_{bA} Y_A}} = \sqrt{\frac{270.56}{10\times0.8\times0.45\times26\times0.359}} = 2.837\text{mm} = 3$$

$$m_B = \sqrt{\frac{F_t}{10\times f_w f_v \sigma_{bB} Y_B}} = \sqrt{\frac{270.56}{10\times0.8\times0.45\times9\times0.422}} = 4.4483 = 4$$

모듈이 큰 것이 이의 크기가 커기 때문에 큰 것 선정

답 4

(2) 면압강도에 의한 모듈을 결정하여라.

$$F_t = f_v \cdot K \cdot b \cdot m_c \cdot \left[\frac{2Z_A Z_B}{Z_A + Z_B}\right]$$

$$= f_v \cdot K \cdot 10m_c \cdot m_c \cdot \left[\frac{2\dfrac{D_A}{m_c}\times\dfrac{D_B}{m_c}}{\dfrac{D_A}{m_c}+\dfrac{D_A}{m_c}}\right] = f_v \cdot K \cdot 20m_c \times \frac{D_A \times D_B}{(D_A + D_B)}$$

$$m_c = \frac{F_t}{f_v \cdot K \cdot 20 \times \dfrac{D_A \times D_B}{(D_A + D_B)}} = \frac{270.56}{0.45 \times 0.079 \times 20 \times \dfrac{72 \times 360}{(72+360)}}$$

$$= 6.34 = 6$$

답 6

(3) 둘 중에서 모듈을 결정하고, 치폭을 결정하여라. : m, b[mm]

$m = 6$, $b = 10 \times m = 60\text{mm}$

답 $m = 6$
$b = 60\text{mm}$

07

Tr55×8(유효직경 51mm)인 나사가 축하중 8kN를 받고 있다. 너트부 마찰계수는 0.15이고, 자립면 마찰계수는 0.01, 자립면 평균 지름은 64mm일 때, 다음을 구하여라. [5점]

(1) 회전토크는 T는 몇 N · m인가?
(2) 나사잭의 효율은 몇 %인가?
(3) 축하중을 들어 올리는 속도가 0.9m/min일 때 전달동력은 몇 kW인가?

풀이 및 답

(1) 회전토크는 T는 몇 N · m인가?

$$T = Q \times \left(\frac{\mu' \pi d_2 + p}{\pi d_2 - \mu' \times p} \times \frac{d_2}{2} + \mu_f \times \frac{d_f}{2}\right)$$

$$= 8000 \times \left(\frac{0.16 \times \pi \times 51 + 8}{\pi \times 51 - 0.16 \times 8} \times \frac{51}{2} + 0.01 \times \frac{64}{2}\right)$$

$$= 45730.81\text{N} \cdot \text{mm} = 45.73\text{N} \cdot \text{m}$$

$$\mu' = \frac{\mu}{\cos\left(\dfrac{\alpha}{2}\right)} = \frac{0.15}{\cos\left(\dfrac{30}{2}\right)} = 0.1553 \fallingdotseq 0.16$$

답 45.73N · m

(2) 나사잭의 효율은 몇 %인가?

$$\eta = \frac{Q \cdot p}{2\pi T} \times 100 = \frac{8000 \times 8}{2 \times \pi \times 45730} \times 100 = 22.27\%$$

답 22.27%

(3) 축하중을 들어 올리는 속도가 0.9m/min일 때 전달동력은 몇 kW인가?

$$H_{KW} = \frac{Q \cdot V}{\eta} = \frac{8000 \times 0.9 \times 10^{-3}}{0.2227 \times 60} = 0.54\text{kW}$$

답 0.54kW

08

다음 그림에서 스플라인축이 전달할 수 있는 동력[kW]를 구하시오? [4점]

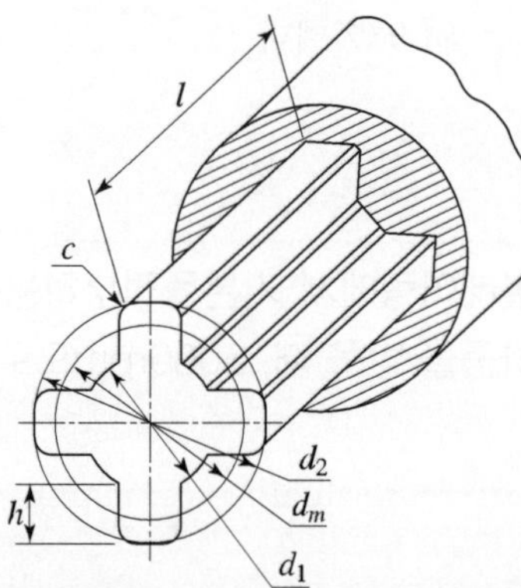

c : 모떼기 $c = 0.4\text{mm}$

l : 보스의 길이 $l = 100\text{mm}$

d_1 : 이뿌리 직경 $d_1 = 46\text{mm}$

d_2 : 이끝원 직경 $d_2 = 50\text{mm}$

η : 접촉효율 $\eta = 75\%$

z : 이의 개수 $z = 4$개

q_a : 허용접촉 면압력 $q_a = 10\text{MPa}$

N : 분당회전수 $N = 1200\text{rpm}$

풀이 및 답

(동력) $H = T \times \frac{2\pi N}{60} = 86.4 \times \frac{2 \times \pi \times 1200}{60} = 10857.3442\text{W} = 10.86\text{kW}$

$$T = q_a \cdot (h - 2c) \cdot l \cdot z \cdot \frac{d_m}{2} \cdot \eta$$

$$= 10 \times (2 - 2 \times 0.4) \times 100 \times 4 \times \frac{48}{2} \times 0.75 = 86400\text{N} \cdot \text{mm} = 86.4\text{N} \cdot \text{m}$$

$$d_m = \frac{d_2 + d_1}{2} = \frac{50 + 46}{2} = 48\text{mm}, \qquad h = \frac{d_2 - d_1}{2} = \frac{50 - 46}{2} = 2\text{mm}$$

답 10.86kW

09

그림과 같은 양쪽 덮개판 2줄 맞대기 이음에서 피치가 56mm, 리벳의 지름이 16mm, 강판의 두께가 20mm, 리벳의 전단강도가 강판의 인장강도의 85%일 때 이 리벳이음의 효율은 몇 %인가? [4점]

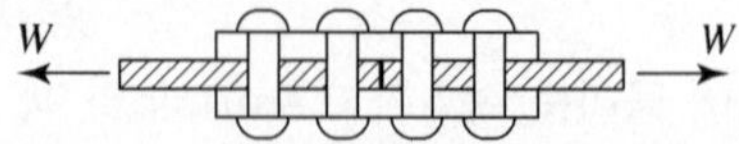

풀이 및 답

$$(\text{강판의 효율})\ \eta_t = 1 - \frac{d}{p} = 1 - \frac{16}{56} = 0.7143 = 71.43\%$$

$$(\text{리벳의효율})\ \eta_r = \frac{\pi d^2 \times \tau_r \times n \times 1.8}{4 \times \sigma_t \times p \times t} = \frac{\pi \times 16^2 \times (1 \times 0.85) \times 2 \times 1.8}{4 \times 1 \times 56 \times 20}$$

$$= 0.5493 = 54.93\%$$

$\eta_t > \eta_r$ 이므로 리벳이음의 효율 $\eta = 54.93\%$ 이다.

답 54.93%

10

베어링번호 6206 단열 레이디얼 볼베어링에서 기본동적부하용량 12500N, 하중계수 f_w =1.2일 때 2000N의 하중을 받을 때, 5000rpm으로 회전한다면 (수명시간) L_h[hr]은 얼마인가? [3점]

풀이 및 답

$$L_h = 500 \times \frac{33.3}{N} \times \left(\frac{C}{P_{th} \times f_w}\right)^r = 500 \times \frac{33.3}{5000} \times \left(\frac{12500}{2000 \times 1.2}\right)^3 = 470.48\text{hr}$$

답 470.48hr

11

내압을 받는 원통 용기의 내경이 600mm, 압력 1.6MPa의 보일러 리벳 이음을 하고자 한다. 압력용기의 두께는 몇 [mm]인가?(단, 리벳 이음의 효율을 η =0.6, 부식여유는 C =1mm, 인장강도 σ_t =400MPa, 안전율 S=6이다) [3점]

풀이 및 답

$$t = \frac{PDS}{2\sigma_t \eta} + C = \frac{1.6 \times 600 \times 6}{2 \times 400 \times 0.6} + 1 = 13\text{mm}$$

답 13mm

필답형 실기

- 기계요소설계 -

2016년도 1회

01

그림과 같은 양쪽 덮개판 2줄 맞대기 이음에서 피치가 56mm, 리벳의 지름이 16mm, 강판의 두께가 20mm, 리벳의 전단강도가 강판의 인장강도의 85%일 때 이 리벳이음의 효율은 몇 %인가? [4점]

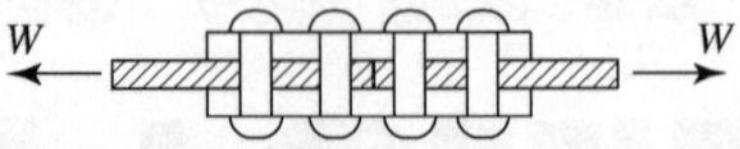

W ← → W

풀이 및 답

(강판의 효율) $\eta_t = 1 - \dfrac{d}{p} = 1 - \dfrac{16}{56} = 0.7143 = 71.43\%$

(리벳의 효율) $\eta_r = \dfrac{\pi d^2 \times \tau_r \times n \times 1.8}{4 \times \sigma_t \times p \times t} = \dfrac{\pi \times 16^2 \times (1 \times 0.85) \times 2 \times 1.8}{4 \times 1 \times 56 \times 20}$

$= 0.5493 = 54.93\%$

$\eta_t > \eta_r$ 이므로 리벳이음의 효율 $\eta = 54.93\%$ 이다.

답 54.93%

02

150rpm으로 회전하는 축을 엔드 저널 베어링으로 지지한다. 5000kgf의 베어링 하중을 받고 있다. 다음 물음에 답하여라. [4점]

(1) 허용압력속도계수가 $(p \cdot V)_a = 1.47 \left[\dfrac{\text{W}}{\text{mm}^2}\right]$, 저널의 길이는 몇 mm인가?

(2) 저널부의 허용굽힘응력 σ_b =55MPa일 때 저널의 직경은 몇 mm인가?

풀이 및 답

(1) 허용압력속도계수가 $(p \cdot V)_a = 1.47 \left[\dfrac{\text{W}}{\text{mm}^2}\right]$, 저널의 길이는 몇 mm인가?

(저널의 길이) $l = \dfrac{\pi Q N}{60000 \times (pV)_a} = \dfrac{\pi \times 5000 \times 9.8 \times 150}{60000 \times 1.47} = 261.8\text{mm}$

답 261.8mm

(2) 저널부의 허용굽힘응력 σ_b =55MPa일 때 저널의 직경은 몇 mm인가?

(저널의 지름) $d = \sqrt[3]{\dfrac{16 Q l}{\pi \sigma_b}} = \sqrt[3]{\dfrac{16 \times 5000 \times 9.8 \times 261.8}{\pi \times 55}} = 105.91\text{mm}$

답 105.91mm

03

아래 조건과 같은 겹판 스프링이 있다. 다음 물음에 답하여라. (밴드의 나비를 고려한 유효길이는 다음과 같은 식을 사용한다. 유효길이 $l_e = l - 0.6e$) [5점]

하중 $P = 7000\text{N}$
스팬의 길이 $l = 1500\text{mm}$
스프링의 나비 $b = 120\text{mm}$
밴드의 나비 $e = 100\text{mm}$
허용굽힘응력 $\sigma_b = 200\text{MPa}$
판두께 $h = 12\text{mm}$
탄성계수 $E = 210\text{GPa}$

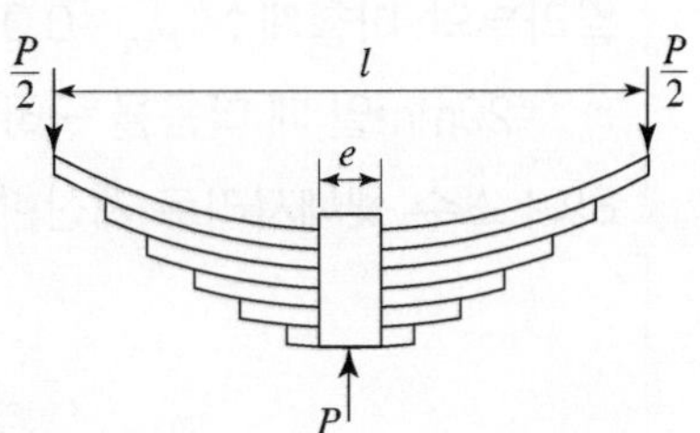

(1) 판의 개수를 구하여라. (단, 굽힘응력을 고려하여 구한다) n[개]
(2) 겹판스프림의 처짐량을 구하여라. $\delta[\mu\text{m}]$
(3) 겹판스프링의 고유 진동수를 구하여라. f[Hz]

풀이 및 답

(1) 판의 개수를 구하여라. (단, 굽힘응력을 고려하여 구한다)

$$\sigma_b = \frac{3P \cdot l_e}{2nbh^2} = \frac{3P \cdot (l - 0.6e)}{2nbh^2}$$

$$n = \frac{3P \cdot (l - 0.6e)}{\sigma_b 2bh^2} = \frac{3 \times 7000 \times (1500 - 0.6 \times 100)}{200 \times 2 \times 120 \times 12^2} = 4.375 = 5\text{개}$$

답 5개

(2) 겹판스프림의 처짐량을 구하여라.

$$\delta = \frac{3P \cdot l_e^3}{8nbh^3 \cdot E} = \frac{3 \times 7000 \times (1500 - 0.6 \times 100)^3}{8 \times 5 \times 120 \times 12^3 \times 210 \times 10^3} = 36\text{mm} = 36000\mu\text{m}$$

답 $36000\mu\text{m}$

(3) 겹판스프링의 고유 진동수를 구하여라.

$$f = \frac{1}{2\pi} \cdot \sqrt{\frac{g}{\delta}} = \frac{1}{2\pi} \times \sqrt{\frac{9.8}{36 \times 10^{-3}}} = 2.625\text{Hz} = 2.63\text{Hz}$$

답 2.63Hz

04

축방향 하중 W=5[ton]을 0.6m/min의 속도를 올리기 위해 Tr 나사를 사용한다.

$Tr60\times3$	골지름 57mm	유효지름 58.3mm

칼라부의 마찰계수 μ_m=0.01, 나사면의 마찰계수 0.15, 칼라부의 반지름 r_m=20mm일 때 다음을 구하시오. (단 마찰계수는 소수 4째 자리에서 반올림하여 소수 셋째자리로 계산한다.) **[5점]**

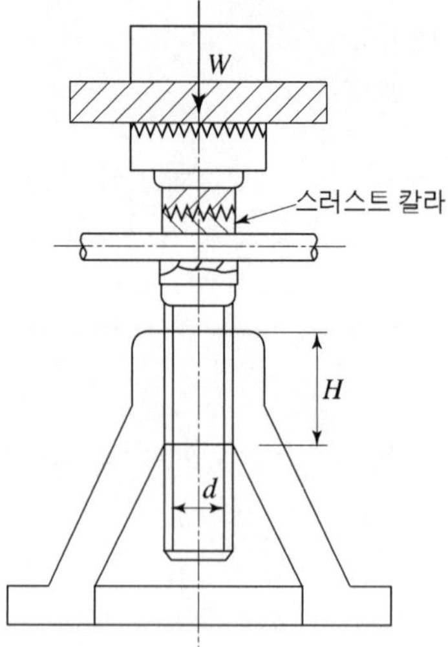

(1) 하중을 W을 들어 올리는데 필요한 토크 T[kgf · mm]을 구하여라.
(2) 잭의 효율을 η[%]구하여라.
(3) 소요동력 H[kW]을 구하여라.

풀이 및 답

(1) 하중 W을 들어 올리는데 필요한 토크 T[kgf · mm]을 구하여라.

$$(\text{상당마찰계수})\ \mu' = \frac{\mu}{\cos\frac{\alpha}{2}} = \frac{0.15}{\cos\frac{30}{2}} = 0.15529 = 0.155$$

$$T = \left(W \times \frac{\mu'\pi d_e + p}{\pi d_e - \mu' p} \times \frac{d_e}{2}\right) + (\mu_m \times W \times r_m) = 32475.32\text{kgf}\cdot\ \text{mm}$$

$$= \left(5000 \times \frac{0.155 \times \pi \times 58.3 + 3}{\pi \times 58.3 - 0.155 \times 3} \times \frac{58.3}{2}\right) + (0.01 \times 5000 \times 20)$$

$$= 26042.152\text{kgf}\cdot\ \text{mm} = 26042.15\text{kgf}\cdot\ \text{mm}$$

답 26042.15kgf · mm

(2) 잭의 효율을 η[%]구하여라.

$$\eta=\frac{Wp}{2\pi T}=\frac{5000\times 3}{2\times\pi\times 26042.15}=0.09167=9.17\%$$

답 9.17%

(3) 소요동력 H[kW]을 구하여라.

$$H=\frac{W\times V}{102\eta}=\frac{5000\times\frac{0.6}{60}}{102\times 0.0917}=5.345\text{kW}=5.35\text{kW}$$

답 5.35kW

05

하중 W의 자유 낙하를 방지하기 위하여 그림과 같은 블록 브레이크 이용하였다. 레버 끝에 F=150N의 힘을 가하였다. 블록과 드럼의 마찰계수는 0.3일 때 다음을 계산하라. [4점]

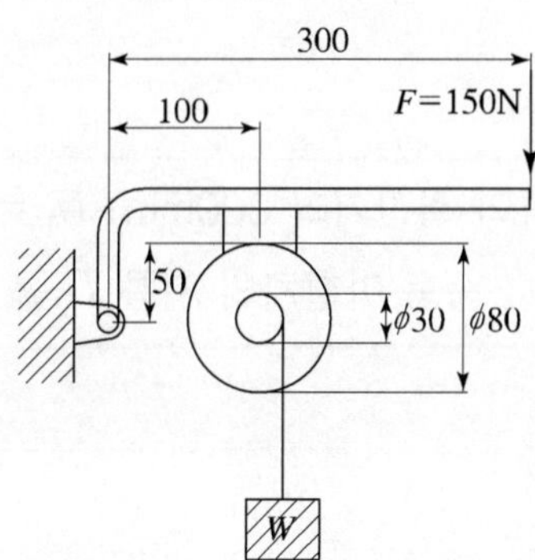

(1) 블록 브레이크를 밀어 붙이는 힘 P[N]을 구하시오.

(2) 자유낙하 하지 않기 위한 최대 하중 W[N]은 얼마인가?

(3) 블록의 허용압력은 200kPa, 브레이크 용량 $0.8\left[\frac{\text{N}}{\text{mm}^2}\frac{\text{m}}{\text{s}}\right]$일 때 브레이크 드럼의 최대회전수 N[rpm]는 얼마인가?

풀이 및 답

(1) 블록 브레이크를 밀어 붙이는 힘 P[N]을 구하시오.

$$F\times 300-P\times 100+\mu P\times 50=0$$

$$P=\frac{150\times 300}{100-0.3\times 50}=529.41\text{N}$$

답 529.41N

(2) 자유낙하 하지 않기 위한 최대 하중 W[N]은 얼마인가?

$$T = \mu P \times \frac{80}{2} = W \times \frac{30}{2}$$

$$W = \frac{\mu P \times 80}{30} = \frac{0.3 \times 529.41 \times 80}{30} = 423.53\text{N}$$

답 423.53N

(3) 블록의 허용압력은 200kPa, 브레이크 용량 $0.8\left[\frac{\text{N}}{\text{mm}^2}\frac{\text{m}}{\text{s}}\right]$일 때 브레이크 드럼의 최대회전수 N[rpm]는 얼마인가?

$$q = 200\text{kPa} = 0.2\text{N/mm}^2$$

$$\mu q v = \mu q \cdot \frac{\pi D N}{60 \times 1000}$$

$$0.8 = 0.3 \times 0.2 \times \frac{\pi \times 80 \times N}{60 \times 1000}, \quad N = 3183.1\text{rpm}$$

답 3183.1rpm

06

외접 원통 마찰차의 축간거리 300mm, N_1 =400rpm, N_2 =200rpm인 원통 마찰차의 지름 D_1, 종동 마찰차의 지름 D_2를 구하시오. [3점]

풀이 및 답

$$(\text{속비})\ \epsilon = \frac{D_1}{D_2} = \frac{N_2}{N_1} = \frac{200}{400} = \frac{1}{2}$$

$$(\text{원동풀리지름})\ D_1 = \frac{2l}{\frac{1}{\epsilon}+1} = \frac{2 \times 300}{2+1} = 200\text{mm}$$

$$(\text{종동풀리지름})\ D_2 = \frac{2l}{\epsilon+1} = \frac{2 \times 300}{\frac{1}{2}+1} = 400\text{mm}$$

답 D_1 =200mm
D_2 =400mm

8kW의 동력을 전달하는 중심거리 450mm인 두 축이 홈붙이 마찰차로 연결되어 있다. 구동축 회전수가 400rpm, 종동축 회전수는 150rpm이며, 홈각은 40°이고 허용접촉 선압은 3.5kgf/mm일 때 다음을 결정하라.(단, 마찰계수는 0.3이다) [5점]

(1) 마찰차를 미는 힘은 몇 [kgf]인가?
(2) 홈의 전체 접촉 길이는 몇 [mm]인가?
(3) 홈의 수는 몇 개인가?

풀이 및 답

(1) 마찰차를 미는 힘은 몇 [kgf]인가?

$$\epsilon = \frac{N_B}{N_A} = \frac{150}{400},\ D_A = \frac{2C}{1+\frac{1}{\epsilon}} = \frac{2\times 450}{1+\frac{400}{150}} = 245.45\text{mm}$$

$$V = \frac{\pi D_A N_A}{60\times 1000} = \frac{\pi\times 245.45\times 400}{60\times 1000} = 5.14\text{m/sec}$$

$$\mu' = \frac{\mu}{\sin\alpha + \mu\cos\alpha} = \frac{0.3}{\sin 20 + 0.3\times\cos 20} = 0.48$$

$$H_{KW} = \frac{\mu' PV}{102},\ 8 = \frac{0.48\times P\times 5.14}{102},\ P = 330.74\text{kgf}$$

답 330.74kgf

(2) 홈의 전체 접촉 길이는 몇 [mm]인가?

(접촉면에 수직하는 힘) $Q = \frac{\mu' P}{\mu} = \frac{0.48\times 330.74}{0.3} = 529.18\text{kgf}$

(접촉길이) $L = \frac{Q}{f} = \frac{529.18}{3.5} = 151.19\text{mm}$

답 151.19mm

(3) 홈의 수는 몇 개인가?

(홈의 높이) $h = 0.94\sqrt{\mu' P} = 0.94\times\sqrt{0.48\times 330.74} = 11.84\text{mm}$

$Z = \frac{L}{2h} = \frac{151.19}{2\times 11.84} = 6.38,\ Z = 7$개

답 7개

08

접촉면의 평균지름 300mm 원추면의 경사각 15°의 주철제 원추클러치가 있다. 이 클러치의 축방향으로 누르는 힘이 600N일 때 회전토크는 몇 N · m인가? (단, 마찰계수는 0.3이다.) [3점]

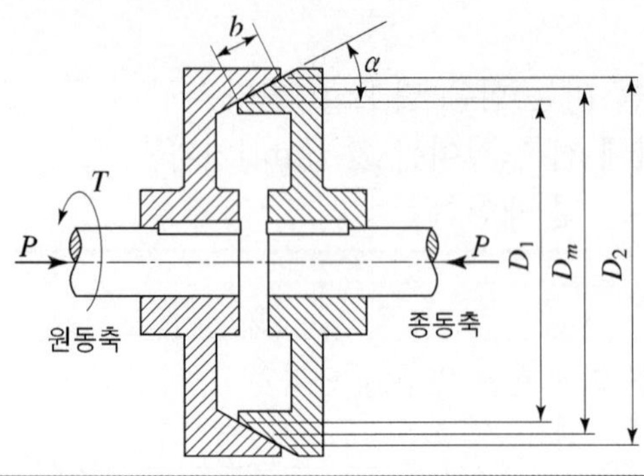

풀이 및 답

$$\mu' = \frac{\mu}{\mu\cos\alpha + \sin\alpha} = \frac{0.3}{0.3 \times \cos 15^\circ + \sin 15^\circ} = 0.55$$

$$T = \mu' P \times \frac{D_m}{2} = 0.55 \times 600 \times \frac{0.3}{2} = 49.5\text{N} \cdot \text{m}$$

답 49.5Nm

09

스플라인 축이 300rpm으로 회전하고 있고, 잇수 Z=6, 호칭지름 82mm이다. 이 측면의 허용면압을 19.6MPa로 하고 보스 길이를 150mm로 할 때 다음을 구하라. (단, 스플라인의 바깥지름은 88mm, 접촉효율은 75%이다.) [4점]

(1) 스플라인에 회전토크를 구하여라. $T[\text{kJ}] = ?$

(2) 스플라인으로 전달할 수 있는 전달동력을 구하여라. $H_{kW}[\text{kW}] = ?$

풀이 및 답

(1) 스플라인에 회전토크를 구하여라.

$$T = \eta \times q \times h \times l \times Z \times \frac{D_e}{2} = \eta \times q \times \left(\frac{D_2 - D_1}{2}\right) \times l \times Z \times \frac{D_2 + D_1}{4}$$

$$= 0.75 \times 19.6 \times \frac{88 - 82}{2} \times 150 \times 6 \times \frac{82 + 88}{4} = 1.69 \times 10^6 \text{N} \cdot \text{mm}$$

$$\therefore\ T = 1.69\text{kJ}$$

답 1.69kJ

(2) 스플라인으로 전달할 수 있는 전달동력을 구하여라.

$$H_{kW} = T\times\frac{2\pi N}{60} = 1.69\times\frac{2\times\pi\times300}{60} = 53.0929\text{kW} = 53.093\text{kW}$$

답 53.093kW

10

1800rpm, 8kW의 전동기(motor)에 의하여 V벨트로 연결된 3000rpm으로 운전되는 풀리가 있다. 이때 사용한 벨트는 B형으로 허용인장력 F=25kgf, 단위 길이당 하중 ω=0.17kgf/m, 작은 풀리의 지름은 120mm이다. 다음을 결정하라. (단, $e^{\mu'\theta}$=5.7) [5점]

(1) 벨트의 부가장력은 몇 kgf인가?
(2) V벨트 1가닥이 전달할 수 있는 동력은 몇 kW인가?
(3) V벨트는 몇 가닥인가? (단, 접촉각 수정계수 0.94, 부하계수1.2이다.)

풀이 및 답

(1) 벨트의 부가장력은 몇 kgf인가?

$$V = \frac{\pi DN}{60\times1000} = \frac{\pi\times120\times3000}{60\times1000} = 18.85\text{m/sec}$$

$$T_g = \frac{\omega V^2}{g} = \frac{0.17\times18.85^2}{9.8} = 6.16\text{kgf}$$

답 6.16kgf

(2) V벨트 1가닥이 전달할 수 있는 동력은 몇 kW인가?

$$H_o = \frac{P_e\cdot V}{102} = \frac{V(F-T_g)}{102}\cdot\ \frac{e^{\mu'\theta}-1}{e^{\mu'\theta}}$$

$$= \frac{18.85\times(25-6.16)}{102}\times\frac{5.7-1}{5.7} = 2.87\text{kW}$$

답 2.87kW

(3) V벨트는 몇 가닥인가? (단, 접촉각 수정계수 0.94, 부하계수1.2이다.)

(벨트의 가락수) $Z = \dfrac{H_{kw}}{H_0\times k_1\times k_2} = \dfrac{8}{2.87\times1.2\times0.94} = 2.47 = 3$가닥

(전체 전달동력) $H_{kW} = k_1\times k_2\times H_0\times Z$

답 3가닥

11

피니언 기어의 잇수가 28, 큰 기어의 잇수가 32, 모듈이 5일 때 다음을 구하라.

(1) 압력각이 $14.5°$일 때의 피니언 기어와 큰 기어의 전위량(mm)를 구하여라.

(2) 두 기어의 치면 높이(백래시)가 0이 되도록 하는 물림 압력각($\alpha_b°$)를 구하여라.(정답은 소수점 5자리까지 구하고 아래표를 이용한다.)

압력각 (θ)	소수점 2째자리					압력각 (θ)	소수점 2째자리				
	0	2	4	6	8		0	2	4	6	8
14.0	0.004982	0.005004	0.005025	0.005047	0.002069	17.0	0.009025	0.009057	0.009090	0.009123	0.009156
0.1	0.005091	0.005113	0.005135	0.005158	0.005180	0.1	0.009189	0.009222	0.009255	0.009288	0.009322
0.2	0.005202	0.005225	0.005247	0.005269	0.005292	0.2	0.009355	0.009389	0.009422	0.009456	0.009490
0.3	0.005315	0.005337	0.005360	0.005383	0.005406	0.3	0.009523	0.009557	0.009591	0.009625	0.009659
0.4	0.005429	0.005452	0.005475	0.005498	0.005522	0.4	0.009694	0.009728	0.009762	0.009797	0.009832
0.5	0.005545	0.005568	0.005592	0.005615	0.005639	0.5	0.009866	0.009901	0.009936	0.009971	0.010006
0.6	0.005662	0.005686	0.005710	0.005734	0.005758	0.6	0.010041	0.010076	0.010111	0.010146	0.010182
0.7	0.005782	0.005806	0.005830	0.005854	0.005878	0.7	0.010217	0.010253	0.010289	0.010324	0.010360
0.8	0.005903	0.005927	0.005952	0.005976	0.006001	0.8	0.010396	0.010432	0.010468	0.010505	0.010541
0.9	0.006025	0.006050	0.006075	0.006100	0.006125	0.9	0.010577	0.010614	0.010650	0.010687	0.010724
15.0	0.006150	0.006175	0.006200	0.006225	0.006251	18.0	0.010760	0.010797	0.010834	0.010871	0.010909
0.1	0.006276	0.006301	0.006327	0.006353	0.006378	0.1	0.010946	0.010983	0.011021	0.011058	0.011096
0.2	0.006404	0.006430	0.006456	0.006482	0.006508	0.2	0.011133	0.011171	0.011209	0.011247	0.011285
0.3	0.006534	0.006560	0.006586	0.006612	0.006639	0.3	0.011323	0.011361	0.011400	0.011438	0.011477
0.4	0.006665	0.006692	0.006718	0.006745	0.006772	0.4	0.011515	0.011554	0.011593	0.011631	0.011670
0.5	0.006799	0.006825	0.006852	0.006879	0.006906	0.5	0.011709	0.011749	0.011788	0.011827	0.011866
0.6	0.006934	0.006961	0.006988	0.007016	0.007043	0.6	0.011906	0.011946	0.011985	0.012025	0.012065
0.7	0.007071	0.007098	0.007216	0.007154	0.007182	0.7	0.012105	0.012145	0.012185	0.012225	0.012265
0.8	0.007209	0.007237	0.007266	0.007294	0.007322	0.8	0.012306	0.012346	0.012387	0.012428	0.012468
0.9	0.007350	0.007379	0.007407	0.007435	0.007464	0.9	0.012509	0.012550	0.012591	0.012632	0.012674
16.0	0.007493	0.007521	0.007550	0.007579	0.007608	19.0	0.012715	0.012756	0.012798	0.012840	0.012881
0.1	0.007637	0.007666	0.007695	0.007725	0.007754	0.1	0.012923	0.012965	0.013007	0.013049	0.013091
0.2	0.007784	0.007813	0.007843	0.007872	0.007902	0.2	0.013134	0.013176	0.013218	0.013261	0.013304
0.3	0.007932	0.007962	0.007992	0.008022	0.008052	0.3	0.013346	0.013389	0.013432	0.013475	0.013518
0.4	0.008082	0.008112	0.008143	0.008173	0.008204	0.4	0.013562	0.013605	0.013648	0.013692	0.013736
0.5	0.008234	0.008265	0.008296	0.008326	0.008357	0.5	0.013779	0.013823	0.013867	0.013911	0.013955
0.6	0.008388	0.008419	0.008450	0.008482	0.008513	0.6	0.013999	0.014044	0.014088	0.014133	0.014177
0.7	0.008544	0.008576	0.008607	0.008639	0.008671	0.7	0.014222	0.014267	0.014312	0.014357	0.014402
0.8	0.008702	0.008734	0.008766	0.008798	0.008830	0.8	0.014447	0.014492	0.014538	0.014583	0.014629
0.9	0.008863	0.008895	0.008927	0.008960	0.008992	0.9	0.014674	0.014720	0.014766	0.014812	0.014858
						20.0	0.014904	0.014951	0.014997	0.015044	0.015090

(3) 전위기어 제작시 중심거리 증가량 ΔC[mm]을 구하여라.

(4) 전기기어 제작하였을 때 축간 중심거리 C_f[mm]를 구하여라.

(5) 피니언의 바깥지름 D_{k1}[mm]와 종동기어의 바깥지름 D_{k2}[mm]를 구하여라.

풀이 및 답

(1) 압력각이 14.5°일 때의 피니언 기어와 큰 기어의 전위량(mm)를 구하여라.

최소잇수 $z_e = \dfrac{2}{\sin^2\alpha} = \dfrac{2}{\sin^2 14.5} = 31.9 = 32$개

피니언의 전위계수 $x_1 = 1 - \frac{Z_1}{Z_e} = 1 - \frac{28}{32} = 0.125$

피니언의 전위량 $c_1 = x_1 \cdot\ m = 0.125 \times 5 = 0.625\text{mm}$

큰 기어의 전위계수 $x_2 = 1 - \frac{Z_2}{Z_e} = 1 - \frac{32}{32} = 0$

큰 기어의 전위량 $c_2 = x_2 \times m = 0 \times 5 = 0$

답 피니언기어의 전위량 : 0.625mm
큰 기어의 전위량 : 0mm

(2) 두 기어의 치면 높이(백래시)가 0이 되도록 하는 물림 압력각($\alpha_b{}^\circ$)를 구하여라.

$$inv\,\alpha_b = inv\,\alpha + 2 \times \tan\alpha \times \frac{x_1 + x_2}{Z_1 + Z_2}$$

$$= 0.005545 + 2 \times \tan 14.5 \times \frac{0.125 + 0}{28 + 32} = 0.006622$$

표에서 근사치를 찾으면

$\alpha_1 = 15.36^\circ \Rightarrow inv\,\alpha_1 = 0.006612$

$\alpha_b \Rightarrow inv\alpha_b = 0.006622$

$\alpha_2 = 15.38^\circ \Rightarrow inv\,\alpha_2 = 0.006639$

보간법에 의해

$$\frac{0.006622 - 0.006612}{0.006639 - 0.006612} = \frac{\alpha_b - 15.36}{15.38 - 15.36}$$

물림압력각 $\alpha_b = 15.367407 \fallingdotseq 15.3674$

답 15.3674°

(3) 전위기어 제작시 중심거리 증가량 ΔC [mm]을 구하여라.

$\Delta C = y \times m = 0.12137 \times 5 = 0.60685\,\text{mm}$

중심거리 증가계수 $y = \frac{Z_1 + Z_2}{2}\left(\frac{\cos\alpha}{\cos\alpha_b} - 1\right)$

$$= \frac{28 + 32}{2}\left(\frac{\cos 14.5}{\cos 15.3674} - 1\right) = 0.12137$$

답 0.60685mm

(4) 전기기어 제작하였을 때 축간 중심거리 C_f[mm]를 구하여라.

$$C_f = C + \Delta C = \frac{m(Z_1 + Z_2)}{2} + \Delta C = \frac{5 \times (28 + 32)}{2} + 0.60685$$

$$= 150.60685\,\text{mm}$$

답 150.60685mm

(5) 피니언의 바깥지름 D_{k1}[mm]와 종동기어의 바깥지름 D_{k2}[mm]를 구하여라.

$$D_{k1} = \{(Z_1+2)m + 2(y - x_2)m\}$$
$$= \{(28+2)\times 5 + 2\times(0.12137 - 0)\times 5)\}$$
$$= 151.2137\,[\mathrm{mm}]$$
$$D_{k2} = \{(Z_2+2)m + 2(y - x_1)m\}$$
$$= \{(32+2)\times 5 + 2\times(0.12137 - 0.125)\times 5)\}$$
$$= 169.9637\,[\mathrm{mm}]$$

답 D_{k1} =151.2137mm
D_{k2} =169.9637mm

12

다음의 나사의 특징을 설명하였다. 각 보기의 나사명을 기입하여라. [3점]

(1) 수나사의 형태로 몸체에 침탄 담금질 처리를 하여 경화시킨 작은 나사로 별도의 암나사부분이 없는 부분에 스스로 암나사를 만들어 가면서 죄는 나사이다.
(2) 더블너트라고도 하며 먼저얇은 고정너크로 체결한 다음 고정너트로 체결하여 나사의 풀림을 방지한다.
(3) 리머로 다듬질한 구멍에 박아 체결하는 볼트로서 구멍과 볼트의 축 부분이 꼭 맞도록 다듬질한 볼트를 사용하며 큰 전단력을 받는 부분에 사용된다.

풀이 및 답

(1) 태핑나사(Tapping screw)
(2) 로크 너트(Lock nut)
(3) 리머볼트(Reamer bolt)

필답형 실기
- 기계요소설계 -

2016년도 2회

01

아래 조건으로 주어진 표준스퍼기어(압력각 $\alpha = 20^\circ$, 보통이)를 보고 물음에 답하여라. [5점]

원주피치 $p = 4\pi$
치폭 $b = 35\text{mm}$
피니언의 분당회전수 $N_A = 500\text{rpm}$
피니언의 잇수 $Z_A = 20$개
기어의 잇수 $Z_B = 50$개
피니언의 굽힘응력 $\sigma_A = 118\text{MPa}$
기어의 굽힘응력 $\sigma_B = 186\text{MPa}$

[평기어의 모듈기준 치형계수 Y (여기서, $Y = \pi y$)]

잇수 Z	압력각 ($\alpha = 14.5°$)	압력각($\alpha = 20°$)	
	보통이	보통이	낮은이
18	0.270	0.309	0.377
19	0.276	0.314	0.386
20	0.283	0.322	0.393
21	0.289	0.328	0.399
22	0.292	0.331	0.405
24	0.298	0.337	0.415
26	0.308	0.346	0.424
28	0.314	0.353	0.430
30	0.317	0.359	0.437
34	0.327	0.371	0.446
38	0.333	0.384	0.456
43	0.339	0.397	0.462
50	0.346	0.409	0.474
60	0.345	0.422	0.484

(1) 기어의 회전속도를 구하여라. $V[\text{m/s}]$
(2) 최대전달동력을 구하여라. $H_{KW}[\text{kW}]$

풀이 및 답

(1) 기어의 회전속도를 구하여라.

$$V = \frac{p \times Z_B \times N_B}{60 \times 1000} = \frac{4\pi \times 50 \times 200}{60 \times 1000} = 2.094\text{m/s} = 2.09\text{m/s}$$

(기어의 분당회전수) $N_B = \dfrac{Z_A \times N_A}{Z_B} = \dfrac{20 \times 500}{50} = 200\text{rpm}$

답 2.09m/s

(2) 최대전달동력을 구하여라.

(속도계수) $f_V = \dfrac{3.05}{3.05 + V} = \dfrac{3.05}{3.05 + 2.09} = 0.593 = 0.59$

(모듈) $m = \dfrac{p}{\pi} = \dfrac{4\pi}{\pi} = 4$

(피니언의 회전력) $F_A = f_v \times f_w \times \sigma_A \times m \times b \times Y_A$

$= 0.59 \times 1 \times 118 \times 4 \times 35 \times 0.322$

$= 3138.47\text{N}$

(피니언의 전달동력) $H_A = \dfrac{F_A \times V}{1000} = \dfrac{3138.47 \times 2.09}{1000} = 6.559\text{kW} = 6.56\text{kW}$

(기어의 회전력) $F_B = f_v \times f_w \times \sigma_B \times m \times b \times Y_B$

$= 0.59 \times 1 \times 186 \times 4 \times 35 \times 0.409$

$= 6283.712\text{N} = 6283.71\text{N}$

(기어의 전달동력) $H_A = \dfrac{F_B \times V}{1000} = \dfrac{6283.71 \times 2.09}{1000} = 13.132\text{kW} = 13.13\text{kW}$

답 6.56kW

02

아래 그림과 같은 상하2측 필렛용접이음에서 하중 P =9800N를 작용시킬 때 용접사이즈 f의 크기를 구하라.(단, 용접부의 허용전단응력을 τ_a =70MPa이다.) [5점]

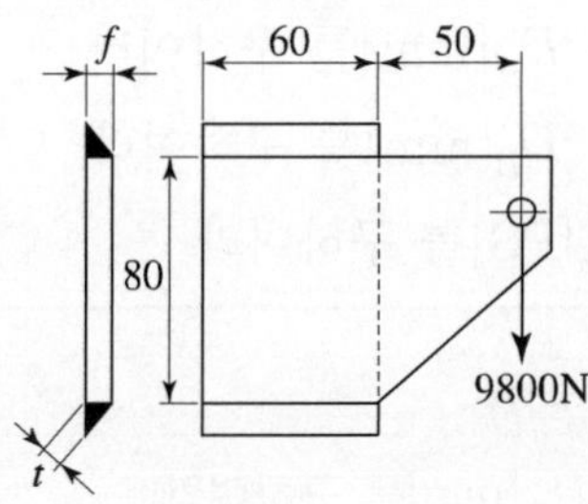

풀이 및 답

① 직접전단응력 τ_1

$$\tau_1 = \frac{P}{2t \cdot a} = \frac{9800}{2 \times t \times 60} = \frac{81.67}{t}\text{MPa}$$

② 비틀림 전단응력 τ_2

$$I_P = \frac{tl(3b^2 + l^2)}{6} = \frac{t \times 60 \times (3 \times 80^2 + 60^2)}{6} = 228000t\,\text{mm}^4$$

$$T = P \times \left(50 + \frac{60}{2}\right) = 9800 \times \left(50 + \frac{60}{2}\right) = 784000\text{Nmm}$$

$$\tau_2 = \frac{T \times r_{max}}{I_P} = \frac{784000 \times \sqrt{30^2 + 40^2}}{228000t} = \frac{171.93}{t}$$

$$\tau_{max}^2 = \tau_1^2 + \tau_2^2 + 2 \cdot \tau_1 \cdot \tau_2 \cdot \cos\theta$$

$$70^2 = \left(\frac{81.67}{t}\right)^2 + \left(\frac{171.93}{t}\right)^2 + 2\times\left(\frac{81.67}{t}\right)\times\left(\frac{171.93}{t}\right)\times\frac{30}{\sqrt{30^2+40^2}}$$

$t = 3.29\text{mm} = f \times \cos 45°$

$f = 4.65\text{mm}$

답 4.65mm

03

다음 조건과 같은 외접원통마찰차가 있다. 물음에 답하여라. [4점]

축간거리 $C = 300\text{mm}$
원동마찰차의 분당회전수 $N_A = 400\text{rpm}$
종동마찰차의 분당회전수 $N_B = 200\text{rpm}$
접촉선압력 $f_w = 4.5\text{kgf/mm}$
마찰차의 폭 $b = 30\text{mm}$
마찰계수 $\mu = 0.25$

(1) 원동풀리지름 D_A[mm]를 구하여라.
(2) 종동풀리지름 D_B[mm]를 구하여라.
(3) 전달동력 H_{PS}[PS]를 구하여라.

풀이 및 답

(1) 원동풀리지름 D_A[mm]를 구하여라.

(속비) $\epsilon = \dfrac{D_A}{D_B} = \dfrac{N_B}{N_A} = \dfrac{200}{400} = \dfrac{1}{2}$

(원동풀리지름) $D_A = \dfrac{2C}{1+\dfrac{1}{\epsilon}} = \dfrac{2\times 300}{1+2} = 200\text{mm}$

답 $D_A = 200\text{mm}$

(2) 종동풀리지름 D_B[mm]를 구하여라.

(종동풀리지름) $D_B = \dfrac{D_A}{\epsilon} = \dfrac{200}{\dfrac{1}{2}} = 400\text{mm}$

답 $D_B = 400\text{mm}$

(3) 전달동력 H_{PS}[PS]를 구하여라.

$$f_w = \frac{P}{b},\ P = f_w \times b = 4.5 \times 30 = 135\text{kgf}$$

$$V = \frac{\pi \times D_A \times N_A}{60 \times 1000} = \frac{\pi \times 200 \times 400}{60 \times 1000} = 4.188\text{m/s} = 4.19\text{m/s}$$

$$H_{PS} = \frac{\mu P \times V}{75} = \frac{0.25 \times 135 \times 4.19}{75} = 1.885\text{PS} = 1.89\text{PS}$$

답 1.89PS

04

축방향 하중 W=5[ton]을 0.6m/min의 속도를 올리기 위해 Tr 나사를 사용한다.

$Tr60 \times 3$	골지름 57mm	유효지름 58.3mm

칼라부의 마찰계수 μ_m=0.01, 나사면의 마찰계수 0.15, 칼라부의 반지름 r_m=20mm일 때 다음을 구하시오. (단 마찰계수는 소수 4째 자리에서 반올림하여 소수 셋째자리로 계산한다.) [4점]

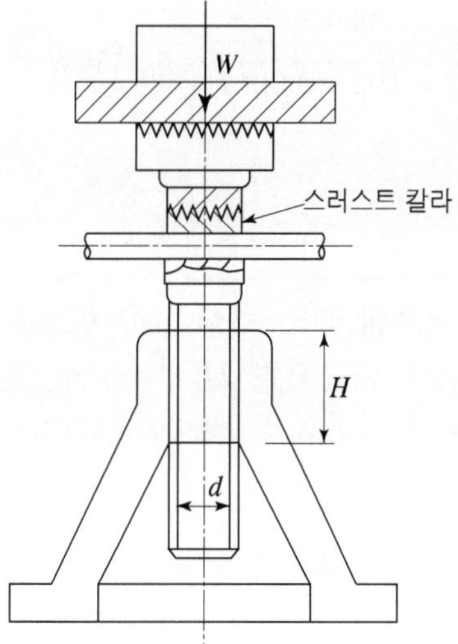

(1) 하중을 W을 들어 올리는데 필요한 토크 T[kgf · mm]을 구하여라. (단, 상당마찰계수는 소수세째자리까지 구하여라.)
(2) 잭의 효율을 η[%]구하여라.
(3) 소요동력 H[kW]을 구하여라.

(1) 하중 W을 들어 올리는데 필요한 토크 T[kgf · mm]을 구하여라.

$$(\text{상당마찰계수})\ \mu' = \frac{\mu}{\cos\frac{\alpha}{2}} = \frac{0.15}{\cos\frac{30}{2}} = 0.15529 = 0.155$$

$$T = \left(W \times \frac{\mu' \pi d_e + p}{\pi d_e - \mu' p} \times \frac{d_e}{2}\right) + (\mu_m \times W \times r_m) = 32475.32\text{kgf}\cdot\ \text{mm}$$

$$= \left(5000 \times \frac{0.155 \times \pi \times 58.3 + 3}{\pi \times 58.3 - 0.155 \times 3} \times \frac{58.3}{2}\right) + (0.01 \times 5000 \times 20)$$

$$= 26042.152\text{kgf}\cdot\ \text{mm} = 26042.15\text{kgf}\cdot\ \text{mm}$$

답 26042.15kgf · mm

(2) 잭의 효율을 η[%]구하여라.

$$\eta = \frac{Wp}{2\pi T} = \frac{5000 \times 3}{2 \times \pi \times 26042.15} = 0.09167 = 9.17\%$$

답 9.17%

(3) 소요동력 H[kW]을 구하여라.

$$H = \frac{W \times V}{102\eta} = \frac{5000 \times \frac{0.6}{60}}{102 \times 0.0917} = 5.345\text{kW} = 5.35\text{kW}$$

답 5.35kW

05

하중이 3000N 작용할 때의 처짐이 δ =50mm로 되고 코일 스프링에서 소선의 지름 d =16mm, 평균지름 D =144mm, 전단탄성계수 G =160GPa이다. 다음을 구하시오. **[4점]**

(1) 유효감김수를 구하시오. n[권]
(2) 전단응력을 구하시오. τ[MPa]
(단, Wahl의 응력수정계수 $K' = \frac{4C-1}{4C-4} + \frac{0.615}{C}$ 고려하여 구하여라.)

풀이 및 답

(1) 유효감김수를 구하시오.

$$(\text{유효감김수})\ n = \frac{\delta G d^4}{8WD^3} = \frac{50 \times 160 \times 10^3 \times 16^4}{8 \times 3000 \times 144^3} = 7.315\text{권} = 8\text{권}$$

답 8권

(2) 전단응력을 구하시오.

$$(\text{전단응력})\ \tau = K'\frac{8PD}{\pi d^3} = 1.16\times\frac{8\times3000\times144}{\pi\times16^3} = 311.545 = 311.55\text{MPa}$$

$$(\text{스프링 지수})\ C = \frac{D}{d} = \frac{144}{16} = 9$$

$$(\text{응력수정계수})\ K' = \frac{4C-1}{4C-4} + \frac{0.615}{C} = \frac{4\times9-1}{4\times9-4} + \frac{0.615}{9} = 1.162 = 1.16$$

답 311.55MPa

06

그림과 같이 축의 중앙에 무게 W=600N의 기어를 설치하였을 때, 축의 자중을 무시하고 축의 위험회전수 N_c[rpm]를 구하라. (단, 축은 단순지지된 것으로 간주하고 축의 탄성계수 E=2.1GPa이다.) [4점]

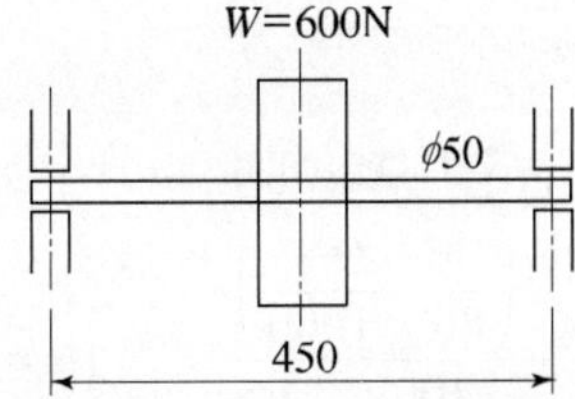

(1) 최대처짐량은 얼마인가[μm]?

(2) 축의 위험회전수는 얼마인가[rpm]?

풀이 및 답

(1) 최대처짐량은 얼마인가?

$$(\text{최대처짐량})\ \delta = \frac{P\cdot l^3}{48E\cdot I} = \frac{600\times450^3}{48\times2.1\times10^3\times\frac{\pi\times50^4}{64}}$$

$$= 1.767984\text{mm} = 1767.98\mu\text{m}$$

답 1767.98μm

(2) 축의 위험회전수는 얼마인가?

$$N_c = \frac{30}{\pi}\sqrt{\frac{g}{\delta}} = \frac{30}{\pi}\sqrt{\frac{9.8}{1767.98\times10^{-6}}} = 710.96\text{rpm}$$

답 710.96rpm

07

그림과 같은 밴드 브레이크에서 15kW, N=300rpm의 동력을 제동하려고 한다. 다음 조건을 보고 물음에 답하여라. **[4점]**

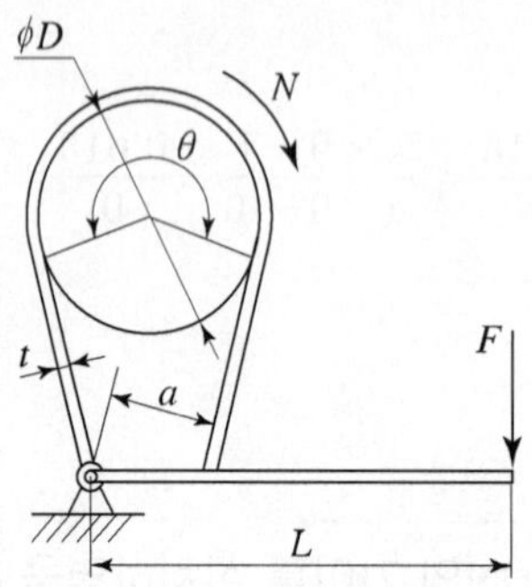

레버에 작용하는 힘 F=150N
접촉각 θ=225°
거리 a=200mm
풀리의 지름 D=600mm
마찰계수 μ=0.3
밴드의 허용응력 σ_b=17MPa
밴드의 두께 t=5mm
레버의 길이 L[mm]

(1) 레버의 길이 L[mm]을 구하여라.
(2) 밴드의 폭 b[mm]를 구하여라.

풀이 및 답

(1) 레버의 길이 L[mm]을 구하여라.

$$H=\frac{f\cdot V}{1000}=\frac{f\times\left(\frac{\pi\cdot DN}{60\times1000}\right)}{1000} \qquad 15=\frac{f\times\left(\frac{\pi\times600\times300}{60\times1000}\right)}{1000}$$

(마찰력) $f=1591.549\text{N}=1591.55\text{N}$

$$e^{\mu\theta}=e^{\left(0.3\times225\times\frac{\pi}{180}\right)}=3.248=3.25$$

$\Sigma M=0$, $+F\cdot L-T_s\cdot a=0$

$$L=\frac{T_s\times a}{F}=\frac{\frac{f}{(e^{\mu\theta}-1)}\times a}{F}=\frac{\frac{1591.55}{(3.25-1)}\times200}{150}$$

$=943.1407\text{mm}=943.14\text{mm}$

답 943.14mm

(2) 밴드의 폭 b[mm]를 구하여라.

$$\sigma_b=\frac{T_t}{bt\eta}$$

$$(\text{폭})\ b=\frac{T_t}{\sigma_b t\eta}=\frac{\frac{fe^{\mu\theta}}{e^{\mu\theta}-1}}{\sigma_b t\eta}=\frac{\frac{1591.55\times3.25}{3.25-1}}{17\times5\times1}=27.0459\text{mm}=27.05\text{mm}$$

답 27.05mm

08 다음 너클핀을 보고 물음에 답하여라. [4점]

축방향 하중 $P = 40\text{kN}$　　너클핀의 전단응력 $\tau_p = 50\text{MPa}$
$a = 100\text{mm}$　　$b = 30\text{mm}$

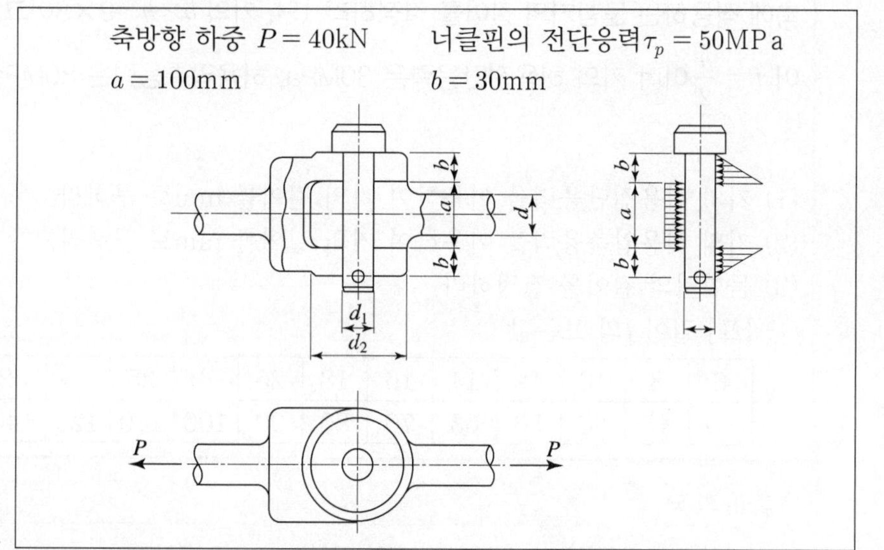

(1) 너클핀의 지름 d_1[mm]인가?
(2) 너클핀에 작용하는 최대 굽힘응력 σ_b[MPa]인가?

풀이 및 답

(1) 너클핀의 지름 d_1[mm]인가?

$$\tau_p = \frac{P}{2 \times \frac{\pi d_1^2}{4}}$$

(너클핀의 지름) $d_1 = \sqrt{\frac{2P}{\pi \tau_p}} = \sqrt{\frac{2 \times 40000}{\pi \times 50}} = 22.567\text{mm} = 22.57\text{mm}$

답 22.57mm

(2) 너클핀에 작용하는 최대 굽힘응력 σ_b[MPa]인가?

(너클핀에 작용하는 굽힘모멘트) $M = \frac{P}{24}(3a + 4b)$

$$M = \frac{P}{24}(3a + 4b) = \frac{40000}{24} \times (3 \times 100 + 4 \times 30) = 700000\text{Nmm}$$

(너클핀의 굽힘응력) $\sigma_b = \frac{M}{Z} = \frac{M}{\frac{\pi d_1^3}{32}} = \frac{700000}{\frac{\pi \times 22.57^3}{32}}$

$$= 620.159\text{MPa} = 620.16\text{MPa}$$

답 620.16MPa

09

지름이 50mm인 축의 회전수 800rpm, 동력 20kW를 전달시키고자 할 때, 이 축에 작용하는 묻힘키의 길이를 결정하라. (단, 키의 $b \times h$ =9×8이고, 묻힘깊이 $t = \frac{h}{2}$이며 키의 허용전단응력은 30MPa, 허용압축응력은 80MPa이다.)

[5점]

(1) 키의 허용전단응력을 이용하여 키의 길이를 mm로 구하라.
(2) 키의 허용압축응력을 이용하여 키의 길이를 mm로 구하라.
(3) 묻힘키의 길이를 결정하라.

[표] 길이 l의 표준값

6	8	10	12	14	16	18	20	22	25	28	32	36
40	45	50	56	63	70	80	90	100	110	125	140	160

풀이 및 답

(1) 키의 허용전단응력을 이용하여 키의 길이를 mm로 구하라.

(전단응력을 고려한 키의 길이) $l_\tau = \frac{2T}{bd\tau} = \frac{2 \times 238630}{9 \times 50 \times 30}$

$= 35.3525\text{mm} = 35.35\text{mm}$

$$T = 974000 \times \frac{H_{KW}}{N} = 974000 \times \frac{20}{800} = 24350\text{kgf} \cdot \text{mm} = 238630\text{N} \cdot \text{mm}$$

답 35.35mm

(2) 키의 허용압축응력을 이용하여 키의 길이를 mm로 구하라.

(압축응력을 고려한 키의 길이) $l = \frac{4T}{hd\sigma_c} = \frac{4 \times 238630}{8 \times 50 \times 80}$

$= 29.8287\text{mm} = 29.83\text{mm}$

답 29.83mm

(3) 묻힘키의 길이를 결정하라.

전단응력에 의한 길이 35.35mm가 압축응력에 의한 길이 29.83mm보다 크다. 그러므로 35.35mm보다 처음으로 커지는 표준길이는 36mm이다.

답 36mm

자동 조절형 복렬 롤러 베어링의 규격표를 보고 물음에 답하여라. [5점]

(베어링에 작용하는 Radial 하중) $F_r = 1000\text{N}$
(베어링에 작용하는 Thrust 하중) $F_a = 600\text{N}$
(베어링의 접촉각) $\alpha = 10°$
(동적부하용량) $C = 23100\text{N}$

베어링형식	내륜회전	외륜회전	단열		복렬				e
			$F_a/F_r > e$		$F_a/VF_r \le e$		$F_a/VF_r > e$		
	V		X	Y	X	Y	X	Y	
자동조절형 베어링	1	1	0.4	0.4× cotα	1	0.42× cotα	0.65	0.65× cotα	1.5× tanα

(1) 동등가 하중 P_e[N]을 구하여라.

(2) 분당회전수가 800rpm으로 하루 24시간동안 사용한다면 사용할 수 있는 일수[day]를 구하여라.(하중계수는 f_w =1로 한다)

풀이 및 답

(1) 동등가 하중 P_e[N]을 구하여라.

$$\frac{F_a}{F_r} = \frac{600}{1000} = 0.6$$

$$e = 1.5 \times \tan\alpha = 1.5 \times \tan 10 = 0.2645$$

$\frac{F_a}{F_r} > e$ 조건이므로

$$X = 0.65,\ Y = 0.65 \times \cot\alpha = 0.65 \times \cot 10 = 0.65 \times \frac{1}{\tan 10} = 3.686 = 3.69$$

(동등가하중) $P_e = XVF_r + YF_a = 0.65 \times 1 \times 1000 + 3.69 \times 600 = 2864\text{N}$

답 2864N

(2) 분당회전수가 800rpm으로 하루 24시간동안 사용 한다면 사용할 수 있는 일수[day]를 구하여라.(하중계수는 f_w =1로 한다)

$$L_h = 500 \times \frac{33.3}{N} \times \left(\frac{C}{P_e \cdot f_w}\right)^r = 500 \times \frac{33.3}{800} \times \left(\frac{23100}{2864 \times 1}\right)^{\frac{10}{3}} = 21900.51\text{hr}$$

(사용일수) $\text{day} = \frac{21900.51\text{hr}}{24\text{hr}} = 912.52$일 $= 912$일

답 912일

11

평벨트 바로걸기 전동에서 원동풀리의 지름 150mm, 종동풀리의 지름 450mm의 폴리가 2m 떨어진 두 축 사이에 설치되어 원동풀리의 분당회전수는 1800rpm, 전달동력은 5kW를 전달할 때 다음을 계산하라. (단, 벨트의 폭 b =140mm과 두께 h =5mm, 벨트의 단위길이 당 질량 $\overline{m}$ =0.001bh[kg/m], 마찰계수는 0.25이다.) **[5점]**

(1) 유효장력 P_e은 몇N인가?

(2) 긴장측 장력과 이완측 장력은 몇 N인가?

(3) 초기 장력은 몇 N인가?

(4) 벨트에 의하여 축이 받는 최대 힘은 몇 N인가?

풀이 및 답

(1) 유효장력 P_ePe은 몇N인가?

$$V = \frac{\pi \cdot D_1 \cdot N_1}{60 \times 1000} = \frac{\pi \times 150 \times 1800}{60 \times 1000} = 14.14\text{m/sec},$$

$$H_{kw} = \frac{P_e \cdot V}{1000},\ 5 = \frac{P_e \times 14.14}{1000},\ P_e = 353.606\text{N} = 353.61\text{N}$$

답 353.61N

(2) 긴장측 장력과 이완측 장력은 몇 N인가?

$$\theta = 180 - 2 \times \sin^{-1}\left(\frac{D_2 - D_1}{2c}\right) = 180 - 2 \times \sin^{-1}\left(\frac{450 - 150}{2 \times 2000}\right) = 171.4°$$

$$e^{\mu\theta} = e^{\left(0.25 \times 171.4 \times \frac{\pi}{180}\right)} = 2.11$$

$$\overline{m} = 0.001bh = 0.001 \times 140 \times 5 = 0.7\text{kg/m}$$

$$T_g = \overline{m}V^2 = 0.7 \times 14.14^2 = 139.96\text{N}$$

$$T_t = P_e \cdot \frac{e^{\mu\theta}}{e^{\mu\theta - 1}} + T_g = 353.61 \times \frac{2.11}{2.11 - 1} + 139.96 = 812.14\text{N}$$

$$T_s = P_e \cdot \frac{1}{e^{\mu\theta} - 1} + T_g = 353.61 \times \frac{1}{2.11 - 1} + 139.96 = 458.53\text{N}$$

답 긴장장력 T_t =812.14N
이완장력 T_s =458.53N

(3) 초기 장력은 몇 N인가?

$$(\text{초기 장력})\ T_o = \frac{T_t + T_s}{2} = \frac{812.14 + 458.53}{2} = 635.34\text{N}$$

답 635.34N

(4) 벨트에 의하여 축이 받는 최대 힘은 몇 N인가?

$$R_{max} = \sqrt{T_t^2 + T_s^2 + 2 \cdot \ T_t \cdot \ T_s \cdot \ \cos(2\phi)}$$

$$= \sqrt{812.14^2 + 458.53^2 + 2 \times 812.14 \times 458.53 \times \cos 8.6°} = 1267.37\text{N}$$

$$\phi = \sin^{-1}\left(\frac{D_2 - D_1}{2C}\right) = \sin^{-1}\left(\frac{450 - 150}{2 \times 2000}\right) = 4.3°$$

답 1267.37N

필답형 실기

- 기계요소설계 -

2016년도 4회

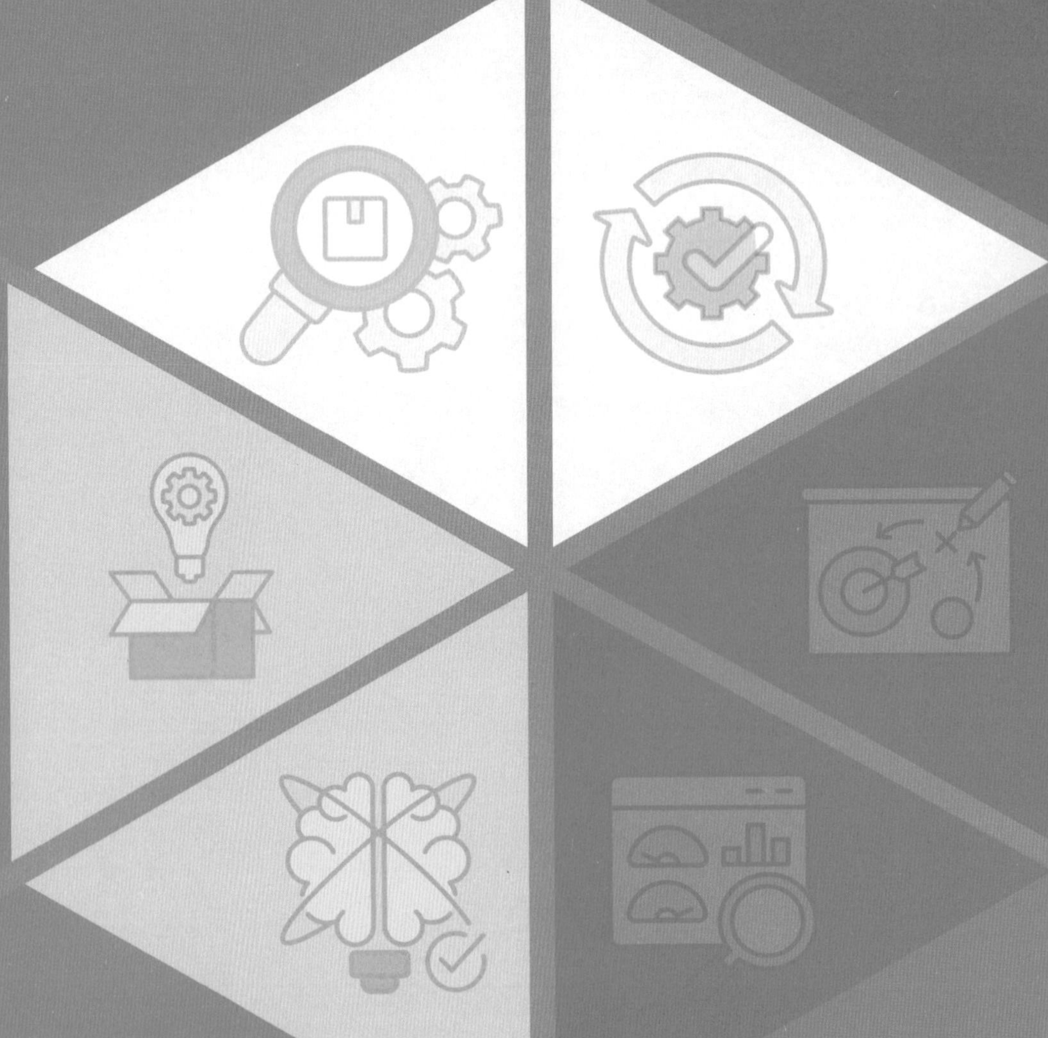

01

다음과 같은 한 쌍의 외접 표준 평기어(압력각 $\alpha=20^{\circ}$, 보통이)가 있다. 전달할 수 있는 최대동력 H_{KW}[kW]을 구하여라. (단, 속도계수 $f_v=\dfrac{3.05}{3.05+V}$, 하중계수 $f_w=0.8$, 원주피치 $p=4\pi$, 치폭 b는 모듈(m)의 10배이다.) **[4점]**

[평기어의 피치기준 치형계수 y]

잇수 Z	압력각 ($\alpha=14.5^{\circ}$)	압력각 ($\alpha=20^{\circ}$)	
	보통이	보통이	낮은이
18	0.086	0.098	0.120
19	0.088	0.100	0.123
20	0.090	0.102	0.125
중간 생략			
50	0.110	0.130	0.151
60	0.113	0.134	0.154
75	0.115	0.138	0.158
100	0.117	0.142	0.161
150	0.119	0.146	0.165
300	0.122	0.150	0.170

구분	회전수 N[rpm]	잇수 Z[개]	허용굽힘응력 σ_b[N/mm²]	압력각 α[°]	허용접촉면 응력계수 K[N/mm²]
피니언	600	20	290	20	0.7442
기어	240	50	130		

풀이 및 답

① $V=\dfrac{p\times Z_1\times N_1}{60\times1000}=\dfrac{4\pi\times20\times600}{60\times1000}=2.513\text{m/s}=2.51\text{m/s}$

$f_v=\dfrac{3.05}{3.05+V}=\dfrac{3.05}{3.05+2.51}=0.548=0.55$

(치폭) $b=10\text{m}=10\dfrac{p}{\pi}=10\times\dfrac{4\pi}{\pi}=40\text{mm}$

② 피니언의 굽힘강도에 의한 전달하중 F_1[N]

$F_1=f_wf_v\sigma_{b1}\cdot\ p\cdot\ b\cdot\ y_1=0.8\times0.55\times290\times4\pi\times40\times0.102$

$=6542.153\text{N}=6542.15\text{N}$

③ 기어의 굽힘강도에 의한 전달하중 F_2[N]

$F_2=f_wf_v\sigma_{b2}\cdot\ p\cdot\ b\cdot\ y_2=0.8\times0.55\times130\times4\pi\times40\times0.13$

$=3737.741\text{N}=3737.74\text{N}$

④ 면압강도에 의한 전달하중 F_3[N]

$F_3=Kf_v\cdot\ bm\cdot\ \dfrac{2\times Z_1\times Z_2}{Z_1+Z_2}=0.7442\times0.55\times40\times4\times\dfrac{2\times20\times50}{20+50}$

$=1871.131\text{N}=1871.13\text{N}$

⑤ 최대 전달마력 H[kW]

$$H = \frac{F_t \cdot V}{1000} = \frac{1871.13 \times 2.51}{1000} = 4.696\text{kW} = 4.7\text{kW}$$

기어의 회전력 F_t는 F_1, F_2, F_3 중 가장 작은 힘

답 4.7kW

02

아래 그림과 같은 상하 2측 필렛용접이음에서 하중 P =10000N를 작용시킬 때 용접부에 발생하는 최대전단응력 $\tau_{\max}$ 을 구하여라. [8점]

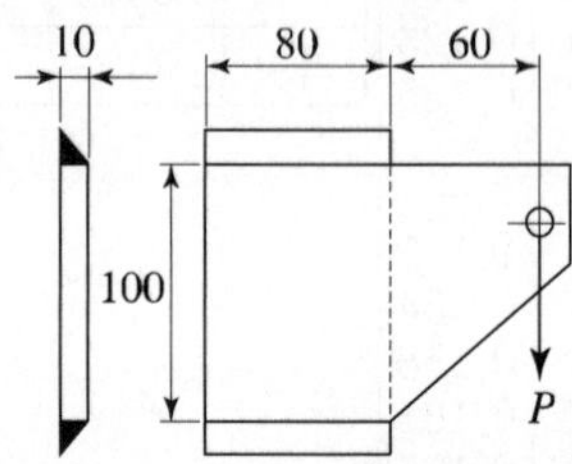

풀이 및 답

① 직접전단응력

(목두께) $t = 10 \times \cos 45 = 7.071\text{mm} = 7.07\text{mm}$

$$\tau_1 = \frac{P}{2 \times (t \times 80)} = \frac{10000}{2 \times 7.07 \times 80} = 8.84\text{MPa}$$

② 비틀림 전단응력 : 상 · 하 2측 필렛용접이음

$$I_P = \frac{t \times 80 \times (3 \times 100^2 + 80^2)}{6} = \frac{7.07 \times 80 \times (3 \times 100^2 + 80^2)}{6}$$

$$= 3431306.667\text{mm}^4 = 3431306.67\text{mm}^4$$

$$T = P \times \left(60 + \frac{80}{2}\right) = 10000 \times \left(60 + \frac{80}{2}\right) = 10^6\text{Nmm}$$

$$\tau_2 = \frac{T \times r_{\max}}{I_P} = \frac{10^6 \times \sqrt{40^2 + 50^2}}{3431306.67} = 18.66\text{MPa}$$

③ 합전단응력

$$\tau_{\max} = \sqrt{\tau_1^2 + \tau_2^2 + 2 \cdot \tau_1 \cdot \tau_2 \cdot \cos\theta}$$

$$= \sqrt{8.84^2 + 18.66^2 + 2 \times 8.84 \times 18.66 \times \frac{40}{\sqrt{40^2 + 50^2}}}$$

$$= 25.148\text{MPa} = 25.15\text{MPa}$$

답 25.15MPa

03

지름이 50mm인 축의 회전수 800rpm, 동력 20kW를 전달시키고자 할 때, 이 축에 작용하는 묻힘키의 길이를 결정하라. (단, 키의 $b \times h$ =9×8이고, 묻힘깊이 $t = \dfrac{h}{2}$이며 키의 허용전단응력은 30MPa, 허용압축응력은 80MPa이다.)

[5점]

(1) 키의 허용전단응력을 이용하여 키의 길이를 mm로 구하라.
(2) 키의 허용압축응력을 이용하여 키의 길이를 mm로 구하라.
(3) 묻힘키의 최대 길이를 결정하라.

[표] 길이 l의 표준값

6	8	10	12	14	16	18	20	22	25	28	32	36
40	45	50	56	63	70	80	90	100	110	125	140	160

풀이 및 답

(1) 키의 허용전단응력을 이용하여 키의 길이를 mm로 구하라.

(전단응력을 고려한 키의 길이) $l_\tau = \dfrac{2T}{bd\tau} = \dfrac{2 \times 238630}{9 \times 50 \times 30}$

$= 35.3525\text{mm} = 35.35\text{mm}$

$$T = 974000 \times \frac{H_{KW}}{N} = 974000 \times \frac{20}{800} = 24350\text{kgf} \cdot \text{mm} = 238630\text{N} \cdot \text{mm}$$

답 35.35mm

(2) 키의 허용압축응력을 이용하여 키의 길이를 mm로 구하라.

(압축응력을 고려한 키의 길이) $l = \dfrac{4T}{hd\sigma_c} = \dfrac{4 \times 238630}{8 \times 50 \times 80}$

$= 29.8287\text{mm} = 29.83\text{mm}$

답 29.83mm

(3) 묻힘키의 최대 길이를 결정하라.

전단응력에 의한 길이 35.35mm가 압축응력에 의한 길이 29.83mm보다 크다.
그러므로 35.35mm보다 처음으로 커지는 표준길이는 36mm이다.

답 36mm

04

V벨트의 속도가 20m/sec일 때 D형 V벨트 1개의 전달마력[kW]을 구하라. (단, V벨트 접촉각 θ =130°, 마찰계수 μ =0.3, 안전계수 S =10, 벨트의 비중은 1.3이다.) [4점]

[표] V벨트 D형의 단면치수

a[mm]	b[mm]	단면적[mm²]	파단하중[N]
31.5	17.0	467.1	8428

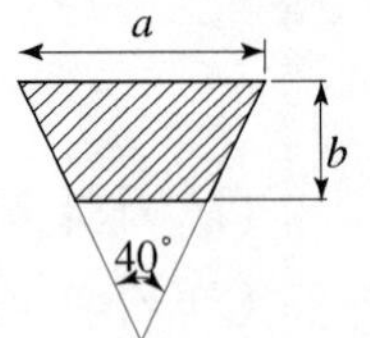

풀이 및 답

(상당마찰계수) $\mu' = \dfrac{\mu}{\mu\cos\alpha + \sin\alpha} = \dfrac{0.3}{0.3\times\cos20 + \sin20} = 0.48$

(장력비) $e^{\mu'\theta} = e^{\left(0.48\times130\times\frac{\pi}{180}\right)} = 2.97$

(긴장장력) $T_t = \dfrac{F}{S} = \dfrac{8428}{10} = 842.8\text{N}$

(부가장력) $T_g = \dfrac{w\cdot\ V^2}{g} = \dfrac{r\cdot\ A\cdot\ V^2}{g} = \dfrac{1.3\times9800\times467.1\times10^{-6}\times20^2}{9.8}$

$= 242.89\text{N}$

(전달동력) $H_{KW} = \dfrac{P_e\cdot\ V}{1000} = \dfrac{(T_t - T_g)\cdot\ (e^{\mu'\theta}-1)\cdot\ V}{1000\cdot\ e^{\mu'\theta}}$

$= \dfrac{(842.8-242.89)\times(2.97-1)\times20}{1000\times2.97} = 7.96\text{kW}$

답 7.96kW

05

그림과 같은 양쪽 덮개판 2줄 맞대기 이음에서 피치가 56mm, 리벳의 지름이 16mm, 강판의 두께가 20mm, 리벳의 전단강도가 강판의 인장강도의 85%일 때 이 리벳이음의 효율은 몇 %인가? [5점]

풀이 및 답

(강판의 효율) $\eta_t = 1 - \dfrac{d}{p} = 1 - \dfrac{16}{56} = 0.7143 = 71.43\%$

(리벳의 효율) $\eta_r = \dfrac{\pi d^2 \times \tau_r \times n \times 1.8}{4 \times \sigma_t \times p \times t} = \dfrac{\pi \times 16^2 \times (1 \times 0.85) \times 2 \times 1.8}{4 \times 1 \times 56 \times 20}$

$= 0.5493 = 54.93\%$

$\eta_t > \eta_r$ 이므로 리벳이음의 효율 $\eta = 54.93\%$ 이다.

답 54.93%

06

그림과 같은 밴드 브레이크에서 동력을 제동하려고 한다. 다음 조건을 보고 물음에 답하여라. [4점]

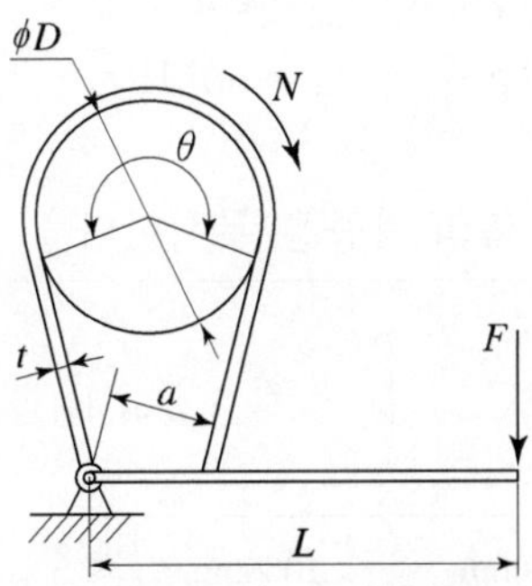

레버에 작용하는 힘 F =150N
접촉각 θ =225°
거리 a =200mm
풀리의 지름 D =600mm
마찰계수 μ =0.3
밴드의 허용응력 σ_b =20MPa
밴드의 두께 t =5mm
레버의 길이 L =1000[mm]
밴드의 이음효율 η =70%

(1) 긴장장력을 구하여라. T_t[N]

(2) 밴드의 폭을 구하여라. b[mm]

풀이 및 답

(1) 긴장장력을 구하여라.

$e^{\mu\theta} = e^{\left(0.3 \times 225 \times \frac{\pi}{180}\right)} = 3.248 = 3.25$

$\Sigma M = 0,\ +F \cdot L - T_s \cdot a = 0$

$T_s = \dfrac{F \times L}{a} = \dfrac{150 \times 1000}{200} = 750\text{N}$

(긴장장력) $T_t = T_s \times e^{\mu\theta} = 750 \times 3.25 = 2437.5\text{N}$

답 2437.5N

(2) 밴드의 폭을 구하여라.

$\sigma_b = \dfrac{T_t}{b t \eta}$

(폭) $b = \frac{T_t}{\sigma_b t \eta} = \frac{2437.5}{20 \times 5 \times 0.7} = 34.821\text{mm} = 34.82\text{mm}$

답 34.82mm

07

단순지지된 중공축에 하중 $P = 800\text{N}$이 작용되고 있다. 축의 내경을 구하여라. [4점]

Motor의 전달동력은동력 $H_{KW} = 4\text{kW}$
Motor의 분당회전수 $N = 100\text{rpm}$
축재질은 연강으로 허용전단응력 $\tau_a = 20\text{MPa}$
허용수직응력 $\sigma_a = 50\text{MPa}$
탄성계수 $E = 200\text{GPa}$
축의 외경 $D = 60\text{mm}$(단 축의 자중은 무시한다.)

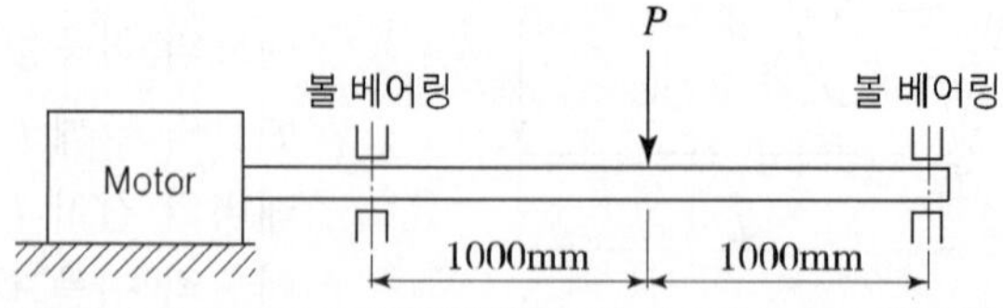

풀이 및 답

$$T = \frac{60}{2\pi} \cdot \frac{H}{N} = \frac{60}{2\pi} \times \frac{4 \times 10^3}{100} = 381.9718634\text{N} \cdot \text{m} = 381971.86\text{N} \cdot \text{mm}$$

$$M = \frac{PL}{4} = \frac{800 \times 2000}{4} = 400000\text{N} \cdot \text{mm}$$

$$T_e = \sqrt{T^2 + M^2} = \sqrt{381971.86^2 + 400000^2} = 553084.53\text{Nmm}$$

$$M_e = \frac{1}{2}(M + T_e) = \frac{1}{2}(400000 + 553084.53) = 476542.27\text{Nmm}$$

$$D^3 = \frac{16 T_e}{\pi \tau_a (1 - x^4)}$$

(내외경비) $x = \sqrt[4]{1 - \frac{16 T_e}{\pi \tau_a D^3}} = \sqrt[4]{1 - \frac{16 \times 553084.53}{\pi \times 20 \times 60^3}} = 0.768 = 0.77$

$$D_1 = D_2 \times x = 60 \times 0.77 = 46.2\text{mm}$$

$$D^3 = \frac{32 M_e}{\pi \sigma_a (1 - x'^4)}$$

(내외경비) $x' = \sqrt[4]{1-\frac{32M_e}{\pi\sigma_a D^3}} = \sqrt[4]{1-\frac{32\times 476542.27}{\pi\times 50\times 60^3}} = 0.861 = 0.86$

$D'_1 = D_2 \times x = 60 \times 0.86 = 51.6\text{mm}$

축의 안전성을 고려하여 안지름이 작은 쪽을 선택한다.

답 46.2mm

08

원동차의 분당회전수가 750rpm을 종동차로 전달하고자 한다. 홈각도가 40° 인 V홈붙이 마찰차에서 원동차의 평균지름이 300mm, 3.7kW의 동력을 전달하고자 한다. 다음 물음에 답하여라. (단, 허용선압력은 30N/mm, 마찰계수 μ =0.15이다) [5점]

(1) 마찰차를 밀어 붙이는 힘[N]을 구하여라.
(2) 홈의 깊이[mm]를 구하여라.
(3) 홈의 수를 구하여라.

풀이 및 답

(1) 마찰차를 밀어 붙이는 힘[N]을 구하여라.

$V = \frac{\pi D_A N_A}{60\times 1000} = \frac{\pi\times 300\times 750}{60\times 1000} = 11.78\text{m/sec}$

$\mu' = \frac{\mu}{\sin\alpha + \mu\cos\alpha} = \frac{0.15}{\sin 20 + 0.15\times\cos 20} = 0.31$

$H_{KW} = \frac{\mu' P V}{1000}$, $P = \frac{H_{KW}\times 1000}{\mu'\times V} = \frac{3.7\times 1000}{0.31\times 11.78} = 1013.2\text{N}$

답 1013.2N

(2) 홈의 깊이[mm]를 구하여라.

(홈의 깊이) $h = 0.94\sqrt{\mu' P} = 0.94\times\sqrt{0.31\times 1013.2\times\frac{1}{9.8}} = 5.32\text{mm}$

답 5.32mm

(3) 홈의 수를 구하여라.

(홈의 개수) $Z = \frac{Q}{2hf} = \frac{2093.95}{2\times 5.32\times 30} = 6.56 \fallingdotseq$ 7개

(접촉면에 수직하는 힘) $Q = \frac{\mu' P}{\mu} = \frac{0.31\times 1013.2}{0.15} = 2093.95\text{N}$

답 7개

09

그림과 같이 볼트로 죄어진 압력 용기에 0.12[kgf/mm^2]의 압력이 작용하고 있다. 용기의 안지름은 220[mm]이고 가스켓의 바깥 지름은 280[mm]이며 볼트는 M20×14개이다. 나사의 강성계수에 대한 중간재의 강성계수 비는 $k_c/k_b=5$이다. 압력이 작용하기 전 볼트의 최초 인장력은 압력에 의해 추가되는 인장력의 1.5배로 할 경우 볼트에 발생되는 최대인장응력[kgf/mm^2]은 얼마인가? (단, 볼트 M20의 골지름은 17.294[mm]이다. 또한, 압력은 가스킷 중간까지 작용한다고 가정한다). [4점]

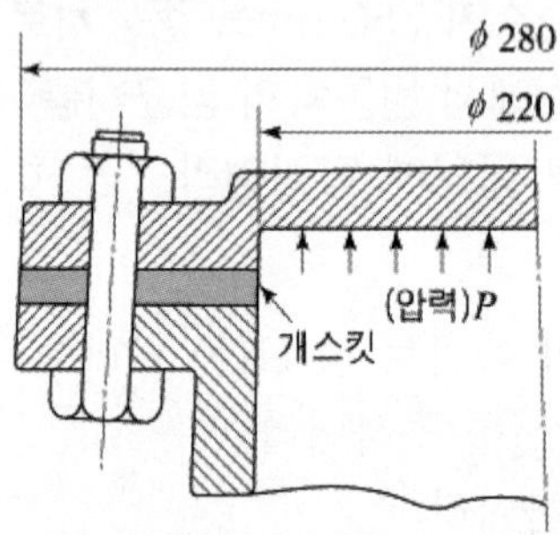

풀이 및 답

(압력에 의해 발생된 하중) $F_P = \frac{\pi}{4}\left(\frac{280+220}{2}\right)^2 \times 0.12 = 5890.49\text{kgf}$

(압력이 작용하기 전의 최초 하중) $Q_0 = 1.5 \times F_P = 1.5 \times 5890.49$

$= 8835.74\text{kgf}$

$\frac{k_c}{k_b} = 5$이므로 $k_c = 5k_b$

(압력이 가해진 후의 볼트의 인장력) $Q_b = Q_0 + \left(\frac{k_b}{k_b + k_c}\right)F_P$

$= 8835.74 + \frac{1}{6} \times 5890.49$

$= 9817.49\text{kgf}$

(볼트 하나에 작용하는 인장력) $F_b = \frac{Q_b}{Z} = \frac{9817.49}{14} = 701.25\text{kgf}$

(볼트의 최대 인장응력) $\sigma_b = \frac{F_b}{A_b} = \frac{701.25}{\frac{\pi}{4} \times 17.294^2} = 2.985 = 2.99\text{kgf/mm}^2$

답 2.99kgf/mm^2

10

4사이클 단동 1기통으로 운전되는 내연기관 엔진의 출력이 100PS, 크랭크 축의 분당회전수는 2000rpm이다. 내연기관 엔진의 크랭크 축에 연결된 플라이 휠을 설계하고자 한다. 다음 플라이휠의 조건을 보고 물음에 답하여라. [4점]

[조건]

① 1사이클당 에너지 변화(변동)계수 ϕ : 표에서 최댓값을 선정하여 계산하여라.

기관종류				ϕ
증기기관	단통기관 단형복식기관 복식기관(크랭크각 90°) 3기통기관			0.15~0.25 0.15~0.25 0.05~0.08 0.03
디젤기관	4사이클	단동	1기통 2기통 3기통 4기통 5기통 6기통	1.23~1.3 1.55~1.85 0.5~0.88 0.19~0.25 0.33~0.37 0.12~0.14
	2사이클	단동	1기통 2기통 3기통 4기통 5기통 6기통	4사이클의 1/2값을 가진다.

② 플라이 휠에 사용된 재료의 비중량 γ : 78400N/m^3

③ 플라이 휠의 두께 t : 50mm

(1) 1사이클당 운동에너지 변화량은 몇 [J]인가?

(2) 관성모멘트는 몇 N · m/s^{2}인가? (단, 각속도 변동률 δ : $\delta = \dfrac{1}{60}$)

(3) 플라이휠의 직경 d는 몇 mm인가?

풀이 및 답

(1) 1사이클당 운동에너지 변화량은 몇 [J]인가?

1사이클 당 운동에너지 변화량 $\Delta E = E \cdot \phi = 4409.92 \times 1.3 = 5732.9\text{N} \cdot \text{m}$

여기서. ① 1사이클 동안 발생된 에너지

$$E = 4\pi \times T = 4\pi \times 350.93 = 4409.92\text{N} \cdot \text{m}$$

② 발생토크

$$T = \frac{60H}{2\pi N} = \frac{60 \times 100 \times 75}{2\pi \times 2000} = 35.809\text{kgf} \cdot \text{m} = 350.93\text{N} \cdot \text{m}$$

답 5732.9N · m

(2) 관성모멘트는 몇 N · m/s^{2}인가?

관성모멘트 $J = \dfrac{\Delta E}{w^2 \cdot \delta} = \dfrac{5732.9}{209.44^2 \times \dfrac{1}{60}} = 7.841[\mathrm{J/s^2}]$

$= 7.841[\mathrm{N \cdot m/s^2}]$

여기서, 각속도 $w = \dfrac{2\pi N}{60} = \dfrac{2\pi \times 2000}{60} = 209.44\mathrm{rad/s}$

답 7.841N · m/s^2

(3) 플라이휠의 직경 d는 몇 mm인가?

$d = \sqrt[4]{\dfrac{32Jg}{\pi t \gamma}} = \sqrt[4]{\dfrac{32 \times 7.841 \times 9.8}{\pi \times 50 \times 10^{-3} \times 78400}} = 0.668463\mathrm{m}$

$= 668.46\mathrm{mm}$

답 668.46mm

11

하중이 3000N 작용할 때의 처짐이 δ =50mm로 되고 코일 스프링에서 소선의 지름 d =16mm, 평균지름 D =144mm, 전단탄성계수 G =80GPa이다. 다음을 구하시오. [3점]

(1) 유효감김수를 구하시오. n[권]
(2) 전단응력을 구하시오. τ[MPa]

(단, Wahl의 응력수정계수 $K' = \dfrac{4C-1}{4C-4} + \dfrac{0.615}{C}$ 고려하여 구하여라.)

풀이 및 답

(1) 유효감김수를 구하시오.

(유효감김수) $n = \dfrac{\delta G d^4}{8WD^3} = \dfrac{50 \times 80 \times 10^3 \times 16^4}{8 \times 3000 \times 144^3} = 3.658$권 $= 4$권

답 4권

(2) 전단응력을 구하시오.

(전단응력) $\tau = K' \dfrac{8PD}{\pi d^3} = 1.16 \times \dfrac{8 \times 3000 \times 144}{\pi \times 16^3} = 311.545 = 311.55\mathrm{MPa}$

(스프링 지수) $C = \dfrac{D}{d} = \dfrac{144}{16} = 9$

(응력수정계수) $K' = \dfrac{4C-1}{4C-4} + \dfrac{0.615}{C} = \dfrac{4 \times 9 - 1}{4 \times 9 - 4} + \dfrac{0.615}{9} = 1.162 = 1.16$

답 311.55MPa

필답형 실기
- 기계요소설계 -

2017년도 1회

01

원추의 꼭지반각이 11°의 주철제 원추 클러치가 있다 접촉면의 평균지름 400mm, 축 방향으로 누르는 힘이 600N일 때 회전토크는 몇 N · mm인가? (단, 마찰계수는 0.3이다.) [3점]

풀이 및 답

$$T = \mu' P \times \frac{D_m}{2} = 0.62 \times 600 \times \frac{400}{2} = 74400\text{N} \cdot \text{mm}$$

여기서, 상당마찰계수 $\mu' = \dfrac{\mu}{\sin\alpha + \mu \cdot \cos\alpha} = \dfrac{0.3}{\sin 11° + 0.3 \times \cos 11°}$

$$= 0.618 = 0.62°$$

답 74400N · mm

02

롤러 체인의 피치 15.7mm, 파단 하중이 25.8kN, 안전율이 12이고, 원동축의 잇수가 43, 종동축의 잇수가 29, 구동 스프로킷의 회전수 300rpm, 이때 부하 수정계수 k =1.3이다. 다음 물음에 답하여라. [4점]

(1) 허용 장력은 몇 [N]인가?
(2) 체인의 속도는 몇 m/s인가?
(3) 최대 전달 동력은 몇 [kW]인가?

풀이 및 답

(1) 허용 장력은 몇 [N]인가?

$$F = \frac{P}{S \cdot k} = \frac{25.8 \times 10^3}{12 \times 1.3} = 1653.85\text{N}$$

답 1653.85N

(2) 체인의 속도는 몇 m/s인가?

$$v = \frac{p \times Z_1 \times N_1}{60 \times 1000} = \frac{300 \times 15.7 \times 43}{60 \times 1000} = 3.38\text{m/s}$$

답 3.38m/s

(3) 최대 전달 동력은 몇 [kW]인가?

$$H_{max} = F \cdot v = 1653.85 \times 3.38 = 5590.013\text{W} = 5.59\text{kW}$$

답 5.59kW

03

아래 그림과 같은 코터 이음을 보고 물음에 답하여라. 다음 조건을 보고 물음에 답하시오. [4점]

> [조건] ① 축의 인장하중 W : 4.3kN
> ② 로드 소켓 내의 로드 지름 d_1 : 92mm
> ③ 코터의 두께 t : 22mm,
> ④ 코터의 너비 b : 100mm,
> ⑤ 소켓의 바깥지름 D : 140mm

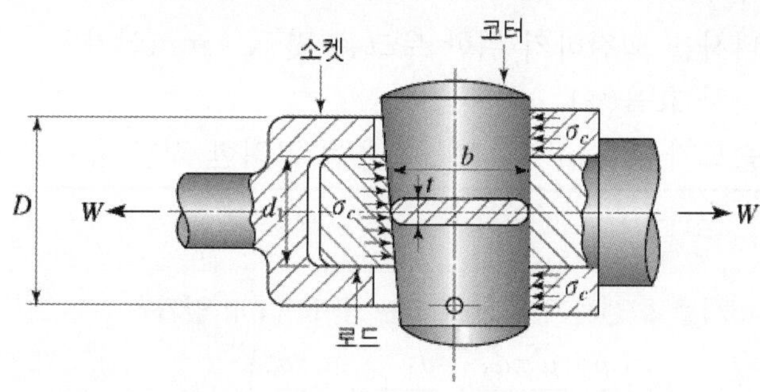

(1) 코터의 전단응력 [MPa]
(2) 로드의 코터와 접하는 부분의 인장응력 [MPa]
(3) 코터의 굽힘응력 [MPa]

풀이 및 답

(1) 코터의 전단응력 [MPa]

$$\tau = \frac{W}{2b \cdot t} = \frac{4300}{2 \times 100 \times 22} = 0.98\text{mMPa}$$

답 0.98MPa

(2) 로드의 코터와 접하는 부분의 인장응력 [MPa]

$$\sigma_t = \frac{P}{\frac{\pi d_1^2}{4} - d_1 \cdot t} = \frac{4300}{\frac{\pi \times 92^2}{4} - 92 \times 22} = 0.93\text{MPa}$$

답 0.93MPa

(3) 코터의 굽힘응력 [MPa]

$$\sigma_b = \frac{6PD}{8tb^2} = \frac{6 \times 4300 \times 140}{8 \times 22 \times 100^2} = 2.0522\text{MPa} = 2.052\text{MPa}$$

답 2.052MPa

04

미터 사다리꼴나사($Tr\,36 \times 6$) 있는 나사잭이 있다. 다음 물음에 답하여라. [6점]

> 나사잭에 작용하는 축방향 하중 : $Q = 4300\text{N}$
> Tr나사의 유효지름 : $d_2 = 33\text{mm}$,
> 나사의 의 마찰계수 : $\mu = 0.18$
> 자립면의 마찰계수 : $\mu_c = 0.15$
> 자립면 평균지름 : $d_c = 45\text{mm}$

(1) 나사를 회전하기 위한 토크는 몇 N · mm인가?
(2) 나사 효율(%)
(3) 속도가 4m/min일 때, 효율을 고려한 전달 동력은 몇 kW인가?

풀이 및 답

(1) 나사를 회전하기 위한 토크는 몇 N · mm인가?

$$T = Q \times \left(\frac{p + \mu' \pi d_2}{\pi d_2 - \mu' p} \times \frac{d_2}{2} + \mu_c \times \frac{d_c}{2} \right)$$

$$= 4300 \times \left(\frac{6 + (0.186 \times \pi \times 33)}{\pi \times 33 - 0.186 \times 6} \times \frac{33}{2} + 0.15 \times \frac{45}{2} \right)$$

$$= 32003.684\text{N} \cdot \text{mm}$$

여기서, 나사부의 상당마찰계수 $\mu' = \dfrac{\mu}{\cos\frac{\alpha}{2}} = \dfrac{0.18}{\cos\frac{30}{2}} = 0.186$

답 32003.68N · mm

(2) 나사 효율(%)

$$\eta = \frac{Q \cdot p}{2\pi \cdot T} = \frac{4300 \times 6}{2\pi \times 32003.68} = 0.1283 = 12.83\%$$

답 12.83%

(3) 속도가 4m/min일 때, 효율을 고려한 전달 동력은 몇 kW인가?

$$H = \frac{Q \cdot v}{\eta} = \frac{4300 \times \frac{4}{60}}{0.1283} = 2234.3465\text{W} = 2.23\text{kW}$$

답 2.23kW

05

그림과 같은 리벳 이음을 보고 물음에 답하여라. [4점]

리벳의 허용 전단응력은 72MPa, 강판의 허용 인장응력은 110MPa, 리벳 지름이 16mm이다.

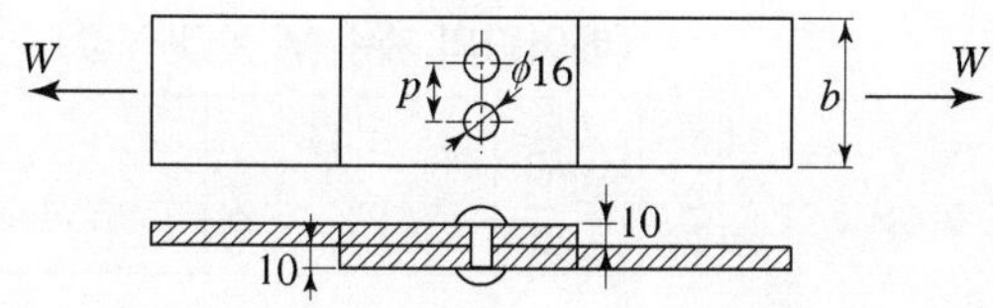

(1) 리벳의 전단응력에 의해 견딜 수 있는 하중 W[N]은 얼마인가?
(2) 리벳의 허용 하중과 강판의 허용 하중이 같다고 할 때 강판의 너비 b[mm]는 얼마인가?
(3) 강판의 효율 [%]

풀이 및 답

(1) 리벳의 전단응력에 의해 견딜 수 있는 하중 W[N]은 얼마인가?

$$P_s = \tau \cdot \frac{\pi \times d^2}{4} \cdot Z = 72 \times \frac{\pi \times 16^2}{4} \times 2 = 28952.9179\text{N} = 28952.92\text{N}$$

답 28952.92N

(2) 리벳의 허용 하중과 강판의 허용 하중이 같다고 할 때 강판의 너비 b[mm]는 얼마인가?

$$W = \sigma_t \times (b - Z \times d) \times t$$

$$b = \frac{W}{\sigma_t \cdot t} + (Z \times d) = \left(\frac{28952.92}{110 \times 10}\right) + (2 \times 16) = 58.32\text{mm}$$

답 58.32mm

(3) 강판의 효율 [%]

$$\eta = \frac{\text{리벳 구멍이 있는 판의 인장강도}}{\text{리벳 구멍이 없는 판의 인장강도}} = \frac{\sigma_t \cdot (b - 2d)t}{\sigma_t \cdot b \cdot t}$$

$$= 1 - \frac{2d}{b} = 1 - \frac{2 \times 16}{58.32} = 0.4513 = 45.13\%$$

답 45.13%

06

복열 자동조심 볼 베어링 300rpm으로 레이디얼 하중 F_r =5.2kN과 스러스트 하중 F_a =3.1kN을 동시에 받고 내륜 회전하는 베어링 기본 동적부하용량 38.6kN, 볼의 접촉각은 11.23°일 때, 다음을 구하라. **[4점]**

〈베어링의 계수 V, X 및 Y값〉

베어링 형식	내륜 회전 하중	외륜 회전 하중	단열		복열				e
			$F_a/VF_r > e$		$F_a/VF_r \leq e$		$F_a/VF_r > e$		
	V		X	Y	X	Y	X	Y	
깊은 홈 볼 베어링	1	1.2	0.56	2.30	1	0	0.565	2.30	0.19
				1.99				1.99	0.22
				1.71				1.71	0.26
				1.55				1.55	0.28
				1.45				1.45	0.30
				1.31				1.31	0.34
				1.15				1.15	0.38
				1.04				1.04	0.42
				1.00				1.00	0.44
앵귤러 볼 베어링(α)	1	1.2	0.43	1.00	1	1.09	0.70	1.63	0.57
			0.41	0.87		0.92	0.67	1.41	0.68
			0.39	0.76		0.78	0.63	1.24	0.80
			0.37	0.56		0.66	0.60	1.07	0.95
			0.35	0.57		0.55	0.57	0.93	1.14
자동조심 볼 베어링	1	1	0.4	0.4 × cotα	1	0.42 × cotα	0.65	0.65 × cotα	1.5 × tanα
매그니토 볼 베어링	1	1							0.2
e : 하중 변화에 따른 계수, α : 볼의 접촉각									

(1) 레이디얼 계수 X, 트러스트 계수 Y
(2) 등가 레이디얼 하중 [kN]
(3) 베어링의 시간 수명 [hr]

풀이 및 답

(1) **레이디얼 계수 X, 트러스트 계수 Y**

자동조심 볼베어링(복렬) $e = 1.5 \times \tan\alpha = 1.5 \times \tan 11.23 = 0.297$

$$\frac{F_a}{VF_r} = \frac{3.1}{1 \times 5.2} = 0.596 > e(0.297) \text{이므로}$$

레이디얼 계수 $X = 0.65$

트러스트 계수 $Y = 0.65 \times \cot\alpha = 0.65 \times \cot 11.23 = 3.27$

답 $X = 0.65$
$Y = 3.27$

(2) 등가 레이디얼 하중 [kN]

$$P_r = VXF_r + YF_a = 1\times 0.65\times 5.2 + 3.27\times 3.1 = 13.517\text{kN} = 13.52\text{kN}$$

답 13.52kN

(3) 베어링의 시간 수명 [hr]

$$L_h = 500\times\frac{33.33}{N}\times\left(\frac{C}{P}\right)^r = 500\times\frac{33.33}{300}\times\left(\frac{38.6}{13.526}\right)^3 = 1291.03\text{hr}$$

답 1291.03hr

07

스프링 지수가 10인 코일 스프링에 압축하중이 450~1050N 사이에서 변동할 때 수축량은 50mm이며 최대 전단응력은 250MPa, 스프링의 전단 탄성계수는 80GPa이다. 이때, 스프링 상수 $K=\frac{4C-1}{4C-4}+\frac{0.615}{C}$일 때 다음을 구하라.

[5점]

(1) 소선의 직경[mm]을 구하여라.
단, Wahl의 응력수정계수 $K=\frac{4C-1}{4C-4}+\frac{0.615}{C}$이다.

(2) 유효 권선수는 몇 개인가?

(3) 스프링의 자유 높이는 얼마인가?

풀이 및 답

(1) 소선의 직경[mm]을 구하여라.

$$\tau = \frac{8P_{max}\cdot D\cdot K}{\pi d^3} = \frac{8P_{max}\cdot C\cdot K}{\pi d^2}\text{에서}$$

$$d = \sqrt{\frac{8P_{max}\cdot C\cdot K}{\pi\tau}} = \sqrt{\frac{8\times 1050\times 10\times 1.14}{\pi\times 250}} = 11.041\text{mm} = 11.04\text{mm}$$

여기서, $K=\frac{4C-1}{4C-4}+\frac{0.615}{C}=\frac{4\times 10-1}{4\times 10-4}+\frac{0.615}{10}=1.1448=1.14$

답 11.04mm

(2) 유효 권선수는 몇 개인가?

$$n = \frac{Gd^4\cdot\delta}{8\cdot\Delta P\cdot D^3} = \frac{80\times 10^3\times 11.04^4\times 50}{8\times(1050-450)\times 110.4^3} = 9.2 \fallingdotseq 10\text{권선}$$

여기서, $D = C\times d = 10\times 11.04 = 110.4\text{mm}$

답 10개

(3) 스프링의 자유 높이는 얼마인가?

$$H=\delta+d(n+2)=50+11.04\times(10+2)=182.48\text{mm}$$

답 182.48mm

08

웜과 웜휠을 이용한 동력을 전달하고자 한다. 전달동력은 20KW 이다. 다음 조건을 보고 물음에 답하여라. [5점]

[조건]
① 웜의 유효지름이 : 58mm ② 웜의 회전수 : 720rpm
③ 웜의 줄수 : 4줄 ④ 축 직각 피치 : 28.8mm
⑤ 웜휠의 압력각 : 14.5° ⑥ 마찰계수 : 0.15

(1) 웜의 리드각은 몇 도인가?
(2) 웜이 동력을 전달하기 위한 회전력은 몇 N인가?
(3) 웜에 작용하는 축방향 하중 몇 N인가?

풀이 및 답

(1) 웜의 리드각은 몇 도인가?

$$\lambda=\tan^{-1}\frac{l}{\pi D_w}=\tan^{-1}\frac{115.2}{\pi\times 58}=32.3°$$

여기서, $l=p_s\cdot\ Z_w=28.8\times 4=115.2\text{mm}$

답 32.3°

(2) 웜이 동력을 전달하기 위한 회전력은 몇 N인가?

$$F_t=\frac{H}{V}=\frac{20\times 10^3}{2.19}=9132.42\text{N}$$

여기서, $V=\frac{\pi D_w N_w}{60\times 1000}=\frac{\pi\times 58\times 720}{60\times 1000}=2.186=2.19\text{m/s}$

답 9132.42N

(3) 웜에 작용하는 축방향 하중 몇 N인가?

$$F_a=\frac{F_t}{\tan(\lambda+\rho')}=\frac{9132.42}{\tan(32.3+8.81)}=10465\text{N}$$

여기서, 상당마찰각 $\rho'=\tan^{-1}\left(\frac{\mu}{\cos\alpha}\right)=\tan^{-1}\left(\frac{0.15}{\cos 14.5}\right)=8.807°=8.81°$

답 10,465N

09

V홈 마찰차를 이용하여 동력을 전달하고자 한다. 원동차의 유효직경 300mm, 원동차의 분당회전수 400rpm이다, 다음조건을 보고 물음에 답하여라. [4점]

> **[조건]** ① 외접 홈 마찰의 홈의 각도 α : 38°
> ② 홈의 깊이 h : 14mm
> ③ 접촉부 마찰계수 μ : 0.2
> ④ 접촉면 허용 압력 q : 25N/mm

(1) V홈 마찰차 전체에서 반경 방향 밀어붙이는 힘은 몇 kgf인가?
(2) 전달토크[J]는 얼마인가?
(3) 전달 동력[kW]을 구하라.
(4) 홈의 개수는 몇 개인가?

풀이 및 답

(1) V홈 마찰차 전체에서 반경 방향 밀어붙이는 힘은 몇 kgf인가?

$h = 0.94\sqrt{\mu' P}$ 에서

반경 방향 밀어 붙이는 힘 $P = \dfrac{\left(\dfrac{h}{0.94}\right)^2}{\mu'} = \dfrac{\left(\dfrac{14}{0.94}\right)^2}{0.39}$

$= 568.768\text{kgf} = 568.77\text{kgf}$

여기서, $\mu' = \dfrac{\mu}{\sin\dfrac{\alpha}{2} + \mu\cos\dfrac{\alpha}{2}} = \dfrac{0.2}{\sin\dfrac{38}{2} + 0.2 \times \cos\dfrac{38}{2}} = 0.388 = 0.39$

답 568.77kgf

(2) 전달토크[J]는 얼마인가?

$T = \mu' P \times \dfrac{D_m}{2} = 0.39 \times 568.77 \times \dfrac{300}{2} = 33273.045\text{kgf}\cdot\ \text{mm} = 326.076\text{J}$

답 326.076J

(3) 전달동력[kW]을 구하라.

$H = T \times \dfrac{2\pi N}{60} \times \dfrac{1}{1000} = 326.076 \times \dfrac{2\pi \times 400}{60} \times \dfrac{1}{1000}$

$= 13.658\text{kW} = 13.66\text{kW}$

답 13.66kW

(4) 홈의 개수는 몇 개인가?

$$z = \frac{Q}{2hq} = \frac{10869.19}{2 \times 14 \times 25} = 15.527 ≒ 16\text{개}$$

여기서, 접촉면에 수직하는 힘 $Q = \frac{\mu' P}{\mu} = \frac{0.39 \times 568.77}{0.2}$

$$= 1109.1015\text{kgf} = 10869.19\text{N}$$

답 16개

10

4사이클 단동 1기통으로 운전되는 내연기관 엔진의 출력이 100PS, 크랭크 축의 분당회전수는 2000rpm이다. 내연기관 엔진의 크랭크 축에 연결된 플라이 휠을 설계하고자 한다. 다음 플라이휠의 조건을 보고 물음에 답하여라. [6점]

[조건]

① 1사이클당 에너지 변화(변동)계수 ϕ : 표에서 최댓값을 선정하여 계산하여라.

기관종류				ϕ
증기기관	단통기관 단형복식기관 복식기관(크랭크각 90°) 3기통기관			0.15~0.25 0.15~0.25 0.05~0.08 0.03
디젤기관	4사이클	단동	1기통 2기통 3기통 4기통 5기통 6기통	1.23~1.3 1.55~1.85 0.5~0.88 0.19~0.25 0.33~0.37 0.12~0.14
	2사이클	단동	1기통 2기통 3기통 4기통 5기통 6기통	4사이클의 1/2값을 가진다.

② 플라이 휠에 사용된 재료의 비중량 γ : 78400N/m^3

③ 플라이 휠의 두께 t : 50mm

(1) 1사이클당 운동에너지 변화량은 몇 [J]인가?

(2) 관성모멘트는 몇 $\text{N} \cdot \text{m/s}^2$인가? (단, 각속도 변동률 δ : $\delta = \frac{1}{60}$)

(3) 플라이휠의 직경 d는 몇 mm인가?

풀이 및 답

(1) 1사이클당 운동에너지 변화량은 몇 [J]인가?

1사이클 당 운동에너지 변화량 $\Delta E = E \cdot \ \phi = 4409.92 \times 1.3$

$= 5732.9\text{N} \cdot \ \text{m}$

여기서. ① 1사이클 동안 발생된 에너지

$E = 4\pi \times T = 4\pi \times 350.93 = 4409.92\text{N} \cdot \ \text{m}$

② 발생토크

$$T = \frac{60H}{2\pi N} = \frac{60 \times 100 \times 75}{2\pi \times 2000} = 35.809\text{kgf} \cdot \ \text{m} = 350.93\text{N} \cdot \ \text{m}$$

답 5732.9N · m

(2) 관성모멘트는 몇 N · m/s^{2}인가?

관성모멘트 $J = \dfrac{\Delta E}{w^2 \cdot \ \delta} = \dfrac{5732.9}{209.44^2 \times \dfrac{1}{60}} = 7.841[\text{J/s}^2]$

$= 7.841[\text{N} \cdot \ \text{m/s}^2]$

여기서, 각속도 $w = \dfrac{2\pi N}{60} = \dfrac{2\pi \times 2000}{60} = 209.44\text{rad/s}$

답 7.841N · m/s^2

(3) 플라이휠의 직경 d는 몇 mm인가?

$$d = \sqrt[4]{\frac{32Jg}{\pi t \gamma}} = \sqrt[4]{\frac{32 \times 7.841 \times 9.8}{\pi \times 50 \times 10^{-3} \times 78400}} = 0.668463\text{m}$$

$= 668.46\text{mm}$

답 668.46mm

11

V벨트의 허용 인장력이 200N인 V벨트를 이용하여 10kW의 동력을 전달하고자 한다. 다음 조건을 보고 물음에 답하여라. **[5점]**

[조건] ① 원동풀리의 호칭지름 D_1 : 200mm
② 원동풀리의 분당회전수 N_1 : 1000rpm
③ 축간거리 C : 1500mm
④ 감속비 ϵ : $\frac{1}{4}$
⑤ 벨트 접촉부의 상당 마찰계수 μ' : 0.3
⑥ 벨트의 단위 길이 당 질량 $\overline{m}$: 0.25kg/m
⑦ 접촉각 수정계수 K_1 : 0.98
⑧ 부하 수정계수 K_2 : 0.9

(1) 원동 풀리에서의 벨트 접촉각 θ_1[°]
(2) 벨트의 속도(m/s)
(3) 10KW의 동력을 전달하기 위한 벨트의 가닥수를 구하여라.

풀이 및 답

(1) 원동 풀리에서의 벨트 접촉각 θ_1[°]

$$\theta_1 = 180° - 2\times\sin^{-1}\left(\frac{D_2 - D_1}{2C}\right) = 180° - 2\times\sin^{-1}\left(\frac{800-200}{2\times1500}\right)$$
$$= 156.926 = 156.93[°]$$

여기서, $D_2 = D_1 \times \frac{1}{\epsilon} = 200\times4 = 800\text{mm}$

답 156.93°

(2) 벨트의 속도(m/s)

$$V = \frac{\pi D_1 N_1}{60\times1000} = \frac{\pi\times200\times1000}{60\times1000} = 10.47\text{m/s}$$

답 10.47m/s

(3) 10kW의 동력을 전달하기 위한 벨트의 가닥수를 구하여라.

$$Z = \frac{H_{kW}}{H_0 \cdot K_1 \cdot K_2} = \frac{10}{1.01\times0.98\times0.9} = 11.22 ≒ 12\text{가닥}$$

여기서,
① 한 가닥의 전달동력 $H_0 = P_e \times V = 96.56\times10.47 = 1010.9832\text{W} = 1.01\text{W}$

② 한 가닥의 유효장력 $P_e = (T_t - T_c) \times \dfrac{e^{\mu'\theta} - 1}{e^{\mu'\theta}} = (200 - 27.41) \times \dfrac{2.27 - 1}{2.27}$

$= 96.559\text{N} = 96.56\text{N}$

③ 부가장력 $T_g = \overline{m}\, V^2 = 0.25 \times 10.47^2 = 27.405\text{N} = 27.41\text{N}$

④ 장력비 $e^{\mu'\theta} = e^{0.3 \times 156.93 \times \frac{\pi}{180}} = 2.274 = 2.27$

답 12가닥

필답형 실기

- 기계요소설계 -

2017년도 2회

01

아래 그림과 같이 하중 W을 들어 권상장치가 있다. 권상장치를 정지하기 위해 밴드 브레이크를 아래 그림처럼 설치하였다. 다음 조건을 보고 물음에 답하여라. [4점]

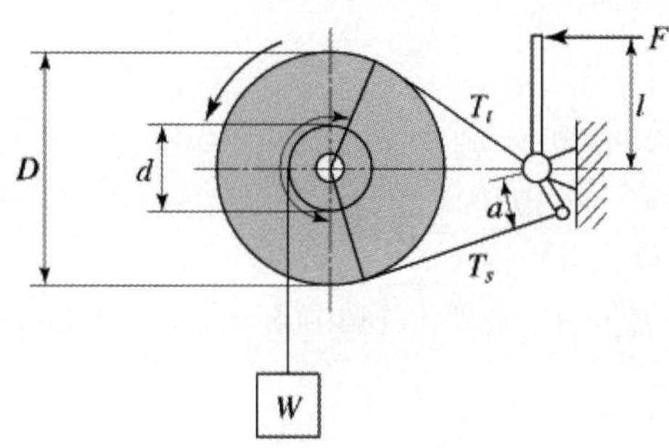

[조건]
① 드럼의 직경 D : 500mm
② 권상장치의 드럼의 직경 d : 350mm
③ 브레이크 드럼의 분당회전수 N : 230rpm
④ 제동토크 T : 1.2kJ
⑤ 브레이크의 마찰계수 μ : 0.35
⑥ 밴드의 허용 인장응력 σ_b : 85MPa
⑦ 밴드의 두께 t : 2mm
⑧ 밴드의 접촉각 θ : 210
⑨ 레버의 길이 l : 1000mm
⑩ 막대길이 a : 90mm

(1) 최대로 권상할 수 있는 하중 W[N]얼마인가?
(2) 레버 조작력 F[N]
(3) 밴드의 폭 b[mm]

풀이 및 답

(1) 최대로 권상할 수 있는 하중 W[N]얼마인가?

$$W = f \times \frac{D}{d} = 4.8 \times 10^3 \times \frac{500}{350} = 6857.14\text{N}$$

여기서, 마찰력 $f = \dfrac{2T}{D} = \dfrac{2 \times 1.2 \times 10^3}{500} = 4.8\text{kN}$

답 6857.14N

(2) 레버 조작력 F[N]

$$F = \frac{T_s \cdot a}{l} = \frac{1839.08 \times 90}{1000} = 165.52\text{N}$$

여기서. $T_s = \dfrac{f}{e^{\mu\theta}-1} = \dfrac{4800}{3.61-1} = 1839.08\text{N}$

장력비 $e^{\mu\theta} = e^{0.35 \times 210 \times \frac{\pi}{180}} = 3.606 = 3.61$

답 165.52N

(3) 밴드의 폭 b[mm]

$$b = \frac{T_t}{\sigma \cdot t} = \frac{6639.08}{85 \times 2} = 39.05\text{mm}$$

여기서, $T_t = T_s \cdot e^{\mu\theta} = 1839.08 \times 3.61 = 6639.08\text{N}$

답 39.05mm

02

전달동력이 2kW이고 축이 회전수는 300rpm이고, 축이 지름이 50mm인 축에 묻힘키를 설치 하고자 한다. 키의 전단강도는 20MPa, 키의 압축강도는 45MPa 키의 폭이 12mm, 높이가 10mm일 때 다음 물음에 답하여라. [3점]

(1) 키가 받는 토크[N · m]를 구하여라.
(2) 안전한 키의 길이[mm]구하여라.

풀이 및 답

(1) 키가 받는 토크[N · m]를 구하여라.

$$T = \frac{60}{2\pi} \times \frac{H}{N} = \frac{60}{2\pi} \times \frac{2 \times 10^3}{300} = 63.66\text{N} \cdot \text{m}$$

답 63.66N · m

(2) 안전한 키의 길이[mm]구하여라.

전단강도에 의한 키의 길이 $l_\tau = \dfrac{2T}{\tau \times b \times d} = \dfrac{2 \times 63.66 \times 10^3}{20 \times 12 \times 50} = 10.61\text{mm}$

압축강도에 의한 키의 길이 $l_\sigma = \dfrac{4T}{\sigma \times h \times d} = \dfrac{4 \times 63.66 \times 10^3}{45 \times 10 \times 50} = 11.32\text{mm}$

안전한 키의 길이는 11.32mm

답 11.32mm

03

코일 스프링을 설계 하고자 한다. 스프링 지수가 8이고, 스프링에 작용하는 압축하중이 300~800N 사이에서 변동되며 이때 하중의 변화에 의한 스프링의 변화량은 30mm이며 스프링의 최대 전단응력은 180MPa, 스프링의 전단 탄성계수는 80GPa이다. 단, whal의 수정응력계수 $K' = \frac{4C-1}{4C-4} + \frac{0.615}{C}$ 을 고려하여 설계하여라. [5점]

(1) 소선의 직경 d[mm]

(2) 유효 권선수는 몇 개인가?

(3) 하중을 제거하였을 때 자유 상태에서의 스프링의 자유높이 얼마인가?

풀이 및 답

(1) 소선의 직경 d[mm]

$\tau = \frac{8P \cdot D \cdot K'}{\pi d^3}$ 에서

$$d = \sqrt{\frac{8P \cdot C \cdot K'}{\pi \tau}} = \sqrt{\frac{8 \times 800 \times 8 \times 1.18}{\pi \times 180}} = 10.34\text{mm}$$

여기서, $K = \frac{4C-1}{4C-4} + \frac{0.615}{C} = \frac{4 \times 8 - 1}{4 \times 8 - 4} + \frac{0.615}{8} = 1.18$

답 10.34mm

(2) 유효 권선수는 몇 개인가?

$$n = \frac{G \times d^4 \times \delta}{8 \times \Delta P \times D^3} = \frac{80 \times 10^3 \times 10.34^4 \times 30}{8 \times (800-300) \times 82.72^3} = 12.12\text{권선} = 13\text{권선}$$

여기서, 평균지름 $D = C \times d = 8 \times 10.34 = 82.72\text{mm}$

답 13개

(3) 하중을 제거하였을 때 자유 상태에서의 스프링의 자유높이 얼마인가?

$$H = \delta + d(n+2) = 30 + 10.34 \times (13+2) = 185.1\text{mm}$$

답 185.1mm

04

원판 클러치를 이용하여 동력전달을 하고자 한다. 다음 조건을 보고 물음에 답하여라. [4점]

[조건] ① 원판클러치의 안지름 D_1 : 200mm
② 원판클러치의 바깥지름 D_2 : 250mm
③ 원판클러치의 분당 회전수 N : 500rpm
④ 접촉면 압력 q : 0.15MPa
⑤ 접촉면의 마찰계수 μ : 0.25

(1) 회전토크[J]를 구하여라.
(2) 전달동력[kW]를 구하여라.

풀이 및 답

(1) 회전토크[J]를 구하여라.

$$T=\mu\times\left\{q\times\frac{\pi}{4}\times(D_2^2-D_1^2)\right\}\times\frac{D_m}{2}$$
$$=0.25\times\left\{0.15\times\frac{\pi}{4}\times(250^2-200^2)\right\}\times\frac{225}{2}$$
$$=74551.46629\text{N}\cdot\text{mm}=74.55\text{N}\cdot\text{m}$$
$$=74.55\text{J}$$

여기서, 평균지름 $D_m=\dfrac{D_1+D_2}{2}=\dfrac{200+250}{2}=225\text{mm}$

답 74.55J

(2) 전달동력[kW]를 구하여라.

$$H=T\times\frac{2\pi N}{60}=74.55\times\frac{2\pi\times500}{60}=3903.95\text{W}=3.9\text{kW}$$

답 3.9kW

05 한 줄 겹치기 리벳이음에서 리벳허용전단응력 τ_a =50MPa, 강판의 허용인장응력 σ_t =120MPa, 리벳지름 d =16mm일 때 다음을 구하라. [4점]

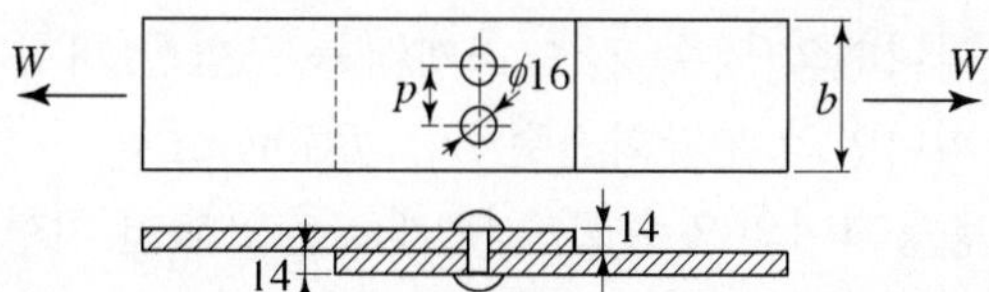

(1) 리벳의 허용전단응력을 고려하여 가할 수 있는 최대하중 W[kN]인가?
(2) 리벳의 허용하중과 강판의 허용하중이 같다고 할 때 강판의 너비 b[mm]?
(3) 리벳이음에서 피치를 구하시오.

풀이 및 답

(1) 리벳의 허용전단응력을 고려하여 가할 수 있는 최대하중 W[kN]인가?

최대하중 $W = \tau_a \times \frac{\pi}{4}d^2 \times 2 = 50 \times \frac{\pi}{4}16^2 \times 2 = 20106.1929\text{N} = 20.11\text{kN}$

답 20.11kN

(2) 리벳의 허용하중과 강판의 허용하중이 같다고 할 때 강판의 너비 b[mm]?

$W = \sigma_t \times \{bt - (2 \times dt)\}$

$20110 = 120 \times \{b \times 14 - (2 \times 16 \times 14)\}$

강판의 너비 $b = 43.9702\text{mm} = 43.97\text{mm}$

답 43.97mm

(3) 리벳이음에서 피치를 구하시오.

피치 $p = \frac{\tau_r \pi d^2 n}{4\sigma_t t} + d = \frac{50 \times \pi \times 16^2 \times 1}{4 \times 120 \times 14} + 16 = 21.983\text{mm} = 21.98\text{mm}$

답 21.98mm

06

모듈(m)이 3인 스퍼기어를 이용하여 25kW의 동력을 전달하고자 한다. 다음 조건에 보고 기어의 폭[mm]을 구하여라. [5점]

[조건] ① 피니언의 잇수 Z_1 : 45개(π를 포함한 치형계수 $Y_1 = 0.333$)
② 피니언의 분당회전수 N_1 : 800rpm
③ 종동기어의 잇수 Z_2 : 90개(π를 포함한 치형계수 $Y_2 = 0.432$)
④ 피니언의 굽힘응력 σ_{b1} : 320MPa
⑤ 종동기어의 굽힘응력 σ_{b2} : 280MPa
⑥ 모듈 m : 3
⑦ 속도계수 $f_v = \dfrac{3.05}{3.05+v}$
⑧ 하중계수 $f_w = 0.8$

(1)

풀이 및 답

$$b_1 = \frac{F_t}{f_v \cdot\ f_w \cdot\ \sigma_{b1} \cdot\ m \cdot\ Y_1} = \frac{4424.78}{0.35\times0.8\times320\times3\times0.333} = 49.43\text{mm}$$

$$b_2 = \frac{F_t}{f_v \cdot\ f_w \cdot\ \sigma_{b2} \cdot\ m \cdot\ Y_1} = \frac{4424.78}{0.35\times0.8\times280\times3\times0.432} = 43.54\text{mm}$$

여기서, 회전력 $F_t = \dfrac{H_{KW}\times1000}{V} = \dfrac{25\times1000}{5.65} = 4424.78\text{N}$

속도 $V = \dfrac{\pi\times m\times z_1\times N_1}{60\times1000} = \dfrac{\pi\times3\times45\times600}{60\times1000} = 5.65\text{m/s}$

속도계수 $f_v = \dfrac{3.05}{3.05+V} = \dfrac{3.05}{3.05+5.65} = 0.35$

답 49.43mm

피니언 기어의 잇수가 28, 큰 기어의 잇수가 32, 모듈이 5일 때 다음을 구하라. [7점]

(1) 압력각이 14.5°일 때의 피니언 기어와 큰 기어의 전위량(mm)를 구하여라.

(2) 두 기어의 치면 높이(백래시)가 0이 되도록 하는 물림 압력각(α_b°)를 구하여라.(정답은 소수점 5자리까지 구하고 아래표를 이용한다.)

압력각 (θ)	소수점 2째자리					압력각 (θ)	소수점 2째자리				
	0	2	4	6	8		0	2	4	6	8
14.0	0.004982	0.005004	0.005025	0.005047	0.002069	17.0	0.009025	0.009057	0.009090	0.009123	0.009156
0.1	0.005091	0.005113	0.005135	0.005158	0.005180	0.1	0.009189	0.009222	0.009255	0.009288	0.009322
0.2	0.005202	0.005225	0.005247	0.005269	0.005292	0.2	0.009355	0.009389	0.009422	0.009456	0.009490
0.3	0.005315	0.005337	0.005360	0.005383	0.005406	0.3	0.009523	0.009557	0.009591	0.009625	0.009659
0.4	0.005429	0.005452	0.005475	0.005498	0.005522	0.4	0.009694	0.009728	0.009762	0.009797	0.009832
0.5	0.005545	0.005568	0.005592	0.005615	0.005639	0.5	0.009866	0.009901	0.009936	0.009971	0.010006
0.6	0.005662	0.005686	0.005710	0.005734	0.005758	0.6	0.010041	0.010076	0.010111	0.010146	0.010182
0.7	0.005782	0.005806	0.005830	0.005854	0.005878	0.7	0.010217	0.010253	0.010289	0.010324	0.010360
0.8	0.005903	0.005927	0.005952	0.005976	0.006001	0.8	0.010396	0.010432	0.010468	0.010505	0.010541
0.9	0.006025	0.006050	0.006075	0.006100	0.006125	0.9	0.010577	0.010614	0.010650	0.010687	0.010724
15.0	0.006150	0.006175	0.006200	0.006225	0.006251	18.0	0.010760	0.010797	0.010834	0.010871	0.010909
0.1	0.006276	0.006301	0.006327	0.006353	0.006378	0.1	0.010946	0.010983	0.011021	0.011058	0.011096
0.2	0.006404	0.006430	0.006456	0.006482	0.006508	0.2	0.011133	0.011171	0.011209	0.011247	0.011285
0.3	0.006534	0.006560	0.006586	0.006612	0.006639	0.3	0.011323	0.011361	0.011400	0.011438	0.011477
0.4	0.006665	0.006692	0.006718	0.006745	0.006772	0.4	0.011515	0.011554	0.011593	0.011631	0.011670
0.5	0.006799	0.006825	0.006852	0.006879	0.006906	0.5	0.011709	0.011749	0.011788	0.011827	0.011866
0.6	0.006934	0.006961	0.006988	0.007016	0.007043	0.6	0.011906	0.011946	0.011985	0.012025	0.012065
0.7	0.007071	0.007098	0.007216	0.007154	0.007182	0.7	0.012105	0.012145	0.012185	0.012225	0.012265
0.8	0.007209	0.007237	0.007266	0.007294	0.007322	0.8	0.012306	0.012346	0.012387	0.012428	0.012468
0.9	0.007350	0.007379	0.007407	0.007435	0.007464	0.9	0.012509	0.012550	0.012591	0.012632	0.012674
16.0	0.007493	0.007521	0.007550	0.007579	0.007608	19.0	0.012715	0.012756	0.012798	0.012840	0.012881
0.1	0.007637	0.007666	0.007695	0.007725	0.007754	0.1	0.012923	0.012965	0.013007	0.013049	0.013091
0.2	0.007784	0.007813	0.007843	0.007872	0.007902	0.2	0.013134	0.013176	0.013218	0.013261	0.013304
0.3	0.007932	0.007962	0.007992	0.008022	0.008052	0.3	0.013346	0.013389	0.013432	0.013475	0.013518
0.4	0.008082	0.008112	0.008143	0.008173	0.008204	0.4	0.013562	0.013605	0.013648	0.013692	0.013736
0.5	0.008234	0.008265	0.008296	0.008326	0.008357	0.5	0.013779	0.013823	0.013867	0.013911	0.013955
0.6	0.008388	0.008419	0.008450	0.008482	0.008513	0.6	0.013999	0.014044	0.014088	0.014133	0.014177
0.7	0.008544	0.008576	0.008607	0.008639	0.008671	0.7	0.014222	0.014267	0.014312	0.014357	0.014402
0.8	0.008702	0.008734	0.008766	0.008798	0.008830	0.8	0.014447	0.014492	0.014538	0.014583	0.014629
0.9	0.008863	0.008895	0.008927	0.008960	0.008992	0.9	0.014674	0.014720	0.014766	0.014812	0.014858
						20.0	0.014904	0.014951	0.014997	0.015044	0.015090

(3) 전위기어 제작시 중심거리 증가량 ΔC[mm]을 구하여라.

(4) 전기기어 제작하였을 때 축간 중심거리 C_f[mm]를 구하여라.

(5) 피니언의 바깥지름 D_{k1}[mm]와 종동기어의 바깥지름 D_{k2}[mm]를 구하여라.

풀이 및 답

(1) 압력각이 14.5°일 때의 피니언 기어와 큰 기어의 전위량(mm)를 구하여라.

최소잇수 $z_e = \dfrac{2}{\sin^2\alpha} = \dfrac{2}{\sin^2 14.5} = 31.9 = 32$개

피니언의 전위계수 $x_1 = 1 - \dfrac{Z_1}{Z_e} = 1 - \dfrac{28}{32} = 0.125$

피니언의 전위량 $c_1 = x_1 \cdot \ m = 0.125 \times 5 = 0.625\text{mm}$

큰 기어의 전위계수 $x_2 = 1 - \dfrac{Z_2}{Z_e} = 1 - \dfrac{32}{32} = 0$

큰 기어의 전위량 $c_2 = x_2 \times m = 0 \times 5 = 0$

답 피니언기어의 전위량 : 0.625mm
큰 기어의 전위량 : 0mm

(2) 두 기어의 치면 높이(백래시)가 0이 되도록 하는 물림 압력각(α_b°)를 구하여라.

$$inv\,\alpha_b = inv\,\alpha + 2 \times \tan\alpha \times \frac{x_1 + x_2}{Z_1 + Z_2}$$

$$= 0.005545 + 2 \times \tan 14.5 \times \frac{0.125 + 0}{28 + 32} = 0.006622$$

표에서 근사치를 찾으면

$\alpha_1 = 15.36° \Rightarrow inv\,\alpha_1 = 0.006612$
$\alpha_b \Rightarrow inv\alpha_b = 0.006622$
$\alpha_2 = 15.38° \Rightarrow inv\,\alpha_2 = 0.006639$

보간법에 의해

$$\frac{0.006622 - 0.006612}{0.006639 - 0.006612} = \frac{\alpha_b - 15.36}{15.38 - 15.36}$$

물림압력각 $\alpha_b = 15.367407 \fallingdotseq 15.3674$

답 15.3674°

(3) 전위기어 제작시 중심거리 증가량 ΔC[mm]을 구하여라.

$\Delta C = y \times m = 0.12137 \times 5 = 0.60685\,\text{mm}$

중심거리 증가계수 $y = \dfrac{Z_1 + Z_2}{2}\left(\dfrac{\cos\alpha}{\cos\alpha_b} - 1\right)$

$$= \frac{28 + 32}{2}\left(\frac{\cos 14.5}{\cos 15.3674} - 1\right) = 0.12137$$

답 0.60685mm

(4) 전기기어 제작하였을 때 축간 중심거리 C_f[mm]를 구하여라.

$$C_f = C + \Delta C = \frac{m(Z_1 + Z_2)}{2} + \Delta C = \frac{5 \times (28 + 32)}{2} + 0.60685$$

$= 150.60685\,\text{mm}$

답 150.60685mm

(5) 피니언의 바깥지름 D_{k1}[mm]와 종동기어의 바깥지름 D_{k2}[mm]를 구하여라.

$$D_{k1} = \{(Z_1 + 2)m + 2(y - x_2)m\}$$
$$= \{(28 + 2) \times 5 + 2 \times (0.12137 - 0) \times 5)\}$$
$$= 151.2137[\text{mm}]$$
$$D_{k2} = \{(Z_2 + 2)m + 2(y - x_1)m\}$$
$$= \{(32 + 2) \times 5 + 2 \times (0.12137 - 0.125) \times 5)\}$$
$$= 169.9637[\text{mm}]$$

답 D_{k1} =151.2137mm
D_{k2} =169.9637mm

08

중공축에 중앙에 하중이 3000N인 평벨트 풀 리가 설치되어 있다. 축은 양단이 베어일이 지지된 단순지지 었다. 중동축의 외경이 110mm, 내경이 90mm, 중공축의 길이가 2m이다. 축의 자중을 무시할 때 다음을 구하여라. (단, 축의 종탄성계수는 210GPa이고, 표준 중력가속도 값은 9.81m/s^{2}로 계산한다.) [4점]

(1) 축의 처짐은 몇 [μm]인가?
(2) 축의 위험속도는 몇 [rpm]인가?

풀이 및 답

(1) 축의 처짐은 몇 [μm]인가?

$$\delta = \frac{P \times L^3}{48EI} = \frac{3000 \times 2000^3}{48 \times 210 \times 10^3 \times 3966260.73} = 0.6003015\text{mm} = 600.3\mu\text{m}$$

여기서, $I = \dfrac{\pi(d_2^4 - d_1^4)}{64} = \dfrac{\pi \times (110^4 - 90^4)}{64}$

$$= 3966260.725\text{mm}^4 = 3966260.73\text{mm}^4$$

답 600.3μm

(2) 축의 위험속도는 몇 [rpm]인가?

$$Nc = \frac{60}{2\pi} \times \sqrt{\frac{g}{\delta}} = \frac{60}{2\pi} \times \sqrt{\frac{9810}{600.3 \times 10^{-3}}} = 1220.735\text{rpm} = 1220.74\text{rpm}$$

답 1220.74rpm

09

Tr36×6를 이용하여 축방향 하중 50kN의 하중을 들어올리는 나사잭를 설계하고자 한다. 나사의 유효지름이 33mm, 피치가 6mm이고, 나사부의 마찰계수가 0.2이다. 다음 물음에 답하여라. [5점]

(1) 볼트에 작용하는 회전토크[N · m]을 구하여라.

(2) Tr36×6의 골지름이 30mm일 때 축방향하중에 의한 수직응력과 비틀림에 의한 전단응력을 고려하여 볼트에 작용하는 최대 전단응력[MPa]을 구하여라.

(3) 볼트 재질의 전단강도는 34MPa일 때 대한 안전성 검토하여라.

풀이 및 답

(1) 볼트에 작용하는 회전토크[N · m]을 구하여라.

$$T = Q \times \frac{p + \mu' \pi d_e}{\pi d_e - \mu' p} \times \frac{d_e}{2} = 50 \times 10^3 \times \frac{6 + 0.21 \times \pi \times 33}{\pi \times 33 - 0.21 \times 6} \times \frac{33}{2}$$

$$= 223715.44\text{N} \cdot \text{mm} = 223.72\text{N} \cdot \text{m}$$

여기서, $\mu' = \dfrac{\mu}{\cos\dfrac{\alpha}{2}} = \dfrac{0.2}{\cos\dfrac{30}{2}} = 0.207 ≒ 0.21$

답 223.72N · m

(2) Tr36×6의 골지름이 30mm일 때 축방향하중에 의한 수직응력과 비틀림에 의한 전단응력을 고려하여 볼트에 작용하는 최대 전단응력[MPa]을 구하여라.

$$\tau_{max} = \frac{\sqrt{\sigma^2 + 4\tau^2}}{2} = \frac{\sqrt{70.74^2 + 4 \times 42.2^2}}{2} = 55.06\text{MPa}$$

여기서, $\sigma = \dfrac{Q}{A} = \dfrac{50 \times 10^3}{\dfrac{\pi}{4} \times 30^2} = 70.74\text{MPa}$

$$\tau = \frac{16T}{\pi d_1^3} = \frac{16 \times 223720}{\pi \times 30^3} = 42.2\text{MPa}$$

답 55.06MPa

(3) 볼트 재질의 전단강도는 34MPa일 때 대한 안전성 검토하여라.

기준강도(34MPa) < 최대 전단응력(55.06MPa)이므로 불안전하다.

답 불안전하다.

10

축간거리가 3m인 두축에 평벨트 설치하여 동력을 전달하고자 한다. 전달동력은 50kW이고 원동축의 풀리 지름이 600mm, 원동풀리의 분당회전수는 800rpm이다. 종동축의 풀리 지름 1200mm이다. 다음 물음에 답하여라. [5점]

(1) 원동축의 접촉 중심각 $\theta_1[^\circ]$을 구하여라.

(2) 벨트에 걸리는 긴장측 장력 T_t[N]을 구하여라. (단, 벨트와 풀리의 마찰계수 0.3, 벨트 재료의 단위 길이당 질량은 0.34[kg/m]이다.)

(3) 벨트의 최소 폭 b[mm]을 구하여라. (단, 벨트의 허용응력 32[MPa], 벨트의 두께는 8[mm], 이음효율 90%이다.

풀이 및 답

(1) 원동축의 접촉 중심각 $\theta_1[^\circ]$을 구하여라.

$$\theta_1 = 180^\circ - 2\times\sin^{-1}\left(\frac{D_2 - D_1}{2C}\right) = 180 - 2\times\sin^{-1}\left(\frac{1200-600}{2\times3000}\right) = 168.52^\circ$$

답 168.52°

(2) 벨트에 걸리는 긴장측 장력 T_t[N]을 구하여라.

$$T_t = \left(\frac{e^{\mu\theta}\times P_e}{e^{\mu\theta}-1}\right) + \overline{m}\,V^2 = \frac{2.42\times1989.65}{2.42-1} + 0.34\times25.13^2 = 3605.53\text{N}$$

여기서, $V = \frac{\pi D_1 N_1}{60\times1,000} = \frac{\pi\times600\times800}{60\times1,000} = 25.13\text{m/s}$

장력비 $e^{\mu\theta} = e^{0.3\times168.52\times\frac{\pi}{180}} = 2.416 = 2.42$

유효장력 $P_e = \frac{H}{V} = \frac{50\times10^3}{25.13} = 1989.65\text{N}$

답 3605.53N

(3) 벨트의 최소 폭 b[mm]을 구하여라.

$\sigma_a = \frac{T_t}{b\cdot\ t\cdot\ \eta}$ 에서

$$b = \frac{T_t}{\sigma_b\cdot\ t\cdot\ \eta} = \frac{3605.53}{32\times8\times0.9} = 15.65\text{mm}$$

답 15.65mm

11

#40 Roller Chain를 이용하여 동력을 전달하고자 한다. Roller Chain 스프로킷의 잇수14개이다. 다음 물음에 답하여라. **[4점]**

(1) 스프로킷의 최고 회전속도 V_{max}, 스프로킷의 최저 회전속도 V_{min}일 때 $\frac{V_{min}}{V_{max}}$을 구하여라.

(2) 스프로킷의 속도변동률 λ을 구하여라.

(3) #40 Roller Chain 의 파단하중 1.42ton, 피치 12.7mm 전달동력은 3.4PS 전달하고자 할 때 속도[m/s]변위를 구하여라.(단, 안전율은 8이다.)

풀이 및 답

(1) 스프로킷의 최고 회전속도 V_{max}, 스프로킷의 최저 회전속도 V_{min}일 때 $\frac{V_{min}}{V_{max}}$을 구하여라.

$$\frac{V_{min}}{V_{max}} = \frac{R_{min}}{R_{max}} = \cos\frac{180}{Z} = \cos\frac{180}{14} = 0.974$$

답 0.974

(2) 스프로킷의 속도변동률 λ을 구하여라.

속도변동률 $\lambda = \frac{V_{max} - V_{min}}{V_{max}} = 1 - \frac{V_{min}}{V_{max}} = 1 - 0.974 = 0.026$

답 0.026

(3) #40 Roller Chain 의 파단하중 1.42ton, 피치 12.7mm 전달동력은 3.4PS 전달하고자 할 때 속도[m/s]변위를 구하여라.

안전하중 $F_s = \frac{F_B}{S} = \frac{1420\text{kgf}}{8} = 177.5\text{kgf}$

체인속도 $V = \frac{H_{ps} \times 75}{F_s} = \frac{3.4 \times 75}{177.5} = 1.436\text{m/s}$

체인속도는 항상 1.436m/s 이상으로 유지하여야 된다.

답 1.436m/s

필답형 실기

- 기계요소설계 -

2017년도 4회

01

원통코일 스프링의 바깥지름이 72mm이다. 스프링지수는 5, 유효권수 15번, 작용하는 하중이 400N, 가로 탄성계수가 80GPa일 때 다음 물음에 답하여라.

[4점]

(1) 소선의 직경 d[mm]를 구하여라.
(2) 스프링의 처짐량 δ[mm]을 구하여라.
(3) 스프링의 발생하는 전단응력은 몇 MPa인가? (단, 왈의 응력수정계수 $K=\dfrac{4C-1}{4C-4}+\dfrac{0.615}{C}$을 고려하여 구하여라.)

풀이 및 답

(1) 소선의 직경 d[mm]를 구하여라.

$C=\dfrac{D_2-d}{d}$에서

$5=\dfrac{72-d}{d}$

소선의 지름 $d=12\text{mm}$

답 12mm

(2) 스프링의 처짐량 δ[mm]을 구하여라.

(평균지름) $D=C\times d=5\times 12=60\text{mm}$

$$\therefore\ \delta=\frac{8PD^3\cdot\ n}{Gd^4}=\frac{8\times 400\times 60^3\times 15}{80\times 10^3\times 12^4}=6.25\text{mm}$$

답 6.25mm

(3) 스프링의 발생하는 전단응력은 몇 MPa인가?

$$\tau=\frac{8PDK}{\pi d^3}=\frac{8\times 400\times 60\times 1.31}{\pi\times 12^3}=46.33\text{MPa}$$

여기서, $K'=\dfrac{4C-1}{4C-4}+\dfrac{0.615}{C}=\dfrac{4\times 5-1}{4\times 5-4}+\dfrac{0.615}{5}=1.31$

답 46.33MPa

분당회전수가 500rpm으로 15kW를 전달하는 스플라인축이 있다. 다음 조건을 보고 물음에 답하여라. [4점]

[조건] ① 스플라인 허용면압력 q_a : 40MPa
② 스플라인 잇수 Z : 6개
③ 스플라인 보스의 길이 l : 70mm
④ 이 높이 H : 2mm,
⑤ 모파기 c : 0.15mm
⑥ 전달효율 η : 80%

(1) 스플라인의 전달 토크[J]를 구하라.

(2) 아래의 표로부터 스플라인의 규격에서 호칭지름 d_1을 선정하라.

〈스플라인의 규격(단위 : mm)〉

형식	1형					
잇수	6		8		10	
호칭지름 d_1	큰지름 d_2	너비 b	큰지름 d_2	너비 b	큰지름 d_2	너비 b
11	–	–	–	–	–	–
13	–	–	–	–	–	–
16	–	–	–	–	–	–
18	–	–	–	–	–	–
21	26	6	–	–	–	–
23	30	6	–	–	–	–
26	32	7	–	–	–	–
28	36	8	–	–	–	–
32	40	8	36	6	–	–
36	46	10	40	7	–	–
42	46	10	46	8	–	–
46	50	12	50	9	–	–
52	58	14	58	10	–	–
56	62	14	62	10	–	–
62	68	16	68	12	–	–

풀이 및 답

(1) 스플라인의 전달 토크[J]를 구하라.

$$T = \frac{60}{2\pi} \times \frac{H}{N} = \frac{60}{2\pi} \times \frac{15 \times 10^3}{500} = 286.48\text{N}\cdot\ \text{m} = 286.48\text{J}$$

답 286.48J

(2) 아래의 표로부터 스플라인의 규격에서 호칭지름 d_1을 선정하라.

$$T = \frac{q \cdot \ Z(h-2c) \times l_1 \times (d_1+d_2) \times \eta}{4} \text{이므로}$$

$$d_1 + d_2 = \frac{4T}{q \cdot \ Z(H-2c) \cdot \ l \times \eta} = \frac{4 \times 286.48 \times 10^3}{40 \times 6 \times (2 - 2 \times 0.15) \times 70 \times 0.8}$$

$$= 50.15\text{mm}$$

[호칭규격 선정]

$$d_1 = \frac{(d_1+d_2)}{2} - h = \frac{50.15}{2} - 2 = 23.075\text{mm}$$

$d_1 = 23.075$보다 처음으로 커지는 호칭지름을 구하면 26mm이므로 호칭지름 d_1은 26을 선정한다.

답 26을 선정

03

400rpm으로 12kW의 동력을 전달하는 축이 있다. 축 지름이 60mm이고 여기에 $b \times h \times l$ =10×8×50인 묻힘키를 설치하였다. 키의 허용 압축응력이 80MPa, 키의 허용 전단응력이 30MPa일 때 다음 물음에 답하여라. **[4점]**

(1) 압축응력을 구하고 안전도를 검토하시오.
(2) 키의 전단응력을 구하고 안전도를 검토하시오.

풀이 및 답

(1) 압축응력을 구하고 안전도를 검토하시오.

$$\sigma = \frac{4 \times T}{h \times l \times d} = \frac{4 \times 286.48 \times 10^3}{8 \times 50 \times 60} = 47.75\text{MPa}$$

키의 허용압축응력 80MPa > 47.75MPa　∴ 안전하다.

여기서, $T = \frac{60}{2\pi} \times \frac{H}{N} = \frac{60}{2\pi} \times \frac{12 \times 10^3}{400} = 286.48\text{N} \cdot \ \text{m}$

답 압축응력 : 47.75MPa
안전하다.

(2) 키의 전단응력을 구하고 안전도를 검토하시오.

$$\tau = \frac{2T}{b \cdot \ l \cdot \ d} = \frac{2 \times 286.48 \times 10^3}{10 \times 50 \times 60} = 19.098\text{MPa}$$

키의 허용 전단응력이 30MPa > 19.098MPa 안전하다.

답 전단응력 : 19.098MPa
안전하다.

04

축방향 하중 35kN의 하중을 들어 올리는 Tr36×6 나사 있는 나사잭를 사용하였다. (Tr36×6의 유효지름 d_2 : 33mm로 할 때, 골지름 d_1 : 30mm, 나사부의 마찰계수가 0.15이고, 칼라부의 마찰계수는 무시하며, 볼트 재질의 전단강도는 50MPa일 때 다음을 구하시오. (단, 소수처리는 소수 셋째자리에서 나타내어라.) [6점]

(1) 볼트에 작용하는 회전토크[N · m]을 구하여라.
(2) 볼트에 작용하는 최대 전단응력[MPa]를 구하여라.
(3) 볼트 재질의 전단강도에 대한 안전성 검토하여라.

풀이 및 답

(1) 볼트에 작용하는 회전토크[N · m]을 구하여라.

$$T = Q \times \frac{p \times \mu' \pi d_2}{\pi d_2 - \mu' p} \times \frac{d_2}{2} = 35 \times 10^3 \times \frac{6 + 0.155 \times \pi \times 33}{\pi \times 33 - 0.155 \times 6} \times \frac{33}{2}$$

$$= 124047.8153\text{N} \cdot \text{mm} = 124.047\text{N} \cdot \text{m}$$

여기서, $\mu' = \dfrac{\mu}{\cos\frac{\alpha}{2}} = \dfrac{0.15}{\cos\frac{30}{2}} = 0.155$

답 124.047N · mm

(2) 볼트에 작용하는 최대 전단응력[MPa]를 구하여라.

$$\tau_{max} = \frac{\sqrt{\sigma^2 + 4\tau^2}}{2} = \frac{\sqrt{49.514^2 + 4 \times 23.398^2}}{2} = 34.064\text{MPa}$$

여기서, $\sigma = \dfrac{Q}{\frac{\pi d_1^2}{4}} = \dfrac{35 \times 10^3}{\frac{\pi \times 30^3}{4}} = 49.514\text{MPa}$

$$\tau = \frac{16 \times T}{\pi d_1^3} = \frac{16 \times 124047}{\pi \times 30^3} = 23.398\text{MPa}$$

답 36.064MPa

(3) 볼트 재질의 전단강도에 대한 안전성 검토하여라.

안전율 $s = \dfrac{\text{기준강도}}{\text{사용강도}} = \dfrac{\tau}{\tau_{max}} = \dfrac{50\text{MPa}}{34.064\text{MPa}} = 1.46$

기준강도 ≥ 사용강도이므로 안전하다.

답 안전하다.

05

드럼이 250J의 토크로 회전하고 있다. 드럼을 정지시키기 위해 다음 그림과 같은 블록 브레이크를 사용하였다. 드럼의 분당회전수는 800rpm이며, 드럼의 직경이 300mm, a =200mm, b =28mm, l =800mm 브레이크 마찰계수가 0.25일 때 다음 물음에 답하시오. [4점]

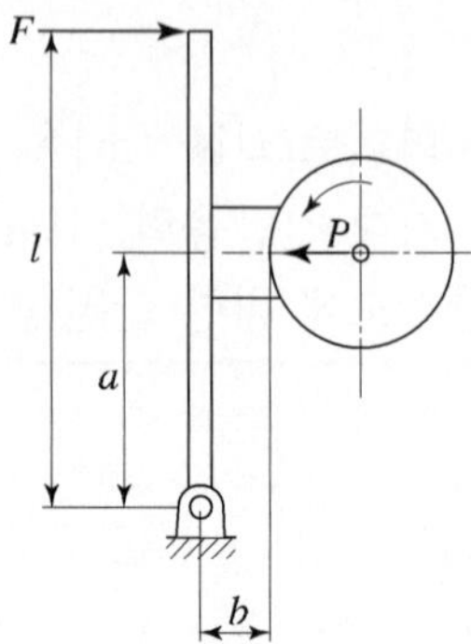

(1) 드럼을 정지시키기 위한 레버에 가하는 조작력 F[N]를 구하여라.
(2) 블록 브레이크 용량이 8[MPa · m/s]일 때, 제동에 필요한 A면적[mm^2]를 구하시오.

풀이 및 답

(1) 드럼을 정지시키기 위한 레버에 가하는 조작력 F[N]를 구하여라.

블록 브레이크를 미는 힘 $P = \dfrac{2T}{\mu \cdot D} = \dfrac{2\times 250000}{0.25\times 300} = 6666.67\text{N}$

조작력 $F = \dfrac{P(a-\mu b)}{l} = \dfrac{6666.67\times(200-0.25\times 28)}{800} = 1608.33\text{N}$

답 1608.33N

(2) 블록 브레이크 용량이 8[MPa · m/s]일 때, 제동에 필요한 A면적[mm^2]를 구하시오.

브레이크 용량 $\mu q v = \mu \times \dfrac{P}{A} \times \dfrac{\pi\times D\times N}{60\times 1000} = 8$에서

$$A = \mu\times\frac{P}{8}\times\frac{\pi\times D\times N}{60\times 1000} = 0.25\times\frac{6666.67}{8}\times\frac{\pi\times 300\times 800}{60\times 1000} = 2618.75\text{mm}^2$$

답 2618.75mm^2

06

500N · m의 굽힘 모멘트를 받으면서 20kW의 동력을 전달하는 축이 300rpm으로 회전하고 있는 중공축을 설계 하고자 한다. 축의 허용 수직 응력이 20MPa, 허용전단응력이 12MPa일 때 다음 물음에 답하여라. [5점]

(1) 상당 비틀림 모멘트 T_e[J]를 구하여라.

(2) 상당 굽힘 모멘트 M_e[J]를 구하여라.

(3) 축의 외경을 80mm라고 할 때, 축의 비틀림과 굽힘을 고려한 축의 내경을 정수[mm]로 결정하여라.

풀이 및 답

(1) 상당 비틀림 모멘트 T_e[J]를 구하여라.

$$T_e = \sqrt{M^2 + T^2} = \sqrt{500^2 + 636.62^2} = 809.5\text{N}\cdot\ \text{m} = 809.5\text{J}$$

여기서, $T = \dfrac{60}{2\pi} \times \dfrac{H}{N} = \dfrac{60}{2\pi} \times \dfrac{20 \times 10^3}{300} = 636.62\text{N}\cdot\ \text{m} = 636.62\text{J}$

답 809.5J

(2) 상당 굽힘 모멘트 M_e[J]를 구하여라.

$$M_e = \frac{1}{2}(M + T_e) = \frac{1}{2} \times (500 + 809.5) = 654.75\text{J}$$

답 654.75J

(3) 축의 외경을 80mm라고 할 때, 축의 비틀림과 굽힘을 고려한 축의 내경을 정수[mm]로 결정하여라.

① 최대 주응력설에 의한 축내경 d_1

$$d_1 = \sqrt[4]{d_2^4 - \frac{32M_e \times d_2}{\pi\cdot\ \sigma}} = \sqrt[4]{80^4 - \frac{32 \times 654.75 \times 10^3 \times 80}{\pi \times 20}} = 61.48\text{mm}$$

② 최대 전단응력설에 의한 축내경 d_1

$$d_1 = \sqrt[4]{d_2^4 - \frac{16T_e \times d_2}{\pi \times \tau}} = \sqrt[4]{80^4 - \frac{16 \times 809.5 \times 10^3 \times 80}{\pi \times 12}} = 60.59\text{mm}$$

결론 : 비틀림과 동시에 작용하므로 내경은 작은값 60.59mm를 선택한다.

∴ 축의 내경은 60mm로 결정한다.

답 60mm

07

평벨트를 이용하여 4kW의 동력을 전달하고자 한다. 원동풀리의 지름이 300mm, 원동풀리의 분당 회전수 450rpm, 종동풀리의 지름은 700mm이다. 두 풀리의 축간 거리는 1000mm이다. (단, 평벨트의 마찰계수는 0.25, 벨트의 이음 효율이 85%, 평벨트의 두께가 7mm이다.) **[4점]**

(1) 벨트에 작용하는 긴장측 장력 T_t[N]를 구하여라.

(2) 평벨트의 굽힘응력이 6MPa일 때 벨트 폭 b[mm]를 구하여라.

풀이 및 답

(1) 벨트에 작용하는 긴장측 장력 T_t[N]를 구하여라.

속도 $V = \dfrac{\pi \times D_1 \times N_1}{60 \times 1000} = \dfrac{\pi \times 300 \times 450}{60 \times 1000} = 7.07\text{m/s}$

유효장력 $P_e = \dfrac{H_{KW}}{V} = \dfrac{4 \times 1000}{7.07} = 565.77\text{N}$

접촉중심각 $\theta = 180 - 2 \times \sin^{-1}\left(\dfrac{D_2 - D_1}{2 \times C}\right) = 180 - 2 \times \sin^{-1}\left(\dfrac{700 - 300}{2 \times 1000}\right)$

$= 156.92°$

장력비 $e^{\mu\theta} = e^{\left(0.25 \times 156.92 \times \frac{\pi}{180}\right)} = 1.98$

긴장장력 $T_t = P_e \times \dfrac{e^{\mu\theta}}{e^{\mu\theta} - 1} = 565.77 \times \dfrac{1.98}{1.98 - 1} = 1143.09\text{N}$

답 1143.09N

(2) 평벨트의 굽힘응력이 6MPa일 때 벨트 폭 b[mm]를 구하여라.

$\sigma_b = \dfrac{T_t}{b \times t \times \eta}$ 에서

폭 $b = \dfrac{T_t}{\sigma_b \times t \times \eta} = \dfrac{1143.09}{6 \times 7 \times 0.85} = 32.02\text{mm}$

답 32.02mm

08

축각(θ) 85°인 원추마찰차를 이용하여 5kW의 동력을 전달하고자 한다. 원동차의 직경이 450mm이며, 320rpm으로 종동차에 1/2의 감속비로 동력을 전달할 때 다음을 구하라. (단, 마찰계수는 0.3이다.) [5점]

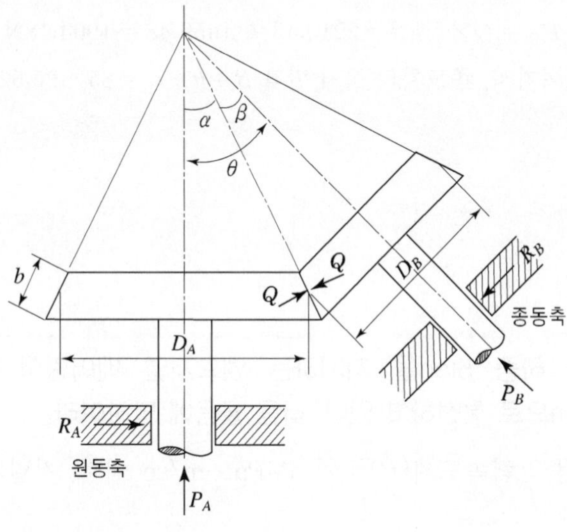

(1) 원주 속도[m/s]를 구하시오.
(2) 접촉 선압이 25MPa일 때, 마찰차의 유효 폭[mm]을 구하시오.
(3) 원동차의 축방향 하중 P_A[N], 종동차의 축방향 하중 P_B[N]를 구하여라.

풀이 및 답

(1) 원주 속도[m/s]를 구하시오.

$$v = \frac{\pi D_1 N_1}{60 \times 1{,}000} = \frac{\pi \times 450 \times 320}{60 \times 1{,}000} = 7.54\text{m/s}$$

답 7.54m/s

(2) 접촉 선압이 25MPa일 때, 마찰차의 유효 폭[mm]을 구하시오.

$$b = \frac{Q}{q} = \frac{2210.43}{25} = 88.42\text{mm}$$

여기서, $Q = \dfrac{H}{\mu \times v} = \dfrac{5 \times 10^3}{0.3 \times 7.54} = 2210.43\text{N}$

답 88.42mm

(3) 원동차의 축방향 하중 P_A[N], 종동차의 축방향 하중 P_B[N]를 구하여라.

① $P_A = Q \times \sin\alpha = 2210.43 \times \sin 25.52 = 952.31\text{N}$

여기서, 원동차의 꼭지 반각 $\alpha = \tan^{-1}\left(\dfrac{\sin\theta}{\dfrac{1}{i} + \cos\theta}\right) = \tan^{-1}\left(\dfrac{\sin 85}{\dfrac{1}{\dfrac{1}{2}} + \cos 85}\right)$

$= 25.52$

② $P_B = Q \times \sin\beta = 2210.43 \times \sin 59.48 = 1904.18\text{N}$

여기서, 종도차의 꼭지 반각 $\beta = \theta - \alpha = 85 - 25.52 = 59.48$

답 $P_A = 952.31\text{N}$
$P_B = 1904.187\text{N}$

09

베어링 하중 5ton을 지지하는 엔드저널 베어링이 있다. 분당회전수가 650rpm으로 회전하고 있다. 다음 물음에 답하여라. [4점]

(1) 허용 압력속도계$(PV)_a$가 5MPa · m/sec이다. 저널의 길이는 몇 [mm]인가?

(2) 저널의 굽힘응력이 52MPa일 때 저널의 지름 d[mm]를 구하여라.

풀이 및 답

(1) 압력속도계$(PV)_a$가 5MPa · m/sec이다. 저널의 길이는 몇 [mm]인가?

베어링 하중 $F = 5000\text{kgf} = 49000\text{N}$

$(PV)_a = \dfrac{F \times \pi \times N}{60 \times 1000 \times l}$에서

저널의 길이 $l = \dfrac{F \times \pi \times N}{60 \times 1000 \times (PV)_a} = \dfrac{49000 \times \pi \times 650}{60 \times 1000 \times 5} = 333.53\text{mm}$

답 333.53mm

(2) 저널의 굽힘응력이 52MPa일 때 저널의 지름 d[mm]를 구하여라.

$d = \sqrt[3]{\dfrac{16Fl}{\pi \times \sigma_b}} = \sqrt[3]{\dfrac{16 \times 49000 \times 333.53}{\pi \times 52}} = 116.98\text{mm}$

답 116.98mm

10

피니언 기어의 잇수가 28, 큰 기어의 잇수가 32, 모듈이 5일 때 다음을 구하라. **[6점]**

(1) 압력각이 14.5°일 때의 피니언 기어와 큰 기어의 전위량(mm)를 구하여라.

(2) 두 기어의 치면 높이(백래시)가 0이 되도록 하는 물림 압력각(α_b°)를 구하여라.(정답은 소수점 5자리까지 구하고 아래표를 이용한다.)

압력각	소수점 2째자리					압력각	소수점 2째자리				
(θ)	0	2	4	6	8	(θ)	0	2	4	6	8
14.0	0.004982	0.005004	0.005025	0.005047	0.002069	17.0	0.009025	0.009057	0.009090	0.009123	0.009156
0.1	0.005091	0.005113	0.005135	0.005158	0.005180	0.1	0.009189	0.009222	0.009255	0.009288	0.009322
0.2	0.005202	0.005225	0.005247	0.005269	0.005292	0.2	0.009355	0.009389	0.009422	0.009456	0.009490
0.3	0.005315	0.005337	0.005360	0.005383	0.005406	0.3	0.009523	0.009557	0.009591	0.009625	0.009659
0.4	0.005429	0.005452	0.005475	0.005498	0.005522	0.4	0.009694	0.009728	0.009762	0.009797	0.009832
0.5	0.005545	0.005568	0.005592	0.005615	0.005639	0.5	0.009866	0.009901	0.009936	0.009971	0.010006
0.6	0.005662	0.005686	0.005710	0.005734	0.005758	0.6	0.010041	0.010076	0.010111	0.010146	0.010182
0.7	0.005782	0.005806	0.005830	0.005854	0.005878	0.7	0.010217	0.010253	0.010289	0.010324	0.010360
0.8	0.005903	0.005927	0.005952	0.005976	0.006001	0.8	0.010396	0.010432	0.010468	0.010505	0.010541
0.9	0.006025	0.006050	0.006075	0.006100	0.006125	0.9	0.010577	0.010614	0.010650	0.010687	0.010724
15.0	0.006150	0.006175	0.006200	0.006225	0.006251	18.0	0.010760	0.010797	0.010834	0.010871	0.010909
0.1	0.006276	0.006301	0.006327	0.006353	0.006378	0.1	0.010946	0.010983	0.011021	0.011058	0.011096
0.2	0.006404	0.006430	0.006456	0.006482	0.006508	0.2	0.011133	0.011171	0.011209	0.011247	0.011285
0.3	0.006534	0.006560	0.006586	0.006612	0.006639	0.3	0.011323	0.011361	0.011400	0.011438	0.011477
0.4	0.006665	0.006692	0.006718	0.006745	0.006772	0.4	0.011515	0.011554	0.011593	0.011631	0.011670
0.5	0.006799	0.006825	0.006852	0.006879	0.006906	0.5	0.011709	0.011749	0.011788	0.011827	0.011866
0.6	0.006934	0.006961	0.006988	0.007016	0.007043	0.6	0.011906	0.011946	0.011985	0.012025	0.012065
0.7	0.007071	0.007098	0.007216	0.007154	0.007182	0.7	0.012105	0.012145	0.012185	0.012225	0.012265
0.8	0.007209	0.007237	0.007266	0.007294	0.007322	0.8	0.012306	0.012346	0.012387	0.012428	0.012468
0.9	0.007350	0.007379	0.007407	0.007435	0.007464	0.9	0.012509	0.012550	0.012591	0.012632	0.012674
16.0	0.007493	0.007521	0.007550	0.007579	0.007608	19.0	0.012715	0.012756	0.012798	0.012840	0.012881
0.1	0.007637	0.007666	0.007695	0.007725	0.007754	0.1	0.012923	0.012965	0.013007	0.013049	0.013091
0.2	0.007784	0.007813	0.007843	0.007872	0.007902	0.2	0.013134	0.013176	0.013218	0.013261	0.013304
0.3	0.007932	0.007962	0.007992	0.008022	0.008052	0.3	0.013346	0.013389	0.013432	0.013475	0.013518
0.4	0.008082	0.008112	0.008143	0.008173	0.008204	0.4	0.013562	0.013605	0.013648	0.013692	0.013736
0.5	0.008234	0.008265	0.008296	0.008326	0.008357	0.5	0.013779	0.013823	0.013867	0.013911	0.013955
0.6	0.008388	0.008419	0.008450	0.008482	0.008513	0.6	0.013999	0.014044	0.014088	0.014133	0.014177
0.7	0.008544	0.008576	0.008607	0.008639	0.008671	0.7	0.014222	0.014267	0.014312	0.014357	0.014402
0.8	0.008702	0.008734	0.008766	0.008798	0.008830	0.8	0.014447	0.014492	0.014538	0.014583	0.014629
0.9	0.008863	0.008895	0.008927	0.008960	0.008992	0.9	0.014674	0.014720	0.014766	0.014812	0.014858
						20.0	0.014904	0.014951	0.014997	0.015044	0.015090

(3) 전위기어 제작시 중심거리 증가량 ΔC[mm]을 구하여라.

(4) 전기기어 제작하였을 때 축간 중심거리 C_f[mm]를 구하여라.

(5) 피니언의 바깥지름 D_{k1}[mm]와 종동기어의 바깥지름 D_{k2}[mm]를 구하여라.

풀이 및 답

(1) 압력각이 14.5°일 때의 피니언 기어와 큰 기어의 전위량(mm)를 구하여라.

최소잇수 $z_e = \dfrac{2}{\sin^2\alpha} = \dfrac{2}{\sin^2 14.5} = 31.9 = 32$개

피니언의 전위계수 $x_1 = 1 - \dfrac{Z_1}{Z_e} = 1 - \dfrac{28}{32} = 0.125$

피니언의 전위량 $c_1 = x_1 \cdot \ m = 0.125 \times 5 = 0.625\text{mm}$

큰 기어의 전위계수 $x_2 = 1 - \dfrac{Z_2}{Z_e} = 1 - \dfrac{32}{32} = 0$

큰 기어의 전위량 $c_2 = x_2 \times m = 0 \times 5 = 0$

답 피니언기어의 전위량 : 0.625mm
큰 기어의 전위량 : 0mm

(2) 두 기어의 치면 높이(백래시)가 0이 되도록 하는 물림 압력각(α_b°)를 구하여라.

$$inv\,\alpha_b = inv\,\alpha + 2 \times \tan\alpha \times \frac{x_1 + x_2}{Z_1 + Z_2}$$

$$= 0.005545 + 2 \times \tan 14.5 \times \frac{0.125 + 0}{28 + 32} = 0.006622$$

표에서 근사치를 찾으면

$\alpha_1 = 15.36° \Rightarrow inv\,\alpha_1 = 0.006612$

$\alpha_b \Rightarrow inv\alpha_b = 0.006622$

$\alpha_2 = 15.38° \Rightarrow inv\,\alpha_2 = 0.006639$

보간법에 의해

$$\frac{0.006622 - 0.006612}{0.006639 - 0.006612} = \frac{\alpha_b - 15.36}{15.38 - 15.36}$$

물림압력각 $\alpha_b = 15.367407 \fallingdotseq 15.3674$

답 15.3674°

(3) 전위기어 제작시 중심거리 증가량 ΔC[mm]을 구하여라.

$\Delta C = y \times m = 0.12137 \times 5 = 0.60685\,\text{mm}$

중심거리 증가계수 $y = \dfrac{Z_1 + Z_2}{2}\left(\dfrac{\cos\alpha}{\cos\alpha_b} - 1\right)$

$$= \frac{28 + 32}{2}\left(\frac{\cos 14.5}{\cos 15.3674} - 1\right) = 0.12137$$

답 0.60685mm

(4) 전기기어 제작하였을 때 축간 중심거리 C_f[mm]를 구하여라.

$$C_f = C + \Delta C = \frac{m(Z_1 + Z_2)}{2} + \Delta C = \frac{5 \times (28 + 32)}{2} + 0.60685$$

$= 150.60685\,\text{mm}$

답 150.60685mm

(5) 피니언의 바깥지름 D_{k1}[mm]와 종동기어의 바깥지름 D_{k2}[mm]를 구하여라.

$$D_{k1} = \{(Z_1+2)m + 2(y-x_2)m\}$$
$$= \{(28+2)\times 5 + 2\times(0.12137-0)\times 5)\}$$
$$= 151.2137[\text{mm}]$$
$$D_{k2} = \{(Z_2+2)m + 2(y-x_1)m\}$$
$$= \{(32+2)\times 5 + 2\times(0.12137-0.125)\times 5)\}$$
$$= 169.9637[\text{mm}]$$

답 D_{k1} =151.2137mm
D_{k2} =169.9637mm

11

비중이 1.2인 유체가 1분 동안 800kgf가 흘러가는 관이 있다. 관속의 압력은 5MPa, 평균유속 5m/s로 유체가 흐르는 강관의 안전율이 2이고, 부식여유가 1mm일 때, 다음을 구하시오. (단, 배관의 최소 인장강도는 160MPa이다.)

[4점]

(1) 강관의 내경은 몇 [mm]인가?
(2) 강관의 두께는 몇 [mm]인가?

풀이 및 답

(1) 강관의 내경은 몇 [mm]인가?

$$Q = AV = \frac{\pi D^2}{4}\cdot \ V\text{에서}$$

$$D = \sqrt{\frac{4Q}{\pi V}} = \sqrt{\frac{4\times\frac{1}{90}}{\pi\times 5}} = 0.053192\text{m} = 53.19\text{mm}$$

$$\text{여기서, 체적유량 } Q = \frac{\dot{W}}{\gamma} = \frac{\frac{800\text{kgf}}{60\text{s}}}{1.2\times 1000\text{kgf/m}^3} = \frac{1}{90}\text{m}^3/\text{s}$$

답 53.19mm

(2) 강관의 두께는 몇 [mm]인가?

$$t = \frac{P\times D\times s}{2\times\sigma\times\eta} + C = \frac{5\times 53.19\times 2}{2\times 160\times 1} + 1 = 2.66\text{mm}$$

답 2.66mm

필답형 실기
- 기계요소설계 -

2018년도 1회

01

하중이 3KN작용할 때 처짐이 50mm로 되는 코일스프링에서 소선의 지름은 18mm, 스프링 지수는 9이다, 왈의 수정응력계수는 K =1.15로 하고, 가로 탄성계수 G =80GPa이다. 다음을 구하여라. [7점]

(1) 감김수(권수)를 구하여라.

(2) 코일에 발생하는 전단응력[MPa]를 구하여라.

풀이 및 답

(1) 감김수(권수)를 구하여라.

감김수 $n=\dfrac{\delta Gd}{8Fc^3}=\dfrac{50\times 80\times 10^3\times 18}{8\times 3000\times 9^3}=4.115=5$권

답 5권

(2) 코일에 발생하는 전단응력[MPa]를 구하여라.

전단응력 $\tau=K\dfrac{8Fc}{\pi d^2}=1.15\times\dfrac{8\times 3000\times 9}{\pi\times 18^2}=244.0375=244.04\,\mathrm{MPa}$

답 244.04MPa

02

600rpm으로 회전하는 깊은 홈 볼베어링에 최초 3시간은 2940N의 레이디얼 하중이 작용하고 그 후 4900N의 레이디얼 하중이 1시간 작용하여 이와 같은 하중상태가 반복된다.

(1) 1사이클 동안 평균유효하중 P_m은 몇 N인가?

(2) 베어링의 정격수명시간을 10000시간으로 하려면 기본동적 부하용량은 몇 N인가?

풀이 및 답

(1) 1사이클 동안 평균유효하중 P_m은 몇 N인가?

1사이클 동안 평균유효하중 $P_m=\left[\dfrac{\sum_{l=1}^{n}\left(P_i^{\,r}\cdot\ T_i\right)}{T_t}\right]^{\frac{1}{r}}=\sqrt[3]{\dfrac{P_1^{\,3}\cdot\ T_1+P_2^{\,3}\cdot\ T_2}{T_t}}$

$=\sqrt[3]{\dfrac{2940^3\times 3+4900^3\times 1}{4}}=3646.1\,\mathrm{N}$

답 3646.1N

(2) 베어링의 정격수명시간을 10000시간으로 하려면 기본동적 부하용량은 몇 N인가?

$L_h = 500 \times \frac{33.3}{N} \times \left(\frac{C}{P_m \cdot f_w}\right)^r$ $\quad 10000 = 500 \times \frac{33.3}{600} \times \left(\frac{C}{3646.1}\right)^3$

$C = 25946.228\,\text{N} = 25946.23\,\text{N}$

답 25946.23N

03

한 줄 겹치기 리벳이음에서 리벳허용전단응력 τ_a =50MPa, 강판의 허용인장응력 σ_t =120MPa, 리벳지름 d =16mm일 때 다음을 구하라. [6점]

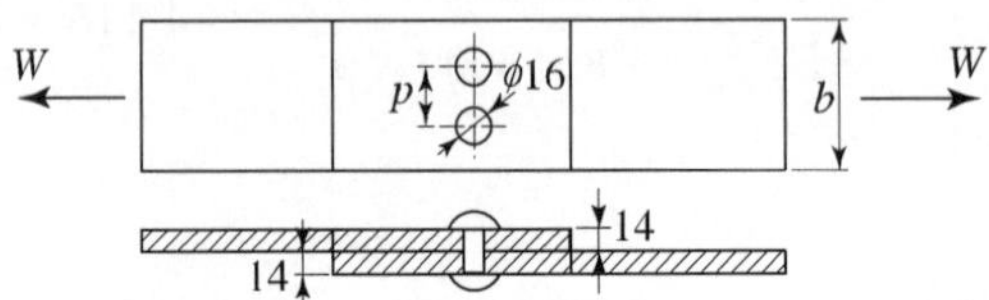

(1) 리벳의 허용전단응력을 고려하여 가할 수 있는 최대하중 W[kN]인가?
(2) 리벳의 허용하중과 강판의 허용하중이 같다고 할 때 강판의 너비 b[mm]?
(3) 강판의 효율[%]을 구하시오.

풀이 및 답

(1) 리벳의 허용전단응력을 고려하여 가할 수 있는 최대하중 W[kN]인가?

최대하중 $W = \tau_a \times \frac{\pi}{4} d^2 \times 2 = 50 \times \frac{\pi}{4} 16^2 \times 2 = 20106.1929\,\text{N} = 20.11\,\text{kN}$

참고 피치내 하중을 구하는 것이 아니고 전체 하중을 구하는 문제이다.

답 20.11kN

(2) 리벳의 허용하중과 강판의 허용하중이 같다고 할 때 강판의 너비 b[mm]?

$W = \sigma_t \times \{bt - (2 \times dt)\}$

$20110 = 120 \times \{b \times 14 - (2 \times 16 \times 14)\}$

강판의 너비 $b = 43.9702\,\text{mm} = 43.97\,\text{mm}$

답 43.97mm

(3) 강판의 효율[%]을 구하시오.

강판의 효율 $\eta_t = 1 - \frac{d}{p} = 1 - \frac{16}{21.98} = 0.272065 = 27.21\%$

피치 $p = \frac{\tau_r \pi d^2 n}{4 \sigma_t t} + d = \frac{50 \times \pi \times 16^2 \times 1}{4 \times 120 \times 14} + 16 = 21.983\,\text{mm} = 21.98\,\text{mm}$

답 27.21%

04

지름이 50mm인 축의 회전수 800rpm, 동력 20kW를 전달시키고자 할 때, 이 축에 작용하는 묻힘키의 길이를 결정하라. (단, 키의 $b \times h$ =12×8이고, 묻힘 깊이 $t = \frac{h}{2}$ 이며 키의 허용전단응력은 30MPa, 허용압축응력은 80MPa이다.) [5점]

(1) 키의 허용전단응력을 이용하여 키의 길이를 mm로 구하라.
(2) 키의 허용압축응력을 이용하여 키의 길이를 mm로 구하라.
(3) 묻힘키의 최대 길이를 결정하라.

[표] 길이 l의 표준값

6	8	10	12	14	16	18	20	22	25	28	32	36
40	45	50	56	63	70	80	90	100	110	125	140	160

풀이 및 답

(1) 키의 허용전단응력을 이용하여 키의 길이를 mm로 구하라.

$$\tau_a = \frac{F}{b \times l}$$

$$l = \frac{F}{\tau_a \times b} = \frac{9545.2}{30 \times 12} = 26.5144 = 26.51\,\text{mm}$$

$$F = \frac{2T}{D} = \frac{2 \times \left(974000 \times \frac{20}{800} \times 9.8\right)}{50} = 9545.2\,\text{N}$$

답 26.51mm

(2) 키의 허용압축응력을 이용하여 키의 길이를 mm로 구하라.

$$\sigma_a = \frac{F}{t \times l}$$

$$l = \frac{F}{\sigma_a \times t} = \frac{9545.2}{80 \times 4} = 29.8287 = 29.83\,\text{mm}$$

답 29.83mm

(3) 묻힘키의 최대 길이를 결정하라.

길이는 29.83mm 보다 큰 32mm로 선정

답 32mm

05

그림과 같은 밴드브레이크를 보고 다음을 구하여라.

마찰계수 0.4
밴드두께 3mm
브레이크 길이 l =700mm
링크와 밴드길이 a =50mm
드럼이 직경 400mm
작용하는 힘 F =353.2N

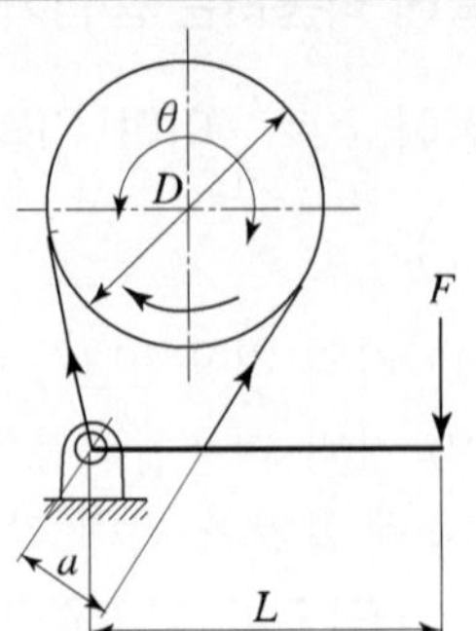

(1) 제동력은 몇 kN인가? (단, 접촉각은 270°이다.)
(2) 이완측 장력은 몇 kN인가?
(3) 밴드 폭은 몇 mm인가? (단, 인장응력은 100MPa이고 이음효율은 0.9이다.)

풀이 및 답

(1) 제동력은 몇 kN인가?

$$e^{\mu\theta} = e^{\left(0.4 \times 270 \times \frac{\pi}{180}\right)} = 6.59$$

$$F \cdot l = T_s \cdot a = f \cdot \frac{a}{e^{\mu\theta} - 1} \qquad 353.2 \times 700 = f \times \frac{50}{6.59 - 1}$$

$$f = 27641.43\,\text{N} = 27.64\,\text{kN}$$

답 27.64kN

(2) 이완측 장력은 몇 kN인가?

$$T_s = f \cdot \frac{1}{e^{\mu\theta} - 1} = 27.64 \times \frac{1}{6.59 - 1} = 4.94\,\text{kN}$$

답 4.94kW

(3) 밴드 폭은 몇 mm인가?

$$T_t = f \cdot \frac{e^{\mu\theta}}{e^{\mu\theta} - 1} = T_s \cdot e^{\mu\theta} = 4.94 \times 6.59 = 32.55\,\text{kN}$$

$$\sigma = \frac{T_t}{b \cdot t \cdot \eta} \qquad 100 = \frac{32.55 \times 10^3}{b \times 3 \times 0.9}$$

$$b = 120.56\,\text{mm}$$

답 120.56mm

06

그림과 같이 바깥지름 52mm, 유효지름 48mm, 피치 8.47mm인 TW 사다리꼴 한 줄 나사의 나사잭에서 하중 W=6ton을 0.5m/min의 속도로 올리고자 한다. 다음 각 물음에 답하여라. (단, 나사부의 상당마찰계수 μ'=0.155이고 칼리부의 마찰계수 μ_m=0.01, 칼라부의 반지름 r_m=30mm이다.)

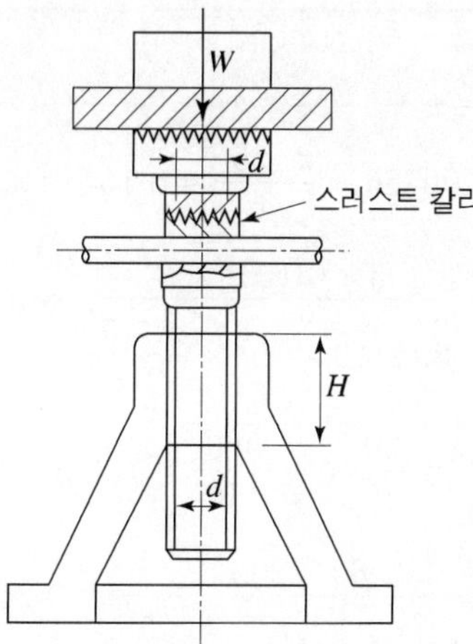

(1) 하중을 들어 올리는데 필요한 토크 T[kgf · mm]을 구하여라.
(2) 잭의 효율을 η[%]구하여라.
(3) 소요동력 H[kW]을 구하여라.

풀이 및 답

(1) 하중을 들어 올리는데 필요한 토크 T[kgf · mm]을 구하여라.

$$T=\left(W\times\frac{\mu'\pi d_e+p}{\pi d_e-\mu' p}\times\frac{d_e}{2}\right)+(\mu_m\times W\times r_m)$$

$$=\left(6000\times\frac{0.155\times\pi\times48+8.47}{\pi\times48-0.155\times8.47}\times\frac{48}{2}\right)+(0.01\times6000\times30)$$

$$=32475.3168\,\text{kgf}\cdot\text{mm}=32475.32\,\text{kgf}\cdot\text{mm}$$

답 32475.32kgf · mm

(2) 잭의 효율을 η[%]구하여라.

$$\eta=\frac{Wp}{2\pi T}=\frac{6000\times8.47}{2\times\pi\times32475.32}=0.249058=24.91\%$$

답 24.91%

(3) 소요동력 H[kW]을 구하여라.

$$H=\frac{W\times V}{102\eta}=\frac{6000\times\frac{0.5}{60}}{102\times0.2491}=1.9678\,\text{kW}=1.97\,\text{kW}$$

답 1.97kW

07

베어링으로 단순 지지된 보(beam)가 있다. 축지름이 50mm이고 축의 길이는 2m이다. 축의 중앙에 집중하중 80kg이 작용되고 있다. 축 재료의 탄성계수 $E=2\times10^6$kgf/cm², 비중량 $\gamma=0.00786$kgf/cm³, 축자중을 고려할 때의 던커레이 실험공식에 의한 이 축의 위험속도 N_c[rpm]는?

풀이 및 답

$$\omega=\gamma\cdot A=0.00786\cdot\frac{\pi\times5^2}{4}=0.154=0.15\text{kgf/cm}$$

$$\delta_0=\frac{5wl^4}{384EI}=\frac{5\times0.15\times200^4}{384\times2\times10^6\times\dfrac{\pi\times5^4}{64}}=0.0509\,\text{cm}=0.05\,\text{cm}$$

$$N_0=\frac{30}{\pi}\sqrt{\frac{g}{\delta_0}}=\frac{30}{\pi}\times\sqrt{\frac{980}{0.05}}=1336.901\,\text{rpm}=1336.9\,\text{rpm}$$

$$\delta_1=\frac{Wl^3}{48EI}=\frac{80\times200^3}{48\times2\times10^6\times\dfrac{\pi\times5^4}{64}}=0.2172\,\text{cm}=0.22\,\text{cm}$$

$$N_1=\frac{30}{\pi}\sqrt{\frac{g}{\delta_1}}=\frac{30}{\pi}\times\sqrt{\frac{980}{0.22}}=637.342\,\text{rpm}=637.34\,\text{rpm}$$

$$\frac{1}{N_c^2}=\frac{1}{N_0^2}+\frac{1}{N_1^2}=\frac{1}{1336.9^2}+\frac{1}{637.34^2}$$

$$N_c=575.308\,\text{rpm}=575.31\,\text{rpm}$$

답 575.31mm

08

주철과 목재의 조합으로 된 원동 마찰차의 지름이 300mm, 450rpm으로 10kW을 전달하는 외접 평마찰차가 있다. 다음을 결정하라. (단, 마찰계수는 0.25, 감속비는 $\frac{1}{3}$, 허용선압은 15N/mm이다.)

(1) 밀어붙이는 힘은 몇 N인가?
(2) 중심거리는 몇 mm인가?
(3) 접촉면의 폭은 몇 mm인가?

풀이 및 답

(1) 밀어붙이는 힘은 몇 N인가?

$$H_{KW} = \frac{\mu P V}{1000}$$

$$P = \frac{H_{KW} \times 1000}{\mu \times V} = \frac{10 \times 1000}{0.25 \times 7.07} = 5657.7086\,\text{N} = 5657.71\,\text{N}$$

$$V = \frac{\pi D_A N_A}{60 \times 1000} = \frac{\pi \times 300 \times 450}{60 \times 1000} = 7.07\,\text{m/sec}$$

답 5657.71N

(2) 중심거리는 몇 mm인가?

$$i = \frac{N_B}{N_A} = \frac{D_A}{D_B} \qquad D_B = \frac{D_A}{i} = 3 \times 300 = 900\,\text{mm}$$

축간거리 $C = \frac{D_A + D_B}{2} = \frac{300 + 900}{2} = 600\,\text{mm}$

답 600mm

(3) 접촉면의 폭은 몇 mm인가?

$$f = \frac{P}{b}$$

폭 $b = \frac{P}{f} = \frac{5657.71}{15} = 377.18\,\text{mm}$

답 377.18mm

09

1800rpm, 40kW의 전동기(motor)에 의하여 원동풀리의 지름의 평균지름이 240mm, V벨트로 연결된 종동축의 회전수는 3000rpm으로 운전되는 풀리가 있다. 두 축간 거리는 750mm이다. 이때 사용한 벨트는 B형으로 허용인장력 F=120kgf 단위 길이당 하중 ω=0.17kgf/m이다. (단, $e^{\mu'\theta}$=5.7, 부하수정계수 k_2=0.7이다.) [6점]

(1) 동력전달을 위한 V벨트의 길이를 구하여라. : L[mm]
(2) 원동풀리의 접촉중심각을 구하여라. : θ_1[°]
(3) V벨트의 가닥수를 구하여라. : Z[개]

풀이 및 답

(1) 동력전달을 위한 V벨트의 길이를 구하여라.

$$L = 2C + \frac{\pi(D_2 + D_1)}{2} + \frac{(D_1 - D_2)^2}{4C}$$

$$= (2 \times 750) + \frac{\pi(144 + 240)}{2} + \frac{(240 - 144)^2}{4 \times 750}$$

$$= 2106.257\,\text{mm} = 2106.26\,\text{mm}$$

종동풀리의 지름 $D_2 = \dfrac{D_1 \times N_1}{N_2} = \dfrac{240 \times 1800}{3000} = 144\,\text{mm}$

답 2106.26mm

(2) 원동풀리의 접촉중심각을 구하여라.

$$\theta_1 = 180° + 2\phi = 180° + 2\sin^{-1}\left(\frac{D_1 - D_2}{2C}\right)$$

$$= 180° + 2\sin^{-1}\left(\frac{240 - 144}{2 \times 750}\right) = 187.3388 = 187.34°$$

답 187.34°

(3) V벨트의 가닥수를 구하여라.

① 부가장력 $T_g = \dfrac{\omega V^2}{g} = \dfrac{0.17 \times 22.62^2}{9.8} = 8.875\,\text{kgf} = 8.88\,\text{kgf}$

$$V = \frac{\pi D_1 N_1}{60 \times 1000} = \frac{\pi \times 240 \times 1800}{60 \times 1000} = 22.619\,\text{m/s} = 22.62\,\text{m/s}$$

② $H_o = \dfrac{P_e \cdot V}{102} = \dfrac{(T_t - T_g)}{102} \cdot \dfrac{e^{\mu'\theta} - 1}{e^{\mu'\theta}} \times V$

$$= \frac{(120 - 8.88)}{102} \times \frac{(5.7 - 1)}{5.7} \times 22.62$$

$$= 20.319\,\text{kW} = 20.32\,\text{kW}$$

③ V벨트의 가닥수

$$Z = \frac{H_{KW}}{H_o k_2} = \frac{40}{20.32 \times 0.7} = 2.812 = 3\text{가닥}$$

답 3가닥

10

헬리컬 기어에서 원동기어의 잇수 Z_1 =60개 회전수 N_1 =1200rpm, 종동기어의 회전수 N_2 =400rpm개, 치직각 모듈 2.5이고 비틀림각 25°이며, 압력각 20°이다. 다음 각 물음에 답하여라.

(1) 축직각 모듈은 얼마인가?
(2) 축간거리 c[mm]를 구하여라.
(3) 종동기어의 이끝원 지름을 구하여라.
(4) 종동기어의 상당치형계수(Y_{e2})는 얼마인가? (소수네째자리에서 반올림)

스퍼기어의 잇수 Z	스퍼기어의 치형계수 $Y=(\pi y)$
60	0.422
75	0.435
100	0.447
150	0.460
300	0.472

풀이 및 답

(1) 축직각 모듈은 얼마인가?

$$m_s = \frac{m_n}{\cos\beta} = \frac{2.5}{\cos 25°} = 2.76$$

답 2.76

(2) 축간거리 c[mm]를 구하여라.

$$c = \frac{m_s(Z_1+Z_2)}{2} = \frac{2.76\times(60+180)}{2} = 331.2\,\text{mm}$$

$$Z_2 = \frac{Z_1 N_1}{N_2} = \frac{60\times 1200}{400} = 180\text{개}$$

답 331.2mm

(3) 종동기어의 이끝원 지름을 구하여라.

$$D_{2o} = D_2 + 2m_n = (m_s \times Z_2) + 2m_n$$
$$= (2.76\times 180) + (2\times 2.5) = 501.8\,\text{mm}$$

답 501.8mm

(4) 종동기어의 상당치형계수(Y_{e2})는 얼마인가?

종동헬리컬기어의 상당스퍼기어 잇수 $Z_{e2} = \dfrac{Z_2}{\cos^3\beta} = \dfrac{180}{(\cos 25)^3}$

$= 241.793 = 242$개

$$\frac{0.472 - 0.460}{300 - 150} = \frac{Y_{e2} - 0.460}{242 - 150}$$

$\therefore\ Y_{e2} = 0.4674 = 0.467$

답 0.467

11

150rpm으로 회전하는 축을 엔드 저널베어링으로 지지한다. $5000kg$의 베어링 하중을 받고 있다. 다음 물음에 답하여라.

(1) 허용압력속도계수가 $(p \cdot V)_a = 1.47[\mathrm{W/mm^2}]$, 저널의 길이는 몇 mm인가?

(2) 저널부의 허용굽힘응력 $\sigma_b = 55\,\mathrm{MPa}$일 때 저널의 직경은 몇 mm인가?

풀이 및 답

(1) 허용압력속도계수가 $(p \cdot V)_a = 1.47[\mathrm{W/mm^2}]$, 저널의 길이는 몇 mm인가?

저널의 길이 $l = \dfrac{\pi Q N}{60000 \times (pV)_a} = \dfrac{\pi \times 5000 \times 9.8 \times 150}{60000 \times 1.47} = 261.78\,\mathrm{mm}$

답 261.78mm

(2) 저널부의 허용굽힘응력 $\sigma_b = 55\,\mathrm{MPa}$일 때 저널의 직경은 몇 mm인가?

저널의 지름 $d = \sqrt[3]{\dfrac{16Ql}{\pi\sigma_b}} = \sqrt[3]{\dfrac{16 \times 5000 \times 9.8 \times 261.78}{\pi \times 55}} = 105.9\,\mathrm{mm}$

답 105.9mm

필답형 실기
- 기계요소설계 -

2018년도 2회

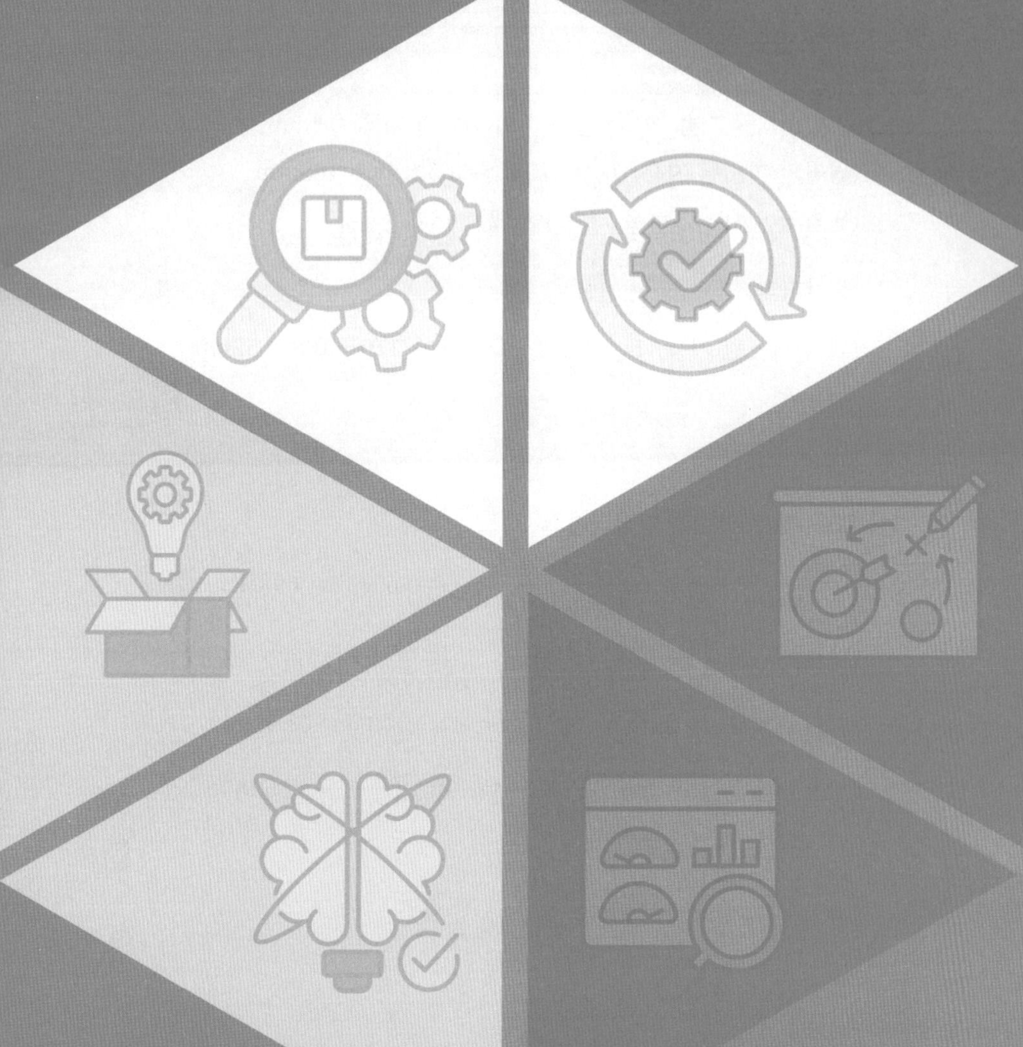

01

웜의 분당회전수 1500rpm이고 웜기어로 $\frac{1}{12}$로 감속시키려고 한다. 웜은 4줄, 축직각 모듈 3.5, 중심거리 110mm로 할 때 다음을 구하여라. (단, μ =0.1이다.)

[5점]

(1) 웜의 피치원 지름 D_w와 웜 기어의 피치원 지름 D_g[mm]를 각각 구하여라.
(2) 웜의 효율 η[%]를 구하여라. (단, 공구 압력각=치직각 압력각 α_n =20°이다.)
(3) 웜휠을 작용하는 회전력 F_t[N]를 구하여라. (단, 웜휠의 재질은 금속재료인 청동이며 굽힘응력은 80MPa, 치폭은 40mm이다. 다음 표를 참조하여라.)

재질	속도계수
금속재료	$f_v = \frac{6}{6+v_g}$
합성수지	$f_v = \frac{1+0.25v_g}{1+v_g}$

치직각 압력각 α_n	치형계수 y
14.5°	0.1
20°	0.125
25°	0.15
30°	0.175

풀이 및 답

(1) 웜의 피치원 지름 D_w와 웜 기어의 피치원 지름 D_g[mm]를 각각 구하여라.

(웜휠의 피치원 지름) $D_g = m_s Z_g = 3.5 \times 48 = 168\text{mm}$

(웜휠의 잇수) $Z_g = Z_w / i = 4 \times 12 = 48$개

(축간거리) $A = \frac{D_w + D_g}{2}$

(웜의 피치원 지름) $D_w = 2A - D_g = 2 \times 110 - 168 = 52\text{mm}$

답 D_w =52mm
D_g =168mm

(2) 웜의 효율 η[%]를 구하여라.

$$\eta = \frac{\tan\gamma}{\tan(\gamma+\rho')} = \frac{\tan 15.07}{\tan(15.07+6.07)} = 0.69635 = 69.64\%$$

(리드각) $\gamma = \tan^{-1}\left(\frac{l}{\pi D_w}\right) = \tan^{-1}\left(\frac{43.98}{\pi \times 52}\right) = 15.067° = 15.07°$

(리드) $l = Z_w \cdot p_s = Z_w \cdot m_s \cdot \pi = 4 \times \pi \times 3.5 = 43.98\text{mm}$

(상당마찰각) $\rho' = \tan^{-1}\left(\frac{\mu}{\cos\alpha_n}\right) = \tan^{-1}\left(\frac{0.1}{\cos 20}\right) = 6.07°$

답 69.64%

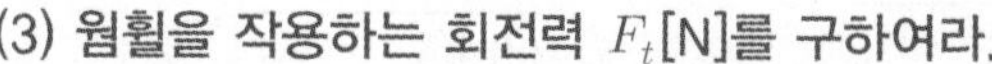
(3) 웜휠을 작용하는 회전력 F_t[N]를 구하여라.

(웜휠의 회전력) $F_t = f_v \sigma_b p_n b y = 0.85 \times 80 \times 10.62 \times 40 \times 0.125 = 3610.8\text{N}$

(웜의 치직각 피치) $p_n = p_s \cos\gamma = \pi m_s \cos\gamma = \pi \times 3.5 \times \cos 15.07$

$= 10.617\text{mm} = 10.62\text{mm}$

(속도계수) $f_v = \dfrac{6}{6+v_g} = \dfrac{6}{6+1.1} = 0.845 = 0.85$

(웜휠 속도) $v_g = \dfrac{\pi D_g N_g}{60 \times 1000} = \dfrac{\pi \times 168 \times 125}{60 \times 1000} = 1.0995\text{m/s} = 1.1\text{m/s}$

(웜휠의 분당 회전수) $N_g = N_w \times i = 1500 \times \dfrac{1}{12} = 125\text{rpm}$

답 1149.2N

02

다음 그림과 같은 브래킷을 M20 볼트 3개로 고정시킬 때 1개의 볼트의 생기는 최대수직응력 $\sigma_{\max}$[kgf/mm²]을 최대주응력설에 의해 구하시오.

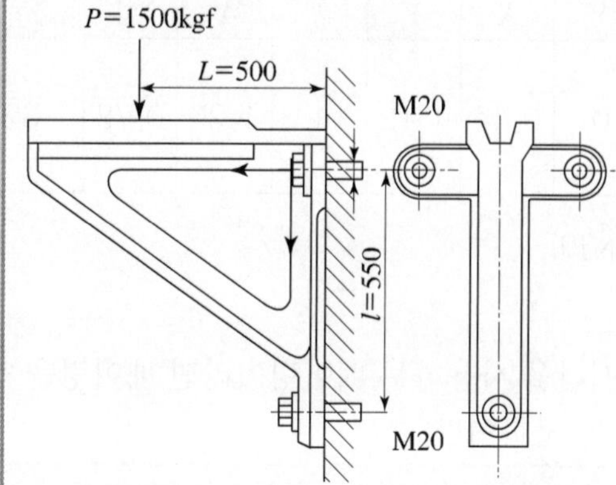

[표] 미터나사의 규격

볼트의 호칭	피치	골지름	바깥지름
M 8	1.25	6.647	8.000
M10	1.5	8.376	10.000
M12	1.75	10.106	12.000
M14	2	11.835	14.000
M16	2	13.835	16.000
M18	2.5	15.294	18.000
M20	2.5	17.294	20.000

풀이 및 답

$\Sigma M_o = 0$

$P \cdot L = 2 Q_B \cdot l$

$1500 \times 500 = 2 \times Q_B \times 550$

$Q_B = 681.8181\,\text{kgf} = 681.82\,\text{kgf}$

$$\sigma_{tB} = \frac{Q_B}{\frac{\pi d_1^2}{4}} = \frac{681.82}{\frac{\pi \times 17.294^2}{4}} = 2.9026\,\text{kgf/mm}^2 = 2.9\,\text{kgf/mm}^2$$

$$\tau_B = \frac{\frac{P}{3}}{\frac{\pi d_1^2}{4}} = \frac{\frac{1500}{3}}{\frac{\pi \times 17.294^2}{4}} = 2.1285\,\text{kgf/mm}^2 = 2.13\,\text{kgf/mm}^2$$

$$\sigma_{\max} = \frac{\sigma_{tB}}{2} + \sqrt{\left(\frac{\sigma_{tB}}{2}\right)^2 + \tau_B^2} = \frac{2.9}{2} + \sqrt{\left(\frac{2.9}{2}\right)^2 + 2.13^2}$$

$$= 4.0267\,\text{kgf/mm}^2 = 4.03\,\text{kgf/mm}^2$$

답 4.03kgf/mm^2

03

단열 앵귤러 볼베어링 7210(α =15°)에 F_r =3430N의 레이디얼 하중과 F_a = 4547.2N의 스러스트 하중이 작용하고 있다. 이 베어링의 정격수명을 구하라. (단, 외륜은 고정하고 내륜 회전으로 사용하며 기본 동적 부하용량 C= 31850N, 기본 정적 부하용량 C_0 =25480N, 하중계수 f_w =1.3) [6점]

베어링 형식	내륜 회전	외륜 회전	단열				복렬				e
			$F_a/VF_r \le e$		$F_a/VF_r > e$		$F_a/VF_r \le e$		$F_a/VF_r > e$		
	V		X	Y	X	Y	X	Y	X	Y	
단열 앵귤러 볼베어링	1	1	1	0	0.44	1.12	1	1.26	0.72	1.82	0.5

(1) 등가 레이디얼 하중 P_e[N]?

(2) 정격수명 L_n[rev]?

(3) 초당 15회전하고, 1일 5시간을 사용하는 베어링이라면 베어링을 안전하게 사용 할 수 있는 일수를 구하여라.

풀이 및 답

(1) 등가 레이디얼 하중 P_e[N]?

$$\frac{F_a}{VF_r} = \frac{4547.2}{1 \times 3430} = 1.325,\ e = 0.5$$

$F_a/VF_r > e$ 단열이므로 표에서 $X = 0.44$, $Y = 1.12$

$$P_e = XVF_r + YF_a = 0.44 \times 1.0 \times 3430 + 1.12 \times 4547.2 = 6602.06\text{N}$$

답 6602.06N

(2) 정격수명 L_n[rev]?

$$L_n = \left(\frac{C}{P_e \times f_w}\right)^r = \left(\frac{31850}{6602.06 \times 1.3}\right)^3 = 51.1 \times 10^6\text{rev}$$

답 51.1×10^6회전

(3) 초당 15회전하고, 1일 5시간을 사용하는 베어링이라면 베어링을 안전하게 사용 할 수 있는 일수를 구하여라.

(수명시간) $L_h = \dfrac{L_n}{N \times 60} = \dfrac{51.1 \times 10^6}{900 \times 60} = 946.3\text{hr}$

(사용일수) $Day = \dfrac{946.3}{5} = 189.26$일 $= 189$일

(분당회전수) $N = 15 \times 60 = 900\text{rpm}$

답 189일

04

지름이 50mm이고 400rpm으로 회전하는 축이 플랜지 커플링에 연결되어 있다. 축의 허용전단응력이 20MPa이고 볼트의 허용전단응력이 25MPa이며 볼트의 수는 8개이다. 축에 의한 토크 전달과 커플링에 의한 전달 토크가 같도록 설계하는 경우 다음을 구하여라. (단, 커플링의 동력전달은 볼트의 강도에만 의존한다. 축의 중심부터 볼트의 중심까지 거리는 84mm이다.) [5점]

(1) 축의 강도의 관점에서 최대 전달 동력을 구하여라. $H[\text{kW}]$

(2) 볼트의 지름을 구하여라. $\delta_B[\text{mm}]$

풀이 및 답

(1) 축의 강도의 관점에서 최대 전달 동력을 구하여라.

축의 전달동력 $H_{KW} = \dfrac{T \times N}{974000 \times 9.8} = \dfrac{490873.85 \times 400}{974000 \times 9.8}$

$= 20.5705 \fallingdotseq 20.57\text{kW}$

토크 $T = \tau_s \times Z_p = 20 \times \dfrac{\pi \times 50^3}{16} = 490873.852 \fallingdotseq 490873.85\text{N} \cdot \text{mm}$

답 20.57kW

(2) 볼트의 지름을 구하여라.

볼트의 지름 $d_B = \sqrt{\dfrac{8 \times T}{\tau_a \times \pi \times Z \times D}} = \sqrt{\dfrac{8 \times 490873.85}{25 \times \pi \times 8 \times (84 \times 2)}}$

$= 6.09937 \fallingdotseq 6.1\text{mm}$

답 6.1mm

05

지름 500mm, 압력 15kg/cm^{2}의 보일러 리벳 이음을 하고자 한다. 다음 각 물음에 답하여라. (단, 강판의 인장강도 σ_t =35kg/mm^2, 안전율 S =5이다.)

(1) 강판의 두께(t)는 몇 mm인가? (단, 리벳 이음의 효율을 η =0.6이라 가정하고 부식여유는 C =1mm를 준다.)

(2) 리벳의 지름(d)과 피치(p)를 표에서 결정하여라.

리벳지름(d)	e	2열		
		판두께(t)	피치(p)	e_1
10	–	–	–	–
13	21	7~9	64	32
16	26	10~12	75	38
19	30	13~15	85	43
22	35	16~18	96	48
25	40	19~23	108	54
28	44	24~26	118	59
30	47	27~29	125	63
32	50	30~32	132	66
34	53	33~34	139	70
36	56	35~37	146	73
38	59	38~40	153	77

풀이 및 답

(1) 강판의 두께(t)는 몇 mm인가?

$$t = \frac{PDS}{2\sigma_t \eta} + C = \frac{15 \times 10^{-2} \times 500 \times 5}{2 \times 35 \times 0.6} + 1 = 9.93\,\text{mm}$$

답 9.93mm

(2) 리벳의 지름(d)과 피치(p)를 표에서 결정하여라.

판두께 9.93보다 처음으로 커지는 판두께 10~12mm이므로

리벳지름(d) = 16mm, 피치(p) = 75mm

답 리벳지름(d) : 16mm
피치(p) : 75mm

06

규격이 6×7 와이어로프로 동력을 전달하고자 한다. 와이어로프의 소선의 지름은 15mm, 두 축의 축간거리는 2000mm, 원동축 풀리 지름 400mm, 종동축 풀리 600mm이다. 원동축의 분당회전수 N_1 =600rpm으로 120kW 동력 전달시 다음을 구하라. (단, 로프와 풀리의 홈각을 고려한 상당 마찰계수 $\mu' =$ 0.3이다. 로프 재료의 단위길이당 질량은 0.4kg/m이다.)

(1) 원동축 풀리의 벨트 접촉각 θ[°]을 구하여라.

(2) 벨트에 걸리는 긴장측 장력 T_t[kN]을 구하여라.

(3) 긴장장력를 고려한 로프이 인장응력[MPa]을 구하여라.

(4) 와이어 로프이 굽힘을 고려한 최대 로프의 최대 인장응력[MPa]을 구하여라. (단, 와이어 로프의 굽힘 보정계수는 0.35 와이어 로프의 탄성계수는 4GPa이다.)

(5) 와이어 로프의 파단 하중이 500kN일 때 로프의 안전율이 5를 주어 설계하였다. 로프의 안전성을 고려하여라.

풀이 및 답

(1) 원동축 풀리의 벨트 접촉각 θ[°]을 구하여라.

$$\theta = 180° - 2\sin^{-1}\left(\frac{D_2 - D_1}{2C}\right) = 180° - 2 \times \sin^{-1}\left(\frac{600-400}{2 \times 2000}\right) = 174.27°$$

답 174.27°

(2) 벨트에 걸리는 긴장측 장력 T_t[kN]을 구하여라.

$$V = \frac{\pi \cdot D_1 \cdot N_1}{60 \times 1000} = \frac{\pi \times 400 \times 600}{60 \times 1000} = 12.57\,\mathrm{m/sec}$$

$$T_g = \overline{m}\,V^2 = 0.4 \times 12.57^2 = 63.201\,\mathrm{N} = 63.2\,\mathrm{N}$$

$$e^{\mu e} = e^{\left(0.3 \times 174.27 \times \frac{\pi}{180}\right)} = 2.49$$

$$H_{kW} = \frac{(T_t - T_g) \cdot (e^{\mu\theta} - 1) \cdot V}{1000 \cdot e^{\mu\theta}}$$

$$120 = \frac{(T_t - 63.2) \times (2.49 - 1) \times 12.57}{1000 \times 2.49}$$

$$T_t = 16016.8127\,\mathrm{N} = 16.02\,\mathrm{kN}$$

답 16.02kN

(3) 긴장장력를 고려한 로프이 인장응력[MPa]을 구하여라.

$$\sigma_t = \frac{T_t}{\frac{\pi}{4}\times 15^2 \times (6\times 7)} = \frac{16020}{\frac{\pi}{4}\times 15^2 \times (6\times 7)} = 2.158 ≒ 2.16\,\text{MPa}$$

답 2.16MPa

(4) 와이어 로프이 굽힘을 고려한 최대 로프의 최대 인장응력[MPa]을 구하여라.

$$\sigma_{max} = \sigma_t + \sigma_b = 2.16 + 52.5 = 54.66\,\text{MPa}$$

굽힘응력 $\sigma_b = \frac{Ed}{D}\times c = \frac{4000\times 15}{400}\times 0.35 = 52.5\,\text{MPa}$

답 54.66MPa

(5) 와이어 로프의 파단 하중이 500kN일 때 로프의 안전율이 5를 주어 설계하였다. 로프의 안전성을 고려하여라.

로프의 최대 하중 $F_{max} = \frac{F_B}{s} = \frac{500000}{5} = 100000N$

로프에 작용 하중 $F_{ac} = \sigma_{max}\times\frac{\pi}{4}\times d^2 \times (6\times 7) = 54.66\times\frac{\pi}{4}\times 15^2\times(6\times 7)$

$= 405687.211\,\text{N}$

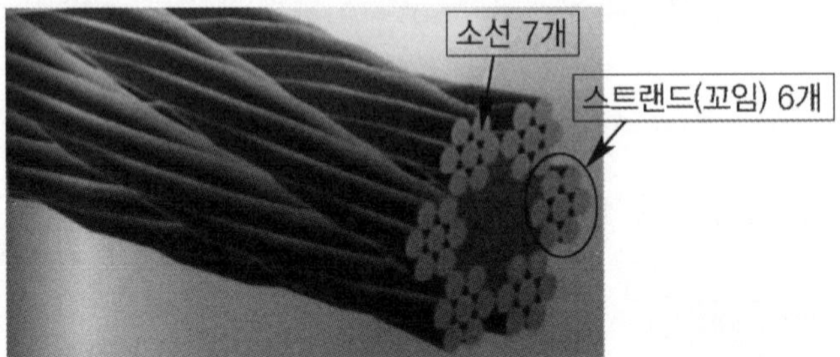

$F_{ac} > F_{max}$ 이므로 불안전하다.

답 불안전하다.

07 그림과 같은 밴드 브레이크에서 15kW, N=300rpm의 동력을 제동하려고 한다. 다음 조건을 보고 물음에 답하여라.

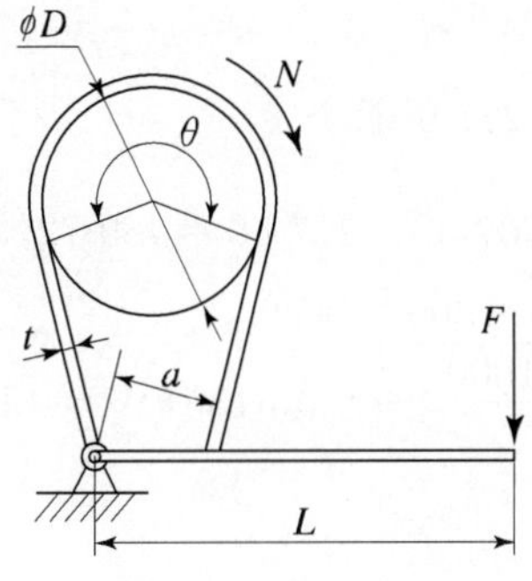

레버에 작용하는 힘 F=150N
접촉각 θ=225°
거리 a=200mm
풀리의 지름 D=600mm
마찰계수 μ=0.3
밴드의 허용응력 σ_b=17MPa
밴드의 두께 t=5mm
레버의 길이 L[mm]

(1) 레버의 길이 L[mm]을 구하여라.
(2) 밴드의 폭 b[mm]를 구하여라.
(3) 위 그림에서 좌회전일 경우 제동동력 H_{kW}[kW]을 구하여라.

풀이 및 답

(1) 레버의 길이 L[mm]을 구하여라.

$$H=\frac{f\cdot V}{1000}=\frac{f\times\left(\frac{\pi\cdot DN}{60\times1000}\right)}{1000}\qquad 15=\frac{f\times\left(\frac{\pi\times600\times300}{60\times1000}\right)}{1000}$$

(마찰력) $f=1591.549\text{N}=1591.55\text{N}$

$$e^{\mu\theta}=e^{\left(0.3\times225\times\frac{\pi}{180}\right)}=3.248=3.25$$

$\sum M=0,\ +F\cdot L-T_s\cdot a=0$

$$L=\frac{T_s\times a}{F}=\frac{\frac{f}{(e^{\mu\theta}-1)}\times a}{F}=\frac{\frac{1591.55}{(3.25-1)}\times200}{150}$$
$$=943.1407\text{mm}=943.14\text{mm}$$

답 943.14mm

(2) 밴드의 폭 b[mm]를 구하여라.

$$\sigma_b=\frac{T_t}{bt\eta}$$

$$(\text{폭})\ b=\frac{T_t}{\sigma_b t\eta}=\frac{\frac{fe^{\mu\theta}}{e^{\mu\theta}-1}}{\sigma_b t\eta}=\frac{\frac{1591.55\times3.25}{3.25-1}}{17\times5\times1}=27.0459\text{mm}=27.05\text{mm}$$

답 27.05mm

(3) 위 그림에서 좌회전일 경우 제동동력 H_{kW}[kW]을 구하여라.

$\Sigma M = 0,\ +F \cdot L - T_t \cdot a = 0$

$$T_t = \frac{F \cdot L}{a} = \frac{150 \times 943.17}{200} = 707.3775\,\text{N} = 707.38\,\text{N}$$

$$T_s = \frac{T_t}{e^{\mu\theta}} = \frac{707.38}{3.25} = 217.655\,\text{N} = 217.66\,\text{N}$$

좌회전일 때 마찰력 $f = T_t - T_s = 707.38 - 217.66 = 489.72\,\text{N}$

$$H_{kW} = \frac{f \cdot V}{1000} = \frac{489.72 \times \left(\dfrac{\pi \times 600 \times 300}{60 \times 1000}\right)}{1000} = 4.6155\,\text{kW} = 4.62\,\text{kW}$$

답 4.62kW

08

겹판 스프링에서 스팬의 길이 L =2.5m, 폭 6cm, 판 두께 15mm, 강판 수는 6개, 죔폭 12cm, 허용굽힘응력 σ_a =350MPa, 탄성계수 E =200GPa일 때. 다음을 구하시오. [6점]

(1) 겹판 스프링이 견딜 수 있는 최대하중 P[kN]를 구하여라.
(2) 겹판 스프링의 최대처짐 δ[mm]를 구하여라.

풀이 및 답

(1) 겹판 스프링이 견딜 수 있는 최대하중 P[kN]를 구하여라.

최대하중 $$P = \frac{2 \times \sigma_b \times Z \times h^2 \times b}{3 \times L_e} = \frac{2 \times 350 \times 10^6 \times 0.06 \times 6 \times 0.015^2}{3 \times (2.5 - 0.6 \times 0.12)}$$

$= 7784.1845\text{N} = 7.78\text{kN}$

답 7.78kN

(2) 겹판 스프링의 최대처짐 δ[mm]를 구하여라.

최대처짐량 $$\delta = \frac{3PL_e^3}{8bZh^3E} = \frac{3 \times 7.78 \times 10^3 \times (2.5 - 0.6 \times 0.12)^3}{8 \times 0.06 \times 6 \times 0.015^3 \times 200 \times 10^9}$$

$= 0.17185\,\text{m} = 171.85\,\text{mm}$

답 171.85mm

09 그림과 같이 용접다리 길이 $f=8$mm로 필렛용접 되어 하중을 받고 있다. 용접부 허용전단응력이 140MPa이라면 편심하중 F[N]를 구하시오. [4점]

(단, $B=H=50$mm, $a=150$mm이고

용접부 단면의 극단면 모멘트 $J_P=0.707f\dfrac{B(3H^2+B^2)}{6}$ 이다.)

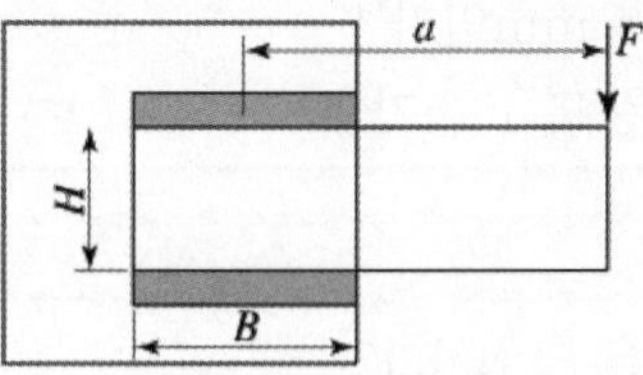

풀이 및 답

직접전단응력 $\tau_1=\dfrac{F}{2\times B\times 0.707\times f}=\dfrac{F}{2\times 50\times 0.707\times 8}$

$=0.001768\text{F}=0.00177\text{F}$

모멘트에 의한 전단응력 $\tau_2=\dfrac{T}{Z_p}=\dfrac{F\times a\times r_{max}}{J_p}=\dfrac{F\times 150\times 35.36}{471333.33}$

$=0.011253\text{F}=0.011\text{F}$

$$\therefore\ \theta=\tan^{-1}\left(\frac{\frac{H}{2}}{\frac{B}{2}}\right)=\tan^{-1}\left(\frac{\frac{50}{2}}{\frac{50}{2}}\right)=45°$$

$$\therefore\ r_{max}=\sqrt{\left(\frac{H}{2}\right)^2+\left(\frac{B}{2}\right)^2}=\sqrt{\left(\frac{50}{2}\right)^2+\left(\frac{50}{2}\right)^2}=35.36\text{mm}$$

$$J_P=0.707f\frac{B(3H^2+B^2)}{6}=0.707\times 8\times\frac{50\times(3\times 50^2+50^2)}{6}$$

$=471333.33\text{mm}^4$

$\tau_a=\sqrt{\tau_1^2+\tau_2^2+2\tau_1\tau_2\cos\theta}$

$=\sqrt{(0.00177F)^2+(0.011F)^2+(2\times 0.00177F\times 0.011F\times\cos 45)}$

$=F\sqrt{0.00177^2+0.011^2+(2\times 0.00177\times 0.011\times\cos 45)}$

편심하중 $F=\dfrac{140}{\sqrt{0.00177^2+0.011^2+(2\times 0.00177\times 0.011\times\cos 45)}}$

$=11367.93\text{N}$

답 11367.93N

10

주철과 목재의 조합으로 된 원동 마찰차의 지름이 300mm, 450rpm으로 10kW을 전달하는 외접 평마찰차가 있다. 다음을 결정하라. (단, 마찰계수는 0.25, 감속비는 $\frac{1}{3}$, 허용선압은 15N/mm이다.)

(1) 밀어붙이는 힘은 몇 N인가?
(2) 중심거리는 몇 mm인가?
(3) 접촉면의 폭은 몇 mm가?

풀이 및 답

(1) 밀어붙이는 힘은 몇 N인가?

$$H_{KW} = \frac{\mu P V}{1000}$$

$$P = \frac{H_{KW} \times 1000}{\mu \times V} = \frac{10 \times 1000}{0.25 \times 7.07} = 5657.7086\,\text{N} = 5657.71\,\text{N}$$

$$V = \frac{\pi D_A N_A}{60 \times 1000} = \frac{\pi \times 300 \times 450}{60 \times 1000} = 7.07\,\text{m/sec}$$

답 5657.71N

(2) 중심거리는 몇 mm인가?

$$i = \frac{N_B}{N_A} = \frac{D_A}{D_B} \qquad D_B = \frac{D_A}{i} = 3 \times 300 = 900\,\text{mm}$$

축간거리 $C = \frac{D_A + D_B}{2} = \frac{300 + 900}{2} = 600\,\text{mm}$

답 600mm

(3) 접촉면의 폭은 몇 mm가?

$$f = \frac{P}{b}$$

폭 $b = \frac{P}{f} = \frac{5657.71}{15} = 377.18\,\text{mm}$

답 377.18mm

11 길이 2m의 연강제 중실 둥근축이 3.68kW, 200rpm으로 회전하고 있다. 비틀림각이 전 길이에 대하여 0.25° 이내로 하기 위해서는 지름[mm]을 얼마로 하면 되는가? (단, 가로탄성계수 $G=81.42\times10^3$N/mm^{2}이다.)

풀이 및 답

$$T=974000\times9.8\times\frac{H_{KW}}{N}=974000\times9.8\times\frac{3.68}{200}=175631.68\,\text{N}\cdot\ \text{mm}$$

$$\theta=\frac{T\cdot\ l}{G\cdot\ I_p}$$

$$0.25\times\frac{\pi}{180}=\frac{175631.68\times2000}{81.42\times10^3\times\frac{\pi\times d^4}{32}}$$

$$d=56.35\,\text{mm}$$

답 56.35mm

필답형 실기

- 기계요소설계 -

2018년도 4회

01

축지름 32mm의 전동축에 회전수가 2000rpm으로 7.5kW를 전달하는데 사용하는 묻힘키가 있다. 다음을 계산하여라. (단, 키의 규격은 $b \times h \times l = 9 \times 8 \times 42$이며 $\frac{h_2}{h_1} = 0.6$이다.)

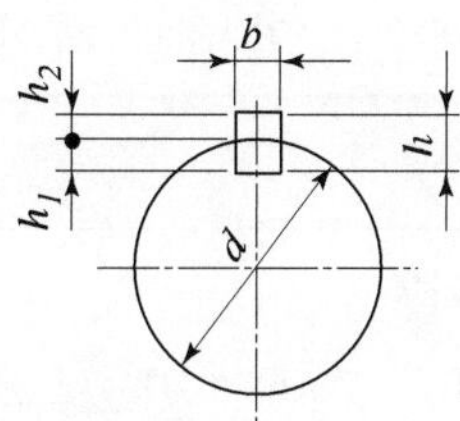

(1) 묻힘키의 전단응력을 몇 MPa인가?
(2) 묻힘키의 압축응력은 몇 MPa인가?

풀이 및 답

(1) 묻힘키의 전단응력을 몇 MPa인가?

키의 전단응력 $\tau_k = \frac{2T}{bld} = \frac{2 \times 35794.5}{9 \times 42 \times 32} = 5.9184\,\text{N/mm}^2 = 5.92\,\text{MPa}$

$T = 974000 \times \frac{H_{KW}}{N} = 974000 \times \frac{7.5}{2000}$

$= 3652.5\,\text{kgf} \cdot \text{mm} = 35794.5\,\text{N} \cdot \text{mm}$

답 5.92MPa

(2) 묻힘키의 압축응력은 몇 MPa인가?

$h_2 = 0.6h_1$

$h = h_2 + h_1 = 0.6h_1 + h_1 = 1.6h_1$

$h_1 = \frac{h}{1.6} = \frac{8}{1.6} = 5\,\text{mm}$

$h_2 = 3\,\text{mm}$

키의 압축응력 $\sigma_c = \frac{2T}{h_2 l d} = \frac{2 \times 35794.5}{3 \times 42 \times 32} = 17.7552\,\text{N/mm}^2 = 17.76\,\text{MPa}$

키의 압축응력을 구할 때는 h_1, h_2 둘 중에서 작은 것을 대입한다.

답 17.76MPa

02

접촉면의 바깥지름 750mm, 안지름 450mm인 다판 클러치로 1500rpm, 7500kW를 전달할 때 다음을 구하라. (단, 마찰계수 μ =0.25, 접촉면 압력 q =0.2MPa이다.)

(1) 전달토크 T[kJ]인가?

(2) 다판클러치판의 개수는 몇 개로 하여야 되는가?

풀이 및 답

(1) 전달토크 T[kJ]인가?

$$T=\frac{60}{2\pi}\times\frac{H}{N}=\frac{60}{2\pi}\times\frac{7500\times10^3}{1500}=47746.48\,\text{Nm}=47.75\,\text{kJ}$$

답 47.75kJ

(2) 다판클러치판의 개수는 몇 개로 하여야 되는가?

$$T=\mu P\times\frac{D_m}{2}=\mu\times\left(q\times\frac{\pi}{4}\times\left(D_2^2-D_1^2\right)\times Z\right)\times\frac{D_m}{2}$$

$$Z=\frac{8T}{\mu\times q\times\pi\times\left(D_2^2-D_1^2\right)\times D_m}=\frac{8\times47.75\times10^6}{0.25\times0.2\times\pi\times\left(750^2-450^2\right)\times600}$$

$$=11.258=12\text{개}$$

$$D_m=\frac{D_2+D_1}{2}=\frac{750+450}{2}=600\,\text{mm}$$

답 12개

03

원동축 스프로킷 휠의 잇수 20개, 종동축 스프로킷 휠의 잇수 60개이며 축간 거리는 800mm을 연결하기 위하여 피치가 15.875mm인 체인을 사용할 때 다음을 구하여라. [6점]

(1) 사용해야 될 링크의 개수를 구하여라.

(2) 체인의 전체 길이[mm]를 구하여라.

풀이 및 답

(1) 사용해야 될 링크의 개수를 구하여라.

링크수 $L_n=\frac{2C}{p}+\frac{z_2+z_1}{2}+\frac{p(z_2-z_1)^2}{4c\pi^2}$

$$= \frac{2 \times 800}{15.875} + \frac{60+20}{2} + \frac{15.875 \times (60-20)^2}{4 \times 800 \times \pi^2} = 141.59 = 142\text{개}$$

답 142개

(2) 체인의 전체 길이[mm]를 구하여라.

체인의 길이 $L = L_n \times p = 142 \times 15.875 = 2254.25\,\text{mm}$

답 2254.25mm

04

베어링의 수명시간이 40000시간이고, 회전속도 250rpm으로 베어링 하중 1.8kN을 받을 때 아래 표를 보고 가장 적합한 단열 레이디얼 볼 베어링을 6300형에서 선정하여라. (단, 하중계수 f_w =1.5이고, C는 동적부하 용량이고, C_0는 정적부하 용량을 나타낸다.)

형식		단열 레이디얼 볼 베어링			
형식번호		6200		6300	
번호	안지름[mm]	C[kg]	C_0[kg]	C[kg]	C_0[kg]
06	30	1520	1000	2180	1450
07	35	2000	1385	2590	1725
08	40	2270	1565	3200	2180
09	45	2540	1815	4150	2970

풀이 및 답

$$L_h = 500 \times \frac{33.3}{N} \times \left(\frac{C}{f_w \times P_{th}}\right)^r$$

$$40000 = 500 \times \frac{33.3}{250} \times \left(\frac{C}{1.5 \times 183.67}\right)^3$$

$C = 2324.47\,\text{kgf}$, 형식 6307선정

이론베어링 하중 $P_{th} = \dfrac{1.8 \times 10^3}{9.8} = 183.67\,\text{kgf}$

기본 동적 부하용량이 계산한 것보다 처음으로 커지는 베어링 선정한다.

답 6307선정

05

그림과 같이 축의 중앙에 무게 $W=600$N의 기어를 설치하였을 때, 축의 자중을 무시하고 축의 위험회전수 N_c[rpm]를 구하라. (단, 종탄성계수 $E=21.$GPa이다.)

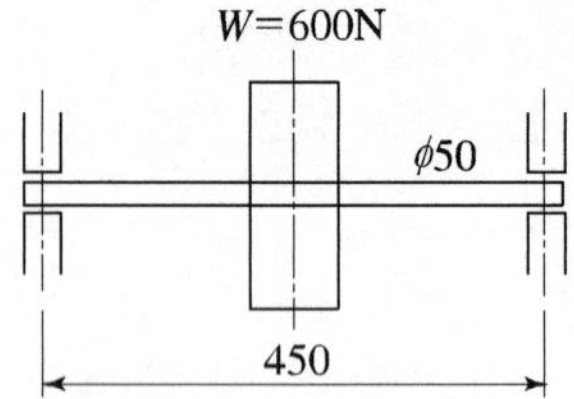

(1) 최대처짐량은 얼마인가[μm]?
(2) 축의 위험회전수는 얼마인가[rpm]?

풀이 및 답

(1) 최대처짐량은 얼마인가?

최대처짐량 $\delta=\dfrac{P\cdot\ l^3}{48E\cdot\ I}=\dfrac{600\times 450^3}{48\times 2.1\times 10^3\times\dfrac{\pi\times 50^4}{64}}$

$=1.767984\,\text{mm}=1767.98\,\mu\text{m}$

답 1767.98μm

(2) 축의 위험회전수는 얼마인가[rpm]?

$$N_c=\frac{30}{\pi}\sqrt{\frac{g}{\delta}}=\frac{30}{\pi}\sqrt{\frac{9.8}{1767.98\times 10^{-6}}}=710.96\,\text{rpm}$$

답 710.96rpm

06

드럼의 지름 $D=500$mm, 마찰계수 $\mu=0.35$, 접촉각 $\theta=250^\circ$, 밴드브레이크에 의해 $T=1000$N · m의 제동토크를 얻으려고 한다. 다음을 구하라.

(1) 긴장측 장력 T_t[N]을 구하여라.
(2) 벤드의 허용인장응력 $\sigma_a=80$MPa, 밴드의 두께 $t=3$mm일 때 밴드폭 b[mm]을 구하여라.

풀이 및 답

(1) 긴장측 장력 T_t[N]을 구하여라.

$T=f\times\dfrac{D}{2}$ 에서 $f=\dfrac{2T}{D}=\dfrac{2\times 1000}{0.5}=4000\,[\text{N}]$

긴장 장력 $T_t = \dfrac{fe^{\mu\theta}}{e^{\mu\theta}-1} = \dfrac{4000 \times 4.61}{4.61-1} = 5108.03\,[\mathrm{N}]$

단, $e^{\mu\theta} = e^{0.35 \times 250 \times \frac{\pi}{180}} = 4.61$

답 5108.03N

(2) 벤드의 허용인장응력 σ_a =80MPa, 밴드의 두께 t =3mm일 때 밴드폭 b[mm]을 구하여라.

$\sigma_a = \dfrac{T_t}{b \times t}$ 에서 $b = \dfrac{T_t}{\sigma_a \times t} = \dfrac{5108.03}{80 \times 3} = 21.28\,[\mathrm{mm}]$

답 21.28mm

07

하중이 3000N 작용할 때의 처침이 δ =50mm로 되고 코일 스프링에서 소선의 지름 d =16mm, 평균지름 D =144mm, 전단탄성계수 G =80GPa이다. 다음을 구하시오. [5점]

(1) 유효감김수을 구하시오. n[권]
(2) 전단응력을 구하시오. τ [MPa]

풀이 및 답

(1) 유효감김수을 구하시오.

유효감김수 $n = \dfrac{\delta G d^4}{8WD^3} = \dfrac{50 \times 80 \times 10^3 \times 16^4}{8 \times 3000 \times 144^3} = 3.658 = 4$권

답 4권

(2) 전단응력을 구하시오.

전단응력 $\tau = K' \dfrac{8PD}{\pi d^3} = 1.16 \times \dfrac{8 \times 3000 \times 144}{\pi \times 16^3} = 311.545 = 311.55\,\mathrm{MPa}$

스프링 지수 $C = \dfrac{D}{d} = \dfrac{144}{16} = 9$

응력수정계수 $K' = \dfrac{4C-1}{4C-4} + \dfrac{0.615}{C} = \dfrac{4 \times 9 - 1}{4 \times 9 - 4} + \dfrac{0.615}{9} = 1.162 = 1.16$

답 311.55MPa

08

외팔보 형태로 축을 지지하는 엔드저널베어링이 있다. 축의 분당 회전수는 1000rpm 이다. 저널의 지름 d =150mm 길이 l =175mm이고, 반경 방향의 베어링 하중은 2500N이다. 다음을 구하라. [8점]

(1) 베어링 압력 p은 몇 [kPa]인가?
(2) 베어링 압력속도계수는 몇 [kW/m²]인가?
(3) 안전율 S =2.5일 때 표에서 재질을 선택하라.

재 질	엔드 저널 $P \cdot V$ [kW/m²]
구리-주철	2625
납-청동	2100
청동	1750
PTFE 조직	875

풀이 및 답

(1) 베어링 압력 p은 몇 [kPa]인가?

$$p = \frac{Q}{d \times l} = \frac{2500}{150 \times 175} = 0.09523809\,\mathrm{MPa} = 95.24\,\mathrm{kPa}$$

답 95.24kPa

(2) 베어링 압력속도계수는 몇 [kW/m²]인가?

$$pV = p \times \frac{\pi d N}{60000} = 95.24 \times \frac{\pi \times 150 \times 1000}{60000} [\mathrm{kPa} \times \mathrm{m/s}]$$

$$= 748.01 [\mathrm{kW/m^2}]$$

답 748.01kW/m²

(3) 안전율 S =2.5일 때 표에서 재질을 선택하라.

현재 발생되고 있는 압력속도지수보다 큰 것을 사용해야 안전하다.
즉 안전율이 2라고 하는 것은 현재 발생되고 있는 압력속도지수보다 2배가 되더라도 베어링은 안전해야 된다는 것을 의미한다.
그러므로 $(pV)_a = (pV) \times S = 748.01 \times 2.5 = 1870.03\ [\mathrm{kW/m^2}]$
1870.03[kW/m²]보다 처음으로 커지는 납-청동을 선택한다.

답 납-청동

09 축방향 하중 W=5[ton]을 0.6m/min의 속도를 올리기 위해 Tr 나사를 사용한다.

$Tr60\times3$	골지름 57mm	유효지름 58.3mm

칼라부의 마찰계수 μ_m =0.01, 나사면의 마찰계수 0.15, 칼라부의 반지름 r_m = 20mm일 때 다음을 구하시오. (단 마찰계수는 소수 4째 자리에서 반올림하여 소수 셋째자리로 계산한다.) [5점]

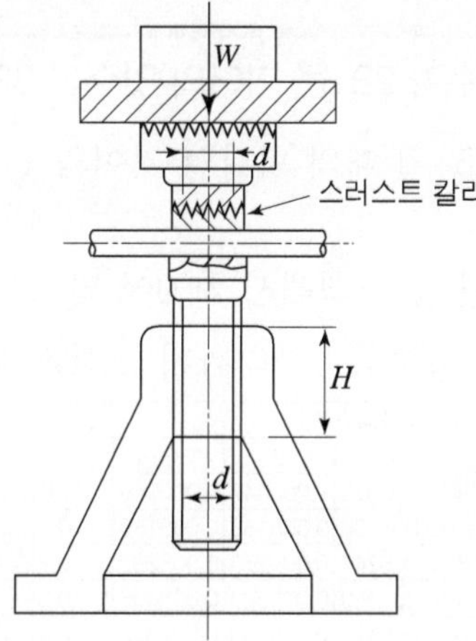

(1) 하중을 W을 들어 올리는데 필요한 토크 T[kgf · mm]을 구하여라.
(2) 잭의 효율을 η[%]구하여라.
(3) 소요동력 H[kW]을 구하여라.

풀이 및 답

(1) 하중 W을 들어 올리는데 필요한 토크 T[kgf · mm]을 구하여라.

상당마찰계수 $\mu' = \dfrac{\mu}{\cos\dfrac{\alpha}{2}} = \dfrac{0.15}{\cos\dfrac{30}{2}} = 0.15529 = 0.155$

$$T = \left(W \times \frac{\mu' \pi d_e + p}{\pi d_e - \mu' p} \times \frac{d_e}{2}\right) + (\mu_m \times W \times r_m) = 32475.32\text{kgf}\cdot\ \text{mm}$$

$$= \left(5000 \times \frac{0.155 \times \pi \times 58.3 + 3}{\pi \times 58.3 - 0.155 \times 3} \times \frac{58.3}{2}\right) + (0.01 \times 5000 \times 20)$$

$$= 26042.152\text{kgf}\cdot\ \text{mm} = 26042.15\text{kgf}\cdot\ \text{mm}$$

답 26042.15kgf · mm

(2) 잭의 효율을 η[%]구하여라.

$$\eta = \frac{Wp}{2\pi T} = \frac{5000 \times 3}{2 \times \pi \times 26042.15} = 0.09167 = 9.17\%$$

답 9.17%

(3) 소요동력 H[kW]을 구하여라.

$$H = \frac{W \times V}{102\eta} = \frac{5000 \times \dfrac{0.6}{60}}{102 \times 0.0917} = 5.345\text{kW} = 5.35\text{kW}$$

답 5.35kW

10

피니언 기어의 잇수가 28, 큰 기어의 잇수가 32, 모듈이 5일 때 다음을 구하라.

(1) 압력각이 14.5°일 때의 피니언 기어와 큰 기어의 전위량[mm]를 구하여라.

(2) 두 기어의 치면 높이(백래시)가 0이 되도록 하는 물림 압력각(α_b°)를 구하여라.(정답은 소수점 5자리까지 구하고 아래표를 이용한다.)

압력각 (θ)	소수점 2째자리					압력각 (θ)	소수점 2째자리				
	0	2	4	6	8		0	2	4	6	8
14.0	0.004982	0.005004	0.005025	0.005047	0.002069	17.0	0.009025	0.009057	0.009090	0.009123	0.009156
0.1	0.005091	0.005113	0.005135	0.005158	0.005180	0.1	0.009189	0.009222	0.009255	0.009288	0.009322
0.2	0.005202	0.005225	0.005247	0.005269	0.005292	0.2	0.009355	0.009389	0.009422	0.009456	0.009490
0.3	0.005315	0.005337	0.005360	0.005383	0.005406	0.3	0.009523	0.009557	0.009591	0.009625	0.009659
0.4	0.005429	0.005452	0.005475	0.005498	0.005522	0.4	0.009694	0.009728	0.009762	0.009797	0.009832
0.5	0.005545	0.005568	0.005592	0.005615	0.005639	0.5	0.009866	0.009901	0.009936	0.009971	0.010006
0.6	0.005662	0.005686	0.005710	0.005734	0.005758	0.6	0.010041	0.010076	0.010111	0.010146	0.010182
0.7	0.005782	0.005806	0.005830	0.005854	0.005878	0.7	0.010217	0.010253	0.010289	0.010324	0.010360
0.8	0.005903	0.005927	0.005952	0.005976	0.006001	0.8	0.010396	0.010432	0.010468	0.010505	0.010541
0.9	0.006025	0.006050	0.006075	0.006100	0.006125	0.9	0.010577	0.010614	0.010650	0.010687	0.010724
15.0	0.006150	0.006175	0.006200	0.006225	0.006251	18.0	0.010760	0.010797	0.010834	0.010871	0.010909
0.1	0.006276	0.006301	0.006327	0.006353	0.006378	0.1	0.010946	0.010983	0.011021	0.011058	0.011096
0.2	0.006404	0.006430	0.006456	0.006482	0.006508	0.2	0.011133	0.011171	0.011209	0.011247	0.011285
0.3	0.006534	0.006560	0.006586	0.006612	0.006639	0.3	0.011323	0.011361	0.011400	0.011438	0.011477
0.4	0.006665	0.006692	0.006718	0.006745	0.006772	0.4	0.011515	0.011554	0.011593	0.011631	0.011670
0.5	0.006799	0.006825	0.006852	0.006879	0.006906	0.5	0.011709	0.011749	0.011788	0.011827	0.011866
0.6	0.006934	0.006961	0.006988	0.007016	0.007043	0.6	0.011906	0.011946	0.011985	0.012025	0.012065
0.7	0.007071	0.007098	0.007216	0.007154	0.007182	0.7	0.012105	0.012145	0.012185	0.012225	0.012265
0.8	0.007209	0.007237	0.007266	0.007294	0.007322	0.8	0.012306	0.012346	0.012387	0.012428	0.012468
0.9	0.007350	0.007379	0.007407	0.007435	0.007464	0.9	0.012509	0.012550	0.012591	0.012632	0.012674
16.0	0.007493	0.007521	0.007550	0.007579	0.007608	19.0	0.012715	0.012756	0.012798	0.012840	0.012881
0.1	0.007637	0.007666	0.007695	0.007725	0.007754	0.1	0.012923	0.012965	0.013007	0.013049	0.013091
0.2	0.007784	0.007813	0.007843	0.007872	0.007902	0.2	0.013134	0.013176	0.013218	0.013261	0.013304
0.3	0.007932	0.007962	0.007992	0.008022	0.008052	0.3	0.013346	0.013389	0.013432	0.013475	0.013518
0.4	0.008082	0.008112	0.008143	0.008173	0.008204	0.4	0.013562	0.013605	0.013648	0.013692	0.013736
0.5	0.008234	0.008265	0.008296	0.008326	0.008357	0.5	0.013779	0.013823	0.013867	0.013911	0.013955
0.6	0.008388	0.008419	0.008450	0.008482	0.008513	0.6	0.013999	0.014044	0.014088	0.014133	0.014177
0.7	0.008544	0.008576	0.008607	0.008639	0.008671	0.7	0.014222	0.014267	0.014312	0.014357	0.014402
0.8	0.008702	0.008734	0.008766	0.008798	0.008830	0.8	0.014447	0.014492	0.014538	0.014583	0.014629
0.9	0.008863	0.008895	0.008927	0.008960	0.008992	0.9	0.014674	0.014720	0.014766	0.014812	0.014858
						20.0	0.014904	0.014951	0.014997	0.015044	0.015090

(3) 전위기어 제작시 중심거리 증가량 ΔC[mm]을 구하여라.

(4) 전기기어 제작하였을 때 축간 중심거리 C_f[mm]를 구하여라.

(5) 피니언의 바깥지름 D_{k1}[mm]와 종동기어의 바깥지름 D_{k2}[mm]를 구하여라.

풀이 및 답

(1) 압력각이 14.5°일 때의 피니언 기어와 큰 기어의 전위량(mm)를 구하여라.

최소잇수 $z_e = \dfrac{2}{\sin^2\alpha} = \dfrac{2}{\sin^2 14.5} = 31.9 = 32$개

피니언의 전위계수 $x_1 = 1 - \dfrac{Z_1}{Z_e} = 1 - \dfrac{28}{32} = 0.125$

피니언의 전위량 $c_1 = x_1 \cdot\ m = 0.125 \times 5 = 0.625\text{mm}$

큰 기어의 전위계수 $x_2 = 1 - \dfrac{Z_2}{Z_e} = 1 - \dfrac{32}{32} = 0$

큰 기어의 전위량 $c_2 = x_2 \times m = 0 \times 5 = 0$

답 피니언기어의 전위량 : 0.625mm
큰 기어의 전위량 : 0mm

(2) 두 기어의 치면 높이(백래시)가 0이 되도록 하는 물림 압력각(α_b°)를 구하여라.

$$inv\,\alpha_b = inv\,\alpha + 2 \times \tan\alpha \times \frac{x_1 + x_2}{Z_1 + Z_2}$$

$$= 0.005545 + 2 \times \tan 14.5 \times \frac{0.125 + 0}{28 + 32} = 0.006622$$

표에서 근사치를 찾으면

$\alpha_1 = 15.36° \Rightarrow inv\,\alpha_1 = 0.006612$

$\alpha_b \Rightarrow inv\alpha_b = 0.006622$

$\alpha_2 = 15.38° \Rightarrow inv\,\alpha_2 = 0.006639$

보간법에 의해

$$\frac{0.006622 - 0.006612}{0.006639 - 0.006612} = \frac{\alpha_b - 15.36}{15.38 - 15.36}$$

물림압력각 $\alpha_b = 15.367407 ≒ 15.3674$

답 15.3674°

(3) 전위기어 제작시 중심거리 증가량 ΔC [mm]을 구하여라.

$\Delta C = y \times m = 0.12137 \times 5 = 0.60685\,\text{mm}$

중심거리 증가계수 $y = \dfrac{Z_1 + Z_2}{2}\left(\dfrac{\cos\alpha}{\cos\alpha_b} - 1\right)$

$$= \frac{28 + 32}{2}\left(\frac{\cos 14.5}{\cos 15.3674} - 1\right) = 0.12137$$

답 0.60685mm

(4) 전기기어 제작하였을 때 축간 중심거리 C_f[mm]를 구하여라.

$$C_f = C + \Delta C = \frac{m(Z_1 + Z_2)}{2} + \Delta C = \frac{5 \times (28 + 32)}{2} + 0.60685$$
$$= 150.60685\,\text{mm}$$

답 150.60685mm

(5) 피니언의 바깥지름 D_{k1}[mm]와 종동기어의 바깥지름 D_{k2}[mm]를 구하여라.

$$D_{k1} = \{(Z_1 + 2)m + 2(y - x_2)m\}$$
$$= \{(28 + 2) \times 5 + 2 \times (0.12137 - 0) \times 5)\}$$
$$= 151.2137\,[\text{mm}]$$
$$D_{k2} = \{(Z_2 + 2)m + 2(y - x_1)m\}$$
$$= \{(32 + 2) \times 5 + 2 \times (0.12137 - 0.125) \times 5)\}$$
$$= 169.9637\,[\text{mm}]$$

답 D_{k1} =151.2137mm
D_{k2} =169.9637mm

11

웜축에 공급되는 동력은 3kW, 웜의 분당회전수는 1750rpm이다. 웜기어를 $\frac{1}{12.25}$로 감속시킬려고 한다. 웜은 4줄, 축직각 모듈 3.5, 중심거리 110mm로 할 때 다음을 구하여라. (단 마찰계수는 0.1이다)

(1) 웜의 피치원지름 D_w과 웜 기어의 피치원 지름 D_g [mm]을 각각 구하여라.
(2) 웜의 효율 η[%]을 구하여라.(단 공구 압력각 α_n =20°이다)
(3) 웜휠에 작용하는 회전력 F_t를 구하여라.
(4) 웜에 작용하는 축방향 하중 F_s [N]을 구하여라.

풀이 및 답

(1) 웜의 피치원지름 D_w과 웜 기어의 피치원 지름 D_g[mm]을 각각 구하여라.

웜휠의 피치원 지름 $D_g = m_s Z_g = 3.5 \times 49 = 171.5\text{mm}$

웜휠의 잇수 $Z_g = Z_w / i = 4 \times 12.25 = 49$개

축간거리 $A = \frac{D_w + D_g}{2}$

웜의 피치원 지름 $D_w = 2A - D_g = 2 \times 110 - 171.5 = 48.5\text{mm}$

답 D_w =48.5mm
D_g =171.5mm

(2) 웜의 효율 η[%]을 구하여라.

$$\eta = \frac{\tan\gamma}{\tan(\gamma+\rho')} = \frac{\tan 16.1}{\tan(16.1+6.07)} \times 100 = 70.83\%$$

리드각 $\gamma = \tan^{-1}\left(\frac{l}{\pi D_w}\right) = \tan^{-1}\left(\frac{43.98}{\pi \times 48.5}\right) = 16.1°$

리드 $l = Z_w \cdot \ p_s = Z_w \cdot \ m_s \cdot \ \pi = 4 \times \pi \times 3.5 = 43.98\text{mm}$

상당마찰각 $\rho' = \tan^{-1}\left(\frac{\mu}{\cos\alpha_n}\right) = \tan^{-1}\left(\frac{0.1}{\cos 20}\right) = 6.07°$

답 70.83%

(3) 웜휠에 작용하는 회전력 F_t를 구하여라.

$$H'_{KW} = \frac{1}{\eta} \times \frac{F_t \cdot \ V}{1000}$$

웜 휠의 회전력 $F_t = \frac{1000 \times H'_{KW} \times \eta}{V_g} = \frac{1000 \times 3 \times 0.7083}{1.28} = 1660.08\text{N}$

$$V_g = \frac{\pi \cdot \ D_g \cdot \ N_g}{60 \times 1000} = \frac{\pi \times 171.5 \times \frac{1750}{12.25}}{60 \times 1000} = 1.28\text{m/sec}$$

답 1660.08N

(4) 웜에 작용하는 축방향 하중 F_s[N]을 구하여라.

$$F_t = F_s \tan(\gamma + \rho')$$

축방향 하중 $F_s = \frac{F_t}{\tan(\gamma+\rho')} = \frac{1660.08}{\tan(16.1+6.07)} = 4073.998 = 4074\text{N}$

답 4074N

필답형 실기

- 기계요소설계 -

2019년도 1회

01

마찰계수(μ)가 0.3인 블록 브레이크를 이용하여 하중 W을 제동하려고 한다. 다음 물음에 답하여라.

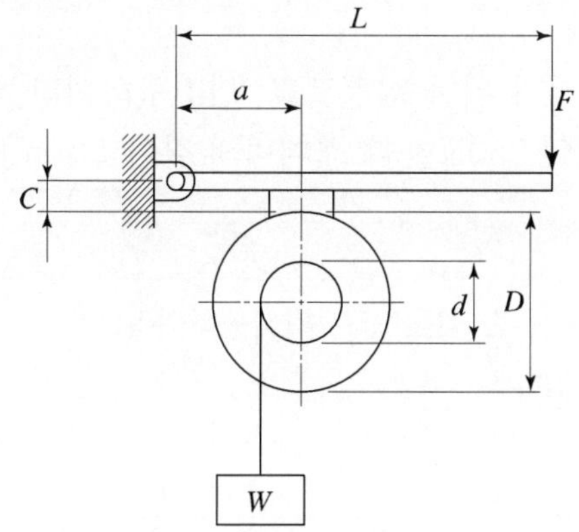

[블록브레이크의 사양]

$F=200\text{N}$
$D=450\text{mm}$
$d=100\text{mm}$
$a=200\text{mm}$
$L=1000\text{mm}$
$c=50\text{mm}$

(1) 제동 토크 T[J]를 구하여라.
(2) 하중 W[N]을 구하여라.

풀이 및 답

(1) 제동 토크 T[J]를 구하여라.

$$T=\mu P\times\frac{D}{2}=0.3\times1081.08\times\frac{450}{2}=72972.9[\text{N}\cdot\ \text{mm}]=72.97[\text{J}]$$

$$\Sigma M_o=0,\ FL-Pa+\mu Pc=0$$

$$FL=P(a-\mu c)$$

$$P=\frac{FL}{a-\mu c}=\frac{200\times1000}{200-0.3\times50}=1081.081=1081.08[\text{mm}]$$

답 72.97J

(2) 하중 W[N]을 구하여라.

$$T=W\times\frac{d}{2}$$

$$(\text{하중})\ W=\frac{2T}{d}=\frac{2\times72970}{100}=1459.4[\text{N}]$$

답 1459.4N

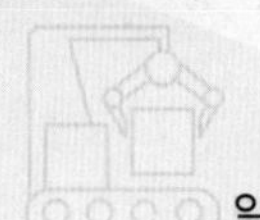

02

5ton의 하중을 들어올리기 위해 사각나사로 된 스크류잭이 있다. 사각나사의 호칭지름은 47mm 의 피치가 2mm, 나사면의 마찰계수가 0.1일 때 다음 물음에 답하여라.

(1) 5ton의 하중을 들어올리기 위한 회전토크 T[J]구하여라.
(2) 스패너를 가하는 회전력이 250N일 때 스패너의 길이 L[mm]를 구하여라.

풀이 및 답

(1) 5ton의 하중을 들어올리기 위한 회전토크 T[J]구하여라.

(회전토크) $T = Q \times \dfrac{p + \mu\pi d_e}{\pi d_e - \mu p} \times \dfrac{d_e}{2}$

$$= (5000 \times 9.8) \times \frac{2 + 0.1 \times \pi \times 46}{\pi \times 46 - 0.1 \times 2} \times \frac{46}{2}$$

$$= 128474.988[\text{N} \cdot \text{mm}] = 128.47[\text{N} \cdot \text{m}]$$

(유효지름) $d_e = \dfrac{d_2 + d_1}{2} = \dfrac{47 + 45}{2} = 46[\text{mm}]$

(골지름) $d_1 = d_2 - p = 47 - 2 = 45[\text{mm}]$

답 128.47N · m

(2) 스패너를 가하는 회전력이 250N일 때 스패너의 길이 L[mm]를 구하여라.

(스패너의 길이) $L = \dfrac{T}{F} = \dfrac{128470}{250} = 513.88[\text{mm}]$

답 513.88mm

03

100N의 하중을 받고 처짐량이 15mm가 발생 하는 코일스프링이 있다. 코일의 평균지름이 10mm, 스프링 지수는 5이다. 전단 탄성계수 G =85GPa일 때 다음을 구하여라.

(1) 스프링의 유효 감김 수 n(권선)(단, 소수세째자리에서 반올림 하여 구하여라.)
(2) 스프링의 허용전단응력이 300MPa이 작용되고 있다. 소성에 발생하는 최대 전단응력에 의한 스프링의 안전도를 검토하라. 여기서 Wahl 응력수정계수$\left(k' = \dfrac{4C-1}{4C-4} + \dfrac{0.615}{C}\right)$를 적용한다.

풀이 및 답

(1) 스프링의 유효 감김 수 n(권선)

(소선의 지름) $d = \dfrac{D}{C} = \dfrac{10}{5} = 2[\text{mm}]$

(처짐량) $\delta = \dfrac{8PD^3 n}{Gd^4}$

(감김수) $n = \dfrac{\delta G d^4}{8PD^3} = \dfrac{15 \times 85000 \times 2^4}{8 \times 100 \times 10^3} = 25.5[회]$

답 25.5회

(2) 스프링의 허용전단응력이 300MPa이 작용되고 있다. 소성에 발생하는 최대 전단 응력에 의한 스프링의 안전도를 검토하라.

$k' = \dfrac{4C-1}{4C-4} + \dfrac{0.615}{C} = \dfrac{4 \times 5 - 1}{4 \times 5 - 4} + \dfrac{0.615}{5} = 1.3105 = 1.31$

(최대전단응력) $\tau_{max} = k' \times \dfrac{8PD}{\pi d^3} = 1.31 \times \dfrac{8 \times 100 \times 10}{\pi \times 2^3}$

$= 416.985[\text{MPa}] = 416.99[\text{MPa}]$

$\tau_a < \tau_{max}$ 이므로 불안전하다.

답 불안전하다.

04

다판클러치를 이용 하여 4kW를 전달하고자 한다. 클러치의 회전수가 35rpm이고 접촉면의 폭이 50mm, 허용접촉면압이 1.5MPa이고 다판 클러치의 마찰면의 수는 3개이다. 클러치면의 마찰계수는 0.1이다.

(1) 토크 T[J]를 구하여라.
(2) 다판 클러치의 바깥지름 D_2[mm], 안지름 D_1[mm]를 구하여라.
(3) 동력을 전달하기 위한 축방향 미는 힘 추력 P[kN]을 구하여라.

풀이 및 답

(1) 토크 T[J]를 구하여라.

$T = \dfrac{60}{2\pi} \times \dfrac{H}{N} = \dfrac{60}{2\pi} \times \dfrac{4000}{35} = 1091.348[\text{J}] = 1091.35[\text{J}]$

답 1091.35J

(2) 다판 클러치의 바깥지름 D_2[mm], 안지름 D_1[mm]를 구하여라.

$$T = \mu q \pi b Z \times \frac{D_m^2}{2}$$

$$(\text{평균지름})\ D_m = \sqrt{\frac{2T}{\mu q \pi b Z}} = \sqrt{\frac{2 \times 1091350}{0.1 \times 1.5 \times \pi \times 50 \times 3}}$$

$$= 175.723[\text{mm}] = 175.72[\text{mm}]$$

$$D_2 = D_m + b = 175.72 + 50 = 225.72[\text{mm}]$$

$$D_1 = D_m - b = 175.72 - 50 = 125.72[\text{mm}]$$

답 D_2 =225.72mm
D_1 =125.72mm

(3) 동력을 전달하기 위한 축방향 미는 힘 추력 P[kN]을 구하여라.

$$T = \mu P \times \frac{D_m}{2}$$

$$P = \frac{2T}{\mu D_m} = \frac{2 \times 1091350}{0.1 \times 175.72} = 124214.659[\text{N}] = 124.21[\text{kN}]$$

답 124.21kN

05

60번 롤러 체인으로 회전수 n_1 =900rpm, 잇수 Z_1 =20인 원동차에서 잇수 Z_2 =60인 종동차에 동력을 전달하고자 한다. 축간거리 C=1200mm, 안전율 S=15일 때 다음 각 물음에 답하여라.

체인의 호칭번호	피치 p	파단하중 F[ton]
25	6.35	0.36
35	9.525	0.80
40	12.70	1.42
50	15.88	2.21
60	19.06	3.20
80	25.40	5.65
100	31.75	8.85

(1) 체인의 전달동력 H[kW]을 구하여라.
(2) 체인의 전체 길이 L[mm]를 구하여라.
(3) 원동스프로킷의 피치원지름 D_1[mm],
종동스프로킷의 피치원지름 D_2[mm]

풀이 및 답

(1) 체인의 전달동력 H[kW]을 구하여라.

$$H=\frac{F\times V}{102S}=\frac{3.2\times10^3\times5.72}{102\times15}=11.96[\mathrm{kW}]$$

$$V=\frac{p\cdot\ Z_1\cdot\ n_1}{60\times1000}=\frac{19.05\times20\times900}{60\times1000}=5.72[\mathrm{m/sec}]$$

답 11.96kW

(2) 체인의 전체 길이 L[mm]를 구하여라.

$$L=L_n\times p[\mathrm{mm}]=167\times19.06=3183.02[\mathrm{mm}]$$

(링크의 개수) $$L_n=\frac{2C}{p}+\frac{Z_2+Z_1}{2}+\frac{\frac{1}{\pi^2}p(Z_2-Z_1)^2}{4C}$$

$$=\frac{2\times1200}{19.06}+\frac{60+20}{2}+\frac{\frac{1}{\pi^2}\times19.06\times(60-20)^2}{4\times1200}$$

$$=166.561=167\text{개}$$

답 3183.02mm

(3) 원동스프로킷의 피치원지름 D_1[mm], 종동스프로킷의 피치원지름 D_2[mm]

$$D_1=\frac{p}{\sin\left(\frac{180°}{Z_1}\right)}=\frac{19.06}{\sin\left(\frac{180°}{20}\right)}=121.84[\mathrm{mm}]$$

$$D_2=\frac{p}{\sin\left(\frac{180°}{Z_2}\right)}=\frac{19.06}{\sin\left(\frac{180°}{60}\right)}=364.1855[\mathrm{mm}]=364.19[\mathrm{mm}]$$

답 D_1 =121.84mm
D_2 =364.19mm

06

강판의 두께는 10mm, 리벳의 직경이 15mm, 강판의 인장응력은 35MPa, 리벳의 전단응력은 20MPa이다. 두 판재를 결합하기 위해 1줄 겹치기 리벳이음을 한다. 다음 물음에 답하여라.

(1) 강판의 인장강도와 리벳의 전단강도가 같을 때 리벳의 피치 p[mm]를 구하여라.
(2) 강판의 효율(%)

풀이 및 답

(1) 강판의 인장강도와 리벳의 전단강도가 같을 때 리벳의 피치 p[mm]를 구하여라.

$$(\text{피치})\ p = \frac{\pi d^2 \times n}{4t} + d = \frac{\pi \times 15^2 \times 1}{4 \times 10} + 15 = 32.671[\text{mm}] = 32.67[\text{mm}]$$

답 32.67mm

(2) 강판의 효율(%)

$$(\text{강판의 효율})\ \eta_t = 1 - \frac{d}{p} = 1 - \frac{15}{32.67} = 0.540863 = 54.09\%$$

답 54.09%

07

하중 3500N을 받는 겹판스프링의 스팬의 길이는 1,500mm, 판의 폭이 100mm, 판 한 개의 두께 10mm, 죔폭 e =100mm, 판재의 허용 굽힘응력이 200MPa이다. 다음 물음에 답하여라. (단, 수직 탄성계수는 205GPa, 스프링의 유효길이 $l_e = l - 0.6e$를 적용한다.)

(1) 판의 개수 n(개)를 구하여라.
(2) 스프링의 처짐량 δ[mm]를 구하여라.
(3) 스프링의 고유진동수 f_n[Hz]를 구하여라.

풀이 및 답

(1) 판의 개수 n(개)를 구하여라.

$$(\text{유효길이})\ l_e = l - 0.6e = 1500 - 0.6 \times 100 = 1440[\text{mm}]$$

$$\sigma_b = \frac{3P\,l_e}{2nbh^2},\ n = \frac{3P\,l_e}{2\sigma_b bh^2} = \frac{3 \times 3500 \times 1440}{2 \times 200 \times 100 \times 10^2} = 3.78 = 4[\text{개}]$$

답 4개

(2) 스프링의 처짐량 δ[mm]를 구하여라.

$$\delta = \frac{3P\,l_e^3}{8nbh^3E} = \frac{3 \times 3500 \times 1440^3}{8 \times 4 \times 100 \times 10^3 \times 205000} = 47.793[\text{mm}] = 47.79[\text{mm}]$$

답 47.79mm

(3) 스프링의 고유진동수 f_n[Hz]를 구하여라.

$$f_n = \frac{1}{2\pi} \times \sqrt{\frac{g}{\delta}} = \frac{1}{2\pi} \times \sqrt{\frac{9800}{47.79}}\ 2.279 = 2.28[\text{Hz}]$$

답 2.28Hz

08

다음 조건을 보고 각 단계별로 물음에 답하라.

(1) 단계 ① : 전달동력이 15kW, 분당회전수는 400rpm를 전달하는 축이 있다. 축의 허용전단응력 τ_a =25MPa이다. 축 지름 d_o[mm]을 구하여라.

(2) 단계 ② : 축에 묻힘키 설치한다. 키의 폭 b =12mm, 키홈의 h =12mm일 때 무어(Moore)의 실험식를 이용한 축지름 d_s[mm]을 구하여라.

[무어(Moore)의 실험식]

$$\beta = \frac{\text{키홈이 있는 축의 강도}}{\text{키홈이 없는 축의 강도}} = 1.0 - 0.2\frac{b}{d_o} - 1.1\frac{t}{d_o}$$

(3) 단계 ③ : 키의 허용압축응력이 σ_k =45MPa, 키의 허용전단응력τ_k = 65MPa일 때 키의 최소 길이 L(mm)를 구하여라.

풀이 및 답

(1) 축 지름 d_o[mm]을 구하여라.

$$T = \frac{60}{2\pi} \times \frac{H}{N} = \frac{60}{2\pi} \times \frac{15000}{400} = 358.098622[\text{N}\cdot \text{m}] = 358098.62[\text{N}\cdot \text{mm}]$$

$$d_o = \sqrt[3]{\frac{16T}{\pi\tau_a}} = \sqrt[3]{\frac{16 \times 358098.62}{\pi \times 25}} = 41.784[\text{mm}] = 41.78[\text{mm}]$$

답 41.78mm

(2) 무어(Moore)의 실험식를 이용한 축지름 d_s[mm]을 구하여라.

(키홈의 깊이) $t = \frac{h}{2} = \frac{12}{2} = 6[\text{mm}]$

$$\beta = 1.0 - 0.2\frac{b}{d_o} - 1.1\frac{t}{d_o} = 1.0 - 0.2 \times \frac{12}{41.78} - 1.1 \times \frac{6}{41.78} = 0.784 = 0.78$$

$$d_s = \sqrt[3]{\frac{16T}{\pi\beta\tau_a}} = \sqrt[3]{\frac{16 \times 358098.62}{\pi \times 0.78 \times 25}} = 45.392[\text{mm}] = 45.39[\text{mm}]$$

답 45.39mm

(3) 키의 최소 길이 L(mm)를 구하여라.

$$L_\tau = \frac{2T}{d_s b \tau_k} = \frac{2 \times 358098.62}{45.39 \times 12 \times 30} = 43.829[\text{mm}] = 43.83[\text{mm}]$$

$$L_\sigma = \frac{4T}{d_s h \sigma_k} = \frac{4 \times 358098.62}{45.39 \times 12 \times 65} = 40.458[\text{mm}] = 40.46[\text{mm}]$$

둘 중에서 큰값이 키의 최소 길이이다. $\therefore L = 43.83[\text{mm}]$

답 43.83mm

09

한 쌍의 홈마찰차의 중심거리 약 400mm의 두 축 사이에 5kW의 동력을 전달시키려고 한다. 구동축과 수동축의 회전속도는 각각 300rpm, 100rpm이다. 다음을 구하여라. (단 홈의 각도를 40°, 마찰계수 0.2, 접촉면의허용압력을 29.4N/mm이다.)

(1) 구동축의 평균지름 D_1[mm], 수동축의 평균지름 D_2[mm]를 각각 구하여라.
(2) 홈마찰차를 밀어 붙이는힘 P[N]를 구하여라.
(3) 홈마찰차의 홈의 개수를 구하여라.

풀이 및 답

(1) 구동축의 평균지름 D_1[mm], 수동축의 평균지름 D_2[mm]를 각각 구하여라.

$$C = \frac{D_1 + D_2}{2},\ i = \frac{N_2}{N_1} = \frac{100}{300} = \frac{1}{3}$$

$$D_1 = \frac{2C}{\frac{1}{i}+1} = \frac{2 \times 400}{3+1} = 200\text{mm},\ D_2 = \frac{D_1}{i} = \frac{200}{\frac{1}{3}} = 600\text{mm}$$

답 D_1 =200mm
D_2 =600mm

(2) 홈마찰차를 밀어 붙이는힘 P[N]를 구하여라.

$$H = \frac{\mu' P \times V}{1000},\ P = \frac{H \times 1000}{\mu' \times V} = \frac{5 \times 1000}{0.38 \times 3.14} = 4190.412\text{N} = 4190.41\text{N}$$

$$\mu' = \frac{\mu}{\mu\cos\alpha + \sin\alpha} = \frac{0.2}{0.2 \times \cos 20 + \sin 20} = 0.3773 = 0.38$$

$$V = \frac{\pi \cdot D_1 \cdot N_1}{60 \times 1000} = \frac{\pi \times 200 \times 300}{60 \times 1000} = 3.1415 = 3.14\text{m/s}$$

답 4190.41N

(3) 홈마찰차의 홈의 개수를 구하여라.

$$f = \frac{Q}{2 \cdot h \cdot Z},\ Z = \frac{Q}{2 \times h \times f} = \frac{7907.05}{2 \times 11.98 \times 29.4} = 11.224 \fallingdotseq 12\text{개}$$

$$Q = \frac{P}{\mu\cos\alpha + \sin\alpha} = \frac{4190.41}{0.2 \times \cos 20 + \sin 20} = 7907.0506\text{N} = 7907.05\text{N}$$

(홈의 높이) $h = 0.94\sqrt{\mu' P} = 0.94 \times \sqrt{0.38 \times 4190.41\text{N} \times \frac{1\text{kgf}}{9.8\text{N}}}$

$= 11.982\text{mm} = 11.98\text{mm}$

답 12개

10

엔드 저널 베어링에지지 되어 있는 축이 220rpm으로 회전하고 있다. 엔드 저널에 작용하는 하중이 45kN이 작용되고 있다. 엔드저널이 허용압력속도계수 $(pv)_a$가 2MPa · m/s, 허용굽힘응력이 65MPa, 허용압력이 6MPa일 때 다음을 구하여라.

(1) 저널의 최소 길이 l[mm]를 구하여라.
(2) 저널의 지름 d[mm]를 구하여라.
(3) 베어링의 마찰계수가 0.015일 때 마찰에 의한 손실동력 H[kW]구하여라.

풀이 및 답

(1) 저널의 최소 길이 l[mm]를 구하여라.

$$l = \frac{Q}{(pv)_a} \times \frac{\pi N}{60 \times 1000} = \frac{45000}{2} \times \frac{\pi \times 220}{60 \times 1000} = 259.1813\text{mm} = 259.18\text{mm}$$

답 259.18mm

(2) 저널의 지름 d[mm]를 구하여라.

(허용 압력을 고려한 지름) $d_p = \frac{Q}{p_a \times l} = \frac{45000}{6 \times 259.18}$

$= 28.937\text{mm} = 28.94\text{mm}$

(허용 굽힘응력을 고려한 지름) $d_\sigma = \sqrt[3]{\frac{16Ql}{\pi\sigma}} = \sqrt[3]{\frac{16 \times 45000 \times 259.18}{\pi \times 65}}$

$= 97.0413 = 97.04\text{mm}$

둘 중에서 큰값이 저널의 지름이다. $\therefore\ d = 97.04[\text{mm}]$

답 97.04mm

(3) 베어링의 마찰계수가 0.015일 때 마찰에 의한 손실동력 H[kW]구하여라.

(속도) $V = \frac{\pi d N}{60 \times 1000} = \frac{\pi \times 97.04 \times 220}{60 \times 1000} = 1.117[\text{m/s}] = 1.12[\text{m/s}]$

$$H = \frac{\mu QV}{1000} = \frac{0.015 \times 45000 \times 1.12}{1000} = 0.756[\text{kW}] = 0.76[\text{kW}]$$

답 0.76kW

11

헬리컬기어를 치직각 모듈이 3, 압력각이 20˚, 비틀림각이 30˚, 잇수가 24개, 이의 폭이 20mm이고 분당회전수는 350rpm일 때 다음을 구하여라.

(1) 헬리컬기어의 이끝원 지름 D_o[mm]을 구하여라.

(2) 아래 스퍼기어의 치형계수표에서 헬리컬 기어의 상당 치형계수를 구하여라.

[스퍼기어의 치형계수(π가 포함되지 않은 치형계수)]

잇수	압력각 $\alpha=14.5°$	압력각 $\alpha=20°$
21	0.092	0.104
22	0.093	0.105
24	0.095	0.107
26	0.098	0.110
28	0.1	0.122
30	0.101	0.114
34	0.104	0.118
38	0.106	0.122

(3) 기어의 굽힘응력은 200MPa, 하중계수가 1.5, 속도계수 $\dfrac{3.05}{3.05+V[\text{m/s}]}$ 일 때 기어의 전달동력 H[kW]을 구하여라.

(4) 헬리컬 기어에 의한 thrust 하중 P_t[N]을 구하여라.

풀이 및 답

(1) 헬리컬기어의 이끝원 지름 D_o[mm]을 구하여라.

$$D_o=\frac{m_n}{\cos\beta}Z+2m_n=\frac{3}{\cos30}\times24+2\times3=89.1384\text{mm}=89.14\text{mm}$$

답 89.14mm

(2) 아래 스퍼기어의 치형계수표에서 헬리컬 기어의 상당 치형계수를 구하여라.

(헬리컬기어의 상당 스퍼기어 잇수) $Z_e=\dfrac{Z}{\cos^3\beta}=\dfrac{24}{\cos^3 30}=36.95$개

34개	0.118
36.95개	y_e
38개	0.122

$$\frac{36.95-34}{38-34}=\frac{y_e-0.118}{0.122-0.118} \qquad \therefore\ y_e=0.1209=0.12$$

답 0.12

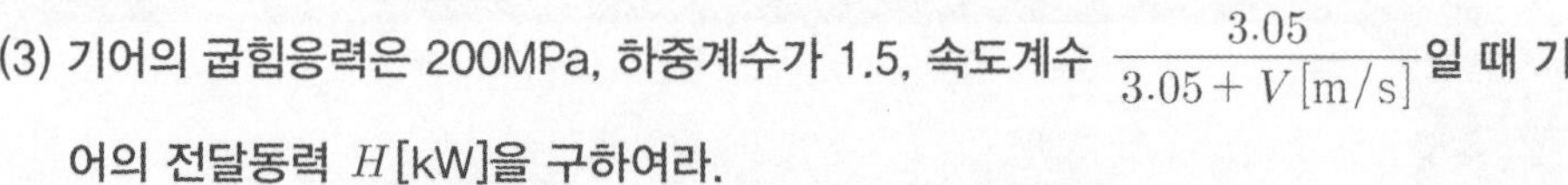

(3) 기어의 굽힘응력은 200MPa, 하중계수가 1.5, 속도계수 $\dfrac{3.05}{3.05+V[\mathrm{m/s}]}$일 때 기어의 전달동력 H[kW]을 구하여라.

(피치원지름) $D=\dfrac{m_n}{\cos\beta}\times Z=\dfrac{3}{\cos 30}\times 24=83.138[\mathrm{mm}]=83.14[\mathrm{mm}]$

$$V=\frac{\pi DN}{60\times 1000}=\frac{\pi\times 83.14\times 350}{60\times 1000}=1.523[\mathrm{m/s}]=1.52[\mathrm{m/s}]$$

$$f_v=\frac{3.05}{3.05+V[\mathrm{m/s}]}=\frac{3.05}{3.05+1.52}=0.667=0.67$$

(기어의 회전력) $F_t=f_v f_w \sigma_b \pi m b y_e=0.67\times 1.5\times 200\times \pi\times 3\times 20\times 0.12$

$=4546.512[\mathrm{N}]=4546.51[\mathrm{N}]$

(전달동력) $H=\dfrac{F_t\times V}{1000}=\dfrac{4546.51\times 1.52}{1000}=6.91[\mathrm{kW}]$

답 6.91kW

(4) 헬리컬 기어에 의한 thrust 하중 P_t[N]을 구하여라.

$$P_t=F_t\times\tan\beta=4546.51\times\tan 30=2624.928[\mathrm{N}]=2624.93[\mathrm{N}]$$

답 2624.93N

필답형 실기

- 기계요소설계 -

2019년도 2회

01

원판클러치를 이용하여 350rpm의 회전을 전달하고자 한다. 클러치의 면압력이 1.2MPa, 마찰계수가 0.2, 클러치의 내경이 110mm, 외경이 180mm일 때 전달 동력 $H[KW]$을 구하여라.

풀이 및 답

$$H = \frac{\mu P \times V}{1000} = \frac{0.2 \times 19132.3 \times 2.66}{1000} = 10.178[\mathrm{kW}] = 10.18[\mathrm{kW}]$$

(축방향 미는 힘) $P = q \times \frac{\pi}{4} \times (D_2^2 - D_1^2) = 1.2 \times \frac{\pi}{4} \times (180^2 - 110^2)$

$= 19132.29926[\mathrm{N}] = 19132.3[\mathrm{N}]$

(속도) $V = \frac{\pi D_m N}{60 \times 1000} = \frac{\pi \times 145 \times 350}{60 \times 1000} = 2.657[\mathrm{m/s}] = 2.66[\mathrm{m/s}]$

답 1.7kW

02

내연기관의 4사이클 기관의 플라이휠이 1800rpm으로 회전하고 있고, 각속도 변동률 δ =1.120, 전달동력이 8.5kW일 때 다음을 구하여라.

(1) 에너지변화계수 Φ는 1.2일 때 관성모멘트(kgf · m · s^2)

(2) 플라이휠의 비중이 7.85이고 휠의 두께가 40mm, 내외경비가 0.7일 때 외경 D_2[mm]를 구하여라.

풀이 및 답

(1) 에너지변화계수 Φ는 1.2일 때 관성모멘트(kgf · m · s^2)

(질량관성모멘트) $J = \frac{\Delta E}{w^2 \delta} = \frac{679.94}{188.5^2 \times \frac{1}{120}} = 2.296[\mathrm{J \cdot s^2}]$

$= 2.3[\mathrm{N \cdot m \cdot s^2}] = \frac{2.3}{9.8}[\mathrm{kgf \cdot m \cdot s^2}]$

$= 0.23[\mathrm{kgf \cdot m \cdot s^2}]$

(각속도) $w = \frac{2\pi N}{60} = \frac{2\pi \times 1800}{60} = 188.4955[\mathrm{rad/s}] = 188.5[\mathrm{rad/s}]$

(토크) $T = \frac{60}{2\pi} \times \frac{H}{N} = \frac{60}{2\pi} \times \frac{8.5 \times 10^3}{1800} = 45.093[\mathrm{J}] = 45.09[\mathrm{J}]$

(에너지 변화량) $\Delta E = E \times \Phi = 4\pi T \times \Phi = 4\pi \times 45.09 \times 1.2$

$= 679.941[\mathrm{J}] = 679.94[\mathrm{J}]$

답 0.23kgf · m · s^2

(2) 플라이휠의 비중이 7.85이고 휠의 두께가 40mm, 내외경비가 0.7일 때 외경 D_2 [mm]를 구하여라.

$$(\text{외경})\ D_2 = \sqrt[4]{\frac{32gJ}{\gamma\pi t(1-x^4)}} = \sqrt[4]{\frac{32\times9.8\times0.23}{7.85\times1000\times\pi\times0.04\times(1-0.7^4)}}$$

$$= 0.55695[\text{m}] = 556.95[\text{mm}]$$

답 556.95mm

03

그림과 같은 원판 마찰차에서 원동차의 직경이 D_4 =400mm, 주철 재료의 전수는 1400rpm이다. 종동차의 폭 b =40mm, D_B =200mm이다. B차의 이동범위는 x =50~150mm이다. 다음을 구하라. (단, 마찰계수 μ =0.25, 선압력 q =20N/mm이고 마찰 전동시 미끄럼은 무시한다.)

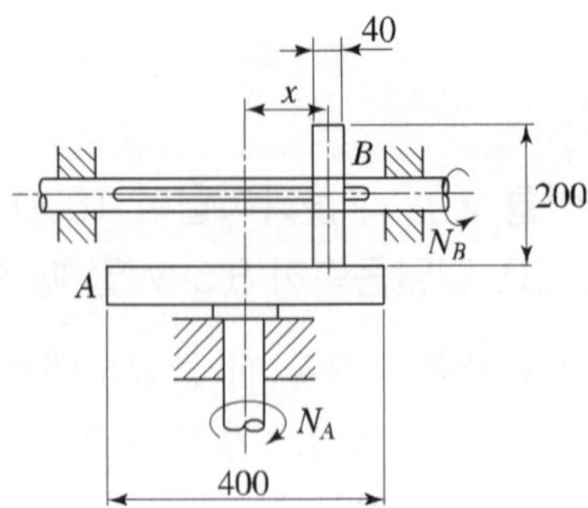

(1) 종동차의 최대속도 V_{max}[m/s]와 최소속도 V_{min}[m/s]을 각각 구하여라.

(2) 최대전달동력 H_{max}[kW]과 최소전달력 H_{min}[kW]을 각각 구하여라.

풀이 및 답

(1) 종동차의 최대속도 V_{max}[m/s]와 최소속도 V_{min}[m/s]을 각각 구하여라.

$$i = \frac{N_{B,\min}}{N_A} = \frac{2\times x_{\min}}{D_B},\quad N_{B,\min} = \frac{1400\times(2\times50)}{200} = 700\text{rpm}$$

$$\frac{N_{B,\max}}{N_A} = \frac{2\times x_{\max}}{D_B},\quad N_{B,\max} = \frac{1400\times(2\times150)}{200} = 2100\text{rpm}$$

$$V_{\min} = \frac{\pi\cdot\ D_B\cdot\ N_{B,\min}}{60\times1000} = \frac{\pi\times200\times700}{60\times1000} = 7.33\text{m/sec}$$

$$V_{\max} = \frac{\pi\cdot\ D_B\cdot\ N_{B,\max}}{60\times1000} = \frac{\pi\times200\times2100}{60\times1000} = 21.99\text{m/sec}$$

답 V_{max} =21.99m/s
V_{min} =7.33m/s

(2) 최대전달동력 H_{max}[kW]과 최소 전달력, H_{min}[kW]을 각각 구하여라.

$$H_{max} = \frac{\mu Q V_{max}}{1000} = \frac{\mu(q \times b) \times V_{max}}{1000} = \frac{0.25 \times (20 \times 40) \times 21.99}{1000}$$

$$= 4.398 \fallingdotseq 4.4\text{kW}$$

$$H_{min} = \frac{\mu Q V_{min}}{1000} = \frac{\mu(q \times b) \times V_{min}}{1000} = \frac{0.25 \times (20 \times 40) \times 7.33}{1000}$$

$$= 1.466 \fallingdotseq 1.47\text{kW}$$

답 $H_{max} = 4.4\text{kW}$
$H_{min} = 1.47\text{kW}$

04

압력용기의 플랜지커버가 볼트 8개에 의해 체결되어 있고, 압력이 가해지기 전까지 볼트 8개의 초기 체결력(F_o) 6kN이며 압력 P에 의해 발생된 하중 (F_P)24kN이다. 다음을 구하여라. (단, 볼트의 스프링상수 k_b =2.8, 개스킷에 의 스프링 상수 k_g =1.2)

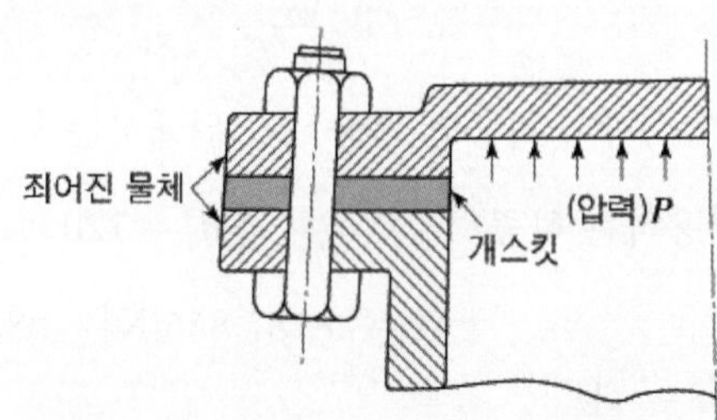

(1) 볼트 하나에 에 발생하는 최대 인장력 F_{Bmax}[kN]를 구하여라.
(2) 볼트의 허용인장응력(σ_b)이 55MPa일 때 볼트의 골지름 d_1[mm]구하여라.

풀이 및 답

(1) 볼트 하나에 에 발생하는 최대 인장력 F_{Bmax}[kN]를 구하여라.

$$F_{Bmax} = F_o + F_P \times \frac{k_b}{k_b + k_g} = 6 + 24 \times \frac{2.8}{2.8 + 1.2} = 22.8[\text{kN}]$$

답 22.8kN

(2) 볼트의 허용인장응력(σ_b)이 55MPa일 때 볼트의 골지름 d_1[mm]구하여라.

$$d_1 = \sqrt{\frac{F_{Bmax}/Z}{\frac{\pi}{4} \times \sigma_b}} = \sqrt{\frac{22800/8}{\frac{\pi}{4} \times 55}} = 8.122[\text{mm}] = 8.12[\text{mm}]$$

답 8.12mm

05 아래 그림과 같이 아이볼트 힘 F_1, F_2, F_3이 작용하고 있다. 아이볼트가 축방향 하중만 작용하기 위한 F_4[kN] 최대 크기와 각도 θ[°]을 구하여라. (단, 아이볼트는 M20, 볼트의 골지름 17.294mm, 볼트의 허용 수직응력(σ_b)은 120MPa이다.)

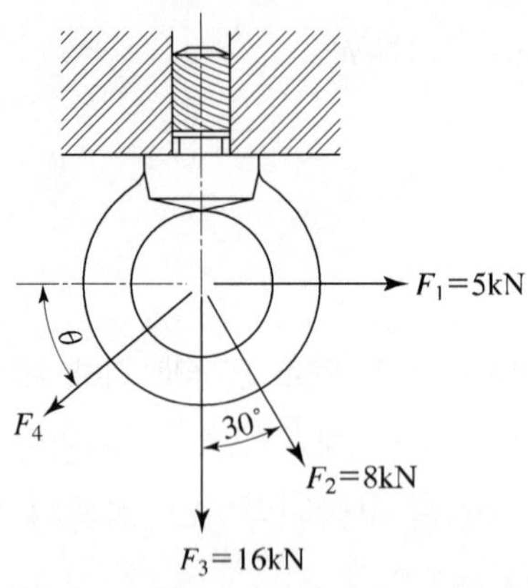

풀이 및 답

아이볼트가 축방향 하중만 작용하기 위해서는

(볼트에 작용하는 하중) $F_b = \sigma_b \times \frac{\pi}{4} d_1^2 = 120 \times \frac{\pi}{4} \times 17.294^2$

$= 28187.855[\text{N}] = 28.19[\text{kN}]$

$\Sigma F_x = 0$, → ⊕

$F_1 + F_2 \sin 30 - F_4 \cos\theta = 0$

$F_4 \cos\theta = F_1 + F_2 \sin 30$

$= 5 + 8 \times \sin 30$

$= 9\text{kN}$ ························ ①식

$\Sigma F_y = 0$, ↑ ⊕

$F_b - F_4 \sin\theta - F_3 - F_2 \cos 30 = 0$

$F_4 \sin\theta = F_b - F_3 - F_2 \cos 30$

$= 28.19 - 16 - 8 \times \cos 30$

$= 5.261[\text{kN}] = 5.26[\text{kN}]$ ······ ②식

$\frac{②식}{①식} = \frac{F_4 \sin\theta}{F_4 \cos\theta} = \frac{5.26}{9}$, $\tan\theta = \frac{5.26}{9}$, $\theta = \tan^{-1}\left(\frac{5.26}{9}\right) = 30.303° = 30.3°$

$F_4 = \frac{9}{\cos 30.3} = 10.423[\text{kN}] = 10.42[\text{kN}]$ $\qquad \theta = 30.3°$

F_b=28.19kN
F_1=5kN
θ
F_4
30°
F_2=8kN
F_3=16kN

답 30.3°

06

두 판재를 결합하기 위해 리벳이음을 하였다. 피치 내 하중(W_p) 32.5kN, 피치(p) 45mm, 강판의 두께(t) 20mm, 리벳의 직경(d) 12.5mm이다. 다음 물음에 답하여라.

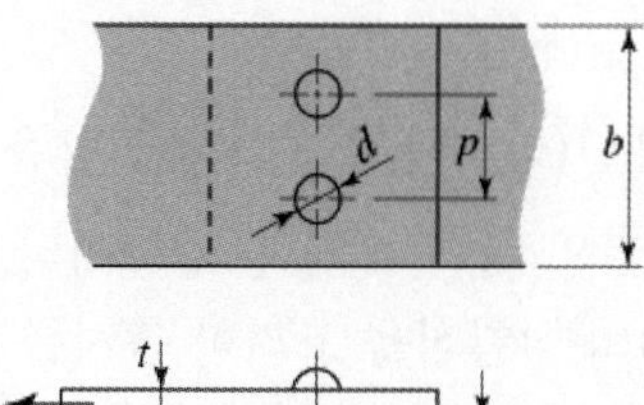

(1) 리벳의 전단응력 τ_r[MPa]
(2) 강판의 인장응력 σ_t[MPa]
(3) 강판의 효율 η_t[%]

풀이 및 답

(1) 리벳의 전단응력 τ_r[MPa]

$$\tau_r = \frac{W_p}{\frac{\pi}{4}d^2} = \frac{32.5\times10^3}{\frac{\pi}{4}\times12.5^2} = 264.833[\mathrm{MPa}] = 264.83[\mathrm{MPa}]$$

답 264.83MPa

(2) 강판의 인장응력 σ_t[MPa]

$$\sigma_t = \frac{W_p}{(p-d)\times t} = \frac{32.5\times10^3}{(45-12.5)\times20} = 50[\mathrm{MPa}]$$

답 50MPa

(3) 강판의 효율 η_t[%]

$$\eta_t = 1-\frac{d}{p} = 1-\frac{12.5}{45} = 0.7222 = 72.22[\%]$$

답 72.22%

07

축의 분당회전수는 920rpm, 전달동력이 22kW, 축의 허용 전단응력이 20MPa이다. 폭(b)과 높이(h)가 같은 묻힘키를 설치하고자 한다. 다음 물음에 답하여라.

(1) 축의 지름 d_o[mm]을 구하여라.

(2) 묻힘키전단응력(τ_{key})와 축의 허용전단응력(τ_a)이 같고, 키의 길이가 축의 1.2배일 때 키의 폭 b[mm]를 구하여라.

(3) 무어(Moore)의 실험식을 고려한 축지름 d_s[mm]을 구하여라.(단, 키홈의 깊이(t)는 키의 높이의 반이다.)

[무어(Moore)의 실험식]

$$\beta = \frac{\text{키홈이 있는 축의 강도}}{\text{키홈이 없는 축의 강도}} = 1.0 - 0.2\frac{b}{d_o} - 1.1\frac{t}{d_o}$$

풀이 및 답

(1) 축의 지름 d_o[mm]을 구하여라.

$$T = \frac{60}{2\pi} \times \frac{H}{N} = \frac{60}{2\pi} \times \frac{22000}{920} = 228.3527444[\text{N}\cdot\text{m}] = 228352.74[\text{N}\cdot\text{mm}]$$

$$d_o = \sqrt[3]{\frac{16T}{\pi\tau_a}} = \sqrt[3]{\frac{16 \times 228352.74}{\pi \times 20}} = 38.74[\text{mm}]$$

답 38.74mm

(2) 묻힘키전단응력(τ_{key})와 축의 허용전단응력(τ_a)이 같고, 키의 길이가 축의 1.2배일 때 키의 폭 b[mm]를 구하여라.

$$\tau_{key} = \tau_a, \ \frac{2T}{d_o b l} = \frac{16T}{\pi d_o^3}$$

$$b = \frac{\pi d_o^2}{8 \times l} = \frac{\pi d_o^2}{8 \times 1.2 d_o} = \frac{\pi d_o}{8 \times 1.2} = \frac{\pi \times 38.74}{8 \times 1.2} = 12.677[\text{mm}] = 12.68[\text{mm}]$$

답 12.68mm

(3) 무어(Moore)의 실험식을 고려한 축지름 d_s[mm]을 구하여라.(단, 키홈의 깊이(t)는 키의 높이의 반이다.)

(키홈의 깊이) $t = \frac{h}{2} = \frac{b}{2} = \frac{12.68}{2} = 6.34[\text{mm}]$

무어(Moore)의 실험식에서 $\beta = 1.0 - 0.2\frac{b}{d_o} - 1.1\frac{t}{d_o}$

$$= 1.0 - 0.2 \times \frac{12.68}{38.74} - 1.1 \times \frac{6.34}{38.74}$$

$$= 0.754 = 0.75$$

$$d_s = \sqrt[3]{\frac{16T}{\pi\beta\tau_a}} = \sqrt[3]{\frac{16 \times 228352.74}{\pi \times 0.75 \times 25}} = 39.58[\text{mm}]$$

답 39.58mm

08

차동식 밴드브레이크의 레버의 조작력은 250N이다. 레버의 길이는 700mm, 밴드가 드럼을 감아 도는 각은 240°, 밴드와 그럼의 마찰계수는 0.3, 힌지에서 긴장측의 치수는 15mm, 이완측의 치수는 80mm일 때 다음을 구하라.

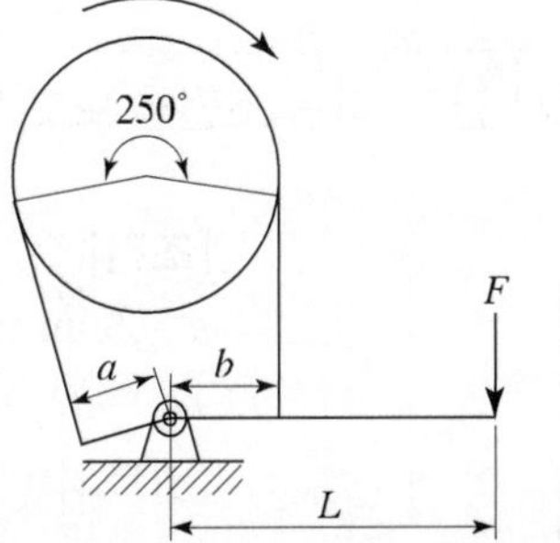

(조작력) $F = 250\text{N}$
(레버의 길이) $L = 700\text{mm}$
(마찰계수) $\mu = 0.3$
$a = 20$
$b = 90$

(1) 밴드 브레이크의 마찰력 f[N]를 구하여라.
(2) 드럼의 지름 350mm, 분당회전수가 850rpm일 때 제동 동력 H[kW]을 구하여라.
(3) 밴드의 허용인장응력(σ_t) 60MPa이고 이음효율이 80%, 밴드의 폭 80mm일 때 밴드의 두께 t[mm]를 구하여라.

풀이 및 답

(1) 밴드 브레이크의 마찰력 f[N]를 구하여라.

$$f = FL \times \frac{e^{\mu\theta} - 1}{b - ae^{\mu\theta}} = 250 \times 700 \times \frac{3.7 - 1}{90 - 20 \times 3.7} = 29531.25[\text{N}]$$

$$(\text{장력비})\ e^{\mu\theta} = e^{0.3 \times 250 \times \frac{\pi}{180}} = 3.702 = 3.7$$

답 29531.25N

(2) 드럼의 지름 350mm, 분당회전수가 850rpm일 때 제동 동력 H[kW]을 구하여라.

$$H = \frac{f \times v}{1000} = \frac{29531.25 \times 15.58}{1000} = 460.096[\text{kW}] = 460.1[\text{kW}]$$

$$V = \frac{\pi DN}{60 \times 1000} = \frac{\pi \times 350 \times 850}{60 \times 1000} = 15.577[\text{m/s}] = 15.58[\text{m/s}]$$

답 460.1kW

(3) 밴드의 허용인장응력(σ_t) 60MPa이고 이음효율이 80%,밴드의 폭 80mm일 때 밴드의 두께 t[mm]를 구하여라.

$$t = \frac{T_t}{\sigma_t \times b \times \eta} = \frac{40468.75}{60 \times 80 \times 0.8} = 10.538[\text{mm}] = 10.54[\text{mm}]$$

(긴장장력) $T_t = \dfrac{f \times e^{\mu\theta}}{e^{\mu\theta} - 1} = \dfrac{29531.25 \times 3.7}{3.7 - 1} = 40468.75[\text{N}]$

답 10.54mm

09

평벨트를 이용하여 동력을 전달하고자 한다. 다음 조건을 보고 물음에 답하여라.

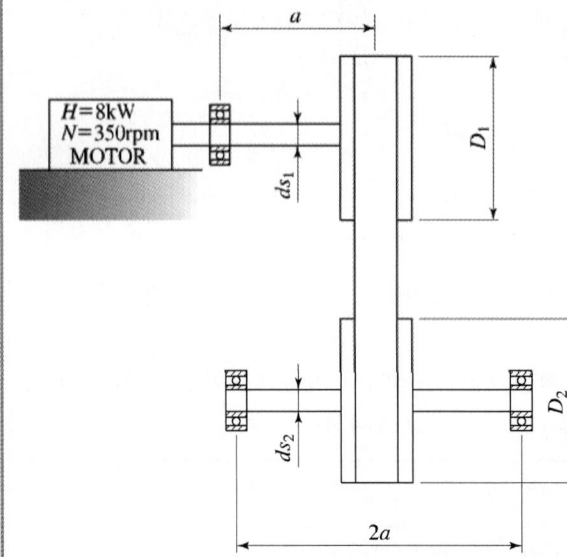

[조건]

$a = 50\text{mm}$

$D_1 = D_2 = 250\text{mm}$

(벨트의 마찰계수) $\mu = 0.35$

(축의 허용 전단응력) $\tau_a = 50\text{MPa}$

(전달동력) $H = 8\text{kW}$

(회전수) $N = 350\text{rpm}$

풀리의 자중은 무시한다.

(1) 1번축의 직경 d_{s1}[mm]을 구하여라.

(2) 1번축의 직경 d_{s2}[mm]을 구하여라.

풀이 및 답

(1) 1번축의 직경 d_{s1}[mm]을 구하여라.

$$T_1 = \frac{60}{2\pi} \times \frac{H}{N} = \frac{60}{2\pi} \times \frac{8 \times 10^6}{350}$$

$$= 218269.636[\text{N} \cdot \text{mm}] = 218269.64[\text{N} \cdot \text{mm}]$$

$$M_1 = (T_t + T_s) \times a = (2619.24 + 873.08) \times 50 = 174616[\text{N}\cdot \ \text{mm}]$$

$$T_{e1} = \sqrt{T_1^2 + M_1^2} = \sqrt{218269.64^2 + 174616^2} = 279521.7[\text{N}\cdot \ \text{mm}]$$

$$d_{s1} = \sqrt[3]{\frac{16 \times T_{e1}}{\pi \times \tau_a}} = \sqrt[3]{\frac{16 \times 279521.7}{\pi \times 50}} = 30.5355[\text{mm}]$$

(장력비) $e^{\mu\theta} = e^{0.35 \times \pi} = 3.002 = 3$

(유효장력) $P_e = \dfrac{2T_1}{D_1} = \dfrac{2 \times 218269.64}{250} = 1746.157[\text{N}] = 1746.16[\text{N}]$

(속도) $V = \dfrac{\pi D_1 N}{60 \times 1000} = \dfrac{\pi \times 250 \times 350}{60 \times 1000} = 4.581\text{n}[\text{m/s}] = 4.58[\text{m/s}]$

(이완장력) $T_s = \dfrac{P_e}{e^{\mu\theta} - 1} = \dfrac{1746.16}{3-1} = 873.08[\text{N}]$

(긴장장력) $T_t = e^{\mu\theta} T_s = 3 \times 873.08 = 2619.24[\text{N}]$

답 30.54mm

(2) 2번축의 직경 $d_{s2}[\text{mm}]$을 구하여라.

$$T_2 = T_1 = 218269.64[\text{N}\cdot \ \text{mm}]$$

$$M_2 = \frac{(T_t + T_s) \times 2a}{4} = \frac{(2619.24 + 873.08) \times 2 \times 50}{4} = 87308[\text{N}\cdot \ \text{mm}]$$

$$T_{e2} = \sqrt{T_2^2 + M_2^2} = \sqrt{218269.64^2 + 87308^2} = 235083.65[\text{N}\cdot \ \text{mm}]$$

$$d_{s2} = \sqrt[3]{\frac{16 \times T_{e2}}{\pi \times \tau_a}} = \sqrt[3]{\frac{16 \times 235083.65}{\pi \times 50}} = 28.82[\text{mm}]$$

답 28.82mm

10

아래 그림과 같이 단순지지된 축에 W가 500N, 축지름(d)은 50mm 작용되고 있다. 다음을 구하여라. (단, 축의 탄성계수 E =210GPa, 비중 s =7.86이다)

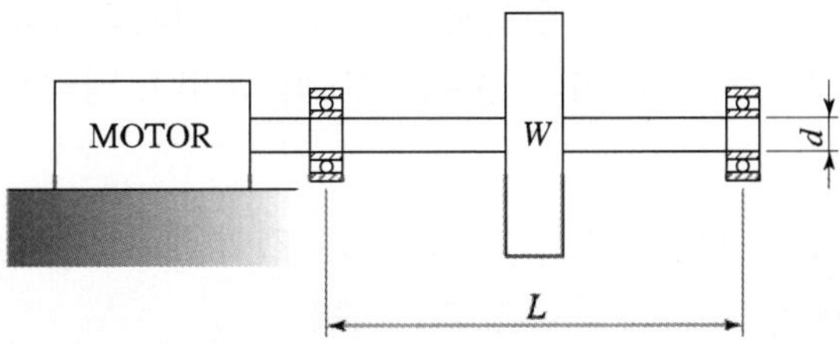

(1) 축의 처짐량 $\delta[\mu\text{m}]$를 구하여라.
(2) 축의 위험속도 $N_c[\text{rpm}]$를 구하여라.

풀이 및 답

(1) 축의 처짐량 $\delta[\mu m]$를 구하여라.

$$\delta=\delta_1+\delta_2=279.39+63.38=342.77[\mu m]$$

$$\delta_1=\frac{WL^3}{48EI}=\frac{500\times1200^3}{48\times210000\times\frac{\pi\times50^4}{64}}=0.27938513[mm]=279.39[\mu m]$$

$$\delta_2=\frac{5wL^4}{384EI}=\frac{5\times0.15124\times1200^4}{384\times210000\times\frac{\pi\times50^4}{64}}=0.06338[mm]=63.38[\mu m]$$

$$(\text{분포하중})\ w=s\times\gamma_w\times A=7.86\times9800\times\frac{\pi}{4}\times0.05^2$$

$$=151.24[N/m]=0.15124[N/mm]$$

답 342.77μm

(2) 축의 위험속도 N_c[rpm]를 구하여라.

$$N_c=\frac{1}{\sqrt{\frac{1}{N_{c1}^2}+\frac{1}{N_{c2}^2}}}=\frac{1}{\sqrt{\frac{1}{1788.46^2}+\frac{1}{3754.99^2}}}$$

$$=1614.668[rpm]=1614.67[rpm]$$

$$N_{c1}=\frac{30}{\pi}\times\sqrt{\frac{g}{\delta_1}}=\frac{30}{\pi}\times\sqrt{\frac{9.8\times10^6}{279.39}}=1788.459[rpm]=1788.46[rpm]$$

$$N_{c2}=\frac{30}{\pi}\times\sqrt{\frac{g}{\delta_1}}=\frac{30}{\pi}\times\sqrt{\frac{9.8\times10^6}{63.38}}=3754.985[rpm]=3754.99[rpm]$$

답 1614.67rpm

11

20kW을 기어전동으로 전달하고자한다. 축간거리가 300mm, 피니언의 회전수는 1350rpm, 기어의 회전수는 450rpm이다. 압력각이 14.5°일 때 다음을 구하여라.

(1) 피니언의 피치원지름 D_A[mm]와 기어의 직경 D_B[mm]을 구하여라.

(2) 접선방향 하중 F_t[N]을 구하여라.

(3) 피치점에서 평기어의 이에 작용하는 전체하중 F_n[N]을 구하여라.

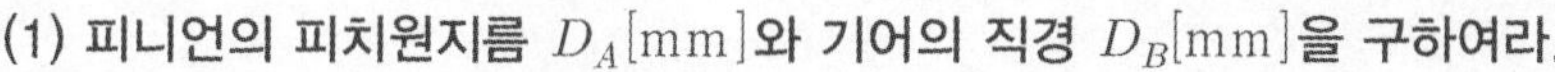

(1) 피니언의 피치원지름 D_A[mm]와 기어의 직경 D_B[mm]을 구하여라.

$$(\text{속비})\ \epsilon = \frac{N_B}{N_A} = \frac{450}{1350} = \frac{1}{3}$$

$$D_A = \frac{2C}{1+\frac{1}{\epsilon}} = \frac{2\times300}{1+\frac{1}{\frac{1}{3}}} = 150[\text{mm}]$$

$$D_B = \frac{D_A}{\epsilon} = \frac{150}{\frac{1}{3}} = 450[\text{mm}]$$

답 $D_A = 150\text{mm}$
$D_B = 450\text{mm}$

(2) 접선방향 하중 F_t[N]을 구하여라.

$$F_t = \frac{1000\times H_{KW}}{V} = \frac{1000\times20}{10.6} = 1886.79[\text{N}]$$

$$(\text{속도})\ V = \frac{\pi D_A N_A}{60\times1000} = \frac{\pi\times150\times1350}{60\times1000} = 10.6[\text{m/s}]$$

답 186.79N

(3) 피치점에서 평기어의 이에 작용하는 전체하중 F_n[N]을 구하여라.

$$F_n = \frac{F_t}{\cos\alpha} = \frac{1886.79}{\cos14.5} = 1948.865[\text{N}] = 1948.87[\text{N}]$$

답 1948.87N

필답형 실기

- 기계요소설계 -

2019년도 4회

01

평벨트 동력 전달장치로 3.8kW로 동력을 전달하고자 한다. 원동풀리직경이 130mm, 벨트의 두께 2.8mm, 회전수가 500rpm, 벨트의 접촉중심각이 250° 이며 벨트의 허용응력이 7.5MPa, 이음효율이 85%, 벨트와 풀리의 마찰계수가 0.3일 때 다음을 구하여라.

(1) 유효장력 P_e[N]

(2) 긴장측 장력 T_t[N]

(3) 벨트 폭 b[mm]

풀이 및 답

(1) 유효장력 P_e[N]

(전달동력) $H = 3.8\text{kW}$, (원동풀리직경) $D = 130\text{mm}$

(벨트의 두께) $t = 2.8\text{mm}$, (회전수) $N = 500\text{rpm}$

(감아도는 각) $\theta = 250°$, (벨트의 허용응력) $\sigma_a = 7.5\text{MPa}$

(이음효율) $\eta = 0.85$, (마찰계수) $\mu = 0.3$

$H = P_e V$에서 (유효장력) $P_e = \dfrac{H}{V} = \dfrac{3.8 \times 10^3}{3.4} = 1117.647 ≒ 1117.65\text{N}$

(속도) $V = \dfrac{\pi \times D \times N}{60 \times 1000} = \dfrac{\pi \times 130 \times 500}{60 \times 1000} = 3.4033 ≒ 3.4\text{m/s}$

답 1117.65N

(2) 긴장측 장력 T_t[N]

(장력비) $e^{\mu\theta} = e^{0.3 \times \frac{\pi}{180} \times 250} = 3.7024 ≒ 3.7$

(긴장측장력) $T_t = \dfrac{P_e \times e^{\mu\theta}}{e^{\mu\theta} - 1} = \dfrac{1117.65 \times 3.7}{3.7 - 1} = 1531.5944 ≒ 1531.59\text{N}$

답 1531.59N

(3) 벨트 폭 b[mm]

$\sigma_a = \dfrac{T_t}{b \times t \times \eta}$ 에서

(벨트의 폭) $b = \dfrac{T_t}{\sigma_a \times t \times \eta} = \dfrac{1531.59}{7.5 \times 2.8 \times 0.85} = 85.833 ≒ 85.83\text{mm}$

답 85.83mm

02

두 판재를 1줄 겹치기 리벳이음에서 결합하려고 한다. 강판의 두께가 8mm, 리벳의 직경이 12mm, 리벳의 전단응력을 최대로 하는 전단력이 5.2kN이고, 강판의 허용인장응력이 84.2MPa일 때 다음을 구하여라.

(1) 리벳의 피치 p[mm] (2) 리벳이음 효율 η[%]

풀이 및 답

(1) 리벳의 피치 p[mm]

(리벳의 지름) $d=12[\mathrm{mm}]$, (강판의 두께) $t=8[\mathrm{mm}]$

(강판의 허용 인장응력) $\sigma_a=84.2[\mathrm{MPa}]$, (전단력) $P=5.2[\mathrm{kN}]$

$$(리벳의\ 전단응력)\ \tau_r=\frac{P}{A}=\frac{5.2\times10^3}{\frac{\pi}{4}\times12^2}=45.978 ≒ 45.98[\mathrm{N/mm}]$$

$$(피치)\ p=\frac{\tau_r\times\pi\times d^2\times n}{4\times\sigma_a\times t}+d=\frac{45.98\times\pi\times12^2\times1}{4\times84.2\times8}+12=19.72[\mathrm{mm}]$$

답 19.72mm

(2) 리벳이음 효율 η[%]

$$(리벳의\ 효율)\ \eta_r=\frac{\tau_r\times\pi\times d^2\times n}{4\times\sigma_a\times p\times t}=\frac{45.98\times\pi\times12^2\times1}{4\times84.2\times8\times19.72}=0.39148$$

$$\eta_r=39.15\%$$

$$(강판의\ 효율)\ \eta_t=1-\frac{d}{p}=1-\frac{12}{19.72}=0.39148$$

$$\eta_t=39.15\%$$

$\therefore$ (리벳이음효율) $\eta=39.15\%$

답 39.15%

03

평균지름이 140mm 코일스프링에 하중이 2.2kN이 가해면 처짐량이 94mm 발생한다. 다음 물음에 답하여라. (단, 스프링지수가 7, 가로탄성계수는 85GPa, Wahl의 응력수정계수 $K=\frac{4C-1}{4C-4}+\frac{0.615}{C}$이다.)

(1) 유효권선 수 n[권선]

(2) 최대 전단응력 τ[MPa]

풀이 및 답

(1) 유효권선 수 n[권선]

(코일의 평균지름) $D = 140\text{mm}$, (하중) $P = 2.2 \times 10^3\text{N}$, (처짐량) $\delta = 94\text{mm}$

(스프링지수) $C = 7$, (탄성계수) $G = 85 \times 10^3\text{MPa}$

$C = \dfrac{D}{d}$ 에서 $d = \dfrac{D}{C} = \dfrac{140}{7} = 20$ (소선의 지름) $d = 20$

$\delta = \dfrac{8PD^3 n}{Gd^4}$ 에서 (유효권선 수) $n = \dfrac{\delta G d^4}{8PD} = \dfrac{94 \times 85 \times 10^3 \times 20^4}{8 \times 2.2 \times 10^3 \times 140^3} = 26.4709$

$n = 27$권선

답 27권선

(2) 최대 전단응력 τ[MPa]

(응력수정계수) $K = \dfrac{4C-1}{4C-4} + \dfrac{0.615}{C} = \dfrac{4 \times 7 - 1}{4 \times 7 - 4} + \dfrac{0.615}{7} = 1.21285 \fallingdotseq 1.21$

(최대전단응력) $\tau = \dfrac{8PD}{\pi d^3} \times K = \dfrac{8 \times 2.2 \times 10^3 \times 140}{\pi \times 20^3} \times 1.21$

$= 118.6277 \fallingdotseq 118.63\text{MPa}$

답 118.63MPa

04

배관의 내경이 150mm에 유량이 40L/s이고 내부에 작용하는 압력은 4MPa, 배관재료의 허용응력 12MPa이고 배관재료의 포와송의 비(ν)는 $\dfrac{1}{3}$ 이다. 다음 물음에 답하시오.

(1) 유속 V[m/s]을 구하여라.
(2) 배관의 두께 t[mm]을 구하여라.
(3) 배관의 바깥지름 d_2[mm]을 구하여라.

풀이 및 답

(1) 유속 V[m/s]을 구하여라.

(유량) $Q = 40 \times 10^{-3}\text{m/s}$, (압력) $P = 4\text{MPa}$, (허용응력) $\sigma_a = 12\text{MPa}$

(내경) $d_1 = 150\text{mm}$, (푸아송의 비) $\mu = 0.21$

$Q = AV$ 에서 (유속) $V = \dfrac{Q}{A} = \dfrac{40 \times 10^{-3}}{\dfrac{\pi}{4} \times 0.15^2} = 2.2635\text{m/s} \fallingdotseq 2.26\text{m/s}$

답 2.26m/s

(2) 배관의 두께 t[mm]을 구하여라.

$$(\text{배관의 두께})\ t = r_1\left(\sqrt{\frac{\sigma_a + P}{\sigma_a - P}} - 1\right) = \frac{150}{2} \times \left(\sqrt{\frac{12+4}{12-4}} - 1\right)$$

$$= 31.066[\text{mm}] \fallingdotseq 31.07[\text{mm}]$$

답 31.07mm

(3) 배관의 바깥지름 d_2[mm]을 구하여라.

$$(\text{바깥지름})\ d_2 = d + 2t = 150 + (2 \times 31.07) = 212.14\text{mm}$$

답 212.14mm

05

300×70의 홈 형강을 그림과 같이 4측 필렛 용접이음을 하였을 때, 편심하중 W=58.8kN이 작용하면 용접부에 발생하는 최대 전단응력[MPa]는 얼마인가?

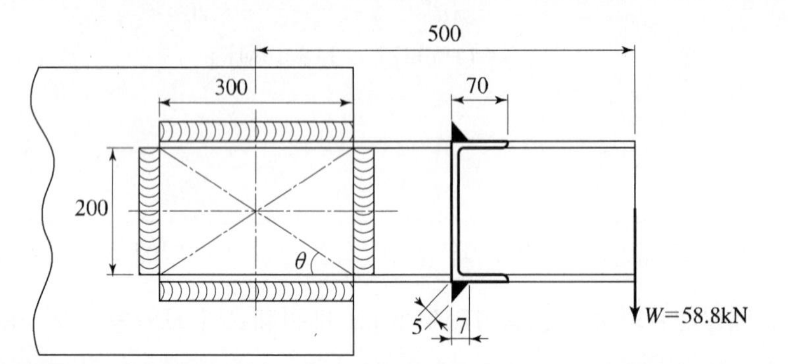

풀이 및 답

$$\tau_1 = \frac{W}{A} = \frac{W}{tl} = \frac{58.8 \times 10^{-3}}{0.005 \times 2 \times (0.3 + 0.2)} = 11.76\text{MPa}$$

$$\tau_2 = \frac{T \cdot r_{max}}{t \cdot I_0} = \frac{W \cdot L \cdot r_{max} \cdot 6}{t \cdot (a+b)^3}$$

$$= \frac{58.8 \times 10^{-3} \times 0.5 \times \left(0.15^2 + 0.1^2\right)^{1/2} \times 6}{0.005 \times (0.3 + 0.2)^3} = 50.88\text{MPa}$$

$$\cos\theta = \frac{a/2}{r_{max}} = \frac{150}{\sqrt{150^2 + 100^2}} = 0.83$$

$$\tau_{max} = \sqrt{\tau_1^2 + \tau_2^2 + 2\tau_1 \cdot \tau_2 \cdot \cos\theta}$$

$$= \sqrt{11.76^2 + 50.88^2 + 2 \times 11.76 \times 50.88 \times 0.83} = 60.99\text{MPa}$$

답 60.99MPa

06

다음 스퍼기어의 표를 보고 물음에 답하여라.

기어의 원주속도(V)는 8.6m/s, 속도계수 $f_v = \dfrac{3.05}{3.05+v}$ 를 사용한다.

구분	모듈 (m)	치폭 (b)	재질의 굽힘응력 (σ_b)	π가 포함된 치형계수	잇수	접촉면 응력계수
피니언	3	26mm	86MPa	$Y_1 = 0.43$	Z_1 =22개	k =1.98N/mm^2
기어				$Y_2 = 0.31$	Z_2 =44개	

(1) 굽힘강도에 의한 회전력 전달력 F[N]
(2) 면압강도에 의한 회전력 P[N]
(3) 최대 전달동력[kW]

풀이 및 답

(1) 굽힘강도에 의한 회전력 전달력 F[N]

$$f_v = \frac{3.05}{3.05+v} = \frac{3.05}{3.05+8.6} = 0.2618 = 0.26$$

(피니언 회전력) $F_1 = f_v \times f_w \times \sigma_a \times m \times b \times Y_1$

$= 0.26 \times 1 \times 86 \times 3 \times 26 \times 0.43$

$= 749.9544 ≒ 749.95\text{N}$

(기어의 회전력) $F_2 = f_v \times f_w \times \sigma_a \times m \times b \times Y_2$

$= 0.26 \times 1 \times 86 \times 3 \times 26 \times 0.31$

$= 540.6648 ≒ 540.66\text{N}$

(굽힘강도에 의한 회전력 전달력) F는 둘 중에서 작은 값 $F = 540.66\text{N}$

답 540.66N

(2) 면압강도에 의한 회전력 P[N]

(면압강도에 의한 회전력) $P = f_v \times k \times m \times b \times \left(\dfrac{2Z_1Z_2}{Z_1+Z_2}\right)$

$$= 0.26 \times 1.98 \times 3 \times 26 \times \left(\frac{2 \times 22 \times 44}{22+44}\right)$$

$= 1177.8624 ≒ 1177.86\text{N}$

답 1177.86N

(3) 최대 전달동력[kW]

(동력) $H = Fv = 540.66 \times 8.6 = 4649.676\text{W} ≒ = 4.65\text{kW}$

답 4.65kW

07

에반스 마찰차에서 속도비 1/3～3의 범위로 원동 차가 600rpm으로 1.6kW를 전달시킨다. 양축 사이의 중심거리를 320mm, 가죽의 허용 접촉선압력은 15.2N/m, 마찰계수는 0.25일 때 다음을 구하여라.

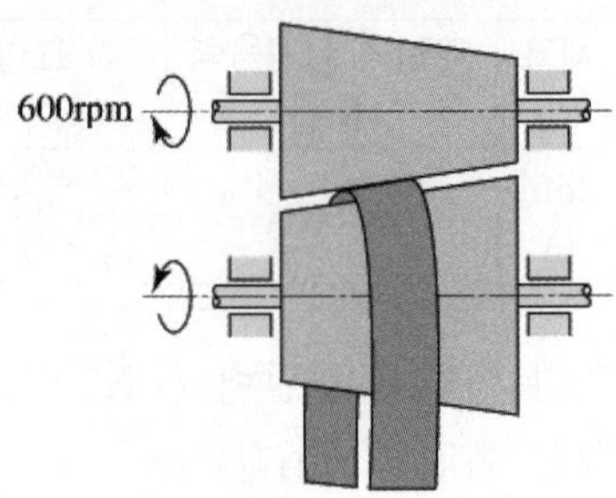

(1) 최소 지름 D_1[mm], 최대 지름 D_2[mm]

(2) 경사면에 수직으로 작용하는 하중[N]

(3) 두께를 고려한 마찰면 가죽의 폭[mm]

풀이 및 답

(1) 최소 지름 D_1[mm], 최대 지름 D_2[mm]

(속비) $i = \frac{1}{3} \sim 3$, (회전수) $N = 600\text{rpm}$, (전달 동력) $H = 1.6\text{kW}$

(중심거리) $C = 320\text{mm}$, (허용 접촉선압력) $q = 15.2\text{N/m}$

(마찰계수) $\mu = 0.25$

$i = \frac{D_1}{D_2}$ 에서 $D_1 = D_2 \times i$

$C = \frac{D_2 + D_1}{2}$ 에서 $D_2 = \frac{2C}{1+i} = \frac{2 \times 320}{1 + \frac{1}{3}} = 480\text{mm}$

$D_1 = 2C - D_2 = (2 \times 320) - 480 = 160\text{mm}$

답 $D_1 = 160\text{mm}$
$D_2 = 480\text{mm}$

(2) 경사면에 수직으로 작용하는 하중[N]

$H = \mu P \times V$ 에서 (경사면에 수직한 힘) $P = \frac{H}{\mu V} = \frac{1.8 \times 10^3}{0.25 \times 5.03}$

$= 1272.3658 \fallingdotseq 1272.37\text{N}$

(속도) $V = \frac{\pi \times D_1 \times N}{60 \times 1000} = \frac{\pi \times 160 \times 600}{60 \times 1000} = 5.0265 \fallingdotseq 5.03\text{m/s}$

답 1272.37N

(3) 두께를 고려한 마찰면 가죽의 폭[mm]

$P = b \times q$ 에서 (가죽의 폭) $b = \dfrac{P}{q} = \dfrac{1272.37}{15.2} = 83.7085 ≒ 83.71\text{mm}$

답 83.71mm

08

전달동력(H) 42kW을 전달하기 위해 축 지름(d) 75mm인 축이 초당 5회전하고 있다. 키의 길이(l) 44mm, 키의 허용전단응력은 35MPa, 키의 허용압축응력은 112MPa일 때 다음을 구하여라.

(1) 키의 폭 b[mm]를 구하여라.
(2) 키의 높이 h[mm]를 구하여라.

풀이 및 답

(1) 키의 폭 b[mm]를 구하여라.

(회전수) $N = 5\text{rev/s} \times \dfrac{60\text{s}}{1\text{min}} = 300\text{rpm}$

(토크) $T = \dfrac{60}{2\pi} \times \dfrac{H}{N} = \dfrac{60}{2\pi} \times \dfrac{42 \times 10^3}{300} = 1336.9015 ≒ 1336.9\text{N}\cdot\text{m}$

$\tau = \dfrac{2T}{bld}$ 에서 (키의 폭) $b = \dfrac{2T}{\tau ld} = \dfrac{2 \times 1336.9 \times 10^3}{35 \times 44 \times 75}$

$= 23.1497 ≒ 23.15\text{mm}$

답 23.15mm

(2) 키의 높이 h[mm]를 구하여라.

$\sigma = \dfrac{4T}{hld}$ 에서 (키의 높이) $h = \dfrac{4T}{\sigma ld} = \dfrac{4 \times 1336.9 \times 10^3}{112 \times 44 \times 75}$

$= 14.1686 ≒ 14.17\text{mm}$

답 14.17mm

09

마찰면의 마찰계수가 0.3인 원추클러치를 제작하려고 한다. 원추클러치의 바깥지름(D_2)은 170mm, 안지름(D_1)이 160mm이고 접촉면의 폭(b)은 40mm이다. 회전수(N) 650rpm으로 동력을 전달하고, 작용하는 접촉면의 허용면압(q)이 350kPa일 때 다음을 구하여라.

(1) 전달토크 T[N · m]를 구하여라.
(2) 전달동력 H[kW]를 구하여라.
(3) 경사각 α[°](경사각은 꼭지각의 절반이다.)
(4) 축방향 밀어붙이는 힘 P[N]

풀이 및 답

(1) 전달토크 T[N · m]를 구하여라.

(전달토크) $T = \mu Q \times \frac{D_m}{2} = 0.3 \times 7257.08 \times \frac{165}{2}$

$= 179612.73\text{N} \cdot \text{mm} ≒ 179.61\text{N} \cdot \text{m}$

(평균 지름) $D_m = \frac{D_2 + D_1}{2} = \frac{170 + 160}{2} = 165\text{mm}$

(접촉면에 수직한 힘) $Q = q \times \pi \times D_m \times b = 350 \times 10^{-3} \times \pi \times 165 \times 40$

$= 7257.079 ≒ 7257.08\text{N}$

(허용면 압력) $q = 350 \times 10^{-3}\text{MPa}$

답 185.06N · m

(2) 전달동력 H[kW]를 구하여라.

(전달 동력) $H = \frac{2\pi N}{60} \times T = \frac{2\pi \times 650}{60} \times 179.61$

$= 12225.6248\text{W} ≒ 12.23\text{kW}$

답 12.23kW

(3) 경사각 α[°](경사각은 꼭지각의 절반이다.)

$b = \frac{D_2 - D_1}{2\sin\alpha}$ 에서 $\alpha = \sin^{-1}\left(\frac{D_2 - D_1}{2 \times b}\right) = \sin^{-1}\left(\frac{170 - 160}{2 \times 40}\right) = 7.1807$

(경사각) $\alpha = 7.18°$

답 7.18°

(4) 축방향 밀어붙이는 힘 P[N]

(클러치를 밀어붙이는 힘) $P = Q(\sin\alpha + \mu\cos\alpha)$

$= 7257.08 \times \{\sin(7.18) + (0.3 \times \cos(7.18)\}$

$= 3067.0918 \fallingdotseq 3067.09\text{N}$

답 3067.09N

10

#6206 단열 볼베어링의 수명시간이 48,000시간이고 한계속도지수는 330,000 [mm · rpm]이고 일 때 다음을 구하여라. (단. 동적 부하 용량 C=18[kN], 하중계수 f_w =1.2)

(1) 베어링의 최대 회전수 N_{max}[rpm]을 구하여라.

(2) 베어링수명을 고려하고 최대회전수를 $\frac{3}{4}$으로 제한한 베어링의 최대하중 P[kN]

풀이 및 답

(1) 베어링의 최대 회전수 N_{max}[rpm]을 구하여라.

$dN = d \times N_{max}$ 에서 (회전수) $N_{max} = \dfrac{dN}{d} = \dfrac{330000}{30} = 11000\text{rpm}$

$N = \dfrac{3}{4} \times 11000 = 8250\text{rpm}$

답 11000rpm

(2) 베어링수명을 고려하고 최대회전수를 $\frac{3}{4}$으로 제한한 베어링의 최대하중 P[kN]

$L_h = 500 \times \dfrac{33.3}{N} \times \left(\dfrac{C}{P \times f_w}\right)^r$ 에서

(최대하중) $P = \dfrac{C}{\sqrt[3]{\dfrac{L_h}{500 \times \dfrac{33.3}{N}}} \times f_w} = \dfrac{18}{\sqrt[3]{\dfrac{48000}{500 \times \dfrac{33.3}{8250}}} \times 1.2}$

$= 0.521592\text{kN} = 0.52\text{kN}$

답 0.52kN

11

축 하중 Q이 58600N 작용하는 미터사다리 나사잭을 사용하였다. 나사의 유효지름이 50mm, 피치가 8mm, 나사면의 마찰계수가 0.2, 자리면의 평균직경 D_m 62mm, 자리부의 마찰계수 μ_m는 0.01일 때 다음을 구하여라.

(1) 나사를 들어올리기 위한 토크 T[N · m]을 구하여라.
(2) 나사효율 η[%]을 구하여라.
(3) 축방향 하중을 1.2m/s로 움직이기 위한 나사잭의 입력동력 H[kW]을 구하여라.

풀이 및 답

(1) 나사를 들어올리기 위한 토크 T[N · m]을 구하여라.

(토크) $T = Q\tan(\lambda+\rho')\times\frac{d_e}{2}+\left(\mu_m\times Q\times\frac{D_m}{2}\right)$

$= \left(58600\times\tan(2.91+11.7)\times\frac{50}{2}\right)+\left(0.01\times 58600\times\frac{62}{2}\right)$

$= 400042.968\text{N}\cdot\text{mm} = 400042.97\text{N}\cdot\text{mm} = 400.04\text{N}\cdot\text{m}$

$\tan\lambda = \frac{p}{\pi\times d_e}$ 에서 (리드각) $\lambda = \tan^{-1}\left(\frac{p}{\pi\times d_e}\right) = \tan^{-1}\left(\frac{8}{\pi\times 50}\right)$

$= 2.9155^\circ = 2.91$

$\tan\rho' = \mu' = \frac{\mu}{\cos\frac{\alpha}{2}}$ 에서 (상당 마찰각) $\rho' = \tan^{-1}\left(\frac{0.2}{\cos\frac{30}{2}}\right)$

$= 11.698 = 11.7^\circ$

답 400.04N · m

(2) 나사효율 η[%]을 구하여라.

(나사 효율) $\eta = \frac{Q\times p}{2\pi\times T} = \frac{58600\times 8}{2\pi\times 400.04\times 10^3} = 0.18651$

$\therefore\ \eta = 18.65\%$

답 18.65%

(3) 축방향 하중을 1.2m/s로 움직이기 위한 나사잭의 입력동력 H[kW]을 구하여라.

(동력) $H = \frac{Q\times v}{\eta\times 1000} = \frac{58600\times 0.12}{0.1865\times 1000} = 37.705\text{kW} \fallingdotseq 37.71\text{kW}$

답 37.71kW

필답형 실기
- 기계요소설계 -

2020년도 1회

01

단열 앵귤러 볼베어링 7210형 베어링의 규격의 일부분이다. F_r =3430N의 이디얼 하중과 F_a =4547.2N의 스러스트 하중이 작용하고 있다. 이 베어링의 정격수명을 구하라.(단, 외륜은 고정하고 내륜 회전으로 사용하며 기본동적 부하용량 C =31850N, 기본정적 부하용량 C_0 =25480N, 하중계수 f_w =1.3)

베어링형식	내륜 회전	외륜 회전	단열				복렬				e
			$F_a/VF_r \le e$		$F_a/VF_r > e$		$F_a/VF_r \le e$		$F_a/VF_r > e$		
	V		X	Y	X	Y	X	Y	X	Y	
단열 앵귤러 볼베어링	1	1	1	0	0.44	1.12	1	1.26	0.72	1.82	0.5

(1) 등가 레이디얼 하중 P_e[N]?

(2) 정격수명 L_n[rev]?

(3) 초당 15회전하고, 1일 5시간을 사용하는 베어링이라면 베어링을 안전하게 사용할 수 있는 일수를 구하여라.

풀이 및 답

(1) 등가 레이디얼 하중

$$\frac{F_a}{VF_r} = \frac{4547.2}{1\times3430} = 1.325,\ e = 0.5$$

$F_a/VF_r > e$ 단열이므로 표에서 $X = 0.44$, $Y = 1.12$

$$P_e = XVF_r + YF_a = 0.44\times1.0\times3430 + 1.12\times4547.2 = 6602.06\text{N}$$

답 6602.06N

(2) 정격수명

$$L_n = \left(\frac{C}{P_e\times f_w}\right)^r = \left(\frac{31850}{6602.06\times1.3}\right)^3 = 51.1\times10^6\text{rev}$$

답 51.1×10^6 회전

(3) 초당 15회전하고, 1일 5시간을 사용하는 베어링이라면 베어링을 안전하게 사용할 수 있는 일수

$$(\text{수명시간})\ L_h = \frac{L_n}{N\times60} = \frac{51.1\times10^6}{900\times60} = 946.3\text{hr}$$

$$(\text{사용일수})\ Day = \frac{946.3}{5} = 189.26\text{일} = 189\text{일}$$

$$(\text{분당회전수})\ N = 15\times60 = 900\text{rpm}$$

답 189일

02

하중이 3000N 작용할 때의 처침이 δ =50mm로 되고 코일 스프링에서 소선의 지름 d =16mm, 평균지름 D =144mm, 전단탄성계수 G =80GPa이다. 다음을 구하시오. [5점]

(1) 유효감김수을 구하시오.(n권)

(2) 전단응력을 구하시오.(τ[MPa])

풀이 및 답

(1) 유효감김수

$$(\text{유효감김수})\ n = \frac{\delta G d^4}{8WD^3} = \frac{50\times 80\times 10^3\times 16^4}{8\times 3000\times 144^3} = 3.658 = 4\text{권}$$

답 4권

(2) 전단응력

$$(\text{전단응력})\ \tau = K'\frac{8PD}{\pi d^3} = 1.16\times\frac{8\times 3000\times 144}{\pi\times 16^3} = 311.545 = 311.55\text{MPa}$$

$$(\text{스프링 지수})\ C = \frac{D}{d} = \frac{144}{16} = 9$$

$$(\text{응력수정계수})\ K' = \frac{4C-1}{4C-4} + \frac{0.615}{C} = \frac{4\times 9-1}{4\times 9-4} + \frac{0.615}{9} = 1.162 = 1.16$$

답 311.55MPa

03

전위기어를 사용목적을 4가지 적으시오.

풀이 및 답

① 두 기어 사이의 중심거리를 변화시키고자 할 때

② 언더컷을 방지 하고자 할 때

③ 치의 강도를 증가시키고자 할 때

④ 물림률을 증가시키고자 할 때

⑤ 최소 잇수를 작게 하고자 할 때

04

사각나사의 바깥지름이 50mm이고 안지름이 42mm인 1줄 사각나사를 50mm 전진시키는데 5회전 하였다. 축방향 하중 3kN이 작용하고 있다. 사각나사 마찰계수가 0.12일 때 다음을 구하시오.

(1) 나사의 피치(mm)를 구하여라.
(2) 나사의 체결력(N)을 구하여라.
(3) 나사의 효율(%)을 구하여라.

풀이 및 답

(1) 나사의 피치

$$p = \frac{50\text{mm}}{5\text{회전}} = \frac{10\text{mm}}{1\text{회전}} = 10\text{mm}$$

답 10mm

(2) 나사의 체결력

$$(\text{체결력})\, P = Q\tan(\lambda + \rho) = 3000 \times \tan(3.96 + 6.84)$$
$$= 572.2806\text{N} = 572.28\text{N}$$

$$(\text{리드각})\ \lambda = \tan^{-1}\frac{p}{\pi \times d_e} = \tan^{-1}\frac{10}{\pi \times 46} = 3.95843^\circ = 3.96^\circ$$

$$(\text{마찰각})\ \rho = \tan^{-1}\mu = \tan^{-1}0.12 = 6.84277^\circ = 6.84^\circ$$

$$(\text{평균지름})\ d_e = \frac{d_2 + d_1}{2} = \frac{50 + 42}{2} = 46\text{mm}$$

답 572.28N

(3) 나사의 효율

$$(\text{나사의 효율})\ \eta = \frac{\tan\lambda}{\tan(\lambda + \rho)} = \frac{\tan(3.96)}{\tan(3.96 + 6.84)} = 0.36289173 = 36.29\%$$

답 36.29%

05

다음 그림과 같이 Motor의 전달동력은 6kW, 분당회전수는 2000rpm이다. 표준 평기어 전동장치가 있다. 피니언의 잇수 Z_1 =18, 모듈 m =3, 압력각 α = 20°일 때 다음 각 물음에 답하여라. (단, 회전비 i =1/3이다.)

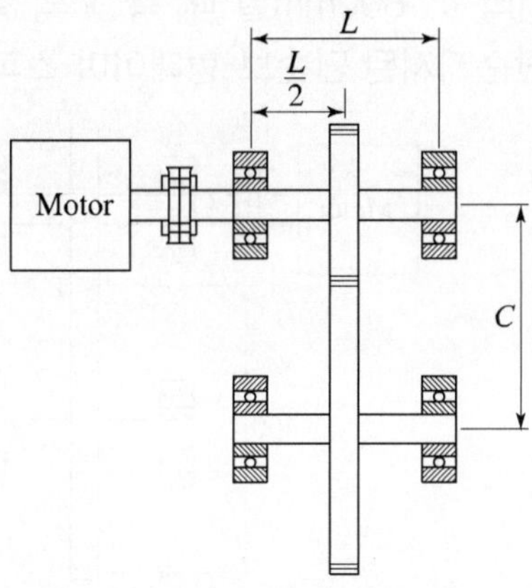

(1) 축간거리 : C[mm]
(2) 종동축에 작용하는 토크 : T_2[kgf · mm]
(3) 평기어에 작용하는 접선력(전달하중) : P [kgf]

풀이 및 답

(1) 축간거리

$$i = \frac{Z_1}{Z_2},\ Z_2 = 3\times 18 = 54\text{개}$$

$$C = \frac{m(Z_1+Z_2)}{2} = \frac{3\times(18+54)}{2} = 108\text{mm}$$

답 108mm

(2) 종동축에 작용하는 토크

$$T_2 = 974000\times\frac{H_{kW}}{N_2} = 974000\times\frac{6}{\frac{2000}{3}} = 8766\text{kgf}\cdot\text{mm}$$

답 8766kgf · mm

(3) 평기어에 작용하는 접선력(전달하중)

$$H_{kW} = \frac{P\times V}{102} = \frac{P\times\pi m Z_1\times N_1}{102\times 60\times 1000},\ 6 = \frac{P\times\pi\times 3\times 18\times 2000}{102\times 60\times 1000}$$

$$P = 108.23\text{kgf}$$

답 108.23kgf

06

그림과 같이 Motor의 전달동력 H =25PS, N =2000rpm인 모터로 회전비 $i=\dfrac{1}{8}$로 감속 운전되는 기어축이 있다. 종동기어의 피치원 지름 $D_B=$ 400mm, 축간거리 c =800mm일 때 축 Ⅱ의 길이 L =800mm이다. 다음을 구하라. (보는 단순지지된 단순보 형태이며 스퍼기어의 압력각은 20°이다.)

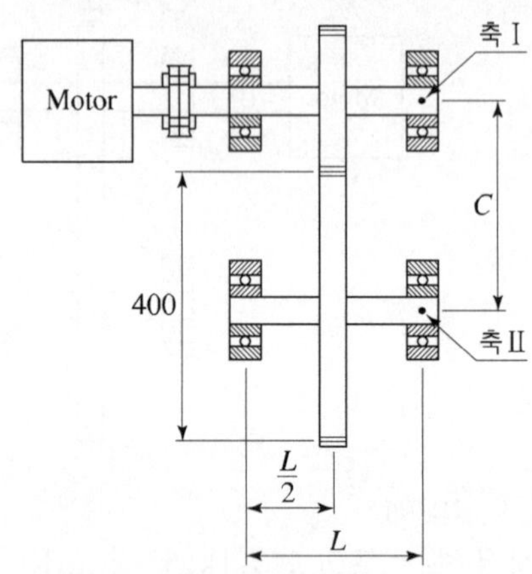

(1) 축 Ⅱ에 작용하는 비틀림 모멘트 T[N · mm]

(2) 축 Ⅱ에 작용하는 굽힘 모멘트 M[N · mm] (단, 축과 스퍼기어의 자중은 무시한다.)

(3) 최대 주응력설에 의한 축 Ⅱ의 지름 d[mm] (단, 축의 허용굽힘응력을 σ_b =58.8N/mm^2, 축의 지름은키 홈의 영향을 고려하여 $\dfrac{1}{0.75}$배를 한다.)

(4) 축 Ⅱ의 위험속도 N_{cr} [rpm] (단, 축의 자중은 무시하며 축의 종탄성계수 E =205.GPa이다.)

풀이 및 답

(1) 축 Ⅱ에 작용하는 비틀림 모멘트

$$T=716200\times 9.8\frac{H}{N}=716200\times 9.8\times\frac{25}{2000/8}=701876\text{N}\cdot\ \text{mm}$$

답 701876N · mm

(2) 축 Ⅱ에 작용하는 굽힘 모멘트

$$T=F_t\cdot\ \frac{D_B}{2},\ 701876=F_t\times\frac{400}{2}$$

(접선력 = 전달하중) $F_t=3509.38\text{N}$

(굽힘력) $F_n = \dfrac{F_t}{\cos\alpha} = \dfrac{3509.38}{\cos 20} = 3734.6\text{N}$

(굽힘 모멘트) $M = \dfrac{F_n \cdot L}{4} = \dfrac{3734.6 \times 800}{4} = 746920\text{N} \cdot \text{mm}$

답 746920N · mm

(3) 최대 주응력설에 의한 축 Ⅱ의 지름

$$M_e = \frac{1}{2}\left(M + \sqrt{M^2 + T^2}\right) = \sigma_b \cdot \frac{\pi d_0^3}{32}$$

$$\frac{1}{2} \times \left(746920 + \sqrt{746920^2 + 701876^2}\right) = 58.8 \times \frac{\pi \times d_0^3}{32} \quad \therefore d_0 = 53.54\text{mm}$$

(키홈의 깊이를 고려한 축지름) $d = \dfrac{53.54}{0.75} = 71.39\text{mm}$

답 71.39mm

(4) 축 Ⅱ의 위험속도

(처짐량) $\delta = \dfrac{F_n \cdot L^3}{48E \cdot I} = \dfrac{64 \times 3734.6 \times 0.8^3}{48 \times 205.8 \times 10^9 \times \pi \times 0.07139^4} = 0.0152 \times 10^{-2}\text{m}$

$$N_{cr} = \frac{30}{\pi}\sqrt{\frac{g}{\delta}} = \frac{30}{\pi}\sqrt{\frac{9.8}{0.0152 \times 10^{-2}}} = 2424.725\text{rpm} = 2424.73\text{rpm}$$

답 2424.73rpm

07

다음 그림은 코터 이음으로 축에 작용하는 인장하중이 P =49kN이다. 소켓, 코터를 모두 연강으로 하고 강도를 구하라. (단 실제하중은 인장하중의 1.25 가해지는 것으로 보고 계산하라.)

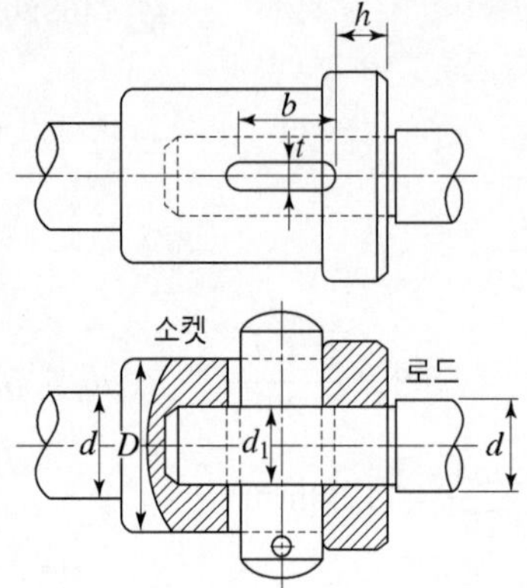

여기서,
소켓의 외경 $D = 140\text{mm}$
로드의 지름 $d = 75\text{mm}$
구멍부분의 로드지름 $d_1 = 70\text{mm}$
코터 두께 $t = 20\text{mm}$
코터 폭 $b = 90\text{mm}$
소켓 끝에서 코터 구멍까지 거리 $h = 45\text{mm}$

(1) 로드의 코터 구멍 부분의 인장응력 $\sigma_{t2}\,[\text{N/mm}^2]$
(2) 소켓의 전단응력 $\tau_s\,[\text{N/mm}^2]$
(3) 코터의 굽힘응력 $\sigma_b\,[\text{N/mm}^2]$

풀이 및 답

(1) 로드의 코터 구멍 부분의 인장응력

$$\sigma_{t2} = \frac{F}{\frac{\pi}{4}d_1^2 - t\cdot\ d_1} = \frac{61250}{\frac{\pi}{4}\times 70^2 - 20\times 70} = 25.02\text{N/mm}^2$$

답 25.02N/mm^2

(2) 소켓의 전단응력

$$\tau_s = \frac{P}{4\times\left(\frac{D-d_1}{2}\right)\times h} = \frac{61250}{4\times\left(\frac{140-70}{2}\right)\times 45} = 9.72\text{N/mm}^2$$

답 9.72N/mm^2

(3) 코터의 굽힘응력

$$\sigma_b = \frac{F\cdot\ D\cdot\ 6}{8tb^2} = \frac{61250\times 140\times 6}{8\times 20\times 90^2} = 39.7\text{N/mm}^2$$

답 39.7N/mm^2

평벨트 바로걸기 전동에서 원동풀리의 지름 150mm, 종동풀리의 지름 450mm의 2m 떨어진 두 축 사이에 설치되어 원동풀리의 분당회전수는 1800rpm, 전달동력은 5kW를 전달할 때 다음을 계산하라. (단, 벨트의 폭 $b=$ 140mm, 두께 h =5mm, 벨트의 단위길이당 무게 $\overline{m}=0.001bh$[N/m], 마찰계수는 0.25이다.) [6점]

(1) 유효장력 P_e는 몇 [N]인가?
(2) 긴장측 장력은 몇 [N]인가?
(3) 이완측 장력은 몇 [N]인가?

풀이 및 답

(1) 유효장력

$$V=\frac{\pi \cdot D_1 \cdot N_1}{60\times1000}=\frac{\pi\times150\times1800}{60\times1000}=14.14\,\mathrm{m/sec}$$

$$H_{kW}=\frac{P_e \cdot V}{1000},\ 5=\frac{P_e\times14.14}{1000},\ P_e=353.606\mathrm{N}=353.61\,\mathrm{N}$$

답 353.61N

(2) 긴장측 장력

$$\theta=180-2\times\sin^{-1}\left(\frac{D_2-D_1}{2c}\right)=180-2\times\sin^{-1}\left(\frac{450-150}{2\times2000}\right)=171.4°$$

$$e^{\mu\theta}=e^{\left(0.25\times171.4\times\frac{\pi}{180}\right)}=2.11$$

$$\overline{m}=0.001bh=0.001\times140\times5=0.7\mathrm{kg/m}$$

$$T_g=\overline{m}\,V^2=0.7\times14.14^2=139.96\mathrm{N}$$

$$T_t=P_e \cdot \frac{e^{\mu\theta}}{e^{\mu\theta}-1}+T_g=353.61\times\frac{2.11}{2.11-1}+139.96=812.14\mathrm{N}$$

답 T_t =812.14N

(3) 이완측 장력

$$T_s=P_e \cdot \frac{1}{e^{\mu\theta}-1}+T_g=353.61\times\frac{1}{2.11-1}+139.96=458.53\mathrm{N}$$

답 T_s =458.53N

09

8kW의 동력을 전달하는 중심거리 450mm인 두 축이 홈붙이 마찰차로 연결되어 있다. 구동축 회전수가 400rpm, 종동축 회전수는 150rpm이며, 홈각은 40°이고 허용접촉 선압은 3.8kgf/mm일 때 다음을 결정하라. (단, 마찰계수는 0.3이다.)

(1) 마찰차를 미는 힘은 몇 [kgf]인가?
(2) 홈의 전체 접촉 길이는 몇 [mm]인가?
(3) 홈의 수는 몇 개인가?

풀이 및 답

(1) 마찰차를 미는 힘

$$\epsilon = \frac{N_B}{N_A} = \frac{150}{400},\ D_A = \frac{2C}{1+\frac{1}{\epsilon}} = \frac{2\times 450}{1+\frac{400}{150}} = 245.45\text{mm}$$

$$V = \frac{\pi D_A N_A}{60\times 1000} = \frac{\pi\times 245.45\times 400}{60\times 1000} = 5.14\text{m/sec}$$

$$\mu' = \frac{\mu}{\sin\alpha + \mu\cos\alpha} = \frac{0.3}{\sin 20 + 0.3\times\cos 20} = 0.48$$

$$H_{kW} = \frac{\mu' P V}{102},\ 8 = \frac{0.48\times P\times 5.14}{102} \qquad \therefore\ P = 330.74\text{kgf}$$

답 330.74kgf

(2) 홈의 전체 접촉 길이

(접촉면에 수직하는 힘) $Q = \frac{\mu' P}{\mu} = \frac{0.48\times 330.74}{0.3} = 529.18\text{kgf}$

(접촉길이) $L = \frac{Q}{f} = \frac{529.18}{3.5} = 151.19\text{mm}$

답 151.19mm

(3) 홈의 수

(홈의 높이) $h = 0.94\sqrt{\mu' P} = 0.94\times\sqrt{0.48\times 330.74} = 11.84\text{mm}$

$Z = \frac{L}{2h} = \frac{151.19}{2\times 11.84} = 6.38 \qquad \therefore\ Z = 7$개

답 7개

10

다음 그림에서 P =20kN, r =60mm, L =300mm일 때 다음 각 물음에 답하라.

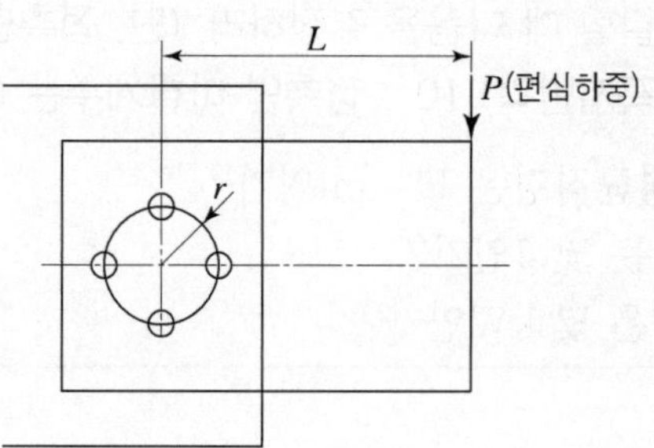

(1) 리벳의 직접 전단하중 Q는 몇 N인가?

(2) 비틀림 모멘트에 의한 각 리벳의 비틀림 전단하중 F는 몇 N인가?

(3) 리벳에 작용하는 최대 전단하중은 몇 N인가?

(4) 리벳의 지름은 몇 mm인가? (단, 리벳의 허용전단응력은 60MPa이다.)

풀이 및 답

(1) 리벳의 직접 전단하중

(직접 전단하중) $Q=\dfrac{P}{Z}=\dfrac{20\times10^3}{4}=5000\text{N}$

답 5000N

(2) 비틀림 모멘트에 의한 각 리벳의 비틀림 전단하중

$P\cdot L=K\left(N_1\cdot r_1^2\right)$

$20\times10^3\times300=K\times\left(4\times60^2\right),\ K=416.666=416.67\text{N/mm}$

$F=K\cdot r_1=416.67\times60=25000\text{N}$

답 25000N

(3) 리벳에 작용하는 최대 전단하중

$R_{\max}=Q+F=5000+25000=30000\text{N}$

답 30000N

(4) 리벳의 지름

(리벳지름) $d=\sqrt{\dfrac{4\times R_{\max}}{\pi\times\tau_a}}=\sqrt{\dfrac{4\times30000}{\pi\times60}}=25.2313\text{mm}=25.23\text{mm}$

답 25.23mm

11 접촉면압이 0.25MPa, 나비가 0.025m인 원추 클러치를 이용하여 250rpm으로 동력을 전달할 때 다음을 결정하라. (단, 접촉면의 안지름은 150mm, 원추면의 경사각(꼭지반각) 10˚, 접촉면 마찰계수는 0.2이다.)

(1) 접촉면 평균직경은 몇 mm인가?
(2) 전달토크는 몇 J인가?
(3) 전달동력은 몇 kW인가?

풀이 및 답

(1) 접촉면 평균직경

$$D_m = D_1 + b\sin\alpha = 150 + 25 \times \sin 10° = 154.34\text{mm}$$

답 154.34mm

(2) 전달토크

$$T = \mu Q \times \frac{D_m}{2} = \mu(q\pi D_m b) \times \frac{D_m}{2}$$

$$= 0.2 \times (0.25 \times \pi \times 154.34 \times 25) \times \frac{154.34}{2}$$

$$= 46772.101\text{N} \cdot \text{mm} = 46.77\text{J}$$

답 46.77J

(3) 전달동력

$$T = 974 \times 9.8 \times \frac{H_{kW}}{N},\ 46.77 = 974 \times 9.8 \times \frac{H_{kW}}{250}$$

$$\therefore\ H_{kW} = 1.224\text{kW}$$

[별해] $H_{kW} = \dfrac{\mu Q \times V}{1000} = \dfrac{0.2 \times 3030.46 \times 2.02}{1000} = 1.22\text{kW}$

$$Q = q \times \pi D_m b = 0.25 \times \pi \times 154.34 \times 25 = 3030.458 = 3030.46\text{N}$$

$$V = \frac{\pi D_m N}{60 \times 1000} = \frac{\pi \times 154.34 \times 250}{60 \times 1000} = 2.02\text{m/s}$$

전달동력을 구할 때 $H_{kW} = \dfrac{T \times N}{974 \times 9.8}$, $H_{kW} = \dfrac{\mu Q \times V}{1000}$ 결과는 같음을 알 수 있다.

답 1.22kW

필답형 실기

- 기계요소설계 -

2020년도 2회

01

아래 표는 압력 배관용 강관(흑관, 백관) SPPS370 Sch40(KSD 3562)의 규격표이다. 문제조건에서 주어진 조건으로 관의 호칭경을 선정하여라.

[조건] ① 관에서 나오는 물의 양은 시간당 $500m^3$ 이상이어야 한다.
② 유속은 2m/s 이하로 흘려야 된다.
③ 관의 부식여유 1mm로 한다.
④ SPPS에 사용된 관의 최저 인장강도 370MPa이다.
⑤ 관속의 압력은 P =2MPa이다.
⑥ 안전율은 4로 한다.

관의 호칭		외경	Sch 40		관의 호칭		외경	Sch 40	
A	B	mm	두께 mm	중량 kg/m	A	B	mm	두께 mm	중량 kg/m
6	$\frac{1}{8}$	10.5	1.7	0.369	80	3	89.1	5.5	11.3
8	$\frac{1}{4}$	13.8	2.2	0.629	90	$3\frac{1}{2}$	101.6	5.7	13.5
10	$\frac{3}{8}$	17.3	2.3	0.851	100	4	114.3	6.0	16.0
15	$\frac{1}{2}$	21.7	2.8	1.31	125	5	139.8	6.6	21.7
20	$\frac{3}{4}$	27.2	2.9	1.74	150	6	165.2	7.1	27.7
25	1	34.0	3.4	2.57	200	8	216.3	8.2	42.1
32	$1\frac{1}{4}$	42.7	3.6	3.47	250	10	267.4	9.3	59.2
40	$1\frac{1}{2}$	48.6	3.7	4.10	300	12	318.5	10.3	78.3
50	2	60.5	3.9	5.44	350	14	355.6	11.1	94.3
65	$2\frac{1}{2}$	76.3	5.2	9.12	400	16	406.4	12.7	123

풀이 및 답

(내경) $D=\sqrt{\frac{4Q}{\pi V}}=\sqrt{\frac{4\times\frac{500}{3600}}{\pi\times 2}}=0.297354\text{m}=297.354\text{mm}=297.35\text{mm}$

(두께) $t=\frac{PDS}{2\sigma_t\eta}+C=\frac{2\times 297.35\times 4}{2\times 370\times 1}+1=4.21\text{mm}$

(외경) $D_o=D+2t=297.35+(4.21\times 2)=305.77\text{mm}$

KS규격에서 호칭경은 A 300으로 선정

답 A 300

02

그림과 같은 밴드 브레이크에서 15kW, N=300rpm의 동력을 제동하려고 한다. 다음 조건을 보고 물음에 답하여라.

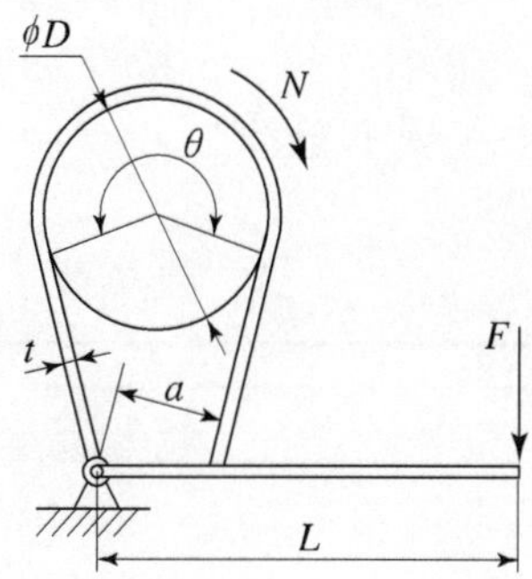

레버에 작용하는 힘 $F = 150\text{N}$
접촉각 $\theta = 225°$
거리 $a = 200\text{mm}$
풀리의 지름 $D = 600\text{mm}$
마찰계수 $\mu = 0.3$
밴드의 허용응력 $\sigma_b = 17\text{MPa}$
밴드의 두께 $t = 5\text{mm}$
레버의 길이 $L[\text{mm}]$

(1) 레버의 길이를 구하여라. $L[\text{mm}]$
(2) 밴드의 폭를 구하여라. $b[\text{mm}]$

풀이 및 답

(1) 레버의 길이

$$H = \frac{f \cdot V}{1000} = \frac{f \times \left(\frac{\pi \cdot DN}{60 \times 1000}\right)}{1000},\ 15 = \frac{f \times \left(\frac{\pi \times 600 \times 300}{60 \times 1000}\right)}{1000}$$

(마찰력) $f = 1591.549\text{N} = 1591.55\text{N}$

$$e^{\mu\theta} = e^{\left(0.3 \times 225 \times \frac{\pi}{180}\right)} = 3.248 = 3.25$$

$$\Sigma M = 0,\ +F \cdot L - T_s \cdot a = 0$$

$$L = \frac{T_s \times a}{F} = \frac{\frac{f}{(e^{\mu\theta} - 1)} \times a}{F} = \frac{\frac{1591.55}{(3.25 - 1)} \times 200}{150}$$

$$= 943.1407\text{mm} = 943.17\text{mm}$$

답 943.17mm

(2) 밴드의 폭

$$\sigma_b = \frac{T_t}{bt\eta}$$

$$(\text{폭})\ b = \frac{T_t}{\sigma_b t\eta} = \frac{\frac{fe^{\mu\theta}}{e^{\mu\theta} - 1}}{\sigma_b t\eta} = \frac{\frac{1591.55 \times 3.25}{3.25 - 1}}{17 \times 5 \times 1} = 27.0459\text{mm} = 27.05\text{mm}$$

답 27.05mm

03

1줄 겹치기 리벳이음에서 강파의 두께가 9mm이고, 리벳지름이 12mm일 때 다음을 결정하라. (단, 판의 인장응력 σ_t =8.8MPa, 리벳의 전단응력 τ_r = 7MPa이다.)

(1) 리벳이 전단될 때의 피치 내 하중은 몇 N인가?
(2) 피치는 몇 mm인가?
(3) 강판의 효율은 몇 %인가?

풀이 및 답

(1) 리벳이 전단될 때의 피치 내 하중

$$W_P = \tau_r \times \frac{\pi d^2}{4} \times n = 7.0 \times \frac{\pi \times 12^2}{4} \times 1 = 791.68\text{N}$$

답 791.68N

(2) 피치의 길이

$$p = \frac{\pi d^2 \tau_r}{4t\sigma_t} + d = \frac{\pi \times 12^2 \times 7.0}{4 \times 9 \times 8.8} + 12 = 21.9959\text{mm} = 22\text{mm}$$

답 22mm

(3) 강판의 효율

$$\eta_t = 1 - \frac{d}{p} = 1 - \frac{12}{22} = 0.454545 = 45.45\%$$

답 45.45%

04

언더컷을 방지하기 위한 방법을 5가지 쓰시오.

풀이 및 답

① 이끝을 수정한다. 즉 이높이를 낮게 한다.
② 한계 잇수 이상으로 한다.
③ 전위기어를 만든다.
④ 압력각을 크게 한다.(20° 또는 그 이상으로 한다.)
⑤ 피니언과 기어의 잇수 차이를 적게 한다.

05 축간거리 15m의 로프 풀리에서 로프의 최대처짐량이 0.3m이다. 단, 로프 단위길이에 대한 무게는 w =0.5kgf/m이다. 다음 물음에 답하여라.

(1) 로프에 발생하는 인장력[kgf]을 구하여라.

(2) 접촉점으로부터 다른 쪽 풀리의 접촉점까지 로프의 길이 L_{AB}[m]을 구하여라.

(3) 원동축과 종동축의 풀리의 지름이 2m로 같다면 로프의 전체길이 L_t[m]를 구하여라.

풀이 및 답

(1) 로프에 발생하는 인장력

$$(\text{인장력})\ T_A = \frac{wl^2}{8h} + wh = \frac{0.5 \times 15^2}{8 \times 0.3} + 0.5 \times 0.3 = 47.025 = 47.03\text{kgf}$$

답 47.03kgf

(2) 접촉점으로부터 다른 쪽 풀리의 접촉점까지 로프의 길이

$$(\text{접촉점 사이의 로프 길이})\ L_{AB} = l\left(1 + \frac{8}{3}\frac{h^2}{l^2}\right) = 15 \times \left(1 + \frac{8}{3}\frac{0.3^2}{15^2}\right) = 15.02\text{m}$$

답 15.02m

(3) 원동축과 종동축의 풀리의 지름이 2m로 같다면 로프의 전체길이

$$(\text{전체길이})\ L_t = \frac{\pi}{2}(D_1 + D_2) + 2L_{AB} = \frac{\pi}{2}(2+2) + 2 \times 15.02 = 36.32\text{m}$$

답 36.32m

06

웜 축에 공급되는 동력은 3kW, 웜의 분당회전수는 1750rpm이다. 웜기어를 $\frac{1}{12.25}$로 감속시키려고 한다. 웜은 4줄, 축직각 모듈 3.5, 중심거리 110mm로 할 때 다음을 구하여라. (단 마찰계수는 0.1이다.)

(1) 웜의 피치원지름 D_w과 웜 기어의 피치원 지름 D_g[mm]을 각각 구하여라.
(2) 웜의 효율 η[%]을 구하여라. (단 공구 압력각 α_n =20°이다.)
(3) 웜휠을 작용하는 회전력 F_t[N]을 구하여라.
(4) 웜에 작용하는 축방향 하중 F_s[N]을 구하여라.

풀이 및 답

(1) 웜의 피치원지름과 웜 기어의 피치원 지름

(웜휠의 피치원 지름) $D_g = m_s Z_g = 3.5 \times 49 = 171.5\text{mm}$

(웜휠의 잇수) $Z_g = \frac{Z_w}{i} = 4 \times 12.25 = 49$개

(축간거리) $A = \frac{D_w + D_g}{2}$

(웜의 피치원 지름) $D_w = 2A - D_g = 2 \times 110 - 171.5 = 48.5\text{mm}$

답 D_w =48.5mm
D_g =171.5mm

(2) 웜의 효율

$$\eta = \frac{\tan\gamma}{\tan(\gamma + \rho')} = \frac{\tan 16.1}{\tan(16.1 + 6.07)} \times 100 = 70.83\%$$

(리드각) $\gamma = \tan^{-1}\left(\frac{l}{\pi D_w}\right) = \tan^{-1}\left(\frac{43.98}{\pi \times 48.5}\right) = 16.1°$

(리드) $l = Z_w \cdot p_s = Z_w \cdot m_s \cdot \pi = 4 \times \pi \times 3.5 = 43.98\text{mm}$

(상당마찰각) $\rho' = \tan^{-1}\left(\frac{\mu}{\cos\alpha_n}\right) = \tan^{-1}\left(\frac{0.1}{\cos 20}\right) = 6.07°$

답 70.83%

(3) 웜휠을 작용하는 회전력

$$H'_{kW} = \frac{1}{\eta} \times \frac{F_t \cdot V}{1000}$$

$$(\text{웜휠의 회전력})\ F_t = \frac{1000 \times H'_{kW} \times \eta}{V_g} = \frac{1000 \times 3 \times 0.7083}{1.28} = 1660.08\text{N}$$

$$V_g = \frac{\pi \cdot\ D_g \cdot\ N_g}{60 \times 1000} = \frac{\pi \times 171.5 \times \frac{1750}{12.25}}{60 \times 1000} = 1.28\text{m/sec}$$

답 1660.08N

(4) 웜에 작용하는 축방향 하중

$$F_t = F_s \tan(\gamma + \rho')$$

$$(\text{축방향 하중})\ F_s = \frac{F_t}{\tan(\gamma + \rho')} = \frac{1660.08}{\tan(16.1 + 6.07)} = 4073.998 = 4074\text{N}$$

답 4074N

07

선박용 디젤 기관의 칼라 베어링이 450rpm으로 850kgf의 추력을 받을 때, 칼라의 안지름이 100mm, 칼라의 바깥지름이 180mm라고 하면 칼라 수는 몇 개가 필요한가? (단, 허용발열계수 값은 0.054[kgf/mm^2 · m/sec]이다.)

풀이 및 답

$$(pV)_a = \frac{4W}{\pi\left(d_2^2 - d_1^2\right)Z} \times \frac{\pi \times \left(\frac{d_1 + d_2}{2}\right) \times N}{60 \times 1000}$$

$$0.054 = \frac{4 \times 850}{\pi \times (180^2 - 100^2) \times Z} \times \frac{\pi \times (180 + 100) \times 450}{2 \times 60 \times 1000}$$

$Z = 2.95$ $\quad\therefore$ 3개

답 3개

08

지름이 50mm인 축의 회전수 800rpm, 동력 20kW를 전달시키고자 할 때, 이 축에 작용하는 묻힘키의 길이를 결정하라. (단, 키의 $b \times h = 9 \times 8$이고, 묻힘깊이 $t = \frac{h}{2}$이며 키의 허용전단응력은 30MPa, 허용압축응력은 80MPa이다.)

(1) 키의 허용전단응력을 이용하여 키의 길이를 mm로 구하라.
(2) 키의 허용압축응력을 이용하여 키의 길이를 mm로 구하라.
(3) 묻힘키의 최대 길이를 결정하라.

[표] 길이 l의 표준값

6	8	10	12	14	16	18	20	22	25	28	32	36
40	45	50	56	63	70	80	90	100	110	125	140	160

풀이 및 답

(1) 키의 허용전단응력을 이용한 키의 길이

(전단응력을 고려한 키의 길이) $l_\tau = \frac{2T}{bd\tau} = \frac{2 \times 238630}{9 \times 50 \times 30}$

$= 35.3525\text{mm} = 35.35\text{mm}$

$$T = 974000 \times \frac{H_{KW}}{N} = 974000 \times \frac{20}{800} = 24350\text{kgf} \cdot \text{mm} = 238630\text{N} \cdot \text{mm}$$

답 35.35mm

(2) 키의 허용압축응력을 이용한 키의 길이

(압축응력을 고려한 키의 길이) $l = \frac{4T}{hd\sigma_c} = \frac{4 \times 238630}{8 \times 50 \times 80}$

$= 29.8287\text{mm} = 29.83\text{mm}$

답 29.83mm

(3) 묻힘키의 최대 길이

전단응력에 의한 길이 35.35mm가 압축응력에 의한 길이 29.83mm보다 크다.
그러므로 35.35mm보다 처음으로 커지는 표준길이는 36mm이다.

답 36mm

09

하중이 3000N 작용할 때의 처짐이 δ =50mm로 되고 코일 스프링에서 소선의 지름 d =16mm, 평균지름 D =144mm, 전단탄성계수 G =80GPa이다. 다음을 구하시오. [5점]

(1) 유효감김수을 구하시오.(n권)

(2) 압축코일 스프링은 코일 끝부분이 다음 소선과 접촉하는 크로스 엔드(cross end)일 때 코일의 전체 감김수 n_t[권]을 구하시오?

(3) 전단응력을 구하시오.(τ[MPa])

풀이 및 답

(1) 유효감김수

$$(\text{유효감김수})\ n = \frac{\delta G d^4}{8WD^3} = \frac{50\times 80\times 10^3\times 16^4}{8\times 3000\times 144^3} = 3.658 = 4\text{권}$$

답 4권

(2) 압축코일 스프링은 코일 끝부분이 다음 소선과 접촉하는 크로스 엔드(cross end)일 때 코일의 전체 감김수

$$n_t = n + (x_1 + x_2) = 3.658 + (1+1) = 5.658\text{권}$$

참고 코일 끝부분이 다음 소선과 접촉할 때를 크로스 엔드(cross end)라 하며 $x_1 = x_2 = 1$로 한다.
코일 끝부분이 다음 소선과 접촉하지 않을 때를 오픈 엔드(open end)라 하며, 연삭 부분의 길이가 3/4감김일 때는 $x_1 = x_2 = 0.75$로 한다. 인장 코일 스프링의 경우에는 훅(hook) 부분을 제외하고 유효감김수와 총감김수는 같게 계산한다.

답 6권

(3) 전단응력

$$(\text{전단응력})\ \tau = K'\frac{8PD}{\pi d^3} = 1.16\times\frac{8\times 3000\times 144}{\pi\times 16^3} = 311.545 = 311.55\text{MPa}$$

$$(\text{스프링 지수})\ C = \frac{D}{d} = \frac{144}{16} = 9$$

$$(\text{응력수정계수})\ K' = \frac{4C-1}{4C-4} + \frac{0.615}{C} = \frac{4\times 9-1}{4\times 9-4} + \frac{0.615}{9} = 1.162 = 1.16$$

답 311.55MPa

10

주철과 목재의 조합으로 된 원동 마찰차의 지름이 300mm, 450rpm으로 10kW을 전달하는 외접 평마찰차가 있다. 다음을 결정하라. (단, 마찰계수는 0.25, 감속비는 1/3, 허용선압은 15N/mm이다.)

(1) 밀어붙이는 힘은 몇 N인가?
(2) 중심거리는 몇 mm인가?
(3) 접촉면의 폭은 몇 mm인가?

풀이 및 답

(1) 밀어붙이는 힘

$$H_{kW} = \frac{\mu P V}{1000}$$

$$P = \frac{H_{kW} \times 1000}{\mu \times V} = \frac{10 \times 1000}{0.25 \times 7.07} = 5657.7086\text{N} = 5657.71\text{N}$$

$$V = \frac{\pi D_A N_A}{60 \times 1000} = \frac{\pi \times 300 \times 450}{60 \times 1000} = 7.07\text{m/sec}$$

답 5657.71N

(2) 중심거리

$$i = \frac{N_B}{N_A} = \frac{D_A}{D_B},\ D_B = \frac{D_A}{i} = 3 \times 300 = 900\text{mm}$$

(축간거리) $C = \frac{D_A + D_B}{2} = \frac{300 + 900}{2} = 600\text{mm}$

답 600mm

(3) 접촉면의 폭

$$f = \frac{P}{b}$$

(폭) $b = \frac{P}{f} = \frac{5657.71}{15} = 377.18\text{mm}$

답 377.18mm

11

사각나사의 외경 d =50mm로서 25mm 전진시키는데 2.5회전하였고 25mm 전진하는데 1초의 기간이 걸렸다. 하중 Q를 올리는데 쓰인다. 나사 마찰계수가 0.3일 때 다음을 계산하라. (단, 나사의 유효지름은 0.74d로 한다.)

(1) 너트에 110mm 길이의 스패너를 25N의 힘으로 돌리면 몇 kN의 하중을 올릴 수 있는가?

(2) 나사의 효율은 몇 %인가?

(3) 나사를 전진하는데 필요한 동력을 구하여라. [kW]

풀이 및 답

(1) 너트에 110mm 길이의 스패너를 25N의 힘으로 돌리면 들어올릴 수 있는 하중

$T = Q \times \tan(\lambda + \rho) \times \frac{d_e}{2} = F \times L$ 에서

(축방향 하중) $Q = \dfrac{F \times L}{\tan(\lambda + \rho) \times \frac{d_e}{2}} = \dfrac{25 \times 110}{\tan(4.92 + 16.7) \times \frac{37}{2}}$

$= 375.06107\text{N} = 0.38\text{kN}$

(리드) $l = p = \dfrac{25}{2.5} = 10\text{mm}$

(유효지름) $d_e = 0.74d = 0.74 \times 50 = 37\text{mm}$

(리드각) $\lambda = \tan^{-1}\dfrac{p}{\pi \times d_e} = \tan^{-1}\dfrac{10}{\pi \times 37} = 4.91703° = 4.92°$

(마찰각) $\rho = \tan^{-1}\mu = \tan^{-1}0.3 = 16.6992° = 16.7°$

답 0.38kN

(2) 나사의 효율

$\eta = \dfrac{Qp}{2\pi T} = \dfrac{380 \times 10}{2 \times \pi \times (25 \times 110)} = 0.2199231 = 21.99\%$

답 21.99%

(3) 나사를 전진하는데 필요한 동력

(입력동력) $H_{kW} = \dfrac{Q \times v}{\eta \times 1000} = \dfrac{380 \times 0.025}{0.2199 \times 1000} = 0.043201 = 0.043\text{kW}$

(속도) $v = \dfrac{25\text{mm}}{1\text{sec}} = 0.025\text{m/s}$

답 0.043kW

필답형 실기

- 기계요소설계 -

2020년도 3회

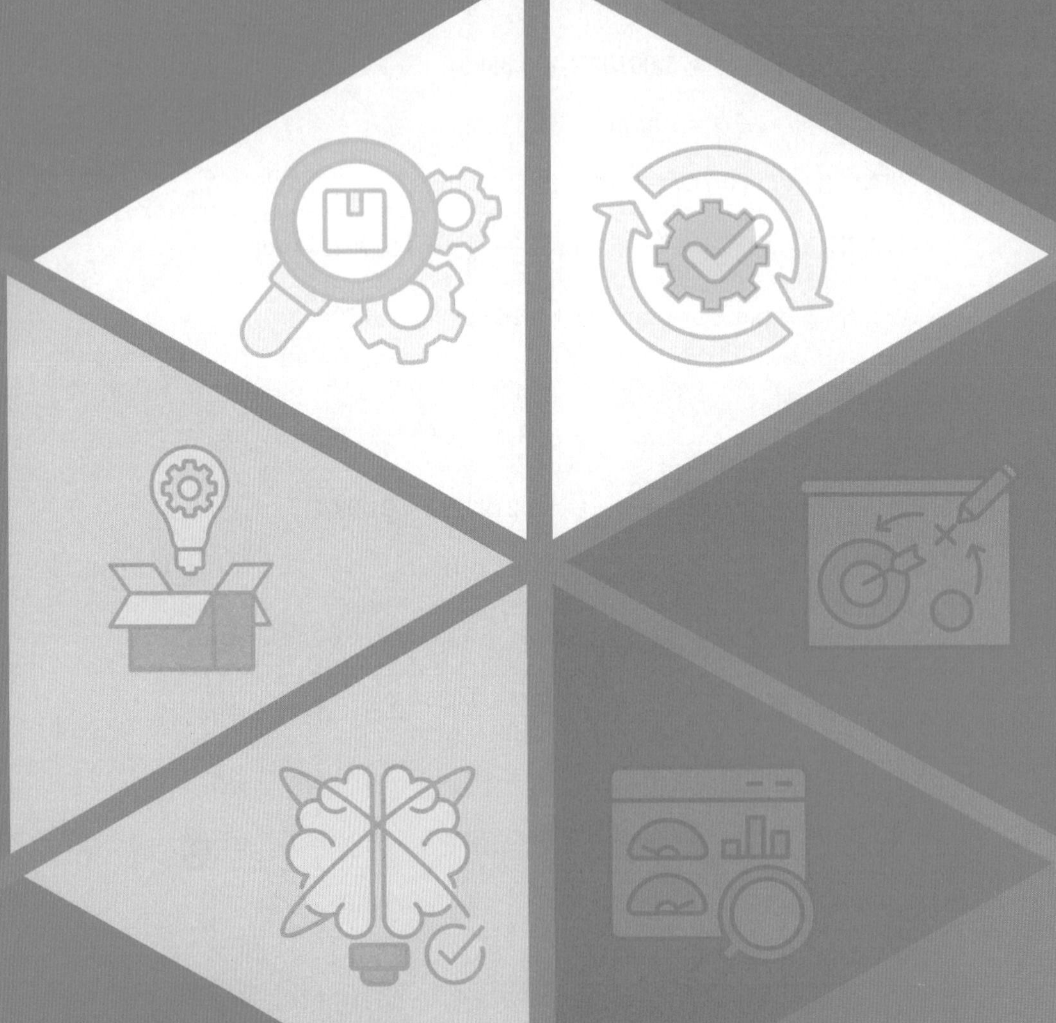

단열 앵귤러 볼베어링 7210형 베어링의 규격의 일부분이다. F_r =3430N의 이디얼 하중과 F_a =4547.2N의 스러스트 하중이 작용하고 있다. 이 베어링의 정격수명을 구하라.(단, 외륜은 고정하고 내륜 회전으로 사용하며 기본동적 부하용량 C =31850N, 기본정적 부하용량 C_0 =25480N, 하중계수 f_w =1.3)

베어링형식	내륜 회전	외륜 회전	단열				복렬				e
			$F_a/VF_r \le e$		$F_a/VF_r > e$		$F_a/VF_r \le e$		$F_a/VF_r > e$		
	V		X	Y	X	Y	X	Y	X	Y	
단열 앵귤러 볼베어링	1	1	1	0	0.44	1.12	1	1.26	0.72	1.82	0.5

(1) 등가 레이디얼 하중 P_e[N]?

(2) 정격수명 L_n[rev]?

(3) 초당 15회전하고, 1일 5시간을 사용하는 베어링이라면 베어링을 안전하게 사용할 수 있는 일수를 구하여라.

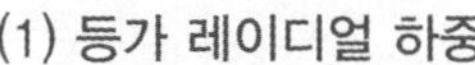

풀이 및 답

(1) 등가 레이디얼 하중

$$\frac{F_a}{VF_r} = \frac{4547.2}{1 \times 3430} = 1.325, \ e = 0.5$$

$F_a/VF_r > e$ 단열이므로 표에서 $X = 0.44$, $Y = 1.12$

$$P_e = XVF_r + YF_a = 0.44 \times 1.0 \times 3430 + 1.12 \times 4547.2 = 6602.06\text{N}$$

답 6602.06N

(2) 정격수명

$$L_n = \left(\frac{C}{P_e \times f_w}\right)^r = \left(\frac{31850}{6602.06 \times 1.3}\right)^3 = 51.1 \times 10^6 \text{rev}$$

답 51.1×10^6 회전

(3) 초당 15회전하고, 1일 5시간을 사용하는 베어링이라면 베어링을 안전하게 사용할 수 있는 일수

(수명시간) $L_h = \dfrac{L_n}{N \times 60} = \dfrac{51.1 \times 10^6}{900 \times 60} = 946.3\text{hr}$

(사용일수) $Day = \dfrac{946.3}{5} = 189.26$일 $= 189$일

(분당회전수) $N = 15 \times 60 = 900\text{rpm}$

답 189일

02

드럼의 지름 $D=500$mm, 마찰계수 $\mu=0.35$, 접촉각 $\theta=250^\circ$ 밴드브레이크에 의해 $T=1000$N · m의 제동토크를 얻으려고 한다. 다음을 구하라.

(1) 긴장측 장력 T_t[N]을 구하여라.

(2) 벤드의 허용인장응력 $\sigma_a=80$MPa, 밴드의 두께 $t=3$mm일 때 밴드폭 b [mm]을 구하여라.

풀이 및 답

(1) 긴장측 장력

$$T = f \times \frac{D}{2} \text{에서 } f = \frac{2T}{D} = \frac{2 \times 1000}{0.5} = 4000[\text{N}]$$

$$(\text{긴장장력})\ T_t = \frac{fe^{\mu\theta}}{e^{\mu\theta}-1} = \frac{4000 \times 4.61}{4.61-1} = 5108.03[\text{N}]$$

$$\text{단, } e^{\mu\theta} = e^{0.35 \times 250 \times \frac{\pi}{180}} = 4.61$$

답 5108.03N

(2) 벤드의 허용인장응력이 80MPa, 밴드의 두께가 3mm일 때의 밴드폭

$$\sigma_a = \frac{T_t}{b \times t} \text{에서 } b = \frac{T_t}{\sigma_a \times t} = \frac{5108.03}{80 \times 3} = 21.28[\text{mm}]$$

 21.28mm

03

전위기어를 사용목적을 5가지 적으시오.

풀이 및 답

① 두 기어 사이의 중심거리를 변화시키고자 할 때
② 언더컷을 방지 하고자 할 때
③ 치의 강도를 증가시키고자 할 때
④ 물림률을 증가시키고자 할 때
⑤ 최소 잇수를 작게 하고자 할 때

04

사각나사의 외경 d =50mm로서 25mm 전진시키는데 2.5회전하였고 25mm 전진하는데 1초의 기간이 걸렸다. 하중 Q를 올리는데 쓰인다. 나사 마찰계수가 0.3일 때 다음을 계산하라. (단, 나사의 유효지름은 $0.74d$로 한다.)

(1) 너트에 110mm 길이의 스패너를 25N의 힘으로 돌리면 몇 kN의 하중을 올릴 수 있는가?

(2) 나사의 효율은 몇 %인가?

(3) 나사를 전진하는데 필요한 동력을 구하여라. [kW]

풀이 및 답

(1) 너트에 110mm 길이의 스패너를 25N의 힘으로 돌리면 들어올릴 수 있는 하중

$T = Q \times \tan(\lambda + \rho) \times \frac{d_e}{2} = F \times L$ 에서

(축방향 하중) $Q = \frac{F \times L}{\tan(\lambda + \rho) \times \frac{d_e}{2}} = \frac{25 \times 110}{\tan(4.92 + 16.7) \times \frac{37}{2}}$

$= 375.06107\text{N} = 0.38\text{kN}$

(리드) $l = p = \frac{25}{2.5} = 10\text{mm}$

(유효지름) $d_e = 0.74d = 0.74 \times 50 = 37\text{mm}$

(리드각) $\lambda = \tan^{-1}\frac{p}{\pi \times d_e} = \tan^{-1}\frac{10}{\pi \times 37} = 4.91703° = 4.92°$

(마찰각) $\rho = \tan^{-1}\mu = \tan^{-1}0.3 = 16.6992° = 16.7°$

답 0.38kN

(2) 나사의 효율

$\eta = \frac{Qp}{2\pi T} = \frac{380 \times 10}{2 \times \pi \times (25 \times 110)} = 0.2199231 = 21.99\%$

답 21.99%

(3) 나사를 전진하는데 필요한 동력

(입력동력) $H_{kW} = \frac{Q \times v}{\eta \times 1000} = \frac{380 \times 0.025}{0.2199 \times 1000} = 0.043201 = 0.043\text{kW}$

(속도) $v = \frac{25\text{mm}}{1\text{sec}} = 0.025\text{m/s}$

답 0.043kW

05 지름이 50mm인 축의 회전수 800rpm, 동력 20kW를 전달시키고자 할 때, 이 축에 작용하는 묻힘키의 길이를 결정하라. (단, 키의 $b\times h$ =9×8이고, 묻힘깊이 $t=\dfrac{h}{2}$이며 키의 허용전단응력은 30MPa, 허용압축응력은 80MPa이다.)

(1) 키의 허용전단응력을 이용하여 키의 길이를 mm로 구하라.
(2) 키의 허용압축응력을 이용하여 키의 길이를 mm로 구하라.
(3) 묻힘키의 최대 길이를 결정하라.

[표] 길이 l의 표준값

6	8	10	12	14	16	18	20	22	25	28	32	36
40	45	50	56	63	70	80	90	100	110	125	140	160

풀이 및 답

(1) 키의 허용전단응력을 이용한 키의 길이

(전단응력을 고려한 키의 길이) $l_\tau=\dfrac{2T}{bd\tau}=\dfrac{2\times 238630}{9\times 50\times 30}$

$=35.3525\text{mm}=35.35\text{mm}$

$$T=974000\times\frac{H_{KW}}{N}=974000\times\frac{20}{800}=24350\text{kgf}\cdot\text{mm}=238630\text{N}\cdot\text{mm}$$

답 35.35mm

(2) 키의 허용압축응력을 이용한 키의 길이

(압축응력을 고려한 키의 길이) $l=\dfrac{4T}{hd\sigma_c}=\dfrac{4\times 238630}{8\times 50\times 80}$

$=29.8287\text{mm}=29.83\text{mm}$

답 29.83mm

(3) 묻힘키의 최대 길이

전단응력에 의한 길이 35.35mm가 압축응력에 의한 길이 29.83mm보다 크다.
그러므로 35.35mm보다 처음으로 커지는 표준길이는 36mm이다.

답 36mm

06

겹판스프링에서 스팬의 길이 $L=2.5$m, 폭 6cm, 판 두께 15mm, 강판수는 6개 죔폭 12cm, 허용굽힘응력 $\sigma_a=350$MPa, 탄성계수 $E=200$GPa일 때. 다음을 구하시오.

(1) 겹판스프링이 견딜 수 있는 최대하중을 구하시오. P[kN]

(2) 겹판스프링의 최대 처짐을 구하시오. δ[mm]

풀이 및 답

(1) 겹판스프링이 견딜 수 있는 최대하중

$$(\text{최대하중})\ P=\frac{2\times\sigma_a bZh^2}{3\times L_e}=\frac{2\times350\times10^6\times0.06\times6\times0.015^2}{3\times(2.5-0.6\times0.12)}$$

$$=7784.1845\,\text{N}=7.78\,\text{kN}$$

답 7.78kN

(2) 겹판스프링의 최대 처짐

$$(\text{최대 처짐량})\ \delta=\frac{3PL_e^3}{8bZh^3E}=\frac{3\times7.78\times10^3\times(2.5-0.6\times0.12)^3}{8\times0.06\times6\times0.015^3\times200\times10^9}$$

$$=0.17185\,\text{m}=171.85\,\text{mm}$$

답 171.85mm

07

외접원통마찰차의 축간거리 300mm, $N_1=400$rpm, $N_2=200$rpm인 마찰차의 지름 D_1, D_2는 각각 얼마인가?

풀이 및 답

$$(\text{속비})\ \epsilon=\frac{D_1}{D_2}=\frac{N_2}{N_1}=\frac{200}{400}=\frac{1}{2}$$

$$(\text{원동풀리 지름})\ D_1=\frac{2C}{1+\frac{1}{\epsilon}}=\frac{2\times300}{1+2}=200\text{mm}$$

$$(\text{종동풀리 지름})\ D_2=\frac{D_1}{\epsilon}=\frac{200}{\frac{1}{2}}=400\text{mm}$$

답 $D_1=200$mm
$D_2=400$mm

08

전달동력 7kW, 피니언의 회전수 750rpm의 동력을 전달하는 헬리컬기어가 있다. 치직각 피치 7.85mm, 피니언의 잇수가 80개, 기어의 잇수가 285개인 한 쌍의 헬리컬 기어의 중심거리를 500mm이다. 다음 물음에 답하여라.

(1) 비틀림각 β[°]을 구하여라.
(2) 회전력(접선력) F_t[N]을 구하여라.
(3) 축방향 하중 P_t[N]을 구하여라.
(4) 치면에 가해지는 수직하중 F_n[N]을 구하여라.

풀이 및 답

(1) 비틀림각

(비틀림각) $\beta = \cos^{-1}\left[\dfrac{(Z_1+Z_2)m_n}{2c}\right] = \cos^{-1}\left[\dfrac{(80+285)\times 2.5}{2\times 500}\right] = 24.15°$

(치직각 모듈) $m_n = \dfrac{p_n}{\pi} = \dfrac{7.85}{\pi} = 2.5$

답 24.15°

(2) 회전력(접선력)

$F_t = \dfrac{1000H_{kW}}{V} = \dfrac{1000\times 7}{8.61} = 813.01\text{N}$

(피니언의 피치원지름) $D_{s1} = m_s Z_{s1} = \dfrac{m_n Z_1}{\cos\beta} = \dfrac{2.5\times 80}{\cos 24.15} = 219.18\text{mm}$

$V = \dfrac{\pi D_{s1} N_1}{1000\times 60} = \dfrac{\pi\times 219.18\times 750}{1000\times 60} = 8.61\text{m/s}$

답 813.01N

(3) 축방향 하중

(축방향 하중) $P_t = F_t \tan\beta = 813.01\times\tan 24.15 = 364.53\text{N}$

답 364.53N

(4) 치면에 가해지는 수직하중

(치면에 가해지는 수직하중) $F_n = \dfrac{F_t}{\cos\beta} = \dfrac{813.01}{\cos 24.15} = 890.99\text{N}$

답 890.99N

09

1줄 겹치기 리벳이음에서 강판의 두께가 9mm이고, 리벳지름이 12mm일 때 다음을 결정하라. (단, 판의 인장응력 σ_t =8.8MPa, 리벳의 전단응력 τ_r = 7MPa이다.)

(1) 리벳이 전단될 때의 피치 내 하중은 몇 N인가?
(2) 피치는 몇 mm인가?
(3) 강판의 효율은 몇 %인가?

풀이 및 답

(1) 리벳이 전단될 때의 피치 내 하중

$$W_P = \tau_r \times \frac{\pi d^2}{4} \times n = 7.0 \times \frac{\pi \times 12^2}{4} \times 1 = 791.68\text{N}$$

답 791.68N

(2) 피치의 길이

$$p = \frac{\pi d^2 \tau_r}{4t\sigma_t} + d = \frac{\pi \times 12^2 \times 7.0}{4 \times 9 \times 8.8} + 12 = 21.9959\text{mm} = 22\text{mm}$$

답 22mm

(3) 강판의 효율

$$\eta_t = 1 - \frac{d}{p} = 1 - \frac{12}{22} = 0.454545 = 45.45\%$$

답 45.45%

10

V–벨트의 풀리에서 호칭지름은 300mm, 회전수 765rpm 접촉중심각 $\theta = 157.6^\circ$ 벨트 장치에서 긴장장력이 1.4kN이 작용되고 있다. 전체 전달동력은 40kW, 접촉각 수정계수 0.94, 과부하계수 1.2이다. (단, 등가 마찰계수 $\mu' = 0.48$,벨트의 단면적 236.7mm^2, 벨트재료의 밀도 ρ =1.5×10^3[kg/m^3] 이다.)

(1) 벨트의 회전속도 V[m/s]을 구하여라.
(2) 벨트에 작용하는 부가장력 T_g[N]을 구하여라.
(3) 벨트에 의해 40kW의 동력을 전달하고자 한다, 벨트의 가닥수를 구하여라.

풀이 및 답

(1) 벨트의 회전속도

(벨트의 회전속도) $$V = \frac{\pi \times D_1 \times N_1}{60 \times 1000} = \frac{\pi \times 300 \times 765}{60 \times 1000} = 12.0165 = 12.017\,\mathrm{m/s}$$

답 12.017m/s

(2) 벨트에 작용하는 부가장력

(부가장력) $$T_g = \overline{m}\,V^2 = \rho A V^2 = 1.5 \times 10^3 \times 236.7 \times 10^{-6} \times 12.017^2 = 51.272\mathrm{N} = 51.27\mathrm{N}$$

답 51.27N

(3) 벨트에 의해 40kW의 동력을 전달할 때 벨트의 가닥수

(벨트의 가락수) $$Z = \frac{H_{kW}}{H_0 \times k_1 \times k_2} = \frac{40}{11.88 \times 0.94 \times 1.2} = 2.987 = 3\text{가닥}$$

(벨트 한 가닥의 전달동력) $$H_0 = \frac{V}{1000}\left(\frac{e^{\mu'\theta} - 1}{e^{\mu'\theta}}\right)(T_t - T_g) = \frac{12.017}{1000}\left(\frac{3.74 - 1}{3.74}\right)(1400 - 51.27) = 11.874 = 11.87\mathrm{kW}$$

$$e^{\mu'\theta} = e^{\left(0.48 \times 157.6 \times \frac{\pi}{180}\right)} = 3.744 = 3.74$$

답 3가닥

11

다판클러치 패드의 안지름 50mm, 바깥지름 80mm, 접촉면의 수가 14인 다판 클러치에 의하여 2000rpm으로 10kW를 전달한다. 마찰계수 μ =0.25라 할 때 다음을 구하시오.

(1) 전동토크 T[J]을 구하시오.

(2) 축 방향으로 미는 힘 P[N]를 구하시오.

(3) 클러치 패드의 허용$(qV)_a$값은 1.96[N/mm^2 · m/sec]이다. 현재 사용되고 있는 다판클러치의 안전성여부를 검토하여라.

풀이 및 답

(1) 전동토크

$$T=\frac{60}{2\pi}\times\frac{H}{N}=\frac{60}{2\pi}\times\frac{10\times10^3}{2000}=47.746\text{N}\cdot\ \text{m}=47.75\text{J}$$

답 47.75J

(2) 축 방향으로 미는 힘

$$T=\mu P\frac{D_m}{2},\ P=\frac{2T}{\mu D_m}=\frac{2\times47750}{0.25\times65}=5876.92\text{N}$$

$$D_m=\frac{D_2+D_1}{2}=\frac{80+50}{2}=65\text{mm}$$

답 5876.92N

(3) 클러치 패드의 허용값은 1.96[N/mm^2 · m/sec]이다. 현재 사용되고 있는 다판클러치의 안전성여부

$$q=\frac{P}{\frac{\pi\times(D_2^2-D_1^2)}{4}\times Z}=\frac{5876.92}{\frac{\pi\times(80^2-50^2)}{4}\times14}=0.137\text{N/mm}^2$$

$$V=\frac{\pi\times D_m\times2000}{60\times1000}=\frac{\pi\times65\times2000}{60\times1000}=6.807\text{m/s}$$

$$(qV)=0.137\times6.807=0.933[\text{N/mm}^2\cdot\ \text{m/sec}]$$

$$(qV)_a=1.96[\text{N/mm}^2\cdot\ \text{m/sec}]$$

$(qV)_a>(qV)$이므로 안전하다.

답 안전하다.

필답형 실기

- 기계요소설계 -

2020년도 4, 5회

01

압력각 20°, 비틀림각 20°인 헬리컬 기어의 피니언 잇수 60개, 회전수는 900rpm이고, 치직각 모듈은 3.0, 허용굽힘응력이 25.5kgf/mm^2, 나비가 45mm일 때 다음을 결정하라. (단, π값을 포함한 수정치형계수는 0.44이다.)

(1) 피니언의 바깥지름은 몇 mm인가?
(2) 피니언의 상당 평치차 잇수는 몇 개인가?
(3) 굽힘 강도를 고려한 전달하중은 몇 N인가?
(4) 전달 동력은 몇 kW인가?
(5) 축 방향의 스러스트 하중은 몇 N인가?

풀이 및 답

(1) 피니언의 바깥지름

(축직각 피치원지름) $D_S = m_s \times Z = \dfrac{m_n}{\cos\beta} \times Z = \dfrac{3}{\cos 20} \times 60 = 191.55\text{mm}$

(이끝원지름) $D_o = D_s + 2m_n = 191.55 + (2 \times 3) = 197.55\text{mm}$

답 197.55mm

(2) 피니언의 상당 평치차 잇수

$Z_e = \dfrac{Z}{\cos^3\beta} = \dfrac{60}{(\cos 20)^3} = 72.31 \fallingdotseq 73$개

답 73개

(3) 굽힘 강도를 고려한 전달하중

$V = \dfrac{\pi D_A N_A}{60 \times 1000} = \dfrac{\pi \times 191.55 \times 900}{60 \times 1000} = 9.03\text{m/sec}$

$f_v = \dfrac{3.05}{3.05 + V} = \dfrac{3.05}{3.05 + 9.03} = 0.25$

$F_t = f_v \sigma_b b m_n Y_e = 0.25 \times 25.5 \times 45 \times 3 \times 0.44 = 378.68\text{kgf} = 3711.06\text{N}$

답 3711.06N

(4) 전달동력

$H_{kW} = \dfrac{F_t \cdot V}{1000} = \dfrac{3711.06 \times 9.03}{1000} = 33.51\text{kW}$

답 33.51kW

(5) 축 방향의 스러스트 하중

$P_t = F_t \cdot \tan\beta = 3711.06 \times \tan 20° = 1350.72\text{N}$

답 1350.72N

02

하중이 3000N 작용할 때의 처침이 δ =50mm로 되고 코일 스프링에서 소선의 지름 d =16mm, 평균지름 D =144mm, 전단탄성계수 G =80GPa이다. 다음을 구하시오. **[5점]**

(1) 유효감김수을 구하시오.(n권)
(2) 전단응력을 구하시오.(τ[MPa])

풀이 및 답

(1) 유효감김수

$$(\text{유효감김수})\ n=\frac{\delta G d^4}{8WD^3}=\frac{50\times 80\times 10^3\times 16^4}{8\times 3000\times 144^3}=3.658=4\text{권}$$

답 4권

(2) 전단응력

$$(\text{전단응력})\ \tau=K'\frac{8PD}{\pi d^3}=1.16\times\frac{8\times 3000\times 144}{\pi\times 16^3}=311.545=311.55\text{MPa}$$

$$(\text{스프링 지수})\ C=\frac{D}{d}=\frac{144}{16}=9$$

$$(\text{응력수정계수})\ K'=\frac{4C-1}{4C-4}+\frac{0.615}{C}=\frac{4\times 9-1}{4\times 9-4}+\frac{0.615}{9}=1.162=1.16$$

답 311.55MPa

03

안지름이 40mm이고 바깥지름이 60mm인 원판 클러치를 이용하여 1500rpm으로 3kW의 동력을 전달한다. 마찰계수는 0.25일 때 다음을 구하시오.

(1) 전달토크 T[J]
(2) 축방향으로 미는 힘 P[N]

풀이 및 답

(1) 전달토크

$$T=\frac{60}{2\pi}\times\frac{H}{N}=\frac{60}{2\pi}\times\frac{3\times 10^3}{1500}=19.098\text{N}\cdot\text{m}=19.1\text{J}$$

답 19.1J

(2) 축방향으로 미는 힘

$$D_m=\frac{D_2+D_1}{2}=\frac{60+40}{2}=50\text{mm}$$

$$T=\mu P\frac{D_m}{2} \qquad \therefore\ P=\frac{2T}{\mu D_m}=\frac{2\times 19100}{0.25\times 50}=3056\text{N}$$

답 3056N

04

아래 표는 압력 배관용 강관(흑관, 백관) SPPS370 Sch40(KSD 3562)의 규격표이다. 문제조건에서 주어진 조건으로 관의 호칭경을 선정하여라.

[조건] ① 관에서 나오는 물의 양은 시간당 500m^3 이상이어야 한다.
② 유속은 2m/s 이하로 흘려야 된다.
③ 관의 부식여유 1mm로 한다.
④ SPPS에 사용된 관의 최저 인장강도 370MPa이다.
⑤ 관속의 압력은 P =2MPa이다.
⑥ 안전율은 4로 한다.

관의 호칭		외경	Sch 40		관의 호칭		외경	Sch 40	
A	B	mm	두께 mm	중량 kg/m	A	B	mm	두께 mm	중량 kg/m
6	$\frac{1}{8}$	10.5	1.7	0.369	80	3	89.1	5.5	11.3
8	$\frac{1}{4}$	13.8	2.2	0.629	90	$3\frac{1}{2}$	101.6	5.7	13.5
10	$\frac{3}{8}$	17.3	2.3	0.851	100	4	114.3	6.0	16.0
15	$\frac{1}{2}$	21.7	2.8	1.31	125	5	139.8	6.6	21.7
20	$\frac{3}{4}$	27.2	2.9	1.74	150	6	165.2	7.1	27.7
25	1	34.0	3.4	2.57	200	8	216.3	8.2	42.1
32	$1\frac{1}{4}$	42.7	3.6	3.47	250	10	267.4	9.3	59.2
40	$1\frac{1}{2}$	48.6	3.7	4.10	300	12	318.5	10.3	78.3
50	2	60.5	3.9	5.44	350	14	355.6	11.1	94.3
65	$2\frac{1}{2}$	76.3	5.2	9.12	400	16	406.4	12.7	123

풀이 및 답

(내경) $D=\sqrt{\dfrac{4Q}{\pi V}}=\sqrt{\dfrac{4\times\dfrac{500}{3600}}{\pi\times 2}}=0.297354\text{m}=297.354\text{mm}=297.35\text{mm}$

(두께) $t=\dfrac{PDS}{2\sigma_t\eta}+C=\dfrac{2\times 297.35\times 4}{2\times 370\times 1}+1=4.21\text{mm}$

(외경) $D_o=D+2t=297.35+(4.21\times 2)=305.77\text{mm}$

KS규격에서 호칭경은 A 300으로 선정

답 A 300

05

주철과 목재의 조합으로 된 원동 마찰차의 지름이 300mm, 450mm으로 10kW을 전달하는 외접 평마찰차가 있다. 다음을 결정하라. (단, 마찰계수는 0.25, 감속비는 1/3, 허용선압은 15N/mm이다.)

(1) 밀어붙이는 힘은 몇 N인가?
(2) 중심거리는 몇 mm인가?
(3) 접촉면의 폭은 몇 mm인가?

풀이 및 답

(1) 밀어붙이는 힘

$$H_{kW} = \frac{\mu P V}{1000}$$

$$P = \frac{H_{kW} \times 1000}{\mu \times V} = \frac{10 \times 1000}{0.25 \times 7.07} = 5657.7086\text{N} = 5657.71\text{N}$$

$$V = \frac{\pi D_A N_A}{60 \times 1000} = \frac{\pi \times 300 \times 450}{60 \times 1000} = 7.07\text{m/sec}$$

답 5657.71N

(2) 중심거리

$$i = \frac{N_B}{N_A} = \frac{D_A}{D_B}, \quad D_B = \frac{D_A}{i} = 3 \times 300 = 900\text{mm}$$

$$(\text{축간거리})\ C = \frac{D_A + D_B}{2} = \frac{300 + 900}{2} = 600\text{mm}$$

답 600mm

(3) 접촉면의 폭

$$f = \frac{P}{b}$$

$$(\text{폭})\ b = \frac{P}{f} = \frac{5657.71}{15} = 377.18\text{mm}$$

답 377.18mm

06

사각나사의 외경 d =50mm로서 25mm 전진시키는데 2.5회전하였고 25mm 전진하는데 1초의 기간이 걸렸다. 하중 Q를 올리는데 쓰인다. 나사 마찰계수가 0.3일 때 다음을 계산하라. (단, 나사의 유효지름은 $0.74d$로 한다.)

(1) 너트에 110mm 길이의 스패너를 25N의 힘으로 돌리면 몇 kN의 하중을 올릴 수 있는가?
(2) 나사의 효율은 몇 %인가?
(3) 나사를 전진하는데 필요한 동력을 구하여라. [kW]

풀이 및 답

(1) 너트에 110mm 길이의 스패너를 25N의 힘으로 돌리면 들어올릴 수 있는 하중

$T = Q \times \tan(\lambda + \rho) \times \dfrac{d_e}{2} = F \times L$ 에서

(축방향 하중) $Q = \dfrac{F \times L}{\tan(\lambda+\rho) \times \dfrac{d_e}{2}} = \dfrac{25 \times 110}{\tan(4.92 + 16.7) \times \dfrac{37}{2}}$

$= 375.06107\text{N} = 0.38\text{kN}$

(리드) $l = p = \dfrac{25}{2.5} = 10\text{mm}$

(유효지름) $d_e = 0.74d = 0.74 \times 50 = 37\text{mm}$

(리드각) $\lambda = \tan^{-1}\dfrac{p}{\pi \times d_e} = \tan^{-1}\dfrac{10}{\pi \times 37} = 4.91703° = 4.92°$

(마찰각) $\rho = \tan^{-1}\mu = \tan^{-1}0.3 = 16.6992° = 16.7°$

답 0.38kN

(2) 나사의 효율

$\eta = \dfrac{Qp}{2\pi T} = \dfrac{380 \times 10}{2 \times \pi \times (25 \times 110)} = 0.2199231 = 21.99\%$

답 21.99%

(3) 나사를 전진하는데 필요한 동력

(입력동력) $H_{kW} = \dfrac{Q \times v}{\eta \times 1000} = \dfrac{380 \times 0.025}{0.2199 \times 1000} = 0.043201 = 0.043\text{kW}$

(속도) $v = \dfrac{25\text{mm}}{1\text{sec}} = 0.025\text{m/s}$

답 0.043kN

07

아래 그림에서 축방향 하중이 5kN 작용될 때 다음 물음에 답하여라.

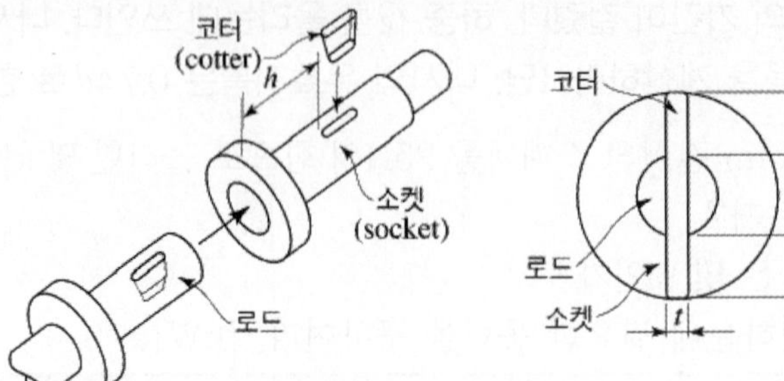

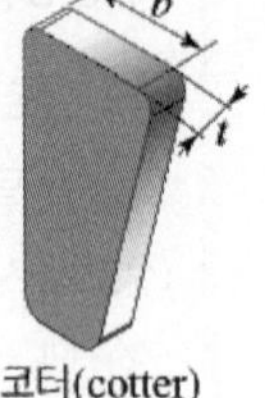

여기서, D : 소켓의 바깥지름	$D = 140\text{mm}$
d : 로드의 지름	$d = 70\text{mm}$
h : 코터구멍에서 소켓끝까지 거리	$h = 100\text{mm}$
t : 코터의 두께	$t = 20\text{mm}$
b : 코터의 나비	$b = 90\text{mm}$

(1) 코터의 전단응력 τ_c[MPa]인가?

(2) 소켓의 전단응력 τ_s[MPa]인가?

(3) 코터의 굽힘응력 σ_b[MPa]인가?

풀이 및 답

(1) 코터의 전단응력

$$\tau_c = \frac{P}{2 \times t \times b} = \frac{5000}{2 \times 20 \times 90} = 1.39\text{N/mm} = 1.39\text{MPa}$$

답 1.39MPa

(2) 소켓의 전단응력

$$\tau_s = \frac{P}{4 \times \left(\frac{D-d}{2}\right) \times h} = \frac{5000}{4 \times \left(\frac{140-70}{2}\right) \times 100} = 0.3571\text{N/mm}^2 = 0.36\text{MPa}$$

답 0.36MPa

(3) 코터의 굽힘응력

$$\sigma_b = \frac{6 \times PD}{8 \times b^2 \times t} = \frac{6 \times 5000 \times 140}{8 \times 90^2 \times 20} = 3.2407\text{N/mm}^2 = 3.24\text{MPa}$$

답 3.24MPa

08

하중 W의 자유 낙하를 방지하기 위하여 그림과 같은 블록 브레이크 이용하였다. 레버 끝에 F=150N의 힘을 가하였다. 블록과 드럼의 마찰계수는 0.3이다. 이때 다음을 계산하라.

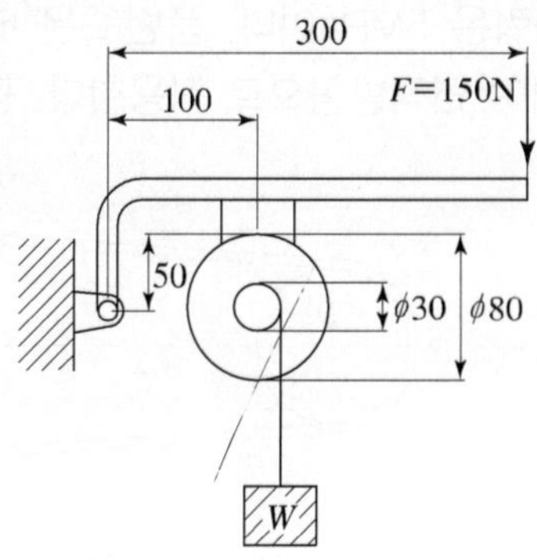

(1) 블록 브레이크를 밀어 붙이는 힘 P[N]을 구하시오.
(2) 자유낙하 하지 않기 위한 최대 하중 W[N]은 얼마인가?
(3) 블록의 허용압력은 200kPa, 브레이크 용량 0.8[N/mm^2 · m/s]일 때 브레이크 드럼의 최대회전수 N[rpm]는 얼마인가?

풀이 및 답

(1) 블록 브레이크를 밀어 붙이는 힘

$$F\times 300 - P\times 100 + \mu P\times 50 = 0$$

$$P = \frac{150\times 300}{100 - 0.3\times 50} = 529.41\text{N}$$

답 529.41N

(2) 자유낙하 하지 않기 위한 최대 하중

$$T = \mu P\times \frac{80}{2} = W\times \frac{30}{2}$$

$$W = \frac{\mu P\times 80}{30} = \frac{0.3\times 529.41\times 80}{30} = 423.53\text{N}$$

답 423.53N

(3) 블록의 허용압력은 200kPa, 브레이크 용량 0.8[N/mm^2 · m/s]일 때 브레이크 드럼의 최대회전수

$$q = 200\text{kPa} = 0.2\text{N/mm}^2$$

$$\mu q v = \mu q\cdot \frac{\pi DN}{60\times 1000},\ 0.8 = 0.3\times 0.2\times \frac{\pi\times 80\times N}{60\times 1000} \quad \therefore\ N = 3183.1\text{rpm}$$

답 3183.1rpm

09 다음 그림을 보고 물음에 답하여라. 구동모터의 전달동력은 2.5kW, 회전수는 350rpm이고 그림에서 품번①은 플랜지 커플링이다. 플랜지 커플링에 사용된 볼트의 개수는 6개이고, 골지름이 8mm인 미터보통나사로 체결되어 있다. 볼트의 허용전단응력은 5MPa이다. 품번②은 6204볼베어링이다. 원동풀리의 무게는 1000N이며 연직방향으로 작용한다. 평벨트의 마찰계수 0.3이다.)

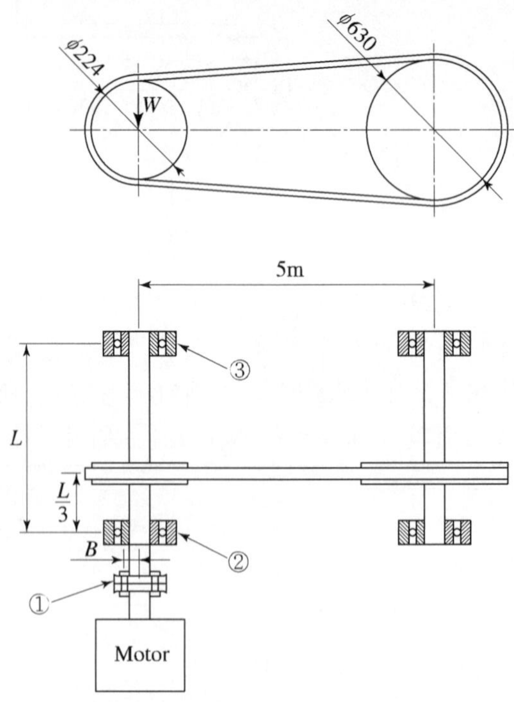

(1) 축의 중심으로부터 ①플랜지 커플링에 사용된 볼트의 중심까지의 거리 R [mm]를 구하여라.
(2) 평벨트 풀리에 작용되고 있는 유효장력[N]을 구하여라.
(3) 긴장측 장력[N]을 구하여라.
(4) 품번②베어링에 작용하는 베어링하중[N]을 구하여라.

풀이 및 답

(1) 축의 중심으로부터 ①플랜지 커플링에 사용된 볼트의 중심까지의 거리

(볼트의 중심까지의 거리) $R = \dfrac{4\times T}{\tau_B \times \pi \times d_B^2 \times Z} = \dfrac{4\times 68180}{5\times\pi\times 8^2\times 6} = 45.21\text{mm}$

(토크) $T = 974000\times 9.8\times \dfrac{H_{kW}}{N} = 974000\times 9.8\times \dfrac{2.5}{350} = 68180\text{N}\cdot\text{mm}$

답 45.21mm

(2) 평벨트 풀리에 작용되고 있는 유효장력

$$(\text{유효장력})\ P_e = \frac{1000 \times H_{kW}}{\left(\dfrac{\pi D_1 N_1}{60 \times 1000}\right)} = \frac{1000 \times 2.5}{\left(\dfrac{\pi \times 224 \times 350}{60 \times 1000}\right)} = 609.01\text{N}$$

답 609.01N

(3) 긴장측 장력

$$(\text{긴장측 장력})\ T_t = \frac{P_e \times e^{\mu\theta}}{e^{\mu\theta} - 1} = \frac{609.01 \times 2.5}{2.5 - 1} = 1015.02\text{N}$$

$$(\text{장력비})\ e^{\mu\theta} = e^{\left(0.3 \times 175.35 \times \frac{\pi}{180}\right)} = 2.5$$

$$(\text{접촉중심각})\ \theta = 180 - 2\sin^{-1}\left(\frac{D_2 - D_1}{2C}\right) = 180 - 2\sin^{-1}\left(\frac{630 - 224}{2 \times 5000}\right)$$

$$= 175.35°$$

답 1015.02N

(4) 품번②베어링에 작용하는 베어링하중

$$(\text{②베어링에 작용하는 베어링하중})\ F_B = \frac{2F_s}{3} = \frac{2 \times 1736.84}{3} = 1157.89\text{N}$$

$$(\text{축에 작용하는 합력})\ F_s = \sqrt{T_R^2 + W^2} = \sqrt{1420.08^2 + 1000^2} = 1736.84\text{N}$$

$$(\text{벨트 합력})\ T_R = \sqrt{T_t^2 + T_s^2 + 2T_t T_s \cos 2\phi}$$

$$= \sqrt{1015.02^2 + 406.01^2 + (2 \times 1015.02 \times 406.01 \times \cos 4.65)}$$

$$= 1420.08$$

$$\phi = \sin^{-1}\left(\frac{630 - 224}{2 \times 5000}\right) = 2.326 \Rightarrow\ 2\phi = 4.65$$

답 1157.89N

10

단열 깊은 홈 레이디얼 볼베어링 6212의 수명시간을 4000hr으로 설계하고자 한다. 한계속도지수는 200000이고 하중계수는 1.5, 기본동적부하용량은 4100kgf이다. 다음 각 물음에 답하여라.

(1) 베어링의 최대 사용회전수 : N[rpm]

(2) 베어링 하중 : P[N]

(3) 수명계수 : f_h

(4) 속도계수 : f_n

풀이 및 답

(1) 베어링의 최대 사용회전수

$$N = \frac{dN}{d} = \frac{200000}{12 \times 5} = 3333.33\text{rpm}$$

답 3333.33rpm

(2) 베어링 하중

$$L_h = 500 \times \frac{33.3}{N} \times \left(\frac{C}{P_{th} \cdot f_w}\right)^r$$

$$4000 = 500 \times \frac{33.3}{3333.33} \times \left(\frac{4100}{P_{th} \times 1.5}\right)^3$$

$$\therefore P_{th} = 294.341\text{kgf} = 2884.55\text{N}$$

답 2884.55N

(3) 수명계수

$$L_h = 500 \times (f_h)^r$$

$$4000 = 500 \times (f_h)^3 \qquad \therefore (\text{수명계수})\ f_h = 2$$

답 2

(4) 속도계수

$$f_n = \left(\frac{33.3}{N}\right)^{\frac{1}{r}} = \left(\frac{33.3}{3333.33}\right)^{\frac{1}{3}} = 0.2153 = 0.22$$

$$\therefore (\text{속도계수})\ f_n = 0.22$$

답 0.22

11

500[rpm]으로 회전하는 축으로부터 400[kgf]의 반경방향하중을 받는 저널 베어링의 폭경비가 1.5이다. 윤활유의 점도가 60[cp]이고 베어링계수 $\frac{\eta N}{p} = 40 \times 10^4$[cp · rpm · mm²/kgf]이다. 페트로퍼의 베어링계수를 고려하여 다음을 구하시오.

(1) 저널의 지름 d[mm]을 구하시오.
(2) 저널의 길이 l[mm]을 구하시오.

풀이 및 답

(1) 저널의 지름

$$(\text{베어링정수})\ \frac{\eta N}{p} = \eta N \frac{dl}{Q}\ \text{정리하면}\ dl = 1.5d^2 = \frac{\frac{\eta N}{p}}{\frac{\eta N}{Q}}$$

$$d = \sqrt{\frac{\eta N/p}{1.5 \times (\eta N/Q)}} = \sqrt{\frac{40 \times 10^4}{1.5 \times (60 \times 500/400)}} = 59.63[\text{mm}]$$

답 59.63mm

(2) 저널의 길이

$$l = 1.5d = 1.5 \times 59.63 = 89.45[\text{mm}]$$

답 89.45mm

필답형 실기

- 건설기계설비기사 -

2020년도 1회

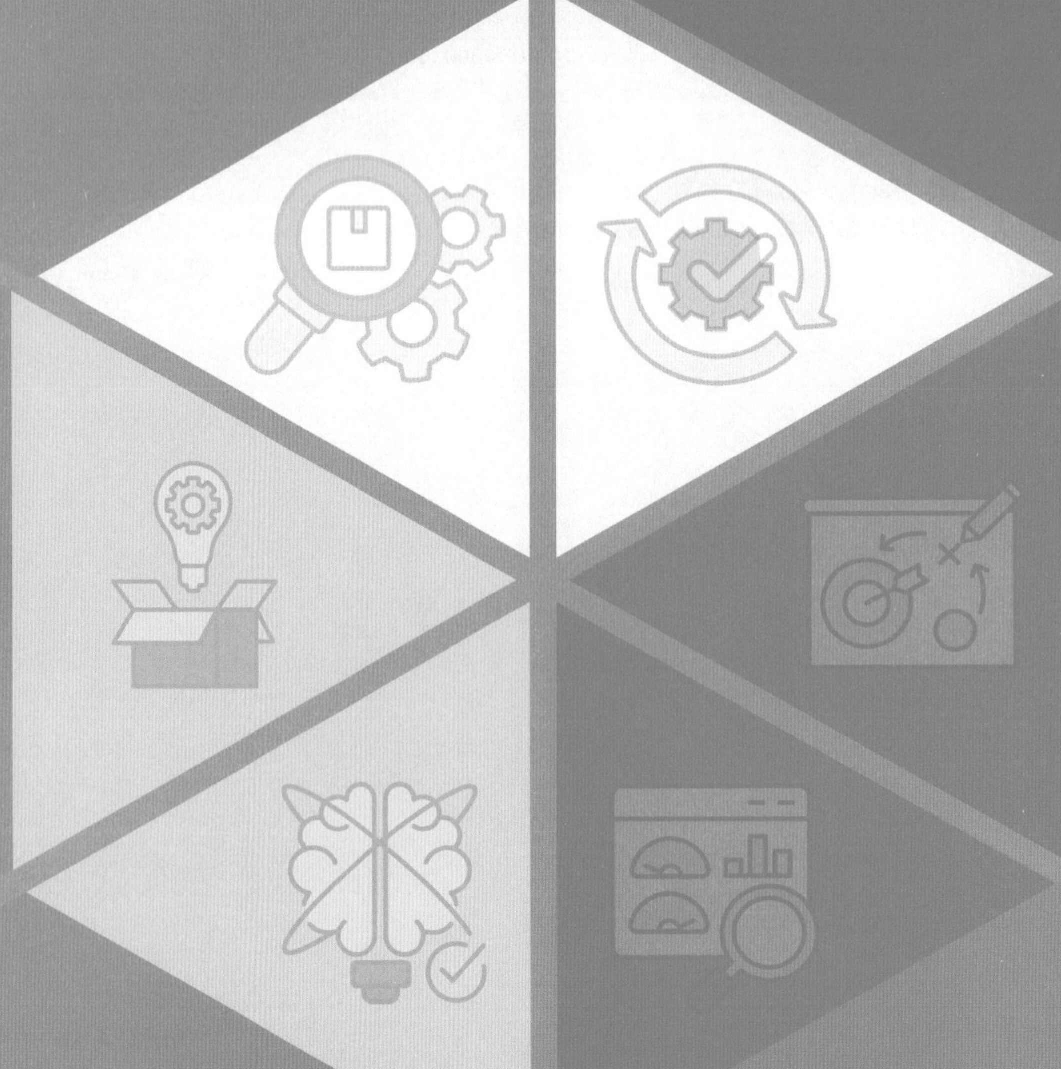

01 건설기계의 주행장치에 따른 분류 3가지를 쓰시오.

풀이 및 답

① 무한궤도식
② 타이어식
③ 트럭 탑재형

02 나사의 풀림방지 방법을 5가지 적으시오.

풀이 및 답

① 로크너트를 이용한다.
② 분할핀에 의한 방법
③ 스프링와셔나 고무를 이용한 방법
④ 특수 와셔에 의한 방법
⑤ 멈춤나사(set screw)에 의한 방법

03 클러치의 종류3가지를 쓰시오.

풀이 및 답

① 마찰클러치 ② 맞물림클러치
③ 유체클러치 ④ 원심클러치
⑤ 전자클러치

04 준설선의 종류 3가지를 쓰시오.

풀이 및 답

① 펌프준설선 ② 버킷 준설선
③ 디퍼준설선 ④ 그래브준설선

05

지름이 큰 관 안쪽에 지름이 작은 관을 넣은 이중관식 열교환식기가 있다. 지름이 작은 관에는 오일이 흐른다. 지름이 큰 관에는 물이 흐른다. 오일의 흐름방향과 물의 흐름방향이 같은 평행류(parallel flow)이다. 이중관의 입구에서 오일의 온도는 150℃, 물의 온도는 20℃. 이중관의 출구에서 오일의 온도는 100℃, 물의 온도는 30℃일 때 대수 평균온도차를 구하여라.

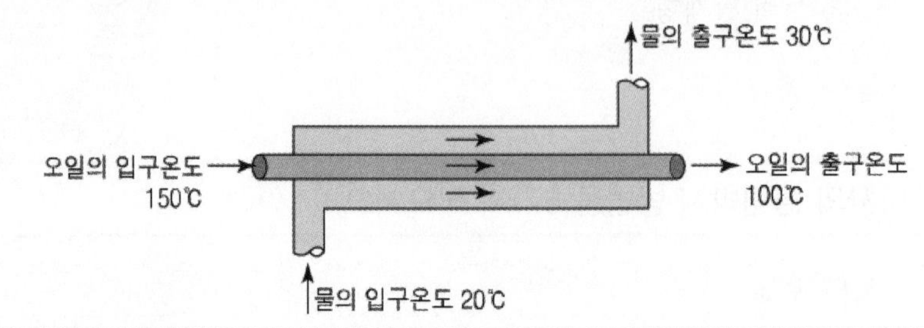

풀이 및 답

$\Delta T_1 = 150 - 20 = 130$℃

$\Delta T_2 = 100 - 30 = 70$℃

(대수평균온도차) $\Delta T_m = \dfrac{\Delta T_1 - \Delta T_2}{\ln\left(\dfrac{\Delta T_1}{\Delta T_2}\right)} = \dfrac{130-70}{\ln\dfrac{130}{70}} = 96.924$℃ $= 96.92$℃

참고

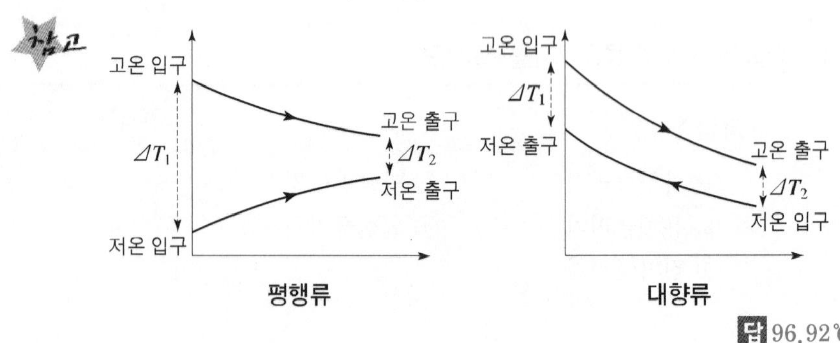

답 96.92℃

06

전동장체에 사용되는 체인의 종류를 3가지 쓰시오.

풀이 및 답

① 롤러체인　　② 사일런트체인
③ 오프셋페인　　④ 블록체인
⑤ 핀틀체인

07

다음 커플링에 설명에 맞는 커플링을 쓰시오.

① 축선이 정확히 일치 할 때 사용되며 지름이 크고 큰동력을 전달할 때 사용되는 커플링
② 축이음에서 진동이나 충격을 흡수 할 때 사용되는 커플링
③ 두 축이 평행하나 두 축이 편심되어 있고 축간 거리가 가까울 때 사용되는 커플링
④ 두 축이 축선이 어느 각도로 교차되어 있을 때 사용되는 커플링

풀이 및 답

① 플랜지커플링　　② 플랙시블 커플링
③ 올덤 커플링　　④ 유니버셜 커플링

08

배관지지장치의 종류 3가지를 쓰시오.

풀이 및 답

① 서포트 : 배관계의 중량을 지지하는 장치(밑에서 지지 하는 것)
② 행거 : 배관계의 중량을 지지하는장치(위에서 달아 매는 것)
③ 레스트레인트(Restraint) : 배관의 열팽창에 의한 이동을 구속 제한하는 것

대분류		소분류	
명칭	용도	명칭	용도
서포트 (Support)	배관계의 중량을 지지하는 장치 (밑에서 지지 하는 것)	파이프 슈	관의 수평부, 곡관부지지에 사용
		리지드 서포트	빔 등으로 만든 지지대
		롤러 서포트	관의 축방향 이동 가능
		스프링 서포트	하중 변화에 다라 미소한 상하이동 허용
행거 (Hanger)	배관계 의 중량을 지지하는장치 (위에서 달아 매는 것)	리지드 행거	빔에 턴버클 연결 달아 올림 (수직방향 변위 없는 곳에 사용)
		스프링행거	방진을 위행 턴버클 대신 스프링 설치(변위가 적은 개소에 사용)
		콘스텐트 행거	배관의 상하 이동 허용하면서 관지지력 일정하게 유지(변위 큰 개소)
레스트레인트 (Restraint)	배관의 열팽창에 의한 이동을 구속 제한하는 것	앵커(Anchor)	관지점에서 이동 · 회전 방지(고정)
		스터퍼(stopper)	관의 직선이동 제한
		가이드(Guide)	관의 회전제한, 축방향의 이동안내
브레이스 (Brace)	열팽창 및 중력에 의한 힘이 외의 외력에 의한 배관 이동을 제한하는 것. 주로 배관의 진동 및 충격을 흡수하는 역할을 한다.	방진기	배관계의 진동방지 및 감쇠
		완충기	배관 계에서 발생한 충격을 완화

09

다음 작업 List를 가지고 PERT기법 Network 를 그리고, Critical Path를 굵은 선으로 표시하고 최종 소요공사기간 일수를 구하시오.

작업명	작업일수	선행 작업
A	4	없음
B	5	없음
C	6	없음
D	4	A
E	5	A, B
F	4	A, B, C

(1) Network

(2) 데이터 네트워크 고정표를 작성하여라.

풀이 및 답

(1) Network

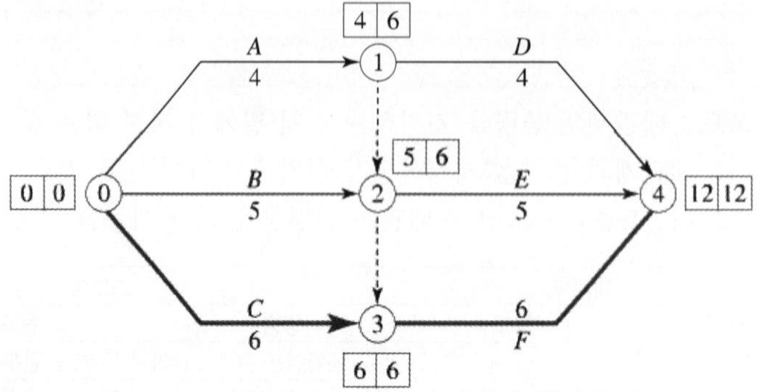

(2) 데이터 네트워크 고정표

액티비티		개시시각		종료시각		여유시각			Critical Path
작업	시간	최조	최지	최조	최지	총	자유	간섭	CP
	D	EST	LST	EFT	LFT	TF	FF	IF	
A	4	0	2	4	6	2	0	2	
B	5	0	1	5	6	1	0	1	
C	6	0	0	6	6	0	0	0	★
D	4	4	8	8	12	4	4	0	
E	5	5	7	10	12	2	2	0	
F	6	6	6	12	12	0	0	0	★

브레이크 종류 3가지를 쓰시오.

풀이 및 답

① 블록브레이크 ② 밴드브레이크
③ 내확브레이크 ④ 원판브레이크
⑤ 원추브레이크

다음과 같은 한 쌍의 외접 표준 평기어가 있다. 다음을 구하라. (단, 속도계수 $f_v = \dfrac{3.05}{3.05+V}$, 하중계수 f_w =0.8이다.)

구분	회전수 N [rpm]	잇수 Z [개]	허용굽힘응력 σ_b [N/mm²]	치형계수 $Y(=\pi y)$	압력각 $\alpha[^\circ]$	모듈 m [mm]	폭 b [mm]	허용접촉면 응력계수 K[N/mm²]
피니언	600	25	294	0.377	20	4	40	0.7442
기어	300	50	127.4	0.433				

(1) 피치원주속도 V[m/s]
(2) 피니언의 굽힘강도에 의한 전달하중 F_1[N]
(3) 기어의 굽힘강도에 의한 전달하중 F_2[N]
(4) 면압강도에 의한 전달하중 F_3[N]
(5) 최대 전달마력 H[kW]

풀이 및 답

(1) 피치원주속도

$$V = \frac{\pi m z_1 \cdot\ N_1}{60 \times 1000} = \frac{\pi \times 4 \times 25 \times 600}{60 \times 1000} = 3.14\text{m/sec}$$

답 3.14m/sec

(2) 피니언의 굽힘강도에 의한 전달하중

$$f_v = \frac{3.05}{3.05+V} = \frac{3.05}{3.05+3.14} = 0.493$$

$$F_1 = f_w f_v \sigma_{b1} \cdot\ m \cdot\ b \cdot\ Y_1 = 0.8 \times 0.493 \times 294 \times 4 \times 40 \times 0.377$$

$$= 6994.32\text{N}$$

답 6994.32N

(3) 기어의 굽힘강도에 의한 전달하중

$F_2 = f_w f_v \sigma_{b2} \cdot \ m \cdot \ b \cdot \ Y_2 = 0.8 \times 0.493 \times 127.4 \times 4 \times 40 \times 0.433$

$= 3481.08\text{N}$

답 3481.08N

(4) 면압강도에 의한 전달하중

$F_3 = K f_v \cdot \ bm \cdot \ \dfrac{2 \times Z_1 \times Z_2}{Z_1 + Z_2} = 0.7442 \times 0.493 \times 40 \times 4 \times \dfrac{2 \times 25 \times 50}{25 + 50}$

$= 1956.75\text{N}$

답 1956.75N

(5) 최대 전달마력

$H = \dfrac{F_t \cdot \ V}{1000} = \dfrac{1956.75 \times 3.14}{1000} = 6.14\text{kW}$

기어의 회전력 F_t은 F_1, F_2, F_3 중 가장 작은 힘

답 6.14kW

12

300rpm으로 회전하는 지름이 125mm인 수직축 하단에 피봇베어링으로 지지되어 있다. 이 피봇베어링의 베어링면 바깥지름이 110mm, 안지름이 40mm일 때 다음을 구하시오. (단, 허용 베어링압력은 1.5N/mm^{2}이고 마찰계수는 0.011이다.)

(1) 지지할 수 있는 최대 트러스트 하중 Q[kN]

(2) 마찰에 따른 손실동력 H_f[kW]

풀이 및 답

(1) 지지할 수 있는 최대 트러스트 하중

$Q = p \cdot \ A = 1.5 \times \dfrac{\pi(110^2 - 40^2)}{4} = 12370.021\text{N} = 12.37\text{kN}$

답 12.37kN

(2) 마찰에 따른 손실동력

$V = \dfrac{\pi d_e N}{60000} = \dfrac{\pi \times 75 \times 300}{60000} = 1.178\text{m/s} = 1.18\text{m/s}$

$\therefore \ H = \mu Q V = 0.011 \times 12.37 \times 1.18 = 0.16\text{kW}$

답 0.16kW

13 사각나사의 외경 d =50mm로서 25mm 전진시키는데 2.5회전하였고 25mm 전진하는데 1초의 기간이 걸렸다. 하중 Q를 올리는데 쓰인다. 나사 마찰계수가 0.3일 때 다음을 계산하라. (단, 나사의 유효지름은 0.74d로 한다.)

(1) 너트에 110mm 길이의 스패너를 25N의 힘으로 돌리면 몇 kN의 하중을 올릴 수 있는가?

(2) 나사의 효율은 몇 %인가?

풀이 및 답

(1) 너트에 110mm 길이의 스패너를 25N의 힘으로 돌리면 들어올릴 수 있는 하중

$$T = Q \times \tan(\lambda + \rho) \times \frac{d_e}{2} = F \times L \text{ 에서}$$

(축방향 하중) $Q = \dfrac{F \times L}{\tan(\lambda + \rho) \times \dfrac{d_e}{2}} = \dfrac{25 \times 110}{\tan(4.92 + 16.7) \times \dfrac{37}{2}}$

$= 375.06107\text{N} = 0.38\text{kN}$

(리드) $l = p = \dfrac{25}{2.5} = 10\text{mm}$

(유효지름) $d_e = 0.74d = 0.74 \times 50 = 37\text{mm}$

(리드각) $\lambda = \tan^{-1}\dfrac{p}{\pi \times d_e} = \tan^{-1}\dfrac{10}{\pi \times 37} = 4.91703° = 4.92°$

(마찰각) $\rho = \tan^{-1}\mu = \tan^{-1}0.3 = 16.6992° = 16.7°$

답 0.38kN

(2) 나사의 효율

$$\eta = \frac{Qp}{2\pi T} = \frac{380 \times 10}{2 \times \pi \times (25 \times 110)} = 0.2199231 = 21.99\%$$

답 21.99%

14 다음 그림에서 스플라인 축이 전달할 수 있는 동력[kW]를 구하시오.

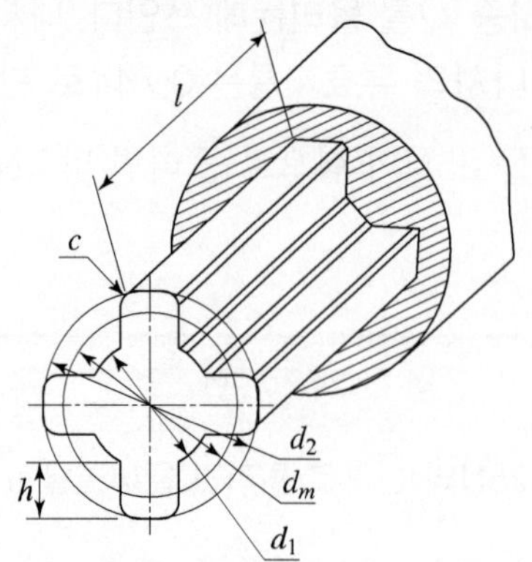

c : 모떼기	$c = 0.4\text{mm}$
l : 보스의 길이	$l = 100\text{mm}$
d_1 : 이뿌리 직경	$d_1 = 46\text{mm}$
d_2 : 이끝원 직경	$d_2 = 50\text{mm}$
η : 접촉효율	$\eta = 75\%$
z : 이의 개수	$z = 4$개
q_a : 허용접촉 면압력	$q_a = 10\text{MPa}$
N : 분당회전수	$N = 1200\text{rpm}$

풀이 및 답

(동력) $H = T \times \frac{2\pi N}{60} = 86.4 \times \frac{2 \times \pi \times 1200}{60} = 10857.3442\text{W} = 10.86\text{kW}$

$T = q_a \cdot (h - 2c) \cdot l \cdot z \cdot \frac{d_m}{2} \cdot \eta = 10 \times (2 - 2 \times 0.4) \times 100 \times 4 \times \frac{48}{2} \times 0.75$

$= 86400\text{N} \cdot \text{mm} = 86.4\text{N} \cdot \text{m}$

$d_m = \frac{d_2 + d_1}{2} = \frac{50 + 46}{2} = 48\text{mm}$

$h = \frac{d_2 - d_1}{2} = \frac{50 - 46}{2} = 2\text{mm}$

답 10.86kW

15 드럼의 지름 $D = 500$mm, 마찰계수 $\mu = 0.35$, 접촉각 $\theta = 250°$ 밴드브레이크에 의해 $T = 1000$N · m의 제동토크를 얻으려고 한다. 다음을 구하라.

(1) 긴장측 장력 T_t[N]을 구하여라.

(2) 밴드의 허용인장응력 $\sigma_a = 80$MPa, 밴드의 두께 $t = 3$mm일 때 밴드폭 b [mm]을 구하여라.

풀이 및 답

(1) 긴장측 장력

$T = f \times \frac{D}{2}$에서 $f = \frac{2T}{D} = \frac{2 \times 1000}{0.5} = 4000[\text{N}]$

(긴장장력) $T_t = \frac{fe^{\mu\theta}}{e^{\mu\theta}-1} = \frac{4000 \times 4.61}{4.61-1} = 5108.03[\mathrm{N}]$

단, $e^{\mu\theta} = e^{0.35 \times 250 \times \frac{\pi}{180}} = 4.61$

답 5108.03N

(2) 벤드의 허용인장응력이 80MPa, 밴드의 두께가 3mm일 때의 밴드폭

$\sigma_a = \frac{T_t}{b \times t}$ 에서 $b = \frac{T_t}{\sigma_a \times t} = \frac{5108.03}{80 \times 3} = 21.28[\mathrm{mm}]$

답 21.28mm

16

지름 50mm의 축에 직경 600mm의 풀리가 묻힘키에 의하여 매달려 있다. 묻힘키의 규격이 12×8×80일 때 풀리에 걸리는 접선력은 3kN이다. 다음 물음에 답하여라.

(1) 키에 작용되는 전단응력[MPa]은 얼마인가?
(2) 키에 작동되는 압축응력[MPa]은 얼마인가?

풀이 및 답

(1) 키에 작용되는 전단응력

(전단응력) $\tau_k = \frac{2T}{bld} = \frac{2 \times 900000}{12 \times 80 \times 50} = 37.5\,\mathrm{N/mm^2} = 37.5\,\mathrm{MPa}$

$T = W \times \frac{D}{2} = 3000 \times \frac{600}{2} = 900000\mathrm{N \cdot mm}$

답 37.5MPa

(2) 키에 작동되는 압축응력

(압축응력) $\sigma_c = \frac{4T}{hld} = \frac{4 \times 900000}{8 \times 80 \times 50} = 112.5\,\mathrm{N/mm^2} = 112.5\,\mathrm{MPa}$

답 112.5MPa

17

주철과 목재의 조합으로 된 원동 마찰차의 지름이 300mm, 450mm으로 10kW을 전달하는 외접 평마찰차가 있다. 다음을 결정하라. (단, 마찰계수는 0.25, 감속비는 1/3, 허용선압은 15N/mm이다.)

(1) 밀어붙이는 힘은 몇 N인가?
(2) 중심거리는 몇 mm인가?
(3) 접촉면의 폭은 몇 mm인가?

풀이 및 답

(1) 밀어붙이는 힘

$$H_{kW} = \frac{\mu P V}{1000}$$

$$P = \frac{H_{kW} \times 1000}{\mu \times V} = \frac{10 \times 1000}{0.25 \times 7.07} = 5657.7086\text{N} = 5657.71\text{N}$$

$$V = \frac{\pi D_A N_A}{60 \times 1000} = \frac{\pi \times 300 \times 450}{60 \times 1000} = 7.07\text{m/sec}$$

답 5657.71N

(2) 중심거리

$$i = \frac{N_B}{N_A} = \frac{D_A}{D_B},\ D_B = \frac{D_A}{i} = 3 \times 300 = 900\text{mm}$$

$$(\text{축간거리})\ C = \frac{D_A + D_B}{2} = \frac{300 + 900}{2} = 600\text{mm}$$

답 600mm

(3) 접촉면의 폭

$$f = \frac{P}{b}$$

$$(\text{폭})\ b = \frac{P}{f} = \frac{5657.71}{15} = 377.18\text{mm}$$

답 377.18mm

18

접촉면의 안지름 75mm, 바깥지름 125mm인 클러치 패드가 있다. 클러치패드의 마찰계수는 μ =0.1일 때 다음 물음에 답하여라.

(1) 축방향 하중 P =5kN이 가해질 때 클러치패드를 한 개 사용하는 원판클러치의 전달토크[N · mm]를 구하여라.
(2) 허용접촉면압력 q =3MPa인 클러치패드를 1개 사용하는 원판클러치의 최대전달토크[N · mm]를 구하여라.
(3) 축방향하중 P =5kN이 작용될 때 클러치패드를 4개 사용하는 다판클러치의 전달토크[N · mm]를 구하여라.
(4) 허용접촉면압력 q =3MPa인 클러치패드를 4개 사용하는 다판클러치의 최대전달토크[N · mm]를 구하여라.

풀이 및 답

(1) 축방향 하중 5kN이 가해질 때 클러치패드를 한 개 사용하는 원판클러치의 전달토크

$$D_m = \frac{D_2 + D_1}{2} = \frac{125+75}{2} = 100\text{mm}$$

$$T_1 = \mu P \frac{D_m}{2} = 0.1 \times 5000 \times \frac{100}{2} = 25000\text{N} \cdot \text{mm}$$

답 25000N · mm

(2) 허용접촉면압력 3MPa인 클러치패드를 1개 사용하는 원판클러치의 최대전달토크

$$T_{1\max} = \mu \cdot P_{1\max} \times \frac{D_m}{2} = \mu \times (q\pi D_m b) \times \frac{D_m}{2}$$

$$= 0.1 \times (3 \times \pi \times 100 \times 25) \times \frac{100}{2} = 117809.72\text{N} \cdot \text{mm}$$

답 117809.72N · mm

(3) 축방향하중 5kN이 작용될 때 클러치패드를 4개 사용하는 다판클러치의 전달토크

$$T_2 = \mu P \frac{D_m}{2} = 0.1 \times 5000 \times \frac{100}{2} = 25000\text{N} \cdot \text{mm}$$

답 25000N · mm

(4) 허용접촉면압력 3MPa인 클러치패드를 4개 사용하는 다판클러치의 최대전달토크

$$T_{2\max} = \mu \cdot P_{2\max} \times \frac{D_m}{2} = \mu \times (q\pi D_m b \times Z) \times \frac{D_m}{2}$$

$$= 0.1 \times (3 \times \pi \times 100 \times 25 \times 4) \times \frac{100}{2} = 471238.9\text{N} \cdot \text{mm}$$

답 471238.9N · mm

19

하중이 3000N 작용할 때의 처침이 δ =50mm로 되고 코일 스프링에서 소선의 지름 d =16mm, 평균지름 D =144mm, 전단탄성계수 G =80GPa이다. 다음을 구하시오. [5점]

(1) 유효감김수을 구하시오.(n권)
(2) 전단응력을 구하시오.(τ[MPa])

풀이 및 답

(1) 유효감김수

$$(\text{유효감김수})\ n = \frac{\delta G d^4}{8WD^3} = \frac{50 \times 80 \times 10^3 \times 16^4}{8 \times 3000 \times 144^3} = 3.658 = 4\text{권}$$

답 4권

(2) 전단응력

$$(\text{전단응력})\ \tau = K' \frac{8PD}{\pi d^3} = 1.16 \times \frac{8 \times 3000 \times 144}{\pi \times 16^3} = 311.545 = 311.55\text{MPa}$$

$$(\text{스프링 지수})\ C = \frac{D}{d} = \frac{144}{16} = 9$$

$$(\text{응력수정계수})\ K' = \frac{4C-1}{4C-4} + \frac{0.615}{C} = \frac{4 \times 9 - 1}{4 \times 9 - 4} + \frac{0.615}{9} = 1.162 = 1.16$$

답 311.55MPa

필답형 실기

- 건설기계설비기사 -

2020년도 2회

01 토크컨버터의 3대 구성요소를 쓰시오.

풀이 및 답

① 입력측에 해당하는 펌프(pump=impeller)
② 출력측에 해당되는 터빈(tubine=runner)
③ 토크 변동을 줄수 있는 스테이터(stator)가 있다.

02 배관지지 장치 중 브레이스 종류 2가지를 쓰시오.

풀이 및 답

① 방진기
② 완충기

대분류		소분류	
명칭	용도	명칭	용도
서포트 (Support)	배관계의 중량을 지지하는 장치 (밑에서 지지 하는 것)	파이프 슈	관의 수평부, 곡관부지지에 사용
		리지드 서포트	빔 등으로 만든 지지대
		롤러 서포트	관의 축방향 이동 가능
		스프링 서포트	하중 변화에 다라 미소한 상하이동 허용
행거 (Hanger)	배관계 의 중량을 지지하는장치 (위에서 달아 매는 것)	리지드 행거	빔에 턴버클 연결 달아 올림 (수직방향 변위 없는 곳에 사용)
		스프링행거	방진을 위행 턴버클 대신 스프링 설치(변위가 적은 개소에 사용)
		콘스텐트 행거	배관의 상하 이동 허용하면서 관지지력 일정하게 유지(변위 큰 개소)
레스트레인트 (Restraint)	배관의 열팽창에 의한 이동을 구속 제한하는 것	앵커(Anchor)	관지점에서 이동 · 회전 방지(고정)
		스터퍼(stopper)	관의 직선이동 제한
		가이드(Guide)	관의 회전제한, 축방향의 이동안내
브레이스 (Brace)	열팽창 및 중력에 의한 힘이 외의 외력에 의한 배관 이동을 제한하는 것. 주로 배관의 진동 및 충격을 흡수하는 역할을 한다.	방진기	배관계의 진동방지 및 감쇠
		완충기	배관 계에서 발생한 충격을 완화

03

미끄럼 베어링 윤활방법의 종류 3가지를 쓰시오.

풀이 및 답

① 패드 급유법　② 적하 급유법
③ 링 급유법　④ 순환급유법

04

다음 내용에 맞는 장치의 이름을 쓰시오.

(1) 자동차의 현가장치로 사용되는 스프링의 3가지종류를 쓰시오.
(2) 크랭크축에 연결된 것으로 내연기관의 회전력의 변화를 감소시키기 위해 사용되는 장치는 무엇인가?

풀이 및 답

(1) ① 겹판 스프링　② 코일스프링　③ 토션바
(2) 플라이휠

05

쇄석기의 종류 3가지를 쓰시오.

풀이 및 답

① 죠크리셔　② 콘 크러셔　③ 로드밀

(1) **1차 쇄석기** : 광산에서 암석을 가져와서 100~500mm 크기로 만드는 쇄석기
① 죠 크러셔(Jaw crusher)
② 자이레토리 크러셔(Gyratory crusher)

(2) **2차 쇄석기** : 1차 쇄석기에서 나온 것을 10~15mm 크기로 만드는 쇄석기
① 콘 크러셔(Cone crusher) : 맨틀의 최대지름[mm], 베드의 지름[mm]
② 햄머 밀 크러셔(Hammer mill crusher) : 드럼 지름[mm]×길이[mm]
③ 더블 롤 크러셔(Double rall crusher) : 롤의 지름[mm]×길이[mm]

(3) **3차 쇄석기** : 2차 쇄석기에서 나온 것을 10mm 이하로 만드는 쇄석기
① 로드 밀(Rod mill) : 5[mm] 이하의 잔골재를 생산하는 것
② 햄머 크러셔(Hammer crusher)
③ 임펙트 크러셔(Impact crusher) : 시간당 쇄석능력[ton/hr]
④ 볼 밀(Ball mill) : 드럼지름[mm]X길이[mm]

06

지름이 큰 관 안쪽에 지름이 작은 관을 넣은 이중관식 열교환식기가 있다. 지름이 작은 관에는 오일이 흐른다. 지름이 큰 관에는 물이 흐른다. 오일의 흐름방향과 물의 흐름방향이 같은 대향류(counter flow)이다. 이중관의 입구에서 오일의 온도는 150℃, 물의 입구온도는 20℃, 이중관의 출구에서 오일의 온도는 100℃, 물의 출구온도는 30℃일 때 대수 평균온도차를 구하여라.

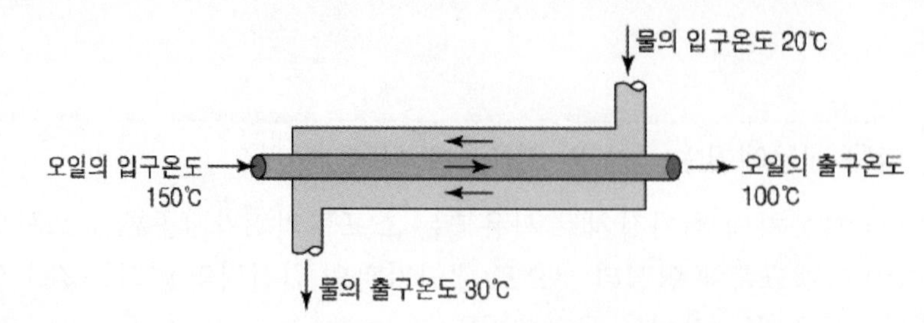

풀이 및 답

$\Delta T_1 = 150 - 30 = 120℃$

$\Delta T_2 = 100 - 20 = 80℃$

$$(\text{대수평균온도차})\ \Delta T_m = \frac{\Delta T_1 - \Delta T_2}{\ln\left(\dfrac{\Delta T_1}{\Delta T_2}\right)} = \frac{120-80}{\ln\dfrac{120}{80}} = 98.652℃ = 98.65℃$$

참고

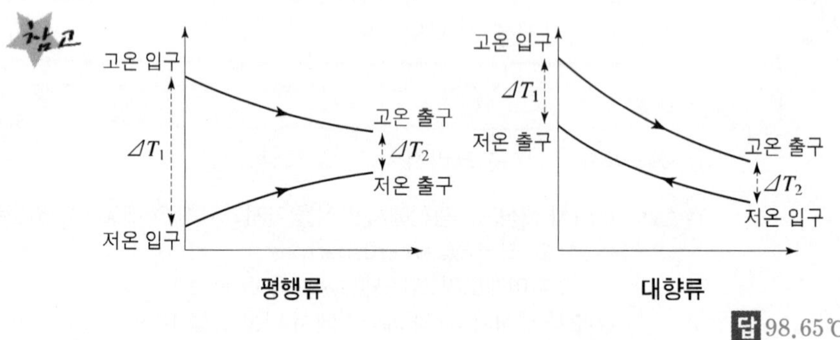

답 98.65℃

07

다음 데이터를 네트워크 공정표로 작성하고 각 작업별 여유시간을 산출하시오.

작업명	작업일수	선행 작업	비 고
A	2	없음	단, 크리티컬 패스는 굵은선으로 표시하고, 결합점에서는 다음과 같이 표시한다. LFT EFT EST LST i → j (작업명 / 작업일수)
B	5	없음	
C	3	없음	
D	4	A, B	
E	3	A, B	

(1) 네트워크 계획 공정표

(2) 여유시간

풀이 및 답

(1) 네트워크 계획 공정표

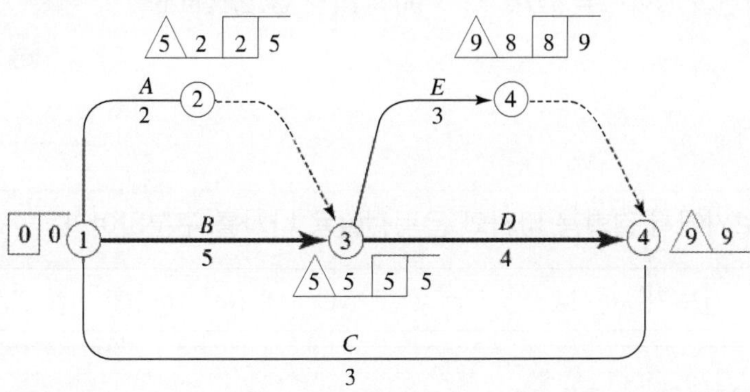

(2) 여유시간

작업명	TF (총여유시간)	FF (자유여유시간)	DF=IF (간섭여유시간)	CP
A	5−0−2=3	5−0−2=3	3−3=0	
B	0	0	0	☆
C	9−0−3=6	9−0−3=6	9−9=0	
D	0	0	0	☆
E	9−5−3=1	9−5−3=1	3−3=0	

08

소선의 지름 8mm의 강선으로 지름이 82mm인 원통에 밀착하여 감은 코일스프링에 20N에 의하여 6mm의 늘어나는 현상을 일으킨다. 다음을 구하여라. (단 재료의 가로탄성계수 G =90GPa이다.)

(1) 스프링의 유효감김수는 얼마인가?

(2) 강선의 길이는 몇 mm인가?

풀이 및 답

(1) 스프링의 유효감김수

(스프링의 평균지름) $D = 82 + 8 = 90\text{mm} = 0.09\text{m}$

(유효감김수) $n = \dfrac{\delta G d^4}{8WD^3} = \dfrac{0.006 \times 90 \times 10^9 \times 0.008^4}{8 \times 20 \times 0.09^3} = 18.96 = 19$권

답 19권

(2) 강선의 길이

(강선의 길이) $l = \pi D n = \pi \times 90 \times 19 = 5372.12\text{mm}$

답 5372.12mm

09

다음 보기에서 결합용 나사와 운동전달용 나사를 구분하여라.

[보기] ⓐ M ⓑ Tr ⓒ UNC ⓓ Rc ⓔ PT ⓕ TM

풀이 및 답

- **결합용 나사**
  - ⓐ M : 미터나사
  - ⓒ UNC : 유니파이나사
  - ⓓ Rc : 관용테이터 수나사
  - ⓔ PT : 관용테니퍼나사
- **운동전달용 나사**
  - ⓑ Tr : 미터 사다리꼴나나(ISO규격)
  - ⓕ TM : 미터사다리꼴나사(KS규격)

10 파단하중 21.67kN, 피치 15.88mm인 호칭번호 50번 롤러체인으로 동력을 전달하고자 한다. 원동스프로킷의 분당회전수는 900rpm, 종동축은 원동축보다 1/3로 감속 운전하고자 한다. 원동 스프로킷의 잇수 25개 안전율 10으로 할 때 다음을 구하여라.

(1) 체인속도 V[m/s]을 구하여라.

(2) 최대 전달동력 H[kW]을 구하여라.

(3) 피동 스포로킷의 피치원 지름 D_2[mm]을 구하여라.

(4) 양 스프로킷의 중심거리를 900mm로 할 경우 체인의 길이 L[mm]을 구하여라.

풀이 및 답

(1) 체인속도

$$V = \frac{p \times Z_1 \times N_1}{60 \times 1000} = \frac{15.88 \times 25 \times 900}{60 \times 1000} = 5.955\,\text{m/s} = 5.96\,\text{m/s}$$

답 5.96m/s

(2) 최대 전달동력

$$(\text{전달동력})\ H_{kW} = \frac{F_B \times V}{S} = \frac{21.67 \times 5.96}{10} = 12.91\text{kW}$$

답 12.91kW

(3) 피동 스포로킷의 피치원 지름

$$D_2 = \frac{p}{\sin\left(\frac{180}{Z_2}\right)} = \frac{15.875}{\sin\left(\frac{180}{75}\right)} = 379.098 = 379.1\,\text{mm}$$

$$Z_2 = Z_1 \times 3 = 25 \times 3 = 75\text{개}$$

답 379.1mm

(4) 양 스프로킷의 중심거리를 900mm로 할 경우 체인의 길이

$$L = \left(\frac{2 \times C}{p} + \frac{(Z_1 + Z_2)}{2} + \frac{\frac{p}{\pi^2}(Z_2 - Z_1)^2}{4C}\right) \times p$$

$$= \left(\frac{2 \times 900}{15.875} + \frac{(75 + 25)}{2} + \frac{\frac{15.88}{\pi^2} \times (75 - 25)^2}{4 \times 900}\right) \times 15.88$$

$$= 2809.97\,\text{mm}$$

답 2809.97mm

11

축간거리 15m의 로프 풀리에서 로프의 최대처짐량이 0.3m이다. 단, 로프 단위길이에 대한 무게는 w =0.5kgf/m이다. 다음 물음에 답하여라.

(1) 로프에 발생하는 인장력[kgf]을 구하여라.
(2) 접촉점으로부터 다른 쪽 풀리의 접촉점까지 로프의 길이 L_{AB}[m]을 구하여라.
(3) 원동축과 종동축의 풀리의 지름이 2m로 같다면 로프의 전체길이 L_t[m]를 구하여라.

풀이 및 답

(1) 로프에 발생하는 인장력

(인장력) $T_A = \dfrac{wl^2}{8h} + wh = \dfrac{0.5\times 15^2}{8\times 0.3} + 0.5\times 0.3 = 47.025 = 47.03\text{kgf}$

답 47.03kgf

(2) 접촉점으로부터 다른 쪽 풀리의 접촉점까지 로프의 길이

(접촉점 사이의 로프 길이) $L_{AB} = l\left(1+\dfrac{8}{3}\dfrac{h^2}{l^2}\right) = 15\times\left(1+\dfrac{8}{3}\dfrac{0.3^2}{15^2}\right) = 15.02\text{m}$

답 15.02m

(3) 원동축과 종동축의 풀리의 지름이 2m로 같다면 로프의 전체길이

(전체길이) $L_t = \dfrac{\pi}{2}(D_1+D_2) + 2L_{AB} = \dfrac{\pi}{2}(2+2) + 2\times 15.02 = 36.32\text{m}$

답 36.32m

12

다음 보기 용접방법들 중 겹치기용접과 맞대기 용접을 구별하여라.

[보기] ⓐ 점(shot)용접　　ⓑ 업셋(upset)용접
ⓒ 돌기(projection)용접　　ⓓ 시임(seam)용접
ⓔ 플래쉬(flash) 용접

풀이 및 답

- **겹치기용접** : ⓐ 점(shot)용접, ⓒ 돌기(projection)용접, ⓓ 시임(seam)용접
- **맞대기용접** : ⓑ 업셋(upset)용접, ⓔ 플래쉬(flash) 용접

13

아래 그림과 같은 압력용기에서 압력에 의한 전체 하중이 90kN이 작용하며, 용기의 뚜껑을 6개의 볼트로 결합 할 때 너트의 높이[mm]를 구하여라. (단 볼트의 재질은 강, 너트의 재질은 주철이다. 볼트는 M16을 사용하였고, M16볼트의 피치는 2mm, 나사산 높이는 1.083mm, 유효지름은 14.701mm이다.)

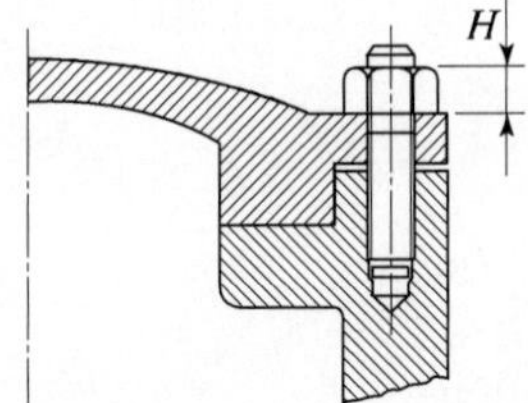

허용 접촉 압력

재료		q[kgf/mm^2]	
볼트	너트	결합용	전동용
연강	연강 또는 청동	3.0	1.0
경강	경강 또는 청동	4.0	1.3
강	주철	1.5	0.5

풀이 및 답

(너트의 높이) $H = p \times Z = p \times \dfrac{Q}{\pi d_e h \times q_a} = 2 \times \dfrac{1530.61}{\pi \times 14.701 \times 1.083 \times 1.5}$

$= 40.8016\,\text{mm} = 40.8\,\text{mm}$

(볼트 하나에 작용하는 축방향 하중) $Q = \dfrac{90000}{6} = 15000\,\text{N}$

$= 1530.6122\,\text{kgf} = 1530.61\,\text{kgf}$

볼트는 강, 너트는 주철을 사용하였고 결합용이므로

(허용 접촉면압력) $q_a = 1.5\,\text{kgf/mm}^2$

답 40.8mm

14

평 벨트 바로걸기 전동에서 두 축의 축간거리는 2000mm, 원동축 풀리 지름 400mm, 종동축 풀리 600mm인 평벨트 전동장치가 있다. 원동축 $N_1 =$ 600rpm으로 120kW 동력전달 시 다음을 구하라. (단, 벨트와 풀리의 마찰계수 0.3, 벨트 재료의 단위길이당 질량은 0.4kg/m이다.)

(1) 원동축 풀리의 벨트 접촉각 θ[°]을 구하여라.
(2) 벨트에 걸리는 긴장측 장력 T_t[kN]을 구하여라.
(3) 벨트의 최소폭 b[mm]을 구하여라.(단 벨트의 허용장력 3MPa, 벨트의 두께 10mm이다.)
(4) 벨트의 초기 장력 T_0[kN]을 구하여라.

풀이 및 답

(1) 원동축 풀리의 벨트 접촉각

$$\theta = 180° - 2\sin^{-1}\left(\frac{D_2 - D_1}{2C}\right) = 180° - 2 \times \sin^{-1}\left(\frac{600-400}{2\times 2000}\right) = 174.27°$$

답 174.27°

(2) 벨트에 걸리는 긴장측 장력

$$V = \frac{\pi \cdot D_1 \cdot N_1}{60 \times 1000} = \frac{\pi \times 400 \times 600}{60 \times 1000} = 12.57\text{m/sec}$$

$$T_g = \overline{m} V^2 = 0.4 \times 12.57^2 = 63.201\text{N} = 63.2\text{N}$$

$$e^{\mu\theta} = e^{\left(0.3 \times 174.27 \times \frac{\pi}{180}\right)} = 2.49$$

$$H_{kW} = \frac{(T_t - T_g) \cdot (e^{\mu\theta} - 1) \cdot V}{1000 \cdot e^{\mu\theta}}$$

$$120 = \frac{(T_t - 63.2) \times (2.49 - 1) \times 12.57}{1000 \times 2.49}$$

$$\therefore T_t = 16016.8127\text{N} = 16.02\text{kN}$$

답 16.02kN

(3) 벨트의 최소폭

$$\sigma_t = \frac{T_t}{b \cdot t \cdot \eta}$$

$$b = \frac{T_t}{\sigma_t \cdot t \cdot \eta} = \frac{16020}{3 \times 10 \times 1} = 534\text{mm}$$

답 534mm

(4) 벨트의 초기 장력

$$T_o = \frac{T_t + T_s}{2} = \frac{16020 + 6471.55}{2} = 11245.775\text{N} = 11.25\text{kN}$$

$$e^{\mu\theta} = \frac{T_t - T_g}{T_s - T_g},\ 2.49 = \frac{16020 - 63.2}{T_s - 63.2}$$

(이완장력) $T_s = 6471.553\text{N} = 6471.55\text{N}$

답 11.25kN

15 모듈 4인 외접 표준 스퍼기어가 있다. 피니언의 잇수가 30일 때, 다음을 결정하라. (단, 속도비 $i=\frac{1}{3}$, 압력각 $\alpha=20^\circ$이다.)

(1) 피니언의 피치원 직경 D_A, 기초원지름 D_{Ag}, 이끝원지름 D_{Ao}을 각각 구하여라.[mm]

(2) 기어의 피치원 직경 D_B, 기초원지름 D_{Bg}, 이끝원지름 D_{Bo}을 각각 구하여라.[mm]

(3) 중심거리는 몇 [mm]인가?

(4) 원주피치 p, 법선피치 p_n를 각각 구하여라.[mm]

풀이 및 답

(1) 피니언의 피치원 직경, 기초원지름, 이끝원지름

$$D_A = mZ_A = 4\times 30 = 120\text{mm}$$

$$D_{Ag} = D_A\cos\alpha = 120\times\cos 20 = 112.76\text{mm}$$

$$D_{Ao} = D_A + 2m = 120 + 2\times 4 = 128\text{mm}$$

답 $D_A = 120\text{mm}$
$D_{Ag} = 112.76\text{mm}$
$D_{Ao} = 128\text{mm}$

(2) 기어의 피치원 직경, 기초원지름, 이끝원지름

$$D_B = mZ_B = m\frac{Z_A}{i} = 4\times\frac{30}{\frac{1}{3}} = 360\text{mm}$$

$$D_{Bg} = D_B\cos\alpha = 360\times\cos 20 = 338.289 = 338.29\text{mm}$$

$$D_{Bo} = D_B + 2m = 360 + 2\times 4 = 368\text{mm}$$

답 $D_B = 360\text{mm}$
$D_{Bg} = 338.29\text{mm}$
$D_{Bo} = 368\text{mm}$

(3) 중심거리

$$C = \frac{D_A + D_B}{2} = \frac{120 + 360}{2} = 240\text{mm}$$

답 240mm

(4) 원주피치, 법선피치

$$p = \pi m = \pi\times 4 = 12.57\text{mm}$$

$$p_n = p\cos\alpha = 12.57\times\cos 20 = 11.81\text{mm}$$

답 $p = 12.57\text{mm}$
$p_n = 11.81\text{mm}$

16

지름이 50mm인 축의 회전수 800rpm, 동력 20kW를 전달시키고자 할 때, 이 축에 작용하는 묻힘키의 길이를 결정하라. (단, 키의 $b \times h$ =9×8이고, 묻힘깊이 $t = \dfrac{h}{2}$ 이며 키의 허용전단응력은 30MPa, 허용압축응력은 80MPa이다.)

(1) 키의 허용전단응력을 이용하여 키의 길이를 mm로 구하라.
(2) 키의 허용압축응력을 이용하여 키의 길이를 mm로 구하라.
(3) 묻힘키의 최대 길이를 결정하라.

[표] 길이 l의 표준값

6	8	10	12	14	16	18	20	22	25	28	32	36
40	45	50	56	63	70	80	90	100	110	125	140	160

풀이 및 답

(1) 키의 허용전단응력을 이용한 키의 길이

(전단응력을 고려한 키의 길이) $l_\tau = \dfrac{2T}{bd\tau} = \dfrac{2 \times 238630}{9 \times 50 \times 30}$

$= 35.3525\text{mm} = 35.35\text{mm}$

$$T = 974000 \times \frac{H_{KW}}{N} = 974000 \times \frac{20}{800} = 24350\text{kgf} \cdot \text{mm} = 238630\text{N} \cdot \text{mm}$$

답 35.35mm

(2) 키의 허용압축응력을 이용한 키의 길이

(압축응력을 고려한 키의 길이) $l = \dfrac{4T}{hd\sigma_c} = \dfrac{4 \times 238630}{8 \times 50 \times 80}$

$= 29.8287\text{mm} = 29.83\text{mm}$

답 29.83mm

(3) 묻힘키의 최대 길이

전단응력에 의한 길이 35.35mm가 압축응력에 의한 길이 29.83mm보다 크다. 그러므로 35.35mm보다 처음으로 커지는 표준길이는 36mm이다.

답 36mm

다판클러치 패드의 안지름 50mm, 바깥지름 80mm, 접촉면의 수가 14인 다판 클러치에 의하여 2000rpm으로 10kW를 전달한다. 마찰계수 μ =0.25라 할 때 다음을 구하시오.

(1) 전동토크 T[J]을 구하시오.
(2) 축 방향으로 미는 힘 P[N]를 구하시오.
(3) 클러치 패드의 허용$(qV)_a$값은 1.96[N/mm^2 · m/sec]이다. 현재 사용되고 있는 다판클러치의 안전성여부를 검토하여라.

풀이 및 답

(1) 전동토크

$$T=\frac{60}{2\pi}\times\frac{H}{N}=\frac{60}{2\pi}\times\frac{10\times10^3}{2000}=47.746\text{N}\cdot\ \text{m}=47.75\text{J}$$

답 47.75J

(2) 축 방향으로 미는 힘

$$T=\mu P\frac{D_m}{2},\ P=\frac{2T}{\mu D_m}=\frac{2\times47750}{0.25\times65}=5876.92\text{N}$$

$$D_m=\frac{D_2+D_1}{2}=\frac{80+50}{2}=65\text{mm}$$

답 5876.92N

(3) 클러치 패드의 허용값은 1.96[N/mm^2 · m/sec]이다. 현재 사용되고 있는 다판클러치의 안전성여부

$$q=\frac{P}{\frac{\pi\times(D_2^2-D_1^2)}{4}\times Z}=\frac{5876.92}{\frac{\pi\times(80^2-50^2)}{4}\times14}=0.137\text{N/mm}^2$$

$$V=\frac{\pi\times D_m\times2000}{60\times1000}=\frac{\pi\times65\times2000}{60\times1000}=6.807\text{m/s}$$

$(qV)=0.137\times6.807=0.933[\text{N/mm}^2\cdot\ \text{m/sec}]$

$(qV)_a=1.96[\text{N/mm}^2\cdot\ \text{m/sec}]$

$(qV)_a>(qV)$이므로 안전하다.

답 안전하다.

18

1200rpm으로 회전하며 20kW를 전달하는 플랜지 커플링이 있다. 축의 재질은 SM45C이고 축의 허용전단응력이 25NPa일 때 다음을 결정하라.

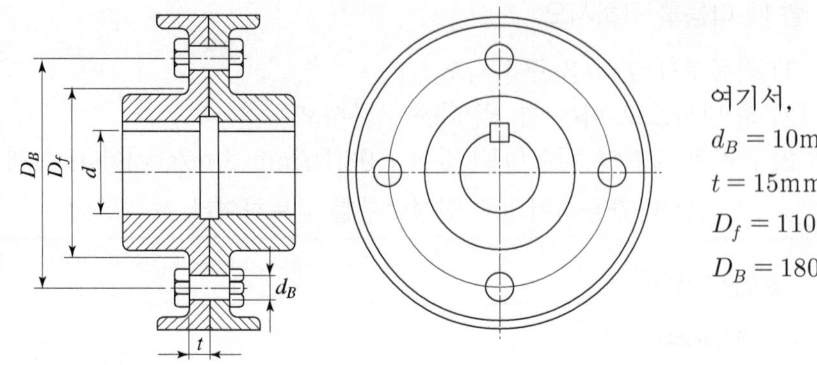

여기서,
$d_B = 10\text{mm}$
$t = 15\text{mm}$
$D_f = 110\text{mm}$
$D_B = 180\text{mm}$

(1) 전달토크는 몇 N · mm인가?
(2) 축직경은 몇 mm인가?
(3) 플랜지 연결 볼트의 전단응력은 몇 MPa인가?
(4) 플랜지의 보스 뿌리부에 생기는 전단응력은 몇 MPa인가?

풀이 및 답

(1) 전달토크

$$T = \frac{60}{2\pi} \times \frac{H}{N} = \frac{60}{2\pi} \times \frac{20 \times 10^3}{1200} = 159.15494\text{N} \cdot \text{m} = 159154.94\text{N} \cdot \text{mm}$$

답 159154.95N · mm

(2) 축직경

$$T = \tau_a \times \frac{\pi d^3}{16}$$

$$d = \sqrt[3]{\frac{16 \times T}{\pi \times \tau_a}} = \sqrt[3]{\frac{16 \times 159154.94}{\pi \times 25}} = 31.887 = 31.89\text{mm}$$

답 31.89mm

(3) 플랜지 연결 볼트의 전단응력

$$\tau_B = \frac{8T}{\pi d_B^2 Z \times D_B} = \frac{8 \times 159154.94}{\pi \times 10^2 \times 4 \times 180} = 5.63\text{MPa}$$

답 5.63MPa

(4) 플랜지의 보스 뿌리부에 생기는 전단응력

$$\tau_f = \frac{2T}{\pi D_f^2 t} = \frac{2 \times 159154.94}{\pi \times 110^2 \times 15} = 0.558\text{N/mm}^2 = 0.56\text{MPa}$$

답 0.56MPa

19

전달동력이 100PS인 4사이클 단동 1기통으로 운전되는 내연기관의 크랭크축의 분당회전수는 2000rpm이다. 내연기관 엔진의 크랭크축에 연결된 플라이휠을 설계하고자 한다. 다음 플라이휠의 조건을 보고 물음에 답하여라.

[조건] ① 에너지 변동계수는 ϕ : 1.3
② 플라이 휠에 사용된 재료의 비중량 γ : 78400N/m^3
③ 플라이 휠의 두께 t : 50mm

(1) 1사이클당 운동에너지 변화량은 몇 [J]인가?

(2) 관성모멘트는 몇 $\text{N}\cdot\text{m/s}^2$인가? (단, 각속도 변동률 δ : $\delta = \dfrac{1}{60}$)

(3) 플라이휠의 직경 d는 몇 mm인가?

풀이 및 답

(1) 1사이클당 운동에너지 변화량

(운동에너지 변화량) $\Delta E = E\cdot\ \phi = 4409.92 \times 1.3 = 5732.9\text{N}\cdot\ \text{m} = 5732.9\text{J}$

(운동에너지) $E = 4\pi \times T = 4\pi \times 350.93 = 4409.92\text{N}\cdot\ \text{m}$

(평균토크) $T_m = \dfrac{60H}{2\pi N} = \dfrac{60 \times 100 \times 75}{2\pi \times 2000} = 35.809\text{kgf}\cdot\ \text{m} = 350.93\text{N}\cdot\ \text{m}$

답 5732.9J

(2) 관성모멘트

(관성모멘트) $J = \dfrac{\Delta E}{w^2\cdot\ \delta} = \dfrac{5732.9}{209.44^2 \times \dfrac{1}{60}}$

$= 7.841[\text{N}\cdot\ \text{m}\cdot\ \text{s}^2] = 7.841[\text{J}\cdot\ \text{s}^2]$

(각속도) $w = \dfrac{2\pi N}{60} = \dfrac{2\pi \times 2000}{60} = 209.44\text{rad/s}$

답 $7.841\text{J}\cdot\text{s}^2$

(3) 플라이휠의 직경

$$d = \sqrt[4]{\frac{32J \times g}{\pi t \gamma}} = \sqrt[4]{\frac{32 \times 7.841 \times 9.8}{\pi \times 50 \times 10^{-3} \times 78400}} = 0.668463\text{m} = 668.46\text{mm}$$

답 668.46mm

필답형 실기

- 건설기계설비기사 -

2020년도 3회

01

다음 용접방법을 융접과 압접으로 구분 하여라.

[보기] ⓐ TIG ⓑ MIG ⓒ CO_2용접
ⓓ 플래쉬(flash) 용접 ⓔ 테르밋 용접 ⓕ 마찰용접

풀이 및 답

- 융접 : ⓐ TIG ⓑ MIG ⓒ CO_2용접 ⓔ 테르밋 용접
- 압접 : ⓓ 플래쉬(flash) 용접 ⓕ 마찰용접

02

기중기의 전부장치 5가지를 쓰시오.

풀이 및 답

① Hook(갈쿠리) ② Clam shell(클램셸 ; 조개 껍데기)
③ Shovel(셔블 ; 삽) ④ Drag line(드래그라인 ; 긁어파기)
⑤ Trench hoe(트렌치호 ; 도랑파기) ⑥ Pile driver(파일드라이버 ; 기둥박기)

03

건설기계 안전기준 규칙에서 정하는 "대형건설기계"에 해당 하는 설명이다. 맞는 표현에는 (○), 틀린 표현에는(×)하여라.

가. 길이가 20미터를 초과하는 건설기계( )
나. 너비가 2.5미터를 초과하는 건설기계( )
다. 높이가 4.0미터를 초과하는 건설기계( )
라. 최소회전반경이 15미터를 초과하는 건설기계( )
마. 총중량이 40톤을 초과하는 건설기계( )
바. 총중량 상태에서 축하중이 10톤을 초과하는 건설기계( )

풀이 및 답

건설기계 안전기준 규칙에서 정하는 "대형건설기계"

① 길이가 16.7미터를 초과하는 건설기계
② 너비가 2.5미터를 초과하는 건설기계
③ 높이가 4.0미터를 초과하는 건설기계
④ 최소회전반경이 12미터를 초과하는 건설기계
⑤ 총중량이 40톤을 초과하는 건설기계
⑥ 총중량 상태에서 축하중이 10톤을 초과하는 건설기계

04

물의 분당 70kg의 공급되는 이중관식 열교환기이다. 열교환기의 총괄열전달계수는 k=300W/m^2℃이다.

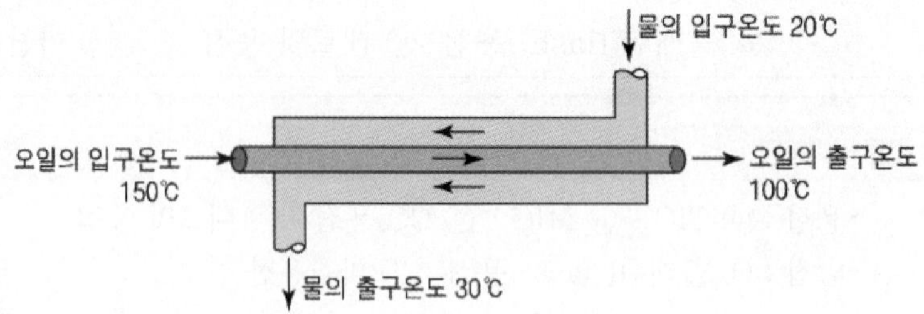

(1) 대수평균온도차 ΔT_m를 구하여라.

(2) 오일이 흐르는 관의 지름은 20cm이고 열교환이 일어나는 오일관의 길이는 3m이다. 시간당 전열량 Q[kcal/hr]를 구하여라.(1kcal=4.2kJ)

풀이 및 답

(1) 대수평균온도차

$\Delta T_1 = 150 - 30 = 120℃$

$\Delta T_2 = 100 - 20 = 80℃$

$$(\text{대수평균온도차})\ \Delta T_m = \frac{\Delta T_1 - \Delta T_2}{\ln\left(\frac{\Delta T_1}{\Delta T_2}\right)} = \frac{120-80}{\ln\frac{120}{80}} = 98.652℃ = 98.65℃$$

답 98.65℃

(2) 시간당 전열량

$$Q = kA\Delta T_m = 300\frac{\text{W}}{\text{m}^2℃} \times 1.88\text{m}^2 \times 98.65℃ = 55638.6[\text{W}]$$

$$Q = 55638.6[\text{W}] = 55638.6\frac{\text{J}}{\text{s}} \times \frac{3600\text{s}}{1\text{hr}} \times \frac{1\text{cal}}{4.2\text{J}}$$

$$= 47690228.57\text{cal/hr} = 47690.228\text{kcal/hr}$$

$$A = \pi dL = \pi \times 0.2 \times 3 = 1.884\text{m}^2 = 1.88\text{m}^2$$

답 47690.228kcal/hr

참고

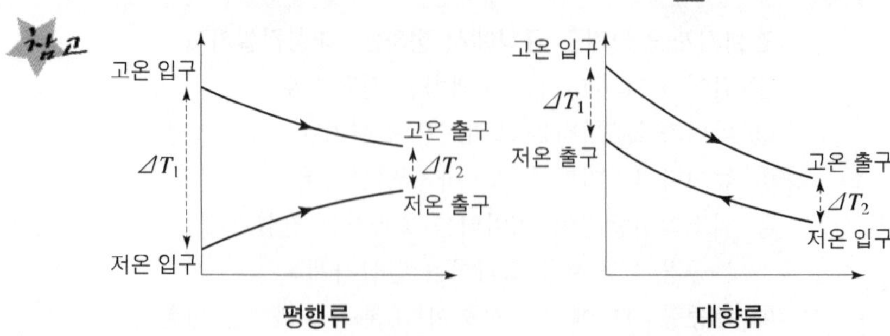

05 캐비테이션의 방지법 3가지를 쓰시오.

풀이 및 답

① 펌프의 설치 높이를 낮추어 흡입양정을 짧게 한다.
② 펌프의 회전수를 낮춘다.
③ 양흡입펌프를 사용한다.
④ 배관의 손실을 줄이기 위해 배관은 완만하고 짧게 한다.
⑤ 입축 펌프를 사용하고 회전차를 수중에 완전히 잠기게 한다.

06 형태에 따른 스프링의 종류 3가지를 쓰시오.

풀이 및 답

① 코일스프링
② 겹판스프링
③ 접시스프링
④ 토션바
⑤ 벨류트스프링

07 평벨트 전동에서 바로걸기와 엇걸기의 접촉각 공식을 쓰시오.

풀이 및 답

(1) 바로 걸기 접촉 중심각

• 원동축의 접촉 중심각 : $\theta_1 = 180° - 2\phi = 180° - 2\sin^{-1}\left(\frac{D_2 - D_1}{2C}\right)$

• 종동축의 접촉 중심각 : $\theta_2 = 180° + 2\phi = 180° + 2\sin^{-1}\left(\frac{D_2 - D_1}{2C}\right)$

(2) 엇걸기 접촉 중심각

$\theta_1 = \theta_2 = \theta$

$\theta = 180° + 2\phi = 180° + 2\sin^{-1}\left(\frac{D_2 + D_1}{2C}\right)$

08

다음과 같은 작업 리스트가 있다. 물음에 답하여라.

작업명	선행작업	후속작업	표준상태		특급상태	
			일수	공비(만원)	일수	공비(만원)
A	–	B,C	6	210	5	240
B	A	D,E	4	450	2	630
C	A	F,G	4	160	3	200
D	B	G	3	300	2	370
E	B	H	2	600	2	600
F	C	I	7	240	5	340
G	C,D	I	5	100	3	120
H	E	I	4	130	2	170
I	F,G,H	–	2	250	1	350

(1) 네트워크 $\boxed{T_E \mid T_L}$를 작성하여라.

(2) 표준상태 CP를 찾아라.

풀이 및 답

(1) 네트워크 계획 공정표

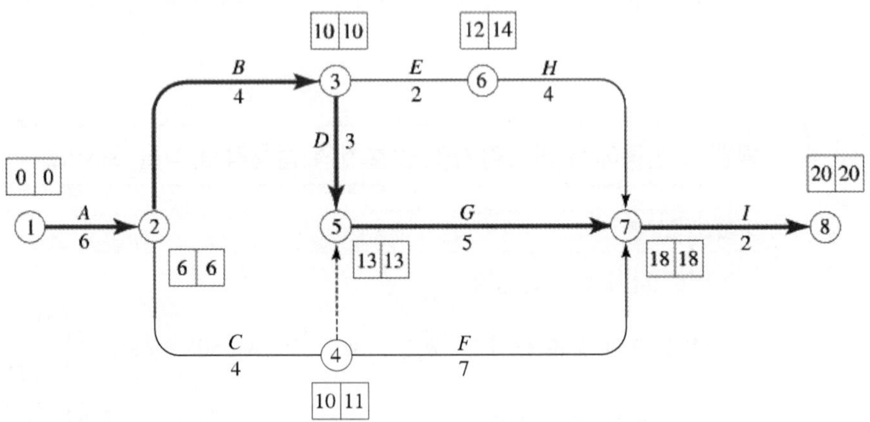

(2) 주공정 CP

① → ② → ③ → ⑤ → ⑦ → ⑧

09

두 축이 평행한 기어 종류3가지를 쓰시오.

풀이 및 답

① 스퍼기어
② 헬리컬기어
③ 내접기어
④ 래크와 피니언

10

다음 그림에서 스플라인 축이 전달할 수 있는 동력[kW]를 구하시오.

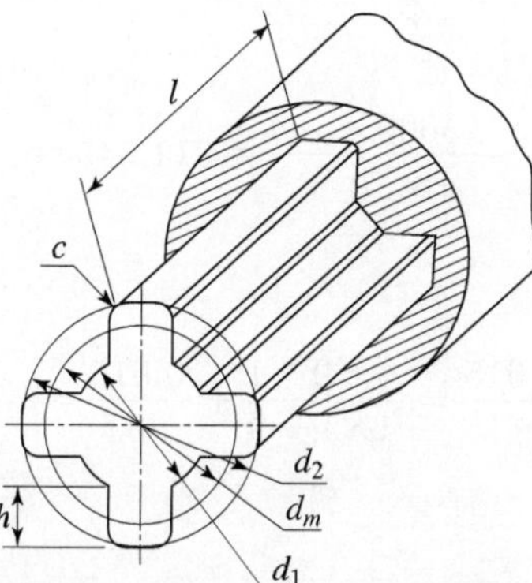

c : 모떼기 $c = 0.4\text{mm}$
l : 보스의 길이 $l = 100\text{mm}$
d_1 : 이뿌리 직경 $d_1 = 46\text{mm}$
d_2 : 이끝원 직경 $d_2 = 50\text{mm}$
η : 접촉효율 $\eta = 75\%$
z : 이의 개수 $z = 4$개
q_a : 허용접촉 면압력 $q_a = 10\text{MPa}$
N : 분당회전수 $N = 1200\text{rpm}$

풀이 및 답

(동력) $H = T \times \dfrac{2\pi N}{60} = 86.4 \times \dfrac{2 \times \pi \times 1200}{60} = 10857.3442\text{W} = 10.86\text{kW}$

$T = q_a \cdot\ (h - 2c) \cdot\ l \cdot\ z \cdot\ \dfrac{d_m}{2} \cdot\ \eta = 10 \times (2 - 2 \times 0.4) \times 100 \times 4 \times \dfrac{48}{2} \times 0.75$

$= 86400\text{N} \cdot\ \text{mm} = 86.4\text{N} \cdot\ \text{m}$

$d_m = \dfrac{d_2 + d_1}{2} = \dfrac{50 + 46}{2} = 48\text{mm}$

$h = \dfrac{d_2 - d_1}{2} = \dfrac{50 - 46}{2} = 2\text{mm}$

답 10.86kW

11

하중이 3000N 작용할 때의 처침이 δ =50mm로 되고 코일 스프링에서 소선의 지름 d =16mm, 평균지름 D =144mm, 전단탄성계수 G =80GPa이다. 다음을 구하시오. [5점]

(1) 유효감김수을 구하시오.(n권)
(2) 전단응력을 구하시오.(τ[MPa])

풀이 및 답

(1) 유효감김수

(유효감김수) $n = \frac{\delta G d^4}{8WD^3} = \frac{50 \times 80 \times 10^3 \times 16^4}{8 \times 3000 \times 144^3} = 3.658 = 4$권

답 4권

(2) 전단응력

(전단응력) $\tau = K' \frac{8PD}{\pi d^3} = 1.16 \times \frac{8 \times 3000 \times 144}{\pi \times 16^3} = 311.545 = 311.55\text{MPa}$

(스프링 지수) $C = \frac{D}{d} = \frac{144}{16} = 9$

(응력수정계수) $K' = \frac{4C-1}{4C-4} + \frac{0.615}{C} = \frac{4 \times 9 - 1}{4 \times 9 - 4} + \frac{0.615}{9} = 1.162 = 1.16$

답 311.55MPa

12

회전수 600rpm, 베어링 하중 400N을 받는 엔드저널이 있다. 다음 물음에 답하여라.

(1) 허용압력속도지수 $(pv)_a = 2[\text{N/mm}^2 \cdot \text{m/s}]$일 때 저널의 길이를 구하여라.
(2) 저널부의 허용굽힘응력 $\sigma_b = 5\text{MPa}$일 때 저널의 지름[mm]을 구하여라.

풀이 및 답

(1) 허용압력속도지수가 2[N/mm^2 · m/s]일 때 저널의 길이

(저널의 길이) $l = \frac{\pi Q N}{60000 \times (pV)_a} = \frac{\pi \times 400 \times 600}{60000 \times 2} = 6.28\text{mm}$

답 6.28mm

(2) 저널부의 허용굽힘응력이 5MPa일 때 저널의 지름

(저널의 지름) $d = \sqrt[3]{\frac{16Ql}{\pi \sigma_b}} = \sqrt[3]{\frac{16 \times 400 \times 6.28}{\pi \times 5}} = 13.68\text{mm}$

답 13.68mm

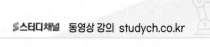

13

1200rpm으로 회전하며 20kW를 전달하는 플랜지 커플링이 있다. 축의 재질은 SM45C이고 축의 허용전단응력이 25NPa일 때 다음을 결정하라.

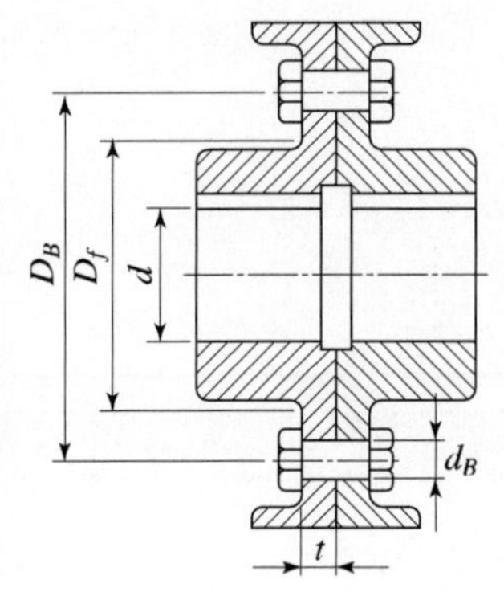

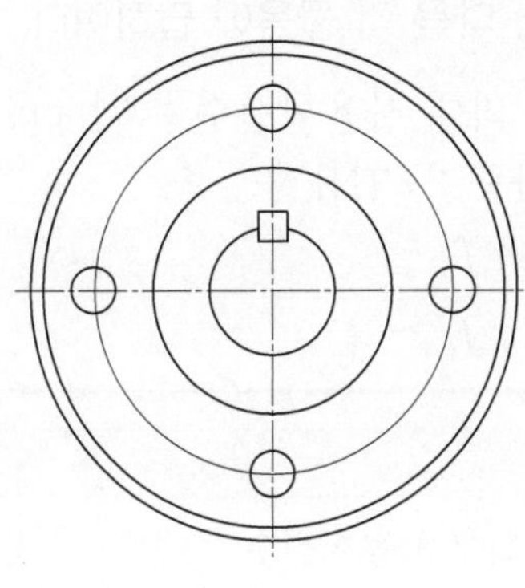

여기서,
$d_B = 10\text{mm}$
$t = 15\text{mm}$
$D_f = 110\text{mm}$
$D_B = 180\text{mm}$

(1) 전달토크는 몇 N · mm인가?
(2) 축직경은 몇 mm인가?
(3) 플랜지 연결 볼트의 전단응력은 몇 MPa인가?
(4) 플랜지의 보스 뿌리부에 생기는 전단응력은 몇 MPa인가?

풀이 및 답

(1) 전달토크

$$T = \frac{60}{2\pi} \times \frac{H}{N} = \frac{60}{2\pi} \times \frac{20 \times 10^3}{1200} = 159.15494\text{N}\cdot\ \text{m} = 159154.94\text{N}\cdot\ \text{mm}$$

답 159154.94N · mm

(2) 축직경

$$T = \tau_a \times \frac{\pi d^3}{16}$$

$$d = \sqrt[3]{\frac{16 \times T}{\pi \times \tau_a}} = \sqrt[3]{\frac{16 \times 159154.94}{\pi \times 25}} = 31.887 = 31.89\text{mm}$$

답 31.89mm

(3) 플랜지 연결 볼트의 전단응력

$$\tau_B = \frac{8T}{\pi d_B^2 Z \times D_B} = \frac{8 \times 159154.94}{\pi \times 10^2 \times 4 \times 180} = 5.63\text{MPa}$$

답 5.63MPa

(4) 플랜지의 보스 뿌리부에 생기는 전단응력

$$\tau_f = \frac{2T}{\pi D_f^2 t} = \frac{2 \times 159154.94}{\pi \times 110^2 \times 15} = 0.558\text{N/mm}^2 = 0.56\text{MPa}$$

답 0.56MPa

14

단열 깊은 홈 레이디얼 볼베어링 6212의 수명시간을 4000hr으로 설계하고자 한다. 한계속도지수는 200000이고 하중계수는 1.5, 기본동적부하용량은 4100kgf이다. 다음 각 물음에 답하여라.

(1) 베어링의 최대 사용회전수 : N[rpm]

(2) 베어링 하중 : P[N]

(3) 수명계수 : f_h

(4) 속도계수 : f_n

풀이 및 답

(1) 베어링의 최대 사용회전수

$$N = \frac{dN}{d} = \frac{200000}{12 \times 5} = 3333.33\text{rpm}$$

답 3333.33rpm

(2) 베어링 하중

$$L_h = 500 \times \frac{33.3}{N} \times \left(\frac{C}{P_{th} \cdot f_w} \right)^r$$

$$4000 = 500 \times \frac{33.3}{3333.33} \times \left(\frac{4100}{P_{th} \times 1.5} \right)^3$$

$$\therefore P_{th} = 294.341\text{kgf} = 2884.55\text{N}$$

답 2884.55N

(3) 수명계수

$$L_h = 500 \times (f_h)^r$$

$$4000 = 500 \times (f_h)^3 \qquad \therefore (\text{수명계수})\ f_h = 2$$

답 2

(4) 속도계수

$$f_n = \left(\frac{33.3}{N} \right)^{\frac{1}{r}} = \left(\frac{33.3}{3333.33} \right)^{\frac{1}{3}} = 0.2153 = 0.22$$

$$\therefore (\text{속도계수})\ f_n = 0.22$$

답 0.22

15

파단하중 21.67kN, 피치 15.88mm인 호칭번호 50번 롤러체인으로 동력을 전달하고자 한다. 원동스프로킷의 분당회전수는 900rpm, 종동축은 원동축보다 1/3로 감속 운전하고자 한다. 원동 스프로킷의 잇수 25개 안전율 10으로 할 때 다음을 구하여라.

(1) 체인속도 V[m/s]을 구하여라.
(2) 최대 전달동력 H[kW]을 구하여라.
(3) 피동 스포로킷의 피치원 지름 D_2[mm]을 구하여라.
(4) 양 스프로킷의 중심거리를 900mm로 할 경우 체인의 길이 L[mm]을 구하여라.

풀이 및 답

(1) 체인속도

$$V = \frac{p \times Z_1 \times N_1}{60 \times 1000} = \frac{15.88 \times 25 \times 900}{60 \times 1000} = 5.955\,\text{m/s} = 5.96\,\text{m/s}$$

답 5.96m/s

(2) 최대 전달동력

$$(\text{전달동력})\ H_{kW} = \frac{F_B \times V}{S} = \frac{21.67 \times 5.96}{10} = 12.91\text{kW}$$

답 12.91kW

(3) 피동 스포로킷의 피치원 지름

$$D_2 = \frac{p}{\sin\left(\frac{180}{Z_2}\right)} = \frac{15.875}{\sin\left(\frac{180}{75}\right)} = 379.098 = 379.1\,\text{mm}$$

$$Z_2 = Z_1 \times 3 = 25 \times 3 = 75\text{개}$$

답 379.1mm

(4) 양 스프로킷의 중심거리를 900mm로 할 경우 체인의 길이

$$L = \left(\frac{2 \times C}{p} + \frac{(Z_1 + Z_2)}{2} + \frac{\frac{p}{\pi^2}(Z_2 - Z_1)^2}{4C}\right) \times p$$

$$= \left(\frac{2 \times 900}{15.875} + \frac{(75 + 25)}{2} + \frac{\frac{15.88}{\pi^2} \times (75 - 25)^2}{4 \times 900}\right) \times 15.88$$

$$= 2809.97\,\text{mm}$$

답 2809.97mm

16

하중 W의 자유 낙하를 방지하기 위하여 그림과 같은 블록 브레이크 이용하였다. 레버 끝에 F=150N의 힘을 가하였다. 블록과 드럼의 마찰계수는 0.3이다. 이때 다음을 계산하라.

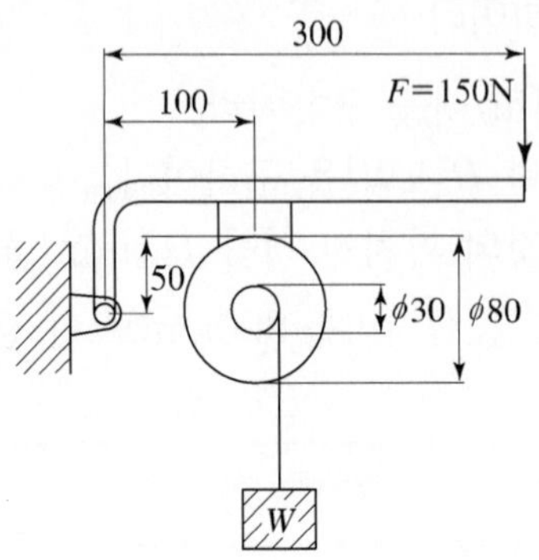

(1) 블록 브레이크를 밀어 붙이는 힘 P[N]을 구하시오.
(2) 자유낙하 하지 않기 위한 최대 하중 W[N]은 얼마인가?
(3) 블록의 허용압력은 200kPa, 브레이크 용량 0.8[N/mm^2 · m/s]일 때 브레이크 드럼의 최대회전수 N[rpm]는 얼마인가?

풀이 및 답

(1) 블록 브레이크를 밀어 붙이는 힘

$$F\times 300-P\times 100+\mu P\times 50=0$$

$$P=\frac{150\times 300}{100-0.3\times 50}=529.41\text{N}$$

답 529.41N

(2) 자유낙하 하지 않기 위한 최대 하중

$$T=\mu P\times \frac{80}{2}=W\times \frac{30}{2}$$

$$W=\frac{\mu P\times 80}{30}=\frac{0.3\times 529.41\times 80}{30}=423.53\text{N}$$

답 423.53N

(3) 블록의 허용압력은 200kPa, 브레이크 용량 0.8[N/mm^2 · m/s]일 때 브레이크 드럼의 최대회전수

$$q=200\text{kPa}=0.2\text{N/mm}^2$$

$$\mu qv=\mu q\cdot \frac{\pi DN}{60\times 1000},\ 0.8=0.3\times 0.2\times \frac{\pi\times 80\times N}{60\times 1000}\quad \therefore\ N=3183.1\text{rpm}$$

답 3183.1rpm

17

사각나사의 바깥지름이 50mm이고 안지름이 42mm인 1줄 사각나사를 50mm 전진시키는데 5회전 하였다. 축방향 하중 3kN이 작용하고 있다. 사각나사 마찰계수가 0.12일 때 다음을 구하시오.

(1) 나사의 피치(mm)를 구하여라.
(2) 나사의 체결력(N)을 구하여라.
(3) 나사의 효율(%)을 구하여라.

풀이 및 답

(1) 나사의 피치

$$p=\frac{50\text{mm}}{5\text{회전}}=\frac{10\text{mm}}{1\text{회전}}=10\text{mm}$$

답 10mm

(2) 나사의 체결력

$$(\text{체결력})\, P=Q\tan(\lambda+\rho)=3000\times\tan(3.96+6.84)$$
$$=572.2806\text{N}=572.28\text{N}$$

$$(\text{리드각})\ \lambda=\tan^{-1}\frac{p}{\pi\times d_e}=\tan^{-1}\frac{10}{\pi\times 46}=3.95843^{\circ}=3.96^{\circ}$$

$$(\text{마찰각})\ \rho=\tan^{-1}\mu=\tan^{-1}0.12=6.84277°=6.84°$$

$$(\text{평균지름})\ d_e=\frac{d_2+d_1}{2}=\frac{50+42}{2}=46\text{mm}$$

답 572.28N

(3) 나사의 효율

$$(\text{나사의 효율})\ \eta=\frac{\tan\lambda}{\tan(\lambda+\rho)}=\frac{\tan(3.96)}{\tan(3.96+6.84)}=0.36289173=36.29\%$$

답 36.29%

18

원동차의 분당회전수가 750rpm을 종동차로 전달하고자 한다. 홈 각도가 40° 인 V홈붙이 마찰차에서 원동차의 평균지름이 300mm, 3.7kW의 동력을 전달하고자 한다. 다음 물음에 답하여라. (단, 허용선압력은 30N/mm, 마찰계수 μ =0.15이다.)

(1) 마찰차를 밀어 붙이는 힘[N]을 구하여라.
(2) 홈의 깊이[mm]를 구하여라.
(3) 홈의 수를 구하여라.

풀이 및 답

(1) 마찰차를 밀어 붙이는 힘

$$V = \frac{\pi D_A N_A}{60 \times 1000} = \frac{\pi \times 300 \times 750}{60 \times 1000} = 11.78\text{m/sec}$$

$$\mu' = \frac{\mu}{\sin\alpha + \mu\cos\alpha} = \frac{0.15}{\sin 20 + 0.15 \times \cos 20} = 0.31$$

$$H_{kW} = \frac{\mu' P V}{1000},\ P = \frac{H_{kW} \times 1000}{\mu' \times V} = \frac{3.7 \times 1000}{0.31 \times 11.78} = 1013.2\text{N}$$

답 1013.2N

(2) 홈의 깊이

(홈의 깊이) $h = 0.94\sqrt{\mu' P} = 0.94 \times \sqrt{0.31 \times 1013.2 \times \frac{1}{9.8}} = 5.32\text{mm}$

답 5.32mm

(3) 홈의 수

(홈의 개수) $Z = \frac{Q}{2hf} = \frac{2093.95}{2 \times 5.32 \times 30} = 6.56 \fallingdotseq 7$

(접촉면에 수직하는 힘) $Q = \frac{\mu' P}{\mu} = \frac{0.31 \times 1013.2}{0.15} = 2093.95\text{N}$

답 7개

19

회전수 600rpm, 베어링 하중 400N을 받는 엔드저널이 있다. 다음 물음에 답하여라.

(1) 허용압력속도지수 $(pv)_a = 2[\text{N/mm}^2 \cdot \ \text{m/s}]$일 때 저널의 길이를 구하여라.

(2) 저널부의 허용굽힘응력 $\sigma_b = 5\text{MPa}$일 때 저널의 지름[mm]을 구하여라.

풀이 및 답

(1) 허용압력속도지수가 2[N/mm² · m/s]일 때 저널의 길이

(저널의 길이) $l = \dfrac{\pi QN}{60000 \times (pV)_a} = \dfrac{\pi \times 400 \times 600}{60000 \times 2} = 6.28\text{mm}$

답 6.28mm

(2) 저널부의 허용굽힘응력이 5MPa일 때 저널의 지름

(저널의 지름) $d = \sqrt[3]{\dfrac{16Ql}{\pi\sigma_b}} = \sqrt[3]{\dfrac{16 \times 400 \times 6.28}{\pi \times 5}} = 13.68\text{mm}$

답 13.68mm

필답형 실기

- 건설기계설비기사 -

2020년도 4, 5회

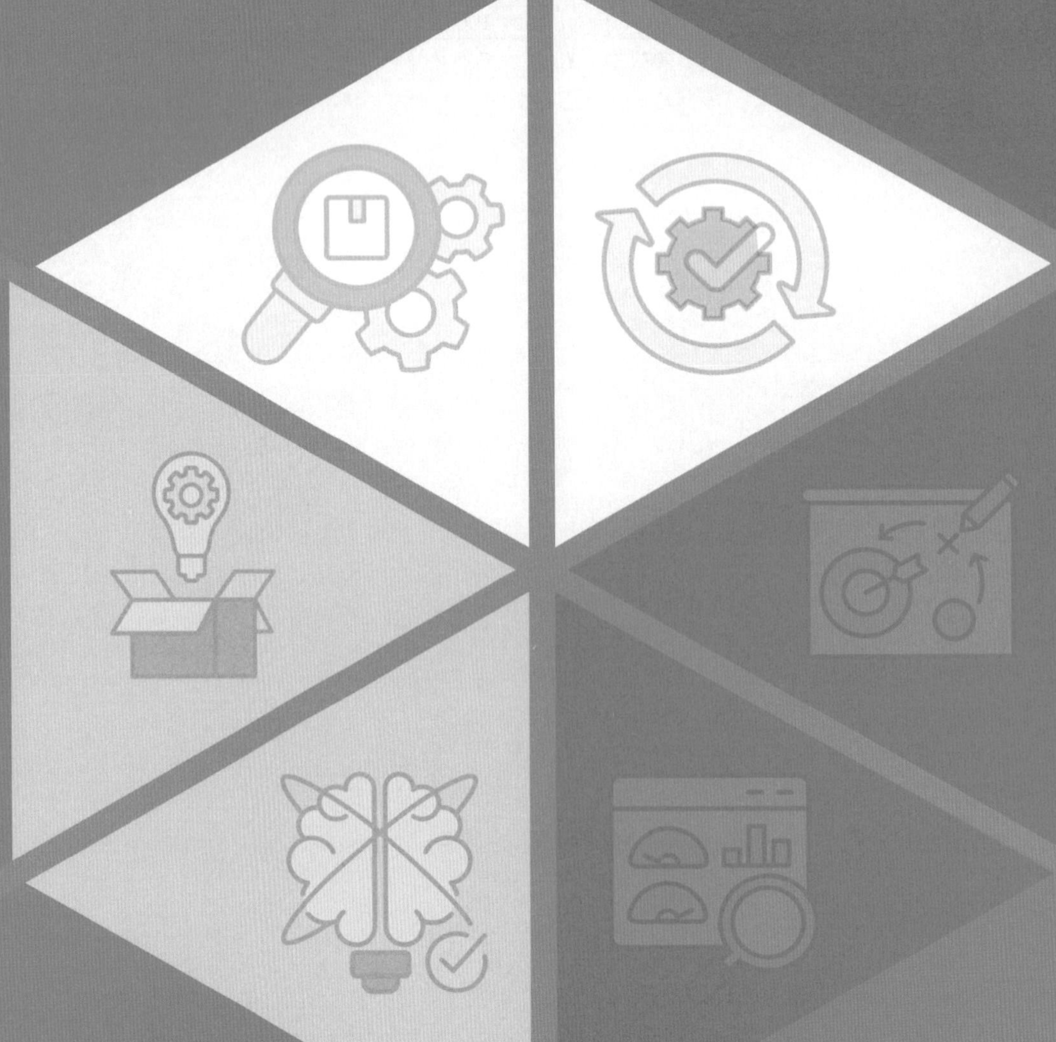

01 끼워맞춤의 종류 3가지를 쓰시오.

풀이 및 답

① 헐거운 끼워맞춤
② 중간 끼워맞춤
③ 억지 끼워맞춤

02 굴삭기의 구성요소 3가지를 쓰시오.

풀이 및 답

① 전부장치
② 하부추진체
③ 상부회전체

03 덕트의 치수 설계 방법 3가지를 쓰시오.

풀이 및 답

① 등압법(등마찰손실법 = 정압법)
② 정압 재취득법
③ 전압법
④ 등속법

04 베어링을 분류할 때 작용하는 하중의 방향에 따라 구분하여라.

풀이 및 답

① **Radial 베어링** : 축선에 대해 하중이 직각으로 작용하는 베어링
② **Thrust 베어링** : 축선에 대해 하중이 평행한 하게 작용하는 베어링
③ **Taper 베어링** : 축선에 직각과 축선에 평행한 하중이 동시에 작용하는 베어링

05

아래 그림은 이중관식 열교환기이다.

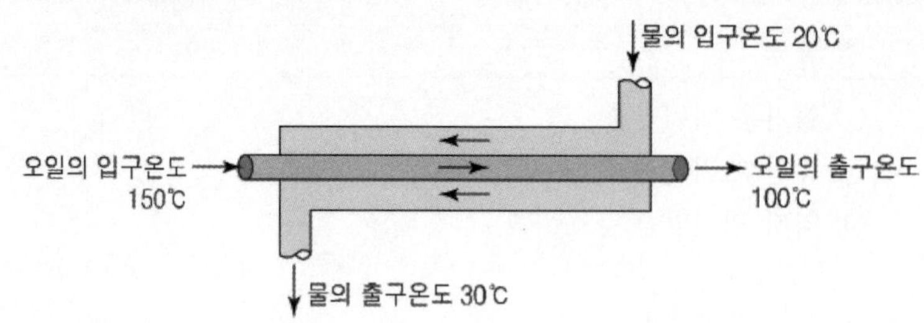

(1) 대수평균온도차 ΔT_m를 구하여라.

(2) 아래 그림에서 대류방식이 평행류일 때의 대수평균 온도 ΔT_m를 구하여라.

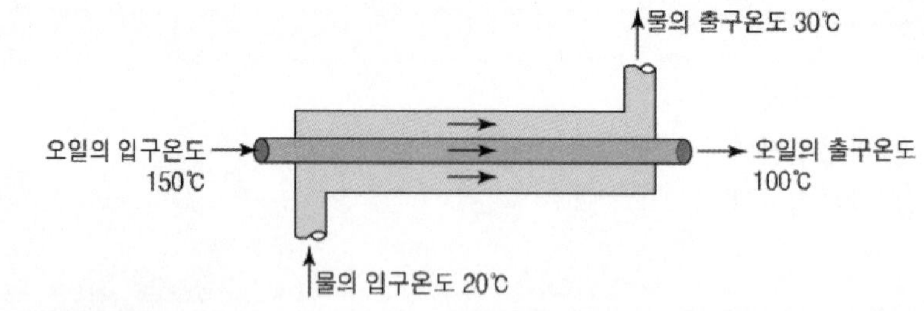

풀이 및 답

(1) 대수평균온도차

$\Delta T_1 = 150 - 30 = 120℃$

$\Delta T_2 = 100 - 20 = 80℃$

$$(\text{대수평균온도차})\ \Delta T_m = \frac{\Delta T_1 - \Delta T_2}{\ln\left(\frac{\Delta T_1}{\Delta T_2}\right)} = \frac{120-80}{\ln\frac{120}{80}} = 98.652℃ = 98.65℃$$

답 98.65℃

(2) 대류방식이 평행류일 때의 대수평균온도

$\Delta T_1 = 150 - 20 = 130℃$

$\Delta T_2 = 100 - 30 = 70℃$

$$(\text{대수평균온도차})\ \Delta T_m = \frac{\Delta T_1 - \Delta T_2}{\ln\left(\frac{\Delta T_1}{\Delta T_2}\right)} = \frac{130-70}{\ln\frac{130}{70}} = 96.924℃ = 96.92℃$$

답 96.92℃

06 무한궤도식 19톤 불도저가 자연상태의 초질토를 작업거리 60m로 굴삭 운반하는 경우 시간당 작업량은 몇 m^3/hr인가? (단, 토량환산계수 f =1, 운반거리계수 e =0.80, 삽날의 용량 q =3.2m^3, 전진속도 1단 V_1 =40m/min, 후진속도 2단 V_2 =70m/min, 1사이클에서 기어변환에 요하는 시간은 0.33min, 작업효율은 75%임)

풀이 및 답

$$(\text{시간당 작업량})\,Q = \frac{60 \cdot q \cdot f \cdot E \cdot e}{Cm}[\mathrm{m^3/hr}]$$

$$= \frac{60 \times 3.2 \times 1 \times 0.75 \cdot 0.8}{2.687} = 42.873[\mathrm{m^3/hr}]$$

여기서, q : 토공판용량[m^3]
E : 작업효율[%]
f : 토량환산계수=체적환산계수
Cm : 1회 사이클 시간[min]

Cm=전진하는데 걸린 시간+후진하는데 걸린 시간+변속시간

$$= \frac{L}{V_1} + \frac{L}{V_2} + t = \frac{60}{40} + \frac{60}{70} + 0.33 = 2.687[\mathrm{min}]$$

답 42.873m^3/hr

07 분당회전수가 600rpm으로 10PS을 전달시키는 외접 평마찰차가 지름이 450mm이면 그 너비는 몇 mm로 하여야 하는가? (단, 접촉선압력 f_w = 1.5kgf/mm, 마찰계수 μ =0.25이다.)

풀이 및 답

$$H_{PS} = \frac{\mu P \cdot V}{75},\ 10 = \frac{0.25 \times P \times \pi \times 450 \times 600}{75 \times 60 \times 1000},\ P = 212.21\mathrm{kgf}$$

$$f_w = \frac{P}{b},\ 1.5 = \frac{212.21}{b}$$

$\therefore$ (폭) $b = 141.47\mathrm{mm}$

답 141.47mm

08

나사에 사용되는 용어를 설명하여라.

① 리드 ② 피치 ③ 호칭지름

풀이 및 답

① **리드** : 나사를 1회전할 때 진행거리
② **피치** : 나사산과 산사이의 거리
③ **호칭지름** : 수나사는 산지름, 암나사는 골지름으로 나사의 바깥지름을 의미한다.

09

다음과 같은 네트워크 계획 공정표에서 T_E T_L 를 계산하여 크리티칼 패스(critical path)를 굵은 선으로 표시하고 데이터 네트워크 공정표를 작성하라.

(1) 네트워크 계획 공정표를 작성하여라.

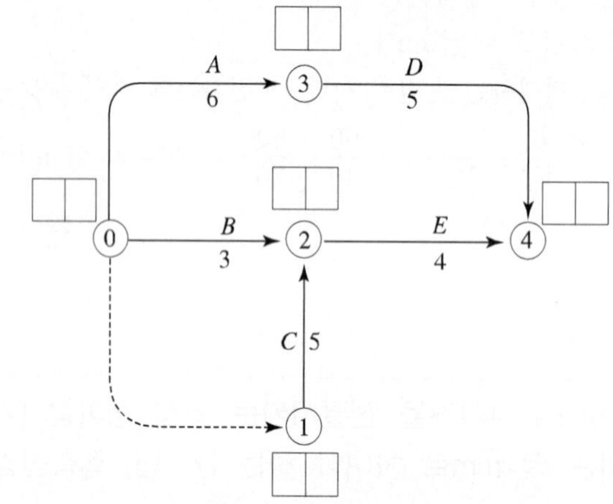

(2) 데이터 네트워크 고정표를 작성하여라.

액티비티		개시시각		종료시각		여유시각			크리티칼 패스
$i \to j$	시간	최조	최지	최조	최지	총	자유	간섭	CP
	D	EST	LST	EFT	LFT	TF	FF	IF	
0 → 1									
0 → 2									
0 → 3									
1 → 2									
2 → 4									
3 → 4									

풀이 및 답

(1) 네트워크 계획 공정표

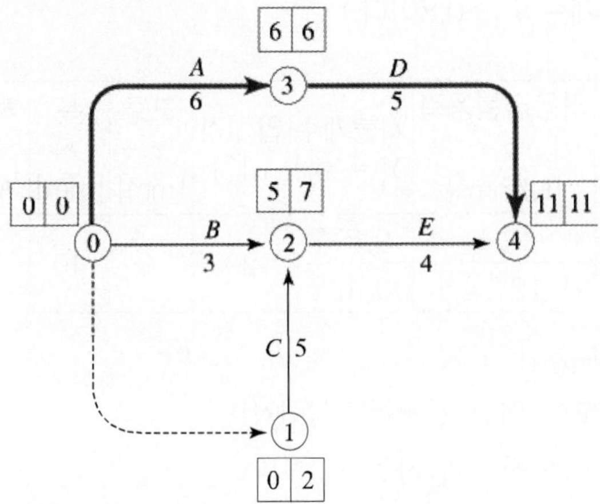

• 공정일수 : 11일

• 주공정(critical path) : ⓪ → ③ → ④

(2) 데이터 네트워크 고정표

액티비티		개시시각		종료시각		여유시각			크리티칼 패스
$i \rightarrow j$	시간	최조	최지	최조	최지	총	자유	간섭	*CP*
	D	*EST*	*LST*	*EFT*	*LFT*	*TF*	*FF*	*IF*	
0 → 1	0	0	2	0	2	2	0	2	
0 → 2	3	0	4	3	7	4	2	2	
0 → 3	6	0	0	6	6	0	0	0	☆
1 → 2	5	0	2	5	7	2	0	2	
2 → 4	4	5	7	9	11	2	2	0	
3 → 4	5	6	6	11	11	0	0	0	☆

10

다음과 같은 한 쌍의 외접 표준 평기어가 있다. 다음을 구하라. (단, 속도계수 $f_v = \dfrac{3.05}{3.05+V}$, 하중계수 f_w =0.8이다.)

구분	회전수 N [rpm]	잇수 Z [개]	허용굽힘응력 σ_b [N/mm^2]	치형계수 $Y(=\pi y)$	압력각 $\alpha[^\circ]$	모듈 m [mm]	폭 b [mm]	허용접촉면 응력계수 K[N/mm^2]
피니언	600	25	294	0.377	20	4	40	0.7442
기어	300	50	127.4	0.433				

(1) 피치원주속도 V[m/s]

(2) 피니언의 굽힘강도에 의한 전달하중 F_1[N]

(3) 기어의 굽힘강도에 의한 전달하중 F_2[N]

(4) 면압강도에 의한 전달하중 F_3[N]

(5) 최대 전달마력 H[kW]

풀이 및 답

(1) 피치원주속도

$$V = \frac{\pi m z_1 \cdot N_1}{60\times1000} = \frac{\pi\times4\times25\times600}{60\times1000} = 3.14\text{m/sec}$$

답 3.14m/sec

(2) 피니언의 굽힘강도에 의한 전달하중

$$f_v = \frac{3.05}{3.05+V} = \frac{3.05}{3.05+3.14} = 0.493$$

$$F_1 = f_w f_v \sigma_{b1} \cdot m \cdot b \cdot Y_1 = 0.8\times0.493\times294\times4\times40\times0.377$$
$$= 6994.32\text{N}$$

답 6994.32N

(3) 기어의 굽힘강도에 의한 전달하중

$$F_2 = f_w f_v \sigma_{b2} \cdot m \cdot b \cdot Y_2 = 0.8\times0.493\times127.4\times4\times40\times0.433$$
$$= 3481.08\text{N}$$

답 3481.08N

(4) 면압강도에 의한 전달하중

$$F_3 = K f_v \cdot bm \cdot \frac{2\times Z_1\times Z_2}{Z_1+Z_2} = 0.7442\times0.493\times40\times4\times\frac{2\times25\times50}{25+50}$$

$= 1956.75\text{N}$

답 1956.75N

(5) 최대 전달마력

$$H = \frac{F_t \cdot V}{1000} = \frac{1956.75 \times 3.14}{1000} = 6.14\text{kW}$$

기어의 회전력 F_t은 F_1, F_2, F_3 중 가장 작은 힘

답 6.14kW

11

사각나사의 바깥지름이 50mm이고 안지름이 42mm인 1줄 사각나사를 50mm 전진시키는데 5회전 하였다. 축방향 하중 3kN이 작용하고 있다. 사각나사 마찰계수가 0.12일 때 다음을 구하시오.

(1) 나사의 피치(mm)를 구하여라.
(2) 나사의 체결력(N)을 구하여라.
(3) 나사의 효율(%)을 구하여라.

풀이 및 답

(1) 나사의 피치

$$p = \frac{50\text{mm}}{5\text{회전}} = \frac{10\text{mm}}{1\text{회전}} = 10\text{mm}$$

답 10mm

(2) 나사의 체결력

(체결력) $P = Q\tan(\lambda + \rho) = 3000 \times \tan(3.96 + 6.84)$

$= 572.2806\text{N} = 572.28\text{N}$

(리드각) $\lambda = \tan^{-1}\dfrac{p}{\pi \times d_e} = \tan^{-1}\dfrac{10}{\pi \times 46} = 3.95843^\circ = 3.96^\circ$

(마찰각) $\rho = \tan^{-1}\mu = \tan^{-1}0.12 = 6.84277^\circ = 6.84^\circ$

(평균지름) $d_e = \dfrac{d_2 + d_1}{2} = \dfrac{50 + 42}{2} = 46\text{mm}$

답 572.28N

(3) 나사의 효율

(나사의 효율) $\eta = \dfrac{\tan\lambda}{\tan(\lambda + \rho)} = \dfrac{\tan(3.96)}{\tan(3.96 + 6.84)} = 0.36289173 = 36.29\%$

답 36.29%

12

접촉면의 바깥지름 750mm, 안지름 450mm인 다판 클러치로 1500rpm, 7500kW를 전달할 때 다음을 구하라. (단, 마찰계수 μ =0.25, 접촉면 압력 q =0.2MPa이다.)

(1) 전달토크 T[kJ]인가?
(2) 다판클러치판의 개수는 몇 개로 하여야 되는가?

풀이 및 답

(1) 전달토크

$$T=\frac{60}{2\pi}\times\frac{H}{N}=\frac{60}{2\pi}\times\frac{7500\times10^3}{1500}=47746.48\text{N}\cdot\text{m}=47.75\text{kJ}$$

답 47.75kJ

(2) 다판클러치판의 개수

$$T=\mu P\times\frac{D_m}{2}=\mu\times\left\{q\times\frac{\pi}{4}\times\left(D_2^2-D_1^2\right)\times Z\right\}\times\frac{D_m}{2}$$

$$Z=\frac{8T}{\mu\times q\times\pi\times\left(D_2^2-D_1^2\right)\times D_m}=\frac{8\times47.75\times10^6}{0.25\times0.2\times\pi\times\left(750^2-450^2\right)\times600}$$
$$=11.258=12\text{개}$$

$$D_m=\frac{D_2+D_1}{2}=\frac{750+450}{2}=600\text{mm}$$

답 12개

13

스프링지수 c =8인 압축 코일스프링에서 하중이 1000N에서 800N으로 감소되었을 때, 처짐량의 변화가 25mm가 되도록 하려고 한다. (단 하중이 1000N 작용될 때 소선의 허용전단응력은 300MPa이며, 가로탄성계수는 80GPa이다.)

(1) 소선의 지름 d[mm]을 구하시오.
(2) 코일의 감김수 n[회]를 구하시오.

풀이 및 답

(1) 소선의 지름

$$(\text{소선의 지름})\ d=\sqrt{\frac{8\times P_{max}\times c\times K'}{\pi\times\tau}}=\sqrt{\frac{8\times1000\times8\times1.18}{\pi\times300}}=8.95\text{mm}$$

(kwall's 응력계수) $K' = \dfrac{4c-1}{4c-4} + \dfrac{0.615}{c} = \dfrac{4\times8-1}{4\times8-4} + \dfrac{0.615}{8} = 1.184 ≒ 1.18$

답 8.95mm

(2) 코일의 감김수

(코일의 감김수) $n = \dfrac{\delta\times G\times d}{8\times c^3\times(P_{max}-P_{min})} = \dfrac{25\times80\times10^3\times8.95}{8\times8^3\times(1000-800)}$

$= 21.85 ≒ 22$권

답 22권

14

1줄 겹치기 리벳이음에서 강판의 두께가 9mm이고, 리벳지름이 12mm일 때 다음을 결정하라. (단, 판의 인장응력 σ_t =8.8MPa, 리벳의 전단응력 τ_r = 7MPa이다.)

(1) 리벳이 전단될 때의 피치 내 하중은 몇 N인가?
(2) 피치는 몇 mm인가?
(3) 강판의 효율은 몇 %인가?

풀이 및 답

(1) 리벳이 전단될 때의 피치 내 하중

$$W_P = \tau_r\times\frac{\pi d^2}{4}\times n = 7.0\times\frac{\pi\times12^2}{4}\times1 = 791.68\text{N}$$

답 791.68N

(2) 피치의 길이

$$p = \frac{\pi d^2\tau_r}{4t\sigma_t} + d = \frac{\pi\times12^2\times7.0}{4\times9\times8.8} + 12 = 21.9959\text{mm} = 22\text{mm}$$

답 22mm

(3) 강판의 효율

$$\eta_t = 1 - \frac{d}{p} = 1 - \frac{12}{22} = 0.454545 = 45.45\%$$

답 45.45%

15

드럼의 지름 $D = 800\text{mm}$가 0.2kJ의 회전토크를 받고 있을 때 다음을 구하라.
(단, $a = 1800\text{mm}$, $b = 600\text{mm}$, $c = 80\text{mm}$, $\mu = 0.2$이다.)

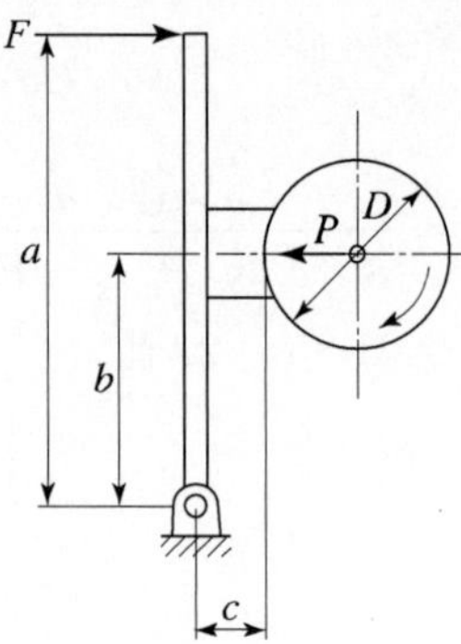

(1) 블록 브레이크 누르는 힘 $P[\text{N}]$은?
(2) 브레이크 레버에 가하는 힘 $F[\text{N}]$은?

풀이 및 답

(1) 블록 브레이크 누르는 힘

$$T = \mu P \cdot \frac{D}{2}$$

$$P = \frac{2T}{\mu D} = \frac{2 \times 0.2 \times 10^6}{0.2 \times 800} = 2500\text{N}$$

답 2500N

(2) 브레이크 레버에 가하는 힘

$\Sigma M_o = 0$; ↷+

$Fa - Pb - \mu P \cdot c = 0$

$$F = \frac{2500 \times (600 + 0.2 \times 80)}{1800} = 855.56\text{N}$$

답 855.56N

16

지름이 50mm인 축의 회전수 800rpm, 동력 20kW를 전달시키고자 할 때, 이 축에 작용하는 묻힘키의 길이를 결정하라. (단, 키의 $b \times h$ =9×8이고, 묻힘깊이 $t = \frac{h}{2}$이며 키의 허용전단응력은 30MPa, 허용압축응력은 80MPa이다.)

(1) 키의 허용전단응력을 이용하여 키의 길이를 mm로 구하라.
(2) 키의 허용압축응력을 이용하여 키의 길이를 mm로 구하라.
(3) 묻힘키의 최대 길이를 결정하라.

[표] 길이 l의 표준값

6	8	10	12	14	16	18	20	22	25	28	32	36
40	45	50	56	63	70	80	90	100	110	125	140	160

풀이 및 답

(1) 키의 허용전단응력을 이용한 키의 길이

(전단응력을 고려한 키의 길이) $l_\tau = \frac{2T}{bd\tau} = \frac{2 \times 238630}{9 \times 50 \times 30}$

$= 35.3525\text{mm} = 35.35\text{mm}$

$$T = 974000 \times \frac{H_{KW}}{N} = 974000 \times \frac{20}{800} = 24350\text{kgf} \cdot \text{mm} = 238630\text{N} \cdot \text{mm}$$

답 35.35mm

(2) 키의 허용압축응력을 이용한 키의 길이

(압축응력을 고려한 키의 길이) $l = \frac{4T}{hd\sigma_c} = \frac{4 \times 238630}{8 \times 50 \times 80}$

$= 29.8287\text{mm} = 29.83\text{mm}$

답 29.83mm

(3) 묻힘키의 최대 길이

전단응력에 의한 길이 35.35mm가 압축응력에 의한 길이 29.83mm보다 크다. 그러므로 35.35mm보다 처음으로 커지는 표준길이는 36mm이다.

답 36mm

17

다음 그림에서 스플라인 축이 전달할 수 있는 동력[kW]를 구하시오.

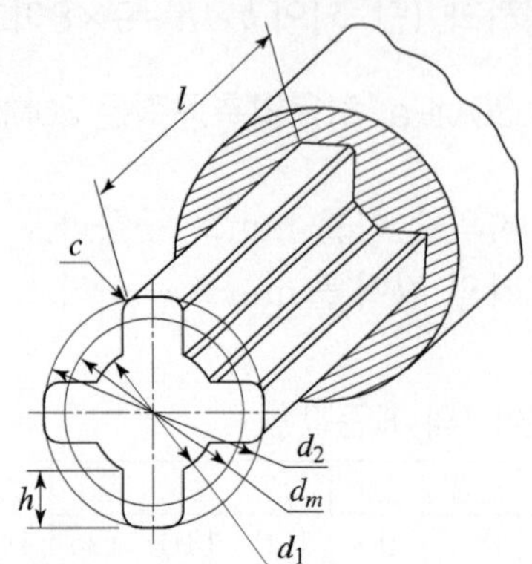

c : 모떼기	$c = 0.4\text{mm}$
l : 보스의 길이	$l = 100\text{mm}$
d_1 : 이뿌리 직경	$d_1 = 46\text{mm}$
d_2 : 이끝원 직경	$d_2 = 50\text{mm}$
η : 접촉효율	$\eta = 75\%$
z : 이의 개수	$z = 4$개
q_a : 허용접촉 면압력	$q_a = 10\text{MPa}$
N : 분당회전수	$N = 1200\text{rpm}$

풀이 및 답

(동력) $H = T \times \dfrac{2\pi N}{60} = 86.4 \times \dfrac{2 \times \pi \times 1200}{60} = 10857.3442\text{W} = 10.86\text{kW}$

$T = q_a \cdot (h - 2c) \cdot l \cdot z \cdot \dfrac{d_m}{2} \cdot \eta = 10 \times (2 - 2 \times 0.4) \times 100 \times 4 \times \dfrac{48}{2} \times 0.75$

$= 86400\text{N} \cdot \text{mm} = 86.4\text{N} \cdot \text{m}$

$d_m = \dfrac{d_2 + d_1}{2} = \dfrac{50 + 46}{2} = 48\text{mm}$

$h = \dfrac{d_2 - d_1}{2} = \dfrac{50 - 46}{2} = 2\text{mm}$

답 10.86kW

18

베어링번호 6206 단열 레이디얼 볼베어링에서 기본동적부하용량 12500N, 하중계수 f_w =1.2일 때 2000N의 하중을 받을 때, 5000rpm으로 회전한다면 (수명시간) L_h[hr]은 얼마인가?

풀이 및 답

$$L_h = 500 \times \frac{33.3}{N} \times \left(\frac{C}{P_{th} \times f_w}\right)^r = 500 \times \frac{33.3}{5000} \times \left(\frac{12500}{2000 \times 1.2}\right)^3 = 470.48\text{hr}$$

답 470.48hr

19 외팔보 형태로 축을 지지하는 엔드저널베어링이 있다. 축의 분당 회전수는 1000rpm이다. 저널의 지름 d=150mm, 길이 l=175mm이고 반경 방향의 베어링 하중은 2500N이다. 다음을 구하라.

(1) 베어링 압력 p은 몇 kPa인가?
(2) 베어링 압력속도계수는 몇 kW/m^{2}인가?
(3) 안전율 S=2.5일 때 표에서 재질을 선택하라.

재 질	엔드저널 $(p \cdot V)_a$[kW/m^2]
구리-주철	2625
납-청동	2100
청동	1750
PTFE 조직	875

풀이 및 답

(1) 베어링 압력

$$p = \frac{Q}{d \times l} = \frac{2500}{150 \times 175} = 0.09523809\text{MPa} = 95.24\text{kPa}$$

답 95.24kPa

(2) 베어링 압력속도계수

$$(pV) = p \times \frac{\pi dN}{60000} = 95.24 \times \frac{\pi \times 150 \times 1000}{60000}\left[\text{kPa} \times \frac{\text{m}}{\text{s}}\right]$$

$$= 748.01\left[\frac{\text{kN}}{\text{m}^2} \times \frac{\text{m}}{\text{s}}\right] = 748.01[\text{kW/m}^2]$$

답 748.01kW/m^2

(3) 재질 선택

현재 발생되고 있는 압력속도지수보다 큰 것을 사용해야 안전하다. 즉 안전율이 2라고 하는 것은 현재 발생되고 있는 압력속도지수보다 2배가 되더라도 베어링은 안전해야 된다는 것을 의미한다.

$$\therefore\ (pV)_a = (pV) \times S = 748.01 \times 2.5 = 1870.03[\text{kW/m}^2]$$

1870.03[kW/m^2]보다 처음으로 커지는 납-청동을 선택한다.

답 납-청동

필답형 실기

- 기계요소설계 -

2021년도 1회

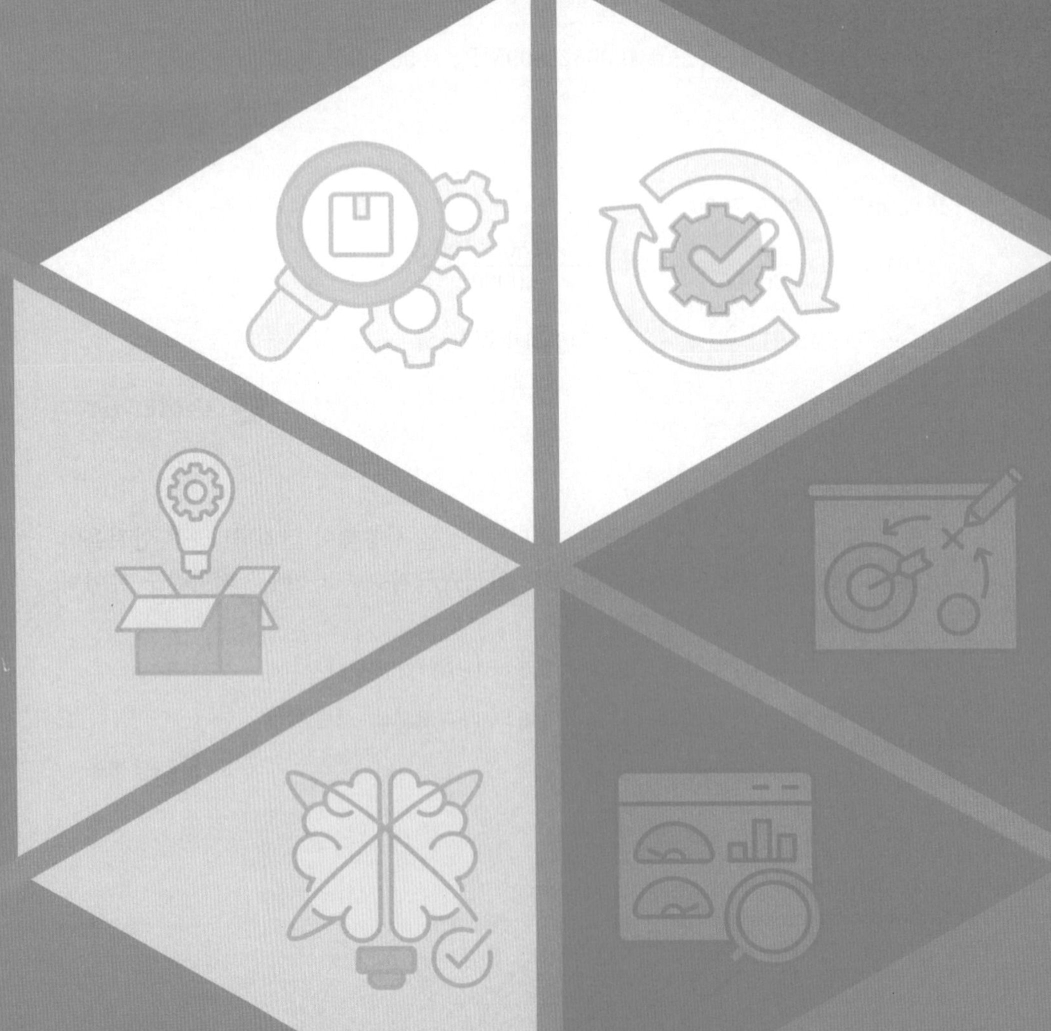

01

단순지지된 중공축의 중앙에 650N하중이 작용하고 있다. 축으로 입력되는 동력은 2.5kW, 분당 회전수는 2000rpm이다. 축의 재료는 SM45C로 허용전단 응력은 40MPa, 허용수직응력은 100MPa이다. 축의 길이는 200mm 이다. 굽힘모멘트의 동적효과계수 k_t =1.7, 비틀림모멘트의 동적효과계수 k_t =1.3이다. 축의 바깥지름이 30mm이고, 축의 자중은 무시한다. 아래의 물음에 답하여라. [5점]

(1) 허용수직응력을 고려한 축의 안지름[mm] d_τ

(2) 허용전단응력을 고려한 축의 안지름[mm] d_a

(3) 아래 중공축의 안지름 중에서 안지름을 결정하여라.

25, 26, 27, 28, 29, 30 단위[mm]

풀이 및 답

(1) 허용수직응력을 고려한 축의 안지름

$$d_\tau = x_1 d_2 = 0.94 \times 30 = 28.2\text{mm}$$

$$M = \frac{PL}{4} = \frac{650 \times 200}{4} = 32500\text{N}\cdot\ \text{mm}$$

$$T = 974000 \times \frac{H_{KW}}{N} \times 9.8 = 974000 \times \frac{2.5}{2000} \times 9.8 = 11931.5\text{N}\cdot\ \text{mm}$$

$$T_e = \sqrt{(k_m M)^2 + (k_t T)^2} = \sqrt{(1.7 \times 32500)^2 + (1.3 \times 11931.5)^2}$$

$$= 57385.99\text{N}\cdot\ \text{mm}$$

$$M_e = \frac{1}{2}\{(k_m M) + T_e\} = \frac{1}{2}\{(1.7 \times 32500) + 57385.99\}$$

$$= 56317.995 = 56318\text{N}\cdot\ \text{mm}$$

$$M_e = \sigma_a \times \frac{\pi d_2^3}{32}\left(1 - x_1^4\right)$$

$$x_1 = \sqrt[4]{1 - \frac{32 M_e}{\sigma_a \pi d_2^3}} = \sqrt[4]{1 - \frac{32 \times 56318}{100 \times \pi \times 30^3}} = 0.942$$

답 28.2mm

(2) 허용전단응력을 고려한 축의 안지름

$$d_\sigma = x_2 d_2 = 0.92 \times 30 = 27.6\text{mm}$$

$$T_e = \tau_a \times \frac{\pi d_2^3}{16}\left(1 - x_2^4\right)$$

$$x_2 = \sqrt[4]{1 - \frac{16 \times T_e}{\tau_a \times \pi \times d_2^3}} = \sqrt[4]{1 - \frac{16 \times 57385.99}{40 \times \pi \times 30^3}} = 0.924$$

답 27.6mm

(3) 안지름을 결정

안지름이 작아야, 중공축이 두께가 커져 안전하다. 그러므로 27mm 선택

답 27mm

02

전기모터에 연결된 V벨트 풀리의 지름은 300mm, 2000rpm으로 회전되고 종동풀리의 회전수는 200rpm이다. 전기모터의 동력은 10kW이다. 축간거리는 5m이다. 벨트의 허용장력은 500N이고 V벨트 단위길이 당 무게는 3N/m이다. 마찰계수는 0.3이다. V홈각은 40°이다. 다음 물음에 답하여라. [5점]

(1) 벨트의 길이 L[mm]을 구하시오.

(2) 풀리의 홈의 개수 Z[개]을 구하시오.

풀이 및 답

(1) 벨트의 길이 L[mm]

$$L = 2C + \frac{\pi(D_2 + D_1)}{2} + \frac{(D_2 - D_1)^2}{4C}$$

$$= 2 \times 5000 + \frac{\pi(3000 + 300)}{2} + \frac{(3000 + 300)^2}{4 \times 5000}$$

$$= 15548.13\text{mm}$$

$$D_1 N_1 = D_2 N_2,\ D_2 = \frac{D_1 N_1}{N_2} = \frac{300 \times 2000}{200} = 3000\text{mm}$$

답 15548.13mm

(2) 풀리의 홈의 개수 Z[개]

$$Z = \frac{H_T}{H_o k} = \frac{10}{4.42 \times 0.7} = 3.23 = 4\text{개}$$

(유효장력) $P_e = \dfrac{(T_t - T_s) \times (e^{\mu'\theta} - 1)}{e^{\mu'\theta}} = \dfrac{(500 - 302.21) \times (3.47 - 1)}{3.47}$

$= 140.79\text{N}$

(속도) $V = \dfrac{\pi D N}{60 \times 1000} = \dfrac{\pi \times 300 \times 2000}{60 \times 1000} = 31.42\text{m/s}$

(부가장력) $T_g = \frac{wV^2}{g} = \frac{3 \times 31.42^2}{9.8} = 302.21\text{N}$

$\theta = 180 - 2\sin^{-1}\left(\frac{D_2 - D_1}{2C}\right) = 180 - 2\sin^{-1}\left(\frac{3000 - 300}{2 \times 5000}\right) = 148.67°$

$= 148.67 \times \frac{\pi}{180} = 2.59\,\text{rad}$

$\mu' = \frac{\mu}{\sin\frac{\alpha}{2} + u\cos\frac{\alpha}{2}} = \frac{0.3}{\sin\frac{40}{2} + 0.3\cos\frac{40}{2}} = 0.48$

$e^{\mu'\theta} = e^{0.48 \times 2.59} = 3.47$

(벨트 하나의 전달동력) $H_o = \frac{P_e \times V}{1000} = \frac{140.79 \times 31.42}{1000} = 4.42\text{kW}$

답 4개

03

아래 그림의 너클핀에 가할 수 있는 힘 F[kgf] 얼마인가? (핀의 허용굽힘응력은 300MPa이다. a =20mm, b =10mm, 핀의 지름 d =10mm이다.) **[4점]**

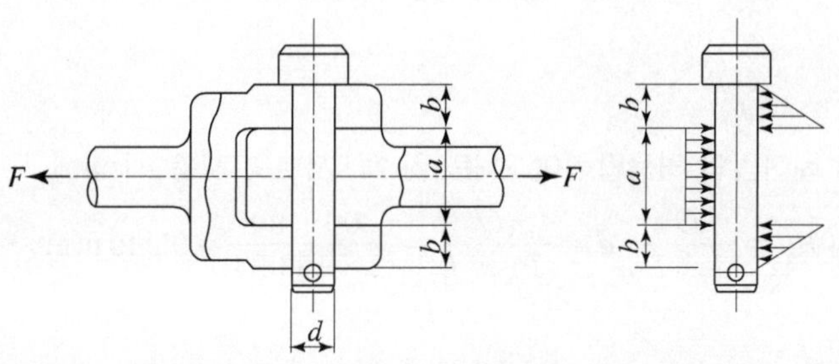

풀이 및 답

$M_b = \frac{F}{24}(3a + 4b)$

$M_b = \sigma_b \times \frac{\pi d^3}{32}$

$\frac{F}{24}(3a + 4b) = \sigma_b \times \frac{\pi d^3}{32}$

$F = \frac{\sigma_b \times \pi d^3}{32} \times \frac{24}{(3a + 4b)} = \frac{300 \times \pi \times 10^3}{32} \times \frac{24}{(3 \times 20 + 4 \times 10)}$

$= 7068.58\text{N} = 7068.58\text{N} \times \frac{1\text{kgf}}{9.8\text{N}} = 721.28\text{kgf}$

답 721.28kgf

04

엔드 저널 베어링에 작용하는 하중이 3000kgf이고 축의 회전수는 200rpm이다. 베어링의 허용압력지수 2MW/m^{2}이다. 베어링의 마찰계수는 0.007이다. 다음 물음에 답하여라. [5점]

(1) 저널의 길이 L[mm]
(2) 베어링의 허용압력이 2MPa일 때, 저널의 지름 d[mm]
(3) 저널의 마찰손실동력[kW]

풀이 및 답

(1) 저널의 길이 L[mm]

$$(PV)_a = \frac{Q}{d \times L} \times \frac{\pi d N}{60 \times 1000}$$

$$(PV)_a = \frac{2\text{MW}}{\text{m}^2} = 2\text{M} \times \frac{\text{N} \cdot \text{m}}{\text{m}^2 \cdot \text{s}} = 2\text{MPa} \times \frac{\text{m}}{\text{s}} = 2\frac{\text{N}}{\text{mm}^2} \times \frac{\text{m}}{\text{s}}$$

$$2 = \frac{3000 \times 9.8}{d \times L} \times \frac{\pi d \times 200}{60 \times 1000}$$

$$L = \frac{3000 \times 9.8}{2} \times \frac{\pi \times 200}{60 \times 1000} = 153.938\text{mm} = 153.94\text{mm}$$

답 153.94mm

(2) 베어링의 허용압력이 2MPa일 때, 저널의 지름 d[mm]

$$P_a = \frac{Q}{d \times L},\ d = \frac{Q}{P_a \times L} = \frac{300 \times 9.8}{2 \times 153.94} = 95.49\text{mm}$$

답 95.49mm

(3) 저널의 마찰손실동력[kW]

$$H_{kW} = \frac{\mu Q \times V}{102} = \frac{0.007 \times 3000 \times 1}{102} = 0.205 = 0.21\text{kW}$$

$$V = \frac{\pi d N}{60 \times 1000} = \frac{\pi \times 95.49 \times 200}{60 \times 1000} = 0.999 = 1\text{m/s}$$

답 0.21kW

05 V홈 마찰차의 원동마찰차의 평균지름 250mm, 1000rpm이고 종동차의 평균지름 500mm이다. 접촉선압력이 30N/mm, 홈의 각도 40°, 마찰계수는 0.1이다. 다음 물음에 답하여라. [4점]

(1) 10kW의 동력을 전달하기 위한 마찰차를 미는 힘 P[kgf] 구하여라.

(2) 홈의 개수 Z[개]를 구하여라. 단, 홈의 높이 $h = 0.94\sqrt{\mu' P}$ [mm]

풀이 및 답

(1) 10kW의 동력을 전달하기 위한 마찰차를 미는 힘

$$H_{kW} = \frac{\mu' P \times V}{102}$$

$$P = \frac{H_{kW} \times 102}{\mu' \times V} = \frac{10 \times 102}{0.23 \times 13.09} = 338.79[\text{kgf}]$$

$$\mu' = \frac{\mu}{\sin\frac{\alpha}{2} + \mu\cos\frac{\alpha}{2}} = \frac{0.1}{\sin\frac{40}{2} + 0.1\cos\frac{40}{2}} = 0.229 = 0.23$$

$$V = \frac{\pi d N}{60 \times 1000} = \frac{\pi \times 250 \times 1000}{60 \times 1000} = 13.089 = 13.09\text{m/s}$$

답 338.79kgf

(2) 홈의 개수

$$f = \frac{Q}{2hZ}$$

$$Z = \frac{Q}{2hf} = \frac{\frac{\mu' P}{\mu}}{2hf} = \frac{\frac{0.23 \times 338.79 \times 9.8}{0.1}}{2 \times 0.94\sqrt{0.23 \times 338.79} \times 30} = 15.33 = 16\text{개}$$

답 16개

06 공기 압축기의 내부압력이 5MPa 내경이 30cm 강판의 인장강도는 400MPa, 안전율은 4로 설계하고자 한다. 이음효율은 50%, 부식여유 1mm을 고려할 때 강판의 두께 t[mm]는 얼마인가? [2점]

풀이 및 답

$$t = \frac{PDS}{2\sigma_u \times \eta} + C = \frac{5 \times 300 \times 4}{2 \times 400 \times 0.5} + 1 = 16\text{mm}$$

답 16mm

07

분당회전수가 250rpm, 전달동력 35kW을 전달하기 위해 클램프 커플링을 이용하여 축지름 90mm을 축이음하고자 한다. 클램트 커플링에 사용된 볼트의 개수는 8개, 볼크의 지름은 골지름 d_1 =22.2mm, 접촉면의 마찰계수는 0.2이다. 다음을 구하시오. [4점]

(1) 전동토크 T[N · mm]를 구하여라.

(2) 축을 졸라메는 힘 W[N]은 얼마인가?

(3) 볼트에 생기는 인장응력 σ_t[MPa]

풀이 및 답

(1) 전동토크 T[N · mm]

$$T = \frac{60}{2\pi} \times \frac{H}{N} = \frac{60}{2\pi} \times \frac{35 \times 10^3}{250} = 1336.901522\text{N} \cdot \text{m} = 1336901.52\text{N} \cdot \text{mm}$$

답 1336901.52N · mm

(2) 축을 졸라메는 힘 W[N]

$$T = \pi \mu W \times \frac{d_s}{2}$$

$$W = \frac{2T}{\pi \mu d_s} = \frac{2 \times 1336901.52}{\pi \times 0.2 \times 90} = 47283.22\text{N}$$

답 47283.22N

(3) 볼트에 생기는 인장응력 σ_t

$$W = \sigma_t \times \frac{\pi d_B^2}{4} \times \frac{Z}{2} \text{ 에서}$$

$$\sigma_t = \frac{8W}{\pi d_1^2 \times Z} = \frac{8 \times 47283.22}{\pi \times 22.2^2 \times 8} = 30.538 \frac{\text{N}}{\text{mm}^2} = 30.54\text{MPa}$$

답 30.54MPa

08

웜축에 공급되는 동력은 3kW, 웜의 분당회전수는 1750rpm이다. 주어진 조건을 보고 다음 물음에 답하여라. [5점]

> [조건] ㉠ 웜의 리드각이 16.1°이다.
> ㉡ 웜의 피치원 지름 48.5mm
> ㉢ 웜 기어의 피치원 지름 171.5mm
> ㉣ 웜과 웜기어의 마찰면의 마찰계수는 0.1
> ㉤ 공구 압력각 $\alpha_n = 20°$이다.

(1) 웜기어의 분당회전수 N_g[rpm]을 구하여라.

(2) 웜의 효율 η[%]을 구하여라.

(3) 웜기어에 작용하는 회전력 F_t[N]을 구하여라.

(4) 웜에 작용하는 축방향 하중(thrust load) F_s[N]을 구하여라.

풀이 및 답

(1) 웜기어의 분당회전수 N_g[rpm]

(속비) $i = \dfrac{N_g}{N_w} = \dfrac{\tan\gamma \times D_w}{D_g}$

$$N_g = N_w \times \frac{\tan\gamma \times D_w}{D_g} = 1750 \times \frac{\tan 16.1 \times 48.5}{171.5} = 142.84[\text{rpm}]$$

답 142.84rpm

(2) 웜의 효율 η[%]

$$\eta = \frac{\tan\gamma}{\tan(\gamma + \rho')} = \frac{\tan 16.1}{\tan(16.1 + 6.07)} \times 100 = 70.83\%$$

(상당마찰각) $\rho' = \tan^{-1}\left(\dfrac{\mu}{\cos\alpha_n}\right) = \tan^{-1}\left(\dfrac{0.1}{\cos 20}\right) = 6.07°$

답 70.83%

(3) 웜기어에 작용하는 회전력 F_t[N]

(웜 기어의 회전력)

$$F_t = \frac{1000 \times H_{kW} \times \eta}{V_g} = \frac{1000 \times 3 \times 0.7083}{1.28} = 1660.08\text{N}$$

$$V_g = \frac{\pi \cdot D_g \cdot N_g}{60 \times 1000} = \frac{\pi \times 171.5 \times 142.84}{60 \times 1000} = 1.28\text{m/sec}$$

답 1660.08N

(4) 웜에 작용하는 축방향 하중(thrust load) F_s[N]

$F_t = F_s \tan(\gamma + \rho')$

(축방향 하중) $F_s = \dfrac{F_t}{\tan(\gamma+\rho')} = \dfrac{1660.08}{\tan(16.1+6.07)} = 4073.998 = 4074\text{N}$

답 4074N

09

한 줄 겹치기 리벳이음에서 리벳허용전단응력 τ_a =50MPa, 강판의 허용인장응력 σ_t =120MPa, 리벳지름 d =16mm일 때 다음을 구하라. [4점]

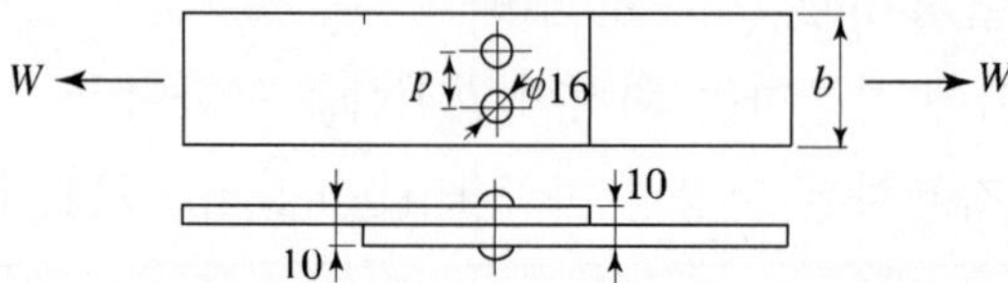

(1) 리벳의 허용전단응력을 고려하여 가할 수 있는 전체하중 W[kN]인가?
(2) 전체하중 W가 가해 질 때 강판의 너비 b[mm]을 구하여라.
(3) 리벳의 피치 p[mm]를 구하여라.

풀이 및 답

(1) 리벳의 허용전단응력을 고려하여 가할 수 있는 전체하중 W

(전체하중) $W = \tau_a \times \dfrac{\pi}{4} d^2 \times 2 = 50 \times \dfrac{\pi}{4} 16^2 \times 2 = 20106.1929\text{N} = 20.11\text{kN}$

답 20.11kN

(2) 전체하중 W가 가해 질 때 강판의 너비 b

$W = \sigma_t \times \{bt - (2 \times dt)\}$, $20110 = 120 \times \{b \times 10 - (2 \times 16 \times 10)\}$

(강판의 너비) $b = 48.758\text{mm} = 48.76\text{mm}$

답 48.76mm

(3)리벳의 피치 p

(피치) $p = \dfrac{\tau_r \pi d^2 n}{4 \sigma_t t} + d = \dfrac{50 \times \pi \times 16^2 \times 1}{4 \times 120 \times 10} + 16 = 24.377\text{mm} = 24.38\text{mm}$

답 24.38mm

10

하중이 3000N 작용할 때의 처침이 δ =50mm로 되고 코일 스프링에서 소선의 지름 d =16mm, 평균지름 D =144mm, 전단탄성계수 $G=80GPa$이다. 다음을 구하시오. [4점]

(1) 유효감김수을 구하시오. n[권]

(2) 코일 스프링의 전단응력을 구하시오. τ[MPa]

(단, 응력수정계수 $K'=\dfrac{4C-1}{4C-4}+\dfrac{0.615}{C}$을 고려하여 구하여라. C는 스프링 지수이다.)

풀이 및 답

(1) 유효감김수

(유효감김수) $n=\dfrac{\delta G d^4}{8WD^3}=\dfrac{50\times 80\times 10^3\times 16^4}{8\times 3000\times 144^3}$

$=3.658=4$권

답 4권

(2) 코일 스프링의 전단응력

(전단응력) $\tau=K'\dfrac{8PD}{\pi d^3}=1.16\times\dfrac{8\times 3000\times 144}{\pi\times 16^3}$

$=311.545=311.55\text{MPa}$

(스프링지수) $C=\dfrac{D}{d}=\dfrac{144}{16}=9$

(응력수정계수) $K'=\dfrac{4C-1}{4C-4}+\dfrac{0.615}{C}=\dfrac{4\times 9-1}{4\times 9-4}+\dfrac{0.615}{9}$

$=1.162=1.16$

답 311.55MPa

11

사각 나사의 유효지름 25mm, 피치 3mm의 나사잭으로 50kN의 중량을 들어 올리려 할 때 다음을 구하라. 단, 레버를 돌리는 힘을 200N, 나사면의 마찰계수 0.15로 한다. [4점]

(1) 회전토크 T[N · m]

(2) 레버의 길이 L[mm]

풀이 및 답

(1) 회전토크

$$T = P \times \frac{d_e}{2} = Q \times \tan(\lambda + \rho) \times \frac{d_e}{2}$$

$$= 50000 \times \tan(2.19 + 8.53) \times \frac{25}{2}$$

$$= 118320.946\text{N} \cdot \text{mm} = 118.32\text{N} \cdot \text{m}$$

(리드각) $\lambda = \tan^{-1}\frac{p}{\pi \times d_e} = \tan^{-1}\frac{3}{\pi \times 25} = 2.187° = 2.19°$

(마찰각) $\rho = \tan^{-1}\mu = \tan^{-1}0.15 = 8.5307° = 8.53°$

답 118.32N · m

(2) 레버의 길이

$T = FL$에서 $L = \frac{T}{F} = \frac{118320}{200} = 591.6\text{mm}$

답 591.6mm

필답형 실기

- 기계요소설계 -

2021년도 2회

01

토크렌치에 사용된 묻힘키의 폭은 20mm, 높이 15mm, 길이는 30mm이다, 토크렌치의 길이 L =500mm, 키의 허용전단응력 τ_a =80MPa, 키의 허용압축응력 σ_a =90MPa, 묻힘키 부분의 축지름 d =50mm이다. 다음 물음에 답하여라.

[5점]

(1) 키의 허용전단응력을 고려한 키에 발생되는 비틀림 모멘트 T_τ[J]를 구하여라.

(2) 키의 허용압축응력을 고려한 키에 발생되는 비틀림 모멘트 T_σ[J]를 구하여라.

(3) 렌치를 돌릴 수 있는 허용 가능한 최대힘 P [kgf]를 구하여라.

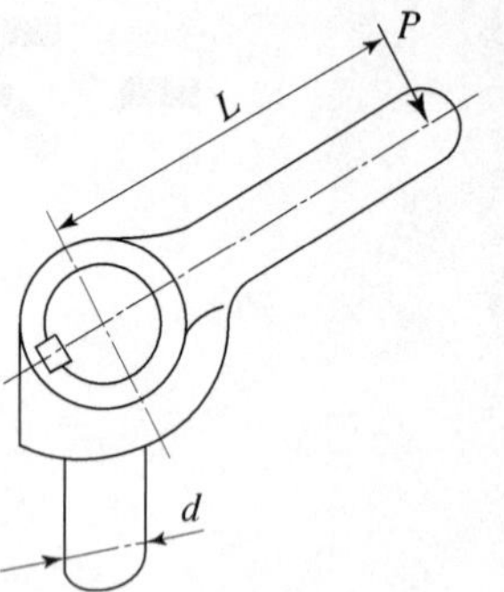

풀이 및 답

(1) 키의 허용전단응력을 고려한 키에 발생되는 비틀림 모멘트

$$\tau_a = \frac{2T_\tau}{bld}$$

$$T_\tau = \frac{\tau_a \times bld}{2} = \frac{80 \times 20 \times 30 \times 50}{2} = 1200000[\text{N} \cdot \text{mm}] = 1200[\text{J}]$$

답 1200J

(2) 키의 허용압축응력을 고려한 키에 발생되는 비틀림 모멘트

$$\sigma_a = \frac{4T_\sigma}{hld}$$

$$T_\sigma = \frac{\sigma_a \times hld}{4} = \frac{90 \times 15 \times 30 \times 50}{4} = 506250[\text{N} \cdot \text{mm}] = 506.25[\text{J}]$$

답 506.25J

(3) 렌치를 돌릴 수 있는 허용 가능한 최대힘

$$T_\sigma = P \times L$$

$$P = \frac{T_\sigma}{L} = \frac{506250}{500} = 1012.5\text{N} = 1012.5\text{N} \times \frac{1\text{kgf}}{9.8\text{N}} = 103.32\text{kgf}$$

답 103.32kgf

02

바로걸기 평벨트 전동장치로 2000rpm, 20kW의 동력를 전달하고자 한다. 원동풀리 지름 300mm, 종동차의 회전수 300rpm일 때 다음을 구하라. (단, 벨트의 단위 길이 당 무게는 0.12kgf/m, 축간거리는 2m, 마찰계수는 0.25이다.)

[5점]

(1) 벨트의 길이 L(m)를 구하여라.
(2) 유효장력 P_e(N)을 구하여라.
(3) 긴장측 장력 T_t(N)을 구하여라.

풀이 및 답

(1) 벨트의 길이

$$\epsilon = \frac{N_2}{N_1} = \frac{D_1}{D_2},\ D_2 = \frac{N_1}{N_2} \times D_1 = \frac{2000 \times 300}{300} = 2000\text{mm} = 2\text{m}$$

$$L = 2C + \frac{\pi \times (D_1 + D_2)}{2} + \frac{(D_2 - D_1)^2}{4C}$$

$$L = (2 \times 2) + \frac{\pi \times (0.3 + 2)}{2} + \frac{(2 - 0.3)^2}{4 \times 2} = 7.97 \fallingdotseq 8\text{m}$$

답 8m

(2) 유효장력

$$V = \frac{\pi D_1 N_1}{60 \times 1000} = \frac{\pi \times 300 \times 2000}{60 \times 1000} = 31.4\text{m/s}$$

$$H_{kW} = \frac{P_e[\text{N}] \times V[\text{m/s}]}{1000}$$

$$P_e = \frac{H_{kW} \times 1000}{V} = \frac{20 \times 1000}{31.4} = 636.94\text{N}$$

답 636.94N

(3) 긴장측 장력

$$\theta = 180 - 2\sin^{-1}\left(\frac{D_2 - D_1}{2C}\right) = 180 - 2\sin^{-1}\left(\frac{2 - 0.3}{2 \times 2}\right) = 129.7°$$

$$e^{\mu\theta} = e^{\left(0.25 \times 129.7 \times \frac{\pi}{180}\right)} = 1.76$$

$$T_g = \frac{wV^2}{g} = \frac{(0.12 \times 9.8) \times 31.4^2}{9.8} = 11.83\text{N}$$

$$T_t = P_e \times \frac{e^{\mu\theta}}{e^{\mu\theta} - 1} + T_g = 636.94 \times \frac{1.76}{1.76 - 1} + 23.12 = 1498.14\text{N}$$

답 1498.14N

03

축의 길이는 2m이고 300prm, 4kW를 전달하는 축을 설계하고자 한다. 1m에 대하여 비틀림각도가 $\frac{1}{4}°$ 비틀림이 발생할 때 축직경 d(mm)는? (단, 축의 전단탄성계수 80GPa이다.) [3점]

풀이 및 답

$$T = \frac{60[s]}{2\pi} \times \frac{H}{N} = \frac{60[s]}{2\pi} \times \frac{4000\left[\frac{N\cdot m}{s}\right]}{300} = 127.32[N\cdot m]$$

$$\theta = \frac{\frac{1}{4}°}{1m} \times 2m = \frac{1}{2}° \times \frac{\pi}{180} \qquad \theta = \frac{TL}{GI_P} = \frac{T \times L}{G \times \frac{\pi d^4}{32}}$$

$$d = \sqrt[4]{\frac{T \times L \times 32}{G \times \pi \times \theta}} = \sqrt[4]{\frac{127320 \times 2000 \times 32}{80000 \times \pi \times \frac{1}{2} \times \frac{\pi}{180}}} = 43.9mm$$

답 43.9mm

04

엔드저널베어링이 500rpm으로 회전하고 있다. 베어링 하중이 500N, 저널의 지름이 d =25mm 폭 l =25mm일 때 다음을 구하시오. [4점]

(1) 평균베어링 압력 p(MPa)는?
(2) 압력속도계수를 계산하고 안전성 여부를 판단하시오. (단, 허용압력속도계수는 2MPa · m/sec이다.)

풀이 및 답

(1) 평균베어링 압력

$$p = \frac{W}{dl} = \frac{500}{25 \times 25} = 0.8MPa$$

답 0.8MPa

(2) 압력속도계수를 계산하고 안전성 여부를 판단

$$V = \frac{\pi dN}{60 \times 1000} = \frac{\pi \times 25 \times 500}{60 \times 1000} = 0.65m/sec$$

$$pV = 0.8 \times 0.65 = 0.5235MPa\cdot m/sec < 2MPa\cdot m/sec$$

이므로 안전하다.

답 안전하다.

겹판스프링이 3000kgf의 하중을 받고 있다. 스팬의 길이는 750mm이고 판 두께는 6mm, 폭은 60mm, 조임 폭 e =100mm일 때 다음을 구하시오. (단, 이 겹판스프링의 세로탄성계수는 2000GPa이고 허용굽힘응력은 180kgf/mm^2, 스프링의 유효길이는 $l_e = l - 0.5e$ 이다.) [5점]

(1) 판의 매수 n을 구하여라.
(2) 처짐 δ(mm)을 구하여라.
(3) 스프링의 고유주파수 f(Hz)을 구하여라.

풀이 및 답

(1) 판의 매수

$$l_e = l - 0.5e = 750 - 0.5 \times 100 = 700\text{mm}$$

$$\sigma_b = \frac{3Wl_e}{2nbh^2}$$

$$n = \frac{3Wl_e}{2\sigma_b bh^2} = \frac{3 \times 3000 \times 700}{2 \times 180 \times 60 \times 6^2} = 8.1 \fallingdotseq 9\text{개}$$

답 9개

(2) 처짐

$$\delta = \frac{3Wl_e^3}{8nEbh^3} = \frac{3 \times 3000 \times 9.8 \times 700^3}{8 \times 9 \times 2000 \times 10^3 \times 60 \times 6^3} = 16.21\text{mm}$$

답 16.21mm

(3) 스프링의 고유주파수

$$f = \frac{w}{2\pi} = \frac{\sqrt{\dfrac{g}{\delta}}}{2\pi} = \frac{\sqrt{\dfrac{9.8}{0.01621}}}{2 \times \pi} = 3.91\text{Hz}$$

답 3.9Hz

06

Tr사다리꼴나사로 축하중 30kN을 들어 올리려고 한다. 나사의 호칭지름 50mm, 유효지름이 46mm, 골지름 42mm, 피치가 8mm이고 이 Tr사다리꼴 나사의 마찰계수는 0.1이다. 다음을 구하시오. (단, 자리면의 평균지름과 마찰계수는 60mm, 0.15이다.) **[6점]**

(1) 비틀림모멘트 T(N · m)을 구하여라.

(2) 나사잭의 효율 η(%)?

(3) 너트의 높이 H(mm)을 구하여라. (단, 너트의 허용접촉면압력은 10MPa 이다.)

(4) 1min당 6m올라갈 때 소요동력 P(kW)?

풀이 및 답

(1) 비틀림모멘트

$$T = T_B + T_f \qquad \mu' = \frac{\mu}{\cos\frac{a}{2}} = \frac{0.1}{\cos\frac{30}{2}} = \frac{0.1}{0.966} = 0.103$$

$$T = Q\left(\frac{\mu'\pi d_2 + p}{\pi d_2 - \mu' p} \times \frac{d_2}{2} + \mu_f \frac{d_f}{2}\right)$$

$$= 30000 \times \left(\frac{0.103 \times \pi \times 46 + 8}{\pi \times 46 - 0.103 \times 8} \times \frac{46}{2} + 0.15 \times \frac{60}{2}\right)$$

$$= 244893.79\text{N} \cdot \text{mm} = 245\text{N} \cdot \text{m}$$

답 245N · m

(2) 나사잭의 효율

$$\eta = \frac{Qp}{2\pi T} = \frac{30000 \times 8}{2 \times \pi \times 245 \times 10^3} = 15.6\%$$

답 15.6%

(3) 너트의 높이

$$H = \frac{Qp}{\frac{\pi}{4}(d^2 - d_1^2)q_a} = \frac{30000 \times 8}{\frac{\pi}{4}(50^2 - 42^2) \times 10} = 41.52\text{mm}$$

답 41.52mm

(4) 1min당 6m올라갈 때 소요동력

$$P = \frac{QV}{\eta} = \frac{30000[\text{N}] \times \frac{6[\text{m}]}{60[\text{s}]}}{0.156} = 19230.77\text{W} = 19.23[\text{kW}]$$

답 19.23kW

07

웜과 웜휠의 동력장치에서 감속비 $\frac{1}{10}$, 웜축의 회전수 1000rpm, 웜휠의 압력각 20°, 웜 축방향의 모듈 3, 웜의 줄수 4, 피치원 지름 56mm, 웜휠의 치폭 45mm, 유효 이나비는 36mm이다. 다음을 구하시오.
(단, 웜의 재질은 담금질강, 웜휠은 인청동이고 마찰계수는 0.1이다. 이때 내마멸계수 $K=548.8\times10^{-3}$N/mm^2, 웜휠의 굽힘응력 $\sigma_b=166.6$N/mm^2, 치형계수 $y=0.125$, 웜의 리드각에 의한 계수 $\phi=1.25(\beta=10\sim25°)$, 속도계수 $f_v=\frac{6.1}{6.1+V_g}$이다.) [5점]

(1) 웜의 리드각 $\beta(°)$을 구하여라.
(2) 웜휠의 회전력 F(N)?

풀이 및 답

(1) 웜의 리드각

(리드) $l=Z_w\times p_s=Z_w\times\pi m_s$

$$\beta=\tan^{-1}\left(\frac{l}{\pi D_w}\right)=\tan^{-1}\left(\frac{Z_w\times\pi m_s}{\pi\times56}\right)=\tan^{-1}\left(\frac{4\times\pi\times3}{\pi\times56}\right)=12.09°$$

답 12.09°

(2) 웜휠의 회전력

$$i=\frac{N_g}{N_w}=\frac{Z_w}{Z_g},\ Z_g=\frac{Z_w}{i}=\frac{4}{\frac{1}{10}}=40\text{개}$$

$$V_g=\frac{\pi D_g N_g}{60\times1000}=\frac{\pi\times3\times40\times1000}{60\times1000\times10}=0.628\text{m/sec}$$

$$p_n=p_s\cos\beta=\pi\times3\times\cos12.09=9.22\text{mm}$$

$$F_{g1}=f_v\sigma_b p_n b y=\frac{6.1}{6.1+0.628}\times166.6\times9.22\times45\times0.125$$
$$=7833.79\text{N}$$

면압강도 고려시 전달력

$$F_{g2}=f_v\phi D_g b_e K=\frac{6.1}{6.1+0.628}\times1.25\times3\times40\times36\times548.8\times10^{-3}$$
$$=2686.9\text{N}$$

$F=2686.9$N, 안전상 작은 값 선택

답 2686.9N

08

그림과 같은 1줄 겹치기 리벳이음에서 강판의 허용인장응력과 리벳의 압괴응력이 100MPa, 리벳의 허용전단응력 60MPa일 때 다음을 구하라. (단, 강판의 두께는 4mm이다.) [6점]

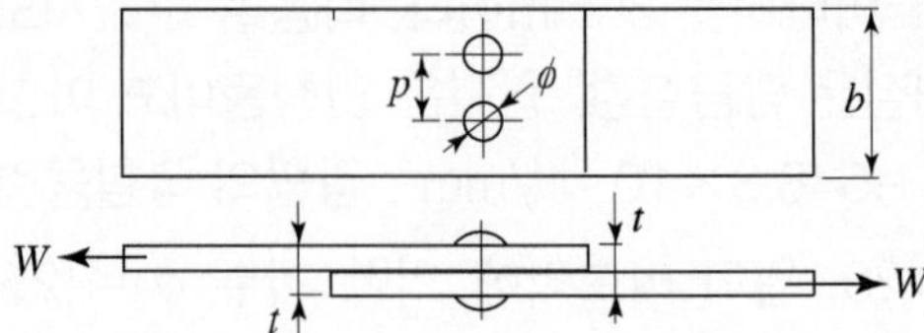

(1) 리벳의 전단저항과 압축저항이 같을 때 리벳의 지름 d(mm)?
(2) 강판의 인장저항과 리벳의 전단저항이 같을 때 피치 p(mm)?
(3) 강판의 효율 η_p(%)?
(4) 리벳의 효율 η_r(%)?

풀이 및 답

(1) 리벳의 전단저항과 압축저항이 같을 때 리벳의 지름

$$d = \frac{4\sigma_c t}{\pi \tau_r} = \frac{4 \times 100 \times 4}{\pi \times 60} = 8.48\text{mm}$$

답 8.48mm

(2) 강판의 인장저항과 리벳의 전단저항이 같을 때 피치

$$p = d + \frac{\pi d^2 \tau_r}{4\sigma_t t} = 8.48 + \frac{\pi \times 8.48^2 \times 60}{4 \times 100 \times 4} = 16.95\text{mm}$$

답 16.95mm

(3) 강판의 효율

$$\eta_p = 1 - \frac{d}{p} = \left(1 - \frac{8.48}{16.95}\right) \times 100 = 49.97\%$$

답 49.97%

(4) 리벳의 효율

$$\eta_r = \frac{\pi d^2 \tau_r}{4\sigma_t p t} = \frac{\pi \times 8.48^2 \times 60}{4 \times 100 \times 16.95 \times 4} \times 100 = 49.98\%$$

답 49.98%

09

래칫 휠의 래칫에 작용하는 토크가 300N · m, 피치원의 지름이 200mm, 이의 높이 h =0.35p, e =0.5p이고 허용굽힘응력 σ_{ba} =40MPa, 휠의 잇수는 12개이다. 다음을 구하라. [4점]

(1) 래칫휠의 피치 p(mm)?
(2) 래칫휠의 최소폭 b(mm)?

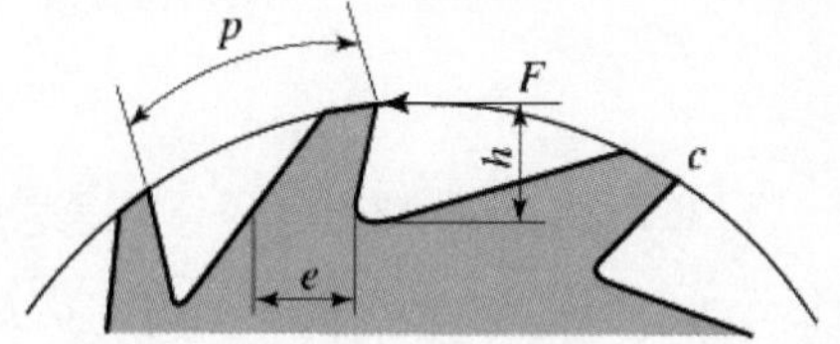

풀이 및 답

(1) 래칫휠의 피치

$$p=\frac{\pi D}{Z}=\frac{\pi \times 200}{12}=52.36\text{mm}$$

답 52.36mm

(2) 래칫휠의 최소폭

$$F=\frac{2T}{D}=\frac{2\times 300}{0.2}=3000\text{N}$$

$$M=\sigma_b \times \frac{be^2}{6} \qquad Fh=\sigma_b \times \frac{be^2}{6}$$

$$3000\times(0.35\times 52.36)=40\times \frac{b\times(0.5\times 52.36)^2}{6}$$

$$b=12.03\text{mm}$$

답 12.03mm

10

중실축과 중공축에 작용하는 비틀림모멘트와 재질, 축의 길이가 같다. 중실축의 지름 d =10cm와 중공축의 내외경비가 0.5이고, 다음을 구하시오. [3점]

(1) 중공축의 외경 d_2와 내경 d_1은 몇 mm인가?
(2) 중실축에 대한 중공축의 중량비는 몇 %인가?

풀이 및 답

(1) 중공축의 외경 d_2와 내경 d_1은 몇 mm인가?

$$T=\tau_a \times \frac{\pi d^3}{16},\ \frac{T}{\tau_a}=\frac{\pi \times 100^3}{16}=196349.54\text{mm}^3$$

$$T=\tau_a \times \frac{\pi d_2^3(1-x^4)}{16},\ 196349.54=\frac{\pi \times d_2^3}{16}\times(1-0.5^4)$$

$$d_2=102.17\text{mm},\ d_1=d_2\times x=102.17\times 0.5=51.09\text{mm}$$

답 $d_1=51.09\text{mm}$
$d_2=102.17\text{mm}$

(2) 중실축에 대한 중공축의 중량비는 몇 %인가?

$$\frac{W_{중공}}{W_{중실}}=\frac{A_{중공}}{A_{중실}}=\frac{(d_2^2-d_1^2)}{d^2}=\frac{102.17^2-51.09^2}{100^2}\times 100=78.18\%$$

답 78.18%

11

외접원통마찰차를 이용하여 동력을 전달하고자 한다. 축간거리 500mm, 원동차가 200rpm, 종동차가 50rpm이다. 전달동력이 2kW이고 허용접촉선압력이 100N/mm일 때 다음을 구하시오. (단, 마찰계수는 0.2이다.) [4점]

(1) 마찰차를 밀어 붙이는 힘 Q(N)?
(2) 마찰차의 폭 b(mm)?

풀이 및 답

(1) 마찰차를 밀어 붙이는 힘

$$i=\frac{N_2}{N_1}=\frac{D_1}{D_2},\ C=\frac{D_1+D_2}{2}=\frac{D_1}{2}\left(1+\frac{N_1}{N_2}\right)$$

$$500=\frac{D_1}{2}\times\left(1+\frac{200}{50}\right),\ D_1=200\text{mm}$$

$$H_{KW}=\frac{\mu Q V}{1000},\ Q=\frac{H_{KW}\times 1000}{\mu\times V}=\frac{2\times 1000}{0.2\times\left(\frac{\pi\times 200\times 200}{60\times 1000}\right)}=4774.65\text{N}$$

답 4774.65N

(2) 마찰차의 폭

$$f_a=\frac{Q}{b}$$

$$b=\frac{Q}{f_a}=\frac{4774.65}{100}=47.75\text{mm}$$

답 47.75mm

필답형 실기

- 기계요소설계 -

2021년도 4회

01

단순지지된 중공축의 중앙에 650N하중이 작용하고 있다. 축으로 입력되는 동력은 2.5kW, 분당 회전수는 2000rpm이다. 축의 재료는 SM45C로 허용전단 응력은 40MPa, 허용수직응력은 100MPa이다. 축의 길이는 200mm 이다. 굽힘모멘트의 동적효과계수 k_t =1.7, 비틀림모멘트의 동적효과계수 k_t =1.3이다. 축의 바깥지름이 30mm이고, 축의 자중은 무시한다. 아래의 물음에 답하여라. [5점]

(1) 허용 전단응력을 고려한 축의 안지름[mm] d_τ

(2) 허용수직응력을 고려한 축의 안지름[mm] d_a

(3) 아래 중공축의 안지름 중에서 안지름을 결정하여라.

25, 26, 27, 28, 29, 30 단위[mm]

풀이 및 답

(1) 허용 전단응력을 고려한 축의 안지름

$$d_\tau = x_1 d_2 = 0.94 \times 30 = 28.2\text{mm}$$

$$M = \frac{PL}{4} = \frac{650 \times 200}{4} = 32500\text{N}\cdot\ \text{mm}$$

$$T = 974000 \times \frac{H_{KW}}{N} \times 9.8 = 974000 \times \frac{2.5}{2000} \times 9.8 = 11931.5\text{N}\cdot\ \text{mm}$$

$$T_e = \sqrt{(k_m M)^2 + (k_t T)^2} = \sqrt{(1.7 \times 32500)^2 + (1.3 \times 11931.5)^2}$$

$$= 57385.99\text{N}\cdot\ \text{mm}$$

$$M_e = \frac{1}{2}\{(k_m M) + T_e\} = \frac{1}{2}\{(1.7 \times 32500) + 57385.99\}$$

$$= 56317.995 = 56318\text{N}\cdot\ \text{mm}$$

$$M_e = \sigma_a \times \frac{\pi d_2^3}{32}\left(1 - x_1^4\right)$$

$$x_1 = \sqrt[4]{1 - \frac{32 M_e}{\sigma_a \pi d_2^3}} = \sqrt[4]{1 - \frac{32 \times 56318}{100 \times \pi \times 30^3}} = 0.942$$

답 28.2mm

(2) 허용수직응력을 고려한 축의 안지름

$$d_\sigma = x_2 d_2 = 0.92 \times 30 = 27.6\text{mm}$$

$$T_e = \tau_a \times \frac{\pi d_2^3}{16}\left(1 - x_2^4\right)$$

$$x_2 = \sqrt[4]{1 - \frac{16 \times T_e}{\tau_a \times \pi \times d_2^3}} = \sqrt[4]{1 - \frac{16 \times 57385.99}{40 \times \pi \times 30^3}} = 0.924$$

답 27.6mm

(3) 안지름을 결정

안지름이 작아야, 중공축이 두께가 커져 안전하다. 그러므로 27mm 선택

답 27mm

02

하중이 3000N 작용할 때의 처침이 δ =50mm로 되고 코일 스프링에서 소선의 지름 d =16mm, 평균지름 D =144mm, 전단탄성계수 $G = 80GPa$이다. 다음을 구하시오. [4점]

(1) 유효감김수을 구하시오. n[권]

(2) 코일 스프링의 전단응력을 구하시오. τ[MPa]

(단, 응력수정계수 $K' = \frac{4C-1}{4C-4} + \frac{0.615}{C}$ 을 고려하여 구하여라. C는 스프링 지수이다.)

풀이 및 답

(1) 유효감김수

(유효감김수) $n = \frac{\delta G d^4}{8WD^3} = \frac{50 \times 80 \times 10^3 \times 16^4}{8 \times 3000 \times 144^3} = 3.658 = 4$권

답 4권

(2) 코일 스프링의 전단응력

(전단응력) $\tau = K' \frac{8PD}{\pi d^3} = 1.16 \times \frac{8 \times 3000 \times 144}{\pi \times 16^3} = 311.545 = 311.55\text{MPa}$

(스프링지수) $C = \frac{D}{d} = \frac{144}{16} = 9$

(응력수정계수) $K' = \frac{4C-1}{4C-4} + \frac{0.615}{C} = \frac{4 \times 9 - 1}{4 \times 9 - 4} + \frac{0.615}{9} = 1.162 = 1.16$

답 311.55MPa

03

M24나사를 이용하여 축방향 하중이 1000kgf, 작용할 때 다음 물음에 답하여라. (단, M24의 유효지름은 22.051mm, 피치는 3mm, 나사의 마찰계수는 0.1이다.) [4점]

(1) 나사를 조일 경우의 체결력을 구하여라. [kgf]
(2) 나사를 체결하고자 길이가 100mm인 스패너를 사용하였다. 스패너에 가해야 될 회전력[kgf]을 구하여라.
(3) 나사의 풀 때 필요한 해체력(회전력)을 구하여라.
(4) 나사를 풀 때의 효율을 구하여라.

풀이 및 답

(1) 나사를 조일 경우의 체결력

(체결력) $P = Q\tan(\lambda + \rho') = 1000 \times \tan(2.48 + 6.59)$
$= 159.637 = 159.64\text{kgf}$

(리드각) $\lambda = \tan^{-1}\left(\dfrac{p}{\pi d_e}\right) = \tan^{-1}\left(\dfrac{3}{\pi \times 22.051}\right) = 2.4796° = 2.48°$

(상당마찰각) $\rho' = \tan^{-1}\left(\dfrac{\mu}{\cos\dfrac{\alpha}{2}}\right) = \tan^{-1}\left(\dfrac{0.1}{\cos\dfrac{60}{2}}\right) = 6.58677° = 6.59°$

답 159.64kgf

(2) 나사를 체결하고자 길이가 100mm인 스패너를 사용하였다. 스패너에 가해야 될 회전력

$T = P \times \dfrac{d_e}{2} = F \times L$ 에서

(스패너의 회전력) $F = \dfrac{P \times \dfrac{d_e}{2}}{L} = \dfrac{159.64 \times \dfrac{22.051}{2}}{100} = 17.6011\text{kgf} = 17.6\text{kgf}$

답 17.6kgf

(3) 나사의 풀 때 필요한 해체력(회전력)

(체결력) $P = Q\tan(\rho' - \lambda) = 1000 \times \tan(6.59 - 2.48) = 71.856 = 71.86\text{kgf}$

답 71.86kgf

(4) 나사를 풀 때의 효율

$$\eta = \frac{\tan\lambda}{\tan(\rho' - \lambda)} = \frac{\tan 2.48}{\tan(6.59 - 2.48)} = 0.60274 = 60.27\%$$

답 60.27%

04

그림과 같은 밴드 브레이크에서 15kW, N =300rpm의 동력을 제동하려고 한다. 다음 조건을 보고 물음에 답하여라. [5점]

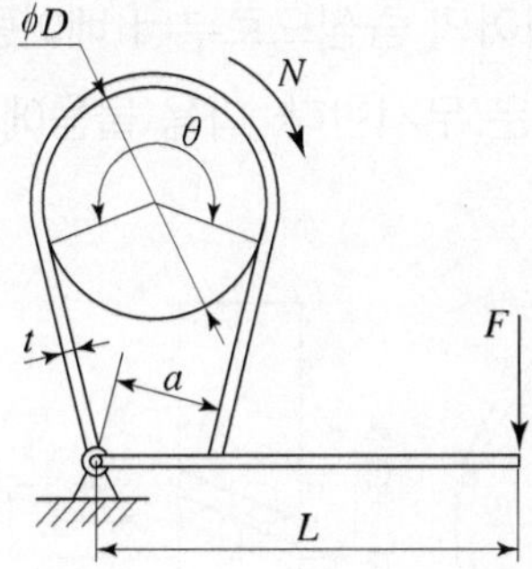

레버에 작용하는 힘 $F = 150\text{N}$
접촉각 $\theta = 225°$
거리 $a = 200\text{mm}$
풀리의 지름 $D = 600\text{mm}$
마찰계수 $\mu = 0.3$
밴드의 허용응력 $\sigma_b = 17\text{MPa}$
밴드의 두께 $t = 5\text{mm}$
레버의 길이 $L[\text{mm}]$

(1) 레버의 길이를 구하여라. $L[\text{mm}]$
(2) 밴드의 폭를 구하여라. $b[\text{mm}]$

풀이 및 답

(1) 레버의 길이

$$H = \frac{f \cdot V}{1000} = \frac{f \times \left(\frac{\pi \cdot DN}{60 \times 1000}\right)}{1000},\ 15 = \frac{f \times \left(\frac{\pi \times 600 \times 300}{60 \times 1000}\right)}{1000}$$

(마찰력) $f = 1591.549\text{N} = 1591.55\text{N}$

$$e^{\mu\theta} = e^{\left(0.3 \times 225 \times \frac{\pi}{180}\right)} = 3.248 = 3.25$$

$$\Sigma M = 0,\ +F \cdot L - T_s \cdot a = 0$$

$$L = \frac{T_s \times a}{F} = \frac{\frac{f}{(e^{\mu\theta} - 1)} \times a}{F} = \frac{\frac{1591.55}{(3.25 - 1)} \times 200}{150}$$

$$= 943.1407\text{mm} = 943.14\text{mm}$$

답 943.14mm

(2) 밴드의 폭

$$\sigma_b = \frac{T_t}{bt\eta}$$

$$(\text{폭})\ b = \frac{T_t}{\sigma_b t\eta} = \frac{\frac{fe^{\mu\theta}}{e^{\mu\theta} - 1}}{\sigma_b t\eta} = \frac{\frac{1591.55 \times 3.25}{3.25 - 1}}{17 \times 5 \times 1} = 27.0459\text{mm} = 27.05\text{mm}$$

답 27.05mm

05

공구압력각이 $\alpha_n=20^\circ$, 비틀림각 $\beta=15^\circ$, 피치원지름 D172[mm]인 헬리컬 기어가 토크 $T=110$[N · m]를 전달받고 있다. 기어의 중심으로부터 베어링 A까지의 거리는 $l_1=60$[mm]이고, 기어의 중심으로부터 베어링 B까지의 거리는 $l_2=90$[mm]이다. 단, 축의 자중은 무시한다. 다음 물음에 답하여라.

[7점]

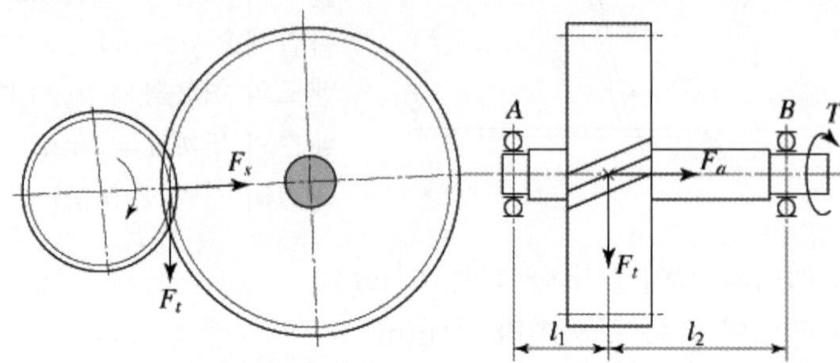

(1) 기어에 작용하는 회전력 F_t, 분리력 F_s, 축방향힘 F_a을 구하여라.
(2) 베어링에 작용하는 반력 R_A, R_B을 구하여라.
(3) 축에 작용하는 최대 굽힘모멘트를 구하여라.

풀이 및 답

(1) 기어에 작용하는 회전력 F_t, 분리력 F_s, 축방향힘 F_a

(회전력) $F_t=\dfrac{T}{(D/2)}=\dfrac{110\times1000}{172/2}=1279.1\text{N}\fallingdotseq1.28\text{kN}$

(분리력) $F_s=F_t\cdot\dfrac{\tan\alpha_n}{\cos\beta}=1.28\times\dfrac{\tan20}{\cos15}=0.482\text{kN}$

(축방향힘) $F_a=F_t\cdot\tan\beta=1.28\times\tan15=0.343\text{kN}$

답 $F_t=1.28\text{kN}$
$F_s=0.482\text{kN}$
$F_a=0.343\text{kN}$

(2) 베어링에 작용하는 반력 R_A, R_B

F_t, l_1, l_2, F_{Ax}, F_{Bx}

$$F_{Ax}=\frac{l_2F_t}{l_1+l_2}=\frac{90\times1.28}{60+90}=0.768\text{kN}$$

$$F_{Bx} = \frac{l_1 F_t}{l_1 + l_2} = \frac{60 \times 1.28}{60 + 90} = 0.512\text{kN}$$

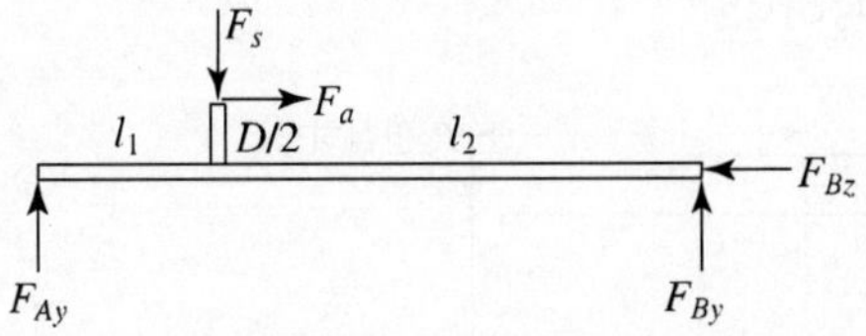

$$F_{Ay} = \frac{l_2 F_s - \frac{D}{2} F_a}{l_1 + l_2} = \frac{90 \times 0.482 - \frac{172}{2} \times 0.343}{60 + 90} = 0.093\text{kN}$$

$$F_{By} = \frac{l_1 F_s - \frac{D}{2} F_a}{l_1 + l_2} = \frac{60 \times 0.482 + \frac{172}{2} \times 0.343}{60 + 90} = 0.389\text{kN}$$

베어링 A에서의 반력은

$$R_A = \sqrt{F_{Ax}^2 + F_{Ay}^2} = \sqrt{0.768^2 + 0.389^2} = 0.774\text{kN}$$

베어링 B에서의 반력은

$$R_B = \sqrt{F_{Bx}^2 + F_{By}^2} = \sqrt{0.512^2 + 0.389^2} = 0.643\text{kN}$$

답 $R_A = 0.774\text{kN}$
$R_B = 0.643\text{kN}$

(3) 축에 작용하는 최대 굽힘모멘트

최대 굽힘모멘트는 기어 지점에서 발생하며, 축방향하중으로 인하여 불연속이 발생한다.

$M_A = l_1 \times F_A = 60 \times 0.774 = 46.44\text{N} \cdot \text{m}$

$M_B = l_2 \times F_B = 90 \times 0.643 = 57.87\text{N} \cdot \text{m}$

$M_{max} = M_B = 57.87\text{N} \cdot \text{m}$

답 $57.87\text{N} \cdot \text{m}$

06

그림과 같은 편심하중 P =30kN, h =100mm, b =150mm, L =250mm을 받는 리벳이음에서 다음을 결정하라. **[4점]**

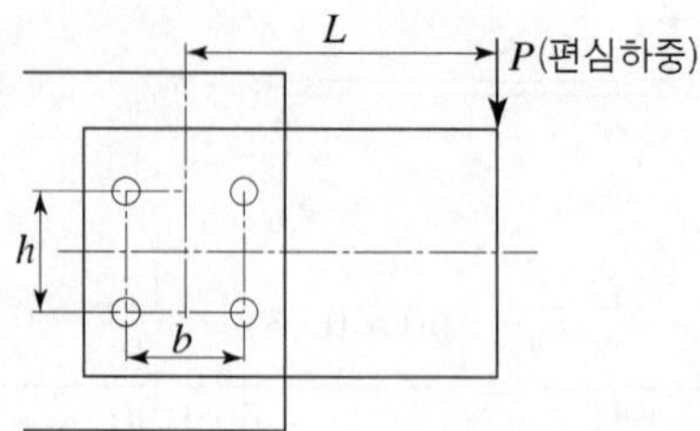

(1) 리벳의 직접 전단하중 Q는 몇 N인가?
(2) 비틀림 모멘트에 의한 각 리벳의 비틀림 전단하중 F는 몇 N인가?
(3) 리벳에 작용하는 최대 전단하중은 몇 N인가?
(4) 리벳의 지름은 몇 mm인가? (단, 리벳의 허용전단응력은 60MPa이다.)

풀이 및 답

(1) 리벳의 직접 전단하중

(직접 전단하중) $Q = \dfrac{P}{Z} = \dfrac{30 \times 10^3}{4} = 7500\text{N}$

답 7500N

(2) 비틀림 모멘트에 의한 각 리벳의 비틀림 전단하중

$P \cdot L = K(N_1 \cdot r_1^2)$

$30 \times 10^3 \times 250 = K \times (4 \times 90.14^2)$, $K = 230.76\text{N/mm}$

$F = K \cdot r_1 = 230.76 \times 90.14 = 20800.71\text{N}$

$$r_1 = \sqrt{\left(\frac{b}{2}\right)^2 + \left(\frac{h}{2}\right)^2} = \sqrt{\left(\frac{150}{2}\right)^2 + \left(\frac{100}{2}\right)^2} = 90.138\text{mm} = 90.14\text{mm}$$

답 20800.71N

(3) 리벳에 작용하는 최대 전단하중

$$R_{max} = \sqrt{Q^2 + F^2 + 2Q \cdot F \cdot \cos\theta}$$

$$= \sqrt{7500^2 + 20800.71^2 + 2 \times 7500 \times 20800.71 \times \frac{75}{90.14}}$$

$$= 27359.25\text{N}$$

$$\cos\theta = \frac{\frac{b}{2}}{r_1}$$

답 27359.25N

(4) 리벳의 지름

$$(\text{리벳지름})\ d = \sqrt{\frac{4\times R_{max}}{\pi\times\tau_a}} = \sqrt{\frac{4\times 27359.25}{\pi\times 60}} = 24.1\text{mm}$$

답 24.1mm

07

롤러체인 No.50의 파단 하중이 2210kgf, 피치는 15.875mm을 2열로 사용하여 안전율 10으로 동력을 전달하고자한다. 원동축 스프로킷 휠의 잇수 20개, 분당회전수는 600rpm, 종동축 스프로킷 휠의 잇수 60개이며 축간거리는 800mm을 연결하기 위하여 피치가 ??인 체인을 사용할 때 다음을 구하여라. (단, 2줄(2열)인 경우 다열계수 e =1.7이다) [5점]

(1) 전달동력[kW]을 구하여라.
(2) 사용해야 될 링크의 개수를 구하여라.

풀이 및 답

(1) 전달동력[kW]

$$(\text{안전하중})\ F_s = \frac{e}{s}\times F_B = \frac{1.7}{10}\times 2110 = 358.7\text{kgf}$$

$$(\text{속도})\ V = \frac{p\times Z_1\times N_1}{60\times 1000} = \frac{15.875\times 20\times 600}{60\times 1000} = 3.175\text{m/s} = 3.18\text{m/s}$$

$$(\text{최대전달동력})\ H_{kW} = \frac{F_s\times V}{102} = \frac{358.7\times 3.18}{102} = 11.183\text{kW} = 11.18\text{kW}$$

답 11.18kW

(2) 사용해야 될 링크의 개수

$$(\text{링크수})\ L_n = \frac{2C}{p} + \frac{z_2+z_1}{2} + \frac{p(z_2-z_1)^2}{4c\pi^2}$$

$$= \frac{2\times 800}{15.875} + \frac{60+20}{2} + \frac{15.875\times(60-20)^2}{4\times 800\times\pi^2}$$

$$= 141.59 = 142\text{개}$$

답 142개

08

지름이 50mm인 축의 회전수 800rpm, 동력 20kW를 전달시키고자 할 때, 이 축에 작용하는 묻힘키의 길이를 결정하라. (단, 키의 $b \times h$ =9×8이고, 묻힘깊이 $t = \frac{h}{2}$이며 키의 허용전단응력은 30MPa, 허용압축응력은 80MPa이다.)

[4점]

(1) 키의 허용전단응력을 이용하여 키의 길이를 mm로 구하여라.
(2) 키의 허용압축응력을 이용하여 키의 길이를 mm로 구하여라.
(3) 묻힘키의 최대 길이를 결정하라.

[표] 길이 l 의 표준값

6	8	10	12	14	16	18	20	22	25	28	32	36
40	45	50	56	63	70	80	90	100	110	125	140	160

풀이 및 답

(1) 키의 허용전단응력을 이용하여 키의 길이(mm)

(전단응력을 고려한 키의 길이) $l_\tau = \frac{2T}{bd\tau} = \frac{2 \times 238630}{9 \times 50 \times 30}$

$= 35.3525\text{mm} = 35.35\text{mm}$

$T = 974000 \times \frac{H_{KW}}{N} = 974000 \times \frac{20}{800} = 24350\text{kgf} \cdot \text{mm} = 238630\text{N} \cdot \text{mm}$

답 35.35mm

(2) 키의 허용압축응력을 이용하여 키의 길이(mm)

(압축응력을 고려한 키의 길이) $l = \frac{4T}{hd\sigma_c} = \frac{4 \times 238630}{8 \times 50 \times 80}$

$= 29.8287\text{mm} = 29.83\text{mm}$

답 29.83mm

(3) 묻힘키의 최대 길이

전단응력에 의한 길이 35.35mm가 압축응력에 의한 길이 29.83mm보다 크다.
그러므로 35.35mm보다 처음으로 커지는 표준길이는 36mm이다.

답 36mm

09

평벨트 바로걸기 전동에서 두 축의 축간거리는 2000mm 원동축 풀리 지름 400mm, 종동축 풀리 600mm인 평벨트 전동장치가 있다. 원동축 $N_1 =$ 600rpm으로 120kW 동력전달시 다음을 구하라. (단, 벨트와 풀리의 마찰계수 0.3, 벨트 재료의 단위길이당 질량은 0.4kg/m이다.) [5점]

(1) 원동축 풀리의 벨트 접촉각 $\theta[^\circ]$을 구하여라.
(2) 벨트에 걸리는 긴장측 장력 T_t[kN]을 구하여라.
(3) 벨트의 최소폭 b[mm]을 구하여라. (단, 벨트의 허용장력 3MPa, 벨트의 두께 10mm이다.)
(4) 벨트의 초기 장력 T_o[kN]을 구하여라.

풀이 및 답

(1) 원동축 풀리의 벨트 접촉각

$$\theta = 180° - 2\sin^{-1}\left(\frac{D_2 - D_1}{2C}\right) = 180° - 2 \times \sin^{-1}\left(\frac{600-400}{2 \times 2000}\right) = 174.27°$$

답 174.27°

(2) 벨트에 걸리는 긴장측 장력

$$V = \frac{\pi \cdot D_1 \cdot N_1}{60 \times 1000} = \frac{\pi \times 400 \times 600}{60 \times 1000} = 12.57\text{m/sec}$$

$$T_g = \overline{m}V^2 = 0.4 \times 12.57^2 = 63.201\text{N} = 63.2\text{N}$$

$$e^{\mu\theta} = e^{\left(0.3 \times 174.27 \times \frac{\pi}{180}\right)} = 2.49$$

$$H_{kW} = \frac{(T_t - T_g) \cdot (e^{\mu\theta} - 1) \cdot V}{1000 \cdot e^{\mu\theta}}$$

$$120 = \frac{(T_t - 63.2) \times (2.49 - 1) \times 12.57}{1000 \times 2.49}$$

$$T_t = 16016.8127N = 16.02\text{kN}$$

답 16.02kN

(3) 벨트의 최소폭

$$\sigma_t = \frac{T_t}{b \cdot t \cdot \eta},\ b = \frac{T_t}{\sigma_t \cdot t \cdot \eta} = \frac{16020}{3 \times 10 \times 1} = 534\text{mm}$$

답 534mm

(4) 벨트의 초기 장력

$$T_o = \frac{T_t + T_s}{2} = \frac{16020 + 6471.55}{2} = 11245.775\text{N} = 11.25\text{kN}$$

$$e^{\mu\theta} = \frac{T_t - T_g}{T_s - T_g},\ 2.49 = \frac{16020 - 63.2}{T_s - 63.2}$$

(이완장력) $T_s = 6471.553\text{N} = 6471.55\text{N}$

답 11.25kN

10

회전수 600rpm, 베어링 하중 400N을 받는 엔드저널이 있다. 다음 물음에 답하여라. [5점]

(1) 허용압력속도지수 $(pv)_a = 2[\text{N/mm}^2 \cdot \text{m/s}]$일 때 저널의 길이를 구하여라.

(2) 저널부의 허용굽힘응력 $\sigma_b = 5\text{MPa}$일 때 저널의 지름[mm]을 구하여라.

풀이 및 답

(1) 허용압력속도지수 $(pv)_a = 2[\text{N/mm}^2 \cdot \text{m/s}]$일 때 저널의 길이

(저널의 길이) $l = \frac{\pi QN}{60000 \times (pV)_a} = \frac{\pi \times 400 \times 600}{60000 \times 2} = 6.28\text{mm}$

답 6.28mm

(2) 저널부의 허용굽힘응력 $\sigma_b = 5\text{MPa}$일 때 저널의 지름[mm]

(저널의 지름) $d = \sqrt[3]{\frac{16Ql}{\pi\sigma_b}} = \sqrt[3]{\frac{16 \times 400 \times 6.28}{\pi \times 5}} = 13.68\text{mm}$

답 13.68mm

11 분당회전수가 600rpm으로 10PS을 전달시키는 외접 평마찰차가 지름이 450mm이다. (단, 접촉선압력 f_w =1.5kgf/mm, 마찰계수 μ =0.25이다.)

[3점]

(1) 원통마찰차를 밀어 붙이는 힘 P[kgf]을 구하여라.
(2) 마찰차의 폭 b[mm]을 구하여라.

풀이 및 답

(1) 원통마찰차를 밀어 붙이는 힘

$$H_{PS} = \frac{\mu P \cdot V}{75},\ 10 = \frac{0.25 \times P \times \pi \times 450 \times 600}{75 \times 60 \times 1000}$$

$P = 212.21\text{kgf}$

답 212.21kgf

(2) 마찰차의 폭

$$f_w = \frac{P}{b},\ 1.5 = \frac{212.21}{b}$$

(폭) $b = 141.47\text{mm}$

답 141.47mm

필답형 실기

- 건설기계설비기사 -

2021년도 1회

01

그림과 같은 1줄 겹치기 리벳 이음에서 t =12mm, d =20mm, p =70mm이다. 1피치의 하중이 1200N이라 할 때 다음 각 물음에 답하여라. [7점]

(1) 이음부의 강판에 발생하는 인장응력 σ_t [N/mm²]를 구하여라.

(2) 리벳에 발생하는 전단응력 τ[N/mm²]를 구하여라.

(3) 강판의 효율[%]을 구하여라.

(4) 리벳의 효율[%]을 구하시오.

(5) 리벳이음의 효율[%]을 구하시오.

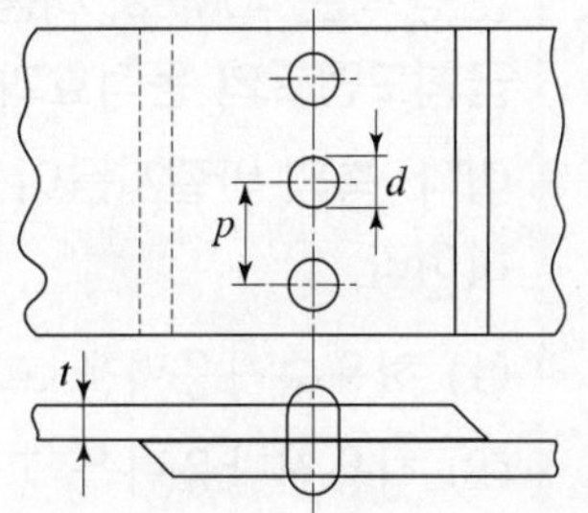

풀이 및 답

(1) 이음부의 강판에 발생하는 인장응력

$$\sigma_t = \frac{W_p}{A_t} = \frac{W_p}{(p-d)\cdot t} = \frac{1200}{(70-20)\times 12} = 2\text{N/mm}^2$$

답 2N/mm²

(2) 리벳에 발생하는 전단응력

$$\tau = \frac{W_p}{A_\tau} = \frac{W_p}{\frac{\pi}{4}d^2\times n} = \frac{1200}{\frac{\pi}{4}\times 20^2\times 1} = 3.82\text{N/mm}^2$$

답 3.82N/mm²

(3) 강판의 효율

(강판의 효율) $\eta_t = 1 - \frac{d}{p} = 1 - \frac{20}{70} = 0.71428 = 71.43\%$

답 71.43%

(4) 리벳의 효율

(리벳의 효율) $\eta_r = \frac{\pi d^2 \tau \times n}{4\cdot \sigma_t \cdot p \cdot t} = \frac{\pi\times 20^2\times 3.82\times 1}{4\times 2\times 70\times 12} = 0.714338 = 71.43\%$

답 71.43%

(5) 리벳이음의 효율

강판의 효율과 리벳의 효율 중 작은 값이 리벳이음의 효율이다.

답 71.43%

02

단순지지된 중공축의 중앙에 650N하중이 작용하고 있다. 축으로 입력되는 동력은 2.5kW, 분당 회전수는 2000rpm이다. 축의 재료는 SM45C로 허용전단 응력은 40MPa, 허용수직응력은 100MPa이다. 축의 길이는 200mm 이다. 굽힘모멘트의 동적효과계수 k_t =1.7, 비틀림모멘트의 동적효과계수 k_t =1.3이다. 축의 바깥지름이 30mm이고, 축의 자중은 무시한다. 아래의 물음에 답하여라. **[5점]**

(1) 허용수직응력을 고려한 축의 안지름[mm] d_τ

(2) 허용전단응력을 고려한 축의 안지름[mm] d_a

(3) 아래 중공축의 안지름 중에서 안지름을 결정하여라.

25, 26, 27, 28, 29, 30　　단위[mm]

풀이 및 답

(1) 허용수직응력을 고려한 축의 안지름

$$d_\tau = x_1 d_2 = 0.94 \times 30 = 28.2\text{mm}$$

$$M = \frac{PL}{4} = \frac{650 \times 200}{4} = 32500\text{N}\cdot\ \text{mm}$$

$$T = 974000 \times \frac{H_{KW}}{N} \times 9.8 = 974000 \times \frac{2.5}{2000} \times 9.8 = 11931.5\text{N}\cdot\ \text{mm}$$

$$T_e = \sqrt{(k_m M)^2 + (k_t T)^2} = \sqrt{(1.7 \times 32500)^2 + (1.3 \times 11931.5)^2}$$

$$= 57385.99\text{N}\cdot\ \text{mm}$$

$$M_e = \frac{1}{2}\{(k_m M) + T_e\} = \frac{1}{2}\{(1.7 \times 32500) + 57385.99\}$$

$$= 56317.995 = 56318\text{N}\cdot\ \text{mm}$$

$$M_e = \sigma_a \times \frac{\pi d_2^3}{32}(1 - x_1^4)$$

$$x_1 = \sqrt[4]{1 - \frac{32 M_e}{\sigma_a \pi d_2^3}} = \sqrt[4]{1 - \frac{32 \times 56318}{100 \times \pi \times 30^3}} = 0.942$$

답 28.2mm

(2) 허용전단응력을 고려한 축의 안지름

$$d_\sigma = x_2 d_2 = 0.92 \times 30 = 27.6\text{mm}$$

$$T_e = \tau_a \times \frac{\pi d_2^3}{16}(1 - x_2^4)$$

$$x_2 = \sqrt[4]{1-\frac{16\times T_e}{\tau_a\times\pi\times d_2^3}} = \sqrt[4]{1-\frac{16\times 57385.99}{40\times\pi\times 30^3}} = 0.924$$

답 27.6mm

(3) 안지름을 결정

안지름이 작아야, 중공축이 두께가 커져 안전하다. 그러므로 27mm 선택

답 27mm

03

원통형 코일 스프링을 사용하여 엔진의 밸브를 개폐하고자 한다. 스프링에 작용하는 하중은 밸브가 닫혔을 때 100N 밸브가 열렸을 때는 140N 최대 양정은 7.5mm이다. 스프링의 허용전단응력은 τ_a =550MPa, 스프링 지수는 10으로 할 때 다음을 구하여라.(응력수정계수는 고려하여라.) [5점]

(1) 스프링 소선의 직경 d[mm]을 구하여라.

(2) 스프링의 평균직경 D[mm]을 구하여라.

(3) 코일의 감긴 권수를 구하여라.(단 전단 탄성계수 G =85GPa)

풀이 및 답

(1) 스프링 소선의 직경

(스프링 소선의 직경) $d = \sqrt{K'\frac{8P_{max}C}{\pi\tau_w}} = \sqrt{1.14\times\frac{8\times 140\times 10}{\pi\times 550}} = 2.72\,\text{mm}$

(수정응력계수) $K' = \frac{4C-1}{4C-4}+\frac{0.615}{C} = \frac{4\times 10-1}{4\times 10-4}+\frac{0.615}{10} = 1.1448 = 1.14$

답 2.72mm

(2) 스프링의 평균직경

(스프링의 평균 직경) $D = d\times c = 2.72\times 10 = 27.2\,\text{mm}$

답 27.2mm

(3) 코일의 감긴권수

(코일의 감김수) $n = \frac{\delta\times G\times d^4}{8\times(P_{max}-P_{min})\times D^3} = \frac{7.5\times 85\times 10^3\times 2.72^4}{8\times 40\times 27.2^3}$

$= 5.42 = 6$권

답 6권

04

하중 W의 자유 낙하를 방지하기 위하여 그림과 같은 블록 브레이크 이용하였다. 레버 끝에 F=150N의 힘을 가하였다. 블록과 드럼의 마찰계수는 0.3이다. 이때 다음을 계산하라. [7점]

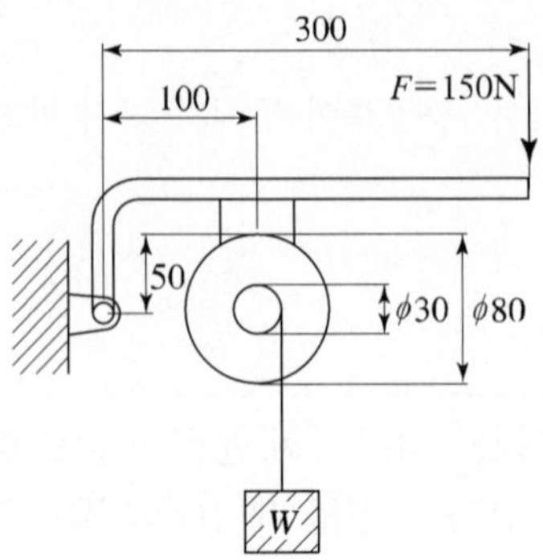

(1) 블록 브레이크를 밀어 붙이는 힘 P[N]을 구하시오.

(2) 자유낙하 하지 않기 위한 최대 하중 W[N]은 얼마인가?

(3) 블록의 허용압력은 200kPa, 브레이크 용량 0.8[N/mm^2 · m/s]일 때 브레이크 드럼의 최대회전수 N[rpm]는 얼마인가?

풀이 및 답

(1) 블록 브레이크를 밀어 붙이는 힘

$$F\times300-P\times100+\mu P\times50=0$$

$$P=\frac{150\times300}{100-0.3\times50}=529.41\text{N}$$

답 529.41N

(2) 자유낙하 하지 않기 위한 최대 하중

$$T=\mu P\times\frac{80}{2}=W\times\frac{30}{2}$$

$$W=\frac{\mu P\times80}{30}=\frac{0.3\times529.41\times80}{30}=423.53\text{N}$$

답 423.53N

(3) 블록의 허용압력은 200kPa, 브레이크 용량 0.8[N/mm^2 · m/s]일 때 브레이크 드럼의 최대회전수

$$q=200\text{kPa}=0.2\text{N/mm}^2$$

$$\mu qv=\mu q\cdot\frac{\pi DN}{60\times1000},\ 0.8=0.3\times0.2\times\frac{\pi\times80\times N}{60\times1000}\quad\therefore N=3183.1\text{rpm}$$

답 3183.1rpm

05

축방향 하중 W=5[ton]을 0.6m/min의 속도를 올리기 위해 Tr 나사를 사용한다.

$Tr60\times3$	골지름 57mm	유효지름 58.3mm

칼라부의 마찰계수 μ_m =0.01, 나사면의 마찰계수 0.15, 칼라부의 반지름 r_m =20mm일 때 다음을 구하시오. (단 마찰계수는 소수 4째 자리에서 반올림하여 소수 셋째자리로 계산한다.) [7점]

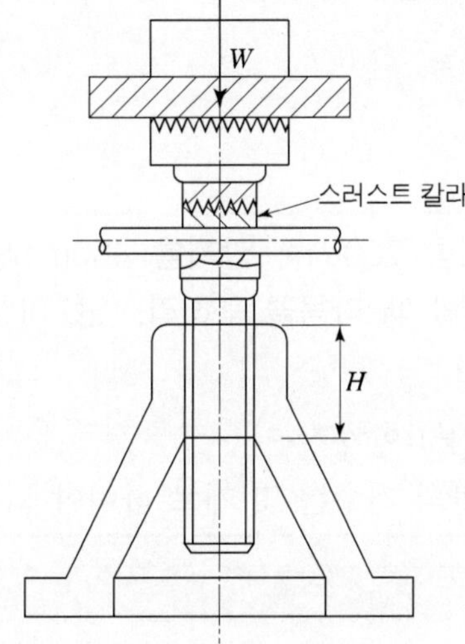

(1) 하중을 W을 들어 올리는데 필요한 토크 T[kgf · mm]을 구하여라.
(2) 잭의 효율을 η[%]구하여라.
(3) 소요동력 H[kW]을 구하여라.

풀이 및 답

(1) 하중 W을 들어 올리는데 필요한 토크 T[kgf · mm]을 구하여라.

$$(\text{상당마찰계수})\ \mu' = \frac{\mu}{\cos\frac{\alpha}{2}} = \frac{0.15}{\cos\frac{30}{2}} = 0.15529 = 0.155$$

$$T = \left(W \times \frac{\mu' \pi d_e + p}{\pi d_e - \mu' p} \times \frac{d_e}{2}\right) + (\mu_m \times W \times r_m) = 32475.32\text{kgf}\cdot\text{mm}$$

$$= \left(5000 \times \frac{0.155 \times \pi \times 58.3 + 3}{\pi \times 58.3 - 0.155 \times 3} \times \frac{58.3}{2}\right) + (0.01 \times 5000 \times 20)$$

$$= 26042.152\text{kgf}\cdot\text{mm} = 26042.15\text{kgf}\cdot\text{mm}$$

답 26042.15kgf · mm

(2) 잭의 효율을 η[%]구하여라.

$$\eta = \frac{Wp}{2\pi T} = \frac{5000 \times 3}{2 \times \pi \times 26042.15} = 0.09167 = 9.17\%$$

답 9.17%

(3) 소요동력 H[kW]을 구하여라.

$$H = \frac{W \times V}{102\eta} = \frac{5000 \times \frac{0.6}{60}}{102 \times 0.0917} = 5.345\text{kW} = 5.35\text{kW}$$

답 5.35kW

06

접촉면의 바깥지름 750mm, 안지름 450mm인 다판 클러치로 1500rpm, 7500kW를 전달할 때 다음을 구하라. (단, 마찰계수 μ =0.25, 접촉면 압력 q =0.2MPa이다.) [5점]

(1) 전달토크 T[kJ]인가?
(2) 다판클러치판의 개수는 몇 개로 하여야 되는가?

풀이 및 답

(1) 전달토크

$$T = \frac{60}{2\pi} \times \frac{H}{N} = \frac{60}{2\pi} \times \frac{7500 \times 10^3}{1500} = 47746.48\text{N}\cdot\ \text{m} = 47.75\text{kJ}$$

답 47.75kJ

(2) 다판클러치판의 개수

$$T = \mu P \times \frac{D_m}{2} = \mu \times \left\{ q \times \frac{\pi}{4} \times \left(D_2^2 - D_1^2\right) \times Z \right\} \times \frac{D_m}{2}$$

$$Z = \frac{8T}{\mu \times q \times \pi \times \left(D_2^2 - D_1^2\right) \times D_m} = \frac{8 \times 47.75 \times 10^6}{0.25 \times 0.2 \times \pi \times \left(750^2 - 450^2\right) \times 600}$$

$$= 11.258 = 12\text{개}$$

$$D_m = \frac{D_2 + D_1}{2} = \frac{750 + 450}{2} = 600\text{mm}$$

답 12개

07

다음 나사의 설명에 해당되는 볼트의 명칭을 쓰시오. [5점]

① 탭 볼트와 같으나 볼트에 머리가 없이 너트로 조정할 수 있는 볼트
② 무거운 기계 등을 달아 올릴 때 사용하는 것으로 훅(Hook)이 잘 걸리도록 설계된 볼트
③ 기계나 구조물 등의 기초에 사용하는 볼트
④ 기계 부품의 간격을 일정하게 유지할 필요가 있을 때 사용하는 볼트로 간격 유지 볼트라고도 한다.

풀이 및 답

① 스터드 볼트(stud bolt)
② 아이 볼트(eye bolt)
③ 기초 볼트(foundation bolt)
④ 스테이 볼트(stay bolt)

08

다음은 사이클로이드 치형, 인벌류트 치형에 대한 비교이다. 다음 중에 답하여라. [5점]

① 피치점에서 미끄럼률은 "0"이고, 이끝부와 이뿌리부로 갈수록 미끄럼률이 증가하며, 마모가 증가하는 치형은 어떤 것인가?
② 잇수에 따라 언더컷이 발생하는 치형은 어떤 것인가?
③ 언더컷이 발생하지 않는 치형은 어떤 것인가?
④ 압력각과 모듈이 같아야 호환이 되는 치형은 어떤 것인가?

풀이 및 답

① 인벌류트 치형
② 인벌류트 치형
③ 사이클로드 치형
④ 인벌류트 치형

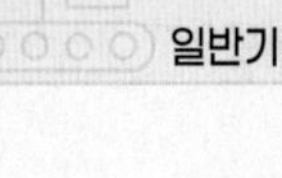

09

기어의 언더컷 방지 방법을 5가지 쓰시오. [5점]

풀이 및 답

① 소기어(pinion)는 최소 잇수보다 잇수를 많게 한다.
② 대기어(gear)는 한계 잇수보다 잇수를 적게 한다.
③ 소기어와 대기어의 잇수 차이를 작게 한다.
(즉 소기어와 대기어의 잇수비를 작게 한다.
④ 압력각을 크게 한다.
⑤ 전위기어를 사용한다.

10

아래 그림과 같은 원추 마찰차를 이용하여 동력을 전달하고자 한다. 원동차의 평균지름이 D_1 =450mm이고 속비 $\epsilon = \dfrac{2}{3}$ 이다. 접촉선압력 f =25N/mm, 마찰계수 μ =0.25이다. 다음 물음에 답하여라. [7점]

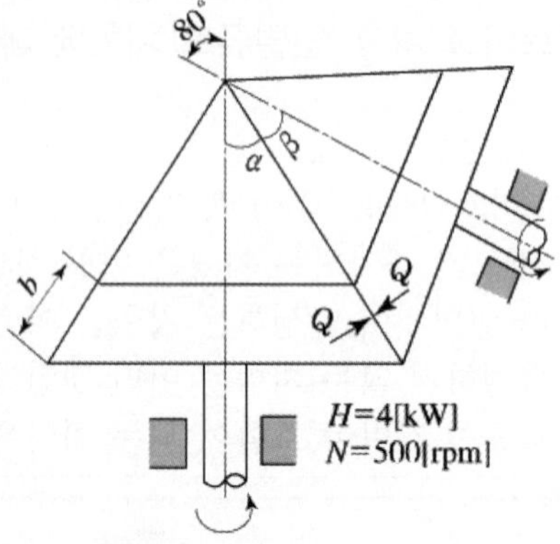

(1) 마찰차를 미는 힘 Q[N]을 구하여라.
(2) 마찰차의 폭 b[mm]을 구하여라.
(3) 원동축베어링에 작용하는 레이디얼 하중 F_{r1}[N]을 구하여라.
(4) 종동축베어링에 작용하는 레이디얼 하중 F_{r2}[N]을 구하여라.

풀이 및 답

(1) 마찰차를 미는 힘

$$V = \frac{\pi D_1 N_1}{60 \times 1000} = \frac{\pi \times 450 \times 500}{60 \times 1000} = 11.78\text{m/sec}$$

$$H_{kW} = \frac{\mu QV}{1000}$$

$$4 = \frac{0.25 \times Q \times 11.78}{1000}$$

$$Q = 1358.23\text{N}$$

답 1358.23N

(2) 마찰차의 폭

(폭) $b = \frac{Q}{f} = \frac{1358.23}{25} = 54.33\text{mm}$

답 54.33mm

(3) 원동축베어링에 작용하는 레이디얼 하중

$$\tan\alpha = \frac{\sin\theta}{\frac{1}{\epsilon} + \cos\theta} = \frac{\sin 80}{\frac{3}{2} + \cos 80}$$

$$\alpha = \tan^{-1}\left(\frac{\sin 80}{\frac{3}{2} + \cos 80}\right) = 30.47°$$

$$F_{r1} = Q \cdot \ \cos 28.15 = 1358.23 \times \cos 30.47 = 1170.65\text{N}$$

답 1170.65N

(4) 종동축베어링에 작용하는 레이디얼 하중

(종동축의 꼭지반각) $\beta = \theta - \alpha = 80 - 30.47 = 49.53°$

$$F_{r2} = Q \times \cos\beta = 1358.23 \times \cos 49.53 = 881.56\text{N}$$

답 881.56N

11

토크렌치에 사용된 묻힘키의 폭은 20mm, 높이 15mm, 길이는 30mm이다. 토크렌치의 길이 L =500mm, 키의 허용전단응력 τ_a =80MPa, 키의 허용압축응력 σ_a =90MPa, 묻힘키 부분의 축지름 d =50mm이다. 다음 물음에 답하여라.

[5점]

(1) 키의 허용전단응력을 고려한 키에 발생되는 비틀림 모멘트 T_τ[J]를 구하여라.

(2) 키의 허용압축응력을 고려한 키에 발생되는 비틀림 모멘트 T_σ[J]를 구하여라.

(3) 렌치를 돌릴 수 있는 허용 가능한 최대힘 P [kgf]를 구하여라.

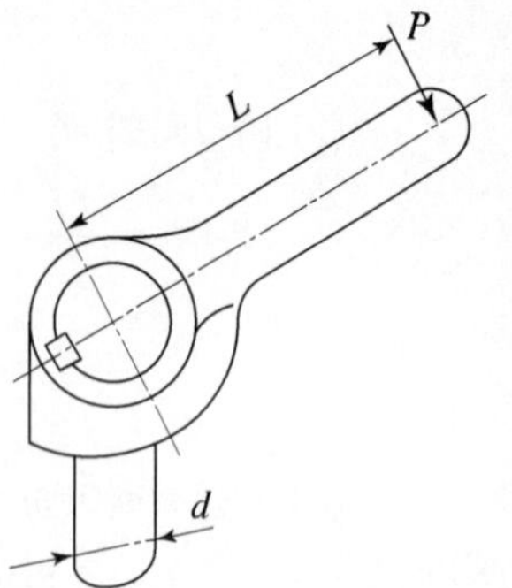

풀이 및 답

(1) 키의 허용전단응력을 고려한 키에 발생되는 비틀림 모멘트

$$\tau_a = \frac{2T_\tau}{bld}$$

$$T_\tau = \frac{\tau_a \times bld}{2} = \frac{80 \times 20 \times 30 \times 50}{2} = 1200000[\mathrm{N \cdot mm}] = 1200[\mathrm{J}]$$

답 1200J

(2) 키의 허용압축응력을 고려한 키에 발생되는 비틀림 모멘트

$$\sigma_a = \frac{4T_\sigma}{hld}$$

$$T_\sigma = \frac{\sigma_a \times hld}{4} = \frac{90 \times 15 \times 30 \times 50}{4} = 506250[\mathrm{N \cdot mm}] = 506.25[\mathrm{J}]$$

답 506.25J

(3) 렌치를 돌릴 수 있는 허용 가능한 최대힘

$$T_\sigma = P \times L$$

$$P = \frac{T_\sigma}{L} = \frac{506250}{500} = 1012.5\mathrm{N} = 1012.5\mathrm{N} \times \frac{1\mathrm{kgf}}{9.8\mathrm{N}} = 103.32\mathrm{kgf}$$

답 103.32kgf

12 주철과 목재의 조합으로 된 원동 마찰차의 지름이 300mm, 450mm으로 10kW을 전달하는 외접 평마찰차가 있다. 다음을 결정하라. (단, 마찰계수는 0.25, 감속비는 1/3, 허용선압은 15N/mm이다.) [5점]

(1) 밀어붙이는 힘은 몇 N인가?
(2) 중심거리는 몇 mm인가?
(3) 접촉면의 폭은 몇 mm인가?

풀이 및 답

(1) 밀어붙이는 힘

$$H_{kW} = \frac{\mu P V}{1000}$$

$$P = \frac{H_{kW} \times 1000}{\mu \times V} = \frac{10 \times 1000}{0.25 \times 7.07} = 5657.7086\text{N} = 5657.71\text{N}$$

$$V = \frac{\pi D_A N_A}{60 \times 1000} = \frac{\pi \times 300 \times 450}{60 \times 1000} = 7.07\text{m/sec}$$

답 5657.71N

(2) 중심거리

$$i = \frac{N_B}{N_A} = \frac{D_A}{D_B},\ D_B = \frac{D_A}{i} = 3 \times 300 = 900\text{mm}$$

(축간거리) $C = \frac{D_A + D_B}{2} = \frac{300 + 900}{2} = 600\text{mm}$

답 600mm

(3) 접촉면의 폭

$$f = \frac{P}{b}$$

(폭) $b = \frac{P}{f} = \frac{5657.71}{15} = 377.18\text{mm}$

답 377.18mm

13

다음과 같은 한 쌍의 외접 표준 평기어가 있다. 다음을 구하라. (단, 속도계수 $f_v = \dfrac{3.05}{3.05+V}$, 하중계수 f_w =0.8이다.) [7점]

구분	회전수 N [rpm]	잇수 Z [개]	허용굽힘응력 σ_b [N/mm²]	치형계수 $Y(=\pi y)$	압력각 $\alpha[°]$	모듈 m [mm]	폭 b [mm]	허용접촉면 응력계수 K[N/mm²]
피니언	600	25	294	0.377	20	4	40	0.7442
기어	300	50	127.4	0.433				

(1) 피치원주속도 V[m/s]

(2) 피니언의 굽힘강도에 의한 전달하중 F_1[N]

(3) 기어의 굽힘강도에 의한 전달하중 F_2[N]

(4) 면압강도에 의한 전달하중 F_3[N]

(5) 최대 전달마력 H[kW]

풀이 및 답

(1) 피치원주속도

$$V = \frac{\pi m z_1 \cdot N_1}{60 \times 1000} = \frac{\pi \times 4 \times 25 \times 600}{60 \times 1000} = 3.14\text{m/sec}$$

답 3.14m/sec

(2) 피니언의 굽힘강도에 의한 전달하중

$$f_v = \frac{3.05}{3.05+V} = \frac{3.05}{3.05+3.14} = 0.493$$

$$F_1 = f_w f_v \sigma_{b1} \cdot m \cdot b \cdot Y_1$$
$$= 0.8 \times 0.493 \times 294 \times 4 \times 40 \times 0.377$$
$$= 6994.32\text{N}$$

답 6994.32N

(3) 기어의 굽힘강도에 의한 전달하중

$$F_2 = f_w f_v \sigma_{b2} \cdot m \cdot b \cdot Y_2$$
$$= 0.8 \times 0.493 \times 127.4 \times 4 \times 40 \times 0.433$$
$$= 3481.08\text{N}$$

답 3481.08N

(4) 면압강도에 의한 전달하중

$$F_3 = Kf_v \cdot \ bm \cdot \ \frac{2 \times Z_1 \times Z_2}{Z_1 + Z_2} = 0.7442 \times 0.493 \times 40 \times 4 \times \frac{2 \times 25 \times 50}{25 + 50}$$

$$= 1956.75\text{N}$$

답 1956.75N

(5) 최대 전달마력

$$H = \frac{F_t \cdot \ V}{1000} = \frac{1956.75 \times 3.14}{1000} = 6.14\text{kW}$$

기어의 회전력 F_t은 F_1, F_2, F_3 중 가장 작은 힘

답 6.14kW

14

케이블(와이어로프)의 조건을 보고 사용가능하면(○), 폐기 및 교체이면(×) 표시하여라. [5점]

① 와이어로프 길이 30cm 당 소선이 5% 이상 절단시( )
② 와이어로프 지름이 5% 이상 감소시( )
③ 심한 변형이나 부식이 발생될 때( )
④ 킹크(꼬아놓은 게 풀어지는 현상)가 심할 때( )

풀이 및 답

① 와이어로프 길이 30cm 당 소선이 5% 이상 절단시(×)
② 와이어로프 지름이 5% 이상 감소시(×)
③ 심한 변형이나 부식이 발생될 때(○)
④ 킹크(꼬아놓은 게 풀어지는 현상)가 심할 때(○)

크레인용 케이블(와이어로프)의 교체 시기

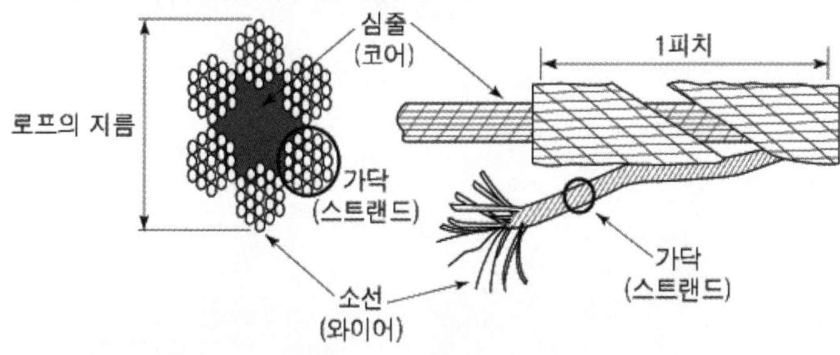

① 와이어 로프 길이 30cm 당 소선이 10%이상 절단시
② 와이어 로프 지름이 7% 이상 감소시
③ 심한 변형이나 부식이 발생될 때
④ 킹크(꼬아놓은 게 풀어지는 현상)가 심할 때

15

다음 공정순서를 보고 네트워크 공정도를 작성하여라. (주공정선은 굵은 실선으로 표시하여라.) [7점]

작업형	소요일수	선행작업	비 고
A	4	없음	단, 화살형 네트워크로 주공정선은 굵은 선으로 표시하고, 각 결합점에서서의 계산은 다음과 같다.(CPM법)
B	6	A	
C	5	A	
D	4	A	
E	3	B	
F	7	B,C,D	
G	8	D	
H	6	E	
I	5	E,F	
J	8	E,F,G	
K	6	H,I,J	

LFT EFT EST LST

i —작업명 / 작업일수→ j

풀이 및 답

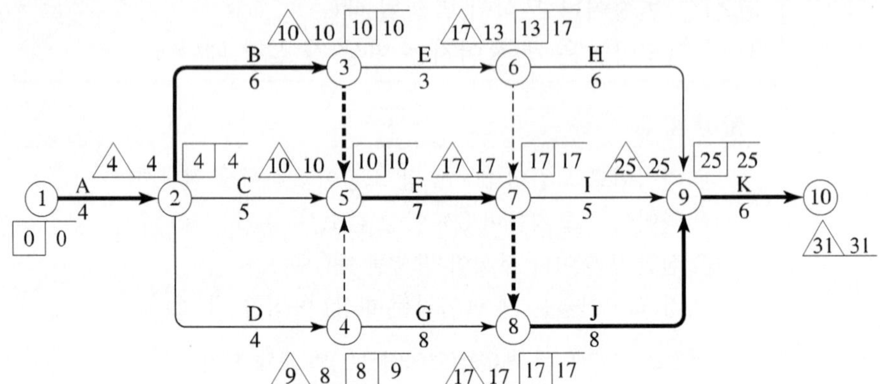

16

아래 그림은 이중관식 열교환기이다. 물음에 답하시오. [5점]

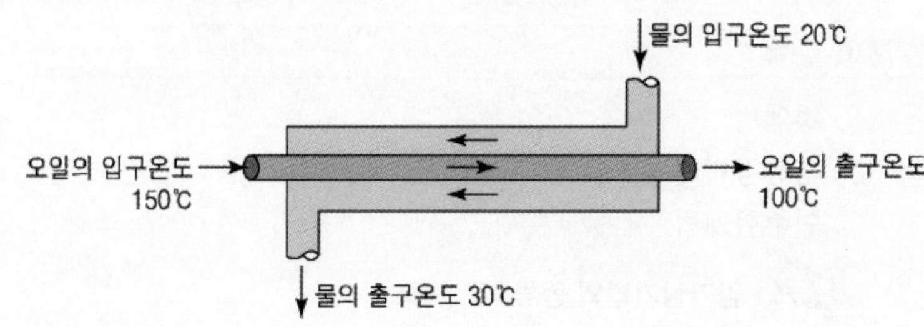

(1) 대수평균온도차 ΔT_m를 구하여라.

(2) 아래 그림에서 대류방식이 평행류일 때의 대수평균 온도 ΔT_m를 구하여라.

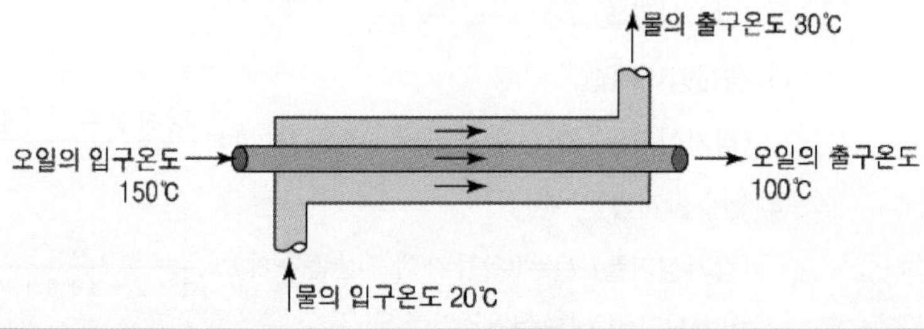

풀이 및 답

(1) 대수평균온도차

$\Delta T_1 = 150 - 30 = 120$℃

$\Delta T_2 = 100 - 20 = 80$℃

(대수평균온도차) $\Delta T_m = \dfrac{\Delta T_1 - \Delta T_2}{\ln\left(\dfrac{\Delta T_1}{\Delta T_2}\right)} = \dfrac{120 - 80}{\ln\dfrac{120}{80}} = 98.652$℃ $= 98.65$℃

답 98.65℃

(2) 대류방식이 평행류일 때의 대수평균온도

$\Delta T_1 = 150 - 20 = 130$℃

$\Delta T_2 = 100 - 30 = 70$℃

(대수평균온도차) $\Delta T_m = \dfrac{\Delta T_1 - \Delta T_2}{\ln\left(\dfrac{\Delta T_1}{\Delta T_2}\right)} = \dfrac{130 - 70}{\ln\dfrac{130}{70}} = 96.924$℃ $= 96.92$℃

답 96.92℃

17

감가상각법의 종류 2가지를 쓰시오. (예시 : 정률법) [5점]

풀이 및 답

① 정액법

② 생산량비례법

③ 연수합계법

감가상가법의 종류

① 정률법

(감가상가률) $D=$(취득가액 − 기초자산장부가액) × 상각비율

② 정액법

(감가상가률) $D=\dfrac{\text{취득가액} - \text{잔존가치}}{\text{내용연수}}$

③ 생산량비례법

(감가상가률) $D=(\text{취득가액} - \text{잔존가치}) \times \dfrac{\text{당시실제생산량}}{\text{추정총생산량}}$

④ 연수합계법

(감가상가률) $D=(\text{취득가액} - \text{잔존가치}) \times \dfrac{N}{1+2+3+4+\cdots\ n}$

여기서, n : 내용연수

N : 잔존내용연수

18

배관의 길이는 2m, 바깥지름 15cm, 안지름 13.6cm, 배관의 열팽창계수 $\alpha = 1.2\times10^{-6}$[1/℃]이다. 다음 물음에 답하여라. (단, 배관의 탄성계수는 210GPa 이다.) [4점]

(1) 배관의 처음 온도는 10℃ 나중온도는 50℃가 되었다. 50℃가 되었을 때 배관의 팽창신장량[mm]을 구하여라.

(2) 배관의 처음 온도는 10℃일 때 양단이 고정되어 있었다면 50℃일 때 배관의 열응력 σ_{th}[MPa]을 구하여라.

(3) 양단이 고정되었다면 벽면에 작용하는 힘[kgf]은 얼마인가?

풀이 및 답

(1) 팽창 신장량

$$\Delta L = L\times\alpha\times\Delta T = 2\times1.2\times10^{-6}\times40 = 9.6\times10^{-5}[\text{m}] = 0.096[\text{mm}]$$

답 0.096mm

(2) 50℃일 때 배관의 열응력

$$\sigma_{th} = \alpha \times E \times \Delta T = 1.2 \times 10^{-6} \times 210000 \times 40 = 10.08[\mathrm{MPa}]$$

답 10.08MPa

(3) 양단이 고정되었다면 벽면에 작용하는 힘

$$F = \sigma_{th} \times A = 10.08 \times \frac{\pi}{4}(150^2 - 136^2)$$

$$= 31698.92\mathrm{N} = 31698.92\mathrm{N} \times \frac{1\mathrm{kgf}}{9.8\mathrm{N}} = 3234.58\mathrm{kgf}$$

답 3234.58kgf

필답형 실기

- 건설기계설비기사 -

2021년도 2회

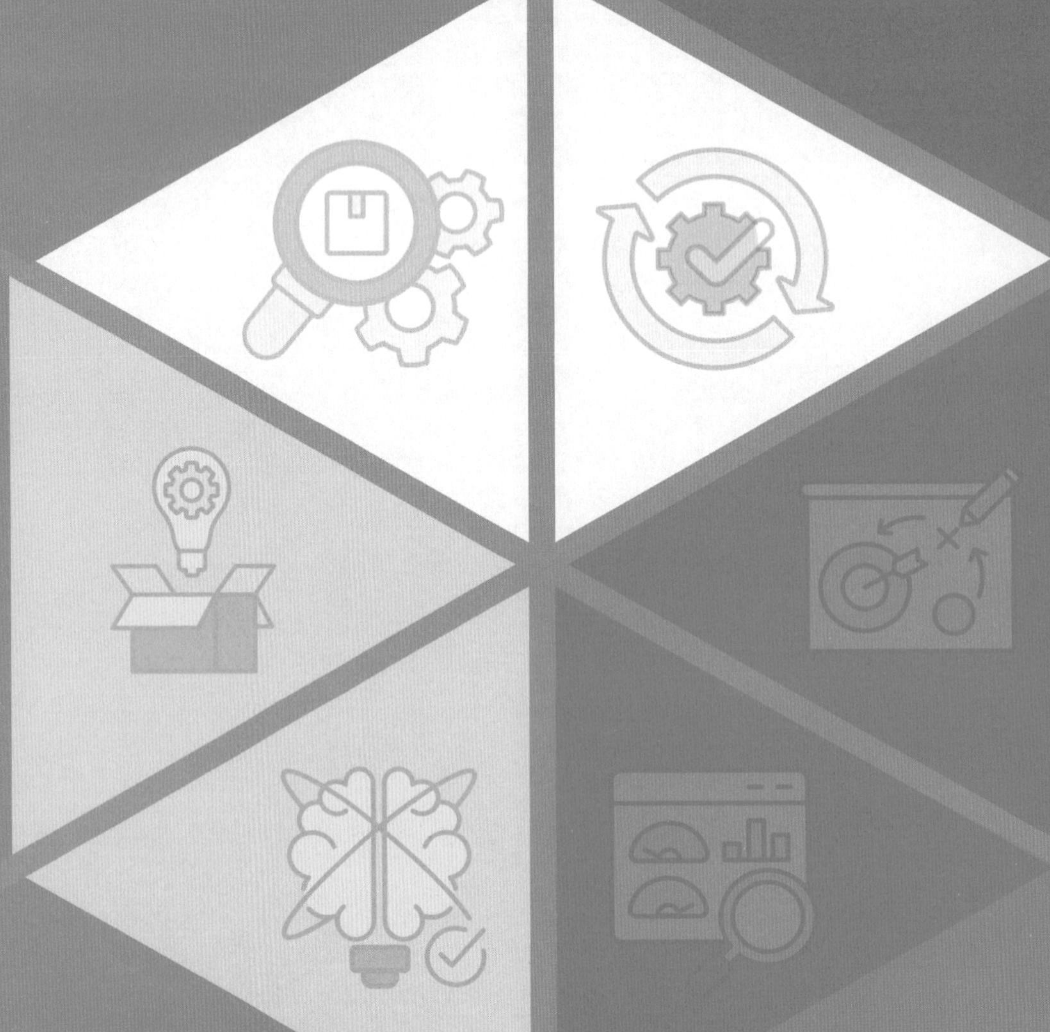

01

축이음에 사용되는 커플링의 종류 3가지를 쓰시오. [5점]

풀이 및 답

① 원통마찰 커플링
② 클램프 커플링
③ 플랜지 커플링

02

스프링지수 $c=8$인 압축 코일스프링에서 하중이 1000N에서 800N으로 감소되었을 때, 처짐량의 변화가 25mm가 되도록 하려고 한다. (단 하중이 1000N 작용될 때 소선의 허용전단응력은 300MPa이며, 가로탄성계수는 80GPa이다.) [5점]

(1) 소선의 지름 d[mm]을 구하시오.
(2) 코일의 감김수 n[회]를 구하시오.

풀이 및 답

(1) 소선의 지름

$$(\text{소선의 지름})\ d=\sqrt{\frac{8\times P_{max}\times c\times K'}{\pi\times\tau}}=\sqrt{\frac{8\times1000\times8\times1.18}{\pi\times300}}=8.95\text{mm}$$

$$(\text{kwall's 응력계수})\ K'=\frac{4c-1}{4c-4}+\frac{0.615}{c}=\frac{4\times8-1}{4\times8-4}+\frac{0.615}{8}=1.184\fallingdotseq1.18$$

답 8.95mm

(2) 코일의 감김수

$$(\text{코일의 감김수})\ n=\frac{\delta\times G\times d}{8\times c^3\times(P_{max}-P_{min})}=\frac{25\times80\times10^3\times8.95}{8\times8^3\times(1000-800)}$$
$$=21.85\fallingdotseq22\text{권}$$

답 22권

03

지름이 50mm인 축의 회전수 800rpm, 동력 20kW를 전달시키고자 할 때, 이 축에 작용하는 묻힘키의 길이를 결정하라. (단, 키의 $b \times h = 9 \times 8$이고, 묻힘깊이 $t = \dfrac{h}{2}$이며 키의 허용전단응력은 30MPa, 허용압축응력은 80MPa이다.)

[5점]

(1) 키의 허용전단응력을 이용하여 키의 길이를 mm로 구하여라.
(2) 키의 허용압축응력을 이용하여 키의 길이를 mm로 구하여라.
(3) 묻힘키의 최대 길이를 결정하라.

[표] 길이 l의 표준값

6	8	10	12	14	16	18	20	22	25	28	32	36
40	45	50	56	63	70	80	90	100	110	125	140	160

풀이 및 답

(1) 키의 허용전단응력을 이용하여 키의 길이(mm)

(전단응력을 고려한 키의 길이) $l_\tau = \dfrac{2T}{bd\tau} = \dfrac{2 \times 238630}{9 \times 50 \times 30}$

$= 35.3525\text{mm} = 35.35\text{mm}$

$$T = 974000 \times \frac{H_{KW}}{N} = 974000 \times \frac{20}{800} = 24350\text{kgf} \cdot \text{mm} = 238630\text{N} \cdot \text{mm}$$

답 35.35mm

(2) 키의 허용압축응력을 이용하여 키의 길이(mm)

(압축응력을 고려한 키의 길이) $l = \dfrac{4T}{hd\sigma_c} = \dfrac{4 \times 238630}{8 \times 50 \times 80}$

$= 29.8287\text{mm} = 29.83\text{mm}$

답 29.83mm

(3) 묻힘키의 최대 길이

전단응력에 의한 길이 35.35mm가 압축응력에 의한 길이 29.83mm보다 크다. 그러므로 35.35mm보다 처음으로 커지는 표준길이는 36mm이다.

답 36mm

M24나사를 이용하여 축방향 하중이 1000kgf, 작용할 때 다음 물음에 답하여라. (단, M24의 유효지름은 22.051mm, 피치는 3mm, 나사의 마찰계수는 0.1이다.) [5점]

(1) 나사를 조일 경우의 체결력을 구하여라. [kgf]

(2) 나사를 체결하고자 길이가 100mm인 스패너를 사용하였다. 스패너에 가해야 될 회전력[kgf]을 구하여라.

(3) 나사의 효율을 구하여라.

풀이 및 답

(1) 나사를 조일 경우의 체결력

(체결력) $P = Q\tan(\lambda + \rho') = 1000 \times \tan(2.48 + 6.59)$

$= 159.637 = 159.64\text{kgf}$

(리드각) $\lambda = \tan^{-1}\left(\dfrac{p}{\pi d_e}\right) = \tan^{-1}\left(\dfrac{3}{\pi \times 22.051}\right) = 2.4796° = 2.48°$

(상당마찰각) $\rho' = \tan^{-1}\left(\dfrac{\mu}{\cos\dfrac{\alpha}{2}}\right) = \tan^{-1}\left(\dfrac{0.1}{\cos\dfrac{60}{2}}\right) = 6.58677° = 6.59°$

답 159.64kgf

(2) 나사를 체결하고자 길이가 100mm인 스패너를 사용하였다. 스패너에 가해야 될 회전력

$T = P \times \dfrac{d_e}{2} = F \times L$ 에서

(스패너의 회전력) $F = \dfrac{P \times \dfrac{d_e}{2}}{L} = \dfrac{159.64 \times \dfrac{22.051}{2}}{100} = 17.6011\text{kgf} = 17.6\text{kgf}$

답 17.6kgf

(3) 나사의 효율

$\eta = \dfrac{\tan\lambda}{\tan(\lambda + \rho')} = \dfrac{\tan 2.48}{\tan(2.48 + 6.59)} = 0.271305 = 27.13\%$

답 27.13%

05

축방향 하중 W=5[ton]을 0.6m/min의 속도를 올리기 위해 Tr 나사를 사용한다.

$Tr60\times3$	골지름 57mm	유효지름 58.3mm

칼라부의 마찰계수 μ_m=0.01, 나사면의 마찰계수 0.15, 칼라부의 반지름 r_m=20mm일 때 다음을 구하시오. (단 마찰계수는 소수 4째 자리에서 반올림하여 소수 셋째자리로 계산한다.) [5점]

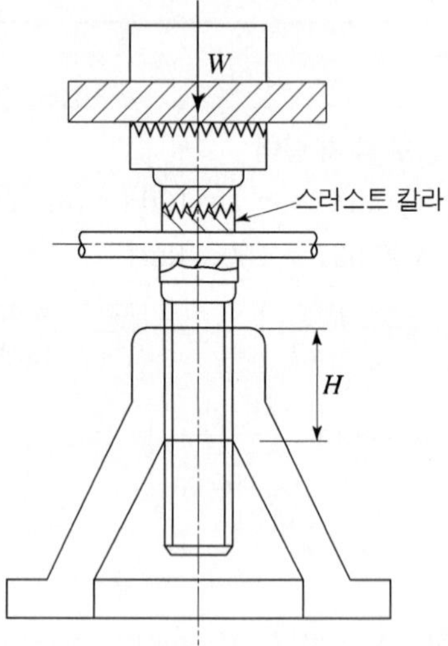

(1) 하중을 W을 들어 올리는데 필요한 토크 T[kgf · mm]을 구하여라.
(2) 잭의 효율을 η[%]구하여라.
(3) 소요동력 H[kW]을 구하여라.

풀이 및 답

(1) 하중 W을 들어 올리는데 필요한 토크 T[kgf · mm]을 구하여라.

(상당마찰계수) $\mu' = \dfrac{\mu}{\cos\dfrac{\alpha}{2}} = \dfrac{0.15}{\cos\dfrac{30}{2}} = 0.15529 = 0.155$

$$T = \left(W\times\frac{\mu'\pi d_e + p}{\pi d_e - \mu' p}\times\frac{d_e}{2}\right) + (\mu_m\times W\times r_m) = 32475.32\text{kgf}\cdot\ \text{mm}$$

$$= \left(5000\times\frac{0.155\times\pi\times58.3+3}{\pi\times58.3-0.155\times3}\times\frac{58.3}{2}\right) + (0.01\times5000\times20)$$

$$= 26042.152\text{kgf}\cdot\ \text{mm} = 26042.15\text{kgf}\cdot\ \text{mm}$$

답 26042.15kgf · mm

(2) 잭의 효율을 η[%]구하여라.

$$\eta = \frac{Wp}{2\pi T} = \frac{5000 \times 3}{2 \times \pi \times 26042.15} = 0.09167 = 9.17\%$$

답 9.17%

(3) 소요동력 H[kW]을 구하여라.

$$H = \frac{W \times V}{102\eta} = \frac{5000 \times \frac{0.6}{60}}{102 \times 0.0917} = 5.345\text{kW} = 5.35\text{kW}$$

답 5.35kW

06 겹치기 2줄 겹치기 리벳이음으로 두 판재를 결합하고자 한다. 판재의 두께가 20mm, 리벳지름은 22mm, 1피치당 하중이 20kN이다. 다음 물음에 답하여라. [5점]

(1) 강판의 인장응력 σ_t =50MPa 이다. 리벳의 피치[mm]를 구하여라.
(2) 강판의 효율 η_t을 구하여라.
(3) 리벳의 효율 η_r을 구하여라.(리벳의 전단응력 τ_r =35MPa)

풀이 및 답

(1) 리벳의 피치

$$p = \frac{W_p}{\sigma_t \times t} + d = \frac{20000}{50 \times 20} + 22 = 42\text{mm}$$

답 42mm

(2) 강판의 효율

$$\eta_t = 1 - \frac{d}{p} = 1 - \frac{22}{42} = 0.47619 = 47.62\%$$

답 47.62%

(3) 리벳의 효율

$$\eta_r = \frac{\tau_r \times \pi \times d^2 \times n}{4 \times \sigma_t \times p \times t} = \frac{35 \times \pi \times 22^2 \times 2}{4 \times 50 \times 42 \times 20} = 0.63355 = 63.36\%$$

답 63.36%

07

다음 단순지지된 축에 하중 P =800N이 작용되고 있다. 다음 각 물음에 답하시오. [5점]

[조건] 모터의 전달동력은 4kW
회전수 $N = 100\text{rpm}$
축 재질은 연강으로 허용전단응력 $\tau_a = 40\text{MPa}$
허용수직응력 $\sigma_a = 50\text{MPa}$
비중량 $\gamma = 76832\text{N/m}^3$
탄성계수 $E = 200\text{GPa}$
KS규격 축직경(mm)
20, 30, 40, 50, 60, 70, 80, 90, 95, 100, 110

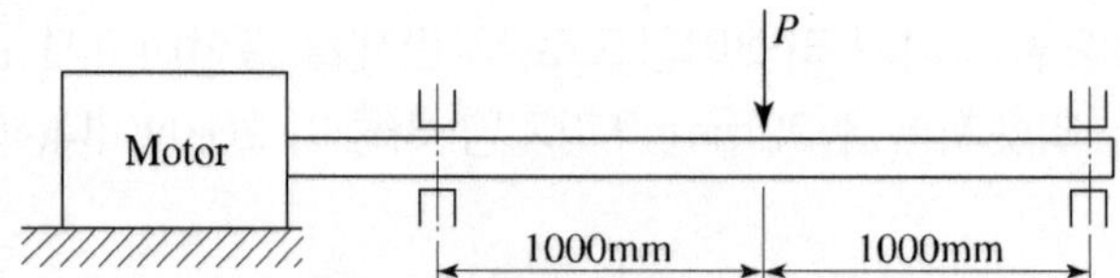

(1) KS규격 축경(mm)을 선정하시오.(축의 자중은 무시한다)
(2) 축의 위험회전수[rpm]를 던커레이 공식으로 구하시오.(축의 자중을 고려하시오.)

풀이 및 답

(1) KS규격 축경(mm) 선정

$$T = \frac{60}{2\pi}\frac{H}{N} = \frac{60}{2\pi} \times \frac{4\times10^3}{100} = 381.9718634\text{N}\cdot\text{m} = 381971.86\text{N}\cdot\text{mm}$$

$$M = \frac{PL}{4} = \frac{800\times2000}{4} = 400000\text{N}\cdot\text{mm}$$

$$T_e = \sqrt{T^2+M^2} = \sqrt{381971.86^2+400000^2} = 553084.53\text{N}\cdot\text{mm}$$

$$M_e = \frac{1}{2}(M+T_e) = \frac{1}{2}(400000+553084.53) = 476542.27\text{N}\cdot\text{mm}$$

$$d_\tau = \sqrt[3]{\frac{16T_e}{\pi\tau_a}} = \sqrt[3]{\frac{16\times553084.53}{\pi\times40}} = 41.3\text{mm}$$

$$d_\sigma = \sqrt[3]{\frac{32M_e}{\pi\sigma_a}} = \sqrt[3]{\frac{32\times476542.27}{\pi\times50}} = 45.96\text{mm}$$

최대수직응력설에 의해 45.96mm보다 처음으로 커지는 KS 축직경은 50mm

답 50mm

(2) 축의 위험회전수를 던커레이 공식으로 구하시오.

$$N_0 = \frac{30}{\pi}\sqrt{\frac{g}{\delta_0}} = \frac{30}{\pi}\times\sqrt{\frac{9800}{0.51}} = 1323.73\text{rpm}$$

$$\delta_0 = \frac{5wL^4}{384EI} = \frac{5\times 0.15\times 2000^4}{384\times 200\times 10^3\times \frac{\pi\times 50^4}{64}} = 0.5092 = 0.51\text{mm}$$

(균일분포하중) $w = \gamma A = 76832\times \frac{\pi}{4}0.05^2 = 150.859279\text{N/m} = 0.15\text{N/mm}$

답 1323.73rpm

08

V벨트의 속도가 20m/sec일 때 D형 V벨트 1개의 전달마력[kW]을 구하라. (단, V벨트 접촉각 θ =130˚, 마찰계수 μ =0.3, 안전계수 S =10, 벨트의 비중은 1.3이다.) [5점]

[표] V벨트 D형의 단면치수

a[mm]	b[mm]	단면적[mm²]	파단하중[N]
31.5	17.0	467.1	8428

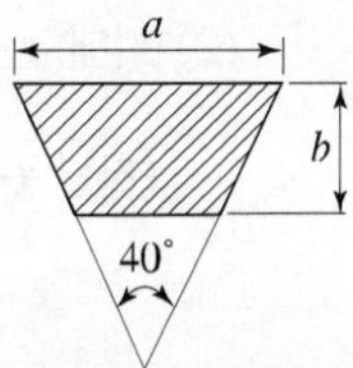

풀이 및 답

(상당마찰계수) $\mu' = \frac{\mu}{\mu\cos\alpha + \sin\alpha} = \frac{0.3}{0.3\times\cos 20 + \sin 20} = 0.48$

(장력비) $e^{\mu'\theta} = e^{\left(0.48\times 130\times \frac{\pi}{180}\right)} = 2.97$

(긴장장력) $T_t = \frac{F}{S} = \frac{8428}{10} = 842.8\text{N}$

(부가장력) $T_g = \frac{w\cdot\ V^2}{g} = \frac{r\cdot\ A\cdot\ V^2}{g} = \frac{1.3\times 9800\times 467.1\times 10^{-6}\times 20^2}{9.8}$
$= 242.89\text{N}$

(전달동력) $H_{KW} = \frac{P_e\cdot\ V}{1000} = \frac{(T_t - T_g)\cdot\ (e^{\mu'\theta}-1)\cdot\ V}{1000\cdot\ e^{\mu'\theta}}$
$= \frac{(842.8 - 242.89)\times(2.97-1)\times 20}{1000\times 2.97} = 7.96\text{kW}$

답 7.96kW

09

파단하중 21.67kN, 피치 15.88mm인 호칭번호 50번 롤러체인으로 동력을 전달하고자 한다. 원동스프로킷의 분당회전수는 900rpm, 종동축은 원동축보다 1/3로 감속 운전하고자 한다. 원동 스프로킷의 잇수 25개 안전율 10으로 할 때 다음을 구하여라. [5점]

(1) 체인속도 V[m/s]을 구하여라.
(2) 최대 전달동력 H[kW]을 구하여라.
(3) 피동 스포로킷의 피치원 지름 D_2[mm]을 구하여라.

풀이 및 답

(1) 체인속도

$$V = \frac{p \times Z_1 \times N_1}{60 \times 1000} = \frac{15.88 \times 25 \times 900}{60 \times 1000} = 5.955\,\text{m/s} = 5.96\,\text{m/s}$$

답 5.96m/s

(2) 최대 전달동력

$$(\text{전달동력})\ H_{kW} = \frac{F_B \times V}{S} = \frac{21.67 \times 5.96}{10} = 12.91\text{kW}$$

답 12.91kW

(3) 피동 스포로킷의 피치원 지름

$$D_2 = \frac{p}{\sin\left(\frac{180}{Z_2}\right)} = \frac{15.875}{\sin\left(\frac{180}{75}\right)} = 379.098 = 379.1\,\text{mm}$$

$$Z_2 = Z_1 \times 3 = 25 \times 3 = 75\text{개}$$

답 379.1mm

10

스트레이너는 유체에서 고체 물질을 분리하기 위해 통과되는 배관 중에 설치하는 배관 피팅의 한 종류이다. 스트레이너의 종류를 3가지 쓰시오. [5점]

풀이 및 답

① Cone Type
② Y Type
③ Bucket Type

참고 ① Cone Type

임시용으로 주로 공장을 신설한 경우에 배관 청소를 잘했다고 하더라도 어느 부분에서 이물질이 나올지 몰라 주요 기기나 중요 장소에 추가로 설치하는 잠자리채 모양의 콘 타입의 strainer로 몸체는 없고 플랜지 사이에 끼워 설치한다. 설치 후 6~12개월 후에 점검하고 제거한다.

② Y Type

주로 일반 공정용으로 사용하는 strainer는 거의 모두 Y형으로 펌프, 컨트롤 밸브, 유량계, 스팀트랩 등의 보호용으로 사용한다.

③ T type

구조는 Y 타입과 같으나 형태가 T형이고 screen을 상부에서 꺼낼 수 있도록 cover가 주로 상부에 설치되어 있다. screen의 청소가 자주 필요하고 신속한 청소가 요구되는 공정액이나 오일라인에 주로 설치한다.

④ Bucket Type

T 타입과 같이 screen을 상부에서 꺼낼 수 있도록 cover가 상부에 설치되어 있고 screen이 버켓트 형태로 되어 있다. screen의 청소가 자주 필요하고 신속한 청소가 요구되는 공정액이나 오일라인에 주로 설치한다. 연료유로 사용하는 BC라인에 주로 많이 설치되어 있고 strainer의 청소 시 계속해서 오일 공급을 위하여 2개의 strainer를 병렬로 설치한 Dual Type을 주로 설치한다.

11

다음은 베어링재료에 대한 설명이다. 보기에 해당되는 재료의 명칭을 쓰시오. [5점]

[보기]

ㄱ : 미끄럼베어링 재료로 Sn, Pb, Zn 등 연한 금속을 주성분으로 한 백색합금을 총칭한다.

ㄴ : 구리, 철 등의 금속분말을 가압하여 소결한 합금으로 여러 개의 미세한 구멍이 있어 공기 및 기름을 함유할 수 있다. 급유가 곤란하거나 전혀 급유한지 않는 장소에 사용되는 베어링이다.

ㄷ : Cu와 Pb의 합금으로 열전도도가 우수하고 내구성이 좋다. 고속, 고하중용으로 쓰이며 항공기, 자동차의 내연기관의 미끄럼 베어링 재료로 사용된다.

풀이 및 답

ㄱ : 화이트메탈

ㄴ : 오일리스 베어링(oilless bearing, 함유베어링, 포유소결합금)

ㄷ : 켈밋(Kelmet)

12

다음 그림과 같은 밴드 브레이크를 사용하여 100rpm으로 회전하는 5PS의 드럼을 제동하려고 한다. 막대 끝에 20kgf의 힘을 가한다. 마찰계수가 μ =0.3일 때 레버의 길이 L[mm]를 구하여라. [5점]

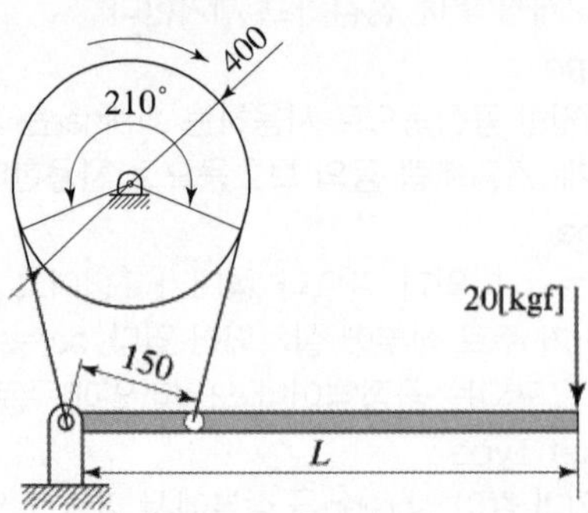

풀이 및 답

(장력비) $e^{\mu\theta} = e^{\left(0.3 \times 210 \times \frac{\pi}{180}\right)} = 3.002 = 3$

(마찰력) $f = \dfrac{H_{ps} \times 75}{\left(\dfrac{\pi DN}{60 \times 1000}\right)} = \dfrac{5 \times 75}{\left(\dfrac{\pi \times 400 \times 100}{60 \times 1000}\right)} = 179.049 = 179.05\text{kgf}$

(레버의 길이) $L = \dfrac{a \times T_s}{F} = \dfrac{a \times f}{F(e^{\mu\theta} - 1)} = \dfrac{150 \times 179.05}{20 \times (3-1)}$

$= 671.4375 = 671.44\text{mm}$

답 671.44mm

13

다음 그림에서 스플라인 축이 전달할 수 있는 동력[kW]을 구하시오. [5점]

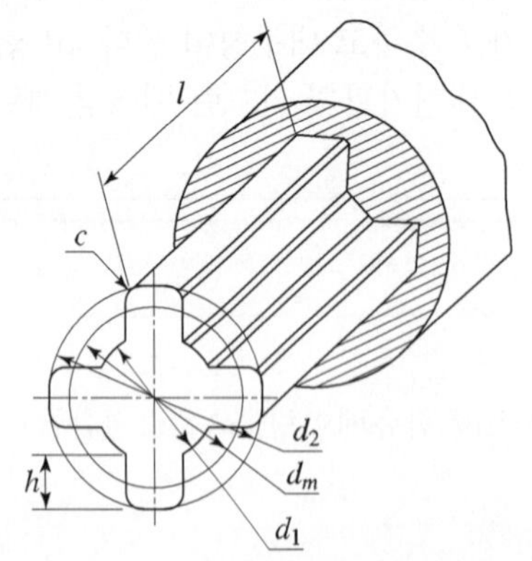

c : 모떼기 $c = 0.4\text{mm}$
l : 보스의 길이 $l = 100\text{mm}$
d_1 : 이뿌리 직경 $d_1 = 46\text{mm}$
d_2 : 이끝원 직경 $d_2 = 50\text{mm}$
η : 접촉효율 $\eta = 75\%$
z : 이의 개수 $z = 4$개
q_a : 허용접촉 면압력 $q_a = 10\text{MPa}$
N : 분당회전수 $N = 1200\text{rpm}$

풀이 및 답

(동력) $H = T\times\dfrac{2\pi N}{60} = 86.4\times\dfrac{2\times\pi\times1200}{60} = 10857.3442\text{W} = 10.86\text{kW}$

$T = q_a\cdot\ (h-2c)\cdot\ l\cdot\ z\cdot\ \dfrac{d_m}{2}\cdot\ \eta$

$= 10\times(2-2\times0.4)\times100\times4\times\dfrac{48}{2}\times0.75 = 86400\text{N}\cdot\ \text{mm} = 86.4\text{N}\cdot\ \text{m}$

$d_m = \dfrac{d_2+d_1}{2} = \dfrac{50+46}{2} = 48\text{mm},\quad h = \dfrac{d_2-d_1}{2} = \dfrac{50-46}{2} = 2\text{mm}$

답 10.86kW

14

강판을 전단하는 전단기(shearing machine)가 한 번 일을 할 때마다 4000[kgf · m]의 에너지가 소요된다. 이 기계는 1500[rpm]으로 회전하는 플라이휠을 달아 여기에 저장된 에너지로 강판을 절단하는데 작업 후 플라이휠의 회전수는 10[%] 줄어든다. 두께 t =200mm의 강철제 원판형 플라이휠의 바깥지름은 몇 [mm]인가? (단, 강의 비중량은 7300[kgf/m^3]이며, 휠의 강도는 고려하지 않는다.) [5점]

풀이 및 답

전단작업 전의 회전수는 1500[rpm]이므로

$w_{max} = \dfrac{2\pi N_1}{60} = \dfrac{2\times\pi\times1500}{60} = 157.08[\text{rad/s}]$

전단작업 후의 회전수는 10[%] 줄어들므로

$w_{min} = \dfrac{2\pi N_2}{60} = \dfrac{2\times\pi\times(1500\times0.9)}{60} = 141.37[\text{rad/s}]$

(운동에너지의 변화) $\Delta E = \dfrac{J}{2}(w_{max}^2 - w_{min}^2) = 4000\text{kgf}\cdot\ \text{m}$

(플라이휠의 극관성 모멘트) $J = \dfrac{2\Delta E}{w_{max}^2 - w_{min}^2} = \dfrac{2\times4000}{157.08^2 - 141.37^2}$

$= 1.71[\text{kgf}\cdot\ \text{m}\cdot\ \text{s}^2]$

(플라이 휠의 바깥지름) $J = \dfrac{\gamma\pi t D^4}{32g}$

$D = \sqrt[4]{\dfrac{32gJ}{\pi t\gamma}} = \sqrt[4]{\dfrac{32\times9.8\times1.71}{\pi\times0.2\times7300}}$

$= 0.584746\,\text{m} = 584.75\text{mm}$

답 584.75mm

15

피니언의 잇수 72, 기어의 잇수 140, 비틀림각 30°인 한 쌍의 헬리컬 기어가 있다. 치직각 모듈이 4일 때 다음 물음에 답하여라. [5점]

(1) 피니언의 피치원지름 D_{s1}[mm]을 구하여라.

(2) 기어의 피치원지름 D_{s2}[mm]을 구하여라.

(3) 피니언의 바깥지름 D_{01}[mm]을 구하여라.

(4) 기어의 바깥지름 D_{02}[mm]을 구하여라.

(5) 축간 거리 C[mm]을 구하여라.

풀이 및 답

(1) 피니언의 피치원지름

$$D_{s1} = m_s Z_1 = \frac{m_n Z_1}{\cos\beta} = \frac{4 \times 72}{\cos 30} = 332.55\text{mm}$$

답 332.55mm

(2) 기어의 피치원지름

$$D_{s2} = m_s Z_{s2} = \frac{m_n Z_{s2}}{\cos\beta} = \frac{4 \times 140}{\cos 30} = 646.63\text{mm}$$

답 646.63mm

(3) 피니언의 바깥지름

$$D_{01} = D_{s1} + 2m_n = 332.55 + 2 \times 4 = 340.55\text{mm}$$

답 340.55mm

(4) 기어의 바깥지름

$$D_{02} = D_{s2} + 2m_n = 646.63 + 2 \times 4 = 654.63\text{mm}$$

답 654.63mm

(5) 축간 거리

$$C = \frac{(Z_1 + Z_2)m_n}{2\cos\beta} = \frac{(72 + 140) \times 4}{2 \times \cos 30} = 489.59\text{mm}$$

답 489.59mm

16

교차각이 20°인 유니버셜 커플링으로 축이음을 하고자 한다. 원동축의 분당 회전수가 500rpm일 때 종동축의 최대 각속도 w_{2max} [rad/s]와 최소 각속도 w_{2min} [rad/s]를 구하여라. [5점]

풀이 및 답

$$w_1 = \frac{2\pi N_1}{60} = \frac{2\pi \times 500}{60} = 52.359 \fallingdotseq 52.36\,\text{rad/s}$$

$$\frac{w_1}{w_2} = \frac{\cos\delta}{1-\sin^2\theta_2 \sin\delta},\ \frac{w_1}{w_2} = \cos\delta \sim \frac{1}{\cos\delta}$$

$$w_{2max} = \frac{w_1}{\cos\delta} = \frac{52.36}{\cos 20} = 55.72\text{rad/s}$$

$$w_{2min} = w_1 \cos\delta = 52.36 \times \cos 20 = 49.2\text{rad/s}$$

답 최대 각속도 : 55.72rad/s
최소 각속도 : 49.2rad/s

17

다음 작업표을 보고 네트워크 CPM 공정도를 작성하여라. [5점]

작업명	작업일수	선행작업
A	2	없음
B	5	없음
C	3	없음
D	4	A, B
E	3	A, B

풀이 및 답

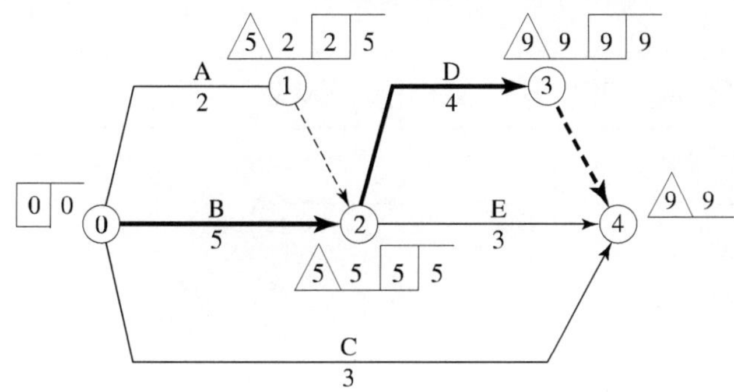

18

지게차에 사용되는 안정장치 3가지를 쓰시오. [5점]

풀이 및 답

① 주행연동 안전벨트
② 후방접근 경보
③ 포크 위치 표시

참고

① **주행연동 안전벨트**
지게차 전 · 후진 레버의 접점과 안전벨트를 연결하여 안전벨트 착용 시에만 전 · 후진 할 수 있도록 인터록 시스템을 구축하여 전복 · 충돌 시 운전자가 운전석에서 튕겨져 나가는 것을 방지한다.

② **후방접근 경보**
지게차 후진 시 후면에 통행 중인 근로자 또는 물체와의 충돌을 방지하기 위해 후방 접근상태를 감지할 수 있는 접근 경보장치를 설치한다.
지게차 후면에 근로자 등이 있을 때 접근 감지장치의 센서가 감지하여 경보음(또는 경광등)이 발생하도록 경음장치를 설치하고, 지게차와 근로자와의 거리를 숫자로 표시하여 운전자가 위험상태를 인지할 수 있도록 운전석 정면에 표시장치(Display)를 설치한다.

③ **대형 후사경**
기존의 소형 후사경으로는 지게차 후면을 확인하기 곤란하므로 지게차 후진 시 지게차 후면에 위치한 근로자 또는 물체를 인지하기 위해 자동차용 대형 후사경으로 교체 설치한다. ※ 적용 크기(예시) : 320W×235L[mm]

④ **룸 밀러**
대형 후사경 외에도 지게차 뒷면의 사각지역 해소를 위하여 룸 밀러를 설치한다.

⑤ **포크 위치 표시**
포크를 높이 올린 상태에서 주행함으로써 발생되는 지게차의 전복이나, 화물이 떨어져 발생하는 사고를 방지하기 위하여 바닥으로부터의 포크 위치를 운전자가 쉽게 알 수 있도록 마스트와 포크후면에 경고표지를 부착한다.
표지는 바닥으로부터 포크의 이격거리가 20~30cm 위치의 마스트와 백레스트가 상호 일치되도록 페인트 또는 색상테이프를 부착한다.

19

굴착기에 사용되는 전면 장치 3가지를 쓰시오. [5점]

풀이 및 답

① 백호
② 셔블
③ 어스드릴

20

물의 분당 70kg의 공급되는 이중관식 열교환기이다. 열교환기의 총괄열전달 계수는 k =300W/m^2℃이다. [5점]

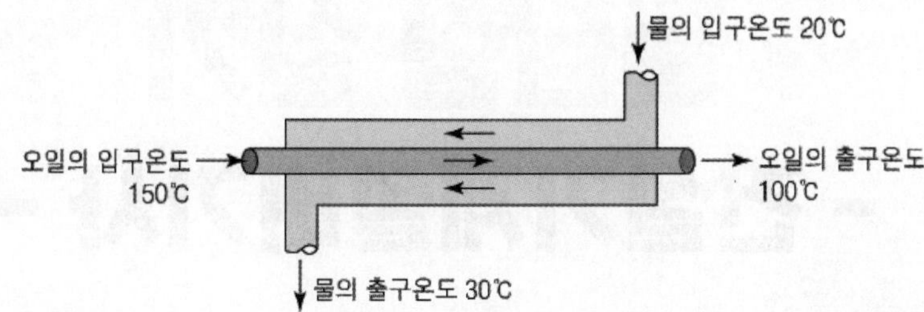

(1) 대수평균온도차 ΔT_m를 구하여라.

(2) 오일이 흐르는 관의 지름은 20cm이고 열교환이 일어나는 오일관의 길이는 3m이다. 시간당 전열량 Q[kcal/hr]를 구하여라.(1kcal = 4.2kJ)

풀이 및 답

(1) 대수평균온도차

$$\Delta T_1 = 150 - 30 = 120℃$$

$$\Delta T_2 = 100 - 20 = 80℃$$

(대수평균온도차) $\Delta T_m = \dfrac{\Delta T_1 - \Delta T_2}{\ln\left(\dfrac{\Delta T_1}{\Delta T_2}\right)} = \dfrac{120 - 80}{\ln\dfrac{120}{80}} = 98.652℃ = 98.65℃$

답 98.65℃

(2) 시간당 전열량

$$Q = kA\Delta T_m = 300\frac{\text{W}}{\text{m}^2℃} \times 1.88\text{m}^2 \times 98.65℃ = 55638.6[\text{W}]$$

$$Q = 55638.6[\text{W}] = 55638.6\frac{\text{J}}{\text{s}} \times \frac{3600\text{s}}{1\text{hr}} \times \frac{1\text{cal}}{4.2\text{J}}$$

$$= 47690228.57\text{cal/hr} = 47690.228\text{kcal/hr}$$

$$A = \pi dL = \pi \times 0.2 \times 3 = 1.884\text{m}^2 = 1.88\text{m}^2$$

답 47690.228kcal/hr

참고

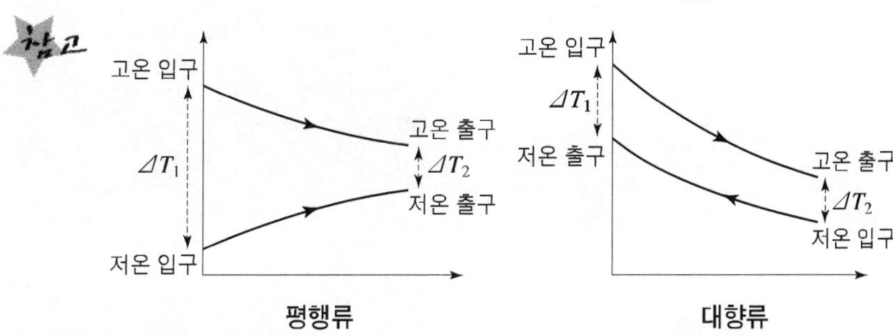

필답형 실기

- 건설기계설비기사 -

2021년도 3회

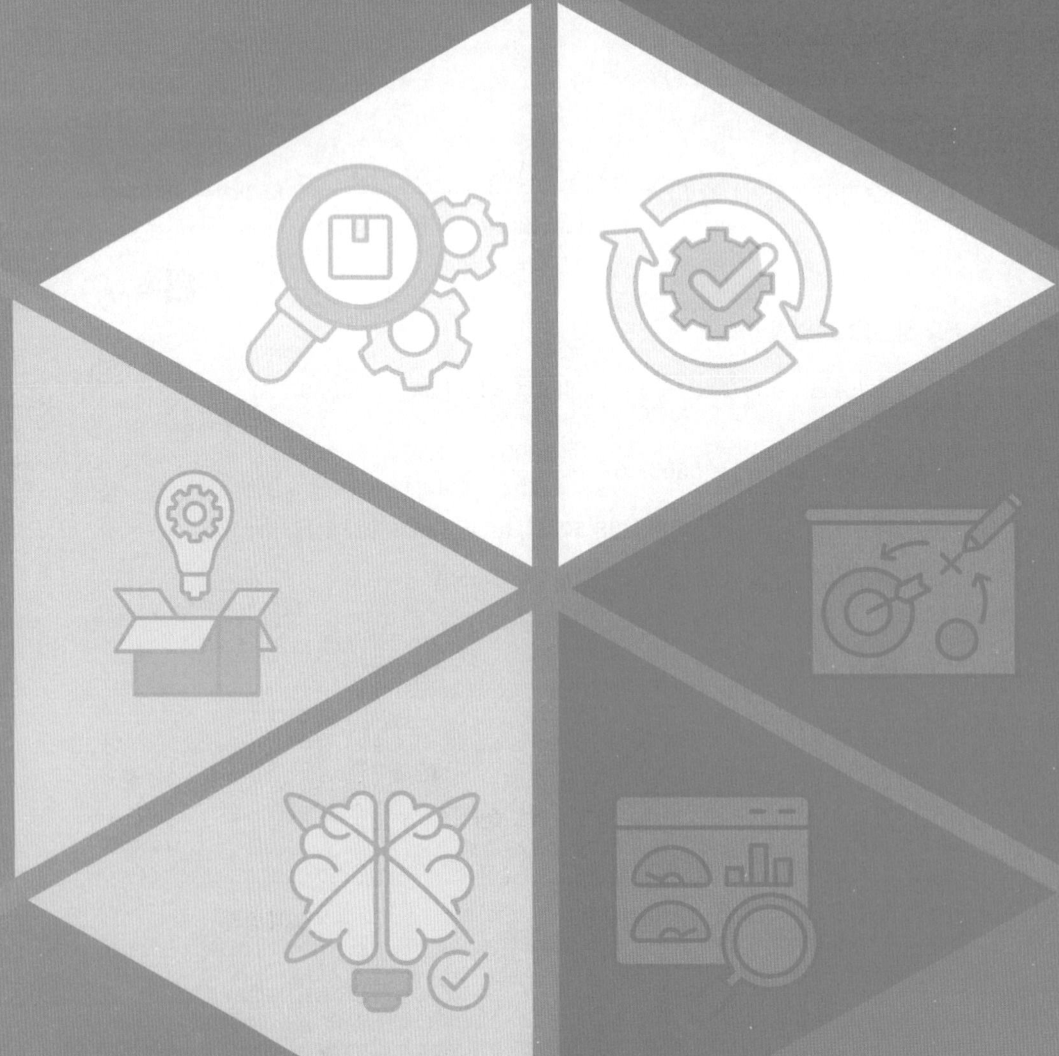

01

M24나사를 이용하여 축방향 하중이 1000kgf, 작용할 때 다음 물음에 답하여라. (단, M24의 유효지름은 22.051mm, 피치는 3mm, 나사의 마찰계수는 0.1이다.) [5점]

(1) 나사를 조일 경우의 체결력[kgf]을 구하여라.
(2) 나사를 체결하고자 길이가 100mm인 스패너를 사용하였다. 스패너에 가해야 될 회전력[kgf]을 구하여라.
(3) 나사의 효율을 구하여라.

풀이 및 답

(1) 나사를 조일 경우의 체결력

(체결력) $P = Q\tan(\lambda + \rho') = 1000 \times \tan(2.48 + 6.59)$

$= 159.637 = 159.64\text{kgf}$

(리드각) $\lambda = \tan^{-1}\left(\dfrac{p}{\pi d_e}\right) = \tan^{-1}\left(\dfrac{3}{\pi \times 22.051}\right) = 2.4796° = 2.48°$

(상당마찰각) $\rho' = \tan^{-1}\left(\dfrac{\mu}{\cos\dfrac{\alpha}{2}}\right) = \tan^{-1}\left(\dfrac{0.1}{\cos\dfrac{60}{2}}\right) = 6.58677° = 6.59°$

답 159.64kgf

(2) 나사를 체결하고자 길이가 100mm인 스패너를 사용하였다. 스패너에 가해야 될 회전력

$T = P \times \dfrac{d_e}{2} = F \times L$ 에서

(스패너의 회전력) $F = \dfrac{P \times \dfrac{d_e}{2}}{L} = \dfrac{159.64 \times \dfrac{22.051}{2}}{100} = 17.6011\text{kgf} = 17.6\text{kgf}$

답 17.6kgf

(3) 나사의 효율

$$\eta = \frac{\tan\lambda}{\tan(\lambda + \rho')} = \frac{\tan 2.48}{\tan(2.48 + 6.59)} = 0.271305 = 27.13\%$$

답 27.13%

02

아래 그림과 같은 양쪽 덮개판 2줄 맞대기 이음에서 피치가 56mm, 리벳의 지름이 16mm, 강판의 두께가 20mm, 리벳의 전단강도가 강판의 인장강도의 85%일 때 이 리벳이음의 효율은 몇 %인가? [5점]

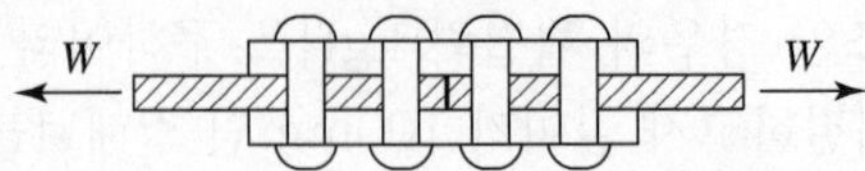

풀이 및 답

(강판의 효율) $\eta_t = 1-\dfrac{d}{p} = 1-\dfrac{16}{56} = 0.7143 = 71.43\%$

(리벳의 효율) $\eta_r = \dfrac{\pi d^2 \times \tau_r \times n \times 1.8}{4 \times \sigma_t \times p \times t} = \dfrac{\pi \times 16^2 \times (1 \times 0.85) \times 2 \times 1.8}{4 \times 1 \times 56 \times 20}$

$= 0.5493 = 54.93\%$

$\eta_t > \eta_r$ 이므로 리벳이음의 효율 $\eta = 54.93\%$ 이다.

답 54.93%

03

아래 그림의 너클핀에 가할 수 있는 힘 F[kgf] 얼마인가? (핀의 허용굽힘응력은 300MPa이다. a =20mm, b =10mm, 핀의 지름 d =10mm이다.) [5점]

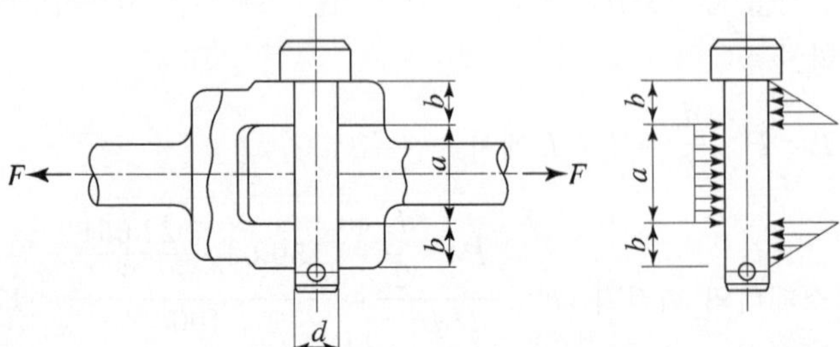

풀이 및 답

$M_b = \dfrac{F}{24}(3a+4b) \qquad M_b = \sigma_b \times \dfrac{\pi d^3}{32}$

$\dfrac{F}{24}(3a+4b) = \sigma_b \times \dfrac{\pi d^3}{32}$

$F = \dfrac{\sigma_b \times \pi d^3}{32} \times \dfrac{24}{(3a+4b)} = \dfrac{300 \times \pi \times 10^3}{32} \times \dfrac{24}{(3 \times 20 + 4 \times 10)}$

$= 7068.58\text{N} = 7068.58\text{N} \times \dfrac{1\text{kgf}}{9.8\text{N}} = 721.28\text{kgf}$

답 721.28kgf

외접원통 마찰차를 이용하여 동력을 전달하고자 한다. 서로 평행한 두 축 사이에 동력을 전달하는 외접 원통 마찰차를 이용하여 축간거리 300mm, 원동축회전수 800rpm 원동축에 대한 종동축의 회전비는 0.5이며 서로 1kN의 힘으로 밀어서 접촉시키고자 할 때 다음을 구하시오. (단 두 마찰차간의 마찰계수는 0.2이다.) [5점]

(1) 원동차의 지름 D_1[mm],과 종동차의 지름 D_2[mm]을 구하여라.

(2) 원주속도 V[m/s]을 구하여라.

(3) 최대 전달동력 H[kW]을 구하여라.

풀이 및 답

(1) 원동차의 지름과 종동차의 지름

(원운동차의 지름) $D_1 = \dfrac{2C}{\dfrac{1}{i}+1} = \dfrac{2\times 300}{\dfrac{1}{0.5}+1} = 200\,\text{mm}$

(종동차의 지름) $D_2 = \dfrac{D_1}{i} = \dfrac{200}{0.5} = 400\,\text{mm}$

답 D_1 =200mm
D_2 =400mm

(2) 원주속도

(원주속도) $V = \dfrac{\pi D_1 N_1}{60\times 1000} = \dfrac{\pi\times 200\times 800}{60\times 1000} = 8.3775 = 8.38\,\text{m/s}$

답 8.38m/s

(3) 최대 전달동력

(최대전달동력) $H_{kW} = \dfrac{\mu\times P\times V}{1000} = \dfrac{0.2\times 1000\times 8.38}{1000} = 1.68\text{kW}$

답 1.68kW

05

키의 허용전단응력은 30MPa, 허용압축응력은 80MPa이다. 지름이 50mm인 축의 회전수 800rpm, 동력 20kW를 전달시키고자 할 때, 이 축에 작용하는 묻힘키의 길이를 결정하라. (단, 키의 $b\times h$ =12×8이고, 묻힘깊이 $t=\frac{h}{2}$이다.) [5점]

(1) 키의 허용전단응력을 이용하여 키의 길이를 mm로 구하여라.
(2) 키의 허용압축응력을 이용하여 키의 길이를 mm로 구하여라.
(3) 묻힘키의 최대 길이를 결정하라.

[표] 길이 l 의 표준값

6	8	10	12	14	16	18	20	22	25	28	32	36
40	45	50	56	63	70	80	90	100	110	125	140	160

풀이 및 답

(1) 키의 허용전단응력을 이용하여 키의 길이(mm)

$$\tau_a=\frac{F}{b\times l},\ l=\frac{F}{\tau_a\times b}=\frac{9545.2}{30\times 12}=26.5144\text{mm}=26.51\text{mm}$$

$$F=\frac{2T}{D}=\frac{2\times\left(974000\times\frac{20}{800}\times 9.8\right)}{50}=9545.2\text{N}$$

답 26.51mm

(2) 키의 허용압축응력을 이용하여 키의 길이(mm)

$$\sigma_a=\frac{F}{t\times l}$$

$$l=\frac{F}{\sigma_a\times t}=\frac{9545.2}{80\times 4}=29.8287\text{mm}=29.83\text{mm}$$

답 29.83mm

(3) 묻힘키의 최대 길이

길이는 29.83mm보다 큰 32mm로 선정

답 32mm

06

사각나사의 바깥지름이 50mm, 안지름이 44mm인 1줄 사각나사를 25mm 전진하는데 2.5회전을 한다. 마찰계수 μ =0.12, 스패너에 작용한 힘이 30N이고 스패너의 길이가 100mm이다. 다음을 구하여라. [5점]

(1) 올릴 수 있는 하중 Q[N]은?

(2) 위에서 구한 올릴 수 있는 하중 Q를 50m/min으로 올리기 위한 동력 H [kW]을 구하여라.

풀이 및 답

(1) 올릴 수 있는 하중

(하중) $Q=\dfrac{F\times L}{\tan(\rho+\lambda)\times\dfrac{D_e}{2}}=\dfrac{30\times100}{\tan(6.94+3.87)\times\dfrac{47}{2}}$

$=674.973 ≒ 674.97\text{N}$

(리드각) $\lambda=\tan^{-1}\dfrac{l}{\pi D_e}=\tan^{-1}\dfrac{10}{\pi\times47}=3.874 ≒ 3.87°$

(평균지름) $D_e=\dfrac{D_2+D_1}{2}=\dfrac{50+44}{2} ≒ 47\text{mm}$

(리드) $l=\dfrac{\text{전진거리}}{\text{회전}}=\dfrac{25}{2.5} ≒ 10\text{mm}$

(마찰각) $\rho=\tan^{-1}\mu=\tan^{-1}0.12=6.842 ≒ 6.84°$

답 674.97N

(2) 위에서 구한 올릴 수 있는 하중 Q를 50m/min으로 올리기 위한 동력

(동력) $H=\dfrac{Q\cdot V}{1000\cdot\eta}=\dfrac{674.97\times50}{1000\times0.3577\times60}=1.572 ≒ 1.57\text{kW}$

(효율) $\eta=\dfrac{\tan\lambda}{\tan(\lambda+\rho)}=\dfrac{\tan3.87}{\tan(3.87+6.84)}=0.35767=35.767 ≒ 35.77\%$

답 1.75kW

07 그림과 같이 베어링 간격 500mm, 축지름 50mm인 연강축의 중앙에 $P=50$N의 하중을 받으며 회전하고 있다. 축자중을 무시할 때 다음 각 물음에 답하여라. (단, 축은 단순지지된 보이며, 축의 탄성계수 $E=210$GPa이다.) [5점]

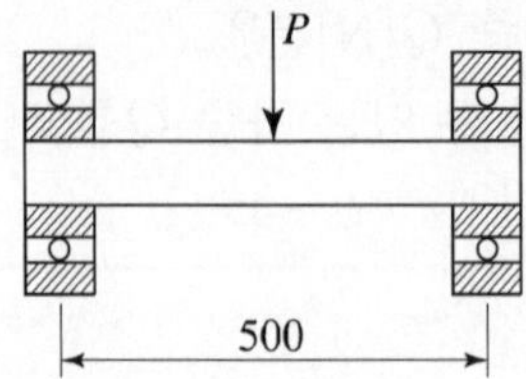

(1) 축의 처짐량 $\delta[\mu\text{m}]$를 구하여라.

(2) 축의 위험속도 N_c[rpm]를 구하여라. (단, 중력가속도 $g=9.81\text{m/s}^2$이다.)

풀이 및 답

(1) 축의 처짐량

$$\delta = \frac{Pl^3}{48EI} = \frac{50\times500^3}{48\times210\times10^3\times306796.16} = 0.00202101\text{mm} = 2.02\mu\text{m}$$

$$E = 210\text{GPa} = 210\times10^3\text{MPa} = 210\times10^3\text{N/mm}^2$$

$$I = \frac{\pi d^4}{64} = \frac{\pi\times50^4}{64} = 306796.1576\text{mm}^4 = 306796.16\text{mm}^4$$

답 $2.02\mu\text{m}$

(2) 축의 위험속도

$$N_c = \frac{30}{\pi}\sqrt{\frac{g}{\delta}} = \sqrt{\frac{9.81}{2.02\times10^{-6}}} = 21044.092\text{rpm} = 21044.09\text{rpm}$$

답 21044.09rpm

08

원통형 코일 스프링을 사용하여 엔진의 밸브를 개폐하고자 한다. 스프링에 작용하는 하중은 밸브가 닫혔을 때 100N 밸브가 열렸을 때는 140N 최대 양정은 7.5mm이다. 스프링의 허용전단응력은 τ_a =550MPa, 스프링 지수는 10으로 할 때 다음을 구하여라.(응력수정계수는 고려하여라.) [5점]

(1) 스프링 소선의 직경 d[mm]을 구하여라.
(2) 스프링의 평균직경 D[mm]을 구하여라.
(3) 코일의 감긴 권수를 구하여라.(단 전단 탄성계수 G =85GPa)

풀이 및 답

(1) 스프링 소선의 직경

(스프링 소선의 직경) $d=\sqrt{K'\dfrac{8P_{\max}C}{\pi\tau_w}}=\sqrt{1.14\times\dfrac{8\times140\times10}{\pi\times550}}=2.72\,\mathrm{mm}$

(수정응력계수) $K'=\dfrac{4C-1}{4C-4}+\dfrac{0.615}{C}=\dfrac{4\times10-1}{4\times10-4}+\dfrac{0.615}{10}=1.1448=1.14$

답 2.72mm

(2) 스프링의 평균직경

(스프링의 평균 직경) $D=d\times c=2.72\times10=27.2\,\mathrm{mm}$

답 27.2mm

(3) 코일의 감긴권수

(코일의 감김수) $n=\dfrac{\delta\times G\times d^4}{8\times(P_{\max}-P_{\min})\times D^3}=\dfrac{7.5\times85\times10^3\times2.72^4}{8\times40\times27.2^3}$

$=5.42=6$권

답 6권

09

공구압력각이 α_n =20°, 비틀림각 β =15°, 피치원지름 D172[mm]인 헬리컬 기어가 토크 T=110[N · m]를 전달받고 있다. 기어의 중심으로부터 베어링 A까지의 거리는 l_1 =60[mm]이고, 기어의 중심으로부터 베어링 B까지의 거리는 l_2 =90[mm]이다. 단, 축의 자중은 무시한다. 다음 물음에 답하여라.

[7점]

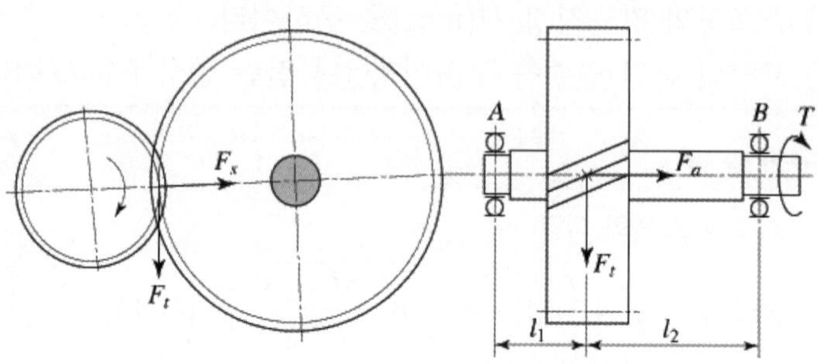

(1) 기어에 작용하는 회전력 F_t, 분리력 F_s, 축방향힘 F_a을 구하여라.

(2) 베어링에 작용하는 반력 R_A, R_B을 구하여라.

(3) 축에 작용하는 최대 굽힘모멘트를 구하여라.

풀이 및 답

(1) 기어에 작용하는 회전력 F_t, 분리력 F_s, 축방향힘 F_a

(회전력) $F_t = \dfrac{T}{(D/2)} = \dfrac{110 \times 1000}{172/2} = 1279.1\text{N} \fallingdotseq 1.28\text{kN}$

(분리력) $F_s = F_t \cdot \dfrac{\tan\alpha_n}{\cos\beta} = 1.28 \times \dfrac{\tan 20}{\cos 15} = 0.482\text{kN}$

(축방향힘) $F_a = F_t \cdot \tan\beta = 1.28 \times \tan 15 = 0.343\text{kN}$

답 F_t =1.28kN
F_s =0.482kN
F_a =0.343kN

(2) 베어링에 작용하는 반력 R_A, R_B

F_t

l_1 l_2

F_{Ax} F_{Bx}

$$F_{Ax} = \frac{l_2 F_t}{l_1 + l_2} = \frac{90 \times 1.28}{60 + 90} = 0.768\text{kN}$$

$$F_{Bx} = \frac{l_1 F_t}{l_1 + l_2} = \frac{60 \times 1.28}{60 + 90} = 0.512\text{kN}$$

$$F_{Ay} = \frac{l_2 F_s - \frac{D}{2} F_a}{l_1 + l_2} = \frac{90 \times 0.482 - \frac{172}{2} \times 0.343}{60 + 90} = 0.093\text{kN}$$

$$F_{By} = \frac{l_1 F_s - \frac{D}{2} F_a}{l_1 + l_2} = \frac{60 \times 0.482 + \frac{172}{2} \times 0.343}{60 + 90} = 0.389\text{kN}$$

베어링 A에서의 반력은

$$R_A = \sqrt{F_{Ax}^2 + F_{Ay}^2} = \sqrt{0.768^2 + 0.389^2} = 0.774\text{kN}$$

베어링 B에서의 반력은

$$R_B = \sqrt{F_{Bx}^2 + F_{By}^2} = \sqrt{0.512^2 + 0.389^2} = 0.643\text{kN}$$

답 $R_A = 0.774\text{kN}$
$R_B = 0.643\text{kN}$

(3) 축에 작용하는 최대 굽힘모멘트

최대 굽힘모멘트는 기어 지점에서 발생하며, 축방향하중으로 인하여 불연속이 발생한다.

$M_A = l_1 \times F_A = 60 \times 0.774 = 46.44\text{N}\cdot\text{m}$

$M_B = l_2 \times F_B = 90 \times 0.643 = 57.87\text{N}\cdot\text{m}$

$M_{\max} = M_B = 57.87\text{N}\cdot\text{m}$

답 $57.87\text{N} \cdot \text{m}$

10

단순지지된 중공축의 중앙에 650N하중이 작용하고 있다. 축으로 입력되는 동력은 2.5kW, 분당 회전수는 2000rpm이다. 축의 재료는 SM45C로 허용전단 응력은 40MPa, 허용수직응력은 100MPa이다. 축의 길이는 200mm 이다. 굽힘모멘트의 동적효과계수 k_t =1.7, 비틀림모멘트의 동적효과계수 k_t =1.3 이다. 축의 바깥지름이 30mm이고, 축의 자중은 무시한다. 아래의 물음에 답하여라. **[5점]**

(1) 허용 전단응력을 고려한 축의 안지름[mm] d_τ

(2) 허용수직응력을 고려한 축의 안지름[mm] d_a

(3) 아래 중공축의 안지름 중에서 안지름을 결정하여라.

25, 26, 27, 28, 29, 30 단위[mm]

풀이 및 답

(1) 허용 전단응력을 고려한 축의 안지름

$$d_\tau = x_1 d_2 = 0.94 \times 30 = 28.2\text{mm}$$

$$M = \frac{PL}{4} = \frac{650 \times 200}{4} = 32500\text{N} \cdot \text{mm}$$

$$T = 974000 \times \frac{H_{KW}}{N} \times 9.8 = 974000 \times \frac{2.5}{2000} \times 9.8 = 11931.5\text{N} \cdot \text{mm}$$

$$T_e = \sqrt{(k_m M)^2 + (k_t T)^2} = \sqrt{(1.7 \times 32500)^2 + (1.3 \times 11931.5)^2}$$

$$= 57385.99\text{N} \cdot \text{mm}$$

$$M_e = \frac{1}{2}\{(k_m M) + T_e\} = \frac{1}{2}\{(1.7 \times 32500) + 57385.99\}$$

$$= 56317.995 = 56318\text{N} \cdot \text{mm}$$

$$M_e = \sigma_a \times \frac{\pi d_2^3}{32}(1 - x_1^4)$$

$$x_1 = \sqrt[4]{1 - \frac{32 M_e}{\sigma_a \pi d_2^3}} = \sqrt[4]{1 - \frac{32 \times 56318}{100 \times \pi \times 30^3}} = 0.942$$

답 28.2mm

(2) 허용수직응력을 고려한 축의 안지름

$$d_\sigma = x_2 d_2 = 0.92 \times 30 = 27.6\text{mm}$$

$$T_e = \tau_a \times \frac{\pi d_2^3}{16}(1 - x_2^4)$$

$$x_2 = \sqrt[4]{1 - \frac{16 \times T_e}{\tau_a \times \pi \times d_2^3}} = \sqrt[4]{1 - \frac{16 \times 57385.99}{40 \times \pi \times 30^3}} = 0.924$$

답 27.6mm

(3) 안지름을 결정

안지름이 작아야, 중공축이 두께가 커져 안전하다. 그러므로 27mm 선택

답 27mm

11

아래 보기는 배관에 사용 되는 보온재의 종류이다. 보기에서 유기질 보온재와 무기질 보온재를 구분하여라. [5점]

[보기] 펠트, 탄산마그네슘, 탄화코르크, 규조토
암면, 기포성수지 , 유리섬유, 슬래그섬유

풀이 및 답

유기질 보온재 : 펠트, 탄화코르크, 기포성수지

무기질 보온재 : 암면, 규조토, 탄산마그네슘, 유리섬유, 슬래그섬유

보온 재료는 유기질 보온재와 무기질 보온재로 나누며, 유기질 보온재는 펠트, 탄화코르크, 기포성수지 등으로 나누고 무기질 보온재는 암면, 규조토, 탄산마그네슘,, 유리섬유, 슬래그섬유, 글라스울 폼 등이다. 무기질은 일반적으로 높은 온도에서 사용할 수 있으며, 유기질은 비교적 낮은 온도에서 사용한다.
일반적으로 무기질은 유기질보다 열전도율이 약간 크며, 보온재는 다공질의 것이 다공질속에 미세한 공기가 들어있어 단열효과를 크게 할 수 있다

12

전기에 의한 아크를 발생시켜 용접하는 아크용접 종류 5가지를 쓰시오. [5점]

풀이 및 답

① 피복아크용접
② TIG아크용접
③ MIG아크용접
④ 서브머지드 아크용접(잠호용접)
⑤ CO_2아크용접

13

그림과 같은 단식 블록 브레이크에서 중량 W의 자연낙하를 방지하려 한다. 다음 물음에 답하여라. (단, 마찰계수 μ =0.2, 블록 브레이크의 접촉면적은 80mm^{2}이다. 풀리의 회전수는 120rpm이다.) [5점]

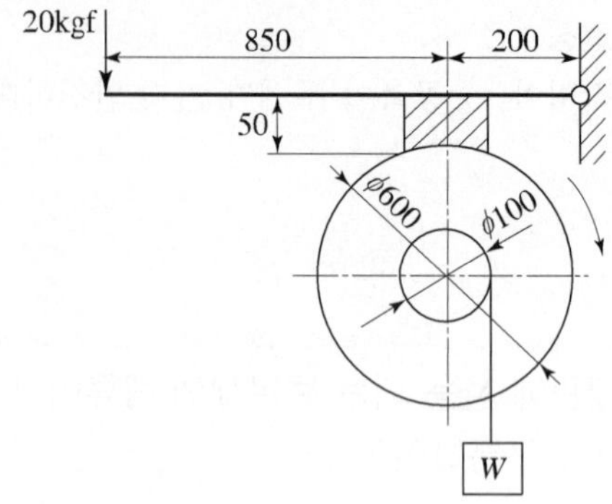

(1) 제동토크 T_f[N · mm]를 구하여라.

(2) 최대중량 W[kN]를 구하여라.

(3) 블록 브레이크의 용량 μqv[W/mm^2]를 구하여라.

풀이 및 답

(1) 제동토크

$\sum M = 0,\ -20\times(850+200)+Q\times 200-0.2\times Q\times 50=0$

(블록 브레이크를 미는 힘) $Q = 110.5263\text{kgf} = 1083.1578\text{N} = 1083.16\text{N}$

(제동토크) $T_f = \mu Q\times\dfrac{D}{2} = 0.2\times 1083.16\times\dfrac{600}{2} = 64989.6\text{N}\cdot\ \text{mm}$

답 64989.6N · mm

(2) 최대중량

(제동토크) $T_f = W\times\dfrac{100}{2}$

$$W = \frac{2\times T_f}{100} = \frac{2\times 64989.6}{100} = 1299.792\text{N} = 1.3\text{kN}$$

답 1.3kN

(3) 블록 브레이크의 용량

$$\mu qv = \mu\times\frac{Q}{A}\times\frac{\pi\times 600\times N}{60\times 1000} = 0.2\times\frac{1083.16}{80}\times\frac{\pi\times 600\times 120}{60\times 1000}$$
$$= 10.20854[\text{W/mm}^2] = 10.21[\text{W/mm}^2]$$

답 10.21W/mm^2

14

평벨트 전동으로 동력을 전달하고자 한다. 두 축의 중심거리 1000mm, 원동축 풀리 지름 200mm, 종동축 풀리 300mm인 평벨트 전동장치가 있다. 원동축 N_1 =1200rpm으로 120kW 동력전달 시 다음을 구하여라. [5점]

(1) 원동축 풀리의 벨트 접촉각 $\theta[°]$를 구하여라.
(2) 벨트에 걸리는 긴장측 장력 $T_t[\text{kN}]$를 구하여라. (단, 벨트와 풀리의 마찰계수 0.3, 벨트 재료의 단위길이당 질량은 0.4kg/m이다.)
(3) 벨트의 최소폭 $b[\text{mm}]$를 구하여라. (단, 벨트의 허용응력 3MPa, 벨트의 두께 10mm이다.)

풀이 및 답

(1) 원동축 풀리의 벨트 접촉각

$$\theta_1 = 180 - 2\phi = 180 - 2\sin^{-1}\left(\frac{D_2 - D_1}{2C}\right) = 180 - 2\sin^{-1}\left(\frac{300-200}{2\times1000}\right)$$

$$= 174.268 \fallingdotseq 174.27°$$

답 174.27°

(2) 벨트에 걸리는 긴장측 장력

$$T_t = \frac{e^{\mu\theta}\times f}{e^{\mu\theta}-1} + T_g = \frac{\left(e^{0.3\times174.27\times\frac{\pi}{180}}\right)\times9549.3}{\left(e^{0.3\times174.27\times\frac{\pi}{180}}\right)-1} + (0.4\times12.57^2)$$

$$= 16019.362\text{N} \fallingdotseq 16.02\text{kN}$$

(마찰력) $f = \frac{2T}{D_1} = \frac{2\times954929.66}{200} = 9549.29\text{N} = 9549.3\text{N}$

(토크) $T = \frac{60}{2\pi}\times\frac{H_{kW}}{N}\times10^6 = \frac{60}{2\pi}\times\frac{120}{1200}\times10^6 = 954929.66\text{N}\cdot\text{mm}$

(속도) $V = \frac{\pi D_1 N_1}{60\times1000} = \frac{\pi\times200\times1200}{60\times1000} = 12.566 = 12.57\text{m/s}$

답 16.02kN

(3) 벨트의 최소폭

$$b = \frac{T_t}{\sigma_a\times t} = \frac{16020}{3\times10} = 534\text{mm}$$

답 534mm

15

롤러체인 No.60의 파단 하중이 3200kgf, 피치는 19.05mm을 2열로 사용하여 안전율 10으로 동력을 전달하고자 한다. 구동스프로킷 휠의 잇수는 17개, 회전속도 600rpm으로 회전하며 피동축은 200rpm으로 회전하고 있다. 다음 물음에 답하여라. (단, 롤러의 부하계수 $k=1.3$, 2줄(2열)인 경우 다열계수 $e=1.7$이다.) [5점]

(1) 최대전달동력[kW]을 구하여라.
(2) 피동 축 스프로킷휠의 피치원 지름[mm]을 구하여라.
(3) 축간거리가 1200mm이다, 한 줄에 사용해야 될 링크의 개수를 구하여라.
(단 오프셋 효과를 고려하여 짝수개로 선정한다.)

풀이 및 답

(1) 최대전달동력[kW]을 구하여라.(단, 2줄(2열)인 경우 다열계수 $e=1.7$이다.)

(설계장력) $F_s = \dfrac{e}{k \times s} \times F_B = \dfrac{1.7}{1.3 \times 10} \times 3200 = 418.4615 = 418.46\text{kgf}$

(속도) $V = \dfrac{p \times Z_1 \times N_1}{60 \times 1000} = \dfrac{19.05 \times 17 \times 600}{60 \times 1000} = 3.2385 = 3.24\,\text{m/s}$

(최대전달동력) $H_{kW} = \dfrac{F_s \times V}{102} = \dfrac{418.46 \times 3.24}{102} = 13.292 = 13.29\,\text{kW}$

답 13.29kW

(2) 피동 축 스프로킷휠의 피치원 지름[mm]을 구하여라.

(피동축 스프로킷 휠 잇수) $Z_2 = \dfrac{Z_1 \times N_1}{N_2} = \dfrac{17 \times 600}{200} = 51$개

(피동축 스프로킷 휠 피치원 지름) $D_2 = \dfrac{p}{\sin\dfrac{180}{Z_2}} = \dfrac{19.05}{\sin\dfrac{180}{51}}$

$= 309.449 = 309.45\,\text{mm}$

답 309.45mm

16

기중기에 사용되는 안전장치 종류 5가지를 쓰시오. [5점]

풀이 및 답

① 과부하 방지장치 ② 권과 방지장치
③ 비상 정지장치 ④ 훅크 해지장치
⑤ 주행 제한 리미트

17

앵귤러 볼베어링 또는 테이퍼 롤러베어링은 축방향하중(axial load)을 가하여 설치한다. 이를 예압(preload)이라고 한다. 예압을 주는 목적을 2가지를 쓰시오. [5점]

풀이 및 답

① 축의 회전 정밀도를 유지한다.
② 축과 베어일의 동심도를 좋게 한다.

18

다음 작업지시서를 보고 공정도를 작용하고 아래 표를 완성하여라. [5점]

작업명	작업일수	선행작업
A	5	없음
B	7	없음
C	3	없음
D	4	A, B
E	8	A, B
F	6	B, C
G	5	B, C

단, 화살형 네트워크로 주공정선은 굵은 선으로 표시하고, 각 결합점에서서의 계산은 다음과 같다.(CPM법)

LFT EFT EST LST

i —작업명/작업일수→ j

활동	가장 빠른 작업		가장 늦은 작업		여유시간			
	개시시간 (EST)	완료시간 (EFT)	개시시간 (LST)	완료시간 (LFT)	TF	FF	DF	CP
A								
B								
C								
D								
E								
F								
G								

⏰ 풀이 및 답

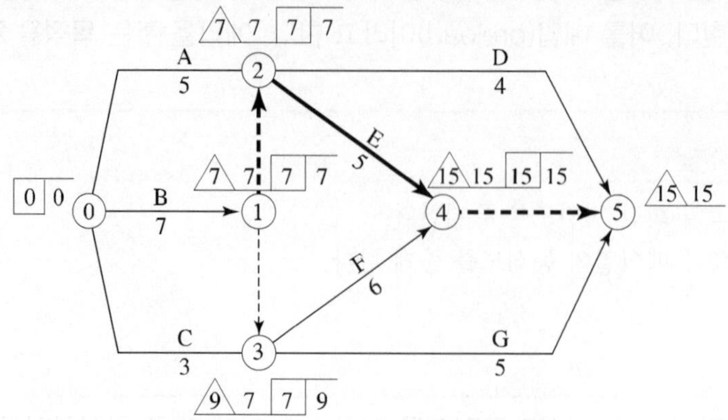

작업 (활동)	가장 빠른 작업		가장 늦은 작업		여유시간			
	시작시간 (EST)	완료시간 (EFT)	시작시간 (LST)	완료시간 (LFT)	TF	FF	DF	CP
A	0	5	2	7	2	2	0	
B	0	7	0	7	0	0	0	★
C	0	3	6	9	6	4	2	
D	7	11	11	15	4	4	0	
E	7	15	7	15	0	0	0	★
F	7	13	9	15	2	2	0	
G	7	12	10	15	3	3	0	

19

아스팔트나 콘크리트에 포장에 사용되는 포장기계 종류 5가지를 쓰시오.

[5점]

⏰ 풀이 및 답

① 로울러
② 콘트리트 피니셔
③ 아스팔트 피니셔
④ 콘크리트 스프레이어
⑤ 아스팔트 디스트리 뷰터

20

지름이 큰 관 안쪽에 지름이 작은 관을 넣은 이중관식 열교환식기가 있다. 지름이 작은 관에는 오일이 흐른다. 지름이 큰 관에는 물이 흐른다. 오일의 흐름방향과 물의 흐름방향이 같은 대향류(counter flow)이다. 이중관의 입구에서 오일의 온도는 150℃, 물의 입구온도는 20℃, 이중관의 출구에서 오일의 온도는 100℃, 물의 출구온도는 30℃일 때 대수 평균온도차를 구하여라.

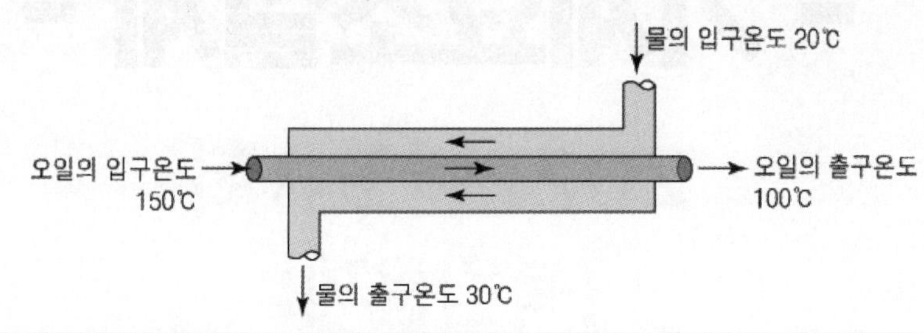

풀이 및 답

$\Delta T_1 = 150 - 30 = 120$℃

$\Delta T_2 = 100 - 20 = 80$℃

(대수평균온도차) $\Delta T_m = \dfrac{\Delta T_1 - \Delta T_2}{\ln\left(\dfrac{\Delta T_1}{\Delta T_2}\right)} = \dfrac{120 - 80}{\ln\dfrac{120}{80}} = 98.652$℃ $= 98.65$℃

참고

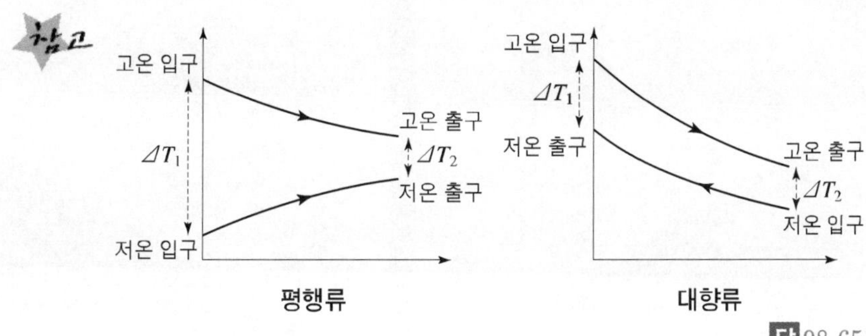

답 98.65℃

필답형 실기

- 기계요소설계 -

2022년도 1회
(복원문제)

01

리벳 지름이 20mm, 리벳의 피치가 50mm, 강판의 두께가 30mm인 양쪽 덮개판 2줄 겹치기 리벳이음에 30kN의 하중이 작용하고 있을 때, 다음을 구하시오. [4점]

(1) 강판의 인장응력[MPa]을 구하여라.
(2) 리벳의 전단응력[MPa]을 구하여라.(단 양쪽 덮개판의 경우 전단면의 개수는 $1.8n$을 사용한다. n : 줄수)
(3) 강판의 효율[%]을 구하여라.

풀이 및 답

(1) 강판의 인장응력[MPa]

$$W_p = a_t \times (p - d_r) \times t$$
$$30 \times 10^3 = a_t \times (50 - 20) \times 30$$

답 33.33MPa

(2) 리벳의 전단응력[MPa]

$$\tau = \frac{W}{\frac{\pi}{4} d_r^2 \times n} = \frac{30 \times 10^3}{\frac{\pi}{4} 20^2 \times 1.8 \times 2} = 26.53[MPa]$$

답 26.53MPa

(3) 강판의 효율[%]

$$\eta_t = \frac{a_a \times (p - d_r) \times t}{a_a \times (p) \times t} = 1 - \frac{d_r}{p} = 1 - \frac{20}{50} = 0.6$$

답 60%

02

원형 코일스프링의 스프링지수가 10, 유효권수가 12인 스프링 전단탄성계수는 80GPa, 허용전단응력이 300MPa일 때, 다음을 구하시오. (단, Wahl의 응력수정계수는 $k' = \frac{4C-1}{4C-4} + \frac{0.615}{C}$ 이다.) [4점]

(1) 700N의 하중이 스프링에 작용할 때, 소선의 지름[mm]을 구하여라.
(2) 스프링상수[N/mm]를 구하여라.

풀이 및 답

(1) 700N의 하중이 스프링에 작용할 때, 소선의 지름[mm]

$$\tau_a = k' \times \frac{8PD}{\pi d^3} = k' \times \frac{8PC}{\pi d^2}$$

$$d = \sqrt{k' \times \frac{8PC}{\pi \tau_a}} = \sqrt{1.44 \times \frac{8 \times 700 \times 10}{\pi \times 300}} = 9.249 ≒ 9.25[mm]$$

답 9.25mm

(2) 스프링상수[N/mm]

$$\delta = \frac{8nPD^3}{Gd^4} = \frac{8n \times P \times C^3}{Gd} = \frac{8 \times 12 \times 700 \times 10^3}{80 \times 10^3 \times 9.25} = 90.8108 ≒ 90.81[mm]$$

$$k = \frac{P}{\delta} = \frac{700}{90.81} = 7.708 ≒ 7.71[\frac{N}{mm}]$$

답 7.71N/mm

03

축 지름이 50mm인 축이 200rpm으로 50kW의 동력을 전달한다. 축에 사용된 묻힘키의 규격 20 × 12 × L mm 이고, 키의 허용전단응력이 40MPa, 허용압축응력이 120MPa일 때, 키의 최소길이L[mm]을 구하시오. [3점]

풀이 및 답

$$T = \frac{60}{2\pi} \times \frac{H}{N} = \frac{60}{2\pi} \times \frac{50 \times 10^3}{200} = 2387.32415[N \cdot m] = 2387324.15[N \cdot mm]$$

$$\tau = \frac{2T}{b \times d \times l},\ l_\tau = \frac{2T}{b \times d \times \tau} = \frac{2 \times 2387324.15}{20 \times 50 \times 40} = 119.366 ≒ 119.37[mm]$$

$$\sigma = \frac{4T}{h \times d \times l},\ l_\sigma = \frac{4T}{h \times d \times \sigma} = \frac{4 \times 2387324.15}{12 \times 50 \times 120} = 132.629 ≒ 132.63[mm]$$

키의 길이 중 큰 값이 키의 최소길이이다.

답 132.63mm

04 아래 그림과 같이 내경이 ∅ 220mm인 압력용기의 커버에 내압이 $P=2MPa$ 만큼 작용하고 있다. 이 압력용기를 16개의 볼트로 체결하고자 한다. 다음 물음에 답하여라. [4점]

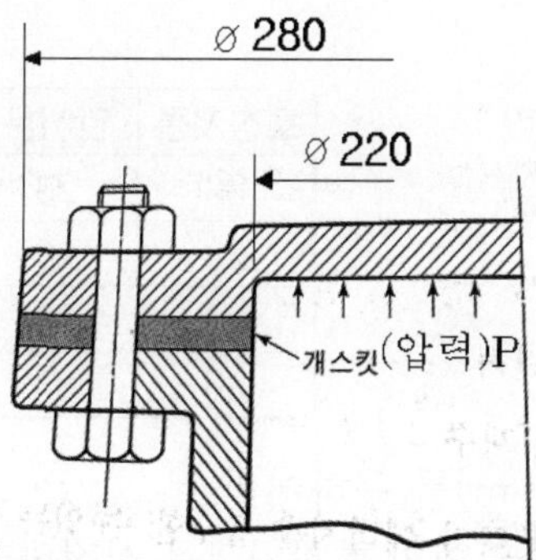

(1) 압력이 작용하기 전 볼트 한 개의 초기 인장하중이 300kN이다. 압력이 용기의 내경 ∅ 220[mm]에 작용할 때 볼트 하나에 작용하는 최대 하중[kN]을 구하여라.(볼트의 스프링상수는 $8\times10^4 N/mm$, 가스킷의 스프링상수는 $9\times10^3 N/mm$이다.)

(2) 볼트의 최소 골지름[mm]을 구하여라. (볼트의 허용인장응력은 70MPa)

풀이 및 답

(1) 볼트 하나에 작용하는 최대 하중[kN]

$$F_p = P\times\frac{\pi}{4}\times220^2 = 2\times\frac{\pi}{4}\times220^2 = 76026.54N$$

$$P_b = P_o + \frac{k_b}{k_b+k_c}\times\frac{F_p}{Z}$$

$$= 300000 + \frac{8\times10^4}{8\times10^4+9\times10^4}\times\frac{76026.54}{16}$$

$$= 32236.07N = 32.236kN ≒ 32.24kN$$

답 32.24kN

(2) 볼트의 최소 골지름[mm]

$$d=\sqrt{\frac{4P_b}{\pi\times\sigma_a}}=\sqrt{\frac{4\times32270}{\pi\times70}}=24.216mm ≒ 24.22mm$$

답 24.22mm

05

스플라인을 이용하여 동력을 전달하고자 한다. 스플라인의 잇수가 6개, 분당 회전수 400rpm으로 10kW의 동력을 전달하고 있다. 접촉하고 있는 보스의 길이는 60mm일 때, 다음을 구하시오. (단, 측면의 허용접촉면 압력은 35MPa, 전달 효율은 75%이다.) **[4점]**

단위[mm]

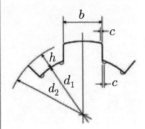

호칭지름	안지름	바깥지름	폭	모따기	이높이
26	26	30	6	0.15	2
28	28	32	7		
32	32	36	8		
36	36	40	8		

(1) 전달토크[N · m]를 구하여라.

(2) 표로부터 스플라인의 호칭지름을 선정하라. (단, 만족하는 호칭지름이 여러 개일 경우, 가장 작은 호칭을 선정한다.)

풀이 및 답

(1) 전달토크[N · m]

$$T=\frac{60}{2\pi}\times\frac{H}{N}=\frac{60}{2\pi}\times\frac{10\times10^3}{400}=238.73[N\cdot m]$$

답 $238.73[N\cdot m]$

(2) 스플라인의 호칭지름

$$q=\frac{P_t}{(h-2c)\times\eta\times\ell\times Z}$$

$$T=P_t\times\frac{d_m}{2}=q\times(h-2c)\times\eta\times\ell\times z\times(\frac{d_d-d_1}{2})\times\frac{1}{2}$$

$$T=35\times(2-2\times0.15)\times0.75\times60\times6\times(\frac{d_2+d_1}{2})\times\frac{1}{2}$$

$$d_2+d_1=\frac{T\times4}{35\times(2-2\times0.15)\times0.75\times60\times6}$$

$$=\frac{238730\times4}{35\times(2-2\times0.15)\times0.75\times60\times6}=59.44[mm]$$

$d_2+d_1=59.44[mm]$

$h=\frac{d_2-d_1}{2}=2,\ d_2-d_1=4[mm]$

$d_2=\frac{59.44+4}{2}=31.72[mm]$

$d_1=59.44-d_2=59.44-31.72=27.72[mm]$

호칭이 d_1이므로 처음으로 커지는 호칭지름을 구한다.

답 28mm

06 축이 500rpm으로 회전하고 있다. 축에는 엔드저널이 설치되어 있다. 엔드저널의 베어링 하중이 20kN 작용한다. 다음을 구하시오. [4점]

(1) 허용압력속도계수가 $pv = 2.5MPa \cdot m/s$ 일 때, 저널의 최소길이[mm] (단, 하중이 엔드저널의 전체 길이에 등분포하중 상태로 작용한다.)

(2) 허용굽힘응력이 40MPa이고, (1)에서 구한 길이를 고려하였을 때 저널의 최소지름[mm]을 구하여라.

(3) (1)에서 구한 길이와 (2)에서 구한의 지름을 고려했을 때, 저널에 작용하는 평균압력[MPa]을 구하여라.

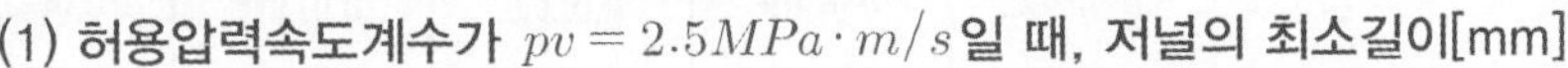

풀이 및 답

(1) 허용압력속도계수가 $pv = 2.5MPa \cdot m/s$ 일 때, 저널의 최소길이[mm]

$$pv = \frac{Q}{d \times l} \times \frac{\pi \times d \times N}{60 \times 1000}$$

$$l = \frac{Q}{pv} \times \frac{\pi \times N}{60 \times 1000} = \frac{20000}{2.5} \times \frac{\pi \times 500}{60 \times 1000} = 209.439 \fallingdotseq 209.44[mm]$$

답 209.44mm

(2) 저널의 최소지름[mm]

$$\sigma_a = \frac{16Q \times l}{\pi d^3}, \quad d = \sqrt[3]{\frac{16Q \times l}{\pi \sigma_a}} = \sqrt[3]{\frac{16 \times 20000 \times 209.44}{\pi \times 40}} = 81.096 \fallingdotseq 81.1[mm]$$

답 81.1mm

(3) 저널에 작용하는 평균압력[MPa]

$$p = \frac{Q}{d \times l} = \frac{20000}{81.1 \times 209.44} = 1.177 \fallingdotseq 1.18[MPa]$$

답 1.18MPa

07 공구압력각이 $14.5°$ 이고, 모듈이 5인 스퍼기어를 언더컷 방지를 위해 전위시키려고 한다. 피니언(작은기어)의 잇수가 14, 큰 기어의 잇수가 28일 때, 다음을 구하시오. [6점]

θ[°]	.0	.2	.4	.6	.8
10	0.00179	0.00191	0.00202	0.00214	0.00227
11	0.00239	0.00253	0.00267	0.00281	0.00296
12	0.00312	0.00328	0.00344	0.00362	0.00379
13	0.00398	0.00416	0.00436	0.00456	0.00477
14	0.00498	0.00520	0.00543	0.00566	0.00590
15	0.00615	0.00640	0.00667	0.00693	0.00772
16	0.00749	0.00778	0.00808	0.00839	0.00870
17	0.00903	0.00936	0.00969	0.01004	0.01040
18	0.01076	0.01113	0.01152	0.01191	0.01231
19	0.01272	0.01313	0.01356	0.01400	0.01445
20	0.01490	0.01537	0.01585	0.01634	0.01684
21	0.01735	0.01787	0.01840	0.01894	0.01949
22	0.02005	0.02063	0.02122	0.02182	0.02243
23	0.02305	0.02368	0.02433	0.02499	0.02566
24	0.02635	0.02705	0.02776	0.02849	0.02922
25	0.02998	0.03074	0.03152	0.03232	0.03312
26	0.03395	0.03479	0.03564	0.03651	0.03739
27	0.03829	0.03920	0.04013	0.04108	0.04204
28	0.04302	0.04401	0.04502	0.04605	0.04710
29	0.04816	0.04925	0.05034	0.05146	0.05260
30	0.05375	0.05492	0.05612	0.05733	0.05356

(1) 작은 기어전위계수 x_1와 큰 기어전위계수 x_2를 각각 구하여라. (단, 소숫점 5자리까지 표기하라.)

(2) 두 기어의 치면 높이(백래시)가 "0"이 되도록 하는 물림 압력각 α_b을 구하여라.

(3) 기어 중심간 축간 거리 C_f[mm]를 구하여라.

풀이 및 답

(1) 작은 기어전위계수 x_1와 큰 기어전위계수 x_2

$$Z_e = \frac{2}{\sin^2\alpha} = \frac{2}{\sin^2 14.5} = 31.90294$$

$$x_1 = 1 - \frac{Z_1}{Z_e} = 1 - \frac{14}{31.90294} = 0.56116$$

$$x_2 = 1 - \frac{Z_2}{Z_e} = 1 - \frac{28}{31.90294} = 0.12233$$

답 $x_1 = 0.56116$
$x_2 = 0.12233$

(2) 치면 높이(백래시)가 "0"이 되도록 하는 물림 압력각 α_b

$$inv\,\alpha_b = inv\,\alpha + 2\tan\alpha \times \left(\frac{x_1 + x_2}{Z_1 + Z_2}\right)$$

$$= 0.005545 + 2 \times \tan(14.5) \times (\frac{0.56116 + 0.12233}{14 + 28}) = 0.01396$$

보간법

$$\frac{19.6 - 19.4}{0.014 - 0.01356} = \frac{\alpha_b - 19.4}{0.01396 - 0.01356}$$

$$(\text{물림압력각})\alpha_b = 19.58181[°]$$

답 19.58181°

(3) 기어 중심간 축간 거리 C_f[mm]

$$C_f = C + \triangle C = \frac{m(Z_1 + Z_2)}{2} + 2.89577$$

$$= \frac{5 \times (14 + 28)}{2} + 2.89577 = 107.89577[mm]$$

$$\triangle C = Ym = 0.57915 \times 5 = 2.89577$$

$$Y = \frac{(Z_1 + Z_2)}{2} \times (\frac{\cos\alpha}{\cos\alpha_b} - 1)$$

$$= (\frac{14 + 28}{2}) \times (\frac{\cos 14.5}{\cos 19.58181} - 1) = 0.57915$$

답 107.89577mm

08

그림과 같이 지름이 40mm인 축을 양쪽에 볼트 3개씩 총 6개의 볼트를 사용한 클램프커플링으로 체결하였다. 볼트의 허용인장응력이 40MPa이고, 골지름이 16mm일 때, 다음을 구하시오. (단, 접촉면의 마찰계수는 0.25이다.)

[4점]

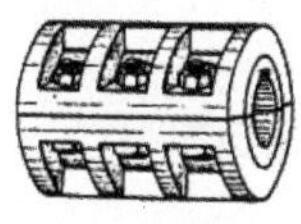

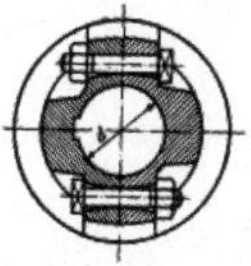

(1) 최대전달토크[J]를 구하여라.

(2) 300rpm으로 회전하려고 할 때 전달 가능한 동력[kW]을 구하여라.

풀이 및 답

(1) 최대전달토크[J]

$$T=\mu P\times\pi\times\frac{d}{2}=0.25\times24127.43\times\pi\times\frac{40}{2}=378992.78[N\cdot mm]=378.99[N\cdot m]$$

$$\sigma=\frac{P}{\frac{\pi}{4}d_1^2\times\frac{Z}{2}},\ P=\sigma\times\frac{\pi}{4}d_1^2\times\frac{Z}{2}=40\times\frac{\pi}{4}\times16^2\times\frac{6}{2}=24127.43[N]$$

$$P=24127.43[N]$$

답 $378.99N\cdot m$

(2) 300rpm으로 회전 하려고 할 때 전달 가능한 동력[KW]

$$H_{kw}=\frac{\mu P\pi\times V}{1000}=\frac{0.25\times24127.43\times\pi\times\frac{\pi\times40\times300}{60\times1000}}{1000}=11.906\fallingdotseq\ 11.91[kW]$$

답 11.91kW

09

다음 그림과 같은 크라운마찰차에서 400mm인 원동차가 $N_A=2500rpm$으로 동력을 전달하고 있다. 접촉 폭이 30mm이고, 종동차의 지름이 200mm이며, 종동차의 이동범위가 $x=30$ ~ $185mm$일 때, 다음을 구하시오. (단, 마찰계수는 0.2, 허용접촉선압은 20N/mm이다.) **[4점]**

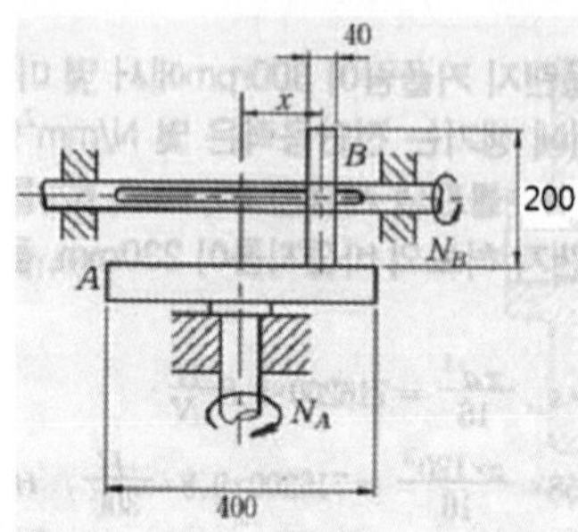

(1) 종동차의 최소회전수 $N_{\min}$, 최대회전수 $N_{\max}$[rpm]을 각각 구하여라.

(2) 최소전달동력 $H_{\min}[kW]$, 최대전달동력 $H_{\max}[kW]$을 각각 구하여라.

풀이 및 답

(1) 종동차의 최소회전수 $N_{\min}$, 최대회전수 $N_{\max}$[rpm]

$$N_{2\min}=\frac{2x_1N_1}{D_2}=\frac{2\times30\times2500}{200}=750[rpm]$$

$$N_{2\max}=\frac{2x_2N_2}{D_2}=\frac{2\times185\times2500}{200}=4625[rpm]$$

답 $N_{2\min}=750rpm$
$N_{1\max}=4625rpm$

(2) 최소전달동력 $H_{\min}[KW]$, 최대전달동력 $H_{\max}[KW]$

$$H_{\min}[kW]=\frac{P_t\times V}{1000}=\frac{\mu\times q\times b\times V}{1000}=\frac{0.2\times 20\times 30\times\frac{\pi\times 200\times 750}{60\times 1000}}{1000}=0.94[kW]$$

$$q=\frac{P_t}{b},\ P_t=q\times b$$

$$H_{\max}[kW]=\frac{\mu P_t\times V_{\max}}{1000}=\frac{0.2\times 20\times 30\times\frac{\pi\times 200\times 4625}{60\times 1000}}{1000}=5.81[kW]$$

답 $H_{\min}=0.94kW$
$H_{\max}=5.81kW$

10

호칭번호 #60 롤러체인의 파단 하중은 3.2ton이다. 사용하여 동력을 전달하고자 한다. 원동 스프로킷의 잇수가 40개, 회전수가 200rpm이고, 축간거리가 1.2m, 종동 스프로킷의 잇수가 20개일 때, 다음을 구하시오. (단, 안전율은 12이고, 피치는 19.05mm이다.) [4점]

(1) 최대전달동력[kW]을 구하여라.
(2) 체인의 링크의 개수는 몇 개가 필요한가? (단, 옵셋 링크를 사용하지 않기 때문에 링크 수를 짝수로 올림한다.)

풀이 및 답

(1) 최대전달동력[kW]

$$H_{kW}=\frac{F_s\times V}{102}=\frac{\frac{F_B}{S}\times\frac{P\times Z_1\times N_1}{60\times 1000}}{102}$$

$$=\frac{\frac{3.2\times 10^3}{12}\times\frac{\pi\times D_1\times N_1}{60\times 1000}}{102}=\frac{\frac{3.2\times 10^3}{12}\times\frac{19.05\times 40\times 200}{60\times 1000}}{102}=6.64[kW]$$

답 6.64kW

(2) 체인 링크의 개수

$$L_n = \frac{2C}{p} + \frac{Z_1 + Z_2}{2} + \frac{\frac{p}{\pi^2}(Z_2 - Z_1)^2}{4C}$$

$$= \frac{2 \times 1200}{19.05} + \frac{40+20}{2} + \frac{\frac{19.05}{\pi^2} \times (40-20)^2}{4 \times 1200} = 156.15 ≒ 158개$$

답 158개

11

유니버설 커플링으로 2.2kW의 동력을 전달하고자 한다. 원동축의 회전수는 1500rpm이고, 종동축은 30˚의 교차각으로 연결되어 있을 때, 다음을 구하시오. **[4점]**

(1) 종동축의 최소각속도 $w_{\min}[\frac{rad}{s}]$ 및 최소 각속도$w_{\max}[\frac{rad}{s}]$을 구하여라.

(2) 종동축의 허용전단응력이 30MPa일 때 종동축의 최소지름[mm]을 구하여라. (단, 전동효율은 100%이고, 축에는 비틀림만 작용한다고 본다.)

풀이 및 답

(1) 종동축의 최소각속도 $w_{\min}[\frac{rad}{s}]$ 및 최소 각속도 $w_{\max}[\frac{rad}{s}]$

$$\frac{w_1}{w_2} = \frac{\cos\delta}{1-\sin^2\theta\sin^2\delta},\ \frac{w_1}{w_2} = (\cos\delta \sim \frac{1}{\cos\delta})$$

$$w_1 = \frac{2\pi \times N_1}{60} = \frac{2\pi \times 1500}{60} = 157.079 ≒ 157.08[\frac{rad}{s}]$$

$$w_{\max} = w_1 \times \frac{1}{\cos\delta} = 157.08 \times \frac{1}{\cos 30} = 181.38[\frac{rad}{s}]$$

$$w_{\min} = w_1 \times \cos\delta = 157.08 \times \cos 30 = 136.035 ≒ 136.04[\frac{rad}{s}]$$

답 $w_{2\max} = 181.38 rad/s$
$w_{2\min} = 136.04 rad/s$

(2) 종동축의 최소지름[mm]

$$T_{2\min} = \frac{H}{w_{\max}} = \frac{2.2 \times 10^3}{181.38} = 12.12923[N \cdot m] ≒ 12129.23[N \cdot mm]$$

$$T_{2\max} = \frac{H}{w_{\min}} = \frac{2.2 \times 10^3}{136.04} = 16.17171[N \cdot m] ≒ 16171.71[N \cdot mm]$$

$$d_2 = \sqrt[3]{\frac{16 \times T_{2\max}}{\pi \times \tau_a}} = \sqrt[3]{\frac{16 \times 16171.71}{\pi \times 30}} = 14[mm]$$

답 14mm

12

하중 W의 자유 낙하를 방지하기 위하여 그림과 같은 블록 브레이크를 이용하였다. 레버 끝에 $F=150N$의 힘을 가하였다. 블록과 드럼의 마찰계수는 0.3일 때 다음을 계산하라. [5점]

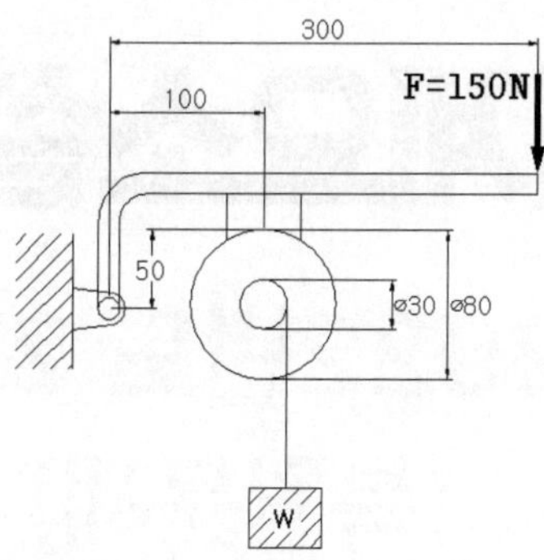

(1) 블록 브레이크를 밀어 붙이는 힘 $P[N]$을 구하여라.

(2) 자유낙하하지 않기 위한 최대 하중 $W[N]$은 얼마인가?

(3) 블록의 허용압력은 $200KPa$, 브레이크 용량 $0.8[\frac{N}{mm^2}\frac{m}{s}]$일 때 브레이크 드럼의 최대회전 수 $N[rpm]$?

풀이 및 답

(1) 블록 브레이크를 밀어 붙이는 힘 $P[N]$

$\oplus \curvearrowright M_o = 150\times300 - 100\times P + 50\times0.3\times P = 0$

$P = 529.41$

답 529.41N

(2) 자유낙하하지 않기 위한 최대 하중 $W[N]$

$$T = \mu P_t \times \frac{D}{2} = 0.3\times529.41\times\frac{80}{2} = 6352.92[N\cdot mm]$$

$$T = W\times\frac{d}{2},\quad W = \frac{2T}{d} = \frac{2\times6352.92}{30} = 423.53[N]$$

답 423.53N

(3) 브레이크 드럼의 최대회전 수 $N[rpm]$

$$q = \frac{P}{A}\quad H_P = \frac{\mu P\times V}{1000} = \frac{\mu(q\times A)\times V}{1000}$$

$$\frac{H}{A} = \mu q\times V = 0.8[\frac{N}{mm^2}\frac{m}{s}]$$

$$\mu q\times V = 0.3\times0.2[N/mm^2]\times\frac{\pi\times80\times N}{60\times1000}[\frac{m}{s}]$$

$$N = \frac{(\mu q\times V)\times60\times1000}{0.3\times0.2\times\pi\times80} = \frac{0.8\times60\times1000}{0.3\times0.2\times\pi\times80} = 3183.098 \fallingdotseq 3183.1[rpm]$$

답 3183.1rpm

필답형 실기

- 기계요소설계 -

2022년도 2회
(복원문제)

기본동정격하중이 34kN인 회전하는 축을 지지하는 볼베어링이 아래 표와 같이 선형파동형 하중이 하중이 작용하고 있을 때, 다음을 구하시오. [4점]

회전수[rpm]	하중[N]
810	2620
1100	2260
1300	1660

(1) 베어링의 평균하중[N]을 구하여라.
(2) 부하계수가 1.3일 때, 베어링의 수명시간[hr]을 구하여라.

풀이 및 답

(1) 베어링의 평균하중[N]

$$P_m = \frac{P_{\min} + 2P_{\max}}{3} = \frac{1660 + 2 \times 2620}{3} = 2300[N]$$

답 2300[N]

(2) 부하계수가 1.3일 때, 베어링의 수명시간[hr]

보간법 사용 $\frac{2300-2260}{2620-2260} = \frac{N-1100}{810-1100}$, $N = 1067.77[rpm]$

$$L_h = 500 \times \frac{33.3}{N}(\frac{C}{P_m f_w})^r = 500 \times \frac{33.3}{1067.77}(\frac{34 \times 10^3}{2300 \times 1.3})^3 = 22927.66[hr]$$

답 22927.66[hr]

02

원동차의 회전수가 253rpm, 종동차의 회전수가 52rpm이고 3kW의 동력을 전달하는 원통마찰차에서 축간거리가 920mm, 마찰계수가 0.33일 때, 다음을 구하시오.

[3점]

(1) 마찰차끼리 미는 힘[N]을 구하여라.

(2) 접촉선압력이 13N/mm일 때 마찰차의 폭[mm]을 구하여라.

풀이 및 답

(1) 마찰차끼리 미는 힘[N]

$$\epsilon = \frac{N_2}{N_1} = \frac{52}{253}$$

$$D_1 = \frac{2C}{\frac{1}{\epsilon}+1} = \frac{2\times 920}{\frac{1}{\frac{52}{253}}+1} = 313.7$$

$$V = \frac{\pi D_1 N_1}{1000\times 60} = \frac{\pi \times 313.7\times 253}{1000\times 60} = 4.155 ≒ 4.16[m/s]$$

$$H_{KW} = \frac{\mu Q\times V}{1000},\quad Q = \frac{1000\times H}{\mu\times V} = \frac{1000\times 3}{0.33\times 4.16} = 2185.314 ≒ 2185.31[N]$$

답 2185.31[N]

(2) 접촉선압력이 13N/mm일 때 마찰차의 폭[mm]

$$q = \frac{Q}{b},\ b = \frac{Q}{q} = \frac{2185.31}{13} = 168.1[mm]$$

답 168.1[mm]

03

중공축에 800N · m의 굽힘모멘트와 1900N · m의 비틀림모멘트가 작용한다. 축 재료의 허용굽힘응력이 70MPa, 허용전단응력이 65MPa일 때, 다음을 구하시오.

[5점]

(1) 상당굽힘모멘트 [N · m]를 구하여라.

(2) 상당비틀림모멘트 [N · m]를 구하여라.

(3) 외경이 7cm일 때, 내경 [mm]을 구하여라.

풀이 및 답

(1) 상당굽힘모멘트[N · m]

$$M_e = \frac{1}{2}(M + \sqrt{M^2 + T^2}) = \frac{1}{2}(800 + \sqrt{800^2 + 1900^2}) = 1430.78[N \cdot m]$$

답 $1430.78[N \cdot m]$

(2) 상당비틀림모멘트[N · m]

$$T_e = \sqrt{M^2 + T^2} = \sqrt{800^2 + 1900^2} = 2061.55[N \cdot m]$$

답 $2061.55[N \cdot m]$

(3) 외경이 7cm일 때, 내경[mm]

$$d_2 = \sqrt[3]{\frac{16T_e \times 10^3}{\pi \times \tau_a(1-x^4)}}$$

$$70 = \sqrt[3]{\frac{16 \times 1430.78 \times 10^3}{\pi \times 65 \times (1-x^4)}}$$

$$x = 0.852$$

$$x = \frac{d_1}{d_2}$$

$$0.852 = \frac{d_1}{70}$$

$$d_1 = 59.64[mm]$$

답 $59.64[mm]$

04 다음은 너클핀의 하중분포를 나타낸 그림이다. (a=50mm, b=20mm, F=3000N, d=16mm) [4점]

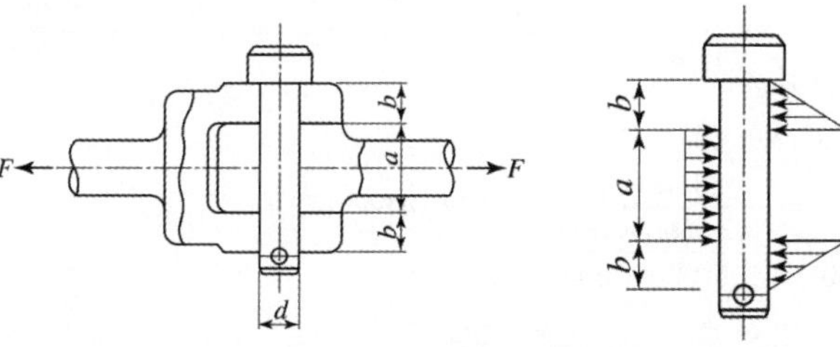

(1) 너클핀의 전단응력[MPa]을 구하시오.

(2) 너클핀의 굽힘응력[MPa]을 구하시오.

풀이 및 답

(1) 너클핀의 전단응력[MPa]

$$\tau = \frac{F}{\frac{\pi}{4}d^2 \times 2} = \frac{3000}{\frac{\pi}{4}16^2 \times 2} = 7.46[MPa]$$

답 7.46[MPa]

(2) 너클핀의 굽힘응력[MPa]

$$\sigma_b = \frac{M}{Z} = \frac{\frac{F(3a+4b)}{24}}{\frac{\pi d^3}{32}} = \frac{\frac{3000(3\times 50 + 4\times 20)}{24}}{\frac{\pi \times 16^3}{32}} = 71.5[MPa]$$

답 71.5[MPa]

05

제동동력이 13.52kW, 회전수가 3000rpm인 블록브레이크가 있다. 마찰계수가 0.22일 때, 다음을 구하시오.
(단, $a = 400mm, b = 800mm, c = 85mm, D = 500mm$이다.) [4점]

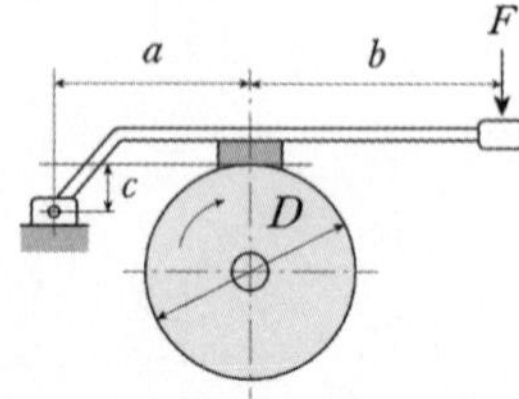

(1) 제동토크[N · m]를 구하여라.
(2) 레버를 누르는 힘[N]을 구하여라.

풀이 및 답

(1) 제동토크[N · m]

$$H = f \times V = 13.52[kW]$$

$$f = \frac{H}{\frac{\pi DN}{1000\times 60}} = \frac{13.52\times 10^3}{\frac{\pi \times 500 \times 3000}{1000 \times 60}} = 172.141 \fallingdotseq 172.14[N]$$

$$T = f \times \frac{D}{2}$$

$$T = 172.14 \times \frac{500}{2} = 43035[N\cdot mm] = 43.04[N\cdot m]$$

답 $43.04[N\cdot m]$

(2) 레버를 누르는 힘[N]

$f=\mu P, P=\frac{f}{\mu}=\frac{172.14}{0.22}=782.454 \fallingdotseq 782.45$

$\sum M_{힌지}=0$, ⊕ 시계방향

⊕ $F\times(a+b)$⊕ $\mu P\times C$⊖ $P\times a=0$

$F\times(400+800)+0.22\times782.45\times85-782.45\times400=0$

$\therefore F=248.623=248.62[N]$

답 $248.62[N]$

06

피니언(pinion)의 잇수가 16개, 기어(Gear)의 잇수가 24개이고, 모듈이 3 압력각이 14.5° 전위기어가 있다. 다음 물음에 답하시오. [5점]

압력각(a)	소수점 첫째자리				
	0.0	0.2	0.4	0.6	0.8
14	0.004982	0.005202	0.005429	0.005662	0.005903
15	0.006150	0.006404	0.006665	0.006934	0.007209
20	0.014904	0.015372	0.015850	0.016337	0.016836

(1) 물림압력각α_b를 구하여라[°] (단, 소수다섯째 자리까지 구하시오)

(2) 축간거리[mm]를 구하여라.

(3) 총 이높이[mm]를 구하여라. (단, 이끝 틈새는 $m\times k$이며, k는 0.25이다.)

풀이 및 답

(1) 물림압력각α_b

$Z_e=\frac{2}{\sin^2\alpha}=\frac{2}{\sin(14.5)^2}=31.90294$개

$x_1=1-\frac{Z_1}{Z_e}=1-\frac{16}{31.90294}=0.49847$

$x_2=1-\frac{Z_2}{Z_e}=1-\frac{24}{31.90294}=0.24771$

보간법

0.005662→ 14.6

$inv\alpha$→ 14.5

0.005429→ 14.4

$$\frac{inv\alpha - 0.005429}{0.005662 - 0.005429} = \frac{14.5 - 14.4}{14.6 - 14.4} \quad \therefore \ inv\,a = 0.00546$$

$$inv\alpha_b = inv\alpha + 2 \times \tan\alpha \times \left(\frac{x_1 + x_2}{Z_1 + Z_2}\right)$$

$$= 0.00546 + 2 \times \tan(14.5) \times \left(\frac{0.49847 + 0.24771}{16 + 24}\right) = 0.015108$$

보간법
0.015372→ 20.2
0.015108→ α_b
0.014904→ 20.0

$$\frac{0.015108 - 0.014904}{0.015372 - 0.014904} = \frac{\alpha_b - 20.0}{20.2 - 20.0} \quad \therefore \ \alpha_b = 20.087 ≒ 20.09[°]$$

답 20.09[°]

(2) 축간거리[mm]

$$Y = \frac{Z_1 + Z_2}{2}\left(\frac{\cos\alpha}{\cos\alpha_b} - 1\right) = \frac{16 + 24}{2}\left(\frac{\cos 14.5}{\cos 20.09} - 1\right) = 0.61743$$

$$\triangle\, C = Ym = 0.61743 \times 3 = 1.85229$$

$$C_f = C + \triangle\, C$$
$$= \frac{m(Z_1 + Z_2)}{2} + 1.85229$$
$$= \frac{3(16 + 24)}{2} + 1.85229 = 61.85[mm]$$

답 61.85[mm]

(3) 총 이높이[mm]

$$h = 2m + km - (x_1 + x_2 - Y)m$$
$$= 2 \times 3 + 0.25 \times 3 - (0.49847 + 0.24771 - 0.625) \times 3 = 6.39[mm]$$

답 6.39[mm]

07

편심하중 50kN을 받고 있는 리벳이음의 리벳지름은 20mm이며 리벳구멍이 지름과 같을 때, 다음을 구하시오. [4점]

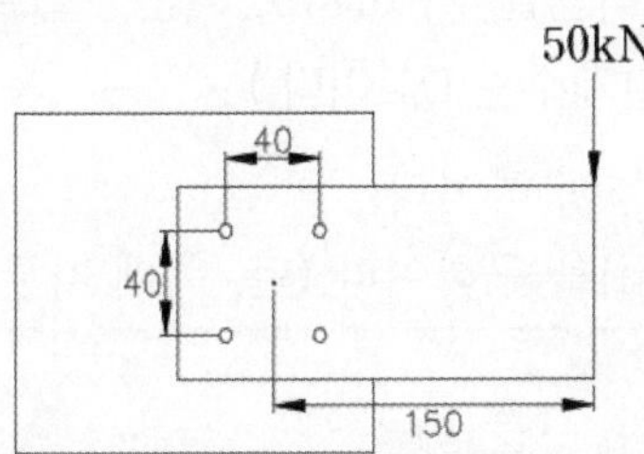

(1) 리벳 하나에 걸리는 최대전단하중[kN]을 구하여라.
(2) 리벳 하나에 걸리는 최대전단응력[MPa]을 구하여라.

풀이 및 답

(1) 리벳 하나에 걸리는 최대전단하중[kN]

$$Q = \frac{W}{4} = \frac{50000}{4} = 12500$$

$$WL = 4rF$$

$$r = \sqrt{(\frac{40}{2})^2 + (\frac{40}{2})^2} = 28.28$$

$$F = \frac{WL}{4r} = \frac{50000 \times 150}{4 \times 28.28} = 6630.127 \fallingdotseq 6630.13N$$

$$\theta = \tan^{-1}(\frac{20}{20}) = 45^\circ$$

$$\therefore R_{\max} = \sqrt{Q^2 + F^2 + 2QF\cos\theta}$$
$$= \sqrt{12500^2 + 6630.13^2 + 2 \times 12500 \times 6630.13 \times \cos 45}$$
$$= 17816.112N$$
$$= 17.82\,kN$$

답 17.82[kN]

(2) 리벳 하나에 걸리는 최대전단응력[MPa]

$$\tau_{\max} = \frac{R_{\max}}{A} = \frac{R_{\max}}{\frac{\pi d^2}{4}} = \frac{4 \times 17816.12}{\pi \times 20^2} = 56.71MPa$$

답 $56.71[MPa]$

08

축간거리가 1500mm인 바로걸기 평벨트 풀리가 있다. 원동풀리의 지름이 200mm, 종동풀리의 지름이 500mm이고, 원동풀리가 2000rpm으로 30kW를 전달할 때, 다음을 구하시오. (단, 벨트의 두께는 4mm, 비중량은 $12[\mathrm{k}\,N/m^3]$, 마찰계수는 0.3이다.) [5점]

(1) 유효장력[N]을 구하여라.

(2) 벨트의 폭[mm]을 구하여라.(단, 폭에 따른 허용인장력은 18kN/m이다.)

풀이 및 답

(1) 유효장력[N]

$$V = \frac{\pi D_1 N_1}{60 \times 1000} = \frac{\pi \times 200 \times 2000}{60 \times 1000} = 20.94[m/s]$$

$$H_{kw} = \frac{P_e V}{1000},\ P_e = \frac{1000 H_{kw}}{V} = \frac{1000 \times 30}{20.94} = 1432.66[N]$$

답 1432.66[N]

(2) 벨트의 폭[mm]

$$T_t = 18\frac{kN}{m} \times b[mm] = 18 \times \frac{1000[N]}{1000[mm]} \times b[mm] = 18b[N]$$

$$T_g = \frac{wv^2}{g} = \frac{\gamma t v^2}{g} \times b = \frac{\frac{12}{10^6} \times 4 \times 20940^2}{9800} \times b = 2.147b[N] ≒ 2.15b[N]$$

$$\theta = 180 - 2\sin^{-1}\left(\frac{D_2 - D_1}{2C}\right) = 180 - 2\sin^{-1}\left(\frac{500-200}{2 \times 1500}\right) = 168.52[^\circ]$$

$$e^{\mu\theta} = e^{0.3 \times 168.52 \times \frac{\pi}{180}} = 2.416 ≒ 2.42$$

$$T_t = \frac{e^{\mu\theta} \cdot P_e}{e^{\mu\theta} - 1} + T_g = \frac{2.42 \times 1432.66}{2.42 - 1} + 2.15b = 2441.58 + 2.15b$$

$$T_t = 18b = 2441.58 + 2.15b$$

$$b = 154.04[mm]$$

답 154.04[mm]

09

소선의 지름 6cm, 코일평균지름 45cm의 코일스프링에 4.8kN의 압축하중이 작용할 때 13mm의 처짐이 발생한다. 다음을 구하시오.(단, 전단탄성계수는 $8.3\times10^4\,MPa$이다.) [4점]

(1) 유효권수[권]를 구하여라.

(2) 전단응력[MPa]을 구하여라. (단, 왈의 응력수정계수는 $K=\dfrac{4C-1}{4C-4}+\dfrac{0.615}{C}$ 이다.)

풀이 및 답

(1) 유효권수[권]

$$\delta=\frac{8PD^3n}{Gd^4},\quad n=\frac{\delta Gd^4}{8PD^3}=\frac{13\times8.3\times10^4\times60^4}{8\times4800\times450^3}=3.99≒\ 4[\text{권}]$$

답 4권

(2) 전단응력[MPa]

$$C=\frac{D}{d}=\frac{450}{60}=7.5$$

$$K=\frac{4C-1}{4C-4}+\frac{0.615}{C}=\frac{4\times7.5-1}{4\times7.5-4}+\frac{0.615}{7.5}=1.197=1.2$$

$$\tau=\frac{T}{Z_P}\times K=\frac{\frac{PD}{2}}{\frac{\pi d^3}{16}}\times K=\frac{8PD}{\pi d^3}\times K=\frac{8\times4800\times450}{\pi\times60^3}\times1.2$$

$$=30.557≒\ 30.56[MPa]$$

답 30.56[MPa]

10 피치 23.4mm, 파단하중 83.2kN인 롤러체인의 원동 스프로킷이 1300rpm으로 회전하고, 축간거리가 1020mm, 안전율이 13일 때 다음을 구하시오. (단, 원동 스프로킷 잇수가 16개, 종동 스프로킷 잇수가 26개이다.) **[4점]**

(1) 체인의 속도[m/s]를 구하여라.
(2) 최대전달동력[kW]을 구하여라.
(3) 링크 수[개]를 구하여라. (단, 옵셋 링크를 사용하지 않아 링크 수는 짝수로 올림한다.)

풀이 및 답

(1) 체인의 속도[m/s]

$$V = \frac{\pi D_1 N_1}{1000 \times 60} = \frac{p Z_1 N_1}{1000 \times 60} = \frac{23.4 \times 16 \times 1300}{1000 \times 60} = 8.11[m/s]$$

답 8.11[m/s]

(2) 최대전달동력[kW]

$$Q = \frac{F_B}{S} = \frac{83.2 \times 10^3}{13} = 6400N$$

$$H_{KW} = \frac{Q \times V}{1000} = \frac{6400 \times 8.11}{1000} = 51.9[kW]$$

답 51.9[kW]

(3) 링크 수[개]

$$L = 2C + \frac{\pi(D_2 + D_1)}{2} + \frac{(D_2 - D_1)^2}{4C} = p \times L_n$$

$$L_n = \frac{2C}{p} + \frac{Z_2 + Z_1}{2} + \frac{\frac{p}{\pi^2}(Z_2 - Z_1)^2}{4C}$$

$$= \frac{2 \times 1010}{23.4} + \frac{26 + 16}{2} + \frac{\frac{23.4}{\pi^2}(26 - 16)^2}{4 \times 1010} = 107.38 ≒ 108개$$

답 108[개]

11

교차각이 80°, 모듈이 4, 작은 기어의 잇수가 30, 큰 기어의 잇수가 90인 한 쌍의 베벨기어가 있을 때, 다음을 구하시오. [4점]

(1) 큰 기어 바깥지름[mm]을 구하여라.
(2) 작은 기어의 원추길이[mm]를 구하여라.
(3) 큰 기어의 상당기어잇수[개]를 구하여라.

풀이 및 답

(1) 큰 기어 바깥지름[mm]

$$\epsilon = \frac{Z_1}{Z_2} = \frac{30}{90} = \frac{1}{3}$$

$$\tan\beta = \frac{\sin\theta}{\epsilon + \cos\theta}$$

$$\beta = \tan^{-1}\frac{\sin\theta}{\epsilon + \cos\theta} = \tan^{-1}\frac{\sin 80°}{\frac{1}{3} + \cos 80°} = 62.76°$$

$$D_{o2} = D_2 + 2a\cos\beta = mZ_2 + 2m\cos\beta$$

$$= 4 \times 60 + 2 \times 4 \times \cos 62.76°$$

$$= 243.66[mm]$$

답 243.66[mm]

(2) 작은 기어의 원추길이[mm]

$$\theta = \alpha + \beta$$

$$\alpha = \theta - \beta = 80 - 62.76 = 17.24°$$

$$\therefore\ L = \frac{D_1}{2\sin\alpha} = \frac{mZ_1}{2\sin\alpha} = \frac{4 \times 20}{2 \times \sin 17.24°} = 134.96[mm]$$

답 134.96[mm]

(3) 큰 기어의 상당기어잇수[개]

$$Z_{e2} = \frac{Z_2}{\cos\beta} = \frac{60}{\cos 62.76°} = 131.08 ≒ 132[개]$$

답 132[개]

12

3회전에 21mm씩 전진하는 1줄 사각나사잭이 있다. 이 사각나사잭의 유효지름이 56mm이고, 길이 200mm인 레버의 끝에 400N의 힘을 가할 때, 다음을 구하시오. (단, 나사접촉부 마찰계수는 0.02, 칼라접촉부 마찰계수는 0.1이고, 칼라부 지름은 70mm 이다.) [4점]

(1) 들어 올릴 수 있는 하중 Q[kN]을 구하여라.
(2) 나사잭 효율[%]을 구하여라.

풀이 및 답

(1) 들어 올릴 수 있는 하중 Q[kN]

$$\lambda = \tan^{-1}(\frac{p}{\pi d_e}) = \tan^{-1}(\frac{7}{\pi \times 56}) = 2.278 ≒ 2.28[^\circ]$$

$$\rho = \tan^{-1}(\mu) = \tan^{-1}(0.02) = 1.145 ≒ 1.15[^\circ]$$

$$l = \frac{21}{3} = 7mm$$

$$l = n \times p,\ p = \frac{l}{n} = \frac{7}{1} = 7mm$$

$$r_m = \frac{d_m}{2} = \frac{100}{2} = 50$$

$$T = F \times L = 400 \times 200 = 80000[N]$$

$$T = T_1 + T_2$$

$$= Q\tan(\lambda + \rho) \times \frac{d_e}{2} + Q \times r_m \times \mu_m$$

$$= Q \times \tan(2.28 + 1.15) \times \frac{56}{2} + Q \times 50 \times 0.1$$

$$\therefore\ Q = 11979.24 ≒ 11.98kN$$

답 11.98[kN]

(2) 나사잭 효율[%]

$$\eta = \frac{Q\ell}{2\pi T} = \frac{11979.24 \times 7}{2 \times \pi \times 80000} = 0.16682 ≒ 16.68\%$$

답 16.68[%]

필답형 실기

- 기계요소설계 -

2022년도 4회

(복원문제)

01

동력 4kw, 회전수 240rpm으로 회전하는 축이 키를 이용하여 풀리와 장착되어 있다. 키의 허용전단응력 23MPa, 키의 허용압축응력은 54MPa, 축의 지름(d)은 30mm일 때, 다음을 구하시오. (단, 키의 폭은 7mm, 높이는 8mm이고, 키의 홈의 깊이는 키높이의 1/2이다.) **[4점]**

(1) 키의 허용전단응력 및 허용압축응력을 고려한 키의 최소길이[mm]를 구하여라.

(2) 키의 홈을 고려한 축의 최소 허용전단응력[MPa]을 구하여라. (단, 키 홈을 고려하는데 있어서 다음 무어의 실험식을 통한 비틀림 강도비(β)를 적용한다.)

풀이 및 답

(1) 키의 허용전단응력 및 허용압축응력을 고려한 키의 최소길이[mm]

$$T = \frac{60}{2\pi} \times \frac{H}{N} = \frac{60}{2\pi} \times \frac{4 \times 10^6}{240} = 159154.943 ≒ 159154.94[N \cdot mm]$$

$$T = F \times \frac{d_s}{2}, F = \frac{2T}{d_s} = \frac{2 \times 159154.94}{30} = 10610.329 ≒ 10610.33[N]$$

$$t = \frac{h}{2} = \frac{8}{2} = 4[mm]$$

$$\tau_a = \frac{F}{b \times l},\ l = \frac{F}{b \times \tau_a} = \frac{10610.33}{7 \times 23} = 65.9[mm]$$

$$\sigma_a = \frac{F}{t \times l},\ l = \frac{F}{t \times \sigma_a} = \frac{10610.33}{4 \times 54} = 49.12[mm]$$

$$\therefore\ l = 65.9[mm]$$

답 65.9[mm]

(2) 키의 홈을 고려한 축의 최소 허용전단응력[MPa]

〈무어의 실험식〉 $\beta = 1.0 - 0.2(\frac{b}{d_o}) - 1.1(\frac{t}{d_o})$

$$\beta = 1.0 - 0.2(\frac{b}{d_o}) - 1.1(\frac{t}{d_o})$$

$$= 1.0 - 0.2(\frac{7}{30}) - 1.1(\frac{4}{30}) = 0.806 = 0.81$$

$$(\text{키홈고려한지름})\, d_1 = d_s \times \beta = 30 \times 0.81 = 24.3[mm]$$

$$\tau_a = \frac{T}{Z_P} = \frac{159154.94}{\frac{\pi}{16} \times 24.3^3} = 56.489 ≒ 56.49[MPa]$$

답 56.49[MPa]

02 골지름 42.5mm, 유효지름 60mm, 피치 9mm인 Tr 나사로 된 나사잭 레버 끝에 400N의 힘을 가해 5Ton의 물체를 들어 올리고자 한다. 나사부의 마찰계수가 0.15일 때, 다음을 구하시오. [5점]

(1) 나사잭으로 물체를 들어 올리는데 필요한 토크[N · m]를 구하여라.
(2) 토크에 의한 나사부에 발생하는 전단응력[MPa]을 구하여라.(압축응력은 고려하지 않는다)
(3) 레버의 최소길이[mm]를 구하여라.
(4) 나사잭의 효율[%]을 구하여라.

풀이 및 답

(1) 나사잭으로 물체를 들어 올리는데 필요한 토크[N · m]

$$(\text{리드각})\lambda = \tan^{-1}(\frac{p}{\pi \times d_e}) = tan^{-1}(\frac{9}{\pi \times 60}) = 2.733 = 2.75°$$

$$(\text{상당마찰각})\rho' = \tan^{-1}(\mu') = \tan^{-1}(0.155291) = 8.827 = 8.83°$$

$$(\text{상당마찰계수})\mu' = \frac{\mu}{\cos\frac{\alpha}{2}} = \frac{0.15}{\cos\frac{30}{2}} = 0.155291$$

$$T = Q\tan(\lambda + \rho') \times \frac{d_e}{2} = 5000 \times 9.8 \times \tan(2.75 + 8.83) \times \frac{60}{2}$$
$$= 300678.322[N \cdot mm]$$

$\therefore\ 300.68[N \cdot m]$

답 300.68[N · m]

(2) 토크에 의한 나사부에 발생하는 전단응력[MPa]

$$\tau = \frac{T}{Z_P} = \frac{16T}{\pi d^3} = \frac{16 \times 300678.32}{\pi \times 42.5^3} = 19.948 \fallingdotseq 19.95[MPa]$$

답 19.95[MPa]

(3) 레버의 최소길이[mm]

$$T = F \times L,\ L = \frac{T}{F} = \frac{300678.32}{400} = 751.695 \fallingdotseq 751.7[mm]$$

답 751.7[mm]

(4) 나사잭의 효율[%]

$$\eta = \frac{Q\ell}{2\pi T} = \frac{5000 \times 9.8 \times 9}{2 \times \pi \times 300678.32} = 0.23342$$

$\therefore\ 23.34\%$

답 23.34[%]

03

이음매 없고, 두께가 얇은 강관에서 $0.4m^3/s$의 유량이 흐른다. 강관에서 5MPa의 내압이 작용한다고 할 때, 다음을 구하시오. (단, 관 재료의 허용인장응력은 82MPa이고, 유속은 11m/s이다.) **[4점]**

(1) 관의 안지름[mm]을 구하여라.

(2) 허용인장응력을 고려한 관의 최소 바깥지름[mm]을 구하여라. (단, 부식 여유 $C = 6 \times (1 - \frac{Pd}{440000})$을 적용하며, 여기서 P[MPa]는 내압, d[mm]는 관의 안지름을 나타낸다. 관의 안전율은 2로 적용한다.)

풀이 및 답

(1) 관의 안지름[mm]

$$Q = AV = \frac{\pi d^2}{4} \times V,\ d = \sqrt{\frac{4 \times 0.4}{\pi \times 11}} = 0.21517[m] \fallingdotseq 215.2[mm]$$

답 $215.2[mm]$

(2) 허용인장응력을 고려한 관의 최소 바깥지름[mm]

$$C = 6 \times (1 - \frac{Pd}{440000}) = 6 \times (1 - \frac{5 \times 215.2}{440000}) = 5.985 \fallingdotseq 5.99$$

$$\sigma_a = \frac{\sigma_0}{S} = \frac{82}{5} = 16.4$$

$$t = \frac{PD}{2\sigma_a \eta} + C = \frac{5 \times 215.2}{2 \times 16.4 \times 1} + 5.99 = 38.794 \fallingdotseq 38.79[mm]$$

$$d_o = d + 2t = 215.2 + 2 \times 38.79 = 292.78[mm]$$

답 $292.78[mm]$

04

축의 지름이 42mm인 중실축의 한 쪽 끝에서 0.4m위치에 550N무게의 질량체가 장착되어있다. 축의 세로탄성계수는 203GPa, 축의 재료 비중은 6.2일 때 다음을 구하시오. [5점]

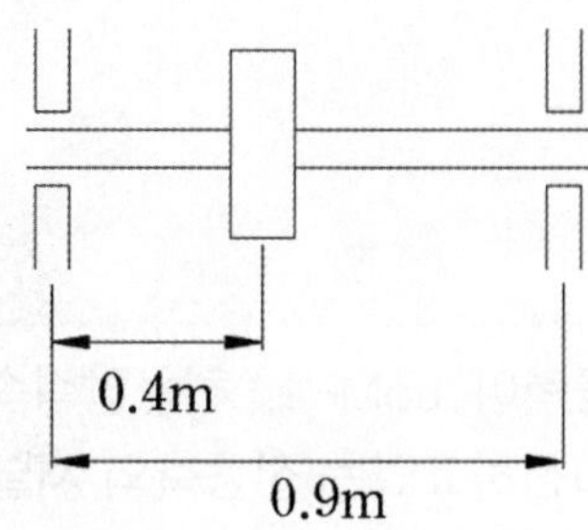

(1) 축의 자중은 무시하고 500N 질량체만 고려할 때, 축의 위험속도[rpm]를 구하여라.
(2) 500N 질량체는 무시하고 축의 자중만 고려할 때, 축의 위험속도[rpm]를 구하여라.
(3) 던커레이 실험식을 적용한 전체 위험속도[rpm]를 구하여라.

풀이 및 답

(1) 축의 자중은 무시하고 500N 질량체만 고려할 때, 축의 위험속도[rpm]

$$\delta = \frac{Wa^2b^2}{3LIE} = \frac{550\times 400^2\times 500^2}{3\times 900\times\frac{\pi\times 42^4}{64}\times 203\times 10^3} = 0.2627[mm]$$

$$N_0 = \frac{30}{\pi}\sqrt{\frac{g}{\delta}} = \frac{30}{\pi}\sqrt{\frac{9800}{0.2627}} = 1844.396 = 1844.4[rpm]$$

답 $1844.4[rpm]$

(2) 500N 질량체는 무시하고 축의 자중만 고려할 때, 축의 위험속도[rpm]

$$\gamma = \gamma_w\times S = 9800\times 6.2 = 60760[\frac{N}{m^3}]$$

$$w = \gamma\times A = 60760\times\frac{\pi\times 42^2}{4}\times 10^{-9} = 0.08417[\frac{N}{mm}]$$

$$K = \frac{384}{5}$$

$$\delta_w = \frac{wL^4}{KEI} = \frac{5\times 0.08417\times 900^4}{384\times 203\times 10^3\times\frac{\pi\times 42^4}{64}} = 0.02319[mm]$$

$$N_1 = \frac{30}{\pi}\sqrt{\frac{g}{\delta_w}} = \frac{30}{\pi}\sqrt{\frac{9800}{0.02319}} = 6207.747 = 6207.75[rpm]$$

답 $6207.75[rpm]$

(3) 던커레이 실험식을 적용한 전체 위험속도[rpm]

$$\frac{1}{{N_c}^2}=\frac{1}{{N_0}^2}+\frac{1}{{N_1}^2},\ \frac{1}{{N_c}^2}=\frac{1}{1844.4^2}+\frac{1}{6207.75^2}$$

$$\therefore\ N_c=1767.837=1767.84[rpm]$$

답 $1767.84[rpm]$

05

저널의 허용굽힘응력이 65MPa, 허용압력속도계수(pv)가 $3MPa\cdot\ m/s$이고, 700rpm으로 회전하고있는 전동축의 저널에 20kN의 레이디얼 하중이 저널면 전체에 골고루 작용한다. 다음을 구하시오. [4점]

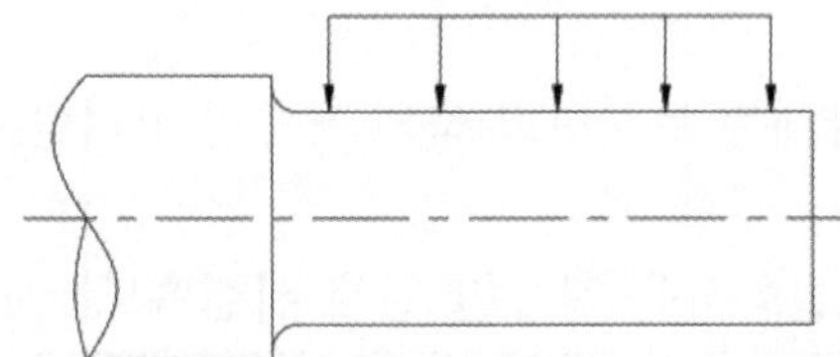

(1) 허용압력속도계수를 고려한 저널의 최소길이[mm]를 구하여라.
(2) 저널의 최소길이를 적용할 때, 허용굽힘응력을 고려하여 사용가능한 저널의 최소지름[mm]을 구하여라.
(3) 베어링압력[MPa]을 구하여라.

풀이 및 답

(1) 허용압력속도계수를 고려한 저널의 최소길이[mm]

$$pv=\frac{Q}{d\times l}\times\frac{\pi DN}{60\times1000}=\frac{20000}{l}\times\frac{\pi\times700}{1000\times60}=3$$

$$\therefore\ l=244.35[mm]$$

답 $244.35[mm]$

(2) 저널의 최소길이를 적용할 때, 허용굽힘응력을 고려하여 사용가능한 저널의 최소지름[mm]

$$\sigma_b=\frac{M}{Z}=\frac{\frac{Ql}{2}}{\frac{\pi d^3}{32}}=\frac{16Ql}{\pi d^3},$$

$$d=\sqrt[3]{\frac{16Ql}{\pi\times65}}=\sqrt[3]{\frac{16\times20000\times244.35}{\pi\times65}}=72.616\fallingdotseq72.62[mm]$$

답 $72.62[mm]$

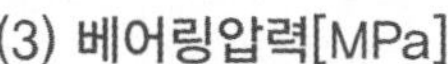
(3) 베어링압력[MPa]

$$P = \frac{Q}{d \times l} = \frac{20000}{72.62 \times 244.35} = 1.13[MPa]$$

답 $1.13[MPa]$

06

압력각이 $14.5°$ 인 한 쌍의 외접하는 스퍼기어 전동장치에서 750rpm(구동기어)을 500rpm(피동기어)으로 감속시키고자 한다. 이 기어의 모듈이 4이고, 초기 이론적인 중심거리가 100mm일 때, 다음을 구하시오. **[5점]**

(1) 구동기어(Z_1)와 피동기어(Z_2)의 잇수[개]를 구하시오.

(2) 구동기어(x_1)와 피동기어(x_2)의 이론전위계수를 구하시오. (단, 소수점 아래 5자리까지 작성하시오.)

(3) 언더컷을 일으키지 않는 최소중심거리[mm]를 구하시오. (단, 아래 인벌류트 함수표를 참고하여 구하시오.)

$\alpha(°)$	0	0.2	0.4	0.6	0.8
14.000	0.004982	0.005202	0.005429	0.005662	0.005903
15.000	0.006150	0.006404	0.006665	0.006934	0.007209
16.000	0.007493	0.007784	0.008082	0.008388	0.008702
17.000	0.009025	0.009355	0.009694	0.010041	0.010396

풀이 및 답

(1) 구동기어(Z_1)와 피동기어(Z_2)의 잇수[개]

$$\epsilon = \frac{D_1}{D_2} = \frac{N_2}{N_1} = \frac{500}{750}$$

$$D_1 = \frac{2C}{\frac{1}{\epsilon}+1} = \frac{2 \times 100}{\frac{1}{\frac{500}{750}}+1} = 80$$

$$D_1 = mZ_1,\ Z_1 = \frac{D_1}{m} = \frac{80}{4} = 20[개]$$

$$\frac{D_1}{D_2} = \frac{500}{750} = \frac{80}{D_2} = \frac{500}{750},\ D_2 = 120$$

$$D_2 = mZ_2,\ Z_2 = \frac{D_2}{m} = \frac{120}{4} = 30[개]$$

답 $Z_1 = 20[개]$
$Z_2 = 30[개]$

(2)구동기어(x_1)와 피동기어(x_2)의 이론전위계수

$$Z_e = \frac{2}{\sin^2\alpha} = \frac{2}{\sin(14.5)^2} = 31.90294 = 32[개]$$

$$x_1 = 1 - \frac{Z_1}{Z_e} = 1 - \frac{20}{31.90294} = 0.373098 ≒ 0.3731$$

$$x_2 = 1 - \frac{Z_2}{Z_2} = 1 - \frac{30}{31.90294} = 0.05964$$

답 $x_1 = 0.3731$
$x_2 = 0.05964$

(3) 언더컷을 일으키지 않는 최소중심거리[mm]

보간법

$$\frac{inv\alpha_b - 0.005429}{0.005662 - 0.005429} = \frac{14.5 - 14.4}{14.6 - 14.4}$$

$\therefore\ inv\alpha = 0.005546$

$$inv\alpha_b = inv\alpha + 2 \times \tan\alpha(\frac{x_1 + x_2}{Z_1 + Z_2})$$

$$= 0.005546 + 2 \times \tan(\frac{0.3731 + 0.05964}{20 + 30}) = 0.01002$$

보간법

$$\frac{0.01002 - 0.009694}{0.010041 - 0.009694} = \frac{\alpha_b - 17.4}{17.6 - 17.4}$$

$\therefore\ \alpha_b = 17.59[°]$

$$Y = \frac{Z_1 + Z_2}{2}(\frac{\cos\alpha}{\cos\alpha_b} - 1) = \frac{20 + 30}{2}(\frac{\cos 14.5}{\cos 17.59} - 1) = 0.39088$$

$$C = \frac{m(Z_1 + Z_2)}{2} = \frac{4(20 + 30)}{2} = 100$$

$$\triangle\ C = Ym = 0.39088 \times 4 = 1.56352$$

$$C_f = C + \triangle\ C = 100 + 1.56352 = 101.56[mm]$$

답 101.56[mm]

07

외접 원통마찰차의 지름이 240mm, 종동차의 지름이 440mm이고 원동차가 320rpm으로 2.3kW의 동력을 전달할 때, 다음을 구하시오.(단, 단위길이당 허용접촉압력은 $33.3N/mm$, 접촉부 마찰계수 0.3이다.) [3점]

(1) 접촉면의 원주속도[m/s]를 구하시오.
(2) 두 마찰차가 서로 밀어붙이는 힘[N]을 구하시오.
(3) 마찰차의 최소 너비[mm]를 구하시오.

풀이 및 답

(1) 접촉면의 원주속도[m/s]

$$V = \frac{\pi D_1 N_1}{1000 \times 60} = \frac{\pi \times 240 \times 320}{1000 \times 60} = 4.02[m/s]$$

답 4.02[m/s]

(2) 두 마찰차가 서로 밀어붙이는 힘[N]

$$H = \frac{\mu Q V}{1000},\ Q = \frac{1000 \times H}{\mu V} = \frac{1000 \times 2.3}{0.3 \times 4.02} = 1907.13[N]$$

답 1907.13[N]

(3) 마찰차의 최소 너비[mm]

$$q = \frac{Q}{b},\ b = \frac{Q}{q} = \frac{1907.13}{33.3} = 52.27[mm]$$

답 52.27[mm]

08

전체 22.5kW의 동력을 전달하는 V벨트 전동장치가 있다. 원동축 풀리 지름은 230mm, 종동축 풀리 지름은 782mm, 원동축이 1450rpm으로 회전하며 축의 중심거리가 1320mm일 때, 다음을 구하시오.(단, 풀리와 벨트의 접촉부 마찰계수는 0.32, V홈의 각도 $40°$, 벨트의 단위길이당 질량은 0.34kg/m, 벨트 하나의 허용인장력은 690N이다.) [5점]

(1) 원동축 풀리의 벨트 접촉각[°]을 구하여라.
(2) 벨트 1가닥이 전달할 수 있는 최대동력[kW]을 구하여라. (단, 원심력은 고려하며, 접촉각 보정계수와 부하보정계수는 고려하지 않는다.)
(3) 전체 22.5kW의 동력을 전달하기 위한 최소 벨트 수[개]를 구하여라. (단, 접촉각 보정계수 0.94, 부하보정계수 1.25를 적용한다.)

풀이 및 답

(1) 원동축 풀리의 벨트 접촉각[°]

$$\theta = 180 - 2\sin^{-1}(\frac{d_2 - d_1}{2C}) = 180 - 2\sin^{-1}(\frac{780 - 230}{2 \times 1320}) = 155.95°$$

답 155.95[°]

(2) 벨트 1가닥이 전달할 수 있는 최대동력[kW]

$$V = \frac{\pi D_1 N_1}{1000 \times 60} = \frac{\pi \times 230 \times 1450}{1000 \times 60} = 17.46[m/s]$$

$$T_g = \overline{m} V^2 = 0.34 \times 17.46^2 = 103.65[N]$$

$$\mu' = \frac{\mu}{\sin(\frac{\alpha}{2}) + \cos\mu(\frac{\alpha}{2})} = \frac{0.32}{\sin(\frac{40}{2}) + \mu\cos(\frac{40}{2})} = 0.497 ≒ 0.5$$

$$e^{\mu'\theta} = e^{0.5 \times 155.95 \times \frac{\pi}{180}} = 3.899 = 3.9$$

$$T_t = \frac{e^{\mu'\theta} \times P_e}{e^{\mu'\theta} - 1} + T_g, \ 690 = \frac{3.9 \times P_e}{3.9 - 1} + 103.65$$

$$P_e = 436$$

$$H_o = \frac{P_e \times V}{1000} = \frac{436 \times 17.46}{1000} = 7.612 ≒ 7.61[kW]$$

답 7.61[kW]

(3) 전체 22.5kW의 동력을 전달하기 위한 최소 벨트 수[개]

$$H_{kw} = H_o \times k_1 \times k_2 \times Z$$

$$\therefore Z = \frac{H_{kw}}{k_1 \times k_2 \times H_o} = \frac{22.5}{0.94 \times 1.25 \times 7.61} = 2.52 ≒ 3개$$

답 3[개]

09

체인스프로킷의 원동축 잇수가 19개이고, 종동축 잇수가 27개이다. 축 중심간 거리가 560mm인 체인 전동장치가 있다. 원동축이 630rpm으로 회전할 때, 다음을 구하시오.(단, 롤러 체인의 피치 15.88mm, 파단하중은 22kN이며, 안전계수는 13이다.) [4점]

(1) 체인 링크의 최소 수[개]를 구하여라. (단, 옵셋 링크를 사용하지 않으므로 짝수로 구하시오.)

(2) 최대전달동력[kW]을 구하여라.

풀이 및 답

(1) 체인 링크의 최소 수[개]

$$L = 2C + \frac{\pi(D_2 + D_1)}{2} + \frac{(D_2 - D_1)^2}{4C} = L_N \times p$$

$$\therefore\ L_N = \frac{2C}{p} + \frac{Z_2 + Z_1}{2} + \frac{\frac{p}{\pi^2}(D_2 - D_1)^2}{4C}$$

$$= \frac{2 \times 560}{15.88} + \frac{27 + 19}{2} + \frac{\frac{15.88}{\pi^2}(27 - 19)^2}{4 \times 560} = 93.57 ≒ 94\text{개}$$

답 94개

(2) 최대전달동력[kW]

$$Q = \frac{F_B}{S} = \frac{22 \times 10^3}{13} = 1692.307 ≒ 1692.31[N]$$

$$V = \frac{\pi D_1 N_1}{1000 \times 60} = \frac{p Z_1 N_1}{1000 \times 60} = \frac{15.88 \times 19 \times 630}{1000 \times 60} = 3.17[m/s]$$

$$H = \frac{Q \times V}{1000} = \frac{1692.31 \times 3.17}{1000} = 5.36[kW]$$

답 5.36[kW]

10

밴드브레이크에서 화물 W=155kg인 물체의 낙하를 방지하기 위해 레버를 작동시키고자 한다. 여기서 $D_1 = 125mm, D_2 = 234mm, a = 52mm, b = 22mm$, 레버길이 $L = 200mm$이고, 밴드 접촉각(θ)은 $200°$ 일 때, 다음을 구하시오. (단, 밴드 접촉부 마찰계수는 0.2이다.) [4점]

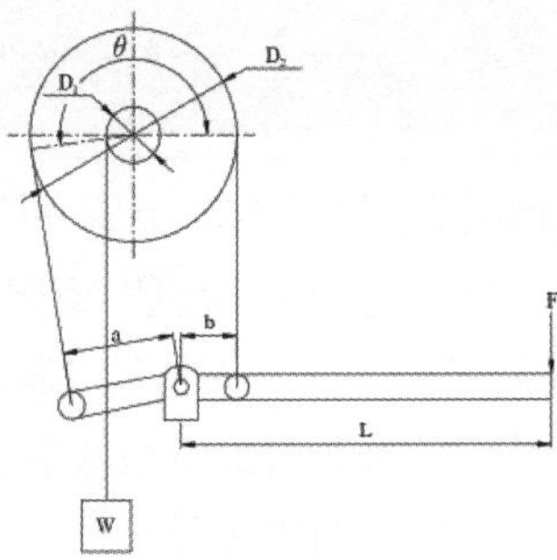

(1) 제동 시 발생하는 밴드의 긴장측장력과 이완측장력[N]을 구하여라.
(2) 제동하기 위해 레버에 가해야 하는 최소 힘F[N]을 구하여라.
(3) 밴드의 허용인장응력이 60MPa, 밴드 두께는 3mm일 때, 밴드의 최소 폭[mm]을 구하여라.

풀이 및 답

(1) 제동시 발생하는 밴드의 긴장측장력과 이완측장력[N]

$$e^{\mu\theta} = e^{0.2 \times 200 \times \frac{\pi}{180}} = 2.009 ≒ 2.01$$

$$T_t = \frac{e^{\mu\theta} \cdot f}{e^{\mu\theta} - 1} = \frac{2.01 \times 811.43}{2.01 - 1} = 1614.83[N]$$

$$T_s = \frac{f}{e^{\mu\theta} - 1} = \frac{811.43}{2.01 - 1} = 803.396 ≒ 803.4[N]$$

$$T = W \times \frac{d_1}{2} = f \times \frac{d_2}{2},\ f = W \times \frac{d_1}{d_2} = 155 \times 9.8 \times \frac{125}{234} = 811.43[N]$$

답 $T_t = 1614.83[N]$
$T_s = 803.4[N]$

(2) 제동하기 위해 레버에 가해야 하는 최소 힘F[N]

$\Sigma M_o =$ 시계방향 ⊕

⊕ $F \times L$ ⊖ $b \times T_t$ ⊕ $a \times T_s = 0$

$F \times 200 - 22 \times 1614.83 + 40 \times 803.4 = 0$

$\therefore\ F = 16.95[N]$

답 16.95N

(3) 밴드의 허용인장응력이 60MPa, 밴드 두께는 3mm일 때, 밴드의 최소 폭[mm]

$$\sigma_o = \frac{T_t}{b \times t},\ b = \frac{T_t}{\sigma_o \times t} = \frac{1614.83}{60 \times 3} = 8.97[mm]$$

답 8.97[mm]

11

소선의 지름은 7mm이고, 상단부의 코일 반지름은 28mm, 하단부의 코일 반지름은 50mm이며, 유효권수는 8권인 코어의 지름이 나선형으로 변화하는 원추형 코일스프링이 있다. 이 스프링에 130N의 압축하중을 가할 때, 다음을 구하시오.(단, 스프링 소재의 가로탄성계수는 82GPa이고, 스프링에 발생하는 응력수정계수는 1.23로 적용한다.) [4점]

(1) 스프링에 발생하는 최대전단응력[MPa]을 구하여라.

(2) 스프링 높이 변화량[mm]을 구하여라.

풀이 및 답

(1) 스프링에 발생하는 최대전단응력[MPa]

$$\tau_{\max} = \frac{8PD_2}{\pi d^3} \times K = \frac{16PR_2}{\pi d^3} \times K = \frac{16 \times 130 \times 50}{\pi \times 7^3} \times 1.23 = 118.71[MPa]$$

답 118.71[MPa]

(2) 스프링 높이 변화량[mm]

$$\delta = \frac{16Pn}{Gd^4}(R_1^2 + R_2^2)(R_1 + R_2)$$

$$= \frac{16 \times 130 \times 8}{(82 \times 10^3) \times 7^4} \times (28^2 + 50^2)(28 + 50)$$

$$= 21.65[mm]$$

답 21.65[mm]

12 강판의 두께는 15mm, 리벳의 지름은 20mm, 피치는 58mm인 1줄 겹치기 리벳이음이 있다. 1피치에 작용하는 인장하중이 13kN일 때, 다음을 구하시오. (단, 리벳의 지름과 리벳구멍의 지름은 같다고 본다.) [3점]

풀이 및 답

(1) 강판에 작용하는 인장응력[MPa]

$$W = \sigma_t \times (p - d) \times t,$$

$$\sigma_t = \frac{W}{(p-d) \times t} = \frac{13000}{(58-20) \times 15} = 22.807 \fallingdotseq 22.81[MPa]$$

답 22.81[MPa]

(2) 리벳에 작용하는 전단응력[MPa]

$$W = \tau_r \times \frac{\pi}{4} d^2 \times n, \ \tau_r = \frac{4W}{\pi d^2 n} = \frac{4 \times 13000}{\pi \times 20^2 \times 1} = 41.38[MPa]$$

답 41.38[MPa]

필답형 실기

- 기계요소설계 -

2023년도 1회

(복원문제)

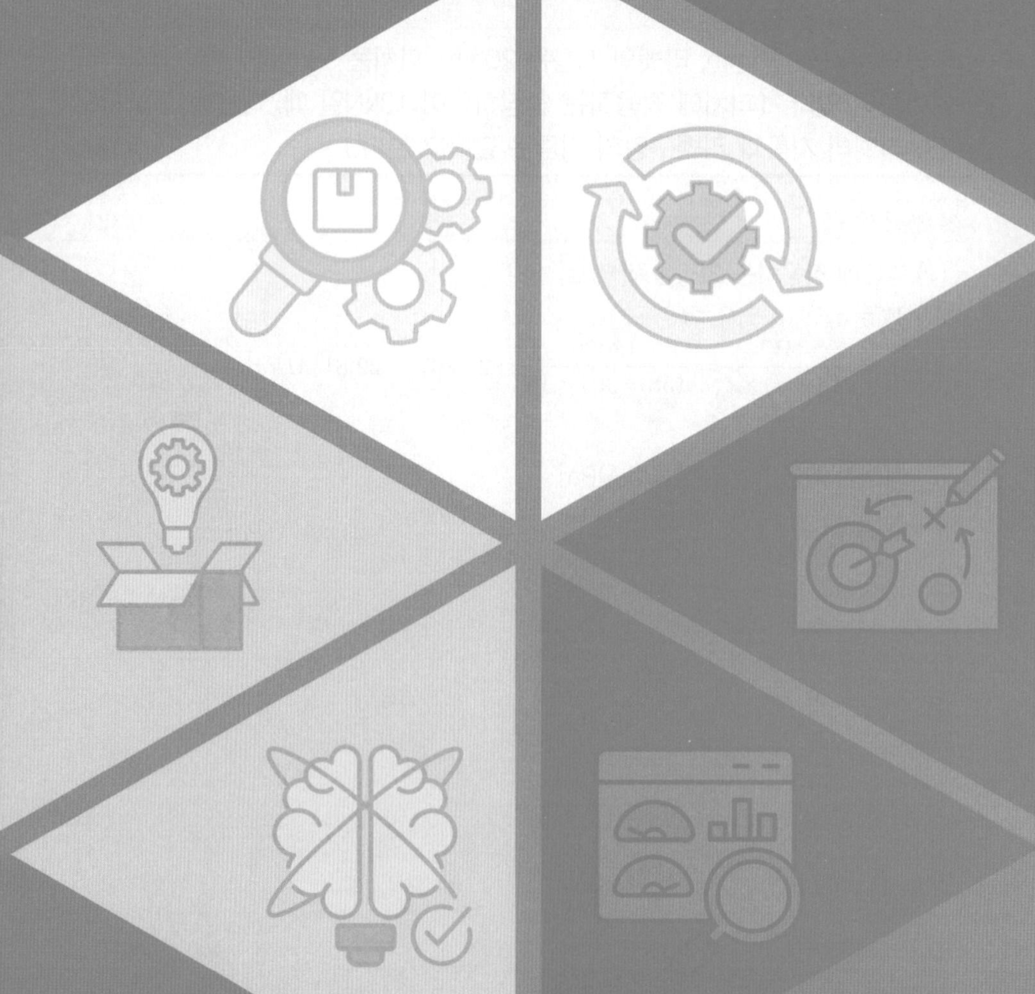

01

그림과 같이 중량물의 자유낙하를 방지하려하는 단식 블록 브레이크가 있다. 다음을 구하시오.(단, 마찰계수 $\mu = 0.25$이다.) [4점]

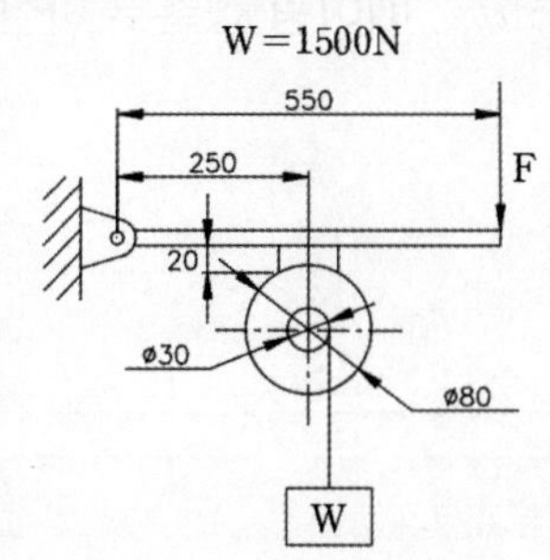

(1) 제동토크[J]를 구하시오.
(2) 제동력[N]을 구하시오.
(3) 조작력[N]을 구하시오.

풀이 및 답

(1) 제동토크[J]

$$T = W \times \frac{d}{2} = 1500 \times \frac{30}{2} \times 10^{-3} = 22.5[J]$$

답 $22.5[J]$

(2) 제동력[N]

$$T = f \times \frac{D}{2}, \quad f = \frac{2T}{D} = \frac{2 \times 22500}{500} = 90[N]$$

답 $90[N]$

(3) 조작력[N]

$\sum M_o = 0$, 시계방향 ⊕

⊕ $F \times 750$ ⊖ $P \times 100$ ⊖ $\mu P \times 30 = 0$

$\therefore F = 12.9[N]$

답 $12.9[N]$

02

디젤엔진의 칼라베어링이 700rpm, 전달동력 1.52kW로 회전하고 있다. 이 축의 직경은 120mm, 칼라의 바깥지름이 200mm라고 할 때 다음을 구하시오.(단, 허용발열계수 값은 $54.91 \times 10^{-2} MPa \cdot m/s$, 베어링 접촉부 마찰계수는 0.013이다.)

(1) 칼라 베어링의 칼라 수[개]를 구하시오.
(2) 베어링의 압력(kPa)을 구하시오.
(3) 추력(N)을 구하시오.

풀이 및 답

(1) 칼라 베어링의 칼라 수

$$T = \mu Q \times \frac{D_m}{2}$$

$$T = \frac{60}{2\pi} \times \frac{H}{N} = \frac{60}{2\pi} \times \frac{1.52 \times 10^6}{700} = 65142.857 ≒ 65142.86[N \cdot mm]$$

$$Q = \frac{2T}{\mu D_m} = \frac{2 \times 65142.86}{0.013 \times 160} = 62637.37[N]$$

$$PV = \frac{Q}{\frac{\pi}{4}(d_2^2 - d_1^2) \times Z} \times \frac{\pi D_m N}{1000 \times 60}$$

$$D_m = \frac{d_1 + d_2}{2} = \frac{120 + 200}{2} = 160$$

$$54.91 \times 10^{-2} = \frac{62637.37}{\frac{\pi}{4}(200^2 - 120^2) \times Z} \times \frac{\pi \times 160 \times 700}{1000 \times 60}$$

$\therefore Z = 34$개

답 34[개]

(2) 베어링의 압력(kPa)

$$PV = P \times \frac{\pi D_m N}{1000 \times 60}$$

$$\therefore 54.91 \times 10^{-2} = P \times \frac{\pi \times 160 \times 700}{1000 \times 60} = 0.09363[MPa] = 93.63[\text{k } Pa]$$

답 93.63[k Pa]

(3) 추력(N)

$$Q = \frac{2T}{\mu D_m} = \frac{2 \times 65142.86}{0.013 \times 160} = 62637.37[N] = 62.64[kN]$$

답 62.64[kN]

03

상하 2측 필렛용접 이음에서 하중9,200N이 작용하고 있을 때 다음을 구하시오. (단, 용접사이즈 $f = 7mm$이다.) [5점]

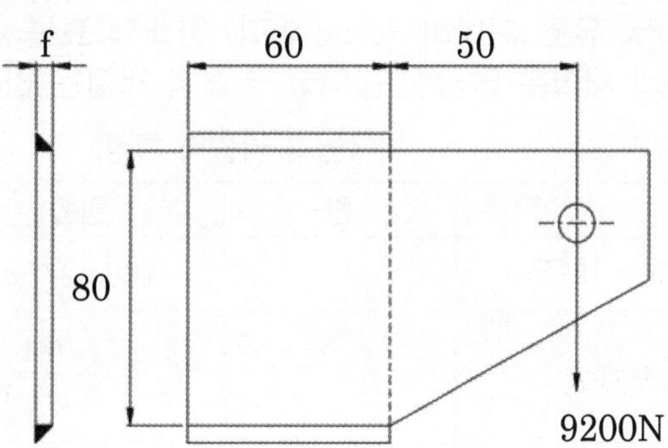

(1) 직접 전단응력[MPa]을 구하시오.
(2) 비틀림 전단응력[MPa]을 구하시오.
(3) 최대 전단응력[MPa]을 구하시오.

풀이 및 답

(1) 직접 전단응력[MPa]

$$t = f \times \cos 45 = 7 \times \cos 45 = 4.95$$

$$Q = \frac{P}{2 \times t \times l} = \frac{9200}{2 \times 4.95 \times 60} = 15.488 = 15.49[MPa]$$

답 $15.49[MPa]$

(2) 비틀림 전단응력[MPa]

$$I_P = \frac{tl(3b^2 + l^2)}{6} = \frac{4.95 \times 60(3 \times 80^2 + 60^2)}{6} = 1128600$$

$$e_P = r = \sqrt{30^2 + 40^2} = 50$$

$$\tau = \frac{T}{Z_P} = \frac{T \times e_P}{I_P} = \frac{30 + 50 \times 9200 \times 50}{1128600} = 20.379 ≒ 20.38[MPa]$$

답 $20.38[MPa]$

(3) 최대 전단응력[MPa]

$$\theta = \tan^{-1}(\frac{40}{30}) = 53.13$$

$$\tau_{max} = \sqrt{Q^2 + \tau^2 + 2Q\tau\cos\theta}$$

$$= \sqrt{15.49^2 + 20.38^2 + 2 \times 15.49 \times 20.38 \times \cos 53.13}$$

$$= 32.162 = 32.162[MPa]$$

답 $32.162[MPa]$

04

웜과 웜휠을 이용하여 동력전달을 하고자 한다. 감속비가 $\frac{1}{20}$, 웜의 회전수 1500rpm, 축직각 방향 웜모듈 6, 웜의 줄수 3, 웜의 유효지름 56mm, 웜휠의 치폭 45mm, 유효 이나비 36mm이다. 아래의 표를 이용하여 다음을 구하시오.(단, 웜의 재질은 담금질 강이고 웜휠의 재질은 인청동이다.) **[5점]**

〈웜과 웜휠의 특성〉

	웜	웜휠	비고
굽힘강도$\sigma_b[MPa]$		$166.6MPa$	
속도계수		$f_v = \frac{6.1}{6.1+V_g}$	
치형계수y		0.125	
리드각[β]에 의한 계수	1.25		$\beta = 10 \sim 25°$

〈웜과 웜휠의 내마멸계수〉

웜의 재료	웜휠의 재료	내마멸계수$K[MPa]$
강	인청동	411.6×10^{-3}
담금질 강	주철	343×10^{-3}
담금질 강	인청동	548.8×10^{-3}
담금질 강	합성수지	833×10^{-3}
주철	인청동	1038.8×10^{-3}

(1) 웜의 리드각 β[deg]를 구하시오.

(2) 웜휠의 굽힘강도를 고려한 전달하중 F_1[kN]을 구하시오.

(3) 웜휠의 면압강도를 고려한 전달하중 F_2[kN]을 구하시오.

(4) 최대 전달동력 H[kW]을 구하시오.

풀이 및 답

(1) 웜의 리드각 β[deg]

$$\tan\beta = \frac{l}{\pi D_w} = \frac{Z_w \times p_s}{\pi D_w} = \frac{Z_w \times \pi m_s}{\pi D_w} = \frac{Z_w \times m_s}{D_w}$$

$$\therefore \beta = \tan^{-1}\left(\frac{Z_w \times m_s}{D_w}\right) = \tan^{-1}\left(\frac{3 \times 6}{56}\right) = 17.818 \fallingdotseq 17.82[°]$$

답 17.82[°]

(2) 웜휠의 굽힘강도를 고려한 전달하중 $F_1[kN]$

$$F_1 = f_v \times \sigma_b \times p_n \times b \times y$$
$$= 0.81 \times 166.6 \times 17.95 \times 45 \times 0.125 = 13625.328[N] ≒ 13.63[kN]$$

$$\epsilon = \frac{1}{20},\ \epsilon = \frac{Z_w}{Z_g} = \frac{N_g}{N_w}$$

$$\frac{1}{20} = \frac{3}{Z_g} = \frac{N_g}{1500},\ Z_g = 60\text{개}\ \ N_g = 75rpm$$

$$V_g = \frac{\pi D_g N_g}{1000 \times 60} = \frac{\pi m_s Z_g N_g}{1000 \times 60} = \frac{\pi \times 6 \times 60 \times 75}{1000 \times 60} = 1.413 ≒ 1.41[m/s]$$

$$f_v = \frac{6.1}{6.1 + V_g} = \frac{6.1}{6.1 + 1.41} = 0.812 ≒ 0.81$$

$$\cos\beta = \frac{p_n}{p_s},\ p_n = \cos\beta \times p_s = \cos\beta \times \pi \times m_s = \cos 17.82 \times \pi \times 6 = 17.945 ≒ 17.95[mm]$$

답 13.63[kN]

(3) 웜휠의 면압강도를 고려한 전달하중 $F_2[kN]$

$$F_2 = f_v \varnothing\ D_g b_e K = 0.81 \times 1.25 \times (6 \times 60) \times 36 \times 548.8 \times 10^{-3} = 7201.35[N] = 7.2[kN]$$

답 7.2[kN]

(4) 최대 전달동력 $H[kW]$

$$H_{kw} = F_2 \times V_g = 7.2 \times 1.41 = 10.15[kW]$$

답 10.15[kW]

05

250rpm, 63kW를 전달하는 축의 지름이 31mm일 때 묻힘키를 설계하고자 한다. 묻힘키의 폭과 높이가 23mm × 12mm이고 키의 항복강도는 323.2MPa이다. 다음을 구하시오.(단, 묻힘키의 안전계수는 2이다.) [3점]

(1) 회전토크[J]를 구하시오.

(2) 허용전단응력을 구하고 이것을 만족하도록 묻힘키의 길이 l[mm]을 구하시오.

풀이 및 답

(1) 회전토크[J]

$$T = \frac{60}{2\pi} \times \frac{H}{N} = \frac{60}{2\pi} \times \frac{63 \times 10^6}{250} = 2406422.74[N \cdot mm] = 2406.42[J]$$

답 2406.42[J]

(2) 묻힘키의 길이 l[mm]

$$\tau_a = \frac{\tau_{max}}{S} = \frac{323.2}{2} = 161.6[MPa]$$

$$T = F \times \frac{d_s}{2},\ f = \frac{2T}{d_s} = \frac{2 \times 2406422.74}{31} = 155253.08[N \cdot mm]$$

$$\tau_a = \frac{F}{b \times l},\ l = \frac{F}{b \times \tau_a} = \frac{155253.08}{23 \times 161.6} = 41.77[mm]$$

답 41.77[mm]

06

그림과 같은 1m의 축에 무게 540N의 회전체가 0.4m와 0.6m 사이에 매달려 있다. 이 축의 전달동력은 3.5kW이고 회전수는 400rpm이다. 다음을 구하시오.(단, 축의 허용전단응력은 30MPa이고 허용굽힘응력은 40MPa이다.) [5점]

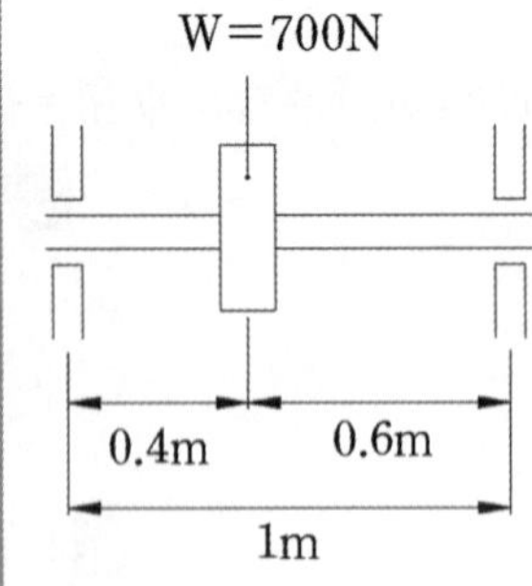

(1) 상당 비틀림 모멘트와 상당 굽힘모멘트를 구하시오.[J]

(2) 최소 축지름[mm]을 구하시오.

풀이 및 답

(1) 상당 비틀림 모멘트와 상당 굽힘모멘트

$$M = \frac{Wab}{L} = \frac{540 \times 400 \times 600}{1000} = 129600[N \cdot mm]$$

$$T = \frac{60}{2\pi} \times \frac{H}{N} = \frac{60}{2\pi} \times \frac{3.5 \times 10^6}{400} = 83556.35[N \cdot mm]$$

$$M_e = \frac{1}{2}(M + \sqrt{M^2 + T^2}) = \frac{1}{2}(129600 + \sqrt{129600^2 + 83556.35^2})$$
$$= 141900.297[N \cdot mm] \quad \therefore\ 141.9[J]$$

$$T_e = \sqrt{M^2 + T^2} = \sqrt{129600^2 + 83556.35^2} = 154200[N \cdot mm]$$
$$\therefore\ 154.2[J]$$

답 $M_e = 141.9[J]$
$T_e = 154.2[J]$

(2) 최소 축지름[mm]

$$\tau_a = \frac{T_e}{Z_P} = \frac{16T_e}{\pi d^3},\ d = \sqrt[3]{\frac{16T_e}{\pi \times \tau_a}} = \sqrt[3]{\frac{16 \times 154200}{\pi \times 30}} = 29.692 ≒ 29.69[mm]$$

$$\sigma_b = \frac{M_e}{Z} = \frac{32M_e}{\pi d^3},\ d = \sqrt[3]{\frac{32M_e}{\pi \sigma_b}} = \sqrt[3]{\frac{32 \times 141900.297}{\pi \times 40}} = 33.060 ≒ 33.06[mm]$$

최소축지름 = 33.06[mm]

답 33.06[mm]

07

축간 거리는 1.5m, 작은 풀리의 회전수는 1300rpm, 지름이 각각 120mm, 520mm의 주철제 벨트 풀리에 1겹 가죽벨트를 사용하여 평행걸기로 2.84kW를 전달하려고 한다. 다음을 구하시오.(단, 두께는 4mm, 가죽벨트의 마찰계수는 0.3, 종탄성계수는 110MPa, 벨트 굽힘에 대한 보정계수 $K_1 = 0.5$를 적용한다.) [5점]

(1) 원동풀리의 접촉각[deg]

(2) 벨트의 폭[mm]을 구하시오.(단, 가죽벨트의 허용인장응력은 1.96MPa이고 가죽벨트의 이음은 이음쇠를 사용했으며 이음효율은 50%이다.)

(3) 벨트의 굽힘응력[MPa]을 구하시오.

풀이 및 답

(1) 원동풀리의 접촉각[deg]

$$\theta = 180 - 2\sin^{-1}\left(\frac{D_2 - D_1}{2C}\right) = 180 - 2\sin^{-1}\left(\frac{520 + 120}{2 \times 1500}\right) = 155.36^\circ$$

답 155.36°

(2) 벨트의 폭[mm]

$$V = \frac{\pi D_1 N_1}{1000 \times 60} = \frac{\pi \times 120 \times 1300}{1000 \times 60} = 8.17[m/s]$$

$$e^{\mu\theta} = e^{0.3 \times 155.36 \times \frac{\pi}{180}} = 2.26$$

$$T_t = \frac{e^{\mu\theta} \cdot P_e}{e^{\mu\theta} - 1} = \frac{2.26 \times 347.61}{2.26 - 1} = 623.49[N]$$

$$\sigma_o = \frac{T_t}{b \times \eta \times t} = 1.96 = \frac{623.49}{b \times 0.5 \times 4}$$

$$\therefore\ b = 159.05[mm]$$

답 159.05[mm]

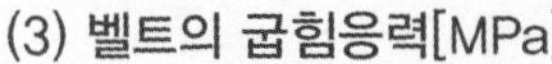

(3) 벨트의 굽힘응력[MPa]

$$(곡률반경)\rho = \frac{D_1}{2} + \frac{t}{2} = \frac{120}{2} + \frac{4}{2} = 62[mm]$$

$$e = \frac{t}{2} = \frac{4}{2} = 2[mm]$$

$$\sigma_b = K_1 \frac{E \times e}{\rho} = 0.5 \times \frac{110 \times 2}{62} = 1.774 \fallingdotseq 1.77[MPa]$$

답 1.77[MPa]

08

230rpm으로 31.2kN을 지지하는 엔드저널베어링의 압력속도계수(pV)가 $1.93MPa \cdot m/s$일 때 다음을 구하시오.(단, 마찰계수는 0.03, 허용베어링압력 $p_a = 5.9MPa$이다.) [3점]

(1) 저널의 길이[mm]를 구하시오.
(2) 저널의 지름[mm]을 구하시오.

풀이 및 답

(1) 저널의 길이[mm]

$$pV = \frac{Q}{d \times l} \times \frac{\pi DN}{1000 \times 60} = \frac{31.2 \times 10^3 \times \pi \times 230}{l \times 1000 \times 60} = 1.93$$

$$\therefore l = 194.68[mm]$$

답 194.68[mm]

(2) 저널의 지름[mm]

$$p_a = \frac{Q}{d \times l}, \quad d = \frac{Q}{p_a \times l} = \frac{31.2 \times 10^3}{5.9 \times 194.68} = 27.163$$

$$\therefore d = 27.16[mm]$$

답 27.16[mm]

09 압축하중이 3.4kN, 스팬의 길이가 1420mm, 강판의 너비 83mm, 두께 14mm, 밴드 폭이 110mm인 겹판스프링을 사용중이다. 다음을 구하시오.(단, 스프링의 굽힘응력 $\sigma_b = 95MPa$, 스팬의 유효길이 $l_e = l - 0.6e$, 스프링의 종탄성계수 $E = 20.53 \times 10^4 MPa$이다.) [5점]

(1) 겹판의 수를 구하시오.
(2) 겹판 스프링의 수축량[mm]을 구하시오.
(3) 고유주파수[Hz]를 구하시오.

풀이 및 답

(1) 겹판의 수

$$L_e = l - 0.6e = 1420 - 0.6 \times 110 = 1354[mm]$$

$$\sigma_b = \frac{3PL_e}{2 \times b \times n \times h^2}$$

$$\therefore\ 95 = \frac{3 \times 3.4 \times 10^3 \times 1354}{2 \times 83 \times n \times 14^2},\ n = 4.46 ≒ 5\text{개}$$

답 5개

(2) 겹판 스프링의 수축량[mm]

$$\delta = \frac{3PL_e^3}{2Eb_o h^3} = \frac{3 \times 3.4 \times 10^3 \times 1354^3}{2 \times 20.53 \times 10^4 \times 83 \times 5 \times 14^3} = 54.15[mm]$$

답 54.15[mm]

(3) 고유주파수[Hz]

$$w_n = \sqrt{\frac{g}{\delta}} = \sqrt{\frac{9800}{54.15}} = 13.45[rad/s]$$

$$f_n = \frac{w_n}{2\pi} = \frac{13.45}{2\pi} = 2.14[Hz]$$

답 2.14[Hz]

10

중심거리 460mm, 5.32kW의 동력을 전달하는 두 축이 홈마찰차로 연결되어 있다. 주축 회전수가 420rpm, 종동축의 회전수는 160rpm이며 홈각이 $40°$, 허용접촉선압은 38N/mm, 마찰계수는 0.22이다. 다음을 구하시오. **[3점]**

(1) 평균속도[m/s]를 구하시오.
(2) 밀어 붙이는 힘[N]을 구하시오.

풀이 및 답

(1) 평균속도[m/s]

$$\epsilon = \frac{N_2}{N_1} = \frac{160}{420}$$

$$D_1 = \frac{2C}{\frac{1}{\epsilon}+1} = \frac{2\times 460}{\frac{1}{\frac{160}{420}}+1} = 253.79[mm]$$

$$V = \frac{\pi D_1 N_1}{1000\times 60} = \frac{\pi \times 253.79 \times 420}{1000\times 60} = 5.58[m/s]$$

답 5.58[m/s]

(2) 밀어 붙이는 힘[N]

$$\mu' = \frac{\mu}{\sin(\frac{\alpha}{2}) = \mu\cos(\frac{\alpha}{2})} = \frac{0.22}{\sin(\frac{40}{2}) + 0.22\times\cos(\frac{40}{2})} = 0.4$$

$$H_{kw} = \frac{\mu' PV}{1000},\ P = \frac{1000\times H}{\mu' \times V} = \frac{1000\times 5.32}{0.4\times 5.58} = 2383.51[N]$$

답 2383.51[N]

11

피치 13.7mm, 잇수가 각각 $Z_1 = 20,\ Z_2 = 40$,구동 스프라켓 휠의 회전수는 1200rpm, 축간거리는 515mm이고 NO.40인 2열 롤러체인이 있을 때 다음을 구하시오.(단, 체인의 파단하중 15.4kN이고 안전율은 10, 다열계수 1.8, 하루 운전시 부하계수 1.4을 고려한다.) **[4점]**

(1) 롤러체인의 평균속도[m/s]를 구하시오.
(2) 전달동력[kW]을 구하시오.
(3) 체인 링크 수를 구하시오.(단, 옵셋 링크를 고려하여 짝수로 결정하라.)

(1) 롤러체인의 평균속도[m/s]

$$V=\frac{\pi D_1 N_1}{1000\times 60}=\frac{pZ_1N_1}{1000\times 60}=\frac{13.7\times 20\times 1200}{1000\times 60}=5.48[m/s]$$

답 5.48[m/s]

(2) 전달동력[kW]

$$P_e=\frac{F_B\times e}{S\times K}=\frac{15.4\times 10^3\times 1.8}{10\times 1.4}=19870$$

$$H=\frac{P_e\times V}{1000}=\frac{1980\times 5.48}{1000}=10.85[kW]$$

답 10.85[kW]

(3) 체인 링크 수

$$L=2C+\frac{\pi(D_2+D_1)}{2}+\frac{(D_2-D_1)^2}{4C}=L_N\times p$$

$$L_N=\frac{2C}{p}+\frac{Z_1+Z_2}{2}+\frac{\frac{p}{\pi^2}(Z_2-Z_1)^2}{4C}$$

$$=\frac{2\times 515}{13.7}+\frac{40+20}{2}+\frac{\frac{13.7}{\pi^2}(40-20)^2}{4\times 515}=105.45 ≒ 106개$$

답 106개

12

중량물을 들어 올리는 나사잭이 있다. 이 나사의 유효지름은 73.5mm, 피치 4mm이다. 52kN의 중량물을 들어 올릴때 다음을 구하시오.(단, 레버에 작용하는 힘은 600N이고 나사부 마찰계수는 0.3이다.) [4점]

(1) 나사부 비틀림모멘트[J]를 구하시오.
(2) 레버의 길이[mm]를 구하시오.

풀이 및 답

(1) 나사부 비틀림모멘트[J]

$$(\text{리드각})\lambda = \tan^{-1}\left(\frac{p}{\pi d_e}\right) = \tan^{-1}\left(\frac{4}{\pi \times 73.5}\right) = 0.992 = 0.99^\circ$$

$$(\text{마찰각})\rho = \tan^{-1}(\mu) = \tan^{-1}(0.3) = 16.699 = 16.7^\circ$$

$$T = Q\tan(\lambda+\rho) \times \frac{d_e}{2}$$

$$= 52 \times 10^3 \times \tan(0.99 + 16.7) \times \frac{73.5}{2} = 609510.413[N \cdot mm]$$

$$\therefore\ 609.51[J]$$

답 $609.51[J]$

(2) 레버의 길이[mm]

$$T = F \times L,\ L = \frac{T}{F} = \frac{609510.41}{600} = 1015.85[mm]$$

답 1015.85[mm]

필답형 실기

- 기계요소설계 -

2023년도 2회

(복원문제)

01

리벳지름 15mm, 두께 8mm인 1줄 겹치기 리벳이음에서 1피치당 하중이 14kN일 때 다음을 구하시오.(단, 피치는 34mm이다.) [4점]

(1) 강판의 인장응력(MPa)을 구하시오.
(2) 리벳의 전단응력(MPa)을 구하시오.
(3) 리벳의 압축응력(MPa)을 구하시오.
(4) 강판의 효율(%)을 구하시오.

풀이 및 답

(1) 강판의 인장응력(MPa)

$$W_p = \sigma_t \times (p-d) \times t,\ \ \sigma_t = \frac{W}{(p-d)\times t} = \frac{14\times 10^3}{(34-15)\times 8} = 92.11[MPa]$$

답 $92.11[MPa]$

(2) 리벳의 전단응력(MPa)

$$W_p = \tau_r \times \frac{\pi}{4}d^2 \times n,\ \ \tau_r = \frac{4\times W_p}{\pi\times d^2\times n} = \frac{4\times 14\times 10^3}{\pi\times 15^2\times 1} = 79.22[MPa]$$

답 79.22[MPa]

(3) 리벳의 압축응력(MPa)

$$W_p = \sigma_c \times d\times t\times n,\ \ \sigma_c = \frac{W_p}{d\times t\times n} = \frac{14\times 10^3}{15\times 8\times 1} = 116.67[MPa]$$

답 116.67[MPa]

(4) 강판의 효율(%)

$$\eta = \frac{\sigma_t\times(p-d)\times t}{\sigma_t\times p\times t} = 1-\frac{d}{p} = 1-\frac{15}{34} = 0.55882 = 55.88[\%]$$

답 55.88[%]

02

드럼축에 200rpm, 8.33kW의 전달동력이 작용하고 있는 그림과 같은 차동식 밴드브레이크 장치가 있다. 밴드와 드럼 접촉부 마찰계수는 0.2, 밴드접촉각 240°, 장력비 $e^{\mu\theta}$=3.2일 때 다음을 구하시오.(a=80, b=30, c=455, d=600)

[4점]

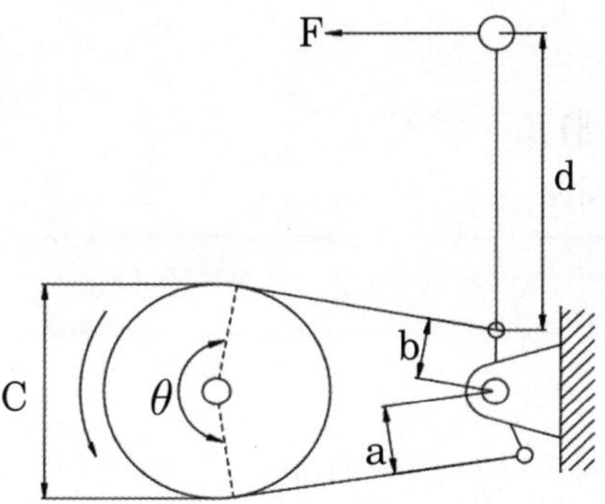

(1) 제동력(N)을 구하시오.

(2) 조작력(N)을 구하시오.

풀이 및 답

(1) 제동력(N)

$$V = \frac{\pi DN}{1000 \times 60} = \frac{\pi \times 455 \times 200}{1000 \times 60} = 4.76m/s$$

$$H = \frac{p_e \times V}{1000},\ \ p_e = \frac{1000 \times H}{V} = \frac{1000 \times 8.33}{4.76} = 3500N$$

$$\therefore\ P_e = 3500N$$

답 3500[N]

(2) 조작력(N)

$$T_t = \frac{e^{\mu\theta} \cdot\ \ P_e}{e^{\mu\theta} - 1} = \frac{3.2 \times 3500}{3.2 - 1} = 5090.91$$

$$T_s = \frac{P_e}{e^{\mu\theta} - 1} = \frac{3500}{3.2 - 1} = 1583.71$$

$\sum M_o = 0$ 시계방향⊕

$$-F \times d - b \times T_t + a \times T_s = 0$$

$$-F \times 600 - 10 \times 5090.91 + 80 \times 1583.71 = 0$$

$$\therefore\ F = 126.31[N]$$

답 126.31[N]

03

헬리컬기어의 피니언 잇수 40개, 회전수 1000rpm이고 치직각 모듈이 3.0, 허용굽힘응력이 300MPa, 나비가 40mm일 때 다음을 구하시오.(단,압력각 20°, 비틀림각 30°, π를 포함하고 있는 수정치형계수는 0.44이고 속도비는 $\frac{1}{2}$이다.) [5점]

(1) 원주속도(m/s)를 구하시오.
(2) 기어와 피니언의 상당잇수(개)를 구하시오.
(3) 최대 전달동력(kW)을 구하시오.

풀이 및 답

(1) 원주속도(m/s)

$$V = \frac{\pi \times \frac{m_n}{\cos\beta} \times Z_1 N_1}{60 \times 1000} = \frac{\pi \times \frac{3}{\cos 30} \times 40 \times 1000}{60 \times 1000} = 7.255 ≒ 7.26 m/s$$

답 7.26[m/s]

(2) 기어와 피니언의 상당잇수(개)

$$i = \frac{N_2}{N_1} = \frac{Z_1}{Z_2}, \quad Z_2 = \frac{Z_1}{i} = 40 \times 2 = 80$$

$$Z_{e1} = \frac{Z_1}{\cos^3\beta} = \frac{40}{(\cos 30)^3} = 61.58 ≒ 62\text{개}$$

$$Z_{e2} = \frac{Z_2}{\cos^3\beta} = \frac{80}{(\cos 30)^3} = 123.16 ≒ 124\text{개}$$

답 $Z_{e1} = 93$개
$Z_{e2} = 185$개

(3) 최대 전달동력(kW)

$$f_v = \frac{3.05}{3.05 + V} = \frac{3.05}{3.05 + 7.26} = 0.295 ≒ 0.3$$

$$F = f_v \sigma_b m_n b Y_e = 0.3 \times 300 \times 3.0 \times 40 \times 0.44 = 4752N$$

$$H = FV = 4752 \times 7.26 = 34499.52[W] = 34.5[kW]$$

답 34.5[kW]

04

원동차의 직경이 400mm, 회전수 500rpm, 전달동력 3.77kW이고 홈의 각도 40°, 허용 선압력이 25.4N/mm, 마찰계수 0.23, 홈의 높이는 13mm인 홈붙이 마찰차에서 다음을 구하시오. [5점]

(1) 접촉 폭의 수직력(N)을 구하시오.
(2) 홈의 수(개)를 구하시오.

풀이 및 답

(1) 접촉 폭의 수직력(N)

$$V = \frac{\pi D_1 N_1}{1000 \times 60} = \frac{\pi \times 400 \times 500}{1000 \times 60} = 10.47[m/s]$$

$$H = \frac{\mu Q V}{1000},\ Q = \frac{1000 \times H}{\mu V} = \frac{1000 \times 3.77}{0.23 \times 10.47} = 1565.55[N]$$

답 1565.55[N]

(2) 홈의 수(개)

$$q = \frac{Q}{2h \times Z},\ Z = \frac{Q}{2h \times q} = \frac{1565.55}{2 \times 13 \times 25.4} = 2.37 ≒ 3개$$

답 3개

05

최대하중 650N 작용시 7mm의 길이가 줄어든 코일스프링에서 코일스프링의 평균직경 D, 소선의 직경 d라 할 때 D=5d 관계를 만족한다. 스프링 소선의 허용전단응력은 155MPa, 가로탄성계수는 81GPa, 왈의 응력수정계수 $K = \frac{4C-1}{4C-4} + \frac{0.615}{C}$ 일 때 다음을 구하시오. [4점]

(1) 소선의 최소지름(mm)을 구하시오.
(2) 코일 스프링의 유효권수(권)를 구하시오.

풀이 및 답

(1) 소선의 최소지름(mm)

$$C = \frac{D}{d},\ C = \frac{5d}{d} = 5$$

$$K = \frac{4C-1}{4C-4} - \frac{0.615}{C} = \frac{4 \times 5 - 1}{4 \times 5 - 4} - \frac{0.615}{5} = 1.0645$$

$$\tau = \frac{T}{Z_P}K = \frac{\frac{PD}{2}}{\frac{\pi d^3}{16}}K = \frac{8PD}{\pi d^3}K = \frac{8PC}{\pi d^2}K \therefore\ d = \sqrt{\frac{8PC}{\pi \tau}K}$$

$$= \sqrt{\frac{8 \times 650 \times 5}{\pi \times 155} \times 1.0645} = 7.54mm$$

답 7.54[mm]

(2) 코일 스프링의 유효권수(권)

$$\delta = \frac{8PD^3n}{Gd^4} = \frac{8PC^3n}{Gd},\ n = \frac{\delta Gd}{8PC^3} = \frac{7\times 81\times 10^3\times 7.54}{8\times 650\times 5^3} = 6.57 ≒ 7\text{권}$$

답 7권

06

복렬 자동조심 롤러베어링의 접촉각 $\alpha = 25°$, 레이디얼하중이 3kN, 스러스트 하중은 2.5kN, 회전수가 1520rpm, 베어링의 기본 동정격하중이 53.35kN 일 때 다음을 구하시오.(단, 하중계수는 1.3이고 내륜회전 하중을 받고 있다.)

[4점]

〈베어링의 계수 V, X 및 Y값〉

베어링 형식	내륜 회전 하중	외륜 회전 하중	단열		복열				e
			$F_a/VF_r > e$		$F_a/VF \le e$		$F_a/VF_r > e$		
	V		X	Y	X	Y	X	Y	
자동조심 롤러 베어링 원추 롤러 베어링 $\alpha \ne 0$	1	1.2	0.4	$0.4\times\cot\alpha$	1	$0.45\times\cot\alpha$	0.67	$0.67\times\cot\alpha$	$1.5\times\tan\alpha$

(1) 등가레이디얼하중(kN)을 구하시오.
(2) 베어링 수명시간(hr)을 구하시오.

풀이 및 답

(1) 등가레이디얼하중(kN) 동등가하중

$$\frac{F_a}{VF_r} = \frac{2500}{1\times 3000} = 0.8333 > e = 1.5\times\tan 25 = 0.699 ≒ 0.7$$

$$\therefore\ X = 0.67$$

$$Y = 0.67\times\cot\alpha = 0.67\times\frac{1}{\tan\alpha} = 0.67\times\frac{1}{\tan(25)} = 1.372$$

$$P_e = F_rX + F_aY = 3000\times 0.67 + 2500\times 1.372 = 5440N$$

답 5.4[kN]

(2) 베어링 수명시간(hr)

$$L_h = 500\times\frac{33.3}{N}\left(\frac{C}{P_e\times f}\right)^r = 500\times\frac{33.3}{1520}\left(\frac{53.35\times 10^3}{5440\times 1.3}\right)^{\frac{10}{3}} = 9223.12[hr]$$

답 9223.13[hr]

07

스퍼기어 전동장치가 아래의 그림과 같다. 모터의 전달동력은 5kw 모터의 분당회전수 1760rpm이다 플랜지커플링으로 연결된 스퍼기어 전동장치가 있다. 피니언의 잇수 $Z_1 = 20$개, (단, 회전비 $i = \frac{1}{3}$, 모듈 m=3, 압력각 $\alpha = 20°$)일 때 다음을 구하시오. [5점]

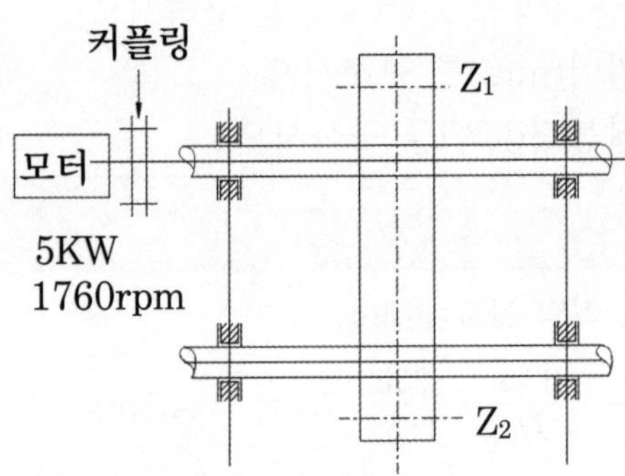

(1) 기어에 작용하는 회전력(N)을 구하시오.

(2) 아래의 표로부터 종동축에 사용할 볼베어링을 선정하시오.(단, 베어링의 수명시간은 30,000시간이고 하중계수 1.5, C_o는 기본정적부하용량이다.)

형식		단열 레이디얼 볼베어링			
형식번호		6200		6300	
번호	안지름(mm)	$C(N)$	$C_0(N)$	$C(N)$	$C_0(N)$
06	30	15,300	10,000	21,800	14,500
07	35	20,000	13,800	25,900	17,250
08	40	22,700	15,650	32,000	21,800
09	45	25,400	18,150	41,500	29,700

풀이 및 답

(1) 기어에 작용하는 회전력(N)

$$V = \frac{\pi D_1 N_1}{1000 \times 60} = \frac{\pi m Z_1 N_1}{1000 \times 60} = \frac{\pi \times 3 \times 20 \times 1760}{1000 \times 60} = 5.529 ≒ 5.53[m/s]$$

$$H = \frac{P_e \times V}{1000},\ P_e = \frac{1000 \times H}{V} = \frac{1000 \times 5}{5.53} = 904.159 ≒ 904.16[N]$$

답 904.16[N]

(2) 종동축에 사용할 볼베어링

$$L_h = 500 \times \frac{33.3}{N}\left(\frac{C}{P_a \times f}\right)^r = 500 \times \frac{33.3}{1760}\left(\frac{C}{904.16 \times 1.5}\right)^3 = 30000$$

$\therefore\ C = 19925.53$

답 6207선정

08

축간거리가 1.3m, 모터 축 풀리의 지름이 155mm, 회전수 1850rpm의 모터에 의하여 255rpm의 공작기계를 3가닥의 V-벨트로 운전하고자 한다. 다음을 구하시오.(단, 이 벨트의 허용장력은 475N이고, V홈각 40°, 벨트 1m당 하중은 2.75N/m, 마찰계수는 0.35, 부하수정계수 0.75이다.) [5점]

(1) 모터 축 풀리의 접촉각(deg)을 구하시오.
(2) 벨트의 길이(mm)를 구하시오.
(3) 최대 전달동력(kW)을 구하시오.

풀이 및 답

(1) 모터 축 풀리의 접촉각(deg)

$$\frac{D_1}{D_2} = \frac{N_2}{N_1} = \frac{155}{D_2} = \frac{255}{1850},\ D_2 = 1124.5mm$$

$$\theta = 180 - 2\sin^{-1}\left(\frac{D_2 - D_1}{2C}\right) = 180 - 2\sin^{-1}\left(\frac{155}{2 \times 1300}\right) = 173.16[^\circ]$$

답 173.16[°]

(2) 벨트의 길이(mm)

$$L = 2C + \frac{\pi(D_2 + D_1)}{2} + \frac{(D_2 - D_1)^2}{4C}$$

$$= 2 \times 1300 + \frac{\pi(1124.5 + 155)}{2} + \frac{(1124.5 - 155)^2}{4 \times 1300} = 4790.59mm$$

답 4790.59[mm]

(3) 최대 전달동력(kW)

$$V = \frac{\pi D_1 N_1}{1000 \times 60} = \frac{\pi \times 150 \times 1850}{1000 \times 60} = 14.53m/s$$

$$T_g = \frac{wV^2}{g} = \frac{2.75 \times 14.53^2}{9.8} = 59.24[N]$$

$$\mu' = \frac{\mu}{\sin\left(\frac{\alpha}{2}\right) + \mu\cos\left(\frac{\alpha}{2}\right)} = \frac{0.35}{\sin\left(\frac{40}{2}\right) + 0.35\cos\left(\frac{40}{2}\right)} = 0.5216$$

$$e^{\mu'\theta} = e^{0.5216 \times 173.16 \times \frac{\pi}{180}} = 4.837 ≒ 4.84$$

$$T_t = \frac{e^{\mu'\theta} \times P_e}{e^{\mu'\theta} - 1} + T_g = \frac{4.84 \times P_e}{4.84 - 1} + 59.24 = 475$$

$$\therefore\ P_e = 329.86[N]$$

$$H_0 = (T_t - T_g) \times \frac{e^{\mu'\theta} - 1}{e^{\mu'\theta}} \times V$$

$$= (475 - 59.24) \times \frac{(4.84 - 1)}{4.84} \times 14.53 \times 10^{-3} = 5.79[kW]$$

$$H = H_o \times Z \times K_1 \times K_2 = 5.79 \times 3 \times 0.75 \times 1 = 13.03[kW]$$

답 13.03[kW]

09

$D_1 = 20mm, D_2 = 37mm,$보스길이 58mm인 스플라인축의 잇수는 6개이고 이 측면의 허용면압력은 36MPa이다. 400rpm으로 회전하고 있을 때 다음을 구하시오.(단, 이 높이 2.5mm, 모따기 0.13mm, 접촉효율은 74%이다.)

[4점]

(1) 최대 전달토크(N · m)를 구하시오.
(2) 최대 전달동력(kW)을 구하시오.

풀이 및 답

(1) 최대 전달토크(N · m)

$$D_m = \frac{D_1 + D_2}{2} = \frac{20 + 37}{2} = 28.5$$

$$q = \frac{F}{(h - 2c) \times Z \times l \times \eta},$$

$$F = q \times (h - 2c) \times Z \times l \times \eta = 36 \times (2.5 - 2 \times 0.13) \times 6 \times 58 \times 0.74 = 20766.41$$

$$T = F \times \frac{D_m}{2} = 20766.41 \times \frac{28.5}{2} = 295921.34[N \cdot mm] = 295.92[N \cdot m]$$

답 295.92[N · m]

(2) 최대 전달동력(kW)

$$T = \frac{60}{2\pi} \times \frac{H}{N}, \quad H = \frac{2\pi TN}{60 \times 10^6} = \frac{2\pi \times 295921.34 \times 400}{60 \times 10^6} = 12.395 = 12.4[kW]$$

답 12.4[kW]

10

그림과 같은 아이볼트에 $F_1 = 10\text{ k }N, F_2 = 12\text{ k }N, F = 15\text{ k }N$이 작용할 때 다음을 구하시오. [4점]

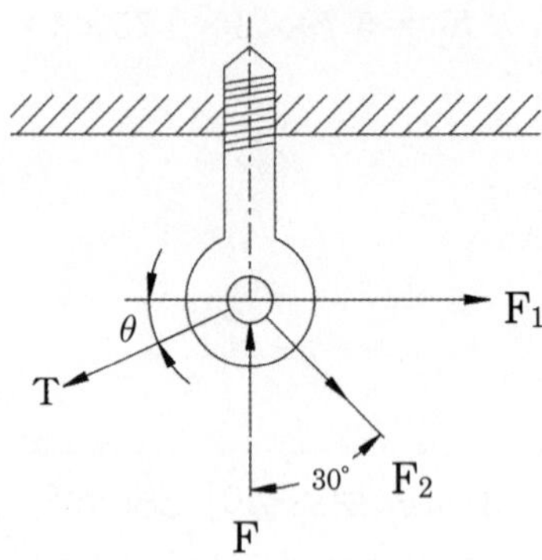

(1) 하중 T의 각도 θ(deg)와 크기(kN)를 구하시오.
(2) 최대 인장응력(MPa)을 구하시오. (단, 호칭지름 10cm, 피치 3cm, 골지름 8cm이다.)

풀이 및 답

(1) 하중 T의 각도 θ(deg)와 크기(kN)

$\Sigma F_x = 0$, → ⊕

⊖ $T\cos\theta$ ⊕ $F_1 + F_2\cos 60 = 0$,

$$T\cos\theta = F_1 + F_2\cos 60$$
$$= 10 + 12\cos 60$$
$$= 16kN$$

$\Sigma F_y = 0$↑ ⊕

⊖ $T\sin\theta + F$ ⊖ $F_2\cos 30 = 0$,

$$T\sin\theta = F - F_2\cos 30$$
$$= 15 - 12\cos 30$$
$$= 4.6kN$$

$$T\cos\theta = 16kN,\ T = \frac{16}{\cos\theta} = \frac{16}{\cos 16.03} = 16.65[kN]$$

$$\frac{T\sin\theta}{T\cos\theta} = \frac{4.6}{16} = \tan\theta$$

$$\theta = \tan^{-1}\left(\frac{4.6}{16}\right) = 16.03[^\circ]$$

답 $T = 16.65[kN]$
$\theta = 16.03[^\circ]$

(2) 최대 인장응력(MPa)(단, 호칭지름 10cm, 피치 3cm, 골지름 8cm이다.)

$$\sigma = \frac{4F}{\pi d_1^2} = \frac{4 \times 15 \times 10^3}{\pi \times 80^2} = 2.984 \fallingdotseq 2.98[MPa]$$

답 2.98[MPa]

11

나비가 24mm인 접촉면압력이 0.23MPa, 원추클러치를 이용하여 260rpm으로 동력을 전달할 때 전달토크는 몇 N · m인가?(단, 접촉면의 안지름은 160mm, 원추각 40°, 접촉면 마찰계수는 0.22이다.) [3점]

풀이 및 답

$$\sin(20)\times 24 = \frac{d_2-d_1}{2} = \frac{d_2-160}{2} = 8.21$$

$$\therefore\ d_2 = 176.42$$

$$d_m = \frac{d_1+d_2}{2} = \frac{160+176.4}{2} = 168.2$$

$$q = \frac{Q}{\pi\times d_m\times b},\quad Q = q\times\pi\times d_m\times b = 0.23\times\pi\times 168.2\times 24 = 2916.86$$

$$T = \mu Q\times\frac{d_m}{2} = 0.22\times 2916.86\times\frac{168.2}{2} = 53967.74[N\cdot mm] = 53.97[N\cdot m]$$

답 53.97[N · m]

12

롤러체인 전동장치에서 작용한 1열 롤러체인(no.6 피치 19.05mm)의 파단하중이 7.85kN이고 약간의 충격이 있음에 따라 부하보정계수를 1.4로 적용한다. 이 체인 전동장치의 구동 스프라켓 Z_1=35, 휠의 회전수가 500rpm이다. 다음을 구하시오.(단, 허용안전율은 4이다.) [3점]

(1) 평균 원주속도(m/s)를 구하시오.

(2) 전달동력이 9.2kW일 때, 롤러체인의 안전율 만족 여부를 판단하시오.

풀이 및 답

(1) 평균 원주속도(m/s)

$$V = \frac{\pi D_1 N_1}{1000\times 60} = \frac{pZ_1N_1}{1000\times 60} = \frac{19.05\times 35\times 500}{1000\times 60} = 5.56m/s$$

답 5.56[m/s]

(2) 전달동력이 9.2kW일 때, 롤러체인의 안전율 만족 여부

$$P_e = \frac{F_B\times e}{S\times K_1}$$

$$H = \frac{P_e\times V}{1000} = \frac{F_B\times e\times V}{S\times K_1\times 1000},\quad S = \frac{F_B\times e\times V}{H\times K_1\times 1000} = \frac{7.85\times 10^3\times 1\times 5.56}{17.2\times 1.4\times 1000} = 3.39$$

$$3.39 < 4$$

답 안전하다

필답형 실기

- 기계요소설계 -

2023년도 4회
(복원문제)

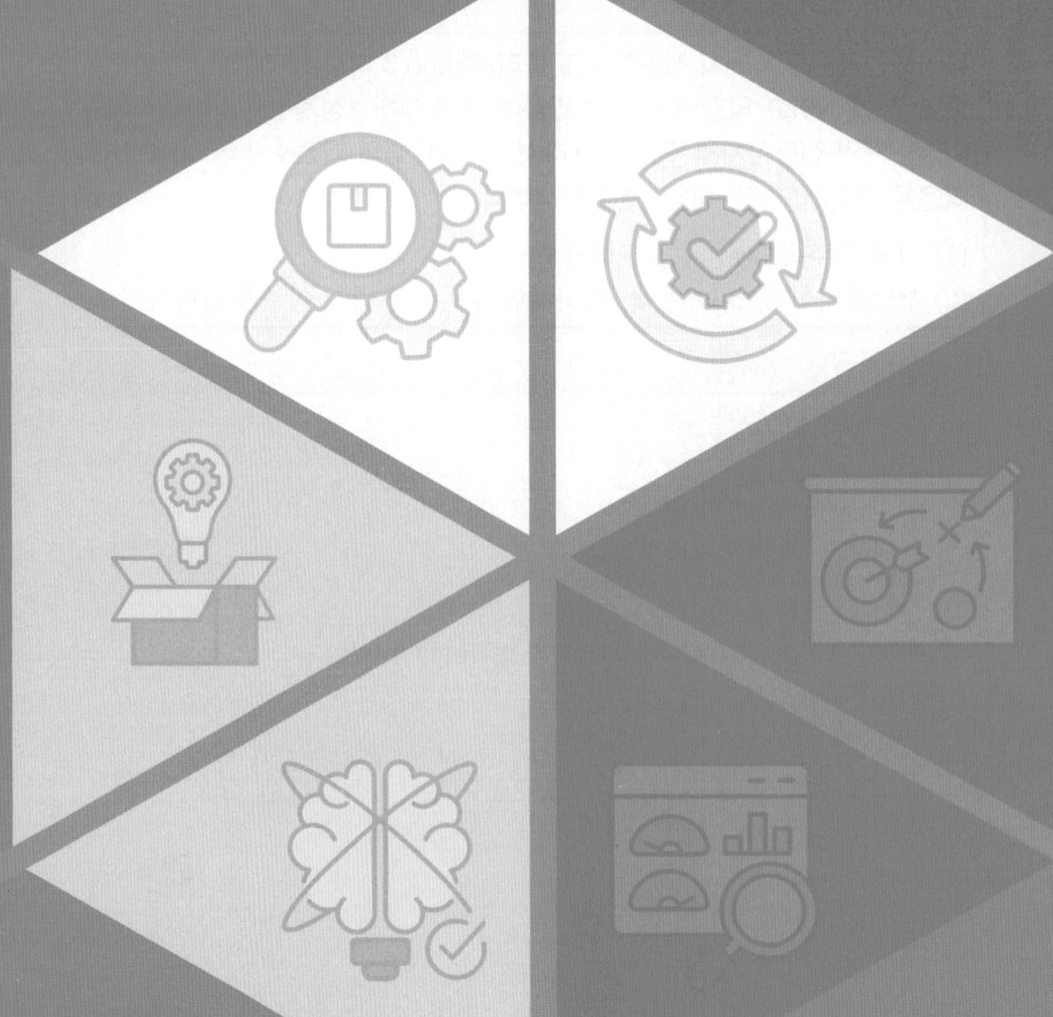

01

축지름 40mm, 길이 900mm, 축에 매달린 디스크의 무게 200N, 축을 지지하는 스프링의 스프링상수 $K=70\times10^6 N/m$이다. 다음을 구하시오.(단, 축의 수직탄성계수는 210GPa, 길이 단위는 mm이다.) [4점]

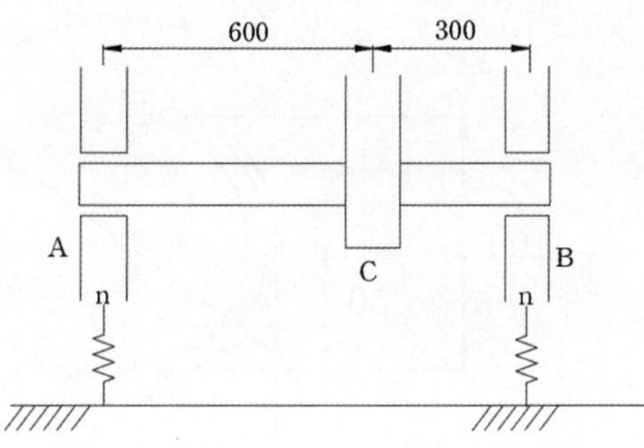

(1) 축의 처짐 $[\mu m]$을 구하시오.

(단, 디스크의 처짐을 구하는 공식: $\delta=\dfrac{Wa^2b^2}{3EI(a+b)}$ 이다.)

(2) 축의 자중을 무시할 때 구한 처짐에 의한 위험속도[rpm]를 구하시오.

풀이 및 답

(1) 축의 처짐 $[\mu m]$

$$R_A=\frac{Pb}{l}=\frac{200\times300}{900}=66.67[N]$$

$$R_B=\frac{Pa}{l}=\frac{200\times600}{900}=133.33[N]$$

$$\delta_A=\frac{R_A}{k}=\frac{66.67}{70000}=0.0009524[mm]=0.95[\mu m]$$

$$\delta_B=\frac{R_B}{k}=\frac{133.33}{70000}=0.001904\ [mm]=1.9[\mu m]$$

$$900:0.001904-0.0009524=300:\delta_c$$

$$\delta_c=0.0003172[mm]$$

$$\delta_D=\frac{Pa^2b^2}{3EI(a+b)}=\frac{200\times600^2\times300^2}{3\times210\times10^3\times\dfrac{\pi\times40^4}{64}(600+300)}=0.085 \fallingdotseq 0.09[mm]$$

$$\delta=\delta_c+\delta_D=0.0003172+0.09=0.090317[mm]=90.32[\mu m]$$

답 $90.32[\mu m]$

(2) 축의 자중을 무시할 때 구한 처짐에 의한 위험속도[rpm]

$$N_{cr}=\frac{60}{2\pi}\sqrt{\frac{g}{\delta}}=\frac{60}{2\pi}\sqrt{\frac{9800}{0.090317}}=3145.572=3145.57[rpm]$$

답 3145.57[rpm]

02

그림과 같은 내확브레이크에서 600rpm, 9.3kW의 동력을 제동하려고 한다. 다음을 구하시오.(단, 브레이크슈와 드럼의 접촉부 마찰계수는 0.22이다.)

[5점]

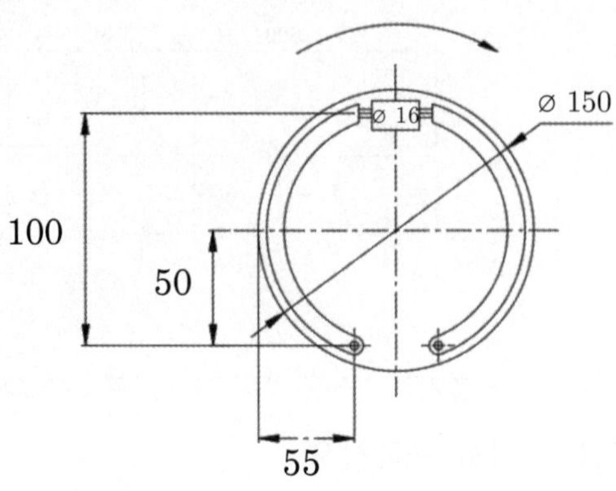

(1) 제동력[N]을 구하시오.
(2) 유압실린더 내부에서 브레이크슈를 밀어내는 힘[N]을 구하시오.
(3) 유압실린더 내부에 걸리는 압력[MPa]을 구하시오.

풀이 및 답

(1) 제동력[N]

$$H=\frac{f\times V}{1000},\ f=\frac{1000H}{V}=\frac{1000\times 9.3}{\frac{\pi DN}{1000\times 60}}=\frac{1000\times 9.3}{\frac{\pi\times 150\times 600}{1000\times 60}}=1973.52N$$

답 1973.52[N]

(2) 유압실린더 내부에서 브레이크슈를 밀어내는 힘[N]

$\sum M_{힌지}=$ 시계방향⊕

$-F\times 100+\mu Q_1\times 55+Q_1\times 50=0$

$Q_1(55\mu+50)=F\times 100$

$$Q_1=\frac{100}{55\times 0.22+50}F=1.61F$$

$+F\times 100+\mu Q_2\times 55-Q_2\times 50=0$

$Q_2(55\mu-50)=-F\times 100$

$$Q_2=\frac{-F\times 100}{55\times 0.22-50}=2.639F$$

$$f=\mu(Q_1+Q_2),\ Q_1+Q_2=\frac{f}{\mu}=\frac{1973.52}{0.22}=8970.55$$

$1.61F+2.639F=4.249F$

$8970.55=4.249F$

$$F=\frac{8970.55}{4.249}=2111.21[N]$$

답 2111.21[N]

(3) 유압실린더 내부에 걸리는 압력[MPa]

$$P = \frac{F}{\frac{\pi}{4}d^2} = \frac{2111.21}{\frac{\pi}{4}\times 16^2} = 10.5$$

답 10.5[MPa]

03

다음과 같은 한쌍의 외접스퍼기어에 대한 물음 답하시오.(단, 하중계수 $f_w = 1.2$이다.) [5점]

	모듈	압력각	잇수	회전수	허용 굽힘응력	치형계수	허용 접촉면 응력계수	치폭
피니언	4	20	25	600	294	0.363	0.78	40
기어			60	250	127.4	0.433		

(1) 굽힘강도를 고려한 최대전달력[N]을 구하시오.
(2) 면압강도를 고려한 전달력[N]을 구하시오.
(3) 안전상 최대 전달동력[kW]을 구하시오.

풀이 및 답

(1) 굽힘강도를 고려한 최대전달력[N]

$$V = \frac{\pi m Z_1 N_1}{60\times 1000} = \frac{\pi \times 4\times 25\times 600}{60\times 1000} = 3.14m/s$$

$$F_1 = f_w \times f_v \times \sigma_{b1} \times b \times m \times Y_1$$
$$= 1.2\times \frac{3.05}{3.05+3.14}\times 294\times 40\times 4\times 0.363 = 10096.35N$$

$$F_2 = f_w \cdot f_v \cdot \sigma_{b2} \cdot b \cdot m \cdot Y_2$$
$$= 1.2\times \frac{3.05}{3.05+3.14}\times 127.4\times 40\times 4\times 0.433 = 5218.77N$$

$$F_b = 5218.77[N]$$

답 5218.77[N]

(2) 면압강도를 고려한 전달력[N]

$$F_p = f_v \times k\times b\times m\times \frac{2\times Z_1\times Z_2}{Z_1+Z_2}$$
$$= \frac{3.05}{3.05+3.14}\times 0.78\times 40\times 4\times \frac{2\times 25\times 60}{25+60} = 2170.33N$$

답 2170.33[N]

(3) 안전상 최대 전달동력[kW]

$H = F_p \cdot V = 2170.33 \times 3.14 \times 10^{-3} = 6.81 kW$

답 6.81[kW]

04

원동축에서 750rpm, 3m/s의 속도로 250rpm의 종동축에 800mm의 축간거리로 동력을 전달하고자 하는 롤러체인이 있다. 이 롤러체인의 원동축과 종동축의 스프로킷휠의 잇수 Z_1과 Z_2는 각각 몇 개인가?(단, 이 롤러체인의 호칭번호는 60번으로 피치가 19.05mm 이다.) [3점]

풀이 및 답

$$V = \frac{\pi D_1 N_1}{1000 \times 60} = \frac{\pi p Z_1}{1000 \times 60},\ 3 = \frac{\pi \times 19.05 \times Z_1}{1000 \times 60}$$

$\therefore\ Z_1 = 12.6 = 13$개

$$\frac{N_2}{N_1} = \frac{Z_1}{Z_2},$$

$$\therefore\ Z_2 = \frac{N_1 Z_1}{N_2} = \frac{750 \times 13}{250} = 39\text{개}$$

답 $Z_1 = 13$개
$Z_2 = 39$개

05

4행정 디젤기관의 전달동력은 10kW, 1000rpm이다. 각속도 변동률이 1/80, 에너지 변동계수가 1.5일 때 다음을 구하시오.(단, 내외경비 $x = \frac{D_1}{D_2} = 0.6$, 비중량 $\gamma = 76[\mathrm{k}\ N/m^3]$, 림 두께는 50mm이다. [5점]

(1) 1사이클당 발생하는 평균에너지[J]를 구하시오.
(2) 질량 관성모멘트[$kg \cdot m^2$]를 구하시오.
(3) 플라이휠의 바깥지름[mm]을 구하시오.

풀이 및 답

(1) 1사이클당 발생하는 평균에너지[J]

$$E = 4\pi T = 4\pi \times \frac{60}{2\pi} \times \frac{10 \times 10^3}{1000} = 1200[J]$$

답 1200[J]

(2) 질량 관성모멘트$[kg \cdot m^2]$

$$\triangle E = qE = \delta w^2 J$$

$$J = \frac{qE}{\delta w^2} = \frac{1.5 \times 1200}{\frac{1}{80} \times (\frac{2\pi \times 1000}{60})^2} = 13.13[kg \cdot \ m^2]$$

답 $13.13kg \cdot m^2$

(3) 플라이휠의 바깥지름[mm]

$$J = \frac{\pi \gamma t}{2g} R_2^{\ 4}(1 - x^4)$$

$$13.13 = \frac{\pi \times 76000 \times 0.05}{2 \times 9.8} \times R_2^{\ 4} \times (1 - 0.6^4)$$

$$R_2 = \sqrt[4]{\frac{13.13 \times 2 \times 9.8}{\pi \times 76000 \times 0.05 \times (1 - 0.6^4)}} = 0.39670[m] = 396.7[mm]$$

답 396.7[mm]

06 어떤 스팬의 길이가 1400m, 하중 14.3kN, 밴드 나비 50mm, 판의 폭이 100mm, 두께 12mm이고, 이 겹판 스프링의 처짐은 91mm, 허용굽힘응력은 450MPa일 때 겹판스프링의 판수는 몇 장을 사용해야 하는가?(단, 겹판 스프링의 종탄성계수는 206GPa, 스프링의 유효길이는 $l_e = l - 0.6e$ 이다.) [3점]

풀이 및 답

$$L_e = l - 0.6e = 1400 - 0.6 \times 50 = 1370$$

$$\delta = \frac{3PL_e^3}{8Eb_o h^3} = \frac{3 \times 14.3 \times 10^3 \times 1370^3}{8 \times 206 \times 10^3 \times 100 \times n \times 12^3} = 91$$

$\therefore \ n = 4.26 = 5$장

$$\sigma_b = \frac{3PL_e}{2b_o h^2} = \frac{3 \times 14.3 \times 10^3 \times 1370}{2 \times 100 \times n \times 12^2} = 450$$

$\therefore \ n = 4.53 = 5$장

답 5장

07

축의 직경 32mm, 묻힘키의 높이가 9mm, 분당회전수420rpm으로 5kW를 전달하는 풀리를 축에 부착하고자 한다. 다음을 구하시오.(단, 키의 길이는 축 직경의 1.5배이고 폭은 높이와 같다.) [4점]

(1) 키의 전단강도[MPa]를 구하시오.
(2) 키의 압축강도[MPa]를 구하시오.

풀이 및 답

(1) 키의 전단강도[MPa]

$$T = \frac{60}{2\pi} \times \frac{H}{N} = \frac{60}{2\pi} \times \frac{5 \times 10^6}{420} = 113682.1$$

$$T = F \times \frac{D_s}{2},\ F = \frac{2T}{D_s} = \frac{2 \times 113682.1}{32} = 7105.13$$

$$\tau_{key} = \frac{F}{b \times l} = \frac{7105.13}{9 \times 1.5 \times 32} = 16.45[MPa]$$

답 16.45[MPa]

(2) 키의 압축강도[MPa]

$$\sigma_{key} = \frac{F}{\frac{h}{2} \times l} = \frac{7105.13}{\frac{9}{2} \times 1.5 \times 32} = 32.89[MPa]$$

답 32.89[MPa]

08

140rpm으로 48kN의 베어링 하중을 지지하는 엔드저널 베어링이 있다. 허용압력 속도계수가 $1.96 MPa \cdot m/s$ 이고 베어링 허용압력은 5.83MPa, 저널의 허용굽힘응력이 58.2MPa일 때 다음을 구하시오.

(1) 저널의 길이[mm]를 구하시오.
(2) 저널의 지름[mm]을 구하시오.
(3) 베어링의 압력을 구하고 안전성을 판단하시오.

풀이 및 답

(1) 저널의 길이[mm]

$$pv = \frac{W}{d \times l} \times \frac{\pi D N}{1000 \times 60} = \frac{W \pi N}{1000 \times 60 \times l} = 1.96 = \frac{48000 \times \pi \times 140}{1000 \times 60 \times l} = 179.52[mm]$$

답 179.52[mm]

(2) 저널의 지름[mm]

$$\sigma_b = \frac{M}{Z} = \frac{\frac{WL}{2}}{\frac{\pi d^3}{32}} = \frac{16WL}{\pi d^3},\ d = \sqrt[3]{\frac{16WL}{\pi \sigma_b}} = \sqrt[3]{\frac{16 \times 48 \times 10^3 \times 179.52}{\pi \times 58.2}} = 91.02[mm]$$

답 91.02[mm]

(3) 베어링의 압력과 안전성

$$P = \frac{W}{d \times l} = \frac{48 \times 10^3}{91.02 \times 179.52} = 2.94[MPa]$$

$2.94 < 5.83$ 이므로 안전하다.

답 안전하다

09

그림과 같이 용접다리 f=8mm로 필렛용접 되어 하중을 받고 있다. 용접부 허용전단응력이 140MPa라면 편심하중 F[N]를 구하시오.(단, B=h=50mm, a=150mm이고 용접부 단면의 극단면 모멘트 $I_P = 0.707f\frac{B(3H^2+B^2)}{6}$ 이다.

[5점]

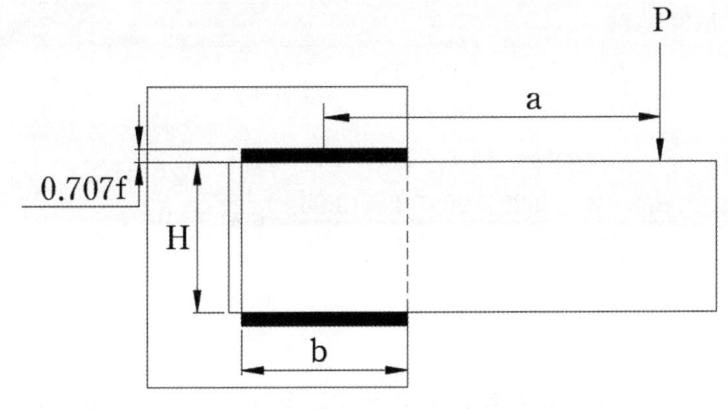

풀이 및 답

$$\tau_1 = \frac{F}{2\times B\times 0.707\times f} = \frac{F}{2\times 50\times 0.707\times 8} = 0.001768F ≒ 0.00177F$$

$$\tau_2 = \frac{T}{Z_P} = \frac{F\times a\times r_{max}}{I_P} = \frac{F\times 150\times 35.36}{471333.33} = 0.011253F = 0.011F$$

$$\therefore\ \theta = \tan^{-1}\left(\frac{\frac{H}{2}}{\frac{B}{2}}\right) = \tan^{-1}\left(\frac{\frac{50}{2}}{\frac{50}{2}}\right) = 45°$$

$$\therefore\ \tau_{max} = \sqrt{(\frac{H}{2})^2 + (\frac{B}{2})} = \sqrt{(\frac{50}{2})^2 + (\frac{50}{2})^2} = 35.36mm$$

$$I_P = 0.707f\frac{B(3H^2+B^2)}{6} = 0.707\times 8\times\frac{50\times(3\times 50^2+50^2)}{6} = 471333.33mm^4$$

$$\tau_a = \sqrt{\tau_1{}^2 + \tau_2^2 + 2\tau_1\tau_2\cos\theta}$$
$$= \sqrt{(0.00177F)^2 + (0.01F)^2 + (2\times 0.00177F\times 0.011F\times\cos 45)}$$
$$= F\sqrt{0.00177^2 + 0.011}$$

답 11367.93[N]

10

어떤 외접 원통 마찰차가 분당 620회전하고 지름이 430mm일 때 전달가능한 동력은 몇 kW인가?(단, 접촉폭이 142mm, 접촉부 마찰계수는 0.22 그리고 단위 길이 당 허용선압력은 14.7N/mm이다.) [3점]

풀이 및 답

$$V = \frac{\pi DN}{1000\times 60} = \frac{\pi\times 430\times 620}{1000\times 60} = 13.96m/s$$

$$q = \frac{P}{b},\ P = q\times b = 14.7\times 142 = 2087.4$$

$$H = \frac{\mu P\times V}{1000} = \frac{0.22\times 2087.4\times 13.96}{1000} = 6.41[kW]$$

답 6.41[kW]

11

나사잭으로 64kN의 중량물을 들어올린다. 나사잭의 레버에 320N의 힘을 가할 때 다음을 구하시오.(단, 나사부 마찰계수는 0.12, 유효지름은 64.5mm, 피치는 3.15mm인 사각 나사잭이다.) [4점]

(1) 나사잭의 나사부에 걸리는 비틀림모멘트[N · m]를 구하시오.
(2) 레버의 유효길이[mm]를 구하시오.

풀이 및 답

(1) 나사잭의 나사부에 걸리는 비틀림모멘트[N · m]

$$\lambda = \tan^{-1}(\frac{p}{\pi d_e}) = \tan^{-1}(\frac{3.15}{\pi \times 64.5}) = 0.891$$

$$\rho = \tan^{-1}(\mu) = \tan^{-1}(0.12) = 6.842$$

$$T = Q\tan(\lambda + \rho) \times \frac{d_e}{2} = 64000 \times \tan(0.891 + 6.843) \times \frac{64.5}{2}$$

$$= 280311.04[N \cdot mm] = 280.31[N \cdot m]$$

답 280.31[N · m]

(2) 레버의 유효길이[mm]

$$T = F \times L,\ \ L = \frac{T}{F} = \frac{280311.04}{320} = 875.97[mm]$$

답 875.97[mm]

12

허용전단응력이 20.52MPa, 지름은 130mm인 축에 플랜지 커플링이 320rpm으로 회전하고 있다. 다음을 구하시오.(단, 볼트지름 25.4mm, 6개를 사용하며 볼트 중심의 피치원 지름은 314mm, 플랜지 허브 바깥지름이 232mm, 플랜지의 뿌리부 두께가 41mm이다.) [5점]

(1) 플랜지에 사용한 볼트의 전단응력[MPa]을 구하시오.
(2) 플랜지의 전단응력[MPa]을 구하시오.

풀이 및 답

(1) 플랜지에 사용한 볼트의 전단응력[MPa]

$$\tau_{as} = \frac{T}{Z_P},\ \ T = \tau_{as} \times Z_P = 20.52 \times \frac{\pi {d_s}^3}{16} = \frac{20.52 \times \pi \times 130^3}{16} = 8860543.99$$

$$T = F \times \frac{D_b}{2},\ \ F = \frac{2T}{D_b} = \frac{2 \times 8860544}{314} = 56436.59$$

$$\tau_b = \frac{F}{\frac{\pi}{4} \times {d_b}^2 \times Z} = \frac{56436.59}{\frac{\pi}{4} \times 25.4^2 \times 6} = 18.56[MPa]$$

답 18.56[MPa]

(2) 플랜지의 전단응력[MPa]

$$T = F \times \frac{D_f}{2},\ \ f = \frac{2T}{D_f} = \frac{2 \times 8860544}{232} = 76384$$

$$Z_f = \frac{F_f}{\pi D_f t} = \frac{76384}{\pi \times 232 \times 41} = 2.56[MPa]$$

답 2.56[MPa]

저희 북스케치는 오류 없는 책을 만들기 위해 노력하고 있으나, 미처 발견하지 못한 잘못된 내용이 있을 수 있습니다. 학습하시다 문의 사항이 생기실 경우, 북스케치 이메일(booksk@booksk.co.kr)로 교재 이름, 페이지, 문의 내용 등을 보내주시면 확인 후 성실히 답변 드리도록 하겠습니다.
또한, 출간 후 발견되는 정오 사항은 북스케치 홈페이지(www.booksk.co.kr)의 도서정오표 게시판에 신속히 게재하도록 하겠습니다.
좋은 콘텐츠와 유용한 정보를 전하는 '간직하고 싶은 수험서'를 만들기 위해 늘 노력하겠습니다.

일반기계기사 건설기계설비기사 필답형 실기

초판발행 2024년 03월 31일
편저자 정영식
펴낸곳 북스케치
출판등록 제2022-000047호
주소 경기도 파주시 광인사길 193 2층
전화 070 – 4821 – 5513
학습문의 booksk@booksk.co.kr
홈페이지 www.booksk.co.kr
ISBN 979-11-91870-94-7

정오표 | 북스케치 홈페이지 ▶ 도서정오표